◉ 위기를 기회로 만드는 전문자격증 지침서

금속 재료시험 / 열처리 기능사

국가기술자격검정 수험대비 문제와 해설

〈개정 증보판〉

공학박사 조수연 · 박일부 · 문광호 共著

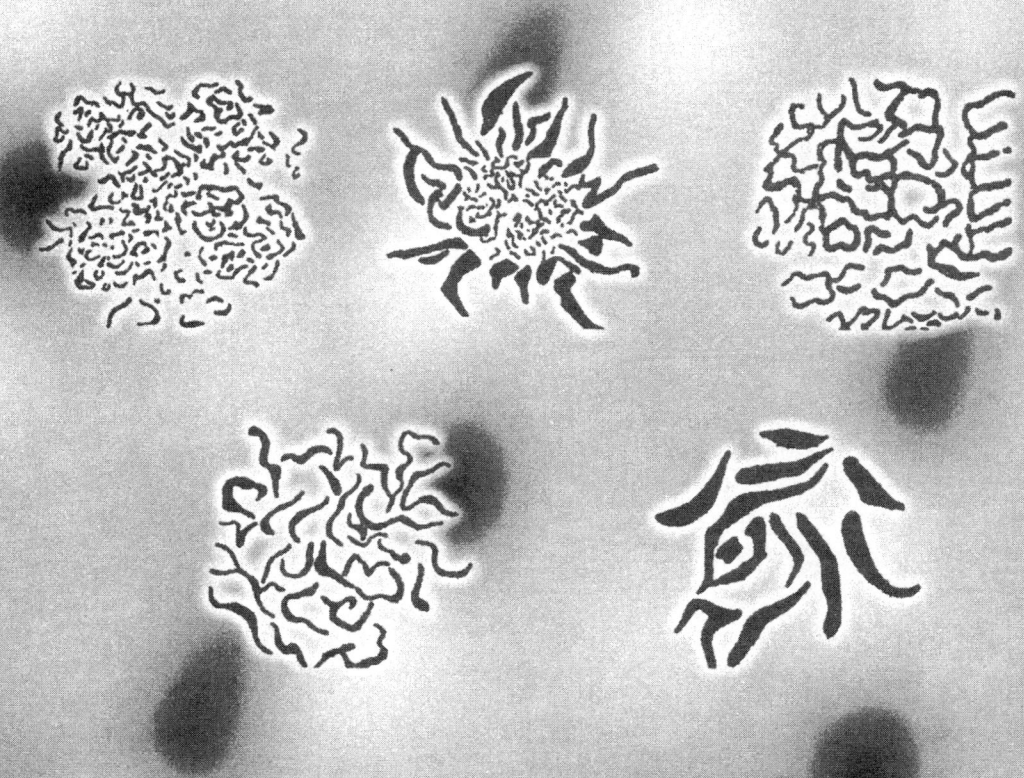

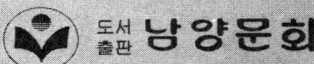
도서출판 남양문화

머리말

금속재료는 기계, 항공기, 선박, 건축, 교량 등 여러 산업 분야에 이용되는 공업 기반 기술의 기초가 되는 중요한 재료로서 금속재료 기술의 발전과 개발, 재료시험 및 열처리 기술이 차지하는 비중이 산업 사회의 발전과 더불어 점차 커진다고 하겠다. 그러므로 금속분야를 공부하고자 하는 공학도나 현장기술자들이 갖추어야 할 금속재료의 이론적인 기초 지식을 이해하고 이론을 실질적으로 응용할 수 있는 능력을 갖출 수 있도록 하기 위하여 이 책을 집필하게 되었다.

특히 금속재료시험 및 열처리기능사 국가기술자격 시험에 응시하고자 하는 수험생을 위하여 단원별 요점정리 및 예상문제를 정리하여 수험생들이 공부하는 데 이해하기 쉽게 하였으며 우수한 기술인이 되고자 하는 공학도들의 지침서를 만들고자 노력하였다.

• 본 책의 특징 •

1. 단원의 정리기능 : 금속의 기본적인 물리적 개념 및 성질, 특징 등을 연관시켜 설명하였고 용어의 간결한 표현 및 요점정리로 단원의 이해를 쉽게 하였다.
2. 교과 참고서로의 기능 : 금속, 기계분야를 전공하는 공학도의 학습에 도움을 줄 수 있도록 하였다.
3. 기능 기술 활용서로서의 기능 : 금속, 기계공업 분야의 현장 업무에 종사하는 기술인의 관계 지식을 향상시킬 수 있도록 하였다.
4. 국가 기술자격 검정 참고서로서의 기능 : 국가기술 자격법에 의한 출제기준에 맞추어 수험생들의 수험 준비에 실제로 도움이 될 수 있도록 하였다.

끝으로 이 책이 우수한 기술인이 되고자 노력하는 공학도들에게 많은 도움이 되길 소망하여 이 책을 펴내기까지 협조하여 주신 여러 동료들과 출판에 수고하신 남양문화 임직원 여러분께 감사를 드립니다.

저자 드림

출 제 기 준

1. 금속재료시험기능사(필기)

직무분야	금 속	자격종목	금속재료시험기능사	적용기간	2007.1.1~2011.12.31

○직무내용 : 각종 시험기와 장비 및 초음파탐상기, X-선 탐상기 등을 이용하여 금속재료의 용도, 사용 조건의 적합성여부, 또한 금속의 내구성을 시험할 수 있는 능력을 검토 분석하는 업무를 수행하는 직무

필기검정방법	객관식	문제수	60	시험시간	1시간

필기과목명	출제문제수	주요항목	세부항목	세세항목
금속재료일반·금속제도·금속재료조직 및 비파괴시험	60	1. 금속재료 총론	1. 금속의 특성과 상태도	1. 금속의 특성과 결정 구조 2. 금속의 변태와 상태도 및 기계적 성질
			2. 금속재료의 성질과 시험	1. 금속의 소성 변형과 가공 2. 금속재료의 일반적 성질 3. 금속재료의 시험과 검사
		2. 철과 강	1. 철강 재료	1. 순철과 탄소강 2. 열처리 종류 3. 합금강 4. 주철과 주강 5. 기타 재료
		3. 비철 금속재료와 특수 금속재료	1. 비철 금속재료	1. 구리와 그 합금 2. 경금속과 그 합금 3. 니켈, 코발트, 고용융점 금속과 그 합금 4. 아연, 납, 주석, 저용융점 금속과 그 합금 5. 귀금속, 희토류 금속과 그 밖의 금속
			2. 신소재 및 그 밖의 합금	1. 고강도 재료 2. 기능성 재료 3. 신에너지 재료

필기 과목명	출제 문제수	주요항목	세부항목	세 세 항 목
		4. 제도의 기본	1. 제도의 기초	1. 제도 용어 및 통칙
				2. 도면의 크기, 종류, 양식
				3. 척도, 문자, 선 및 기호
				4. 제도용구
		5. 기초 제도	1. 투 상 법	1. 평면도법
				2. 투상도법
			2. 도형의 표시방법	1. 투상도, 단면도의 표시방법
				2. 도형의 생략(단면도 등)
			3. 치수기입 방법	1. 치수기입법
				2. 여러 가지 요소 치수 기입
		6. 제도의 응용	1. 공차 및 도면해독	1. 도면의 결 도시방법
				2. 치수공차와 끼워맞춤
				3. 투상도면 해독
			2. 재료기호	1. 금속재료의 재료기호
			3. 기계요소 제도	1. 체결용 기계요소의 제도
				2. 전동용 기계요소의 제도
		7. 기계적 시험법	1. 경도 및 충격시험	1. 경도 시험
				2. 충격시험
			2. 인장, 압축, 전단시험	1. 인장시험
				2. 압축시험
				3. 전단시험 등
			3. 굽힘, 비틀림, 피로, 마모시험	1. 굽힘시험
				2. 비틀림시험
				3. 피로시험
				4. 마모시험
			4. 특수재료시험	1. 크리프시험
				2. 스프링시험
				3. 응력측정시험
				4. X-선 회절시험
				5. 에릭슨시험
				6. 염수분무시험
				7. 강의 담금질성 시험

필기 과목명	출제 문제수	주요항목	세부항목	세세항목
		8. 조직 및 정량검사	1. 금속조직시험	8. 기타 특수시험 1. 육안 조직검사 2. 현미경 조직검사 3. 기타 금속 조직시험
			2. 정량조직검사	1. 결정입도 2. 정량 조직검사 3. 비금속 개재물 검사
		9. 비파괴 시험법	1. 비파괴시험	1. 방사선투과시험 2. 초음파탐상시험 3. 자기탐상시험 4. 침투탐상시험 5. 와전류 탐상시험 6. 누설검사 7. 기타 비파괴시험
		10. 안전관리	1. 재료시험에 관한 안전관리 사항	1. 금속재료시험과 관련된 산업안전 관리에 관한 사항

2. 금속재료시험기능사(실기)

직무분야	금 속	자격종목	금속재료시험기능사	적용기간	2007.1.1~2011.12.31
○직무내용 : 각종 시험기와 장비 및 초음파탐상기, X-선 탐상기 등을 이용하여 금속재료의 용도, 사용조건의 적합성여부, 또한 금속의 내구성을 시험할 수 있는 능력을 검토 분석하는 업무를 수행하는 직무					
○수행준거 : - 금속재료의 재질 및 특성 판정할 수 있을 것 　　　　　- 금속재료의 경도시험 방법에 따른 기계적 성질 측정할 수 있을 것 　　　　　- 금속재료의 충격시험 방법에 따른 충격에너지 기계적 성질 판정할 수 있을 것 　　　　　- 금속재료의 조직검사에 필요한 연마조건, 부식액, 부식조건 등을 관리하여 조직 판별할 수 있을 것 　　　　　- 금속재료의 연마조건, 부식조건 등을 관리하여 결정입도 측정할 수 있을 것					
실기검정방법	복합형(필답형+작업형)			시험시간	3시간 정도

실기과목명	주요항목	세부항목	세 세 항 목
금속재료시험	1. 일반재료시험	1. 기계적 성질 시험 하기	1. 인장 시험을 실시할 수 있어야 한다. 2. 경도 시험을 실시할 수 있어야 한다. 3. 압축 시험을 실시할 수 있어야 한다. 4. 충격 시험을 실시할 수 있어야 한다. 5. 굽힘, 비틀림 시험을 실시할 수 있어야 한다. 6. 마모 시험을 실시할 수 있어야 한다. 7. 에릭슨 시험을 실시할 수 있어야 한다. 8. 크리프 시험을 실시할 수 있어야 한다.
		2. 조직시험하기	1. 금속조직 시험을 할 수 있어야 한다. 2. 결정입도 시험을 할 수 있어야 한다.

실기과목명	주요항목	세부항목	세세항목
	2. 결함검사 및 재료판별	1. 결함시험하기	3. 파면조직관찰을 할 수 있어야 한다. 1. 설퍼프린트 시험으로 황의 분포를 알 수 있어야 한다. 2. 마크로 시험을 실시할 수 있어야 한다. 3. 비금속개재물 시험을 할 수 있어야 한다. 4. 비파괴시험을 실시하여 결함을 판단할 수 있어야 한다.
		2. 재료판별하기	1. 불꽃 시험으로 강종을 판단할 수 있어야 한다.

출 제 기 준

1. 열처리기능사(필기)

직무분야	금 속	자격종목	열처리기능사	적용기간	2007.1.1~2011.12.31
○직무내용 : 전기로, 분위기로, 진공로, 고주파로 등의 열처리 장비를 이용하여 금속재료와 제품의 기계적, 물리적 성질을 개선하는 방법을 숙지하고 실제 노멀라이징, 풀림, 담금질, 뜨임 등 작업을 통하여 물리적, 기계적 성질이 우수한 금속재료를 만드는 작업을 수행하는 직무					
필기검정방법	객관식	문제수	60	시험시간	1시간

필 기 과목명	출제 문제수	주요항목	세부항목	세 세 항 목
금속재료 일반 · 금속제도 · 금속열처리	60	1. 금속재료 총론	1. 금속의 특성과 상태도	1. 금속의 특성과 결정 구조 2. 금속의 변태와 상태도 및 기계적 성질
			2. 금속재료의 성질과 시험	1. 금속의 소성 변형과 가공 2. 금속재료의 일반적 성질 3. 금속재료의 시험과 검사
		2. 철과 강	1. 철강 재료	1. 순철과 탄소강 2. 열처리 종류 3. 합금강 4. 주철과 주강 5. 기타 재료
		3. 비철 금속재료와 특수 금속재료	1. 비철 금속재료	1. 구리와 그 합금 2. 경금속과 그 합금 3. 니켈, 코발트, 고용융점 금속과 그 합금 4. 아연, 납, 주석, 저용융점 금속과 그 합금 5. 귀금속, 희토류 금속과 그 밖의 금속

필 기 과목명	출제 문제수	주요항목	세부항목	세 세 항 목
			2. 신소재 및 그 밖의 합금	1. 고강도 재료 2. 기능성 재료 3. 신에너지 재료
		4. 제도의 기본	1. 제도의 기초	1. 제도 용어 및 통칙 2. 도면의 크기, 종류, 양식 3. 척도, 문자, 선 및 기호 4. 제도용구
		5. 기초 제도	1. 투상법	1. 평면도법 2. 투상도법
			2. 도형의 표시방법	1. 투상도, 단면도의 표시방법 2. 도형의 생략(단면도 등)
			3. 치수기입 방법	1. 치수기입법 2. 여러가지 요소 치수 기입
		6. 제도의 응용	1. 공차 및 도면해독	1. 도면의 결 도시방법 2. 치수공차와 끼워맞춤 3. 투상도면 해독
			2. 재료기호	1. 금속재료의 재료기호
			3. 기계 요소 제도	1. 체결용 기계 요소의 제도 2. 전동용 기계 요소의 제도
		7. 열처리의 개요	1. 강의 열처리 기초	1. 열처리 종류 및 방법 2. 가열과 냉각
			2. 변태와 합금 원소	1. 펄라이트 변태와 합금원소 2. 마텐자이트 변태와 합금원소
			3. 항온 변태	1. 항온 변태 곡선 2. 펄라이트 변태 3. 베이나이트 변태
			4. 연속 냉각 변태	1. 공석강의 연속 냉각 변태 2. 연속 냉각 변태도 3. 마텐자이트 변태 4. 잔류오스테나이트

필기 과목명	출제 문제수	주요항목	세부항목	세세항목
		8. 열처리 설비	1. 열처리로와 설비	1. 열처리로의 종류와 특징 2. 온도측정 및 제어장치 3. 치공구
			2. 냉각장치와 냉각제	1. 냉각 장치 2. 냉각제
			3. 전처리 및 후처리	1. 산세 2. 탈지 3. 쇼트브라스트 등
		9. 열처리의 응용	1. 특수 열처리의 종류와 방법	1. 침탄 및 질화처리 2. 화염담금질처리 3. 고주파처리 4. 분위기 열처리 5. 염욕열처리 6. 진공열처리 7. 기타 표면경화 열처리
			2. 강의 열처리	1. 구조용 탄소강 열처리 2. 구조용 합금강의 열처리 3. 마레이징강의 열처리 4. 공구강의 열처리
			3. 주철열처리	1. 주철의 열처리
			4. 비철금속의 열처리	1. 알루미늄 합금의 열처리 2. 구리 합금의 열처리 3. 마그네슘 합금의 열처리 4. 니켈 및 니켈 합금의 열처리 5. 티타늄 및 티타늄 합금의 열처리 6. 기타 비철금속 열처리
			5. 새로운 열처리 방법	1. 새로운 열처리 방법(CVD, PVD) 2. 심냉처리

필 기 과목명	출제 문제수	주요항목	세부항목	세세항목
		10. 제품의 검사 및 안전관리	1. 결함의 원인과 대책	1. 가열시의 결함 2. 담금질시의 결함 3. 뜨임시의 결함 4. 연마시의 결함 5. 심랭처리시의 결함 6. 표면 경화시의 결함 7. 재료의 결함 8. 시험 및 검사
			2. 안전관리에 관한 사항	1. 기계, 치공구, 원재료 등에 위험 및 유해성들에 대한 취급 2. 안전장치, 유해억제장치 또는 보호구의 성능과 취급방법 3. 작업 중 발생할 우려가 있는 질병의 원인과 예방 4. 사고 시 응급조치 및 대책 5. 기타 열처리 작업에 따른 안전 위생과 유의사항

2. 열처리기능사(실기)

직무분야	금 속	자격종목	열처리기능사	적용기간	2007.1.1~2011.12.31
○직무내용 : 전기로, 분위기로, 진공로, 고주파로 등의 열처리 장비를 이용하여 금속재료와 제품의 기계적, 물리적 성질을 개선하는 방법을 숙지하고 실제 노멀라이징, 풀림, 담금질, 뜨임 등 작업을 통하여 물리적, 기계적 성질이 우수한 금속재료를 만드는 작업을 수행하는 직무 ○수행준거 : - 열처리할 소재의 재질 판별, 열처리 특성, 열처리 방법을 파악 검토할 수 있을 것 - 열처리품의 재질에 맞는 열처리 종류별 공정에 맞는 작업계획서 작성할 수 있을 것 - 열처리 조건 및 전후 처리 방법을 설정할 수 있을 것 - 열처리에 영향을 주는 열처리로의 선택, 담금질 온도, 냉각방법 등을 관리하여 열처리할 수 있을 것 - 열처리한 재료의 경도시험 방법에 따른 기계적 성질 및 변형 측정을 할 수 있을 것					
실기검정방법	복합형(필답형+작업형)			시험시간	4시간30분 정도
실기과목명	주요항목		세부항목	세 세 항 목	
금속열처리작업	1. 작업계획		1. 작업계획 작성하기	1. 강종 및 각종열처리 방법의 특성과 작업 방안을 결정 할 수 있어야 한다.	
			2. 열처리 설비점검하기	1. 가열로 가동상태 및 점검할 수 있어야한다. 2. 온도계의 조정 및 측정할 수 있어야 한다. 3. 열처리설비 및 제어시스템을 점검할 수 있어야 한다. 4. 냉각제 및 냉각설비를 점검할 수 있어야 한다.	

실기과목명	주요항목	세부항목	세세항목
		3. 재질판정하기	1. 불꽃시험에 의한 재질 판정을 할 수 있어야 한다. 2. 파면검사 및 현미경 조직에 따른 강종을 판정할 수 있어야 한다.
	2. 열처리	1. 강의 열처리하기	1. 강 (기계구조용 탄소강, 탄소공구강, 합금공구강, 스프링강, 베어링강, 고속도강 등)의 열처리를 할 수 있어야 한다. 2. 열처리 온도에서 유지 시간 및 냉각 방법 등을 설정할 수 있어야 한다.
		2. 표면경화 처리하기	1. 침탄 및 질화, 화염 담금질, 고주파담금질을 할 수 있어야 한다. 2. 열처리 온도에서 유지 시간, 냉각방법의 설정 및 취급과 조작할 수 있어야 한다.
		3. 특수 열처리하기	1. 항온, 심냉, 분위기 열처리 등의 취급과 조작할 수 있어야 한다.
	3. 소재 검사	1. 재료검사하기	1. 로크웰, 브리넬 등의 경도측정과 현미경에 의한 침탄, 질화 깊이의 측정을 할 수 있어야 한다. 2. 제품의 변형, 조직, 결함판정 등을 할 수 있어야 한다. 3. 샘플링방법, 데이터 처리방법, 컴퓨터에 의한 분석 데이터를 만들 수 있어야 한다.

원소기호표

원자번호	원소기호	원소	원자량	녹는점(m.p.)	끓는점(b.p.)	비중(d)
1	H	수 소	1.0079	-259.14℃	-252.9℃	0.08987gr/ℓ
2	He	헬 륨	4.0026	-272.2℃(26atm)	-268.9℃	0.1785gr/ℓ
3	Li	리 튬	6.94	180.54℃	1347℃	0.534
4	Be	베릴륨	9.01218	1280℃	2970℃	1.85
5	B	붕 소	10.81	2300℃	2550℃	1.73(비결정성)
6	C	탄 소	12.011	3550℃(비결정성)	4827℃(비결정성)	1.8~2.1(비결정성)
7	N	질 소	14.0067	-209.86℃	-195.8℃	1.2507gr/ℓ
8	O	산 소	15.9994	-218.4℃	-182.96℃	1.4289g/ℓ(0℃)
9	F	불 소	18.998	-219.62℃	-188℃	1.696g/ℓ(0℃)
10	Ne	네 온	20.17	-248.67℃	-246.0℃	0.90gr/ℓ
11	Na	나트륨	22.9898	97.90℃	877.50℃	0.971(20℃)
12	Mg	마그네슘	24.305	650℃	1100℃	1.741
13	Al	알루미늄	26.98154	660.4℃	2467℃	2.70(20℃)
14	Si	규 소	28.085	1414℃	2335℃	2.33(18℃)
15	P	인	30.973	44.1℃(황린)	280.5℃(황린)	1.82(황린,α)
16	S	황	32.06	112.8℃(α)	444.7℃	2.07(α)
17	Cl	염 소	35.45	-100.98℃	-34.6℃	3.214gr/ℓ(0℃)
18	Ar	아르곤	39.94	-189.2℃	-185.7℃	1.7834gr/ℓ
19	K	칼 륨	39.0983	63.5℃	774℃	0.86(20℃)
20	Ca	칼 슘	40.08	850℃	1440℃	1.55
21	Sc	스칸듐	44.9559	1539℃	2727℃	2.992
22	Ti	티 탄	47.9	1675℃	3260℃	4.50(20℃)
23	V	바나듐	50.9415	1890℃	3380℃	5.98(18℃)
24	Cr	크 롬	51.996	1890℃	2482℃	7.188(20℃)
25	Mg	마그네슘	24.305	650℃	1100℃	1.741
26	Fe	철	55.84	1535℃	2750℃	7.86(20℃)
27	Co	코발트	58.9332	1494℃	3100℃	8.9(20℃)
28	Ni	니 켈	58.7	1455℃	2732℃	8.845(25℃)
29	Cu	구 리	63.549	1083℃	2595℃	8.92(20℃)
30	Zn	아 연	65.38	419.6℃	907℃	7.14(20℃)
31	Ga	갈 륨	69.72	29.78℃	2403℃	5.913(20℃)
32	Ge	게르마늄	72.59	958.5℃	2700℃	5.325(25℃)

원자번호	원소기호	원소	원자량	녹는점(m.p.)	끓는점(b.p.)	비중(d)
33	As	비소	74.9216	817℃(28atm)	613℃(승화)	5.73(회색)
34	Se	셀렌	78.96	144℃(결정)	684.8℃	4.4(결정)
35	Br	브롬	79.904	-7.2℃	58.8℃	3.10(25℃)
36	Kr	크립톤	83.3	-156.6℃	-152.3℃	3.74gr/ℓ(0℃)
37	Rb	루비듐	85.4678	38.89℃	688℃	1.53(20℃)
38	Sr	스트론튬	87.62	769℃	1384℃	2.6(20℃)
39	Y	이트륨	88.9059	1495℃	2927℃	4.45
40	Zr	지르코늄	91.22	1852℃	3578℃	6.52(25℃)
41	Nb	니오브	92.9064	2468℃	3300℃	8.56(25℃)
42	Mo	몰리브덴	95.94	2610℃	5560℃	10.23
43	Tc	테크네튬	97	2200℃	5030℃	11.5
44	Ru	루테늄	101.17	2250℃	3900℃	12.41(20℃)
45	Rh	로듐	102.9055	1963℃	3727℃	12.41
46	Pd	팔라듐	106.4	1555℃	3167℃	12.03
47	Ag	은	107.868	961.9℃	2212℃	10.49(20℃)
48	Cd	카드뮴	112.41	321.1℃	765℃	8.642
49	In	인듐	114.82	156.63℃	2000℃	7.31(20℃)
50	Sn	주석	118.69	231.97℃	2270℃	5.80(α20℃)
51	Sb	안티몬	121.75	630.7℃	1635℃	6.69(20℃)
52	Te	텔루르	127.6	449.8℃	1390℃	6.24(비결정성.α)
53	I	요오드	126.904	113.6℃	184.4℃	4.93(25℃)
54	Xe	크세논	131.3	-111.9℃	-107.1℃	5.85gr/ℓ(0℃)
55	Cs	세슘	132.9054	28.5℃	690℃	1.873(20℃)
56	Ba	바륨	137.33	725℃	1140℃	3.5
57	La	란탄	138.9055	920℃	3469℃	6.19(α)
58	Ce	세륨	140.12	795℃	3468℃	6.7(α)
59	Pr	프라세오디뮴	140.9077	935℃	3127℃	6.78
60	Nd	네오디뮴	144.24	1024℃	3027℃	6.78
61	Pm	프로메튬	147	1080℃	2730℃	7.2
62	Sm	사마륨	150.4	1072℃	1900℃	7.586
63	Eu	유로퓸	151.96	826℃	1439℃	5.259
64	Gd	가돌리늄	157.2	1312℃	3000℃	7.948(α)
65	Tb	테르븀	158.9254	1356℃	2800℃	8.272
66	Dy	디스프로슘	162.5	1407℃	2600℃	8.56

원자번호	원소기호	원소	원자량	녹는점(m.p.)	끓는점(b.p.)	비중(d)
67	Ho	홀뮴	164.93	1461℃	2600℃	8.803
68	Er	에르븀	167.26	1522℃	2510℃	9.051
69	Tm	툴륨	168.9342	1545℃	1727℃	9.332
70	Yb	이테르븀	173.04	824℃	1427℃	6.977(α)
71	Lu	루테튬	174.97	1652℃	3327℃	9.872
72	Hf	하프늄	178.49	2150℃	5400℃	13.31(20℃)
73	Ta	탄탈	180.947	2996℃	5425℃	16.64(20℃)
74	W	텅스텐	183.8	3387℃	5927℃	19.3(0℃)
75	Re	레늄	186.207	3180℃	5627℃	21.02(20℃)
76	Os	오스뮴	1902	2700℃	5500℃	22.57
77	Ir	이리듐	192.2	2447℃	4527℃	22.42(17℃)
78	Pt	백금	195.09	1772℃	3827℃	21.45
79	Au	금	196.9665	1064℃	2966℃	19.3(20℃)
80	Hg	수은	200.59	-38.86℃	356.66℃	13.558(15℃)
81	Tl	탈륨	204.3	302.6℃	1457℃	11.85(0℃)
82	Pb	납	207.2	327.5℃	1744℃	11.3437(16℃)
83	Bi	비스무트	208.9804	271.44℃	1560℃	9.80(20℃)
84	Po	폴로늄	209	254℃	962℃	9.32(α)
85	At	아스타틴	210			
86	Rn	라돈	222	-71℃	-61.8℃	9.73gr/ℓ(0℃)
87	Fr	프랑슘	223			
88	Ra	라듐	226.03	700℃	1140℃	5
89	Ac	악티늄	227.03	1050℃	3200℃	10.07
90	Th	토륨	232.0381	약1800℃	3000℃	11.5
91	Pa	프로악티늄	231.0359	1230℃	1600℃	15.37(계산치)
92	U	우라늄	238.029	1133℃	3818℃	19.050(α)
93	Np	넵투늄	237.0482	640℃		20.45(α20℃)
94	Pu	플루토늄	244	639.5℃	3235℃	19.816
95	Am	아메리슘	243	850℃	2600℃	13.7
96	Cm	퀴륨	247	1350℃		13.51
97	Bk	버클륨	247			
98	Cf	칼리포르늄	251			
99	Es	아인시타이늄	254			

원자번호	원소기호	원 소	원 자 량	녹는점(m.p.)	끓는점(b.p.)	비 중(d)
100	Fm	페르뮴	257			
101	Md	멘델레븀	258			
102	No	노벨륨	259			
103	Lr	로렌슘	260			
104	Rf	러더포듐	104			
105	Db	더브늄	105			
106	Sg	시보귬				
107	Bh	보 륨				
108	Hs	하 슘	265			
109	Mt	마이트러늄	268			

목 차

제1편 금속재료 일반

제1장 금속과 합금

1. **금속의 결정구조** 1-3
   - [1] 금속의 특성 1-3
   - [2] 결정구조 1-3
2. **금속의 응고** 1-4
3. **금속의 변태** 1-4
   - [1] 동소 변태(allotropic transformation) 1-4
   - [2] 자기변태(magnetic transformation) 1-5
   - [3] 변태에 있어서의 성질과
         온도와의 관계 1-5
4. **합금** 1-5
   - [1] 합금(alloy)의 정의 1-5
   - [2] 고용체(solid solution) 1-6
   - [3] 금속간 화합물(intermetallic
         compound) 1-6
   - [4] 공정(eutectic) 1-6
   - [5] 공석정(eutectoid) 1-7
5. **결정 입자의 성장과 재결정** 1-7
   - [1] 금속의 결정 입자의 성장 1-7
   - [2] 재결정(recrystallization) 1-8
   - ❖ 예상문제 1-9

제2장 금속재료에 필요한 성질 1-26

1. **금속재료가 공업에 필요한 성질** 1-26

2. **물리적 성질** 1-26
   - [1] 비중(Specitic gravity) 1-26
   - [2] 용융 온도(melting temperature) 1-27
   - [3] 열전도율(heat conductivity) 1-27
   - [4] 도전율(electric conductivity) ... 1-27
   - [5] 융해 잠열(melting latent hrat) · 1-28
   - [6] 금속의 비열(specific heat) 1-28
   - [7] 선팽창 계수(coefficient of
         linear expansion) 1-28
   - [8] 자성 1-28
3. **화학적 성질** 1-29
   - [1] 부식(corrosion) 1-29
   - [2] 금속의 이온화 1-29
4. **기계적 성질** 1-30
   - [1] 강도(strength) 1-30
   - [2] 경도(hardness) 1-30
   - [3] 인성(toughness, 질김성) 1-30
   - [4] 피로한도(fatigue limit) 1-30
   - [5] 고온에서의 기계적 성질 1-30
   - ❖ 예상문제 1-31

제3장 재료시험 1-39

1. **인장 시험(tension test)** 1-39
   - [1] 인장 시험 1-39
   - [2] 시험기의 종류 1-39

〔3〕 인장시험편 규격의 규정 ·············· *1-39*
② **경도 시험**(hardness test) ············· *1-42*
　〔1〕 경도를 측정하는 방법 ··············· *1-42*
　〔2〕 브리넬 경도(H_B, Brinell
　　　 hardness test) ························· *1-43*
　〔3〕 비커어즈 경도(H_V, Vickers
　　　 hardness test, 누우프(knoop)) *1-43*
　〔4〕 로크웰 경도 시험(H_R, Rockwell
　　　 hardness test) ························· *1-43*
　〔5〕 쇼어 경도 시험(H_S, Shore
　　　 hardness test) ························· *1-44*
　〔6〕 기타 경도계 ······························· *1-44*
③ **충격 시험**(impact test) ················ *1-45*
　〔1〕 충격 시험의 개요 ······················· *1-45*
　〔2〕 충격 시험의 원리 ······················· *1-45*
　〔3〕 충격 시험기의 종류 ··················· *1-46*
④ **피로 시험**(Fatigue test) ················ *1-46*
⑤ **Creep 시험** ··································· *1-47*
⑥ **에릭션 시험**(Erichsen test, 커핑) ·· *1-47*
⑦ **압축 시험**(compression test) ········ *1-47*
⑧ **굽힘 시험**(bending test) ················ *1-48*
　❖ 예상문제 ·· *1-49*

제4장 탄소강 ······························· *1-69*

① **철과 강** ·· *1-69*
　〔1〕 선철의 제조 ······························· *1-69*
　〔2〕 철강의 분류 ······························· *1-71*
　〔3〕 강괴 ·· *1-71*
② **순철**(Iron) ·· *1-72*
　〔1〕 공업용 순철 ······························· *1-72*
③ **철-탄소계 평형 상태도와 표준조직** · *1-74*
　〔1〕 Fe-C 평형 상태도 ····················· *1-74*
　〔2〕 탄소강의 조직 ··························· *1-75*
④ **탄소강의 성질** ································ *1-77*
　〔1〕 물리적 성질·화학적 성질 ········ *1-77*
　〔2〕 기계적 성질 ······························· *1-77*
　〔3〕 탄소강에 함유된 여러 원소의
　　　 영향 ·· *1-78*

　〔4〕 강의 소성 가공 ··························· *1-79*
⑤ **탄소강의 종류와 용도** ···················· *1-80*
　〔1〕 탄소강의 용도 ··························· *1-80*
　〔2〕 탄소강의 종류 ··························· *1-81*
　❖ 예상문제 ·· *1-82*

제5장 특수강 ······························· *1-109*

① **개요** ·· *1-109*
　〔1〕 특수강의 정의 ··························· *1-109*
　〔2〕 첨가 원소의 효과 ····················· *1-110*
　〔3〕 특수강의 분류 ··························· *1-110*
　〔4〕 변태점 및 경화능에 미치는
　　　 첨가 원소의 영향 ····················· *1-111*
　〔5〕 첨가 원소의 영향 ····················· *1-111*
　〔6〕 여러 가지 합금 원소 영향의 비교 · *1-113*
② **구조용 특수강** ······························ *1-114*
　〔1〕 Ni강 ·· *1-114*
　〔2〕 Cr강 ·· *1-116*
　〔3〕 Ni-Cr강(SNC) ························ *1-116*
　〔4〕 Ni-Cr-Mo강 ··························· *1-117*
　〔5〕 Cr-Mo강 ································· *1-117*
　〔6〕 Mn-Cr강 ································· *1-117*
　〔7〕 Mn강 ·· *1-117*
③ **내열강** ·· *1-117*
　〔1〕 내열재료의 구비조건 ··············· *1-117*
　〔2〕 내열성을 주는 원소 ················· *1-117*
　〔3〕 Ferrite계 내열강 ······················· *1-122*
　〔4〕 Austenite계 내열강 ·················· *1-118*
　〔5〕 내열 초합금 ······························· *1-118*
　〔6〕 테르밋(thermit) ························ *1-118*
④ **스테인레스강**(불수강; 不銹鋼) ·········· *1-118*
　〔1〕 개요 ·· *1-118*
　〔2〕 스테인레스강의 분류 ··············· *1-119*
　〔3〕 Ferrite계 스테인레스강 ··········· *1-119*
　〔4〕 Martensite계 스테인레스강 ····· *1-119*
　〔5〕 Austenite계 스테인레스강 ······ *1-119*
⑤ **공구강** ·· *1-120*
　〔1〕 특수 공구강(Aloy tool steel,
　　　 합금공구강) ································ *1-120*
　〔2〕 다이스강 ···································· *1-120*

〔3〕 고속도강(HSS, SKH, High-Speed Steel) ·················· *1-120*
〔4〕 스텔라이트(Stellite) ············ *1-122*
〔5〕 소결 탄화물 합금 ··············· *1-122*
〔6〕 시래믹 공구 ························ *1-123*

6 **전자기용 특수강** ···················· *1-123*

〔1〕 철심 재료 ···························· *1-123*
〔2〕 영구 자석 ···························· *1-124*

7 **기타의 특수강** ························ *1-124*

〔1〕 베어링강 ······························ *1-124*
〔2〕 쾌삭강 ································ *1-125*
〔3〕 게이지강(hauge steel) ······· *1-125*
〔4〕 Spring강 ······························ *1-125*
〔5〕 불변강 ································ *1-125*
❖ 예상문제 ··························· *1-127*

제6장 주 철 ······························ *1-149*

1 **주철의 개요** ···························· *1-149*
2 **주철의 조직과 상태도** ············ *1-149*

〔1〕 주철에 함유된 탄소 ············ *1-149*
〔2〕 Fe-C계 평형 상태도 ·········· *1-150*
〔3〕 주철 중의 여러 가지 상 ····· *1-151*
〔4〕 주철의 조직도 ····················· *1-151*
〔5〕 주철 조직에 미치는
  여러 가지 원소의 영향 ········ *1-151*
〔6〕 주철의 흑연화 ····················· *1-153*

3 **주철의 성질** ···························· *1-154*

〔1〕 물리적 성질 ························ *1-154*
〔2〕 기계적 성질 ························ *1-155*
〔3〕 주조성 ································ *1-156*

4 **일반 주철** ································ *1-157*

〔1〕 보통 주철 ···························· *1-157*
〔2〕 고급 주철 ···························· *1-157*

5 **특수 주철** ································ *1-158*

〔1〕 특수 합금 원소의 영향 ······· *1-158*
〔2〕 칠 주물(냉경 주철, chilled casting) *1-158*
〔3〕 가단 주철 ···························· *1-159*
〔4〕 구상 흑연 주철(연성 주철, ductile 주철, 노듈러 주철) ········· *1-160*

❖ 예상문제 ··························· *1-162*

제7장 철강재료의 검사법 ············· *1-181*

1 **시험법의 종류** ························ *1-181*

〔1〕 강재의 감별법 ····················· *1-181*

2 **검사법의 종류** ························ *1-182*

〔1〕 결함 검사법 ························ *1-182*
❖ 예상문제 ··························· *1-184*

제8장 비철금속 재료 ··················· *1-189*

1 **구리 및 구리 합금** ················ *1-189*

〔1〕 구리의 성질 ························ *1-189*
〔2〕 황동 및 특수 황동 ·············· *1-190*
〔3〕 특수 황동 ···························· *1-192*
〔4〕 청동 ···································· *1-194*

2 **Al과 Al 합금** ·························· *1-198*

〔1〕 Al의 성질 ···························· *1-198*
〔2〕 주조용 Al 합금 ··················· *1-199*
〔3〕 가공용 Al 합금 ··················· *1-200*
〔4〕 내열용 Al 합금 ··················· *1-201*
〔5〕 Al 합금의 시효 경화 ·········· *1-201*

3 **Ni과 Ni 합금** ·························· *1-202*

〔1〕 Ni의 성질 ···························· *1-202*
〔2〕 Ni 합금 ································ *1-203*

4 **Mg과 Mg 합금** ······················ *1-204*

〔1〕 Mg의 성질 ·························· *1-204*
〔2〕 Mg 합금 ······························ *1-204*

5 **베어링 합금** ···························· *1-205*

〔1〕 베어링 합금의 필요 조건 ···· *1-205*
〔2〕 주석계 화이트 메탈(베빗 메탈, Babbit metal) ······················ *1-205*
〔3〕 납계 화이트 메탈 ················ *1-206*
〔4〕 아연계 화이트 메탈 ············ *1-206*
〔5〕 카드뮴계 화이트 메탈 ········ *1-206*
〔6〕 구리계 화이트 메탈 ············ *1-206*
〔7〕 소결 베어링 합금 ················ *1-206*

6 **Zn과 Zn 합금** ························ *1-206*

〔1〕 아연 합금 ···························· *1-206*

7 기타 금속과 그 합금 1-207
  [1] 땜용 합금 1-207
  [2] 저용융점 합금 1-207
  ❖ 예상문제 1-209

제9장 금속의 조직 1-235

1 변태점 측정법 1-235
  [1] 열분석 1-235
  [2] 전기 저항에 의한 측정법 1-235
  [3] 열팽창계법 1-236
  [4] 자기 분석법 1-236

2 상율 1-236
  [1] 물의 변태 1-236
  [2] 금속간 화합물 1-236

3 이원합금의 평형 상태도 1-237

  [1] 고용체를 만드는 경우 1-237
  [2] 공정을 만드는 경우 1-237
  [3] 금속간 화합물(inyemetall
      compound)을 만드는 경우 1-238
  [4] 편정(monotectic reaction)이
      생기는 경우 1-238
  [5] 포정(peritectic reaction)이
      생기는 경우 1-239
  [6] 고체에서 변태점이 있을 때 1-239

4 현미경 조직 1-239
  [1] 고온 금속 현미경과 그의 응용 1-239
  [2] 현미경의 시료 준비 1-239

5 열처리에 의한 조직 변화 1-240
  [1] 합금의 시효 경화 1-240
  ❖ 예상문제 1-242

제2편

금속열처리

제1장 열처리의 개요 2-3

1 열처리(heat treatment)의 개요 2-3
  [1] 열처리의 정의 2-3

2 열처리의 목적 2-3

3 열처리의 기본 법칙 2-4
  [1] 가열 방법 2-4
  [2] 가열 변태 2-4
  [3] 냉각 변태 2-5
  [4] 냉각법의 형태 2-5

4 열처리와 변태 2-6
  [1] 열처리와 변태 2-6
  [2] 합금 종류에 따라 고상 변태의 분류 . 2-6
  [3] 변태 진행 기구에 의한 분류 2-6
  [4] 열활성 변태 2-6
  [5] 시효 변태 2-7
  [6] 급냉으로 일어나는 지체 변태 2-7

  ❖ 예상문제 2-8

제2장 항온 및 연속 냉각 변태와
      열처리 설비 2-10

1 항온 변태 2-10
  [1] 항온 변태 곡선(isothermal
      transformation curve, TTT 곡선,
      C곡선, S곡선) 2-10
  [2] Pearlite 변태 2-11
  [3] Bainite 변태 2-11

2 연속 냉각 변태(continuous cooling
  transformation) 2-12
  [1] 공석강의 연속 냉각 변태 2-12
  [2] 연속 냉각 변태도(CCT 곡선,
      continuous cooling transformation
      diagram) 2-13
  [3] Martensite 변태 2-14
  [4] 잔류 Austenite 2-14

③ 변태와 합금 원소 ·················· 2-15
　〔1〕 Pearlite 변태와 합금 원소 ········· 2-15
　〔2〕 Martensite 변태와 합금 원소 ····· 2-15
④ 열처리로와 설비 ·················· 2-15
　〔1〕 열처리로 ························· 2-15
　〔2〕 온도 측정 장치 ···················· 2-18
　〔3〕 온도 제어 장치 ···················· 2-19
　〔4〕 치공구 ···························· 2-20
⑤ 냉각 장치와 냉각제 ················ 2-20
　〔1〕 냉각 장치 ························ 2-20
　〔2〕 냉각제 ···························· 2-21
　❖ 예상문제 ···························· 2-23

제3장 일반 열처리 및 항온 열처리 · 2-41

① 강의 열처리 기초 ·················· 2-41
　〔1〕 불림(노멀라이징, 燒準,
　　　 Normalizing) ···················· 2-41
　〔2〕 노멀라이징의 종류 ················ 2-42
　〔3〕 풀림(燒鈍, Annealing) ············ 2-43
　〔4〕 담금질(燒入, Quenching) ········· 2-44
　〔5〕 뜨임(Tempering) ·················· 2-49
　〔6〕 강의 마아템퍼링(Martempering) 2-51
　〔7〕 강의 오스템퍼링(Austempering) 2-53
② 구조용 합금강의 열처리 ············ 2-55
　〔1〕 개요 ······························ 2-55
　〔2〕 Cr강의 열처리 ··················· 2-55
　〔3〕 Cr-Mo강의 열처리 ·············· 2-55
　〔4〕 Ni-Cr강 ························· 2-55
　〔5〕 Ni-Cr-Mo강 ······················ 2-55
③ 마레이징강(maraging steel)의 열처리 2-56
　〔1〕 특징 ······························ 2-56
　〔2〕 열처리 방법 ······················ 2-56
④ 공구강의 열처리 ··················· 2-56
　〔1〕 공구강의 구비 조건 ··············· 2-56
　〔2〕 탄소 공구강(STC 1~7) ·········· 2-56
　〔3〕 합금 공구강 ······················ 2-58
　〔4〕 고속도강(High Speed Steel) ····· 2-59
⑤ 주철의 열처리 ····················· 2-62

　〔1〕 회주철의 열처리 ·················· 2-62
　〔2〕 구상 흑연 주철의 열처리 ········· 2-63
　〔3〕 가단 주철의 열처리 ·············· 2-64
　〔4〕 오스테나이트 주철의 열처리 ······ 2-64
⑥ 알루미늄 합금의 열처리 ··········· 2-64
　〔1〕 석출을 일으키는 열처리 ·········· 2-64
　〔2〕 열처리형 Al 합금의 질별 기호 ··· 2-64
　〔3〕 열처리의 실제 ···················· 2-65
⑦ 구리 합금의 열처리 ··············· 2-66
　〔1〕 구리 합금의 열처리 ·············· 2-66
⑧ 마그네슘 합금의 열처리 ··········· 2-67
　〔1〕 풀림 ······························ 2-67
　〔2〕 가공용 합금의 응력 제거 ········· 2-68
　〔3〕 주물의 응력 제거 ················ 2-68
　〔4〕 용체화 처리 및 시효 ·············· 2-68
⑨ Ni 및 Ni 합금의 열처리 ··········· 2-68
⑩ Ti 및 Ti 합금의 열처리 ··········· 2-68
　❖ 예상문제 ···························· 2-69

제4장 분위기 열처리 ············· 2-116

① 분위기 열처리의 개요 ············· 2-116
　〔1〕 위기 열처리 개요 ················ 2-116
② 분위기 열처리의 실제 ············· 2-119
　〔1〕 보호 가스 분위기 열처리 ········ 2-119
　〔2〕 진공 분위기 열처리 ············· 2-121
　❖ 예상문제 ·························· 2-123

제5장 표면 경화 열처리 ·········· 2-131

① 표면 경화 열처리 ················· 2-131
　〔1〕 표면 경화 열처리의 분류 ········ 2-131
② 화학적 표면 경화법 ··············· 2-131
　〔1〕 침탄법 ··························· 2-131
　〔2〕 질화법(nitriding) ················ 2-136
　〔3〕 금속 침투법(metallic cementition) · 2-137
③ 물리적 표면 경화법 ··············· 2-138
　〔1〕 화염 경화법(flame hardening) 2-138
　〔2〕 고주파 경화법(induction
　　　 hardening) ······················ 2-139

④ 기타 표면 경화법 ·············· 2-140
　〔1〕 숏 피닝(shot peening) ········· 2-140
　〔2〕 방전 가공(spark hardening) ··· 2-140
　〔3〕 하아드 페이싱(hard facing) ··· 2-140
　❖ 예상문제 ····························· 2-141

제6장 열처리 제품의 시험 검사 및 결함대책 ·············· 2-153

① 열처리 제품의 시험 및 검사 ·············· 2-153
　〔1〕 조직 시험법 ························ 2-153
　〔2〕 기계적 시험법 ····················· 2-155

② 결함의 원인과 대책 ·············· 2-156
　〔1〕 열처리시 나타나는 결함의 발생 원인 구분 ·············· 2-156
　〔2〕 가열시 결함 ························ 2-156
　〔3〕 담금질시의 결함 ·················· 2-158
　〔4〕 뜨임시 결함 ························ 2-162
　〔5〕 연마시의 결함 ····················· 2-162
　〔6〕 심랭 처리시의 결함 ············· 2-163
　〔7〕 표면 경화시의 결함 ············· 2-163
　〔8〕 재료의 결함 ························ 2-165
　❖ 예상문제 ····························· 2-168

제3편

금속공업제도

제1장 제도의 기본 ·············· 3-3

① 제도의 개요 ·············· 3-3
　〔1〕 제도의 규격 ························· 3-3

② 도면의 분류 ·············· 3-4
　〔1〕 용도에 따른 분류 ·················· 3-4
　〔2〕 내용에 따른 분류 ·················· 3-4
　〔3〕 표현 형식에 따른 분류 ··········· 3-5

③ 도면의 크기와 양식 ·············· 3-5
　〔1〕 도면의 크기 ························· 3-5
　〔2〕 도면의 양식 ························· 3-6

④ 척도 ·············· 3-9
　〔1〕 척도의 종류 ························· 3-9
　〔2〕 척도의 표시 방법 ·················· 3-9
　〔3〕 척도의 기입 방법 ·················· 3-9

⑤ 제도 용구의 종류와 사용법 ·············· 3-10
　〔1〕 제도기 ································ 3-10
　〔2〕 제도용 필기구 ····················· 3-10
　〔3〕 제도용 자 ··························· 3-11
　〔4〕 제도판(drawing board) ········ 3-12

⑥ 문자와 선 ·············· 3-12
　〔1〕 문자 ·································· 3-12
　〔2〕 선(KS A 0109, KS B 0001) ···· 3-14
　〔3〕 문자와 선 사용법 ················· 3-16
　❖ 예상문제 ····························· 3-19

제2장 기초 제도 ·············· 3-34

① 투상법 ·············· 3-34
　〔1〕 투상법의 분류(KS A 3007) ···· 3-34
　〔2〕 투상도 ······························· 3-34
　〔3〕 정투상법 ···························· 3-35
　〔4〕 축측 투상법 ························ 3-37
　〔5〕 사투상법 ···························· 3-39
　〔6〕 투시 투상법 ························ 3-40
　〔7〕 제도에 사용하는 투상법 ········ 3-40

② 도형의 표시 방법(KS A 0112, KS B 0001) ·············· 3-41
　〔1〕 투상도의 표시 방법 ·············· 3-41
　〔2〕 단면도의 표시 방법 ·············· 3-43
　〔3〕 도형의 생략 ························ 3-47
　〔4〕 특별한 도시 방법 ················· 3-48

③ 치수의 기입 방법 ·············· 3-50
　〔1〕 기본 사항 ··························· 3-50
　〔2〕 치수 기입 방법의 일반 형식 ··· 3-51
　〔3〕 여러 가지 요소의 치수 기입 ··· 3-56
　〔4〕 치수 기입시 주의 사항 ·········· 3-64

④ 재료의 표시 방법 3-65
　〔1〕 재료 기호의 구성 3-65
　〔2〕 기계 재료의 기호 3-67
　〔3〕 재료의 중량 계산 3-67
⑤ 도면 작성시 주의 사항 3-67
　〔1〕 일반 부품도 3-67
　〔2〕 부품 번호 3-68
　❖ 예상문제 3-69

제3장 제도의 설계 3-97

① 표면 거칠기(surface roughness) 3-97
　〔1〕 표면 거칠기의 개요 3-97
　〔2〕 표면 거칠기의 표시 3-98
　〔3〕 표면 거칠기 값의 지시 3-98
　〔4〕 도면 기입 방법 3-99
② 다듬질 기호 3-101
　〔1〕 다듬질 기호 3-101
　〔2〕 다듬질 기호 사용 3-101
　〔3〕 다듬질 기호를 도면에
　　　　기입하는 방법 3-102
③ 치수 공차 3-102
　〔1〕 치수 공차 3-102
④ 끼워맞춤 3-105
　〔1〕 끼워맞춤 3-105
　〔2〕 치수 공차와 끼워맞춤
　　　　기호의 기입 방법 3-108
⑤ 기하 공차(geometrical tolerancing) · 3-110
　〔1〕 기하 공차의 종류와 기호 3-110
　〔2〕 기하 공차의 기입 방법 3-111
　〔3〕 기하 공차의 표시 방법 3-111
　〔4〕 모양 공차 3-112
　〔5〕 흔들림 공차 3-113
　〔6〕 자세 공차 3-113
　〔7〕 위치 공차 3-113
⑥ 기계 요소 제도 3-114
　〔1〕 나사(screw) 3-114
　〔2〕 볼트와 너트 3-118
　〔3〕 키이와 핀 3-119
　〔4〕 스프링 3-120
　〔5〕 기어(gear) 3-120
　〔6〕 축용 기계 요소 3-123
　〔7〕 용접 제도 3-125
　❖ 예상문제 3-128

제4편

금속재료조직 및 비파괴시험

제1장 비파괴 시험법 4-3

① 비파괴 시험의 개요 4-3
　〔1〕 비파괴 시험의 체계 4-3
② 방사선 투과 시험(RT) 4-4
　〔1〕 방사선의 발생과 그 성질 4-4
　〔2〕 방사선 투과 시험용 장비 4-4
　〔3〕 방사선 투과 사진용 재료 4-5
③ 초음파 탐상 시험(UT) 4-5
　〔1〕 초음파 탐상 시험의 분류 4-5
　〔2〕 접촉 매질의 종류 4-6
　〔3〕 탐촉자(probe) 4-6
　〔4〕 표준 시험편 및 대비 시험편 4-6
④ 자분 탐상 시험(MT) 4-6
　〔1〕 자화방법 4-6
⑤ 침투 탐상 시험(PT) 4-7
　〔1〕 침투 탐상법의 기본 조작 4-7
　〔2〕 현상법의 종류 4-7
　〔3〕 침투 탐상 시험의 특징 4-8
⑥ 와전류 탐상 시험(ET) 4-8
　〔1〕 검사 코일의 분류 4-8
　〔2〕 와전류 탐상 시험의 적용과 특징 ... 4-8

⑦ 누설 검사(LT) 4-9
   ❖ 예상문제 4-10

제2장 금속조직 시험법 4-27

① 육안 조직 검사법 4-27
  〔1〕 파면 검사 4-27
  〔2〕 설퍼프린트법 4-27

② 비금속 개재물 검사 4-28
  〔1〕 황화물계 개재물(A형) 4-28
  〔2〕 알루미늄 산화물계 개재물(B형) .. 4-28
  〔3〕 각종 비금속 개재물(C형) 4-28

③ 현미경 조직 검사 4-28
  〔1〕 금속현미경의 구조 4-29
  〔2〕 시험편의 제작 4-29
  〔3〕 시험편의 마운팅 4-29
  〔4〕 시험편의 연마 4-29
  〔5〕 시험편의 부식 4-29
  〔6〕 검경에 의한 조직 관찰 4-29

④ 정량조직 검사 4-30
  〔1〕 결정립도 측정법 4-30
  〔2〕 조직량 측정법 4-31
  ❖ 예상문제 4-33

제3장 특수 시험법 4-44

① 특수 재료 시험 4-44
  〔1〕 크리프 시험 4-44
  〔2〕 마모 시험 4-45
  〔3〕 에릭센 시험 4-45
  〔4〕 스프링 시험 4-45

② 재료의 특성 시험 4-45
  〔1〕 응력 측정 시험 4-45
  〔2〕 X-선 회절 시험 4-45
  〔3〕 불꽃 시험 4-45
  〔4〕 담금질성 시험 4-46
  ❖ 예상문제 4-48

부　　록

◎ 금속재료시험기능사 실기필답형 예상문제 3
◎ 열처리기능사 실기필답형 예상문제 3
◎ 철강의 열처리조직 예상문제 3

제Ⅰ편
금속재료 일반

제1장 금속과 합금 / 1-3
제2장 금속재료에 필요한 성질 / 1-26
제3장 재료시험 / 1-39
제4장 탄소강 / 1-69
제5장 특수강 / 1-109
제6장 주철 / 1-149
제7장 철강재료의 검사법 / 1-181
제8장 비철금속재료 / 1-189
제9장 금속의 조직 / 1-235

제1장 금속과 합금

1 금속의 결정 구조

[1] 금속의 특성
(1) 고체 상태에서 결정을 구성한다.
(2) 전기 및 열전율이 크다.
(3) 금속 특유의 광택을 가지고 있다.
(4) 큰 소성 변형 능력이 있다. 즉, 연성, 전성이 크다.

[2] 결정 구조
(1) 금속은 그 특성의 하나로 고체 상태(solid state)에서 결정을 이루고 있다.
(2) 일반적으로 한 물체는 많은 결정 입자의 집합체이며 이 결정 입자는 원자가 규칙적으로 배열되어 형성된 공간 격자(space lattice)에 의해 이루어진다.
(3) 공간 격자는 최소 단위인 단위포(unit cell)로 구성된다.
(4) 격자 상수(lattice constant) : 단위포 3개의 모서리 길이 a, b, c 및 두 모서리 사이의 각 α, β, γ를 말하며 크기는 10^{-8}cm(1Å : 옴스트롱)의 수 배 정도의 크기다.
(5) 공간 격자에서의 원자의 배열 상태는 각 금속에 따라 다르며 배열 방법은 금속의 성질과 관계가 있다.

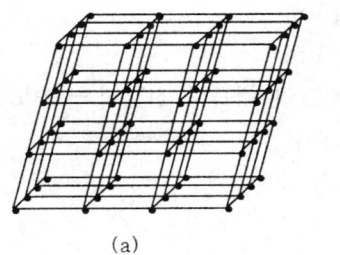
(a)

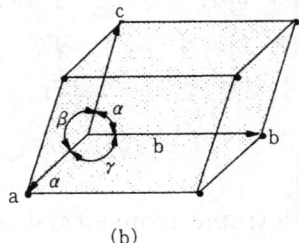
(b)

〔공간격자와 단위포〕

(6) 고체 금속의 결정 구조 중에서 흔히 볼 수 있는 결정 격자
① 체심 입방 격자(BCC) : α-Fe, δ-Fe, Cr, Mo, W, Na, Li, Ta, V, K.
② 면심 입방 격자(FCC) : γ-Fe, Al, Ca, Ni, Co, Cu, Ce, Pt, Pb, Ag, Au.
③ 조밀 육방 격자(HCP) : Mg, Zn, Cd, Ti.

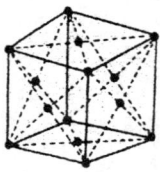 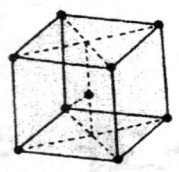 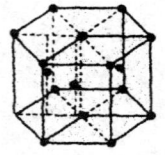

(a) 면심 입방 격자   (b) 체심 입방 격자   (c) 조밀 육방 격자
〔중요한 금속 격자형〕

2 금속의 응고

(1) 순금속의 냉각 곡선

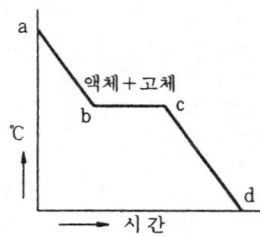

ab : 액체에서의 냉각.
bc : 용융점(액체+고체).
cd : 고체에서의 냉각.

(2) 수지상 결정(dendrit) : 생성된 결정핵이 성장하여 나뭇가지 모양으로 발달하고 주위에서 성장해 온 결정과 접촉할 때까지 계속 성장하여 여기에 결정 입계를 형성한 것을 말한다.
(3) 같은 방향의 수지상 결정이 집합하여 하나의 결정 입자가 형성되고 이 결정 입자가 모여서 한 물체를 만든다.
(4) 생성되는 결정 입자의 크기와 형상은 용융 액체와 응고 조건에 의해 달라진다.
  ① 결정 입자의 미세도 : 응고 때의 결정핵 생성 속도와 결정핵의 성장 속도에 의해서 결정된다.
   ㉮ 결정핵 성장 속도보다 크면 입자는 극히 작아 지고, 그와 반대의 경우는 커진다.
   ㉯ 주상 결정 입자가 생기는 경우 : G≧Vm
   ㉰ 입상 결정 입자가 생기는 경우 : G<Vm
    ※G : 결정 입자 성장 속도, Vm : 용융점이 내부로 전달하는 속도.

3 금속의 변태

【1】 동소 변태(allotropic transformation)
  (1) 같은 물질이 다른 상(phase)으로 변하는 것을 **변태**(transformation) 또는 **동소 변태**라 한다.

(2) 변태가 일어난 점을 변태점이라 하며 금속의 용해도 일종의 변태라 할 수 있다.
  (3) 동소 변태란 고체에 있어서의 결정 격자의 변화, 즉 원자 배열의 변화가 일어나는 것
      예 순수한 철은 상온에서 체심 입방 격자이나 910℃에서는 면심 입방 격자로 변하며, 1400℃에서는 다시 체심 입방 격자로 되는 동소 변태가 일어난다.
  (4) 동소 변태는 성질 변화가 일정한 온도에서 급속히 비연속적으로 일어난다.

【2】 자기 변태(magnetic transformation)
  (1) 원자 내부에 어떤 변화를 일으키는 것(강자성 ←→ 상자성)
  (2) 강자성체의 자기 변태점(curie point) : Fe(768℃), Ni(360℃), Co(1160℃)
  (3) 자기 변태는 일정한 온도의 범위 안에서 점진적이고 연속적인 변화가 일어난다.

【3】 변태에 있어서의 성질과 온도와의 관계
  (1) (a)는 변태가 없을 때에 성질과 온도와의 사이의 변화를 나타낸 것이다.
      ① 변화는 있으나 단순한 비례 관계의 가역변화이다.
  (2) (b)는 동소 변태가 일어날 때의 성질(열팽창)과 온도 사이의 변화 곡선이다.
      ① 변태점 t_0에서 수직으로 성질이 변한다.
      ② 가열시는 변태가 고온에서 냉각시는 저온에서 일어난다.
  (3) (c)는 변태가 일어날 때의 성질과 온도와의 관계를 표시한 것이다.
      ① 변태가 t_1부근에서 일어나서 t_2부근에서 끝나기까지 장시간 동안 온도를 유지하여도 비연속적으로 진행되지 않는다.
      ② (c)의 ①은 전기저항 및 부피 등의 변화, ②는 자기 세기의 변화이다.

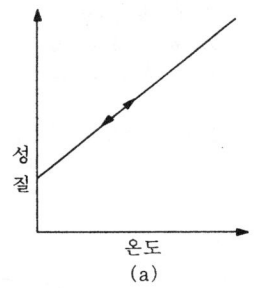 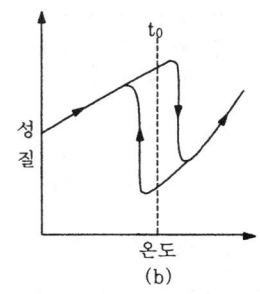 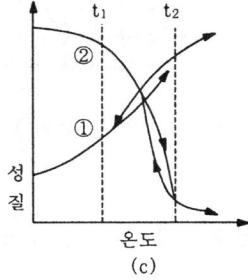

〔성질과 온도와의 관계〕

4 합금

【1】 합금(alloy)의 정의
  (1) 두 가지 이상의 금속 또는 금속과 비금속 원소가 합하여 금속적인 성질을 나타낼 때를 **합금**이라 한다
  (2) 합금의 제조 방법
      ① 금속과 금속 또는 비금속을 용융 상태에서 융합시킨 방법.
      ② 금속과 금속 또는 비금속을 압축 소결하여 만든 방법.
      ③ 침탄 처리와 같이 고체 상태에서 확산을 이용하여 합금을 부분적으로 만드는 방법.

【2】 고용체(solid solution)

(1) 한 물질 중에 다른 물질이 용해되어 균일한 물질로 된 것을 용체라 하며 용체가 액체일 때를 용액이라 하고 고체일 때를 **고용체**라 한다.
(2) 용매인 금속 결정 중에 용질인 금속의 원자 또는 분자가 들어가서 원자적 또는 분자적으로 녹아 있는 상태를 말한다.
(3) 용매 금속의 결정격자 중에 용질 금속의 원자가 들어가는 방법
  ① 침입형 고용체(interstitial solid soltion)
    ㉮ 용질 원자가 용매 금속의 결정 격자 속으로 침입해 들어가는 고용체.
    ㉯ 용질 원자의 크기가 용매 원자보다 특히 작은 경우에만 이루어진다.
    ㉰ 철 속에 탄소가 침입해 들어가 강철을 만드는 경우, 강철 속에 질소가 침입해 들어가 질화되는 경우가 이에 속한다.
  ② 치환형 고용체(substitutional solid soltion)
    ㉮ 용질 원자가 일부의 용매 원자와 위치를 치환하는 고용체.
    ㉯ 치환형 고용체 중에서 용질 원자 위치가 규칙적이면 이것을 규칙 격자(super lattice)라 한다.
    ㉰ 용질 원자, 용매 원자의 크기의 차가 15% 이내일 때 이루어진다.

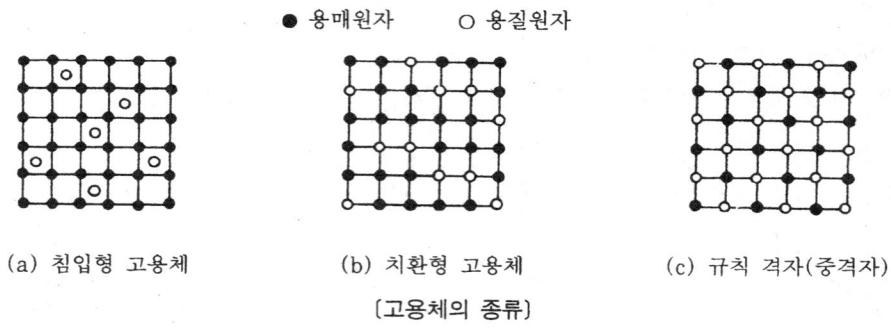

(a) 침입형 고용체   (b) 치환형 고용체   (c) 규칙 격자(중격자)
〔고용체의 종류〕

【3】 금속간 화합물(intermetallic compound)

(1) 각 성분이 모두 금속일지라도 어떤 종류의 금속은 서로 일정한 간단한 비율, 즉 원자량의 정수비로 결합되어 금속간 화합물을 만들 때가 있다.
(2) 금속간 화합물은 특징이 없어지고, 성분 금속보다 단단하고 용융점이 높아진다.
(3) 일반 화합물에 비하여 결합력이 약하고, 고온에서는 불안정하므로 용융 상태에서 존재하지 않으며, 때로는 고체에서도 고온에서는 분해되는 것이 적지 않다.

【4】 공정(eutectic)

(1) 일정한 온도에서 액체로부터 두 종류의 고체(순금속, 고용체, 금속간 화합물)가 일정한 비율로 동시에 정출하여 나온 **혼합물**을 말한다.
(2) 고용체를 화합물에 비유하면 공정은 혼합물에 해당한다.
(3) 공정 조직은 미세한 층상이 서로 교대해 있든가 또는 한 성분이 입상으로 되어 다른 성분중에 산재되어 있기도 한다.

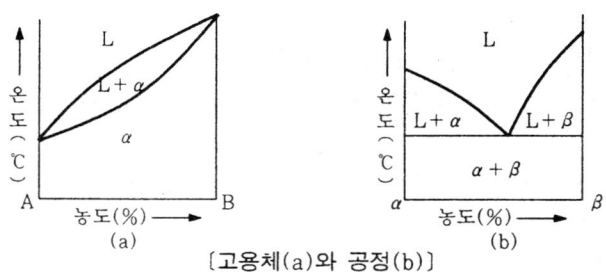

〔고용체(a)와 공정(b)〕

【5】 공석정(eutectoid)

(1) 일정한 온도에서 하나의 고용체로부터 두 종류의 고체가 일정한 비율로 동시에 석출 서 생긴 혼합물을 말한다.
(2) 공석정의 조직은 층상 조직이다.
(3) 강철의 경우 : Pearlite(0.85%C, 723℃) = Austenite + Ferrite

5 결정 입자의 성장과 재결정

【1】 금속의 결정 입자의 성장

(1) 원자가 움직일 수 있는 조건이 되었을 때 하나의 결정으로부터 더 안정된 면을 가지는 다른 결정으로 배열하려고 하므로 다수 결정이 집합한 상태는 불안정하고 단일 결정이 되었을 때는 가장 안정하다.
(2) 수 %의 약한 가공을 받은 금속을 가열하면 결정 성장이 일어나 전체로서 결정 입자가 증대한다.
(3) 결정 성장은 결정 입계의 이동에 따라 병합 잠식에 의해서 일어난다.
(4) 재결정에 의해 생긴 새로운 결정 입자는 온도의 상승, 시간의 경과와 더불어 큰 결정 입자가 근처에 있는 작은 결정 입자를 잠식해서 차차 그 크기가 증가한다. 이것을 결정 입자의 성장(grain grwoth)이라 한다.
(5) 결정 입자의 성장은 고온에서 장시간 가열하였을 경우 이루어지며 온도의 상승에 의해서도 급속히 이루어진다.
(6) 결정 입자의 성장 : 가공도가 적당하고, 가공전의 결정 입자가 미세하여 가열 온도가 높고, 가열 시간이 길수록 커진다.

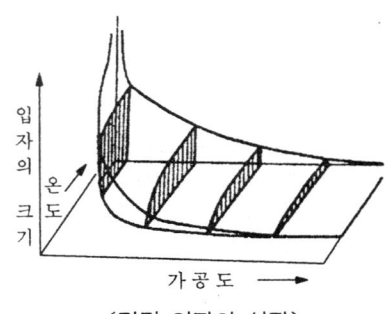

〔결정 입자의 성장〕

【2】 재결정(recrystallization)

(1) 금속을 심하게 가공하면 결정이 slip을 일으킨다. 이 상태의 것을 가열하면 원자의 활동이 자유롭게 되고, 동시에 성장이 일어나서 새로운 결정 조직을 얻게 된다. 이것을 말한다.

(2) 변형된 결정 입자가 완전히 재결정 조직이 되기 위해서는 특정 온도에서 일정 시간 동안 유지되어야 한다.

(3) 금속 및 합금의 재결정 온도
  ① 금속 및 합금의 재결정 온도는 종류에 따라 다르다.
  ② 가공도 가열 시간에 따라 다르다.
   ㉮ 재결정은 냉간 가공도가 낮을수록 높은 온도에서 일어난다.
   ㉯ 재결정은 가열 온도가 동일하면 가공도가 낮을수록 장시간이 걸린다.
   ㉰ 가공전의 결정 입자가 미세할수록, 가열 시간이 길수록 재결정 온도가 낮다.
   ㉱ 재결정은 가공도가 동일하면 풀림 시간이 길수록 낮은 온도에서 일어난다.
   ㉲ 결정 입자 크기는 주로 가공도에 의해 변화하고, 가공도가 낮을수록 큰 결정이 된다.
  ③ 금속의 재결정 온도

금 속	재결정 온도(℃)	금 속	재결정 온도(℃)	금 속	재결정 온도(℃)
W	1200	Au	200	Mg	150
Ni	600	Ag	200	Zn	실내 온도
Fe	450	Cu	200	Pb	실온 이하
Pt	450	Al	150	Sn	실온 이하

예상문제

문제 1. 다음은 금속의 공통적인 성질에 대한 설명이다. 잘못 설명된 것은 어느 것인가?
㉮ 열과 전기의 양도체이다.
㉯ 상온에서 고체이며 결정체이다.
㉰ 금속 특유의 광택을 갖고 있고 소성 변형 능력이 있다.
㉱ 비교적 강도는 경도는 작으나 비중이 크다.

도움 금속은 강도, 경도가 비교적 크다.

문제 2. 다음 설명 중 틀린 것은 어느 것인가?
㉮ 용융 금속이 냉각될 때 응고점 이하로 내려가면 용융 금속 중의 소수의 원자가 규칙적으로 배열하여 결정핵을 만든다.
㉯ 생성된 결정핵이 성장하여 나무 가지 모양을 이룬 것을 수지상 결정이라 한다.
㉰ 결정 입자가 모여서 한 물체를 만든다.
㉱ 생성되는 결정 입자의 크기와 모양은 용융 조건에 의해 결정된다.

도움 생성되는 결정 입자의 크기와 모양은 용융된 금속의 응고 조건에 의해 결정된다.

문제 3. 결정 입자의 미세 정도에 관한 설명 중 틀린 것은 어느 것인가?
㉮ 응고할 때의 결정핵 생성 속도에 의해 결정된다.
㉯ 결정핵의 성장 속도에 의해 결정된다.
㉰ 결정핵 성장 속도보다 결정핵 생성 속도가 크면 결정 입자는 커진다.
㉱ 서냉시 수지상 결정이 나타난다.

도움 결정핵 성장 속도보다 결정핵 생성 속도가 크면 결정 입자는 작아지고, 반대인 경우는 커짐.

문제 4. 주상 결정 입자 조직이 생성된 주물에서 불순물이 집중되는 곳은 다음 중 어느 곳인가?
㉮ 주상 결정 입계 부분에 불순물이 집중된다.
㉯ 주상 결정 중앙 부분에 불순물이 집중된다.
㉰ 주상 결정의 내부에 불순물이 집중된다.
㉱ 주상 결정과 불순물은 관계가 없다.

도움 주상 결정 입계 부분에 불순물이 집중하므로 메짐이 생기고 면이 약함.

해답 1. ㉱ 2. ㉱ 3. ㉰ 4. ㉮

문제 5. 다음 중 주상 결정 입자를 바르게 설명한 것은 어느 것인가? (단, G:결정 입자 성장 속도, Vm:용융점이 내부로 전달되는 속도)
㉮ G=Vm   ㉯ G≧Vm   ㉰ G≦Vm   ㉱ G<Vm

[풀이] ① G≧Vm : 주상 결정 입자가 생기는 경우
② G<Vm : 입상 결정이 생기는 경우

문제 6. 편석을 막기 위해서 모서리 부분을 둥글게 하는 것을 무엇이라 하는가?
㉮ 라운딩   ㉯ 고우스트 라인   ㉰ 역편석   ㉱ 주상 결정

[풀이] 라운딩 : 편석을 막기 위해 모서리 부분을 둥글게 한다.

문제 7. 다음 중 금속이 응고되는 과정 순서로 맞는 것은 어느 것인가?
㉮ 결정핵 발생 → 결정핵 성장 → 결정 경계 형성.
㉯ 결정핵 성장 → 결정 경계 형성 → 결정핵 발생
㉰ 결정 경계 형성 → 결정핵 발생 → 결정핵 성장
㉱ 결정핵 발생 → 결정핵 경계 형성 → 결정핵 성장

[풀이] 응고 과정:결정핵 발생 → 결정핵 성장 → 결정 경계 형성.

문제 8. 결정립의 대소에 대한 설명 중 잘못된 것은 어느 것인가?
㉮ 결정립의 대소는 성장 속도에 비례한다.
㉯ 결정립의 대소는 핵발생 속도에 반비례한다.
㉰ 핵발생 속도의 증대가 성장 속도보다. 현저할 때는 핵수가 적다.
㉱ 성장 속도가 핵발생 속도보다. 빨리 증대할 때는 소수의 핵이 성장하여 응고가 끝나기 때문에 결정립이 크다.

[풀이] 핵발생 속도의 증대가 성장 속도보다. 현저할 때는 핵수가 많기 때문에 미세한 결정으로 된다.

문제 9. 수지상 결정이 잘 나타나는 금속으로 맞는 것은 어느 것인가?
㉮ Sb   ㉯ Fe   ㉰ Ag   ㉱ Au

[풀이] 표면 장력이 적은 Sb 등에서 잘 나타난다.

문제 10. 다음 설명 중 틀린 것은 어느 것인가?
㉮ 결정 격자는 단위포로 구성되어 있다.
㉯ 불순물은 결정립 경계에 모인다.
㉰ 금속의 결정 입자가 클수록 성질이 좋아진다.
㉱ 결정 입자는 미세한 것이 좋다.

[풀이] 결정 입자가 클수록 성질이 나빠진다.

해답 5. ㉯   6. ㉮   7. ㉮   8. ㉰   9. ㉮   10. ㉰

문제 11. 다음 중 과냉도가 큰 금속은 어느 것인가?
㉮ Sn   ㉯ Al   ㉰ Cu   ㉱ Fe

> ① 과냉도가 큰 금속: Sb, Sn
> ② 과냉도가 작은 금속: Al, Cu

문제 12. 금속 결정이 금속 주형의 중심 방향으로 각 결정이 성장하여 중심부로 방사된 것을 무엇이라 하는가?
㉮ 고우스트 라인   ㉯ 응고 잠열   ㉰ 라운딩   ㉱ 주상 결정

문제 13. 다음 중 결정 형성에 영향을 주는 요인이 아닌 것은?
㉮ 결정핵수와 결정 속도   ㉯ 금속의 표면 장력
㉰ 결정 경계 위에 작용하는 힘   ㉱ 점성과 경도

> 결정 형성에 영향을 주는 요인: ㉮, ㉯, ㉰ 이외에 점성과 유동성이 있다.

문제 14. 결정 격자가 규칙적으로 형성되어 있는 것을 무엇이라 하는가?
㉮ 공간 격자   ㉯ 단위포   ㉰ 격자 상수   ㉱ 편석

> 공간 격자는 최소 단위인 단위포로 구성되어 있다.

문제 15. 단위포 한 모서리의 길이를 무엇이라 하는가?
㉮ 공간 격자   ㉯ 단위포   ㉰ 격자 상수   ㉱ 편석

> 격자상수: 단위포 한 모서리의 길이로 나타낸다. ※ 크기 10^{-8}cm(Å)

문제 16. 고체 금속의 결정 구조 중에서 흔히 볼 수 있는 결정 격자가 아닌 것은 다음 중 어느 것인가?
㉮ 면심 입방 격자   ㉯ 체심 입방 격자
㉰ 조밀 육방 격자   ㉱ 조밀 정방 격자

> 체심 입방 격자, 조밀 육방 격자, 면심 입방 격자가 흔히 볼 수 있다.

문제 17. 다음 중 체심 입방 격자로 된 것은 어느 것인가?
㉮ α-Fe   ㉯ γ-Fe   ㉰ Cu   ㉱ Zn

> FCC: α-Fe, δ-Fe, Cr, Mo, W, Na, Li, Ta, V, K
> BCC: γ-Fe, Al, Ca, Cu, Ce, Pt, Pb, Ag, Au,
> HCP: Mg, Zn, Cd, Ti

문제 18. 고체 상태에서 결정 입자의 크기는 보통 얼마인가?
㉮ 10~8mm   ㉯ 5~1mm   ㉰ 0.1~1mm   ㉱ 0.01~0.1mm

해답 11. ㉮   12. ㉱   13. ㉱   14. ㉮   15. ㉰   16. ㉱   17. ㉮   18. ㉱

[토양] 고체 상태에서 결정 입자 크기 : 0.01~0.1mm이다.

문제 19. 다음 결정 입자의 크기에 대한 설명 중 틀린 것은 어느 것인가?
㉮ 금속의 종류와 불순물의 다소에 따라 다르다.
㉯ 냉각 속도가 빠르면 결정핵 수는 작아 진다.
㉰ 냉각 속도가 빠르면 결정 입자는 미세해진다.
㉱ 냉각 속도가 느리면 결정 입자는 조대해진다.

[토양] 냉각속도가 빠르면 결정핵수는 많아지고 결정 입자는 미세해진다.

문제 20. 다음은 결정 입자의 미세 정도에 대한 설명이다. 틀린 것은 어느 것인가?
㉮ 결정핵 생성 속도와 성장 속도에 의해 결정된다.
㉯ 성장 속도보다 생성 속도가 작으면 입자는 작아 진다.
㉰ 입상 결정 입자가 생기는 조건은 냉각 속도가 성장 속도보다 커야 한다.
㉱ 성장 속도보다 생성 속도가 작으면 입자는 커진다.

[토양] 성장 속도보다 생성 속도가 크면 입자는 작아 진다.

문제 21. 상이 같은 동일 물질이지만 결정 격자가 다른 것을 무엇이라 하는가?
㉮ 변태   ㉯ 상율   ㉰ 동소체   ㉱ 결정 격자

[토양] 상이 같은 동일 물질이지만 결정 격자가 다른 것을 동소체라 한다.

문제 22. 다음 중 동소 변태에 대한 설명으로 틀린 것은 어느 것인가?
㉮ 고체에 있어서의 결정 격자의 변화를 말한다.
㉯ 원자 배열의 변화가 일어나는 것을 말한다.
㉰ 동소 변태는 3가 또는 4가의 천이 금속은 적다.
㉱ 순수한 Fe은 910℃ 및 1394℃에서 동소 변태가 일어난다.

[토양] 동소 변태는 3가 또는 4가의 천이 금속에 많다.

문제 23. 순철의 동소체가 아닌 것은 다음 중 어느 것인가?
㉮ α ㉯ β ㉰ γ ㉱ δ

[토양] 순철의 동소체 : α, γ, δ
  ㉠ α : 912℃ 이하에서 BCC
  ㉡ γ : 912~1394℃에서 FCC
  ㉢ δ : 1394℃ 이상에서 BCC

문제 24. 912℃ 이하에서 체심 입방 격자를 갖는 순철의 동소체는 다음 중 어느 것인가?
㉮ α ㉯ β ㉰ γ ㉱ δ

해답 19. ㉯ 20. ㉱ 21. ㉰ 22. ㉰ 23. ㉯ 24. ㉮

문제 25. 자기 변태에 대한 설명 중 틀린 것은 다음 중 어느 것인가?
㉮ 원자 내부에 어떤 변화를 일으킨다.
㉯ 자성을 잃은 점을 자기 변태점(큐리점)이라 한다.
㉰ 자기 변태는 성질 변화가 일정한 온도에서 급속히 비연속적으로 일어난다.
㉱ 자기 변태는 일정한 온도의 범위 안에서 점진적이고 연속적인 변화가 일어난다.

도움 ㉰ 항은 동소 변태에 대한 설명이다.

문제 26. 다음 중 합금이 순금속에 비해 우수한 점은 어느 것인가?
㉮ 가단성   ㉯ 연성   ㉰ 전성   ㉱ 열처리

도움 합금의 성질(순금속과 비교)
 ㉠ 비중, 융점 : 작다.
 ㉡ 주조성, 열처리 : 양호
 ㉢ 전도율 : 감소
 ㉣ 내열, 내식, 내마모 : 증가
 ㉤ 강도, 경도 : 증가
 ㉥ 가단성, 융점 : 저하

문제 27. 금속과 금속 또는 비금속을 첨가하여 금속적 성질을 갖게 하여 성질을 개선하는 것을 무엇이라 하는가?
㉮ 합금   ㉯ 금속간 화합물   ㉰ 공정   ㉱ 석출

문제 28. 순금속이 합금에 비해 떨어지는 성질은 다음 중 어느 것인가?
㉮ 가단성   ㉯ 전도율   ㉰ 용융점   ㉱ 경도

문제 29. 다음 합금의 설명 중 틀린 것은 어느 것인가?
㉮ 합금은 압축 소결하여 만든다.
㉯ 금속과 금속 또는 비금속을 융합시켜 만든다.
㉰ 순금속에서는 얻을 수 없는 성질을 개선한다.
㉱ 침탄 처리에 의해 만들어진 것은 합금이 아니다.

도움 합금의 제조 방법 : ㉮,㉯,㉰ 이외에 침탄처리와 같이 고체 상태에서 확산을 이용하여 합금을 부분적으로 만드는 방법이 있다.

문제 30. 다음 중 합금의 기계적 성질로 맞는 것은 어느 것인가? (단, 순금속에 비하여)
㉮ 경도가 감소한다.   ㉯ 강도는 감소한다.
㉰ 연신율은 증가한다.   ㉱ 열처리가 쉽다.

도움 합금의 성질
 ※ 경도, 강도, 압축력, 주조성, 내식성 증가.
 ※ 연신율, 비중, 융점 감소.

해답 25. ㉰   26. ㉱   27. ㉮   28. ㉱   29. ㉱   30. ㉱

문제 31. 순금속에 일정한 양의 금속을 합금시키면 용융점은 어떻게 변하는가?
㉮ 용융점은 올라간다.   ㉯ 용융점은 내려간다.
㉰ 용융점과 무관하다.   ㉱ 금속 성분에 따라 다르다.

[도움] 합금은 순금속보다 용융점이 낮다.

문제 32. 다음 중 순금속이 합금보다 우수한 점은 어느 것인가?
㉮ 강도가 크다.   ㉯ 경도가 크다.
㉰ 연신율이 크다.   ㉱ 전연성이 작다.

[도움] 순금속은 합금보다 전연성 및 연신율이 크다.

문제 33. 용매인 금속 결정 중에 용질인 금속 원자가 들어가서 원자적으로 녹아 있는 상태를 무엇이라 하는가?
㉮ 고용체   ㉯ 용액   ㉰ 비중   ㉱ 결정 격자

[도움] 고용체 : 한 물질 중에 다른 물질이 용해되어 균일한 물질로 된 것으로 용체가 고체일 때를 말한다.

문제 34. 용질의 원자가 용매 금속의 결정 격자 속으로 들어가는 고용체를 무엇이라 하는가?
㉮ 침입형 고용체   ㉯ 치환형 고용체
㉰ 규칙 격자형 고용체   ㉱ 체심형 고용체

[도움] 침입형 고용체
㉠ 용질의 원자가 용매 금속의 결정 격자 속으로 침입해 들어가는 고용체.
㉡ 용질 원자의 크기가 용매원자보다 작은 경우에 일어난다.

문제 35. 다음 규칙 격자형 고용체의 설명으로 맞는 것은 어느 것인가?
㉮ 용질 원자의 크기가 용매 원자보다 작은 경우에 나타난다.
㉯ 용질 원자가 용매 원자의 일부와 위치를 바꾼다.
㉰ 용질 원자와 용매 원자의 크기의 차가 15% 이내일 때 이루어진다.
㉱ 용질 원자와 용매 원자의 위치가 규칙적으로 치환한다.

문제 36. 다음은 치환형 고용체에 대한 설명이다. 틀린 것은?
㉮ 녹아 들어가는 원자가 모체 원자와의 불규칙으로 치환한 것.
㉯ 베가이드 법칙이 적용된다.
㉰ 용질, 용매 원자 크기의 차가 50% 이내일 때 이루어진다.
㉱ Cu합금 등이 이에 속한다.

[도움] 용질, 용매 원자 크기의 차가 15% 이내일 때 이루어진다.

[해답] 31. ㉯   32. ㉰   33. ㉮   34. ㉮   35. ㉱   36. ㉰

문제 37. 다음 중 침입형 고용체로 고용한 원소가 아닌 것은 어느 것인가?
㉮ C ㉯ Si ㉰ B ㉱ Cu

도움 침입형 고용체로 고용한 원소 : C, N, H, B, Si, O

문제 38. 다음 중 치환형 고용체는 어느 것인가?
㉮ O ㉯ Fe-Ni ㉰ H ㉱ Ni$_3$-Fe

도움 치환형 고용체 : Cu합금, Fe-Ni, Al-Cu

문제 39. 다음 중 규칙 격자형 고용체가 아닌 것은 어느 것인가?
㉮ Ni$_3$-Fe ㉯ Fe$_3$-Al ㉰ Cu$_3$-Au ㉱ Fe-Ni

도움 규칙 격자형 고용체 : Ni$_3$-Fe, Fe$_3$-Al, Cu$_3$-Au

문제 40. 베가이드 법칙이 적용되는 고용체는 다음 중 어느 것인가?
㉮ 침입형 고용체 ㉯ 치환형 고용체
㉰ 규칙 격자형 고용체 ㉱ 전율 가용 고용체

도움 베가이드 법칙 : 용질, 용매 원자의 치환이 납잡하게 일어나면 고용체의 격자 상수값은 용질 원자의 농도에 비례한다.

문제 41. 고온에서 불규칙 상태의 고용체를 서냉하면 어느 온도에서 규칙 격자가 형성되기 시작하는 온도를 무엇이라 하는가?
㉮ 전이 온도 ㉯ 베가이드 온도
㉰ 고용체 온도 ㉱ 공정 온도

문제 42. 다음 중 고용체를 형성하는 결정 격자가 아닌 것은 어느 것인가?
㉮ 침입형 고용체 ㉯ 치환형 고용체
㉰ 규칙 격자형 고용체 ㉱ 배열형 고용체

도움 고용체를 형성하는 결정 격자 : 침입형, 치환형, 규칙 격자형

문제 43. 규칙 격자가 생기면 다음과 같은 성질이 개선된다. 틀린 것은 어느 것인가?
㉮ 전기 전도율이 증가한다. ㉯ 경도가 증가한다.
㉰ 강도는 감소한다. ㉱ 연율은 감소한다.

도움 전기전도율, 경도, 강도는 증가하고 연율은 감소한다.

문제 44. 다음 중 전율 가용 고용체의 대표 금속이 아닌 것은 어느 것인가?
㉮ Ag-Au ㉯ Co-Ni ㉰ Ti-Zn ㉱ Pt-Cd

도움 전율 가용 고용체 합금 : Ag-Au, Co-Ni, Ti-Zn, Ag-Cu, Bi-Sb, Cu-Ni, Au-

해답 37. ㉱ 38. ㉯ 39. ㉱ 40. ㉯ 41. ㉮ 42. ㉱ 43. ㉰ 44. ㉱

Mg, Pt-Cu, Au-Pd, Cd-Pb, Sb-B, Cu-Pd

문제 **45.** 고용체를 만드는 용매와 용질 원자간에 있어서 모든 비율 즉 전농도에 걸쳐 고용체를 만드는 경우를 무엇이라 하는가?
㉮ 치환형 고용체   ㉯ 전율 가용 고용체
㉰ 침입형 고용체   ㉱ 한율 가용 고용체

토용 전율 가용 고용체는 전농도에 걸친 고용체로 A, B 두 성분의 50%에서 경도, 강도가 최대가 됨.

문제 **46.** 다음 한율 가용 고용체에 대한 설명으로 틀린 것은 어느 것인가?
㉮ 농도에 따라 고정을 만드는 고용체이다.
㉯ 공정점에서 경도, 강도가 최소가 된다.
㉰ 원자 지름 차가 15% 이상일 경우 나타난다.
㉱ 대표 금속은 Ag-Si, Al-Pb, Bi-Sn, Ag-Cu 등이 있다.

토용 공정점에서 경도, 강도가 최대가 된다.

문제 **47.** 금속과 금속 사이의 친화력이 클 때 2종 이상의 금속 원소가 간단한 원자비로 결합하여 성분 금속과는 다른 성질을 가진 독립된 화합물을 무엇이라 하는가?
㉮ 고용체   ㉯ 금속간 화합물
㉰ 한율 가용 고용체 ㉱ 공정 반응

토용 금속간 화합물 : 2종 이상의 금속 원소가 간단한 원자비로 결합하여 성분 금속과는 다른 성질을 가진 독립된 화합물

문제 **48.** 다음은 금속간 화합물에 대한 설명이다. 틀린 것은 어느 것인가?
㉮ 각 성분의 특성이 잘 나타난다.
㉯ 일반 화합물에 비하여 결합력이 약하다.
㉰ 전기 저항이 큰 비금속적 성질이 강하다.
㉱ 고온에서 불안정하며 분해하기 쉽다.

토용 각 성분의 특성이 없어진다.

문제 **49.** 금속간 화합물에 대한 설명이 잘못된 것은 어느 것인가?
㉮ 어느 성분의 금속보다 단단하다.   ㉯ 복잡한 결정 구조를 갖는다.
㉰ 변형이 쉽다.   ㉱ 성분 금속보다 용융점이 높다.

토용 변형하기 어렵고 단단하고 취약하다.

문제 **50.** 다음 중 금속간 화합물의 종류가 아닌 것은 어느 것인가?
㉮ Fe_3C ㉯ $CuAl_2$ ㉰ Cu_3Sn ㉱ Al_3Zn_2

해답 45. ㉯ 46. ㉯ 47. ㉯ 48. ㉮ 49. ㉰ 50. ㉱

도움 금속간 화합물: Fe_3C, $CuAl_2$, Cu_3Sn, Cu_4Sn, Mg_2Si, $MgZn_2$

문제 51. 금속간 화합물의 용융점은 중간에서 어떻게 되는가?
㉮ 최저부를 이룬다. ㉯ 수평선을 이룬다.
㉰ 최고부를 이룬다. ㉱ 경사부를 이룬다.

도움 용융점이 높아 최고부를 이룬다.

문제 52. 금속간 화합물의 특성이 아닌 것은 다음 중 어느 것인가?
㉮ 전연성이 증가한다. ㉯ 성분 금속의 특성을 상실한다.
㉰ 강도가 증가한다. ㉱ 독립된 화합물을 형성한다.

도움 전성, 연성이 감소하며 강도, 경도는 증가되고 취성이 있다.

문제 53. 하나의 액체에서 2개의 고체가 일정한 비율로 동시에 정출하여 생긴 혼합물을 무엇이라 하는가?
㉮ 고용체 ㉯ 공정 ㉰ 공석 ㉱ 포정

문제 54. 액체 ⟷ γ-고용체+Fe_3C는 어느 반응식인가?
㉮ 공정 반응식 ㉯ 공석 반응식 ㉰ 포정 반응식 ㉱ 편정 반응식

도움 공정 반응식: 액체 ⟷ γ-고용체+Fe_3C

문제 55. 다음 중 공정계 합금의 종류가 아닌 것은 어느 것인가?
㉮ Al-Si ㉯ Fe-C ㉰ Au-Ti ㉱ Ag-Pt

도움 공정계 합금: Al-Si, Fe-C, Au-Ti, Pb-Ag, Zn-Cd, Cu-Ag, Pb-Sb, Cd-Bi, Cu-Cu_2O

문제 56. 공정 합금에서 온도가 가장 낮은 부분은 다음 중 어느 것인가?
㉮ 합금 비율 50 : 50인 곳 ㉯ A금속의 융점
㉰ B금속의 융점 ㉱ 합금 비율 30 : 70인 곳

도움 합금 비율이 50 : 50인 곳이 용융점이 가장 낮다.

문제 57. 다음 공정에 대한 설명 중 잘못된 것은 어느 것인가?
㉮ 2개의 성분 금속이 하나의 액체로부터 두 종류의 고체가 동시에 정출한다.
㉯ 기계적 성질이 일반적으로 나쁘다.
㉰ 고체 상태에서 2개의 성분이 기계적으로 혼합된 조직이다.
㉱ 공정에 의해 생긴 조직을 공정 조직이라 한다.

도움 기계적 성질이 일반적으로 좋다.

해답 51. ㉰ 52. ㉮ 53. ㉯ 54. ㉮ 55. ㉱ 56. ㉮ 57. ㉯

※ 다음 그림을 보고 물음에 답하시오. (58~64)

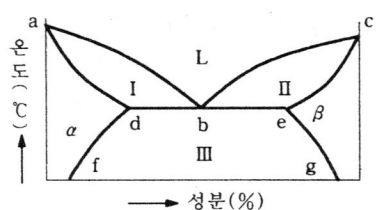

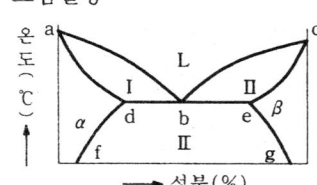 그림설명

- a : α고용체의 용융점   b : 공정점
- c : β고용체의 용융점   abc : 액상선
- ad : α고용체의 고상선   ce : β고용체의 고상선
- dbe : 공정선
- df : α고용체에 대한 β고용체의 용해한도곡선
- eg : β고용체에 대한 α고용체의 용해한도곡선
- Ⅰ구역 : α+액체   Ⅱ구역 : β+액체
- Ⅲ구역 : α+β

문제 58. 상태도의 이름을 무엇이라 하는가?
㉮ 포정 반응 상태도   ㉯ 고용체 상태도
㉰ 공석 반응 상태도   ㉱ 고용체가 공정을 만들 때의 상태도

문제 59. Ⅰ구역의 조성으로 맞는 것은 어느 것인가?
㉮ 용액   ㉯ α+β   ㉰ α+용액   ㉱ β+용액

문제 60. Ⅲ 구역은?
㉮ 용액   ㉯ α+β   ㉰ α+용액   ㉱ β+용액

문제 61. 공정점은?
㉮ a점   ㉯ b점   ㉰ c점   ㉱ d점

문제 62. α고용체의 액상선은?
㉮ ab선   ㉯ db선   ㉰ bc선   ㉱ ce선

문제 63. 용해한도 곡선은?
㉮ ab선   ㉯ deb선   ㉰ bc선   ㉱ df선

문제 64. 공정선은?
㉮ adf선   ㉯ dbe선   ㉰ abc선   ㉱ ceg선

문제 65. 일정한 온도에서 하나의 고용체로부터 두 종류의 고체가 일정한 비율로 석출해서 생긴 혼합물을 무엇이라 하는가?
㉮ 공정   ㉯ 공석정   ㉰ 포정   ㉱ 편정

해답 58. ㉱ 59. ㉰ 60. ㉯ 61. ㉯ 62. ㉮ 63. ㉱ 64. ㉯ 65. ㉯

문제 66. 다음 중 공석 반응식은 어느 것인가?
㉮ 용액 ⇌ γ 고용체 + Fe₃C   ㉯ γ 고용체 ⇌ α 고용체 + Fe₃C
㉰ 용액 + α 고용체 ⇌ β 고용체   ㉱ 액상(L) ⇌ 초정(G) + 액상(H)

토의 ㉮ : 공정 반응식   ㉯ : 공석 반응식
       ㉰ : 포정 반응식   ㉱ : 편정 반응식

문제 67. 다음은 포정 반응에 대한 설명이다. 틀린 것은 어느 것인가?
㉮ 하나의 고체에서 다른 액체가 작용하여 다른 고체로 형성한다.
㉯ 금속A에 금속B를 첨가했을 때 그 융점은 점차 내려간다.
㉰ 금속B에 금속A를 첨가했을 때 그 융점은 점차 높아진다.
㉱ 일종의 용액에서 고상과 다른 종류의 용액을 동시에 생성하는 반응이다.

토의 ㉱항은 편정 반응이다.

문제 68. 포정 반응식은 다음 중 어느 것인가?
㉮ 용액 ⇌ γ 고용체 + Fe₃C   ㉯ γ 고용체 ⇌ α 고용체 + Fe₃C
㉰ 용액 + α 고용체 ⇌ β 고용체   ㉱ 액상(L) ⇌ 초정(G) + 액상(H)

문제 69. 다음 중 포정 반응의 합금이 아닌 것은 어느 것인가?
㉮ Ag-Cd   ㉯ Fe-C   ㉰ Ag-Sn   ㉱ Au-Ti

토의 포정 반응 합금 : Ag-Cd, Fe-C, Ag-Sn, Ag-Pt, Fe-Au, Al-Cu.

문제 70. 다음 상태도에서 포정점으로 맞는 것은 어느 것인가?
㉮ A점
㉯ B점
㉰ J점
㉱ H점

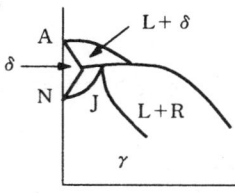

문제 71. 다음은 결정 입자 성장에 대한 설명이다. 틀린 것은 어느 것인가?
㉮ 수 %의 약한 가공을 받는 금속을 가열하면 결정 성장이 일어난다.
㉯ 결정 성장은 결정 입계의 이동에 따라 병합 잠식에 의해서 일어난다.
㉰ 결정 성장은 상온에서 장시간 가열하였을 경우 이루어진다.
㉱ 가공도가 낮을수록 결정입자는 조대해진다.

토의 결정 입자의 성장 속도
① 가공도가 적당하고, 가공전 결정 입도 미세하면 가열 온도가 높고, 가열시간이 길수록 커진다.
② 가공도가 낮을수록 결정입자는 조대해진다.
③ 가공도가 작고 가열 온도가 높을수록 결정 입자의 성장 비율이 커진다.

해답 66. ㉯ 67. ㉱ 68. ㉰ 69. ㉱ 70. ㉰ 71. ㉰

문제 72. 재결정 온도가 상온 또는 그 이하인 재료는 가공 후 따로 가열하지 않아도 시간의 경과에 따라서 재결정 현상이 일어나는 것은 무엇이라 하는가?
㉮ 결정의 성장　㉯ 자기 풀림　㉰ 재결정　㉱ 회복

문제 73. 자기 풀림 현상이 일어나기 쉬운 금속으로 맞는 것은?
㉮ Sn　㉯ Fe　㉰ Cu　㉱ W

[도움] 자기 풀림 현상이 일어나기 쉬운 금속: Sn, Zn, Pb

문제 74. 재결정에 의해서 생긴 새로운 결정 입자는 온도의 상승, 시간의 경과와 더불어 큰 결정 입자가 근처에 있는 작은 결정 입자를 잠식해서 차차 그 크기가 증가되는 것을 무엇이라 하는가?
㉮ 결정 입자의 성장　　㉯ 자기 풀림
㉰ 회복　　㉱ 슬립

문제 75. 소성 가공의 장·단점의 설명이 잘못된 것은 어느 것인가?
㉮ 재료에 따라 소성 가공이 어려운 것이 있다.
㉯ 대량 생산을 얻을 수 있다.
㉰ 보통 주물에 비해 성형된 치수가 정확하다.
㉱ 재료의 사용량이 많아 비경제적이다.

[도움] 재료의 사용량을 경제적으로 할 수 있다.

문제 76. 다음 중 소성 가공을 할 수 없는 재료는 어느 것인가?
㉮ 강　㉯ 구리 합금　㉰ 순철　㉱ 주철

[도움] 주철은 소성 가공을 할 수 없다.

문제 77. 재료에 외력을 가하면 결정립이 이그러져서 가늘고 길게 되어 변형되어 굳어지는 현상을 무엇이라 하는가?
㉮ 시효 변형　㉯ 가공 경화　㉰ 시효 경화　㉱ 가공 변형

[도움] 가공 경화 : 재료를 가공하면 경화되는 현상

문제 78. 다음은 슬립에 대한 설명이다. 틀린 것은 어느 것인가?
㉮ 소성 변형이 증가하면 저항은 증가, 경도와 강도는 감소한다.
㉯ slip선은 변형이 증가함에 따라 많아진다.
㉰ 슬립선의 방향은 원자 밀도에 영향을 받는다.
㉱ 슬립선은 금속 고유의 슬립면에 따라 이동한다.

[도움] 소성 변형이 증가하면 강도, 경도는 증가하고, 방향은 원자 밀도가 제일 큰 방향이다.

해답 72. ㉯　73. ㉮　74. ㉮　75. ㉱　76. ㉱　77. ㉯　78. ㉮

문제 79. 다음은 쌍정에 대한 설명이다. 틀린 것은 어느 것인가?
㉮ 재질이 단단할수록 슬립·쌍정 변형이 쉽다.
㉯ 다결정이 단결정보다. 쌍정·슬립이 어렵다.
㉰ 결정립이 조밀할수록 쌍정·슬립이 어렵다.
㉱ 변형 전과 후의 위치가 어떤 경계로 대칭을 이룬 것을 말한다.

[도움] 재질이 굳고 강할수록 슬립, 쌍정 변형이 어렵다.

문제 80. 다음 쌍정에 대한 설명 중 틀린 것은 어느 것인가?
㉮ 조밀 육방 격자, 체심 입방 격자 금속에서 많이 나타난다.
㉯ 충격적인 하중이나 낮은 온도에서 변형할 때 많이 나타난다.
㉰ 쌍정 변형은 슬립계가 적고 소성 변형이 쉬운 금속에서 많이 나타난다.
㉱ 쌍정 변형은 일종의 응력 완화 현상과 결정의 방위가 변함으로써 새로운 슬립계가 작용하기 쉽다.

[도움] 소성 변형이 어려운 금속에서 많이 나타난다.

문제 81. 다음 중 쌍정이 일어나기 쉬운 금속으로 틀린 것은 어는 것인가?
㉮ Sn   ㉯ Bi   ㉰ Sb   ㉱ W

[도움] twin이 일어나기 쉬운 금속 : Sn, Bi, Sb, Zn, Cu, Mg, Ag, 황동 등.

문제 82. 다음은 슬립에 대한 설명이다. 잘못 설명한 것은 어느 것인가?
㉮ 재료에 인장력이 작용할 때 슬립 변화가 일어난다.
㉯ 슬립면은 원자 밀도가 조밀하면 그것에 가까운 면에서 일어나며, 슬립 방향은 원자 간격이 작은 방향이다.
㉰ 소성 변형이 증가하면 저항은 증가, 강도가 증가한다.
㉱ 슬립선은 변형이 진행함에 따라 수가 적어진다.

[도움] slip선은 변형이 진행됨에 따라 수가 많아진다.

문제 83. 다음 중 슬립이 일어나기 쉬운 합금은 어느 것인가?
㉮ Zn-Mg   ㉯ Al-Be   ㉰ Al-Cu   ㉱ Be-Mg

[도움] Al-Cu 등은 정육면체에 면의 대각선 방향으로 가장 슬립이 일어나기 쉽다.

문제 84. 보통 금속의 풀림 처리한 전위 밀도는 얼마인가?
㉮ $10^2 \sim 10^3 (cm/cm^3)$ ㉯ $10^5 \sim 10^8 (cm/cm^3)$
㉰ $10^{10} \sim 10^{12} (cm/cm^3)$ ㉱ $10^{12} \sim 10^{15} (cm/cm^3)$

[도움] ① 풀림처리한 전위 밀도 : $10^5 \sim 10^8 (cm/cm^3)$
② 소성 가공한 전위 밀도 : $10^{10} \sim 10^{12} (cm/cm^3)$

해답 79. ㉮   80. ㉰   81. ㉱   82. ㉱   83. ㉰   84. ㉯

문제 85. 금속의 결정 격자가 불완전하거나 결함이 있을 때 외력을 작용하면 이곳부터 이동이 생기는 현상을 무엇이라 하는가?
㉮ 슬립 ㉯ 쌍정 ㉰ 트윈 ㉱ 전위

문제 86. 냉간 가공의 특징에 대한 설명 중 틀린 것은 다음 중 어느 것인가?
㉮ 가공 경화로 강도는 증가한다.
㉯ 가공하기 쉬우며 거친 가공에 적합하다.
㉰ 정밀 가공에 적합하다.
㉱ 가공면이 미려하다.

  토용 냉간 가공의 특징
  ① 강도, 경도가 증가한다.   ② 연신율, 단면 수축율은 감소한다.
  ③ 정밀 가공이 용이하다.   ④ 결정립 미세화
  ⑤ 가공면이 미려하다.   ⑥ 재결정 온도 이하에서 가공한다.

문제 87. 다음 중 저온 가공의 특징이 아닌 것은 어느 것인가?
㉮ 경도 증가   ㉯ 강도 증가
㉰ 연신율 증가   ㉱ 정밀 가공이 용이하다.

문제 88. 다음 중 열간 가공에 대한 설명이 아닌 것은 어느 것인가?
㉮ 가공이 쉽다.   ㉯ 정밀 가공이 쉽다.
㉰ 강도, 경도가 증가한다. ㉱ 표면 산화가 있다.

  토용 열간 가공의 특징
  ① 재결정 온도 이상에서 가공한다. ② 가공이 쉽고, 면이 거칠다.
  ③ 강도, 경도는 감소한다.   ④ 연신율, 단면수축율 증가.

문제 89. 고온 가공을 끝맺는 온도를 무엇이라 하는가?
㉮ 재결정 온도   ㉯ 피니싱 온도
㉰ 열간 가공 온도   ㉱ 결정의 성장 온도

문제 90. 다음 열간 가공에 대한 설명 중 틀린 것은 어느 것인가?
㉮ 방향성이 있는 주조 응력 제거
㉯ 합금 원소 확산으로 인한 재질 균질화
㉰ 가공도가 대체적으로 작다.
㉱ 표면이 가열되기 때문에 산화하기 쉽다.

  토용 가공도가 크다.

문제 91. 탄소강에서 소성 가공을 시작하는 온도는 얼마인가?
㉮ 210℃ ㉯ 723℃ ㉰ 768~910℃ ㉱ 1050~1230℃

해답 85. ㉱ 86. ㉯ 87. ㉰ 88. ㉯ 89. ㉯ 90. ㉰ 91. ㉱

[토웅] 탄소강의 열간 가공을 끝맺는 온도 : 1050~1230℃

[문제] 92. 가공도에 따라서 성질이 변한다. 다음 중 가공도의 증가에 따라 증가하는 성질은 어느 것인가?
㉮ 경도, 강도 ㉯ 강도, 연신율
㉰ 연율, 경도 ㉱ 연신율, 피로

[토웅] 가공도 증가에 따른 성질 변화
① 증가 : 경도, 강도   ② 감소 : 연신율

[문제] 93. 연화과정의 3단계로 맞는 것은 다음 중 어느 것인가?
㉮ 회복 → 입자 성장 → 재결정 ㉯ 입자 성장 → 회복 → 재결정
㉰ 재결정 → 회복 → 입자 성장 ㉱ 회복 → 재결정 → 입자 성장

[토웅] 연화의 3단계 : 회복 → 재결정 → 입자 성장

[문제] 94. 다음은 재결정에 대한 설명이다. 틀린 것은 어느 것인가?
㉮ 재결정이 최초로 발생하는 곳은 결정립 경계이다.
㉯ 재결정된 재료의 성질은 냉간 가공전의 성질에 가깝다.
㉰ 가공전 결정 입자가 크면 재결정 후 결정 입자가 작다.
㉱ 가공전 결정 입자가 크면 가공도가 작을수록 크다.

[토웅] 재결정된 금속의 결정 입자 크기
① 가공도가 작을수록 크다.
② 가열 시간이 길수록 크다.
③ 가열 온도가 높을수록 크다.
④ 가공전 결정 입자가 크면
  ㉠ 재결정후 결정 입도 크다.
  ㉡ 가공도가 작을수록 크다.

[문제] 95. 재결정된 금속의 결정 입자의 크기에 대한 설명 중 틀린 것은 어느 것인가?
㉮ 가열 시간이 짧을수록 크다. ㉯ 가열 온도가 높을수록 크다.
㉰ 가공도가 작을수록 크다.   ㉱ 가열 시간이 길수록 크다.

[문제] 96. 다음 재결정에 대한 설명 중 틀린 것은 어느 것인가?
㉮ 냉간 가공도가 낮을수록 높은 온도에서 일어난다.
㉯ 합금의 재결정 온도는 성분 금속보다 높다.
㉰ 가열 온도가 동일하면 가공도가 낮을수록 장시간을 요한다.
㉱ 가공도가 높을수록 큰 결정이 된다.

[토웅] 가공도가 낮을수록 큰 결정이 된다.

[해답] 92. ㉮ 93. ㉱ 94. ㉰ 95. ㉮ 96. ㉱

문제 97. 재결정 온도에 대한 설명으로 틀린 것은 다음 중 어느 것인가?
㉮ 가공도가 클수록 재결정 온도는 낮다.
㉯ 가공전 결정립이 조대할수록 재결정 온도는 낮다.
㉰ 가열 시간이 길수록 재결정 온도는 낮다.
㉱ 가열 온도가 동일하면 풀림 시간이 길수록 낮은 온도에서 일어난다.

[도움] 가공전 결정립이 미세할 수록 재결정 온도는 낮다.

문제 98. 가공된 금속을 재가열할 때 성질 및 조직 변화 순서로 맞는 것은 다음 중 어느 것인가?
㉮ 내부 응력 제거 → 연화 → 재결정 → 결정립 성장
㉯ 내부 응력 제거 → 재결정 → 연화 → 결정립 성장
㉰ 연화 → 재결정 → 내부 응력 제거 → 결정립 성장
㉱ 재결정 → 연화 → 결정립 성장 → 내부 응력 제거

[도움] 조직 변화 순서 : 내부 응력 제거 → 연화 → 재결정 → 결정립 성장

문제 99. 제2차 재결정이 일어나는 원인이 아닌 것은 어느 것인가?
㉮ 1차 재결정이 끝난 상태에서 일부 소수의 활성화된 결정립이 존재한다.
㉯ 불순물 등으로 이동이 방해된 결정 입자가 고온에서 쉽게 이동한다.
㉰ 1차 재결정 후 강한 집합 조직이 존재한다.
㉱ 풀림 온도가 너무 낮고 가열 시간이 짧으면 소수의 결정립이 다른 결정립과 합해져서 생긴다.

[도움] 풀림 온도가 너무 높고 가열 시간이 길면 소수의 결정립이 다른 결정립과 합해져서 대단히 크게 성장하는 것을 2차 재결정이라 한다.

문제 100. 재결정이 최초로 발생하는 곳은 다음 중 어느 곳인가?
㉮ 결정립 경계와 같이 내부 응력이 큰 곳
㉯ 재결정이 일어나기 쉬운 곳
㉰ 냉간 가공된 재료
㉱ 열간 가공된 재료

[도움] 결정립 경계 또는 슬립면과 같이 내부 응력이 큰 장소에서 최초로 발생한다.

문제 101. 다음 금속 중 재결정 온도가 상온 이하인 것은 어느 것인가?
㉮ W   ㉯ Pt   ㉰ Al   ㉱ Sn

문제 102. 다음 중 철의 재결정 온도로 맞는 것은 어느 것인가?
㉮ 1200℃   ㉯ 900℃   ㉰ 350~450℃   ㉱ 150~240℃

해답 97. ㉯   98. ㉮   99. ㉱   100. ㉮   101. ㉱   102. ㉰

문제 103. 다음 금속 중 재결정 온도가 가장 큰 것은 어느 것인가?
㉮ W   ㉯ Fe   ㉰ Cu   ㉱ Mo

도움▶ 〔주요 금속의 재결정 온도〕

금속	℃	금속	℃
W	~1200	Au	~200
Mo	~900	Ag	~200
Ni	530~650	Mg	~150
Fe	350~500	Zn	15~50
Pt	~450	Cd	~40
Cu	200~300	Pb	~0
Al	150~240	Sn	~0

문제 104. 다음 중 재결정 현상의 특징이 아닌 것은 어느 것인가?
㉮ 영구 변형을 일으키지 않으면 입자의 크기는 변하지 않는다.
㉯ 입자 크기에 변화를 주는 온도는 영구 변형이 양에 관계가 있다.
㉰ 변형이 크면 온도는 높아진다.
㉱ 입자의 크기는 변형 양과 풀림 온도에 관계가 있다.

도움▶ 변형이 크면 온도가 낮아지고, 변형이 작으면 고온을 필요로 한다.

문제 105. 재결정 온도가 사용 온도 그 이하인 재료는 가공 후 또는 가열하지 않아도 시간의 결과에 따라 재결정 현상이 일어나는 것을 무엇이라 하는가?
㉮ 재결정 풀림   ㉯ 자기 풀림   ㉰ 소성 가공   ㉱ 응력 제거 풀림

문제 106. 다음 중 자기 풀림 현상이 일어나기 쉬운 금속이 아닌 것은 어느 것인가?
㉮ Sn   ㉯ Zn   ㉰ Mo   ㉱ Pb

도움▶ 자기 풀림 현상이 일어나기 쉬운 금속: Sn, Zn, Pb

문제 107. 재료가 시간이 지남에 따라 경화되는 성질을 무엇이라 하는가?
㉮ 가공 경화   ㉯ 시효 경화   ㉰ 과시효   ㉱ 편석

도움▶ 시효 경화 : 재료가 시간의 경과에 따라 경화되는 현상

문제 108. 인공 시효는 몇 ℃ 정도가 좋은가?
㉮ 100~200℃   ㉯ 200~300℃   ㉰ 300~400℃   ㉱ 400~600℃

도움▶ 인공 시효는 150~200℃에서 실시한다.

문제 109. 동일 방향에서의 소성 변형에 대하여 전에 받던 방향과 정반대의 변형을 부여하면 탄성 한도가 낮아지는 현상을 무엇이라 하는가?
㉮ 바우싱거 효과   ㉯ 시효 경화   ㉰ 가공 경화   ㉱ 시즈닝 크랙

해답 103. ㉮   104. ㉰   105. ㉯   106. ㉰   107. ㉯   108. ㉮   109. ㉮

제2장 금속재료에 필요한 성질

1 금속재료가 공업에 필요한 성질
(1) 기계적 성질 : 인장 강도, 경도, 피로, 연신율, 충격.
(2) 물리적 성질 : 비열, 비중, 융점, 선팽창 계수, 전기(열)전도율, 자성, 융해 잠열.
(3) 화학적 성질 : 내식성, 내열성.
(4) 제작상 성질 : 주조성, 단조성, 용접성, 절삭성.

2 물리적 성질
[1] 비중(Specific gravity)
(1) 물(4℃)과 똑같은 부피를 갖는 물체와의 무게의 비를 **비중**이라 한다.

$$비중 = \frac{제품의\ 무게}{제품과\ 같은\ 체적의\ 물(4℃)\ 무게}$$

(2) 경금속과 중금속의 한계

$$경금속 \xleftarrow{이하} 비중\ 4.5 \xrightarrow{이상} 중금속$$

(3) 실용 금속상 가장 가벼운 금속 : Mg(1.74)
(4) 비중이 큰 금속 : Ir(22.4), 작은 금속 : Li(0.53)
(5) 비중은 금속의 순도, 온도 및 가공 방법에 따라 변화가 있다.
(6) 단조, 압연, 드로잉 등으로 가공한 금속은 주조 상태의 것보다 비중이 크다.
(7) 순금속은 합금보다 비중이 크다.
(8) 주요 금속의 비중

금속	비중	금속	비중	금속	비중	금속	비중	금속	비중
Mg	1.74	Cu	8.9	Sb	6.67	Ag	10.5	Al청동	7.6~7.8
V	6.03	Mo	10.2	Zn	7.1	Hg	13.6	탄소강	7.7~7.9
Cr	7.19	Pb	11.34	Mn	7.43	Au	19.3	양백	8.4~8.7
Sn	7.28	W	19.3	Cd	8.64	엘렉트론	1.79~1.83	황동	8.3~8.8
Fe	7.86	Pt	21.4	Co	8.8	두랄루민	2.6~2.8	고속도강	8.7
Ni	8.90	Al	2.7	Bi	9.8	보통주철	7.1~7.3	인청동	8.7~8.9

【2】 용융 온도(melting temperature)

(1) 고체 금속을 가열하여 녹아서 액체로 되는 온도점을 **융점**이라 한다.
(2) 금속 중 용점이 가장 높은 금속 : W(3410±20℃), 가장 낮은 금속 : Hg(-38.8℃)
(3) 주요 금속의 용융점

금속	융점(℃)	금속	융점(℃)	금속	융점(℃)	금속	융점(℃)	금속	융점(℃)	금속	융점(℃)
Cr	1890±10	Co	1495±1	Cu	1083	Al	660.2	Zn	419.46	Bi	271.3
Pt	1774±1	Ni	1455±1	Au	1063	Mg	650	Pb	327.4	Sn	231.9
Fe	1539±3	Mn	1245±10	Ag	960.5	Sb	630.5	Cd	320.9		

【3】 열전도율(heat conductivity)

(1) 물체 내의 분자로부터 분자에의 열에너지의 이동을 **열전도**(heat conductivity)라 한다.
(2) 열전도율의 표시 방법
   ① kcal/m·h·℃ : 두께 1m의 재료 양면에 1℃의 차가 있을 때에 재료 표면적 $1m^2$를 통하여 1시간에 한 쪽에서 다른 쪽 면으로 전도되는 열량을 kcal로 나타낸다.
   ② cal/cm·sec·℃ : $1cm^2$의 물체를 한쪽과 그 반대쪽과의 온도차가 1℃로 될 때에 1초 동안에 전달되는 열량을 cal로 나타낸다. (현재 많이 사용된다.)

【4】 도전율(electric conductivity)

(1) 길이 1cm에 대하여 1℃ 온도차가 있을 때 $1cm^2$의 단면적을 지나 1초간에 이동되는 전기량을 전기 전도율이라 하며 전기 저항의 역수이고 단위는 cal/cm·sec·℃이다.
(2) 고유 저항이 적을수록 전기 전도율이 좋으며, 열전도율이 큰 것이 전기 전도율도 크다.
(3) 순금속일수록 도전율이 좋다.
(4) 주요 금속의 전기전도율 순서 : Ag>Cu>Au>Al>Mg>Zn>Ni>Fe>Pb>Sb
(5) 순금속의 도전율

금속	Ag	Cu	Au	Al	Zn	Ni	Fe	Pt	Sn	Pb	Hg
도전율비(%) (Ag을 100으로 했을 때)	100	92.8	71.8	57	26.2	16.7	16.5	16.5	13.8	7.94	1.74
상온에서 열전도율 (cal/cm·sec·℃)	1.0	0.94	0.71	0.53	0.27	0.22	0.18	0.17	0.16	0.083	0.0201

【5】 융해 잠열(melting latent hrat)

(1) 어떤 물질 1g를 용해시키는 필요한 열량을 **융해 잠열**이라 한다.
(2) 냉각 곡선상에서 금속이 용해할 때에는 금속 전부가 용해되어야만 온도가 올라간다. 이 현상에 필요한 열량을 융해 잠열이라 하며 이 동안의 온도는 변화가 없다.
(3) 금속의 융해 잠열

(단위 : cal/g)

금속	융해잠열	금속	융해잠열	금속	융해잠열	금속	융해잠열	금속	융해잠열	금속	융해잠열
Al	94.6	Sb	38.3	Ni	74	Ag	25	Mg	89	Bi	13
Co	58.4	Zn	24.09	전해Fe	65	Au	16.1	Mn	64	Pb	6.3
Cu	50.6	Pt	27	주철	23	Cd	13.2	Sn	14.5		

【6】 금속의 비열(specific heat)

(1) 물질 1g의 온도를 1℃ 만큼 높이는데 필요한 열량을 그 물질의 **비열**이라 한다.
   ※ 물 1g를 1℃ 만큼 높이는데 요하는 열량은 1cal이다.
(2) 금속의 평균 비열

(단위 : cal/g)

금속	비열	금속	비열	금속	비열	금속	비열	금속	비열	금속	비열
Mg	0.25	Cr	0.11	Cu	0.092	Sn	0.054	Hg	0.033		
Al	0.215	Fe	0.11	Zn	0.0915	Sb	0.049	Pt	0.032		
Mn	0.115	Ni	0.105	Ag	0.056	W	0.034	Au,Pb	0.031		

【7】 선팽창 계수(coefficient of linear expansion)

(1) 어느 길이의 물체가 1℃ 상승할 때 그 길이의 증가와 늘기 전 길이와의 비를 말한다.

$$※ \text{선팽창계수} = \frac{\text{변형 길이} - \text{처음 길이}}{\text{처음 길이}(\text{변형온도} - \text{처음온도})}$$

(2) 선팽창 계수가 큰 금속 : Pb, Mg, Sn, 작은 금속 : Ir, Mo, W.
(3) 금속의 선팽창 계수

재료	선팽창계수	재료	선팽창계수	재료	선팽창계수	재료	선팽창계수
Pb	29.3×10^{-6}	황 동	18.4×10^{-6}	Au	14.2×10^{-6}	Pt-Ir	8.3×10^{-6}
Mg	26×10^{-6}	청 동	17.5×10^{-6}	연간(0.2%C)	11.6×10^{-6}	엘린바	8.0×10^{-6}
Al	23.9×10^{-6}	Cu, Zn	16.5×10^{-6}	경강(0.5~0.9%C)	11.0×10^{-6}	인바아	1.2×10^{-6}
Sn	23×10^{-6}	콘스탄탄	15.2×10^{-6}	주 철	10.4×10^{-6}		
Ag	19.7×10^{-6}	Ni	14.7×10^{-6}	Pt	8.9×10^{-6}		

【8】 자성

(1) 자기 포화에서의 자기 강도는 온도에 따라 변화하며 포화된 자화 강도가 급격히 감소되는 온도를 **큐리점**(curie point)이라 한다.

(2) 강자성체는 포화 상태로 자화되어 있는 적은 구역의 집합으로 되어 있다.
(3) 강자성체 : Fe(768℃), Ni(360℃), Co(1160℃). 상자성체 : Al, Pt, Sn, Mn.
(4) 자화곡선

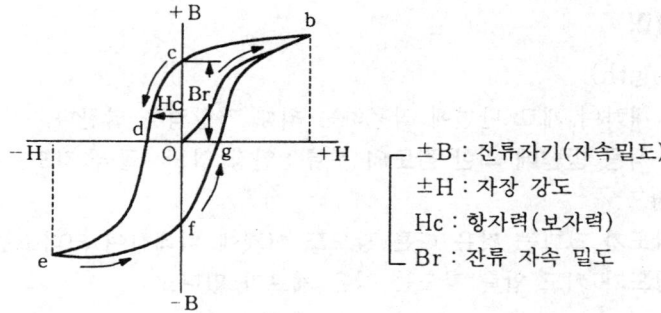

±B : 잔류자기(자속밀도)
±H : 자장 강도
Hc : 항자력(보자력)
Br : 잔류 자속 밀도

① 강자성체의 자화는 현재의 자화 강도 이외에 과거의 이력과 큰 관계가 있다.
② B의 값을 잔류자기라 하고 Br로 나타내고 역방향 cd로 자장강도를 증가시키고 나 가면 B가 O의 상태에 도달한다. 이 때의 H를 보자력이라 하며 Hc로 나타낸다.
③ 강의 잔류자기는 비교적 작으나 보자력이 매우 크므로 영구적 자석강에 적합하다.
④ 연철은 잔류자기는 크나 보자력이 작다.

3 화학적 성질

[1] 부식(corrosion)

(1) 금속이 물 또는 대기 중, 기타의 가스 기류 중에서 그 표면이 비금속성 화합물로 변한 것.
(2) 건부식 : 상온 또는 고온에서 이루어지는 산화, 황화, 질화 등이며 금속과 가스와의 접촉에 의해서 일어나는 순화학적 반응이다.
(3) 습부식 : 금속의 주위에 있는 전해물질과 작용기, 비금속 화합물로 변화하는 현상이다.
① 금속이 이온화하여 수용액 중으로 이동하고 수용액은 전해질이 된다.
② 습부식은 전부 또는 일부가 전기 화학적 현상이다.
(4) H보다 이온화 경향이 작은 금속은 부식이 힘들고, 큰 것은 부식되기 쉽다.

[2] 금속의 이온화

(1) 금속의 이온화 순서
K>Ba>Ca>Na>Mg>Al>Zn>Cr>Fe>Co>Ni>Mo>Sn>Pb>H>Cu>Hg>Pt>Au
(2) 이온화 경향이 큰 것은 화합물이 생기기 쉽고 또 그 화합물이 안정하다.
(3) 적은 것은 화합되기 힘들고 또 화합되어도 분해되기 쉽다.
(4) 금속염 용액에 이보다 이온화 경향이 큰 금속을 넣으면 이 금속이 녹아서 이온화 경향이 작은 금속이 침전되고, 수소보다 이온화 경향이 큰 금속을 산에 넣으면 수소를 발생하면서 용해한다.
(5) 수소보다 이온화 경향이 적은 것은 산에 작용하기 힘들고 HNO_3, H_2SO_4와 같은 산화성 산과 처리하면 우선 산화되고, 이 산화물이 산에 녹는다.

(6) 금속의 산화는 이온화 계열의 상위에 있을수록 쉽게 일어나고, Al보다 상위에 있는 금속은 공기 중에서도 산화물을 만들며 탄다.

4 기계적 성질

【1】 강도(strength)
(1) 외력에 대하여 재료 단면에 작용하는 최대 저항력을 말한다.
(2) 외력의 작용 방법에 의한 강도의 분류 : 인장 강도, 굴곡 강도, 전단 강도, 압축 강도, 비틀림 강도.
(3) 인장 강도가 크다는 것은 다른 강도도 이것에 비례하여 크다고는 할 수 없다.
(4) 인장 강도가 커도 압축 강도는 적은 재료가 있다.

【2】 경도(hardness)
(1) 한 물체에 다른 물체를 눌렀을 때에 그 물체의 변형에 대한 저항력의 크기로 측정한다.
(2) 금속의 경도는 일반적으로 인장 강도에 비례한다.
(3) 경도는 압입자의 종류(강구 또는 다이아몬드), 형상, 압력의 측정 기준 등이 다르다.
(4) 경도를 측정하는 방법
  ① 압입에 의한 방법 : 브리넬, 로크웰, 비커어즈, 마이어 등.
  ② 긁힘 정도에 의한 방법 : 모오스, 마르텐스 등.
  ③ 반발 높이에 의한 방법 : 쇼어.
  ④ ·소성 변형에 대한 저항 : ①, ② ·탄성 변형에 대한 저항 : ③

【3】 인성(toughness, 질김성)
(1) 충격에 대한 재료의 저항을 인성이라 한다.
(2) 인성의 반대는 취성(메짐성, 여림성)이다.
(3) 강인한 재료가 충분한 인성을 가지고 있는가를 알아보는 시험이 충격시험이다.

【4】 피로한도(fatigue limit)
(1) 금속재료는 파괴 하중 이하의 하중으로 주기적으로 반복 작용하면 적은 하중이라도 피로에 의해 파괴한다. 이 현상을 **피로**(fatigue)라 한다.
(2) 응력이 적을수록 파괴에 도달하는 반복 횟수는 커진다.
(3) 응력에 대해서는 반복 횟수가 무한대가 되는데 이런 경우 응력의 최대 한계를 **피로한도**라 한다.

【5】 고온에서의 기계적 성질
(1) 고온에서 기계적 성질로서 특히 중요한 것은 강도, 경도, 연신율, 크리프 한도 등이다.
(2) 온도에 따른 성질

취 성	재 료	온 도	특 성
저온취성	철 강	상온 이하	경도와 인장강도는 증가하나 연율, 충격치 감소.
상온취성	P이 많은 강	상 온	P은 Fe_3P로 결정입자를 조대화시키고, 경도, 인장 강도를 증가시키나 연율 감소. 상온에서 충격값 감소로 냉간 가공시 균열이 생긴다.

취성	재료	온도	특성
청열취성	강철	200~300℃	상온보다 연율이 감소하고 경도가 높아진다. (시효경화에 의함.)
뜨임취성	Ni-Cr강, Cr강, Mn강	500~650℃	소입 후 뜨임하면 충격값이 심히 감소한다. 방지법 : 0.3% Mo를 첨가, 소량의 W, V 등을 첨가.
적열취성	S이 많은 강	적열상태	S은 FeS로 존재, 가열하면 용해되어 강의 결정 사이의 응집력을 파괴하고 고온에서 단조, 압연 시 균열이 생긴다. 방지법 : Mn을 첨가한다.

(3) **크리프 한도**(creep limit) : 일정 온도, 일정 응력 밑에서 시간의 경과에 따라 변형이 증대될 때의 한계 응력을 **크리프 한도**라 한다.

문제 1. 다음 중 물리적 성질이 아닌 것은 어느 것인가?
㉮ 연신율   ㉯ 비열   ㉰ 비중   ㉱ 선팽창 계수

도움 물리적 성질 : 비열, 비중, 융점, 선팽창 계수
　　　　　전기 전도율, 자성, 융해 잠열.

문제 2. 다음 중 기계적 성질은 어느 것인가?
㉮ 인장 강도, 자성　　　　㉯ 경도, 피로
㉰ 주조성, 연신율　　　　㉱ 융해 잠열, 전기 전도율

도움 기계적 성질 : 인장 강도, 경도, 피로, 연신율, 충격.

문제 3. 다음은 비중에 대한 설명이다. 틀린 것은 어느 것인가?
㉮ 비중으로 경금속과 중금속을 구분한다.
㉯ 실용상 가장 가벼운 금속은 마그네슘이다.
㉰ 순금속이 합금보다. 비중이 작다.
㉱ 경금속과 중금속의 한계는 비중 4.5를 기준으로 한다.

도움 합금이 순금속보다 비중이 작다.

문제 4. 다음 중 비중이 가장 큰 금속은 어느 것인가?
㉮ Mg   ㉯ W   ㉰ Pb   ㉱ Ir

도움 비중이 가장 큰 금속 : Ir

문제 5. 다음은 융해 잠열에 대한 설명이다. 틀린 것은 어느 것인가?
㉮ 어떤 물질 1g를 용해시키는데 필요한 열량을 말한다.
㉯ 금속이 용해할 때에는 금속 전부가 용해되어야만 온도가 올라 간다. 이 현상에 필요한 열량을 융해 잠열이라 한다.
㉰ 어떤 물질 1g를 1℃ 올리는데 필요한 열량을 말한다.
㉱ 융해 잠열이 큰 금속은 Al로서 94.6cal/g이다.

도움 ㉰항은 비열이다.

해답 1. ㉮ 2. ㉯ 3. ㉰ 4. ㉱ 5. ㉰

[문제] **6.** 다음 금속 중 용융점이 가장 낮은 금속은 어느 것인가?
㉮ W ㉯ Fe ㉰ Fe ㉱ Hg

[도움] 용융점이 가장 높은 금속은 W(3410±20℃)이며, 작은 것은 Hg(-38.8℃)이다.

[문제] **7.** 다음은 전기 전도율에 대한 설명이다. 틀린 것은 어느 것인가?
㉮ 순수한 금속일수록 전도율이 좋다.
㉯ 합금이 순금속보다 전도율이 좋다.
㉰ 고유 저항이 작을수록 전기 전도율이 좋다.
㉱ 열전도율이 큰 것은 일반적으로 전기 전도율도 크다.

[도움] 순금속은 합금보다 전기 전도율이 크다.

[문제] **8.** 다음 중 전기전도율이 큰 순서로 나열된 것은 어느 것인가?
㉮ Ag>Cu>Al>Mg>Ni
㉯ Ag>Al>Mg>Cu>Ni
㉰ Cu>Ag>Mg>Ni>Al
㉱ Al>Mg>Ni>Ag>Cu

[도움] 전기 전도율 순서: Ag>Cu>Au>Al>Mg>Zn>Ni>Fe>Pb>Sb

[문제] **9.** 다음 중 선팽창 계수가 큰 금속으로 맞는 것은 어느 것인가?
㉮ Pb, Mg ㉯ Ir, W ㉰ Mo, W ㉱ Pb, Ir

[도움] 선팽창 계수가 큰 것: Pb, Mg, Sn.

[문제] **10.** 다음 중 선팽창 계수가 작은 금속은 어느 것인가?
㉮ Pb ㉯ Mg ㉰ Sn ㉱ Mo

[도움] 선팽창 계수가 작은 것: Ir, Mo, W

[문제] **11.** 다음 중 선팽창 계수를 나타내는 식은 어느 것인가?

㉮ $\dfrac{\text{변형 길이} - \text{처음 길이}}{\text{처음 길이}(\text{변형 온도} - \text{처음 온도})}$

㉯ $\dfrac{\text{변형 길이} + \text{처음 길이}}{\text{처음 길이}(\text{변형 온도} + \text{처음 온도})}$

㉰ $\dfrac{\text{처음 길이}(\text{변형 온도} + \text{처음 온도})}{\text{변형 길이} + \text{처음 길이}}$

㉱ $\dfrac{\text{처음 길이}(\text{변형 온도} - \text{처음 온도})}{\text{변형 길이} - \text{처음 길이}}$

[도움] 선팽창 계수: $\dfrac{\text{변형 길이} - \text{처음 길이}}{\text{처음 길이}(\text{변형 온도} - \text{처음 온도})}$

[해답] 6. ㉱ 7. ㉯ 8. ㉮ 9. ㉮ 10. ㉱ 11. ㉮

문제 12. 다음 중 Mg의 비열로 맞는 것은 어느 것인가? (단, 단위는 cal/g이다.)
㉮ 0.25　　㉯ 0.11　　㉰ 0.092　　㉱ 0.031

도움 Mg(0.25), Cr(0.11), Cu(0.092), Au(0.031)

문제 13. 다음 중 강자성체가 아닌 것은 어느 것인가?
㉮ Fe　　㉯ Ni　　㉰ Co　　㉱ Cu

도움 강자성체 : Fe, Ni, Co

문제 14. 강자성체는 포화 상태로 되어 있는 작은 구역의 집합체로 되어 있는데 이것을 무엇이라 하는가?
㉮ 퀴리점　　㉯ 자구　　㉰ 상자성체　　㉱ 자장

문제 15. 다음 설명 중 틀린 것은 어느 것인가?
㉮ 자구의 방향은 각각 다르며 전체로서는 상쇄되어 있다.
㉯ 자장을 가하면 자구의 자화 방향이 자장 방향을 향한다.
㉰ 강자성체의 자화는 현재의 자장 강도 외에 과거의 이력과 큰 관계가 있다.
㉱ 연철의 잔류 자기는 작고 보자력이 크다.

도움 연철은 잔류 자기는 크나 보자력이 작다.

문제 16. 다음 설명 중 틀린 것은 어느 것인가?
㉮ 연철은 잔류 자기는 크나 보자력이 작다.
㉯ 강은 잔류 자기는 비교적 작으나 보자력이 대단히 크다.
㉰ 영구 자석 재료는 가급적 잔류 자기가 커야 한다.
㉱ 영구 자석 재료는 보자력이 작아 쉽게 자기를 소실해야 한다.

도움 영구 자석 재료는 보자력이 크며 쉽게 자기를 소실하지 않는 것이 좋다.

문제 17. 다음은 부식에 대한 설명이다. 틀린 것은 어느 것인가?
㉮ 화학 작용에 의한 것을 부식이라 하고 기계적 작용에 의한 것은 침식이라 한다.
㉯ 건부식은 상온 또는 고온에서 이루어지는 산화, 황화, 질화 등이다.
㉰ 건부식은 금속과 가스와의 접촉에 의해서 일어나는 순기계적 반응이다.
㉱ 습부식은 금속 표면에 국부 전지를 형성한다.

도움 건부식은 금속과 가스와의 접촉에 의해서 일어나는 화학적 반응이다.

문제 18. 다음 중 이온화 경향이 가장 큰 금속은 어느 것인가?
㉮ K　　㉯ Ca　　㉰ Ni　　㉱ Au

해답 12. ㉮　13. ㉱　14. ㉯　15. ㉱　16. ㉱　17. ㉰　18. ㉮

[도움] 금속의 이온화 순서: K>Ca>Na>Mg>Al>Zn>Cr>Fe>Co>Ni>Mo>Sn>Pb>H>Cu>Hg>Ag>Pt>Au

[문제] **19.** 다음은 습부식에 대한 설명이다. 틀린 것은 어느 것인가?
㉮ 습부식은 금속 표면에 국부 전지를 형성한다.
㉯ 양극 부분과 음극 부분이 생겨 그 사이에 전류가 흐른다.
㉰ 금속이 이온화하여 수용액중으로 이동한다.
㉱ 습부식은 전부 또는 일부가 물리적 현상이다.

[도움] 습부식은 전부 또는 일부가 전기 화학적 현상이다.

[문제] **20.** 다음 설명 중 틀린 것은 어느 것인가?
㉮ H보다 이온화 경향이 큰 금속은 부식하기 힘들다.
㉯ H보다 이온화 경향이 작은 금속은 부식하기 힘들다.
㉰ 금속은 산과 결합하여 염을 만든다.
㉱ 원소가 화합물을 만들 때에는 그것이 전자를 교환한다.

[도움] H보다 이온화 경향이 적은 금속은 부식하기 힘들고 큰 것은 부식되기 쉽다.

[문제] **21.** 다음 설명 중 틀린 것은 어느 것인가?
㉮ 이온화 경향이 큰 것은 화합물이 생기기 쉽다.
㉯ 이온화 경향이 작은 것은 화합되기 힘들다.
㉰ 금속염 용액이 이보다 이온화 경향이 큰 금속을 넣으면 이 금속이 녹아서 이온화 경향이 작은 금속이 침전된다.
㉱ H보다 이온화 경향이 큰 금속을 산에 넣으면 H를 발생하면서 응고한다.

[도움] H보다 이온화 경향이 큰 금속을 산에 넣으면 H를 발생하면서 용해한다.

[문제] **22.** 다음 설명 중 틀린 것은 어느 것인가?
㉮ 수소보다 이온화 경향이 작은 것은 산에 작용하기 힘들다.
㉯ 금속의 고온 중 산화는 그 표면에 생기는 산화물의 성질에 영향을 받는다.
㉰ Al보다 상위에 있는 금속은 공기 중에서 산화물을 만들며 탄다.
㉱ HNO_3, H_2SO_4와 같은 산화성 산과 처리하면 우선 산화되고, 이 산화물이 녹으며 H가 발생한다.

[도움] 대개 수소가 발생하지 않는다.

[문제] **23.** 다음 중 외력의 작용 방법에 의한 강도의 분류가 아닌 것은 어느 것인가?
㉮ 인장 강도 ㉯ 압축 강도 ㉰ 굴곡 강도 ㉱ 충격 강도

[도움] 강도의 종류: 인장 강도, 굴곡 강도, 전단 강도, 압축 강도, 비틀림 강도 등.

[해답] 19. ㉱ 20. ㉮ 21. ㉱ 22. ㉱ 23. ㉱

문제 24. 다음 금속 중 강도가 가장 큰 것은 어느 것인가?
㉮ Ni   ㉯ Fe   ㉰ Cu   ㉱ Zn

　　　주요 순금속의 강도 순서: Ni>Fe>Cu>Al>Zn>Sn>Pb

문제 25. 다음 설명 중 틀린 것은 어느 것인가?
㉮ 외력에 대하여 재료 단면에 작용하는 최대 저항력은 강도이다.
㉯ 금속의 경도는 일반적으로 인장 강도에 비례한다.
㉰ 경도는 압입자의 종류, 형상, 압력의 측정 기준 등이 다르다.
㉱ 경도 시험기에 사용하는 압입자의 종류는 강구 또는 경질 고무 등이 있다.

　　　압입자의 종류: 강구, 다이아몬드

문제 26. 경도를 측정하는 방법이 아닌 것은 어느 것인가?
㉮ 압입에 의한 방법   ㉯ 긁힘 정도에 의한 방법
㉰ 반발 높이에 의한 방법   ㉱ 탄성에 의한 방법

　　　경도를 측정하는 방법
　　　　① 압입에 의한 방법
　　　　② 긁힘 정도에 의한 방법
　　　　③ 반발 높이에 의한 방법

문제 27. 다음 중 압입에 의해 경도를 측정하는 방법의 경도계가 아닌 것은 어느 것인가?
㉮ 브리넬 경도기   ㉯ 로크웰 경도기
㉰ 비커어즈 경도기   ㉱ 쇼어 경도기

　　　압입에 의한 방법: 브리넬, 로크웰, 비커어즈, 마이어 등.

문제 28. 반발 높이에 대한 경도 시험기는 다음 중 어느 것인가?
㉮ 브리넬 경도기   ㉯ 로크웰 경도기
㉰ 비커어즈 경도기   ㉱ 쇼어 경도기

　　　반발 높이에 의한 방법: 쇼어 경도기

문제 29. 재료의 인성과 취성을 알기 위한 시험은 다음 중 어느 것인가?
㉮ 강도시험   ㉯ 경도시험   ㉰ 충격시험   ㉱ 피로시험

　　　충격시험의 목적: 인성과 취성을 알기 위함이다.

문제 30. 금속재료를 파괴 하중 이하의 하중으로 반복 작용하면 작은 하중이라도 파괴되는 현상을 무엇이라 하는가?
㉮ 인장 파괴   ㉯ 피로   ㉰ 고온 강도   ㉱ 충격

해답 24. ㉮ 25. ㉱ 26. ㉱ 27. ㉱ 28. ㉱ 29. ㉰ 30. ㉯

[토음] 피로 한도 : 응력에 대해서는 반복 회수가 무한대가 되는데 이 경우의 최대 한계.

[문제] **31.** S-N곡선이란 무엇인가?
㉮ 인장 강도를 구하는 곡선 ㉯ 경도를 구하는 곡선
㉰ 크리이프 한도를 구하는 곡선 ㉱ 피로 한도를 구하는 곡선

[토음] S-N곡선 : 피로 한도를 구하는 곡선으로 S(응력)와 N(반복 횟수)과의 관계를 나타내는 곡선이다.

[문제] **32.** 다음 중 설명이 잘못된 것은 어느 것인가?
㉮ 강철의 경우 피로 한도를 구하는 반복 횟수는 $10^{5\sim6}$이다.
㉯ 비철 금속의 피로 한도를 구하는 반복 횟수는 10^8이다.
㉰ 가하는 응력이 크면 반복 횟수가 작아도 파괴된다.
㉱ 응력이 작아 짐에 따라 반복 횟수는 늘어난다.

[토음] 강철의 경우 피로 한도를 구하는 반복 횟수는 $10^{6\sim7}$이다.

[문제] **33.** 피로 시험 결과에 영향을 주는 요인이 아닌 것은 어느 것인가?
㉮ 시험편의 형상 ㉯ 표면 다듬질 정도 ㉰ 가공 방법 ㉱ 가열 온도

[토음] 피로시험 결과에 영향을 주는 요인
① 시편 형상 및 가공 방법 ② 표면 다듬질 정도 ③ 열처리 상태

[문제] **34.** 다음 중 상온 취성의 원인이 되는 원소는 어느 것인가?
㉮ P ㉯ S ㉰ Cr ㉱ Mo

[토음] 상온 취성 : P이 많은 강

[문제] **35.** 다음 중 적열 취성을 많이 일으키는 강은 어느 것인가?
㉮ P이 많은 강 ㉯ S이 많은 강 ㉰ C가 많은 강 ㉱ Mn이 많은 강

[토음] 적열 취성 : S이 많은 강

[문제] **36.** 다음 중 청열 취성이 일어나기 쉬운 온도로 맞는 것은 어느 것인가?
㉮ 100~150℃ ㉯ 200~300℃ ㉰ 300~400℃ ㉱ 723~910℃

[토음] 청열 취성 : 200~300℃

[문제] **37.** 다음 뜨임 취성에 대한 설명 중 틀린 것은 어느 것인가?
㉮ Ni-Cr강에서 많이 나타난다. ㉯ 500~650℃에서 일어난다.
㉰ 0.3%의 Mo를 첨가하여 방지한다. ㉱ W강에서 많이 나타난다.

[토음] 뜨임 취성의 방지법 : 0.3%의 Mn, 소량의 W, V등을 첨가한다.

[해답] 31. ㉱ 32. ㉮ 33. ㉱ 34. ㉮ 35. ㉯ 36. ㉯ 37. ㉰

문제 38. 재료는 일정 온도, 일정 응력 밑에서 시간이 결과함에 따라 변형이 증대될 때의 한계를 무엇이라 하는가?
　㉮ 피로 한도　　㉯ 탄성 한도　　㉰ 충격 한도　　㉱ 크리프 한도

문제 39. 재료의 온도가 상온보다 낮아짐에 따라 슬립 저항이 증가하면서 부스러지기 쉬워지는 현상을 무엇이라 하는가?
　㉮ 청열 메짐　　㉯ 저온 메짐　　㉰ 고온 메짐　　㉱ 뜨임 메짐

해답 38. ㉱　39. ㉯

제3장 재료시험

재료 시험

1 인장 시험(tension test)
[1] 시험편을 시험기에 걸어 축방향으로 인장하여 파단될 때까지의 변형과 힘을 측정하여 재료의 변형에 대한 저항력의 크기를 알기 위한 시험이다.

[2] 시험기의 종류
  (1) 암슬러형, 발드윈형, 올센형, 인스트론형, 모블 페더하프형, 시즈마형.
  (2) 산업용 : armsler형(능력 : 30~50ton)이 많이 사용된다.
  (3) 연구 목적용(정밀시험) : instron형이 많이 사용된다.
  (4) 만능 시험기가 갖출 조건
  ① 정밀도 및 감도가 우수할 것.
  ② 시험기의 안정성 및 내구성이 클 것.
  ③ 조작이 간편하고 정밀측정이 가능하고 취급이 편리할 것.

[3] 인장 시험편 규격의 규정
  (1) 인장 시험편의 규정

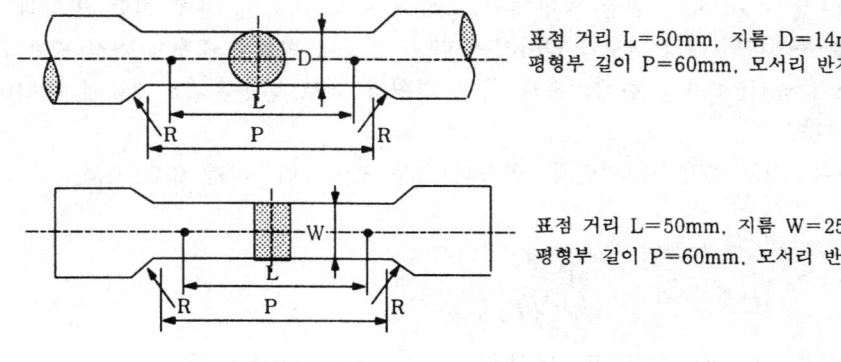

표점 거리 L=50mm, 지름 D=14mm
평형부 길이 P=60mm, 모서리 반지름 R=15mm 이상

표점 거리 L=50mm, 지름 W=25mm
평형부 길이 P=60mm, 모서리 반지름 R=15mm 이상

〔인장시험편 규격〕

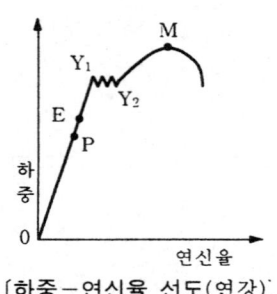
〔하중-연신율 선도(연강)〕

- P : 비례한계
- E : 탄성한계
- Y₁ : 상항복점
- Y₂ : 하항복점
- M : 극한강도

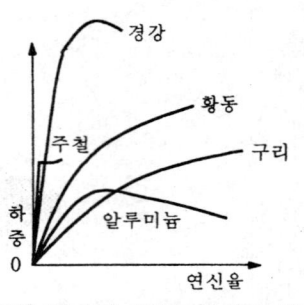
〔각종 금속의 하중-연신율 선도〕

〔인장 시험편의 규정〕

국 명	미 국	영 국	독 일	일 본	한 국
규 정	ASTM E8~50 ASTM E8~52	BSI8	DIN50123 DIN50146 DIN50149	JISB 7701	KS B 0801

(2) 비례 한계(proportional limit)
   ① OP점 사이의 늘어난 길이가 하중에 비례한 구간으로 응력이 증가하면 변형도 증가한다.
   ② P점에서의 하중을 원단면적으로 나눈 값으로 응력과 변형량이 정비례 관계를 유지한 한계.

(3) 탄성 한계(elastic limit)
   ① OE점 사이의 변형으로 하중이 증가하면 늘어난 길이도 증가하되 비례하지 않는다.
   ② 탄성 변형은 하중을 제거하면 변형은 원상태로 되돌아온다.
   ③ 탄성 한도 : 탄성 한도점의 하중을 원단면적으로 나눈 값.(영구변형이 생기지 않는 응력의 최대 값)
   ④ 탄성 한도와 비례 한도는 그 값이 비슷하며, 하중이 적은 동안은 하중과 연신율은 비례한다.
   ⑤ Hook's low : 변형이 크지않는 탄성 한계내에서 변형의 크기는 작용하는 외력에 비례한다.
   ⑥ Bauschinger effect : 동일 방향에의 소성 변형에 대하여 전에 받던 방향과 정반대 방향을 부여하면 탄성 한도가 낮아지는 현상. 비틀림 변형의 경우에 가장 명백하다.
   ⑦ Posson's ratio : 탄성 한계내에서 가로 변형과 세로 변형은 그 재료에 대하여 항상 일정하다.
   ※ 포아슨비 : 가로 변형/세로 변형, 금속의 경우 포아슨비 : 보통 0.2~0.4
   ⑧ 강성율

$$G = \frac{E}{2(1+V)}$$

※ G : 강성율, V : 포아슨비, E : 탄성율

(4) 항복점(yield point)
① E점을 지나 하중을 더 가하면 하중-연율 곡선은 비례하지 않고 Y_1점에서 급격히 하중이 감소되어 Y_2점의 하중과 같아지고 하중은 일정한데 시험편은 잘 늘어난다.
② 하중을 제거한 후에 명백히 영구 변형이 인정되기 시작하는 점.
  ㉮ 상항복점 : Y_1점 하중을 원단면적으로 나눈 값. (통상 항복점이라고 한다)
  ㉯ 하항복점 : Y_2점 하중을 원단면적으로 나눈 값.

(5) 인장 강도(tensile strength)
① 시험편에 하중을 가하여 시험편이 절단되었을 때의 하중을 시험편 원단면적으로 나눈 값.

$$※ 인장강도 = \frac{최대하중}{원단면적} = \frac{P_{max}}{A_0} (kg/mm^2)$$

② 재료의 강도는 단위 면적에 대한 최대 저항력으로 표시한다.

(6) 연신율(Elongation)
① 시험편이 절단되기 직전의 표점 사이와 원표점 길이와의 차의 원표점 길이에 대한 백분율

$$\delta = \frac{변형후 길이 - 변형전 길이}{변형전 길이} \times 100(\%) = \frac{l_1 - l_0}{l_0} \times 100(\%)$$

(7) 단면 수축율(reduction of area)
① 시험편의 원단면적과 절단후의 단면적과의 차를 원단면적으로 나눈 값의 백분율.

$$\phi = \frac{원단면적 - 변형후의 단면적}{원단면적} \times 100(\%) = \frac{A_0 - A_1}{A_0} \times 100(\%)$$

(8) 내력(耐力, yield strength)
① 인장 시험을 할 때 규정된 영구 변형을 일으킬 때에 하중을 평형부의 원단면적으로 나눈 값
② 항복점이 생기지 않는 고탄소강, 비철금속재료에서는 항복점 대신에 내력을 둔다.
③ 0.2%의 영구 변형을 하중을 시험편의 원단면적으로 나눈 값.
④ 내력을 구하는 방법

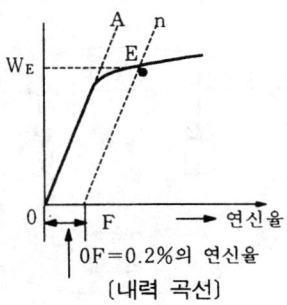

〔내력 곡선〕

※ 규정된 연신율 OF(0.2%)의 F점에서 하중 - 연율 곡선의 직선 부분에 평형선을 긋고 곡선과의 교점 E에서의 하중(WE)을 원단면적(A_0)으로 나눈 값이다.

$$\delta_k = \frac{W_E}{A_0} (kg/mm^2)$$

2 경도 시험(hardness test)

[1] 경도를 측정하는 방법
(1) 정지 상태에서 압입자로 다른 물체를 눌렀을 때에 생기는 변형 : H_B, H_R, H_V, 마이어.
(2) 충격적으로 한 물체에 다른 물체를 낙하시켰을 때에 반발되어 튀어 오른 높이 : H_S
(3) 한 물체에 다른 물체를 긁었을 때에 긁히는 정도 : 모오스, 마르텐스 긁힘 경도.
(4) 진자 장치를 이용하는 방법 : 하버트 진자 경도.
(5) 기타 방법 : 초음파 경도
 ※ 소성 변형에 대한 저항 : [(1), (2)], 탄성 변형에 대한 저항 : [(3)]
(6) 주요 금속의 경도순서 : Fe>Cu>Al>Ag>Zn>Au>Sn>Pb

[2] 브리넬 경도(H_B, Brinell hardness test)
(1) 일정한 지름(D)의 강철 보올을 일정한 하중(P)으로 시험편 표면에 압입한 다음 하중을 제거한 후에 보올 자국의 표면적으로 하중을 나눈 값으로 측정한다.
(2) 경도를 나타내는 식

$$H_B = \frac{P}{W} = \frac{2P}{\pi D(D-\sqrt{D^2-d^2})} = \frac{P}{\pi Dt}$$

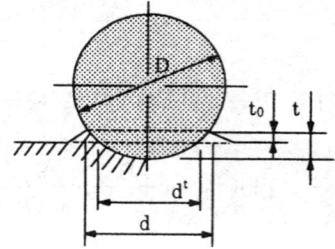 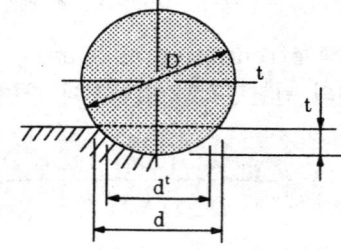

(3) 압흔의 깊이(t)

$$\frac{P}{\pi \cdot D H_B}$$

- P : 하중(kg)
- D : 강구의 지름(mm)
- d : 들어간 지름(mm)
- t : 들어간 최대 깊이(mm)

(4) 이 경도계는 시험편이 작은 것, 얇은 재료, 침탄강, 질화강 등에는 부적합하다.
(5) 시험편(test piece)
 ① 시험편의 양면은 평행하게 하고 윗부분의 면은 잘 연마할 것.
 ② 시험편의 두께 : 들어간 깊이의 10배 이상.
 ③ 시험편의 나비 : 들어간 깊이의 4배 이상.
 ④ 같은 시험편을 반복 시험할 때는 들어간 자국이 지름의 4배 이상 떨어져야 한다.
 ※ 가장자리에서는 2.5배 이상 떨어져야 한다.

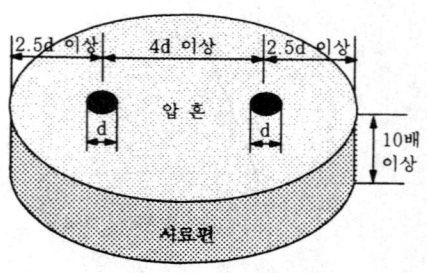

[압흔 사이의 거리]

(5) 하중 및 시간
   ① 압입자의 지름과 하중

강구 지름 D(mm)	하중 W(kg)	용 도
10	3000	철강재
10	1000	구리 합금, Al
10	500	연질 합금
5	750	굳은 재료의 박판

   ② 가압 시간 : 30초가 가장 좋다.
(6) H_B와 인장강도와의 관계식(0.04~0.86%C의 탄소강의 경우)

$$H_B = 2.8 \times \delta B(인장강도)$$

【3】 비커어즈 경도(H_V, Vickers hardness test, 누우프(knoop))
(1) 정사각추의 다이아몬드 압입자를 시험편에 놓고 하중을 가하여 시험편에 생긴 피라밋형 자국의 표면적으로 하중을 나눈 값으로 측정한다.
(2) 경도를 나타내는 식

$$H_V = \frac{2W \sin \cdot \frac{\alpha}{2}}{d^2} = 1.8544 \frac{W}{d^2}$$

W : 하중(kg)
d : 압입 자국의 대선각 길이(mm)
α : 대면각(136^0)

(3) 비커어즈 경도계의 특징
   ① 하중(1~150kg)을 임의로 변경시킬 수 있어 경한 재료나 연한 재료, 얇은 재료, 질화층, 침탄층의 경도를 정확히 측정이 가능하다.
   ② 압입 흔적이 작으며 경도 시험 후 압흔의 평균 대각선 길이를 1/1000mm까지 측정하여 환산표를 참조하여 경도값을 환산할 수 있다.
   ③ 하중 유지시간은 30초가 원칙이고, 단단한 강일 경우 15초로 한다.

【4】 로크웰 경도 시험(H_R, Rockwell hardness test)
(1) 강구 또는 다이아몬드 원뿔형을 시험편에 압입할 때 생기는 압입된 자리의 깊이에 의해 경도를 측정한다.
(2) 시험편에 기준 하중 10kg을 건 다음 시험 하중(강구 : 100kg, 다이아몬드 : 150kg)을 가한다.
   ※ 예비 하중(10kg), 일정 하중(60, 100, 150kg)
(3) C 스케일은 0~100까지의 눈금, B 스케일은 30~130까지의 눈금이 있다.
   ※ 한 눈금은 1/500mm의 길이에 해당하고, 눈금판의 흑색은 H_{RC}이고, 적색은 H_{RB}이다.

(4) H_{RC}와 H_{RB}의 비교

스케일	누르개	기준하중 (kg)[N]	시험하중 (kg)[N]	경도를 구하는 식 (h의 단위 : μm)	적용 경도
H_{RB}	강구 또는 초경합금 지름 1.588mm	10 [98.07]	100 [980.7]	$H_{RB} = 130 - 500h$	0~100
H_{RC}	앞끝곡율 반지름 0.2mm 원추각 120°의 다이아몬드	10 [98.07]	150 [1471.0]	$H_{RC} = 100 - 500h$	0~70

(5) 로크웰 경도 측정 원리

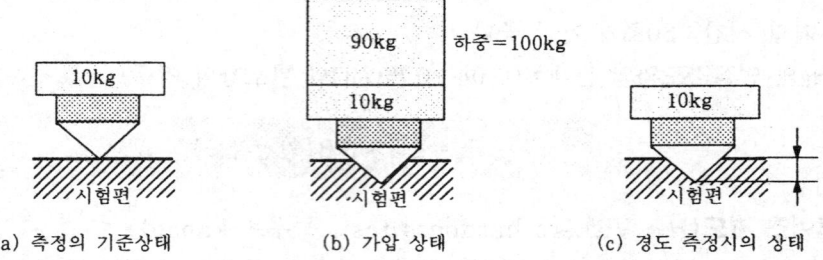

(a) 측정의 기준상태 (b) 가압 상태 (c) 경도 측정시의 상태

[5] 쇼어 경도 시험(H_S, Shore hardness test)

(1) 하중을 충격적으로 가했을 때 반발하여 튀어 오른 높이로 경도를 측정한다.

(2) 경도를 나타내는 식

$$H_S = \frac{10000}{65} \times \frac{h}{h_0}$$

$\begin{cases} h : \text{반발 높이} \\ h_0 : \text{시험편 높이} \end{cases}$

(3) 쇼어 경도의 특징

① 물체의 탄성 여부를 알 수 있다.
② 소형으로 휴대가 간편하며 제품에 흔적이 없으므로 완성품에 직접 시험이 가능하다.
③ 시험편이 작거나 얇아도 가능하며 간단히 시험할 수 있다.

[6] 기타 경도계

(1) 긁힘 경도계(scratch hardness test)

① 120°의 정각(頂角)을 갖는 원뿔형의 다이아몬드로서 시험편 표면을 일정한 하중을 가하면서 긁어서 그 자국의 나비로 경도를 측정한다.
② 얇은층의 경도, 도금층의 경도, 도장면의 경도, 취약하여 타 시험으로 경도 측정이 곤란한 재료, 매우 연한 재료 등에 사용된다.
③ 긁힘 나비 : 0.01mm 정도이다.

(2) 미소경도계

① HV의 다이아몬드 압입자를 사용하여 하중을 아주 작게(1kg 이하)하여 측정한다.
② HV에서 측정이 곤란한 재료, 아주 작은 재료, 얇은 판, 엷은 층, 가는 선, 보석, 금속 조직 등의 경도 측정에 사용된다.

(3) 자기적 경도계

① 보자력의 차에 의해 경도를 측정하는 것이다.

② 간접적으로 경도 측정에 응용되며 재료의 변형을 주지 않고 측정할 수 있다.
③ 강의 담금질, 뜨임에 의한 경도 변화를 측정하는데 좋은 방법이며 강자성체 이외에는 부적합하다.

3 충격 시험(impact test)

【1】 충격 시험의 개요

(1) 충격력에 대한 재료의 충격 저항, 점성 강도를 측정하는 것으로 재료를 파괴할 때 재료의 인성(질김성)과 취성(여림성, 메짐성)을 시험한다.
(2) 특징 : 동적 시험이며, 노치 효과가 크고, 하중 속도에 영향을 받는다.
(3) 충격 시험편

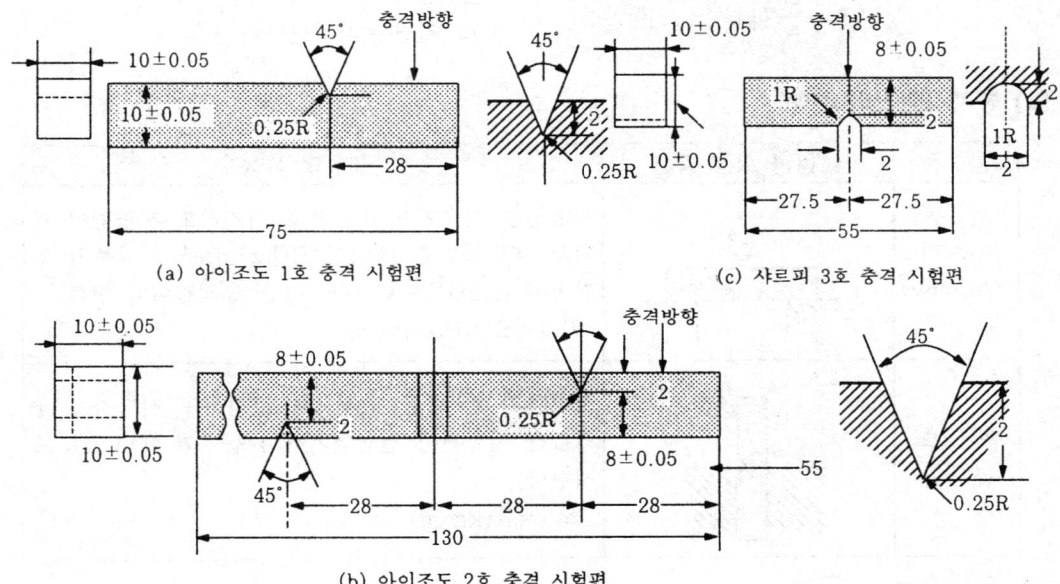

(a) 아이조드 1호 충격 시험편
(c) 샤르피 3호 충격 시험편
(b) 아이조드 2호 충격 시험편

【2】 충격시험의 원리

(1) 시험편이 파단될 때 충격 흡수 에너지는 회전체에 대한 마찰 저항과 해머의 공기 저항을 무시할 경우 충격 에너지 및 충격치를 계산하는 방법

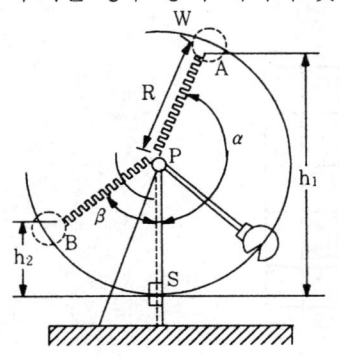

A_0 : 시험편 notch부의 단면적(mm^2)
W : 해머의 무게 (kg)
R : 해머의 아암 길이(m)
α : 파단전의 h_1에 대한 각도
β : 파단후의 h_2에 대한 각도
h_1 : 파단전의 해머 높이
h_2 : 파단후의 해머 높이

1-46 제 I 편 금속재료 일반

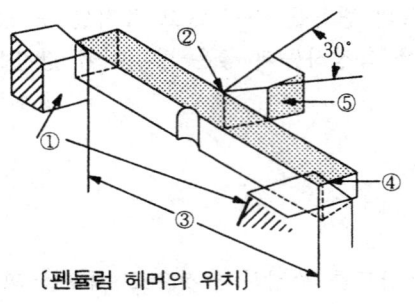

① 시험편 받침대
② 끝 반지름 1mm
③ 표점 거리 40mm
④ 끝 반지름 1mm
⑤ 펜듈럼 헤머

〔펜듈럼 헤머의 위치〕

① 충격 에너지값 : $E = WR(\cos\beta - \cos\alpha)[kg \cdot m]$
② 충격값

$$U = \frac{E}{A} [kg \cdot m/cm^2]$$

- E : 충격 에너지값
- A : 절단부의 단면적

【3】 충격시험기의 종류

종류	시험편 고정 방법	원리 및 특성
샤르피 (Charpy)	↓ (노치부 위에서 타격)	시험편을 자유롭게 수평으로 지지하고 시험편이 전단하는데 필요한 에너지 $E(kg-m)$를 노치부의 원단면적 $A(cm^2)$으로 나눈 값을 충격값이라 한다. ※ $I = E/A (kg-m/cm^2)$
아이조드 (Izod)	← (한 끝 수직 고정)	시험편의 한 끝을 수직으로 고정하여 시험하고 충격값은 시험편이 전단되기까지 흡수한 에너지로 표시한다. ※ $I = E(kg-m)$

4 피로 시험(Fatigue test)

(1) 정적인 하중으로 파괴를 일으키는 응력보다 훨씬 낮은 응력으로도 반복하여 하중을 가하면 결국 재료가 파괴된다. 이 현상을 **피로**라 한다.
(2) 피로 한도를 구하는 시험을 피로 시험이라 한다.
(3) 피로 한도(Fatigue limit)

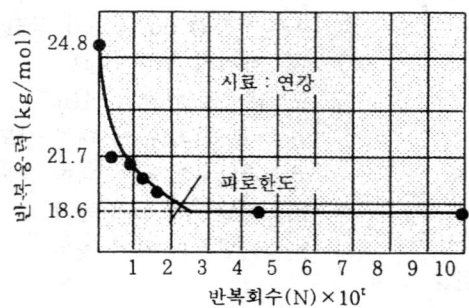

① 영구적으로 재료가 파괴되지 않는 응력 중에서 최대의 하중값이다.

② S-N곡선(피로 한도를 구하는 곡선)
　㉮ 반복 횟수(N)와 응력(S)과의 관계를 만든 곡선.
　㉯ 강철의 응력, 반복 횟수 : $10^{6~7}$
　㉰ 비철금속의 응력, 반복 횟수 : 10^8
　㉱ 가하는 응력이 크면 반복 횟수가 작아도 파괴된다.
　㉲ 응력이 작아지면 반복 횟수는 늘어난다
(4) 피로 시험 결과에 영향을 미치는 요인
　　시편 형상, 표면 다듬질 정도, 가공 방법, 열처리 상태.
(5) 탄소강의 경우 회전 굽힘 피로 한도 산출 공식

$$\sigma t = 0.25 \times (항복점 + 인장\ 강도) + 5 (kg/mm^2)$$

5 Creep 시험

(1) 고온에서 시간의 경과에 따라서 외력에 비례한 만큼 이상의 변형이 일어나는 현상을 말한다.
(2) 크리프 한도 : 크리프가 정지하는 것을 크리프율이 0이 되며 크리프율이 0이 되는 응력의 한도를 크리프 한도라 한다.
(3) 크리프 곡선
　① 초기 변형 : 하중을 받는 순간에 생긴 변형
　② 1차 creep(초기 크리프, 천이 크리프) : 변형 속도가 시간에 따라 감소되는 과정
　③ 2차 creep(정상 크리프) : 변형 속도가 일정한 과정
　④ 3차 creep(가속 크리프) : 변형 속도가 점차 빨라지는 과정 ※ 미세 균열 발생

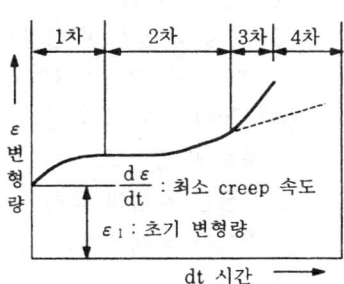

6 에릭션 시험(Erichsen test, 커핑)

(1) 재료의 연성을 알기 위한 시험이다.
(2) 강구로 시험편을 눌렀을 때 모자 모양으로 졸리어 균열이 갈 때의 변형된 깊이로 표시한다.
(3) 시험 범위 : 얇은 금속판, 두께 0.1~2.0mm, 나비 70mm 이상의 띠 또는 판에 한한다.

7 압축 시험(compression test)

(1) 압축 강도 : 시험편을 압축해서 균열이 갈 때의 그 하중을 시험편의 원단면적으로 나눈 값

　※ 압축 강도 $= \dfrac{시험편이\ 파괴될\ 때까지의\ 최대\ 하중}{원단면적}$ (kg/mm^2)

(2) 금속 재료에서 압축 강도는 인장 강도에 비해 상당히 크다.
(3) 시험편의 길이 l과 직경 d 또는 폭 b와의 관계.

① 봉재 : $l=(1.5\sim2.0)d$, 각재 : $l=(1.5\sim2.0)b$.
(4) 압축 시험의 목적 : 압축력에 대한 재료의 항압력을 시험하는 것으로 압축 강도, 비례 한도, 항복점, 탄성 계수 등을 결정한다.
(5) 압축 시험의 실질적인 길이와 직경의 비(L/D)가 1~3 정도의 것이 사용된다.
(6) 압축에 대한 응력-압률 선도
① 지수 법칙에 의한 응력(σ)과 압률(ε) 사이의 관계
$\varepsilon = \alpha\sigma^m$ ∴ $\alpha = 1/E$.
※ m : 재료에 따른 상수(가공 경화 지수)
② 지수함수의 3가지 표현
㉮ m=1일 때 : 후크법칙 성립(완전 탄성체에만 적용)
㉯ m<1일 때 : 가장 많이 사용(주철, 강, 콘크리트)
※ 응력이 특히 크지 않는 범위 : m≒1/1이 된다.
㉰ m>1일 때 : 금속에는 없음(피혁, 고무 등)

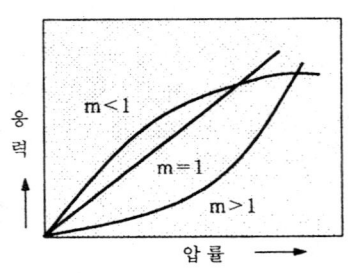

8 굽힘 시험(bending test)
(1) 굽힘 저항 시험 : 재료의 굽힘에 대한 저항력을 조사한다.
① 굽힘 시험은 시험편의 중앙부 만곡을 측정하여 하중-만곡 곡선을 결정한다.
② 파단 하중, 최대 만곡량을 측정할 수 있다.
(2) 굴곡 시험(항절 시험) : 전성, 연성, 균열의 유무를 시험한다.
(3) 주철의 굽힘 시험에서의 응력은 파단 계수로서 크기를 정한다.
※ 파단 계수 : 단면과 최대 굽힘 모멘트의 비
(4) 굽힘 시험의 방법의 종류 : 눌러 구부리는 방법, 감아 구부리는 방법, V 블록으로 구하는 방법
(5) 굽힘 시험의 특징 : 시험편에 힘이 가해지는 쪽에서 시험편에 생기는 응력은 압축 응력이나 반대쪽에는 인장력이, 중간에는 0이 되는 중립면이 존재한다.

문제 1. 인장 시험기 중 산업용으로 많이 사용하는 것은 어느 것인가?
㉮ 암슬러형 ㉯ 인스트론형 ㉰ 올센형 ㉱ 시즈마형

도움 ① 산업용 : 암슬러형
② 연구 목적용(정밀시험용) : 인스트론형

문제 2. 다음 중 인장 시험기로서 측정할 수 없는 것은 어느 것인가?
㉮ 항복점 ㉯ 내력 ㉰ 경도 ㉱ 연신율

도움 인장 시험기로의 측정 : 인장 강도, 항복점, 내력, 연신율, 단면 수축율, 탄성 한도, 비례 한도, 탄성 계수

문제 3. 인장 시험 중 시험편 평행부가 하중의 증가에 비례하여 늘어나 일정한 한도에 달하면 하중을 그 이상 증가시키지 않아도 변형이 계속 늘어나는 한계의 최대 하중을 평행부의 원단면적으로 나눈 값을 무엇이라 하는가?
㉮ 내력 ㉯ 항복점 ㉰ 인장 하중 ㉱ 비례점

문제 4. 인장 시험 때의 규정된 영구 변형을 일으킬 때에 하중을 평행부의 원단면적으로 나눈 값을 무엇이라 하는가?
㉮ 내력 ㉯ 항복점 ㉰ 인장 하중 ㉱ 비례점

도움 내력(耐力) : 연강과 같이 항복 현상이 뚜렷하게 나타나지 않는 재료에 항복점 대신 0.2%의 영구 변형을 준다.

문제 5. 0.2%의 영구 변형을 일으키는 하중을 시험편의 원단면적으로 나눈 값을 무엇이라 하는가?
㉮ 내력 ㉯ 연신율 ㉰ 단면 수축율 ㉱ 항복점

문제 6. 항복점이 일어나지 않는 재료는 무엇을 사용하는가?
㉮ 내력 ㉯ 연신율 ㉰ 단면 수축율 ㉱ 항복점

문제 7. 하중-변형율 선도에서 항복점이 나타나는 재료는 다음 중 어느 것인가?
㉮ 연강 ㉯ 황동 ㉰ 주철 ㉱ Al

해답 1. ㉮ 2. ㉰ 3. ㉯ 4. ㉮ 5. ㉮ 6. ㉮ 7. ㉮

문제 8. 시험편이 파괴되기 직전의 표점 사이의 길이와 원표점 길이와의 차의 원표점 길이에 대한 백분율을 무엇이라 하는가?
㉮ 내력 ㉯ 연신율 ㉰ 단면 수축율 ㉱ 항복점

토용 연신율 공식 : $\dfrac{L_1 - L_0}{L_0} \times 100(\%)$ (L_1 : 절단후 표점 거리, L_0 : 원표점 거리)

문제 9. 인장 시험전 표점 거리가 50mm이던 시험편이 시험 후 측정하였더니 55mm가 되었다. 이때의 연신율은 얼마인가?
㉮ 10% ㉯ 15% ㉰ 20% ㉱ 32%

토용 $\dfrac{55-50}{50} \times 100 = 10(\%)$

문제 10. 재료의 탄성 한계 내에서의 인장력은 비례하여 늘어나는데 이 법칙을 무엇이라 하는가?
㉮ 비례의 법칙 ㉯ 관성의 법칙 ㉰ 탄성의 법칙 ㉱ 후크의 법칙

토용 후크의 법칙: 변형이 크지 않는 탄성의 한계 내에서 변형의 크기는 작용하는 외력에 비례한다.

문제 11. 인장 시험을 할 때 시험편이 파괴되기 직전의 최소 단면적과 원단면적과의 차의 원단면적에 대한 백분율을 무엇이라 하는가?
㉮ 연신율 ㉯ 단면 수축율 ㉰ 인장 강도 ㉱ 내력

토용 $\dfrac{A_0 - A_1}{A_0} \times 100(\%)$ (A_0 : 원단면적, A_1 : 변형 후의 : 단면적)

문제 12. 어떤 재료 시험편의 처음 단면적이 40mm²이던 것이 시험에 측정하였더니 38mm²가 되었다. 이 재료의 단면 수축율은 얼마인가?
㉮ 4% ㉯ 5% ㉰ 6% ㉱ 8%

토용 $\dfrac{40-38}{40} \times 100 = 5\%$

문제 13. 인장 강도에 대한 설명으로 맞는 것은 다음 중 어느 것인가?
㉮ 최대 하중을 원단면적으로 나눈 값.
㉯ 파괴시의 하중을 원단면적으로 나눈 값.
㉰ 원단면적을 최대 하중으로 나눈 값.
㉱ 원단면적을 파괴시의 하중으로 나눈 값.

토용 인장 강도: $\sigma B = \dfrac{\text{최대 하중}}{\text{원단면적}} = \dfrac{P_{max}}{A_0}$

해답 8. ㉯ 9. ㉮ 10. ㉱ 11. ㉯ 12. ㉯ 13. ㉮

문제 14. 단면적이 2mm²인 재료의 시험편에 하중을 50kg을 걸어서 시험을 하였다. 이 재료의 인장 강도는 얼마인가? (단위 : kg/mm²)
㉮ 25   ㉯ 30   ㉰ 35   ㉱ 40

도움 $\frac{50}{2} = 25 (\text{kg/mm}^2)$

문제 15. 다음은 항복점에 대한 설명이다. 맞는 것은 어느 것인가?
㉮ 비례 한계 이내이며 영구 변형이 일어나지 않는다.
㉯ 탄성 한계 이내이며 영구 변형이 일어나지 않는다.
㉰ 탄성 한계 이내이며 영구 변형이 일어나는 점이다.
㉱ 탄성 한계점을 넘어서 영구 변형이 일어나는 점이다.

도움 항복점이란 하중을 제거한 후에 명백히 영구 변형이 인정되기 시작한 점이다.

문제 16. 다음 공식 중 잘못된 것은 어느 것인가?
㉮ 항복점 = $\frac{\text{항복점에 있어서의 하중}}{\text{원단면적}}$ (kg/mm²)
㉯ 탄성 강도 = $\frac{\text{최대 하중}}{\text{최소 면적}}$ (kg/mm²)
㉰ 연신율 = $\frac{\text{절단 후의 표점 사이의 거리} - \text{원표점 거리}}{\text{원표점 거리}} \times 100(\%)$
㉱ 단면 수축율 = $\frac{\text{원단면적} - \text{절단 후의 최소 단면적}}{\text{원단면적}} \times 100(\%)$

도움 인장 강도 $\sigma_B = \frac{\text{최대 하중}}{\text{원단면적}} = \frac{P_{max}}{A_0}$

문제 17. 다음 그림에서 나타난 시험편을 재질은 무엇인가?
㉮ 연강
㉯ 경강
㉰ 황동
㉱ 주철

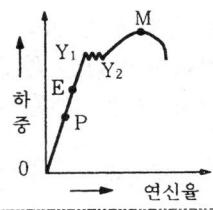

도움 재질별 응력-변형 곡선

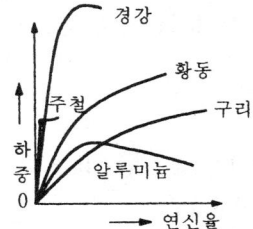

문제 18. KS 4호 인장 시험편에서 표점 거리는 몇 mm인가?
㉮ 14   ㉯ 15   ㉰ 50   ㉱ 60

해답 14. ㉮ 15. ㉱ 16. ㉯ 17. ㉮ 18. ㉰

도움 KS 4호 인장 시험편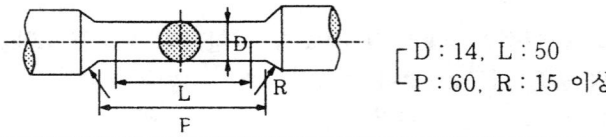

문제 19. KS 4호 인장 시험편에서 모서리의 반지름은 약 얼마로 하는가?
㉮ 14 이상　　㉯ 15 이상　　㉰ 50 이상　　㉱ 60 이상

도움 표점 거리 : 50, 지름 : 14, 평행부 길이 : 60

문제 20. 다음 설명은 비례 한도에 대한 설명이다. 틀린 것은?
㉮ 응력이 증가하면 변형도 증가한다.
㉯ 비례 한계까지의 응력은 변형율에 비례한다.
㉰ 응력과 변형량이 정비례의 관계를 유지한 한계이다.
㉱ 비례 한도는 영구 변형이 일어나는 최소 응력이다.

도움 비례 한도 : 하중을 가했을 때의 변형이 응력에 비례하는 응력값을 말한다.

문제 21. 탄성의 극한 응력, 즉 영구 변형이 일어나는 최소 응력을 무엇이라 하는가?
㉮ 비례 한계　　㉯ 탄성 한계　　㉰ 인장 강도　　㉱ 연신율

도움 탄성 한계 : 영구 변형이 일어나는 최소 응력

문제 22. 변형이 완전히 0으로 되는 한계는 구하기 어려우므로 최초의 표점 거리의 영구 변형이 남는 응력의 한계를 탄성 한도라 하는데 이것은 몇 %인가?
㉮ 0.02%　　㉯ 0.03%　　㉰ 0.2%　　㉱ 0.3%

도움 탄성 한도의 응력 한계 - ① DIN 규격 : 0.01%　② JIS 규격 : 0.03%

문제 23. 동일 방향에의 소성 변형에 대해서 전에 받던 방향과 반대 방향과 정반대의 변형을 부여하면 탄성 한도가 낮아지는 현상을 무엇이라 하는가?
㉮ 후크의 법칙　　㉯ 바우싱거 효과　　㉰ 포와손비　　㉱ 탄성 변형 효과

도움 바우싱거 효과 : 비틀림 변형의 경우에 가장 명백하게 관찰한다.

문제 24. 금속의 경우 포아손비는 보통 얼마 정도인가?
㉮ 0.2~0.4　　㉯ 0.4~0.5　　㉰ 0.5~0.6　　㉱ 0.6~0.8

도움 포아손비
① 탄성 한계 내에서 가로형과 세로 변형비는 그 재료에 대하여 항상 일정하다.
② 금속 포아손비 : 0.2~0.4

문제 25. 중간 탄성 계수는 어떤 시험으로 알 수 있는가?
㉮ 인장 시험　　㉯ 비틀림 시험　　㉰ 굽힘 시험　　㉱ 경도 시험

해답 19. ㉯　20. ㉱　21. ㉯　22. ㉯　23. ㉯　24. ㉮　25. ㉰

[도움] 전탄성 계수는 인장, 비틀림 시험으로, 중간 탄성 계수는 굽힘 시험으로 알 수 있다.

[문제] 26. 다음 중 후크의 법칙에 대한 설명이다. 틀린 것은 어느 것인가?
㉮ 변형이 크지 않는 탄성의 어느 한계 내에서 변형의 크기는 작용하는 외력에 비례한다.
㉯ 수직 응력을 종 변형으로 나눈 값이다.
㉰ 정수＝응력/변형이다.
㉱ 가로 변형과 세로 변형 비는 그 재료에 항상 일정하다.

[도움] ㉱항은 포아손비의 설명이다.

[문제] 27. 다음 중 강성율에 대한 공식은 어느 것인가? (단, G : 강성율, V : 포아손비, E : 탄성율)
㉮ $G = \dfrac{E}{2(1+V)}$ ㉯ $G = \dfrac{V}{2(1+E)}$
㉰ $G = \dfrac{2(1+E)}{V}$ ㉱ $G = \dfrac{2(1+V)}{E}$

[도움] 강성율 : $G = \dfrac{E}{2(1+V)}$

[문제] 28. 하중을 제거한 후에 명백한 영구 변형이 인정되기 시작한 점은?
㉮ 비례 한계점   ㉯ 탄성 한계점   ㉰ 항복점   ㉱ 파괴점

[도움] 항복점 : 하중을 제거한 후에 명백한 영구 변형이 인정되기 시작한 점

[문제] 29. 다음 중 연신율을 나타내는 공식은 어느 것인가?
㉮ $\delta_B = \dfrac{P_{max}}{A_0}$ ㉯ $\delta = \dfrac{l_1 - l_0}{l_0}$ ㉰ $\phi = \dfrac{A_0 - A_1}{A_0}$ ㉱ $G = \dfrac{E}{2(1+V)}$

[도움] ㉮항 : 인장 강도
㉯항 : 연신율
㉰항 : 단면 수출율
㉱항 : 강성율

[문제] 30. 다음은 인장 시험에 대한 설명이다. 틀린 것은 어느 것인가?
㉮ 인장 시험기로는 인장, 압축, 굽힘, 항절 시험 등을 할 수 있다.
㉯ 힘을 가하는 방법에 따라 지렛대식, 펜듈럼식, 유압식 등이 있다.
㉰ 항복점과 인장 강도는 재료의 강약을 나타낸다.
㉱ 연신율과 단면 수축율은 경도를 표시한다.

[도움] 연신율과 단면 수축율은 재료의 연성을 표시한다.

[해답] 26. ㉱   27. ㉮   28. ㉰   29. ㉯   30. ㉱

문제 31. 다음은 인장 시험에 대한 설명이다. 틀린 것은 어느 것인가?
㉮ 같은 재료에서 같은 지름의 경우라도 표점 거리가 크고, 작음에 따라 연신율은 작아지거나 커진다.
㉯ 연신율은 표점 거리에 비례한다.
㉰ 탄성 한도, 항복점, 인장 강도는 시험편이 지나치게 짧지 않으면 시험편의 굵기가 다르더라도 거의 같은 값을 나타낸다.
㉱ 같은 재질이라도 시험편의 크기가 다를 때 표점 거리와 지름과의 비율은 일정치 않으면 각각 다른 연신율과 단면 수축율을 나타낸다.

도움 연신율은 표점 거리에 반비례한다.

문제 32. 경도를 측정하는 방법의 분류 중 거리가 먼 것은 어느 것인가?
㉮ 정지 상태에서 압입자로 다른 물체를 눌렀을 때 생기는 변형
㉯ 충격적으로 한 물체에 다른 물체를 낙하시켰을 때 반발되어 튀어 오른 높이
㉰ 한 물체에 다른 물체를 긁었을 때 긁히는 정도
㉱ 시험편의 한쪽 끝을 고정시키고 다른 한쪽을 잡아 당기는 방법

도움 경도를 측정하는 방법
① 압입자를 이용하는 방법: H_B, H_R, H_V, 마이어
② 긁힘 정도에 의한 방법: 모오스, 마르텐스
③ 반발 높이를 이용한 방법: HS
④ 진자 장치를 이용한 방법: 하버트 진자 경도
⑤ 기타 방법: 초음파 경도

문제 33. 정지 상태에서 압입자로 다른 물체를 눌렀을 때 생기는 변형으로 경도를 측정하는 시험기가 아닌 것은 어느 것인가?
㉮ 브리넬 경도기　　　　　　　　㉯ 로크웰 경도기
㉰ 비커어즈 경도기　　　　　　　㉱ 쇼어 경도기

문제 34. 금속 재료의 경도 시험에서 시험편의 두께는 들어간 깊이의 몇 배로 하는 것이 좋은가?
㉮ 4배 이상　　㉯ 6배 이상　　㉰ 8배 이상　　㉱ 10배 이상

도움 금속 재료의 경도 시험에서 시험편의 두께: 들어간 깊이의 10배 이상

문제 35. 금속 재료의 경도 시험에서 시험편의 나비는 들어간 깊이의 몇 배로 하는 것이 좋은가?
㉮ 4배 이상　　㉯ 6배 이상　　㉰ 8배 이상　　㉱ 10배 이상

도움 금속 재료의 경도 시험에서 시험편의 나비: 들어간 깊이의 4배 이상

해답 31. ㉯　32. ㉰　33. ㉱　34. ㉱　35. ㉮

문제 36. 다음 금속 중 경도가 가장 큰 것은 어느 것인가?
㉮ Fe   ㉯ Cu   ㉰ Au   ㉱ Pb

  주요 금속의 경도 순서 : Fe>Cu>Al>Zn>Au>Pb

문제 37. 다음 경도기 중 압입자가 강구인 경도 시험기는?
㉮ 브리넬 경도기   ㉯ 비커어즈 경도기
㉰ 로크웰 경도기   ㉱ 쇼어 경도기

  H_B의 압입자 : 강구

문제 38. 브리넬 경도기로 측정이 가능한 재료는 다음 중 어느 것인가?
㉮ 시험편이 작은 것   ㉯ 얇은 재료의 표면 경도
㉰ 침탄강의 표면 경도   ㉱ 연한 재료의 경도 측정

  H_B는 연한 재료 측정에 사용한다.
  ※ $H_B 450$ 이하의 재료 적합

문제 39. 다음은 브리넬 경도 시험편에 대한 설명이다. 틀린 것은?
㉮ 시험편의 양면은 평행하게 한다.
㉯ 윗 부분의 면은 잘 연마한다.
㉰ 시험편의 두께는 들어간 깊이의 10배 이상이어야 한다.
㉱ 압입 자국이 시험편의 뒷면에 나타나야 한다.

  압입 자국이 시험편의 뒷면에 나타나서는 안된다.
  ① 두께 : 들어간 깊이의 10배 이상
  ② 나비 : 들어간 깊이의 4배 이상

문제 40. 브리넬 경도 시험시 가압 시간을 얼마 정도인가?
㉮ 30초   ㉯ 1분   ㉰ 30분   ㉱ 1시간

  가압 시간 : 철강에서는 15초, 비철금속에서는 30초

문제 41. 브리넬 경도를 나타내는 식은 다음 중 어느 것인가?
㉮ $H_B = \dfrac{P}{\pi Dt}$ ㉯ $H_B = 1.8544 \dfrac{P}{d^2}$
㉰ $H_B = 130 - 500h$ ㉱ $H_B = \dfrac{1000}{65} \times \dfrac{h}{h_0}$

  브리넬 경도$(H_B) = \dfrac{2P}{\pi D(D-\sqrt{D^2-d^2})} = \dfrac{P}{\pi Dt} = \dfrac{\text{압입 하중}}{\text{보올자국의 표면적}}$

해답 36. ㉮   37. ㉮   38. ㉰   39. ㉱   40. ㉮   41. ㉮

문제 42. 다음 그림은 어떤 경도를 측정하는 방법인가?
㉮ 브리넬 경도 측정
㉯ 비커어즈 경도 측정
㉰ 쇼어 경도 측정
㉱ 로크웰 경도 측정

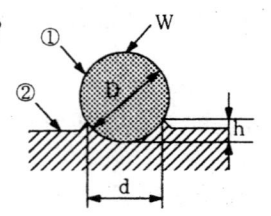

도움 그림 해설
㉠ W : 하중(kg)　　　　　㉡ D : 강구의 지름(mm)
㉢ d : 오그라든 지름(mm)　㉣ h : 오그라든 길이(mm)
㉤ ① : 강구 압입자　　　　㉥ ② : 시험편

문제 43. 강구 지름이 10mm이고, 하중이 3000kg일 때 측정하기에 알맞는 재료는 다음 중 어느 것인가?
㉮ 강철재　　㉯ Cu 합금　　㉰ 경합금　　㉱ 박판

도움

강구지름	하중	용도
10	3000	철강재
10	1000	Cu 합금, Al
10	500	경합금
5	750	경한재료의 박판

문제 44. 압입자를 다이아몬드와 강구를 사용하는 경도 시험기는 다음 중 어느 것인가?
㉮ 브리넬 경도계　　　㉯ 비커어즈 경도계
㉰ 로크웰 경도계　　　㉱ 쇼어 경도계

도움 ① H_{RC} : 다이아몬드, ② H_{RB} : 강구

문제 45. 로크웰 경도 시험에서 시험편의 기준 하중은 몇 kg인가?
㉮ 10　　㉯ 60　　㉰ 100　　㉱ 150

도움 H_R의 기준 하중 : 10kg

문제 46. 로크웰 경도 시험(H_{RB})에서 강구 시험편의 시험 하중은 몇 kg인가?
㉮ 10　　㉯ 60　　㉰ 100　　㉱ 150

도움 H_{RB}의 시험 하중 : 100kg
H_{RC}의 시험 하중 : 150kg

문제 47. H_{RC}의 눈금의 색은 어떤 색인가?
㉮ 흰색　　㉯ 적색　　㉰ 황색　　㉱ 흑색

도움 H_{RC} : 흑색, H_{RB} : 적색

해답 42. ㉮　43. ㉮　44. ㉰　45. ㉮　46. ㉰　47. ㉱

문제 48. 다음은 로크웰 경도 시험에 대한 설명이다. 틀린 것은?
㉮ 사용하는 압입자는 강구와 다이아몬드가 있다.
㉯ 한 눈금은 1/500mm의 길이에 상당한다.
㉰ 강구는 지름이 1/16″이다.
㉱ H_{RC}는 136°의 원뿔 다이아몬드를 압입자로 사용한다.

토웅 H_{RC}의 압입자 : 120°의 원뿔 다이아몬드

문제 49. 다음은 로크웰 경도 측정에 대한 설명이다. 틀린 것은?
㉮ 경도 측정 위치는 압흔 직경의 2배 이상으로 한다.
㉯ 안쪽으로 측정 간격은 압흔 직경의 4배 이상으로 한다.
㉰ 시험편의 두께는 압흔 깊이의 10배 이상이 요구된다.
㉱ 시험면의 경사도는 10° 이하가 요구된다.

토웅 시험면 경사도 : 4° 이하

문제 50. H_{RC}의 경도를 구하는 식으로 맞는 것은 다음 중 어느 것인가?
㉮ $H_{RC} = 130 - 500h$ ㉯ $H_{RC} = 100 - 500h$
㉰ $H_{RC} = \dfrac{P}{\pi Dt}$ ㉱ $H_{RC} = 1.8544 \dfrac{P}{d^2}$

토웅 ㉮항 : H_{RB} ㉯항 : H_{RC} ㉰항 : H_B ㉱항 : H_V

문제 51. 다음 중 비커어즈 경도를 구하는 식으로 맞는 것은 어느 것인가?
㉮ $H_V = 130 - 500h$ ㉯ $H_V = 100 - 500h$
㉰ $H_V = \dfrac{P}{\pi Dt}$ ㉱ $H_V = 1.8544 \dfrac{P}{d^2}$

토웅 $H_V = 1.8544 \dfrac{P}{d^2}$

문제 52. 비커어즈 경도 압입자의 대면각은 얼마인가?
㉮ 120°   ㉯ 126°   ㉰ 130°   ㉱ 136°

토웅 H_V의 압입자 : 다이아몬드로 각은 136°

문제 53. 다음은 비커어즈 경도기에 대한 설명이다. 틀린 것은?
㉮ 하중을 임의로 변화시킬 수 있다.
㉯ 얇은 재료의 침탄, 질화층을 정확히 측정할 수 있다.
㉰ 압입자는 정각이 136°되는 사각뿔형인 다이아몬드이다.
㉱ 사용 하중은 100~500kg이다.

해답 48. ㉯ 49. ㉱ 50. ㉯ 51. ㉱ 52. ㉱ 53. ㉱

[도움] H_V의 사용 하중: 1~120kg
※ 5~50kg이 많이 사용

[문제] **54.** 다음은 비커어즈 경도기에 대한 설명이다. 틀린 것은?
㉮ 경질, 연질, 특히 얇은 재료의 침탄, 질화층 경도를 정확히 측정한다.
㉯ 압흔 흔적이 크다.
㉰ 하중에 따른 경도값의 변동이 없다.
㉱ 정사각추의 다이아몬드 압입자를 시험편 위에 놓고 하중을 가하여 시험편에 생긴 피라밋형 자국의 표면적으로 하중을 나눈 값이다.

[도움] 압흔 흔적이 작다.

[문제] **55.** 물체가 탄성인지 아닌지를 알 수 있는 경도 시험은?
㉮ H_B ㉯ H_{RC} ㉰ H_V ㉱ H_S

[문제] **56.** 하중을 충격적으로 가하였을 때 반발하여 튀어 오른 높이로 경도를 측정하는 경도 시험기는 어느 것인가?
㉮ 브리넬 경도기 ㉯ 로크웰 경도기
㉰ 비커어즈 경도기 ㉱ 쇼어 경도기

[도움] H_S : 반발을 이용하는 방법

[문제] **57.** 다음은 쇼어 경도 시험에 대한 설명이다. 틀린 것은?
㉮ 물체의 탄성 여부를 알 수 있다.
㉯ 낙하시키는 압입자는 다이아몬드 또는 담금질한 탄소강을 사용한다.
㉰ 시험기를 운반하기가 어렵다.
㉱ 반발하여 튀어 오른 높이로 경도를 측정한다.

[도움] 시험기를 쉽게 운반이 가능하다.

[문제] **58.** 다음 쇼어 경도기 특징을 설명 중 잘못된 것은 어느 것인가?
㉮ 쉽게 운반이 가능하다.
㉯ 시험을 간단하게 할 수 있다.
㉰ 제품에 흔적이 남지 않는다.
㉱ 시험편은 얇은 것이나 작은 것 등에는 시험하기가 부적당하다.

[도움] 시험편은 얇거나 작은 것등에 적당하며 제품을 직접 시험할 수 있다.

[문제] **59.** 다음 중 쇼어 경도기의 형식이 아닌 것은 어느 것인가?
㉮ A형 ㉯ C형 ㉰ D형 ㉱ SS형

[도움] H_S의 형식 : C형(목측형), SS형(목측형), D형(지시형)

[해답] 54. ㉯ 55. ㉱ 56. ㉱ 57. ㉰ 58. ㉱ 59. ㉮

문제 60. 쇼어 경도 시험에서 경도치가 낮게 나타나는 이유에 대한 설명 중 틀린 것은 어느 것인가?
㉮ 시험면과 기축이 수직으로 되어 있지 않을 때
㉯ 해머가 낙하 축에 완전히 정착되지 않을 때
㉰ 시험기 받침대가 충분한 강성이 없을 때
㉱ 해머 끝의 다이아몬드 선단이 마모되었을 때

도움 ㉱항은 경도치를 높게 하는 이유이다.

문제 61. 쇼어 경도 시험에서 경도치가 높게 나오는 이유로 맞는 것은?
㉮ 경통 내벽에 먼지 등으로 해머의 자유를 해칠 때
㉯ 시험기 받침대가 충분한 강성이 없을 때
㉰ 해머가 낙하 축에 완전히 정착되지 않을 때
㉱ D(지시)형 경도 시험기의 경우 조작 핸들을 빠르게 돌렸을 때

도움 ㉮, ㉯, ㉰항은 경도치를 낮게 하는 이유이다.

문제 62. 시험편의 높이(h_0)가 19mm인 쇼어 경도계의 형식은 다음 중 어느 것인가?
㉮ A형   ㉯ C형   ㉰ D형   ㉱ SS형

도움 H_S 형식의 낙하 높이 − C형(목측형) : 254mm
SS형(목측형) : 225mm
D형(지시형) : 19mm

문제 63. 다음 쇼어 경도기의 형식 중 지시형인 것은 어느 것인가?
㉮ A형   ㉯ C형   ㉰ D형   ㉱ SS형

문제 64. 다음 중 쇼어 경도값을 내는 공식으로 맞는 것은?
㉮ $H_S = 130 - 500h$
㉯ $H_S = 100 - 500h$
㉰ $H_S = \dfrac{P}{\pi Dt}$
㉱ $H_S = \dfrac{10000}{65} \times \dfrac{h}{h_0}$

도움 $H_S = \dfrac{10000}{65} \times \dfrac{h}{h_0}$

문제 65. 다음은 긁힘 경도기에 대한 설명이다. 틀린 것은 다음 중 어느 것인가?
㉮ 압입자는 다이아몬드를 사용한다.
㉯ 재료 표면의 얇은 침탄층의 경도 측정에 사용한다.
㉰ 취성이 있어 다른 경도로 측정이 곤란한 재료 측정에 사용한다.
㉱ 매우 연한 재료에는 사용이 불가능하다.

해답 60. ㉱   61. ㉱   62. ㉰   63. ㉰   64. ㉱   65. ㉱

1-60 제1편 금속재료 일반

도움▶ 긁힘 경도계의 용도
① 재료 표면의 얇은 침탄층의 경도.
② 도장 또는 도금층의 경도
③ 취성이 많아 타 방법으로 측정이 곤란한 재료.
④ 매우 연한 재료.

문제 66. 긁힘 경도기의 압입자로서 맞는 것은 어느 것인가?
㉮ 90°의 정각을 갖는 원뿔형의 다이아몬드를 사용한다.
㉯ 126°의 정각의 갖는 원뿔형의 다이아몬드를 사용한다.
㉰ 130°의 정각을 갖는 원뿔형의 다이아몬드를 사용한다.
㉱ 136°의 정각을 갖는 원뿔형의 다이아몬드를 사용한다.

도움▶ 긁힘 경도기의 압입자 : 90°의 정각을 갖는 원뿔형의 다이아몬드

문제 67. 긁힘 경도계의 긁힘 나비는 얼마 정도인가?
㉮ 0.01mm ㉯ 0.1mm ㉰ 0.05mm ㉱ 0.5mm

도움▶ 긁힘 나비 : 0.01mm의 홈

문제 68. 다음은 미소 경도기에 대한 설명이다. 틀린 것은 어느 것인가?
㉮ 비커어즈 다이아몬드 압입자를 사용하여 하중을 매우 적게 하여 측정하는 경도계이다.
㉯ 비커어즈 경도 시험기에서 측정이 불가능재료에 사용한다.
㉰ 하중은 1kg 이하를 사용한다.
㉱ 박판 측정은 가능하나 선재의 경도 측정에는 곤란하다.

도움▶ 미소 경도계의 측정 범위
① 시험편이 작고 경도가 높은 부분 측정.
② 표면의 경도 측정
③ 박판 또는 가는 선재의 경도 측정.
④ 금속 재료의 조직 경도 측정.
⑤ 절삭 공구의 날부위 경도 측정.
⑥ 치과용 공구의 경도 측정

문제 69. 다음 중 미소 경도기의 특징이 아닌 것은 어느 것인가?
㉮ 시험편이 작고 경도가 높은 부분의 재료 측정에 사용한다.
㉯ 표면(도금층 등)의 경도 측정에 사용한다.
㉰ 박판 또는 가는 선재의 경도 측정에 사용한다.
㉱ 재료의 탄성을 측정한다.

문제 70. 강인성을 알기 위한 시험으로 맞는 것은 어느 것인가?
㉮ 강도 시험 ㉯ 경도 시험 ㉰ 크리프 시험 ㉱ 충격 시험

해답 66. ㉮ 67. ㉮ 68. ㉱ 69. ㉱ 70. ㉱

문제 71. 재료의 보자력의 차에 의해서 경도를 측정하는 방법은?
㉮ 미소 경도계   ㉯ 자기적 경도계   ㉰ 보자력 경도계   ㉱ 긁힘 경도계

문제 72. 다음은 자기적 경도계에 대한 설명이다. 잘못된 것은?
㉮ 직접적으로 경도를 측정에 응용한 것이다.
㉯ 재료에 변형을 주지 않고 경도를 측정한다.
㉰ 강의 담금질, 뜨임에 의한 경도의 변화를 측정하는데 좋다.
㉱ 강자성체 이외의 금속에는 적용하지 못한다.

도움 간접적으로 경도 측정에 응용한다.

문제 73. 다음 중 충격 시험의 목적으로 맞는 것은 어느 것인가?
㉮ 강도와 경도를 알 수 있다.
㉯ 연성과 전성을 알 수 있다.
㉰ 인성과 취성을 알 수 있다.
㉱ 취성과 강도를 알 수 있다.

도움 충격 시험의 목적 : 인성과 취성을 알기 위한 시험이다.

문제 74. 다음은 충격 시험에 관한 설명이다. 틀린 것은 어느 것인가?
㉮ 충격에 대한 재료의 저항을 강인성이라 한다.
㉯ 파괴에 요하는 에너지를 산출하여 이것으로 강인성을 나타내는 값으로 한다.
㉰ 충격 시험은 정적 시험이다.
㉱ 종류에는 샤르피형과 아이조드형이 있다.

도움 충격 시험은 동적 시험이다.

문제 75. 다음 중 충격 시험에 대한 설명 중 틀린 것은 어느 것인가?
㉮ 동적 시험이다.   ㉯ 노치 효과가 작다.
㉰ 하중 속도에 영향을 받는다.   ㉱ 여림성과 질김성을 알 수 있다.

도움 충격 시험의 특징
① 동적 시험이다.
② 노치 효과가 크다.
③ 하중 속도에 영향을 받는다.

문제 76. 하중 작용 방식에 의한 충격 시험의 분류가 아닌 것은?
㉮ 충격 인장   ㉯ 충격 굽힘
㉰ 충격 비틀림   ㉱ 충격 압축

도움 충격 시험의 분류 : 충격 인장, 충격 굽힘, 충격 비틀림

해답 71. ㉯   72. ㉮   73. ㉰   74. ㉰   75. ㉯   76. ㉱

문제 77. 충격 시험에서 시험편의 **흡수 에너지 값을 표시하는 공식은?** (단, W:해머의 무게, E:에너지 값, R:아암의 길이, α:파단 전의 각도, β:파단 후의 각도, A:절단부의 단면적)
㉮ $E = WR(\cos\beta - \cos\alpha)$ ㉯ $E = WR(\cos\alpha - \cos\beta)$
㉰ $E = \dfrac{W}{A}$ ㉱ $E = \dfrac{A}{W}$

토용 충격 에너지 값 : $E = WR(\cos\beta - \cos\alpha)$

문제 78. 충격 시험에서 충격값에 대한 설명으로 맞는 것은?
㉮ 충격 에너지 값을 절단부의 단면적으로 나눈 값이다.
㉯ 절단부의 단면적을 충격 에너지 값으로 나눈 값이다.
㉰ 충격 에너지 값을 원단면적으로 나눈 값이다.
㉱ 원단면적을 충격 에너지 값으로 나눈 값이다.

토용 충격값 : 충격 에너지 값을 절단부의 단면적으로 나눈 값이다.

문제 79. 충격값을 나타내는 공식으로 맞는 것은? (단, W:해머의 무게, E:에너지 값, R:아암의 길이, α:파단 전의 각도, β:파단 후의 각도, A:절단부의 단면적)
㉮ $U = WR(\cos\beta - \cos\alpha)$ ㉯ $U = WR(\cos\alpha - \cos\beta)$
㉰ $U = \dfrac{E}{A}$ ㉱ $U = \dfrac{A}{E}$

토용 충격값(U) : $\dfrac{\text{흡수된 에너지}}{\text{노치된 부분의 원단면적}} = \dfrac{E}{A}$ (kg·m/cm²)

문제 80. 충격 시험 결과에 영향을 주는 요인이 아닌 것은 어느 것인가?
㉮ 해머의 무게 ㉯ 해머의 아암 길이
㉰ 파단 전의 각도 ㉱ 파단 후의 해머의 높이

토용 충격 시험 결과에 영향을 주는 요인
① 해머의 무게 ② 해머의 아암 길이
③ 파단 전의 각도 ④ 시험편의 정밀한 치수
⑤ 충격 속도 ⑥ 시험 온도
⑦ 재료의 불균일성

문제 81. 다음은 샤르피 충격 시험기에 대한 설명이다. **틀린 것은?**
㉮ 단순보의 원리를 이용한다.
㉯ 표점 거리는 40mm로 한다.
㉰ 펜듈럼 해머의 끝 부분의 반지름은 1mm로 한다.
㉱ 펜듈럼 해머의 끝 부분의 각도는 60°로 한다.

해답 77. ㉮ 78. ㉮ 79. ㉰ 80. ㉱ 81. ㉰

[도움] 펜듈럼 해머의 끝 부분의 각도는 30°로 한다.

[문제] 82. 다음 중 충격 시험에 영향을 주는 요인이 아닌 것은?
㉮ 시험편의 정밀한 치수　　　　㉯ 충격 속도
㉰ 시험 방법　　　　　　　　　　㉱ 재료의 불균일성

[문제] 83. 충격 시험편의 고정 방법이 잘못 설명된 것은 어느 것인가?
㉮ 노치부의 방향은 해머 진행 방향과 동일하게 고정한다.
㉯ 해머의 타격단은 시험편의 충격 중심에 있어야 한다.
㉰ 노치 형상에 따라 파괴 형상이 달라진다.
㉱ 노치부의 반지름이 작을수록 응력 집중이 작다.

[도움] 노치부의 반지름이 작을수록 응력 집중이 크다.

[문제] 84. 노치 형상에 다른 충격 시험기 분류가 아닌 것은?
㉮ 샤르피식　　㉯ 아이조드식　　㉰ 프레몬트식　　㉱ 경동식

[도움] 충격 시험기의 분류 : 샤르피식, 아이조드식, 매스나거식, 프레몬트식

[문제] 85. 다음 충격 시험에 대한 설명이다. 틀린 것은 어느 것인가?
㉮ 노치 형상에 따라 파괴 형상이 달라진다.
㉯ 시험편의 온도에 따른 충격치의 영향은 무시해도 된다.
㉰ 노치 깊이가 일정하여도 노치부의 반지름이 작은 것이 충격 흡수 에너지가 적게 된다.
㉱ 노치 형상과 반지름이 동일하여도 노치 깊이가 클수록 충격 흡수 에너지가 감소한다.

[도움] 시험편의 온도에 따른 충격치의 영향 : 보통강의 청열 취성 구역 또는 빙점 이하의 저온에서 저온 취성 때문에 충격치가 감소된다.

[문제] 86. 충격 시험에서 해머의 시험 각도는 얼마로 조정하는가?
㉮ 60°　　㉯ 90°　　㉰ 120°　　㉱ 150°

[도움] 해머의 시험 각도 : 120°

[문제] 87. 재료가 영구적으로 파괴되지 않는 응력 중에서 최대의 하중 값을 무엇이라 하는가?
㉮ 탄성 한도　　㉯ 비례 한도　　㉰ 피로 한도　　㉱ 충격 한도

[문제] 88. S-N 곡선이란?
㉮ 피로 한도를 구하는 곡선　　　㉯ 탄성 한도를 구하는 곡선
㉰ 비례 한도를 구하는 곡선　　　㉱ 크리프 한도를 구하는 곡선

[도움] 피로 한도를 구하는 곡선 : S-N곡선으로 반복 횟수(N)와 응력(S)과의 관계를 나타낸다.

[해답] 82. ㉮　83. ㉱　84. ㉱　85. ㉯　86. ㉰　87. ㉰　88. ㉮

문제 89. 다음 설명 중 틀린 것은 어느 것인가?
㉮ S-N곡선은 피로 한도를 구하는 곡선이다.
㉯ 강철의 경우 피로 한도를 구하기 위한 반복 회수는 10^8이다.
㉰ 가하는 응력이 크면 반복 횟수가 작아도 파괴된다.
㉱ 응력이 작아짐에 따라 반복 횟수는 늘어난다.

[도움] 강철의 반복 회수 : $10^{6~7}$
※ 비철 금속의 경우 : 10^8

문제 90. 피로 시험 결과에 영향을 주는 요인이 아닌 것은?
㉮ 시험편의 형상   ㉯ 표면 다듬질 정도
㉰ 가공 방법   ㉱ 시험편의 경도

[도움] 피로 시험 결과에 영향을 주는 요인 : 시험편 형상, 열처리 상태, 가공 방법, 표면 다듬질 정도

문제 91. 마멸 시험에서 측정하는 사항으로 틀린 것은 어느 것인가?
㉮ 온도   ㉯ 마찰 계수
㉰ 마멸량   ㉱ 윤활제의 사용 유무

문제 92. 마멸 시험 결과에 영향 미치는 인자가 아닌 것은?
㉮ 윤활제의 사용 유무   ㉯ 마찰 계수
㉰ 마찰에 의한 마분 처리 ㉱ 상태 금속의 성질

[도움] 시험 결과에 미치는 인자
① 윤활제 사용 유무
② 표면 조도 및 온도 변화
③ 마찰에 의한 마분 처리
④ 상태 금속의 성질

문제 93. 고온에서 시간의 경과에 따라 외력이 비례한 만큼 이상의 변형이 일어나는 현상을 무엇이라 하는가?
㉮ 피로 한도   ㉯ 크리이프   ㉰ 에릭션   ㉱ 커핑

문제 94. 다음은 크리이프에 대한 설명이다. 틀린 것은 어느 것인가?
㉮ 크리이프란 재료에 일정한 응력을 가했을 때 생기는 변형량의 시간적 변화를 말한다.
㉯ 강철 등의 경우는 300℃ 이상이 아니면 일어나지 않는다.
㉰ 변형량이 일정한 값에서 정지하는 한계의 응력을 creep 한도라 한다.
㉱ 용융점이 낮은 금속도 상온 이상에서 이 현상이 일어난다.

[도움] 용융점이 낮은 금속은 상온에서도 이러한 creep 현상이 일어난다.

[해답] 89. ㉯ 90. ㉱ 91. ㉱ 92. ㉯ 93. ㉯ 94. ㉱

문제 95. creep한도에 대한 설명 중 틀린 것은 어느 것인가?
㉮ creep가 정지하는 것을 creep율이 0이 된다.
㉯ creep율이 0이 되는 한도를 creep 한도라 한다.
㉰ 변형량이 일정한 값에서 정지하는 한계의 응력을 말한다.
㉱ creep는 저온일수록 심하다.

도움 creep는 고온일수록 심함

문제 96. 상온에서도 creep 현상이 나타나는 금속이 아닌 것은 다음 중 어느 것인가?
㉮ 저융점 합금 ㉯ 연한 경금속 ㉰ Pb ㉱ W

도움 저용융 합금, Pb, Cu, 연한 경금속 등은 상온에서도 일어난다.

문제 97. 다음 creep 곡선에서 정상 크리이프를 나타내는 구간은?
㉮ 1차 creep
㉯ 2차 creep
㉰ 3차 creep
㉱ 4차 creep

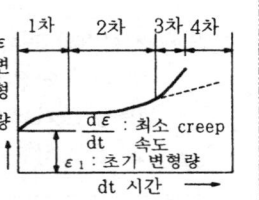

도움 ① 1차 creep : 초기 creep
② 2차 creep : 정상 creep
③ 3차 creep : 가속 creep

문제 98. 변형 속도가 점차 빨라져서 파단에 이르는 과정의 creep는?
㉮ 1차 creep ㉯ 2차 creep ㉰ 3차 creep ㉱ 4차 creep

도움 ① 1차 creep : 변형 속도가 시간에 따라 감소되는 과정
② 2차 creep : 변형 속도가 일정한 과정
③ 3차 creep : 변형 속도가 점차 빨라져서 파단에 이르는 과정

문제 99. 변형 속도가 일정한 과정의 creep는?
㉮ 1차 creep ㉯ 2차 creep ㉰ 3차 creep ㉱ 4차 creep

문제 100. 변형 속도가 시간에 따라 감소되는 과정의 creep는?
㉮ 1차 creep ㉯ 2차 creep ㉰ 3차 creep ㉱ 4차 creep

도움 ① 1차 creep : 천이 creep
② 2차 creep : 정상 creep
③ 3차 creep : 미세한 균열 발생

문제 101. 미세 균열이 발생하는 크리이프 구간은 어느 구간인가?
㉮ 1차 creep ㉯ 2차 creep ㉰ 3차 creep ㉱ 4차 creep

해답 95. ㉱ 96. ㉱ 97. ㉯ 98. ㉰ 99. ㉯ 100. ㉮ 101. ㉰

문제 102. 다음은 압축 강도 시험에 대한 설명이다. 틀린 것은?
㉮ 압축 강도를 측정할 경우에는 단주형 시험편이 이용된다.
㉯ 탄성을 측정할 경우에는 장주형 시험편이 사용된다.
㉰ 재질이 금속일 경우는 시험편의 형상이 봉상을 사용한다.
㉱ 재질이 콘크리트일 경우 시험편의 형상은 각재이다.

> 시험편의 형상
> ① 봉재 : 금속, 콘크리트
> ② 각재 : 목재, 석재

문제 103. 압축 시험에 사용되는 단주 시험편의 높이(h)는 재료 지름(d)의 몇 배로 하는가?
㉮ h=0.9d ㉯ h=3d ㉰ h=6d ㉱ h=10d

> 시험편의 높이(h)
> ① 단주 시험편 : 0.9d
> ② 중주 시험편 : 3d
> ③ 장주 시험편 : 10d

문제 104. 시험편의 형상 중 봉재의 경우 시험편의 길이는 재료 지름(d)의 몇 배로 하는가?
㉮ (1.5~2.0)d ㉯ (2.0~2.5)d ㉰ (2.5~3.0)d ㉱ (3.5~4.0)d

> 시험편의 길이
> ① 봉재, 각재 : (1.5~2.0)d

문제 105. 시험 구역이 소성 구역일 경우 압축 시험편의 깊이와 지름의 비(L/D)가 어느 정도의 것이 사용되는가?
㉮ 1~3 ㉯ 3~4 ㉰ 5~6 ㉱ 6~7

> L/D=1~3 정도.

문제 106. 다음 그림은 압축에 대한 응력-압율 선도이다. ①의 곡선을 바르게 설명한 것은 어느 것인가?
㉮ m=1
㉯ m<1
㉰ m>1
㉱ m∞1

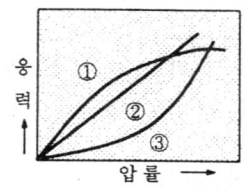

> 지수 함수의 3가지 표현
> ㉠ m<1일 때(①의 경우) : 가장 많이 사용한 경우(강철, 콘크리트 등)
> ㉡ m=1일 때(②의 경우) : 후크의 법칙 성립(완전 탄성체에만 적용)
> ㉢ m>1일 때(③의 경우) : 금속에는 없음(피혁, 고무 등)

해답 102. ㉱ 103. ㉮ 104. ㉮ 105. ㉮ 106. ㉯

문제 107. 다음은 굽힘 시험에 대한 설명이다. 틀린 것은 어느 것인가?
㉮ 굽힘 저항 시험은 재료의 굽힘에 대한 저항력을 조사한다.
㉯ 굴곡 시험은 전성, 연성, 균열의 유무를 시험한다.
㉰ 주철의 굽힘 시험에서의 응력은 파단 계수로서 크기를 정한다.
㉱ 파단 계수는 최소 응력이다.

도움 파단 계수는 최대 응력이다.

문제 108. 시험편을 2개의 받침대에 얹어 놓고 그 중앙부에 누름쇠를 대고 하중을 가하여 규정의 모양으로 굽히는 굽힘 시험 방법은?
㉮ 눌러 구부리는 방법 ㉯ 감아 구부리는 방법
㉰ V블록으로 구부리는 방법 ㉱ 인장한 다음 구부리는 방법

문제 109. 시험편 한쪽을 누르고 다른 쪽은 천천히 하중을 가하여 축 또는 금형에 규정된 휨 각도까지 감아 구부리는 굽힘 시험 방법은?
㉮ 눌러 구부리는 방법 ㉯ 감아 구부리는 방법
㉰ V블록으로 구부리는 방법 ㉱ 인장한 다음 구부리는 방법

문제 110. 굽힘 시험에서 시험편에 힘이 가해지는 쪽에서 시험편에 생기는 응력은 어떻게 나타나는가?
㉮ 응력은 압축력이다. ㉯ 응력은 인장력이다.
㉰ 응력은 0이다. ㉱ 응력은 ∞이다.

도움 시험편에 힘이 가해지는 응력 : 압축력
① 반대쪽의 응력 : 인장력
② 중간의 응력 : 0(중립면)

문제 111. 굽힘 시험을 하는 방법에서 V블록으로 구부리는 방법으로 시험편의 V블록의 각도는 얼마인가?
㉮ $60° - \theta$ ㉯ $90° - \theta$ ㉰ $120° - \theta$ ㉱ $180° - \theta$

도움 V블록의 각도 : $180° - \theta$

문제 112. 다음은 비틀림 시험에 대한 설명이다. 틀린 것은?
㉮ 비틀림 시험편은 보통 봉재가 사용된다.
㉯ 압연된 상태의 봉재 및 판재를 시편으로 사용하는 경우도 있다.
㉰ 비틀림 각도 측정법은 원판과 지침에 의한 방법이 있다.
㉱ 시험편의 양단은 시험 부분보다 가늘게 한다.

도움 시험편의 양단은 고정하기 쉽게 시험 부분보다 굵게 한다.

해답 107. ㉱ 108. ㉮ 109. ㉯ 110. ㉮ 111. ㉱ 112. ㉱

문제 113. 전단 응력과 전단 변형의 관계를 구할 경우 두께가 얇은 중공 시편을 사용한다. 이 때의 표점 거리와 외경과의 사이의 관계식으로 맞는 것은 다음 중 어느 것인가?
(단, L : 표점 거리, D : 외경, t : 중공부의 살 두께)
㉮ L=10D, t≒(1/8∼1/10)D　　㉯ L=8D, t≒(1/6∼1/8)D
㉰ L=6D, t≒(1/4∼1/6)D　　㉱ L=4D, t≒(1/2∼1/4)D

[도움] L=10D, t≒(1/8∼1/10)D

문제 114. 다음 중 재료의 연성을 알기 위한 시험은 어느 것인가?
㉮ 인장 시험　　㉯ 경도 시험
㉰ 크리이프 시험　　㉱ 에릭션 시험

[도움] 에릭션 시험(커핑) : 재료의 연성을 알기 위한 시험이다.

문제 115. 강구로 시험편을 눌렀을 때 모자 모양으로 졸리어 균열이 갈 때의 변형된 깊이를 측정하는 시험 방법은?
㉮ 인장 시험　　㉯ 경도 시험
㉰ 크리이프 시험　　㉱ 에릭션 시험

[도움] 컵 모양의 깊이를 측정하여 에릭션 값으로 한다.

문제 116. 에릭션 시험의 범위 두께는 얼마를 표준으로 하는가?
㉮ 0.1∼0.2mm　　㉯ 0.2∼0.3mm
㉰ 0.4∼0.5mm　　㉱ 0.6∼0.8mm

[도움] 커핑 시험의 범위
① 얇은 금속판
② 두께 : 0.1∼0.2mm
③ 나비 : 70mm 이상

문제 117. 다음 중 에릭션 시험에서 시험편의 호칭 및 치수가 제1호 시험편으로 맞는 것은?
㉮ 너비 90±2mm 띠형　　㉯ 변 90±2mm 정사각형
㉰ 지름 90±2mm 원형판　　㉱ 폭 90±2mm 중공판

[도움] 시험편의 호칭 및 치수
① ㉮항 : 제1호 시험편
② ㉯항 : 제2호 시험편
③ ㉰항 : 제3호 시험편

[해답] 113. ㉮　114. ㉱　115. ㉱　116. ㉮　117. ㉮

탄소강

1 철과 강

[1] 선철의 제조

(1) 제선(製銑)의 원료

① **철광석**: 철분(Fe)이 40% 이상, 인(P)이나 황(S)이 0.1%를 초과하지 않을 것.

종 류	자철광	적철광	갈철광	능철광
조 성	Fe_3O_4	Fe_2O_3	$2Fe_2O_3 \cdot 3H_2O$	$FeCO_3$
Fe(%)	72.4	70	52~60	48

② **연료**: 공기 중에서 신속히 산화하여 산화열을 이용할 수 있는 물질로 제련용은 고체연료인 coke가 많이 사용된다.

③ **용제(flux)**: 용광로 내에서 열원 및 환원제 역할을 하며 석회석(lime stone, $CaCO_3$), 백운석(dolomite, $CaCO_3$, $MgCO_3$), 형석(fluorspar, CaF_2) 등이 사용된다.

㉮ 용광로 내에서 철과 불순물의 분리가 잘되도록 하기 위해서 첨가한다.

㉯ 용제는 제철할 때 염기성 slag가 되도록 성분을 조성한다.

(2) 용광로 조업

① **용광로**: 원광석을 용해하여 선철을 만드는 노로서 1일 용해할 수 있는 선철의 총생산량을 ton으로 표시한다.

② **선철의 제조**: 선철은 용광로 내에서 85~90%가 간접 반응에 의해 제조된다.

㉮ 간접 환원 반응식

$$3Fe_2O_3 + CO \longrightarrow 2Fe_3O_4 + CO_2 \uparrow$$
$$Fe_3O_4 + CO \longrightarrow 3FeO + CO_2 \uparrow$$
$$FeO + CO \longrightarrow Fe + CO_2 \uparrow$$

㉯ 철광석이 환원되는 순서 : $Fe_2O_3 \longrightarrow Fe_3O_4 \longrightarrow FeO \longrightarrow Fe$(금속)

㉰ 간접환원 원인 가스 : CO

③ 강과 선철의 성분

성분(%) 종류	C	Si	Mn	P	S
선 철	2.5~4.5	0.10~4.00	0.01~4.00	0.02~2.50	0.01~0.30
강	0.04~2.0	0.02~0.5	0.20~1.00	0.02~0.50	0.02~0.10

(3) 평로 제강법

① 축열실 반사로를 사용하여 장입물을 용해 정련하는 방법으로 선철과 고철의 혼합물을 용해하여 탄소 및 기타 불순물을 연소시켜 강을 제조한다.

② 특징

㉮ 값싼 고철의 사용이 용이하며 우수 강 및 대량 생산에 적합하다.

㉯ 연료 : 가스, 중유, 용량 : 1회 용해 능력(25~400톤)으로 표시한다.

㉰ 정련 시간 : 6~8시간(염기성), 노내 온도 : 1700~1800℃

㉱ 노의 구조와 설비는 간단하나 열효율이 낮으며, 부피가 큰 재료를 그대로 용해할 수 있다.

㉲ 재료와 연료가 직접 접촉하게 되므로 불순물이 섞이기 쉽고, 가스의 영향이 비교적 크다.

③ 염기성 평로는 구조용강, 극연강 제조에, 산성 평로는 일반재, 양질의 강 제조에 사용된다.

(4) 전로법

① 원료 용선 중에 공기(또는 산소)를 넣어 그곳에 함유한 불순물을 짧은 시간에 신속하게 산화시켜 강재나 가스로서 제거되는 동시에 이때 발생하는 산화열을 이용하여 외부로부터 열을 공급하지 않고 정련하는 방법이다.

② 특징

㉮ 연료비가 불필요하고, 원료선의 규격이 엄격하고 고철 사용이 곤란하다.

㉯ 조업 시간이 짧으며, 연속 조업이 가능하고, 값싸게 대량 생산이 가능하다.

㉰ 용량 : 1회 최대 용해량(보통 15~30톤), 일괄작업 가능, 보통강 제조에 용이하다.

㉱ 강 중에 N, P, O 등의 함유량이 많아 품질 조절이 곤란하다.

㉲ 산성 전로법 : 저인(P : 0.05% 이하), 고규소(Si : 1.5~2.5%) 사용.

㉳ 염기성 전로법 : 고인(P : 2.0%), 저규소(Si : 0.3~1.0%) 사용.

(5) 전기로법

① 전기 에너지를 열원으로 하여 양질의 강을 만든다.

② 특징

㉮ 원료의 제한을 받지 않으며, 고온을 얻고 용강의 산화를 방지하며 가스의 함유량이 적다.

㉯ 용량은 1회 용해할 수 있는 최대 용량이며, 온도 및 노내 분위기 조절이 용이하다.

㉰ 공구강, 특수강 등 양질의 강을 만들며, 용해 손실이 적고, 성분 조절이 용이하다.

㉴ 전력 및 내화 재료의 유지비와 설치비가 많이 든다.
㉵ 종류에는 아크식, 저항식, 유도식이 있으며 아크식이 많이 사용된다.
(6) 도가로법
① 공구강이나 특수강 제조에 적합하다.
② 대량 생산에는 부적합하며 연료비(전기로법의 2배)가 비싸다.

【2】 철강의 분류

(1) **제조법에 의한 분류** : 전로강, 평로강, 전기로강.
(2) **가공 방법에 의한 분류** : 단강, 압연강, 주강.
(3) **용도에 의한 분류** : 구조용강, 공구강, 특수 목적용강.
(4) **조직에 의한 분류** : 아공석강, 공석강, 과공석강.
  ㉮ 순철 : <0.025%C.
  ㉯ 강
   ㉠ 아공석강 : 0.025~0.85%C
   ㉡ 공석강 : 0.85%C
   ㉢ 과공석강 : 0.85~2.0%C
  ㉰ 주철
   ㉠ 아공정 주철 : 2.0~4.3%C
   ㉡ 공정 주철 : 4.3%C
   ㉢ 과공정 주철 : 4.3~6.68%C

【3】 강괴

(1) **탈산 정도에 따른 분류** : 킬드강(완전 탈산), 림드강(불완전 탈산), 세미킬드강(중간 탈산)
  ※ 탈산제 : 강탈산제(Fe-Si, Al), 약탈산제(Fe-Mn)
(2) **킬드강**(Killed steel ingot, 진정강)
  ① Fe-Si, Al 등의 강탈산제를 사용하여 완전 탈산시킨 강괴다.
  ② 림드강보다 기포가 없고 편석이 적으며, 재질의 균질, 기계적 성질 양호, 방향성이 좋다.
  ③ 중앙 상부에 큰 수축관이 생겨 불순물이 집적(集積)된다.(10~20% 잘라냄)
  ④ 적용 범위 : 균질을 요하는 합금강, 단조용강, 침탄강, C% : 0.3% 이상.
(3) **림드강**(Rimmied steel ingot)
  ① 탈산 및 가스가 불충분한 상태의 강괴로 Fe-Mn으로 약간 탈산시킨 강괴이다.
  ② 용강이 비등 작용(boiling action)이 일어난다.
   ※ 비등 작용(rimming action, boiling action)
   ㉮ 림드강 제조시 O_2와 C가 반응하여 CO가 생성되는데 이 gas가 대기 중으로 빠져 나온 현상으로 끓는 것처럼 보이며, 탈산, gas처리가 불충분한 강을 주입 후에도 gas, 침탄층이 계속하여 다량의 가스가 발생하므로 용강이 비등한다.
   ㉯ 비등 현상이 일어나는 가스는 CO이다.

③ 강괴 내부에 기포, 편석이 생겨 강질이 균일치 못하고, 주상정이 테두리에 생긴다.
④ 압연, 단접 등으로 표면 순도가 높고, 판, 봉, 파이프 등 구조용(0.15%C 이하)에 사용한다.

(4) 세미 킬드강(Semi-Killed steel ingot)
① 킬드강과 림드강의 중간 성질의 강이며 킬드강보다 탈산 정도가 적고 저탄소강, 중탄소강에 Si, Al의 탈산을 가볍게 한 강이다.
② 적용 범위 : 구조용강(0.15~0.3%C 범위), 강판, 원강 재료에 사용된다.
③ 소형의 수축공과 수소의 기포만 존재한다.

(5) 캡트강(Capped steel ingot)
① 용강을 주입 후 뚜껑을 씌워 용강의 비등을 억제시켜 림드부분을 얇게 하므로 내부 편석을 적게 한 강으로 림드강괴를 변형시킨 강이다.
② 내부 결함은 적으나 표면 결함이 많고 스트립, 주석 철판, 형강 등의 원재료에 사용한다.

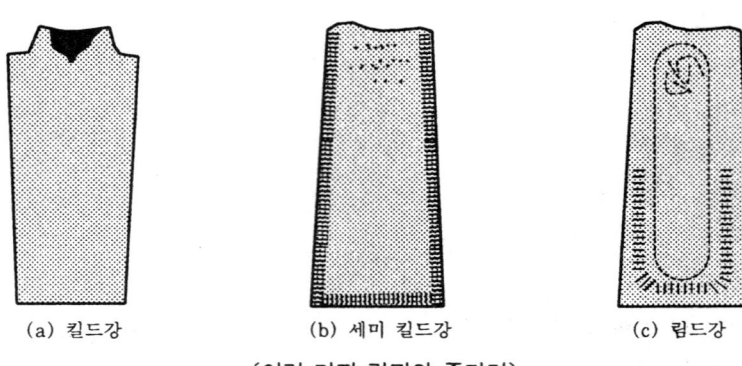

(a) 킬드강　　　(b) 세미 킬드강　　　(c) 림드강
〔여러 가지 강괴의 종단면〕

2 순철(Iron)

[1] 공업용 순철

(1) 실용 재료는 불순물이 다소 함유한 99.8%Fe 정도의 것이 가공용, 선재, 판재 등으로 사용.

불순물(%) 종류	C	Si	Mn	P	S	H_2	O_2
전 해 철	0.013	0.003	-	0.020	0.001	0.083	-
전 해 철	0.094	0.007	-	0.008	0.006	-	-
해면철, 용해철	0.030	0.005	0.005	0.002	0.037	-	-
아 암 코 철	0.010	0.005	0.030	0.001	0.015	-	0.012
카아보닐철	<0.0007	-	-	-	-	-	<0.01

(2) 순철의 변태
① A_4, A_3, A_2의 3개의 변태를 갖는다.

② A_4변태 : γ-Fe(FCC) $\xrightleftharpoons{1400℃}$ δ-Fe(BCC)

③ A_3. 변태 : α-Fe(BCC) $\xrightleftharpoons{910℃}$ γ-Fe(FCC)

④ α-Fe(강자성, BCC) $\xrightleftharpoons{768℃}$ -Fe(상자성)

(3) 순철의 동소체

  ① α-Fe : 910℃ 이하에서 체심 입방 격자(BCC)
  ② γ-Fe : 910~1400℃에서 면심 입방 격자(FCC)
  ③ δ-Fe : 1400℃ 이상에서 체심 입방 격자(BCC)

(4) 순철의 성질

  ① 순철의 물리적 성질
   ㉮ FCC는 BCC보다 원자 밀도가 크고 비체적이 적기 때문에 수축이 일어난다.
   ㉯ A_4점에서는 BCC가 되기 위해서는 반대로 팽창한다.
   ㉰ 각 변태점에서 불연속적으로 변한다.
   ㉱ 물리적 성질

비중	용융점 (℃)	용해잠열 (cal/g)	선팽창율 (20)℃	비열(℃) (cal/g)	열전도율(20℃) (cal/cm·sec·℃)	비저항 (Ω/cm)
7.876	1539	65.0	11.7×10^{-6}	0.11	0.18	10×10^{-6}

  ② 순철의 자기적 성질
   ㉮ 자기 변태는 온도가 상승함에 따라 자기 강도는 A_2점에서 급변한다.
   ㉯ 순도를 높이면 항자력이 적어지고 도자율이 높아져서 이력 손실이 적다.
   ㉰ 순철의 자기적 성질

종류	초투자율	최대 투자율	히스테리손실	보자력	자기 감응도
아암코철	4000	18000	318	0.025	14000
단결정	6000	680000	478	0.050	14000

  ③ 기계적 성질

브리넬경도	인장강도 (kg/mm²)	연신율(%) ($l=10d$)	단면수축율 (%)	탄성한도 (kg/mm²)	영율 (kg/mm²)
60~70	18~25	50~40	80~70	10~14	21000

  ④ 화학적 성질
   ㉮ 고온에서 산화 작용이 심하며 습기와 산소가 있으면 상온에서 부식된다.
   ㉯ 산화물의 두꺼운 표피가 이탈하여 해수, 화학약품에 내식력이 약하다.
   ㉰ 강, 약산에 침식되고 알카리에는 침식이 안된다.

3 철-탄소계 평형 상태도와 표준조직

【1】Fe-C 평형 상태도

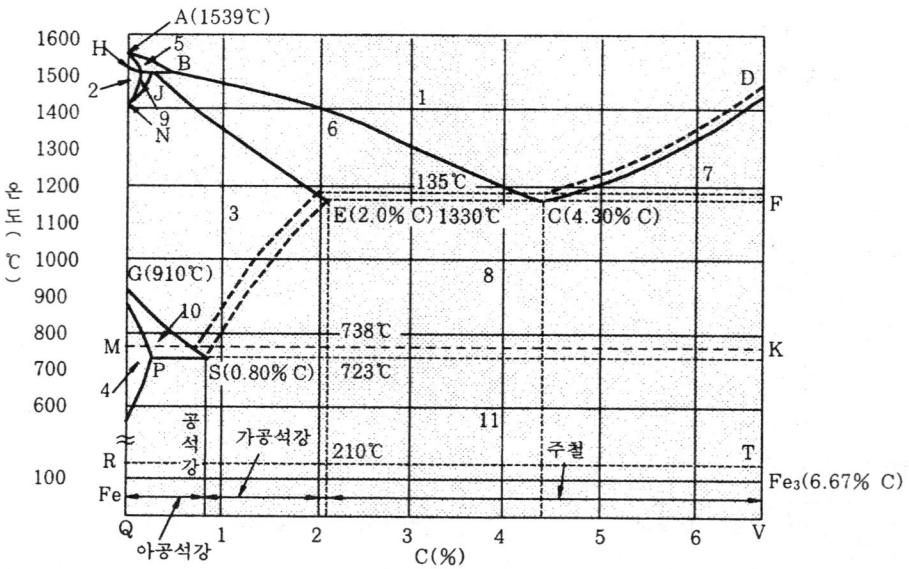

1. 융체 2. δ 고용체 3. γ 고용체 4. α 고용체
5. 융체＋δ 고용체 6. 오오스테나이트＋융체 7. 시멘타이트＋융체
8. 오오스테나이트＋시멘타이트 9. δ 고용체＋오오스테나이트
10. 오오스테나이트＋페라이트 11. 페라이트＋시멘타이트

- A : 순철의 용융점. 온도 1538±3℃
- AB : δ고용체(δ-철이 탄소를 고용한 고용체)의 정출 시작선(액상선)
- AH : δ고용체의 정출 완료선(고상선)
- B : H점 및 J점과 평형을 이루고 있는 융체를 나타내는 점. 0.52%C.
- BC : γ고용체의 정출 시작선(액상선).
- C : γ고용체가 포화되어 있는 E 성분(2.0%C)의 γ고용체와 F 성분(6.68%C)의 시멘타이트와의 공정이며, 이 공정을 Ledeburite라 한다. (4.3%C, 공정점)
- CD : 시멘타이트(Fe_3C)의 정출 시작선.
- D : 시멘타이트의 용해 및 응고점. 온도 1550℃
- E : γ고용체에 있어서 C의 포화점
  (온도 1145℃, 2.0%C)
- ECF : 공정선. 온도 1145℃. 용액(C) ⟷ 시멘타이트(F)＋γ고용체(E)
- ES : γ고용체로부터 시멘타이트의 석출 개시선. γ고용체에 대한 시멘타이트의 용해도 곡선. Acm선이라고도 한다.
- G : 순철의 A_3변태점. (온도 : 910℃). γ고용체 ⟷ α고용체.
- GP : γ고용체로부터 강자성을 띤 α고용체로 A_3변태의 종료점을 나타내는 곡선.
- GS : γ고용체로부터 강자성을 띤 α고용체로 석출을 개시하는, 즉 A_3변태의 시작선. (A_3선)
- H : δ고용체의 탄소에 대한 최대의 용해를 나타내는 점. (0.08%C)

- HJB : 포정선. (온도 : 1492℃.)
- J : 포정점. H점으로 나타나는 δ고용체와 B점의 융체와 평형을 유지하는 γ고용체.
  (용액 + δ고용체 ⟷ γ고용체. 온도 1492℃, 0.18%C)
- JE : γ고용체의 정출이 완료되는 선(고상선)
- M : 순철의 A_2변태점. 온도 768℃
- MO : 강의 A_2변태선. 온도 768℃
- N : 순철의 A_4변태점. 온도 1400℃. δ고용체 ⟷ γ고용체.
- NJ : δ고용체가 γ고용체로 변화가 끝나는 온도. 즉, 강의 A_4 변태가 끝나는 온도를 나타내는 곡선
- NH : δ고용체가 γ고용체로 변화가 시작되는 온도, 즉 강의 A_4변태가 시작되는 온도를 나타내는 곡선.
- P : α고용체에 대한 탄소의 최대 고용도를 나타내는 점. 0.025%C.
- PQ : α고용체에 대한 시멘타이트의 용해한도 곡선.
- PSK : 공석선. 이 온도에서 γ고용체(S) ⟷ α고용체(P)+시멘타이트(K), 온도 : 723℃
- Q : 상온에서 α고용체가 함유될 수 있는 탄소의 최대 고용도 표시점. 0.006%C.
- RT : 시멘타이트의 자기 변태점. A_0변태점이라고도 하며, 온도는 210℃이다.
- S : γ고용체로부터 α고용체와 시멘타이트가 동시에 석출하는 공석점. 퍼얼라이트 조직이 나타난다. 0.85%C, 온도 723℃. A_1변태점.

[2] 탄소강의 조직

(1) Austenite
① γ-Fe에 최대 2.0%까지의 탄소를 고용한 고용체이며 Austenite 조직이다.
② A_1점(723℃) 이상에서는 안정된 조직으로 비자성체이며 전기 저항이 크고 인성이 크다.
③ 경도는 낮으나 인장 강도에 비해 연율이 크다. H_B = 약 155 정도.

(2) Ferrite
① α-Fe에 탄소를 0.025% 이하를 고용한 고용체(solid solution)로 지철이라 한다.
② 강자성체이며 연하고 전연성이 크며 순철에 가깝다.
③ 탈산이 심하게 일어나는 조직이다. H_B = 약 90 정도.

(3) Pearlite
① 0.85%C의 γ-고용체가 723℃에서 분열되어 생긴다.
② 페라이트와 시멘타이트의 공석정으로 경도가 크고 어느 정도 연성을 갖는다.
③ 항자력, 내마모성이 강한 조직, 강자성체. H_B = 225 정도.
④ 0.8%C강을 800℃로 가열 후 서냉한 조직이다.
⑤ 650℃로 담금질하고 이 온도에서 1일간 유지 후 실온 담금질한 조직이다.

(4) Cementite
① Fe_3C이며 6.68%C와 Fe과의 화합물로서 대단히 단단하고 메짐이 있다.
② 비중은 7.82이고, A_0변태(210℃)에서 자기 변태점을 갖는다.
③ 1145℃로 가열하면 빠른 속도로 흑연을 분리시킨다.
④ 백색의 침상 조직, 불안정한 금속간 화합물이고 피크린산 알콜 용액으로 부식시키

면 암갈색으로 착색된다. $H_B=820$이다.

(5) Ledeburite
   ① 2.0%C의 γ-고용체와 6.68%C와의 공정 조직으로 주철에 나타난 공정점(4.3%C) 조직이다.

(6) 철강조직의 기계적 성질

조 직	경도 (H_B)	특 징	조 직	경도 (H_B)	특 징
시멘타이트	820	강의 조직중 가장 경하고 취약함	소르바이트	270	트루스타이트보다 경도는 낮으나 강인성이 풍부함.
마이텐사이트	720	열처리조직중 가장 경하고 취약함.	퍼얼라이트	225	강의 표준조직으로 강도 크고 인성이 있다.
투르스타이트	400	마텐사이트보다 경도 저하하나 연성이 있다.	오스테나이트	155	강의 고온조직으로 전연성이 있다.
베이나이트	340	강의 항온변태조직으로 경도, 강도, 인성이 풍부함.	페라이트	90	순철의 조직으로 경도, 강도는 낮으나 전연성이 풍부하다.

(7) 강의 변태

변태 구분	A_0	A_1	A_2	A_3	A_4
온도(℃)	210	723	768	910	1400
변태	Fe_3C자기변태	공석변태	Fe의 자기변태	Fe의 동소변태	

(8) 탄소강의 표준조직
   ① 강을 단련한 후에 $A_{3,2,1}$변태점 또는 Acm선 이상 30~50℃의 온도 범위(γ-고용체 범위)로 가열하여 적당한 시간 유지한 후(균일한 오스테나이트 조직이 될 때까지) 공랭하는 조직.
   ② 표준조직의 성질

성질 조직	인장강도 (kg/mm²)	연신율 (%)	경도 (H_B)	특 성
페라이트(α)	35	40	90	극히 연하고 연성이 크며, 강자성체
퍼얼라이트($\alpha + Fe_3C$)	80	10	225	층상조직이며, 강자성체.
시멘타이트(Fe_3C)	3.5 이하	0	820	경도가 크고 여리며, 강자성체. 용점1550℃

   ㉮ 인장 강도(δ_B) = $\dfrac{(35 \times F)+(80 \times P)}{100}$

   ㉯ 연신율(ε) = $\dfrac{(40 \times F)+(10 \times P)}{100}$

   ㉰ $H_B = \dfrac{(80 \times F)+(200 \times P)}{100}$

   ③ 0.2%C 탄소강의 표준 상태에서 페라이트와 퍼얼라이트의 조직량 계산 방법.
   ※ 페라이트량 = $\dfrac{0.8-C\%}{0.8-0.0218} \times 100$, 퍼얼라이트량 = $\dfrac{C\%}{0.8-0.0218} \times 100$ 에서

㉮ 초석 페라이트(α-Fe) = $\dfrac{0.86-0.2}{0.86-0.0218} \times 100 ≒ 79\%$ (공석선직하)

㉯ 퍼얼라이트 + 페라이트 = 100%이므로 퍼얼라이트량은 100-79 = 21% (α+Fe3C)

㉰ 퍼얼라이트 중의 페라이트와 시멘타이트의 량

　㉠ $F_P = 21 \times \dfrac{6.68-0.86}{6.68-0.0218} = 18\%$ (퍼얼라이트 중의 α-Fe)

　㉡ $C_P = 21 - 18 = 3\%$ (퍼얼라이트 중의 Fe_3C)

㉱ 전체의 페라이트는 97%이고, Fe_3C는 3%로 된다.

4. 탄소강의 성질

[1] 물리적 성질·화학적 성질

(1) 탄소량의 증가에 따라 감소하는 성질 : 비중, 열전도율, 열팽창 계수.
(2) 탄소량의 증가에 따라 증가하는 성질 : 전기 저항, 비열, 항자력.
(3) 탄소강의 물리적 성질

비 중	용융점(℃)	비열 (cal/g·℃)	선팽창율 ($\times 10^{-6}$)	전기저항 ($\mu\Omega$cm)	열전도율 (cal/cm·sec·℃)	보자력 (oersted)
7.871~7.830	1539~1425	0.115~0.117	12.6~10.6	13.0~19.6	0.146~0.108	0.7~7.0

(4) 탄소강의 내식성은 탄소의 증가에 따라 감소하며, 알카리에는 강하나 산에는 약하다.
(5) 시멘타이트는 페라이트보다 부식되지 않으나 페라이트와 공존하면 페라이트 부식을 촉진함.
(6) 담금질된 것은 풀림 또는 불림 상태의 강보다 부식에 잘 견딘다.
(7) 대기 중에서의 부식은 Cu 0.15~0.25%를 첨가로 개선한다.

[2] 기계적 성질

(1) 탄소강의 표준 조직에서 탄소량이 많을수록 경도, 강도는 증가하고 인성, 충격치는 감소
(2) 아공석강에서는 탄소의 증가와 더불어 경도, 강도, 항복점은 거의 직선적으로 변한다.
(3) 탄소 증가에 따라 인장강도는 증가하다가 공석 조직에서 최대가 되고 연율, 충격값은 감소.
(4) 과공석강에서는 망상의 시멘타이트가 생겨 변형되기 힘들고 경도는 증가, 강도는 급감
(5) 실온보다 저하하면 강도, 경도, 항복점, 탄성 계수, 피로 한도는 증가하고, 연율, 충격값, 단면 수출율은 감소한다.
(6) 탄소 0.04~0.86%의 압연된 강의 평균 강도
  : $\sigma_B = 20 + 100 \times C\%$

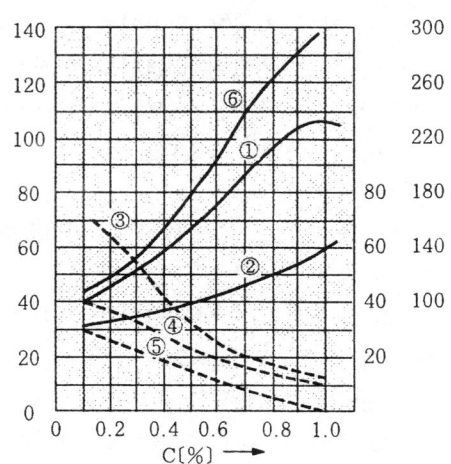

① 인장강도[kg/mm²]　② 항복점[kg/mm²]
③ 단면 수축률[%]　④ 연신율[%]
⑤ 샤르피 충격값[kgm/cm²] ⑥ 브리넬 경도

[탄소강의 표준 상태에서의 탄소 함유량과 기계적 성질]

※ 인장강도와 경도와의 관계식
　　$H_B = 2.8 \times \sigma B$(평균강도)
(7) 강의 온도와 기계적 성질
　① 상온 이하 : 강도, 경도 증가, 연율 감소, 충격치 급감한다.
　※ 충격값은 $-40℃$ 부근에서는 $1kg \cdot m/cm^2$ 이하, 감소 정도는 소르바이트 조직이 가장 작다.
　② 100℃ 부근 : 강도, 경도는 상온보다 감소하고, 연율, 충격치 증가한다.
　③ 200~300℃ : 강도 경도는 최대가 되고 연율, 충격치는 감소한다.
　④ 300℃ 이상 : 강도, 경도 급감하고 연율, 충격치는 증가한다.

【3】 탄소강에 함유된 여러 원소의 영향

(1) 탄소(C)
　① 화합 탄소 : 재질이 단단하고 메지며 절삭하기 어렵다.
　② 흑연 탄소 : 재질이 연하고 약하며 절삭하기 쉽다.
　③ 강 중의 탄소는 전부 화합 탄소이다.
(2) 망간(Mn)
　① 선철 제강시 탈산, 탈황제로 첨가되며 강 중에는 0.2~0.8% 정도 존재한다.
　※ 고탄소강 또는 공구강에서 망간은 임계 냉각 속도를 작게 하므로 재료의 내외부에 온도차에가 생겨 균열이 발생하기 쉬우므로 0.2~0.5% 정도로 제한한다.
　② S에 의해(적열 취성)를 막아주며 절삭성을 개선하나 1.0% 이상 첨가시 주물이 수축한다.
　※ 강 중의 황과 결합하여 MnS로 되어 황의 나쁜 영향을 중화시키고 절삭성을 개선한다.
　③ 망간이 많아서 강 중에 녹아 들어갈 때의 영향
　　㉮ 강의 점성을 증가시키고, 고온 가공을 용이하게 한다.
　　㉯ 높은 온도에서 결정의 성장을 감소한다.
　　㉰ 강도, 경도, 강인성을 증가시키고 연성은 약간 감소한다. 즉 기계적 성질이 좋아진다.
　　㉱ 담금질이 잘된다.
(3) 규소(Si)
　① 보통 0.2~0.6% 정도 함유하며 유동성, 주조성이 양호하다.
　② 주철 중에서 흑연의 생성을 조절하며, 내열성을 나타낸다.
　③ **보통강에서 함유량의 증가에 따라 미치는 영향**
　　㉮ 경도, 강도를 높이고 연신율, 충격치는 감소시킨다.
　　㉯ 가공성을 감소시키며, 결정입자의 크기를 증가시킨다.
　④ 단접성, 냉간 가공성을 해치며 소성성, 용접성, 결합성을 감소시킨다.
　⑤ 규소가 Fe에 고용할 수 있는 양은 16%이다.
(4) 인(P)
　① 0.25% 이하를 함유하며 편석, 상온 취성의 원인이 되며 Fe_3P의 화합물을 만든다.
　② 강도, 경도는 증가하나 유동성 개선, 기포없는 주물을 만들며, 연신율, 특히 상온에

서 충격값을 감소시킨다.
③ 결정립을 조대화하고 가공할 때 균열이 생기기 쉽다.
④ 인의 영향은 탄소함유량이 많을수록 현저하다. (공구강 : 0.03% 이하, 연강 : 0.05% 이하 제한)

(5) 유황(S)
① 0.017% 이하 함유(보통강에서는 0.03% 이하가 요구된다.)
② 강의 유동성을 해치고 적열 취성의 원인이 되어 고온 가공성을 해친다.
③ 강도, 연율, 충격값이 감소되며 FeS는 융점(1193℃)이 낮으며, 고온에서 약하고 가공시 파괴 원인이 된다.
④ 강 중에서 S이 FeS나 MnS로 존재하고 Mn과 화합하여 절삭성을 개선한다.

(6) 비금속 개재물
① 강중의 슬랙 개재물(Fe_2O_3, FeO, MnS, MnO, Al_2O_3, SiO_2)로 존재한다.
② 강내부에 점재하여 강의 인성을 감소시켜 취성의 원인이 된다.
③ Fe_2O_3, Al_2O_3, 철규산염 등은 단조나 압연 가공시 균열을 일으키기 쉬우며 적열 취성의 원인이 된다.
  ※ 황화물이나 규산염은 고온에서 소성 변형이 쉽고 가공 방향으로 길게 늘어나는 것은 적열 취성을 일으키지 않으나 가로 방향의 충격값을 감소시키고 관 등에 사용할 때 균열이 생김.
④ 지름이 100μ 이하를 비금속 **개재물**이라 한다.

(7) 강 중의 가스
① 제강 원료 및 제조 과정에서 산소, 질소, 수소, 일산화탄소 및 이산화탄소 등이 잔존한다.
② 강은 대체로 0.02% 이하의 산소를 함유하며 탄소량이 많아지면 산소함유량은 감소한다.
  ㉮ 강 중에서는 산소 또는 일산화탄소, 이산화탄소의 기포를 만든다.
  ㉯ 산화철로서 고용되어 적열 메짐을 일으킨다.
  ㉰ 불순물과 산화물을 만들어 비금속 개재물로서 강의 성질을 해친다.
  ※ 방지법 : 제강할 때 탈산을 시키고, 산화되지 않도록 한다.
④ 질소의 영향
  ㉮ 기포를 만들고 철과 부스러지기 쉬운 질화물을 만들며 인과 더불어 냉간 취성을 증가시킨다.
⑤ 수소의 영향
  ㉮ 제강시 핀 호울(pin gole, 작은 기포)이 강의 표면 근처에 생기나 단련에 의해 압착된다.
  ㉯ 기포 내면이 산화되어 압연 봉강의 표면에 실 모양의 홈이 생긴다.
  ㉰ 강재를 산세할 때 수소가 강에 침투되어 산세 취성이 일어난다.

【4】 강의 소성 가공
(1) 열간 가공(고온가공, hot working)

① 재결정 온도 이상에서의 가공으로 적은 힘으로 성형이 된다.
② 열간 가공의 가열 온도는 탄소 함유량에 따라 다르며 1050~1230℃에서 가공을 시작하여 900℃에서 끝내는 것이 적당하다.
  ※ 가공이 끝나는 온도의 영향
   ㉮ 너무 높으면 오스테나이트의 결정 입도가 커져서 상온에서의 페라이트 및 퍼얼라이트의 입도가 조대해지는 것을 피할 수 없다.
   ㉯ 너무 낮으면 재료 표면은 평활하고, 치수, 정밀도는 높아지나 가공 경화와 내부 변형이 생겨서 강인성을 잃은다. (가공 경화와 변형이 생긴 것은 풀림하는 것이 보통이다.)
③ 특징
   ㉮ 방향성이 있는 주조 조직을 제거하고 합금 원소의 확산으로 인한 재질이 균질화된다.
   ㉯ 가공도가 크며, 표면 산화가 되고, 강괴 내부의 미세 균열 및 기공이 압착된다.
   ㉰ 가공이 쉽고 다량 생산 및 대형 가공이 가능하며 섬유 조직 및 방향성과 같은 가공성질이 나타난다.
   ㉱ 연신율, 단면 수축율, 충격치 등 기계적 성질을 개선한다.
(2) 냉간 가공(상온 가공, 저온 가공, cold working)
① 재결정 온도 이하에서 가공하며 강선의 신선, 얇은 판, 프레스 등이 있다.
② 특징
   ㉮ 정밀한 치수 가공이나 성질의 균일성을 필요로 할 때 사용한다.
   ㉯ 결정 입자 미세 및 표면이 미려하고 제품 치수가 정확하며 기계적 성질이 양호하다.
   ㉰ 인장 강도, 경도, 항복점, 피로 강도, 전기 저항이 증가되고 연율, 단면 수축율이 감소된다.
   ㉱ 재료 표면에 산화가 안되며 섬유 조직이 되어 방향에 따라 강도가 다르다.
   ㉲ 40~50% 가공 때마다 풀림할 것.

5 탄소강의 종류와 용도

【1】 탄소강의 용도
(1) 탄소량이 적은 것 : 건축, 기계, 선박, 차량, 교량 등의 구조물에 사용한다.
(2) 탄소량이 많은 것 : 스프링재, 공구강 등에 사용한다.
(3) 실용되고 있는 탄소강은 0.05~1.7%C 탄소강이다.
① 탄소 함유량이 0.6% 이상인 것은 보통 담금질 처리하여 사용한다.
② 탄소 함유량이 0.3% 이하인 것은 압연 또는 단조한 그대로 사용한다.
③ 0.3~0.6%C인 강은 그대로든지 담금질해서 사용한다.
④ 탄소 함유량에 따른 용도

강의 탄소함유량	용 도
C=0.05~0.30%	가공성을 요구하는 경우
C=0.30~0.45%	가공성과 동시에 강인성을 요구하는 경우
C=0.45~0.65%	강인성과 동시에 내마모성을 요구하는 경우
C=0.65~1.20%	내마모성과 동시에 경도를 요구하는 경우

⑤ 각종 강의 기계적 성질과 용도

종류	기계적 성질				용도	탄소량 (%)
	인장강도 (kg/mm^2)	항복점 (kg/mm^2)	연신율 (%)	경도 (H$_S$)		
특별극연강	32~36	18~28	80~40	95~100	전신관	<0.08
극 연 강	36~42	20~29	30~30	80~120	용접관	0.08~0.12
연 강	38~48	22~30	24~36	100~130	조선용판	0.12~0.20
반 연 강	44~55	24~36	22~32	120~145	건축용	0.20~0.30
반 경 강	50~60	30~40	17~30	140~170	보울트, 축	0.30~0.40
경 강	58~70	34~46	14~26	160~200	실린더	0.40~0.50
초 경 강	65~100	35~37	11~20	186~235	외륜, 축	0.50~0.90

㉮ 극연강, 연강, 반연강 : 단접은 잘되나 열처리 효과가 나쁘다.
㉯ 반경강, 경강 초경강 : 단접은 잘 안되나 열처리 효과가 크다.

[2] 탄소강의 종류

(1) **구조용강** : 0.05~0.6%C의 강이 사용되며 염기성 평로강이 많이 사용된다.
(2) **쾌삭강** : 보통강에 P, S함유량을 많게 하고 Pb, Zr, Se 등을 첨가하여 절삭성을 향상시킨 강이다.
(3) **Spring강**
   ① 0.6~1.5%C의 강이 많이 사용된다.
   ② 작은 스프링은 탄소 함유량이 비교적 적은 강을 사용하고 큰 스프링은 공석강에 가까운 강을 사용한다.
   ③ 스프링강의 탄소 함유량과 용도

탄소함유량(%)	용도
0.75~0.90	주로 판 스프링
0.90~1.10	주로 코일 스프링
0.55~0.65(약 1.7%Si)	주로 겹판 스프링
0.55~0.65(약 2.0%Si)	코일 스프링
0.50~0.60(0.65~0.95Cr)	주로 겹판 스프링, 코일 스프링
0.45~0.55(0.8~1.10%Cr, 0.15~0.25%V)	주로 코일 스프링

※ 판 두께가 4.5mm 이하인 것은 냉간 압연한 띠강을 사용하고, 코일스프링에서 6mm 이하의 지름인 것은 피아노선으로 사용되며, 스프링강을 사용하는 것은 지름이 6mm 이상의 코일 스프링이다.

   ④ 열처리는 830~860℃에서 유냉시키고, 450~540℃에서 뜨임하여 조직을 소르바이트로 만들어 사용한다.

(4) **탄소 공구강**
   ① 0.6~1.5%C의 강이 많이 사용(실용 0.5%C)된다.

② 전기로강, 도가니로강이 많이 사용된다.
③ 용도 : 줄강, 톱강, 다이스강 등.
④ 공구강의 구비 조건
  ㉮ 경도가 크고 높은 온도까지 경도를 유지할 것.
  ㉯ 내마모성, 강인성이 크고, 내충격성이 우수할 것.
  ㉰ 가공 및 열처리가 용이하고, 가격이 저렴할 것.

(5) 주강
  ① 주강품은 전기로, 평로, 전로 등에서 용해된 강을 모래형에 주입시켜 제조한다.
  ② 탄소강의 주강품은 탄소함유량이 0.20~0.35%의 중탄소강의 범위이다.
     (저탄소강도 있다.)

문제 1. 다음의 철광석 중 철분이 48%인 것은 어느 것인가?
 ㉮ 자철광　　㉯ 적철광　　㉰ 갈철광　　㉱ 능철광

토용 철광석

종류	조성	Fe(%)
자철광	Fe_3O_4	72.4
적철광	Fe_2O_3	70
갈철광	$2Fe_2O_3 \cdot 3H_2O$	52~60
능철광	$FeCO_3$	48

문제 2. 다음 철광석 중 철분의 함유량이 가장 많은 철광석은?
 ㉮ 자철광　　㉯ 적철광　　㉰ 갈철광　　㉱ 능철광

문제 3. 다음 철광석 중 조성이 Fe_2O_3인 철광석은 어느 것인가?
 ㉮ 자철광　　㉯ 적철광　　㉰ 갈철광　　㉱ 능철광

문제 4. 다음은 용제에 대한 설명이다. 틀린 것은 어느 것인가?
 ㉮ 용광로 내에서 열원 및 환원제 역할을 한다.
 ㉯ 용제에는 석회석, 형석 등이 있다.
 ㉰ 용제는 제철할 때 산성 슬랙이 되도록 성분을 조성한다.
 ㉱ 용광로 내에서 철과 불순물의 분리가 잘되도록 하기 위해 첨가한다.

토용 용제는 제철할 때 염기성 슬랙이 되도록 성분을 조성한다.

문제 5. 다음 중 용제가 아닌 것은 어느 것인가?
 ㉮ 석회석　　㉯ 형석　　㉰ 백운석　　㉱ coke

토용 코크스는 연료이다.

문제 6. 다음 설명 중 틀린 것은 어느 것인가?
 ㉮ 철과 강은 철광석으로부터 직접 또는 간접으로 제조한다.
 ㉯ 선철은 탄소 함유량이 많이 함유하고 있다.
 ㉰ 탄소량은 철의 성질에 영향이 매우 크다.
 ㉱ 순철은 대체로 탄소량이 2.0% 이하를 함유하고 있다.

해답 1. ㉱　2. ㉮　3. ㉯　4. ㉰　5. ㉱　6. ㉱

도움 순철의 탄소량은 0.0128% 이하이다.

문제 7. 철강 제조시 간접 환원의 원인이 되는 가스는 다음 중 어느 것인가?
㉮ CO ㉯ H_2 ㉰ O_2 ㉱ H_2O

도움 간접 환원 원인 가스 : CO

문제 8. 다음 중 철광석의 환원 순서가 맞는 것은 어느 것인가?
㉮ $Fe_3O_4 \rightarrow Fe_2O_3 \rightarrow FeO \rightarrow Fe$ ㉯ $Fe_2O_3 \rightarrow Fe_3O_4 \rightarrow FeO \rightarrow Fe$
㉰ $FeO \rightarrow Fe_3O_4 \rightarrow Fe_2O_3 \rightarrow Fe$ ㉱ $FeO \rightarrow Fe_2O_3 \rightarrow Fe_3O_4 \rightarrow Fe$

도움 철광석의 환원 순서 : $Fe_2O_3 \rightarrow Fe_3O_4 \rightarrow FeO \rightarrow Fe$

문제 9. 선철 중의 5대 원소가 아닌 것은 다음 중 어느 것인가?
㉮ C ㉯ Si ㉰ P ㉱ Cu

도움 선철의 5대 불순물 : C, Si, Mn, P, S

문제 10. 광석에서 직접 제조된 철을 무엇이라 하는가?
㉮ 강 ㉯ 주철 ㉰ 선철 ㉱ 합금 주철

문제 11. 강과 주철을 분류하는 원소는 무엇인가?
㉮ C ㉯ Si ㉰ P ㉱ S

도움 강과 주철의 분류는 탄소량에 의해 분류한다.

문제 12. 탄소 함유량에 따른 철강의 분류가 아닌 것은 다음 중 어느 것인가?
㉮ 공석강 ㉯ 아공정 주철 ㉰ 공정 주철 ㉱ 전로강

도움 C%에 따른 철강의 분류
① 강 : 아공석강, 공석강, 과공석강.
② 주철 : 아공정주철, 공정주철, 과공정 주철

문제 13. 아공석강의 탄소 함유량은 얼마인가?
㉮ 0.02~0.85% ㉯ 0.85~2.0%
㉰ 2.0~4.3% ㉱ 4.3~6.68%

도움 ① 아공석강 : 0.02~0.85% ② 공석강 : 0.85% ③ 과공석강 : 0.85~2.0%

문제 14. 과공정 주철의 탄소 함유량은 얼마인가?
㉮ 0.02~0.85% ㉯ 0.85~2.0%
㉰ 2.0~4.3% ㉱ 4.3~6.68%

해답 7. ㉮ 8. ㉯ 9. ㉱ 10. ㉰ 11. ㉮ 12. ㉱ 13. ㉮ 14. ㉱

[도움] ① 아공정 주철 : 2.0~4.3% C
② 공정 주철 : 4.3% C
③ 과공정 주철 : 4.3~6.68% C

[문제] **15.** 제조 방법에 따른 강의 종류가 아닌 것은 어느 것인가?
㉮ 도가니로강　　㉯ 단조강　　㉰ 평로강　　㉱ 전로강

[도움] 제조 방법에 따른 분류 : 도가니로강, 전로강, 평로강, 전기로강.

[문제] **16.** 강의 종류 중 가공법에 따른 종류는 어느 것인가?
㉮ 도가니로강　　㉯ 단조강　　㉰ 평로강　　㉱ 전로강

[도움] 가공법에 따른 분류 : 단조강, 압연강, 주강

[문제] **17.** 강의 용도별 분류로 맞는 것은 다음 중 어느 것인가?
㉮ 공석강　　㉯ 구조용강　　㉰ 도가니로강　　㉱ 연강

[도움] 용도별 분류 : 구조용강, 공구강

[문제] **18.** 다음은 선철의 제조에 대한 설명이다. 틀린 것은 어느 것인가?
㉮ 선철의 제조는 용광로법이 대표이다.
㉯ 코우크스는 연료로 사용한다.
㉰ 용제로는 석회석이 사용된다.
㉱ 철광석은 철분이 약 20% 이상이어야 한다.

[도움] 철광석의 품위 : Fe분이 40% 이상, P나 S이 0.1%를 초과하지 않아야 한다.

[문제] **19.** 다음 중 평로 제강법에 대한 설명이 잘못된 것은 어느 것인가?
㉮ 선철을 원료로 하여 일종의 반사로에 의해 강을 제조한다.
㉯ 산성법과 염기성법이 있다.
㉰ 산성법은 규석과 같은 내화 재료를 사용한다.
㉱ 산성법은 석회를 함유한 슬랙을 만드므로 정련이 잘된다.

[도움] 산성법은 규석과 같은 산성 내화 재료를 사용하므로 석회를 함유한 슬랙을 만들어 정련이 안 된다.

[문제] **20.** 산성 평로 제강법에 대한 설명 중 틀린 것은 어느 것인가?
㉮ 규석과 같은 산성 내화 재료로써 만들어진다.
㉯ 원료에 P이나 S이 적은 것을 선택한다.
㉰ 제품의 값이 비싸다.
㉱ 품질이 그다지 우수하지 않아 일반 강에 사용된다.

[해답] 15. ㉯　16. ㉯　17. ㉯　18. ㉱　19. ㉱　20. ㉱

도움 산성 평로법
① 정련이 어렵다.
② 원료선은 P나 S가 적은 것을 선택한다.
③ 제품의 값이 비싸다.
④ 품질이 우수하며 병기, 선재 제조에 사용한다.

문제 21. 염기성 평로법에 대한 설명 중 잘못된 것은?
㉮ 원료선은 선철과 스크랩을 배합물을 노안에서 용해한다.
㉯ 구조용강 특히 극연강 제종에 사용한다.
㉰ 설비나 연료비가 적게 든다.
㉱ 산성법보다 정련이 쉽고 불순 원료로 양질의 강을 제조한다.

도움 설비비나 연료비가 많이 든다.

문제 22. 평로 제강법에 대한 설명이다. 틀린 것은?
㉮ 값이 싼 고철을 사용하기가 용이하다.
㉯ 대량 생산에 적합하다.
㉰ 연료는 가스, 중유 등이 사용된다.
㉱ 노 내 온도는 1200℃ 정도이다.

도움 평로의 특징
① 연료 : 가스, 중유
② 용량 : 1회 용해 능력
③ 정련 시간
  ㉠ 염기성 : 6~8시간
  ㉡ 산성 : 7~15시간
④ 노 내 온도 : 1700~1800℃

문제 23. 평로의 특징에 대한 설명으로 맞지 않는 것은 어느 것인가?
㉮ 동일 성분을 가진 다량의 쇳물을 한꺼번에 얻을 수 있다.
㉯ 파쇄나 부피가 큰 재료를 그대로 용해할 수 있다.
㉰ 노의 구조나 설비가 비교적 간단하며 열효율이 낮다.
㉱ 가스의 영향이 비교적 작다.

도움 재료와 연료가 직접 접촉되므로 불순물이 섞이기 쉽고, 가스의 영향이 크다.

문제 24. 다음 전로에 대한 설명 중 틀리게 설명한 것은 어느 것인가?
㉮ 쇳물을 가경식의 전로에 넣고 공기 또는 산소를 불어넣어 불순물을 제거하는 방법이다.
㉯ 원료선의 규격이 엄격하다.
㉰ 제강 시간이 길다.
㉱ 연속 조업이 가능하다.

해답 21. ㉰ 22. ㉱ 23. ㉱ 24. ㉰

[도움] 제강 시간이 짧다.

[문제] 25. 다음 전로 제강법에 대한 설명 중 틀린 것은 어느 것인가?
㉮ 연료비가 불필요하다.　　㉯ 연속 조업이 가능하다.
㉰ 일괄 작업이 가능하다.　　㉱ 고철 사용이 용이하다.

[도움] 원료선의 규격이 엄격하고 고철 사용이 곤란하다.

[문제] 26. 다음은 전로 제강법에 대한 설명이다. 틀린 것은 어느 것인가?
㉮ 강 중에 N, P, O 등의 함유량이 많아 품질 조절이 곤란하다.
㉯ 값싸게 대량 생산이 가능하다.
㉰ 크기는 1시간 최대 용량으로 표시한다.
㉱ 원료 용선 중에 공기를 넣어 함유된 불순물을 짧은 시간에 신속히 산화시켜 강재 나 가스를 제거한다.

[도움] 크기 : 1회 용해할 수 있는 최대 용해량(보통 15~30t)이다.

[문제] 27. 산성 전로법에 대한 설명으로 잘못된 것은 어느 것인가?
㉮ 저인(P:0.05% 이하)의 재료를 사용한다.
㉯ 규소 내화물이 사용된다.
㉰ P나 S는 제거하기가 쉽다.
㉱ 고규소(1.5~2.5%)의 재료를 사용한다.

[도움] P나 S는 제거를 못한다.

[문제] 28. 염기성 전로에 대한 특징이 아닌 것은 다음 중 어느 것인가?
㉮ 저급 재료를 사용할 수 있다.
㉯ 용선 중의 P의 제거가 가능하다.
㉰ 인(P)의 함량이 높고 고인선의 제강을 할 수 있다.
㉱ 규화 내화물이 사용된다.

[도움] 도로마이트 내화물을 사용으로 P이나 S을 제거한다.

[문제] 29. 다음 중 전기로 제강법의 설명이 아닌 것은 어느 것인가?
㉮ 열원 : 전기 에너지
㉯ 원료 : 제한을 많이 받는다.
㉰ 용량 : 1회 용해 능력
㉱ 제조 : 공구강, 특수강의 양질의 강

[도움] 원료의 제한을 받지 않는다.

[해답]　25. ㉱　26. ㉰　27. ㉰　28. ㉱　29. ㉯

문제 30. 다음은 전기로에 대한 설명이다. 틀린 것은 어느 것인가?
㉮ 제강에 전기열을 이용한 것이다.
㉯ 아크식, 고주파 유도식 등이 있고 아크식이 많이 사용된다
㉰ 열 효율이 좋고 온도 조절이 용이하다.
㉱ 쇳물의 성분 조절이 어렵고 인건비가 많이 든다.

토용▶ 성분 조절이 쉽고 인건비가 절약된다.

문제 31. 다음은 도가니로에 대한 설명이다. 틀린 것은 어느 것인가?
㉮ 공구강이나 합금강의 제조에 이용된다.
㉯ 대량 생산에 적합하다.
㉰ 연료비가 전기로법보다 많이 소요된다.
㉱ 크기는 Cu의 1회 용해 능력으로 표시한다.

토용▶ 대량 생산에는 부적합하다.

문제 32. 강괴의 종류 중 탈산 정도에 따른 분류가 아닌 것은?
㉮ 킬드강 ㉯ 림드강 ㉰ 쎄미 킬드강 ㉱ 쎄미 림드강

토용▶ 강괴의 종류 : 림드강, 킬드강, 쎄미 킬드강, 캡트강.

문제 33. 강괴의 제조시 사용되는 탈산제가 아닌 것은?
㉮ Fe-Si ㉯ Al ㉰ Fe-Mn ㉱ Cu

토용▶ 탈산제
① 강탈산제 : Fe-Si, Al   ② 약탈산제 : Fe-Mn

문제 34. 다음 강괴 중 Fe-Si 또는 Al 등의 탈산제로 완전 탈산한 강은?
㉮ 킬드강 ㉯ 림드강 ㉰ 쎄미 킬드강 ㉱ 쎄미 림드강

토용▶ 탈산 정도에 따른 분류
① 완전 탈산 : 킬드강   ② 불완전 탈산 : 림드강   ③ 중간 탈산 : 쎄미 킬드강

문제 35. 다음 중 불완전 탈산된 강괴는 어느 것인가?
㉮ 킬드강 ㉯ 림드강 ㉰ 쎄미 킬드강 ㉱ 쎄미 림드강

문제 36. 림드강에 대한 설명 중 틀린 것은 어느 것인가?
㉮ 용강이 비등 작용이 일어난다.
㉯ 강괴 내부에 기포, 편석이 생겨 강질이 균일치 못하다.
㉰ 공구강, 합금강 등에 사용된다.
㉱ 보통 탄소 0.3% 이하의 강에 사용된다.

해답▶ 30. ㉱ 31. ㉯ 32. ㉱ 33. ㉱ 34. ㉮ 35. ㉯ 36. ㉰

요점 림드강의 용도
① 0.3%C 이하의 구조용강.
② 판, 봉, 파이프 등.

문제 37. 다음은 림드강에 대한 설명이다. 잘못 설명된 것은?
㉮ 평로 또는 전로에서 정련된 용강을 페로 망간으로 불완전 탈산시켜 주형에 주입한 강괴이다.
㉯ 과잉 산소와 탄소가 반응하여 주형 내에서 비등한다.
㉰ 표면 부근에 일정한 깊이의 기포가 생기고 주상정이 발달한다.
㉱ 재질이 균일하고 양질의 강을 얻는다.

요점 림드강은 탈산이 불충분하므로 재질이 균질치 못하다.

문제 38. 비등 작용이 일어나는 강괴는 다음 중 어느 것인가?
㉮ 킬드강   ㉯ 림드강   ㉰ 쎄미 킬드강   ㉱ 쎄미 림드강

요점 비등 작용이 일어나기 쉬운 강괴 : 림드강

문제 39. 비등 현상에 관한 가스는 다음 중 어느 것인가?
㉮ N_2 ㉯ H_2 ㉰ CO   ㉱ Si

요점 비등 현상 가스 : CO

문제 40. Fe-Si, Al 등의 강탈제를 사용하여 완전 탈산시킨 강괴는?
㉮ 킬드강   ㉯ 림드강
㉰ 쎄미 킬드강   ㉱ 쎄미 림드강

요점 킬드강의 탈산제 : Fe-Si, Al

문제 41. 다음은 킬드강괴에 대한 설명이다. 틀린 것은?
㉮ 림드강보다 기포가 많고 편석이 있다.
㉯ 중앙 상부에 큰 수축관이 생겨 불순물이 집적된다.
㉰ 재질이 균질하고 기계적 성질 양호, 방향성이 좋다.
㉱ 적용 범위는 균질을 요하는 합금강, 침탄강, 0.3%C 이상의 강

요점 림드강보다 기포가 없고 편석이 적다.

문제 42. 킬드강보다 탈산 정도가 적고 저탄소강, 중탄소강에 Si, Al의 탈산을 가볍게 한 강은 다음 중 어느 것인가?
㉮ 킬드강   ㉯ 림드강   ㉰ 쎄미 킬드강   ㉱ 쎄미 림드강

요점 탈산 정도가 중간인 강괴 : 쎄미 킬드강

해답 37. ㉱   38. ㉯   39. ㉰   40. ㉮   41. ㉮   42. ㉰

문제 43. 표면에 헤어 크랙이 생기기 쉬운 강괴는 어느 것인가?
㉮ 킬드강   ㉯ 림드강   ㉰ 쎄미 킬드강   ㉱ 쎄미 림드강

[토용] 킬드강 : 기포 편석은 없으나 표면에 헤어 크랙이 생긴다.

문제 44. 다음 중 쎄미 킬드강의 설명으로 틀린 것은 어느 것인가?
㉮ 적용 범위는 구조용강, 강판, 원강 재료 등이다.
㉯ 구조용강은 0.3%C 이상의 범위이다.
㉰ 소형의 수축공과 수소의 기포만 존재한다.
㉱ Al으로 탈산시킨다.

[토용] 구조용강 : 0.15~0.3%C 범위이다.

문제 45. 용강을 주입 후 뚜껑을 씌워 용강의 비등을 억제시켜 림드 부분을 얇게 하므로 내부 편석을 적게 한 강은?
㉮ 킬드강   ㉯ 림드강   ㉰ 쎄미 킬드강   ㉱ 캡트강

문제 46. 캡트강에 대한 설명이 잘못된 것은 어느 것인가?
㉮ 용강을 주입 후 뚜껑을 씌워 용강의 비등을 억제시킨 강
㉯ 내부 결함은 적으나 표면 결함이 많다.
㉰ 킬드강을 변형시킨 강이다.
㉱ 박판, 스트립, 주석 철판, 형강 등의 원재료에 사용한다.

[토용] 캡트강은 림드강을 변형시킨 강이다.

문제 47. 림드강 제조시 O_2와 C가 반응하여 CO가 생성되는데 이 가스가 대기 중으로 빠져 나온 현상으로 끓는 것처럼 보이는 것을 무엇이라 하는가?
㉮ 비등 작용   ㉯ 헤어 크랙   ㉰ 백점   ㉱ 전해 작용

[토용] 비등작용(rimming action)이다.

문제 48. 공업적으로 가장 순수한 철은 다음 중 어느 것인가?
㉮ 전해철   ㉯ 카아보닐철   ㉰ 아암코철   ㉱ 선철

[토용] 순철의 탄소 함유량 : 카아보닐철>아암코철>전해철

문제 49. 다음은 순철의 변태에 대한 설명이다. 틀린 것은 어느 것인가?
㉮ 순철에는 α, γ, δ의 3개의 동소체가 있다.
㉯ α-Fe은 912℃ 이하에서 체심 입방 격자의 원자 배열을 갖는다.
㉰ δ-Fe은 1394℃에서 면심 입방 격자의 배열을 나타낸다.
㉱ γ-Fe은 910~1400℃에서 면심 입방 격자를 갖는다.

[해답] 43. ㉮ 44. ㉯ 45. ㉱ 46. ㉰ 47. ㉮ 48. ㉯ 49. ㉰

[도움] δ-Fe은 1394℃에서 체심 입방 격자의 배열을 나타낸다.

[문제] 50. α-Fe에서 γ-Fe로의 변태는 다음 중 어느 것인가?
㉮ A_1변태　　㉯ A_2변태　　㉰ A_3변태　　㉱ A_4변태

[도움] ① A_3변태 : α ⟶ γ,　② A_4변태 : γ ⟶ δ

[문제] 51. 다음 변태에 대한 설명 중 틀린 것은 어느 것인가?
㉮ A_1변태점은 210℃이며 철의 자기 변태이다.
㉯ A_2변태점은 768℃에서 일어나며 철의 자기 변태이다.
㉰ A_3변태점은 910℃에서 나타나며 철의 동소 변태이다.
㉱ A_4변태점은 1400℃에서 일어나며 철의 동소 변태이다.

[도움] 순철의 변태
① 동소 변태
　㉠ A_3변태(910℃)
　㉡ A_4변태(1400℃)
② 자기 변태 : A_2변태(768℃)

[문제] 52. 다음은 변태에 대한 설명이다. 틀린 것은 어느 것인가?
㉮ A_3변태점에서는 급격히 수축한다.
㉯ A_4변태점에서는 팽창한다.
㉰ 동소 변태는 원자 배열의 변화가 생기므로 상당한 시간이 필요하다.
㉱ 원자 배열의 변화를 수반하는 변태는 가열시 약간 낮은 온도에서 일어난다.

[도움] 원자 배열을 수반하는 변태는 가열시 약간 높은 온도, 냉각시 약간 낮은 온도에서 일어난다.

[문제] 53. 다음 중 Ac_3점을 강하시키는 원소가 아닌 것은?
㉮ C　　㉯ Cu　　㉰ Mn　　㉱ Si

[도움] Ac_3점 강하 원소 : C, Cu, Ni, Mn

[문제] 54. 다음 중 Ac_3점을 상승시키는 원소가 아닌 것은?
㉮ Mn　　㉯ Si　　㉰ Co　　㉱ Mo

[도움] Ac_3점 상승 원소 : Si, P, W, Mo, V, Co, Be

[문제] 55. 다음은 순철의 조직에 대한 설명이다. 틀린 것은 어느 것인가?
㉮ 결정 입자들이 각기 명암이 있는 것은 결정의 성장 방향이 같지 않기 때문이다.
㉯ 결정에 따라 부식되는 정도가 다르다.
㉰ 결정 입계에는 불순물이 모인다.
㉱ 결정 입계에 부식이 일어나기 어렵고 경계는 흰선으로 보인다.

[해답] 50. ㉰　51. ㉮　52. ㉱　53. ㉱　54. ㉮　55. ㉱

참고▶ 결정 입계에는 불순물이 모이기 때문에 부식이 쉽고 검정선으로 보인다.

문제 56. 다음은 순철의 물리적 성질에 대한 설명이다. 틀린 것은 어느 것인가?
㉮ 각 변태점에서 불연속적으로 변한다.
㉯ FCC는 BCC보다 원자 밀도가 크다.
㉰ A_4점에서는 BCC가 되기 위해서는 팽창한다.
㉱ 순철의 순도를 높이면 항자력이 증가한다.

참고▶ 순철의 순도를 높이면
① 항자력이 적어진다.
② 투자율이 현저히 높아지고 이력 손실이 적다.

문제 57. 다음 순철의 물리적 성질이 잘못 설명된 것은?
㉮ 원자량 : 26
㉯ 비중 : 7.871
㉰ 용융점 : 1530℃
㉱ 끓는 점 : 2880℃

참고▶ 원자량 : 55.85

문제 58. 다음 중 순철의 기계적 성질이 잘못 설명된 것은 어느 것인가?
㉮ 경도(H_B) : 60~70
㉯ 인장 강도 : 18~25kg/mm^2
㉰ 연신율 : 40~50%
㉱ 단면 수축율 : 10~14kg/mm^2

참고▶ 순철의 단면 수축율 : 70~80kg/mm^2

문제 59. 다음 중 순철의 기계적 성질로 틀린 것은 어느 것인가?
㉮ 탄성 한도 : 10~14kg/mm^2
㉯ 인장 강도 : 40~50kg/mm^2
㉰ 영율 : 21000kg/mm^2
㉱ 단면 수축율 : 70~80kg/mm^2

참고▶ 순철의 인장 강도 : 18~25kg/mm^2

문제 60. 순철의 화학적 성질에 대한 설명 중 틀린 것은 어느 것인가?
㉮ 고온에서 산화 작용이 심하다.
㉯ 습기와 산소가 있으면 상온에서도 부식된다.
㉰ 산화물의 두터운 표피가 이탈하며 해수, 화학 약품에 내식력이 약하다.
㉱ 알카리에는 침식되나 강산, 약산에는 침식이 안된다.

참고▶ 강, 약산에는 침식되나 알카리에는 침식이 안된다.

문제 61. 탄소를 2.11%까지 함유하며 A_1변태점 이상에서 안정된 조직을 갖는 고용체로 오스테나이트 조직이 나타난 고용체는?
㉮ $α$-고용체
㉯ $β$-고용체
㉰ $γ$-고용체
㉱ $δ$-고용체

해답 56.㉱ 57.㉮ 58.㉱ 59.㉯ 60.㉱ 61.㉰

문제 62. 순철의 용도에 대한 설명 중 거리가 먼 것은 어느 것인가?
㉮ 강도가 낮고 그대로 기계 재료에 사용하지 않는다.
㉯ 소결 자석용 철분으로는 부적합하다.
㉰ 투자율이 높기 때문에 박판으로 변압기, 전동기에 사용한다.
㉱ 강이나 주철의 원료로 사용한다.

도움 소결 자석용 철분으로 사용된다.

문제 63. 다음은 γ-고용체에 대한 설명이다. 잘못된 것은 어느 것인가?
㉮ γ-Fe에 최대 2.0%까지의 탄소를 고용한 고용체이다.
㉯ 723℃ 이상에서 안정된 조직을 갖는다.
㉰ 강자성체이고 인성이 크다.
㉱ 경도는 낮으나 인장 강도에 비해 연신율이 크다.

도움 비자성체이며 전기 저항이 크다.

문제 64. γ-고용체의 조직은 다음 중 어느 것인가?
㉮ Ferrite   ㉯ Austenite   ㉰ Pearlite   ㉱ Cementite

도움 γ-고용체는 오스테나이트 조직이다.

문제 65. 다음 조직 중 H_B가 155 정도인 조직은 어느 것인가?
㉮ Ferrite   ㉯ Austenite   ㉰ Pearlite   ㉱ Cementite

도움 Austenite 조직의 경도 : H_B 155 정도이다.

문제 66. 다음 조직 중 비자성체인 조직은 어느 것인가?
㉮ Ferrite   ㉯ Austenite   ㉰ Pearlite   ㉱ Cementite

도움 Austenite 조직은 비자성체이다.

문제 67. α-Fe에 탄소를 0.025% 이하를 고용한 고용체는?
㉮ Ferrite   ㉯ Austenite   ㉰ Pearlite   ㉱ Cementite

도움 페라이트의 탄소 함유량 : 0.025% 이하다.

문제 68. 다음은 페라이트에 대한 설명이다. 틀린 것은 어느 것인가?
㉮ 강자성체이다.   ㉯ 연하고 전성이 크다.
㉰ 탈산이 일어나지 않는다.   ㉱ H_B는 약 90 정도이다.

도움 페라이트 조직은 탈산이 심하게 일어난 곳의 조직임.

해답 62. ㉯ 63. ㉰ 64. ㉯ 65. ㉯ 66. ㉯ 67. ㉮ 68. ㉰

문제 69. 페라이트 조직의 경도(H_B)는 얼마 정도인가?
㉮ 90   ㉯ 155   ㉰ 225   ㉱ 270

도움 페라이트 조직의 H_B : 90

문제 70. 다음은 퍼얼라이트에 대한 설명이다. 틀린 것은?
㉮ 0.85%C의 γ-고용체가 723℃에서 분열되어 생긴다.
㉯ 페라이트와 시멘타이트의 공석정이다.
㉰ 항자력, 내마모성이 강한 조직이다.
㉱ 비자성체이다.

도움 퍼얼라이트 : 강자성체이다.

문제 71. 다음은 Pearlite 조직에 대한 설명이다. 틀린 것은 어느 것인가?
㉮ 강도는 크고 어느 정도의 연성도 있다.
㉯ 페라이트와 시멘타이트의 침상 조직이다.
㉰ 0.8%C강을 800℃로 가열 후 서냉시 나타난 조직이다.
㉱ 경도가 크며 강자성체이다.

도움 퍼얼라이트 : 층상 조직

문제 72. 퍼얼라이트의 브리넬 경도 값은 얼마 정도인가?
㉮ 90   ㉯ 155   ㉰ 225   ㉱ 270

도움 퍼얼라이트의 H_B : 225

문제 73. Fe_3C를 무엇이라 하는가?
㉮ Ferrite   ㉯ Pearlite   ㉰ Austnite   ㉱ Cementite

도움 Cementite : Fe_3C

문제 74. 6.68%C와 Fe과의 화합물로서 대단히 단단한 조직은 다음 중 어느 것인가?
㉮ Ferrite   ㉯ Pearlite   ㉰ Austnite   ㉱ Cementite

도움 Cementite(Fe_3C) : 6.68%C와 Fe과의 화합물.

문제 75. 다음은 시멘타이트에 대한 설명이다. 잘못된 것은?
㉮ 비중은 7.82이다.
㉯ A_0변태(210℃)에서 자기 변태를 갖는다.
㉰ 흑색의 층상 조직이며 안정한 금속간 화합물이다.
㉱ 피크린산 알콜 용액으로 부식시키면 암갈색으로 착색한다.

해답 69. ㉮   70. ㉱   71. ㉯   72. ㉰   73. ㉱   74. ㉱   75. ㉰

[도움] 백색의 침상 조직이며 불안정한 금속간 화합물이다.

[문제] 76. 시멘타이트의 브리넬 경도는 얼마인가?
㉮ 820   ㉯ 720   ㉰ 400   ㉱ 340

[도움] Cementite의 H_B : 820

[문제] 77. Cementite는 몇 ℃로 가열하면 빠른 속도로 흑연을 분리시키는가?
㉮ 210℃   ㉯ 910℃   ㉰ 1154℃   ㉱ 1412℃

[도움] Cementite는 1154℃로 가열하면 빠른 속도로 흑연을 분리시킨다.

[문제] 78. 다음은 시멘타이트에 대한 설명이다. 틀린 것은 어느 것인가?
㉮ Austenit의 결정 입계나 그 벽의 계면에 침상으로 나타난다.
㉯ 순수한 Cementite는 210℃ 이하에서는 강자성체이다.
㉰ 금속간 화합물로서 대단히 단단하고 취성이 있다.
㉱ 비중은 8.96이고, H_B는 820이다.

[도움] Cementite 비중 : 7.82

[문제] 79. 탄소 2.11%의 γ-고용체와 탄소 6.68%의 Fe_3C와의 공정 조직으로 주철에 나타난 것은 다음 중 어느 것이가?
㉮ Ferrite   ㉯ Pearlite   ㉰ Ledeburite   ㉱ Cementite

[도움] Ledeburite : 탄소 2.11%의 γ-고용체와 탄소 6.68%의 Fe_3C와의 공정 조직으로 주철에 나타난 공정점의 조직.

[문제] 80. 공정점의 조직으로 맞는 것은 어느 것인가?
㉮ Ferrite   ㉯ Pearlite   ㉰ Ledeburite   ㉱ Cementite

[문제] 81. 다음 조직 중 경도(H_B)가 가장 큰 것은 어떤 조직인가?
㉮ Ferrite   ㉯ Pearlite   ㉰ Austnite   ㉱ Cementite

[도움] 표준 조직의 경도
① Ferrite : 90
② Pearlite : 225
③ Austnite : 155
④ Cementite : 820

[문제] 82. 다음 표준 조직 중 경도가 가장 낮은 것은 어느 것인가?
㉮ Ferrite   ㉯ Pearlite   ㉰ Austnite   ㉱ Cementite

[해답] 76. ㉮   77. ㉰   78. ㉱   79. ㉰   80. ㉰   81. ㉱   82. ㉮

문제 83. 다음은 철강 조직에 대한 설명이다. 틀린 것은 어느 것인가?
㉮ Ferrite는 경도나 강도는 낮으나 전연성이 풍부하다.
㉯ Pearlite는 철강의 표준 조직으로 강도가 크고 인성이 있다.
㉰ Austnite는 강의 고온 조직으로 전연성이 있다.
㉱ Cementite는 열처리 조직 중 가장 단단하고 취약하다.

토용 Cementite 조직 : 강의 조직 중 가장 단단하고 취약하며 부스러지기 쉽다.

문제 84. 다음 조직 중 표준 조직이 아닌 것은 어느 것인가?
㉮ Ferrite ㉯ Pearlite ㉰ Martensite ㉱ Cementite

토용 Martensite는 열처리 조직이다.

문제 85. 극히 연하고 연성이 크며 강자성체이고 담금질에 의해 경화가 안된 조직은 다음 중 어느 것인가?
㉮ Ferrite ㉯ Pearlite ㉰ Austnite ㉱ Cementite

토용 Ferrite(α-Fe) : 순철에 가깝다.

문제 86. 다음 조직 중 비자성체인 것은 어느 것인가?
㉮ Ferrite ㉯ Pearlite ㉰ Austnite ㉱ Cementite

토용 Austnite는 비자성체다.

문제 87. 다음 조직 중 층상 조직인 것은 어느 것인가?
㉮ Ferrite ㉯ Pearlite ㉰ Austnite ㉱ Cementite

토용 Pearlite는 층상 조직이다.

문제 88. 다음 중 Fe_3C의 자기 변태점의 온도로 맞는 것은 어느 것인가?
㉮ 210℃ ㉯ 723℃ ㉰ 768℃ ㉱ 910℃

토용 강의 변태

변 태	온 도(℃)	비 고
A_0	210	Fe_3C 자기변태
A_1	723	공석 변태
A_2	768	Fe의 자기변태
A_3	910	Fe의 동소변태
A_4	1400	

문제 89. 다음 중 철의 동소 변태는 어느 것인가?
㉮ A_0, A_1 ㉯ A_0, A_2 ㉰ A_1, A_2 ㉱ A_3, A_4

해답 83. ㉱ 84. ㉰ 85. ㉮ 86. ㉰ 87. ㉯ 88. ㉮ 89. ㉱

문제 90. 다음은 층상 Pearlite의 형성 과정에 대한 설명이다. 틀린 것은?
㉮ γ-고용체의 결정 경계에서 Cementite의 핵이 발생한다.
㉯ Fe_3C의 핵이 성장한다.
㉰ Fe_3C의 주위에 α가 발생한다.
㉱ α가 생긴 입자에 다시 γ가 생성한다.

토용 α가 생긴 입자에 Fe_3C가 생긴다.

문제 91. 탄소 0.2%의 탄소강의 표준 상태에서 페라이트의 조직량은 얼마인가?
㉮ 79%   ㉯ 69%   ㉰ 31%   ㉱ 21%

토용 초석 Ferrite(α-Fe)
① $\dfrac{0.86-0.2}{0.86-0.0218} \times 100(\%) ≒ 79\%$ (공석선 직하)
② 퍼얼라이트 조직량 : $100-79=21\%$ ($\alpha+Fe_3C$)

문제 92. 탄소 0.2%의 탄소강의 표준 상태에서 퍼얼라이트의 조직량은 얼마인가?
㉮ 79%   ㉯ 69%   ㉰ 31%   ㉱ 21%

문제 93. 0.2%C의 탄소강 표준 상태에서 퍼얼라이트 중의 페라이트량은 얼마인가?
㉮ 79%   ㉯ 21%   ㉰ 18%   ㉱ 3%

토용 Pearlite 중의 α-Fe : $21 \times \dfrac{6.68-0.86}{6.68-0.0128}=18\%$

문제 94. 0.2%C의 탄소강 표준 상태에서 퍼얼라이트 중의 시멘타이트량은 얼마인가?
㉮ 79%   ㉯ 21%   ㉰ 18%   ㉱ 3%

토용 Pearlite 중의 Fe_3C : $21-18=3\%$

문제 95. 강의 표준 상태에서 인장 강도를 구하는 식으로 맞는 것은? (단, F : Ferrite %, P : Pearlite%, C : 탄소 %이다.)
㉮ $\delta=\dfrac{(35\times F)+(80\times P)}{100}$ ㉯ $\delta=\dfrac{(40\times F)+(10\times P)}{100}$
㉰ $\delta=\dfrac{(80\times F)+(200\times P)}{100}$ ㉱ $\delta=\dfrac{0.8-C\%}{0.8}\times 100$

토용 표준 상태에서의 기계적 성질
㉮항 : 인장 강도   ㉯항 : 연신율   ㉰항 : H_B ㉱항 : 페라이트량

문제 96. Ferrite의 인장 강도는 얼마인가? (단, 단위는 kg/mm^2이다.)
㉮ 25   ㉯ 35   ㉰ 40   ㉱ 80

해답 90. ㉱ 91. ㉮ 92. ㉱ 93. ㉰ 94. ㉱ 95. ㉮ 96. ㉯

도움 Ferrite의 기계적 성질
① 인장 강도 : 35kg/mm² ② 연신율 : 40% ③ 경도(H_B) : 90

문제 97. Ferrite의 연신율은 얼마인가?
㉮ 25% ㉯ 35% ㉰ 40% ㉱ 80%

문제 98. 퍼얼라이트의 인장 강도는 얼마인가? (단, 단위는 kg/mm²이다.)
㉮ 10 ㉯ 40 ㉰ 80 ㉱ 225

도움 Pearlite의 기계적 성질
① 인장 강도 : 80kg/mm² ② 연신율 : 10% ③ 경도(H_B) : 225

문제 99. 퍼얼라이트의 연신율은 얼마인가?
㉮ 10 ㉯ 40 ㉰ 80 ㉱ 225

문제 100. 시멘타이트의 연신율은 얼마인가?
㉮ 0% ㉯ 3.5% 이하 ㉰ 10% ㉱ 40%

도움 Cementite의 기계적 성질
① 인장 강도 : 3.5 kg/mm² 이하 ② 연신율 : 0% ③ 경도(H_B) : 820

문제 101. 시멘타이트의 인장 강도는 얼마인가? (단, 단위는 kg/mm²이다.)
㉮ 3.5 이하 ㉯ 35 ㉰ 80 ㉱ 820

문제 102. 다음 중 공석강의 조직으로 맞는 것은 어느 것인가?
㉮ Pearlite = α - 고용체 + Fe_3C ㉯ Pearlite = α - 고용체 + γ - 고용체
㉰ Pearlite = γ - 고용체 + Fe_3C ㉱ Pearlite = δ - 고용체 + α - 고용체

도움 공석강의 조직
Pearlite = α - 고용체 + Fe_3C

문제 103. 공석 반응식으로 맞는 것은 어느 것인가?
㉮ γ - 고용체 ⟷ α - 고용체 + Fe_3C ㉯ 용액 ⟷ γ - 고용체 + Fe_3C
㉰ 용액 + δ - 고용체 ⟷ γ - 고용체 ㉱ α - 고용체 ⟷ γ 고용체 + δ - 고용체

도움 반응식
㉮항 : 공석 반응식 ㉯항 : 공정 반응식 ㉰항 : 포정 반응식

문제 104. 공석점의 탄소 함유량으로 맞는 것은 어느 것인가?
㉮ 0.025% ㉯ 0.85% ㉰ 2.0% ㉱ 4.3%

도움 각 점의 탄소 함유량

해답 97. ㉰ 98. ㉰ 99. ㉮ 100. ㉮ 101. ㉮ 102. ㉮ 103. ㉮ 104. ㉯

① 공정점 : 4.3%
② 공석점 : 0.85%
③ 포정점 : 0.18%

문제 105. 아공석강의 조직으로 맞는 것은 어느 것인가?
㉮ Austenite+Cementite : γ－고용체＋＋Fe₃C
㉯ Ferrite+Cementite : α－고용체＋Fe₃C
㉰ Ferrite+Pearlite : α－고용체＋(α－고용체＋Fe₃C)
㉱ Pearlite+Cementite : (α－고용체＋Fe₃C)＋Fe₃C

도움 각 점의 조직
㉮항 : 공정 조직   ㉯항 : 공석 조직
㉰항 : 아공석강 조직   ㉱항 : 과공석강 조직

문제 106. 공정점의 탄소 함유량은?
㉮ 0.025%   ㉯ 0.85%   ㉰ 2.0%   ㉱ 4.3%

문제 107. 강과 주철의 한계는 탄소 함유량으로 표시한다. 이 한계는 탄소 함유량이 얼마가 기준이 되는가?
㉮ 0.025%   ㉯ 0.85%   ㉰ 2.0%   ㉱ 4.3%

도움 강과 주철의 한계 : 2.0%의 탄소 함유량

문제 108. Ferrite가 탄소를 최대로 고용할 수 있는 능력은?
㉮ 0.025%   ㉯ 0.85%   ㉰ 2.0%   ㉱ 4.3%

도움 각 조직의 탄소 함유량
① 페라이트 : 0.025%   ② 퍼얼라이트 : 0.85%
③ 오스테나이트 : 2.0%   ④ 시멘타이트 : 6.68%

문제 109. Pearlite 조직의 탄소 함유량은?
㉮ 0.025%   ㉯ 0.85%   ㉰ 2.0%   ㉱ 4.3%

문제 110. Cementite의 탄소 함유량은?
㉮ 0.025%   ㉯ 0.85%   ㉰ 2.0%   ㉱ 6.68%

문제 111. Austenite가 탄소를 최대로 고용할 수 있는 한계는?
㉮ 0.025%   ㉯ 0.85%   ㉰ 2.0%   ㉱ 6.68%

문제 112. 포정점의 온도는 얼마인가?
㉮ 1495℃   ㉯ 1400℃   ㉰ 1145℃   ㉱ 723℃

해답 105. ㉰ 106. ㉱ 107. ㉰ 108. ㉮ 109. ㉯ 110. ㉱ 111. ㉰ 102. ㉮

[도움] 각 점의 온도
① 포정점 : 1495℃   ② 공정점 : 1145℃   ③ 공석점 : 723℃

[문제] **113.** 공정점의 온도는 몇 도인가?
㉮ 1495℃   ㉯ 1400℃   ㉰ 1145℃   ㉱ 723℃

[문제] **114.** 공석점의 온도는 몇 도인가?
㉮ 1495℃   ㉯ 1400℃   ㉰ 1145℃   ㉱ 723℃

[문제] **115.** γ-고용체에 대한 Fe_3C의 용해 한도 곡선, 즉 γ-고용체에서 Fe_3C가 석출하기 시작하는 온도선을 무엇이라 하는가?
㉮ Acm선   ㉯ A_3선   ㉰ 공정선   ㉱ 공석선

[문제] **116.** 다음 중 탄소강의 기계적 성질이 잘못된 것은?
㉮ 표준 상태에서 탄소량이 많을수록 경도, 강도는 증가하고 인성, 충격값이 감소된다.
㉯ 아공석강에서는 탄소량의 증가에 따라 강도, 경도가 증가한다.
㉰ 과공석강에서는 시멘타이트가 침상으로 나타나므로 경도는 감소 강도는 증가한다.
㉱ 공석강에서 강도는 최대가 되고 연율, 단면 수축율은 감소한다.

[도움] 과공석강에서는 시멘타이트(Cementite)가 망상으로 나타나므로 강도는 감소, 경도는 증가한다.

[문제] **117.** 다음은 탄소강의 성질에 대한 설명이다. 틀린 것은?
㉮ 전로강은 평로강보다 강도가 크다.
㉯ 탄성 계수, 항복점은 온도 상승에 따라 감소한다.
㉰ 인장 강도는 200~300℃까지 상승하여 최대가 된다.
㉱ 실온보다 온도가 저하하면 강도, 경도는 감소한다.

[도움] 탄소강의 실온 이하에서의 기계적 성질 변화
① 증가 : 강도, 경도, 항복점, 탄성 계수, 피로 한도
② 감소 : 연율, 단면 수축율

[문제] **118.** 탄소강의 기계적 성질 중 실온 이하에서는 감소하는 성질은 다음 중 어느 것인가?
㉮ 강도   ㉯ 피로 한도   ㉰ 항복점   ㉱ 충격치

[문제] **119.** 탄소 0.40~0.86%의 압연된 강의 평균 강도에 대한 식으로 맞는 것은 어느 것인가? (단, C는 탄소 함유량이다.)
㉮ $\delta B = 20 + 100 \times C(kg/mm^2)$ ㉯ $\delta B = 100 + 20 \times C(kg/mm^2)$
㉰ $\delta B = 20 - 100 \times C(kg/mm^2)$ ㉱ $\delta B = 100 - 20 \times C(kg/mm^2)$

[도움] 평균 강도(δB) : $20 + 100 \times C(kg/mm^2)$

[해답] 113. ㉰   114. ㉱   115. ㉮   116. ㉰   117. ㉱   118. ㉱   119. ㉮

문제 120. 다음은 온도에 따른 기계적 성질을 나열한 것이다. 틀린 것은 어느 것인가?
㉮ 상온 이하 : 강도, 경도 증가, 연율 감소
㉯ 100℃ 부근 : 강도, 경도는 상온보다. 감소, 연율 증가
㉰ 200~300℃ : 강도, 경도 최소, 연율, 충격치 감소
㉱ 300℃ 이상 : 강도, 경도 급감, 연율 증가

[도움] 200~300℃에서는 강도, 경도는 최대가 되며, 연율, 충격치가 감소된다.

문제 121. 탄소강에서 탄소 함유량이 많으면 연성은 어떻게 되는가?
㉮ 증가   ㉯ 감소
㉰ 변화 없다.   ㉱ 처음 증가, 나중 감소

[도움] 탄소 함유량이 많으면 연성은 감소한다.

문제 122. 탄소강에서 탄소가 기계적 성질에 미치는 영향에 대한 설명이 잘못된 것은 다음 중 어느 것인가?
㉮ 탄소량이 많으면 파면 입자는 조대해진다.
㉯ 탄소량이 많으면 음향은 청음이 난다.
㉰ 탄소량이 많으면 인장 강도, 경도는 증가한다.
㉱ 탄소량이 많으면 담금질성은 양호하다.

[도움] 탄소량이 많으면 파면 입자는 조밀하여 진다.

문제 123. 탄소강에서 탄소가 기계적 성질에 미치는 영향에 대한 설명이 잘못된 것은 다음 중 어느 것인가?
㉮ 탄소량이 적으면 단접하기가 쉽다.   ㉯ 탄소량이 적으면 인성은 커진다.
㉰ 탄소량이 적으면 융점은 낮다.   ㉱ 탄소량이 적으면 경도는 낮다.

[도움] 탄소량이 적으면
① 파면 입자 : 조대하다.   ② 음향 : 탁음이 난다.
③ 인장 강도, 경도 : 낮다.   ④ 연성, 인성 : 크다.
⑤ 담금질 성 : 양호   ⑥ 융점 : 높다.

문제 124. 다음 중 탄소량의 증가에 따라 증가하는 물리적 성질은?
㉮ 비중   ㉯ 전기 저항   ㉰ 열전도율   ㉱ 열팽창 계수

[도움] 탄소량이 증가하면 증가 : 전기 저항, 비열, 항자력

문제 125. 다음 중 탄소량의 증가에 따라 감소하는 물리적 성질은?
㉮ 비중   ㉯ 비열   ㉰ 항자력   ㉱ 전기 저항

[도움] 탄소량이 증가하면 감소 : 비중, 열전도율, 열팽창계수

해답 120. ㉰ 121. ㉯ 122. ㉮ 123. ㉰ 124. ㉯ 125. ㉮

문제 126. 다음은 탄소강의 성질에 대한 설명이다. 틀린 것은?
㉮ 강은 산에 약하다.
㉯ 강은 알카리에 거의 부식되지 않는다.
㉰ 탄소가 많을수록 부식되지 않는다.
㉱ 시멘타이트는 페라이트보다 부식되지 않는다.

토용 강은 탄소가 많을수록 부식되기 쉽다.

문제 127. 다음 설명 중 틀린 것은 어느 것인가?
㉮ 담금질된 강은 풀림 또는 불림 상태의 강보다. 부식되기 쉽다.
㉯ 강의 순도는 대기 중에서의 부식에 대해 큰 관계가 없다.
㉰ 탄소강의 내식성은 탄소가 증가할수록 감소한다.
㉱ 0.2% 이하의 탄소 함유량에서는 내식성에 영향이 크지 않다.

토용 담금질된 강은 풀림 또는 불림 상태의 강보다 부식에 잘 견딘다.

문제 128. 다음 취성 중 온도가 가장 높은 것은 어느 것인가?
㉮ 저온 취성   ㉯ 청열 취성   ㉰ 뜨임 취성   ㉱ 적열 취성

토용 취성의 종류
① 저온 취성 : 상온 이하.   ② 상온 취성 : P가 많은 강
③ 청열 취성 : 200~300℃.   ④ 뜨임 취성 : 500~650℃
⑤ 고온 취성 : S이 많은 강

문제 129. 상온 취성을 일으키는 원소는 다음 중 어느 것인가?
㉮ P   ㉯ S   ㉰ Mn   ㉱ Si

문제 130. 다음 중 청열 취성이 일어나는 온도로 맞는 것은?
㉮ 100~200℃   ㉯ 200~300℃
㉰ 400~400℃   ㉱ 400~600℃

문제 131. 적열 취성(고온 취성)을 일으키는 원소는 어느 것인가?
㉮ P   ㉯ S   ㉰ Mn   ㉱ Si

문제 132. 탄소강에 함유된 원소의 영향 중 탄소의 영향이 아닌 것은?
㉮ 화합 탄소는 재질이 단단하고 메짐이 있다.
㉯ 흑연 탄소는 연하고 약하며 절삭하기 쉽다.
㉰ 강 중의 탄소는 전부 화합 탄소다.
㉱ 강 중의 탄소는 전부 흑연 탄소다.

토용 강 중의 탄소는 전부 화합 탄소이다.

해답 126. ㉰   127. ㉮   128. ㉱   129. ㉮   130. ㉯   131. ㉯   132. ㉱

문제 **133.** 탄소강에 함유된 원소의 영향 중 망간의 영향이 아닌 것은?
㉮ 강 중에 0.2~1.0% 정도 함유한다.   ㉯ P의 해를 막아 준다.
㉰ 절삭성을 개선한다.   ㉱ 고온 가공성을 향상시킨다.

도움 Mn의 영향
① 선철 제조시 탈산, 탈황제로 첨가한다.
② S의 해를 막아준다.
③ 경화능, 강도, 경도, 점성, 유동성을 증가시킨다.
④ 고온에서 결정 성장 감소
⑤ 강의 변태점을 낮춘다.
⑥ 담금질의 냉각 속도를 느리게 하므로 담금질 효과를 증가시킨다.
⑦ 절상성 개선, 고온 가공 용이하다.

문제 **134.** 탄소강에 함유된 망간의 영향으로 맞는 것은?
㉮ 경화능, 강도, 경도, 유동성을 증가시킨다.
㉯ 고온에서 결정 성장을 촉진시킨다.
㉰ 강의 변태점을 높인다.
㉱ 담금질 냉각 속도를 느리게 하므로 담금질 효과를 감소시킨다.

문제 **135.** 탄소강에서 망간의 영향이 아닌 것은 다음 중 어느 것인가?
㉮ 경화능 증가   ㉯ 경도, 강도 증가   ㉰ 점성, 인성 증가   ㉱ 유동성 감소

문제 **136.** 규소 함유량이 탄소강에 미치는 영향이 아닌 것은?
㉮ 유동성, 주조성이 양호하다.
㉯ 단접성, 냉간 가공성을 해치고 충격 저항과 연신율이 감소된다.
㉰ 탄성 한도, 경도, 강도, 결정립의 크기를 증가시킨다.
㉱ 소성 가공성, 용접성, 결합성이 향상된다.

도움 소성 가공성, 용접성, 결합성이 감소된다.

문제 **137.** Si가 Fe에 고용할 수 있는 양은 몇 %인가?
㉮ 4%   ㉯ 8%   ㉰ 12%   ㉱ 16%

도움 Si가 Fe에 고용할 수 있는 양 : 16%

문제 **138.** 탄소강에 함유된 인(P)의 영향이 아닌 것은?
㉮ 0.25% 이하를 함유하며 편석, 상온 취성의 원인이 된다.
㉯ 연신율, 충격값이 증가한다.
㉰ 경도, 강도 증가, 유동성을 개선한다.
㉱ 결정립을 조대화한다.

해답 133. ㉯ 134. ㉮ 135. ㉱ 136. ㉱ 137. ㉱ 138. ㉯

도움 연신율, 충격치를 감소하며 기포없는 주물을 만든다.

문제 139. 탄소강에 함유된 원소 중 고온 가공성을 해치는 원소는?
㉮ S   ㉯ P   ㉰ Mn   ㉱ Si

도움 강에 함유된 S의 영향
① 0.017% 이하를 함유한다.
② 유동성, 고온 가공성을 해치고, 적열 취성 원인이 됨.
③ 강도, 연율, 충격값 감소.
④ FeS 융점(1193℃)이 낮아 열간 가공시에 균열을 발생시킨다.
⑤ 고온 가공시 파괴된다.
⑥ 절삭성을 개선한다.

문제 140. 강에 함유된 유황(S)의 영향이 아닌 것은?
㉮ 강 중의 유동성을 해친다.
㉯ 적열 취성의 원인이 되며 고온 가공성을 해친다.
㉰ FeS는 용융점을 높이고 고온에서 약하다.
㉱ 강도, 연신율, 충격값이 감소된다.

문제 141. 탄소강에 함유된 5대 원소 중 함유량이 가장 많은 것은?
㉮ S   ㉯ Si   ㉰ P   ㉱ Mn

도움 5대 원소의 함유량
① C : 2.0%   ② Si : 0.1~0.35%   ③ Mn : 0.2~0.8%
④ P : 0.25%   ⑤ S : 0.017%

문제 142. 탄소강에 함유량이 0.1~0.35% 정도 함유한 원소는?
㉮ S   ㉯ Si   ㉰ P   ㉱ Mn

문제 143. 다음은 강에 함유된 비금속 개재물에 대한 설명이다. 틀린 것은 어느 것인가?
㉮ 지름이 100μ 이상을 비금속 개재물이라 한다.
㉯ 비금속 개재물 중에는 이산화규소, 산화알루미늄, 산화철과 같이 고온에서 소성 변형이 어려운 강은 단련 또는 압연할 때 갈라지기 쉽다.
㉰ 피로 파괴의 원인이 된다.
㉱ 황화물과 규산염과 같이 고온에서 소성 변형이 쉽고 가공 방향으로 길게 늘어나는 것은 적열 메짐을 일으키지 않는다.

도움 지름이 100μ 이하를 비금속 개재물이라 하고 이상을 모래 홈이라 한다.

문제 144. 강 중에 함유된 가스 중 산세 메짐을 일으키는 가스는?
㉮ 수소   ㉯ 탄소   ㉰ 산소   ㉱ 질소

해답 139. ㉮   140. ㉰   141. ㉱   142. ㉯   143. ㉮   144. ㉮

[도움] 산세 메짐의 원인 : 수소

[문제] **145.** 강 중의 가스에 대한 설명이다. 틀린 것은 어느 것인가?
㉮ 산소는 강에 대체로 0.02% 이상을 함유하고 탄소량이 많아지면 산소 함유량은 증가한다.
㉯ 수소는 제강할 때 핀호울을 강의 표면 근처에 만든다.
㉰ 질소는 기포를 만들고 칠과 부스러지기 쉬운 질화물을 만든다.
㉱ 강재를 산세할 때 수소가 강에 침투되어 산세 메짐이 일어난다.

[도움] 산소는 강에 0.02% 이하를 함유하고 탄소량이 많아지면 산소 함유량은 증가한다.

[문제] **146.** 상온 가공 방법에 대한 설명이다. 잘못된 것은 어느 것인가?
㉮ 재결정 온도 이상에서 가공한 것이다.
㉯ 청열 취성 구역에서는 가공을 피한다.
㉰ 가공에 요하는 힘이 많이 든다.
㉱ 치수의 정밀, 표면의 미려, 가공 경화에 의한 기계적 성질을 향상시킨다.

[도움] 상온 가공은 재결정 온도 이하에서 가공한다.

[문제] **147.** 다음 중 고온 가공의 장점이 아닌 것은?
㉮ 강괴 중에 있는 기공이 압착된다.
㉯ 강도나 경도가 증가한다.
㉰ 편석에 의한 불균일 부분이 확산되어 균일한 제품을 얻을 수 있다.
㉱ 소성 가공성이 풍부하다.

[도움] 강도나 경도는 상온 가공보다 떨어진다.

[문제] **148.** 탄소 함유량이 0.6% 이상인 강의 용도로 맞는 것은?
㉮ 공구용   ㉯ 구조용   ㉰ 건축용   ㉱ 전기 부품용

[도움] 탄소 함유량이 0.6% 이상인 강은 공구강이나 스프링용으로 사용하며 0.6% 이하인 강은 건축, 기계, 선박, 차량, 교량 등 구조용에 사용한다.

[문제] **149.** 탄소 함유량이 0.6% 이하인 강의 용도로 맞는 것은?
㉮ 공구용   ㉯ 스프링용   ㉰ 내마모용   ㉱ 구조용

[문제] **150.** 다음 강판에 대한 설명이 잘못된 것은 어느 것인가?
㉮ 두께 6mm 이상은 후판, 두께 1mm 이하는 중판이라 한다.
㉯ 후판은 구조용에 사용한다.
㉰ 박판은 아연 도금판, 주석 도금판 등 흑강판에 사용한다.
㉱ 마강판은 기계 부품, 전기 부품, 건축 등에 사용한다.

[해답] 145. ㉮   146. ㉮   147. ㉯   148. ㉮   149. ㉱   150. ㉮

도움 강판의 종류
① 후판 : 두께 6mm 이상   ② 중판 : 두께 1~6mm   ③ 박판 : 두께 1mm 이하

문제 151. 주로 염기성 평로강을 열간 압연과 조질 압연에 의해 제조되며 함석이나 양철 등의 재료에 사용하는 강판은?
㉮ 마강판   ㉯ 후판   ㉰ 흑강판   ㉱ 띠강판

도움 흑강판의 용도 : 양철, 함석 등에 사용된다.

문제 152. 마강판에 대한 설명이 잘못된 것은?
㉮ 열간 압연 후 50% 내외의 냉간 압연을 한 강판이다.
㉯ 표면이 미끈하고 디이프 드로우잉에 적합하다.
㉰ 주로 스프링 재료에 사용한다.
㉱ 주로 자동차 차폐용으로 사용한다.

도움 마강판은 자동차 차폐용으로 많이 사용된다.

문제 153. 공구강의 구비 조건이 아닌 것은 어느 것인가?
㉮ 경도가 크고 높은 온도까지 경도를 유지할 것
㉯ 내마멸성이 크고 강인성이 클 것
㉰ 열처리가 쉽고 가공이 용이할 것
㉱ 여림성이 클 것

도움 취성이 작아야 한다.

문제 154. 스프링강에 대한 설명이 잘못된 것은 어느 것인가?
㉮ 탄소 함유량은 목적에 따라 0.45~1.10%C가 사용된다.
㉯ 작은 스프링은 탄소 함유량이 적은 강을 사용한다.
㉰ 큰 스프링에는 공석강에 가까운 것을 사용한다.
㉱ 열처리는 450~540℃에서 급냉하고 830~860℃에서 풀림한다.

도움 스프링강의 열처리 : 830~860℃에서 유냉하고, 450~540℃에서 뜨임하여 조직을 소르바이트로 만들어 사용한다.

문제 155. 스프링강에 대한 설명으로 틀린 것은 어느 것인가?
㉮ 판 두께가 4.5mm 이하인 것에는 냉간 압연한 띠강을 사용한다.
㉯ 코일 스프링에서 지름 6mm 이하의 것은 피아노선으로 사용한다.
㉰ 스프링강의 조직은 투르스타이트이다.
㉱ 스프링강을 사용하는 것은 지름이 6mm 이상의 코일 스프링이다.

도움 스프링강의 조직은 소르바이트로 만든다.

해답 151. ㉰   152. ㉰   153. ㉱   154. ㉱   155. ㉰

문제 156. 가공성과 동시에 강인성을 요구하는 경우에 사용하는 강의 탄소량은 얼마 정도가 적당한가?
㉮ 0.05~0.3%   ㉯ 0.3~0.45%   ㉰ 0.45~0.65%   ㉱ 0.65~1.2%

도움 탄소량에 따른 용도
① 0.05~0.3% : 가공성을 요구할 경우
② 0.3~0.45% : 가공성과 동시에 강인성
③ 0.45~0.65% : 강인성과 동시 내마모성
④ 0.65~1.2% : 내마모성과 동시에 경도

문제 157. 강인성과 동시에 내마모성을 요구하는 강에 사용되는 탄소 함유량은?
㉮ 0.05~0.3%   ㉯ 0.3~0.45%   ㉰ 0.45~0.65%   ㉱ 0.65~1.2%

문제 158. 내마모성과 동시에 경도를 요구하는 강의 탄소 함유량은?
㉮ 0.05~0.3%   ㉯ 0.3~0.45%   ㉰ 0.45~0.65%   ㉱ 0.65~1.2%

문제 159. 극연강의 탄소 함유량으로 맞는 것은?
㉮ <0.12%   ㉯ 0.12~0.2%   ㉰ 0.2~0.3%   ㉱ 0.3~0.4%

도움 구조용강의 탄소량
① 극연강 : <0.12%   ② 연강 : 0.12~0.2%
③ 반연강 : 0.2~0.3%   ④ 반경강 : 0.3~0.4%
⑤ 경강 : 0.4~0.5%   ⑥ 초경강 : 0.5~0.7%

문제 160. 연강의 탄소 함유량은?
㉮ <0.12%   ㉯ 0.12~0.2%   ㉰ 0.2~0.3%   ㉱ 0.3~0.4%

문제 161. 경강의 탄소 함유량은 얼마인가?
㉮ <0.12%   ㉯ 0.12~0.2%   ㉰ 0.2~0.3%   ㉱ 0.4~0.5%

문제 162. 반경강의 탄소 함유량은?
㉮ <0.12%   ㉯ 0.12~0.2%   ㉰ 0.2~0.3%   ㉱ 0.3~0.4%

문제 163. 다음 중 연강의 인장 강도는 몇 kg/mm²인가?
㉮ 36~42   ㉯ 38~48   ㉰ 44~55   ㉱ 58~70

도움 구조용강의 인장 강도
① 극연강 : 36~42kg/mm²   ② 연강 : 38~48kg/mm²
③ 반연강 : 44~55kg/mm²   ④ 반경강 : 50~60kg/mm²
⑤ 경강 : 58~70kg/mm²   ⑥ 초경강 : 65~100kg/mm²

해답 156. ㉯   157. ㉰   158. ㉱   159. ㉮   160. ㉯   161. ㉱   162. ㉱   163. ㉯

문제 164. 다음 중 인장 강도가 잘못 짝지어진 것은 어느 것인가? (단, 단위는 kg/mm²)
㉮ 극연간 : 36~42 ㉯ 연강 : 38~48
㉰ 반경강 : 44~55 ㉱ 경강 : 65~100

문제 165. 탄소량이 0.90~1.10%인 탄소강이 많이 사용되는 스프링은?
㉮ 주로 판 스프링 ㉯ 주로 코일 스프링
㉰ 주로 겹판 스프링 ㉱ 일반 스프링

문제 166. 주로 겹판 스프링에 많이 사용되는 탄소강의 탄소 함유량은?
㉮ 0.75~0.90% ㉯ 0.90~1.10%
㉰ 0.55~0.65% ㉱ 0.45~0.55%

도움 스프링강의 탄소량
① ㉮항 : 판 스프링용
② ㉯항 : 코일 스프링용
③ ㉰항 : 겹판 스프링룔

문제 167. 탄소 함유량이 0.20% 이하인 주강을 무엇이라 하는가?
㉮ 저탄소 주강 ㉯ 중탄소 주강
㉰ 고탄소 주강 ㉱ 특수 주강

도움 주강의 탄소량
① 저탄소 주강 : 0.2%C 이하
② 중탄소 주강 : 0.2~0.5%C
③ 고탄소 주강 : 0.5% C 이상

해답 164. ㉱ 165. ㉯ 166. ㉰ 167. ㉮

특수강

1 개요

[1] 특수강의 정의

(1) 보통강에 하나 또는 2종 이상의 특수 합금 원소를 첨가하여 탄소강에서는 얻을 수 없는 특수한 성질을 부여한 강을 **합금강**이라 한다.

(2) 특수강에 함유된 탄소의 량은 0.25~0.55%가 많이 사용된다.

(3) 저합금강 : 합금 원소를 1~수% 함유로 기계부품, 표면 경화용에 사용한다.

(4) 고합금강 : 합금 원소를 10~수십% 함유로 내식, 내열, 내마모 등 특수 목적용에 사용한다.

(5) 특수강의 목적(특수강의 장점)

① 기계적 성질(인장 강도, 경도, 강인성, 내피로성)을 증대시킨다.

② 내식성, 내마멸성을 증대시키고, 높은 온도에서 기계적 성질의 저하를 방지한다.

③ 담금질을 용이하게 하고, 담금질 경도 저하를 방지한다.

④ 단접, 용접을 용이하게 하고, 열팽창을 작게, 보자력을 크게, 전기 저항을 증대시킨다.

⑤ 결정 입도의 성장을 방지시킨다.

 ※ 탄소강에 비해 가공하기 어려운 결점의 원인

  ㉠ 특수 원소가 만드는 탄화물 때문에 높은 온도에서 단단하다.

  ㉡ 결정 조직이 복잡하므로 단조 압연할 때 결정 파괴가 곤란하다.

  ㉢ 열전도율이 낮으므로 가열한 때의 온도가 균일하게 되기 어렵다.

  ㉤ 표면 산화막이 잘 떨어지지 않는다.

【2】 첨가 원소의 효과

원소명	효과
Ni	• 강인성을 증대시키고, 내식성 및 내산성을 증대시킨다.
Mn	• 적은 양일 때는 Ni과 거의 같은 작용을 한다 • 함유량 증가에 따라 내마멸성이 커진다. • 유황(S)에 의해서 일어나는 메짐을 방지한다.
Cr	• 적은 량에 의해 경도, 인장강도가 증가한다. • 함유량 증가에 따라 내식성, 내열성이 커진다. • 자경성 이외에 탄화물을 만들기 쉽고 내마멸성이 커진다.
W	• 적은 양이면 Cr과 거의 비슷하나 탄화물을 만들기 쉽고, 경도, 내멸성이 커진다. • 고온강도, 고온경도가 커진다.
Mo	• W과 거의 흡사하나 효과는 W의 2배이다. • 담금질 깊이가 커지고, 크리프 저항, 내식성이 커지고, 뜨임메짐을 방지한다.
V	• Mo과 비슷한 성질이나 경화성은 Mo보다 훨씬 더하다. • 단속으로 많이 사용하지 않고, Cr 또는 Cr 및 W과 함께 있어야 효력이 있다.
Cu	• 석출 경화를 일으키기 쉽고, 내산화성을 나타낸다.
Si	• 적은 양은 다소 경도, 인장강도를 증가시킨다. • 함유량이 많아지면 내식성, 내열성을 증가시키며 전자기적 성질을 개선한다.
Co	• 고온경도, 고온인장강도를 증가시키나, 단독으로 사용하지 않는다.
Ti	• Si나 V과 비슷하다. • 입자 사이의 부식에 대한 저항을 증가시켜 탄화물을 만들기 쉽다.

【3】 특수강의 분류

(1) 용도별 분류 : 구조용강, 특수 목적용강

① **구조용강** : 인장 강도와 항복점이 높고, 동시에 연신율도 큰 것이 특징이며, 탄소강에 비해 강인하고 인성이 크다.

② **특수 목적용강** : 고속도강, 자석강, 스테인레스강 및 변압기의 철심판 등과 같이 특수한 물리적 또는 화학적 성질을 주목적으로 한다.

③ 특수강의 분류

구조용강	강 인 강	Ni강, Ni-Cr강, Ni-Cr-Mo강, Mn강, Cr-Mn강, Cr-Mn-Si강, Cr-Mo강, W, Mo, V 등을 2종 이상 함유한강, 스프링강.
	침 탄 강	Ni-Cr강, Ni-Cr-Mo강, Cr-Mo강.
	질 화 강	Al-Cr강, Cr-Mo강.
공구강	절삭용 강	W강, Cr-W강, 고속도강.
	다이스 강	Cr강, Cr-W강, Cr-W-V강.
	게이지 강	Mn강, Cr강, Mn-Cr-Ni강, Mn-Cr-W강.
내식강	스텐레스강	Cr강, Cr-Ni강, Cr-Ni-Mo.강
내열강		Cr강, Cr-Ni강, Cr-Mo강, Ni-Cr-W강.
전기용강	비자성 강	Ni강, Cr-Ni강, Cr-Mn강.
	규 소 강	규소강판.
자석강		Cr강, W강, Cr-W-Co강, Ni-Al-Co강.

【4】 변태점 및 경화능에 미치는 첨가 원소의 영향

(1) 변태 온도를 낮추고 변태 속도를 느리게 하는 원소 : Ni
   ※ 첨가량이 증가하면 변태점이 내려가며 냉각 속도를 증가시키는 것과 같은 결과를 얻는다.
(2) 변태 온도를 높이고 변태 속도를 느리게 하는 원소 : Cr, W, Mo
   ※ 변태 속도를 느리게 하므로 탄소강보다 빠른 냉각 속도로서도 담금질이 가능하다.
(3) 변태 온도를 높이고 변태 속도를 크게 하든지 또는 영향이 없는 것 : Si, Ti, V, Al, Co
(4) 변태 온도 및 변태 속도에 영향이 없는 원소 : Cu, S.
   ※ (3), (4)에 속하는 원소는 자경성이 없고 담금질하지 않으면 경화되지 않는다.
(5) 일반적으로 특수강은 탄소강에 비해 열전도율이 나쁘므로 열처리 때의 온도가 균일하게 되기 힘들고, 가공에 대한 가장 좋은 온도 범위가 좁으므로 각 재질마다 임계 온도를 조사하여 열 처리한다.
(6) 탄소강과 특수강의 수냉 후의 단면의 경도 분포
   ① 첨가 원소에 의해 임계 냉각 속도를 느리게 하여 담금질성을 증대시킨다.
   ② 최고 가열온도, 오스테나이트 결정 입도, 탄화물, 질화물, 산화물에 의해 담금질성에 영향을 받는다.
   ③ 최고 가열 온도가 높을수록, 오스테나이트 결정 입자가 클수록 담금질이 잘 된다.
   ④ 담금질 경화 정도는 질량 효과가 클수록 내부까지 경화되기 힘들고 질량 효과가 작을수록 내부까지 담금질경화가 용이하다
   ⑤ Ni, Cr, Mo 등은 질량 효과를 작게 한다.

원소 종류	C%	Ni%	Cr%
①	0.4	-	-
②	0.3	2.5	0.3
③	0.3	3.0	1.3
④	0.4	4.5	1.3

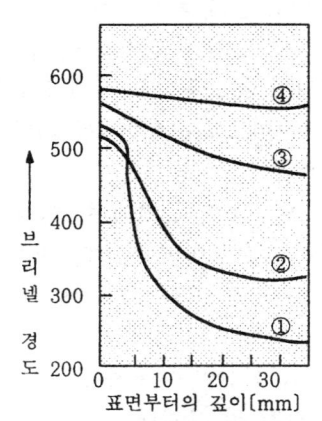

[75mm 지름의 시료를 수냉한 후의 경도 변화]

(7) 자경성(自硬性)
   ① 강의 임계 냉각 속도를 작게 하는 물이나 기름에서 냉각시키지 않고 공랭만 하여도 경화되는 성질을 **자경성**이라 한다.
   ② 자경성이 큰 강 : Ni강, Cr강, Mn강. ※ 자경성이 작은 강 : W강, Mo강.

【5】 첨가 원소의 영향
(1) 탄화물을 만드는 것 : Ti, V, W, Cr, Mn, Ni 등.

(2) 페라이트에 고용되어 경화 능력을 주는 원소 : Ni, Si 등.
(3) Ni의 영향
  ① 철에 고용되어 담금질성이 향상되고 인성이 증가하며 오스테나이트 구역의 확대형이다.
  ② 시멘타이트를 불안정하게 하므로 흑연화를 촉진한다.
  ③ 인장강도, 내식성, 항복점, 내산성이 증가하고 연율, 질량 효과가 감소한다.
  ④ 용접성, 단조성 악화로 페라이트 특유의 저온 취성이 감소되며 구조용은 0.5~5% 첨가한다.
(4) Cr의 영향
  ① 탄소와 결합하여 탄화물을 만들며 내마모성, 내식성, 내열성을 향상시킨다.
  ② 임계 냉각 속도가 작고 담금질성이 향상되며, 결정 입자 크기를 방지, 뜨임 취성을 일으킨다.
  ③ 마르텐사이트의 뜨임에 의한 연화를 느리게 하고, Cr량이 많으면 500~600℃에서 뜨임해도 경도는 증가한다.
  ④ 철에 고용되어 강도를 높이고 담금질성을 좋게 한다.
(5) Mn의 영향
  ① 탈산제 및 적열 취성을 방지하며 강에 0.7%까지 포함되어 있으며 고장력강, 강인강 등의 합금원소에 사용한다.
  ② 시멘타이트를 안정하게 하고 Cr보다 담금질성을 향상시킨다.
  ③ 탄소강의 공석점으로 Mn의 첨가되면 저탄소, 저온 쪽으로 이동한다.
  ④ A_3변태점을 내려가게 하여 오스테나이트를 안정하게 한다.
  ⑤ 탄소강에 망간을 첨가하면 일부는 페라이트 중에 고용되지만 대부분 시멘타이트 중에 치환하여 고용되고 시멘타이트를 안정하게 한다.
  ⑥ 오스테나이트로부터 변태를 지연시키므로 담금질성을 높게 하는 효과가 Ni보다 크다.
(6) W의 영향
  ① 경도, 내열성이 증가되며, 인성이 있고, 담금질 조직이 안정화된다.
  ② γ구역 축소형이며 탄소와 친화력이 강하여 단단한 탄화물을 만든다.
  ③ 오스테나이트 중에 고용되면 강의 담금질성을 증가시킨다.
  ④ 마텐사이트의 뜨임 연화 저항을 크게 한다. (특히 뜨임시 소량의 첨가로 Cr과 같이 2차경화 현상이 뚜렷하다)
  ⑤ 잔류 자기 및 보자력이 크므로 영구 자석으로 적당하다.
(7) Mo의 영향
  ① 페라이트 중에 고용하여 조직 강화 작용은 Cr이나 Ni보다 크다.
  ② 고온에서 크리프 강도를 높게 하는 효과는 합금 원소 중에서 가장 크다.
  ③ γ구역 축소형이며 탄소와 친화력이 강하여 단단한 탄화물을 만든다.
  ④ Mo를 첨가한 강의 S곡선은 상하로 분리되어 열처리 효과를 깊게 하고 뜨임 취성을 감소함.
  ⑤ 인성이 크고 단조, 압연, 용접, 절삭이 용이하다.

(8) V의 영향
 ① γ구역 축소형이며 내마모성, 고온 경도가 증가, 인장 강도와 탄성 한계를 높이고 인성 감소
 ② Cr-V강 또는 고속도강의 고온성을 향상시키기 위한 목적으로 사용한다.
(9) Si의 영향
 ① γ구역 축소형이며 탈산제이며 산소와 친화력이 강하여 탈산제로 사용한다.
 ② 고온 산화에 대한 저항성이 크게 하는 효과가 있다.
 ③ 페라이트를 강화하고 오스테나이트에 용해되었을 때 경화성을 증가한다.
 ④ Si 1.75%까지 함유된 강은 연성을 감소시키지 않고 탄성 한도를 증가시키므로 스프링재료에 적합하나, 그 이상은 연성을 저하시키고 단조, 압연 등을 곤란하게 한다.
 ⑤ 저탄소의 규소강(0.4~4.2%Si)은 히스테리스 현상과 맴돌이 전류(eddy current)에 대한 손실이 적어 발전기, 변압기 철심용의 박판에 널리 사용한다.
 ⑥ 7% 이상의 규소를 함유한 저탄소강은 산류에 대한 저항이 강하여 내산 주물로 이용한다.
(10) Ti의 영향
 ① 탄소, 산소 및 질소 등의 원소와 친화력이 강하여 제강할 때 산소, 질소 등의 제거와 편석 방지 또는 입도 조직을 위하여 첨가한다.
 ② 담금질성의 효과가 크며, Ni과 조합시켜 첨가하면 석출 경화가 나타나므로 스테인레스강이나 영구 자석 등의 합금 원소로 이용된다.
 ③ 탄소와 친화력이 강한 것을 이용하여 18-8스텐인레스강의 입계 부식 방지용으로 사용한다.

【6】여러 가지 합금 원소 영향의 비교

(1) Fe과 합금 원소와의 이원 상태도
 ① Fe과 여러 가지 합금 원소와의 이원 상태도의 분류

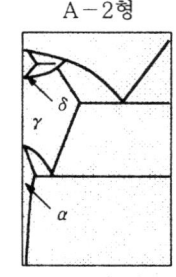
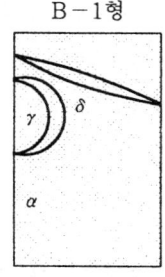
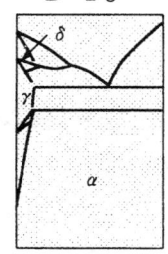

〔철과 여러 가지 합금 원소와의 이원 상태도의 분류〕

 ㉮ A-1형 : Mn, Ni, Co 등.
 ㉯ A-2형 : Cu, Zn, C, Mo 등.
 ㉰ B-1형 : Si, Cr, W, Mo, V, Ti, Al 등.
 ㉱ B-2형 : Nb, B, S 등.

(2) A_1변태점에 대한 영향 및 기계적 성질에 대한 영향

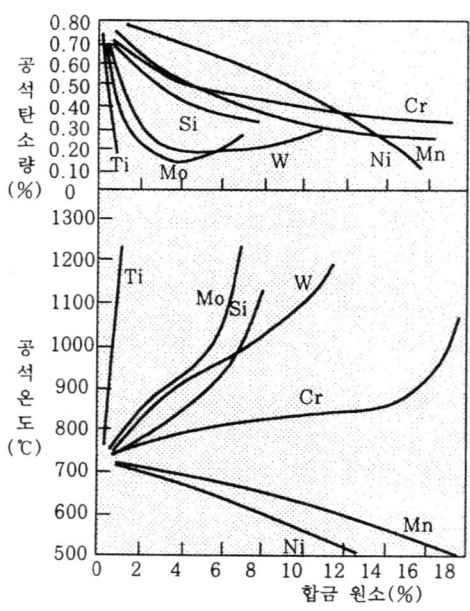

〔철-탄소계 공석 탄소량과 공석 온도의 원소 첨가에 의한 변화〕

① A_1변태점에 대한 영향 : 일반적으로 공석 탄소량은 합금 원소를 가하면 Fe-C 이원계 경우의 0.77%보다 적게 된다.

② 기계적 성질에 대한 영향
  ㉮ Fe의 경도 증가 원소 : Cr, W, V, Mo, Mn, Si, P의 순으로 증가한다.
  ㉯ C와 N는 침입형 고용체로서 P 이상으로 경화가 크다.
  ㉰ Ni과 Mn은 천이 온도를 낮게 한다.
  ㉱ C, P, Si는 현저하게 천이 온도를 높게 한다.
  ㉲ 고온 크리프 강도는 Mo의 효과가 대단히 크고, Ni과 Co의 경우는 다량 첨가하지 않으면 영향이 없다.

2 구조용 특수강

[1] Ni강

(1) Ni강의 조직
  ① Ni강 중의 Ni은 Fe에는 잘 용해되나 시멘타이트에는 거의 녹지 않는다.
  ② 시멘타이트를 불안정하게 하는 성질이 있다.
  ③ 다음 그림은 0.13%C의 저탄소강일 때에 Ni강의 변태점과 Ni 함유량과의 관계를 나타내는 그림이다.
  ④ 강의 변태점은 Ni첨가와 더불어 강하하며, 4%Ni에서 A_3점과 A_2점이, 8%Ni에서 A_2점과 A_1점이 일치한다.

⑤ Ni과 C 함유량의 변태점 사이의 관계

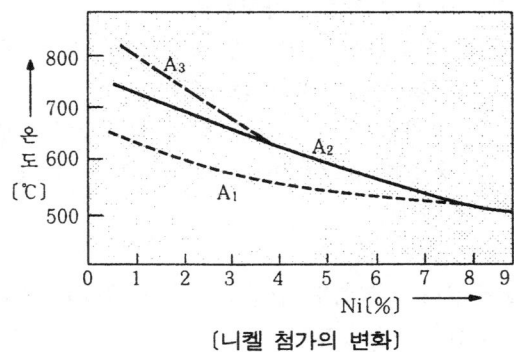

〔니켈 첨가의 변화〕

㉠ Ni함유량이 일치하면 Ar_3점은 C% 증가에 따라 강하한다.
㉡ Ar_2점은 처음에는 C% 증가에 따라 강하하다가 일정해진다.
㉢ C%가 일정할 때는 $A_{3, 2, 1}$점 모두 Ni%의 증가에 따라 강하한다.
㉣ 강에 Ni%가 증가함에 따라 Ar_3점 및 Ar_1점은 강하하고 어느 점에 이르러서 Ar', Ar''변태가 나타나며, 더욱 증가하면 Ar'변태가 감소되고 Ar''변태량 증가하여 Ar'' 변태만이 생기고 더욱 증가하면 Ar'' 변태도 소실된다. 즉 상온에서도 오스테나이트 조직을 얻게 된다.

(2) Fe-Ni계 상태도

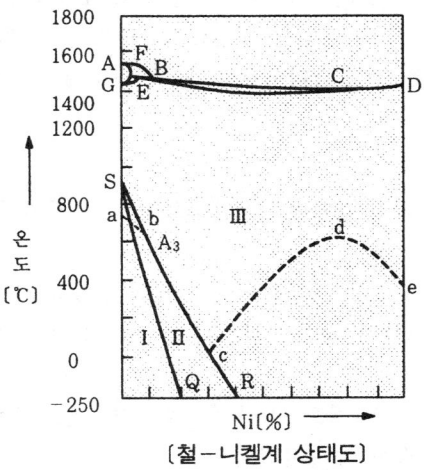

〔철-니켈계 상태도〕

① γ철과 Ni는 FCC이므로 전율 고용체를 이루고, α철은 BCC이며 Fe은 910℃에서 γ로부터 α로 변태하고, Ni의 용해도에는 한도가 있으며 Ni은 Fe의 A_3변태점을 강하시킨다.
② SR : A_3변태의 시작선, SQ : A_3 변태점 종료선
 구역 Ⅰ : 페라이트, Ⅱ : 페라이트+오스테나이트, Ⅲ : 오스테나이트.
㉢ 곡선 ab : α상의 자기 변태, 곡선 cde : γ상의 자기 변태
㉣ Ni 약 30% 이하는 불가역 변화를 나타내며 이상은 고온에서 담금질 또는 노냉해도 오스테나이트가 나타낸다.

(3) Ni강의 성질
 ① Ni은 페라이트 중에 고용되어 강도를 증가시킨다.
 ② Ni 5% 이하의 니켈강은 Ni함유량이 증가함에 따라 인장 강도 및 탄성 한계가 높아지고 연율은 감소된다. 이와 같이 강인성이 증가한다.
 ③ Ni는 경화 능력이 현저히 증가하고, 탄소강에 비해 경화층이 대단히 크다.
 ④ 대형 강재에서도 뜨임 후 균질한 소르바이트 조직을 얻을 수 있으며, 큰 제품에 강인성을 들 요구할 때 사용한다.
(4) 구조용 니켈강
 ① 담금질 효과가 좋고 고온에서 가열해도 결정입자가 조대화되지 않는 성질이 있다.
 ② 조성 : C(0.1~0.%)+Ni(0.5~5%)강
 ③ 용도 : 침탄강 외에 여러 가지 기계부품, 자동차, 선박 등의 주요부에 열처리하여 사용함.

[2] Cr강
(1) 강인강으로서의 Cr강은 중탄소강에 1.0% 전후의 Cr을 첨가해서 경화 능력 또는 질량 효과의 개선을 목적으로 한 것이다.
(2) Cr의 함유량 : 강인강, 침탄강에서는 0.08~1.20%의 범위이며, 크롬이 강 중에 함유되는 양이 적을 때에는 결정 입자가 미세화된다.
(3) 크롬강은 담금질이 잘되며 효과가 Ni과 비슷하며 강도, 경도, 내마모성이 증가한다.
(4) 중탄소강에 Cr이 함유된 강은 Ni강이나 Ni-Cr강과 같이 담금질 효과는 표면에 한한다.
(5) 뜨임 취성을 일으키기 쉬우므로 뜨임은 580~680℃에서 급냉시킨다.
(6) Cr함유량이 많으면 조직은 트루스타이트, 마아텐자이트, 오스테나이트 등이 되어서 내식성이 대단히 커진다.

[3] Ni-Cr강(SNC)
(1) 구조용강 중에서 가장 중요한 강이며, 강인성을 증가시키면서 담금질 경화성을 개량한다.
(2) 조성 : C(0.27~0.4%), Ni(1.0~2.5%), Cr(0.5~1.5%)가 많이 사용된다.
 ※ 저탄소강(0.12~0.18%C)의 것은 침탄강, 0.27~0.40%C의 것은 강인강으로 사용된다.
(3) 적당한 열처리에 의해서 경도, 강도, 인성을 높이고, 탄소강에 비해 청열 메짐이 제거되며, 고온에서 기계적 성질을 증가시킨다.
(4) 주방 상태에서는 1차 결정이 조대해지는 경향이 있고, 단조시 미세한 균열이 발생한다.
(5) 단조 온도 또는 압연 온도로부터 급냉하면 깨질 염려가 있고 약간 큰 것에는 플레이크(flake)가 생기기 쉬우므로 서냉시킬 것.
(6) 탄소강에 비해 변태 속도 및 탄화물의 확산 속도가 완만하므로 열처리시 장시간 동안 일정 온도를 유지해야 한다.
(7) Ni은 페라이트 중에 고용되어 인성이 증가하고 Cr은 탄화물 중에 고용되어 경도가 증대되며, 결정립을 미세화한다.
(8) 담금질 후 뜨임한 것은 소르바이트 조직으로 내마모성, 내식성, 내열성이 우수하고,

고온·장시간 가열하여도 결정립의 조대 경향이 없다.
(9) 주조 또는 가공시 수지상 결정, 백점이 생기고 열처리시 뜨임 취성이 있다.
(10) 단조는 850~1050℃에서, 820~880℃에서 유냉후 550~650℃에서 뜨임한다.
(11) 탄화물 결정입계 석출 방지법 : 550~650℃에서 뜨임한다.

【4】 Ni-Cr-Mo강

(1) Ni-Cr강에 0.3%의 Mo을 첨가함으로서 강인성을 증가시키고 담금질할 경우 질량 효과가 감소되고 뜨임 저항을 방지한다.
(2) 특징
  ① 기계적 성질 개선, 내열성 증가, 가공이 용이, 표면이 미려, 뜨임 취성이 크다.
  ② 열처리 효과가 크며 질량 효과가 감소한다.

【5】 Cr-Mo강(SCM)
Ni-Cr강에 Ni를 줄이고, Cr강에 소량의 Mo을 첨가하면 인장 강도와 충격저항이 큰 퍼얼라이트 강이 되며, Ni-Cr강의 대용으로 사용한다.

【6】 Mn-Cr강
Ni-Cr강에 Ni을 Mn으로 대치시킨 강으로 Ni-Cr강에 비해 질량 효과가 크고 인성이 감소한다.

【7】 Mn강

(1) 저망간강(듀우콜강)
  ① Mn을 0.9~1.2%함유하며, 820~850℃에서 유냉하고, 조직은 퍼얼라이트이다.
  ② 인장 강도는 45~88kg/mm^{2}이고, 연율은 13~34%이다.
  ③ 용도 : 제지용 로울러와 건축, 교량에 쓰인다.
(2) 고망간강(하아드필드강, Austenite Mn강)
  ① Mn을 10~14% 함유하며 조직은 오스테나이트이고, 인성이 높아 내마모성이 우수하다.
  ② 고온 취성이 생기므로 1000~1100℃에서 수인법으로 담금질한다.
  ③ 용도 : 분쇄기 로울러 등에 쓰인다.

3 내열강

【1】 내열 재료의 구비조건

(1) 고온에서 화학적으로 안정될 것(연소가스 및 가스에 부식이 안될 것)
(2) 고온에서 기계적 성질이 좋을 것(고온 경도, 크리프 한도, 전연성, 열에 의한 피로 등)
(3) 조직이 안정될 것(사용 온도에서 변태를 일으키거나 탄화물이 분해되지 않을 것)
(4) 열팽창 및 열에 의한 변형이 적을 것 또는 소성, 절삭, 주조, 용접이 쉬워야 한다.

【2】 내열성을 주는 원소

(1) 고온 산화에 대한 저항을 증가시키고 S을 함유한 가스에 의한 침식 방지 : Si, Al, W
(2) 고온, 고압, 수소에 의한 탈탄 및 취성을 방지 : Ti, Cd, V, Cr, Mo, W
(3) 침탄을 방지 : Ni, Al, Si, Ti, V, Cr(10% 이상)
(4) 오스테나이트 조직으로 하며 그 안정도 증가 : Ni, Mn, N

(5) 고온 강도 및 크리프 강도 증가 : Mo, W, Cd, Al, Si
(6) Cr 페라이트강의 높은 온도에서의 결정 입자 성장을 억제 : N, Ti, Cd
(7) 저크롬강의 자경성을 억제 : Mo
(8) 질화 작용 감소 : Ni

【3】 Ferrite계 내열강

(1) Fe-Cr강이 대표이며 재결정 온도는 800~900℃이다.
(2) Fe에 Cr을 가하면 내식성이 좋아지고 재결정 온도는 상승하므로 Ceep 강도가 증가한다.
(3) 500℃ 이상에서는 강도가 갑자기 낮아지므로 석유공업, 암모니아공업, 열처리 부품은 크리프 강도를 문제시하지 않는 부분에 사용한다.
  ※ 시크로 내열강(Si-Cr계)
   ① 조성 : C(0.1%)+Cr(6.5%)+Si(2.5%)
   ② Cr량을 적게 하여 고온 메짐을 피하고 Si를 첨가해 내산성 저하를 보충한 강이다.

【4】 Austenite계 내열강

(1) 18-8계 스테인레스강을 주체로 하고 Ti, Mo, Ta, W 등을 첨가하여 만든다.
(2) 고온에서 페라이트계보다 내열성이 크며 피로 강도가 높다.
(3) 재결정 온도는 1080~1200℃이고 페라이트계보다 높으므로 가공 경화성이 크고 온도가 낮아질수록 변형 저항이 커서 단련 압연이 어려워진다.

【5】 내열 초합금

(1) 철합금+특수원소(내열성) 또는 Ni, Co를 모체로 한 합금이 사용된다.
(2) 종류 : 19-9DL, 템켄 16-25-6, N-155, 인코넬X, 하이스텔로이B, 헤인스합금21.

【6】 테르밋(thermit)

(1) 경질 및 높은 융점을 가진 비금속 내화성분을 그 보다도 융점이 낮은 금속 성분에 의해 소결 결합시킨 복합 재료로서 도자기적 성질을 가진 초내열 재료이다.
(2) 탄화물, 붕화물, 산화물 등을 Co, Ni 등의 결합제로 소결 고착시킨 것으로 2000~3800℃의 용융점을 가지며 비중이 Fe보다 작으므로 고속의 터어빈 날개, 제트 기관의 부품에 사용.
(3) 테르밋의 종류
   ① 탄화물 : TaC, NbC, Ta_2C, TiC, ZrC, SiC, WC, B_4C, Cr_3C_2
   ② 붕화물 : ZrB, TaB_2, TiB_2, CrB
   ③ 산화물 : ThO_2, MgO, ZrO_2, BeO, Al_2O_3
   ④ 규화물 : $TaSi_2$, $MoSi_2$
   ⑤ 질화물 : BN, ZrN, TiN, VN

■4■ 스테인레스강(불수강 ; 不銹鋼)

【1】 개요

(1) 철강에 Cr 또는 Ni을 다량 첨가하여 내식성을 향상시킨 강을 **불수강**이라 한다.

(2) 강 중에 Cr의 역할은 이산화크롬(Cr_2O_3)이라는 치밀하고 안정된 산화피막을 형성하여 내식성이 좋다.

【2】 스테인레스강의 분류
(1) 성분에 의한 분류 : Cr계, Cr-Ni계
(2) 조직학상의 분류 : Martensite계, Ferrite계, Austenite계.
(3) 특수 스테인레스강 : 석출 경화강, 저니켈의 Cr-Mn강.

【3】 Ferrite계 스테인레스강
(1) 대표 : Cr13%의 강(12~15%Cr을 함유한 강)
(2) 가공(920~1100℃) 도중에 풀림(700~790℃)하며, 담금질 온도(800~820℃)에서 예열 후 980~1000℃로 가열하여 2시간 동안 유지 후 공랭(유냉)한다.
  ※ 풀림 상태의 H_B는 200이고, 담금질 상태의 HB는 400~500이다.
(3) Cr은 페라이트 중에 고용하여 내식성을 증가한다. (0.15%C, 18~25%Cr은 페라이트조직임)
(4) 0.1%C, 12~18%Cr강은 연하고 단조 및 압연이 가능하며 강도 또는 용접성이 요구된 부품등에 사용한다.
(5) 담금질한 것은 내식성이 좋으나 풀림한 것은 잘 연마하지 않으면 녹이 발생한다.
(6) 탄소가 적을수록 내식성이 우수하고 열전도율이 불량하다.
(7) Fe_3C와 Cr_4C의 복합탄화물이 생겨 내식성, 가공성이 불량하다.
(8) 페라이트계 스테인레스강의 특징
  ① 표면을 잘 연마한 것은 공기 중 또는 수중에서 녹슬지 않는다.
  ② 내산성은 오스테나이트보다 작고, 유기산, 질산에는 침식이 안되나 다른 산류에는 침식이 된다.

【4】 Martensite계 스테인레스강
(1) Cr12~14%, C0.15~0.3%의 조성이 대표이다.
(2) 내식성은 탄소가 적고 크롬이 많을수록 좋다.
(3) 탄화물의 영향을 받아 담금질성은 좋으나 용접성이 나쁘다.
(4) 풀림 처리해도 냉간 가공성이 좋지 않다.

【5】 Austenite계 스테인레스강
(1) 페라이트계의 비산화성 및 산에 대한 약한 성질을 개선하기 위해 Ni, Mo, Cr 등을 합금시킨 강을 말한다.
(2) 조성 : C(<0.2%), Cr(17~20%), Ni(7~10%)을 함유하고, 고Ni-Cr강으로 대표적인 표준 조성은 Cr(18%)-Ni(8%)형이며 조직은 오스테나이트로 상온에서 비자성체이다.
(3) 1000~1100℃로 가열 후 급냉하면 더욱 연화하고 가공성, 내식성이 증가한다.
(4) 18-8 스테인레스강의 특성
  ① 내산성, 내식성이 13%Cr강보다 우수하며, 인성이 양호, 가공성 우수하고, 비자성체이다.

② 산과 알카리에 강하고 용접성이 양호하다.
③ 염산, 황산염, 묽은 황산, 염소가스에 대한 저항이 적다.
④ 560℃ 부근에서 탄화물이 결정 입계에 석출하기 때문에 뜨임 메짐의 원인이 된다.
  ※ 방지법 : 탄소를 적게 하거나 1000℃ 부근부터 급냉하든지, 안정된 탄화물이 되게 하는 원소(Ti, Nb, Zr)를 소량 첨가한다.
⑤ 인장 강도 : 55~70/kg·mm^2, 담금질 온도 : 1100℃ 급냉.

(5) 오스테나이트계 스테인레스강의 열처리
① 용체화 처리(기본 열처리) : 1050℃가 적당하며 유지 시간은 25mm/h이다.
  ※ 냉간 가공, 용접에 대한 잔류 응력 제거, 가공 조직을 재결정시켜 연화, 회복, 내식성 증가.
② 안정화 처리 : 입계 부식 방지 목적은 850~950℃로 2~4시간 유지한다.
  ※ 안정된 탄화물 석출, 입계 부식 방지, 내식성의 회복.
③ 응력 제거 처리 : 800~900℃에서 2~4시간 유지하며 공랭(노냉)한다.
  ※ 부식에 의한 균열 방지

5 공구강

【1】 특수 공구강(Aloy tool steel, 합금공구강)

(1) 절삭용 합금 공구강
  ① C%가 많고 여기에 Cr, W, V 등을 첨가하며 Cr강, V강, Co강, W강, W-Cr강, Si-Mn강등이 사용된다.
  ② 내구력과 강인성이 요구되며 화학 성분 이외에 열처리와 가공에 의해 현저히 영향을 받음
(2) 내충격용 합금 공구강 : 절삭용에 비해 탄소 함유량이 낮고 Cr, W, V 등이 첨가된다.
(3) 내마모 불변형 : 게이지, 정밀측정용 공구로 경도, 내마모성이 크고 열처리 변형과 갱년 변형이 적은 것이 사용된다.
(4) 열간 가공용 : 탄소 함유량을 적게한 Cr, W, V, Mo계가 사용된다.

【2】 다이스강

(1) 드로우잉, 엑스트루우젼(extrusion) 등에 사용되는 공구강이다.
(2) 냉간 가공용은 신선 가공, 판금 가공 등에 사용되고 열간용은 Cu합금과 Al합금의 열간 압출 가공에 사용된다.

【3】 고속도강(HSS, SKH, High-Speed Steel)

(1) W, Cr, V 이외에 Co, Mo 등을 다량 함유하고 있는 고합금강으로서 절삭공구의 대표이다.
(2) 고속도강의 대표는 18(W)-4(Cr)-1(V)형이다.
(3) 고속도강의 종류
  ① W계 고속도강
    ㉮ 18(W)-4(Cr)-1(V)형이 대표며, 풀림 처리하면 경도는 낮아지고 공구 제작이 용이하여 진다.

㉯ 적단한 담금질 후 뜨임하면 고온경도를 높이고 내마모성이 증대된다.
※ 풀림 온도 : 880~900℃, 뜨임 온도 : 550~600℃, 담금질 온도 : 1250~1300℃ 공랭.
② Co계 고속도강
㉮ 융점이 높기 때문에 담금질 온도(1350℃) 높이는 특징이 있다.
㉯ 뜨임 경도가 증가하고 고온 경도가 크며 단조가 곤란하고 균열 발생이 쉽다.
㉰ 강력 절삭 공구로서 적당하며 고급 고속도강이다.
③ Mo계 고속도강 : Mo을 4~10% 첨가한 고속도강으로 열처리는 탈탄이나 Mo휘발을 막기 위해 염욕가열한다.

(4) 고속도강의 특징
① 담금질 후 뜨임하면 HRC 약 65가 되며, 단속 절삭에 견디는 강인성을 갖고 자경성이 있다.
② 고속 절삭시 온도 상승에 상당하는 600℃ 정도에서도 연화하지 않는다.
③ 열전도율이 나쁘며 주조 상태에선 취성이 크다.

(5) 고속도강의 열처리
① 풀림(Annearling)
㉮ 풀림 온도(820~860℃)까지의 가열에는 5~8시간, 풀림 온도에서 5~8시간 유지 후 20℃/h의 속도로 600℃까지 냉각시켜 변태가 끝난 후 방랭한다.
㉯ 풀림 조직 : 소르바이트 바탕에 이중 탄화물이 산재해 있다.
㉰ 자경성이 크므로 풀림 후 서냉하며 고속도강의 열처리에 사용되는 열전대는 백금-백금로듐이며 고속도강의 Mf점은 200℃이다.
② 담금질(Quenching, 燒入)
㉮ 담금질 온도는 1250~1350℃이며 냉각은 기름에서 행한다.
㉯ 담금질 온도까지 가열하는데 적당한 로는 진공로이며 담금질 조직은 마르텐자이트다.
㉰ 열전도율이 낮으므로 담금질 온도에서 일정시간 유지 후 급냉하면 균열 발생이 있으므로 900℃까지 예열 후 담금질온도까지 가열하는 2단계 열처리 방법이 좋다.

가열방법	온도(℃)	시간(min)	가열로	비 고
제1예열	400~500	30~60	전기로	
제2예열	850~900	15~30	염욕로	※ 소형은 제1예열 생략
제3예열	1100~1200	2~5	염욕로	※ 복잡한 형상, 대형은 제3열을 한다.
본 열	1250~1350	1.5~2	염욕로	

③ 뜨임(Tempering)
㉮ 뜨임하면 온도 상승에 따라 경도는 적어져서 약 300℃에서 최저가 되며 300℃ 이상이 되면 경도는 높아져서 550℃에서 최고가 된다.(600℃에서 뜨임하면 경도는 급감한다.)
㉯ 2번 뜨임한 것이 효과적이며 이 경우 뜨임 온도는 약 400℃로 하던가 1차와 같이 한다.

㉰ 담금질한 강은 다량의 오스테나이트를 가지므로 560~630℃에서 뜨임하면 오스테나이트가 마텐자이트로 변하고 또 오스테나이트 중의 과포화된 복탄화물의 미립자가 석출하므로 뜨임 경화된 현상이 나타난다.

(6) 고속도강의 성질

성질	비중	열전도도 (cal/sec^2)	전기저항 ($\mu\Omega cm$)	팽창율 (0~100℃)	인장강도 (kg/mm^2)	항복점 (kg/mm^2)	연신율 (%)	충격치 (kg/mm^2)	경도
풀림	8.682~8.700	0.065~0.075	40	9×10^{-6}	75~95	60~80	10~15	1.5~2.5	H_B 200~250
수입후 뜨임	8.680~8.650	0.040~0.055	50~75	$(10~12)\times10^{-6}$	150~200	-	2~10	-	H_{RC} 63~68

(7) 고속도강에 함유된 원소의 영향

① W : 가장 중요한 원소이며 W량이 많으면 복탄화물 양과 내마모성이 증가하고 절삭 능력 증가하며 인성이 감소된다.

② Mo : 복탄화물을 만들며 W과 같은 작용을 하고 다량 함유시 조직을 크게 하고 메짐을 가지며 단조, 담금질이 곤란하다.

③ Cr : 4% Cr가 가장 좋으며 담금질성 향상, 열처리시 산화 스케일에 대한 저항이 크고, 자경성, 탄화물 형성으로 연화가 어렵고 점성이 증가된다.

④ V : 탄화물형성이 강하고 가열시 표면 탈탄을 적게 하며 담금질 후 강에 충분한 인성을 준다.

⑤ C : 탄소가 낮으면 2차 경화가 낮고, 높으면 융점이 낮고 담금질 온도가 내려가지 않아 공정점이 생겨 취약하며, 탄화물 입자가 조대화하고 절삭 내구성을 준다.

[4] 스텔라이트(Stellite)

(1) 조성 : Co를 주성분으로 한 Co-Cr-W-C계 합금이다.
(2) 단련이 불가능하므로 금형 주조에 의해 소요의 형상을 얻는다.
(3) 상온에서는 담금질한 강(고속도강)보다 다소 연하나 600℃ 이상에서는 고속도강보다 경(보통 고속도강의 1.5~2배) 절삭 능력은 좋으나 취약하여 충격에 약하다.
(4) 고온 경도, 내식성이 우수하고, 고온 저항이 크며 내마모성이 우수하다.
(5) 용도 : 각종 절삭공구, 내마모용, 내식용, 내열용, 다이, 발동기 밸브 등.

[5] 소결 탄화물 합금

(1) WC, TiC, TaC 등의 금속 탄화물을 Co를 결합제로 사용하여 1400~1500℃의 수소(H)기류 중에서 소결하는 합금이다.
(2) 종류 : 비디아(Widia), 미디아(Midia), 카아볼로이(Cavboloy), 당갈로이(Tangalor)
(3) 용도 : 고Mn강, 칠드 주철, 경질 유리 등의 절삭용에 사용한다.

강종	조성	용도
S종	W-Ti-Co-C	강절삭용
G종	W-Co-C	주철, 비철, 비금속용
D종	W-Co-C	다이스, 인발, 내마모용

【6】 시래믹 공구

(1) Al_2O_3를 주성분으로 하고 거의 결합제를 사용하지 않고 1600℃ 이상에서 소결하여 만든다.
(2) 고온경도가 크고 내마모성, 내열성이 우수하며 금속과 친화력이 없어 구성인선이 안 생긴다.
(3) 인성이 적고 충격에 약하며 강력 정밀기계에 적합하며 도자기적 성질이 있다.
(4) 고속고온절삭용으로 사용되며 산화하지 않고 열을 흡수하지 않으며 비중은 3.7~4.11이고, H_{RC}는 86~94이다.

전자기용 특수강

【1】 철심 재료

※ 전동기, 발전기 및 변압기 등의 철심용으로 사용되는 것
① 투자율이 크고 보자력, 히스테리스(hysteresis) 등이 적어야 한다.
② 전기 저항이 큰 것이 요구된다.
③ 순철, Fe-Si, Fe-Al, Fe-Ni 등이 이용된다.

(1) Si강판
① 조성 : C(0.08% 이하), Si(0.4~4.3%), Mn(0.35%)의 0.2~0.5mm 두께의 판형 또는 띠강이 사용된다.
※ Si가 Fe에 고용할 수 있는 최대 능력은 16%이다.
② Fe에 Si규소를 가하면
㉮ 탈산 작용을 하며 자성을 나쁘게 하는 산소를 제거할 수 있다.
㉯ 자기 변형도 감소되어 자성을 개성하고 전기 저항이 현저히 향상된다.
㉰ 교류 기기의 철심에 사용할 때의 전류는 손실이 작아지는 특성을 가진다.
③ Si 함유량에 의한 용도
㉮ 0.5~1.5% : 발전기 또는 전동기의 철심.
㉯ 1.5~2.5% : 발전기의 발전자, 유도 전동기의 회전자.
㉰ 2.5~3.5% : 유도 전동기의 고정자용 철심, 변압기 및 발전기 철심.
㉱ 3.5~4.5% : 변압기의 철심, 전화기.
④ 규소강을 냉간 압연하여 재결정시켜 결정입자의 방향을 고르게 하면 이방성 규소강판이 된다.

(2) 센더스트(sendust)
① Si(5~15%)-Al(3~8%) 함유한 합금으로 풀림상태에서 대단히 우수한 자성을 나타내는 고투자율 합금이다.
② 박판의 형태로 가공이 되지 않는 결점이 있다.

(3) 퍼어멀로이(permalloy)
① Fe-Ni(Ni70~90%, C0.05% 이하, 나머지Fe%)로 때로는 Cr과 Mo를 함유할 때도 있다.

② 1300℃ 정도로 가열한 뒤 자기 변태점 부근(600℃)으로부터 구리판 위에서 냉각하면 우수한 자성이 나타난다.
③ 약한 자장으로 투자율이 큰 합금이다.

【2】영구 자석

(1) 담금질형 합금
① 마텐자이트는 보자력이 크다. 이 현상을 이용한 것이 담금질형 자석강이다.
② 종류에는 탄소강, W강, Cr강, Co강, KS강, MT강이 있다.
③ KS 자석강
㉮ 조성 : C(0.7~1.0%), Cr(1.5~3.0%), W(5~9%), Co(30~40%), Mn(0.3~0.8%)
㉯ 단조에 의해서 성형이 된다.
㉰ 용도 : 발전기, 전기계기, 온도계, 확성기, 속도계, 회전계.
④ MT 자석강
㉮ 조성 : C(1.0~3.0%)-Al(8~12%)의 철 합금이다.
㉯ 성형이 안되며 주조한 후 1200℃부터 유냉하고 300~350℃에서 1시간 뜨임 처리한다.
㉰ 보자력이 높고, 잔류자기는 KS강의 반 정도이다.

(2) 석출형 합금
① NKS강
㉮ 조성 : Co(20~40%), Ni(10~25%), Al(<7%), Ti(1~20%), Fe(나머지)의 합금이다.
㉯ 주조에 의해서 제조하며 단조가 안된다.
㉰ 보자력은 500~900Oe 정도이다.
② MK강(알니코형)
㉮ 조성 : Ni(14~40%), Al(7~15%), Co(<20%), Fe(나머지)의 합금이다.
㉯ 보자력이 큰 자석 재료이며 전기계기, 무선용 기기, 발전기, 라디오 스피커 등에 사용.

(3) 산화물 자석
① 삼산화철에 탄산바륨 또는 산화코발트 등을 혼합하여 압력을 가하여 성형한 다음 소결하여 제조한다.
② 보자력이 대단히 크나 잔류자기가 작고 메짐을 가지는 단점이 있다.

7 기타의 특수강

【1】베어링강

(1) 고탄소(0.95~1.10%), 저크롬(0.1~1.3%)강이 사용된다.
※ 고탄소 고크롬강의 담금질 온도는 780~850℃, 뜨임 온도는 140~160℃, H_R 62~65이다.

(2) 베어링강으로서는 높은 탄성 한도와 높은 피로 한도를 가져야 한다.
(3) 고탄소-크롬 베어링강의 화학 성분

종류	화학 성분(%)					
	C	Si	Mn	P	S	Cr
1종		0.15~0.35	0.50 이하	0.030 이하	0.030 이하	0.90~1.20
2종	0.95~1.10	0.15~0.35	0..50 이하			1.30~1.60
3종		0.40~0.70	0.90~1.15			0.80~1.20

① 1~2종은 베어링용 공구, 로울러 베어링용.
② 3종은 대형 로울러 베어링에 사용한다.

【2】 쾌삭강

(1) 황쾌삭강
① 유황을 0.16% 정도 포함시키면 MnS와 MoS를 만들고 이들은 특수한 윤활성을 갖고 있기 때문에 절삭성이 매우 좋고, 수명도 길어진다.
(2) 납쾌삭강
① 절삭성 향상을 위해 Pb을 약 0.1~0.3% 정도 첨가하며 합금된 강은 납이 절삭시 윤활제 역할을 하여 절삭능력을 향상시킨다.
(3) 흑연쾌삭강
① 1.5%C 정도 함유한 고탄소강이 사용된다.
② Si는 흑연 촉진 원소로 수% 첨가하며 강 중의 탄화물을 흑연화시키는 방법이다.
※ 흑연화 방법 : 강제조시 흑연의 용해특성을 이용한 법과 열처리에 의한 법이 있다.

【3】 게이지강(hauge steel)

(1) 게이지강의 필요조건
① 내마모성, 경도가 커야 하며 담금질에 의한 변형, 균열이 적고 내식성이 우수할 것.
② 장시간 사용해도 치수 변화가 적을 것.
(2) 조성 : C(0.85~1.2%), W(0.5~0.3%), Cr(0.5~0.36), Mn(0.9~1.45%)
(3) 담금질 후 100~150℃로 장시간 뜨임(반복 뜨임) 또는 영하 처리한다.

【4】 Spring강

(1) 냉간 가공한 재료는 철사 스프링이나 얇은 판 스프링에 사용한다.
(2) 열간 가공한 재료는 판 스프링과 코일 스프링에 사용한다.
(3) 열간 가공용 스프링은 0.5~1.0%C의 탄소강 외에 Mn강, Si-Mn강, Si-Cr강, Cr-V강이 사용된다.
① Si-Mn강이 스프링재에 많이 사용된다.
② Cr-V강은 소형 스프링재에 많이 사용된다.
(4) 냉간 가공의 스프링재는 보통강으로서 강철선, 피아노선, 띠강에 사용된다.

【5】 불변강

(1) 인바아(invar)
① Ni을 36%함유한 Fe-Ni계 합금(C 0.2%, Ni 35~36%, Mn 0.4%)

② 상온에서 탄성 계수가 대단히 적고 내식성이 우수하다.
③ 용도 : 줄자, 시계태엽, 바이메탈 등.
　※ Bimetal : 팽창 계수가 다른 2종의 금속편을 첨부해 온도 조절이나 접점 개폐용으로 사용.

(2) 엘린바아(elinvar)
① Fe-Ni-Cr계 합금(Fe52%, Ni36%, Cr12%)이다.
② 상온에서 실용상 탄성 계수가 거의 변하지 않는다.
③ 20℃에서 온도 계수 1.2×10^{-6}, 탄성 계수 $17600 kg/mm^2$, 열팽창 계수 8×10^{-6} 정도이다.
④ 용도 : 고급 시계 및 정밀저울의 스프링, 정밀 계기 재료, 지진계, 표준 소리굽쇠 등

(3) Platinite
① Ni 42~46%의 Fe-Ni계 합금이다.
② 열팽창 계수($5 \sim 9 \times 10^{-6}$)가 유리나 백금과 거의 동일하므로 전구의 도입선에 사용한다.

(4) 코엘린바아
① Cr(10~11%), Co(26~58%), Ni(0~16.5%)을 함유한 철 합금이다.
② 온도 변화에 의한 탄성율의 변화가 극히 작고 공기나 물 속에서 부식되지 않는다.
③ 용도 : 스프링, 태엽, 기상 관측 기구 부품용.

예상문제

문제 1. 특수강은 다음과 같은 성질을 개선하기 위해서 제조한다. 틀린 것은 어느 것인가?
㉮ 기계적 성질의 향상
㉯ 내식성, 내마멸성의 증대
㉰ 담금질성의 향상
㉱ 결정 입자의 성장 촉진

토용 ▶ 합금강의 특성
① 기계적 성질의 향상
② 내식, 내마멸성의 증대
③ 고온에서 기계적 성질의 저하 방지
④ 담금질성 향상
⑤ 단접 및 용접의 용이
⑥ 전자기적 성질의 변화
⑦ 결정 입도의 성장 방지
⑧ 담금질 경도 저하 방지
⑨ 열처리 후 공작성의 저하 방지
⑩ 열팽창을 적게 한다.
⑪ 보자력을 크게 하고 전기 저항을 증대한다.

문제 2. 탄소강에 비해 특수강의 특성으로 틀린 것은?
㉮ 고온에서 기계적 성질의 저하를 방지한다.
㉯ 단접 및 용접이 용이하다.
㉰ 전자기적 성질을 가지고 있다.
㉱ 강도, 경도, 인성이 저하한다.

문제 3. 다음 중 특수강의 장점이 아닌 것은 어느 것인가?
㉮ 인장 강도, 경도, 강인성, 피로 한도 등을 증대시킨다.
㉯ 담금질 효과를 증대시키고 담금질 경도 저하를 방지한다.
㉰ 열처리 후에 공작성의 저하를 방지한다.
㉱ 열팽창 및 보자력을 크게 하며 전기 저항을 증대시킨다.

문제 4. 다음 중 구조용 특수강이 아닌 것은 어느 것인가?
㉮ 강인강　　㉯ 침탄강　　㉰ 질화강　　㉱ 다이스강

토용 ▶ 다이스강은 공구강이다.

해답 1. ㉱　2. ㉱　3. ㉱　4. ㉱

문제 5. 다음은 특수강이 탄소강에 비하여 가공하기가 힘이든 원인을 나열한 것이다. 틀린 것은 어느 것인가?
㉮ 특수 원소가 만드는 탄화물로 고온에서도 단단하다.
㉯ 결정 조직이 복잡하여 단조, 압연할 때 결정 파괴가 곤란하다.
㉰ 열전도율이 높아 가열하였을 때 온도가 고르지 못하다.
㉱ 표면에 생긴 산화막이 잘 벗겨지지 않는다.

토용 열전도율이 낮다.

문제 6. 내식강으로 사용되는 강은 다음 중 어느 것인가?
㉮ 강인강   ㉯ 게이지강   ㉰ 규소강   ㉱ 스테인레스강

토용 내식강 : 스테인레스강

문제 7. 다음 합금강 중 공구강의 대표는 어느 것인가?
㉮ 다이스강   ㉯ 합금공구강   ㉰ 게이지강   ㉱ 고속도강

토용 공구강의 대표는 고속도강이다.

문제 8. 탄소강에 합금 원소를 첨가하는 경우 전량이 소지 조직의 페라이트나 오스테나이트에 고용되는 원소는 어느 것인가?
㉮ Ni   ㉯ Cr   ㉰ Mo   ㉱ C

토용 함유량이 소지 조직의 페라이트와 오스테나이트에 고용된 원소 : Ni, Mn

문제 9. 탄소강에 합금 원소를 첨가하는 경우 소지 금속과 시멘타이트의 양쪽에 고용되어 있는 원소는 어느 것인가?
㉮ Ni   ㉯ Mn   ㉰ Mo   ㉱ C

토용 함유량이 소지 금속과 시멘타이트의 양쪽에 고용된 원소 : Cr, Mo

문제 10. 다음은 특수강에 첨가한 니켈의 영향에 대한 설명이다. 틀린 것은 다음 중 어느 것인가?
㉮ Ni은 Fe에 고용되어 담금질성이 향상되고 인성이 증가된다.
㉯ 구조용강에는 3.5%까지의 Ni을 함유한 것이 사용된다.
㉰ 충격값의 천이 온도를 높게 함으로써 고온용 강재의 합금 원소로서도 중요하다.
㉱ 18-8스테인레스강의 합금 원소로 사용한다.

토용 충격값의 천이 온도를 낮게 한다.

문제 11. 다음 특수강의 합금 원소 중 Ni의 영향이 아닌 것은?
㉮ 인장 강도 증가   ㉯ 내식성 증가   ㉰ 내산성 증가   ㉱ 질량 효과 증가

해답 5. ㉰   6. ㉱   7. ㉱   8. ㉮   9. ㉰   10. ㉰   11. ㉱

도움 Ni의 영향
  ① 증가 : 강도, 내식성, 항복점
  ② 감소 : 연신율, 질량 효과

문제 12. 특수강에 함유한 합금 원소인 Ni의 영향으로 틀린 것은?
㉮ 오스테나이트 구역을 확대한다.
㉯ 시멘타이트를 안정하게 함으로 흑연화를 방해한다.
㉰ 용접성, 단접성을 악화시키지 않는다.
㉱ 질량 효과를 감소시킨다.

도움 시멘타이트를 불안정하게 하므로 흑연화를 촉진시킨다.

문제 13. 다음 설명이 잘못된 것은 어느 것인가?
㉮ 강의 변태점은 Ni 첨가와 더불어 강하한다.
㉯ Ni이 4%에서 A_3점과 A_2점이 일치한다.
㉰ Ni함유량이 일치하면 Ar_2점은 탄소량을 증가시킴에 따라 강하한다.
㉱ 탄소량이 일정할 때 $A_{3,2,1}$점은 Ni량이 증가함에 따라 올라간다.

도움 탄소량이 일정할 때 $A_{3,2,1}$점은 Ni량이 증가함에 따라 강하한다.

문제 14. 다음은 Ni강의 성질에 대한 설명이다. 틀린 것은?
㉮ Ni은 용접성과 단접성을 악화시킨다.
㉯ 페라이트 특유의 저온 메짐을 감소시킨다.
㉰ Ni를 함유한 강은 고온으로 가열하여도 오스테나이트 결정 입자를 크게 하지 않는다.
㉱ Ni은 강의 Ar_1변태를 지연시킨다.

도움 Ni은 용접성과 단접성을 악화시키지 않는다.

문제 15. 합금강에 함유된 Ni의 영향이 아닌 것은 어느 것인가?
㉮ 강의 담금질성을 향상시키고 질량 효과를 작게 한다.
㉯ 담금질에 의해 경화되는 깊이는 탄소강의 경우보다 얕아진다.
㉰ 담금질 후 뜨임에 의해 우수한 인성을 갖는다.
㉱ 뜨임 연화 저항을 증가시키는 효과가 크지 않다.

도움 담금질에 의해 경화되는 깊이는 탄소강의 경우보다 깊다.

문제 16. 합금강에 함유된 Cr의 영향에 대한 설명 중 틀린 것은?
㉮ Fe에 고용되어 강도를 높이고 담금질성을 좋게 한다.
㉯ 탄소와 결합하여 탄화물을 만들어 강에 내마멸성을 가진다.
㉰ Cr12% 이상의 Fe-Cr상 합금은 응고 후 상온까지 전연 변태를 하지 않는다.
㉱ Fe에 고용되어 페라이트의 안정 범위를 축소시키며 γ 구역 확대형이다.

해답 12. ㉯ 13. ㉱ 14. ㉮ 15. ㉯ 16. ㉱

토용 Fe에 고용되어 페라이트의 안정 범위를 확대시키며 γ구역 축소형 원소이다.

문제 17. 합금강에 함유된 Cr의 영향에 대한 설명 중 틀린 것은?
㉮ 내마모성, 내식성, 내열성을 향상시킨다.
㉯ 임계 냉각 속도가 작고 담금질성이 향상된다.
㉰ 결정 입자 크기를 촉진하며 뜨임 취성을 일으킨다.
㉱ 마르텐사이트의 뜨임에 의한 연화를 느리게 한다.

토용 결정 입자의 크기를 방지한다.

문제 18. Cr은 시멘타이트 중의 Fe을 몇 %까지 치환 고용하는가?
㉮ 12%   ㉯ 14%   ㉰ 16%   ㉱ 18%

토용 18%까지 치환 고용한다.

문제 19. 다음 설명 중 틀린 것은 어느 것인가?
㉮ 탄소강에 크롬을 첨가하면 대부분 시멘타이트에 고용한다.
㉯ Fe-C계의 공석점은 크롬 첨가에 의해 고온 저탄소쪽으로 이동한다.
㉰ 크롬이 증가함에 따라 항온 변태는 대단히 느리다.
㉱ 크롬강은 임계 냉각 속도가 크고 담금질성이 나쁘다.

토용 크롬강은 임계 냉각 속도가 작고 담금질성이 좋다.

문제 20. 크롬이 특수강에 미치는 영향이 아닌 것은 어느 것인가?
㉮ Austenite에 고용되어 결정 입자가 크게 되는 것을 방지한다.
㉯ 크롬량이 많아지면 500~600℃ 뜨임에서 경도가 다시 증가한다.
㉰ 마아텐사이트의 뜨임에 의한 연화를 느리게 한다.
㉱ Pearlite와 Bainite 범위가 상하로 분리되어 500~600℃에서 과냉 Austenite가 불안정하게 된다.

토용 Pearlite와 Bainite 범위가 상하로 분리되어 500~600℃에서 과냉 Austenite가 안정하게 된다.

문제 21. 크롬강에 대한 성질 중 틀린 것은 어느 것인가?
㉮ 크롬은 페라이트 중에 고용하면 경도가 상당히 낮아진다.
㉯ 탄소가 존재하면 크롬은 거의 전부 탄화물로 된다.
㉰ 인장 강도와 항복점은 상당히 증가한다.
㉱ 강에 크롬을 첨가하면 고온에서 내산화성이 개선된다.

토용 페라이트 중에 고용되면 경도가 증가한다.

해답 17. ㉰   18. ㉱   19. ㉱   20. ㉱   21. ㉮

문제 **22.** 다음 특수강에 함유된 망간에 대한 영향이다. 틀린 것은?
㉮ 탈산제로 사용된다.
㉯ 황의 악영향을 제거한다.
㉰ 고장력강이나 강인강 등의 합금 원소로 사용된다.
㉱ 오스테나이트를 불안정하게 한다.

도움 Austnite를 안정하게 한다.

문제 **23.** 망간강의 조직에 대한 설명 중 틀린 것은 어느 것인가?
㉮ 탄소강에 망간을 첨가하면 일부는 페라이트 중에 고용된다.
㉯ 탄소강 중에 망간은 대부분 시멘타이트 중에 치환하여 고용되고 시멘타이트를 안정화 한다.
㉰ 망간강의 탄화물은 보통강에서 많이 나타난다.
㉱ 탄소강의 공석점은 망간이 첨가되면 저탄소, 저온도 쪽으로 이동한다.

도움 망간강의 탄화물은 보통강에서는 나타나지 않는다.

문제 **24.** 망간강이란 Mn이 몇 % 이상을 함유한 강인가?
㉮ 0.2%   ㉯ 0.4%   ㉰ 0.7%   ㉱ 1.0%

도움 망간강이란 Mn이 약 0.7% 이상을 함유한 강을 말한다.

문제 **25.** 망간의 증가에 따라 망간강의 조직은 변화로 맞는 것은?
㉮ Pearlite강 → Martensite강 → Austenite강
㉯ Martensite강 → Austenite강 → Pearlite강
㉰ Austenite강 → Martensite강 → Pearlite강
㉱ Pearlite강 → Austenite강 → Martensite강

도움 망간의 증가에 따라 : Pearlite강 → Martensite강 → Austenite강으로 변한다.

문제 **26.** 듀콜강에 대한 설명이다. 맞지 않는 것은 어느 것인가?
㉮ 듀콜강은 탄소 0.2~1.0%, Mn 1~2%의 범위이다.
㉯ 듀콜강은 비교적 경도가 크고 연신율도 저하되지 않는다.
㉰ 듀콜강은 일반 구조용에 많이 사용한다.
㉱ 듀콜강은 저망간강이라 하며 조직은 Austenite이다.

도움 듀콜강의 조직 : Pearlite

문제 **27.** 탄소 0.9~1.3%, Mn 10~14% 범위의 고망간강의 조직은?
㉮ Pearlite   ㉯ Martensite   ㉰ Austenite   ㉱ Ferrite

도움 고망간강의 조직 : Austenite

해답 22. ㉱   23. ㉰   24. ㉰   25. ㉮   26. ㉱   27. ㉰

[문제] **28.** 다음은 고망간강에 대한 설명이다. 틀린 것은 어느 것인가?
㉮ Mn을 10~14% 함유한 강이다.
㉯ 조직은 오스테나이트이며 하아드필드강이라 한다.
㉰ 경도가 크고 내마멸용으로도 사용한다.
㉱ 용도는 건축, 교량용에 많이 사용한다.

[토용] 고망간강은 분쇄기 로울러 등에 사용한다.

[문제] **29.** 다음 중 하아드필드강으로 잘못된 설명 것은?
㉮ 고온에서 서냉하면 탄화물이 석출하여 경도가 크고 메짐이 있어 절삭이 불가능하다.
㉯ 급냉하면 오스테나이트 조직으로 되어 경도는 크나 인성이 있어 절삭이 가능하다.
㉰ 고망간강의 열처리는 1000~1100℃에서 수중에서 담금질한다.
㉱ 고망간강은 탄소 0.2~1.0%, Mn 1~2%의 범위이다.

[토용] 고망간강의 조성
① 탄소 0.9~1.3%, ② Mn 10~14%

[문제] **30.** 고망간강의 열처리 방법은 다음 중 어느 것인가?
㉮ 가공 경화   ㉯ 침탄 처리   ㉰ 수인법   ㉱ 석출 경화

[토용] 하아드필드강의 열처리 : 수인법(water toughing)

[문제] **31.** 다음 합금강의 합금 원소 중 γ구역의 축소형이 아닌 것은?
㉮ Mo   ㉯ W   ㉰ V   ㉱ Mn

[토용] γ구역 축소형의 원소 : Mo, V, W, Cr, Ti, Be, Zr, P, As

[문제] **32.** 다음 합금강의 합금 원소 중 γ구역의 확대형은 어느 것인가?
㉮ Mo   ㉯ W   ㉰ V   ㉱ Mn

[토용] γ구역 축소형의 원소 : Mn, Ni, Co

[문제] **33.** 다음은 합금강에 첨가되는 합금 원소의 영향을 설명한 것이다. 틀린 것은 어느 것인가?
㉮ W은 경도, 강도가 증가하고 담금질 조직이 안정화된다.
㉯ V은 γ구역을 확대하고 고온 경도가 낮아진다.
㉰ Mo는 고온에서 크리이프 강도를 높이는 효과가 있다.
㉱ Si는 탄성 한도의 상승으로 스프링 재료에 사용한다.

[토용] V의 영향
① γ구역을 축소하고 내마모성, 고온 경도가 증가된다.
② 인장 강도와 탄성 한계를 높이고 인성이 감소된다.

[해답] 28. ㉱   29. ㉱   30. ㉰   31. ㉱   32. ㉱   33. ㉯

문제 34. 합금강에 함유되는 합금 원소 중 Mo의 영향이 아닌 것은?
㉮ 고온에서 Creep 강도를 높게 하는 효과가 있다.
㉯ 열처리 효과를 깊게 하고 뜨임 메짐을 감소한다.
㉰ 인성이 작아 단조, 압연이 어렵다.
㉱ 용접, 절삭이 용이하다.

도움 인성이 크고 단조, 압연이 용이하다.

문제 35. 다음 합금 원소 중 규소에 대한 설명이 잘못된 것은?
㉮ 탈산제 목적으로는 0.4% 이내로 첨가한다.
㉯ 규소는 Ferrite를 강화하고 Austenite에 용해되었을 때는 경화성을 증가한다.
㉰ 스프링 재료로는 Si 1.75%까지 함유한 강을 사용한다.
㉱ Si 1.75% 이상을 함유한 저탄소강은 내산 주물에 이용된다.

도움 7% 이상의 Si를 함유한 저탄소강은 산류에 대한 저항이 강하여 내산 주물에 이용한다.

문제 36. 히스테리스 현상과 맴돌이 전류에 대한 손실이 적기 때문에 변압기 철심용의 박판에 사용되는 것은?
㉮ W강   ㉯ V강   ㉰ Si강   ㉱ Mn강

도움 저탄소의 규소강(0.4~4.2% Si)은 히스테리스 현상과 맴돌이 전류에 대한 손실이 적다.

문제 37. 다음 원소 중 천이 온도를 낮게 하는 원소는 어느 것인가?
㉮ Ni   ㉯ C   ㉰ P   ㉱ Si

도움 천이 온도를 낮게 하는 원소는 Ni, Mn 등이다.

문제 38. 다음 원소 중 천이 온도를 현저하게 높게 하는 원소가 아닌 것은 어느 것인가?
㉮ Ni   ㉯ C   ㉰ P   ㉱ Si

도움 천이 온도를 높게 하는 원소는 C, P, Si등이다.

문제 39. 다음 중 고온의 크리이프 강도 효과가 큰 원소는 어느 것인가?
㉮ Mo   ㉯ Mn   ㉰ P   ㉱ Ni

도움 Mo이 효과가 크다.

문제 40. 변태 온도를 낮추고 변태 속도를 느리게 하는 원소는 다음 중 어느 것인가?
㉮ Ni   ㉯ Cr   ㉰ W   ㉱ Si

도움 변태 온도를 낮추고 변태 속도를 느리게 하는 원소 : Ni

해답 34. ㉰   35. ㉱   36. ㉰   37. ㉮   38. ㉮   39. ㉮   40. ㉮

문제 41. 변태 온도를 높이고 변태 속도를 느리게 하는 원소는?
㉮ Cr ㉯ Si ㉰ Ti ㉱ Co

해설▶ 변태 온도를 높이고 변태 속도를 느리게 하는 원소 : Cr, W

문제 42. 변태 온도를 높이고 변태 속도를 크게 하든지 또는 영향이 없는 원소가 아닌 것은 어느 것인가?
㉮ W ㉯ Si ㉰ Ti ㉱ V

해설▶ 변태 온도를 높이고 변태 속도를 크게 하든지 또는 영향이 없는 것 : Si, Ti, V, Al, Co

문제 43. 변태 온도 및 변태 속도에 영향이 없는 원소는 어느 것인가?
㉮ Cu ㉯ Si ㉰ Ti ㉱ Al

해설▶ 변태 온도 및 변태 속도에 영향이 없는 원소 : Cu, S

문제 44. 다음 중 자경성이 있는 강은 어느 것인가?
㉮ 니켈강 ㉯ 크롬강 ㉰ 텅스텐강 ㉱ 망간강

해설▶ 자경성강 : 니켈강, 크롬강, 망간강

문제 45. 강의 임계 냉각 속도를 작게 하는 물이나 기름에서 냉각시키지 않고 공기 중에서 방랭하여도 경화되는 성질을 무엇이라 하는가?
㉮ 연성 ㉯ 전성 ㉰ 메짐성 ㉱ 자경성

해설▶ 공기 중에서 방랭하여도 자기 스스로 경화되는 성질을 자경성이라 한다.

문제 46. 다음 중 자경성이 작은 원소는 어느 것인가?
㉮ Ni ㉯ Cr ㉰ Mn ㉱ W

해설▶ 자경성이 큰 금속 : Ni, Cr, Mn

문제 47. 다음 중 질량 효과를 작게 하는 성질을 가지고 있는 원소가 아닌 것은 어느 것인가?
㉮ Ni ㉯ Cr ㉰ Mn ㉱ W

해설▶ 질량 효과가 작은 금속 : Ni, Cr, Mn

문제 48. 다음 중에서 담금질성에 영향을 주는 요인이 아닌 것은?
㉮ 최고 가열 온도 ㉯ 오스테나이트의 결정 입도
㉰ 탄화물 및 질화물 ㉱ 가공 방법

해설▶ 담금질성에 영향을 주는 요인 : 최고 가열 온도, 오스테나이트 결정 입도, 탄화물, 질화물, 산화물.

해답 41. ㉮ 42. ㉮ 43. ㉮ 44. ㉰ 45. ㉱ 46. ㉱ 47. ㉱ 48. ㉱

문제 49. 다음 설명 중 틀린 것은 어느 것인가?
㉮ 최고 가열 온도가 높을수록 담금질이 잘된다.
㉯ 오스테나이트 결정 입도가 작을수록 담금질이 잘된다.
㉰ 특수강은 열전도율이 좋다.
㉱ 임계 냉각 속도를 느리게 하면 담금질성을 증대시킨다.

도움▶ 특수강은 탄소강에 비하면 일반적으로 열전도율이 나쁘다.

문제 50. 저합금강이 요구하는 조건이 아닌 것은 어느 것인가?
㉮ 화학 조성이 알맞고 가공성이 좋을 것
㉯ 인장 강도는 $49kg/mm^2$ 이상일 것
㉰ 열처리하지 않아도 사용할 수 있을 것
㉱ 부식성 및 용접성이 좋을 것

도움▶ 저합금강의 요구 조건
① 화학 조성이 알맞고 가공성, 내식성, 용접성이 좋을 것
② 인장 강도 > $49kg/mm^2$, 항복점 > $32kg/mm^2$, 연율 = 20%
③ 열처리하지 않아도 사용할 수 있을 것

문제 51. 구조용 특수강 중 가장 중요한 강은 다음 중 어느 것인가?
㉮ Ni-Cr강   ㉯ Cr-Mo강   ㉰ Ni-Mn강   ㉱ Ni-Cr-Mo강

문제 52. 다음 중 Ni-Cr강에 대한 설명이 잘못된 것은 어느 것인가?
㉮ 강인성을 증가시키면서 담금질성을 뚜렷하게 개량한다.
㉯ 큰 단강재에 적합하다.
㉰ 적당한 열처리에 의해 경도, 강도 및 인성을 높인다.
㉱ 탄소강에 비해 청열 메짐이 크다.

도움▶ 탄소강에 비해 청열 취성이 제거되며 고온에서 기계적 성질을 증가시킨다.

문제 53. 다음은 Ni-Cr강에 대한 설명이다. 잘못된 것은 어느 것인가?
㉮ Ni-Cr강 중 0.12~0.18%C의 저탄소강은 침탄강으로 사용된다.
㉯ 탄소가 0.27~0.40%의 것은 강인강으로 사용한다.
㉰ 주방 상태에서는 1차 결정이 치밀해지는 경향이 있으므로 단조시에 미세한 균열이 생기기 쉽다.
㉱ 단조 온도 또는 압연 온도로부터 급냉시키면 깨질 염려가 있다.

도움▶ 주방 상태에서는 1차 결정이 조대해지는 경향이 있으므로 단조시 미세한 균열이 생기기 쉽다.

문제 54. Ni-Cr강의 뜨임 온도는 몇 ℃가 적당한가?
㉮ 200~300℃   ㉯ 550~650℃   ㉰ 820~880℃   ㉱ 850~1050℃

해답 49. ㉰ 50. ㉱ 51. ㉮ 52. ㉱ 53. ㉰ 54. ㉯

도움 Ni-Cr강의 뜨임 온도 : 550~650℃

문제 55. Ni-Cr강의 탄화물 결정 입계 석출을 방지하기 위한 방법은?
㉮ 550~650℃에서 풀림한다.　　㉯ 550~650℃에서 뜨임한다.
㉰ 820~880℃에서 불림한다.　　㉱ 820~880℃에서 담금질한다.

도움 탄화물 결정 입계 석출 방지법 : 550~650℃에서 뜨임

문제 56. Ni-Cr강의 설명 중 잘못된 것은 어느 것인가?
㉮ 경화능은 좋으나 뜨임 취성을 일으킨다.
㉯ 가열 도중 공냉하여도 담금질 효과를 크게 나타낸다.
㉰ 주조 또는 가공시 수지상 결정, 백점이 생긴다.
㉱ 단조 온도는 550~650℃이다.

도움 단조 온도 : 850~1050℃

문제 57. Ni-Cr강의 뜨임 취성을 방지하기 위하여 첨가하는 원소는?
㉮ P　　㉯ Si　　㉰ S　　㉱ Mo

도움 Ni-Cr강의 뜨임 취성 방지 원소 : Mo

문제 58. Ni-Cr-Mo강에 대한 설명이 아닌 것은 어느 것인가?
㉮ Ni-Cr강에 Mo을 첨가하므로서 강인성을 증가시킨다.
㉯ Ni-Cr강에 Mo을 첨가하므로서 질량 효과가 감소된다.
㉰ Ni-Cr강에 Mo을 첨가하므로서 뜨임 메짐을 방지한다.
㉱ Ni-Cr강에 Mo을 첨가하므로서 표면이 거칠어진다.

도움 Ni-Cr강에 Mo을 첨가하면
① 강인성 증가.　② 질량 효과 감소　③ 뜨임 메짐 방지

문제 59. 다음 중 Ni-Cr-Mo강의 특징이 아닌 것은 어느 것인가?
㉮ 기계적 성질 개선　　㉯ 열처리 효과가 크다.
㉰ 질량 효과 증가　　㉱ 뜨임 취성 방지

도움 Ni-Cr-Mo강의 특징
① 기계적 성질 개선　② 가공용이, 표면 미려　③ 열처리 효과가 크다.
④ 질량 효과 감소　⑤ 내열성 증가　⑥ 뜨임 취성 방지

문제 60. 다음 중 Ni-Cr-Mo강의 특징을 바르게 설명한 것은 어느 것인가?
㉮ 질량 효과를 증가시킨다.　　㉯ 내열성을 감소시킨다.
㉰ 표면이 거칠어진다.　　㉱ 뜨임 취성을 방지한다.

해답 55. ㉯　56. ㉱　57. ㉱　58. ㉱　59. ㉰　60. ㉱

문제 61. Ni-Cr-Mo강을 830~880℃에서 기름에 담금질한 후 550~650℃에서 급냉 뜨임하면 인장 강도는 얼마가 되는가? (단, 단위는 kg/mm²이다.)
㉮ 850~1000   ㉯ 15~20
㉰ 250~350   ㉱ 550~650

도움 ① ㉮항 : 인장 강도   ② ㉯항 : 연신율   ③ ㉰항 : H_B

문제 62. 고온 산화에 대한 저항을 증가시키고 S을 함유한 가스에 의한 침식을 적게 한 원소는 다음 중 어느 것인가?
㉮ Si, Al, Cr   ㉯ Ti, Cd, V, Cr, Mo, W
㉰ Ni, Al, Si, Ti, V, Cr   ㉱ Mo, W, Cd, Al, Si

문제 63. 고온 고압 수소에 의한 탈탄과 메짐을 방지한 원소는?
㉮ Si, Al, Cr   ㉯ Ti, Cd, V, Cr, Mo, W
㉰ Ni, Al, Si, Ti, V, Cr   ㉱ Mo, W, Cd, Al, Si

문제 64. 고온 강도와 크리이프 강도를 높이는 원소는 어느 것인가?
㉮ Si, Al, Cr   ㉯ Ti, Cd, V, Cr, Mo, W
㉰ Ni, Al, Si, Ti, V, Cr   ㉱ Mo, W, Cd, Al, Si

문제 65. 침탄을 방지하는 원소로 짝지어진 것은 다음 중 어느 것인가?
㉮ Si, Al, Cr   ㉯ Ti, Cd, V, Cr, Mo, W
㉰ Ni, Al, Si, Ti, V, Cr   ㉱ Mo, W, Cd, Al, Si

문제 66. 크롬 페라이트강의 높은 온도에서의 결정 입자의 성장을 억제하는 원소로만 된 것은 다음 중 어느 것인가?
㉮ N, Ti, Cd   ㉯ Ti, Cd, Al, Mo
㉰ Mo, Al, N   ㉱ Ni, Cd, Al

문제 67. 저크롬강의 자경성을 억제한 원소로 된 것은 어느 것인가?
㉮ N, Ti, Cd   ㉯ Ti, Cd, Al, Mo
㉰ Mo, Al, N   ㉱ Ni, Cd, Al

문제 68. 저크롬강의 뜨임 메짐을 없앤 원소는 다음 중 어느 것인가?
㉮ Mo   ㉯ Ti   ㉰ Cd   ㉱ Al

문제 69. 질화 작용을 덜어 주는 원소로 맞는 것은 어느 것인가?
㉮ Mo   ㉯ Ni   ㉰ Cd   ㉱ Al

해답 61. ㉮ 62. ㉮ 63. ㉯ 64. ㉱ 65. ㉰ 66. ㉮ 67. ㉯ 68. ㉮ 69. ㉯

문제 70. 다음 중 내열강의 주성분이 아닌 것은 어느 것인가?
㉮ Cr   ㉯ Ni   ㉰ Si   ㉱ Al

[도움] 내열강의 주성분 : Cr, Ni, Si

문제 71. 다음은 페라이트계 내열강에 대한 설명이다. 틀린 것은?
㉮ 페라이트계는 크롬강이 사용된다.
㉯ 높은 온도에서 기계적 성질은 Austenite 쪽보다. 우수하다.
㉰ 페라이트계 내열강의 재결정 온도는 800~900℃이다.
㉱ 크롬 양을 적게 하여 고온 취성을 피한다.

[도움] 높은 온도에서 기계적 성질은 Austenite 쪽이 우수하다.

문제 72. Austenite계 내열강에 대한 설명이 잘못된 것은?
㉮ Ni-Cr강의 내열강이다.
㉯ 재결정 온도는 1080~1200℃이다.
㉰ 고온에서 기계적 성질이 페라이트계보다. 우수하다.
㉱ 온도가 낮아질수록 변형 저항이 작아져서 단련 압연이 쉽다.

[도움] 온도가 낮아질수록 변형 저항이 커져서 단련 압연이 어려워진다.

문제 73. 페라이트계 내열강으로 규소를 첨가하여 내산화성의 저하를 보충한 내열강으로 표준 조성이 C 0.1%, Cr 6.5%, Si 2.5%인 내열합금을 무엇이라 하는가?
㉮ 테르밋   ㉯ 초내열 재료
㉰ 시크로 내열강   ㉱ 오스테나이트계 내열강

[도움] 시크로 내열강 : Si-Cr 내열강

문제 74. Ni 또는 Co를 모체로 한 합금을 일반적으로 무엇이라 부르는가?
㉮ 테르밋(thermit)   ㉯ 초합금(superalloy)
㉰ 시크로 내열강   ㉱ 오스테나이트계 내열강

문제 75. 다음 중 테르밋(thermit)의 설명으로 잘못된 것은 어느 것인가?
㉮ 탄화물, 붕화물, 산화물 등을 Co, Ni 등의 적당한 결합제로 소결 고착시킨 것이다.
㉯ 2000~3800℃에 걸친 고온의 용융점을 갖는다.
㉰ 비중이 Fe보다 크므로 고속의 터어빈 날개 등에 사용한다.
㉱ 경질 및 높은 용융점을 가진 비금속 내화 성분을 그보다도 융점이 낮은 금속 성분에 의해 소결시킨 복합 재료다.

[도움] 비중은 Fe보다 작다.

해답 70. ㉱   71. ㉯   72. ㉱   73. ㉰   74. ㉯   75. ㉰

문제 76. 내식강으로 많이 사용되는 특수강은 어느 것인가?
㉮ 고속도강   ㉯ Si강   ㉰ 스테인레스강   ㉱ 스텔라이트

[도움] 스테인레스강이 사용된다.

문제 77. 스테인레스강의 조직이 아닌 것은 어느 것인가?
㉮ Martensitr   ㉯ Ferrite   ㉰ Austenite   ㉱ Pearlite

[도움] 조직학상 분류 : Martensitr, Ferrite, Austenite

문제 78. 다음 중 페라이트계 스테인레스강에 대한 설명 중 틀린 것은?
㉮ Cr 13%의 강이 대표이다.
㉯ 유기산, 질산에는 침식이 안되고 다른 산류에는 침식된다.
㉰ 내산성은 오스테나이트보다 우수하다.
㉱ 탄소가 적을수록 내식성이 우수하다.

[도움] 내산성은 Austenite계보다 작다.

문제 79. Austenite계 스테인레스강의 대표로 맞는 것은 어느 것인가?
㉮ Cr(18%)-Ni(8%)   ㉯ Cr(14%)-Ni(2%)
㉰ Ni(18%)-Cr(8%)   ㉱ Ni(14%)-Cr(2%)

[도움] Austenite계의 조성 : Cr(18%)-Ni(8%)

문제 80. 18-8계 스테인레스강의 조직으로 맞는 것은 어느 것인가?
㉮ Martensitr   ㉯ Ferrite   ㉰ Austenite   ㉱ Pearlite

[도움] 18-8계는 Austenite조직으로 비자성체이다.

문제 81. 다음은 18-8계 스테인레스강에 대한 설명이다. 틀린 것은?
㉮ 조직은 상온에서 Austenite이다.
㉯ 강자성체이다.
㉰ 내산, 내식성이 페라이트계보다 우수하다.
㉱ 담금질에 의한 경화가 안된다.

문제 82. 18-8 스테인레스강의 특성이 아닌 것은?
㉮ 비자성체이며 인성이 양호하고 가공성, 용접성이 우수하다.
㉯ 내산, 내식성이 페라이트계보다 우수하다.
㉰ 탄화물이 결정립계에 석출하기가 어렵다.
㉱ 산과 알카리에 강하나 염산, 황산 등에 대한 저항이 적다.

[도움] 탄화물이 결정립계에 석출하기 쉽다.

[해답] 76. ㉰   77. ㉱   78. ㉰   79. ㉮   80. ㉰   81. ㉯   82. ㉰

문제 83. 다음은 18-8 스테인레스강의 특성에 대한 설명이다. 틀린 것은 어느 것인가?
㉮ 인장 강도는 55~70kg/mm²이다.
㉯ 담금질 온도는 1100℃로 급냉한다.
㉰ 페라이트계보다 내식성은 좋으나 용접성이 나쁘다.
㉱ 탄화물이 결정입계에 석출한다.

도움 내식성, 용접성이 좋다.

문제 84. 18-8계 스테인레스강의 입계 부식에 대한 설명이 잘못된 것은?
㉮ 결정립계 부근의 Cr량 감소로 내식성이 감소되어 부식된 현상을 입계 부식이라 한다.
㉯ 입계 부식 방지법은 풀림을 함으로서 방지할 수 있다.
㉰ 방지하는 방법은 탄소를 극히 소량으로 하여 탄화물 형성을 억제한다.
㉱ Ti, Nb, V 등을 첨가하여 Cr량이 감소되는 것을 방지한다.

도움 입계 부식 방지법은 안정화 처리를 한다.

문제 85. 다음 중 페라이트계 스테인레스강의 열처리에 대한 방법이 아닌 것은 어느 것인가?
㉮ 가공 경화 제거 또는 강인성을 위해서 풀림 처리를 한다.
㉯ 풀림 처리 온도는 1000~1050℃로 가열 후 공랭한다.
㉰ 유지 시간은 25mm/1~2시간이다.
㉱ 페라이트계는 담금질이나 뜨임은 하지 않는다.

도움 풀림 처리 온도 : 700~900℃로 가열 후 공랭한다.

문제 86. 오스테나이트계 스테인레스강의 열처리가 아닌 것은?
㉮ 용체화 처리   ㉯ 안정화 처리
㉰ 응력 제거 처리   ㉱ 중간 풀림 처리

도움 18-8계의 열처리 : 용체화 처리, 안정화 처리, 응력 제거 처리.

문제 87. 18-8계 스테인레스강의 기본 열처리는 어느 것인가?
㉮ 용체화 처리   ㉯ 안정화 처리
㉰ 응력 제거 처리   ㉱ 중간 풀림 처리

도움 18-8계의 기본 열처리는 용체화 처리이다.

문제 88. 다음 중 용체화 처리에 대한 설명이 아닌 것은 어느 것인가?
㉮ 1050℃가 적당하며 유지 시간은 25mm/h이다.
㉯ 고용체까지 가열한 후 급냉하여 고용체 상태로 상온까지 유지하는 처리한다.
㉰ 18-8계의 기본 열처리로 용접에 대한 잔류 응력을 제거한다.
㉱ 유지 시간이 짧으면 표면 평활도가 감소한다.

해답 83. ㉰ 84. ㉯ 85. ㉯ 86. ㉱ 87. ㉮ 88. ㉱

[토응] 유지 시간이 길면 표면 평활도가 감소하고 결정립은 조대화된다.

문제 89. 용체화 처리에 대한 설명이 잘못된 것은 어느 것인가?
㉮ 열간가공, 용접에 의해 석출된 Cr 탄화물을 고용한다.
㉯ 가열 온도가 낮을수록 탄화물, 확산 또는 충분히 연화한다.
㉰ 가공 조직을 재결정시켜 연화, 회복, 내식성을 증가시킨다.
㉱ 가열 온도가 높을수록 산화 피막 형성이 현저해 표면이 나쁘다.

[토응] 가열 온도가 높을수록 탄화물, 확산 또는 충분히 연화한다.

문제 90. Ti, Nb를 첨가한 스테인레스강의 안정한 탄화물을 석출시킴으로 입계 부식을 방지하며 내식성을 회복시키는 처리는?
㉮ 용체화 처리   ㉯ 고용화 처리   ㉰ 안정화 처리   ㉱ 응력 제거 처리

문제 91. 안정화 처리는 입계 부식 방지 목적으로 몇 ℃에서 행하는가?
㉮ 1050℃   ㉯ 850~950℃   ㉰ 650~750℃   ㉱ 250~550℃

[토응] 안정화 처리는 입계 부식방지 목적으로 850~950℃로 2~4시간 유지한다.

문제 92. 다음 설명 중 틀린 것은 어느 것인가?
㉮ 고용화 처리는 스테인레스강의 기본 열처리다.
㉯ 안정화 처리는 입계 부식 목적으로 600~700℃로 2~4시간 유지한다.
㉰ 응력 제거 처리는 800~900℃에서 2~4시간 유지후 공랭한다.
㉱ 용체화 처리는 1050℃가 적당하다.

문제 93. 다음 공구강의 구비 조건으로 틀린 것은 어느 것인가?
㉮ 상온 및 고온에서 경도가 커야 한다.
㉯ 내마모성과 강인성이 커야 한다.
㉰ 열처리 및 가공이 용이해야 한다.
㉱ 값이 저렴해야 하며 연성이 커야 한다.

[토응] 취급이 용이하고 값이 저렴해야 하며 강인성이 있어야 한다.

문제 94. 합금 공구강의 종류에 대한 설명이 잘못된 것은 어느 것인가?
㉮ 절삭용 합금 공구강은 C가 많고 Cr, W, V등이 첨가된 강이 많이 사용된다.
㉯ 내충격용 합금 공구강은 절삭용에 비해 탄소가 낮고 Cr, W, V등이 첨가된다.
㉰ 내마모 불변형은 게이지, 정밀 측정용 공구로서 내마모성, 경도가 커야 하고 열처리 변형과 갱년 변형이 적은 것을 사용한다.
㉱ 열간 가공용은 탄소량을 많게 한다.

[토응] 열간 가공용은 탄소량을 적게 하고 Cr, W, Mo, V계가 사용된다.

[해답] 89. ㉯   90. ㉰   91. ㉯   92. ㉯   93. ㉱   94. ㉱

문제 95. 드로오잉, 엑스트루우젼(extrusion) 등에 사용된 공구강으로 맞는 것은?
㉮ 고속도강 ㉯ 스테인레스강 ㉰ 스프링강 ㉱ 다이스강

문제 96. 다음 중 다이스강에 대한 설명이 잘못된 것은 어느 것인가?
㉮ 드로오잉, 엑스트루우젼(extrusion) 등에 사용된 공구강이다.
㉯ 용도에 따라 냉간 가공용과 열간 가공용으로 분류한다.
㉰ 열간 가공용은 신선 가공과 판금 가공 등에 사용된다.
㉱ 냉간 가공용은 신선 가공과 판금 가공 등에 사용된다.

▷ 열간 가공용은 Cu합금과 Al 합금의 열간에서 압출 가공에 사용된다.

문제 97. 절삭 공구강의 대표는 다음 중 어느 것인가?
㉮ 탄소 공구강 ㉯ 텅스텐강 ㉰ 고속도강 ㉱ 다이스강

▷ 절삭 공구강의 대표 : 고속도강

문제 98. 고온에서 경도의 저하를 방지하기 위하여 탄소강에 Cr, W, V, Co 등을 첨가한 합금강은 어느 것인가?
㉮ 스테인레스강 ㉯ 텅스텐강 ㉰ 고속도강 ㉱ 다이스강

▷ 고속도강 : W, V, Cr 이외에 Co, Mo 등을 다량 함유하고 있는 고합금강이다.

문제 99. 다음은 고속도강에 대한 설명이다. 틀린 것은 어느 것인가?
㉮ 고속도강은 500~600℃의 고온에서도 경도가 저하되지 않고 큰 경도와 강도를 나타낸다.
㉯ 고속도강은 주조 상태로서는 취성이 없다.
㉰ 고속도강은 내마멸성이 크며 고속도의 절삭 작업이 가능하다.
㉱ 단련된 것은 내부 변형이 남게 되므로 풀림을 한다.

▷ 고속도강은 주조 상태로는 메짐이 크므로 주조 조직을 파괴하고 탄화물을 균일하게 분포시켜야 한다.

문제 100. 다음 중 고속도강에 대한 설명 중 틀린 것은 어느 것인가?
㉮ 단련한 것은 내부 변형이 남게 되므로 이것을 제거하기 위하여 조직을 균일화시킨다.
㉯ 고속도강의 풀림 조직은 시멘타이트 바탕에 이중 탄화물이 산재해 있다.
㉰ 고속도강은 자경성이 크므로 풀림 후 냉각 속도를 충분히 느리게 하여야 한다.
㉱ 고속도강은 열전도율이 나쁘다.

▷ 고속도강의 풀림 조직 : 소르바이트 바탕에 이중 탄화물이 산재해 있다.

해답 95. ㉱ 96. ㉰ 97. ㉰ 98. ㉰ 99. ㉯ 100. ㉯

문제 101. 고속도강의 냉각 속도로 맞는 것은 어느 것인가?
㉮ 600℃까지는 10~15℃/h ㉯ 600℃까지는 20~25℃/h
㉰ 600℃까지는 30~35℃/h ㉱ 600℃까지는 40~45℃/h

도움 냉각 속도는 600℃까지는 20~25℃/h이고 그 이하의 온도에서는 약간 빨리해도 좋다.

문제 102. 고속도강의 담금질 온도와 뜨임 온도는 어느 것인가?
㉮ 담금질 온도(1250~1350℃), 뜨임 온도(820~860℃)
㉯ 담금질 온도(1250~1350℃), 뜨임 온도(550~630℃)
㉰ 담금질 온도(820~860℃), 뜨임 온도(550~630℃)
㉱ 담금질 온도(550~630℃), 뜨임 온도(1250~1350℃)

도움 고속도강의 열처리 온도
① 소입 온도 : 1250~1350℃
② 뜨임 온도 : 550~630℃
③ 풀림 온도 : 820~860℃

문제 103. 고속도강의 담금질 후의 냉각 방법으로 맞는 것은?
㉮ 급냉   ㉯ 유냉   ㉰ 공냉   ㉱ 노냉

도움 고속도강은 유냉한다.

문제 104. 고속도강은 담금질 후 뜨임하면 어떠한 조직이 나타나는가?
㉮ 오스테나이트   ㉯ 퍼얼라이트
㉰ 시멘타이트   ㉱ 마르텐사이트

도움 담금질한 것은 다량의 오스테나이트를 가지고 있으므로 560~630℃에서 뜨임하면 마르텐사이트로 변한다.

문제 105. 고속도강에 대한 설명으로 틀린 것은 어느 것인가?
㉮ 담금질 후 뜨임하면 H_{RC}는 약 65가 된다.
㉯ 단속 절삭에 견디는 강인성을 갖고 자경성이 있다.
㉰ 열전도율이 좋고 주조 상태에선 메짐이 작다.
㉱ 고속 절삭시 온도 상승에 상당하는 600℃ 정도에서도 연화하지 않는다.

도움 열전도율이 나쁘며 주조 상태에서는 메짐이 크다.

문제 106. 고속도강의 대표 조성으로 맞는 것은 어느 것인가?
㉮ 18(W)-4(Cr)-1(V)   ㉯ 18(Cr)-4(W)-1(V)
㉰ 18(V)-4(Cr)-1(W)   ㉱ 18(W)-4(V)-1(Cr)

도움 고속도강의 대표 조성 : 18%(W)-4%(Cr)-1%(V)

해답 101. ㉯   102. ㉯   103. ㉯   104. ㉱   105. ㉰   106. ㉮

문제 107. 고속도강의 KS 기호는 다음 중 어느 것인가?
 ㉮ HSS ㉯ SKS ㉰ SKD ㉱ SKH

　도움 고속도강의 기호 : SKH

문제 108. 고속도강의 뜨임시 주의 사항이 아닌 것은 어느 것인가?
 ㉮ 제1회 뜨임은 담금질 냉각 직후에 한다.
 ㉯ 제2회 뜨인 이후는 실온에 달한 후에 실시한다.
 ㉰ 뜨임 균열 방지를 위해 적당 온도와 충분한 시간을 준다.
 ㉱ 변형 교정은 뜨임 온도와 약 300℃ 이하에서 행한다.

　도움 변형 교정은 뜨임 온도와 약 300℃ 사이에서 행하고 이하에서 피한다.

문제 109. 다음 중 고속도강의 종류가 아닌 것은 어느 것인가?
 ㉮ W계 고속도강 ㉯ Co계 고속도강 ㉰ Mo계 고속도강 ㉱ V계 고속도강

　도움 고속도강의 종류 : W계, Co계, Mo계

문제 110. 용융점이 높기 때문에 담금질 온도를 높이는 특징이 있고 뜨임 경도가 증가하며 단조가 곤란한 고속도강으로 맞는 것은?
 ㉮ W계 고속도강 ㉯ Co계 고속도강 ㉰ Mo계 고속도강 ㉱ V계 고속도강

　도움 Co계 고속도강의 특징
　　① 용융점이 높기 때문에 담금질 온도를 높인다.
　　② 뜨임 경도가 증가한다.
　　③ 단조가 곤란하다.
　　④ 균열 발생이 쉽다.
　　⑤ 강력 절삭 공에 적합하다.
　　⑥ 고급 고속도강이다.
　　⑦ 담금질 온도(1350℃)를 높여 성능을 향상한다.
　　⑧ 고온 경도가 크다.

문제 111. Co계 고속도강의 설명이 잘못된 것은 어느 것인가?
 ㉮ 뜨임 경도가 증가하고 단조가 곤란하며 균열 발생이 쉽다.
 ㉯ 강력 절삭 공구로서 적당하며 고급 고속도강이다.
 ㉰ 담금질 온도를 높여 성능을 향상한다.
 ㉱ 고속도강의 대표이다.

문제 112. 다음 중 주조 경질 합금으로 맞는 것은 어느 것인가?
 ㉮ 고속도강 ㉯ 스텔라이트 ㉰ 초경합금 ㉱ 시래믹

해답 107. ㉱ 108. ㉱ 109. ㉱ 110. ㉯ 111. ㉱ 112. ㉯

문제 113. Co를 주성분으로 한 Co-Cr-W-C계 합금은?
㉮ 고속도강　　㉯ 스텔라이트　　㉰ 초경합금　　㉱ 시래믹

문제 114. 다음은 스텔라이트에 대한 설명이다. 틀린 것은 어느 것인가?
㉮ Co를 주성분으로 한 Co-Cr-W-C계 합금이다.
㉯ 단련이 불가능하므로 금형 주조에 의해 소요의 형상을 얻는다.
㉰ 고온 경도, 내식성, 내마모성이 우수하고 고온 저항이 크다.
㉱ 상온에서 담금질한 강(고속도강)보다 다소 단단하다.

토룡 상온에서 고속도강보다 다소 연하나 600℃ 이상에서는 고속도강보다 단단하므로(보통 고속도강 1.5~2배) 절삭 능력이 좋으나 취약하다.

문제 115. 경도가 높은 탄화물의 분말에 결합제로서 Co 분말을 혼합하여 압축 성형하여 소결 제조하는 합금은?
㉮ 고속도강　　㉯ 스텔라이트　　㉰ 초경합금　　㉱ 시래믹

문제 116. 소결 합금은 WC, TiC, TaC 등의 금속 탄화물을 Co의 결합제를 사용하여 수소(H) 기류 중에서 소결하는 합금이다. 소결 온도는 몇 ℃에서 소결하는가?
㉮ 860~950℃　　　　　　㉯ 1250~1350℃
㉰ 1300~1450℃　　　　　 ㉱ 1400~1500℃

토룡 소결 합금의 소결 온도
① 예비 소결 : 900℃(조형함)
② 2차 소결 : 1400~1500℃

문제 117. 다음 중 소결 합금의 상품명에 따른 종류가 아닌 것은?
㉮ 비디아(독일산)　　　　㉯ 카아볼로이(미국산)
㉰ 시래믹(프랑스산)　　　㉱ 당갈로이(일본산)

문제 118. 다음 초경 합금 중 강절삭용은 어느 것인가?
㉮ S종(조성 : W-Ti-Co-C)　　㉯ G종(조성 : W-Co-C)
㉰ D종(조성 : W-Co-C)　　　 ㉱ F종(조성 : W-Si-Co-C)

토룡 초경 합금의 용도
① S종 : 강절삭용
② G종 : 주철, 비철, 비금속용
③ D종 : 다이스, 인발, 내마모용

문제 119. Al_2O_3를 주성분으로 하고 거의 결합제를 사용하지 않고 고온에서 소결하여 만든 소결 합금은 어느 것인가?
㉮ 비디아　　㉯ 당갈로이　　㉰ 시래믹　　㉱ 카아볼로이

해답 113. ㉯　114. ㉱　115. ㉰　116. ㉱　117. ㉰　118. ㉮　119. ㉰

토용 시래믹은 Al_2O_3를 주성분으로 하고 거의 결합제를 사용하지 않고 1600℃ 이상에서 소결하여 만든 소결 합금이다.

문제 120. 시래믹 공구의 소결 온도로 맞는 것은 어느 것인가?
㉮ 900℃ ㉯ 1250~1350℃ ㉰ 1400~1500℃ ㉱ 1600℃ 이상

문제 121. 다음 시래믹 공구 특성에 대한 설명 중 틀린 것은?
㉮ 고온 경도가 크고 내마모성, 내열성이 우수하다.
㉯ 금속과 친화력이 없으므로 구성 인선이 생기지 않는다.
㉰ 인성이 크고 충격에 강하며 강력 정밀 기계에 적합하다.
㉱ 고온, 고속 절삭용으로 사용되며 산화하지 않고 열을 흡수하지 않는다.

토용 시래믹 공구는 인성이 적고 충격에 약하며 강력 정밀 기계에 적합하며 도자기적 성질을 가지며 비중은 3.7~4.1이고 H_{RC}는 86~94이다.

문제 122. 전동기, 변압기 및 발전기 등의 철심용으로 틀린 것은?
㉮ 투자율이 작아야 한다. ㉯ 보자력이 작아야 한다.
㉰ 히스테리스가 적어야 한다. ㉱ 전기 저항이 커야 한다.

토용 철심 재료의 구비 조건
① 투자율, 전기 저항이 클 것 ② 보자력, hysteresis가 적을 것

문제 123. Fe에 Si를 가하면 나타나는 특성 중 틀린 것은 어느 것인가?
㉮ 탈산 작용을 한다.
㉯ 자성을 나쁘게 하는 산소를 제거한다.
㉰ 자기 변형이 증가되어 자성을 잃게 된다.
㉱ 전기 저항이 향상되고 교류 기기의 철심에 사용할 때 전류의 손실이 작아진다.

토용 자기 변형이 감소되어 자성을 개선한다.

문제 124. 규소 함유량에 의한 용도 중 0.5~1.5%Si의 용도로 맞는 것은?
㉮ 발전기 또는 전동기의 철심
㉯ 발전기의 발전자, 유도 전동기의 회전자
㉰ 유도 전동기의 고정자용 철심, 변압기 및 발전기의 철심
㉱ 변압기의 철심, 전화기

토용 Si %에 의한 용도
① ㉮항 : 0.5~1.5% ② ㉯항 : 1.5~2.5%
③ ㉰항 : 2.5~3.5% ④ ㉱항 : 3.5~4.5%

문제 125. 다음 중 자석용 재료를 재질면에서의 분류가 아닌 것은?
㉮ 담금질형 ㉯ 석출형 ㉰ 산화물 자석형 ㉱ 공정형

해답 120. ㉱ 121. ㉰ 122. ㉮ 123. ㉰ 124. ㉮ 125. ㉱

[도움] 자석용 재료 분류 : 담금질형, 석출형, 산화물 자석형

[문제] **126.** Si-Al을 많이 첨가한 철 합금으로 풀림 상태에서 우수한 자성을 나타내는 고투자율 합금이며 박판 형태로 가공하기 힘든 합금으로 맞는 것은 어느 것인가?
㉮ 시래믹   ㉯ 센더스트   ㉰ 퍼어멀로이   ㉱ 불변강

[도움] 센더스트(sendust)의 조성 : Si(5~11%)-Al(3~8%)

[문제] **127.** Fe-Ni합금으로 1300℃ 정도로 가열한 뒤 자기 변태점 부근으로부터(600℃) 구리판 위에서 냉각하면 우수한 자성이 나타나며 약한 자장으로 큰 투자율이 나타나는 합금은?
㉮ 시래믹   ㉯ 센더스트   ㉰ 퍼어멀로이   ㉱ 불변강

[도움] 퍼어멀로이(permalloy)
① 조성 : Ni(78.5%)-Fe(나머지)
② 약한 자장으로 큰 투자율을 얻는다.

[문제] **128.** Fe-Ni합금으로 약한 자장으로 큰 투자율을 얻을 수 있는 합금은 다음 중 어느 것인가?
㉮ 시래믹   ㉯ 센더스트   ㉰ 퍼어멀로이   ㉱ 불변강

[문제] **129.** 다음 중 담금질형 자석강으로 맞는 것은 어느 것인가?
㉮ KS강   ㉯ NKS강   ㉰ MK강   ㉱ PK강

[도움] 담금질형 : KS강, MT강

[문제] **130.** 석출형 자석강은 다음 중 어느 것인가?
㉮ KS강   ㉯ NKS강   ㉰ MT강   ㉱ PK강

[도움] 석출형 : NKS강, MK강

[문제] **131.** Ni 15~40%, Al 7~15%, Co <20%, Fe 나머지로 된 합금으로 보자력이 큰 자석 재료이며 전기 기계, 무선용 기기, 발전기 등에 사용되는 자석강은 어느 것인가?
㉮ KS강   ㉯ NKS강   ㉰ MK강   ㉱ PK강

[문제] **132.** 다음 중 불변강이 아닌 것은 어느 것인가?
㉮ 인바아   ㉯ 엘린바아   ㉰ 코엘린바아   ㉱ 알니코

[도움] 알니코는 석출형 자석강이다.

[문제] **133.** Ni을 36% 함유한 Fe-Ni계 합금으로 상온에서 탄성 계수가 대단히 작고 내식성이 우수한 불변강은 어느 것인가?
㉮ 인바아   ㉯ 엘린바아   ㉰ 코엘린바아   ㉱ 알니코

[해답] 126. ㉯   127. ㉰   128. ㉰   129. ㉮   130. ㉯   131. ㉰   132. ㉱   133. ㉮

도움 불변강의 조성
　① Invar : Fe-Ni(36%)
　② Suer Invar : Fe-Ni-Co
　③ Elinvar : Fe-Ni-Cr
　④ Platinite : Fe-Ni(42~46%)
　⑤ Coelinvar : Cr-Co-Ni-Fe

문제 134. 상온에서 실용상 탄성 계수가 거의 변하지 않는 Fe-Ni-Cr계 불변강은?
　㉮ 인바아　　㉯ 엘린바아　　㉰ 코엘린바나　　㉱ 풀라티나이트

문제 135. 열팽창 계수가 유리나 백금과 거의 동일하므로 전구의 도입선에 사용되는 불변강은 어느 것인가?
　㉮ 인바아　　㉯ 엘린바아　　㉰ 코엘린바나　　㉱ 풀라티나이트

문제 136. 다음 중 내한강으로 많이 사용되는 합금강은 어느 것인가?
　㉮ 18-8형 스테인레스강　　㉯ 고속도강
　㉰ 탄소 공구강　　　　　　㉱ 규소강

도움 내한강은 Austenite 조직이 강하며 18-8형 스테인레스강이 많이 사용된다.

해답 134. ㉯　135. ㉱　136. ㉮

제 6 장

주철

1. 주철의 개요

[1] 주철의 정의

(1) 금속 조직학상으로 주철은 2.0~6.68%C인 철합금을 말하며 인장 강도는 강에 비해 작고 취성이 크며 고온에서 소성 변형이 안되나 주조성이 우수하다.

(2) 실용주철
  ① 조성 : C(2.5~4.5%), Si(0.5~3.0%), Mn(0.5~1.5%), P(0.05~1.0%), S(0.05~0.15%)
  ② 파단면은 흑회색이고, 흑연의 분포 상태, 흑연의 형상을 변화시킨 고급 주철도 많이 생산됨.

(3) 주철은 탄소, 규소의 함유량, 용해 조건, 냉각 속도의 차이에 따라 **회주철**, **백주철**, **반주철**로 나누어진다.

2. 주철의 조직과 상태도

[1] 주철에 함유된 탄소

(1) 일부는 유리 탄소와 화합 탄소로 존재한다.

(2) 유리 탄소(free carbon, 흑연, graphite)
  ① 유리 상태로 존재한다.
  ② Si가 많고 냉각 속도가 느릴 때(회주철) 나타난다.

(3) 화합 탄소(combined carbon)
  ① 화합 상태로 퍼얼라이트 또는 시멘타이트(Fe_3C)로 존재한다.
  ② Mn이 많고 냉각 속도가 빠를 때(백주철) 나타난다.
  ③ 주철 중의 cementite는 불안정 화합물이므로 $Fe_3C \longrightarrow 3Fe+C$로 분해되어 흑연이 석출된다.

(4) 주철에 함유하는 탄소량은 보통 이 두 가지의 탄소를 합한 탄소량, 즉 전탄소를 나타낸다.

※ 전탄소(total carbon) : 흑연+화합 탄소
㉠ 주철 주물의 경우 3.8%C의 것을 말한다.
㉡ 보통 주철에서는 화합 탄소가 0.5~0.7% 정도 함유한다.
㉢ Fe_3C가 0.9% 이상이 되면 기계 가공이 어렵다.
㉣ 가장 적합한 주철의 조성 : 전탄소(3.0~3.8%), Si(2.0~1.5%), 화합 탄소(0.8~1.0%)
㉤ 탄소량이 같다고 하더라도 성분, 용해 조건, 주입 조건 등에 의해 흑연과 화합 탄소의 비율이 달라지며 성질에 영향을 미친다.

[2] Fe-C계 평형 상태도

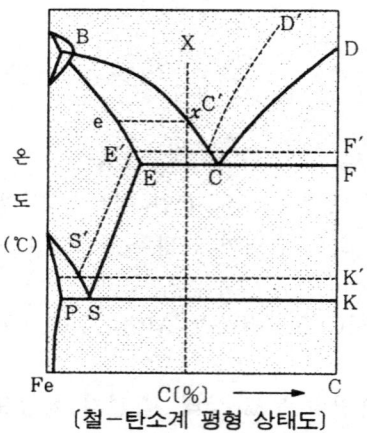

[철-탄소계 평형 상태도]

(1) 주철은 용융 상태에서 함유 탄소가 전부 Fe 중에 균일하게 용해되어 있으나 응고될 때 급냉시 탄소는 시멘타이트로, 서냉시 흑연이 되어 석출한다.
(2) 흑연이 석출할 때는 안정 평형 상태도(점선)이고 시멘타이트가 나올 때는 준안정 평형 상태도(실선)이다.
(3) 3%C의 주철이 1500~1600℃에서 균일한 융체가 1300℃로 되면 오스테나이트가 정출을 시작하여 온도가 더 내려가 1154℃에서는 나머지 융체가 오스테나이트와 흑연으로 분리되어 공정이 되면서 전부 고체가 된다
(4) 급냉시는 ECF선인 1148℃까지 내려왔을 때 오스테나이트와 시멘타이트가 공정으로 정출되고 전부 고체로 된다.
(5) E'F'선(안정 평형) : 흑연이 정출된다.
(6) EF선(준안정) : 시멘타이트가 정출한다.
(7) S'K' : 페라이트+흑연
(8) SK : 페라이트+시멘타이트=퍼얼라이트

【3】 주철 중의 여러 가지 상

(1) 흑연
   ① 주철 중의 흑연은 응고함에 따라 즉시 분리된 것(편상)과 일단 시멘타이트로 정출된 뒤에 이것이 분해해서 생긴다. (괴상)
   ② 구상 흑연은 쇳물 처리에 의해서 응고와 동시에 정출된다.
   ③ 흑연은 연하고 메짐이 있어 Fe 속에 들어가면 전체적으로 메짐이 생긴다.
   ④ 흑연의 양, 크기, 모양 및 분포 상태는 주물의 성질에 영향을 미친다.

(2) 퍼얼라이트 및 시멘타이트
   ① 주철의 기본 조직 : Ferrite, Pearlite, Cementite
   ② 퍼얼라이트는 강도를 뒷받침하는 것으로 탄소량의 의해 퍼얼라이트량이 결정된다.
   ※ 인장강도 : 84~90kg/mm^2, H_B : 200 정도.
   ③ 주철 중에 시멘타이트가 많이 존재하면 절삭성이 저하된다.

【4】 주철의 조직도

(1) 주철의 조직을 지배하는 주요한 요소 : C, Si의 양 및 냉각 속도.
(2) 마우러 조직도(Maurer's diagram)

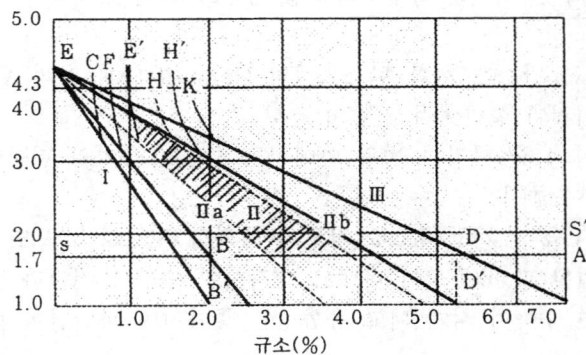

   ① C와 Si량에 따른 주철의 조직 관계도.
   ② E점 : 공정점
   ② B점 : C1.0%에 있어서의 백·주철의 경계(Si 2.0%에 상당함)
   ③ A점 : C1.0%, Si7.0%에 상당하며 퍼얼라이트 유무를 나타내는 점.
   ④ Ⅰ : 백주철(퍼얼라이트+Fe$_3$C)
   ⑤ Ⅱa : 반주철(퍼얼라이트+Fe$_3$C+흑연)
   ⑥ Ⅱ : 강력주철(퍼얼라이트+흑연)
   ⑦ Ⅱb : 회주철(퍼얼라이트+페라이트)
   ⑧ Ⅲ : 연질주철(페라이트+흑연)
(3) 퍼얼라이트 주철은 기계구조용 주물로서 가장 우수한 성질을 나타낸다.
(4) 퍼얼라이트 주철의 가장 우수한 성질 : 2.7~3.2%C, 1.0~1.8%Si.

【5】 주철 조직에 미치는 여러 가지 원소의 영향

(1) 탄소 당량과 포화도
   ① C 이외의 원소의 영향을 탄소량으로 환산하며 이 값을 탄소 당량(C.E ; carbon

equivalent)이라 한다.

② 탄소 당량 $= C\% + \frac{1}{3}Si\%$, 또는 $C\% + \frac{1}{3}(Si\% + P\%)$

㉮ 탄소 당량이 4.3%일 때 : 쇳물은 직접 공정 반응을 하고 흑연과 오스테나이트를 동시에 정출한다.

㉯ 탄소 당량이 4.3% 이상인 경우 : 초정 흑연을 정출한다.

㉰ 탄소 당량이 4.3% 이하인 경우 : 초정으로 오스테나이트를 정출하고 흑연은 감소한다.

③ Si나 P이 함유되면 공정점은 탄소량이 적은 쪽으로 이동한다.

④ 탄소 포화도 : C%와 Si나 P의 함유량에서 수정한 공정 성분 값과의 비.

㉮ 탄소 포화도 $= \dfrac{\text{전체 탄소량}}{4.3 - \dfrac{Si}{3.2}}$, 또는 $\dfrac{\text{전체 탄소량}}{4.3 - \dfrac{Si}{3.2} - 0.275P}$

㉯ 탄소 포화도가 1인 경우 : 정확히 공정이 되고 흑연과 오스테나이트를 동시에 정출한다.

㉰ 탄소 포화도가 1 이하인 경우 : 아공정 성분으로 된다.

㉱ 탄소 포화도가 1 이상인 경우 : 과공정 성분으로 된다.

(2) 탄소의 영향

① 주철 중에 있는 탄소는 화합 탄소로서의 Cementite와 유리 탄소로서의 흑연 상태로 존재하며 이것이 합하여져 전량이 된다.

② 탄소 함유량이 4.3%까지의 범위 안에서는 C%의 증가와 더불어 따라 용융점이 저하되며 주조성이 좋다.

③ 보통 주철은 C%가 2.5~4.5% 정도이며 화합 탄소가 많으면 파단면은 흰색이 되어 쇳물을 주입할 때 유동성이 나쁘고 냉각시에 수축도 커진다.

④ 흑연이 많으면 수축이 적게 되고 유동성을 좋아지며 파단면이 회색이 된다.

(3) 규소의 영향

① Si가 많으면 주철의 흑연화가 촉진되어 Cementite는 적어진다.

② Si가 많은 주철을 서냉하면 Cementite는 거의 나타나지 않는다.

③ 주철 중의 화합 탄소를 분리하여 흑연을 유리시키는 성질이 있다.

④ 주철의 질을 연하게 하고 냉각시 수축을 적게 한다.

(4) 망간의 영향

① 탈황제로서 작용하며 보통 주철에는 0.4~1.0% 함유한다.

② $Mn + FeS \rightarrow Fe + MnS$

㉮ MnS는 비중이 3.99이므로 용해 금속 표면에 떠오른다.

㉯ 적은 양이면 주철 속에 존재하여도 별로 재질을 해치지 않는다.

③ 페라이트 중에 고용된 Mn의 일부는 Cementite 중에 Mn_3C 형태로서 들어 있는 이중 탄화물을 만든다.

※ 이중 탄화물은 Cementite를 안정화시키며 보통 주물에서는 Mn 1.0%까지는 영향이 없으나 함유량이 증가하면 퍼얼라이트는 미세해지고 Ferrite는 감소한다.

(5) S(황)의 영향
   ① Mn이 적을 때는 거의 황화철(FeS)로서 편석하여 균열의 원인이 된다.
   ② Cementite를 안정시키고 Si에 의한 흑연화 작용을 방해한다.
   ③ 다량의 황은 메짐이 증가하고 강도가 현저히 감소한다.
(6) P(인)의 영향
   ① Ferrite-Cementite-Fe_3P의 삼원 공정인 스테아나이트로서 존재한다. (대단히 단단함)
   ② P을 4.8% 함유한 주철은 H_B가 418에 달한다.
   ③ 주철의 용융점을 저하시키고 유동성이 좋아진다.
   ④ 탄소의 용해도가 저하되어 Cementite가 많아지면서 단단하고 메짐이 커진다.
   ⑤ 보통 주물에서는 0.5% 이하가 좋다.
(7) 기타 원소의 영향
   ① Ni : Ferrite 중에 잘 고용되어 있으면 강도 증가, Pearlite를 미세하게 하여 흑연화를 증대시킨다. 또한 흑연을 균일하게 분포시키므로 내열성, 내식성, 내마멸성을 증대시킨다.
   ② Cr : 탄화물 형성, 흑연 함유량 감소, 주물을 단단하게 하며, Cementite의 분해가 곤란
   ③ Cu : 적은 양일 경우는 흑연화 약간 촉진, 인장강도, 내산 내식성을 크게 한다. 많으면 Cementite의 분해가 곤란하며, 약 0.1~0.5% 정도로 제한한다.
   ④ Mg : 흑연화의 구상화를 일으키며 기계적 성질을 향상시킨다.

【6】주철의 흑연화

(1) C량이 적을수록, 고온 용해일수록 탄소가 전부 미세한 공정 흑연과 오스테나이트 조직이 되므로 기계적 성질은 저하한다.
(2) 냉각 속도에 따른 흑연화 상태
   ① (a)는 초정 수지상 결정과 공정 흑연으로 제품의 두께가 얇고 급냉된 부분에 나타난다.
   ※ 주위가 Ferrite화되고 Pearlite 부분이 적어 재질이 약하므로 기계 재료에 부적합하다.
   ② (b)는 처음은 급냉되고 응고 말기에는 냉각이 늦어지는 경우
   ※ 최초의 공정 흑연과 그 쥐에 편상 흑연이 나타난다.
   ③ (c)는 비교적 빨리 균일하게 냉각된 조직이다.
   ※ 흑연의 분포에서 수지상의 초정의 형태를 볼 수 있고, 바탕은 퍼얼라이트이며 강도가 있다.
   ④ (d)는 (c)보다 서냉한 경우이고 만곡된 흑연이 균일하게 분포하고 국화 무늬 모양의 조직.
   ※ 바탕은 거의 전부가 퍼얼라이트이며 가장 강한 주물이다.
   ⑤ (e)는 대단히 서냉한 경우이고 대형 주물은 주로 이러한 조직이다.
(3) 주철 중의 Cementite는 불안정한 화합물이므로 $Fe_3C \rightarrow 3Fe+C$로 분해되어 흑연

이 석출된다.
(4) 가열 온도가 높으면 단시간에, 낮은 온도에서 오랜 시간이 걸린다.

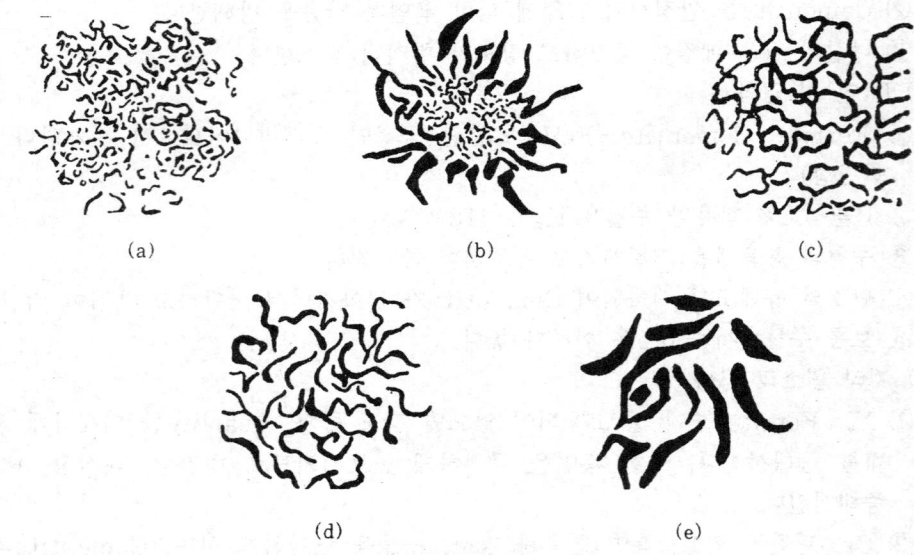

〔냉각 속도 변화에 따르는 흑연 상태〕

3 주철의 성질

【1】 물리적 성질

(1) 흑연편이 클수록 자기 감응도는 나빠지므로 2.6~3.6%C 정도가 좋다.
(2) 투자율을 크게 하기 위해서는 화합 탄소를 적게 하고, 유리 탄소를 균일하게 분포시킨다.
(3) Si와 Ni의 양의 증가함에 따라 전기 비저항이 높아진다.
(4) 비열은 융점까지는 온도 상승과 함께 증가하고 용융 후에는 무관하다.
(5) 융점 : P의 함유량이 많을수록 응고 온도는 저온 쪽으로 처진다.
(6) 주철의 물리적 성질

종류	색상	비중	융점(℃)	용해숨은열(cal/kg)	열팽창계수(25~100℃)	열전도율	비열	전기저항(Ω/cm)
회주철	흑회색	7.1~7.3	1150~1350	32~34	0.000084	0.045~0.08	0.131	74.6×10⁻⁶
백주철	은백색	7.5~7.7		23	—	0.120~0.13		98.0×10⁻⁶

※ 비중
  ㉠ Ferrite, Pearlite, Cementite, 흑연, P공정 등의 양적 비율에 따라 다르며 흑연(2.2548)의 영향이 크다.
  ㉡ 보통 인장강도와 경도가 높을수록 비중이 증가하고 살 두께, 냉각속도에 따라 다르다.
  ㉢ 인장강도와 비중(살 두께 19.25 이상, 27.6 이하, 직경 40.6mm)과의 관계

인장강도	비 중	인장강도	비 중	인장강도	비 중
15.7	6.58~7.0	22.0	7.2~7.3	40.9	7.4~7.6
18.9	7.0~7.2	26.8~34.6	7.3~7.4	백선	7.6~7.7

(7) 주철의 성장
 ① 주철은 650~950℃ 정도까지 가열 냉각을 하면 팽창하며 이것이 반복되면 성장하여 변형되어 균열이 생긴다. 이것을 **주철의 성장**이라 한다.
 ② **주철의 성장 원인**(growth of cast Iron)
  ㉮ Cementite 분해에 의한 팽창.
  ㉯ A_1변태에 의한 부피의 팽창. (미세한 균열이 형성되어 생기는 팽창)
  ㉰ 산화에 의한 팽창. (흡수된 가스에 의한 팽창과 고용 원소인 Si의 산화에 의한 팽창)
  ㉱ 반복 가열 냉각에 의해서 흑연편의 예각부로부터 생긴 균열에 의한 팽창.
  ㉲ 흑연과 페라이트 기지의 열팽창 계수의 차이에 의거 그 경계에 생기는 틈새.
 ③ 주철의 성장 방지책
  ㉮ 조직은 치밀하게(흑연화 미세화)하고 산화하기 쉬운 Si대신 내산화성이 Ni로 치환한다.
  ㉯ Cr 등을 첨가하여 Fe_3C의 흑연화를 방지한다. (Cr, V, W, Mo 등의 원소 첨가)
  ㉰ 편상 조직을 구상 조직으로 하고 탄소량을 저하시킨다.

【2】 기계적 성질

(1) 경도(hardness)
 ① Cementite량에 비례하며, Si가 많으면 Cementite가 분해되므로 경도는 낮아진다.
 ② P이 함유되어 있으면 조직이 스테아타이트(steatite)로 되어 경도가 증가된다.
 ③ Mn이 증가하면 경도는 천천히 증가한다.
 ④ S은 약 0.2% 정도를 넘으면 Cementite가 많아져서 경도가 증가한다.
(2) 인장 강도(tensile stregth)
 ① 흑연의 함유량과 형상에 따라 다르다.
 ② 주철 중의 흑연은 편상으로 페라이트가 많아질수록 약하고, 페라이트와 흑연이 적을수록 강해진다.
 ③ 냉각 속도가 느리면 흑연이 많아지면서 약해지고, 용해 온도가 높아지면 C는 미세화되면서 인장 강도는 증가한다.
 ④ Si도 강약에 영향을 준다.
 ⑤ 흑연의 구상화와 바탕의 조절에 의해 강력한 주철이 된다.
 ⑥ 주철의 인장 강도

종 류	일반 주철	고급 주철
인장 강도	15~25kg/mm^2	25~35kg/mm^2

 ⑦ 인장 강도와 경도와의 관계 : δt(인장 강도)$=0.0013H_B$(브리넬 경도)

(3) 압축 강도(compression strength)
　① 인장 강도의 3~4배 정도 크다.
　② 압축 강도 : 56~105kg/mm²이다.
(4) 충격치(impact value) 및 피로 한도
　① 충격치는 저탄소, 저규소로 흑연량이 적고 유리 시멘타이트가 없는 주철은 충격값이 크다.
　② 피로 한도는 노치부에 의하여 크게 영향을 받는다.
　③ 흑연의 상태가 미세할수록 노치부는 민감하며, 피로 한도는 인장 강도의 약 30~50%이다.
(5) 내마멸성 및 절삭성
　① 자체의 흑연이 윤활제 역할을 하고 내마모성이 커진다.
　② 흑연이 조대해진 주철은 약하며, 퍼얼라이트 부분이 많을수록 마멸은 적다.
　③ $H_B 200$에서 마멸에 잘 견딘다.
　④ 내마멸성 증가 원소는 Cr이 사용된다.
　　※ Cr 0.7% 이상 혼입된 주철은 세멘타이트가 많아지므로 가공이 곤란하다.
　⑤ 절삭성의 난이는 경도와 관계되며 경도와 강도가 크면 절삭성은 떨어진다.
　⑥ 시멘타이트를 안정화시키는 원소는 절삭성을 나쁘게 하고 흑연화를 증가시키는 원소는 절삭성을 좋게 한다.

【3】 주조성
(1) 유동성(liquidty)

　① 유동성의 판단 : $\dfrac{주입 온도 - 응고 온도}{응고 온도 - 주형 온도}$

　② 화학 성분이 일정할 때 용해와 주입 온도가 높을수록 유동성은 좋다.
　③ 유동성 향상 원소 : C, Si, Mn, P. ※ 유동성 방해 원소 : S
(2) 수축(shrinkage)
　① 냉각 응고시 용적 변화가 나타나며 응고 후에도 온도의 강하에 따라 수축한다.
　② 주철의 수축은 고회주철 이외에는 모두 크다.
　③ 주철에서의 변화
　　㉮ 주입 후 응고 개시까지의 용해 금속의 수축 다음에 응고에 의한 수축.
　　㉯ 응고 후의 변태에 의한 부피 변화.
　　㉰ 응고부터 상온까지 온도 강하에 따른 수축.
　④ 보통 주철에서는 약 1.0%의 수축을 나타낸다.
　⑤ Si가 증가하면 수축을 완화하고 더욱 증가하면 팽창한다.
　⑥ 급냉시 서냉보다 수축이 크고 수축 응력이 생기며 주물에 균열 및 치수 변화가 생긴다.

4 일반 주철

【1】 보통 주철
(1) 조성 : C(3.2~3.8%), Si(1.4~2.5%), Mn(0.4~1.0%), P(0.15~0.5%), S(0.06~0.13%) 정도.
(2) 조직 : 편상 흑연과 Ferrite로이며 다소 Pearlite를 함유한다.
(3) 강인성이 적고 단조는 안되나, 융점이 낮고 유동성이 좋으므로 기계 구조용에 사용된다.
(4) 기계 가공성이 좋고 값이 싼 것이 특징이다. 인장 강도 : $10~25kg/mm^2$

【2】 고급 주철
(1) 인장 강도가 $25kg/mm^2$ 이상인 주철로서 미세한 흑연이 균일하게 분포되어 있다.
(2) Cementite가 적고 탄소 함유량이 0.8~0.9% 정도의 Pearlite 조직이 많은 주철이다.
(3) 고급 주철이 갖출 특징
 ① 인장 강도, 항절력이 크고, 비교적 강인성이 클 것.
 ② 충격에 대한 저항, 경도, 내마멸성이 클 것.
 ③ 기계 가공이 용이하며, 조직이 치밀하고 내열, 내식성이 클 것.
(4) 고급 주철의 제조법
 ① 란쯔법(Lanz process) : C 3.2%, Si 1.2%, C+Si가 3.5~4.0%의 성분을 가진 쇳물을 Cementite의 정출을 막기 위해 가열한 주형을 사용하는 법.
 ② 에멜법(Emmel process) : C 2.8~3.2%, Si 1.25~2.25%(C+Si≒5%)의 성분을 가진 것을 용해해서 제조하는 방법.
 ③ 미이하나이트 주철(Meehanite Cast Lron)
  ㉮ 저탄소 저규소의 주철에 칼슘 실리케이트를 접종하여 강도를 높인 주철.
  ㉯ 기계적 성질이 우수하고 제품의 신뢰성이 높다.
  ㉰ 바탕 조직은 Pearlite로 흑연이 미세하게 분포되어 있고 용선로, 전기로, 평로로 용해한다.
  ㉱ 미해나이트 주철의 성분과 기계적 성질

성 분	전탄소	화합탄소	Si	Mn	P	S
함유량(%)	2.03~2.13	0.72~0.99	1.35~1.39	0.87~1.05	0.15~0.16	0.04
인장 강도	26~35kg/mm²		경 도		H_B 126~321	

  ㉲ 용도 : 내마모성이 요구되는 공작 기계의 안내면과 강도를 요하는 기관의 실린더로 사용
 ④ 접종(Inoculation)
  ㉮ 흑연의 핵을 미세하고, 균일하게 분포하도록 하기 위하여 Si나 Ca-Si분말을 첨가하여 흑연의 핵 생성을 촉진하는 방법이다.
  ㉯ 접종제 : C, Si, Ca, Al(Ba, Zr, Mn, Ti, 희토류 등)
  ㉰ 접종제의 사용 목적
   ㉠ 기계 가공성 향상, 주조 조직 균일화, 치밀한 조직 증대 효과.

ⓒ 기계적 특성 향상, 흑연과 기지 조직 향상, 공구 파손 방지, 얇은 단면의 chill방지
㉣ 접종에 영향을 주는 요인
  ㉠ S량이 낮을수록 접종 처리가 어려워진다.
  ㉡ 모든 접종제는 접종 소멸현상(fading)이 있다.

5 특수 주철

【1】 특수 합금 원소의 영향

(1) Ni의 영향

① 흑연화 촉진제(0.1~1.0% 첨가)로 흑연화 능력은 Si의 $\frac{1}{2} \sim \frac{1}{3}$ 정도이다.

② 얇은 부분의 칠 및 조직의 조대화를 방지하고, 두께가 고르지 않는 주물을 튼튼하게 한다.

③ 비열, 내산성, 내알카리성을 갖게 하며 Austenite주철을 만들 경우 14~38% 첨가한다.

(2) Cr의 영향

① 흑연화 방지 원소이며 탄화물을 안정화한다. (0.2~1.5% 첨가)

② 조직을 Pearlite로 하며 경도 증가, 내열, 내식, 고온 내열성이 좋고, 절삭은 곤란하다.

(3) Mo의 영향

① 다소의 흑연화 방지(0.25~1.25% 첨가).

② 강도, 경도, 내마모성을 증가시키고 두꺼운 주물의 조직을 균일화한다.

(4) Ti의 영향

① 강탈산제이며 흑연화 촉진제(0.3% 첨가)이다.

② 고탄소, 고규소의 주철에 흑연화, 미세화하며 강도를 높인다.

(5) V 및 Cu의 영향

① V은 강한 흑연화 방지제이며 0.1~0.5% 정도로 흑연의 바탕을 미세하고 균일하게 한다.

② Cu는 0.25~2.5% 첨가로 경도, 내식성, 내마모성을 증가시킨다.

【2】 칠 주물(냉경 주철, chilled casting)

(1) 금형에 닿은 부분을 급냉하고 내부는 서냉하여 표면은 경하고 내부는 강인성을 갖게 한 주철이다.

(2) 내마멸성을 위주로 하는 로울러나 차바퀴에 많이 이용된다.

(3) 칠드부의 조직 : Cementite ※ 내부조직 : Pearlite

(4) 칠드층의 지배 요인

① 주입 온도 및 칠드 부분의 두께.

② 금형 온도와 두께 및 금형에 접촉한 시간.

③ 규소량이 적어지면 칠드 두께가 두꺼워진다.

(5) 각종 원소와 칠드 깊이의 영향
① C : 칠 깊이를 감소시키나 경도는 증가시킨다.
② Si : 칠 깊이에 큰 영향을 주며 함유량이 많으면 칠층은 얇게 된다.
③ Mn : 백선과 회주철 사이에 반선을 생성시키며 칠의 깊이를 증가시킨다.
④ P : 적은 양이면 칠층의 깊이가 증가한다.
⑤ S : 규소와 정반대인 효과로 칠 깊이와 경도를 증가시킨다.
⑥ 칠층을 깊게 하는 원소 : S, Cr, V, Mn, Mo, W
⑦ 칠층을 얇게 하는 원소 : C, Si, Al, Ti, P, Co, Ni, Cu.
(6) 용도 : 내마모성을 위주로 하는 로울러, 차륜, 칠드 로울러 등.

【3】 가단 주철
(1) 백심 가단 주철(BMC)
① 백주철을 철광석, 밀스케일(mill scale : 압연 작업에서 나온 산화 표피)과 함께 풀림 처리에 사용된 상자에 다져 넣고 약 950~1000℃로 가열하면 산화철의 산소가 작용하여 백주철의 표면이 탈탄된다.
※ 탈탄 반응
$O_2 + C \longrightarrow CO_2$
$Fe_3C + CO_2 \longrightarrow 3Fe + 2CO$
※ 탈탄에 필요한 이산화탄소의 공급
$C + CO_2 \longrightarrow 2CO$
$Fe_2O_3 + CO \longrightarrow 2FeO + CO_2$
$Fe_3O_4 + CO \longrightarrow 3FeO + CO_2$
$FeO + CO \longrightarrow Fe + CO_2$

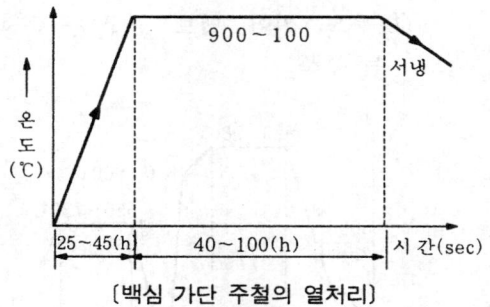

〔백심 가단 주철의 열처리〕

② 표면이 탈탄되어 탄소가 부족하면 내부로부터 탄소가 확산하여 나와서 반응은 지속된다.
③ 탈탄에 미치는 영향
㉠ Mn : 탈탄을 조금 증가시킨다.
㉡ Si, P, Ni, Cr : 탈탄량을 감소시킨다.

(2) 흑심 가단 주철(BMC)
① 저탄소, 저규소의 백선을 풀림하여 Fe_3C를 분해시켜 흑연을 입상으로 석출시킨 것이다.
② 유리 Cementite를 850~950℃에서 30~70시간 가열하여 제1단계 흑연화시킨다.
③ Pearlite를 680~720℃에서 30~40시간 흑연화시키는 제2단 흑연화로 이루어진다.
④ 백선의 흑연화는 $Fe_3C \longrightarrow 3Fe + C$의 분해로서 이루어진다.
⑤ 풀림을 할 때에는 중성제 또는 산화제를 사용하여 표면을 탈탄시킨다.

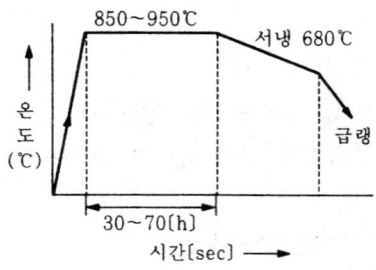 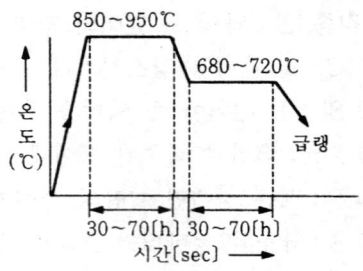

〔흑심 가단 주철의 열처리〕

(3) Pearlite 가단 주철(PMC)
① 흑심 가단 주철의 흑연화를 완전히 하지 않고 제2단의 흑연화를 막기 위해 제1단의 흑연화가 끝난 후에 약 800℃에서 일정 시간 유지하고 급냉 또는 제2단 흑연화 도중에 중지하고 급냉하면 퍼얼라이트 조직을 적당히 남게 한다.
② 제2단계 흑연화 도중에 냉각시켜 퍼얼라이트를 적당히 잔류시킨 주철이다.
③ 인장 강도 : 45~70kg/mm^2, 연신율 : 3.0% 정도
④ 용도 : 기어, 밸브, 공구 등 큰 내마모성 요구 부품, 다소 강도가 높은 것이 요구되는 부품

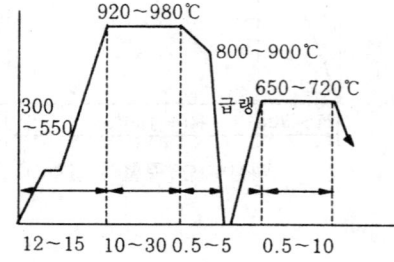 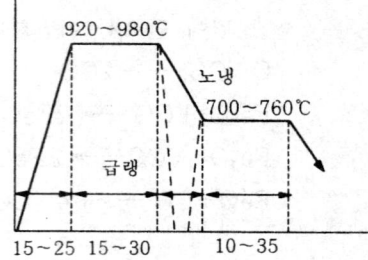

〔pearlite 가단 주철의 열곡선〕

(4) 가단 주철의 성질

종류	WMC	BMC	PMC
인장강도	30~36(kg/mm^2)	28~35(kg/mm^2)	45~70(kg/mm^2)
목적	탈탄 목적	흑연화 목적	흑연화, 일부 C를 Fe$_3$C형으로 잔류

[4] 구상 흑연 주철(연성 주철, ductile 주철, 노듈러 주철)
(1) 흑연을 구상화(Ce 0.02%, Mg 0.04%)시켜 균열 발생을 어렵게 하고 강도 및 연성을 크게 한 주철을 말한다.
(2) 구상 흑연 주철의 조성 : C(3.3~3.9%), Si(2.0~3.0%), Mn(0.2~0.7%)
(3) 구상화제 : Ce, Mg, Fe-Si, Ca-Si, Ni-Mg, Mg-Si-Fe

(4) 구상 흑연 주철의 분류와 성질

종 류	발 생 원 인	성 질
Cementite형 (Cementite가 석출한 것)	㉠ Mg의 첨가량이 많을 때 ㉡ C, Si 특히 Si가 적을 때 ㉢ 냉각속도가 빠를 때	㉠ H_B : 220 이상이 된다. ㉡ 연성이 없다.
Pearlite형 (기지가 Pearlite)	시멘타이트형과 페라이트형의 중간 발생 원인	㉠ 강인하고 인장강도 60~70kg/mm^2 ㉡ 연신율 : 2% 정도 ㉢ H_B : 150~240
Ferrite형 (Ferrite가 석출한 것)	㉠ C, Si 특히 Si가 많을 때 ㉡ Mg의 첨가량이 적당할 때 ㉢ 냉각속도 느리고, 풀림시	㉠ 연신율 : 6~20% ㉡ H_B : 150~200 ㉢ Si가 3% 이상이면 취약함.

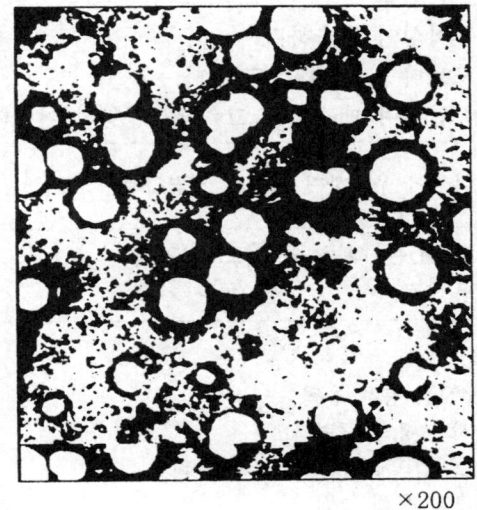

×200

〔구상 흑연 주철〕

문제 1. 보통 주철에 많이 사용되는 주철의 탄소 함유량은 얼마인가?
㉮ 0.025~0.85%C ㉯ 0.85~2.0%C ㉰ 2.0~2.5%C ㉱ 2.5%~4.5%C

도움 보통 주철은 2.5%~4.5%C의 것으로 흑연을 함유하고 있으며 파단면은 회색이다.

문제 2. 주철의 장단점이 아닌 것은 어느 것인가?
㉮ 용융점이 낮고 유동성이 좋고 단련, 담금질, 뜨임이 불가능하다.
㉯ 마찰 저항이 나쁘고 절삭성이 우수하다.
㉰ 압축 강도가 인장 강도보다 3~4배 정도 크다.
㉱ 충격값이 작고 가공이 안되며 메짐이 크고 소성 변형이 어렵다.

도움 마찰 저항이 좋고 절삭성이 우수하며 가격이 저렴하다.

문제 3. 주철을 제조하는 로(爐)는 다음 중 어느 것인가?
㉮ 용광로 ㉯ 용선로 ㉰ 전기로 ㉱ 도가니로

도움 노의 용량
① 용광로 : 선철의 24시간 용해 능력
② 용선로 : 주철의 1시간 용해 능력
③ 평로, 전로, 전기로 : 강의 1회 용해 용해 능력
④ 도가니로 : 구리의 1회 용해 능력

문제 4. 다음 중 용선로의 크기를 바르게 설명한 것은?
㉮ 선철을 24시간 용해할 수 있는 능력으로 표시한다.
㉯ 주철을 1산간 용해할 수 있는 능력으로 표시한다.
㉰ 강을 1회 용해할 수 있는 능력으로 표시한다.
㉱ 구리를 1회 용해할 수 있는 능력으로 표시한다.

문제 5. 주철에 함유된 탄소에 대한 설명 중 틀린 것은 어느 것인가?
㉮ 유리 탄소로 존재한다.
㉯ 화합 탄소로 존재한다.
㉰ 유리 탄소는 Si가 많고 냉각 속도가 느릴 때 나타난다.
㉱ 화합 탄소는 Mn이 적고 냉각 속도가 느릴 때 나타난다.

해답 1. ㉱ 2. ㉯ 3. ㉯ 4. ㉯ 5. ㉱

[도움] 화합 탄소(combiend carbon)
① Pearlite와 Cementite로 존재한다.
② Mn이 많고 냉각 속도가 빠를 때 나타난다.

[문제] **6.** 주철에 함유된 탄소에 대한 설명이다. 틀린 것은 어느 것인가?
㉮ 전탄소(total carbon) = 흑연 + 화합 탄소이다.
㉯ 보통 주철에는 화합 탄소가 0.5~0.7% 정도 함유한다.
㉰ 화합 탄소가 4.3% 이상이 되면 기계 가공하기가 쉽다.
㉱ Fe_3C는 Si의 함유량이 많을수록 적어진다.

[도움] Fe_3C가 0.9% 이상이 되면 기계 가공이 어렵다.

[문제] **7.** 다음 설명 중 틀린 것은 어느 것인가?
㉮ 흑연이 많을 경우는 백주철로 일반적인 주철을 총칭한다.
㉯ 흑연이 적고 탄소가 시멘타이트의 화합 탄소로 존재할 경우 백주철이라 한다.
㉰ 주철 중의 시멘타이트는 불안정 화합물이다.
㉱ 가열 온도가 높으면 흑연화는 단시간이 걸리고, 낮은 온도에서는 장시간이 걸린다.

[도움] 흑연이 많을 경우는 회주철로 일반적인 주철을 총칭한다.

[문제] **8.** 다음 주철의 상태도에 대한 설명이 바르지 못한 것은?
㉮ 용액이 응고할 때 탄소는 시멘타이트가 되든지 흑연으로 분리한다.
㉯ 급냉시는 흑연으로 서냉시는 시멘타이트로 석출한다.
㉰ 흑연이 석출될 때는 안정 평형 상태이다.
㉱ 시멘타이트가 나올 때는 준안정 상태이다.

[도움] 급냉시는 시멘타이트로, 서냉시는 흑연이 되어 석출한다.

[문제] **9.** Fe-Fe_3C계(준안정계)의 공정 반응 온도는 몇 ℃인가?
㉮ 1538℃   ㉯ 1400℃   ㉰ 1153℃   ㉱ 1130℃

[도움] Fe-Fe_3C계의 공정 반응 : 1130℃에서 L ⇌ (γ-Fe) + Fe_3C

[문제] **10.** 다음 중 주철의 기본 조직이 아닌 것은 어느 것인가?
㉮ Pearlite   ㉯ Austnite   ㉰ Ferrite   ㉱ Cementite

[도움] 주철의 기본 조직 : Pearlite, Ferrite, Cementite

[문제] **11.** 다음은 주철의 조직에 대한 설명이다. 틀린 것은 어느 것인가?
㉮ 주철 중에 Cementite가 많으면 절삭성이 저하된다.
㉯ Si가 많으면 흑연화 촉진되며 Cementite가 적어진다.
㉰ 강도를 뒷받침하는 조직은 Cementite이다.
㉱ 탄소가 적은 것은 Cementite가 적어진다.

[해답] 6. ㉰   7. ㉮   8. ㉯   9. ㉱   10. ㉯   11. ㉰

[도움] 강도를 뒷받침하는 조직은 Pearlite이고 경도를 뒷받침하는 조직은 Cementite이다.

[문제] **12.** 주철의 조직 및 성질에 가장 중요한 영향을 미치는 원소는?
㉮ C와 Si　　㉯ Mn와 Si　　㉰ P와 S　　㉱ C와 S

[도움] 주철의 조직 및 성질에 가장 중요한 영향을 미치는 원소 : C와 Si

[문제] **13.** 기계 구조용 주물로서 가장 좋은 성질을 가진 주철은?
㉮ 회주철　　㉯ Pearlite 주철　　㉰ 백주철　　㉱ 칠드 주철

[도움] 기계 구조용 주철로서 가장 우수한 주철은 Pearlite로서 2.7~3.2%C, 1.0~1.8%Si이다.

[문제] **14.** Pearlite 주철의 가장 우수한 성질의 조성성은 어느 것인가?
㉮ 1.7~2.2% C, 1.0~1.8% Si　　㉯ 2.7~3.2% C, 1.0~1.8% Si
㉰ 1.0~1.8% C, 1.7~2.2% Si　　㉱ 1.0~1.8% C, 2.7~3.2% Si

[문제] **15.** 주철의 조직 중 흑연에 대한 설명이다. 틀린 것은 어느 것인가?
㉮ 흑연은 연하고 메짐이 있다.
㉯ 흑연의 양, 크기, 모양 및 분포 상태에 영향을 받는다.
㉰ 주철 중의 흑연은 응고 즉시 분리되는 것은 괴상이다.
㉱ 편상 흑연도 크기와 분포 상태가 응고 조건에 의해 변한다.

[도움] 주철 중의 흑연은 응고 즉시 분리된 것은 편상이고 일단 시멘타이트로 정출한 뒤에 이것이 분해하여 생긴 것이 괴상으로 나타난다.

[문제] **16.** 주철 중의 Pearlite는 강도를 뒷받침하는 것으로 탄소 함유량에 의해 Pearlite량이 결정된다. 인장 강도는 얼마인가?
㉮ $20~35 kg/mm^2$　　㉯ $40~60 kg/mm^2$
㉰ $60~80 kg/mm^2$　　㉱ $84~90 kg/mm^2$

[도움] Pearlite의 H_B는 200 정도이고 인장강도는 $84~90 kg/mm^2$

[문제] **17.** 주철의 조직을 지배하는 주요한 요소가 아닌 것은 어느 것인가?
㉮ 망간의 양　　㉯ 탄소의 양
㉰ 규소의 양　　㉱ 냉각 속도

[도움] 주철의 조직을 지배하는 주요한 요소는 C, Si의 양과 냉각 속도이다.

[문제] **18.** 탄소와 규소량에 따른 주철의 조직 관계를 표시한 대표적인 조직도는 다음 중 어느 것인가?
㉮ 탄소 당량 조직도　　㉯ 바탕 조직도
㉰ 흑연 조직도　　㉱ 마우러 조직도

[해답] 12. ㉮　13. ㉯　14. ㉯　15. ㉰　16. ㉱　17. ㉮　18. ㉱

도움 주철의 조직도 : C와 Si의 양 및 냉각 속도의 관계를 나타내는 조직도이다.

문제 19. 다음 그림의 마우러 조직도 중 퍼얼라이트 주철 구간은?

㉮ Ⅰ
㉯ Ⅱ
㉰ Ⅱa
㉱ Ⅲ

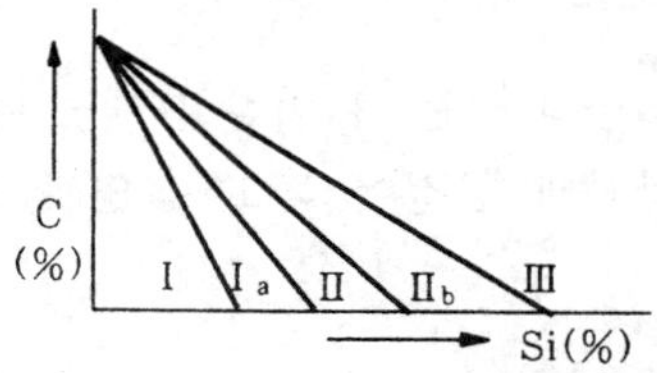

도움 마우러 조직도 설명
① Ⅰ : 백선
② Ⅱa : 반선
③ Ⅱb : 퍼얼라이트 주철
④ Ⅱ : Ferrite+Paerlite
⑤ Ⅲ : Ferrite 주철

문제 20. 다음 중 주철의 조직에 가장 큰 영향을 미치는 원소는?

㉮ S　　㉯ P　　㉰ C　　㉱ Si

도움 주철의 조직에 가장 큰 영향을 미치는 원소 : C

문제 21. 탄소 당량을 구하는 식으로 맞는 것은 어느 것인가?

㉮ 탄소 당량=Si %+ $\frac{1}{3}$C %　　㉯ 탄소 당량=Si+ $\frac{1}{3}$S %
㉰ 탄소 당량 =C %+ $\frac{1}{3}$S %　　㉱ 탄소 당량=C%+ $\frac{1}{3}$Si%

도움 탄소 당량(C.E)의 식
① C%+ $\frac{1}{3}$Si%
② C%+ $\frac{1}{3}$(Si%+P%)

문제 22. 다음은 탄소 당량(C.E;carbon equivalent)에 대한 설명이다. 틀린 것은 어느 것인가?

㉮ 탄소 당량이 4.3%일 때 쇳물은 직접 공석 반응을 하고 흑연과 페라이트를 동시에 석출한다.
㉯ 탄소 이외의 원소의 영향을 탄소량으로 환산한 값을 말한다.
㉰ 탄소 당량이 4.3% 이상일 때인 경우는 초정 흑연을 정출한다.
㉱ 탄소 당량이 4.3% 이하인 경우는 초정으로 Austenite를 정출하고 흑연은 감소한다.

도움 탄소 당량(C.E)
① 4.3%일 때(공정) : 흑연과 Austenite가 동시에 정출한다.
② 4.3% 이상일 때(과공정) : 초정 흑연을 정출한다.
③ 4.3% 이하일 때(아공정) : 초정 Austenite를 정출하고, 흑연은 감소한다.

해답 19. ㉯　20. ㉰　21. ㉱　22. ㉮

문제 23. 다음 탄소 포화도에 대한 설명 중 틀린 것은 어느 것인가?
㉮ 탄소량과 규소나 인(P)의 함유량에서 수정한 공정 성분 값의 비를 나타내는 것을 탄소 포화도라 한다.
㉯ 탄소 포화도가 1 이하일 때에는 과공정 성분, 1 이상일 때는 아공정 성분으로 된다.
㉰ 탄소 포화도가 1인 경우는 정확하게 공정이 되고 흑연과 오스테나이트를 동시에 정출한다.
㉱ 탄소 포화도는 $\dfrac{전체\ 탄소량}{4.3 - \dfrac{Si}{3.2}}$ 으로 나타낸다.

토용 탄소 포화도(S.C)
① 1인 경우 : 공정
② 1 이하인 경우 : 아공정
③ 1 이상인 경우 : 과공정

문제 24. 다음은 주철에 함유된 Si의 영향에 대한 설명이다. 틀린 것은?
㉮ 철과 고용체를 만들고 흑연 생성을 촉진한다.
㉯ 주철의 질을 연하게 하고 냉각시 수축이 감소된다.
㉰ 주철 중의 흑연을 분리하여 화합 탄소를 유리시킨다.
㉱ Si를 첨가한 주철은 응고 후 수축이 적어지고 주조가 쉽다.

토용 주철 중의 화합 탄소를 분리하여 흑연을 유리시키는 성질이 있다.

문제 25. 주철에 함유된 탄소의 영향에 대한 설명으로 틀린 것은?
㉮ 보통 주철에는 탄소가 2.5~4.5% 정도이다.
㉯ 화합 탄소가 많으면 파단면은 흰색이 되어 쇳물을 주입할 때 유동성이 나쁘고 냉각시에 수축이 커진다.
㉰ 흑연이 많으면 수축이 적게 되고 유동성은 좋게 된다.
㉱ 탄소 함유량이 4.3%까지의 범위 안에서는 탄소 함유량의 증가에 따라 용융점이 올라가며 주조성이 나빠진다.

토용 탄소 함유량이 4.3%까지의 범위 안에서는 탄소 함유량의 증가에 따라 용융점이 저하되며 주조성이 좋아진다.

문제 26. 다음은 주철에 함유된 화합 탄소에 대한 설명이다. 틀린 것은?
㉮ 화합 탄소가 많으면 파단면은 백색이 된다.
㉯ 쇳물을 주입할 때 유동성은 나빠진다.
㉰ 화합 탄소가 많으면 냉각시에 수축도 커진다.
㉱ 화합 탄소가 많은 주철을 회주철이라 한다.

토용 화합 탄소의 주철은 백주철이다.

해답 23. ㉯ 24. ㉰ 25. ㉱ 26. ㉱

문제 27. 다음 중 주철에 Si가 함유되면 증가되는 성질은 어느 것인가?
㉮ 연성   ㉯ 전성   ㉰ 주조성   ㉱ 수축율

[토이] Si의 영향
① 증가 : 주조성, 경도, 강도,   ② 감소 : 연성, 전성, 수축율

문제 28. 주철에 함유된 Mn의 영향을 설명한 것이다. 틀린 것은?
㉮ 탈황제 작용을 하며 보통 주철에는 0.4~1.0%를 함유한다.
㉯ 페라이트 중에 고용되어 망간의 일부는 Mn_3C의 형태로서 들어 있어 이중 탄화물을 만든다.
㉰ 이중 탄화물은 시멘타이트를 불안정하게 한다.
㉱ 망간이 증가함에 따라 퍼얼라이트는 미세해지고 페라이트는 감소한다.

[토이] 이중 탄화물은 시멘타이트를 안정하게 한다.

문제 29. 주철에 함유된 Mn의 영향으로 틀린 것은 어느 것인가?
㉮ 흑연화 방지제이다.
㉯ Pearlite 석출 억제 및 Ferritr를 미세화한다.
㉰ 유황의 해를 억제한다.
㉱ 시멘타이트 안정화 및 강도, 경도, 수축율을 증가한다.

[토이] Mn 증가에 따라 Pearlite를 미세화하며 Ferritr는 감소한다.

문제 30. 다음은 주철에 함유되는 원소 중 유황에 대한 설명이다. 틀린 것은 어느 것인가?
㉮ 시멘타이트를 안정화시켜서 편석하여 균열의 원인이 된다.
㉯ 유황이 많이 존재하면 강도는 현저히 증가한다.
㉰ 규소에 의한 흑연화 작용을 방해한다.
㉱ 유황이 많으면 메짐이 증가한다.

[토이] 유황이 많이 주철에 존재하면 강도는 현저히 감소한다.

문제 31. 주철에 S의 영향이 아닌 것은 다음 중 어느 것인가?
㉮ 주조 응력을 작게 한다.   ㉯ 유동성을 해친다.
㉰ 주조 작업이 곤란하다.   ㉱ 수축을 크게 한다.

[토이] 주조 응력을 크게 하고 균열을 일으킨다.

문제 32. 주철에 S의 영향이 아닌 것은 다음 중 어느 것인가?
㉮ 정밀 주조 제조를 어렵게 한다.   ㉯ 흑연 생성을 방해한다.
㉰ 상온 취성의 원인이 된다.   ㉱ 백선화 촉진 원소이다.

[토이] 고온 취성의 원인이 되며 시멘타이트를 안정화한다.

해답 27. ㉰ 28. ㉰ 29. ㉯ 30. ㉯ 31. ㉮ 32. ㉰

문제 33. 주철에서 3원 공정이 스테다이트(steadite)를 일으키는 원소는?
㉮ P   ㉯ S   ㉰ C   ㉱ Si

[도움] 스테다이트(steadite) : Ferrite+Fe_3C+Fe_3P의 3원 공정을 말한다.

문제 34. 주철 중의 인(P)에 대한 설명이다. 틀린 것은 어느 것인가?
㉮ 인(P)은 일부분이 페라이트 중에 고용된다.
㉯ 스테다이트 중의 시멘타이트는 분해되기 어렵고 연하다.
㉰ 융점은 낮아지고 쇳물의 유동성은 좋아진다.
㉱ P을 4.8% 함유한 주철은 H_B가 418 정도가 된다.

[도움] steadite 중의 Cementite는 분해되기 어렵고 단단하며 여리다.

문제 35. 주철에 함유된 P의 영향에 대한 설명 중 틀린 것은 어느 것인가?
㉮ 얇은 두께의 주물이나 깨끗한 면을 필요로 하는 주물 등에서는 함유량을 많게 한다.
㉯ 스테다이트가 함유된 주철은 내마모성이 강해지나 다량일 때는 오히려 취약해진다.
㉰ 스테다이트의 용융점은 1538℃이다.
㉱ 보통 주물에서는 P이 0.5% 이하가 좋다.

[도움] P은 일부분이 Ferrite 중에 고용되나 대개 스테다이트로 존재하며 용융점은 980℃이다.

문제 36. 주철 중에 P이 들어갔을 때 나타나는 성질 중 틀린 것은 어느 것인가?
㉮ 탄소 용해도가 저하된다.   ㉯ 용융점이 저하된다.
㉰ 유동성이 좋아진다.   ㉱ Ferrite가 많아진다.

[도움] 주철 중에 P이 들어가면 시멘타이트가 많아지면서 단단하고 메짐이 커진다.

문제 37. 주철에 함유된 Ni의 영향이 아닌 것은 다음 중 어느 것인가?
㉮ Ferrite 속에 잘 고용되어 있으면 강도를 감소시킨다.
㉯ Pearlite를 미세하게 하여 흑연화를 증가시킨다.
㉰ 흑연을 균일하게 분포시킨다.
㉱ 내열성, 내식성 및 내마멸성을 증가시킨다.

[도움] Ferrite 속에 잘 고용되어 있으면 강도를 증가시킨다.

문제 38. 다음은 주철에 함유된 원소의 영향이다. 틀린 것은?
㉮ Cr은 탄화물을 형성시키므로 흑연 함유량을 감소시킨다.
㉯ Ni은 흑연화를 감소시킨다.
㉰ Cu는 적은 양일 경우 흑연화 작용을 약간 촉진시킨다.
㉱ Mg은 흑연의 구상화를 일으킨다.

[도움] Ni은 Pearlite를 미세하게 하여 흑연화를 증가시킨다.

[해답] 33. ㉮   34. ㉯   35. ㉰   36. ㉱   37. ㉮   38. ㉯

문제 39. 주철의 흑연 모양 중 기본형이 아닌 것은 어느 것인가?
㉮ 편상 흑연   ㉯ 공정상 흑연   ㉰ 괴상 흑연   ㉱ 구상 흑연

> 흑연 모양의 기본형 : 편상, 구상, 괴상

문제 40. 주철의 흑연 모양 중 가장 좋은 흑연상은 어느 것인가?
㉮ 편상 흑연   ㉯ 공정상 흑연   ㉰ 국화상 흑연   ㉱ 구상 흑연

> 가장 좋은 흑연상은 국화상이다.

문제 41. 다음은 주철의 흑연 모양에 대한 설명이다. 틀린 것은?
㉮ 공정상 흑연은 작은 괴상이나 편상 흑연의 집합체이다.
㉯ 장미상 흑연은 편상과 공정상의 집합체이다.
㉰ 가장 좋은 흑연상은 국화상이다.
㉱ 편상 흑연은 Si량이 적고 급냉시 생기며 금속성이다.

> 편상 흑연은 Si량이 많고 서냉시 생기며 비금속성이다.

문제 42. 다음은 주철의 흑연 모양에 대한 설명이다. 틀린 것은?
㉮ 편상 흑연은 Si량이 많고 서냉시 생기며 비금속성이다.
㉯ 장미상 흑연은 Si가 적당하고 탄소가 많을 때 나타난다.
㉰ 괴상 흑연은 냉각 속도가 극히 늦을 때, 큰 주물에서 나타난다.
㉱ 공정상 흑연은 탄소가 많고 저온 용해일수록 나타난다.

> 공정상 흑연은 탄소가 적고 고온 용해일수록 나타난다.

문제 43. 주철의 흑연화에 대한 설명으로 잘못된 것은 어느 것인가?
㉮ Fe_3C가 안정된 상태인 3Fe와 C로 분리된 것을 말한다.
㉯ 흑연화의 영향은 용융점을 낮게 한다.
㉰ 흑연화의 영향은 회주철이 되므로 경도가 높아진다.
㉱ 흑연화의 영향은 복잡한 형상이 가능하다.

> 흑연화의 영향
> ① 융점을 낮게 한다.
> ② 복잡한 형상 가능
> ③ 회주철이 되므로 경도가 감소된다.

문제 44. 다음 중 흑연화 촉진 원소가 아닌 것은 어느 것인가?
㉮ Si   ㉯ Al   ㉰ Ti   ㉱ Mo

> 흑연화 촉진 원소 : Si, Al, Ti, Ni, Ca, Cu, Co

해답 39. ㉯   40. ㉰   41. ㉱   42. ㉱   43. ㉰   44. ㉱

문제 45. 주철의 물리적 성질에 대한 설명이 잘못된 것은 어느 것인가?
㉮ 흑연편이 클수록 자기 감응도가 나빠진다.
㉯ 투자율을 크게 하기 위해서는 화합 탄소를 많게 한다.
㉰ 투자율을 크게 하려면 유리 탄소를 균일하게 분포시킨다.
㉱ Si와 Ni의 양이 증가함에 따라 전기 비저항이 높아진다.

[도움] 투자율을 크게 하려면
① 화합 탄소를 적게 한다.
② 유리 탄소를 균일하게 분포한다.

문제 46. 주철의 물리적 성질에 대한 설명 중 틀린 것은 어느 것인가?
㉮ 비중은 흑연이 많을수록 커진다.
㉯ 전기 전도율는 흑연량이 많을수록 저하한다.
㉰ 비열은 용융점까지는 온도 상승과 함께 증가하나 용융 후는 무관하다.
㉱ 융점은 P의 함유량이 많을수록 응고 온도는 저온쪽으로 처진다.

[도움] 비중은 흑연량이 많을수록 적어진다.

문제 47. 다음은 주철의 비중에 대한 설명이다. 틀린 것은 어느 것인가?
㉮ 보통 인장 강도가 경도가 낮을수록 비중은 증가한다.
㉯ 동일 성분이라도 살두께, 냉각 속도에 따라 다르다.
㉰ 흑연이 많을수록 비중은 적어진다.
㉱ Si, C가 많을수록 비중은 적어진다.

[도움] 보통 인장 강도나 경도가 높을수록 비중은 증가한다.

문제 48. 주철의 성장 원인이 아닌 것은 어느 것인가?
㉮ 불균일한 가열에 의한 팽창과 Cementite의 흑연화에 의한 팽창
㉯ Ar_3 변태에 의해 체적 변화가 일어날 때 미세한 균열이 형성되어 생기는 팽창
㉰ 흡수된 가스에 의한 팽창과 고용 원소인 Si의 산화에 의한 팽창
㉱ 흑연과 Ferrite 기지의 열팽창 계수의 차이에 의거 그 경계에 생기는 틈새

[도움] Ar_1 변태에 의해 체적 변화가 일어날 때 미세한 균열이 형성되어 생기는 팽창

문제 49. 주철의 성장 방지책이 아닌 것은 어느 것인가?
㉮ 조직을 치밀하게 한다.
㉯ Cr과 같은 내열원소를 첨가하여 Cementite의 분해를 방지할 것
㉰ 구상을 편상으로 하고 탄소량을 저하한다.
㉱ 산화하기 쉬운 Si를 적게 할 것

[도움] 편상을 구상으로 하고 탄소량을 저하한다.

[해답] 45. ㉯ 46. ㉮ 47. ㉮ 48. ㉯ 49. ㉰

문제 50. 회주철의 비중은 얼마인가?
㉮ 2.7　　㉯ 4.5　　㉰ 7.2　　㉱ 8.9

도움 회주철의 비중 : 7.1~7.3

문제 51. 다음 중 주철의 성장 원인이 아닌 것은 어느 것인가?
㉮ A_3 변태에 의한 부피의 팽창
㉯ 산화에 의한 팽창
㉰ 반복 가열 냉각에 의해 흑연편의 예각부로부터 생긴 균열에 의한 팽창
㉱ 흑연 탄소의 분해에 의한 팽창

도움 주철의 성장 원인
① 시멘타이트 분해에 의한 팽창
② A_1변태에 의한 부피 팽창
③ 흑연 분해에 의한 팽창
④ 반복 가열 냉각에 의해 흑연편의 예각부로부터 생긴 균열에 의한 팽창

문제 52. 주철의 기계적 성질에 대한 설명 중 틀린 것은 어느 것인가?
㉮ 강철에 비해 메짐이 크다.
㉯ Pearlite, Ferrite, Cementite 및 흑연의 조직 상태에 따라 기계적 성질이 달라진다.
㉰ 흑연의 모양, 크기, 분포 및 양에 의해서 성질이 달라진다.
㉱ 경도는 페라이트의 양에 비례한다.

도움 경도는 시멘타이트의 양에 비례한다.

문제 53. 다음은 주철의 기계적 성질이다. 틀린 것은 어느 것인가?
㉮ 경도 : Cementite가 많으면 증가한다.
㉯ 인장 강도 : 강도를 뒷받침하는 것은 Pearlite이다.
㉰ 압축 강도 : 인장 강도의 약 4배 정도이다.
㉱ 내마모성 : 윤활유의 흡수가 안되므로 비교적 적다.

도움 내마모성 : 윤활유를 흡수하므로 비교적 잘 견딘다.

문제 54. 다음은 주철의 경도에 대한 설명이다. 틀린 것은 어느 것인가?
㉮ P, S, Mn의 함유량이 많으면 경도는 감소한다.
㉯ 경도는 Cementite가 많으면 증가한다.
㉰ Si가 많으면 경도는 저하한다.
㉱ Mn의 함유량이 증가시 경도는 증가한다.

도움 P, S, Mn의 함유량이 많으면 경도는 증가한다.

해답 50. ㉰　51. ㉮　52. ㉱　53. ㉱　54. ㉮

문제 55. 다음은 주철의 인장 강도에 영향을 주는 요인이 아닌 것은?
㉮ P와 S의 함유량   ㉯ 냉각 속도
㉰ 용해 조건   ㉱ 용탕 처리

도움 주철의 인장 강도에 영향을 주는 요인
① C와 Si의 함유량   ② 냉각 속도 및 용해 조건
③ 용탕 처리 및 흑연 모양   ④ 흑연 함유량, 분포 상태

문제 56. 다음은 주철의 인장 강도를 좌우하는 영향 중 틀린 것은?
㉮ 용해 조건   ㉯ 시멘타이트의 모양
㉰ 흑연의 함유량   ㉱ 흑연의 분포 상태

문제 57. 다음 중 주철의 인장 강도에 대한 설명이다. 틀린 것은?
㉮ 흑연이 적고 미세하고 균일하게 분포되면 강도는 증가한다.
㉯ 일반 주철의 인장 강도는 25kg/mm^2 이상이다.
㉰ 약 400℃ 이상에서는 급속히 저하한다.
㉱ 탄소 포화도가 증가하면 흑연이 많이 발생하여 저하된다.

도움 보통 주철의 인장 강도는 12~20kg/mm^{2}이다.

문제 58. 다음 주철의 인장 강도에 대한 설명 중 틀린 것은?
㉮ 주철 중의 흑연은 보통 구상이므로 Ferrite가 많아질수록 증가한다.
㉯ Ferrite와 흑연이 적을수록 강해진다.
㉰ 냉각 속도가 느리면 흑연이 많아지면서 약해진다.
㉱ 용해 온도가 높아지면 탄소는 미세화되면서 증가한다.

도움 주철 중의 흑연은 보통 편상이므로 Ferrite가 많아질수록 약해지고 Ferrite와 흑연이 적을수록 강해진다.

문제 59. 다음 중 주철의 압축 강도는 인장 강도의 몇 배인가?
㉮ 3~4배 정도   ㉯ 4~5배 정도   ㉰ 5~6배 정도   ㉱ 8~9배 정도

도움 주철의 압축 강도는 인장 강도의 3~4배 정도이다.

문제 60. 다음 주철의 성질 중 틀린 것은 어느 것인가?
㉮ 일반적으로 경도와 강도가 크면 절삭성은 떨어진다.
㉯ Pearlite 부분이 많을수록 마멸이 크다.
㉰ 피로 한도는 인장 강도의 약 30~50%이다.
㉱ 고탄소, 고규소이고 조대한 흑연편을 함유한 주철은 충격값이 작다.

도움 Pearlite 부분이 많을수록 내마멸성이 크다.

해답 55. ㉮ 56. ㉯ 57. ㉯ 58. ㉮ 59. ㉮ 60. ㉯

문제 61. 주철의 변화에 대한 설명으로 잘못된 것은 어느 것인가?
- ㉮ 주입 후 응고시까지의 용해 금속의 수축 다음에 응고에 의한 수축
- ㉯ 보통 주철에서는 약 10%의 수축을 나타낸다.
- ㉰ 응고 후의 변태에 의한 부피 변화
- ㉱ 응고 후부터 상온에 이를 때까지 온도 강하에 따른 수축

도움 보통 주철에서는 약 1.0%의 수축을 나타내며 고회주철 이외에는 모두 크다.

문제 62. 다음 주철의 기호 중 보통 주철의 기호가 아닌 것은?
- ㉮ GC10
- ㉯ GC15
- ㉰ GC20
- ㉱ GC25

도움 주철의 기호
① 보통 주철 : GC10, GC15, GC20 ② 고급 주철 : GC25, GC30, GC35

문제 63. 다음 중 고급 주철이 아닌 것은 어느 것인가?
- ㉮ GC20
- ㉯ GC25
- ㉰ GC30
- ㉱ GC35

문제 64. 보통 주철에 대한 설명이 잘못된 것은 어느 것인가?
- ㉮ 조성은 C(3.2~3.8%), Si(1.4~2.5%), Mn(0.4~1.0%), P(0.15~0.5%), S(0.06~0.13%) 정도이다.
- ㉯ 조직은 주로 구상 흑연과 시멘타이트로 되어 있다.
- ㉰ 강인성이 적고 단조가 안된다.
- ㉱ 용융점이 낮고 유동성이 좋아 기계 구조용으로 많이 사용된다.

도움 보통 주철의 조직 : 주로 편상 흑연과 Ferrite로 되어 있으며 다소 Pearlite를 함유한다.

문제 65. 보통 주철의 인장 강도는 얼마인가?
- ㉮ $10 \sim 25 \text{kg/mm}^2$
- ㉯ 25kg/mm^2 이상
- ㉰ 35kg/mm^2 이상
- ㉱ 50kg/mm^2 이상

도움 보통 주철의 인장 강도 : $10 \sim 25 \text{kg/mm}^2$

문제 66. 고급 주철의 인장 강도는 몇 kg/mm^2가 되는가?
- ㉮ $10 \sim 25 \text{kg/mm}^2$
- ㉯ 25kg/mm^2 이상
- ㉰ 35kg/mm^2 이상
- ㉱ 50kg/mm^2 이상

도움 고급 주철의 인장 강도 : 25kg/mm^2 이상

문제 67. 고급 주철의 조직은 다음 중 어느 것인가?
- ㉮ Ferrite
- ㉯ Pearlite
- ㉰ Martentite
- ㉱ Cementite

도움 고급 주철의 조직 : Pearlite

해답 61. ㉯ 62. ㉱ 63. ㉮ 64. ㉯ 65. ㉮ 66. ㉯ 67. ㉯

문제 68. 고급 주철이 갖추어야 할 특성으로 맞지 않는 것은 어느 것인가?
 ㉮ 인장 강도, 항자력, 강인성이 클 것
 ㉯ 충격에 대한 저항이 클 것
 ㉰ 조직이 조대하고 내열, 부식성이 클 것
 ㉱ 기계 가공이 가능하고 경도, 내마멸성이 클 것

  [도움] 조직이 치밀하고 내열, 내식성이 높을 것

문제 69. 고급 주철의 제조에 대한 설명 중 틀린 것은 어느 것인가?
 ㉮ 탄소를 적게 하여 강에 가깝게 한다.
 ㉯ 흑연의 분포를 균일하게 하고 그 모양을 조절한다.
 ㉰ 저탄소 저규소의 주철에 칼슘 실리케이트를 접종하여 강도를 높인다.
 ㉱ 탄소는 3.2~3.8%, 규소는 1.4~2.5%를 함유한다.

  [도움] 고급 주철의 조성 : C(2.5~3.2%), Si(1.0~2.0%)

문제 70. 접종에 의해 만들어진 주철은 다음 중 어느 것인가?
 ㉮ 가단 주철   ㉯ 구상 흑연 주철
 ㉰ 미하나이트 주철   ㉱ 칠드 주철

  [도움] 미하나이트 주철 : 접종에 의해 만들어진 고급 주철이다.

문제 71. 흑연의 핵을 미세화하고 균일하게 분포하도록 하기 위해서 Si나 Ca-Si 분말을 첨가하여 흑연의 핵 생성을 촉진하는 방법은?
 ㉮ 마우러 조직도 ㉯ 접종   ㉰ 탄소 포화도   ㉱ 흑연화

  [도움] 접종(Inoculation) : 흑연의 핵을 미세화하고 균일하게 분포하도록 하기 위해서 Si나 Ca-Si 분말을 첨가하여 흑연의 핵 생성을 촉진하는 방법.

문제 72. 접종제의 사용 목적으로 잘못된 것은 어느 것인가?
 ㉮ 얇은 단면의 과냉을 향상시킨다.
 ㉯ 기계 가공성이 향상된다.
 ㉰ 주조 조직이 균일화된다.
 ㉱ 치밀한 조직의 증대 효과가 있다.

  [도움] 얇은 단면의 Chill 방지(과냉 저지)한다.

문제 73. 다음 중 주철에 함유된 Cr의 영향으로 잘못 설명된 것은?
 ㉮ 흑연화 방지 원소이다.   ㉯ 절삭 가공이 쉽다.
 ㉰ 탄화물을 안정화시킨다.   ㉱ 경도, 내열, 내식성이 좋다.

  [도움] 조직을 Pearlite로 하고 절삭은 곤란하다.

해답 68. ㉰ 69. ㉱ 70. ㉰ 71. ㉯ 72. ㉮ 73. ㉯

문제 **74.** 미하나이트 주철의 용도에 대한 설명이다. 틀린 것은?
㉮ 내마모성이 요구되는 공작 기계의 안내면과 강도를 요하는 기관의 실린더에 사용한다.
㉯ 기계류의 주요 부품에는 부적당하다.
㉰ 강력 구조용으로 내열, 내마모용에 사용된다.
㉱ 실린더 라이너, 피스톤, 자동차 부품 등에 사용한다.

토용 기계류의 주요 부품에 사용한다.

문제 **75.** 특수 주철에 함유하는 Ni의 영향이 아닌 것은 어느 것인가?
㉮ 흑연화 촉진제이다.
㉯ 조직의 조대화를 방지하고 Chilled 발생을 방지한다.
㉰ 비열, 내산화성, 내알카리성에는 약하다.
㉱ 두께가 고르지 않는 주물을 튼튼하게 한다.

토용 Ni은 두꺼운 부분의 조직을 억제하는 것을 방지하고 비열, 내산화성, 내알카리성을 갖는다.

문제 **76.** Ni의 흑연화 능력은 Si의 얼마 정도인가?
㉮ $\frac{1}{2} \sim \frac{1}{3}$ 정도 ㉯ $\frac{1}{3} \sim \frac{1}{4}$ 정도 ㉰ $\frac{1}{4} \sim \frac{1}{5}$ 정도 ㉱ $\frac{1}{5} \sim \frac{1}{6}$ 정도

토용 Ni의 흑연화 능력 : Si의 $\frac{1}{2} \sim \frac{1}{3}$ 정도

문제 **77.** 주철에 함유한 원소 중 설명이 잘못된 것은 어느 것인가?
㉮ Mo은 다소 흑연화를 방지하며 두꺼운 주물의 조직을 균일화한다.
㉯ Ti은 강 탈산제로 흑연화를 촉진한다.
㉰ Cu는 경도, 내마모성은 증가하나 내식성이 감소된다.
㉱ V은 강한 흑연화 방지제이며 흑연의 바탕을 미세화한다.

토용 Cu는 0.25~2.5% 첨가로 경도, 내마모성, 내식성이 증가하며 0.4~0.5% 부근에 내식성이 가장 좋다.

문제 **78.** 다음 원소 중 흑연화 작용이 가장 강한 것은 어느 것인가?
㉮ Al ㉯ Cu ㉰ Mn ㉱ Si

토용 흑연화 작용이 큰 순서 : Si>Al>Ni>Cu>Mn>Mo>Cr

문제 **79.** 금형이 닿은 부분만 급냉하고 내부는 서냉하여 연하고 강인성이 있게 만드는 주철을 무엇이라 하는가?
㉮ 칠드 주철 ㉯ 가단 주철
㉰ 구상 흑연 주철 ㉱ 고급 주철

해답 74. ㉯ 75. ㉰ 76. ㉮ 77. ㉰ 78. ㉱ 79. ㉮

문제 80. 칠드 주철의 Chilled부의 조직으로 맞는 것은 어느 것인가?
㉮ Ferrite   ㉯ Pearlite   ㉰ Martentite   ㉱ Cementite

도움▶ 칠드부의 조직 : Cementite

문제 81. 냉경 주철의 내부 조직은 다음 중 어느 것인가?
㉮ Ferrite   ㉯ Pearlite   ㉰ Martentite   ㉱ Cementite

도움▶ 칠드 주철의 내부 조직 : Pearlite

문제 82. 칠(Chiield) 현상에 미치는 각 원소의 영향 중 틀리게 설명한 것은 다음 중 어느 것인가?
㉮ 탄소 : 칠 깊이를 감소시키나 경도는 증가한다.
㉯ 규소 : 함유량이 많아지면 칠층이 얇아진다.
㉰ Mn : 칠 깊이를 증가시킨다.
㉱ P : 함유량이 적으면 칠의 깊이가 감소된다.

도움▶ P은 함유량이 적으면 칠층의 깊이가 증가한다.

문제 83. 다음 중 칠층을 깊게 하는 원소가 아닌 것은 어느 것인가?
㉮ 유황   ㉯ 크롬   ㉰ 바나듐   ㉱ 탄소

도움▶ 칠층을 깊게 하는 원소 : S, Cr, V, Mn, Mo, W

문제 84. 다음 중 칠층을 얇게 하는 원소는 어느 것인가?
㉮ 유황   ㉯ 크롬   ㉰ 바나듐   ㉱ 탄소

도움▶ 칠층을 얇게 하는 원소 : C, Si, Al, Ti, P, Co, Ni, Cu

문제 85. 다음 중 칠층의 깊이를 지배하는 요인이 아닌 것은 어느 것인가?
㉮ 주입 온도
㉯ 금형의 온도와 두께
㉰ 칠부분의 두께
㉱ 규소가 적어지면 칠두께가 얇아진다.

도움▶ 칠층 깊이 재배 요인
① 주입 온도 및 칠부분 두께
② 금형 온도와 두께.
③ 금형에 접촉하는 시간
④ Si량이 적으면 두꺼워진다.

문제 86. 백주철의 연신율을 보완하고 주강의 주조성을 보완하여 백주철과 주강의 중간 성질을 가진 주철은 다음 중 어느 것인가?
㉮ 칠드 주철   ㉯ 가단 주철   ㉰ 구상 흑연 주철   ㉱ 강인 주철

해답 80. ㉱   81. ㉯   82. ㉱   83. ㉱   84. ㉱   85. ㉱   86. ㉯

문제 87. 다음은 가단 주철에 대한 설명이다. 틀린 것은 어느 것인가?
- ㉮ 가단 주철에는 백심 가단 주철, 흑심 가단 주철, 시멘타이트 가단 주철 등이 있다.
- ㉯ 백선을 만든 다음 탈탄 또는 흑연화에 의해 제조한다.
- ㉰ 탈탄에 의해 제조된 주철을 백심 가단 주철이라 한다.
- ㉱ 흑연화에 의해 제조한 것을 흑심 가단 주철이라 한다.

도움 가단 주철의 종류 : 흑심 가단 주철, 백심 가단 주철, Pearlite 가단 주철

문제 88. Cementite를 뜨임 탄소로 변화시킨 주물을 무엇이라 하는가?
- ㉮ 칠드 주철   ㉯ 강인 주철   ㉰ 구상 흑연 주철   ㉱ 가단 주철

도움 가단 주철 : Cementite를 뜨임 탄소로 변화시킨 주물

문제 89. 백선을 산화철과 같이 풀림 상자에 넣고 900~1000℃로 가열하면 백선 표면의 산화철의 산소가 작용하여 백주철의 표면이 탈탄되어 제조된 주철은 다음 중 어느 것인가?
- ㉮ 흑심 가단 주철   ㉯ 백심 가단 주철
- ㉰ 퍼얼라이트 가단 주철   ㉱ 구상 흑연 주철

문제 90. 탈탄을 증가시키는 원소는 다음 중 어느 것인가?
- ㉮ Mn   ㉯ Si   ㉰ P   ㉱ Ni

도움 탈탄을 증가시키는 원소 : Mn

문제 91. 탈탄량을 감소시키는 원소가 아닌 것은 어느 것인가?
- ㉮ Ni   ㉯ Si   ㉰ P   ㉱ Mn

도움 탈탄량을 감소시키는 원소 : Si, P, Ni, Cr

문제 92. 백선을 흑연화시킴으로 제조되는 주철은 다음 중 어느 것인가?
- ㉮ 흑심 가단 주철   ㉯ 백심 가단 주철
- ㉰ 퍼얼라이트 가단 주철   ㉱ 구상 흑연 주철

도움 흑심 가단 주철 : 백선을 흑연화 시켜 만듬

문제 93. 흑심 가단 주철의 제1단계 흑연화로 맞는 설명은 어느 것인가?
- ㉮ 유리 Cementite를 850~950℃에서 30~70 시간 가열한다.
- ㉯ Pearlite를 680~720℃에서 30~40 시간 흑연화한다.
- ㉰ Ferrite를 850~950℃에서 30~70 시간 가열한다.
- ㉱ Marltensite를 680~720℃에서 30~40 시간 흑연화한다.

도움 제1단계 흑연화 : 유리 Cementite를 850~950℃에서 30~70 시간 가열한다.

해답 87. ㉮ 88. ㉱ 89. ㉯ 90. ㉮ 91. ㉱ 92. ㉮ 93. ㉮

문제 94. 백선의 흑연화의 분해를 이루는 반응은 어느 것인가?
- ㉮ $Fe_3C \longrightarrow 3Fe+C$
- ㉯ $Fe_3CO \longrightarrow 3Fe+CO$
- ㉰ $Fe_3O \longrightarrow 3Fe+O$
- ㉱ $Fe_3S \longrightarrow 3Fe+S$

[풀이] 백선의 흑연화는 $Fe_3C \longrightarrow 3Fe+C$의 분해로 이루어진다.

문제 95. 퍼얼라이트 가단 주철의 열처리 방법이 아닌 것은 어느 것인가?
- ㉮ 열처리 싸이클에 의한 방법
- ㉯ 흑심 가단 주철의 재열처리에 의한 방법
- ㉰ 충진물에 의한 방법
- ㉱ 0.6% Mn 또는 Mo 0.5% 및 Cr 첨가에 의한 방법

[풀이] 가단 주철의 열처리 방법
  ① 백심 가단 주철
      ㉠ 충진물에 의한 방법   ㉡ 가스 탈진법
  ② 흑심 가단 주철
      ㉠ 단독로에 의한 방법   ㉡ 연속로에 의한 방법   ㉢ 단독로 2기를 조합한 법
  ③ 퍼얼라이트 가단 주철
      ㉠ 열처리 싸이클에 의한 법
      ㉡ BMC의 재열처리에 의한 방법
      ㉢ 합금 원소를 첨가하는 법

문제 96. 흑심 가단 주철의 열처리 방법은 다음 중 어느 것인가?
- ㉮ 단독로에 의한 방법
- ㉯ 충진물에 의한 방법
- ㉰ 가스 탈진법
- ㉱ 합금 원소를 첨가하는 방법

문제 97. 다음 중 백심 가단 주철의 열처리 방법은 어느 것인가?
- ㉮ 열처리 싸이클에 의한 방법
- ㉯ 흑심 가단 주철의 재열처리에 의한 방법
- ㉰ 충진물에 의한 방법
- ㉱ 0.6% Mn 또는 Mo 0.5% 및 Cr 첨가에 의한 방법

문제 98. 흑연화 또는 일부 탄소를 Fe_3C형으로 잔류시키는 가단 주철은?
- ㉮ 백심 가단 주철
- ㉯ 흑심 가단 주철
- ㉰ 퍼얼라이트 가단 주철
- ㉱ 시멘타이트 가단 주철

[풀이] 가단 주철의 목적
  ① 백심 가단 주철 : 탈탄
  ② 흑심 가단 주철 : 흑연화
  ③ Pearlite 가단 주철 : 흑연화 및 C를 Fe_3C형으로 잔류

[해답] 94. ㉮ 95. ㉰ 96. ㉮ 97. ㉰ 98. ㉰

문제 99. 다음 주철 중 인장 강도가 가장 큰 가단 주철은 어느 것인가?
㉮ 백심 가단 주철 ㉯ 흑심 가단 주철
㉰ 퍼얼라이트 가단 주철 ㉱ 시멘타이트 가단 주철

도움 가단 주철의 인장 강도
① WMC : $30 \sim 36 kg/mm^2$
② BMC : $28 \sim 35 kg/mm^2$
③ PMC : $45 \sim 70 kg/mm^2$

문제 100. 인장 강도가 $45 \sim 70 kg/mm^2$인 가단 주철은?
㉮ 백심 가단 주철 ㉯ 흑심 가단 주철
㉰ 퍼얼라이트 가단 주철 ㉱ 시멘타이트 가단 주철

문제 101. 주철을 가열하여 단조하면 어떻게 되는가?
㉮ 늘어난다. ㉯ 깨어진다.
㉰ 단련된다. ㉱ 질김성이 향상된다.

도움 주철은 메짐이 있으므로 단조하면 깨어진다.

문제 102. 다음은 구상 흑연 주철에 대한 설명이다. 틀린 것은?
㉮ 흑연을 구상화시켜 균열 발생을 어렵게 하고 강도 및 연성을 크게 한 주철이다.
㉯ Ni-Mg 또는 Mg-Si-Fe 합금을 첨가하여 흑연을 구상화한다.
㉰ 내마멸성이 우수하며 특수 기계 부품, 화학 기계 부품, 수도관등에 많이 쓰인다.
㉱ 두께가 두껍고 냉각 속도가 늦으면 구상 흑연 조직이 되기 쉽다.

도움 두께가 두껍고 냉각 속도가 늦으면 편상 흑연 조직이 되기 쉽다.

문제 103. 다음 구상 흑연 주철에 대한 설명 중 틀린 것은 어느 것인가?
㉮ 조직에는 시멘타이트형, 퍼얼라이트형, 페라이트형이 있다.
㉯ 일반적으로 사용된 형은 시멘타이트형이다.
㉰ $900 \sim 950℃$에서 풀림하면 주강과 비슷한 연신율을 나타낸다.
㉱ 내마모성이 우수하다.

도움 일반적으로 사용되는 형 : 페라이트형, 퍼얼라이트형

문제 104. 퍼얼라이트형의 구상 흑연 주철에 대한 설명이다. 틀린 것은?
㉮ Mg의 첨가량이 많았을 때 나타난다.
㉯ 강인하고 인장 강도는 $60 \sim 70 kg/mm^2$ 정도이다.
㉰ 연신율은 2%이다.
㉱ 경도는 H_B가 $150 \sim 240$ 정도이다.

도움 Mg의 첨가량이 많았을 때는 시멘타이트가 석출한다.

해답 99. ㉰ 100. ㉰ 101. ㉯ 102. ㉱ 103. ㉯ 104. ㉮

문제 105. Cementite형의 구상 흑연 주철이 잘못 설명된 것은?
㉮ Mg의 첨가량이 많았을 때 나타난다.
㉯ C, Si 특히 Si량이 적었을 때 나타나며, 냉각 속도가 빠를 때 나타난다.
㉰ 경도(H_B)는 220 이상이다.
㉱ 연신율이 6~20%이다.

도움 Cementite형의 구상 흑연 주철은 연성은 없다.

문제 106. 페라이트형 구상 흑연 주철에 대한 설명이다. 틀린 것은?
㉮ C, Si 특히 Si가 많을 때 나타난다.
㉯ Mg의 양이 적당할 때 나타난다.
㉰ 냉각 속도가 느릴 때 나타난다.
㉱ 담금질 후 급냉하였을 때 나타난다.

도움 페라이트형의 발생 원인
① C, Si 특히 Si가 많을 때
② Mg의 양이 적당할 때
③ 냉각 속도가 느릴 때
④ 풀림하였을 때 나타난다.

문제 107. 페라이트형 가단 주철의 연신율은 몇 %인가?
㉮ 6~20%   ㉯ 4%   ㉰ 2%   ㉱ 연성이 없다.

도움 구상 흑연 주철의 연신율
① Ferrlte형 : 6~20%
② Pearlite형 : 2.0%
③ Cementite형 : 연성이 없다.

해답 105. ㉱   106. ㉱   107. ㉮

제7장 철강재료의 검사법

1 시험법의 종류

[1] 강재의 감별법
(1) 불꽃 시험법

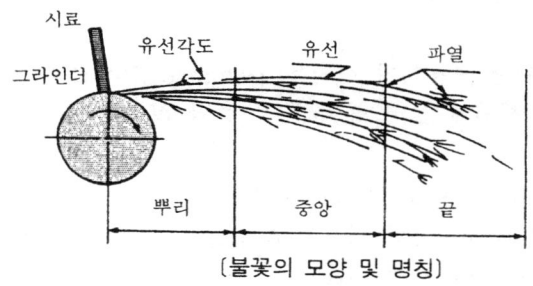

〔불꽃의 모양 및 명칭〕

① 강재를 간단하고 신속하게 대략적인 성분을 불꽃의 색과 형상에 의해서 강의 종류를 판정한다.
② **그라인더 불꽃 시험법**: 그라인더에 불꽃을 발생시켜 불꽃의 분열 상태, 색상 등에 의해 강의 종류를 식별한다.
③ **분말 불꽃 검사법**: 시료를 고운 가루로 만들어 전기로 또는 가스로 중에 뿌려서 그때 생기는 불꽃의 색, 형태, 파열음을 관찰, 청취하여 강질을 검사한다.
④ **페렛 시험**: 그라인더에서 연삭분 중 구상화한 것을 페렛트화하며 그 색, 형상으로 강종을 판정한다.

(2) **접촉열 기전력법**: 열전대의 원리를 이용하여 강재를 감별한다.

(3) 시약 반응법
① **산부식법**: 산을 떨어뜨렸을 때의 반응에 의해 판정한다.
② **점적반응(點滴反應)**: 점적반응에 의해 나타나는 색에 의해 재료 중의 특수 미량 성

분을 검출하는 방법
(4) 조직 시험법
① 강재의 파면을 관찰하든지 현미경에 의해 조직을 판정하는 방법이 있다.
② 파단면의 색상과 조직의 밀도에 의해서 탄소강의 탄소 함유량을 판정하는 방법이 있다.
③ 탄소강의 탄소 함유량은 현미경 조직에서 퍼얼라이트 양과 유리 시멘타이트의 양에 의해 대략 판단한다.

2 검사법의 종류

[1] 결함 검사법

(1) 파면 검사법 : 열처리의 적부, 흑색 파면, 피로파괴 여부, 과열 여부 등을 판단할 수 있다.
(2) 매크로우 조직 검사법(macro structure testing)
  ① 강재를 연마 부식하여 입상 조직, 주상 조직, 가공에 의한 섬유상 조직, 조직의 부동 등을 판단할 수 있다.
(3) 설퍼 프린트법(sulphur print testing)
  ① 강재 중의 S의 분포 상태와 홈을 간단히 검출하는 방법이다.
  ② 철강 중에 FeS 또는 MnS로 존재하는 S을 검출하기 위한 방법.
  ③ 방법
   ㉮ 1.0~5.0% 황산 수용액에 사진용 Bromite 인화지를 1~3분간 담금 후 수분을 닦고 철강의 검사면에 눌러 붙여서 강 중의 황화물과 황산이 반응하여 황화수소가 된다.
    ※ $MnS + H_2SO_4 \longrightarrow MnSO_4 \longrightarrow H_2O$
   ㉯ 이 황화수소가 Bromite의 취화은($AgBr_2$)과 작용하여 황화은을 생성한다.
    ※ $AgBr_2 + H_2S \longrightarrow AgS + 2HBr$
   ㉰ 그 결과 철강의 유황이 많은 곳에 접한 인화지는 검은색으로 변한다.
   ㉱ 설퍼 프린트법

목 적	결 함	결 과
홈 검출	홈 검출	홈에는 황산이 들어가서 황화수소가 많이 나오므로 홈부분만이 흑색으로 나타난다.
결함 검출	담금질부 검출	담금질부는 황화물이 고용체가 되어 확산하므로 설퍼 프린트할 수 없고 백색으로 나타난다. (뜨임시 흑색으로 나타남)
	용접부 검출	용접부는 담금질되므로 백색으로 나타나며 모재는 흑색으로 나타난다.
편 석	고우스트라인	S이 많은 곳은 P, C도 많고 편석하고 있다. 따라서 이 부분은 대단히 단단하고 여리다.

(4) 자기 탐상법
  ① 강재를 파괴하지 않고 표면의 결함을 검사하는 방법.

② Ni, Cr 등의 강자성체를 자장 속에 넣었을 때 갈라진 부분과 비금속 개재물 등에 비연속적 결함이 있으면 결함부에서는 자속이 통과되지 않는다.
③ 강재를 자화시키고 결합부에 철분을 흡인 부착시켜 결함의 위치와 종류를 안다.
④ 담금질 균열, 피로 흠, 연마 흠 등의 표면 또는 표면 근처의 결함 검출에 사용된다.

(5) X-선 투과 검사법
① 강재 내부의 결함을 검출하는 방법이다.
② 결함부와 건전부에서의 X-선의 흡수에 차가 있는 것을 이용하여 X-선 투과사진에 나타나는 흑화도의 차에 의해 결함을 검출하는 방법이다.
③ 기포, 수축 구멍, 편석, 슬랙, 산화물, 모래 등의 혼입된 부분은 X-선의 흡수가 적으므로 감광도가 커서 X-선 사진에는 진한 흑색으로 나타난다.
④ 용접품의 불완전하게 녹는 부분은 밀도가 커서 엷은 흑색 부분으로 나타난다.

(6) 초음파 탐상법
① 금속의 내부 결함을 검출하는 비파괴법이다.
② 초음파를 피검사체에 투사하여 결함 부분 또는 밑면으로부터 반사해 온 초음파를 검출해서 강재 내부의 결함을 검사하는 방법이다.
③ 초음파의 진동수는 0.5~5Mc 정도이며, 진동수가 많아지면 강도가 증가하고 극히 성질이 다른 부분도 발견되나 투과력은 약하다.

문제 1. 다음 중 강재의 감별법이 아닌 것은 어느 것인가?
㉮ 불꽃 시험 ㉯ 접촉열 기전력
㉰ 시약 반응법 ㉱ 인장 시험법

도움 강재의 감별법 : 불꽃 시험, 접촉열 기전력, 시약 반응법

문제 2. 강재의 재질을 가장 간단히 할 수 있는 방법은 어느 것인가?
㉮ 불꽃 시험 ㉯ 접촉열 기전력
㉰ 시약 반응법 ㉱ 인장 시험법

도움 재질의 판정을 간단히 하는 방법은 불꽃 시험법이다.

문제 3. 열전대의 원리에 따라 재질을 감별하는 방법은 다음 중 어느 것인가?
㉮ 불꽃 시험 ㉯ 접촉열 기전력
㉰ 시약 반응법 ㉱ 인장 시험법

도움 접촉열 기전력법은 열전대의 원리에 따른다.

문제 4. 점적반응에 의해 나타나는 색깔에 의해서 재료 중의 특수 미량 성분을 검출하는 점적반응법은 무엇인가?
㉮ 불꽃 시험의 일종이다. ㉯ 접촉열 기전력법의 일종이다.
㉰ 시약 반응법의 일종이다. ㉱ 인장 시험법의 일종이다.

도움 시약 반응법
  ① 산부식법 : 산을 떨어뜨렸을 때의 반응에 의한 판별법
  ② 점적반응법 : 점적 반응에 의해 나타나는 색깔에 의해 재료 중의 특수 미량 성분을 검출하는 방법.

문제 5. 다음 중 강재의 결함 검사법이 아닌 것은 어느 것인가?
㉮ 시약 반응법 ㉯ X-선 법
㉰ 초음파 탐상법 ㉱ 자기 탐상법

도움 시약 반응법은 강재의 감별법이다.

해답 1. ㉱ 2. ㉮ 3. ㉯ 4. ㉰ 5. ㉮

문제 6. 다음 결함 검사법 중 파면 검사법으로 판정할 수 없는 것은?
㉮ 열처리의 적부 ㉯ 피로 파괴 여부 ㉰ 과열 여부 ㉱ 인성, 취성 여부

[도움] 파면 검사법으로 판별할 수 있는 결함 : 열처리 적부, 피로 파괴 여부, 흑색 파면, 과열 여부

문제 7. 강재를 연마 부식하여 입상 조직, 주상 조직 및 가공에 의한 섬유상 조직과 조직의 부동 등을 판별할 수 있는 검사법은?
㉮ 파면 검사법 ㉯ 매크로 검사법 ㉰ 설퍼 프린트법 ㉱ 자기 탄상법

[도움] 매크로 시험(macro test)
① 육안 또는 10배 이내의 확대경 사용.
② 파면 검사, 설퍼 프린트, 매크로 에칭 방식이 있다.
③ 특징
㉠ 균열, 기공, 편석 등의 결함 검사
㉡ 기계 가공에 의한 재료 상태 검사
㉢ 결정입자 크기, 형태 검사
㉣ 수지상 결정의 발달 방향과 크기 검사

문제 8. 육안 또는 10배 정도 확대경을 사용하여 조직 및 결함을 검사하는 방법은 다음 중 어느 것인가?
㉮ 파면 검사법 ㉯ 매크로 검사법 ㉰ 설퍼 프린트법 ㉱ 현미경 검사법

문제 9. 매크로 시험의 특징이 잘못 설명된 것은 어느 것인가?
㉮ 균열, 기공, 편석 등의 결함 검사
㉯ 압연, 단조 등의 기계 가공에 의한 재료 상태 검사
㉰ 결정 입자 크기, 형태 검사
㉱ 재료의 조직 상태, 강도, 경도의 검사

문제 10. 다음 표면 결함 검사법의 종류 중 육안 검사법이 아닌 것은 어느 것인가?
㉮ 산세법 ㉯ 분사법 ㉰ 전해법 ㉱ 타진법

[도움] 타진법은 내부 결함을 검사하는 물리적인 방법이다.

문제 11. 금속적으로 불연속적인 결함이 아닌 것은 다음 중 어느 것인가?
㉮ 기공 ㉯ 슬랙 ㉰ 백점 ㉱ 편석

[도움] 불연속적인 결함 : 기공, 파이프, 슬랙, 백점, 균열

문제 12. 금속적으로 연속적인 결함이 아닌 것은 다음 중 어느 것인가?
㉮ 편석 ㉯ 열처리 불량 ㉰ 잔류 응력 ㉱ 파이프

[도움] 연속적인 결함 : 열처리 불량, 편석, 잔류 응력, 가공 불량, 용접 불량.

[해답] 6. ㉱ 7. ㉯ 8. ㉯ 9. ㉱ 10. ㉱ 11. ㉱ 12. ㉱

문제 13. 강재 중의 황(S)의 분포 상태와 흠을 간단히 검출하는 방법은?
㉮ 아말감법   ㉯ 매크로법   ㉰ 설퍼 프린트법   ㉱ 자기 탐상법

토룡 Sulphur print 법 : 철강 중에 FeS 또는 MnS로 존재하는 S을 검출하기 위해 사용한 육안 검사법.

문제 14. 설퍼 프린트에 의한 황편석의 분류 중 정편석의 기호는?
㉮ S_N ㉯ S_I ㉰ S_C ㉱ S_L

토룡 설퍼 프린트에 의한 황편석의 분류
① S_N : 정편석
② S_I : 역편석
③ S_C : 중심부 편석
④ S_L : 선상 편석
⑤ S_P : 점상 편석
⑥ S_∞ : 주상 편석

문제 15. 설퍼 프린트에 의한 황편석의 분류 중 역편석의 기호는?
㉮ S_N ㉯ S_I ㉰ S_C ㉱ S_L

문제 16. 설퍼 프린트에 의한 황편석의 분류 중 중심부 편석의 기호는?
㉮ S_N ㉯ S_I ㉰ S_C ㉱ S_L

문제 17. 설퍼 프린트에 의한 황편석의 분류 중 선상 편석의 기호는?
㉮ S_N ㉯ S_I ㉰ S_C ㉱ S_L

문제 18. 형강 등에서 볼 수 있는 편석으로 중심부 편석이 주상으로 나타난 것은 다음 중 어느 것인가?
㉮ S_N ㉯ S_I ㉰ S_C ㉱ S_∞

문제 19. 황이 강의 외주로부터 중심부로 향하여 감소하여 분포하고 외주보다 중심부의 방향으로 착색도가 낮게 나타나는 것은?
㉮ S_N ㉯ S_I ㉰ S_C ㉱ S_L

문제 20. 철강 재료의 결함 검사법이 아닌 것은 다음 중 어느 것인가?
㉮ 열분석법   ㉯ 초단파 검사법
㉰ 형광 검사법   ㉱ 설퍼 프린트법

토룡 열분석법은 변태점 측정법이다.

문제 21. 다음 중 마크로 시험법의 종류가 아닌 것은 어느 것인가?
㉮ 파면 검사   ㉯ 형광 검사
㉰ 매크로 에칭   ㉱ 설퍼 프린트

토룡 마크로 시험에는 파면 검사, 설퍼 프린트, 매크로 에칭 방식이 있다.

해답 13. ㉰   14. ㉮   15. ㉯   16. ㉰   17. ㉱   18. ㉱   19. ㉯   20. ㉮   21. ㉯

문제 22. 형광 시험으로 검사할 수 있는 것은 어느 것인가?
㉮ 결정 용액　　㉯ 편석　　㉰ 내부 기공　　㉱ 균열

문제 23. 다음 중 타진법으로 결함 유무를 판단하는 검사가 아닌 것은?
㉮ 홈의 유무　　　　　　　㉯ 주물의 기공, 수축, 파이프 등의 결함
㉰ 내부 균열　　　　　　　㉱ 재질의 경도

　도움 타진법의 결함 검사
　　① 홈의 유무, 재질의 치밀도
　　② 주물의 기공, 수축, 파이프
　　③ 내부 균열, 담금 균열

문제 24. 압력을 받는 기계 부품의 내압 검사에 사용되는 물리적 결함 검사 방법은 다음 중 어느 것인가?
㉮ 타진법　　㉯ 가압 검사법　　㉰ 자기 탐상법　　㉱ 피막 검사법

　도움 가압 검사법 : 주물의 기공, 수축, 파이프 또는 압력을 받는 기계 부품의 내압 감사

문제 25. 다음 중 강의 표면 및 얕은 내부 결함 검출이 가능한 비파괴 시험법은 다음 중 어느 것인가?
㉮ 와류 시험　　　　　　　㉯ 초음파 시험
㉰ 방사선 투과 시험　　　　㉱ 자분 시험

　도움 ① 강의 표면 얕은 내부 결함 검출 : 자분 탐상
　　　② 내부 결함 검출 : 방사선 투과, 초음파 탐상

문제 26. 초음파 검사법의 종류가 아닌 것은 다음 중 어느 것인가?
㉮ 투과법　　㉯ 반사법　　㉰ 공진법　　㉱ 절단법

　도움 초음파 검사법의 종류 : 투과법, 공진법, 반사법

문제 27. 초음파 탐상법으로 검사하는 결함으로 틀린 것은 어느 것인가?
㉮ 내부의 결함 위치　　　　㉯ 내부의 연신율
㉰ 내부의 홈집　　　　　　㉱ 내부의 결함 크기

　도움 초음파 검사는 홈집, 결함의 위치, 크기 등의 내부 결함을 검사한다.

문제 28. 금속 현미경 조직 검사를 하는 이유로 타당하지 않는 것은?
㉮ 합금의 조성 성분 검사
㉯ 합금 원소의 배열 상태 조사
㉰ 금속의 결정 입자 크기 조사
㉱ 금속의 결정 입자 강도 조사

해답 22. ㉱　23. ㉱　24. ㉯　25. ㉱　26. ㉱　27. ㉯　28. ㉱

참고 현미경 검사의 특징
① 금속의 화학 조성, 조직 구분
② 결정립 크기, 모양, 배열상태, 열처리 등의 기공 유무.
③ 비금속 개지물의 종류, 형상, 크기 분포 등의 검사.

문제 29. 다음 중 현미경 검사법의 특징이 잘못 설명된 것은?
㉮ 금속의 조직을 구분한다.
㉯ 금속의 결정 입도의 크기를 알 수 있다.
㉰ 비금속 개재물의 종류를 알 수 있다.
㉱ 금속의 연성을 알 수 있다.

문제 30. 수은을 사용하여 금과 은을 추출하는 방법은?
㉮ 설퍼 프린트   ㉯ 아말감   ㉰ 매크로 에칭   ㉱ 해수법

참고 아말감법(Amalgam)
① 수은을 사용하여 금과 은을 추출하는 방법
② 자연 균열 발생 유무를 검사하려면 잔류 응력을 측정하는데 그 판정법

문제 31. 자연 균열 발생 유무를 검사하려면 잔류 응력을 측정하는데 그 판정법을 무엇이라 하는가?
㉮ 설퍼 프린트   ㉯ 아말감   ㉰ 매크로 에칭   ㉱ 해수법

해답 29. ㉱   30. ㉯   31. ㉯

제8장 비철금속 재료

1 구리 및 구리 합금

【1】 구리의 성질

(1) 물리적 성질

① 결정 구조 : 면심 입방 격자, 격자 상수 : 3.608Å
② 가공재를 풀림하면 때때로 쌍정이 생긴다.
③ 공기 중에서 용해된 것은 산소를 흡수하여 Cu_2O로써 조직 안에 나타난다.
④ 구리의 물리적 성질

융점 [℃]	비등점 [℃]	비열(℃) [cal/g℃]	융해잠열 [cal/g]	선팽창계수(20℃) [×10^{-6}/℃]	열전도율(20℃) [cal/cmsec℃]	비저항(℃) [$\mu\Omega$cm]	비중
1083	2360	0.092	50.6	16.5	0.94		8.96

(2) 기계적 성질

① 기계적 성질은 구리의 품위, 용해 방법, 주조 기술, 열처리 및 가공에 의해 달라진다.
② 구리의 기계적 성질

인장강도 [kg/mm²]	연신율 [%]	충격값(아이조드) [kg·m]	피로한도 [kg/mm²]	탄성율 [kg/mm²]
22.7~24.1	49~60	5.8	±8.5	12100±12300

③ 구리판의 가공도와 기계적 성질의 변화

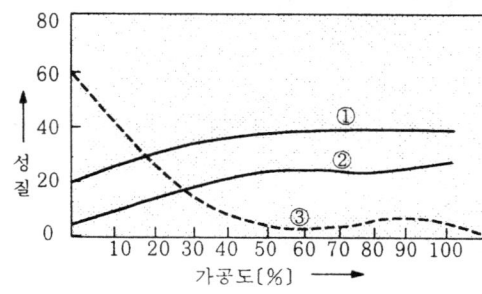

① 인장 강도[kg/mm²]
② 브리넬 경도
③ 연신율[%]

④ 80% 가공한 구리판의 풀림 온도와 기계적 성질

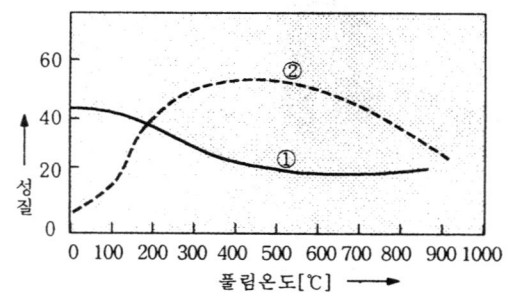

① 인장 강도[kg/mm²]
② 연신율[%]

(3) 화학적 성질
① 내식성이 우수하고 암모늄 이외에는 거의 침식되지 않는다.
② 이산화탄소가 있는 곳에는 녹청인 $Cu_2(OH)_2CO_3$가 된다.
③ 산화력이 큰 질산 및 고온의 진한 황산에는 침식된다.
(4) 용도 : 송전선, 진공관용 등의 전기 재료, 내식용, 전연성을 이용한 인쇄용, 급수관 등

【2】 황동 및 특수 황동

(1) Cu-Zn 합금의 조직
① 황동은 Cu와 Zn의 합금으로 공업적으로 유용한 것은 아연 45% 이하로 포함한 것이다.
② 아연 함유량에 따라 조직은 α상 또는 $\alpha + \beta$상으로 구분된다.
③ α상 : Zn이 Cu에 고용된 것으로 면심입방격자이며 연하고 가공성이 좋다.
④ 아연 함유량에 따라 동적색에서부터 황색까지 변하며 주조한 상태로는 수지상 조직이 된다.
⑤ 풀림하면 균일하고 다각형인 풀림 쌍정이 나타난다.
⑥ β상은 체심 입방 격자로 α상보다 강하나 메짐이 있다.
⑦ β상은 고온 가공을 하며 α상보다 부식이 잘 된다.

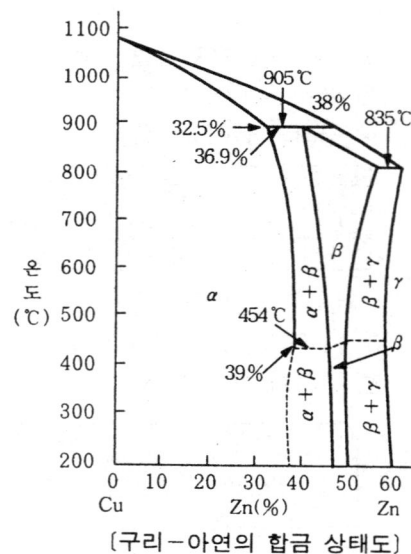

〔구리-아연의 합금 상태도〕

(2) 물리적 성질
① Zn함유량이 증가함에 따라 비중은 서서히 작아지고, 전기 전도도는 감소되다가 상승한다.
  ※ 아연 50%일 때 최대가 된다.
② 황동의 물리적 성질

㉮ 비중 : Zn% 따라 변함(Zn 4%에서 8.39)
㉯ 전기 전도율 : Zn40%까지만 나타난다.
㉰ 비등점 : 7 : 3황동(1150℃)
　　　　　6 : 4황동(1000℃ 이상)
㉱ 열팽창계수 : Zn30~40%이면 250~300℃
　　에서 19.9×10⁻⁶ 또는 20.8×10⁻⁶
㉲ 자성 : 순수 황동에는 없다.
㉳ 냉간 가공성 저하

③ Zn 함유량에 따른 색의 변화

Zn 함유량	Zn 10%	Zn 15%	Zn 20%
색상 변화	등적색 → 황금색	담등색	녹색을 띤 황색

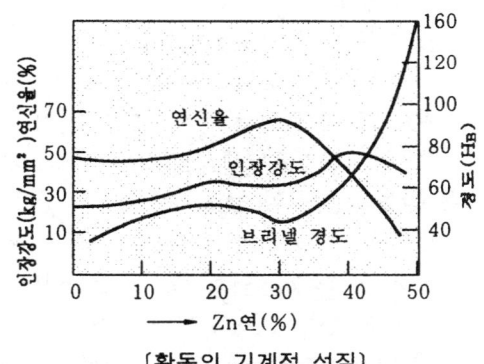

(3) 기계적 성질
① 연율 : Zn 30% 부근에서 최대값
② 인장 강도 : Zn 45%(β상)에서 최대
③ 6 : 4황동 : 고온가공에 적합
④ 7 : 3황동 : 냉간가공에 적합
⑤ Zn 30%까지 선을 뽑을 수 있다.
⑥ α황동 : 전연성이 크다.
⑦ β상 : 강도, 경도가 크고 연율 작다.
⑧ 풀림 온도 : 7 : 3황동(200~300℃)
　　　　　　6 : 4황동(180~200℃)
⑨ 황동의 재결정 온도 : 700~730℃

〔황동의 기계적 성질〕

(4) 불순물 (구리에 함유된 불순물)
① As : 소량 고용으로 0.5%까지는 소성을 해치지 않으나 전기 전도율이 감소된다.
② Sb : 소량은 경도를 증대시키나 소성을 해치며, 5%는 전기 전도도를 해친다. 황동 입자를 조대화시키며 부스러지기 쉽다.
③ Bi, Pb : Bi 0.02%, Pb 0.05% 이상이면 고온 취성을 일으키고, 탈산 작용에 의해 유동성 향상
④ O_2 : 수소 용해도 감소로 순도를 높인다.
⑤ Fe : 3~4% 고용하며, 1% 초과하면 굳고 여리며, 경도, 인장 강도 증가, 결정 입자 미세화
⑥ S : Cu_2S로서 Cu와 공정을 만들며 0.25% 정도에서 냉간 가공이 안된다.
⑦ Ti, P, Fe, Si, As : 전기전도율을 감소하는 원소.

(5) 황동에 함유된 불순물
① Pb : α황동에서 열간 가공을 해친다.
② As : 탈산 작용에 의해 유동성 향상시키고 주조성을 증가시킨다..

③ Sb : 황동의 입자를 조대화시켜 부스러지기 쉽다.
④ Fe : 결정 입자의 미세화, 인장 강도 및 경도 증가, 연신율 감소.
⑤ Sn : 전연성을 저하시키나 내식성을 증대시킨다.
⑥ Ni : 결정 입자를 미세화 시킨다.

(6) 화학적 성질
① 탈아연 부식(dezin crtication)
㉮ 불순물 또는 부식성 물질이 녹아 있는 수용액의 작용에 의해 황동의 표면 또는 내부까지 탈아연되는 현상으로 6 : 4 황동에서 많이 나타난다.
㉯ 방지법 : Zn30% 이하의 α황동 사용, 0.1~0.5%(As, Sb 첨가), 1.0%Sn첨가.
② 자연 균열(season cracking, 시기 균열)
㉮ 황동에 공기 중의 암모니아, 기타의 염류에 의해 입간 부식을 일으켜 상온 가공에 의한 내부 응력 때문에 생긴다.
㉯ 방지법 : 도금, 도료, 180~260℃로 20~30분간 저온 풀림을 한다.
㉰ 자연 균열을 일으키기 쉬운 분위기 : 암모니아, 산소, 탄산가스, 습기 수은 및 그 화합물.
③ 고온 탈아연(dezincing)
㉮ 고온에서 증발에 의해 황 표면으로부터 Zn이 탈출하는 현상이다.
㉯ 고온이나 표면이 깨끗할수록 심하며 무산화분위기 중에서도 Zn 증발이 심하다.
㉰ 방지법 : 표면에 산화물 피막을 형성시킨다.

(7) 황동의 종류와 용도
① 황동 주물(BsC_1~BsC_5) : 적색 황동 주물 : 20%Zn 이하로 납땜용, 황색 황동 주물 : 30% Zn 이상으로 일반용이다.
② 단련 황동 : 압연, 단련 등에 의해 만들어진 황동이며, 7 : 3황동이 대표이다.
㉮ 톰백(Tombac) : Zn8~20%의 저아연 합금으로 전연성이 좋고 금대용으로 사용한다.
㉯ 7 : 3황동 : Cu−Zn(30~35%)의 합금으로 전연성이 크고 강도가 크다.
㉰ 6 : 4황동 : Cu−Zn(35~45%)의 합금으로 열간 가공이 되고 기계적 성질이 우수하다.
㉱ 7 : 3황동과 6 : 4황동의 성질 비교

종류 성질	고용체	인장강도 (kg/mm^2)	연신율 (%)	경도 (H_B)	가 공	성 질
6 : 4황동	$\alpha+\beta$	40~44	45~55	70	열간가공	탈아연부식
7 : 3황동	α	30~34	60~70	40~50	냉간가공	가공용 대표

[3] 특수 황동

(1) 아연 당량
① 3원소를 가한 것이 황동의 아연량을 증감한 것과 같은 효과를 가지며 합금원소 1량이 Zn의 x량에 해당할 대 이 x를 그 합금의 **아연 당량**이라 한다.
② 아연 당량 계산식

$$B' = \frac{B+t \cdot q}{A+B+t \cdot q} \times 100$$

  ※ A : Cu(%), B : Zn(%), t : 아연 당량(%), q : 첨가 원소(%)
  ③ 전율 고용은 아연 당량이 (−)이다.
  ④ 실용 합금의 아연 당량은 상온 가공재는 40% 이하, 그 외의 것은 45%를 넘지 않는다.
  ⑤ 주요 금속의 아연 당량

원소명	Sn	Al	Si	Fe	Mn	Ni	Mg	Pb
아연당량	2.0	6.0	10.0	0.9	0.5	−1.3	2.0	1.0

(2) 연입 황동(쾌삭 황동)
  ① 황동에 Pb을 1.5~3.0% 첨가하여 절삭성을 좋게한 황동으로 정밀 가공을 요하는 부품에 사용.
  ② 조직 : 침상 α 정의 발달이 억제 당하여 입상화되어 균일 조직이 되기 쉽다.
(3) 델타 메탈(delta metal, 철황동)
  ① 6 : 4황동에 Fe을 1~2% 첨가하여 강도가 크고 내식성을 좋게 한 황동이다.
  ② 결정 입자의 미세화, 연율 감소가 적고 강도가 높으며 주조, 압연이 적당하고 열간 가공이 용이하다. 청동 대용으로도 사용한다.
  ③ 주물의 경우 인장 강도는 32~37kg/mm^2, 연율 30~100%.
  ※ 압연일 경우는 인장 강도 42~54kg/mm^2, 연율 17~9%이다.
  ④ 용도 : 광산기계, 선박, 화학기계용.
(4) 주석 황동(tin barss)
  ① 황동에 Sn 1% 정도를 첨가하여 경도, 인장 강도, 내식성 증가 및 탈아연 부식을 방지한다.
  ② 애드미럴티(admiralty brass)−7 : 3황동에 Sn1.0% 첨가한 것으로 전연성이 좋으므로 판, 관으로서 증발기, 교환기에 사용한다.
  ③ 네이벌(naval brass)−6 : 4황동에 Sn1.0% 첨가한 것으로 판, 봉으로 용접봉, 파이프, 선박용 기계 등에 사용한다.
(5) 망간 황동
  ① 주물은 50~60kg/mm^{2}의 인장 강도(냉간 압연시 : 63~79kg/mm^2). 24~30kg/mm^{2}의 탄성 한도, 20~40%의 연신율을 나타내며 기계적 성질이 우수하며, 해수, 광산수 등의 내식성이 우수하다.
  ② 용도 : 선박, 광산용 기계 기구 부속품, 밸브, 스크루우, 프로펠러 등.
(6) 니켈 황동
  ① Ni을 첨가하면 결정 입자를 미세화한다.
  ② Ni(2~5%)−Zn(40%)−Cu(나머지)일 때의 인장 강도는 35~50kg/mm^2, 연신율은 10%이다.
  ③ 재질이 균일하고 인장 강도가, 내식성이 크며 주조 가공이 용이하고 용접수리가 용이하다.
  ④ 보통 양백이라고도 하며 전기 저항이 높아서 전기 저항체에 많이 사용된다.

㉮ 양백(양은, 백동)의 조성 : Cu-Ni-Zn이다.

【4】청동

(1) Cu-Sn 합금의 조직
① Cu에 Sn을 첨가하면 응고점이 내려간다.
② α, β, γ, δ 및 ε 등의 고용체와 Cu_4Sn, Cu_3Sn 중의 화합물을 만든다.
③ Cu 중의 Sn의 최대 고용도는 520℃에서 약 15.8%이다.
④ 주조 상태는 수지상 조직이며 부드럽고 전연성이 좋다.
⑤ β고용체는 고온에서 존재하며 α고용체보다 강도는 크나 전연성이 떨어진다.
⑥ γ고용체는 β고용체보다 강도가 크며 β고용체는 580℃에서 공석 변태($\beta \longleftrightarrow \alpha + \gamma$)를 일으킨다.
⑦ 고용체와 그 화합물의 특성

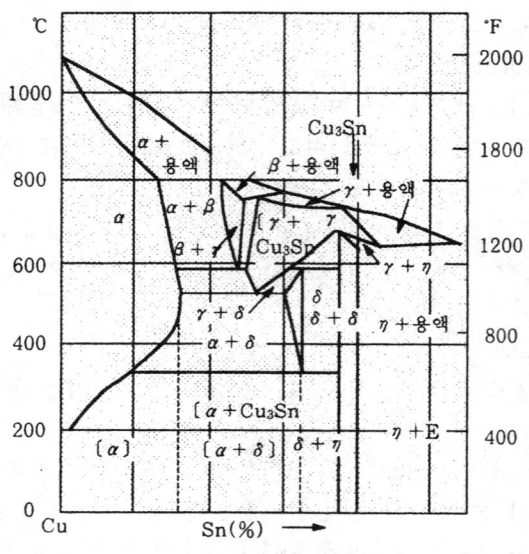

〔구리-주석 평형 상태도〕

상	성 질
α	등적색 또는 등황색, 연하고 전연성이 크다.
β	등황색, 강도는 α상보다 크나 전연성이 떨어진다.
δ	β상에 비해 고온에서 강도가 크다.
Cu_4Sn, Cu_3Sn	흰색, 메짐이 크다.
ε	회백색, δ상보다 메짐이 적다.

⑧ 역편석(inverse segrgation)
㉮ 잔류 용액이 표면에 나오는 원인으로 고체 수축에 의한 압력, 가스 압력, 수지 상 정의 사이의 모세관 현상 등을 말한다.

(2) 물리적 성질
① 비중 : Sn의 함유량, 성분, 주소시의 냉각속도, 열처리 등에 의해서 변한다.
② 도전율 : Sn 함유량, 상의 변화 및 열처리 등에 의해서 달라진다.

※ 도전율은 Sn 3%까지는 급격히 감소하고 Sn 10%에서는 6.3m/Ω·mm²이다.

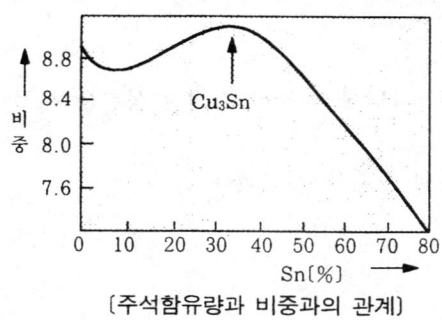

[주석함유량과 비중과의 관계]

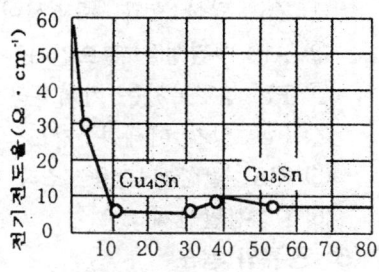

[주석함유량과 도전율과의 관계]

(3) 기계적 성질
 ① 인장강도 : Sn17~20%에서 최대(이상 감소)이다.
 ② 연신율 : Sn4%에서 최대(25% 이상에서 메짐이 생김)
 ③ 풀림시 경도 : Sn 증가에 따라 감소한다.
 ④ 경도 : Sn30%에서 최대이다.
 ⑤ 청동의 전연성

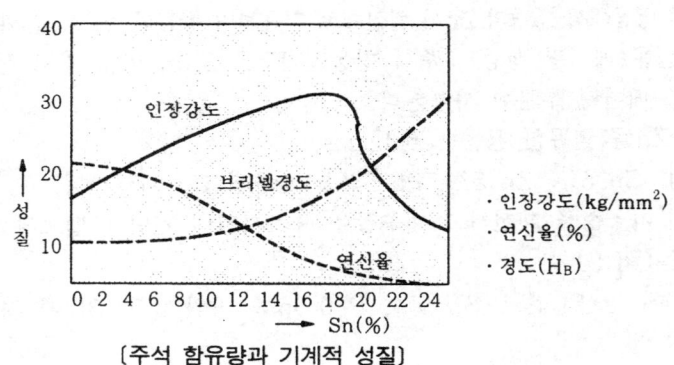

[주석 함유량과 기계적 성질]

Sn(%)	전 연 성
1~2	순Cu와 같은 정도로 냉간 가공하면 Cu보다 갈라지기 쉽다.
6	열간 압연이 된다. 냉간에서 단조, 심한 가공에 의해서 갈라진다.
15~16	적열 상태에서 단조, 프레스 가공이 가능.
18~22	650±50℃에서 단조, 프레스 가공이 되나 520℃ 이하에서는 δ상이 생긴다. 또 790℃ 이상에서는 메짐이 크다.

(4) 화학적 성질
 ① 고온에서 산화하기 쉬우나 대기 중에서는 내식성이 있다.
 ② 해수에도 우수한 저항성을 가져서 Sn10% 정도까지는 함유량이 증가할수록 내식성이 좋다.
 ③ Pb함유량이 증가할수록 내식성이 나쁘고 산이나 알카리에 약하다.

(5) 불순물의 영향
① Zn : 탈산 효과, 주조성이 개선된다.
② Al : 메짐성을 일으킨다.
③ Pb : 2%까지는 기계가공성을 개선한다. (다량 함유시 기계적 성질을 해침)
④ Fe : 입자 미세화, 강도, 경도 증가.
⑤ Mn : 탈산제 작용, 조직 미세화, 기계적 성질을 개선한다.
⑥ P : 강탈산제.

(6) 종류와 용도
① 애드미럴티 포금(gun metal)
㉮ 8~12%의 Sn에 1~2% Zn이 첨가된 합금이다.
㉯ 주조성, 내식성이 좋고 기계적 성질이 우수하며 수압, 중기압에 잘 견딘다.

인장강도 $[kg/mm^2]$	내력 $[kg/mm^2]$	연율[%]	H_B	비중	단면수축율 $[kg/mm^2]$
31.4	15.3	26	76	8.8	33.8

㉰ Sn 10%의 포금 제조시 기계적 성질 개선을 위한 탈산제 : Mn, Cu.
㉱ 주석 청동에서 소량의 Zn이 탈산제로 작용하며 합금의 주조성을 개선하는 효과가 있다.
② Pb 청동(베어링 청동) : 주석 청동에 Pb을 3.0~26% 정도 품은 것은 윤활성이 좋으므로 베어링 부분에 사용된다.
③ Pb-Zn을 함유한 청동(red brass)
㉮ 조성 : Sn 5%, Zn 5%, Pb 5%를 함유한 Cu 합금이다.
㉯ 기계 가공성을 개선하고 내수압을 증가시키며 일반용 밸브와 콕에 사용된다.
④ 인청동(PBS)
㉮ 청동에 탈산제인 P(Sn 9%, P 0.35% : P인 0.5%일 때 강도는 최대)을 첨가한 합금이다.
㉯ Cu_3P의 석출 경화가 일어나며 탄성, 내식성, 내마모성, 강인성, 용접성이 양호하다.
㉰ 용도 : 밸브, 스프링재, 기어, 베어링, 피스톤링, 선박용품 등.

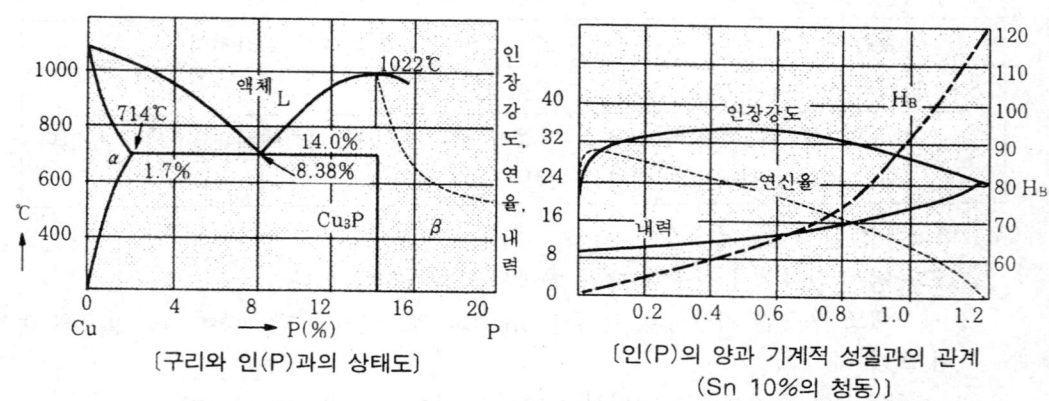

[구리와 인(P)과의 상태도]　　[인(P)의 양과 기계적 성질과의 관계 (Sn 10%의 청동)]

⑤ Al 청동
㉮ Al을 8~12% 첨가한 동합금으로 주조성, 용접성, 용점성이 나쁘다.
㉯ 상온에서 α+δ의 공석 바탕에 α초정의 혼합 조직이며 700~900℃로부터 서냉시 침상 결정이 된다.
㉰ 대형 주물 주조시 냉각속도가 늦어져서 서냉 메짐 또는 자기 풀림 현상이 생기며 β상이 공석 변태로 α+β상이 되어 β결정 입계가 없어지고 하나의 커다란 결정을 형성하여 취성이 있다.

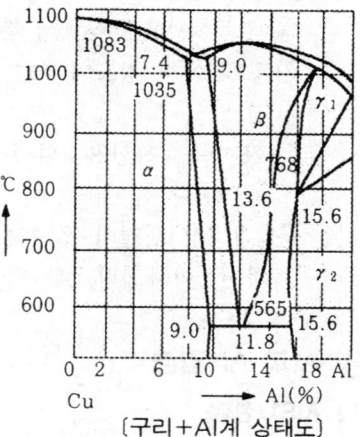
〔구리+Al계 상태도〕

※ 방지법 : 565℃ 약간 위에서 급냉 또는 Fe를 첨가시켜 결정 입자를 미세화 한다.
㉱ 단조 압연이 가능하며 단조 후 인장 강도는 70kg/mm² 이상, 연율은 15% 이상, H_B는 170 이상이 된다.
㉲ 용도 : 화학 공업용, 선박, 항공기, 자동차 부품 등에 사용한다.
㉳ 강도, 경도, 인성, 내마모성, 내피로성, 내식성이 황동, 청동보다 좋다.
㉴ 아암스 청동(Arm's bronze) : Al 8~12%, Ni 0.5~2.0%, Fe 2~5%, Mn 0.5~2.0%함유한 강력 Al청동으로 인장 강도가 60~80kg/mm²이다.

⑥ Ni 청동
㉮ 콜슨(corson)이 대표이며 Cu-Ni-Si계이다.
㉯ 인장 강도 64~105kg/mm², 내력 80kg/mm², 연율 25% 정도로 전선 및 스프링재에 사용한다.

⑦ Si 청동(silicon bronze)
㉮ 탈산제로 청동에 적은 양의 Si를 첨가한 합금 또는 특수 성질을 부여하기 위해 Si 2~3% 첨가한 합금이다. (대표는 에버듀우르이고, 조성 : Si 3~4%, Mn1.0~1.2%)
㉯ 고온과 저온에서 내식성이 좋고 용접성이 우수하며 인장 강도 및 탄성도 높고, 냉간 가공재는 응력 부식 균열에 대한 저항성이 크다.
㉰ 용도 : 가솔린, 액체, 질소 등의 용기에 사용, 못, 리벳, 샤아프트 등에 사용한다.

⑧ Be 청동
㉮ Be-Cu(2~3%)합금의 특징은 석출 경화성이 있고, Cu합금 중에 가장 큰 경도와 강도를 얻을 수 있다. (대표 조성 : Be 1.7~2.2%, Co 0.25~0.35%, 나머지 Cu%)
㉯ 비싸고 산화되기 쉬우며, 경도가 커서 가공하기 힘들다.
㉰ 내피로성, 내식성, 기계적 성질, 강도, 내마멸성, 스프링 특성 및 도전율이 우수하고 가공재나 주물로서 이용된다.

⑨ 호이슬러 자성 합금(Heusler magnetic alloy)
㉮ 비자성인 Cu-Al합금에 Mn을 첨가한 합금으로 자성이 나타난다.
㉯ Al과 Mn의 첨가량이 원자량의 비를 이룰 때에 가장 큰 자성을 나타낸다.
㉰ 조성 : Cu 61%, Al 13%, Mn 26%이다.

⑩ 망간 청동
  ㉮ 황동에 Mn, Fe, Al 등을 첨가한 합금으로 Cu 및 청동에 Mn을 첨가한 합금이다.
  ㉯ 고온에서 강도가 크고 전기 저항도 크며, Mn %가 커짐에 따라 경도 증가, 연율 감소.
  ㉰ 선박용, 광산용, 나사, 전기 저항선에 이용되며 Mn 9%까지는 냉간, 열간 가공이 가능하다.
  ㉱ 기계적 성질이 우수하고 염수, 광산수에 대한 내식성이 좋고, 실용 금속으로는 망가닌, 이사벨린, A-합금 등이 있다.

2 Al과 Al 합금

【1】Al의 성질

(1) 물리·화학적 성질
① Al은 백색의 가벼운(비중 : 2.7) 금속이며 도전율은 Ag, Cu, Au 다음으로 좋다.
② 용융점(660℃)이 낮고, 전연성이 우수하다.
③ 대기 중에서 표면에 산화알루미늄(Al_2O_3)의 얇은 피막이 생겨 내식성이 우수하다.
④ Al의 부식은 공기 중의 습도와 염분 함유량, 불순물 양, 질 등에 따라 다르다.
⑤ 중성 수용액에서는 내식성이 좋으나 산이나 알카리에는 크게 약하다.
⑥ Fe을 함유하고 있을 때 내식성이 가장 심하게 감소되며 Zn이 다음이다.
⑦ Al은 염산 중에서 빠르게 침식되며 황산, 회질산 및 인산 중에서도 침식된다.
 ※ 질산은 20℃에서 20~30%의 농도일 때 가장 심하나 80% 이상의 질산에는 잘 견딘다.
⑧ 유기산에는 내식성이 좋다.

(2) 부식과 방식
① 적당한 전해액 중에서 양극 산화 처리하여 표면에 산화물계의 피막을 형성시키는 방법이 Al방식법으로 가장 많이 사용되며 이 방법에는 수산법, 황산법, 크롬산법이 있다.
② 수산법(알루마이트법, alumite)
 ㉮ Al제품을 2% 수산 용액에 넣고 직류, 교류 또는 맥류를 통하면 표면에 경하고 다공성이 없으며, 방식성이 우수한 산화 피막을 얻을 수 있다.
 ㉯ 피막의 두께는 패러데이 법칙에 의해 통전량이 비례하며, 통전량이 일정할 때 물질의 화학 당량에 비례한다.
 ㉰ 수산법의 전해 조건의 예

피막 성질	통 전	전 압(V)	전류밀도 (A/dmm^2)	욕온(℃)	시간 (min)	소요시간 (kWh/m^2)
경 막	직 류	40~60	1~2	18~20	40~60	3~12
연 막	교 류	40~60	2~3	25~35	40~60	3~9
방식막	교직 중량	DC30~40 AC40~60	2~3 1~2	20~30	15~30	2~10

③ 황산법
　㉮ 15~20% 황산액을 사용하며 농도가 낮을수록 단단한 피막을 형성한다.
　㉯ 연하고 흡착성이 좋은 피막을 얻으려면 액온을 30℃로 올린다.
　※ 이 때 얻어지는 피막은 투명하고, Al의 순도 저하에 의해 조악한 피막이 생기는 것은 수산법보다 적다.

(3) 기계적 성질
① 순도, 가공도, 열처리 조건, 시험 온도 등에 따라 다르다.
② 상온 압연시 강도와 경도는 증가하고 연신율은 감소한다.
③ 상온 가공한 재료를 가열하면 재결정하여 150℃ 정도에서 연화가 시작하여 300~350℃에서 완전히 연화되고 온도 증가에 따라 강도 감소, 연율 증대(400~500℃에서 극대)된다.
④ Al의 열간 가공은 280~550℃ 사이에서 하며, 냉간 가공 때에는 가공 70~80% 정도까지는 중간 풀림을 하지 않는다.

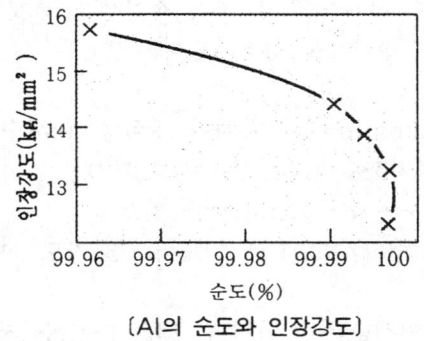
〔Al의 순도와 인장강도〕

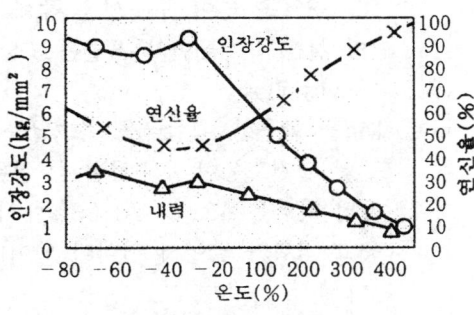
〔온도와 기계적 성질과의 관계〕

【2】 주조용 Al 합금

(1) 주조법 : 모래형, 셀 몰드형, 금형 주물 등이 사용되며 대형에는 다이 캐스팅으로 주조한다.
(2) Al-Cu 합금
① 담금질과 시효경화에 의해 강도 증가, 내열성, 연율, 절삭성이 좋으나 고온 취성이 크며 수축에 의한 균열이 있다.
② 실용 : 4% Cu, 8% Cu, 12% Cu.
　㉮ 4% Cu : 0.2~1.0%Mg 첨가로 열처리 효과가 크고 강도를 요하는 부품에 사용한다.
　㉯ 8% Cu : 주물의 대표로서 자동차 부품, 다이 캐스팅용에 사용한다.
　㉰ 12% Cu : 고온에서 잘 견디며 자동차, 피스톤 기화기, 방열기, 실린더용에 사용한다.
③ 고용체에 의해 시효경화를 이용하며, 경도 증대한 합금의 대표이다.
(3) Al-Si 합금
① Al-Si계 합금의 대표 : 실루민(silumin, 알펙스, 개질처리한 Al합금의 대표)
② 경도가 낮고 인성이 크고, 절삭성이 나쁘다. (절삭성 향상 : Mg 첨가로 시효성 부여)

③ 공정점은 577℃(Si11.6%)이며 미량의 Na 또는 Ca을 포함시 공정점은 564℃ (Si14.6%)이다.
④ 개질 처리(modifcation)
㉮ 공정점은 577℃(Si11.6%)이나 여기에 소량의 Na(0.55~0.1%)이나 불화물 알카리, 금속 나트륨, 가성소다, 알카리염 등을 첨가하면 조직이 미세화되어 강력하게 되며 공정점은 577℃(Si11.6%)로 이동한다. 이를 개량 처리라 한다.
㉯ 개질 처리의 최대 효과 : Si 14%, 개질 처리 조직 : 미세화, 강력화.
㉰ 개질 처리에 효과를 얻는 방법
　㉠ 불화물(플루우르)을 쓰는 법
　㉡ 나트륨을 쓰는 법(금속 Na을 쓰는 법[많이 사용], 수산화 Na을 쓰는 법)
　㉢ 가성소오다를 쓰는 법
(4) Al-Cu-Si 합금
① 대표 : 라우탈(lautal, 조성 : Cu_3~4.5%, Si5~6%)
② Si_3~8%를 넣어 주조성을 좋게 하고, Cu_3~8%를 넣어 절삭성을 좋게 하여 실루민의 결점인 가공면의 거칠음을 없애고 절삭성을 향상시킨다.
(5) Al-Mg 합금
① Mg을 함유한 Al합금을 마그날륨(magnalium)이라 하며 내식성, 내해수성, 고온강도 및 열전도율이 우수하며, γ실루민(Si9%, Mg0.5%)이 대표이다.
② 공정 반응은 451℃, Al 33%에서 L $\longleftrightarrow$ α + β 의 반응을 일으킨다.
③ 응고 범위가 넓어서 편석이 일어나기 쉽고, 400℃에서 풀림하면 강도, 연율이 향상된다.
④ Mg이 많으면 인장강도는 증가하나 연신율은 떨어지며, Mg 4~5%에서 내식성이 가장 높다.

【3】가공용 Al 합금
(1) 고강도 Al 합금
① 두랄루민
㉮ 표준 조성 Al-Cu(4%)-Mg(1.5%)-Mn(0.5%)이며 시효 경화 처리한 Al합금의 대표이다.
㉯ 500~510℃에서 가공한 후 수냉시키면 시효 경화성이 있어 기계적 성질을 개선한다.
㉰ 인장 강도(13~45kg/mm^2), 연율(20~25%), H_B(90~120), 비중(2.9)이다.
㉱ 용도 : 항공기, 자동차 부품 등 무게를 중요시하는 재료에 사용한다.
㉲ 초두랄루민 : Al-Cu(4.5%)-Mg(1.5%)-Mn(10.6%)으로 인장 강도 48kg/mm^2
(2) 내식용 Al 합금
① 내식성에는 악영향을 끼치지 않고 강도를 개선하는 원소 : Mn, Mg, Si 등을 소량 첨가함
② 응력 부식 균열을 방지하는 원소 : Cr.
③ Al의 내식성을 악화시키는 원소 : Cu, Ni, Fe.
④ 내식용 Al 합금 : Al-Mn계, Al-Mg계, Al-Mg_2Si계.

㉮ Al-Mn계 : 알민(Al-Mn[2% 이하])
㉯ Al-Mg-Mn계(Al-Mg[1.2%]-Mg[1.0%])
㉰ Al-Mg-Si계 : 알드레이
㉱ Al-Mg계 : 하이트로날륨(Mg[6%], 내식용 Al의 대표.

【4】 내열용 Al합금

(1) Y-합금
 ① 조성 : Al-Cu(4.0%)-Mg(1.5%)-Ni(2.0%)이다.
 ② α 고용체 중에 3원 화합물인 $Al_5Cu_2Mg_2$가 경화 석출로 되어 열처리에서 석출 경화한다.
 ③ 열처리는 510~530℃의 온수 중에 냉각한 후 약 4일간 상온에서 시효한다.
 ④ 대표적인 내열용 Al 합금이며 인공시효는 100~150℃에서 처리한다.
 ⑤ 열처리 후 인장 강도는 30kg/mm^2 이상이며 주조한 것 그대로는 22kg/mm^2 이상이다.
 ⑥ 용도 : 내열 기관의 실린더, 피스톤, 실린더 헤드 등에 사용한다.

(2) Lo-Ex 합금
 ① Ni(2.0~2.5%), Cu(1.0%), Mg(1.0%), Si(12~14%)를 첨가한 Na처리한 합금이다.
 ② 내열성이 우수하며 열팽창 계수, 비중이 작고 내마모성이 좋고, 고온 강도가 크며 피스톤용

(3) 코비탈륨(cobitalium)
 ① Y-합금의 일종으로 Ti과 Cu를 0.2% 정도씩 첨가한 것으로 피스톤에 사용한다.

【5】 Al 합금의 시효 경화

(1) 시효 경화 현상
 ① 두랄루민이 대표적인 합금이며 500℃에서 용체화 처리하여 급냉한 후 상온에 방치하면 시간이 경과함에 따라 경화되며 150~170℃로 가열하면 경화 현상을 촉진한다.
 ② 시효 경화 원인 : 고용체의 용해도가 온도의 변화에 따라 심하게 변화하는 것에 기인한다.
 ③ **석출 경화**(precipitation hardening)
  ㉮ 급냉에 의하여 과포화로 고용된 탄화물, 복탄화물 또는 화합물이 그 뒤의 시효에 의해 미립 석출되어 경화되는 성질을 말한다.
  ㉯ 석출 경화를 일으키는 화합물 : $CuAl_2$, Mg_2Si
  ㉰ 시효 경화를 일으키는 합금 : 두랄루민(Al-Cu(4%)), 초두랄루민, Y-합금, 하이드로날륨

(2) 두랄루민의 시효 경화와 조직의 변화
 ① 그림은 두랄루민을 500℃로부터 수냉시킨 다음 장시간 방치하였을 때 시효 일수와 기계적 성질 관계를 나타낸 것이다.
 ② 경도의 상승 원인 : 320℃에서 2시간 뜨임하면 $CuAl_2$과 Mg_2Si의 미립자가 결정 입자 안에 석출한다.

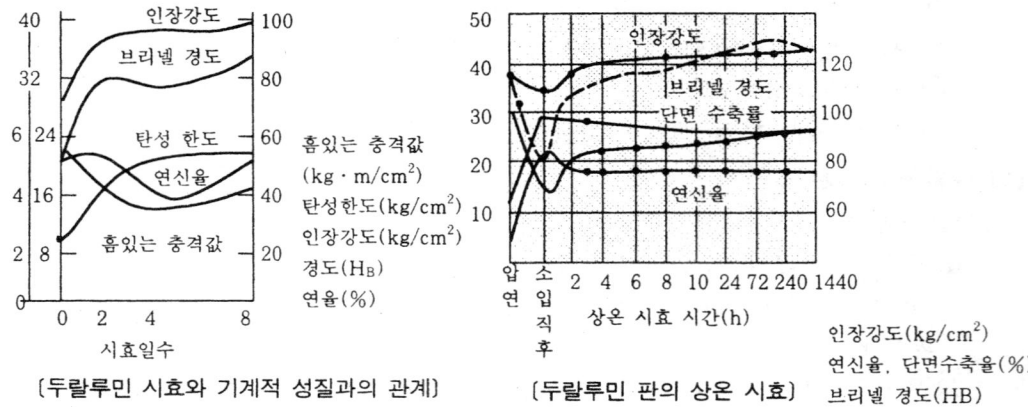

〔두랄루민 시효와 기계적 성질과의 관계〕 〔두랄루민 판의 상온 시효〕

3 Ni과 Ni 합금

【1】 Ni의 성질

(1) 물리적 성질

① 면심 입방 격자이며 은백색을 가진 금속으로 상온에서 강자성(자기 변태점 : 360℃)이다.

② 니켈의 물리적 성질

비 중	융 점 [℃]	열팽창 계수(℃) [$\times 10^{-6}$]	비열(20℃) [cal/g℃]	열전도율 [cal/gcm·sec℃]	비저항 [$\mu \Omega cm$]
8.9	1455	13.3	0.105	0.22	6.84

(2) 기계적 성질

① 연성이 크고 상온이나 고온에서 가공이 잘 된다. (냉간 압연, 인발이 잘 된다)

② 재결정 : 500℃에서 시작하고, 풀림 처리 : 800℃, 열간 가공 : 1000~1200℃에서 한다.

③ Ni을 메지게 하는 불순물 : S, Pb

  ※ S은 Ni_2S_3로 되며 Ni과 용융점이 낮은 공정을 만들고 결정 입계에 모이게 된다.

(3) 화학적 성질

① 황산과 염산에 침식당하며, 유기 화합물이나 알카리에는 잘 견딘다.

② 1000℃에서 조금 산화되며, 장시간 가열시 결정 입계에 따라 산화되고, 고온에서 황화성가에 침식되기 쉬우며 메지게 된다.

③ 가공시 황(S)분이 적은 중성 분위기가 사용된다.

(4) 불순물의 영향

① Co, Cu : 강도를 증가시킨다.

② Mn : S의 해를 제거.

③ S : 고온에서 Ni와 거의 고용되지 않으나 공정을 만들면 결정 입계에 석출되며, 그 양이 0.005% 이상일 때 냉간 취성, 열간 취성이 생긴다.

④ O_2 : 가공성이 나쁘다.
⑤ Mo, Mg : 탈탄을 방지한다.
⑥ C : 0.17%까지 고용하며, 이상이 되면 강도와 연성을 해친다.
(5) 용도 : 판, 로드, 과학 기계. 기구용, 전기 도금용, 전기 재료, 스테인레스강, 양백 등의 합금 원소.

[2] Ni 합금

(1) Ni-Cu 합금
① Ni-Cu합금의 종류와 용도

Ni %	Cu %	이 름	용 도
10	90	-	기관차의 부품
15	85	베네딕트 메탈	탄환의 외피
20	80	큐우프로우 니켈	관류, 탄환의 외피
25	75	백동	화폐, 자동차의 방열기
32	68	양은	전기 저항선
40	60	콘스탄탄	전기 저항선, 열전대
65~70	35~30	모넬메탈	디이젤 기관의 밸부, 공업용 재료

② Ni과 Cu는 전율 고용체이며 Cu에 Ni을 첨가함으로서 기계적 성질이 증대된다.
③ Ni 15% 합금(베니딕트 메탈, benedict metal) : 탄환의 외피에 사용하며 흰색이다.
④ Ni 20% 합금(큐우프로우 니켈, cupro-nickel)
  ㉮ 비철합금 중에서 전연성이 크며, 냉간 가공으로 판재를 제조할 수 있고, 강도, 내식성도 우수하므로 복수 기관에 사용한다.
⑤ Ni 25% 합금
  ㉮ 백동이라 부르며 주로 화폐 제조에 이용된다.
⑥ 양백(nickel silver)
  ㉮ 조성 : Ni(8~20%), Zn(20~35%), Cu(나머지 %)로서 단일 고용체로 만들고 있다.
  ㉯ 열간 가공이 어렵고, 제품이 될 때까지 냉간 가공, 풀림, 산세척 작업을 반복한다.
  ㉰ 용도 : 스프링용, 장식품, 식기류, 계측기, 가구재료 등
  ㉱ 내식성이 좋고, 전기 저항은 Ni 함유량이 많을수록 비저항이 커진다.
⑦ Ni 40% 합금(콘스탄탄, constantan) : 전기 저항선이나 열전쌍으로 많이 사용된다.
⑧ Ni 60~70% 합금(모넬 메탈, monel metal)
  ㉮ 산과 알카리에 대한 내식성과 내열성이 크고 강도는 경강과 같으며 내마멸성이 크다.
  ㉯ 높은 온도에서 강도가 저하되지 않고 산화성이 작다.

(2) Ni-Cr 합금
① 니크롬(nichrome)
  ㉮ 조성 : Ni(50~90%), Cr(11~33%), Fe(0~25%)
  ㉯ Fe이 들어가면 가공성이 증가하며 가격은 싸게 되나 내열성이 저하된다.
  ㉰ 전열 저항선으로 사용되는 것은 Cr이 20% 또는 그 이하이다.

㉑ Ni-Cr은 1100℃까지, Fe이 들어간 것은 1000℃까지의 온도에도 견딘다.
② 인코넬(inconel)
　㉮ 내열, 내식성 합금이며 산화기류 중에서 내열성이 좋고 900℃ 이상에서는 산화가 안된다.
　㉯ S분이 있는 고온의 분위기에 잘 견디며, 유기물과 염유 용액의 부식에 잘 견딘다.
　㉰ 기계적 성질이 좋으므로 전열기 부품, 고온계의 열전쌍, 진공관의 필라멘트 등에 사용.
　㉱ 인코넬의 조성과 기계적 성질

화학 성분(%)					기계적 성질			
Ni	Cr	Fe	Mo	C	인장강도 (kg/mm^2)	항복점 (kg/mm^2)	연신율 (%)	H_B
87~80	12~14	4~6	0.75~1.0	0.15~0.35	80	35	10	200

③ 알루멜-크로멜
　㉮ 알루멜은 Al 3%의 Ni-Al합금이고, 크로멜은 Cr 10%의 Ni-Cr합금이다.
　㉯ 최고 1200℃까지의 온도 측정용이고 내산성이 크므로 비철금속 열전쌍에 비해 수명이 길다.
　㉰ 알루멜-크로멜의 조성

종류	화학 성분					
	Ni	Cr	Al	Fe	Si	Mn
알루멜	94	-	3	0.5	1.0	2.5
크로멜	89	10	-	1.0	-	0.2

4 Mg과 Mg 합금

[1] Mg의 성질

① Mg는 $MgCl_2$의 전해나 MgO의 탄소에 의한 환원법에 의해 제조된다.
② 금속 재료 중 가장 가벼운 합금을 만드는 주체 원소(비중 : 1.74[Al의 $\frac{2}{3}$ 정도])이다.
③ 인장강도는 Al보다 떨어지며, 해수에 대한 내식성이 약하다.
④ Mg는 융점 이상에서는 산소에 친화력이 강해 공기 중에서 가열하면 발화한다.
⑤ 450~480℃에서 압연, 단조 및 드로잉 등의 가공이 용이하다.
⑥ 인장강도는 250℃에서 $9.6kg/mm^2$, 350℃에서 $7.2kg/mm^2$이다.
⑦ 불순물 : Fe(0.005~0.06%), Cu(0.001~0.05%), Si(0.05~0.08%)
⑧ 용도 : 항공기 기관, 자동차, 제트 기관 등.

[2] Mg 합금

(1) Mg-Al 합금
　① 기계적 성질이 우수하나 내식성이 적다.

② α와 β는 437℃에서 Al 32%에 공정점이 있어 L ⇌ α+β의 공정 반응을 일으킨다.
③ 열처리가 가능하며 담금질이나 뜨임 후의 인장강도는 $21kg/mm^2$ 이상, 연신율은 1% 이상.
④ Al을 10% 내외의 Dow metal이 대표이다.
⑤ 용도 : 전연성을 요하는 주물, 단조물, 강력 주물, 복잡한 주물, 열전도도가 좋은 주물 등.
⑥ Mg-Al-Zn은 엘렉트론이 대표이다.

(2) Mg-Mn 합금
① 포정 온도(651℃)에서 약 2.45% 고용한다.
② 용해도는 온도의 강화와 더불어 감소하며, 455℃에서 0.25%로 된다.
③ 1~2% 첨가한 것이 주조용, 단련용에 사용한다.
④ Mg합금 중에서 내식성이 가장 좋다.

(3) Mg-Zn 합금
① Zn은 Mg에 350℃에서 8.4% 정도 고용되는 중요한 첨가 원소이다.
② 해수에 대한 내식성을 개량하는 효과가 있다.

5 베어링 합금

【1】 베어링 합금의 필요 조건
(1) 축과 베어링과의 접촉면에 기름의 얇은 막을 잘 유지할 것.
(2) 접촉면에 마찰 계수가 작고, 발열량이 적을 것.
(3) 마멸이 적고, 쉽게 변형되고, 축의 형태에 적합하고, 축에 홈이 나지 않을 정도로 단단할 것.
(4) 접촉면에 홈이 생겼을 때 자연히 원상태로 평활해질 수 있는 점성을 가질 것.
(5) 진동 때문에 균열이 생기지 않을 정도로 점성이 클 것.
(6) 베어링이 과열되지 않기 위해서는 비열 및 열전도율이 클 것.
(7) 윤활제 중의 산 및 기타에 의해서도 부식되지 않을 것.
(8) 주조가 용이하고 값이 쌀 것.

【2】 주석계 화이트 메탈(베빗트 메탈, Babbit metal)
(1) Sn을 주성분으로 하고 Cu, Sb을 넣는다.
(2) 결정의 크기는 냉각 속도와 주입 온도에 의해 결정된다.
 ※ 주입 온도나 주형 및 대금(臺金)의 예열 온도가 높으면 단단한 결정이 커지고 낮아지면 결정은 작아진다..
(4) 주입 온도 : 금형일 경우 100~150℃로 예열하고 400~450℃에서 주입한다.
(6) 사용 성분 범위 : Sn(80~90%), Sb(5~15%), Cu(3~10%)
 ※ 합금의 경도, 내압력을 증대시키고 주조성을 개량하기 위해 Sn의 일부를 Pb로 대치한다.
(5) 경도가 높고 온도가 상승하여도 성질이 저하되지 않고 열전도율이 크기 때문에 하중이 크다.
(6) 용도 : 고급 기계의 베어링, 하중의 변동이 큰 베어링용, 고속도의 발전기, 내연기관

등의 축용 베어링에 사용된다.

【3】 납계 화이트 메탈
(1) 합금의 성분 : Sn(5~20%), Sb(10~20%), Pb(나머지)
(2) 하중이 작고 속도가 큰 베어링에 적합하나 하중이 조금 커도 속도가 중 정도인 것이나, 속도가 조금 커도 하중이 중 정도인 것에 사용한다.
(3) Sb는 경도를 증대시키고 동시에 메짐을 증가시킨다.
(4) 경도를 증대시키기 위해서는 Cu를 0.8~1.2% 정도 가한다.
(5) 모체를 강하게 하기 위해서는 비소(0.3~0.8%), 카드뮴(0.7~1.5%) 정도 가한다

【4】 아연계 화이트 메탈
(1) Zn을 주성분으로 하고 Cu, Sn을 가하며 때로는 Al, Sb을 가한 경우도 있다.
(2) 메짐이 있고 균열이 생기기 쉽고, 너무 단단하여 축에 흠이 생길 염려가 있다.
(3) 값이 싸고 공작하기 쉬우며 마찰이 적은 특색이 있다.
(4) 용도 : 하중이 작고 속도가 빠른 것, 전동기, 하중이 커도 속도 변동이 없는 것에 사용

【5】 카드뮴계 화이트 메탈
(1) 과열되어 산화물이 생겨도 그 경도가 낮으므로 축을 상하게 하지 않는다.
(2) 다른 화이트 메탈보다 실용 온도에서 경도가 높다.
(3) 고온에서도 경도, 강도가 저하되지 않으며, 내압력이 높다.
(4) 작은 하중, 큰 하중 어느 것이나 적합하며, 저속, 고속에도 우수한 성질을 나타낸다.
(5) 용도 : 내연 기관, 항공기용 엔진 등에 사용한다.

【6】 구리계 화이트 메탈
(1) 경도, 내압력이 크고 큰 하중에 견디며 축을 상하게 하기 쉽고, 마찰 저항도 크다.
(2) 종류에는 청동, 인청동 및 연립 청동, 켈멧(Kelmet, Pb 30~40%를 함유)이 있다.
    ※ 켈멧 자체는 약하므로 지금에 소결 또는 용착시킨다.
(3) 저속에서도 하중 변동이 적은 큰 하중 베어링에 사용한다.
(4) 주조방법은 원심 주조법에 의하며 응고시 편석을 방지하고 결정을 미세화시키기 위해 외부로부터 급냉시킨다.

【7】 소결 베어링 합금
(1) 분말 야금법에 의한 소결 베어링합금은 Cu계와 Fe계가 있으며 주로 Cu계가 사용된다.
(2) 소결에 의해 만든 것은 다공질체이며, 기름을 함유시켜 무급유 베어링 합금으로 제조한다.
    ※ 오일레스 베어링의 조성 : Cu-Sn-흑연
(3) 소결체의 강도가 낮으므로 낮은 속도, 작은 하중용 베어링으로 작은 마력의 전동기나 선풍 기 및 전기 세탁기 등의 가정용 전기 기구에 주로 사용한다.

6 Zn과 Zn 합금

【1】 아연 합금
(1) 다이 캐스팅 합금

① 다이 캐스팅 주물의 장점
㉮ 치수가 정확하고 표면이 깨끗하다.
㉯ 결정 입자가 미세하고 강도가 크다.
㉰ 복잡하고 얇은 주물이 가능하다.
㉱ 대량 생산에 적합하다.
(2) 베어링용 합금
① 다른 베어링합금보다 경도와 내압력이 크다.
② 화이트메탈보다 마찰계수가 크고 인성이 작으나 해수에 의한 강의 부식을 방지한다.
③ 베어링 아연합금

명칭	Al	Cu	Mg	Pb	Fe	Sn	Zn
ZAM	3.9~4.3	0.8~3.2	소량	—	—	—	나머지
Isodametal	3.0	6.0	—	—	—	—	
Germania bronze	—	4.4	—	4.7	0.8	9.6	
white bronze	—	5.6	—	0.7	—	17.5	

7 기타 금속과 그 합금

[1] 땜용 합금

(1) 연납(soft solder)
① 일반적인 땜납을 말하며 Pb-Sn계 합금의 총칭으로 용융점이 낮아서 땜질이 쉽다.
② 용도에 따라서 Sn 25~90%의 범위 내의 성분이 사용되나 보통 40~50%가 많이 사용된다.
③ 플럭스에는 염화아연, 염화암모늄, 송진 등이 좋으며 Fe과 Cu 등 여러 가지 금속 합금을 연납으로 용접할 수 있다.
④ Al 및 Al 합금은 염화리튬을 함유한 플럭스를 사용하면 쉽게 용접된다.

(2) 경납(hard solder)
① 황동, Au, Ag, Cu, Pb 등 용융점이 높은 납이다.
② 열효율이 크고 충격에 잘 견디며 보통 황동납, 금납, 은납 등이 많이 사용된다.
③ 황동납(놋쇠납)은 용융점이 높은 합금의 땜납에 쓰이며 플럭스에는 한 번 가열한 붕사를 사용한다.
④ 금납 : Au-Ag-Cu의 3원 합금에 Zn, Cd을 첨가한 것으로 Ag 제품의 납땜에 사용한다.
⑤ 은납 : Cu-Ag 합금 또는 Zn, Sn을 첨가한 것으로 모넬 메탈, 양백 등의 납땜에 사용한다.
⑥ 황동납 : 용융점이 낮으므로 납땜이 쉽다.

[2] 저용융점 합금
① Sn(용융점 : 231.9℃)보다 낮은 금속의 총칭이다.

② 용도 : 퓨우즈, 활자 안전 장치, 정밀 원형 등에 사용된다.
③ 저용융합금의 종류와 용융점

종 류	용융점 (℃)	Bi (%)	Cd (%)	Pb (%)	Sn (%)	Hg (%)
우드메탈(wood's metal)	68	50	12.5	25	12.5	—
리포위쯔 합금(Lipouitz alloy)	68	50.1	10	26.6	13.3	—
뉴우톤 합금(Newton alloy)	94	50	—	31	18.2	—
로우즈 합금(Rose's alloy)	100	50	—	28	32	—
비스무트 땜납(bismuth solder)	113	40	—	40	20	—
그 밖의 수은 저용융점 합금	60	53.5	—	17	19	10.5

문제 1. 다음 중 구리의 물리적 성질에 대한 설명이 잘못된 것은?
㉮ 구리의 결정 구조는 면심 입방 격자이다.
㉯ 구리의 격자 상수는 3.608Å이다.
㉰ 가공재를 풀림하면 쌍정이 생긴다.
㉱ 구리의 용융점은 1539℃이고, 비중은 8.96이다.

토용 Cu의 용융점 : 1083℃

문제 2. 다음은 구리의 물리적 성질에 대한 설명이다. 틀린 것은?
㉮ 융점 : 1083℃   ㉯ 비중(20℃) : 8.96
㉰ 비열(20℃, [cal.g℃]) : 2360   ㉱ 융해 잠열(cal/g) : 50.6

토용 구리의 비열(20℃, [cal.g℃]) : 0.092

문제 3. 다음 중 동광석이 아닌 것은 어느 것인가?
㉮ 적동광   ㉯ 전기동광   ㉰ 황동광   ㉱ 반동광

토용 동광석의 종류
① 적동광(Cu_2O)
② 황동광($CuFeS_2$)
③ 반동광(Cu_2S)

문제 4. 다음 동광석 중 Cu_2O의 조성으로 된 것은 어느 것인가?
㉮ 적동광   ㉯ 전기동광   ㉰ 황동광   ㉱ 반동광

문제 5. 구리의 물리적 성질에 대한 설명 중 틀린 것은 어느 것인가?
㉮ 색은 고유의 담적색이나 공기 중에서 표면이 산화되어 암적색이 된다.
㉯ 비자성체이며 열전도율이 크다.
㉰ 체심 입방 격자이며 자기 변태점이 없다.
㉱ 공기 중에서 용해된 것은 산소를 흡수하여 Cu_2O로서 조직 안에 나타난다.

토용 구리는 면심 입방 격자이며 변태점이 없다.

해답 1. ㉱   2. ㉰   3. ㉯   4. ㉮   5. ㉰

문제 6. 다음은 구리의 기계적 성질에 대한 설명이다. 잘못된 것은 어느 것인가?
㉮ 질이 연하고 가공성이 풍부하다.
㉯ 냉간 가공에 의해 적당한 강도를 부여한다.
㉰ 인장 강도는 가공도에 따라 감소한다.
㉱ 구리의 품위, 용해 방법, 주조 기술, 열처리 및 가공에 의해 달라진다.

토용 인장 강도는 가공도에 따라 증가하여 가공도 70~80% 부분에서 최대가 된다.

문제 7. 구리의 인장 강도는 얼마인가?
㉮ $22.7 \sim 24.1 kg/mm^2$　　㉯ $49 \sim 60 kg/mm^2$
㉰ $5.8 kg/mm^2$　　㉱ $\pm 8.5 kg/mm^2$

토용 구리의 기계적 성질
① 인장 강도 : $22.7 \sim 24.1 kg/mm^2$　　② 연신율 : $49 \sim 60\%$
③ 충격값(아이조드) : $5.8 kg \cdot m$　　④ 피로 한도 : $\pm 8.5 kg/mm^2$
⑤ 탄성율 : $12100 \sim 12300 kg/mm^2$

문제 8. 구리의 피로 한도는 얼마인가? (단위는 kg/mm^2이다.)
㉮ $22.7 \sim 24.1$　　㉯ $49 \sim 60$　　㉰ 5.8　　㉱ ± 8.5

문제 9. 구리의 연신율은 몇 %인가?
㉮ $22.7 \sim 24.1$　　㉯ $49 \sim 60$　　㉰ 5.8　　㉱ ± 8.5

문제 10. 다음은 구리판의 기계적 성질과 가공도와의 관계를 나타내는 그림이다. ①은 무엇을 나타내는가?
㉮ 인장 강도
㉯ 연신율
㉰ 경도
㉱ 단면 수축율

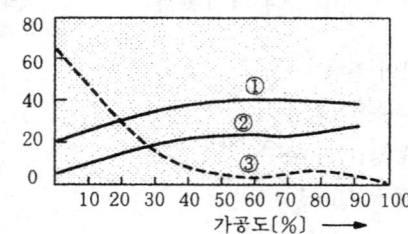

토용 구리의 기계적 성질
① : 인장 강도　② : H_B　③ : 연신율

문제 11. 다음 그림은 80% 가공한 구리판의 풀림 온도와 기계적 성질을 나타낸 그림이다. ②은 무엇을 나타내는가?
㉮ 인장 강도
㉯ 연신율
㉰ 경도
㉱ 단면 수축율

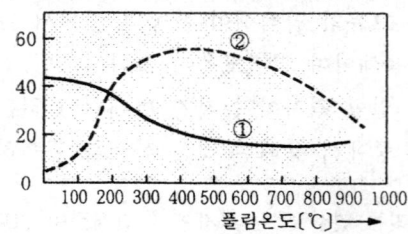

해답 6. ㉰　7. ㉮　8. ㉱　9. ㉯　10. ㉮　11. ㉯

[도움] ① : 인장 강도, ② : 신율

문제 12. 구리의 완전 풀림 온도는 얼마인가?
㉮ 150~200℃ ㉯ 600~650℃ ㉰ 750~850℃ ㉱ 1083℃

[도움] 구리의 완전 풀림 온도 : 600~650℃

문제 13. 구리의 열간 가공 온도는 몇 ℃인가?
㉮ 150~200℃ ㉯ 600~650℃ ㉰ 750~850℃ ㉱ 1083℃

[도움] 열간 가공 온도 : 750~850℃

문제 14. 다음 중 구리의 재결정 온도로 맞는 것은 어느 것인가?
㉮ 150~200℃ ㉯ 600~650℃ ㉰ 750~850℃ ㉱ 1083℃

[도움] 구리의 재결정 온도 : 150~200℃

문제 15. 다음은 구리의 화학적 성질에 대한 설명이다. 틀린 것은?
㉮ 철강보다 내식성이 우수하다.
㉯ 암모늄 이외에는 거의 침식되지 않는다.
㉰ 이산화탄소가 있는 곳에는 녹청인 $Cu_2(OH)_2CO_3$가 된다.
㉱ 산화력이 큰 질산에는 침식이 잘된다.

[도움] 산화력이 큰 질산 및 고온의 진한 황산에는 침식되나 다른 산에는 강하다.

문제 16. 수소를 함유한 환원성 분위기 중에서 구리를 가열하면 $Cu_2O + H_2 \longrightarrow 2Cu + H_2O$로 반응하여 Cu와 수증기로 되어 이 수증기가 팽창하여 갈라지는 현상을 무엇이라 하는가?
㉮ 환원 메짐성 ㉯ 청열 메짐성 ㉰ 역편석 ㉱ 고온 메짐성

[도움] 수소 메짐성, 수소화, 환원 메짐성이라고도 한다.

문제 17. 환원 메짐성을 일으키는 원소는 다음 중 어느 것인가?
㉮ 수소 ㉯ 산소 ㉰ 이산화탄소 ㉱ 황산

문제 18. 다음은 동 중에 함유된 불순물의 영향에 대한 설명이다. 틀린 것은 어느 것인가?
㉮ As : 전기 전도율이 감소된다.
㉯ Sb : 소량은 경도를 감소시키고 소성을 증가시킨다.
㉰ Fe : 전기 전도도를 감소시킨다.
㉱ S : 0.25% 정도에서 냉간 가공이 않된다.

[도움] Sb는 소량은 경도를 증대하나 소성을 해치며 5%는 전기 전도도를 해친다.

[해답] 12. ㉯ 13. ㉰ 14. ㉮ 15. ㉱ 16. ㉮ 17. ㉮ 18. ㉯

문제 19. 구리 중에 함유된 불순물의 영향 중 고온 취성을 일으키는 원소는 다음 중 어느 것인가?
㉮ As ㉯ Bi ㉰ Fe ㉱ S

[도움] 고온 취성을 일으키는 원소
① Bi(0.02% 이상)
② Pb(0.05% 이상)

문제 20. 구리에 함유되어 수소 용해도 감소로 순도를 높이는 원소는?
㉮ As ㉯ Sb ㉰ Fe ㉱ O_2

문제 21. 다음 동 중에 함유된 불순물 중 전기 전도도를 감소시키는 원소가 아닌 것은 어느 것인가?
㉮ Ti ㉯ P ㉰ Fe ㉱ Pb

[도움] 전기 전도율 감소 원소 : Ti, P, Fe, Si, As

문제 22. Cu-Zn의 합금은 무엇인가?
㉮ 청동 ㉯ 황동 ㉰ 연황동 ㉱ 두랄루민

[도움] 황동 : Cu-Zn

문제 23. 황동이 공업적으로 실용되는 것은 아연이 얼마 정도로 포함되는 것이 실용되는가?
㉮ 10% 이하 ㉯ 30% 이하 ㉰ 45% 이하 ㉱ 50% 이하

[도움] 실용 황동 : Zn 45% 이하

문제 24. 다음은 황동의 조직에 대한 설명이다. 잘못된 것은?
㉮ 아연 함유량에 따라 조직은 α상 또는 $\alpha+\beta$상으로 구분한다.
㉯ α상은 아연이 구리에 고용된 것으로 면심 입방 격자이다.
㉰ α상은 연하고 가공성이 양호하다.
㉱ β상은 면심 입방 격자로 강도는 α상보다 강하나 경도는 작다.

[도움] β상은 체심 입방 격자이며 강도는 α상보다 강하나 메짐이 있다.

문제 25. 다음 황동의 조직 중 α상에 대한 설명이다. 틀린 것은?
㉮ 체심 입방 격자이다.
㉯ 연하고 가공성이 대단히 우수하다.
㉰ 주조 그대로의 상태로는 수지상 조직을 나타낸다.
㉱ 풀림을 하면 균일하고 다각형인 풀림 쌍정이 나타난다.

[도움] α상은 면심 입방 격자다.

[해답] 19. ㉯ 20. ㉱ 21. ㉱ 22. ㉯ 23. ㉰ 24. ㉱ 25. ㉮

문제 26. 다음 황동의 조직 중 β상에 대한 설명이다. 틀린 것은?
㉮ 면심 입방 격자이다.
㉯ 강도와 경도는 α상보다 강하나 메짐이 있다.
㉰ 고온 가공이 가능하다.
㉱ α상보다 부식이 잘된다.

도움 β상은 체심 입방 격자다.

문제 27. 황동의 조직 중 α상은 몇 %의 Zn을 함유하는가?
㉮ 30% 이하   ㉯ 32.5%   ㉰ 32.5~38%   ㉱ 40% 이상

도움 α상의 Zn 함유량 : 32.5%

문제 28. 황동의 조직 중 β고용체는 몇 %의 Zn을 함유하는가?
㉮ 30% 이하   ㉯ 32.5%   ㉰ 32.5~38%   ㉱ 40% 이상

도움 β고용체 Zn% : 32.5~38%

문제 29. 다음은 황동의 물리적 성질이다. 틀린 것은 어느 것인가?
㉮ 비중은 Zn 함유량에 따라 직선적으로 변한다.
㉯ 전기 전도율은 Zn 40%까지만 나타난다.
㉰ 아연 함유량이 많으면 냉간 가공성이 저하된다.
㉱ 순수 황동에는 강자성이다.

도움 순수 황동은 자성이 없다.

문제 30. 다음 그림은 황동의 물리적 성질이다. ②가 나타내는 성질은?
㉮ 비등점
㉯ 비중
㉰ 열전도율
㉱ 전기 전도율

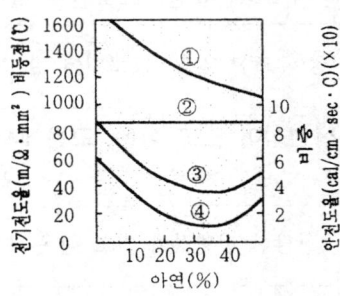

도움 황동의 물리적 성질
①은 비등점
②는 비중
③은 열전도율
④는 전기 전도율

해답 26. ㉮   27. ㉯   28. ㉰   29. ㉱   30. ㉯

문제 31. 다음은 황동의 성질에 대한 설명이다. 잘못된 것은?
㉮ 아연 10% 근처에서는 황색을 띤 적색으로 나타난다.
㉯ 아연 15%에서는 담등색을 나타낸다.
㉰ 아연 20%에서는 녹색을 띤 황색이 된다.
㉱ 아연 25%에서는 청색을 띤 황색이 된다.

토용 7:3 황동의 황금색으로부터 45%까지는 적색을 띤 황금색이 된다.
① Zn 10% : 등적색 ⟶ 황금색   ② Zn 15% : 담등색
③ Zn 20% : 녹색을 띤 황색

문제 32. 아연이 몇 %까지가 구리선을 뽑을 수 있는가?
㉮ 20%   ㉯ 30%   ㉰ 40%   ㉱ 50%

토용 Zn 30%까지는 구리선을 뽑을 수 있다.

문제 33. 다음은 황동의 기계적 성질에 대한 설명이다. 틀린 것은?
㉮ 연율 : Zn 30% 부근에서 최대값을 나타낸다.
㉯ 인장 강도 : Zn 45%에서 최대가 된다.
㉰ 6:4 황동 : 저온 가공에 적합하다.
㉱ γ 상 : β 상보다 경하나 부스러지기 쉽다.

토용 6 : 4 황동 : 고온 가공에 적합

문제 34. 다음은 황동의 기계적 성질에 대한 설명이다. 틀린 것은?
㉮ α 상은 부드럽고 인성이 풍부하다.
㉯ β 상은 강도, 경도가 크다.
㉰ γ 상은 경도가 크나 취약하다.
㉱ δ 상은 전연성이 크고 압연, 드로인에 잘 견딘다.

토용 α 상은 전연성이 크고 압연, 드로인에 잘 견딘다.

문제 35. 상당한 전연성이 있고 상온, 고온에서 압연이 가능한 황동은?
㉮ α 황동   ㉯ β 황동   ㉰ γ 황동   ㉱ $\alpha + \beta$ 황동

토용 $\alpha + \beta$ 황동 : 상당한 전연성이 있고 상온, 고온에서 압연이 가능한 황동이다.

문제 36. 황동 가공재를 상온에서 방치하거나 저온 풀림 경화로 얻은 스프링재가 사용 중 시간의 경과에 따라 경도 등 성질이 악화되는 현상을 무엇이라 하는가?
㉮ 저온 풀림 경화   ㉯ 갱년 변화   ㉰ 탈아연 부식   ㉱ 자연 균열

토용 갱년 변화의 원인 : 가공에 의한 불균일 변형이 균일화하는데 기인하며 이 변형의 불균일성은 가공도가 낮을수록 심하다.

해답 31. ㉱   32. ㉯   33. ㉰   34. ㉱   35. ㉱   36. ㉯

문제 37. 다음 그림은 황동의 기계적 성질을 나타낸 것이다. ①는 무엇을 나타내는가?
㉮ 인장 강도
㉯ 연신율
㉰ 경도
㉱ 단면 수축율

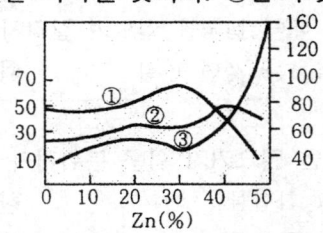

토용 ①은 연신율 ②는 인장강도 ③은 브리넬 경도

문제 38. 다음 그림은 아연 37%의 황동을 50%에 가공하고 각 온도에서 30분간 풀림할 때의 기계적 성질이다. ③은 무엇을 나타낸 것인가?
㉮ 인장 강도
㉯ 탄성 한도
㉰ 연신율
㉱ 브리넬 경도

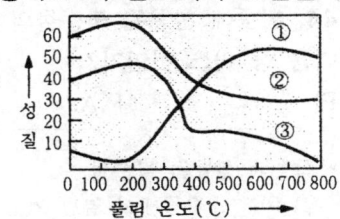

토용 ①은 연신율 ②는 인장강도 ③은 탄성 한도

문제 39. Cl을 함유한 물을 쓰는 수도관에 흔히 볼 수 있으며 6:4황동에서 많이 나타나는 현상으로 맞는 것은 어느 것인가?
㉮ 저온 풀림 경화 ㉯ 갱년 변화 ㉰ 탈아연 부식 ㉱ 자연 균열

토용 탈아연 부식 : 불순물 또는 부식성 물질이 녹아 있는 수용액의 작용에 의해 황동의 표면 또는 깊은 곳까지 탈아연되는 현상.

문제 40. 다음 중 탈아연 부식의 방지법이 아닌 것은 어느 것인가?
㉮ Zn 30% 이하의 α황동을 사용한다.
㉯ 0.1~0.5% As, Sb 등을 첨가한다.
㉰ 1.0% Sn을 첨가한다.
㉱ 1.5%의 Fe을 첨가한다.

토용 탈아연 부식의 방지법
① Zn 30% 이하의 α황동을 사용한다.
② 0.1~0.5% As, Sb 첨가.
③ 1.0% Sn을 첨가

문제 41. 냉간 가공한 황동은 사용 도중 또는 저장 중에 갈라지는 때가 있다. 이것을 무엇이라 하는가?
㉮ 저온 풀림 경화 ㉯ 갱년 변화 ㉰ 탈아연 부식 ㉱ 자연 균열

해답 37. ㉯ 38. ㉯ 39. ㉰ 40. ㉱ 41. ㉱

문제 42. 황동을 가공할 때 그 내부에 암모니아 또는 암모늄 등이 있으면 결정 입자 사이에 국부 부식으로 내력 집중을 일으켜 갈라지는 현상을 무엇이라 하는가?
㉮ 저온 풀림 경화 ㉯ 갱년 변화 ㉰ 탈아연 부식 ㉱ 자연 균열

문제 43. 시기 균열을 일으키기 쉬운 분위기가 아닌 것은 어느 것인가?
㉮ 암모니아 및 그 화합물 ㉯ 산소 및 그 화합물
㉰ 탄산가스 및 그 화합물 ㉱ 2%의 Sn을 첨가 및 그 화합물

도움 시기 균열을 일으키기 쉬운 분위기 : 암모니아, 산소, 탄산가스, 습기, 수은 및 그 화합물

문제 44. 황동에 함유된 불순물의 영향 중 결정 입자를 조대화시켜 부스러지기 쉬운 원소는 다음 중 어느 것인가?
㉮ Pb ㉯ As ㉰ Sb ㉱ Fe

도움 황동에 함유된 불순물
① Pb : α 황동에서 열간 가공 해침
② As : 탈산 작용에 의해 유동성 증가.
③ Fe : 결정 입자의 미세화, 인장 강도 및 경도가 증가.
④ Sn : 전연성 저하, 내식성 증가.
⑤ Sb : 결정 입자 조대화로 부스러지기 쉽게 한다.
⑥ Ni : 결정 입자 미세화

문제 45. 다음은 황동에 함유된 불순물의 영향에 대한 설명이다. 잘못된 것은 어느 것인가?
㉮ Pb : α-황동에서 열간 가공을 해친다.
㉯ As : 탈산 작용에 의해 유동성이 증가된다.
㉰ Fe : 결정 입자의 미세화, 인장 강도 및 경도가 증가한다.
㉱ Sn : 황동의 입자를 조대화한다.

문제 46. 다음 중 황동의 결정 입자를 미세화하는 원소는 어느 것인가?
㉮ Pb ㉯ As ㉰ Sb ㉱ Ni

문제 47. 황동에 함유된 원소 중 내식성을 증가시키는 원소는?
㉮ Pb ㉯ Sn ㉰ Sb ㉱ Ni

문제 48. 7:3 황동에서 시계 균열을 방지하기 위한 풀림 온도는 몇 ℃가 적당한가?
㉮ 180~200℃ ㉯ 200~300℃
㉰ 600~650℃ ㉱ 750~850℃

도움 ① 7:3황동 : 200~300℃
② 6:4황동 : 180~200℃

해답 42. ㉱ 43. ㉱ 44. ㉰ 45. ㉱ 46. ㉱ 47. ㉯ 48. ㉯

문제 49. 7:3 황동의 성질에 대한 설명이 잘못된 것은 어느 것인가?
- ㉮ 고용체 : α고용체
- ㉯ 인장 강도 : 30~34kg/mm²
- ㉰ 연신율 : 60~70%
- ㉱ 가공 방법 : 열간 가공

[토용] 7:3 황동의 성질
① 인장 강도 : 30~34kg/mm² ② 연신율 : 60~70%
③ H_B : 40~50 ④ 가공 방법 : 냉간 가공
⑤ 성질 : 가공용 황동 대표 ⑥ 고용체 : α고용체
⑦ 조성 : Cu(70%)-Zn(30%)

문제 50. 7:3 황동의 인장 강도는 얼마인가?
- ㉮ 30~34kg/mm²
- ㉯ 40~44kg/mm²
- ㉰ 40~50kg/mm²
- ㉱ 60~70kg/mm²

문제 51. 다음 중 6:4 황동의 설명이 잘못된 것은 어느 것인가?
- ㉮ 6:4 황동은 α+β의 고용체이다.
- ㉯ 인장 강도는 40~44kg/mm²다.
- ㉰ 연신율은 60~70%이다.
- ㉱ 6:4 황동은 열간 가공한다.

[토용] 6:4 황동의 성질
① 고용체 : α+β ② 인장 강도 : 40~44kg/mm²
③ 연신율 : 45~55% ④ H_B : 70
⑤ 가공 방법 : 열간 가공 ⑥ 성질 : 탈아연 부식
⑦ 조성 : Cu(60%)-Zn(40%)

문제 52. 탈아연 부식이 일어나는 황동은?
- ㉮ 3:7 황동
- ㉯ 7:3 황동
- ㉰ 4:6 황동
- ㉱ 6:4 황동

문제 53. 6:4 황동의 브리넬 경도는 얼마 정도인가?
- ㉮ 30
- ㉯ 40
- ㉰ 50
- ㉱ 70

문제 54. 6:4 황동의 조성으로 맞는 것은 다음 중 어느 것인가?
- ㉮ Cu(40%)-Zn(60%)
- ㉯ Cu(60%)-Zn(40%)
- ㉰ Cu(40%)-Sn(60%)
- ㉱ Cu(60%)-Sn(40%)

문제 55. Zn 8~20%의 저아연 합금으로 전연성이 좋고 색이 금에 가까우므로 모조금에 많이 사용되는 황동은?
- ㉮ 톰백
- ㉯ 문쯔 메탈
- ㉰ 델타 메탈
- ㉱ 알부락

[해답] 49. ㉱ 50. ㉮ 51. ㉰ 52. ㉱ 53. ㉱ 54. ㉯ 55. ㉮

[도움] Tombac
① Zn8~20%의 저아연 합금
② 전연성이 좋다.
③ 금 대용으로 사용한다.

[문제] **56.** 다음은 문쯔 메탈에 대한 설명이다. 틀린 것은 어느 것인가?
㉮ 아연 40% 내외의 6:4 황동으로 인장 강도가 크다.
㉯ 내식성이 크다.
㉰ $\alpha + \beta$ 로서 상온에서 전연성이 낮다.
㉱ 탈아연 부식을 일으키기 쉽다.

[도움] Muntz metal
① 아연40% 내외의 6:4 황동   ② 인장 강도가 크다.
③ 고온 가공이 쉽다.   ④ 냉간 가공이 어렵다.
⑤ 내식성이 적다.   ⑥ 탈아연 부식을 일으키기 쉽다.
⑦ 용도 : 기계 부품, 복사기용품, 열간 단조품, 열교환기, 보올트, 너트, 탄피용.

[문제] **57.** 다음 중 6:4 황동은 어느 것인가?
㉮ 톰백   ㉯ 문쯔 메탈   ㉰ 애드미럴티   ㉱ 알부락

[문제] **58.** 문쯔 메탈의 용도가 아닌 것은 다음 중 어느 것인가?
㉮ 열교환기   ㉯ 열간 단조용   ㉰ 모조금   ㉱ 탄피용

[문제] **59.** 황동에 내식성을 개량하기 위해서 첨가하는 원소는?
㉮ 주석 1.0%를 첨가한다.   ㉯ 납 1.0%를 첨가한다.
㉰ Fe 1.0%를 첨가한다.   ㉱ S 1.0%를 첨가한다.

[도움] 황동에 주석 1.0%를 첨가하면 내식성이 개량된다.

[문제] **60.** 황동에 주석을 1.0% 첨가하였을 때의 향상되는 성질이 아닌 것은 어느 것인가?
㉮ 탈아연 부식 억제   ㉯ 내식성 증가
㉰ 연신율 증가   ㉱ 강도 증가

[도움] 황동에 주석을 1.0% 첨가하면 향상되는 성질
① 탈아연 부식 억제   ② 내식성 증가   ③ 경도, 강도 증가.

[문제] **61.** 7:3 황동에 주석 1.0%를 첨가한 황동은 다음 중 어느 것인가?
㉮ 네이벌   ㉯ 애드미럴티   ㉰ 텔타 메탈   ㉱ 쾌삭 황동

[도움] Admiralty Brass : 7:3 황동에 Sn 1.0% 첨가.

[해답] 56. ㉯ 57. ㉯ 58. ㉰ 59. ㉮ 60. ㉰ 61. ㉯

문제 62. 6:4 황동에 주석 1.0%를 첨가한 황동은 다음 중 어느 것인가?
㉮ 네이벌　　㉯ 애드미럴티　　㉰ 델타 메탈　　㉱ 쾌삭 황동

도움▶ Naval Brass-6:4 황동Sn석 1.0% 첨가

문제 63. 황동에 납을 1.5~3.0% 첨가하여 절삭성을 좋게 한 황동은?
㉮ 네이벌　　㉯ 애드미럴티　　㉰ 델타 메탈　　㉱ 쾌삭 황동

도움▶ 쾌삭 황동 : 황동에 Pb 1.5~3.0% 첨가

문제 64. 다음은 델타 메탈(Delta metal)에 대한 설명이다. 잘못된 것은?
㉮ 6:4 황동에 Fe을 1.0~2.0% 첨가하여 강도가 크고 내식성을 좋게 한 황동이다.
㉯ 결정 입자의 미세화, 연율의 감소가 적다.
㉰ 주조, 압연 등에는 부적당하고 냉간 가공이 용이하다.
㉱ 광산 기계, 선박, 화학 기계용에 사용한다.

문제 65. 다음 중 철황동에 대해 잘못 설명된 것은 어느 것인가?
㉮ 황동보다 강력하다.
㉯ 주물인 경우의 인장 강도는 32~37kg/mm^{2}이다.
㉰ 압연물일 때의 연신율은 30~100%이다.
㉱ 내식성이 우수하므로 청동 대용으로 사용된다.

도움▶ Delta metal의 성질
① 주물인 경우
㉠ 인장 강도 : 32~37kg/mm^2
㉡ 연신율 : 30~100%
② 압연물인 경우
㉠ 인장 강도 : 42~53kg/mm^2
㉡ 연신율 : 9~17%

문제 66. 망간 황동 주물의 성질이 잘못 설명된 것은 어느 것인가?
㉮ 인장 강도 : 50~60kg/mm^2　　㉯ 탄성 한도 : 24~30kg/mm^2
㉰ 연신율 : 20~40%　　㉱ H_B : 63~79

도움▶ 냉간 압연한 것의 인장 강도는 63~79kg/mm^{2}이다.

문제 67. 니켈을 첨가하여 결정 입자를 미세화한 구리 합금은?
㉮ 양은　　㉯ 델타 메탈　　㉰ 문쯔 메탈　　㉱ 네이벌

도움▶ 양은 : 황동+Ni 합금

해답　62. ㉮　63. ㉱　64. ㉰　65. ㉰　66. ㉱　67. ㉮

문제 68. 니켈을 함유한 황동으로 장식용, 식기용, 악기용 등에 사용되는 특수 황동을 무엇이라 하는가?
㉮ 양은　　㉯ 델타 메탈　　㉰ 문쯔 메탈　　㉱ 네이벌

토웅 양은의 성질 및 용도
① 전기 저항이 높다.
② 탄성, 내열, 내식성이 좋다.
③ 인장 강도 : 35~50kg/mm²
④ 주조 가공이 용이하다.
⑤ 연신율 : 10%
⑥ 장식, 악기, 식기용.
⑦ 탄성 재료, 화학 기계용
⑧ 전기 저항체용, 광학 기계

문제 69. 양은에 대한 설명이 잘못된 것은 어느 것인가?
㉮ 양은은 전기 저항이 높고 전기 저항체에 사용한다.
㉯ 결정 입자가 미세화되며 내열, 내식성이 우수하다.
㉰ 인장 강도가 크며 주조 가공이 용이하다.
㉱ 인장 강도는 50~60kg/mm²이다.

문제 70. 다음은 청동의 조직에 대한 설명이다. 틀린 것은?
㉮ 구리에 주석을 첨가하면 응고점이 내려간다.
㉯ 주조 상태는 수지상 조직이며 부드럽고 전연성이 좋다.
㉰ α 고용체의 주석 고용량은 약 13%이다.
㉱ β 고용체는 고온에서 존재하는데 α 고용체보다 강도가 적으나 전연성은 크다.

토웅 β 고용체는 α 고용체보다 강도가 크나 전연성은 떨어진다.

문제 71. 공업적으로 사용되는 청동의 조직으로 틀린 것은?
㉮ γ 고용체　　㉯ δ 고용체　　㉰ ε 고용체　　㉱ α 고용체

토웅 청동의 실용 조직 : α 부터 $\alpha + \delta$ 까지의 조직

문제 72. 다음 청동의 조직에 대한 설명 중 틀린 것은 어느 것인가?
㉮ α : 등적색 내지는 등황색이며 연하고 전연성이 크다.
㉯ β : 등황색이며 강도는 α 상보다 크나 전연성이 떨어진다.
㉰ δ : 백색이며 β 상에 비하여 고온에서 강도가 크다.
㉱ ε : 회백색이며 δ 상보다는 취성이 크다.

토웅 ε 상은 회백색이며 δ 상보다는 취성이 크지 않다.

해답 68. ㉮　69. ㉱　70. ㉱　71. ㉰　72. ㉱

문제 73. 청동의 물리적 성질에 대한 설명이다. 틀린 것은 어느 것인가?
㉮ 비중은 성분, 주조시의 냉각 속도, 열처리 등에 의해 변한다.
㉯ 전기 전도율은 주석 함유량, 상의 변화 및 열처리에 의해서도 변한다.
㉰ 주석 함유량이 증가하면 전기 전도율도 증가한다.
㉱ 주석 함유량이 증가하면 비중은 감소한다.

풀이 Sn 함유량이 증가하면
① 비중 : 감소한다.
② 전기 전도율 : 악화된다.

문제 74. 청동의 기계적 성질 중 틀린 것은 어느 것인가?
㉮ 인장 강도의 최대값은 Sn 17~20%에서 최대가 된다.
㉯ Sn 함유량이 증가하면 전연성은 증가한다.
㉰ 연신율은 Sn 4%에서 최대가 된다.
㉱ 경도는 Sn 30%에서 최대이고 주조성은 좋다.

풀이 Sn 함유량이 증가하면 전연성은 나빠진다.

문제 75. 다음 그림은 주석 함유량과 기계적 성질에 대한 설명이다. ①이 뜻하는 것은 무엇인가?
㉮ 인장 강도
㉯ 연신율
㉰ 브리넬 경도
㉱ 충격값

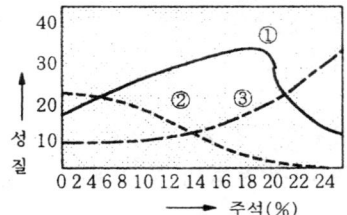

풀이 인장 강도 : ①
 연신율 : ②
 H_B : ③

문제 76. 청동에 함유된 원소의 영향 중 틀리게 설명된 것은?
㉮ Zn : 탈산 효과, 주조성이 개선된다.
㉯ Pb : 2%까지는 기계 가공성을 개선한다.
㉰ Al : 강탈산제이다.
㉱ Fe : 입자 미세화, 강도, 경도를 증가한다.

풀이 청동의 불순물 영향
① Zn : 탈산효과, 주조성 개선
② Al : 취성을 일으킴
③ Pb : 2%까는 기계가공 개선
④ Fe : 입자 미세화, 강도, 경도 증가.

해답 73. ㉰ 74. ㉯ 75. ㉮ 76. ㉰

⑤ Mn : 탈산제 작용, 조직 미세화, 기계적 성질 개선.
⑥ P : 강탈산제

문제 77. 다음 청동에 함유된 원소 중 강탈산제는 어느 것인가?
㉮ Fe   ㉯ Al   ㉰ P   ㉱ Pb

문제 78. 청동에 함유된 Mn의 영향이 아닌 것은 어느 것인가?
㉮ 탈산제 작용   ㉯ 메짐성을 일으킨다.
㉰ 조직 미세화   ㉱ 기계적 성질 개선

문제 79. 청동에 함유된 원소 중 탈산에 미치는 효과에 영향이 작은 것은?
㉮ 아연   ㉯ 납   ㉰ 망간   ㉱ 인

문제 80. 8~12%의 주석에 1~2%의 아연을 첨가한 청동은?
㉮ 포금   ㉯ 델타 메탈   ㉰ 문쯔 메탈   ㉱ 네이벌

[토용] 애드미럴티 건 메탈
① 8~12%의 주석에 1~2%의 아연을 첨가한 청동
② 주조성, 기계적 성질, 내식성이 우수하다.
③ 합금의 주조성을 개선하는 효과가 있다.
④ Sn 청동에 대하여 적은 양의 Zn은 탈산제로 적용되나 Zn이 많아지면 인장강도, 탄성 한도가 작아짐

문제 81. 8~12%의 주석에 1~2%의 아연을 첨가한 청동으로 주조성, 기계적 성질, 내식성이 우수하여 기계 부품의 중요 부분에 널리 사용하는 청동은 다음 중 어느 것인가?
㉮ 포금   ㉯ 델타 메탈   ㉰ 문쯔 메탈   ㉱ 네이벌

문제 82. 다음 중 건메탈(Gun Metal)에 대한 설명으로 틀린 것은?
㉮ 주조성, 기계적 성질, 내식성이 우수하다.
㉯ 합금의 주조성을 개선하는 효과가 있다.
㉰ 주석 청동에 대하여 적은 양의 아연은 탈산제로 적용된다.
㉱ 아연이 많아지면 인장 강도, 탄성 한도가 증가한다.

문제 83. 건 메탈의 인장 강도는 얼마인가?
㉮ $4.81 kg/mm^2$ ㉯ $15.3 kg/mm^2$ ㉰ $31.4 kg/mm^2$ ㉱ $33.8 kg/mm^2$

[토용] 건 메탈의 기계적 성질
① 인장 강도 : $31.4 kg/mm^2$
② 내력 : $15.331.4 kg/mm^2$
③ 비중 : 8.8
④ 브리넬 경도 : 76
⑤ 샤르피 충격값 : $4.81 kg \cdot m/cm^2$

[해답] 77. ㉰   78. ㉯   79. ㉯   80. ㉮   81. ㉮   82. ㉱   83. ㉰

[문제] **84.** 다음 중 건 메탈의 기계적 성질로 맞지 않는 것은?
- ㉮ 인장 강도 : 31.4kg/mm²
- ㉯ 내력 : 15.331.4kg/mm²
- ㉰ 비중 : 2.7
- ㉱ 브리넬 경도 : 76

[문제] **85.** 주석 5%, 아연 5%, 납 5%를 함유한 구리 합금은 다음 중 어느 것인가?
- ㉮ 레드 브라스
- ㉯ 델타 메탈
- ㉰ 건 메탈
- ㉱ 인청동

[도움] Red brass
① Pb-Zn을 함유한 청동.
② 기계 가공성 개선, 내수압 증가, 밸브, 콕 등에 사용.

[문제] **86.** 구리에 Pb을 30~40% 첨가한 베어링 청동으로 자동차 및 기계의 베어링에 널리 사용된 것은?
- ㉮ 레드 브라스
- ㉯ 델타 메탈
- ㉰ 건 메탈
- ㉱ 켈멧

[도움] kelmet alloy
① Cu에 Pb을 30~40% 첨가한 베어링 합금.

[문제] **87.** 다음 중 인청동에 대한 설명으로 맞지 않는 것은 어느 것인가?
- ㉮ 청동에 탈산제인 P을 첨가한 합금이다.
- ㉯ 조성은 Sn(9%)-P(0.35%)이며 P가 0.5%일 때 강도가 최대이다.
- ㉰ Cu_3P의 석출 경화가 일어난다.
- ㉱ 내마모성, 강인성, 용접성은 좋으나 탄성이 약해 스프링재에는 부적당하다.

[도움] 탄성, 내마모성, 강인성, 용접성이 양호하다.

[문제] **88.** 인청동에 함유된 인(P)의 함유량은 얼마인가?
- ㉮ 0.14%
- ㉯ 0.25%
- ㉰ 0.35%
- ㉱ 0.45%

[도움] 인청동(PBS) 조성 : Sn(9%)-P(0.35%)

[문제] **89.** 알루미늄 청동은 Al을 몇 % 첨가한 동합금인가?
- ㉮ 4~8%
- ㉯ 8~12%
- ㉰ 20~30%
- ㉱ 30~40%

[도움] Al 청동 : Al을 8~12% 첨가

[문제] **90.** 인장 강도가 60~80kg/mm²인 강력 알루미늄 청동은?
- ㉮ 인청동
- ㉯ 건 메탈
- ㉰ 켈멧
- ㉱ 아암즈 청동

[도움] 아암즈 청동의 인장 강도 : 60~80kg/mm²

[해답] 84. ㉰ 85. ㉮ 86. ㉱ 87. ㉱ 88. ㉰ 89. ㉯ 90. ㉱

문제 **91.** 다음 그림은 인청동에서 인(P)의 양과 기계적 성질과의 관계이다. 인장 강도를 나타내는 곡선은 다음 중 어느 것인가?
㉮ ①
㉯ ②
㉰ ③
㉱ ④

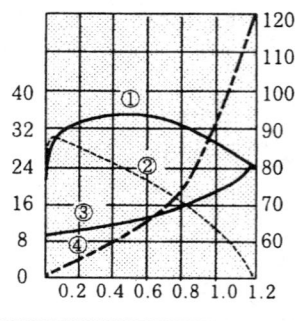

도움 인장 강도 : ①, 연신율 : ②, 내력 : ③, H_B : ④

문제 **92.** 규소 청동의 대표는 다음 중 어느 것인가?
㉮ 아암즈 청동   ㉯ 에버듀우르   ㉰ 켈멧   ㉱ 콜슨

도움 규소 청동의 대표 : 에버듀우르(Everdur)

문제 **93.** 다음은 규소 청동에 대한 설명이다. 틀린 것은 어느 것인가?
㉮ 탈산제로 청동에 소량의 Si를 첨가한 합금이다.
㉯ 특수 성질을 부여하기 위해서는 Si를 2~3%를 첨가한다.
㉰ 인장 강도 및 탄성이 작다.
㉱ 전신 전화선에 사용된다.

도움 규소 청동은 인장 강도 및 탄성이 크다.

문제 **94.** Cu-Ni-Si계 합금은 어느 것인가?
㉮ 아암즈 청동   ㉯ 에버듀우르   ㉰ 켈멧   ㉱ 콜슨

문제 **95.** 니켈 청동에 대한 설명이 잘못된 것은 어느 것인가?
㉮ 구리와 니켈은 서로 고용되어 상온, 고온에서 우수한 강인성과 내식성을 나타낸다.
㉯ 인장 강도는 $64kg/mm^2$, 내력은 $40kg/mm^2$이다.
㉰ 연신율은 10% 정도이다.
㉱ 합금 조성은 Cu(나머지)-Ni(14~15%)-Si(0.7~0.9%)이다.

도움 Ni청동의 기계적 성질
① 실제 기계적 성질
  ㉠ 인장 강도 : $64kg/mm^2$ ㉡ 내력 : $40kg/mm^2$ ㉢ 연신율 : 18% 정도
② 단련재
  ㉠ 인장 강도 : $84kg/mm^2$ ㉡ 내력 : $80kg/mm^2$ ㉢ 연신율 : 25% 정도

해답 91. ㉮   92. ㉯   93. ㉰   94. ㉱   95. ㉰

문제 96. 다음은 베릴륨 청동에 대한 설명이다. 틀린 것은 어느 것인가?
㉮ 시효 경화성 합금이다.
㉯ 구리 합금 중 강도가 가장 낮게 나타낸다.
㉰ 공업용은 Be 2% 내외를 함유한 것이 실용화되고 있다.
㉱ 기계적 성질, 내피로성, 내식성, 내마멸성이 우수하다.

해설 Be 청동은 Cu 합금 중 최고의 강도를 나타낸다.
① 조성 : Be(1.7~2.2%), Co(0.25~0.35%), Cu(나머지)

문제 97. 비자성인 Cu-Al 합금에 Mn을 첨가함으로써 자성을 나타내는 합금은 다음 중 어느 것인가?
㉮ 콜슨   ㉯ 에버듀우르   ㉰ 켈밋   ㉱ 호이슬러 합금

해설 Heusler magnetic Alloy : Cu(61%)-Al(13%)-Mn(26%)

문제 98. 다음 합금 중 망간 청동의 종류가 아닌 것은?
㉮ 망가닌   ㉯ 이사밸린   ㉰ A-합금   ㉱ 써어밋

해설 실용 Mn 청동 : 망가닌, 이사밸린, A-합금

문제 99. 다음은 니켈의 성질에 대한 설명이다. 틀린 것은 어느 것인가?
㉮ 백색 금속으로 내식성이 크고 전기 저항이 크다.
㉯ 자기 변태점은 768℃이다.
㉰ 결정 구조는 면심 입방 격자이며 상온에서 강자성체이다.
㉱ 비중은 8.9이고 비열(20℃)은 0.105cal/g℃이다.

해설 Ni의 자기 변태점은 360℃이고 격자 상수는 2.49Å이다.

문제 100. 다음 중 니켈의 성질에 대한 설명이 아닌 것은?
㉮ 재결정 온도는 530~660℃이다.
㉯ 열간 가공 온도는 1000~1200℃이다.
㉰ 열간 가공, 냉간 가공이 용이하다.
㉱ 니켈은 비자성체이다.

해설 Ni은 강자성체이며 자기 변태점은 360℃이다.

문제 101. 니켈에 함유된 불순물의 영향에 대한 설명이다. 틀린 것은 다음 중 어느 것인가?
㉮ Co : 강도 증가   ㉯ Mn : S의 해를 제거
㉰ S : 취성을 일으킨다.   ㉱ Mo : 가공성이 나쁘다.

해설 Ni에 함유된 불순물의 영향

해답 96. ㉯ 97. ㉱ 98. ㉱ 99. ㉯ 100. ㉱ 101. ㉱

① Co, Cu : 강도 증가
② Mn : S의 해를 제거
③ S : 0.005% 이상이면 냉간, 열간 취성이 생긴다.
④ Mo, Mg : 탈탄 방지
⑤ O_2 : 가공성이 나쁘다.
⑥ C : 0.17%까지 고용하며 이상이면 강도와 연성을 해친다.

문제 102. 니켈에 함유된 원소 중 탈탄을 방지한 원소는 어느 것인가?
㉮ Cu   ㉯ S   ㉰ Mo   ㉱ O_2

문제 103. 니켈에 0.005% 이상 첨가하면 냉간 및 열간 취성을 일으키는 원소는 다음 중 어느 것인가?
㉮ Cu   ㉯ S   ㉰ Mo   ㉱ O_2

문제 104. Ni-Cu계 합금의 특징이 아닌 것은 어느 것인가?
㉮ 전기 저항이 대단히 크다.
㉯ 부식성이 크고 산화도가 크다.
㉰ 내열성이 크고 고온에서 경도 및 강도의 저하가 적다.
㉱ Fe 및 Cu에 대한 열전 효과가 크다.

토움 내식성이 크고 산화도가 적다.

문제 105. 다음 중 니켈-구리계 합금이 아닌 것은 어느 것인가?
㉮ 양은   ㉯ 백동   ㉰ 모넬 메탈   ㉱ 인코넬

문제 106. 15% 니켈 합금으로 백색이며 탄환의 외피에 사용된 합금은?
㉮ 베네딕트 메탈   ㉯ 큐우프로우 니켈
㉰ 양은   ㉱ 콘스탄탄

토움 benedict : 15% 니켈 합금이다.

문제 107. 20% Ni 합금으로 비철 합금 중에서 전연성이 크며, 내식성이 우수하여 복수 기관용으로 좋은 니켈 합금은?
㉮ 베네딕트 메탈   ㉯ 큐우프로우 니켈
㉰ 양은   ㉱ 콘스탄탄

토움 cupro-nickel : 20% Ni 합금이다.

문제 108. 백동이라고도 부르며 주로 화폐 제종에 많이 사용되는 니켈 합금은 다음 중 어느 것인가?
㉮ 15% 니켈 합금   ㉯ 20% 니켈 합금
㉰ 25% 니켈 합금   ㉱ 30% 니켈 합금

해답 102. ㉰ 103. ㉯ 104. ㉯ 105. ㉱ 106. ㉮ 107. ㉯ 108. ㉰

[도움] 백동 : 25% 니켈 합금

[문제] **109.** 양은에 대한 설명이 잘못된 것은 어느 것인가?
㉮ 조성은 Ni(8~20%), Zn(20~35%), Cu(나머지 %)이다.
㉯ Ni의 함유는 기계적 성질을 높이고 내식성을 증가시킨다.
㉰ 열간 가공이 쉽다.
㉱ 제품이 될 때까지 냉간 가공, 풀림, 산세척 작업을 반복한다.

[도움] 열간 가공이 어렵다.

[문제] **110.** 양은의 용도에 대한 설명 중 틀린 것은 어느 것인가?
㉮ 선재, 판재로서 스프링에 사용한다.
㉯ 니켈 함유량이 많을수록 비저항이 커지며 전기 저항용으로 사용한다.
㉰ 장식품, 식기류, 가구 재료, 측정기 등에 사용한다.
㉱ 은과 흡사한 광택이 있으며 부식성이 좋아 장식품에 사용한다.

[도움] Ag과 흡사한 광택과 촉감이 있으며 부식 당하지 않는다.

[문제] **111.** 니켈을 40% 함유한 합금으로 전기 저항선이나 열전쌍으로 많이 사용되는 니켈 합금은 다음 중 어느 것인가?
㉮ 콘스탄탄   ㉯ 모넬 메탈   ㉰ 인코넬   ㉱ 양은

[도움] constantan : 40% 니켈 합금

[문제] **112.** 다음 니켈 합금 중 니켈 함유량이 가장 많이 함유한 것은?
㉮ 콘스탄탄   ㉯ 모넬 메탈   ㉰ 인코넬   ㉱ 양은

[문제] **113.** 모넬 메탈에 대한 설명 중 틀린 것은 다음 중 어느 것인가?
㉮ 40% Ni을 함유한 합금이다.
㉯ 내열, 내식, 내마멸성이 크다.
㉰ 산, 알카리에 대한 내식력이 크다.
㉱ 높은 온도에서 강도가 저하되지 않고 산화성이 적다.

[도움] monel metal : 65~70% Ni 합금

[문제] **114.** Cu-Ni-Mn의 합금은 다음 중 어느 것인가?
㉮ 모넬 메탈   ㉯ 어드밴스   ㉰ 콘스탄탄   ㉱ 망가닌

[도움] 망가닌의 조성 : Cu(50~80%)-Ni(2~16%)-Mn(12~30%)의 합금

[해답] 109. ㉰   110. ㉱   111. ㉮   112. ㉯   113. ㉮   114. ㉱

문제 115. 니켈-크롬 합금의 특성이 잘못 설명된 것은 어느 것인가?
㉮ 내식성과 전기 저항이 크다.
㉯ 내열 내산화성이 크다.
㉰ 내식용으로는 적당하나 전열용 저항선에는 부적합하다.
㉱ 고온에서 경도 및 인성 저하가 적다.

도움▶ 전열용 저항선이나 내식합금으로 사용된다.

문제 116. 다음 니크롬선에 대한 설명이 잘못된 것은 어느 것인가?
㉮ 조성은 Ni(50~90%), Cr(11~33%), Fe(0~25%)의 범위다.
㉯ 철이 들어가면 가공성은 증가되나 내열성이 저하된다.
㉰ 철이 들어간 것은 1000℃까지 충분히 견딘다.
㉱ 전열 저항선으로 사용되는 것은 Cr 30% 또는 그 이하이다.

도움▶ 니크롬선(nichrome)
① 조성 : Ni-Cr-Fe
② 전열 저항선으로 사용되는 것은 Cr 20% 또는 그 이하이다.

문제 117. Ni에 Cr(2~13%), Fe(6.8%)의 내식용 합금으로 맞는 것은?
㉮ 인코넬　　㉯ 하이스텔로이　　㉰ 콘스탄탄　　㉱ 모넬 메탈

도움▶ Inconel : Ni에 Cr(2~13%), Fe(6.8%)의 내식용 합금

문제 118. Ni-Cr-Mo계 합금으로 내식용 니켈 합금은?
㉮ 인코넬　　㉯ 하이스텔로이　　㉰ 콘스탄탄　　㉱ 모넬 메탈

도움▶ 하이스텔로이 : Ni-Cr-Mo계 합금

문제 119. Ni(44%)-Cu(54%)-Mn(1%)계 합금으로 전기 저항체용은?
㉮ 인코넬　　㉯ 하이스텔로이　　㉰ 어드밴스　　㉱ 모넬 메탈

도움▶ 어드밴스 : Ni(44%)-Cu(54%)-Mn(1%)계 합금

문제 120. 다음 중 Ni-Fe계 합금이 아닌 것은 어느 것인가?
㉮ 인바아　　㉯ 엘린바아　　㉰ 플라티나이트　　㉱ 어드밴스

문제 121. 알루미늄 성질을 잘못 설명한 것은 어느 것인가?
㉮ 비중이 대단히 가벼운 경합금으로 항공기 재료에 사용한다.
㉯ 전기 및 열의 전도율은 Ag, Cu 다음이다.
㉰ 공기 중에서 표면에 Al_2O_3의 얇은 층이 생겨 내식성이 좋다.
㉱ 산과 알카리에 특히 내식성이 좋다.

해답 115. ㉰　116. ㉱　117. ㉮　118. ㉯　119. ㉰　120. ㉱　121. ㉱

[도움] 수분에서는 내식성을 나타내나 산이나 알카리에는 대단히 약하다.
① 용점이 낮아 녹이기 쉽다.   ② 전연성이 좋다.

[문제] **122.** 다음 중 Al의 방식법이 아닌 것은 어느 것인가?
㉮ 수산법   ㉯ 황산법   ㉰ 크롬산법   ㉱ 질산법

[도움] Al 방식법의 종류 : 수산법, 황산법, 크롬산법

[문제] **123.** Al 방식법 중 Alumite에 대한 설명이 바르지 못한 것은?
㉮ 전해액은 수산이다.
㉯ 전류는 직류를 사용한다.
㉰ 황금색의 경질 피막을 형성한다.
㉱ 무색의 연질 피막을 형성한다.

[도움] 수산법(Alumite)
① 전해액 : 수산 ② 전류 : 직류 ③ 특징 : 황금색의 경질 피막 형성

[문제] **124.** 다음은 Al의 기계적 성질에 대한 설명이다. 틀린 것은?
㉮ 강도는 고온에서는 급격히 감소된다.
㉯ 저온 메짐은 나타나지 않는다.
㉰ 가공 경화재의 고온 경도는 약 260℃ 부근에서 풀림재와 같다.
㉱ 열간 가공 온도는 560~680℃에서 한다.

[도움] Al의 열간 가공 온도 : 280~500℃ 사이에서 한다.

[문제] **125.** 다음 알루미늄 기계적 성질이 잘못 설명된 것은?
㉮ 상온 압연시 강도, 경도는 증가, 연율은 감소한다.
㉯ 온도 증가에 따라 강도는 감소한다.
㉰ 연율은 400~500℃에서 극대가 된다.
㉱ 수축율이 작으며 순수 알루미늄은 주조성이 좋다.

[도움] 수축율이 크며 순수 Al은 주조성이 좋지 않다.

[문제] **126.** 알루미늄의 풀림 온도는 얼마인가?
㉮ 250~300℃   ㉯ 300~350℃   ㉰ 280~500℃   ㉱ 400~500℃

[도움] Al의 풀림 온도 : 250~300℃

[문제] **127.** Al-Cu계 합금에서 Cu의 함유량이 증가하면 성질은 어떻게 변하는가?
㉮ 인장 강도 : 증가   ㉯ 연신율 : 증가
㉰ 주조성 : 불량   ㉱ 내식성 : 증가

[해답] 122. ㉱ 123. ㉱ 124. ㉱ 125. ㉱ 126. ㉮ 127. ㉮

[토응] Cu 함유량이 증가하면
　① 경도, 인장 강도 : 증가　　② 전연성, 연신율 : 감소
　③ 주조성 : 양호　　　　　　④ 내식성 : 감소

[문제] **128.** Al-Cu계 합금에서 Cu 함유량이 증가에 따라서 증가하는 기계적 성질은 어느 것인가?
㉮ 내식성　　㉯ 경도　　㉰ 연신율　　㉱ 전연성

[문제] **129.** Al-Cu계 합금에 대한 설명이다. 틀린 것은 어느 것인가?
㉮ 공업용은 13% 이하의 구리를 함유하여 그 조직은 α, 또는 α+공정(α+CuAl$_2$)이다.
㉯ 열처리에 의해 기계적 성질을 증가시킬 수 있다.
㉰ 구리 함유량의 증가에 따라서 전연성, 연신율은 저하한다.
㉱ 구리는 알루미늄 중에 흡수되는 속도가 늦다.

[토응] Cu의 증가에 따라
　① 증가 : 인장 강도, 경도　　② 감소 : 전연성, 연신율

[문제] **130.** 실용으로 사용되는 Al-Cu계 합금에서 Cu의 함유량으로 틀린 것은 다음 중 어느 것인가?
㉮ 4%　　㉯ 8%　　㉰ 12%　　㉱ 16%

[토응] 실용 Al-Cu계 합금 : 4% Cu, 8% Cu, 12% Cu.

[문제] **131.** Al-Si계 합금에 대한 설명 중 틀린 것은 어느 것인가?
㉮ 절삭성이 좋다.
㉯ 공정점 부근의 조직은 기계적 성질이 우수하고 융점이 낮다.
㉰ 대표는 실루민이다.
㉱ 경도가 낮고 인성이 크다.

[토응] 절삭성이 나쁘다.

[문제] **132.** 개질 처리한 Al-Si계 합금의 대표는 다음 중 어느 것인가?
㉮ 라우탈　　㉯ 실루민　　㉰ Y-합금　　㉱ 두랄루민

[토응] 개질 처리한 Al합금 대표 : 실루민(Silumin)

[문제] **133.** 실루민의 조성으로 맞는 것은 어느 것인가?
㉮ Al-Si　　㉯ Al-Cu-Si　　㉰ Al-Si-Mg　　㉱ Al-Zn

[토응] 실루민의 조성 : Al-Si

[해답] 128. ㉯　129. ㉱　130. ㉱　131. ㉮　132. ㉯　133. ㉮

문제 134. 개질 처리에 효과를 얻는 방법 중 가장 많이 사용하는 방법은?
㉮ 불화물을 쓰는 법   ㉯ 가성 소오다를 쓰는 법
㉰ 금속 나트륨을 쓰는 법   ㉱ 수산화 나트륨을 쓰는 법

도움 금속 나트륨을 쓰는 방법

문제 135. 개질 처리에 최대 효과를 얻는 Si의 함유량은?
㉮ 4%   ㉯ 8%   ㉰ 12%   ㉱ 14%

도움 개질 처리의 최대 효과 : Si 14%

문제 136. 실루민의 결점인 가공면의 거칠음을 없앤 것으로 Cu(3~4.5%)-Si(5~6%)가 사용된 합금을 무엇이라 하는가?
㉮ 라우탈   ㉯ Y-합금   ㉰ γ-실루민   ㉱ 양은

문제 137. 라우탈의 조성으로 옳은 것은 어느 것인가?
㉮ Al-Si   ㉯ Al-Cu-Si   ㉰ Al-Si-Mg   ㉱ Al-Zn

도움 라우탈의 조성 : Al-Cu-Si

문제 138. 다음 중 Al-Mg 합금으로 내식성이 강하고 고온 강도가 크며 열전도율이 좋은 합금은?
㉮ 라우탈   ㉯ Y-합금   ㉰ γ-실루민   ㉱ 마그날륨

도움 magnalium의 조성 : Al-Mg

문제 139. 다음 중 Y-합금의 조성으로 맞는 것은 어느 것인가?
㉮ Al-Cu-Mg-Ni   ㉯ Al-Cu-Mg-Mn
㉰ Al-Cu-Si   ㉱ Al-Mg-Si

도움 Y-합금의 조성 : Al-Cu-Mg-Ni

문제 140. 다음은 Y-합금에 대한 설명이다. 틀린 것은 어느 것인가?
㉮ 피스톤 재료에 많이 사용한다.
㉯ 열처리는 150~200℃의 온수 중에서 냉각한 후에 4일간 상온 시효한다.
㉰ 인공 시효는 100~150℃에서 처리한다.
㉱ 대표적인 내열용 알루미늄 합금이다.

도움 Y-합금의 열처리 : 열처리는 510~530℃의 온수 중에서 냉각한 후에 4일간 상온 시효한다.

문제 141. 다음 중 내식용 알루미늄 합금이 아닌 것은 어느 것인가?
㉮ 알민   ㉯ 알드레이   ㉰ 실루민   ㉱ 하이드로날륨

해답 134. ㉰   135. ㉱   136. ㉮   137. ㉯   138. ㉱   139. ㉮   140. ㉯   141. ㉰

토용 내식용 Al 합금
① 알민 : Al-Mn
② 알드레이 : Al-Mg-Si
③ 하이드로날륨 : Al-Mg
④ Al-Mg-Mn

문제 142. 다음 중 내식용 알루미늄 합금의 대표는 어느 것인가?
㉮ 알민   ㉯ 알드레이   ㉰ 실루민   ㉱ 하이드로날륨

문제 143. 다음 중 하이드로날륨의 조성으로 맞는 것은?
㉮ Al-Mg   ㉯ Al-Mn   ㉰ Al-Mg-Si   ㉱ Al-Mg-Cu

문제 144. Lo-Ex의 조성은?
㉮ Al-Mg   ㉯ Al-Ni-Si   ㉰ Al-Mg-Si   ㉱ Al-Mg

토용 Lo-Ex의 조성 : Al-Ni-Si

문제 145. 두랄루민의 조성으로 맞는 것은 어느 것인가?
㉮ Al-Cu-Mg-Ni   ㉯ Al-Ni-Si
㉰ Al-Cu-Mg-Mn   ㉱ Al-Mg

토용 두랄루민의 조성 : Al-Cu-Mg-Mn

문제 146. 시효 경화 처리한 대표적인 합금은 어느 것인가?
㉮ 라우탈   ㉯ 실루민   ㉰ 알민   ㉱ 두랄루민

토용 두랄루민 : 시효 경화 처리의 대표

문제 147. 항공기 등 무게를 중요시하는 재료에 사용하는 Al 합금은?
㉮ 라우탈   ㉯ 실루민   ㉰ 알민   ㉱ 두랄루민

문제 148. Mg-Al(10% 내외)의 합금으로 전연성, 열전도도가 좋은 합금은 다음 중 어느 것인가?
㉮ 엘렉트론   ㉯ 실루민   ㉰ 알민   ㉱ 다우 메탈

토용 Daw metal : Mg-Al(10% 내외)의 합금

문제 149. 내연 기관의 피스톤에 사용되는 Mg-Al-Zn계 합금은?
㉮ 엘렉트론   ㉯ 실루민   ㉰ 알민   ㉱ 다우 메탈

토용 엘렉트론의 조성 : Mg-Al-Zn

해답 142. ㉱   143. ㉮   144. ㉯   145. ㉰   146. ㉱   147. ㉱   148. ㉱   149. ㉮

문제 150. 다음 중 베어링 합금으로서 필요 조건이 아닌 것은?
㉮ 접촉면에서 마찰 계수가 적을 것
㉯ 발열량이 적을 것
㉰ 축에 흠이 나지 않을 정도로 단단할 것
㉱ 변형이 어려울 것

토용 쉽게 변형이 되고 축의 형태에 적합할 것.

문제 151. 베어링 합금의 구비 조건이 아닌 것은 어느 것인가?
㉮ 고온에서 정하중과 경하중에 견디는 강도와 내압력을 가질 것
㉯ 축에 잘 적용할 수 있는 충분한 점성을 가질 것
㉰ 윤활유에 대한 내식성이 있을 것
㉱ 주조성이 좋고 열전도율이 작을 것

토용 열전도율이 클 것

문제 152. 일반적으로 베빗 메탈(Babbit metal)은?
㉮ 납계 화이트 메탈 ㉯ 아연계 화이트 메탈
㉰ 카드륨계 화이트 메탈 ㉱ 주석계 화이트 메탈

토용 일반적으로 주석계 화이트 메탈을 Babbit metal이라 한다.

문제 153. 납이 30~40% 함유한 구리계 베어링 합금은?
㉮ 베빗트 메탈 ㉯ 켈밋 ㉰ 화이트 메탈 ㉱ 실루민

토용 kelmet의 조성 : Cu-Pb(30~40%)

문제 154. 오일레스 베어링의 조성은?
㉮ Cu-Sn-흑연 ㉯ Sn-Pb-Sb-Zn-Cu
㉰ Sn-Sb-Cu ㉱ Pb-Sb-Sn

토용 ① 함유 베어링 : ㉮   ② 베빗트 메탈 : ㉰   ③ 활자 금속 : ㉱

문제 155. 활자 금속의 조성은?
㉮ Cu-Sn-흑연 ㉯ Sn-Pb-Sb-Zn-Cu
㉰ Sn-Sb-Cu ㉱ Pb-Sb-Sn

문제 156. 저용융 합금이란?
㉮ Sn의 융점보다 낮은 융점을 갖는 합금의 총칭이다.
㉯ Zn의 융점보다 낮은 융점을 갖는 합금의 총칭이다.
㉰ Pb의 융점보다 낮은 융점을 갖는 합금의 총칭이다.
㉱ Cd의 융점보다 낮은 융점을 갖는 합금의 총칭이다.

해답 150. ㉱ 151. ㉱ 152. ㉰ 153. ㉯ 154. ㉮ 155. ㉱ 156. ㉮

토용 저용융점 합금 : Sn의 융점보다 낮은 융점을 갖는 합금의 총칭

문제 157. 다음 중 저융점 합금이 아닌 것은?
㉮ 우드 메탈 ㉯ 뉴우톤 합금
㉰ 비스무트 땜납 ㉱ 엘렉트론

토용 저융점 합금의 종류
① 우드 메탈
② 리포위쯔 합금
③ 뉴우톤 합금
④ 로우즈 합금
⑤ 비스무트 땜납

해답 157. ㉱

금속의 조직

1 변태점 측정법

[1] 열분석

(1) 정의 : 금속을 일정한 속도로 가열 냉각시킬 때, 변태가 일어날 때부터 완전히 끝날 때까지, 열의 흡수 및 방출로 인한 온도의 상승 또는 강하가 정지된다. 이 원리를 이용하여 일정한 속도로 팽창시 온도와 시간과의 관계의 곡선을 만들고 그 굴곡을 조사하여 변태점을 결정하는 방법이다.

(2) 시간-온도 곡선에 의한 방법

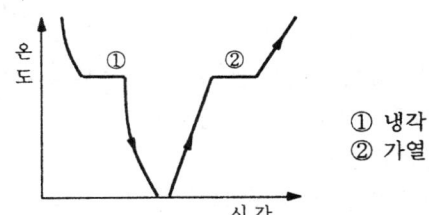

① 냉각
② 가열

(3) 시차 열분석

① 고체 사이의 동소 변태 같은 때에는 열의 흡수, 방출이 작으므로 열분석 곡선에 의해서 변화가 명확히 나타나지 않는 경우 열변화를 일층 확대해서 측정하는 방법
② 시료의 온도(θ), 시료와 변태하지 않는 중성체와의 온도차($\theta - \theta'$)를 구한다.
③ 변태점으로부터 변화가 시작되는 온도(b)를 측정.

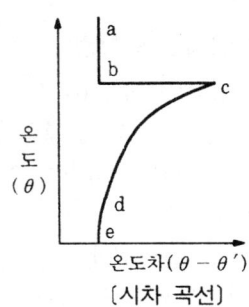

[시차 곡선]

[2] 전기 저항에 의한 측정법

(1) 금속과 합금의 전기 저항은 변태점에서는 불연속으로 변화한다.

(2) 변태점 부근에서 변태 완료까지 서냉되므로 고체 내에서의 동소 변태나 자기변태를 측정하기 적합하다.

【3】 열팽창계법
(1) 온도가 상승하면 금속 및 합금도 팽창을 일으키나 변태가 있으면 팽창 곡선에도 저항 온도 곡선과 같이 이상이 나타난다.
(2) 변태점 부근에서 변태 완료까지 서냉되므로 고체 내에서의 동소 변태나 자기 변태를 측정하기 적합하다.
(3) 가열 속도의 늦고 빠른 것에 관계없이 명확하게 측정된다.
(4) 열팽창 측정에는 보통 선팽창이 사용되며 측정법에는 측정 온도 범위가 넓은 열팽창 계법이다.

【4】 자기 분석법
(1) 강자성체가 온도 상승에 따라 자기 강도가 감소되어 상자성체로 된다. 이 변태점을 측정한 것을 자기 분석법이라 한다.
(2) 이 측정에는 자력계법이 사용된다.
(3) 온도와 거울의 회전각에 의해서 자기 강도의 변화를 측정한다.

2 상율

【1】 물의 변태
(1) TK : 비등점(액체의 증기압 곡선)
(2) TW : 얼음의 융해점,
(3) TE : 얼음이 수증기로 승화하는 점
　　　　(고체의 증기압 곡선)
(4) Ⅰ : 수증기, Ⅱ : 물, Ⅲ : 얼음
(5) T : 물, 얼음, 수증기의 3개가 공존하는 점
(6) Ⅰ, Ⅱ, Ⅲ 각 구역의 자유도 : F=1+2-1=2
　　(※ 온도, 압력을 다 변화시켜도 존재)
(7) 물과 수증기, 물과 얼음, 얼음과 수증기의 자유도 : F=1+2-2=1
　　(※ 온도, 압력 중 1개만 변형시킬 수 있음)
(8) T점의 자유도 : F=1+2-3=0 (※ 불변계)

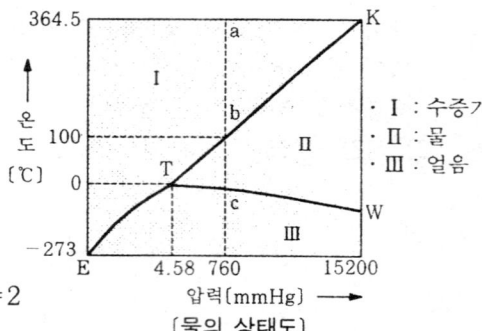

[물의 상태도]

【2】 금속간 화합물
(1) 계(system)
　① 집단의 물체를 외계와 차단하여 그 물질 이외의 것은 어떠한 물질적 교섭이 없는 상태로 있다고 생각할 때를 **계**라고 한다.
　② 균일계 : 1물질계의 1종의 균일한 것으로 되어 있으며 어느 부분도 동일한 물질일 때.
　③ 불균일계 : 몇 개의 다른 종류의 물질이 서로 공존하고 있는 상태.
(2) 성분(compoent)
　① 한 계의 조성을 나타내는 물질을 그의 **성분**이라 한다.

② 소금물 → 소금+물 ※ 2원계(2성분계)
(3) 상(phase)
① 어느 부분이나 균일하고 불연속적이며, 명확하게 경계된 부분으로 되어 있는 분자와 원자의 집합 상태를 말한다.
② 기체, 액체, 고체는 각각 하나의 상태이다.
③ 상과 성분 사이의 관계는 예를 들면 얼음, 물, 수증기가 공존하면 성분은 물 1성분이나 상은 고상, 액상, 기상인 3상이 된다.
(4) 상율(phase rule)
① 계 중의 상이 평형을 유지하기 위한 자유도(degree of freedom)를 규정하는 법칙이다.
② 자유도 : $F = n + 2 - P$ (※ F : 자유도, n : 성분수, P : 상의 수)
③ 압력을 무시하고 대기 압력으로서 고정시키면 자유도 : $F = n + 1 - P$

3. 이원합금의 평형 상태도

[1] 고용체를 만드는 경우

(1) 냉각 곡선 중 수평 부분은 순금속의 용융점을 나타낸다.
(2) m합금에서의 절점은 용액으로부터 고용체가 정출함을 나타냄
  ※ 이것 때문에 발열하므로 냉각속도는 대단히 완만하다.
(3) 용액과 접하는 선을 액상선이라 한다.
(4) 고용체에 접하는 선을 고상선이라 한다.

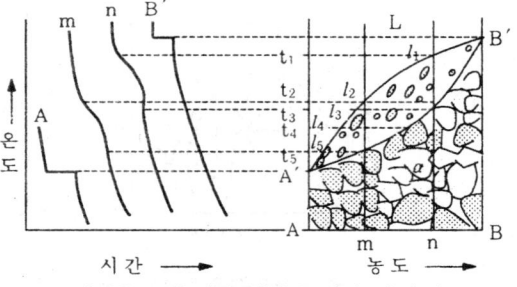

[전율 고용체의 냉각 곡선과 상태도]

[2] 공정을 만드는 경우

(1) m합금을 냉각시키면 온도 t_1 즉 점 m_1에서 응고가 시작되며 금속 A의 초정이 정출한다.
(2) 온도 t_3에 이르렀을 때의 용액과 결정의 양적 관계
  ※ 결정 A : 용액 $E' = \overline{m_2E'} : \overline{m_2t_3}$
(3) 여기서 남은 용액이 이 온도 이하에서 금속 A, B가 동시에 정출해서 응고가 끝난다.
  ※ 용액 $E' \longrightarrow$ 결정 A + 결정 B (이러한 반응을 공정 반응이라 한다.)

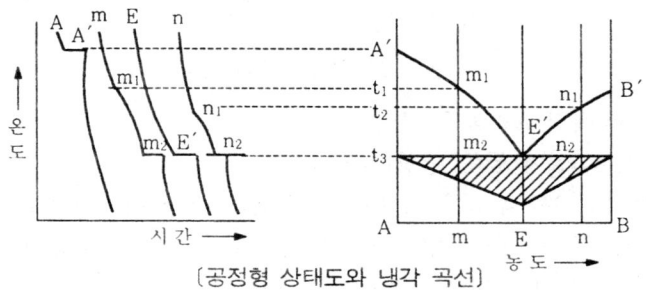

[공정형 상태도와 냉각 곡선]

【3】 금속간 화합물(inyemetall compound)을 만드는 경우

(1) 금속과 금속 사이의 친화력이 클 때, 2종 이상의 금속 원소가 간단한 원자비로 결합되어 성분 금속과는 다른 성질을 가진 독립된 화합물을 만든다.

(2) 금속간 화합물

합금명	금속간 화합물	합금명	금속간 화합물
탄소강, 주철	Fe_3C	Al합금	$CuAl_2$
청 동	Cu_4Sn, Cu_3Sn	Mg합금	Mg_2Si, $MgZn_2$

(3) 금속간 화합물의 특징
 ① 각 성분의 특성이 없어지며, 일반 화합물에 비해 결합력이 약하다.
 ② 어느 성분의 금속보다 단단하며, 전기 저항이 큰 비금속 성질이 강하다.
 ③ 일반적으로 각 성분 금속보다 높은 용융점을 갖는다.
 ④ Fe_3C, $CuAl_2$, Mg_2Si로서 A_mB_n식으로 나타낸다.
 ⑤ 고온에서 불안정하며 분해하기 쉽고, 복잡한 결정 구조를 갖고 변형이 어렵고 취약하다.

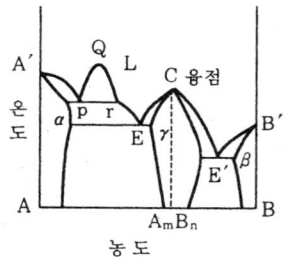
〔금속간 화합물(용액이나 고체에서 용해 한도가 있을 때)〕

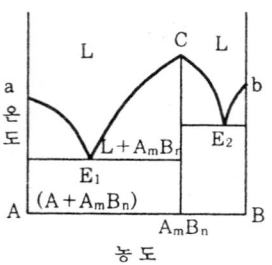
〔금속간 화합물(성분금속과 화합물이 공정 형성)〕

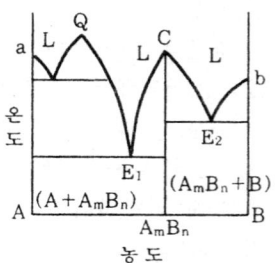
〔금속간 화합물(용액에 용해 한도가 있을 때)〕

【4】 편정(monotectic reaction)이 생기는 경우

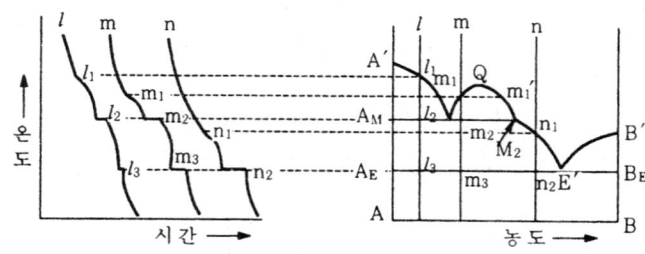
〔편정형 상태도와 냉각곡선〕

(1) 반응 : $M_1 \leftrightarrow$ 결정 A + 용액 M_2
 ※ 이 온도에서 3상이 공존 평형한다.
(2) 합금 l이 냉각될 때 점 l_1에 이르면 결정 A가 초정으로 정출되고 온도가 더 내려가면 결정 A는 증가하고, 온도 l_2에 이르면 편정 반응을 일으켜 M_2와 결정 A가 된다.
(3) 반응이 끝난 후의 양적 비율 : 결정 A : 용액 $M_2 = \overline{m_2M_2} : \overline{m_2A_M}$

【5】 포정(peritectic reaction)이 생기는 경우

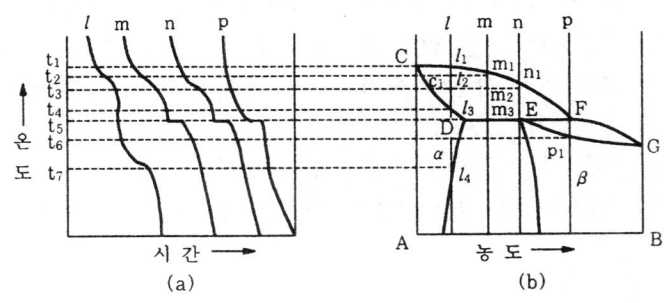

〔포정의 상태도와 냉각 곡선〕

(1) 어떤 합금의 용액과 다른 성분 합금의 고상이 작용하여 새로운 별종의 고상을 이루는 고용체이다.
(2) 하나의 고체에서 다른 액체가 작용하여 다른 고체를 형성한다.
(3) 온도 t_5에서 용액 F+결정 D(α고용체)→E(β고용체)가 생긴다. 이 반응을 말한다.
(4) l 합금을 냉각시키면 온도 t_1에서 α고용체가 정출하기 시작하고 t_2에서 이르면 α고용체와 농도 m_1 용액에서 2상의 양적 관계는 α고용체 : 용액 $m_1 = l_2m_1 = l_2c_1$이다.
(5) n 합금이 냉각되면 n_1에서 α고용체가 초정으로 정출하기 시작되고 E에 도달하면 용액의 농도는 F가 되며 α고용체와 용액과의 양적 관계는 α고용체 : 용액 F=EF : DE

【6】 고체에서 변태점이 있을 때

(1) 공석변태
① 하나의 고용체로부터 2종의 고체가 일정한 비율로 동시에 석출하여 생긴 혼합물로써 공석정의 조직은 층상 조직이다.
② 공석 반응식 : γ 고용체+Fe_3C
③ E : 공정점
(냉각 후 용해도가 현저히 감소된 경우를 나타낸다)
④ E″ : 공석점(공석 반응이 나타난다.)
⑤ β고용체에서는 최대량 F%의 B를 용해시키나 이것이 변태하여 α로 되면 용해도는 현저히 감소되어 최대량 H%가 된다.

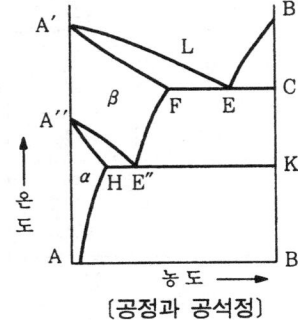

〔공정과 공석정〕

4] 현미경 조직

【1】 고온 금속 현미경과 그의 응용

(1) 고온 현미경의 관찰
① 고온에서의 상변화 및 고온에서의 결정입자 성장.
② 고온에서의 소성 변형 및 파단 형상.
③ 금속의 용융 및 응고 변화와 같이 이것에 따르는 과냉도 및 수지상의 조직의 형상.

【2】 현미경의 시료 준비

(1) 시료 채취법
　① 일반적인 조직 시험의 시료는 중앙부 및 끝부분으로부터 취한다.
　② 결함 검사를 위한 시료는 결함이 발생한 곳에서 가까운 부분을 취한다.
　③ 단조 가공한 것은 가공 방향에 주의하고 가급적 종단면, 횡단면 모두 시험할 수 있게 함.
　④ 냉간 압연한 것은 시료 표면이 가공 방향과 평행하게 한다.
　⑤ 시료는 메짐을 고려하여 절단 체취한 시료를 mounting하여 연마 및 검경하기 편리하게 한다.

(2) 연마법
　① 채취된 시료는 거친 연마부터 미세 연마까지 순차적으로 연마한다.
　② 거친 연마 : 사포 또는 벨트 그라인더로 연마하며 연마 도중 가열 또는 가공에 의한 시료의 변질이 일어나지 않도록 한다.
　③ 중간 연마 : 유리 또는 평활한 판 위에 사포 시이트를 놓고, 또한 원판을 회전시키면서 연마한다.
　④ 미세 연마 : 고운 연마포를 깐 원판을 회전시키면서 산화크롬, 산화알루미늄 등의 연마제를 물에 탄 액을 판상에 떨어뜨리면서 연마하며, 시료를 양극으로 하고 전해 연마를 하기도 한다.

(3) 부식법
　① 현미경 조직 부식제

재 료	부 식 액
철　　　강	질산 알코올 용액(진한 질산 5cc, 알코올 100cc)
	피크린산 알코올 용액(피크린산 5g, 알코올 100cc)
구리, 황동, 청동	염화 제이철(염화제이철 5g, 진한 염산 50cc, 물 100cc)
Ni 및 그 합금	질산 초선 용액(질산[70%] 50cc, 초산[50%] 50cc)
Sn 및 그 합금	질산 용액 및 나이탈(질산 2cc 알코올 100cc)
Pb 합 금	질산 용액(질산 5cc, 물 100cc)
Zn 합 금	염산 용액(염산 5cc, 물 100cc)
Al 및 그 합금	수산화나트륨(수산화나트륨 20g, 물 100cc)
	불화수소산(10% 수용액)
Au, Pt 등이 귀금속	왕수(진한 질산 1cc, 진한 염산 5cc, 물 6cc)

5] 열처리에 의한 조직 변화

[1] 합금의 시효 경화

(1) 시효 경화성 합금
　① 두랄루민은 시효 경화성 합금의 대표이며 500℃에서 담금질하고 상온에 방치하면 시간의 경과에 따라 경화되며 150~170℃로 가열하면 측정된다.

② 시효 경화의 원인 : 고용체의 용해도가 온도의 변화에 따라 심하게 변화하는 것에 기인함.
③ 석출 경화를 일키는 화합물 : $CuAl_2$, Mg_2Si.
④ 두랄루민의 시효 경화와 조직의 변화

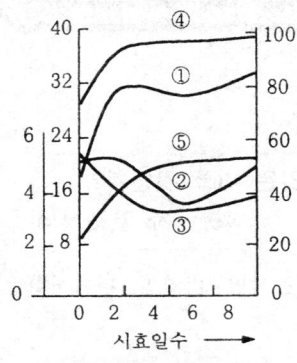

① 브리넬 경도
② 연신율[%]
③ 홈있는 충격값[kg·m/cm²]
④ 인장 강도[kg/cm²]
⑤ 탄성 한도

〔두랄루민의 시효 경화〕

㉮ 500℃로부터 수냉 후 장시간 방치해 두면 경도는 상승한다.
㉯ 경도 상승의 원인 : $CuAl_2$, Mg_2Si의 미립이 결정 입자안에 석출된다.
㉰ 시효 경화를 일으키는 합금
 ㉠ 두랄루민(Cu 4%, Al 나머지)
 ㉡ 초두랄루민(Cu 4%, Mg 1.5%, Mn 0.5%, Al 나머지)
 ㉢ 와이 합금(Cu 4%, Mg 1.5, Ni 2%, Al 나머지)
 ㉣ 히도로나륨(5% 및 Mg 10%, Al 나머지)

예상문제

문제 1. 다음 중 변태점 측정법이 아닌 것은 어느 것인가?
㉮ 크리이프 분석법 ㉯ 열분석법 ㉰ 시차 열분석법 ㉱ 열팽창법

  토의 열분석법의 종류 : 열분석법, 시차 열분석법, 비열법, 전기저항법, 열팽창법, 자기 분석법, X-선 분석법

문제 2. 금속 조직학에서 많이 사용하는 변태점 측정법은 어느 것인가?
㉮ 열분석법 ㉯ 시차 열분석법 ㉰ 전기 저항법 ㉱ X-선 분석법

  토의 금속 조직학에서는 주로 열분석에 의한 열변화를 측정하여 변태점을 구한다.

문제 3. 일정한 속도로 팽창시 온도와 시간과의 관계를 만들고 그 굴곡을 조사하여 변태점을 결정하는 방법으로 맞는 것은?
㉮ 열분석법 ㉯ 시차 열분석법 ㉰ 전기 저항법 ㉱ X-선 분석법

  토의 열분석법 : 온도가 시간의 변화에 따라 상승하지 않고 평행한 곡선이 될 때의 변태점을 추구하는 방법.

문제 4. 시료의 온도, 시료와 변태하지 않는 중성체와의 온도차를 구하는 변태점 측정법으로 맞는 것은 어느 것인가?
㉮ 열분석법 ㉯ 시차 열분석법 ㉰ 전기 저항법 ㉱ X-선 분석법

  토의 시차 열분석법 : 동소 변태의 경우 열의 흡수, 방출이 열분석 곡선에 나타나지 않을 때 사용한다.

문제 5. 열의 흡수 및 방출이 열분석 곡선에 나타나지 않을 때 사용하는 변태점 측정법은 다음 중 어느 것인가?
㉮ 열분석법 ㉯ 시차 열분석법 ㉰ 전기 저항법 ㉱ X-선 분석법

문제 6. 고체에서의 동소 변태나 자기 변태를 측정하는데 적합한 방법은?
㉮ 열분석법, 시차 열분석법 ㉯ 전기 저항법, 열팽창법
㉰ 비열법, 자기 분석법 ㉱ X-선 분석법, 자기 분석법

  토의 고체에서의 동소 변태나 자기 변태를 측정하는데 적합한 방법 : 전기 저항법, 열팽창법

해답 1. ㉮ 2. ㉮ 3. ㉮ 4. ㉯ 5. ㉯ 6. ㉯

문제 **7.** 다음 변태점 측정법 중 열팽창법에 대한 설명이 아닌 것은?
㉮ 가열 속도에 관계없이 명확하게 측정한다.
㉯ 보통 점팽창을 이용한다.
㉰ 온도에 따른 수축, 팽창의 변화 곡선 방향이 변태점에서 급격히 변하므로 이것으로부터 변태점을 측정한다.
㉱ 열분석법보다 변화가 뚜렷하게 나타난다.

도움 보통 선팽창을 사용한다.

문제 **8.** 집단의 물체를 외계와 차단하여 그 물질 이외의 것은 어떠한 물질적 교섭이 없는 상태로 있다고 생각할 때를 무엇이라 하는가?
㉮ 상(phase)   ㉯ 계(system)
㉰ 성분(component)   ㉱ 상율(phase rule)

도움 계(system) : 집단의 물체가 완전 절연된 상태에 있을 때를 말한다.

문제 **9.** 한 계의 조성을 나타내는 물질을 무엇이라 하는가?
㉮ 상   ㉯ 계   ㉰ 성분   ㉱ 상율

도움 한 계의 조성을 나타내는 물질을 그의 성분이라 한다.

문제 **10.** 계(system) 중의 상(phase)이 평형을 유지하기 위한 자유도를 규정하는 법칙을 무엇이라 하는가?
㉮ 상율   ㉯ 자유도   ㉰ 성분계   ㉱ 불변계

도움 상율(phase rule) : 계 중의 상이 평형을 유지하기 위한 자유도를 규정하는 법칙.

문제 **11.** 상율에 있어서 하나의 불균일계의 경우에 존재하는 상의 종류와 수를 변화시키지 않고 상호 독점하여 그의 값을 변할 수 있는 변수의 수를 무엇이라 하는가?
㉮ 상율   ㉯ 자유도   ㉰ 성분계   ㉱ 불변계

문제 **12.** 어느 부분이나 균일하고 불연속적이며 명확히 경계된 부분으로 되어 있는 분자와 원자의 집합 상태를 무엇이라 하는가?
㉮ 상   ㉯ 계   ㉰ 성분   ㉱ 상율

도움 상(phase) : 어느 부분이나 균일하고 불연속적이며 경계가 명확하게 되어 있는 분자와 원자의 집합 상태

문제 **13.** 자유도를 구하는 식으로 맞는 것은? (단, F는 자유도, n은 성분의 수, P는 상의 수이다.)
㉮ $F=n+3-P$ ㉯ $F=n+3-P$ ㉰ $F=n+2-P$ ㉱ $F=n+1-P$

도움 자유도(F)$=n+2-P$ (F : 자유도, n : 성분수, P : 상수)

해답 7. ㉯   8. ㉯   9. ㉰   10. ㉮   11. ㉯   12. ㉮   13. ㉰

문제 14. 압력을 무시하고 대기 압력으로 고정시킨 자유도의 공식은? (단, F는 자유도, n은 성분의 수, P는 상의 수이다.)
㉮ $F=n+3-P$ ㉯ $F=n+3-P$ ㉰ $F=n+2-P$ ㉱ $F=n+1-P$

[도움] 응고계(압력 무시)의 자유도 : $F=n+2-P$

※ 다음 그림을 보고 물음에 답하시오 (15~20)

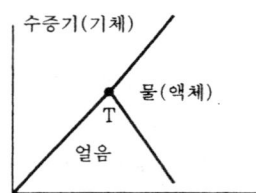

문제 15. 다음 그림에서 T점의 자유도는 얼마인가?
㉮ 0   ㉯ 1   ㉰ 2   ㉱ 4

[도움] T점의 자유도 : $1+2-3=0$
※ 성분수(n) : 1, 상의 수(P) : 3

문제 16. 위 그림에서 물, 얼음, 수증기의 각 구역에서의 자유도는?
㉮ 0   ㉯ 1   ㉰ 2   ㉱ 3

[도움] 자유도(F) = $1+2-1=2$
※ 성분수(n) : 1, 상의 수(P) : 1

문제 17. 위 그림에서 물과 수증기, 물과 얼음, 얼음과 수증기의 각 자유도는 얼마인가?
㉮ 0   ㉯ 1   ㉰ 2   ㉱ 3

[도움] 자유도(F) = $1+2-2=1$
※ 성분수(n) : 1, 상의 수(P) : 2

문제 18. Fe_3C에서 Fe의 원자비는 얼마인가?
㉮ 75%   ㉯ 65%   ㉰ 35%   ㉱ 25%

[도움] Fe_3C의 원자비
① Fe : $\frac{3}{3+1} \times 100 = 75\%$
② C : $\frac{1}{3+1} \times 100 = 25\%$

문제 19. Fe_3C에서 C의 원자비는 얼마인가?
㉮ 75%   ㉯ 65%   ㉰ 35%   ㉱ 25%

[해답] 14. ㉱   15. ㉮   16. ㉰   17. ㉯   18. ㉮   19. ㉱

문제 20. 얼음, 물, 수증기가 공존하면 상은 몇 개인가?
㉮ 1상 ㉯ 2상 ㉰ 3상 ㉱ 4상

[도움] 상은 고상, 액상, 기상의 3상이 존재한다.

문제 21. 베가이드 법칙이 활용된 고용체는 다음 중 어느 것인가?
㉮ 침입형 고용체 ㉯ 치환형 고용체
㉰ 규칙 격자형 고용체 ㉱ 정방형 고용체

[도움] 치환형 고용체에 활용.

문제 22. "용질, 용매 원자의 치환이 난잡하게 일어나면 고용체의 격자 상수 값은 용질 원자의 농도에 비례한다."의 법칙은?
㉮ 큐리의 법칙 ㉯ 베가이드 법칙
㉰ 전이 온도 법칙 ㉱ 기브스의 법칙

문제 23. 고온에서 불규칙 상태의 고용체를 서냉하면 어느 온도에서 규칙 격자가 형성되기 시작한 온도를 무엇이라 하는가?
㉮ 큐리 온도 ㉯ 천이 온도 ㉰ 변태 온도 ㉱ 용융점

문제 24. 침입형 고용체로 고용된 원소는 다음 중 어느 것인가?
㉮ Cu ㉯ C ㉰ Ni ㉱ Au

[도움] 침입형 고용체로 고용된 원소 : C, N, H, Si, O

문제 25. 용질, 용매 원자가 크기의 차가 15% 이내일 때 이루어지는 고용체는 다음 중 어느 것인가?
㉮ 침입형 고용체 ㉯ 치환형 고용체
㉰ 규칙 격자형 고용체 ㉱ 정방형 고용체

[도움] 치환형 고용체는 용질, 용매 원자의 차가 15% 이내일 때 이루어진다.

문제 26. 2개의 성분 금속이 용융 상태에서는 균일한 용액으로 되어 응고 후에는 성분 금속이 각각 결정되어 분리되며 2개의 성분 금속이 전연 고용체를 만들지 않고 기계적으로 혼합된 조직을 무엇이라 하는가?
㉮ 공석 ㉯ 공정 ㉰ 포정 ㉱ 편정

[도움] 하나의 액체에서 2개의 고체가 동시에 정출하여 나온 혼합물

문제 27. 다음 중 공정 반응식으로 맞는 것은 어느 것인가?
㉮ γ-고용체 $\longleftrightarrow$ α-고용체+Fe_3C ㉯ 용액 $\longleftrightarrow$ γ-고용체+Fe_3C
㉰ 액체+α-고용체 $\longleftrightarrow$ β-고용체   ㉱ 액상(L) $\longleftrightarrow$ 초정(G)+액상(H)

[해답] 20. ㉰ 21. ㉯ 22. ㉯ 23. ㉯ 24. ㉯ 25. ㉯ 26. ㉯ 27. ㉯

도움▶ 공정 반응식 : 용액 ⇌ γ-고용체+Fe_3C

문제 28. 공석 반응식으로 맞는 것은 어느 것인가?
㉮ γ-고용체 ⇌ α-고용체+Fe_3C ㉯ 용액 ⇌ γ-고용체+Fe_3C
㉰ 액체+α-고용체 ⇌ β-고용체 ㉱ 액상(L) ⇌ 초정(G)+액상(H)

도움▶ 공석 반응식 : γ고용체 ⇌ α고용체+Fe_3C

문제 29. 포정 반응식으로 맞는 것은?
㉮ γ-고용체 ⇌ α-고용체+Fe_3C ㉯ 용액 ⇌ γ-고용체+Fe_3C
㉰ 액체+α-고용체 ⇌ β-고용체 ㉱ 액상(L) ⇌ 초정(G)+액상(H)

도움▶ 포정 반응식 : 액체+α고용체 ⇌ β고용체

문제 30. 다음 중 편정 반응식으로 맞는 것은 어느 것인가?
㉮ γ-고용체 ⇌ α-고용체+Fe_3C ㉯ 용액 ⇌ γ-고용체+Fe_3C
㉰ 액체+α-고용체 ⇌ β-고용체 ㉱ 액상(L) ⇌ 초정(G)+액상(H)

도움▶ 편정 반응식 : 액상(L) ⇌ 초정(G)+액상(H)

문제 31. 다음 중 금속간 화합물의 특징이 아닌 것은?
㉮ 각 성분의 특성이 없어진다.
㉯ 고온에서 안정되며 분해하기가 어렵다.
㉰ 일반 화합물에 비하여 결합력이 약하다.
㉱ 전기 저항이 큰 비금속 성질이 강하다.

도움▶ 고온에서 불안정하며 분해하기 쉽다.

문제 32. 금속간 화합물에 설명이 잘못된 것은 어느 것인가?
㉮ 성분 금속보다 용융점이 높다.
㉯ 화합물이 융점 이하에서 분해한 것은 자기 융점이 없는 상태다.
㉰ 대체로 간단한 결정 구조를 갖는다.
㉱ 변형이 어렵고 단단하며 취약하다.

도움▶ 복잡한 결정 구조를 갖는다.

문제 33. 다음 중 금속간 화합물이 아닌 것은?
㉮ Fe_3C ㉯ $CuAl_2$ ㉰ Mg_2Si ㉱ $CuAu$

도움▶ 금속간 화합물의 종류 : Fe_3C, $CuAl_2$, Mg_2Si, ZnS

해답 28. ㉮ 29. ㉰ 30. ㉱ 31. ㉯ 32. ㉰ 33. ㉱

문제 34. 어떤 합금의 용액과 다른 성분 합금의 고상이 작용하여 새로운 별종의 고상을 이루는 고용체를 무엇이라 하는가?
㉮ 공정 반응   ㉯ 공석 반응   ㉰ 포정 반응   ㉱ 편정 반응

도움 포정 반응 : 하나의 고체에서 다른 액체가 작용하여 다른 고체를 형성한다.

문제 35. 일정한 용액에서 고상과 다른 종류의 용액을 동시에 생성하는 반응을 무엇이라 하는가?
㉮ 공정 반응   ㉯ 공석 반응   ㉰ 포정 반응   ㉱ 편정 반응

문제 36. 하나의 고용체로부터 2종의 고체가 일정한 비율로 동시에 석출하여 생긴 혼합물을 무슨 반응이라 하는가?
㉮ 공정 반응   ㉯ 공석 반응   ㉰ 포정 반응   ㉱ 편정 반응

문제 37. 다음 반응 중 층상 조직이 나타나는 것은 어느 것인가?
㉮ 공정 반응   ㉯ 공석 반응   ㉰ 포정 반응   ㉱ 편정 반응

문제 38. 다음 Fe-C 평형상도에서 포정점으로 맞는 것은?
㉮ A점
㉯ J점
㉰ N점
㉱ B점

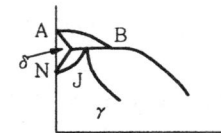

문제 39. 다음 평형 상태도에서 금속간 화합물의 상태도는?

㉮ 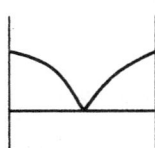   ㉯ 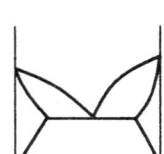   ㉰ 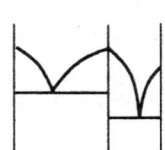   ㉱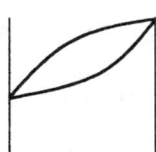

도움 상태도 설명
㉮ 공정 반응 상태도
㉯ 고용체가 공정을 만들 때의 상태도
㉰ 금속간 화합물 상태도
㉱ 고용체 상태도

문제 40. 특수강에서 A_4 변태점이 상승하고 A_3 변태점이 강하되며 또한 공석 변태를 일으키지 않는 경우가 있는 특수 원소는?
㉮ Co   ㉯ C   ㉰ Mo   ㉱ V

도움 Ni, Co, Mn 등이 있다.

해답 34. ㉰ 35. ㉱ 36. ㉯ 37. ㉯ 38. ㉯ 39. ㉰ 40. ㉮

문제 41. 특수강에서 A_4 변태점이 강하하고 A_3 변태점을 상승시켜 첨가 원소가 어느 농도 이상이 되면 δ 고용체와 α 고용체가 연속되는 경우의 특수 원소는?
㉮ Co   ㉯ C   ㉰ Mo   ㉱ Cu

토용 Si, W, Mo, V, Cr 등이 있다.

문제 42. 특수강에서 A_4 변태점이 상승하고 A_3 변태점이 강하되며 또 γ 고용체가 공석 변태를 일으켜 분해하는 경우의 특수 원소는?
㉮ Co   ㉯ C   ㉰ Mo   ㉱ V

토용 C, Si 등이 이에 속한다.

문제 43. 고온 현미경의 관찰에 대한 설명 중 틀린 것은?
㉮ 고온에서의 상변화
㉯ 고온에서의 결정 입자 성장
㉰ 고온에서의 소성 변형 및 파단 현상
㉱ 수지상 조직의 형성 및 인장 강도

토용 금속의 용융 및 응고 변화와 이것에 따르는 과냉도 및 수지상 조직의 형성.

문제 44. 현미경 조직 시험의 시료 채취에 대한 설명 중 잘못된 것은?
㉮ 일반적으로 시료의 중앙부 및 끝부분으로부터 취한다.
㉯ 단조 가공한 것은 가공 방향이 횡단면을 취한다.
㉰ 결함 검사를 위한 시료는 결함이 발생한 곳에서 가까운 부분을 취한다.
㉱ 냉간 압연한 것은 시료 표면이 가공 방향과 평행하게 한다.

토용 단조 가공한 것은 가공 방향에 주의하고 가급적이면 종단면, 횡단면 모두 시험할 수 있게 한다.

문제 45. 채취한 시료를 연마하는 방법 중 순서가 맞는 것은?
㉮ 거친 연마 → 중간 연마 → 미세 연마
㉯ 중간 연마 → 거친 연마 → 미세 연마
㉰ 미세 연마 → 중간 연마 → 거친 연마
㉱ 중간 연마 → 미세 연마 → 거친 연마

토용 시료의 연마 순서 : 거친 연마 → 중간 연마 → 미세 연마

문제 46. 유리 또는 평활한 판 위에 사포 시이트를 놓고 또는 원판을 회전시키면서 연마하는 방법은?
㉮ 거친 연마   ㉯ 중간 연마   ㉰ 미세 연마   ㉱ 포리싱

해답 41. ㉰   42. ㉯   43. ㉱   44. ㉯   45. ㉮   46. ㉯

문제 47. 현미경 시험으로 시험하기 위하여 채취한 시료 중 횡단면으로 채취하여 관찰하는 것은 어느 것인가?
㉮ 비금속 개재물
㉯ 섬유상의 가공 조직
㉰ 열처리 경화층의 분포 상태
㉱ 결정 입도의 측정

도움▶ 횡단면 채취 : 결정 입도 측정, 탈탄층, 침탄 질화층, 도금층, 담금질 경화층, 편석, 백점, 기공, 압연흠 등의 관찰.

문제 48. 현미경 시험으로 시험하기 위하여 채취한 시료 중 종단면으로 채취하여 관찰하는 것은 어느 것인가?
㉮ 열처리 경화층의 분포 상태
㉯ 결정 입도 측정
㉰ 탈탄층, 침탄 질화층, 도금층 등의 관찰
㉱ 압연, 단조 상태의 관찰

도움▶ 종단면 채취로 관찰
① 비금속 개재물
② 섬유상의 가공 조직
③ 열처리 경화층의 분포상태

문제 49. 다음 연마제 중 철강재의 연마제가 아닌 것은?
㉮ Fe_2O_3　　㉯ Cr_2O_3　　㉰ Al_2O_3　　㉱ MgO

도움▶ 철강재 연마제 : Fe_2O_3, Cr_2O_3, Al_2O_3

문제 50. 다음 부식제 중 철강의 부식제로 맞는 것은 어느 것인가?
㉮ 염화제2철 용액
㉯ 질산 용액
㉰ 나이탈 및 피크랄
㉱ 왕수

도움▶ 현미경 조직 시험 부식제
① 철강 : 질산 알콜 용액, 피크랄, 나이탈.
② Cu 및 그 합금 : 염화제이철 용액
③ Ni 및 그합금 : 질산 초산 용액
④ Sn 합금 : 질산 용액 및 나이탈
⑤ Pb 합금 : 질산 용액
⑥ Zn 합금 : 염산 용액
⑦ Al 및 그 합금 : 불화수소산, 수산화나트륨
⑧ 귀금속 : 왕수

문제 51. 구리, 구리합금의 부식제로 적당한 것은?
㉮ 염화제2철 용액
㉯ 질산 용액
㉰ 나이탈 및 피크랄
㉱ 왕수

해답 47. ㉱　48. ㉮　49. ㉱　50. ㉰　51. ㉮

문제 52. Au, Pt 등의 귀금속의 부식제는?
㉮ 염화제2철 용액 ㉯ 질산 용액
㉰ 나이탈 및 피크랄 ㉱ 왕수

문제 53. 알루미늄의 부식제로 적당한 것은?
㉮ 염화제2철 용액 ㉯ 질산 용액
㉰ 나이탈 및 피크랄 ㉱ 불화수소산

문제 54. 고용체의 용해도가 온도의 변화에 따라 심하게 변화하는 것에 기인하는 원인을 무엇이라 하는가?
㉮ 청열 취성 ㉯ 고온 취성 ㉰ 자연 균열 ㉱ 시효 경화

문제 55. 시효 경화성 합금의 대표는 어느 것인가?
㉮ 두랄루민 ㉯ 라우탈 ㉰ 경강 ㉱ 청동

[도움] 시효 경화성 합금의 대표 : 두랄루민

문제 56. 작은 입자가 기본 결정 입자에서 미끄러지는 것을 방해하여 경도를 증가시키는 것을 무엇이라 하는가?
㉮ 시효 경화 ㉯ 석출 경화 ㉰ 자연 균열 ㉱ 수소화

[도움] 석출상은 단단하고 작은 입자가 기본 결정 입자에서 미끄러지는 것을 방해하여 경도를 증가시킨 것을 석출 경화라 한다.

문제 57. 석출 경화를 일으키는 화합물로 맞는 것은 어느 것인가?
㉮ $CuAl_2$ ㉯ Fe_2O_3 ㉰ MgO ㉱ Cu_3O_4

[도움] 석출 경화를 일으키는 화합물 : $CuAl_2$, Mg_2Si

문제 58. 두랄루민을 500℃로부터 수냉시킨 후 장시간 방치해 두었을 때에 시효 일수와 기계적 성질과의 관계를 나타낸 그림이다. ①이 나타내는 것은?
㉮ 인장 강도
㉯ 브리넬 경도
㉰ 연신율
㉱ 탄성 한도

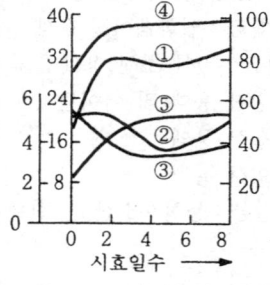

[도움] 그림 설명
① 브리넬 경도 ② 연신율(%) ③ 홈있는 충격값($kg·m/cm^2$)
④ 인장 강도(kg/cm^2) ⑤ 탄성 한도

[해답] 52. ㉱ 53. ㉱ 54. ㉱ 55. ㉮ 56. ㉯ 57. ㉮ 58. ㉯

제Ⅱ편
금속 열처리

제1장 열처리의 개요 / 2-3
제2장 항온 및 연속 냉각 변태와 열처리 설비
　　　 / 2-10
제3장 일반 열처리 및 항온 열처리 / 2-41
제4장 분위기 열처리 / 2-116
제5장 표면 경화 열처리 / 2-131
제6장 열처리 제품의 시험 검사
　　　 및 결함 대책 / 2-153

제1장 열처리의 개요

1 열처리(heat treatment)의 개요

[1] 열처리의 정의
(1) 금속 재료를 소정의 온도로 가열하고 유지하며 냉각하는 과정을 거쳐서 금속의 내부 조직을 변화시킴으로써 필요한 기계적 성질을 얻는 것이다.
(2) 가열 조건과 냉각 조건을 변화시킴으로써 조직을 변화시키고 기계적 성질을 개선하는 것이다.
(3) 열처리의 개요
   ① 재료 시험편의 조직 균일화
   ② 시편의 강도 및 경도 부여
   ③ 결정 입자의 미세화
   ④ 인성 부여 및 기계적 성질의 개선
(4) 열처리의 분류
   ① 일반 열처리 : 담금질, 풀림, 불림, 뜨임.
   ② 항온 열처리 : 항온 풀림, 항온 뜨임, 항온 담금질, 항온 불림.
   ③ 표면 경화 열처리 : 화염 경화법, 고주파 경화법, 질화법, 침탄법, 금속 침투법.

2 열처리의 목적
(1) 경도 또는 인장력을 증가시킬 목적 : 담금질 후 취성을 막기 위해 뜨임 처리한다.
(2) 조직 연화 또는 기계 가공에 적당한 상태로 하기 위한 목적 : 풀림, 탄화물의 구상화 처리.
(3) 조직 미세화, 방향성 및 편석을 제거하고 균일 상태 유지 목적 : 불림.
(4) 냉간 가공의 영향 제거 목적 : 중간 풀림, 변태점 이하로 가열하여 연화 처리.
(5) 마크로 적응력 제거, 기계 가공에 의한 제품의 비틀림, 사용 중 파손 방지 목적 : 응

력 제거 풀림.
(6) 수소에 의한 취화를 하기 위한 목적 : 150~300℃로 가열.
(7) 조직 안정화 목적 : 풀림, 뜨임, 심랭 처리.
(8) 내식성 개선 목적 : 스테인레스강의 담금질.
(9) 자성 향상 목적 : 규소강판의 풀림.
(10) 표면 경화 목적 : 고주파 담금질, 화염 경화법, 침탄법, 질화법.
(11) 강에 점성과 인성 부여 목적 : 고Mn강의 담금질.

3 열처리의 기본 법칙

[1] 가열 방법
(1) 가열 온도
  ① 변태점($A_{3, 2, 1}$점, Acm선) 이상 가열 : 풀림, 불림, 담금질
  ② 변태점(A_1점) 이하 가열 : 뜨임.
(2) 철강을 산화시키지 않고 가열하는 방법
  ① 숯이나 주철 칩(chip) 또는 침탄제 등에 묻어서 가열하는 방법.
  ② 산화나 탈탄 방지제를 도포하여 가열하는 방법.
  ③ 보호 분위기 가스 속에서 가열하는 방법.
  ④ 중성 염욕이나 연욕(沿浴) 중에서 가열하는 방법.
  ⑤ 진공 중에서 가열하는 방법.
(3) 가열 속도
  ① 서열(전기로, 중유로) : 풀림, 불림, 담금질, 뜨임.
  ② 급열(고주파, 불꽃, 용융염) : 담금질, 뜨임.

[2] 가열 변태
(1) 가열 속도를 지배하는 요소
  ① 열처리 온도 그 이상에 미리 가열되어 있는 노(爐) 중에 가열하는 방법
    ※ 노(爐)의 생산성 향상과 조작이 단축되고 연료비가 절감되며 가열 시간이 짧아 산화 탈탄을 방지한다.
  ② 소요의 가열 속도로서 노(爐)와 함께 가열하는 방법
    ※ 열전도율이 나쁜 강의 가열시 이용되며 재료의 내부 온도가 표면보다 낮다.
  ③ 소요 열처리 온도보다 낮은 온도로 가열되어 있는 노(爐)에 넣고 처리물이 노(爐) 온도로 된 뒤 노(爐)와 함께 소요 온도까지 가열하는 방법.
(2) 열처리 변태도
  ① 가열 변태도 : 연속 가열 변태도와 등온 가열 변태도(TTT곡선)
  ② 냉각 변태도 : 연속 냉각 변태도(CCC곡선), 등온 냉각 변태도, 담금질 변태도
(3) 가열 시간, 온도 결정
  ① 가열 시간은 가열물의 최소 두께(H)를 기준으로 둔다.
  ② 가열 온도는 가열물을 밀착시켜 열전대로 안다. (밀착되지 않을 때는 노의 온도)

③ 보온 시간 0.5~1.0Hmm 정도이다.

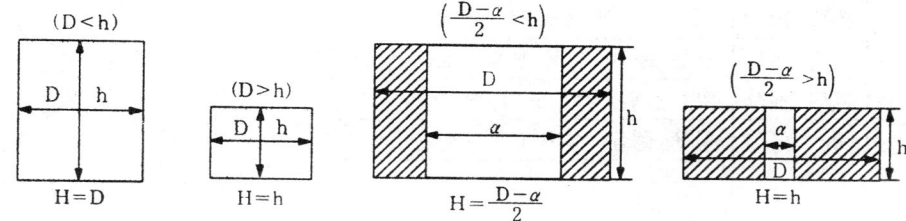

【3】 냉각 변태

(1) 변태점 위에서의 냉각

① 노냉(서냉) : 풀림, 공냉 : 불림, 급냉(수냉) : 담금질, 뜨임
② 항온냉각(열욕냉) : 오스템퍼, 마아템퍼
③ 계단 냉각 : 시간 담금질, 인상 담금질, 마아 퀜칭

(2) 변태점 이하에서의 냉각

① 뜨임, 시효 : 노냉, 공냉, 급냉
② 항온냉(열욕냉) : 베이나이트 뜨임.

(3) 냉각 방법

① 냉각 방법의 2가지 규칙 : 필요한 온도 범위만 냉각, 필요한 냉각 속도로 냉각.
② 필요한 열처리 범위의 종류
  ㉮ 열처리 온도로부터 화색(和色)이 없어지는 온도 범위(약 550℃, 임계 구역 범위)
  ㉯ 담금질 효과를 결정하는 온도 범위
     (급냉시 ─→ 경화, 서냉시 ─→ 경화가 일어나지 않음)
  ㉰ 약 250℃ 이하의 온도 범위(Ar″ 범위)
    ㉠ 담금질 처리의 경우에만 필요한 온도 범위
    ㉡ 담금질 균열을 결정짓는 위험 구역이다.
  ㉱ 필요한 냉각 속도로 냉각
    ㉠ 풀림─→ 노냉, 불림─→ 공냉, 담금질─→ 수냉, 유냉.
    ㉡ 뜨임에 의해 연하게 하는 경우(보통강, 합금강) ─→ 급냉.
    ㉢ 뜨임에 의해 간단하게 할 경우(고속도강, Die강) 또는 저온 뜨임(공구강)의 경우
       ─→ 서냉

【4】 냉각법의 형태

(1) 계단 냉각 : 냉각 도중에 냉각 속도를 바꾸는 방법으로 필요 온도 범위만을 필요 속도로 냉각하고 그 후에는 인위적으로 속도를 조절한다.
(2) 연속 냉각 : 열처리 온도까지 가열 후 상온까지 연속적으로 냉각하는 방법.
(3) 항온 냉각 : 필요 온도까지 급냉하고 그 온도를 항온 유지 후 적당한 시간 경과 후 냉각하는 방법으로 냉각제에 열욕(solt 또는 Metal)을 사용한 점에서 열욕이라 한다.

냉각 방법	열처리의 종류
연속 냉각	보통 풀림, 보통 뜨임, 보통 담금질
계단 냉각	2단 풀림, 2단 뜨임, 인상 담금질
항온 냉각	항온 풀림, 항온 뜨임, 항온 담금질

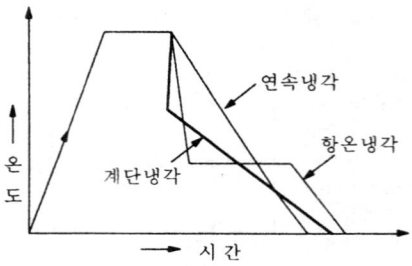

(4) 냉각의 3단계
  ① 증기막 단계(제1단계) : 고열 부품이 냉각액의 증기막에 포함되어 서냉하는 구간(서냉 구간)
  ② 비등 단계(제2단계) : 냉각액이 비등하면서 급냉되는 단계(급냉 구간)
  ③ 대류 단계(제3단계) : 냉각액이 대류에 의해 서냉되는 단계(서냉 구간)

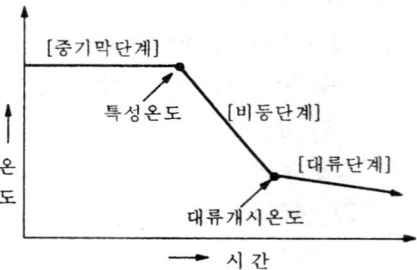

4 열처리와 변태

【1】 변태 및 열처리는 열역학에 기초를 둔 것이 정상이며 열처리는 相의 각종 변화를 추구한다.

【2】 합금 종류에 따라 고상 변태의 분류
  (1) 순금속
    ① 동소 변태 : 단상 → 단상
    ② Martensite 변태 : 단상 → 단상
  (2) 합금
    ① 공석 변태 : 단상 → 2상
    ② 석출 : 단상 → 2상
  (3) 고용체 → 규칙, 불규칙 변태 → (단상 → 단상)

【3】 변태 진행 기구에 의한 분류
  (1) 균질 변태
  (2) 불균질 변태
    ① 핵발생 성장 상태
    ② Martensite 변태

【4】 열활성 변태
  (1) 계면 제어 변태 : 순금속의 동소 변태와 규칙, 불규칙 변태를 포함한다.
    ※ 변태 속도는 계면 원자간의 상호 작용에 의존한다.
  (2) 확산 제어 변태 : 과포화 고용체로부터의 석출, 공석 변태 등이다.
    ※ 변태 속도는 원자의 확산에 의존한다.

【5】 시효 변태

과포화 고용체로부터 다른 상이 석출하는 현상을 이용하여 금속 재료의 강도 및 그 밖의 성질을 변화시키는 처리이며 비철을 강화시키는 표면 처리이다.

【6】 급냉으로 일어나는 지체 변태

(1) 담금질이 시작되는 순간부터 온도가 하강되는 것이 아니고 담금질 커버(curve)의 위쪽에 무릎(knee) 형상에서 순간적인 지체가 생긴다.
(2) 시편을 액체 용매 중에서 담금질할 때 나타나는 담금질 곡선의 특징이다.
(3) 임계 구역 이상의 온도에서 여러 가지 속도로 담금질한 공석강의 냉각 곡선에 나타나는 정지점의 일반 성질.

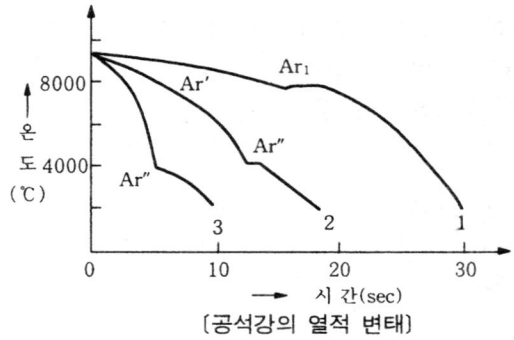

〔공석강의 열적 변태〕

① 곡선 1 : 시편을 100℃의 물 속에 넣었을 때 냉각 속도가 늦고 Ar_1이 나타나며 Pearlite 조직이 된다.
② 곡선 2 : 80℃의 물 속에 급냉하면 Ar_1 변태 내려가서 Ar' 변태와 Ar'' 변태가 나타나며 Martensite 조직과 Fine Pearlite 조직의 혼합 조직이 된다.
③ 곡선 3 : 20℃의 물 속에 급냉하면 Ar' 변태점은 완전히 소멸되고 Ar'' 변태만 나타난다.
④ A_1 변태 : Austenite ⟶ Pearlite(Ferrite+Fe_3C)
※ 원자 밀도가 큰 FCC에서는 원자 밀도가 작은 BCC로 변화하여 팽창한다.

예상문제

문제 1. 다음은 열처리에 대한 설명이다. 틀린 것은 어느 것인가?
㉮ 열처리는 재료 시험편의 조직을 균일화한다.
㉯ 열처리는 재료 시험편의 강도 및 경도를 부여해준다.
㉰ 열처리는 금속 내부 조직을 변화시킨다.
㉱ 열처리는 인성 부여 및 취성을 향상시켜 준다.

도움 열처리의 개요
① 인성 부여 및 기계적 성질을 개선
② 재료의 조직 균일화
③ 재료의 강도 및 경도 부여
④ 결정 입자 미세화

문제 2. 다음은 열처리에 대한 설명이다. 틀린 것은 어느 것인가?
㉮ 일반적으로 가열 온도와 시간이 길어지면 확산이 잘된다.
㉯ 열처리란 금속 재료를 가열과 냉각을 하는 조작이다.
㉰ 냉각시에는 냉각 속도가 작아짐에 따라 입자가 미세해진다.
㉱ 가열시 가열 속도가 커지면 입자가 미세하여 진다.

도움 냉각 속도가 빠르면 결정 입자는 미세하여 진다.

문제 3. 다음 중 열처리의 목적이 아닌 것은 어느 것인가?
㉮ 경도 및 인장력을 증가   ㉯ 조직 조대화 및 취성 부여
㉰ 내식성 개선   ㉱ 점성과 연성 부여

도움 조직 미세화 및 인성 부여

문제 4. 다음 중 열처리의 목적을 잘못 설명한 것은?
㉮ 재질을 연하게 만들어 기계 가공을 쉽게 하려면 침탄화한다.
㉯ 단단한 조직을 원한다면 담금질한다.
㉰ 담금질에 의해 단단하고 메짐이 있는 재료에 인성을 부여하기 위해 뜨임한다.
㉱ 재질을 표준 조직으로 만들기 위해 불림을 한다.

도움 풀림의 목적 : 가공 경화된 재료의 연화.

해답 1. ㉱   2. ㉰   3. ㉯   4. ㉮

❖ 예상문제 2-9

문제 5. 다음 중 열처리 분류 중 표면 경화 열처리가 아닌 것은?
㉮ 담금질 ㉯ 질화법 ㉰ 침탄법 ㉱ 화염 경화법

토용 표면 경화 열처리 : 화염 경화법, 고주파 경화법, 침탄법, 질화법, 금속 침투법

문제 6. 다음 중 열처리시 가열 온도가 $A_{3,2,1}$ 변태점 이상으로 가열한 열처리 방법이 아닌 것은?
㉮ 불림 ㉯ 뜨임 ㉰ 풀림 ㉱ 담금질

토용 뜨임은 A_1 변태점 이하에서 실시한다.

문제 7. 다음 열처리 방법 중 일반 열처리법이 아닌 것은?
㉮ 담금질 ㉯ 뜨임 ㉰ 침유법 ㉱ 풀림

토용 일반 열처리 종류 : 담금질, 뜨임, 풀림, 불림

문제 8. 다음 중 철강을 산화하지 않고 가열하는 방법으로 틀린 것은?
㉮ 숯이나 주철 칩에 묻어 가열하는 방법
㉯ 산화나 탈탄 방지제를 도포하여 가열하는 방법
㉰ 보호 분위기 가스 속에서 가열하는 방법
㉱ 산화성 염욕 중에서 가열하는 방법

토용 ㉮㉯㉰외에 중성 염욕이나 연욕 중에서 가열하는 방법 및 진공중에서 가열하는 방법이 있다.

문제 9. 다음 중 냉각법의 3형태가 아닌 것은 어느 것인가?
㉮ 계단 냉각 ㉯ 연속 냉각 ㉰ 항온 냉각 ㉱ 열욕 냉각

토용 냉각법의 형태 : 연속냉각, 계단냉각, 항온냉각

문제 10. 다음 중 냉각의 3단계가 아닌 것은 어느 것인가?
㉮ 증기막 단계 ㉯ 비등 단계 ㉰ 대류 단계 ㉱ 비산 단계

토용 냉각의 3단계
① 증기막 단계(제1단계) : 서냉 구간
② 비등 단계(제2단계) : 급냉 구간
③ 대류 단계(제3단계) : 서냉 구간

문제 11. 다음 중 급냉되는 냉각 구간은?
㉮ 증기막 단계 ㉯ 비등 단계 ㉰ 대류 단계 ㉱ 비산 단계

문제 12. 다음 중 가열 방법이 아닌 것은?
㉮ 정온 가열 ㉯ 노와 함께 가열 ㉰ 단계 가열 ㉱ 저온 저속 가열

토용 가열 방법의 4가지 : 정온 가열, 고온 급속 가열, 노와 함께 가열, 단계 가열

해답 5. ㉮ 6. ㉯ 7. ㉰ 8. ㉱ 9. ㉱ 10. ㉱ 11. ㉯ 12. ㉱

제 2 장

항온 및 연속 냉각변태와 열처리 설비

1 항온 변태

[1] 항온 변태 곡선(isothermal transformation curve, TTT 곡선, C곡선, S곡선)
  (1) 공석강을 A_1 변태 온도 이상으로 가열한 후 Austenite화 한 후 A_1 변태 온도 이하의 어느 온도로 급냉시켜서 이 온도에서 시간이 지남에 따라 Austenite의 변태를 나타내는 곡선.
  (2) 공석강(0.8%C 강)의 항온 변태 곡선

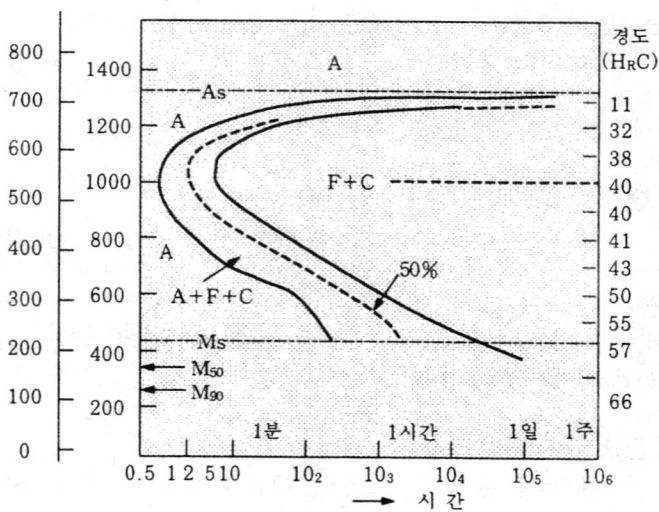

  ① 항온 변태 곡선은 2개의 C자 형상을 가진 곡선으로 구성되어 있다.
    ㉮ 왼쪽 곡선 : 변태 개시선을 나타낸다.
    ㉯ 오른쪽 곡선 : 변태 종료선을 나타낸다.
    ㉰ S곡선의 코(nose) : 550℃ 부근의 온도에서 곡선이 왼쪽으로 돌출된 부분(변태가

가장 먼저 시작되는 부분이다.)
② 그림에서 A : Austenite, F : Ferrite, C : Cementite를 나타낸다.
③ 항온 변태 곡선의 특징
  ㉮ 변태가 시작되는 시간과 종료되는 시간을 나타낸다.
  ㉯ 코(nose부) 온도 이상에서 항온 변태시키면 : Pearlite가 형성된다.
    ㉠ Ferrite와 Cementite로 이루어졌다.
    ㉡ 두 상이 교대로 반복되는 층상 조직(lamellar structure)을 나타낸다.
    ㉢ 높은 온도에서 형성된 퍼얼라이트 : 거칠고 크다.
    ㉣ 낮은 온도에서 형성된 퍼얼라이트 : 미세하다.
  ㉰ 코(nose부) 온도 이하에서 항온 변태시키면 : Bainite가 형성된다.
    ㉠ Ferrite와 Cementite로 이루어졌다.
    ㉡ 베이나이트는 침상에 가까운 형태를 나타낸다.
    ㉢ 상부 Bainite : 350~550℃ 온도 범위에서 형성되며 Ferrite 주위에 Cementite 가 석출됨.
    ㉣ 하부 Bainite : 250~350℃ 온도 범위에서 형성되며 Ferrite 내에 Cementite 가 석출된다.

[2] Pearlite 변태

(1) 650℃까지 냉각시켜서 항온 유지하면 1초 후에 Pearlite 변태가 시작되고 10초 이내에 변태가 완료된다.
(2) Pearlite 변태 온도가 낮아짐에 따라 층상 Pearlite는 점점 미세해지고 변태 조직의 경도는 증가한다.
(3) 변태 온도가 낮을수록 층간 거리는 작아진다.
(4) 공석강의 항온 변태시 어느 한 온도에서 변태된 Pearlite의 분율은 시간이 지남에 따라 S형의 곡선을 나타낸다.
  ① 초기 변태 속도는 매우 느리다. 이 기간을 잠복기(incubation)라 한다.
  ② 시간이 지남에 따라 변태 속도는 크게 증가하다가 마지막에는 다시 작아진다.
  ③ Pearlite 변태의 시작에서 끝나는 데까지 걸리는 시간은 항온 변태 곡선과 관계가 있다.
  ④ A_1 변태 온도 직하에서 핵 생성 속도 작고 핵성장 속도는 크기 때문에 수소의 핵만이 형성되어 성장하게 되며 이 온도에서 형성된 Pearlite의 층간 거리는 비교적 크다.
  ⑤ Pearlite 성장 속도
    ㉮ 합금 원소에 영향을 받는다.
    ㉯ 합금 원소는 Pearlite의 성장을 지연한다.

[3] Bainite 변태

(1) 공석강을 약 550℃ 이하의 온도에서 항온 변태시키면 Bainite가 형성되기 시작한다.
(2) Bainite의 형성은 Austenite 결정 입계에서 Ferrite 핵의 형성으로부터 시작된다.
(3) 상부 Bainite는 비교적 취약하다.
  ① 상부 Bainite의 경도는 변태 온도에 따라 약간 변한다.
  ② 상부 Bainite는 동일 경도로 담금질 뜨임한 조직보다 그다지 인성이 높지 않다.

(4) 하부 Bainite는 비교적 인성을 가지고 있다.
  ① 하부 Bainite의 경도는 변태 온도가 저하됨에 따라 급격히 증가한다.
  ② 하부 Bainite는 동일 경도의 담금질 뜨임한 조직보다 현저하게 큰 인성을 나타낸다.
(5) 공석강에서 상부 Bainite에서 하부 Bainite의 천이는 350℃ 정도에서 일어난다.

2 연속 냉각 변태(continuous cooling transformation)

[1] 공석강의 연속 냉각 변태

(1) S곡선과 연속 냉각 곡선의 관계
  ※ 공석강을 A_1 변태점 이상의 온도로 가열한 후의 냉각 속도(기울기가 클수록 냉각 속도가 크다.)
  v_1 : 냉각 속도가 제일 느릴 때(노냉)
  v_2 : 냉각 속도가 v_1 보다 빠른 냉각(공냉)
  v_3 : 냉각 속도가 v_2 보다 빠른 냉각(유냉)
  v_4 : 냉각 속도가 v_2 보다 빠른 냉각(유냉)
  v_5 : 냉각 속도가 가장 빠른 냉각(수냉)
  v_6 : 냉각 속도가 가장 빠른 냉각(수냉)

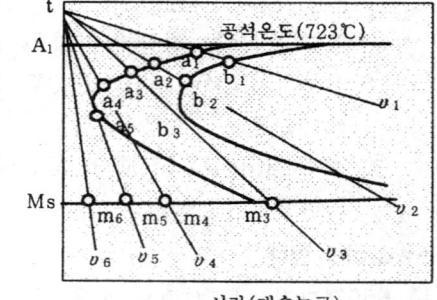

  ① 제일 느린 냉각 속도(v_1, 노냉)
    ㉮ 냉각 곡선이 Pearlite 변태의 개시 및 종료선을 통과하고 있다.
    ㉯ 노냉에서는 Austenite가 Pearlite로 변태한다.
    ㉰ 이 변태에서는 변태 개시선의 가장 높은 온도에서 일어나므로 Pearlite 조직은 거칠고 큼.
  ② 좀더 빠른 냉각 속도(v_2, 공냉)
    ㉮ 냉각 곡선이 Pearlite 변태의 개시 및 종료선을 통과하고 있다.
    ㉯ 공냉에서는 Austenite가 Pearlite로 변태한다.
    ㉰ Pearlite 조직은 v_1(노냉)시 보다 미세하며 공냉에 의해 형성된 미세 Pearlite를 Sorbite라 한다.
  ③ 더욱 빠른 냉각 속도(v_3, 유냉)
    ㉮ 이 냉각 속도에서는 변태 온도가 더욱 낮아지므로 형성된 Pearlite는 Sorbite보다 더욱 미세해지며 가장 미세한 Pearlite를 Troostite라 한다.
    ㉯ Troostite가 시작되는 온도를 Ar′ 변태라 한다.
    ㉰ Pearlite 변태가 시작되었을 뿐 종료되지는 않았다.
    ㉱ Austenite가 시간적 여유가 없어 Pearlite로 변태하지만 못하고 일부는 그대로 냉각되고 m_4 점에 도달하면 Martensite로 변태한다.
    ※ Martensite 변태가 시작되는 온도를 Ar″ 변태(Ms 점)라 한다.
  ④ 더욱 빠른 냉각 속도(v_4, 유냉)
    ㉮ v_4(유냉)의 속도로 냉각하면 Troostite와 Martensite의 혼합 조직을 얻는다.

⑤ 냉각 속도가 v_5(수냉)보다 클 때에는 Austenite는 모두 Martensite로 변태한다.
㉮ 임계 냉각 속도(critical cooling rate) : Pearlite를 형성함이 없이 Martensite로 형성시키는 최소의 냉각 속도.

[2] 연속 냉각 변태도(CCT 곡선, continuous cooling transformation diagram)

(1) 공석강에서의 연속 냉각 변태도는 항온 변태 곡선에 비하여 저온측으로, 장시간 쪽으로 이동되어 있다.

(2) 공석강의 연속 냉각 곡선 및 항온 변태 곡선의 비교
  ① 항온 변태 곡선에 비해 약간 우측 아래로 이동되어 있다.
  ② Ps : Pearlite 변태 개시선
  ③ P_f : Pearlite 변태 종료선

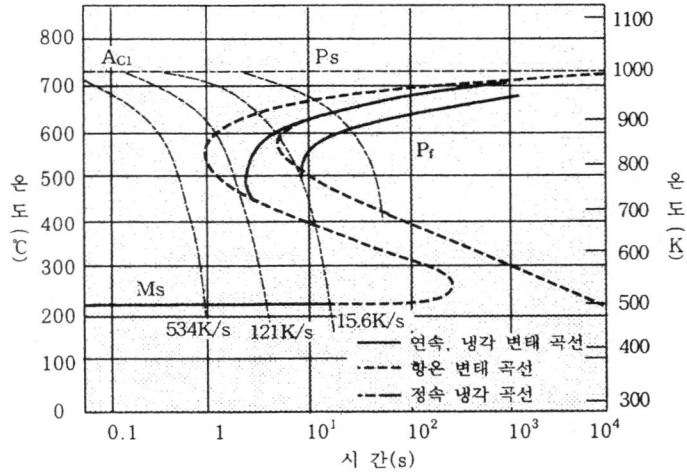

(3) 공석강의 연속 냉각 변태도 위에 Austenite화 온도로부터 여러 가지 속도로 냉각시켰을 때의 냉각 곡선과 그에 따른 형성 조직

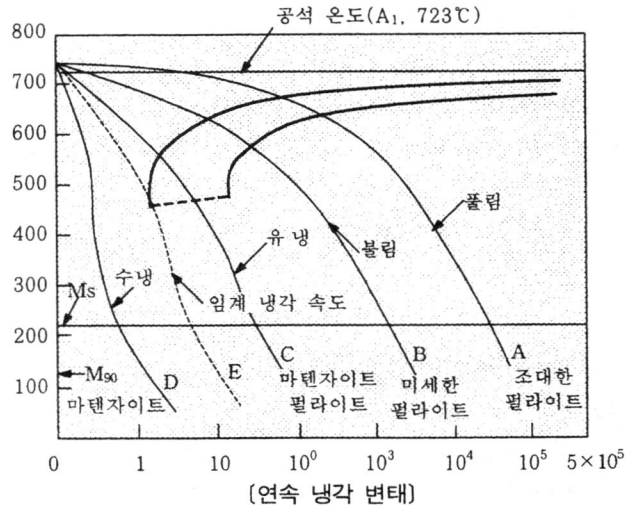

① 곡선 A : 노냉에 의해 조대한 Pearlite를 형성시키는 열처리 방법을 풀림이라 한다.

② 곡선 B : 공냉에 의해 미세한 Pearlite인 Sorbite를 형성시키는 열처리방법을 불림이라 한다.
③ 곡선 C : 유냉에 의해 미세한 퍼얼라이트인 Troostite와 Martensite의 혼합 조직이다.
④ 곡선 D : 수냉에 의해 Martensite 조직을 얻는 방법으로 담금질이라 한다.
⑤ 곡선 A, B, C에서와 같이 Pearlite 변태를 일으킨 후 Bainite 변태 개시선을 통과한다.
⑥ 연속 냉각 곡선에서는 Bainite 변태가 일어날 수 없다.
⑦ Bainite 조직을 얻기 위해 공석강을 M_S 온도와 코 온도 사이로 급냉해 항온 변태한다.

【3】 Martensite 변태

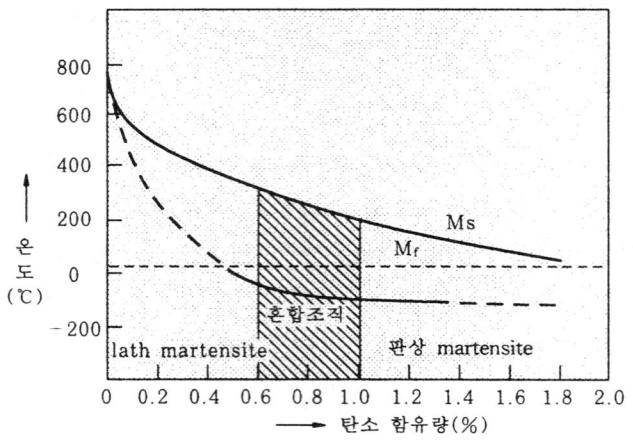

(1) α-Fe 내에 탄소가 과포화 상태로 고용된 조직을 마텐자이트라 한다.
(2) Martensite 변태가 시작되는 온도를 M_s점, 종료되는 온도를 M_f점이라 하며 이 온도는 오스테나이트의 화학 조성에 의해 달라진다.
  (※ 공석강에서는 약 230℃ 정도다.)
(3) 탄소량이 증가함에 따라 M_s 및 M_f점은 저하한다.
(4) M_s와 M_f 온도에 미치는 Austenite 내 C%의 영향과 탄소강에서 형성된 Martensite의 종류
  ① Martensite 조직의 형태의 탄소량에 따라
    ㉮ 래스(lath) Martensite
    ㉯ 혼합 조직
    ㉰ 판상(plate) Martensite로 변한다.

【4】 잔류 Austenite

(1) 공석강을 담금질하였을 때 100%의 Martensite로 변하지 않고 일부의 Austenite가 상온까지 내려와서 상온에서 존재하는 미변태된 Austenite를 잔류 Austenite라 한다.

(2) 상온 이하로 냉각시키면 잔류 Austenite가 Martensite로 변한다.
(3) 잔류 Austenite는 상온에서 불안정한 상이므로 이것이 존재한 강을 상온에서 방치시 마텐자이트로 변태되어 치수 변화를 일으키고, 연마시 Martensite로 변태되어 균열을 일으킨다.

3 변태와 합금 원소

[1] Pearlite 변태와 합금 원소

(1) 탄소강에 Ni이나 Cr 등의 합금 원소가 첨가되면 S 곡선이 우측으로 이동하여 Pearlite 변태가 일어나기 어렵다.
(2) Ni은 Pearlite 변태를 지연시키기 때문에 Pearlite 변태 개시선이 오른쪽으로 이동한다.
  ① Pearlite 변태가 완료되는데 걸리는 시간은 길어진다.
  ② Ni 첨가에 의해서 A_1 변태 온도도 낮아진다.
(3) Pearlite 변태를 지연시키는 합금 원소를 첨가하면 완전한 Martensite 조직으로 경화될 수 있다.

[2] Martensite 변태와 합금 원소

(1) Austenite 상태로부터 급냉할 때 M_S 온도에서 변태가 시작되고 그 이하로 온도가 내려가면 변태량이 증가하다가 M_f 온도에서 변태가 종료된다.
(2) M_S와 M_f 사이의 온도 구간은 200~300℃이다.
(3) 강의 화학 성분 중에서 M_S 점에 가장 큰 영향을 주는 것 : 탄소량이다.
  ① 탄소강의 경우 탄소량이 0.1% 증가함에 따라 약 35℃ 정도 M_S 점이 강하한다.
  ② M_f 점은 0.6% 이상의 탄소량을 함유하는 경우에 상온에서 Austenite의 일부가 잔류한다.
(4) M_S 점을 상승시킨 합금 원소 : Co, Al (그 밖의 실용 원소는 M_S 점을 강하시킨다.)
(5) Cr은 1% 첨가당 20℃ 정도 M_S 점을 강하시킨다.
(6) Mn, V, Cr, Ni 순으로 M_S 점의 강하 효과가 약해진다.
(7) Si, W, Mo 등은 거의 같은 정도의 효과를 나타낸다.
(8) M_S 점을 화학 조성으로부터 계산할 수 있는 실험식
$$M_S(℃) = 550 - 350 \times C\% - 40 \times Mn\% - 35 \times V\% - 20 \times Cr\% - 17 \times Ni\% - 10 \times Cu\% - 10 \times Mo\% - 10 \times W\% - 10 \times Si\% + 15 \times Co\%$$

4 열처리로와 설비

[1] 열처리로

(1) 열처리로의 종류

분 류	형 식
장 입 방 식	㉠ 배치로(batch furnace) ㉡ 연속로
열 원	㉠ 연소로(가스, 기름 등) ㉡ 전기로

노 의 형 상	㉠ 상자형 ㉡ 관상형 ㉢ 원통형 ㉣ 벨(bell)형 ㉤ 도가니형
연속 조업 방법	㉠ 푸셔(pusher)형 ㉡ 컨베이어(conveyor)형 ㉢ 스트랜드(strand)형
가 열 분 위 기	㉠ 가스 분위기로 ㉡ 진공로 ㉢ 염욕로 ㉣ 유동상로
가 열 방 식	㉠ 유도로 ㉡ 화염 가열로 ㉢ 유동상로
처 리 목 적	㉠ 담금질로 ㉡ 뜨임로 ㉢ 풀림로 ㉣ 침탄로 ㉤ 소결로 ㉥ 납땜(brazing)로

(2) 장입 방법에 따른 분류
　① 배치로(batch furnace)의 조업 방식
　　㉮ 수작업에 의해 장입하여 소정의 온도로 가열 후, 노 내에서 장입된 상태로 또는 노 밖에서 냉각시킨다.
　　㉯ 다품종 소량 열처리에 적합하다.
　　㉰ 노 내 온도 분포가 균일하다.
　② 연속로의 조업 방식
　　㉮ 이송 장치에 의해 연속적으로 장입되어 이송되면서 가열, 유지 및 냉각이 이루어지는 방식이다.
　　㉯ 이송 방식에 따른 분류 : 푸셔형, 컨베이어형, 스트랜드형으로 구분한다.
　　㉰ 소품종 다량 생산에 적합하다.
　　㉱ 균일한 제품을 얻고 인건비가 절감된다.
　　㉲ 열처리 공정의 자동화에 용이하게 적용할 수 있는 방식이다.

(3) 열원에 따른 분류
　① 전기로
　　㉮ 열처리 작업에서 가장 일반적으로 이용되는 가열 방식이다.
　　㉯ 발열체가 전기 저항에 의해 발열되는 기본적인 원리를 이용한다.
　　　※ 사용되는 발열체의 갖출 조건
　　　㉠ 전기 저항, 고온 강도 및 고온에서 산화 저항성이 클 것.
　　　㉡ 용융점이 높을 것.
　　　㉢ 가공이 용이할 것.
　　　※ 발열체의 종류
　　　㉠ 금속 발열체 : 사용 온도가 높고, 가공하기 쉽다.
　　　㉡ 비금속 발열체 : 실리코니트 발열체가 많이 사용하고 있으나 불활성 가스 또는 진공 중에서는 흑연 발열체도 많이 사용한다.
　　㉰ 가열 속도, 유지 시간 및 냉각 속도가 자동적으로 제어되므로 조작이 쉽다.
　② 연소로
　　㉮ 가스로의 연료 : 천연 가스, 프로판 가스, 부탄 가스, 도시 가스
　　㉯ 기름을 연료로 하는 로 : 중유로, 경유로
　　㉰ 열처리로의 승온 특성, 균열(均熱) 특성 및 분위기 안정성을 위해 가스 연료가 많이 사용된다.

(4) 노 내 분위기에 따른 분류

① 가스 분위기로
  ㉮ 전기로, 가스로 및 중유로 등의 산화성 분위기가 많이 사용된다.
  ㉯ 일산화탄소(CO), 수소(H_2) 등의 환원성 가스 또는 질소(N_2), 아르곤(Ar) 등의 불활성 가스 분위기 중에서 열처리하면 원래의 표면 상태 또는 그 이상의 광택을 가지는 광휘 열처리를 얻을 수 있다.
  ㉰ 침탄과 질화를 위하여 노 내에 적당한 분위기를 만들어 주기도 한다.
② 진공로
  ㉮ 열처리품의 광휘 표면을 위하여 진공 중에서 가열하는 노이다.
  ㉯ 진공로의 조업하는데 알맞는 진공도 : $10 \sim 10^{-4}$ mmHg 정도이다.
  ㉰ 가열 방식에 따라 외부 가열식과 내부 가열식이 있다.
    ㉠ 외부 가열식
      • 내열강이나 세라믹으로 만들어진 진공 용기의 외측으로부터 발열체로 가열하는 방식
      • 내부 가열식에 비해 가열 및 냉각 속도가 느리다.
      • 저온에서 처리되는 풀림이나 뜨임에 적절한 방법이다.
      • 처리 온도가 높고 급냉이 필요한 담금질이나 용체화 처리 등에는 부적합하다.
    ㉡ 내부 가열식
      • 발열체, 단열판 및 열처리 부품이 진공실 내에 있다. (진공로의 주류를 이룬다.)
      • 급냉이 용이하기 때문에 모든 열처리에 이용할 수 있다.
      • 처리 능력에 비해 노체가 크고 값이 비싸다.
  ㉱ 열처리품의 냉각 방식에 따라 가스 냉각 진공로 및 유냉 진공로가 있다.
    ㉠ 가스 냉각 진공로 : 불활성 가스를 불어 넣어서 냉각을 행하는 방법.
    ㉡ 유냉 진공로 : 냉각유 중에서 냉각을 행하는 방법.
    ㉢ 최고 사용 온도가 1400℃로서 담금질, 풀림, 브레이징 및 소결 등에 이용된다.
③ 염욕로
  ㉮ 중성염 또는 환원성염을 전기, 가스 및 액체 연료(중유, 경유, 등유) 등의 열원을 이용하여 융융시킨 염욕(salt bath) 중에서 처리품을 열처리하기 위해 사용되는 노(爐)이다.
  ㉯ 구조는 간단하여 설비비가 싸고, 다품종 소량 생산을 위한 노(爐)이다.
  ㉰ 산화 및 탈탄을 방지할 수 있어서 미려한 표면을 얻을 수 있다.
  ㉱ 고속강의 열처리와 같은 고온 급속 가열에 적합하다.
  ㉲ 중성 염욕 : 강재의 담금질, 뜨임 처리 등에 사용된다.
  ㉳ 환원성 염욕 : 침탄 및 질화 처리에 사용된다.
  ㉴ 염욕로의 장점
    ㉠ 고온 급속 가열이 가능하다.
    ㉡ 산화와 탈탄을 방지할 수 있다.
    ㉢ 염욕 내의 온도가 균일하다.
    ㉣ 처리품이 투입되어도 온도 변화가 적다.
  ㉵ **염욕의 조성과 사용 온도 범위**

㉠ 저온용 염욕로(550℃ 이하)
- 550℃ 이하에서 사용되는 염욕로이다.
- 사용하는 염은 대부분 질산염이 사용된다.
- 염욕에 탄산 가루나 유기물 등이 혼입되면 폭발할 위험성이 있다.

㉡ 중온용 염욕로(600~900℃)
- 열처리 온도가 600~900℃인 경우에는 중성 또는 환원성 염욕의 가열로가 사용된다.
- 열원 : 전기와 중유가 사용된다.
- 용도 : 탄소 공구강, 특수강의 열처리 또는 액체 침탄, 고속도강의 열처리시 예열로.

㉢ 고온용 염욕로(1000~1350℃)
- 열처리 온도가 1000~1350℃의 경우에 사용된다.
- 중성 또는 환원성 염욕을 사용한다.
- 용도 : 고속도강, 스테인레스강 등의 고용 열처리용.

④ 유동상로(fluidized bed furnace)
㉮ 환경 오염 문제를 부흥하기 위해 만들어진 노(爐)이다.
㉯ Al_2O_3와 같은 고체 입자를 가스와 함께 유동시킨 상태에서 사용하는 노(爐)이다.
㉰ 노상의 분말 입자들의 빠른 운동이 열전달을 극대화하기 때문에 가열 및 냉각 특성이 우수하다.
  ㉠ 가열 속도 : 염욕에서의 가열 속도와 거의 같다.
  ㉡ 냉각 속도 : 유냉에 가깝다.

[2] 온도 측정 장치

(1) 열처리에 사용되는 온도계의 종류
 ① 접촉식 : 열전 온도계(열전대), 저항 온도계, 압력 온도계
 ② 비접촉식 : 방사 온도계, 광고온계

(2) 여러 가지 온도 측정 장치의 사용 온도, 특징 및 용도

구분	종류	사용 온도 범위(℃)	특징	용도
접촉식	열전쌍식 온도계		• 우수한 정확도 • 자동 제어 및 기록 가능	모든 열처리에 가장 많이 사용한다.
	저항식 온도계	-200~500℃	• 우수한 정확도 • 자동 제어 및 기록 가능 • 고온 측정 불가 • 가격이 비싸다.	저온 열처리용 (저온 뜨임용)
	압력식 온도계	-40~500℃	• 정확도 불량 • 구조 및 취급이 간단 • 값이 싸다.	담금질유 온도 측정

비접촉식	광고온계	700~2000℃	• 저온 측정 불가 • 보정 및 숙련이 필요함 • 기록 및 제어 불가 • 정확도가 좋지 않음	용도가 적다. 단조용 가열로
	방사 온도계	800~2000℃	• 저온 측정 불가 • 보정을 요함.	화염 경화 및 시험용

(3) 열전쌍의 종류에 따른 조성 및 사용 온도 범위

종류	조성		사용 가능 온도 범위(℃)	특 징
	(+)선	(-)선		
J	Fe	55Cu-45Ni (콘스탄탄)	-185~870 (600)	• 비교적 값이 싸다. • 산화성 분위기에서는 760℃까지만 사용 가능하다.
K	90Ni-10Cr (크로멜)	95Ni-3Al-1Si-2Mn (알루멜)	120~1370 (1000)	• 산화성 분위기에 적당하다. • 고온에서 기계적 및 열적으로 안정 • 환원성 분위기에서는 사용 불가
T	Cu	55Cu-45Ni (콘스탄탄)	-185~370 (300)	• 315℃ 이하의 산화성 및 환원성 분위기에서 사용 가능하다. • 심랭 처리용으로 적당하다.
B	30Rh-70Pt	6Rh-94Pt	870~1650 (1500)	• 산화성 분위기에 적당하다. • 사용 온도 범위가 높고 기계적 강도가 크다.

㈜ 사용 가능 온도 범위란 ( ) 내의 온도는 일반적으로 사용되는 온도 한계를 나타낸다.

[3] 온도 제어 장치

(1) 제어 방식에 따른 온도 자동 제어법
  ① 정치 제어식
    ㉮ 목표 온도가 일정한 자동 제어 방식이다.
    ㉯ 비교적 단순한 열처리 작업이 이용된다.
    ㉰ 미리 설정된 어느 일정한 풀림 온도로 노온이 상승하다가 그 온도에 도달하면 온도 제어장치가 ON - OFF 동작 또는 비례 동작에 의해 어느 편차 내에서 온도가 유지되는 것이다.
  ② 프로그램 제어식
    ㉮ 목표 온도가 미리 정해진시간 간격에 따라 변화되는 자동 제어 방식이다.
    ㉯ 비교적 복잡한 열처리 작업에 이용된다.
    ㉰ 전체 열처리 공정을 온도 제어하는 것이 프로그램식 제어 방식이다.
    ㉱ 열처리 온도, 유지시간, 가열 속도 및 냉각 속도까지 제어가 가능하다.
(2) 제어 동작에 따른 온도 자동 제어법
  ① ON-OFF 제어식(2위치 제어식)

㉮ 목표 온도(설정 온도)와 측정 온도를 비교하여 두 온도의 편차가 (−)인 경우는 출력을 최대로, 편차가 (+)인 경우는 출력을 최소치로 하는 제어 동작을 말한다.
㉯ 노온이 설정 온도보다 높아지면 전자 개폐기가 OFF되어 전원이 끊어지고 노온이 설정온도보다 낮아지면 전자 개폐기가 ON되어 전원이 연결됨으로서 전류가 흐르게 된다.
㉰ 특징
 ㉠ 온도 제어 방법이 간단하고 값이 싸다.
 ㉡ 정밀한 온도 제어에는 사용하기가 곤란하다.
 ㉢ 전자 개폐기가 빈번히 작동하므로 접점의 마멸이 빨라져서 편차가 생길 수 있다.
 ㉣ ON일 때는 열원 출력의 100%, OFF 때는 열원 출력의 0%만을 왕복하면서 제어하므로 온도 편차가 비교적 크다.

② 연속 제어식
 ㉮ 비례 제어식(P 동작)
  ㉠ 설정 온도와 측정 온도와의 편차에 비례해서 전류의 크기를 변화시킨 것.
  ㉡ 설정 온도와 측정 온도와의 편차를 수정으로 보정할 수 있는 기능이 있다.
  ㉢ 온-오프 제어식보다는 편차가 적으므로 온도의 정밀 제어가 가능하다.
 ㉯ 비례 적분 제어식(PI 동작)
  ㉠ 온도 편차를 자동적으로 보정하여 제거하기 위하여 적분 동작(I 동작)을 가미한 방식이다.
  ㉡ 온도의 주기성과 편차가 없는 제어 결과를 얻을 수 있으므로 실제 조업에서 많이 사용됨
 ㉰ 비례 적분 미분 제어식(PID 동작)
  ㉠ PID 동작은 PI 동작에 미분 동작(D 동작)을 부가한 것이다.
  ㉡ D 동작은 편차의 변화 속도 및 변화 비율 등으로부터 앞으로의 편차를 예측해 내어 재빨리 보정 동작 신호를 보냄으로써 항상 안정된 제어를 행하도록 해주는 기능이다.

【4】치공구

(1) 열처리용 치공구 재료에 필요한 조건 및 주의 사항
 ① 내식성이 우수할 것.
 ② 변형 저항성 및 열피로에 대한 저항성이 클 것.
 ③ 고온 강도가 클 것.
 ④ 제작하기 쉽고 작업성이 좋을 것.

5 냉각 장치와 냉각제

【1】냉각 장치

(1) 공냉 장치
 ① 가장 느린 담금질 냉각 속도를 얻고자 하는 경우에 사용한다.
 ② 구조용 합금강의 불림, 자경성 금형용 공구강의 담금질 및 뜨임 후의 냉각 등에 사

③ 가장 간단한 방법 : 대기 중에 방치 또는 선풍기를 사용하여 강제 공냉시키는 방식이 있다.
④ 공냉 경화형 공구강(예 : STD 11)을 분위기로나 진공로 내에서 질소 등으로 가스 냉각하기 위해서는 가스 냉각 장치가 사용된다.

(2) 수냉 장치
① 물은 냉각 속도가 가장 빠른 냉각제로 널리 사용된다.
② 수온에 따라서 냉각능이 달라지므로 담금질시 수온 상승 방지를 위해 충분히 교반한다.
※ 교반 장치는 프로펠러, 펌프 등이 이용된다.

(3) 유냉 장치
① 담금질 처리에 가장 널리 사용되는 방법이다.
② 가열기와 냉각기가 부착되어 기름의 온도를 조절할 수 있도록 되어 있다.
③ 일반적으로 유량은 처리품 중량의 10~15배가 필요하다.

(4) 분사 냉각 장치
① 열처리품을 냉각실에 장입하고 측면으로부터 냉각제나 냉각수를 분사하여 급랭시키는 장치
② 처리품을 회전시켜서 표면에 발생하는 수증기나 기포 등을 제거시키면 냉각 속도가 한층 더 빨라진다.

(5) 염욕 냉각 장치
① 항온 열처리(오스템퍼링, 마아템퍼링 등)에 주로 사용된다.
② 냉각조는 항온 유지가 가능하도록 열용량이 크고 온도 변화가 작은 것이 필요하다.

(6) 프레스 담금질 장치
① 담금질에 의한 처리품의 변형을 방지하기 위해서 사용한다.
② 담금질시 처리품을 금형으로 누른 상태에서 구멍으로부터 냉각제를 분사시켜서 담금질하는 장치이다.

【2】 냉각제

(1) 냉각 곡선의 3가지 단계
① 제1단계 : 가열된 강재의 표면에 증기막이 생겨서 열전도율이 작아지므로 냉각은 비교적 늦다.
② 제2단계 : 강 표면에 심한 비등이 일어나고 증기막은 파괴되어 기포로 되어 없어지므로 강 표면은 직접 물과 접촉해서 전도와 대류에 의해 열이 방출되어 급속히 냉각된다.

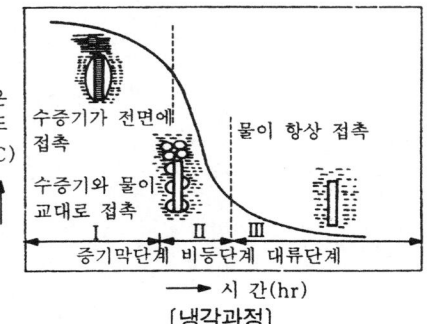
[냉각과정]

③ 제3단계 : 수증기의 발생은 없고 강의 온도와 물의 온도차가 적어지므로 다시 냉각 속도가 늦어진다.

(2) 여러 가지 냉각제
  ① 공기
    ㉮ 냉각능이 가장 작은 냉각제이다.
    ㉯ 냉각 속도를 어느 정도 크게 하기 위해서는 선풍기 등으로 강제 공냉한다.
  ② 물
    ㉮ 냉각능이 매우 큰 냉각제이지만 수온이 30℃를 넘으면 냉각능이 급격히 저하된다.
      ※ 30℃ 이하로 수온을 유지하고 충분히 교반한다.
    ㉯ 증기막으로 인하여 경화 얼룩이나 경도 부족을 일으키기 쉽다.
      ※ 방지법 : 염이나 수용성 냉각제를 첨가한다.
    ㉰ 온도, 첨가물, 교반 정도에 따라서 냉각 능력은 변화된다.
  ③ 기름
    ㉮ 담금질유에는 광물유가 널리 사용된다. (식물성유가 냉각 효과가 가장 좋다.)
    ㉯ 담금질유는 50~60℃에서 냉각능이 가장 크다.
      ※ 인화점이나 점도가 높아지면 냉각능이 저하된다.
    ㉰ 온도, 첨가물, 교반 정도에 따라서 냉각 능력은 변화된다.
      ※ 기름에 물이 혼입되면 냉각능 저하, 담금질 균열의 원인이 된다.
  ④ 염욕
    ㉮ 열량이 크고 증기막을 만들지 않으므로 냉각능이 크다.
    ㉯ 2가지 이상의 염을 혼합한 혼합 염욕이 사용된다.
  ⑤ 연욕
    ㉮ Pb을 용융시킨 열욕을 말한다.
    ㉯ 다름 열욕보다 냉각능은 좋으나 유동성과 온도 균일성이 좋지 못하고 유독성이 있다.
  ⑥ 여러 가지 냉각제의 냉각능

교반 유무 \ 냉각제	공 기	기 름	물	염 수
정 지	0.02	0.25~0.30	1.0	2.0
강한 교반	0.05	0.50~0.80	2.0	5.0

예상문제

문제 1. 다음은 항온 변태 곡선에 대한 설명이다. 틀린 것은?
㉮ 변태가 시작되는 시간과 종료시간을 나타낸다.
㉯ nose부 온도 이상에서 항온 변태시키면 퍼얼라이트가 형성된다.
㉰ nose부 온도 이하에서 항온 변태시키면 베이나이트가 형성된다.
㉱ 항온 변태 곡선 왼쪽 곡선은 변태 종료선을 나타낸다.

도움 항온 변태 곡선
① 왼쪽 곡선 : 변태 개시선
② 오른쪽 곡선 : 변태 종료선

문제 2. 다음은 베이나이트 조직에 대한 설명이다. 틀린 것은?
㉮ Martensite와 Troostite의 중간 조직이다.
㉯ S곡선의 코와 Ms 점 사이의 온도 구간에 항온 냉각시 나타난다.
㉰ 열처리에 따른 변형이 크고 강도가 낮으며 인성이 작다.
㉱ 침상 조직이며 Troostite보다 단단하고 질기다.

도움 열처리에 따른 변형이 적고 강도가 높고 인성이 크다.

문제 3. 다음 중 S곡선의 형태를 좌우하는 인자가 아닌 것은?
㉮ 가열 온도   ㉯ Martensite의 결정 입도
㉰ 가열 속도   ㉱ 합금 조성

도움 S곡선의 형태 좌우 인자 : 가열 온도, 가열 시간, 합금 조성, Austenite 결정 입도

문제 4. S곡선(nose부)의 온도는?
㉮ 550℃   ㉯ 350℃   ㉰ 250℃   ㉱ 150℃

도움 S곡선(nose부)의 온도 : 550℃

문제 5. 상부 베이나이트 조직이 나타나는 온도 범위는 얼마인가?
㉮ 850~950℃   ㉯ 550~650℃   ㉰ 350~550℃   ㉱ 350~250℃

도움 상부 베이나이트 온도 : 550~350℃

해답 1. ㉱ 2. ㉰ 3. ㉯ 4. ㉮ 5. ㉰

문제 6. 하부 베이나이트 온도는 얼마인가?
  ㉮ 850~950℃   ㉯ 550~650℃   ㉰ 350~550℃   ㉱ 350~250℃

  풀이▶ 하부 베이나이트 온도 : 350~250℃

문제 7. 다음 중 항온 변태의 결정 방법이 아닌 것은?
  ㉮ 변태에 의한 팽창 측정 방법   ㉯ 경도 변태에 의한 측정 방법
  ㉰ 현미경에 의한 측정 방법   ㉱ α-선에 의한 방법

  풀이▶ 항온 변태의 결정
    ① 변태에 의한 팽창 측정법.
    ② 자기적 측정방법(γ-Fe에서 α-Fe로서의 변태 이용)
    ③ 현미경에 의한 측정법
    ④ 전기 저항 변화에 의한 측정 방법.
    ⑤ X-선에 의한 측정 방법.

문제 8. 항온 변태에 영향을 미치는 인자가 아닌 것은?
  ㉮ 가열 온도   ㉯ 합금 원소   ㉰ 가열 속도   ㉱ 경도 및 취성

문제 9. 다음 중 항온 열처리의 종류가 아닌 것은?
  ㉮ 마아 퀜칭   ㉯ 마아 템퍼링   ㉰ 오오스템퍼링   ㉱ 타임 퀜칭

  풀이▶ 항온 담금질의 종류 : 오스템퍼링, 마아템퍼링, 마아퀜칭, MS퀜칭.

문제 10. 다음 중 항온 변태에서 가열 온도를 고온으로 하였을 때 나타나는 특징이 아닌 것은?
  ㉮ 결정립이 조대화된다.
  ㉯ nose부의 변태 개시 온도가 빨라진다.
  ㉰ 탄화물 고용이 완전해진다.
  ㉱ 변태 속도가 늦어 담금질성을 향상시킨다.

  풀이▶ nose부의 변태 개시 온도가 늦어진다.

문제 11. 350~550℃ 범위의 온도에서 형성되는 조직으로 Ferrite 주위에 Cementite 가 석출되는 조직은 무엇인가?
  ㉮ 상부 베이나이트 ㉯ 하부 베이나이트 ㉰ 상부 퍼얼라이트 ㉱ 하부 퍼얼라이트

  풀이▶ 상부 Bainite : Ferrite 주위에 Cementite가 석출된다.

문제 12. 250~350℃ 온도 범위에서 형성되며 페라이트 내에 시멘타이트가 석출되는 조직은 무엇인가?
  ㉮ 상부 베이나이트 ㉯ 하부 베이나이트 ㉰ 상부 퍼얼라이트 ㉱ 하부 퍼얼라이트

해답 6. ㉱ 7. ㉱ 8. ㉱ 9. ㉱ 10. ㉯ 11. ㉮ 12. ㉯

[도움] 하부 Bainite : Ferrite 내에 Cementite가 석출한다..

[문제] **13.** 다음은 퍼얼라이트 변태에 대한 설명이다. 틀린 것은?
㉮ 공석강을 650℃까지 냉각시켜서 항온 유지하면 1초 후에 퍼얼라이트가 시작되고 10초 이내에 변태가 완료된다.
㉯ 퍼얼라이트 변태 온도가 낮아짐에 따라 층상 퍼얼라이트는 점점 조대해지고 변태 조직의 경도는 감소한다.
㉰ 변태 온도가 낮을수록 층간 거리는 작아진다.
㉱ 공석강은 850℃로부터 750℃까지 냉각해서 이 온도에서 항온 유지시키면 어떠한 변태도 일어나지 않는다.

[도움] Pearlite 변태 온도가 낮아짐에 따라 층상 Pearlite는 점점 미세해지고 변태 조직의 경도는 더욱 증가한다.

[문제] **14.** 공석강의 항온 변태에 대한 설명이다. 틀린 것은 어느 것인가?
㉮ 어느 한 온도에서 변태된 Pearlite의 분율은 시간이 지남에 따라 S형의 곡선을 나타낸다.
㉯ 초기의 변태 속도는 매우 빠르다.
㉰ 시간이 지남에 따라 변태 속도는 크게 증가하다가 마지막에는 작아진다.
㉱ Pearlite 변태의 시작부터 끝나는 데까지 걸리는 시간은 항온 변태 곡선과 관계가 있다.

[도움] 초기의 변태 속도는 매우 느리다.

[문제] **15.** 항온 변태 곡선의 코 위의 온도 구역에서 형성되는 조직은?
㉮ Pearlite ㉯ Bainite ㉰ Martensite ㉱ Austenite

[도움] S 곡선 코 위의 온도 구역의 조직 : Pearlite

[문제] **16.** 항온 변태 곡선의 코밑의 온도 구역에서 형성되는 조직은?
㉮ Pearlite ㉯ Bainite ㉰ Martensite ㉱ Austenite

[도움] S 곡선 코 위의 온도 구역의 조직 : Bainite

[문제] **17.** 다음 중 Bainite 조직은 어느 것인가?
㉮ 편상 조직 ㉯ 침상 조직 ㉰ 구상 조직 ㉱ 괴상 조직

[도움] Bainite 조직 : 침상 조직

[문제] **18.** Bainite의 형성은 Austenite 결정립계에서 어느 조직의 핵 생성으로부터 시작한다고 가정하는가?
㉮ Ferrite ㉯ Troostite ㉰ Martensite ㉱ Pearlite

[해답] 13. ㉯ 14. ㉯ 15. ㉮ 16. ㉯ 17. ㉯ 18. ㉮

[토의] Ferrite 핵의 형성으로부터 다음은 시작한다.

문제 19. Bainite 변태에 대한 설명이다. 틀린 것은 어느 것인가?
㉮ 공석강을 약 550℃ 이하의 온도에서 항온 변태시키면 형성된 조직이다.
㉯ 상부 Bainite는 비교적 취약하다.
㉰ 하부 Bainite는 비교적 인성을 가지고 있다.
㉱ Bainite 형성은 Austenite 결정립계에서 Cementite 핵의 형성으로부터 시작한다.

[토의] Bainite 형성은 Austenite 결정립계에서 페라이트 핵의 형성으로부터 시작한다.

문제 20. 다음은 Bainite 변태에 대한 설명이다. 틀린 것은 어느 것인가?
㉮ 공석강에서 상부 Bainite에서 하부 Bainite로의 천이는 550℃정도에서 일어난다.
㉯ 하부 Bainite의 경도는 변태 온도가 저하됨에 따라 급격히 증가한다.
㉰ 상부 Bainite는 동일 경도로 담금질 뜨임한 조직보다 인성이 그다지 높지 않다.
㉱ 상부 Bainite의 경도는 변태 온도에 따라 약간 변화한다.

[토의] 공석강에서 상부 Bainite에서 하부 Bainite로의 천이는 350℃ 정도에서 일어난다.

※ 다음 연속 냉각 곡선을 보고 물음에 답하시오. (21~29)

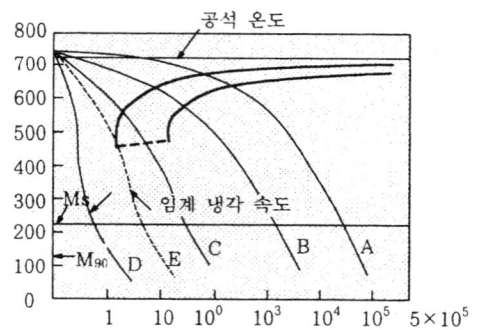

문제 21. 곡선 A에 대한 설명으로 맞는 것은?
㉮ 노냉에 의해 조대한 Pearlite를 형성시키는 열처리 방법이다.
㉯ 공냉에 의해 미세한 Pearlite인 Sorbite를 형성시키는 열처리 방법이다.
㉰ 유냉에 의해 미세한 Pearlite인 Troostite와 Martensite의 혼합 조직이다.
㉱ 수냉에 의해 Martensite 조직을 얻는 열처리 방법이다.

문제 22. 곡선 B에 대한 설명 중 맞는 것은?
㉮ 노냉에 의해 조대한 Pearlite를 형성시키는 열처리 방법이다.
㉯ 공냉에 의해 미세한 Pearlite인 Sorbite를 형성시키는 열처리 방법이다.
㉰ 유냉에 의해 미세한 Pearlite인 Troostite와 Martensite의 혼합조직이다.
㉱ 수냉에 의해 Martensite 조직을 얻는 열처리 방법이다.

[해답] 19. ㉱ 20. ㉮ 21. ㉮ 22. ㉯

문제 23. 곡선 B에 대한 설명으로 맞는 것은?
 ㉮ 풀림 열처리 방법이다.　　㉯ 불림 열처리 방법이다.
 ㉰ 뜨임 열처리 방법이다.　　㉱ 담금질 열처리 방법이다.

문제 24. 곡선 C에 대한 설명으로 맞는 것은?
 ㉮ 노냉에 의해 조대한 Pearlite를 형성시키는 열처리 방법이다.
 ㉯ 공냉에 의해 미세한 Pearlite인 Sorbite를 형성시키는 열처리 방법이다.
 ㉰ 유냉에 의해 미세한 Pearlite인 Troostite와 Martensite의 혼합 조직이다.
 ㉱ 수냉에 의해 Martensite 조직을 얻는 열처리 방법이다.

문제 25. 곡선 D에 대한 설명으로 맞는 것은?
 ㉮ 노냉에 의해 조대한 Pearlite를 형성시키는 열처리 방법이다.
 ㉯ 공냉에 의해 미세한 Pearlite인 Sorbite를 형성시키는 열처리 방법이다.
 ㉰ 유냉에 의해 미세한 Pearlite인 Troostite와 Martensite의 혼합 조직이다.
 ㉱ 수냉에 의해 Martensite 조직을 얻는 열처리 방법이다.

문제 26. 곡선에서 냉각 속도가 가장 빠르게 나타난 곡선은?
 ㉮ A　　㉯ B　　㉰ C　　㉱ D

도움 냉각 속도
 ① 곡선 A : 공냉　② 곡선 B : 노냉　③ 곡선 C : 유냉　④ 곡선 D : 수냉

문제 27. 곡선에서 유냉시 나타나는 곡선은 어느 것인가?
 ㉮ A　　㉯ B　　㉰ C　　㉱ D

문제 28. 곡선에서 공기 중에서 냉각할 때 나타나는 곡선은?
 ㉮ A　　㉯ B　　㉰ C　　㉱ D

문제 29. 곡선에서 노냉시켰을 때 나타나는 곡선은?
 ㉮ A　　㉯ B　　㉰ C　　㉱ D

도움 연속 냉각 변태도 설명(21~29)
 ① 곡선 A : 노냉에 의해 조대한 Pearlite를 형성시키는 열처리 방법
 ② 곡선 B : 공냉에 의해 미세한 Pearlite인 Sorbite를 형성시키는 열처리 방법.
 ③ 곡선 C : 유냉에 의해 미세한 Pearlite인 Troostite와 Martensite의 혼합 조직.
 ④ 곡선 D : 수냉에 의해 Martensite 조직을 얻는 열처리 방법

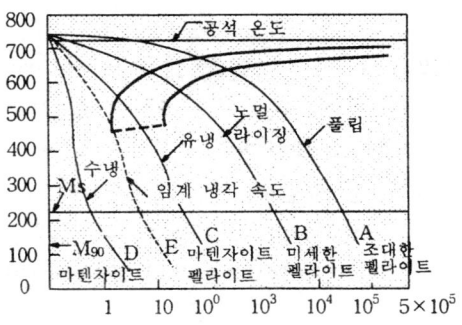

해답 23. ㉯　24. ㉰　25. ㉱　26. ㉱　27. ㉰　28. ㉮　29. ㉯

문제 30. α-Fe 내에 탄소가 과포화 상태로 고용된 조직은?
㉮ Martensite   ㉯ Binaite   ㉰ Austenite   ㉱ Pearlite

[도움] Martensite 조직 : α-Fe 내에 탄소가 과포화 상태로 고용된 조직

문제 31. Martensite 변태가 시작되는 온도점은?
㉮ Ms 점   ㉯ M_f 점   ㉰ Ar′ 점   ㉱ A1 점

[도움] Ms 점 : Martensite 변태 시작 점

문제 32. Martensite 변태가 완료되는 온도점은?
㉮ Ms 점   ㉯ M_f 점   ㉰ Ar′ 점   ㉱ A1 점

[도움] M_f 점 : Martensite 변태 완료 점

문제 33. 다음은 Martensite 변태에 대한 설명이다. 틀린 것은?
㉮ 공석강에서 Ms 점은 약 250℃ 정도이다.
㉯ Martensite 조직의 형태는 탄소량에 따라 래스(lsth), 혼합 및 판상(plat) Martensite로 변화한다.
㉰ Martensite 형성은 변태 시간에 영향을 많이 받는다.
㉱ Martensite 형성은 Ms 온도 이하로 온도 강하량에 따라 결정된다.

[도움] Martensite 형성은 변태 시간에는 무관하다.

문제 34. 다음 중 Ms 점을 상승시키는 원소는 어느 것인가?
㉮ Si   ㉯ Mn   ㉰ Cr   ㉱ Co

[도움] Ms 점 상승 원소 : Al, Co

문제 35. 다음 원소 중 Ms 점을 강하시키는 원소는?
㉮ Mn   ㉯ W   ㉰ Al   ㉱ Co

[도움] Ms점 강하 원소 : Mn, V, Cr, Ni, C

문제 36. 항온 풀림에 대한 설명이 잘못된 것은 어느 것인가?
㉮ 가열한 강재를 S 곡선의 코 부근의 온도(600~700℃)에서 항온 변태시키고 끝난 후에 공냉한다.
㉯ 보통 풀림보다 처리 시간이 길어지고 노를 순환적으로 사용하기가 불가능하다.
㉰ 조작시간이 짧고 열효율이 좋다.
㉱ 연속 조업이 가능하며 대량 생산에 적합하다.

[도움] 보통 풀림보다 처리 시간이 단축되고 노를 순환적으로 사용하기가 가능하다.

[해답] 30. ㉮   31. ㉮   32. ㉯   33. ㉰   34. ㉱   35. ㉮   36. ㉯

문제 37. Ar′ 변태점과 Ar″ 변태점 사이의 염욕에 담금질하여 과냉 오스테나이트가 변태 완료할 때까지 항온 유지 후 공냉하는 담금질을 무엇이라 하는가?
㉮ 마아퀜칭 ㉯ 마아템퍼링 ㉰ 오스템퍼링 ㉱ Ms퀜칭

토움 Austempering : Ar′ 변태점과 Ar″ 변태점 사이의 염욕에서 담금질한다.

문제 38. Austempering에 대한 설명 중 틀린 것은 어느 것인가?
㉮ 담금질성이 풍부하며 담금질 균열 및 변형이 적다.
㉯ 살이 얇고 적은 것이 적당하다.
㉰ 열욕에 담금질한 상태로도 일반 담금질과 같은 효과를 얻는다.
㉱ Martensite을 얻는다.

토움 오스템퍼링시 나타난 조직 : Bainite

문제 39. Ar″ 변태점보다 다소 높은 온도의 열욕에서 담금질한 후 항온 유지하고 과냉 Austenite가 항온 변태를 일으키기 전에 공냉하여 Ar″ 변태가 서서히 일어나도록 처리한 열처리는?
㉮ 마아퀜칭 ㉯ 마아템퍼링 ㉰ 오스템퍼링 ㉱ Ms퀜칭

토움 Marquenching : Ar″ 변태점보다 약간 높은 온도의 열욕에서 행한다.

문제 40. Marquenching에 대한 설명 중 틀린 것은 어느 것인가?
㉮ 수중 담금질한 것보다 매우 경도가 높다.
㉯ 내외부가 거의 동시에 Marltensite 조직으로 변한다.
㉰ 담금 균열, 변형이 생기지 않으며 뜨임 처리 후 사용한다.
㉱ 수냉시 생기는 균열 및 유냉시 변형이 생기는 강재에 사용한다.

토움 수중 담금질한 것보다 다소 경도가 낮다.

문제 41. 다음은 마아퀜칭에 대한 설명이다. 틀린 것은?
㉮ 열욕 온도는 200℃까지는 광물유, 그 이상은 염욕이 좋다.
㉯ 마아퀜칭 후 소정의 온도로 풀림 및 불림 처리한다.
㉰ 담금질에 의한 내부 응력이 제거된다.
㉱ 열욕 유지 시간은 소재 내외부가 동일할 것

토움 잔류 Austenite가 많기 때문에 마아퀜칭 후 소정의 온도로 뜨임 및 심냉 처리한다.

문제 42. Ms 점보다 약간 낮은 온도의 염욕에 담금질하여 강의 내외부가 동일한 온도로 될 때까지 항온 유지한 후 수냉하는 열조작은?
㉮ Austempering ㉯ Marquenching
㉰ Ms quenching ㉱ Martempering

해답 37. ㉰ 38. ㉱ 39. ㉮ 40. ㉮ 41. ㉯ 42. ㉰

도움▶ Ms quenching : Ms 점보다 약간 낮은 온도의 염욕에 담금질한다.

문제 **43.** Ms와 Mf 사이(Ar″ 변태 구역)의 항온 열처리는?
㉮ Austempering   ㉯ Marquenching
㉰ Ms quenching   ㉱ Martempering

도움▶ Martempering : Ar″ 변태구역(Ms와 M_f 사이)의 항온 열처리

문제 **44.** 다음 그림은 무엇을 나타내는 그림인가?
㉮ Austempering
㉯ Martempering
㉰ Marquenching
㉱ Ms quenching

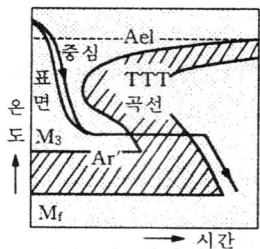

문제 **45.** 다음 그림을 바르게 설명한 것은?
㉮ Austempering
㉯ Martempering
㉰ Marquenching
㉱ Ms quenching

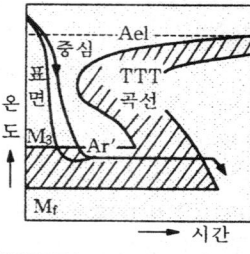

문제 **46.** 다음 그림을 바르게 설명한 것은?
㉮ Austempering
㉯ Martempering
㉰ Marquenching
㉱ Ms quenching

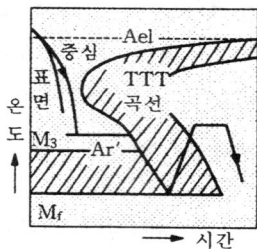

문제 **47.** 열욕 담금질의 일종으로 강선 제조용 열처리이며 Austenite 온도로 가열하여 550~500℃ 열욕에서 담금질한 열처리 조작은?
㉮ 용체화 처리   ㉯ 블루잉   ㉰ 오스템퍼링   ㉱ 파텐팅

도움▶ partenting : Austenite 온도로 가열하여 550~500℃ 열욕에서 담금질한 열처리 조작

문제 **48.** 다음 중 금속 발열체가 아닌 것은 어느 것인가?
㉮ 니크롬(80Ni-20Cr)   ㉯ 칸탈
㉰ W   ㉱ 실리코니트(SiC)

도움▶ 금속 발열체 종류 : 니크롬(80Ni-20Cr), 칸탈, W, 철크롬(Fe-23~26Cr-4~6Al)

해답 43. ㉱   44. ㉮   45. ㉯   46. ㉰   47. ㉱   48. ㉱

문제 49. 열처리로의 처리재의 장입 방식에 따른 분류 중 배치로에 대한 설명이 잘못된 것은?
㉮ 조업 방식은 이송 장치에 의해 처리품을 장입한다.
㉯ 조업 방식은 수작업으로 처리품을 장입한다.
㉰ 장입된 처리품을 소정의 온도로 가열한 후 노냉한다.
㉱ 장입된 처리품을 소정의 온도로 가열한 후 공냉한다.

도움 배치로의 조업 방식은 장입자의 수작업에 의해 처리품을 장입한다.

문제 50. 연속로의 조업 방식에 대한 설명 중 틀린 것은 어느 것인가?
㉮ 처리품은 이송 장치에 의해 노내에 연속적으로 장입한다.
㉯ 연속로는 다품종 소량 생산에 적합하다.
㉰ 방식에는 푸셔형, 컨베이어형 및 스트랜드형이 있다.
㉱ 처리품은 연속적으로 노 내에 장입되어 이송되면서 가열, 유지 및 냉각을 한다.

도움 연속로는 소품종 대량 생산에 적합하다.

문제 51. 다음 중 연속로 장점의 설명이 아닌 것은?
㉮ 균일한 처리품을 얻을 수 있다.
㉯ 인건비 절감의 효과가 있다.
㉰ 다품종 소량 열처리에 적합하다.
㉱ 열처리 공정의 자동화에 용이하게 적용할 수 있다.

도움 소품종 다량 생산에 적합하다.

문제 52. 다음 중 배치로의 장점으로 맞는 것은 어느 것인가?
㉮ 균일한 처리품을 얻을 수 있다.
㉯ 인건비 절감의 효과가 있다.
㉰ 열처리 공정의 자동화에 용이하게 적용할 수 있다.
㉱ 다품종 소량 열처리에 적합하다.

도움 배치로의 장점
① 다품종 소량 열처리에 적합하다. ② 노 내 온도 분포가 균일하다.

문제 53. 다음 중 전기로에 대한 설명이 아닌 것은 어느 것인가?
㉮ 비금속 발열체 중에서 흑연 발열체가 많이 사용된다.
㉯ 가열, 유지 및 냉각이 자동적으로 진행할 수 있다.
㉰ 발열체가 전기 저항에 의해 발열되는 원리를 이용한다.
㉱ 열처리 작업에서 가장 일반적으로 이용되는 가열 방식이다.

도움 비금속 발열체는 실리코니트 발열체가 많이 사용된다.

해답 49. ㉮ 50. ㉯ 51. ㉰ 52. ㉱ 53. ㉮

문제 54. 전기로에 사용되는 발열체에 대한 설명이다. 틀린 것은?
㉮ 금속 발열체는 사용 온도가 비교적 높다.
㉯ 금속 발열체는 가공하기가 어려운 것이 결점이다.
㉰ 가장 많이 사용되는 비금속 발열체는 실리코니트 발열체다.
㉱ 불활성 분위기 또는 진공 중에서는 흑연 발열체도 많이 사용된다.

[도움] 금속 발열체의 특징
① 사용 온도가 비교적 높다.
② 가공하기가 쉽다.

문제 55. 전기로에 사용되는 발열체의 갖출 조건으로 틀린 것은?
㉮ 전기 저항이 커야 한다.
㉯ 고온 강도가 커야 한다.
㉰ 용융점이 낮아야 한다.
㉱ 고온에서의 산화 저항성이 커야 한다.

[도움] 발열체가 갖추어야할 조건
① 전기 저항 및 고온 강도가 클 것.
② 고온에서의 산화 저항성이 클 것.
③ 용융점이 높을 것.
④ 가공이 용이할 것.

문제 56. 금속 발열체 중 최고 사용 온도가 가장 높은 발열체는?
㉮ W   ㉯ Mo   ㉰ 칸탈   ㉱ 철크롬

[도움] 금속 발열체의 종류 및 최고 사용 온도
① 니크롬 : 1100℃
② 철크롬 : 1200℃
③ 칸탈 : 1300℃
④ Mo : 1650℃
⑤ W : 1700℃

문제 57. 다음 금속 발열체 중 사용 온도가 가장 낮은 것은?
㉮ W   ㉯ 니크롬   ㉰ 칸탈   ㉱ 철크롬

문제 58. 다음 금속 발열체 중 최고 사용 온도가 1300℃인 발열체는?
㉮ W   ㉯ 니크롬   ㉰ 칸탈   ㉱ 철크롬

문제 59. 다음 중 비금속 발열체는 어느 것인가?
㉮ 니크롬   ㉯ 칸탈   ㉰ 철크롬   ㉱ 흑연

[도움] 비금속 발열체 : 흑연, 실리코니트(SiC)

[해답] 54. ㉯   55. ㉰   56. ㉮   57. ㉯   58. ㉰   59. ㉱

문제 60. 실리코니트(SiC)의 비금속 발열체의 최고 사용 온도는?
㉮ 1600℃ ㉯ 1300℃ ㉰ 1200℃ ㉱ 1100℃

도움 SiC의 최고 사용 온도 : 1600℃

문제 61. 열처리 부품의 광휘 표면을 얻기 위한 열처리로로 많이 사용되는 노는 다음 중 어느 것인가?
㉮ 연소로 ㉯ 진공로 ㉰ 전기로 ㉱ 염욕로

도움 진공로 : 광휘 표면을 얻기 위하여 진공 중에서 가열하는 爐다.

문제 62. 진공로에 대한 설명 중 틀린 것은 어느 것인가?
㉮ 진공로의 진공도는 용도에 따라 $10 \sim 10^{-4}$ mmHg 정도가 적당하다.
㉯ 가열 방식에는 외부 가열식과 내부 가열식이 있다.
㉰ 진공로의 최고 사용 온도는 1100℃이다.
㉱ 냉각 방식에 따라 가스 냉각 진공로와 유냉 진공로가 있다.

도움 진공로의 최고 사용 온도는 1400℃로서 담금질, 풀림, 브레이징 및 소결 등에 이용된다.

문제 63. 다음은 진공로의 외부 가열 방식에 대한 설명이다. 틀린 것은?
㉮ 외부 가열식은 내열강이나 세라믹으로 만들어진 진공 용기의 외측으로부터 발열체로 가열하는 방식이다.
㉯ 내부 가열식에 비해 가열 속도 및 냉각 속도가 느리다.
㉰ 저온에서 처리되는 풀림이나 뜨임에 적절하다.
㉱ 처리 온도가 높고 급냉이 필요한 담금질이나 용체화 처리 등에 적합하다.

도움 처리 온도가 높고 급냉이 필요한 담금질이나 용체화 처리 등에는 부적합하다.

문제 64. 다음은 진공로의 내부 가열 방식에 대한 설명이다. 틀린 것은?
㉮ 처리 능력이 좋고 값이 저렴하다.
㉯ 급속 냉각이 용이하다.
㉰ 모든 열처리에 용이하게 이용된다.
㉱ 발열체, 단열판 및 열처리 부품이 모두 진공실 내에 있다.

도움 노벽을 냉각할 필요가 있기 때문에 이중 구조로 되어 있고, 처리 능력에 비해 노 체가 크고 값이 비싸다.

문제 65. 저온용 염욕로의 사용 온도 몇 ℃ 이하인가?
㉮ 250℃ ㉯ 550℃ ㉰ 900℃ ㉱ 1350℃

도움 저온용 염욕로 사용 온도 : 550℃ 이하.

해답 60. ㉮ 61. ㉯ 62. ㉰ 63. ㉱ 64. ㉮ 65. ㉯

문제 66. 다음은 염욕로에 대한 설명이다. 틀린 것은 어느 것인가?
㉮ 중성염 또는 환원성염을 전기, 가스 및 액체 연료 등의 열원을 이용하여 용융시킨 염욕 중에서 처리품을 열처리하는 노이다.
㉯ 염욕로는 구조가 간단하고 설비비가 저렴하다.
㉰ 다품종 소량 생산을 위한 노로서 많이 사용된다.
㉱ 염욕 중에서 열처리하므로 처리품이 산화 및 탈탄되기 쉽다.

토용 염욕 중에서 열처리하면 처리품이 대기와는 접촉되지 않으므로 산화 및 탈탄을 방지할 수 있다.

문제 67. 염욕로의 특징이 아닌 것은 다음 중 어느 것인가?
㉮ 다품종 소량 생산에 적합하다.   ㉯ 산화 및 탈탄을 방지할 수 있다.
㉰ 미려한 표면을 얻을 수 있다.   ㉱ 고온 급속 가열에는 부적합하다.

토용 고속도강과 같은 고온 고속 가열에 적합하다.

문제 68. 다음 염욕로에 대한 설명 중 잘못된 것은 어느 것인가?
㉮ 강재의 담금질, 뜨임 처리 등에는 중성 염욕이 사용된다.
㉯ 침탄 및 질화 처리에는 환원성 염욕이 사용된다.
㉰ 염욕로를 사용할 경우에는 필히 염욕로를 예열한다.
㉱ 열처리품의 예열은 표면의 수분을 제거하기 위해서이다.

토용 염욕로를 사용할 경우에는 필히 열처리품을 예열하여 열처리품 표면의 수분을 제거한다.

문제 69. 다음은 저온용 염욕로에 대한 설명이다. 잘못된 것은?
㉮ 550℃ 이하에서 사용되는 염욕로이다.
㉯ 사용되는 염은 대부분의 경우 질산염이다.
㉰ 염욕에 탄산가루나 유기물 등이 혼입되면 폭발할 위험이 있다.
㉱ 고속도강, 스테인레스강 등의 열처리에 사용한다.

토용 고속도강, 스테인레스강 등 고온 열처리에 사용된 노는 고온용 염욕로이다.

문제 70. 중온용 염욕로의 열처리 온도는 얼마인가?
㉮ 550℃ 이하   ㉯ 600~900℃   ㉰ 1000~1350℃   ㉱ 1300℃ 이상

토용 중온용 염욕로의 열처리 온도 : 600~900℃

문제 71. 중온 염욕로에 대한 설명 중 틀린 것은 어느 것인가?
㉮ 중성 및 환원성 염욕의 가열로가 주로 사용된다.
㉯ 산성 및 중성 염욕 가열로이다.
㉰ 탄소 공구강 및 특수강의 열처리에 사용된다.
㉱ 고속도강의 열처리시에는 예열로 사용한다.

해답 66. ㉱ 67. ㉱ 68. ㉰ 69. ㉱ 70. ㉯ 71. ㉯

[도움] 중온 염욕로는 중성 및 환원성 염욕의 가열로가 주로 사용되며 특수강, 탄소 공구강, 액체 침탄 등에 사용된다.

[문제] **72.** 고온용 염욕로의 열처리 온도는 얼마인가?
㉮ 550℃ 이하 ㉯ 600~900℃ ㉰ 1000~1350℃ ㉱ 1300℃ 이상

[도움] 고온용 염욕로는 열처리 온도가 1000~1350℃의 경우에 사용된다.

[문제] **73.** 고온용 염욕로에 대한 설명 중 틀린 것은?
㉮ 열처리 온도가 1000~1350℃의 경우에 사용된다.
㉯ 고속도강, 스테인레스강 등의 고온 열처리에 사용된다.
㉰ 산성 염욕을 사용한다.
㉱ 중성 염욕을 사용한다.

[도움] 고온용 염욕로는 중성 또는 환원성 염욕을 사용한다.

[문제] **74.** 다음 중 저온용 염욕제가 아닌 것은 어느 것인가?
㉮ 아질산소다($NaNO_3$) ㉯ 질산가리(KNO_3)
㉰ 질산소다($NaNO_3$) ㉱ 염화바륨($BaCl_2$)

[도움] 저온용 염욕제(150~550℃) : $NaNO_3$, KNO_3

[문제] **75.** 다음 중 중온용 염욕제가 아닌 것은 어느 것인가?
㉮ 염화바륨($BaCl_2$) ㉯ 황산소다($NaCO_3$)
㉰ 붕사(NaB_2O_7) ㉱ 질산가리(KNO_3)

[도움] 중온용 염욕제(600~900℃) : 염화바륨, 염화소다, 염화칼슘, 염화가리, 황산소다, 붕사

[문제] **76.** 다음 중 염욕제의 선택 조건이 아닌 것은 어느 것인가?
㉮ 불순물이 적고 용해가 쉬울 것
㉯ 흡습성이 좋을 것
㉰ 유동성이 좋고 염류 피막이 열처리 후 용이하게 떨어질 것
㉱ 산화, 부식이 없고 유해 가스 발생이 없을 것

[도움] 흡습성이 적을 것.

[문제] **77.** 염욕로의 특징으로 틀린 것은 어느 것인가?
㉮ 고온 급속 가열이 가능하다. ㉯ 산화와 탈탄을 방지할 수 있다.
㉰ 연욕 내의 온도가 균일하다. ㉱ 처리품에 투입시 온도 변화가 크다.

[도움] 처리품에 투입시 온도 변화가 적다.

[해답] 72. ㉰ 73. ㉰ 74. ㉱ 75. ㉱ 76. ㉯ 77. ㉱

문제 78. 알루미나(Al_2O_3)와 같은 고체 입자를 가스와 함께 유동시킨 상태에서 사용하는 노를 무엇이라 하는가?
㉮ 염욕로   ㉯ 가스로   ㉰ 연욕로   ㉱ 유동상로

토용 유동상로 : Al_2O_3와 같은 고체 입자를 가스와 함께 유동시킨 상태에서 사용하는 노

문제 79. 유동상로에 대한 설명으로 틀린 것은 어느 것인가?
㉮ 환경 문제를 일으키지 않게 하기 위해서 만들어진 노이다.
㉯ 가열 및 냉각 특성은 비교적 우수하다.
㉰ 가열 속도는 염욕에서의 가열 속도와 거의 같다.
㉱ 냉각 속도는 수냉에 가깝다.

토용 유동상로의 가열 및 냉각 속도는 비교적 우수하며 냉각 속도는 유냉에 가깝다.

문제 80. 다음 중 열처리에 사용되는 접촉식 온도계가 아닌 것은?
㉮ 열전 온도계   ㉯ 저항 온도계   ㉰ 압력 온도계   ㉱ 방사 온도계

토용 접촉식 온도계 : 열전 온도계, 저항 온도계, 압력 온도계

문제 81. 다음 열처리에 사용되는 온도계 중 비접촉식의 온도계는?
㉮ 열전 온도계   ㉯ 저항 온도계   ㉰ 압력 온도계   ㉱ 방사 온도계

토용 비접촉식 온도계 : 방사 온도계, 광고온계

문제 82. 열처리 조업에서 온도 측정으로 가장 많이 사용되는 온도계는?
㉮ 열전 온도계   ㉯ 저항 온도계   ㉰ 압력 온도계   ㉱ 방사 온도계

토용 실제로 거의 모든 열처리 조업에서의 온도 측정은 열전 온도계에 의해 이루어진다.

문제 83. 광고온계의 사용 온도 범위는 얼마인가?
㉮ $-200\sim500℃$ ㉯ $-40\sim500℃$ ㉰ $700\sim2000℃$ ㉱ $800\sim2000℃$

토용 광고온계의 사용 온도 범위는 700~2000℃이다.

문제 84. 저항식 온도계에 대한 설명이다. 틀린 것은 어느 것인가?
㉮ 정확도가 우수하다.   ㉯ 자동 제어 및 기록이 가능하다.
㉰ 고온 측정이 가능하다.   ㉱ 가격이 비싸다.

토용 저항식 온도계 특징
  ① 저온 열처리용이다.   ② 자동 제어 및 기록 기능
  ③ 고온 측정 불가.   ④ 가격이 비싸다.
  ⑤ 사용 온도 범위 : -200~500℃

해답 78. ㉱   79. ㉱   80. ㉱   81. ㉱   82. ㉮   83. ㉰   84. ㉰

❖ 예상문제 **2-37**

문제 85. 저항식 온도계의 사용 범위 온도는 얼마인가?
㉮ -200~500℃   ㉯ -40~500℃   ㉰ 700~2000℃   ㉱ 800~2000℃

문제 86. 압력식 온도계의 사용 온도 범위는 얼마인가?
㉮ -200~500℃   ㉯ -40~500℃   ㉰ 700~2000℃   ㉱ 800~2000℃

> 압력식 온도계의 특징
> ① 정확도 불량
> ② 구조 및 취급 간단
> ③ 담금질유 온도 측정용
> ④ 값이 싸다.
> ⑤ 사용 온도 범위 : -40~500℃

문제 87. 압력식 온도계의 특징이 아닌 것은?
㉮ 정확도가 불량하다.   ㉯ 값이 비싸다.
㉰ 구조 및 취급이 간단하다.   ㉱ 담금질유 온도 측정에 사용된다.

문제 88. 방사 온도계의 사용 온도 범위는 얼마인가?
㉮ -200~500℃   ㉯ -40~500℃   ㉰ 700~2000℃   ㉱ 800~2000℃

> 방사 온도계의 특징
> ① 저온 측정 불가.
> ② 보정을 요함.
> ③ 화염 경화 및 시험용.
> ④ 사용 온도 범위 : 800~2000℃

문제 89. 화염 경화 및 시험용으로 사용하며 저온 측정에는 불가능한 비접촉식 온도계는 다음 중 어느 것인가?
㉮ 열전쌍식 온도계   ㉯ 저항식 온도계   ㉰ 압력식 온도계   ㉱ 방사 온도계

문제 90. 다음은 광고온계에 대한 설명이다. 틀린 것은 어느 것인가?
㉮ 저온 측정에는 불가능하다.   ㉯ 보정 및 숙련이 필요없다.
㉰ 기록 및 제어가 불가능하다.   ㉱ 정확도가 좋지 않다.

> 보정 및 숙련이 필요하다.

문제 91. 다음 열전쌍 중 가열 온도가 가장 높은 것은 어느 것인가?
㉮ 구리-콘스탄탄   ㉯ 철-콘스탄탄   ㉰ 백금-백금로듐   ㉱ 크로멜-알루멜

> 열전쌍의 가열 온도
> ① 백금-백금로듐(PR) : 1600℃
> ② 크로멜-알루멜(CA) : 1200℃
> ③ 철-콘스탄탄(IC) : 900℃
> ④ 구리-콘스탄탄(CC) : 600℃

문제 92. 다음 열전쌍 중 가열 온도가 1200℃인 것은?
㉮ 구리-콘스탄탄   ㉯ 철-콘스탄탄   ㉰ 백금-백금로듐   ㉱ 크로멜-알루멜

해답 85. ㉮ 86. ㉯ 87. ㉯ 88. ㉱ 89. ㉱ 90. ㉯ 91. ㉰ 92. ㉱

문제 93. 다음 열전쌍 중 가열 온도가 1600℃인 것은?
㉮ 구리-콘스탄탄 ㉯ 철-콘스탄탄 ㉰ 백금-백금로듐 ㉱ 크로멜-알루멜

문제 94. 다음 열전쌍 중 가열 온도가 600℃인 것은?
㉮ PR ㉯ CA ㉰ IC ㉱ CC

문제 95. 다음 중 철-콘스탄탄에 대한 설명이다. 틀린 것은?
㉮ 사용 가능 온도 범위는 −185~870℃이다.
㉯ 산화성 분위기에서는 760℃까지만 사용 가능하다.
㉰ 콘스탄탄의 조성은 55%Cu−45%Ni이다.
㉱ 비교적 고가이다.

토용 비교적 값이 싸다.

문제 96. 산화성 분위기에 적당하고 사용 온도 범위가 높고 기계적 강도가 큰 열전쌍은 다음 중 어느 것인가?
㉮ PR ㉯ CA ㉰ IC ㉱ CC

토용 백금-백금로듐(PR)의 사용 온도 범위 : 870~1650℃

문제 97. 다음 중 열처리용 치공구 재료의 필요한 조건 및 주의 사항이 아닌 것은 어느 것인가?
㉮ 내식성이 우수할 것
㉯ 변형이 저항이 클 것
㉰ 열 피로에 대한 저항이 클 것
㉱ 고온 강도가 낮을 것

토용 고온 강도가 크고, 제작하기가 쉽고, 작업성이 좋을 것.

문제 98. 다음 중 가장 느린 담금질 냉각 속도를 얻고자 하는 경우에 사용되는 냉각 장치는 어느 것인가?
㉮ 공냉 장치 ㉯ 수냉 장치 ㉰ 유냉 장치 ㉱ 분사 냉각 장치

토용 공냉 장치 : 냉각 장치 중 가장 느린 담금질 냉각 장치이다.

문제 99. 다음은 공냉 장치에 대한 설명이다. 틀린 것은?
㉮ 구조용 합금강의 불림 처리에 사용한다.
㉯ 자경성 금형용 공구강의 담금질 및 뜨임 후의 냉각에 사용한다.
㉰ 대기 중에 방치하거나 강제 공냉시키는 방식이 있다.
㉱ 방법이 냉각 장치 중 가장 복잡한 냉각 방법이다.

토용 가장 간단한 방법이다.

해답 93. ㉰ 94. ㉱ 95. ㉱ 96. ㉮ 97. ㉱ 98. ㉮ 99. ㉱

❖ 예상문제 **2-39**

문제 100. 냉각 속도가 가장 빠른 냉각제는 다음 중 어느 것인가?
㉮ 수냉   ㉯ 공냉   ㉰ 유냉   ㉱ 노냉

도움 물은 냉각 속도가 빠른 냉각제로 널리 사용된다.

문제 101. 다음은 냉각 장치 중 유냉 장치에 대한 설명이다. 틀린 것은?
㉮ 담금질 처리에 가장 널리 사용된다.
㉯ 가열기와 냉각기가 부착되어 있어서 기름의 온도 조절을 할 수 있다.
㉰ 일반적으로 유량은 처리품 중량의 3~5 배가 필요하다.
㉱ 교반 방법에 따라 프로펠러식과 펌프식이 있다.

도움 일반적으로 유량은 처리품 중량의 10~15 배가 필요하다.

문제 102. 오스템퍼링 또는 마아템퍼링 등 항온 열처리에 주로 이용되는 냉각 장치는 다음 중 어느 것인가?
㉮ 공냉 장치   ㉯ 수냉 장치   ㉰ 유냉 장치   ㉱ 염욕 냉각 장치

도움 염욕 냉각 장치는 항온 열처리에 주로 사용한다.

문제 103. 오스템퍼링시 Austenite화 온도로 가열된 열처리품이 냉각조로 침지된 후의 온도 상승은 몇 ℃ 이내가 적당한가?
㉮ 2℃   ㉯ 5℃   ㉰ 8℃   ㉱ 10℃

도움 5℃ 이내가 이상적이다.

문제 104. 담금질에 의한 변형을 방지하기 위하여 사용하는 냉각 장치는?
㉮ 분사 냉각 장치   ㉯ 염욕 냉각 장치
㉰ 수냉 장치   ㉱ 프레스 담금질 장치

도움 프레스 담금질 장치 : 변형을 방지하기 위해 사용

문제 105. 냉각능이 가장 작은 냉각제는 다음 중 어느 것인가?
㉮ 공기   ㉯ 물   ㉰ 기름   ㉱ 염욕

도움 냉각제의 냉각능 : 염욕＞물＞기름＞공기

문제 106. 냉각제 중 정지된 물의 냉각능이 1.0일 때 교반하였을 때의 냉각능은 얼마인가?
㉮ 0.2   ㉯ 0.4   ㉰ 2.0   ㉱ 4.0

도움 교반하였을 때의 물의 경화능은 정지물의 2.0배이다.

문제 107. 물의 냉각능이 1.0일 때 염수는 얼마인가?
㉮ 0.02   ㉯ 0.25~0.30   ㉰ 2.0   ㉱ 5.0

해답 100. ㉮   101. ㉰   102. ㉱   103. ㉯   104. ㉱   105. ㉮   106. ㉰   107. ㉰

도움 냉각제의 냉각능 (물을 1로 기준하였을 때)
① 공기 : 0.02   ② 기름 : 0.25~0.30   ③ 염수 : 2.0

문제 108. 기름의 냉각능을 얼마 정도인가? (단 물을 1.0으로 하였을 경우)
㉮ 0.02   ㉯ 0.25~0.30   ㉰ 2.0   ㉱ 5.0

문제 109. 냉각제 중 물에 대한 설명이다. 틀린 것은 어느 것인가?
㉮ 냉각능이 매우 큰 냉각제이다.
㉯ 수온이 80℃를 넘으면 냉각능이 현저히 저하된다.
㉰ 수온은 30℃ 이하로 유지하고 충분히 교반할 필요가 있다.
㉱ 경우에 따라 경화 얼룩이나 경도 부족을 일으키기 쉽다.

도움 수온이 30℃를 넘으면 냉각능이 현저히 저하된다.

문제 110. 담금질유는 일반적으로 몇 ℃에서 냉각능이 가장 큰가?
㉮ 30℃ 이하   ㉯ 30~50℃   ㉰ 50~60℃   ㉱ 120℃ 이상

도움 담금질유는 50~60℃에서 가장 냉각능이 크다.

문제 111. 담금질유에 대한 설명이다. 틀린 것은 어느 것인가?
㉮ 담금질유는 동물성유가 많이 사용된다.
㉯ 인화점이나 점도가 높아지면 냉각능이 저하된다.
㉰ 기름에 물이 혼입되어 있으면 냉각능이 저하된다.
㉱ 기름에 물이 혼입되어 있으면 담금질 균열의 원인이 된다.

도움 담금질유는 광물성유가 널리 사용된다.

문제 112. 염욕의 냉각제에 대한 설명으로 틀린 것은 어느 것인가?
㉮ 염욕은 열량이 크다.
㉯ 염욕은 증기막을 만들지 않는다.
㉰ 염욕은 냉각능이 작다.
㉱ 염욕은 일반적으로 2가지 이상의 염을 혼합한 것이 사용된다.

도움 염욕은 열용량이 크고 증기막을 만들지 않으므로 냉각능이 크다.

문제 113. 연욕에 대한 설명 중 틀린 것은 다음 중 어느 것인가?
㉮ 비중이 철보다 크기 때문에 강의 열처리시 처리품이 부상한다.
㉯ 다른 열욕보다 냉각능이 좋다.
㉰ 유동성과 온도 균일성이 좋다.
㉱ 유독성이 있으므로 주의해야 한다.

도움 납(Pb)을 용융시킨 열욕을 말하며 다른 열욕보다 유동성과 온도 균일성이 나쁘다.

해답 108. ㉯   109. ㉯   110. ㉰   111. ㉮   112. ㉰   113. ㉰

제 3 장

일반 열처리 및 항온 열처리

1 강의 열처리 기초

【1】 불림(노멀라이징, 燒準, Normalizing)

(1) 불림의 정의 : 가공의 영향을 제거하고 결정 립을 미세화하고 기계적 성질을 향상시켜 강을 표준 상태로 하기 위하여 $A_{3,2,1}$ 변태점 또는 Acm 선보다 30~50℃ 높게 가열 후 화색이 없어질 때까지 공냉하고 그 후에 더 서냉한 열조작을 말한다.

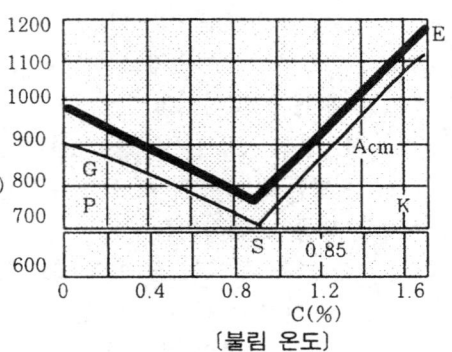

〔불림 온도〕

① 열적인 의미에서 불림은 Austenite화 후 조용한 공기 중에서 또는 약간 교반시킨 공기 중에서 냉각하는 과정이다.

② 불림의 조직
 ㉮ 0.8%C의 강의 조직 : Pearlite
 ㉯ 저탄소 영역의 조직 : Ferrite
 ㉰ 과공석강의 조직 : 초석 Cementite가 미세 조직으로 존재.

③ 냉각 속도는 Pearlite의 양과 층상 간격 및 크기에 큰 영향을 미친다.
 ㉮ 냉각 속도가 빠르면
  ㉠ 많은 Pearlite가 형성되고 층상은 미세해져서 간격이 좁아진다.
  ㉡ Pearlite량 증가와 미세한 Pearlite는 강도와 경도를 증가시킨다.
 ㉯ 냉각 속도가 느리면
  ㉠ 연한 조직이 생긴다.

(2) 불림의 목적
 ① 주조 조직, 가열 조직, 가공 조직의 미세화 및 균질화.

② 내부 응력 제거 및 피삭선을 개선한다.
③ 결정 조직, 물리적 성질 및 기계적 성질이 표준화된다.
(3) 불림 처리한 강의 성질
① 결정립 및 조직의 미세화가 되며 섬유 조직이 없어지고 담금질성이 향상된다.
② 경도, 강도, 연율, 인성의 증가 및 주조 과열 조직이 개선된다.
③ 재료가 두꺼운 것일수록 불리 조직과 표준 조직은 비슷하나 얇은 재료나 특수강은 다르다.
④ 불림 후 Ac_1 점 바로 위로부터 공냉, 유냉시 강인성이 양호하다.

[2] 노멀라이징의 종류
(1) 일반 불림
① 설정 온도로 가열한 강을 조용한 대기 중에서 냉각하는 경우 강의 형태는 형상의 차이 특히 단면적의 대소와 냉각 방법에 따라 크게 달라진다.
㉮ 형상이 작은 것은 표면과 내부가 모두 빨리 냉각된다.
㉯ 형상이 큰 것은 천천히 냉각되며 중심부는 서냉된다.
(2) 2단 노멀라이징
① 부품의 형상이 복잡하거나 단면적의 차이가 큰 제품의 냉각에 의한 변형이 발생을 막고 균일하게 냉각시키기 위한 방법.
② A_1 변태점 이하의 화색이 없어지는 550℃까지는 급냉하고 그 이하의 온도에서는 노 내나 재 속에서 서냉한다.
(3) 항온 노멀라이징
① 불림 온도에서 항온 변태 곡선 코(nose, 550℃)까지 열풍으로 강제 냉각시킨 후 항온로 속에서 항온 변태시킨 후 상온까지 공냉한다.
(4) 다중 노멀라이징
① 높은 초기 불림 온도(예 925℃)를 사용함으로써 Austenite에서 모든 성분 원소를 완전히 용해시키고 Ac_3 온도에 가까운 2차 불림 온도(예 815℃)를 사용하여 초기 불림 처리의 유익한 효과를 해치지 않고 최종 Pearlite 결정립 크기를 미세화하기 위해 사용한다.

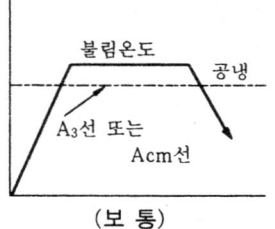

대기중에서 팽창함

(보 통)

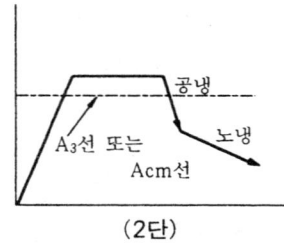

화색 소실 온도(550℃)공냉후 서냉
구조용강(0.3~0.5%C) : 강인성 향상
고탄소강(0.6%C) : 백점, 내부 균열 방지

(2단)

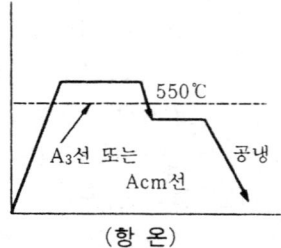

550℃에서 등온변태
저탄소강 합금강의 절삭성 향상

(항 온)

【3】 풀림(燒鈍, Annealing)

(1) 풀림 온도
① 강재를 $A_{3.2.1}$ 변태점 보다 30~50℃ 높게 가열 후 일정시간 유지한 뒤 노냉하는 열조작을 풀림이라 한다.
② 풀림 시간 : 25mm 각에 30분 정도가 적당하다.
③ 과도 풀림(Super Annealing)
 ㉮ 소정의 풀림 온도를 넘거나 시간이 길었을 때의 풀림으로 조직이 거칠어져 재질이 불량하게 된다.
 ㉯ 가열 : $A_{3.2.1}$ 변태점 보다 30~50℃ 높게 한다.
 ㉰ 냉각 : 불림보다 늦은 속도로 노냉 또는 2중 냉각

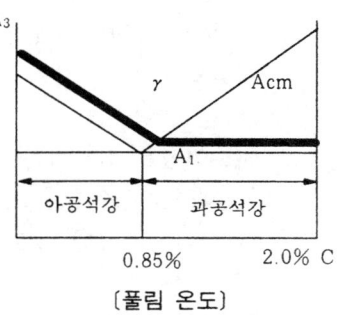
〔풀림 온도〕

(2) 풀림의 목적
① 강에서 냉간 가공이나 기계 가공을 용이하게 한다.
② 기계적 성질 개선 및 전기적 성질을 개선한다.
③ 치수 안정성을 증가시킨다.
④ 강도 및 경도는 낮아지고 연화되며 조직의 균일 및 미세화, 표준화된다.
⑤ 연성의 특성(특히 상온 가공에서), 재료의 불균일성 제거, 내부 응력 제거, 편석 제거.
⑥ 조직 개선 및 담금질 효과 향상.

(3) 풀림 후의 성질 변화
① 내부 응력은 재결정 온도까지 감소된다.
② 강도 및 경도는 재결정 온도까지 급감한다.
③ 연율, 단면 수축율은 재결정 온도까지 증가하고 결정 회복, 재결정, 입자가 성장한다.

(4) 풀림의 종류
① 저온 풀림(A_1 변태점 이하에서 실시) : 중간 풀림, 응력 제거 풀림, 재결정 풀림
② 고온 풀림(A_1 변태점 이상에서 실시) : 완전 풀림, 확산 풀림, 항온 풀림
③ 구상화 풀림은 A_1 변태점 이상 또는 이하에서 실시한다.
④ 완전 풀림(Full Aunnearling)
 ㉮ 아공석강 : $A_{3.2.1}$ 변태점 보다 30~50℃ 높게 가열 후 충분히 유지한 다음 서냉한 열조작.
 ㉯ 과공석강 : A_1 변태점 보다 30~50℃ 높게 가열 후 충분히 유지한 다음 서냉한 열조작.
 ㉰ 생성 조직 : Ferrite, Pearlite
 ㉱ 소재 길이가 길면 휨 현상 및 탈탄이 일어나므로 주의한다.
⑤ 확산 풀림(diftusion Aunnearling, 안정화 풀림, 균질화 풀림)
 ㉮ 황화물의 편석을 없애고 Ni강에서 망상으로 석출한 황화물의 적열 취성을 방지하기 위하여 1100~1150℃에서 풀림한다.
 ㉯ 니켈강의 적열 취성 방지 목적 : 1100~1150℃, 특수강 주물 : 1100~1200℃
⑥ 응력 제거 풀림(Stress-reliet Aunnearling)
 ㉮ 재료의 잔류 응력을 제거하기 위하여 500~600℃(1~2h/mm)로 가열 후 서냉하

는 열조작.
  ㈏ 주조, 단조, 담금질, 뜨임, 기계 가공, 냉간 가공 및 용접 등을 한 후 존재하는 잔류 응력을 제거한다.
⑦ 중간 풀림(process Aunnearling)
  ㈎ 압연 또는 신선 작업에서 냉간 가공 도중에 경화된 재료를 연화할 목적으로 행하는 풀림.
  ㈏ 연성을 회복하기 위하여 공정 사이에 풀림 처리한 열조작.
⑧ 재결정 풀림(recystallization Aunnearling)
  ㈎ 냉간 가공한 재료를 가열하면 600℃ 부근에서 먼저 응력이 감소되고 재결정이 일어난다.
⑨ 구상화 풀림(Spheroidizing Aunnearling)
  ㈎ Cementite(Fe_3C) 조직을 구상화하기 위한 목적의 풀림 조작.
  ㈏ 구상화의 목적
    ㉠ 담금질 효과 균일화 및 담금질 변형 감소.
    ㉡ 경도, 강인성 증가 및 기계 가공성 증대.
    ㉢ 망상 Cementite를 구상화시켜서 기계적 가공성을 좋게 한다.
  ㈐ 구상화 방법(강은 Ferrite 기지에 구상의 탄화물 조직을 형성하기 위한 방법)
    ㉠ Ac_1점 바로 아래(650~720℃)에서 일정시간 유지 후 냉각하는 방법
    ㉡ Ac_1점 이상, 직하 20~30℃ 사이에서 가열과 냉각을 반복하는 방법.
    ㉢ Ac_1점 이상으로 가열하여 Ar_1점 직하의 온도에서 유지 또는 노안에서 서냉한다.
    ㉣ Acm선 이상으로 가열하여 Cementite를 완전히 고용시킨 후 급냉하여 망상 Cementite의 석출을 방해하고 다시 가열하여 ㉠ 또는 ㉡ 방법으로 구상화시킨 방법.
    ㉤ 항온 변태 즉 760~780℃로부터 700℃까지 냉각하고 이 온도에서 3시간 동안 유지 후 공냉하는 방법.
  ㈑ 균일한 Austenite에서 Martensite를 만들고 다시 600~700℃에서 뜨임하면 Sorbite 조직으로 구상화 조직이 된다.

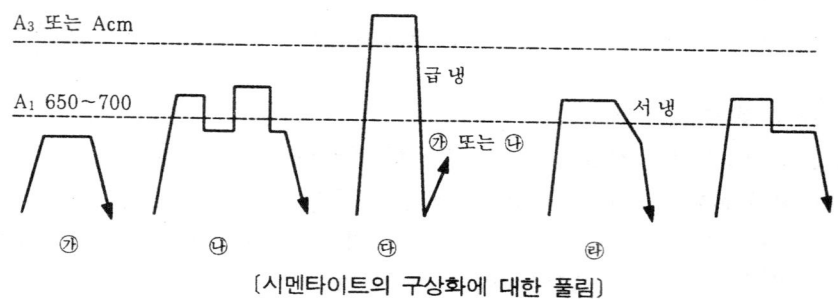

〔시멘타이트의 구상화에 대한 풀림〕

【4】 담금질(燒入, Quenching)
  (1) 담금질 온도

① 강을 Austenite 상태, 즉 $A_{3,2,1}$변태점보다 30~50℃ 정도 높은 온도로 가열 후 일정 시간 유지한 다음 급냉하는 열조작을 담금질이라 한다.
② 아공석강 : $A_{3,2,1}$변태점보다 30~50℃ 높게 가열 후 급냉.
③ 과공석강 : A_1변태점보다 30~50℃ 높게 가열 후 급냉.

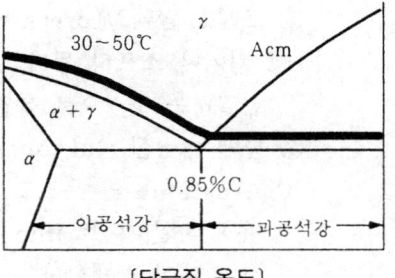
〔담금질 온도〕

④ 담금질의 목적 : 경도 증대(Martensite 조직을 얻기 위함)
⑤ 담금질 온도가 너무 낮으면 균일한 Austenite를 얻기 어렵다.
⑥ 담금질 온도가 너무 높으면 과열로 인한 재질의 변화로 담금질 효과가 적어진다.
⑦ 강의 담금질 온도를 Acm 이상 가열하면 조직은 결정립이 조대화된다.
⑧ 큰 재료는 냉각 속도가 느리므로 다소 높게 가열하여 수중(또는 油中)에 담금질한다.
⑨ 담금질 온도 유지 시간이 길어지면 결정립 조대나 탈탄, 산화가 많아진다.

(2) 담금질의 종류
　① **직접 담금질**(direct quenching)
　　㉮ 냉각제에 담금질할 재료를 담그어 냉각하는 방법으로 강에서 가장 널리 사용한다.
　　㉯ 단순하고 경제적이다.
　② **시간 담금질**(인상 담금질, 2단 담금질, time quenching)
　　㉮ 담금질 온도에서 냉각액 속에 담금질하여 일정 시간 유지 후 인상하여 서냉하는 열조작.
　　㉯ 담금질시 Ar′ 변태점에서 급냉하고 Ar″ 변태점에서 서냉한다.
　　㉰ 냉각 속도의 변화를 냉각 시간으로 제어하는 담금질을 시간 담금질이라 한다.
　　㉱ 제품 두께 3mm당 1초간 물 속에 넣었다가 꺼내어 유냉 또는 공냉한다.
　　㉲ 인상 담금질은 깨지지 않고 높은 경도를 얻고자할 때 효과적이다.
　　㉳ 변형, 균열 및 치수 변화를 최소화하기 위해 많이 사용한다.
　③ **선택 담금질**(selective quenching)
　　㉮ 제품의 일부분이 냉각제에 접촉되지 않기를 원할 때 사용한다.
　　㉯ 냉각제를 담금질 할 부분만 냉각제를 접촉시키고 나머지 부분은 보호막을 사용하여 단열시키는 방법이다.
　④ **분사 담금질**(spray quenching)
　　㉮ 담금질 경화 부분에 냉각액을 분사시켜 급냉하는 방법으로 균열이 없다.
　　㉯ 냉각제의 흐름이 약 820 kPa(120 psi)까지 고압으로 재료의 국부적인 영역에 집중한다.
　　㉰ 사용되는 냉각제의 부피가 크고 냉각제가 제품에 접촉하기 때문에 냉각 속도가 빠르고 균일하다.
　⑤ **안개 담금질**(fog quenching)
　　㉮ 작은 액체 방울의 안개 및 가스 캐리어(gas carrier)의 냉각제를 사용한다.
　　㉯ 분사 담금질과 유사하나 효과는 더 약하다.

⑥ 프레스 담금질(press quenching)
　㉮ 기어나 스프링 등의 담금질 변형이 우려되는 경우에 금형으로 프레스하여 유중 담금질하는 조작으로 톱날, 면도칼 같은 얇은 물건에 적용한다.
⑦ 슬랙 담금질(slak quenching)
　㉮ Austenite의 온도로 가열 및 유지 후 절삭유, 연삭유 등의 수용액에 담금질하여 미세 퍼얼라이트(fine Pearlite) 조직을 얻은 조작으로 200℃ 이하의 저온 구역에서 꺼내어 공냉한다.

(3) 담금질 기구
　※담금질 기구의 요소
　① 표면으로 열을 공급는데 영향을 미치는 재료의 내부 조건.
　② 열의 제거에 영향을 미치는 표면 및 다른 외적인 조건.
　③ 정상적인 유체 온도와 압력(표준 조건)에서 냉각제의 열추출 능력의 변화.
　④ 휘저음, 온도, 압력의 비표준 조건에 의해 발생한 유체의 열추출 능력의 변화.

(4) 담금질 액(냉각제)
　① 냉각액이 열처리할 때 열을 빼앗는 속도는 액체의 비열, 열전도도, 점성, 휘발분에 따르고 그 능력은 온도에 따라 다르다.
　② 냉각액으로는 보통 물이나 기름이 많이 사용된다. (소금물, 비눗물, 용융염도 사용된다.)
　③ 물은 30℃ 이상이 되면 냉각 효과의 변화가 크다.
　　㉮ 재료 표면에 산화막이 쉽게 제거될 수 있다.
　　㉯ 비철 금속, 오스테나이계 스테인레스강에 많이 사용한다.
　　㉰ 냉각 속도에 기인하여 변형이나 균열이 발생하기 쉬운 저온 영역까지 지속된다.
　　㉱ 증기막 단계를 연장시켜 균일치 않는 경도 및 응력 분포가 균일하지 못하다.
　④ 기름은 식물성이 좋고 120℃까지 상승하여도 열처리 효과의 변화가 적다. (60~80℃가 우수)
　　㉮ 기름은 식물성이 좋으나 산화에 의해 나빠지기 쉽다.
　　㉯ 광물성은 장시간 사용이 가능하나 냉각 속도가 느리다.
　⑤ 염욕은 질화욕, 중성욕, 등온 변태욕 등이 있다.
　　㉮ 염욕 중 가장 해로운 것은 NaCN이다.
　　㉯ 가열된 기름, 용해 금속, 용융염 등의 염욕에서 담금질하는 방법
　　　㉠ 200℃까지는 기름을, 250~400℃는 금속염을 사용한다.
　　㉰ 염이 증기막 단계의 기간을 효과적으로 감소시키기 때문에 냉각 속도가 증가한다.
　　㉱ 일반적인 염수의 장·단점
　　　㉠ 냉각 속도가 물보다 빠르며, 열처리품의 변형이 감소한다.
　　　㉡ 용액의 냉각을 위한 열교환기의 필요성이 물이나 기름에 비해 감소한다.
　　　㉢ 부식성이 있으므로 이를 방지하기 위한 처리가 필요하다.
　　　㉣ 부식성 연기가 발생하므로 후드가 필요하며 유지 비용이 물보다 비싸다.

⑥ 물보다 냉각능이 큰 것 : 소금물, NaOH용액, 황산.
⑦ 물보다 냉각능이 작은 것 : 기름, 비눗물.
⑧ 냉각제의 교반
 ㉮ 대체로 냉각 능력은 교반할수록 커진다.
 ㉯ 각종 냉각제의 냉각 방법과 급냉도

냉각제	분 수	식염수 (100%)	교반수	정 수	분 유	교반유	정지유	공 기
급냉도	8~10	2	2	1	4	0.4	0.3	0.02

⑨ 냉각제의 냉각 효과를 지배하는 인자
 ㉮ 액온 : 온도가 낮은 것이 좋다.
 ㉯ 기화열, 비열, 증발 잠열 : 큰 것이 좋다.
 ㉰ 점도 : 점도는 작은 것이 좋다.
 ㉱ 열전도도, 비등점, 증기 비열 : 높은 것이 좋다.
⑩ 냉각의 5대 원칙
 ㉮ 긴일감은 긴축을 액면에 수직으로 담그고 얇은 판상은 세워서 담금질할 것.
 ㉯ 두께가 고르지 않는 경우는 두꺼운 부분 먼저 담금질할 것.
 ㉰ 구멍이 막힌 곳, 오목한 곳은 이곳을 위로 향하게 할 것.
 ㉱ 냉각액 속에서 넣는 방향으로 교반할 것.
 ㉲ 냉각 속도 = 球 : 환봉 : 판재 = 4 : 3 : 2
⑪ 장소에 따른 냉각 속도 차이

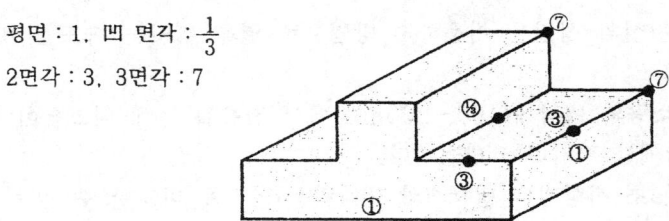

평면 : 1, 凹 면각 : $\frac{1}{3}$
2면각 : 3, 3면각 : 7

⑫ 냉각제의 온도
 ㉮ 냉각제의 온도는 열추출 능력에 영향을 미친다.
 ㉯ 물이 끓는점에 도달하면 냉각 능력을 잃어 버린다.
 ㉰ 기름은 온도가 증가할수록 기름의 점성이 감소된다.
⑬ 냉각제가 강으로부터 열을 빼앗는 과정

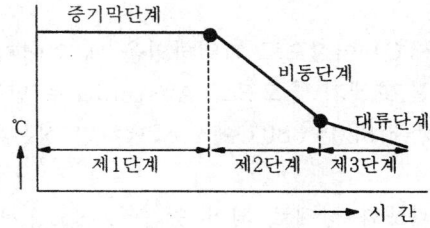

㉮ 제1단계 : 담금질 후 강 표면은 증기막으로 뒤덮혀 열의 전도가 적으므로 냉각이 느리다.
㉯ 제2단계 : 증기막이 파열되어 강 표면에서부터 차례로 기포가 발생하여 표면에서 떨어져 나가기 때문에 증기 숨은 열과 액의 대류에 의해 급속히 온도가 저하된다.
㉰ 제3단계 : 온도가 저하되면 기포의 발생도 끝나고 대류와 열전도도에 의해 냉각되므로 느리다.

(5) 냉각제의 시험 및 평가
① 경화능 시험(hardenability test)
㉮ 조미니 선단 담금질 시험(Jominy end quench test)
㉠ 강의 경화능 측정에 사용한다.
㉡ 경화능은 담금질 재료의 끝 부분(수냉단)에서 주어진 경도까지의 거리($\frac{1}{16}$ 인치)로 나타 낸다.
㉢ 시험편 : 지름 25mm, 길이 100mm를 원하는 경화 온도로 가열하여 한쪽 끝을 분수로 급냉.
㉯ 잠김 담금질 시험(immersion quench teat)
㉠ 교반의 중요성 때문에 냉각제의 경화능 평가는 시험편을 잠긴 담금질하여 수행한다.
㉡ 측정된 경도가 바로 담금질 능력을 나타낸다.

② 냉각능 시험
㉮ 냉각 곡선 시험 : 시험편의 여러 부분에 열전쌍을 꽂아 시험편을 담금질하여 온도를 측정.
㉯ 지상 시험 : 자성의 성질을 이용하는 방법으로 열을 빼앗는 속도를 비교하기 위한 시험.
㉰ 열선 시험 : 소량의 냉각제(100~200mL)에서 전류를 통해 니크롬이나 큐프론선을 가열하여 냉각제를 평가하는 방법이다.
㉱ 인터벌 시험(5초 시험법) : 냉각제의 냉각력을 빠르게 비교할 수 있는 방법.
※ 냉각제의 냉각력을 계산하는 식

$$냉각능(담금질 속도) : \frac{5초간 소입에 의한 액온 상승}{油中 온냉에 의한 액온 상승} \times 100 = \frac{A}{B} \times 100(\%)$$

∴ A : 5초 담금질한 봉에 대한 평균 기름 온도 증가.
B : 완전히 담금질한 시편에 대한 기름의 최대 온도 증가.

(6) 담금질 조직(quenching strwcture)
① Austenite
㉮ 강을 A_1 변태점(723℃) 이상으로 가열하였을 때 얻어지는 조직이다.
㉯ 특수강에서는 담금질 효과가 좋으므로 Austenite로 만든다.
㉰ 18-8 스테인레스강을 820~880℃에서 급냉하면 상온에서 나타나는 조직이다.
② Martensite
㉮ α-Fe에 탄소를 과포화 상태로 되어 있는 α-고용체로서 Ac_1점 이상 온도에서

수냉시 나타난 조직이다.
　　ⓒ 침상 조직으로 부식 저항이 크고 경도와 인장 강도가 크며 취약하다.
　　ⓓ 강자성체며 비중은 Austenite보다 적고 H_B는 600~700 정도이다.
　　ⓔ 열처리 조직 중 가장 경하고 취약하며 뜨임 처리 후 사용한다.
　　ⓕ Martensite 변태는 부피가 팽창한다.
　　ⓖ 탄소 함유량이 증가하면 Martensite의 경도는 증가한다.
　　ⓗ Martensite의 격자 상수 및 축비는 탄소 함유량에 따라 비례적으로 변한다.
　　ⓘ Martensite 변태는 응력을 영향을 받기 쉽다.
　③ Troostite
　　ⓐ Martensite보다 냉각 속도를 조금 늦게 하였을 때 나타나는 조직이다.
　　ⓑ 유냉, 온탕냉 때에 나타나며, 강음 유냉시 500℃에서 생기는 결정상 조직이다.
　　ⓒ Martensite 조직을 300~400℃에서 뜨임하였을 때 나타난다.
　　ⓓ 경도, 인장 강도는 Martensite보다 적으나 인성과 연성이 다소 있어 큰 경도와 약간의 충격을 요하는 부분에 사용한다.
　　ⓔ Ferrite와 극히 미세한 Cementite와의 기계적 혼합물이며 H_B 420이다.
　④ Sorbite
　　ⓐ Troostite보다 냉각 속도를 적게 하였을 때 나타난 조직이다.
　　ⓑ 근 강재는 유냉시, 작은 강재는 공냉시 나타난 조직이다.
　　ⓒ Martensite를 600℃에서 뜨임하였을 때 나타난다.
　　ⓓ 인성과 동시에 탄성을 요하는 부분에 사용한다.
　　ⓔ H_B 270이며 미세한 입상탄화물의 조직이고 가공 경화가 가장 적은 조직이다.
　　ⓕ Sorbite 조직을 얻기 위한 열처리는 파텐팅, 오스템퍼링, 조질 처리가 있다.
　⑤ 조직에 의한 팽창 순서 : Martensite>Fine Pearlite>nedium Pearlite>rough Pearlite>Austenite

[5] 뜨임(Tempering)

(1) 뜨임 온도

① 담금질한 강의 경도를 약간 낮추고 인성을 증가시키기 위하여 적당한 온도(A_1변태점 이하)로 재가열하여 서냉하는 열 조작이다.
② 뜨임시 주의할 온도 : 300℃
③ 강인성 요구시의 뜨임 온도 : 400~500℃
④ 고탄소강 뜨임 온도 : 200℃ 내외(변태 응력 제거)
⑤ 구조용강 뜨임 온도 : 500~600℃(탄성과 인성 부여)

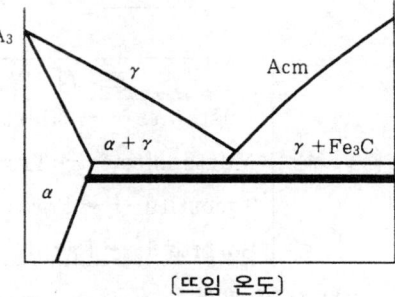

〔뜨임 온도〕

⑥ 뜨임 온도가 높을수록 인장 강도, 항복 강도 및 경도는 감소하고, 연신율, 단면 수축율은 증가한다.
⑦ 뜨임 처리한 강의 미세 조직 및 기계적 성질에 영향을 미치는 인자 : 온도, 시간, 냉각 속도, 조성(탄소량, 합금량, 잔류 원소 등)

⑧ 뜨임 처리한 강의 성질 형성 : 탄화물의 크기, 형태, 조성 및 분포에 의해 주로 결정된다.
※ 탄화물 형성 원소(Cr, Mo, V, W)를 포함한 강은 2차 경화를 일으킨다.
⑨ 뜨임에서 온도와 시간은 독립적인 변수이다.(175~700℃의 범위에서 30분~4시간 행한다.)

(2) 뜨임의 목적
① 담금질한 강의 강인성 부여.
② 저온 뜨임(200~300℃)
  ㉮ 내부 응력 제거, 치수 갱년 변화 방지, 연마 균열 방지 및 내마모성 향상.
  ㉯ 경도 증대, 200~300℃에서 뜨임하면 Martensite 조직을 얻음
③ 고온 뜨임(400~650℃)
  ㉮ 400~650℃에서 뜨임하면 Troostite 또는 Sorbite 조직을 얻음.
  ㉯ 조질 목적, 강인성을 얻음.

(3) 뜨임에 의한 조직 변화
① 뜨임 온도가 증가할수록 상온 경도와 강도는 감소하고 연성은 증가한다.
② 탄화물 형성에 필요한 탄소와 합금 원소와의 확산은 온도와 시간에 의존한다.
③ 상온 경도의 급격한 변화는 뜨임 시작 후 10초 안에 발생한다.
④ 뜨임 온도에서 냉각 속도에 영향을 받는다.

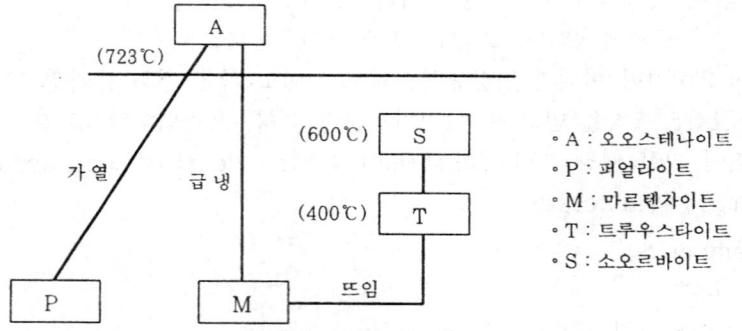

조 직 명	온도 범위(℃)
Austenite → Martensite	100~200
Martensite → Troostite	200~400
Troostite → Sorbite	400~600
Sorbite → Parlite	600~700

(4) 뜨임 과정
① 일반적인 뜨임 : 열처리 부품의 전체를 뜨임하는 것.
  ㉮ 대류로, 용융 염욕, 뜨거운 기름 및 용융 금속욕에서 행한다.
  ㉯ 노의 형태의 선택 : 원하는 온도 및 재료의 수와 크기에 의존한다.
② 선택적 뜨임 : 선택적 영역의 기계 가공성, 연성 및 담금질 균열에 대한 저항성을

개선시키기 위한 뜨임이다.
　㉮ 인접한 영역에 다른 경도가 필요한 재료에 적용된다.
③ 다중 뜨임 : 불규칙한 형상의 탄소강 및 합금강에서 담금질 응력을 완화시켜 변형을 줄이고, 부품의 잔류 Austenite를 제거하기 위해서 사용한다.
　㉮ 치수 안정성을 개선할 때 경도를 감소시키지 않고 항복 강도 및 충격 강도를 향상시키기 위해 행한다.

(5) 뜨임 메짐(temper brittleness)
① 뜨임은 연화와 인성을 얻기 위한 처리이나 충격치는 때에 따라서 연화에 비례하지 않고 떨어지는 경우가 있다. 이것을 뜨임 취성이라 한다.
　㉮ 뜨임 취성에 가장 주의해야 할 온도 : 300℃
　㉯ 뜨임 저항성은 강인화를 방해한다.
　㉰ 뜨임 메짐의 원인 : Cr, Mn 과 함께 안티몬, 비소, 인과 같은 합금 원소를 포함하는 화합물의 석출과 관계가 있다.
　㉱ 뜨임 취성의 방지 : 뜨임 온도에서 물(또는 油)에 급냉하며, Mo, V, W을 첨가한다.
② 저온 뜨임 취성(250~300℃)
　㉮ 250~300℃에서 뜨임하면 충격값이 최소가 된다.
　㉯ 0.2~0.4%C의 구조용 강에서 많이 나타난다.
③ 뜨임 시효 취성(제1차 뜨임 취성, 450~525℃)
　㉮ 500℃ 부근에서 뜨임하면 뜨임시간이 길어짐에 따라 충격값이 저하된다.
　㉯ 입계 경계에 탄화물, 인화물, 질화물이 석출하기 때문이다.
　㉰ 구조용강은 이 온도에서 뜨임을 피하고 Mo를 첨가하여 방지한다.
④ 고온 뜨임 취성(제2차 뜨임 취성, 뜨임 서냉 취성, 535~600℃)
　㉮ 535~600℃에서 가열 후 공냉시키면 취약해진다.
　㉯ 서냉에 의한 탄화물의 석출 때문에 생기며 Mo를 첨가해서 방지한다.

[6] 강의 마아템퍼링(Martempering)

(1) 균열, 변형 및 잔류 응력을 감소시킬 목적으로 하는 고온의 담금질 과정이다.
(2) 강과 주철의 마아템퍼링 순서
① Austenite화 온도로부터 뜨거운 유체(뜨거운 기름, 용융염, 용융 금속 등)로 Martensite 변태 개시 온도(Ms점) 이상의 온도로 담금질하여
② 강 전체의 온도가 균일해질 때까지 냉각제에서 유지하고
③ 재료의 내외부 큰 온도 차이를 방지하기 위해 적당한 속도로 냉각(공냉)한다.
(3) 마아템퍼링의 특징
① 마아템퍼링 후 미세 조직은 Martensite 조직이다.
② 재료를 일정한 온도로 담금질하여 상온으로 공냉할 때 표면과 중심 사이에 열적인 구배가 감소하는 장점이 있다.
③ 마아템퍼링하는 동안 발달하는 잔류 응력은 기존의 담금질하는 동안 발달한 것보다 작다.
④ 균열에 대한 민감성을 감소시키거나 제거한다.

⑤ 변형 및 잔류 응력을 최소로 하고 균열을 제거하기 위해 사용한다.
(4) 마아템퍼링을 위한 강의 적합성
　① 합금강이 탄소강보다 마아템퍼링에 적합하다. (유냉화된 강은 마아템퍼링을 할 수 있다.)
　② 마아템퍼링은 강의 변태 특성(TTT 곡선)에 의존한다.
　　㉮ Martensite가 형성되는 온도 범위가 특히 중요하다.
　　　㉠ 탄소량이 증가할수록 Martensite 변태 온도 범위는 넓어지고 변태 개시 온도는 낮아진다.
　　　㉡ 3원계 합금의 Martensite 변태 온도 범위는 탄소량이 유사한 1원계 및 2원계 합금보다 일반적으로 더 낮아진다.
　③ 강의 마아템퍼링을 수행하기 위해서는 급랭시 Pearlite 변태를 일으키지 않도록 TTT 곡선의 코를 오른쪽으로 이동시키기에 충분한 탄소 및 합금 원소를 첨가해야 한다.
　④ S 곡선의 코가 왼쪽으로 치우칠 때는 경화능이 작고 오른쪽에 있을 때는 경화능이 크다.
(5) 처리 변수의 조절
　① 마아템퍼링에서 처리되어야 하는 처리 변수
　　㉮ Austenite화 온도 및 마아템퍼링욕의 온도.
　　㉯ 욕에서의 유지시간, 욕의 오연 여부, 교반 정도 및 냉각 속도.
　② Austenite화 온도
　　㉮ Austenite 결정립 크기, 균질화 정도 및 탄화물의 용해량을 조절한다.
　　㉯ Ms 온도에 영향을 끼친다.
　　　※ STB 2(베어링강)의 경우 Austenite화 온도를 높이면 Ms 온도를 낮추고 결정립 크기를 증가한다.
　　㉰ 치수 변화를 최소로 하기 위해서는 가장 낮은 Austenite화 온도를 사용한다.
　③ 염의 오염
　　㉮ 두 종류의 염이 조화를 이루지 못하거나 혼합될 때 폭발이 발생할 수 있다.
　　㉯ 염을 사용하기 위한 과정
　　　㉠ 침탄욕으로부터 공냉, 수세, 염소욕에서 Austenite화 온도로 재가열한 뒤 마아템퍼링한다.
　　　㉡ 시안을 포함하는 욕에서 Austenite화 온도로 유지된 중성의 염소욕으로 담금질하여 마아템퍼링한다.
　④ 마아템퍼링 욕의 온도
　　㉮ 재료의 조성, Austenite화 온도 및 원하는 결과 등에 의존하여 크게 변한다.
　　㉯ 유냉시에는 95℃, 염에서 담금질시는 175℃에서 시작하여 경도와 변형 사이에 최상의 조화를 얻을 때까지 온도를 증가시킨다.
　⑤ 마아템퍼링 욕에서의 유지시간
　　㉮ 단면의 두께, 냉각제의 종류, 온도 및 교반 정도에 의존한다.

㉯ 과잉의 유지는 Martensite 이외의 변태 생기게 하여 최종 경도를 감소시킨다.
㉰ 기름욕에서 온도를 균일하게 하기 위한 마아템퍼링시간은 염욕에 필요한시간의 약 4~5배이다.
㉱ 염에서 필요한 유지시간은 0.5~2 %의 물을 첨가함으로써 크게 감소될 수 있다.
⑥ 교반
㉮ 염이나 기름의 교반은 교반치 않을 때에 비해 단면 두께에 대해 경도를 증가시킨다.
㉯ 격렬한 교반에 의한 급랭은 변형을 증가시킨다.
㉰ 경도를 감소시키지 않고 변형을 최소로 하기 위해서는 어느 정도의 교반과 물 첨가를 조합한다.
⑦ 욕으로부터의 냉각
㉮ 냉각은 강의 표면과 내부의 온도차가 생기는 것을 피하기 위해 조용한 공기 중에서 한다.
㉯ 냉각시간은 장입물의 질량, 밀도, 부품의 최대 단면 두께 및 주위의 온도에 따라 변한다.

【7】 강의 오스템퍼링(Austempering)

(1) 오스템퍼링은 Pearlite 형성 온도보다는 낮고 Martensite 형성 온도보다는 높은 온도에서 행하는 철계 합금의 항온 변태이다.
① 확실한 오스템퍼링을 위해서는 금속이 Austenite화 온도에서 오스템퍼링욕으로 충분히 빠르게 냉각되게 하여 냉각하는 동안 Austenite 변태가 일어나지 않아야 한다.
② 욕에서 Austenite를 Bainite로 완전히 변태시키려면 충분한시간 동안 유지해야 한다.

(2) 강의 오스템퍼링 처리의 순서
① Austenite화 온도로 가열(약 790~870℃)
② 약 260~400℃ 온도 범위의 일정한 온도로 유지된 욕으로 급랭.
③ 이 욕에서 항온 변태시켜서 Bainite로 변태.
④ 조용한 대기 중에서 상온으로 냉각하는 과정.

(3) 오스템퍼링의 장점
① 주어진 경도에서 연성 및 노치 인성이 증가한다.
② 변형이 감소하여 가공시간 및 가격을 감소시킨다.
③ H_{RC} 35~55의 경도 범위 내로 경화시키기 위한 전체 처리시간이 짧아져서 에너지 및 자본 절감 효과 등이 있다.

(4) 오스템퍼링용 냉각제
① 용융염의 일반적인 특징
㉮ 열을 급속히 전달하며, 광범위한 온도에서 점성이 균일하고 오스템퍼링에서 점성이 작다.
㉯ 담금질 초기의 단계에서 증기상의 문제를 실질적으로 제거한다.
㉰ 작업 온도에서 안정하고 물에 완전히 용해되어 나중에 세척이 쉽다.
㉱ 염은 회수한 물에서 쉽게 회수되어 배수구로 배출되지 않는다.

② 염에 물 첨가
  ㉮ 질산염욕의 담금질 능력은 물을 첨가함으로써 크게 증가할 수 있다.
  ㉯ 물을 균일하게 분산시키기 위해서는 염의 교반이 필요하다.
  ㉰ 기름은 화학적으로 안정하고 오스템퍼링 온도에서 점성이 변하기 때문에 사용하지 않는다.
(5) 오스템퍼링용 강
  ① 오스템퍼링을 하기 위한 강의 선택(TTT 곡선에서 나타난 특성의 3가지 고려 사항)
    ㉮ TTT 곡선의 코의 위치와 코를 통과하는 데 필요한 시간.
    ㉯ 오스템퍼링 온도에서 Austenite가 완전히 Bainite로 변태하는 데 필요한 시간.
    ㉰ Ms 점의 위치
  ② 오스템퍼링에 적합한 강
    ㉮ 0.5~1.0 %의 탄소와 최소 0.6 % Mn을 포함한 탄소강.
    ㉯ 0.9 % 이상의 탄소, 0.6 % 이하의 Mn을 포함한 고탄소강.
    ㉰ 탄소량이 0.5 % 이하거나 Mn양이 1~1.65 %인 일부 탄소강.
    ㉱ 0.3 % 이상의 탄소를 포함한 일부 저합금강.
(6) 단면 두께 제한
  ① 최대 단면 두께는 오스템퍼링의 성공 여부를 결정하는데 중요하다.
  ② 0.8 %c강에서는 약 5mm의 단면이 완전한 Bainite로 오스템퍼링할 수 있는 최대 두께다.
  ③ 탄소량이 더 낮은 탄소강은 더 얇은 두께로 제한된다.
  ④ 붕소를 함유한 저탄소강은 단면이 두꺼워도 오스템퍼링될 수 있다.
  ⑤ 일부 합금강에서는 약 25mm의 단면 두께까지 완전한 Bainite로 오스템퍼링할 수 있다.
  ⑥ 미세 조직에 약간의 Pearlite를 허용할 수 있을 때에는 두께 5mm 이상의 탄소강에도 오스템퍼링이 가능하다.
(7) 용도(기존의 담금질과 뜨임에 대체되어 사용되는 이유)
  ① 향상된 기계적 성질을 얻기 위하여(주어진 높은 경도에서 더 높은 연성 및 충격 인성)
  ② 균열 및 변형의 가능성을 감소시키기 위해서.
  ③ 오스템퍼링의 적용 범위
    ㉮ 지름이 작은 봉, 단면적이 작은 강판으로 제조된 부품.
    ㉯ HRC 50 정도의 경도를 가지고 예외적인 인성을 요구하는 얇은 단면의 탄소강 부품
(8) 처리 변수의 조절
  ① 오스템퍼링 욕의 온도 조절
    ㉮ 욕의 온도는 열처리하는 부품에서 얻을 수 있는 경도 및 다른 성질을 결정한다.
    ㉯ 질산염욕은 455℃를 초과하는 온도에서 용기 및 강재 부품의 pitting 부식을 일으킨다.
    ㉰ 질산염욕에서 595℃ 이상의 국부적인 온도는 염의 격렬한 반응을 일으킨다.
    ㉱ ±6℃의 욕온 변화는 허용할 수 있다.

② 욕에서의 유지시간 : 완전한 변태가 일어날 수 있는 정도로 충분하며 이상이면 기계적 성질을 해친다.
③ 욕의 교반 : 오스템퍼링시 담금질 속도에 영향을 끼치는 변수이다.

2 구조용 합금강의 열처리

【1】 개요
(1) 기계 구조용강의 담금질
   ① SMn계나 SCr계의 일부를 제외하고는 유냉이 원칙이다.
   ② 충분한 교반이 필요하고 기름의 온도는 60~80℃ 정도로 유지하는 것이 좋다.
(2) 기계 구조용강의 뜨임
   ① 원칙적으로 550~650℃의 고온 뜨임(즉 조질 처리가 행해지고 있다.)
   ② SCr 계와 같이 뜨임 연화 저항성이 작은 강종은 약간 낮은 온도에서 뜨임한다.
   ③ 침탄용강은 150~200℃의 저온 뜨임을 행한다.
   ④ 수냉하면 변형과 녹 문제를 수반하므로 피해야 한다.
   ⑤ 저온 뜨임과 고온 뜨임의 중간에서는 뜨임 메짐이 일어나기 쉬우므로 피한다.

【2】 Cr강의 열처리
(1) 830~880℃에서 유냉하고, 550~650℃에서 뜨임한 후 뜨임 메짐을 방지하기 위해 수냉한다.

【3】 Cr-Mo강의 열처리
(1) 830~880℃에서 유냉하고, 550~650℃에서 뜨임한다.
(2) SCM 420의 열처리
   ① 불림 : 870~925℃로 가열하여 단면 두께에 따라 적당시간 유지 후 공냉한다.
   ② 풀림 : 830~880℃로 가열하여 단면 두께나 장입량에 따라 적당시간 유지 후 노냉한다.
   ③ 담금질 : 845~870℃로 가열하여 유지 후 수냉 또는 860~885℃로 가열 후 유냉한다.
   ④ 뜨임 : 200~700℃에서 최소 30분 유지 후 공냉 또는 수냉한다.
   ⑤ 구상화 : 760~900℃로 가열 후 4~12시간 유지 후 서냉한다.

【4】 Ni-Cr강
(1) 820~880℃ 범위에서 유냉하고, 550~650℃ 범위에서 뜨임한다.
(2) 뜨임 후에 수냉한 것이 뜨임 메짐을 방지할 수 있다.

【5】 Ni-Cr-Mo강
(1) 820~870℃ 범위에서 유냉하고, 550~680℃ 범위에서 뜨임한 후 수냉한다.
(2) SNCM 8강의 열처리
   ① 노멀라이징 : 845~900℃로 가열하여 단면 두께에 따라 적당시간 유지 후 공냉한다.
   ② 풀림 : 830~845℃로 가열하여 단면 두께나 장입량에 따라 적당시간 유지 후 노냉한다.
   ③ 담금질 : 800~845℃로 가열하여 두께 25mm당 15분 유지 후 65℃ 이하로 유냉

또는 200℃ 정도의 용융염에 담금질하고 10분유지 후 65℃ 이하로 공냉한다.
④ 뜨임 : 200~650℃에서 최소 30분유지 후 공냉한다.
⑤ 구상화 : 730~750℃로 가열하고 수시간 유지 후 상온으로 노냉한다.
⑥ 응력 제거 : 성형 가공이나 기계 가공 후 560~675℃에서 응력 제거 열처리를 한다.

3 마레이징강(maraging steel)의 열처리

[1] 특징
(1) maraging steel은 탄소를 거의 함유하지 않으므로 통상적인 담금질에 의해 경화하지 않는다.
(2) 탄소량이 매우 적은 Martensite 기지를 시효 처리하여 생긴 금속간 화합물의 석출에 의해 경화된다.
(3) maraging steel은 시효 경화하기 전에 상온까지 필히 냉각되어야 한다.
(4) 이 강의 탄소량은 극히 적기 때문에 형성된 Martensite는 비교적 연성이 크며 재가열해도 뜨임 반응이 일어나지 않는다.

[2] 열처리 방법
(1) 용체화 처리 및 시효 처리에 의해 강화시킨다.(담금질 및 뜨임은 하지 않는다.)
(2) 기본적인 처리 방법
① 850℃에서 1시간 유지 후 용체화 처리한 후 공냉 또는 수냉한다.
② 480℃에서 3시간 시효 처리한다.

4 공구강의 열처리

[1] 공구강의 구비 조건
(1) 상온 및 고온에서 경도가 클 것.
(2) 내마멸성, 인성, 압축 강도, 내산화성 및 내식성이 클 것.
(3) 가열에 의한 경도의 변화가 적고, 열처리가 용이하고 열처리에 의한 변형이 적을 것.
(4) 기계 가공성이 양호할 것.
(5) 열균열(heat checking)이 발생하지 않을 것.

[2] 탄소 공구강(STC 1~7)
(1) 풀림
① 구상화 풀림
㉮ 담금질 전에 탄화물(Cementite)을 충분히 구상화하기 위한 풀림으로 공구강의 담금질 전 처리로 꼭 필요하다.
㉯ 구상화 풀림의 5가지 방법
㉠ Ac_1점 아래의 온도(650~700℃)에서 장시간 가열 유지 후 냉각한다.
※ 냉간 가공재와 소입 상태의 재료에 적용되며, 거칠고 큰 망상 Cementite는 구상화 안됨
㉡ A_1점 위, 아래의 온도(±20~30℃)를 반복하여 가열 냉각하는 방법.

※ A_1점 이상의 가열은 망상 Cementite를 절단하기 위함이고, A_1점 이하로의 가열하는 것은 구상화시키기 위함이다.(작은 공구강의 Cementite를 급속히 구상화하는데 이용한다.)

ⓒ Ac_3점 또는 Acm 이상으로 가열하여 Cementite를 Austenite 속으로 완전히 고용한 후 급냉해서 망상 Cementite의 석출을 방해하고 재가열하여 ㉠, ㉡의 방법으로 구상화한다.

ⓔ Ac_1점 이상 Acm 이하의 온도로 1~2시간 가열 후 Ar_1점 이하까지 서냉하는 방법
※ 이 방법은 Pearlite와 망상 Cementite를 갖는 강에 적용된다.

ⓜ Ac_1점 이상 Acm 이하의 온도로 가열한 후 Ar_1점 이하의 온도(nose부 부근)로 유지하여 변태가 끝난 후 냉각하는 방법이다.

② 완전 풀림
㉮ Ac_3점(아공석강) 또는 Ac_1점(과공석강) 이상 약 30~50℃의 온도로 가열 후 노냉한다.
㉯ 연화 목적으로 하고 기계적 성질을 개선한다.

③ 연화 풀림
㉮ 재료를 연하게 하여 가공하기 쉽도록 하는 것이다.
㉯ Ac_1점 이상 또는 이하의 적당한 온도로 가열한 후 냉각하는 조작이다.
㉰ 보통은 650~750℃에서 1~3시간 가열해서 공냉 또는 수냉한다.

④ 항온 풀림
㉮ S 곡선의 코 또는 이보다 약간 높은 온도(600~560℃)에서 항온 처리하여 신속히 연화 풀림의 목적을 달성하는 조작이다.(단시간에 완전 풀림의 목적이 달성된다.)

⑤ 응력 제거 풀림
㉮ 재료의 내부 응력을 제거하기 위하여 Ac_1점 이하의 온도로 가열 유지 후 냉각하는 조작.
㉯ 기계 가공, 용접 등에 의한 잔류 응력을 제거함으로써 변형 발생의 원인을 제거한다.
㉰ 내부 응력은 450℃의 가열에 의해 소멸되기 시작하므로 500~700℃가 적정 온도다.

(2) 노멀라이징
① Ac_3점 또는 Acm 이상의 Austenite 온도 범위로 가열한 후 공냉하는 열조작이다.
② 단조재의 조대한 결정립 조직을 미세하게 하므로 담금질의 전처리로서 행한다.
※ 균일하고 미세한 조직을 형성함으로 담금질에 의한 변형과 균열의 발생을 방지할 수 있다.
③ Ac_3점 또는 Acm 이상 30~50℃로 가열 후 공냉한다.

(3) 담금질
① 열처리 방법
㉮ 탄소 공구강은 경화능이 나쁘므로 수냉으로 경화시킨다.
㉯ Austenite화 온도는 760~820℃의 범위로 한다.
※ 온도가 너무 높으면 잔류 Austenite량이 증가되어 담금질 경도 저하되고 또한

㉰ 담금질용 물의 온도 : 20~30℃, 기름의 온도 : 50~60℃를 표준으로 한다.
㉱ 담금질 온도는 Ar'점(임계 구역)까지의 온도 범위에서 급냉한다.
② 담금질 경도
㉮ 담금질 온도가 높아짐에 따라 경도는 저하된다.
㉯ 유냉시는 수냉시보다 경도가 낮아진다.
㉰ 공냉의 경우는 경화가 거의 일어나지 않는다.
(4) 뜨임
① 탄소 공구강의 뜨임 온도 : 150~200℃에서 25mm당 1시간 유지해서 공냉한다.
② 뜨임의 중요한 목적은 인성을 향상시키기 위해서이며 담금질 생기는 내부 응력을 제거하기 위해서이다.

【3】 합금 공구강

(1) 수냉 경화성 합금 공구강
① 풀림 : 분위기로에서 행한다.(보호 용기에 의해 상자 풀림을 행하면 탈탄 방지를 한다.)
㉮ 소재의 크기와 탄소 함유량에 따른 풀림 공정의 3가지
㉠ 불림 후 풀림 : 1.10%C 이하, 크기가 50mm이상이거나 1.10%C 이상, 크기 50mm 이하일 때
㉡ 유냉 후 풀림 : 1.10%C 이상이고 크기가 50mm 이상일 때.
㉢ 풀림 : 1.10%C 이하이고, 크기가 50mm 이하일 때.
㉯ 유지시간 : 최대 두께 25mm당 최소 45분간 유지.
② 담금질 : 균일하게 서열 후 Austenite화 온도에서 최대 두께 25mm당 최소 30분 유지한다.
㉮ 냉각은 수냉을 행하나 염수 냉각할 경우 열처리 효과가 확실하고 균일한 경도를 보장함.
㉯ 치수가 적고 높은 경도가 주요 목적이 아닐 경우는 유냉해도 좋다.
㉰ 적정 경화 온도에서 충분한시간 균일하게 가열된 부품은 온도가 60~90℃까지 냉각시킴.
③ 뜨임 : 보통 150~340℃에서 뜨임한다.
㉮ 적정 뜨임 온도까지 천천히 가열하여 그 온도에서 최대 두께 25mm당 최소 1시간 유지.

(2) 내충격용 합금 공구강
① 풀림 : STS 41 강은 780~810℃로 가열해 최대 두께 25mm당 최소 1시간 유지 후 650℃ 이하로시간당 최대 30℃의 속도로 냉각시키고 공냉한다.
② 담금질 : STS 41 강은 790℃에서 예열하고 930~980℃로 가열해 유냉한다.
③ 뜨임 : 지름 20mm의 STS 41 강은 950℃에서 유냉 후 여러 온도(150~370℃)에서 뜨임한다.

(3) 냉간 가공용 공구강

① 유냉 경화형 공구강

강종	풀림 온도(℃)	담금질 온도(℃)	뜨임 온도(℃)	불림 온도(℃)
STS 1	760~820	830~880	150~200	규정된 불림 온도보다 30~50℃ 높은 온도를 선택한다.
STS 2	750~800			
STS 3		800~850		
STS 5			400~500	
STS 6		830~880	150~200	

② 공냉 경화형 공구강(STD 12)
 ㉮ 풀림 온도 : 830~880℃
  ※ 충분한 연화를 위한 과정
   ㉠ 900℃로 천천히 가열하고 이 온도에서 최대 두께 25mm당 약 2시간 동안 유지한다.
   ㉡ 620℃까지 시간당 10℃의 냉각 속도로 노냉시킨다.
   ㉢ 730℃로 재가열하고 이 온도에서 최대 두께 25mm당 약 3시간 동안 유지한다.
   ㉣ 590℃까지 시간당 10℃의 냉각 속도로 노냉시킨다.
   ㉤ 그 후 480℃까지 노냉시키고 480℃에서 꺼내어 공냉시킨다.
 ㉯ 담금질 온도 : 950~980℃로 가열 후 최대 두께 25mm당 약 1시간 동안 유지한다.
 ㉰ 뜨임 온도 : 170~200℃에서 최소 두께 25mm당 1시간 유지한다.

(4) 열간 가공용 공구강
 ① 열간 가공용 공구강 성질의 구비 조건
  ㉮ 고온 작업 온도에서의 강도, 경도 및 내마모성이 클 것.
  ㉯ 상온 및 작업 온도에서의 인성이 클 것.
  ㉰ 내열 균열성이 크고 경화능이 좋고 열처리가 용이할 것.
  ㉱ 열처리 변형이 적고, 피삭성 양호 및 방향성이 적고 균질할 것.
 ② 열간 가공용 공구강의 뜨임 상태(온도와 시간을 포함한 파라미터에 의한 표시법)
  ㉮ $P = T(20 + \log t) \times 10^{-3}$
   ※ P : 뜨임 파라미터, T : 뜨임 온도(절대 온도), t : 유지시간.
 ③ 열간 가공용 공구강의 열처리 조건

기 호	풀림 온도(℃)	담금질 온도(℃)	뜨임 온도(℃)
STD 4	800~850	1050~1100 유냉	600~650 공냉
STD 5			
STD 6	820~870	1000~1050 공냉	550~650 공냉
STD 61			
STD 62			
STD 7			
STD 8		1070~1170 유냉	600~700 공냉
STF 3	760~810	820~880 유냉	―
STF 4	740~800		

【4】 고속도강(High Speed Steel)
 (1) W계 고속도강의 열처리

① 풀림
  ㉮ 단조한 후 내부 변형을 제거하고 조직을 균질화시키기 위해서 풀림 처리를 한다.
  ㉯ 고속도강의 풀림 목적은 조직의 균질화와 연화이다.
  ㉰ 고속도강은 열전도율이 나쁘고, 또한 자경성이 크기 때문에 풀림 온도, 풀림시간 및 냉각 속도 등에 주의해야 한다.
  ㉱ 완전 풀림
   ㉠ 고속도강의 변태점 이상으로 가열한다. (870~900℃가 적정 온도로 유지시간 1시간 정도)
   ㉡ 고속도강은 자경성이 강하므로 풀림시 냉각 속도는 극히 서냉한다.
    ※ 약 550℃(화색이 없어지는 온도)까지는 0~22℃/h의 속도로 냉각하고 그 이후에 공냉.
   ㉢ 산화 및 탈탄을 방지하기 위해 상자 풀림 또는 진공로, 유동상로를 이용해 풀림 처리함.
  ㉲ 항온 풀림
   ㉠ 풀림 처리시간을 단축하기 위한 풀림이다.
   ㉡ 900℃로 가열 후 약 750℃에서 30분 정도 유지 후 항온 변태 완료시키고 공냉한다.
  ㉳ 응력 제거 풀림
   ㉠ A_1 변태점(≒850℃) 이하의 온도로 가열한다.
   ㉡ 처리 방법 : 650~700℃에서 1시간 처리한다.
② 담금질
  ㉮ 예열
   ㉠ 고속도강은 가열시 가열 불균일에 의해 변형이나 균열 발생의 방지를 위해 예열한다.
   ㉡ 1단 예열 : 변태점 직하(815~870℃)의 온도 범위로 선택한다.(변형 방지 목적)
   ㉢ 2단 예열 : 2단 예열시 행하는 1차 예열 온도는 강이 탄성체에서 소성체로 변하는 온도(540~650℃)의 온도 범위가 좋고, 2차 예열 온도는 900℃ 정도에서 행한다.
  ㉯ 담금질 온도(Austenite화 온도)
   ㉠ 담금질 온도는 1250~1300℃이다. (고속도강의 가장 바람직한 담금질 온도 : 1300~1350℃)
   ㉡ 담금질 온도가 상승할수록 Austenite 중에 고용한 탄화물 양이 증가하므로 Austenite가 안정화되고, 담금질한 후에도 잔류 Austenite가 많아지게 된다.
   ㉢ 담금질 경도는 1200℃에서 담금질할 때 제일 높다.
  ㉰ 유지시간
   ㉠ 담금질 온도가 동일해도 유지시간이 달라지면 담금질 경도가 변화된다.
   ㉡ 유지시간은 담금질 온도에 도달한 후부터의 시간이다.
   ㉢ 담금질 온도에 도달한 후 1.5~2분이 최적이다.

④ 냉각 방법
  ㉠ 고속도강의 담금질은 Ar′ 변태를 억제하고 Ar″ 변태만을 100% 일으키는 것이 필요하다.
  ㉡ 고속도강의 담금질 냉각은 보통 60~80℃의 기름에서 한다.
  ㉢ 염욕 담금질(450~550℃)은 변형이나 균열 발생을 방지할 수 있는 방법이다.
  ㉣ 고속도강의 위험 구역 : 150~300℃(Austenite → Martensite의 팽창 때문이다.)
  ㉤ 2차 담금질 : 1회로 담금질 경도가 충분치 못할 때 풀림하여 실시한다.
③ 뜨임
  ㉮ 2차 경화(secondary hardening, 뜨임 경화, temper hardening) : 담금질 처리된 고속도강을 500~600℃에서 뜨임하면 현저하게 경화되어 성능이 좋아진다.
  ㉯ 고속도강의 뜨임은 2~3회 반복하는 것이 일반적이다.
    ㉠ 1차 뜨임 : 잔류 Austenite를 Martensite로 변태시키기 위함이다.
    ㉡ 2차 뜨임 : 1차 뜨임에서 변태된 Martensite를 뜨임하기 위함이다.
    ㉢ 고속도강의 뜨임시 나타나는 2차 경화는 잔류 Austenite의 Martensite화2차 Ar″)에 기인하므로 1차 뜨임을 2차 담금질이라 하고 2차 뜨임이 실제적인 뜨임이다.
  ㉰ 뜨임 시간 : 대략 30분 정도가 좋다.
    ※ 고속도강의 뜨임 파라미터(뜨임에 따른 경도 변화를 나타내는 식)
        P=T(20+logt) ∴ P : 뜨임 파라미터, T : 뜨임 온도(°K), t : 뜨임 시간(h)
  ㉱ 가열 및 냉각 방법
    ㉠ 뜨임 가열 속도는 천천히 하는 것이 좋다.
      ※ 급열하면 100~150℃에서의 수축에 의해 표면 균열을 일으킨다. (표면 수축, 내부 팽창)
    ㉡ 550~600℃에서 뜨임하면 냉각 도중에 250℃ 부근에서 팽창을 일으킨다.
    ㉢ 뜨임 온도로부터 냉각은 서냉하고 250~350℃ 부근에서부터는 더욱 느리게 한다.
      ※ 급냉하면 담금질 효과를 나타내므로 담금질 균열을 일으킨다. (수냉보다는 공냉이 좋다.)

(2) Mo계 고속도강의 열처리
  ① 풀림
    ㉮ 풀림 온도 : 870~900℃
    ㉯ 유지 시간 : 1시간
    ㉰ 냉각 속도 : 22℃/h(화색이 없어지는 온도(약 550℃)까지는 서냉하고 그 이하로는 공냉)
    ㉱ 응력 제거 풀림 온도 : 600~700℃
  ② 담금질
    ㉮ 예열 온도 : 730~845℃(2단 예열의 경우는 1차 예열 : 550~600℃, 2차 예열 : 850~900℃)
    ㉯ 담금질 온도 : 1200~1230℃
      ㉠ 경도를 중요시하는 경우 : 담금질 온도를 8~17℃ 정도 높인다.

ⓒ 인성을 중요시하는 경우 : 담금질 온도를 55~110℃ 정도(1150~1170℃) 낮춘다.
ⓒ 담금질 온도가 1175℃ 이하면 경화가 불충분하고 1230℃ 이상이면 경도가 저하된다.
㉣ 담금질 온도가 1240℃ 이상이면 탄화물 석출로 인성 저하된다.
㉰ 유지 시간 : 2~3분이 적당하다.
㉱ 냉각제 : 염욕(450~550℃)이나 기름(60~150℃)이 좋다.
 ※ 유냉의 경우는 화색이 소실되는 온도까지 냉각 후 꺼내어 공냉하는 것이 좋다.
③ 뜨임
㉮ 뜨임 온도 : 540~580℃
㉯ 탄소량이 많고, 크롬 첨가량이 많은 고속도강에서는 잔류 Austenite가 안정하므로 3회 이상의 뜨임이 필요하다.
㉰ 분위기로, 염욕로 및 진공로의 사용이 좋다.

5 주철의 열처리

[1] 회주철의 열처리

(1) 풀림
① 페라이트화 풀림(Ferritizing Annealing)
㉮ 페라이트화 풀림 온도 : 705~760℃(기계 가공성이 요구된 경우)
㉯ 유지시간 : 10분 정도, 냉각 속도 : 290℃ 이하로 110℃/h(복잡한 주물은 제외)
② 중간(완전) 풀림
㉮ 중간 풀림 온도 : 790~900℃에서 행하며 합금량이 많아 Ferrite화 풀림이 효과적이지 않을 때 사용한다.
㉯ 유지 시간 : 페라이트화 풀림과 비슷하다.
③ 흑연화 풀림
㉮ 흑연화 풀림의 목적 : 덩어리 상태의 탄화물을 Pearlite와 흑연으로 바꾸는 것이다.
 ㉠ 탄화물 분해 또는 최대 강도, 마멸 저항 유지, 최대의 기계 가공성 목적 : 540℃ 노냉.
㉯ 적당한 속도로 탄화물을 분해하기 위한 온도 : 870℃(최소 온도)
㉰ 유지 온도 : 55℃씩 증가할수록 분해 속도는 2배가 되어 900~955℃의 유지 온도가 일반적이다.

(2) 노멀라이징
① 온도 범위 : 885~925℃(가열 온도는 경도와 인장 강도 및 미세 조직에 영향을 미친다.)
② 유지 시간 : 최대 단면 두께 25mm당 약 1시간 유지하고 상온으로 공냉한다.
③ 합금 주철은 불림 온도가 높을수록 조직이 단단해지고 강해진다.

(3) 담금질 및 뜨임
① 회주철은 강도와 내마멸성을 향상시키기 위해 담금질하고 뜨임한다.
 ※ 이러한 처리 후에는 약 5배의 마멸 저항이 있다.

② 오스테나이트화
  ㉮ 경화시키기 위해 Austenite의 형성을 촉진시키기에 충분한 높은 온도로 가열한다.
  ㉯ 가열 온도는 595~650℃의 온도 범위 이상(응력 제거 범위)에서 급가열한다.
  ㉰ 가열 온도는 회주철의 변태 영역(A_1 변태 온도 이상 55℃)에 의해 결정된다.
    ※ 무합금 회주철의 A_1 변태 온도를 결정하는 공식
    $$℃ = 730 + 28.0(Si\ \%) - 25.0(Mn\ \%)$$
③ 담금질
  ㉮ 단면이 불균일한 주물은 두꺼운 단면이 담금질 욕에 먼저 장입되도록 한다.
  ㉯ 냉각제 : 기름(물은 균열이나 변형이 발생할 가능성이 있다.)
④ 뜨임
  ㉮ 담금질한 후 주물은 변태 영역 이하의 온도에서 25mm의 단면 두께마다 약 1시간 뜨임함.

[2] 구상 흑연 주철의 열처리

(1) 풀림
  ① 900~955℃에서 1시간 유지한다.
    ㉮ 단면 두께 25mm 증가할 때마다. 유지 시간을 1시간씩 증가한다.
    ㉯ 얇은 단면의 주물(2.2~2.7% Si를 포함하는)은 955℃에서 1~3시간 유지한다.
    ㉰ 모서리에 칠이 형성된 두꺼운 단면의 주물은 955℃에서 3~8시간 유지한다.
    ㉱ 잔류 응력을 피하려면 균일하게 690℃로 냉각하여 5시간 유지한다.
  ② 900~955℃에서 유지한 후 650℃로 노냉한다.
    ※ 790~650℃의 온도 범위를 통과하는 냉각 속도가 20℃/h를 초과하지 않도록 한다.

(2) 노멀라이징
  ① 불림의 온도 : 870~940℃(표준 시간 : 단면 두께 25mm/h)
  ② 불림 후 뜨임은 높은 인장 성질과 고인성, 충격 저항을 얻기 위하여 한다.
    ※ 425~650℃로 재가열하여 단면 두께 25mm당 1시간 유지한다.

(3) 담금질 및 뜨임
  ① 845~925℃에서 Austenite화하며 응력을 최소화하기 위해 유냉한다.
    ㉮ 단순한 형태는 물이나 염수를 사용할 수 있다.)
    ㉯ 복잡한 주물은 균열을 피하기 위해 80~100℃의 기름에 담금질한다.
    ㉰ 담금질 응력을 제거하기 위해 담금질 후 즉시 뜨임한다.
    ※ 유지 시간 : 단면 두께 25mm당 1시간씩 추가하여 뜨임한다.

(4) 응력 제거
  ① 구상 흑연 주철의 응력 제거 온도
    ㉮ 합금하지 않는 구상 흑연 주철 : 510~565℃
    ㉯ 저합금 구상 흑연 주철 : 565~595℃
    ㉰ 고합금 구상 흑연 주철 : 595~650℃
    ㉱ Austenite 구상 흑연 주철 : 620~675℃

② 유지 시간 : 사용 온도, 주물의 형상, 원하는 응력 제거의 정도에 의존한다.

【3】 가단 주철의 열처리

(1) 풀림 처리의 3단계
  ① 첫 단계(흑연의 핵생성을 일으킨 단계)
    ㉮ 고온의 유지 온도로 가열하는 동안 시작하며 유지 기간 중 매우 초기에 발생한다.
  ② 두 번째 단계(900~970℃에서 유지하는 단계, 제1단 흑연화)
    ㉮ 덩어리의 탄화물을 제거하고 제2단 흑연화가 시작하기 전(725~740℃)에 급냉한다.
  ③ 세 번째 단계(Fe의 동소 변태 영역을 지나 서냉하는 단계, 제2단 흑연화)
    ㉮ 2~17℃/h의 속도로 냉각할 때 Pearlite와 탄화물이 없는 완전한 Ferrite 기지가 생긴다.
(2) Ferrite 가단 주철과 Pearlite 가단 주철은 조절된 분위기에서 백주철을 풀림하여 만든다.
(3) Pearlite 가단 주철의 담금질 및 뜨임
  ① 경화된 Pearlite 가단 주철을 만드는 과정
    ㉮ 제1단계 풀림 후에 공냉하고,
    ㉯ 845~870℃로 재가열한 후 1시간 유지하여 기지를 다시 Austenite화한 다음,
    ㉰ 80~105℃로 유지된 기름에 담금질하여 HR 555~627 정도의 경도를 갖는 Martensite와 Bainite로 이루어진 기지를 만든다.
    ㉱ 담금질하고 뜨임한 Pearlite 가단 주철은 완전히 풀린 Ferrite 가단 주철로부터 만들 수 있다. (이 때 기지는 탄소가 없다.)

【4】 오스테나이트 주철의 열처리

(1) 응력 제거 풀림
  ① 잔류 응력을 제거하기 위해 620~675℃에서 단면 두께 25mm당 1시간 동안 응력 제거한다.
  ② 480℃에서 1시간 유지하면 약 60%, 670℃에서는 95%의 응력이 제거된다.

6 알루미늄 합금의 열처리

【1】 석출을 일으키는 열처리

(1) 일반적으로 저온에서 장시간이 필요한 과정이다.
  ① 온도 범위 : 115~190℃
  ② 시간 : 5~48시간
(2) 알루미늄 합금의 강도를 증가시키기 위한 열처리의 3단계
  ① 용체화 처리 : 고용상의 분해.
  ② 급랭 : 과포화 고용체의 형성.
  ③ 시효 : 상온(자연 시효)이나 고온(인공 시효 및 석출 처리)에서 용질 원자의 석출.

【2】 열처리형 Al 합금의 질별 기호

(1) O(풀림 상태)

① 가장 낮은 강도를 얻기 위해 풀림한 가공용 제품에 적용한다.
② 연성 및 안전성을 개선시키기 위해 풀림한 주조 제품에 적용한다.
(2) W(용체화 처리 상태)
① 용체화 처리 후 자연 시효되는 합금에 적용되는 불안정한 질별이다.
(3) T(O보다 안정한 성질을 가지기 위한 열처리)
① T1 : 고온에서 가공 후 냉각하고 안정한 상태로 자연 시효한다.
※ 주조, 압출 같은 고온에서 가공한 후 냉간 가공하지 않는 제품에 적용된다.
② T2 : 고온 가공 후 냉각한 다음 냉간 가공하고 안정한 상태로 자연 시효한다.
※ 열간 가공한 후 냉각한 다음 강도를 증가시키기 위해 냉간 가공된 제품에 적용된다.
③ T3 : 용체화 처리 후 냉간 가공하고 안정한 상태로 자연 시효한다.
※ 용체화 처리 후 강도를 증가시키기 위해 냉간 가공한 제품에 적용된다.
④ T4 : 용체화 처리하고 안정한 상태로 자연 시효한다.
※ 용체화 처리 후 냉간 가공하지 않는 제품에 적용된다.
⑤ T5 : 고온에서 가공하고 냉각한 다음 인공 시효한다.
※ 고온 가공한 후 냉간 가공하지 않는 제품에 적용된다.
⑥ T6 : 용체화 처리하고 인공 시효한다.
※ 용체화 처리 후 냉간 가공하지 않는 제품에 적용된다.
⑦ T7 : 용체화 처리하고 안정화한다.
※ 과시효 될 정도로 석출 열처리한 제품에 적용된다.
⑧ T8 : 용체화 처리하고 냉간 가공 후 인공 시효한다.
※ 용체화 처리 후 강도를 증가시키기 위해 냉간 가공한 제품에 적용된다.
⑨ T9 : 용체화 처리하고 인공 시효한 냉간 가공한다.
※ 석출 열처리 후 강도를 증가시키기 위해 냉간 가공한 제품에 적용된다.
⑩ T10 : 높은 성형 온도에서 냉각하고 냉간 가공한 다음 인공 시효한다.
※ 열간 가공을 하고 냉각시킨 다음 강도를 증가시키기 위해 냉간 가공한 제품에 적용된다.

【3】 열처리의 실제

(1) 용체화 처리
① 석출 경화 반응을 이용하기 위해 먼저 고용체를 만드는 과정이다.
② 목적 : 고용될 수 있는 용질 원소를 최대로 고용체 내에 잡아 두는 것이다.
③ 균일한 고용체를 얻기 위해서 충분한 고온에서 충분히 긴시간 동안 합금을 유지시킨다.
(2) 담금질
① 담금질을 빠르게 해야 하는 이유
㉮ 기계적 성질이나 부식 저항에 해로운 영향을 끼치는 석출물을 피하기 위해.
㉯ 용체화 처리하는 동안 형성된 고용체는 상온에서 과포화된 고용체를 만들기 위해서
② 대개 부품은 찬물에 담금질하나 단면이 복잡한 형상의 제품에는 서냉시킬 수 있는

냉각제에 담금질한다.
③ 냉각 도중 석출을 피하기 위한 두가지 조건
㉮ 재료를 노안에서 냉각제로 옮기는 요하는시간은 급속한 석출이 일어나는 온도 범위에서 서냉되지 않도록 짧아야 한다. (7075 합금의 경우의 온도 범위 : 400~290℃)
㉯ 냉각제의 부피, 열흡수 능력, 유동 속도이다.
(3) 풀림
① 완전 풀림
㉮ 비열처리형 및 열처리형 가공용 합금에서 가장 연하고 가공하기 좋은 조건의 열처리다.
㉯ 열처리 및 비열처리 Al 합금에서 냉간 가공에 의한 강화 효과 감소 및 제거 : 260~440℃
㉰ 연화 속도는 온도 강하에 의존한다.
㉱ 변형 강화의 효과를 제거하기 위함 목적의 온도 : 345℃로 가열한 것으로 충분하다.
② 응력 제거 풀림
㉮ 냉간 가공한 가공용 합금에서 변형 강화의 효과를 제거하기 위한 풀림이다.
㉯ 열처리형 합금의 응력 제거 풀림 다음에는 시효 경화시킨다.
③ 주물의 풀림
㉮ 315~345℃의 온도에서 2~4시간 유지함으로써 주조 상태의 고용체에 잔류한 과잉의 용질에 의해 형성된 상의 석출 및 잔류 응력 제거가 발생한다.
㉯ 이러한 처리로 고온에서 사용하기 위한 최대의 치수 안정성이 생긴다.

7 구리 합금의 열처리

【1】 구리 합금의 열처리
(1) 균질화
① 균질화 : 응고의 결과로 발생하는 화학적 편석이나 유핵 조직(coring)을 감소시키기 위해 장시간 고온에서 유지시키는 과정이다.
② 균질화는 인청동과 같이 넓은 응고 범위를 가지는 합금에 대해 필요하다.
③ 균질화를 위해 필요한 시간과 온도
㉮ 합금, 주조 결정립의 크기, 원하는 균질화 정도에 따라 다르다.
㉯ 유지 시간 : 3~10시간
㉰ 온도 : 풀림 영역의 상부 온도(고상 온도의 50℃ 이내) 이상이다.
④ 노 내 분위기 : 표면과 내부의 산화를 조절할 수 있도록 선택한다.
(2) 풀림
① 가공용 제품
㉮ 냉간 가공된 금속의 풀림은 재결정이 일어나는 온도로 가열한다.
㉯ 필요시 결정립 성장을 일으키기 위해 재결정 온도 이상으로 가열한다.
㉰ 풀림은 온도와 시간의 함수이다.
② 주물

㉮ Mn 청동이나 Al 청동 주물의 풀림 온도 : 580~700℃이며 1시간 유지한다.
㉯ Al 청동은 수냉이나 고속의 공기를 사용하여 급랭하는 것이 좋다.
(3) 응력 제거
① 재료의 성질에 영향을 주지 않고 내부 응력을 제거하기 위한 열처리이다.
② 응력 제거 처리는 풀림에서 사용한 온도 이하에서 한다.
③ 냉간 성형이나 용접한 조직의 열처리 온도 : 일반적으로 50~110℃ 더 높다.
(4) 경화
① 열처리로 경화되는 구리 합금의 2가지 종류
㉮ 고온 담금질에 의해 연화되고 저온 처리에 의해 경화되는 합금.
㉯ Martensite형 반응을 통해 고온으로부터 담금질하여 경화하는 합금.
② 저온 경화 합금
㉮ 석출 경화용 구리 합금은 전기 및 열전도용으로 사용된다.
㉯ 경도와 강도는 용체화 처리 및 담금질의 효율과 시효 처리의 조절에 의존한다.
㉰ Cu 합금은 높은 온도에서 시효함으로써 경화한다.
③ 담금질 경화 및 뜨임
㉮ Al 청동과 Ni-Al 청동에서 행한다.
㉯ 아연 당량이 37~41%인 주조용 Mn 청동의 일부에서도 행한다.
㉰ Al(9~11.5%) 청동과 Ni-Al(8.5~11.5%)은 Martensite형 반응에 의해 담금질 경화한다.
(5) Cu-Be 합금
① 용체화 처리
㉠ 원하는 결정립 크기나 치수 공차 및 기계적 성질을 얻기위해 한다.
㉡ 최고 온도를 초과하면 결정립 조대화 및 과열을 일으킨다.
㉢ 최저 온도 이하에서 용체화 처리하면 Be이 상이 충분히 용해되지 않아 석출 경화 후 경도가 낮아진다.
㉮ 시간의 영향 : 유지시간은 분해되어야 하는 Be이 풍부한 상의 양에 의존한다.
  ※ 담금질 전에 허용할 수 있는 최대 지체시간 : 장입물의 질량, 크기, 이송 장비에 의존함.
㉯ 담금질 : 재료를 노에서 제거한 후 급냉한다.
  ※ 물에 담금질하는 것이 일반적이나 기름이나 송풍 공기로도 냉각한다.
② 석출 경화
㉮ 온도의 영향 : 315~357℃ 범위에서 ±6℃로 온도를 조절하는 것이 적당하다.
㉯ 결정립 크기의 영향 : 0.015~0.060mm가 적당하다.
  ※ 낮은 온도는 미세한 결정립 크기를 초래한다.

8 마그네슘 합금의 열처리

[1] 풀림

(1) 가공용 Mg 합금은 다양한 변형 강화 및 뜨임 조건에서 290~455℃에서 1시간이나

그 이상 가열하여 뜨임한다.
(2) 가공 제품의 풀림은 인장 성질을 크게 감소시키고 연성을 증가시킨다.
(3) Mg는 성형 공정이 높은 온도에서 이루어지므로 다른 금속에 비해 완전 풀림할 필요가 감소된다.

【2】 가공용 합금의 응력 제거
(1) 가공용 Mg 합금은 냉간 가공, 열간 가공, 성형 및 용접에 의해 생긴 잔류 응력을 제거하거나 감소시키기 위해 응력 제거 처리를 한다.

【3】 주물의 응력 제거
(1) 정확한 치수 범위의 주물을 정밀 가공하거나 변형을 방지하고, 용접한 Mg-Al 합금 주물에서 응력 부식 균열을 방지하기 위해서 잔류 응력을 없앤다.
(2) 기계적 성질에 크게 영향을 주지 않고 응력을 제거하는 방법
  ① Mg-Al-Mn 합금 : 260℃에서 1시간 열처리.
  ② Mg-Al-Zn 합금 : 260℃에서 1시간.
  ③ ZK61A 합금 : 330℃에서 2시간, 그리고 130℃에서 48시간 열처리.
  ④ ZE41A 합금 : 330℃에서 2시간 열처리.

【4】 용체화 처리 및 시효
(1) Mg-Al-Zn 합금의 용체화 처리에서 재료는 약 260℃에서 노에 장입하고 공정 화합물의 용융 및 그 결과로 생기는 공극(void)의 형성을 피하기 위해 서서히 용체화 처리 온도를 증가시킨다.
(2) 260℃에서 용체화 처리 온도로 가열시키는데 필요한 시간 : 대개 2시간이다. (장입물의 크기, 조성, 무게 및 단면 두께 등에 의해 결정된다.)
(3) 시효하는 동안 Mg 합금은 시효 온도에서 장입하고 적당시간 유지 후 공냉한다.

9 Ni 및 Ni 합금의 열처리
(1) 풀림 : 합금 조성과 냉간 가공량에 따라 705~1205℃에서 열처리한다.
(2) 응력 제거 : 합금 조성과 냉간 가공량에 따라 425~870℃에서 열처리한다.
(3) 응력 표준화 처리 : 냉간 가공으로 생긴 기계적 강도는 감소시키지 않고 응력 균형을 맞추기 한 저온 열처리이다.
(4) 용체화 처리와 시효 : 특별한 성질을 개선하기 위해 적용된다.

10 Ti 및 Ti 합금의 열처리
(1) 응력 제거 : 응력 제거 온도로부터 냉각 속도는 480~315℃에서 균일하게 냉각시킨다.
(2) 풀림 : 파괴 인성, 상온에서의 연성, 치수 및 열적인 안전성, 크립 저항을 증가시키기 위해 함.

문제 **1.** 강의 불림의 온도로 맞는 것은?
㉮ A_1 변태점 이하로 가열한다.
㉯ A_1 변태점 보다 30~50℃ 이상으로 가열한다.
㉰ $A_{3.2.1}$ 변태점 보다 30~50℃ 이상으로 가열한다.
㉱ $A_{3.2.1}$ 변태점 또는 Acm선보다 30~50℃ 이상으로 가열한다.

토용 불림의 온도
① 아공석강 : $A_{3.2.1}$점보다 30~50℃ 이상
② 과공석강 : Acm선보다 30~50℃ 이상

문제 **2.** 다음 노멀라이징에 대한 설명이 잘못된 것은 어느 것인가?
㉮ 열적 및 미세 조직의 관점에서 고려되는 열처리이다.
㉯ 열적인 의미에서는 Austenite화 후 조용한 공기 중에서 또는 약간 교반시킨 공기 중에서 냉각시키는 과정이다.
㉰ 약 0.8%의 탄소를 함유하는 강의 불림 조직은 Martensite이다.
㉱ 공냉에 의해 담금질되는 강은 노멀라이징을 하지 않는다.

토용 약 0.8%의 탄소를 함유하는 강의 불림 조직 : Pearlite

문제 **3.** 약 0.8%의 탄소를 함유하는 강의 노멀라이징 조직은?
㉮ Austenite   ㉯ Martensite   ㉰ Pearlite   ㉱ Ferrite

문제 **4.** 불림한 강의 정상적인 특성은 어떤 조직을 보이기 위함인가?
㉮ Austenite   ㉯ Martensite   ㉰ Pearlite   ㉱ Ferrite

토용 불림한 강의 정상적인 특성 : Pearlite을 얻기 위함.

문제 **5.** 다음은 노멀라이징에 대한 설명이다. 잘못된 것은?
㉮ 노멀라이징의 조직은 Pearlite이다.
㉯ 저탄소의 영역은 Martensite 조직이다.
㉰ 과공석강에서는 초석 Cementite가 미세 조직에 존재할 수 있다.
㉱ Austenite강, 스테인레스강, 마레이징강 등에는 대개 노멀라이징을 하지 않는다.

토용 저탄소의 영역은 Ferrite 조직이다.

해답 1. ㉱   2. ㉰   3. ㉰   4. ㉰   5. ㉯

문제 6. 다음 노멀라이징의 특성으로 잘못 설명된 것은?
㉮ 가공성이 개선되고 결정립 조직이 조대해진다.
㉯ 균질화 및 잔류 응력의 변화가 생긴다.
㉰ 불림에 의한 주물의 균질화로 수지상 조직이 깨지거나 미세해져서 나중에 담금질을 용이하게 한다.
㉱ 불림은 열간 압연에 기인한 띠 모양의 미세 조직을 제거한다.

토움▶ 불림한 재질은 결정립 조직이 미세해진다.

문제 7. 불림의 냉각 속도를 잘못 나타낸 것은?
㉮ Pearlite의 양과 층상 간격 및 크기에 큰 영향을 미친다.
㉯ 냉각 속도가 빠르면 더욱 많은 Pearlite가 형성된다.
㉰ 냉각 속도가 빠르면 층상은 조대하여져서 간격이 넓어진다.
㉱ 냉각 속도가 느리면 연한 조직이 생긴다.

토움▶ 불림시 냉각 속도가 빠르면
① 많은 Pearlite가 형성된다.
② 층상은 미세해져 간격이 좁아진다.

문제 8. 불림의 냉각 속도가 Pearlite에 영향을 미치는 인자가 아닌 것은?
㉮ Pearlite의 양   ㉯ 층상 간격   ㉰ 크기   ㉱ 입자 모양

토움▶ 불림시 냉각 속도 : Pearlite의 양과 층상 간격 및 크기에 큰 영향을 미친다.

문제 9. 노멀라이징 온도에서의 유지 시간에 대한 설명이다. 틀린 것은?
㉮ 균질화를 이루기에 충분할 정도의 시간이면 된다.
㉯ 탄화물이 존재하면 탄화물의 분해가 일어나야 한다.
㉰ 필요한 최종 조직을 얻기 위해 합금 원소의 원자 이동이 이루어져야 한다.
㉱ 일반적으로 완전한 Pearlite를 이루기 위한 충분한 시간이 필요하다.

토움▶ 불림 온도에서 유지시간 : 일반적으로 완전한 Ausenite를 이루기 위한 충분한 시간이 필요하다.

문제 10. 다음 중 노멀라이징의 종류가 아닌 것은 어느 것인가?
㉮ 일반 불림   ㉯ 2단 불림   ㉰ 항온 불림   ㉱ 염욕 불림

토움▶ 노멀라이징의 종류 : 일반 불림, 2단 불림, 다중 불림, 항온 불림.

문제 11. 가공 경화된 재료를 연화하기 위해 어떤 열처리를 주로 하는가?
㉮ 불림   ㉯ 풀림   ㉰ 뜨임   ㉱ 담금질

토움▶ 가공 경화된 재료의 연화 목적의 열처리 : 풀림

해답 6. ㉮   7. ㉰   8. ㉱   9. ㉱   10. ㉱   11. ㉯

문제 12. 높은 초기 불림 온도를 사용하여 Austenite에서 모든 성분 원소를 완전히 용해시키고 Ac₃ 온도에 가까운 불림 온도를 사용하여 초기 불림 처리의 효과를 해치지 않고 최종 펄라이트 결정립 크기를 미세화하기 위한 불림 방법은?
㉮ 2단 불림   ㉯ 항온 불림   ㉰ 다중 불림   ㉱ 염욕 불림

문제 13. 다음 중 풀림의 목적이 아닌 것은 어느 것인가?
㉮ 재료를 경화하게 하는 일반적인 처리이다.
㉯ 강에서 냉간 가공이나 기계 가공을 용이하게 한다.
㉰ 기계적 성질 및 전기적 성질을 개선한다.
㉱ 치수 안정성을 증가시키기 위해서 실시한다.

[도움] 주로 재료를 연하게 하는 일반적인 처리이다.

문제 14. 다음은 풀림의 온도에 대한 설명이다. 틀린 것은?
㉮ 최대 온도는 저온 풀림의 경우 A_1 변태 온도 이하이다.
㉯ 이상 영역 풀림(intercritical annealing)시에는 A_1 변태 온도보다 높고 상부 임계 온도보다는 낮다.
㉰ 완전 풀림시에는 A_3 변태 온도보다 높다.
㉱ 고온 풀림 온도는 A_3 변태 온도보다 높다.

[도움] 고온 풀림 : A_1 변태 이상에서 실시.

문제 15. 다음 중 저온 풀림이 아닌 것은 어느 것인가?
㉮ 중간 풀림   ㉯ 응력 제거 풀림   ㉰ 재결정 풀림   ㉱ 확산 풀림

[도움] 저온 풀림 : 중간 풀림, 응력 제거 풀림, 재결정 풀림.

문제 16. 다음 저온 풀림으로 어느 온도 이하에서 실시하는가?
㉮ A_0 변태점   ㉯ A_1 변태점   ㉰ A_2 변태점   ㉱ A_3 변태점

[도움] 저온 풀림 : A_1 변태점 이하에서 실시함

문제 17. 변태점 이하 또는 이상에서 실시할 수 있는 풀림은?
㉮ 중간 풀림   ㉯ 완전 풀림   ㉰ 구상화 풀림   ㉱ 재결정 풀림

[도움] 변태점 상하에서 실시할 수 있는 풀림 : 구상화 풀림이다.

문제 18. 다음 중 고온 풀림의 종류는 어느 것인가?
㉮ 중간 풀림   ㉯ 응력 제거 풀림   ㉰ 재결정 풀림   ㉱ 확산 풀림

[도움] 고온 풀림의 종류 : 완전 풀림, 확산 풀림, 항온 풀림.

[해답] 12. ㉯   13. ㉮   14. ㉱   15. ㉱   16. ㉯   17. ㉰   18. ㉱

문제 19. 다음은 아공석강의 기본적인 풀림 과정을 나타내는 개략도이다. ㉠은 어떤 풀림을 나타내는가?
㉮ 완전 풀림
㉯ 항온 풀림
㉰ 이상 영역 풀림
㉱ 저온 풀림

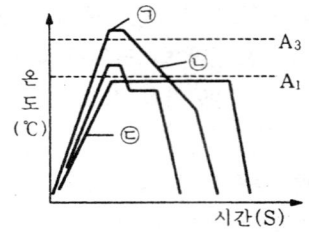

도움 그림 설명
① 완전 풀림 : ㉠
② 이상 영역 풀림 : ㉡
③ 저온 풀림 : ㉢

문제 20. 다음은 저온 풀림에 대한 설명이다. 틀린 것은 어느 것인가?
㉮ 재결정이 용이하게 일어나서 새로운 Ferrite 결정을 형성한다.
㉯ A_1 변태점 온도 이하에서 실시한다.
㉰ 경화된 강이나 냉간 가공된 강에 적용할 때 가장 효과적이다.
㉱ 연화 속도는 풀림 온도가 A_1 변태 온도에 접근할수록 감소한다.

도움 연화 속도는 풀림 온도가 A_1 변태 온도에 접근할수록 증가한다.

문제 21. 풀림할 제품을 A_1 변태 온도 이상에서 가열하였을 때의 특징이 아닌 것은 다음 중 어느 것인가?
㉮ 아공석강은 $A_{3,2,1}$ 변태 온도 이상인 영역에서 평형 조직은 페라이트와 오스테나이트이다.
㉯ A_3 변태 온도 이상에서는 완전한 오스테나이트가 된다.
㉰ 페라이트와 오스테나이트의 평형 혼합 조직은 순간적으로 이루어 지지 않는다.
㉱ 오스테나이트의 균일성은 냉각 속도와 냉각 방법에 의존한다.

도움 Austenite의 균일성 : 시간과 온도에 의존한다.

문제 22. 다음 완전풀림에 설명 중 틀린 것은 어느 것인가?
㉮ 과공석강에서 탄화물과 Austenite는 A_1~Acm 사이의 이상 영역에서 공존한다.
㉯ Austenite화 온도에서 조직의 균일성 정도는 풀림을 한 조직의 성질과 발달에 중요한 사항이다.
㉰ 이상 영역에서 낮은 Austenite화 온도는 Austenite의 균일성이 감소하여 구상화 탄화물 형성을 촉진시킨다.
㉱ 높은 Austenite화 온도에서 발달한 균일한 조직은 냉각할 때 침상의 탄화물 조직을 감소시킨 경향이 있다.

도움 높은 Austenite화 온도에서 발달한 균일한 조직은 냉각할 때 층상의 탄화물 조직을 촉진시킨 경향이 있다.

해답 19. ㉮ 20. ㉱ 21. ㉱ 22. ㉱

❖ 예상문제 2-73

문제 23. 완전 풀림시 냉각 방법으로 맞는 것은 어느 것인가?
㉮ 유냉　　　㉯ 노내 및 재속　　　㉰ 비눗물　　　㉱ 염욕

[토용] 노 안에서 또는 재 속에서 냉각한다.

문제 24. 다음은 완전 풀림에 대한 설명이다. 틀린 것은 어느 것인가?
㉮ 아공석강은 $A_{3,2,1}$ 변태점보다 30~50℃ 높게 가열한다.
㉯ 공석강 및 과공석강은 A_1 변태점보다 30~50℃ 높게 가열한다.
㉰ 생성 조직은 Martensite이다.
㉱ 소재 길이가 길면 휨 현상, 탈탄이 일어난다.

[토용] 생성 조직 : Ferrite, Pearlite

문제 25. 다음 완전 풀림에 대한 설명 중 틀린 것은?
㉮ 높은 온도 범위에서 Austenite화하면 Pearlite 조직이 생긴다.
㉯ 낮은 온도서는 침상 조직이 지배적이다.
㉰ 노가 클수록 장입량 전체에 균일한 온도를 설정하여 유지하기가 어렵다.
㉱ 노내의 열전대는 장입물의 상, 하 및 측면의 공간 온도를 나타낸다.

[토용] 낮은 온도에서는 구상화 조직이 지배적이다.

문제 26. 강을 Ferrite 기지에 구상의 탄화물 조직을 형성하기 위한 방법이 아닌 것은 다음 중 어느 것인가?
㉮ Ae_3점 직하에서 장시간 유지한다.
㉯ Ae_1점 직상 및 Ar_1점 직하의 온도 사이에서 반복적인 가열과 냉각을 한다.
㉰ Ae_1점 이상으로 가열하여 Ar_1점 직하의 온도에서 유지하거나 노안에서 서냉한다.
㉱ 망상 탄화물이 다시 형성되는 것을 방지하기 위하여 탄화물이 분해된 최소 온도에서 적당한 속도로 냉각하여 재 가열한다.

[토용] Ae_1점 직하에서 장시간 유지한다.

문제 27. 완전한 구상화를 위한 Austenite화 온도 범위는?
㉮ Ac_1 변태점 온도 범위
㉯ Ac_2 변태점 온도 범위
㉰ Ac_1 변태점과 Ac_3 변태점 온도 범위 중 중간 온도
㉱ Acm 선 온도 범위

[토용] Ac_1 변태점과 Ac_3 변태점 온도 범위 중 중간 온도를 사용한다.

문제 28. 구상화 풀림은 어떤 조직을 구상화하기 위함인가?
㉮ Cementite　　㉯ Austenite　　㉰ Pearlite　　㉱ Ferrite

[토용] 구상화 풀림의 목적 : Fe_3C 조직을 구상화.

[해답] 23. ㉯　24. ㉰　25. ㉯　26. ㉮　27. ㉰　28. ㉮

문제 **29.** 구상화 풀림의 목적에 대한 설명이 틀린 것은?
㉮ 담금질 효과 균일화　　㉯ 경도, 강인성 감소
㉰ 담금질 변형 감소　　㉱ 망상 시멘타이트를 구상화

도움▶ 경도, 강인성이 증가된다.

문제 **30.** Cementite 조직이 구상화되었을 때의 성질이 아닌 것은?
㉮ 연신율은 커진다.　　㉯ 탄성한계는 작아진다.
㉰ 강인성은 증가된다.　　㉱ 담금질 균열이 증가한다.

도움▶ 강도는 작아지고 담금질 균열이 방지된다.

문제 **31.** 공정 사이에 풀림 처리를 해주는 열 조작은?
㉮ 완전 풀림　　㉯ 구상화 풀림　　㉰ 재결정 풀림　　㉱ 중간 풀림

도움▶ 가공 도중에 경화된 재료의 연성을 회복시키기 위해 풀림한 열조작을 말한다.

문제 **32.** 다음은 중간 풀림에 대한 설명이다. 잘못된 것은?
㉮ 냉간 가공 도중 경화된 재료를 연화시키기 위한 목적으로 한다.
㉯ 열간 가공한 고탄소강과 합금강의 균열을 방지하기 위한 목적
㉰ Ae_3 온도 이하에서 가열하여 적당히 유지 후 공냉한다.
㉱ 심한 업세팅(upseting)을 하기 위해 선재를 충분히 연하게 하고자 할 때 사용한다.

도움▶ Ae_1 온도 이하에서 가열하여 적당히 유지 후 공냉한다.

문제 **33.** 미세 조직, 경도 및 기계적 성질의 우수한 조화를 이룰 수 있는 중간 풀림 온도는 얼마인가?
㉮ Ae_1 아래 11~22℃ 온도 범위
㉯ Ae_3 아래 11~22℃ 온도 범위
㉰ Ae_1 바로 위의 11~22℃ 온도 범위
㉱ Ae_3 바로 위의 11~22℃ 온도 범위

도움▶ Ae_1 아래 11~22℃ 온도 범위

문제 **34.** 다음은 판재의 풀림에 대한 설명이다. 틀린 것은?
㉮ 철강 제품의 판재는 풀림 처리하는 주요한 제품이다.
㉯ 저온 풀림 및 중간 풀림이 적절하다.
㉰ 강판의 풀림에는 배치 풀림과 연속 풀림의 두 방법이 있다.
㉱ 배치 풀림은 약 5분 안에 완료된다.

도움▶ 배치 풀림 : 다량의 재료를 처리하므로 일주일까지의 시간이 필요하다.

해답 29. ㉯　30. ㉱　31. ㉱　32. ㉰　33. ㉮　34. ㉱

문제 35. 다음은 판재의 풀림 방법에 대한 설명이다. 틀린 것은?
㉮ 배치 풀림은 다량의 재료를 처리하므로 일주일까지의 시간이 필요하다.
㉯ 배치 풀림은 일반적으로 낮은 온도에서 행한다.
㉰ 배치 풀림은 장입물 전체에 균일한 온도를 유지하기 어렵다.
㉱ 연속 풀림은 약 5시간 안에 완료되며 유사한 재료를 배치 풀림한 것보다 약간 낮은 경도를 나타낸다.

도움 연속 풀림
① 약 5분 안에 완료된다.
② 연속 풀림한 경우가 유사한 재료를 배치 풀림한 경우보다 약간 경도가 높게 나타난다.

문제 36. 다음 중 확산 풀림의 온도로 맞는 것은?
㉮ 550~650℃   ㉯ 800~950℃   ㉰ 1100~1150℃   ㉱ 1200~1350℃

도움 확산 풀림의 온도 : 1100~1150℃

문제 37. 황화물의 편석을 없애고, Ni 강에서 망상으로 석출한 황화물은 적열 취성의 원인이 되는데 이것을 막아 주기 위해 1100~1150℃에서 행한 풀림은?
㉮ 재결정 풀림   ㉯ 완전 풀림   ㉰ 응력 제거 풀림   ㉱ 확산 풀림

도움 확산 풀림 : 황화물의 편석을 없애기 위해 1100~1150℃에서 풀림한다.

문제 38. 다음은 응력 제거 풀림 온도는?
㉮ 550~650℃   ㉯ 800~950℃   ㉰ 1100~1150℃   ㉱ 1200~1350℃

도움 응력 제거 풀림 : 재료의 잔류 응력을 제거하기 위하여 500~600℃(1~2h/mm)로 가열 후 적당시간 유지 후 서냉한다.

문제 39. 냉간 가공한 재료를 가열하면 응력이 감소되는 온도는?
㉮ 300℃   ㉯ 500℃   ㉰ 600℃   ㉱ 800℃

문제 40. 적당한 온도에서 물, 기름, 폴리머 용액 및 염에 재료를 담그어 급속히 냉각시키는 열 조작을 무엇이라 하는가?
㉮ 담금질   ㉯ 풀림   ㉰ 뜨임   ㉱ 불림

도움 담금질(燒入, Quenchung) : 강을 Austenite 상태 즉, $A_{3,2,1}$ 변태점보다 30~50℃정도 높은 온도로 가열하여 일정시간 유지 후 물이나 기름 중에 급냉하는 열 조작

문제 41. 강을 Austenite 상태 즉, $A_{3,2,1}$ 변태점보다 30~50 ℃ 정도 높은 온도로 가열하여 일정 시간 유지 후 물이나 기름 중에 급속히 냉각하는 열 조작을 무엇이라 하는가?
㉮ 담금질   ㉯ 풀림   ㉰ 뜨임   ㉱ 불림

해답 35. ㉱   36. ㉰   37. ㉱   38. ㉮   39. ㉰   40. ㉮   41. ㉮

문제 42. 다음 중 담금질 온도로 맞는 것은?
㉮ 아공석강 : $A_{3,2,1}$ 변태점보다 30~50℃ 정도 높은 온도
㉯ 아공석강 : $A_{3,2,1}$ 변태점보다 30~50℃ 정도 낮은 온도
㉰ 과공석강 : $A_{3,2,1}$ 변태점보다 30~50℃ 정도 높은 온도
㉱ 과공석강 : $A_{3,2,1}$ 변태점 또는 Acm 선 보다 30~50℃ 정도 높은 온도

[토용] 담금질 온도
① 아공석강 : $A_{3,2,1}$ 점보다 30~50℃ 정도 높은 온도
② 과공석강, 공석강 : A_1 점보다 30~50℃ 정도 높은 온도

문제 43. 다음 설명 중 틀린 것은 어느 것인가?
㉮ 담금질의 효율성은 강을 경화시키는 능력과 관계된다.
㉯ 담금질의 효율성은 가열 특성에 의존한다.
㉰ 담금질 결과는 강의 조성, 냉각제의 교반, 온도, 냉각제의 종류에 따라 변한다.
㉱ 냉각제가 열을 빼앗는 속도는 냉각제의 사용 방법 및 조건에 따라 크게 변한다.

[토용] 담금질의 효율성 : 냉각 특성에 의존한다.

문제 44. 담금질 결과에 영향을 주는 요인이 아닌 것은?
㉮ 담금질로의 종류   ㉯ 강의 조성
㉰ 냉각제의 종류   ㉱ 냉각제가 열을 빼앗는 속도

[토용] 담금질 결과에 영향을 주는 요인 : 강의 조성, 냉각제의 교반, 온도, 냉각제의 종류 등

문제 45. 냉각제에 담금질할 재료를 담그어 냉각시키는 방법으로 강에서 많이 사용되는 담금질 방법은 다음 중 어느 것인가?
㉮ 직접 담금질   ㉯ 시간 담금질
㉰ 선택 담금질   ㉱ 분사 담금질

[토용] 직접 담금질
① 냉각제에 담금질할 재료를 담그어 냉각시키는 방법.
② 강에서 가장 널리 쓰이는 방법이다.
③ 상대적으로 단순하고 경제적이다.
④ 침탄 부품에서 나타나는 변형은 재가열하여 담금질한 것보다 직접 담금질한 경우가 더 작다.

문제 46. 다음은 직접 담금질에 대한 설명이다. 틀린 것은?
㉮ 냉각제에 담금질할 재료를 담그어 냉각시키는 방법이다.
㉯ 강에서 가장 널리 쓰이는 방법이다.
㉰ 직접 담금질은 상대적으로 단순하고 경제적이다.
㉱ 침탄 부품에서 나타나는 변형은 재가열하여 담금질한 것보다 직접 담금질한 경우가 더 크다.

[해답] 42. ㉮ 43. ㉯ 44. ㉮ 45. ㉮ 46. ㉱

문제 47. 시간 담금질의 사용 목적이 아닌 것은 어느 것인가?
㉮ 변형의 최소화
㉯ 균열의 최소화
㉰ 치수 변화의 최소화
㉱ 강도와 경도의 최소화

풀이 시간 담금질은 변형, 균열 및 치수 변화를 최소화하기 위해 많이 사용한다.

문제 48. 냉각하는 동안에 담금질되는 제품의 냉각 속도가 갑자기 변할 때 사용하는 담금질 처리는?
㉮ 직접 담금질
㉯ 시간 담금질
㉰ 선택 담금질
㉱ 분사 담금질

풀이 시간 담금질 : 냉각하는 동안에 담금질되는 제품의 냉각 속도가 갑자기 변할 때 사용된다.

문제 49. 다음은 시간 담금질(time quenching)에 대한 설명이다. 잘못된 것은 어느 것인가?
㉮ 냉각 속도는 요구되는 결과에 따라 증가하거나 감소할 수 있다.
㉯ 일반적인 방법은 첫 번째 냉각제(물)에서 제품의 온도를 TTT 곡선의 코 이하로 냉각할 때까지 감소시킨 후 제품을 꺼낸다.
㉰ 두 번째 냉각제(기름)에서 담금질하여 Martensite 변태 영역을 지나 서냉한다.
㉱ 대부분의 경우 첫 번째 냉각제는 조용한 공기이다.

풀이 대부분의 경우 두 번째 냉각제는 조용한 공기이다.

문제 50. 다음은 시간 담금질에 대항 설명이다. 잘못된 것은?
㉮ 담금질 온도에서 냉각액 속에 담금질하여 일정시간 유지시킨 후 인상하여 서냉하는 열 조작이다.
㉯ 담금질시 Ar′ 변태점에서 서냉하고, Ar″ 변태점에서 급냉한다.
㉰ 두께 3mm당 1초간 담금 및 진동이나 물울음이 정지할 때까지 담금질한다.
㉱ 인상 담금질은 깨지지 않고 높은 경도를 얻고자 할 때 효과적이다.

풀이 담금질시 Ar′ 변태점에서 급냉하고, Ar″ 변태점에서 서냉한다.

문제 51. 제품의 일부분이 냉각되지 않기를 원할 때 사용되는 담금질 방법은 다음 중 어느 것인가?
㉮ 직접 담금질
㉯ 시간 담금질
㉰ 선택 담금질
㉱ 분사 담금질

풀이 선택 담금질 : 냉각제를 담금질해야 할 부분에서만 접촉시키는 방법

문제 52. 조미니 시험법에서 첫 경도 측정 위치(수냉단으로부터)는?
㉮ 1/16″
㉯ 1/8″
㉰ 1/4″
㉱ 1/2″

해답 47. ㉱ 48. ㉯ 49. ㉰ 50. ㉯ 51. ㉰ 52. ㉮

[토응] 첫 경도 측정 위치 : 수냉단으로부터 1/16″

문제 53. 다음은 분사 담금질에 대한 설명이다. 틀린 것은?
㉮ 담금질 경화 부분에 냉각제를 분사시켜 급냉하는 방법이다.
㉯ 냉각제의 흐름이 약 825 kPa(120psi)까지의 고압으로 분사한다.
㉰ 모든 냉각제가 직접 접촉하기 때문에 냉각 속도가 균일하다.
㉱ 냉각 속도가 느리며 균열 발생이 된다.

[토응] 사용되는 냉각제의 부피가 크고 냉각 속도가 빠르다.

문제 54. 냉각제로 작은 액체 방울 및 가스 캐리어(gas carrier)를 사용한 담금질 방법으로 맞는 것은?
㉮ 선택 담금질   ㉯ 분사 담금질
㉰ 안개 담금질   ㉱ 슬랙 담금질

[토응] 안개 담금질 : 냉각제로 작은 액체 방울의 안개 및 gas carrier(가스 캐리어)를 사용한 담금질 방법

문제 55. 다음 중 경화능 시험법의 종류는?
㉮ 조미니 선단 담금질 시험   ㉯ 냉각 곡선 시험
㉰ 자성 시험   ㉱ 열선 시험

[토응] 경화능 시험법 : 조미니 선단 담금질 시험, 잠김 담금질 시험.

문제 56. 담금질에서 교반의 중요성 때문에 냉각제의 경화능을 평가하는 시험은 무엇인가?
㉮ 조미니 선단 담금질 시험   ㉯ 냉각 곡선 시험
㉰ 자성 시험   ㉱ 잠김 담금질 시험

[토응] 담금질에서 교반의 중요성 때문에 냉각제의 경화능을 평가는 시료를 잠김 담금질하여 수행한다.

문제 57. 다음 중 냉각능 시험법이 아닌 것은?
㉮ 조미니 선단 담금질 시험   ㉯ 냉각 곡선 시험
㉰ 자성 시험   ㉱ 열선 시험

[토응] 냉각능 시험법 : 냉각 곡선 시험, 자성 시험, 열선 시험, 인터벌 시험.

문제 58. 시험편의 여러 부분에 열전쌍을 꽂아 시험편을 담금질하여 온도를 측정하는 방법으로 가장 널리 사용되는 냉각능 시험법은?
㉮ 조미니 선단 담금질 시험   ㉯ 냉각 곡선 시험
㉰ 자성 시험   ㉱ 열선 시험

해답 53. ㉱ 54. ㉰ 55. ㉮ 56. ㉱ 57. ㉮ 58. ㉯

[도움] 냉각 곡선 시험
시험편의 여러 부분에 열전쌍을 꽂아 시험편을 담금질하여 온도를 측정하는 방법

문제 59. 냉각제의 냉각력을 빠르게 비교할 수 있는 방법으로 5초 시험법이라고도 한 냉각능 시험법은?
㉮ 자성 시험   ㉯ 냉각 곡선 시험
㉰ 인터벌 시험   ㉱ 열선 시험

[도움] 인터벌 시험(5초 시험) : 냉각제의 냉각력을 빠르게 비교할 수 있는 방법으로 5초 시험법이라고도 한 냉각능 시험법

문제 60. 담금질유의 냉각능을 비교한 시험법은 다음 중 어느 것인가?
㉮ 조미니 선단 담금질 시험법   ㉯ 냉각 곡선 시험법
㉰ 자성 시험법   ㉱ 인터벌 시험법

문제 61. 5초 시험법에서 냉각제의 냉각력을 나타내는 곡식은?
㉮ 냉각능 = $\dfrac{5초간\ 담금질에\ 의한\ 액온\ 상승}{油\ 中의온냉에\ 의한\ 액온\ 상승} \times 100$

㉯ 냉각능 = $\dfrac{油\ 中의온냉에\ 의한\ 액온\ 상승}{5초간\ 담금질에\ 의한\ 액온\ 상승} \times 100$

㉰ 냉각능 = $\dfrac{5초간\ 담금질에\ 의한\ 액온\ 상승}{油\ 中의온냉에\ 의한\ 액온\ 상승} \times 50$

㉱ 냉각능 = $\dfrac{油\ 中의온냉에\ 의한\ 액온\ 상승}{5초간\ 담금질에\ 의한\ 액온\ 상승} \times 50$

[도움] 냉각능을 나타내는 식 : $\dfrac{5초간\ 담금질에\ 의한\ 액온\ 상승}{油\ 中의온냉에\ 의한\ 액온\ 상승} \times 100$

문제 62. 담금질 액의 냉각 효과를 지배하는 인자의 설명이 잘못된 것은 다음 중 어느 것인가?
㉮ 열전도도, 비열, 기화열, 점성, 온도, 비등점 등이다.
㉯ 기화열이 클수록 냉각능이 크다.
㉰ 기름과 같이 점성이 큰 것은 영향을 받는다.
㉱ 기화열보다 점성이 작은 것에 영향을 받는다.

[도움] 기화열보다 점성이 큰 것에 영향을 받는다.

문제 63. 다음은 냉각제에 대한 설명이다. 잘못 짝지어진 것은?
㉮ 액온 : 온도가 높은 것이 좋다.
㉯ 비열 : 큰 것이 좋다.
㉰ 점도 : 작은 것이 좋다.
㉱ 열전도도 : 높은 것이 좋다.

[해답] 59. ㉰ 60. ㉱ 61. ㉮ 62. ㉱ 63. ㉮

[토움] 액온은 온도가 낮은 것이 좋다.

[문제] 64. 다음 담금질 액에 대한 설명이 잘못된 것은 어느 것인가?
㉮ 보통 물이나 기름이 많이 사용된다.
㉯ 기름은 식물성이 좋다.
㉰ 대체로 냉각 능력은 교반할수록 커진다.
㉱ 물보다 냉각능이 작은 것은 염욕이다.

[토움] 물보다 냉각능이 작은 것은 기름, 비눗물 등이다.

[문제] 65. 냉각의 5대 원칙에 대한 설명 중 틀린 것은?
㉮ 긴일감은 장축을 액면에 수직으로 담고 얇은 판상은 세워서 담금질한다.
㉯ 두께가 고르지 않는 경우는 두꺼운 부분을 먼저 한다.
㉰ 구멍이 막힌 곳, 오목한 곳은 이곳을 아래로 향하게 한다.
㉱ 냉각액 속에서 넣은 방향으로 교반한다.

[토움] 구멍이 막힌 곳, 오목한 곳은 이곳을 위로 향하게 한다.

[문제] 66. 냉각제가 강으로부터 열을 빼앗는 과정이 아닌 것은?
㉮ 증기막 단계   ㉯ 비등 단계   ㉰ 대류 단계   ㉱ 복사 단계

[토움] 냉각제가 열을 빼앗는 과정 : 증기막 단계, 비등 단계, 대류 단계.

[문제] 67. 냉각제의 냉각 속도 크기에 대한 설명 중 틀린 것은?
㉮ 열전도도가 클수록 냉각 속도는 크다.
㉯ 비열이 클수록 냉각 속도는 크다.
㉰ 기화열이 클수록 냉각 속도는 크다.
㉱ 비등점이 낮을수록, 휘발분이 많을수록 냉각 속도는 크다.

[토움] 냉각제의 냉각 속도는
① 열전도, 비열, 기화열이 클수록 크다.
② 비등점이 높을수록 크다.
③ 점도, 휘발분이 적을수록 크다.

[문제] 68. 다음은 냉각제로서 물에 대한 설명이다. 틀린 것은?
㉮ 재료 표면에 산화 피막이 쉽게 제거될 수 있다.
㉯ 냉각 효과가 매우 크며 쉽게 구할 수 있다.
㉰ 급속한 냉각 속도에 기인하여 변형이나 균열이 생기기 쉬운 저온 영역까지 지속된다.
㉱ 재료에 즉시 녹을 방지하는 처리를 하지 않아도 된다.

[토움] 재료에 즉시 녹 방지 처리를 하지 않으면 녹이 생긴다.

[해답] 64. ㉱ 65. ㉰ 66. ㉱ 67. ㉱ 68. ㉱

문제 69. 냉각제로 사용되는 물은 몇 ℃ 이상이면 냉각 효과의 변화가 크게 나타나는가?
㉮ 10℃   ㉯ 30℃   ㉰ 80℃   ㉱ 120℃

도움 물은 30℃ 이상이 되면 냉각 효과의 변화가 크다.

문제 70. 냉각액 중 염수의 장, 단점으로 틀린 것은 어느 것인가?
㉮ 냉각 속도가 기름보다 빠르고 물보다 느리다.
㉯ 열처리품의 변형이 감소된다.
㉰ 용액의 냉각을 위한 열 교환기의 필요성이 물이나 기름에 비해 감소한다.
㉱ 염이 증기막 단계의 기간을 효과적으로 감소시키기 때문에 냉각 속도가 증가되기 쉽다.

도움 냉각 속도가 물보다 빠르다.

문제 71. 담금질에 사용되는 염수에 대한 설명이 잘못된 것은?
㉮ 부식성이 있다.   ㉯ 염을 포함하는 수용액이다.
㉰ 냉각 속도가 빠르다.   ㉱ 열처리품의 변형이 크다.

도움 열처리품의 변형이 감소된다.

문제 72. 담금질용 기름에 대한 설명이 잘못된 것은?
㉮ 기름의 조성, 담금질 효과 및 사용 온도에 따라 종류가 많다.
㉯ 물이나 염수보다 냉각 효과가 작다.
㉰ 냉각 과정의 마지막 단계에서 서냉되어 균열의 위험이 증가된다.
㉱ 열추출 능력은 균일하다.

도움 냉각 과정의 마지막 단계에서는 서서히 냉각되어 균열이나 변형의 위험이 감소된다.

문제 73. 기름은 몇 ℃에서 냉각액으로서 가장 좋은가?
㉮ 40℃ 이하   ㉯ 40~60℃   ㉰ 60~80℃   ㉱ 120℃ 이상

도움 기름은 식물성이 좋고 120℃까지 상승하여도(60~80℃가 우수함) 열처리 효과의 변화가 적다.

문제 74. 다음 조직 중 담금질 조직이 아닌 것은 어느 것인가?
㉮ Martensite   ㉯ Troostite   ㉰ Pearlite   ㉱ Sorbite

도움 담금질 조직 : 72Martensite, Troostite, Sorbite, Austenite

문제 75. 담금질 조직 중 경도가 가장 큰 조직은 어느 것인가?
㉮ Martensite   ㉯ Troostite   ㉰ Pearlite   ㉱ Sorbite

도움 담금질 조직의 경도(H_B)

해답 69. ㉯   70. ㉮   71. ㉱   72. ㉰   73. ㉰   74. ㉰   75. ㉮

① Martensite : 600~700 ② Troostite : 420
③ Sorbite : 270 ④ Austenite : 155

문제 76. Sorbite 조직의 브리넬 경도 값은 얼마인가?
㉮ 155　　㉯ 270　　㉰ 420　　㉱ 820

문제 77. 다음은 Martensite 조직에 대한 설명이다. 틀린 것은?
㉮ α-Fe에 탄소를 과포화 상태로 되어 있는 α-고용체이다.
㉯ 강을 Ac_1점 이상 온도에서 수중 담금질하면 나타나는 조직이다.
㉰ 열처리 조직 중 가장 경도가 크고 취성이 있다.
㉱ 침상 조직으로 부식 저항이 작으며 강자성체이다.

[도움] 부식 저항이 크다.

문제 78. Martensite 조직보다 냉각 속도를 조금 작게 하였을 때 나타나는 열처리 조직으로 맞는 것은 어느 것인가?
㉮ Austenite　㉯ Troostite　㉰ Pearlite　㉱ Sorbite

[도움] Troostite : Martensite 조직보다 냉각 속도를 조금 작게 하였을 때 나타나는 열처리 조직

문제 79. 다음 조직 중 수중에 냉각시켰을 때 나타나는 조직은?
㉮ Martensite　㉯ Troostite　㉰ Pearlite　㉱ Sorbite

[도움] Martensite 조직 : 수냉

문제 80. Troostite 조직에 대한 설명 중 틀린 것은?
㉮ 유냉 또는 온탕냉 때 나타난 조직이다.
㉯ 강을 유냉시 500℃ 부근에서 생기는 결정상 조직이다.
㉰ 부식이 잘 안되며 절삭력이 작다.
㉱ 페라이트와 극히 미세한 시멘타이트와의 기계적 혼합물이다.

[도움] 부식되기 쉽고 절삭력을 가진 절삭 공구용이다.

문제 81. Martensite 조직을 300~400℃에서 뜨임했을 때 나타난 조직은?
㉮ Austenite　㉯ Troostite　㉰ Pearlite　㉱ Sorbite

[도움] Troostite : Martensite 조직을 300~400℃에서 뜨임시 나타난 조직

문제 82. Troostite 조직보다 냉각 속도를 작게 하였을 때 나타나는 열처리 조직은 다음 중 어느 것인가?
㉮ Austenite　㉯ Martensite　㉰ Pearlite　㉱ Sorbite

[도움] Sorbite : Troostite 조직보다 냉각 속도를 작게 하였을 때 나타나는 조직.

해답 76. ㉯　77. ㉱　78. ㉯　79. ㉮　80. ㉰　81. ㉯　82. ㉱

문제 83. Sorbite 조직에 대한 설명 중 틀린 것은?
㉮ 큰 강재는 유냉시, 작은 강재는 공냉시 나타난 조직이다.
㉯ Martensite 조직을 600℃에서 뜨임시 나타난다.
㉰ 조대한 입상 탄화물 조직이며 가공 경화가 가장 큰 조직이다.
㉱ 인성과 탄성을 동시에 요하는 곳에 사용한다.

도움▶ 미세한 입상 탄화물 조직이며 가공 경화가 가장 작은 조직이다.

문제 84. Sorbite 조직을 얻기 위한 열처리가 아닌 것은?
㉮ 파텐팅   ㉯ 오스템퍼링   ㉰ 조질 처리   ㉱ 수소화 처리

도움▶ Sorbite 조직을 얻기 위한 열처리 : 파텐팅, 오스템퍼링, 조질 처리

문제 85. 다음 조직 중 응집 상태가 미세한 조직 순으로 맞는 것은?
㉮ Sorbite → Pearlite → Troostite 순으로 미세해 진다.
㉯ Sorbite → Pearlite → Troostite 순으로 조대해 진다.
㉰ Troostite → Sorbite → Pearlite 순으로 미세해 진다.
㉱ Troostite → Sorbite → Pearlite 순으로 조대해 진다.

도움▶ 응집 상태 : 투르스타이트 → 소르바이트 → 퍼얼라이트 → 조대

문제 86. 열소 조직(Burt structure)이 대한 설명 중 틀린 것은?
㉮ 강을 용융점 가까이 가열하였을 때 생긴 조직이다.
㉯ 미세 조직이 나타난다.
㉰ 결정립이 이간된다.
㉱ 산화물 박막이 존재한다.

도움▶ 조직이 조대해지며 일산화탄소에 의해 생긴다.

문제 87. 공구강 이외의 강의 담금질 경도를 계산하는 식으로 맞는 것은?
㉮ $H_{RC(max)} = 20 + 50 \times C\%$ ㉯ $H_{RC(max)} = 30 + 50 \times C\%$
㉰ $H_{RC(max)} = 20 + 60 \times C\%$ ㉱ $H_{RC(max)} = 30 + 60 \times C\%$

도움▶ $H_{RC(max)} = 30 + 50 \times C\%$

문제 88. 0.4 % 탄소강의 최고 담금질 경도(H_{RC})는 얼마인가?
㉮ 20   ㉯ 30   ㉰ 40   ㉱ 50

도움▶ $H_{RC(max)} = 30 + 50 \times 0.4 = 50$

문제 89. 담금질에 가장 큰 영향을 미치는 원소는 어느 것인가?
㉮ C   ㉯ Si   ㉰ Mn   ㉱ S

해답▶ 83. ㉰   84. ㉱   85. ㉱   86. ㉯   87. ㉯   88. ㉱   89. ㉮

담금질에 가장 큰 영향을 미치는 원소 : C

문제 90. 다음은 질량 효과에 대한 설명이다. 틀린 것은?
㉮ 강재의 크기에 의해 담금질 효과가 변하는 것을 말한다.
㉯ 질량이 큰 재료일수록 담금질 효과가 감소된다.
㉰ 질량이 작은 재료일수록 담금질 효과가 증가된다.
㉱ 질량 효과가 크면 담금질성이 좋아진다.

질량 효과가 크면 담금질성이 나쁘다.

문제 91. 0.4 % 탄소강에서 임계 담금질 경도(H_{RC})는 얼마인가?
㉮ 20   ㉯ 30   ㉰ 40   ㉱ 50

임계 담금질 경도(H_{RC}) : $24+40 \times C\%$

문제 92. 다음은 뜨임에 대한 설명이다. 잘못된 것은?
㉮ 강의 특정한 값의 기계적 성질을 얻는다.
㉯ 담금질 응력을 제거한다.
㉰ 기계 가공에 의해 경화된 재료를 연화한다.
㉱ 치수 안정성을 보장할 수 있다.

뜨임은 대개 담금질하여 경화된 제품의 경도 약간 연화시키고 강인성을 부여하기 위해서 열처리한다.

문제 93. 다음 중 뜨임의 목적으로 맞는 것은 어느 것인가?
㉮ 담금질한 강의 강인성 부여   ㉯ 가공 경화된 재료의 연화
㉰ 경도 증대   ㉱ 표준 조직

뜨임의 목적 : 담금질한 강의 강인성 부여

문제 94. 저온 뜨임의 목적을 잘못 설명한 것은?
㉮ 내부 응력 제거   ㉯ 치수 경년 변화 방지
㉰ 연마 균열 방지   ㉱ 조질 목적

저온 뜨임의 목적 : 내부 응력 제거, 치수 경년 변화 방지, 연마 균열 방지, 내마모성 향상.

문제 95. 다음 중 고온 뜨임의 목적으로 맞는 것은 어느 것인가?
㉮ 내부 응력 제거   ㉯ 치수 경년 변화 방지
㉰ 연마 균열 방지   ㉱ 조질 목적

고온 뜨임의 목적 : 조질 목적(인성 증가)

해답 90. ㉱   91. ㉰   92. ㉰   93. ㉮   94. ㉱   95. ㉱

문제 96. 저온 뜨임의 온도는 몇 ℃인가?
㉮ 150~200℃ ㉯ 200~300℃ ㉰ 350~450℃ ㉱ 550~650℃

도움 저온 뜨임 온도 : 150~200℃

문제 97. 고온 뜨임 온도로 맞는 것은 다음 중 어느 것인가?
㉮ 150~200℃ ㉯ 200~300℃ ㉰ 350~450℃ ㉱ 550~650℃

도움 고온 뜨임 온도 : 550~650℃

문제 98. 투르스타이트 조직에서 소르바이트 조직을 얻기 위한 뜨임은?
㉮ 저온 뜨임 ㉯ 고온 뜨임 ㉰ 중간 뜨임 ㉱ 확산 뜨임

도움 고온 뜨임 : Troostite → Sorbite를 얻기 위함.

문제 99. 담금질한 강을 400℃에서 뜨임하면 어떤 조직이 나타나는가?
㉮ Martensite ㉯ Troostite ㉰ Sorbite ㉱ Pearlite

도움 Martensite의 뜨임시 조직
① 400℃ 뜨임 : Troostite
② 600℃ 뜨임 : Sorbite

문제 100. 담금질한 강을 600℃에서 뜨임하면 어떤 조직이 나타나는가?
㉮ Martensite ㉯ Troostite ㉰ Sorbite ㉱ Pearlite

문제 101. 200~400℃에서의 뜨임한 조직의 변태 과정으로 맞는 것은?
㉮ Austenite → Martensite ㉯ Martensite → Troostite
㉰ Troostite → Sorbite ㉱ Sorbite → Pearliute

도움 뜨임한 조직의 변태
① A → M : 100~300℃   ② M → T : 200~400℃
③ T → S : 400~600℃   ④ S → P : 600~700℃
※ A : Austenite, M : Martensite, T : Troostite, S : Sorbite, P : Pearlite

문제 102. 400~600℃에서의 뜨임한 조직의 변태 과정으로 맞는 것은?
㉮ Austenite → Martensite ㉯ Martensite → Troostite
㉰ Troostite → Sorbite ㉱ Sorbite → Pearliute

문제 103. 뜨임색에 영향을 미치는 요인으로 틀린 것은?
㉮ 강의 재질 ㉯ 가열 시간 ㉰ 가열 온도 ㉱ 냉각 속도

도움 뜨임색에 영향을 미치는 요인 : 강질, 가열 시간, 가열 온도.

해답 96. ㉮ 97. ㉱ 98. ㉯ 99. ㉯ 100. ㉰ 101. ㉯ 102. ㉰ 103. ㉱

문제 104. 뜨임에 의한 용적 변화에 대한 설명 중 맞는 것은?
㉮ Austenite에서 Martensite로 변화시 용적은 팽창한다.
㉯ Troostite에서 Sorbite로 변화시 용적은 팽창한다.
㉰ Martensite에서 Troostite로 변화시 용적은 팽창한다.
㉱ Martensite에서 Pearliute로 변화시 용적은 팽창한다.

토웅 온도에 따른 조직 변화
① Austenite → Martensite : 팽창   ② Martensite → Troostie : 수축
③ Troosite → Sorbite : 수축   ④ Sorbite → Pearlite : 수축

문제 105. 뜨임색에 대한 설명 중 틀린 것은 어느 것인가?
㉮ 뜨임색은 강의 산화 피막으로 나타난다.
㉯ 온도가 일정해도 가열 시간이 길면 고온의 색을 나타내기 쉽다.
㉰ 뜨임색은 강질, 냉각 온도, 냉각 시간에 따라 영향을 받는다.
㉱ 산화성 분위기에서 뜨임하면 뜨임 온도와 시간에 따라 그 표면에 색이 여러 가지로 나타난 것을 뜨임색이라 한다.

문제 106. 뜨임 온도가 220℃일 때 뜨임색으로 맞는 것은?
㉮ 황색   ㉯ 갈색   ㉰ 청색   ㉱ 회색

토웅 뜨임색
① 200℃ : 담황색   ② 220℃ : 황색   ③ 240℃ : 갈색
④ 260℃ : 자색   ⑤ 300℃ : 청색   ⑥ 350℃ : 회청색
⑦ 440℃ : 회색

문제 107. 뜨임 온도가 300℃일 때 뜨임색으로 맞는 것은?
㉮ 황색   ㉯ 갈색   ㉰ 청색   ㉱ 회색

문제 108. 뜨임 온도가 440℃일 때 뜨임색으로 맞는 것은?
㉮ 황색   ㉯ 갈색   ㉰ 청색   ㉱ 회색

문제 109. 뜨임 처리한 강의 미세 조직 및 기계적 성질에 영향을 미치는 인자가 아닌 것은 다음 중 어느 것인가?
㉮ 온도   ㉯ 시간   ㉰ 조성   ㉱ 방법

토웅 뜨임 처리한 강의 기계적 성질에 영향을 미치는 인자 : 온도, 시간, 조성, 냉각 속도

문제 110. 뜨임 처리한 강의 성질의 형성을 결정하는 요인이 아닌 것은?
㉮ 탄화물의 크기   ㉯ 탄화물의 가열 방법
㉰ 탄화물의 형태   ㉱ 탄화물의 조성

해답 104. ㉮   105. ㉰   106. ㉮   107. ㉰   108. ㉱   109. ㉱   110. ㉯

[토응] 뜨임 처리한 강의 성질 결정 : 탄화물의 크기, 형태, 조성 및 분포에 의해 결정된다.

[문제] **111.** 다음은 뜨임에 대한 설명이다. 틀린 것은?
㉮ 탄화물 형성 원소가 포함된 합금강은 이차 경화를 일으킨다.
㉯ 뜨임에서 온도와 시간은 독립 변수이다.
㉰ 뜨임 처리한 강의 미세 조직의 변화가 경도, 인장 강도 및 항복 강도를 증가시키고 연성 및 인성을 감소시킨다.
㉱ 뜨임 처리는 일반적으로 175~700℃의 범위에서 30분~4시간 동안 행한다.

[토응] 뜨임 처리한 강의 미세조직의 변화가 경도, 인장 강도 및 항복 강도를 감소시키고 연성 및 인성을 증가시킨다.

[문제] **112.** 최저 충격 에너지 값을 나타내는 온도는?
㉮ 150℃   ㉯ 200℃   ㉰ 300℃   ㉱ 400℃

[토응] 300℃ 부근에서 최저 충격 에너지를 나타내는 현상을 청열 취성이라 한다.

[문제] **113.** 다음은 뜨임 온도에 대한 설명이다. 틀린 것은 어느 것인가?
㉮ 뜨임 온도가 증가할수록 상온 경도와 강도는 증가된다.
㉯ 연신율, 단면 수축률은 뜨임 온도에 따라 연속적으로 증가한다.
㉰ 320℃ 이상에서 충격 에너지는 뜨임 온도의 증가에 따라 증가한다.
㉱ 300℃ 근처에서 최저 충격 에너지를 나타내는 현상을 청열 취성이라 한다.

[토응] 뜨임 온도가 증가할수록
① 증가 : 연성
② 감소 : 상온 경도, 강도

[문제] **114.** 탄화물 형성에 필요한 탄소와 합금 원소의 확산은 무엇에 의존하는가?
㉮ 온도와 시간   ㉯ 온도와 속도   ㉰ 성분과 시간   ㉱ 성분과 속도

[토응] 탄화물 형성에 필요한 탄소와 합금 원소의 확산은 온도와 시간에 의존한다.

[문제] **115.** 상온 경도의 급격한 변화는 뜨임 시작 후 몇 초 안에 발생하는가?
㉮ 10초   ㉯ 6초   ㉰ 4초   ㉱ 2초

[토응] 상온 경도의 급격히 변화는 뜨임 시작 후 10초 안에 생긴다.

[문제] **116.** 뜨임 취성에 대한 설명으로 잘못된 것은?
㉮ 뜨임시 충격 인성이 증가하는 것을 뜨임 취성이라 한다.
㉯ 뜨임 저항성은 강인화를 방해하는 성질이다.
㉰ 뜨임 취성에 가장 주의해야 할 온도는 300℃이다.
㉱ 뜨임 메짐 방지는 뜨임 온도에서 수냉(또는 유랭)에 급랭한다.

[해답] 111. ㉰   112. ㉰   113. ㉮   114. ㉮   115. ㉮   116. ㉮

토용 뜨임 취성은 충격 인성이 감소한다.

문제 117. 다음 중 뜨임 취성의 종류가 아닌 것은?
㉮ 뜨임 급냉 취성　　　　　　　㉯ 저온 뜨임 취성
㉰ 고온 뜨임 취성　　　　　　　㉱ 뜨임 시효 취성

토용 뜨임 취성의 종류, 온도
① 저온 뜨임 취성 : 250~300℃
② 뜨임 시효 취성 : 450~525℃
③ 고온 뜨임 취성 : 525~600℃

문제 118. 다음 중 저온 뜨임 취성 온도는?
㉮ 250~300℃　　㉯ 450~525℃　　㉰ 525~600℃　　㉱ 600~700℃

문제 119. 다음 중 뜨임 시효 취성 온도는?
㉮ 250~300℃　　㉯ 450~525℃　　㉰ 525~600℃　　㉱ 600~700℃

문제 120. 다음 중 고온 뜨임 취성 온도는?
㉮ 250~300℃　　㉯ 450~525℃　　㉰ 525~600℃　　㉱ 600~700℃

문제 121. 뜨임 시효 취성에 대한 설명 중 틀린 것은?
㉮ 500℃ 부근에서 뜨임하면 뜨임 시간이 길어짐에 따라 충격값이 저하한다.
㉯ 입계 경계에 탄화물, 인화물, 질화물 등이 석출하기 때문에 생긴다.
㉰ 구조용강은 이 온도에서 피하고 Mo을 첨가해 방지한다.
㉱ 0.2~0.4% C의 구조용 강에서 많이 나타난다.

토용 0.2~0.4% C의 구조용 강에서는 저온 뜨임 취성이 많이 나타난다.

문제 122. 입계 경계에 탄화물, 인화물, 질화물이 석출하기 때문에 생기는 뜨임 취성은 다음 중 어느 것인가?
㉮ 뜨임 급냉 취성　　　　　　　㉯ 저온 뜨임 취성
㉰ 고온 뜨임 취성　　　　　　　㉱ 뜨임 시효 취성

토용 뜨임 시효 취성 : 입계 경계에 탄화물, 인화물, 질화물이 석출하기 때문에 생긴다.

문제 123. 뜨임 균열의 원인으로 틀린 것은 어느 것인가?
㉮ 뜨임시 급속히 가열하였을 때
㉯ 탈탄층이 있을 때
㉰ 뜨임 온도에서 급속히 냉각하였을 때
㉱ 뜨임시 서열, 서냉하였을 때

해답 117. ㉮　118. ㉮　119. ㉯　120. ㉰　121. ㉱　122. ㉱　123. ㉰

[도움] 뜨임 균열의 원인
① 뜨임시 급가열   ② 탈탄층이 있을 때   ③ 뜨임 온도에서 급랭

[문제] **124.** 뜨임 균열의 방지책으로 맞는 것은 다음 중 어느 것인가?
㉮ 급가열한다. ㉯ 급냉한다.
㉰ 탈탄층을 만든다. ㉱ 서냉한다.

[도움] 뜨임 균열 방지책
① 서열, 서냉한다.   ② 뜨임전 탈탄층 제거

[문제] **125.** 뜨임 메짐을 방지하는데 효과적인 원소는?
㉮ C   ㉯ Si   ㉰ P   ㉱ Mo

[도움] 뜨임 취성 방지 원소 : Mo

[문제] **126.** 뜨임 온도와 시간과의 관계를 나타내는 식은? (단, T : 뜨임 온도(°K), C : 재료 상수, t : 뜨임시간)
㉮ $T=(C \times \log t)+10^{-2}$ ㉯ $T=(C+\log t) \times 10^{-2}$
㉰ $T=(C \times \log t)+10^{-3}$ ㉱ $T=(C+\log t) \times 10^{-3}$

[도움] 뜨임 온도와 시간의 관계 : $T=(C+\log t) \times 10^{-3}$

[문제] **127.** 담금질한 강의 경도를 증대시키고 시효 변형을 방지하기 위해서 0℃ 이하의 저온에서 처리한 것을 무엇이라 하는가?
㉮ 시효 처리 ㉯ 석출 경화 처리
㉰ 가공 경화 처리 ㉱ 심랭 처리

[도움] 심랭 처리(sub-zero) : 담금질한 강의 경도 증대, 시효 변형 방지를 위한 0℃ 이하에서의 처리

[문제] **128.** 심랭 처리의 목적으로 잘못된 것은?
㉮ 주목적은 강을 강인하게 만들기 위함이다.
㉯ 공구강의 경도 증대, 성능 향상, 절삭성 향상 등이 된다.
㉰ 게이지강의 자연 시효 및 경도를 증대시킨다.
㉱ 담금질한 강의 조직 안정화 및 연성, 메짐을 증대시킨다.

[도움] 스테인레스강의 기계적 성질 개선과 담금질한 강의 조직 안정화를 위한 것이다.

[문제] **129.** 다음 중 심랭 처리의 효과가 아닌 것은?
㉮ 시효 변형은 뜨임 온도가 높을수록 작다.
㉯ 저온에서 장시간 뜨임한 것이 고온에서 장시간 뜨임한 것보다 시효 변형이 작다.
㉰ 시효 변형을 적게 하도록 하면 경도는 작아 진다.
㉱ Cr, Mo, W 등을 첨가한 강은 시효 변형량이 많다.

[해답] 124. ㉱ 125. ㉱ 126. ㉱ 127. ㉱ 128. ㉱ 129. ㉱

[도움] Cr, Mo, W 등을 첨가한 강은 시효 변형량이 적다.

[문제] **130.** 심랭 처리에 사용되는 냉각제 중 온도가 가장 낮은 것은?
㉮ 암모니아　　㉯ 액체 산소　　㉰ 액체 질소　　㉱ 액체 헬륨

[도움] 냉각제의 온도
① 암모니아 : -50℃　　② 액체 산소 : -183℃
③ 액체 질소 : -196℃　　④ 액체 헬륨 : -268.8℃

[문제] **131.** 금속 조직을 안정화시켜 치수 경년 변화를 방지하는 열처리는?
㉮ 침탄 처리　　　　　　㉯ 심냉 처리
㉰ 안정화 처리　　　　　㉱ 서브-제로 처리

[도움] 안정화 처리 : 고용체에서 용해물을 석출시킨 처리

[문제] **132.** 다음 중 안정화 처리에 많이 사용되는 원소가 아닌 것은?
㉮ Ti　　㉯ Cd　　㉰ S　　㉱ N

[도움] 안정화 처리에 많이 사용되는 원소 : Ti, Cd, N

[문제] **133.** 안정화 처리에 대한 설명 중 틀린 것은 어느 것인가?
㉮ 상온 시효로 경화 경향이 감소한다.
㉯ 고용체에서 용해물을 석출시킨 처리다.
㉰ 가공성이 감소되고 치수 갱년 변화가 증가된다.
㉱ 탄화물이 석출하여 입계 부식 방지, 성장 안정이 된다.

[도움] 가공성이 향상되며, 치수 갱년 변화가 감소한다.

[문제] **134.** 주로 균열, 변형 및 잔류 응력을 감소시킬 목적으로 하는 고온의 담금질 과정을 무엇이라 하는가?
㉮ 오스템퍼링　　㉯ Ms 퀜칭　　㉰ 마템퍼링　　㉱ 마퀜칭

[도움] 마템퍼링(Martempering) : 균열, 변형 및 잔류 응력을 감소시킬 목적으로 하는 고온의 담금질 과정

[문제] **135.** 마템퍼링 후의 미세 조직은 무엇인가?
㉮ Pearlite　　㉯ Bainitte　　㉰ Martensite　　㉱ Austenite

[도움] 마템퍼링 후의 미세 조직 : Martensite

[문제] **136.** 다음 중 A″ 변태 구역(Ms점와 Mf점 사이)에서 열처리하는 항온 열처리는?
㉮ Austempering　　　　㉯ Marquenching
㉰ Martempering　　　　㉱ Ms quenching

[해답] 130. ㉱　131. ㉰　132. ㉰　133. ㉰　134. ㉰　135. ㉰　136. ㉰

도움 Martempering : Ms점와 Mf점 사이에서 항온 처리한다.

문제 137. 마템퍼링의 특징에 대한 설명 중 틀린 것은?
㉮ 경도가 높다.   ㉯ 인성이 증가된다.
㉰ 충격값이 감소된다.   ㉱ 담금질 균열을 방지한다.

도움 충격값이 증가한다.

문제 138. 다음 그림은 어느 열처리 방법인가?
㉮ 오스템퍼링
㉯ 마퀜칭
㉰ 마템퍼링
㉱ Ms 퀜칭

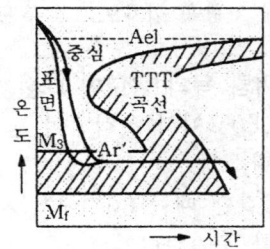

도움 그림은 마템퍼링의 항온 변태 열처리 곡선이다.

문제 139. 마템퍼링에 대한 설명이다. 틀린 것은 어느 것인가?
㉮ 재료를 일정한 온도로 담금질하여 상온으로 공냉할 때 표면과 중심 사이에 열적인 구배가 감소된다.
㉯ 마템퍼링하는 동안 발달하는 잔류 응력은 기존의 담금질하는 동안 발달한 것보다 작다.
㉰ 균열에 대한 민감성을 증가시킨다.
㉱ 상온으로 냉각하는 동안 재료 전체에 Martensite가 매우 균일하게 형성되어 과잉의 잔류 응력이 형성되지 않는다.

도움 마템퍼링은 균열에 대한 민감성을 감소시키거나 제거한다.

문제 140. 다음은 마템퍼링에 대한 설명이다. 틀린 것은 어느 것인가?
㉮ 일반적으로 합금강이 탄소강보다 마템퍼링에 적합하다.
㉯ 탄소량이 증가할수록 Martensite 변태 온도 범위는 좁아진다.
㉰ 유냉으로 경화되는 강은 마템퍼링을 할 수 있다.
㉱ 마템퍼링의 성공은 강의 변태 특성(TTT 곡선)에 의존한다.

도움 탄소량이 증가할수록 마텐자이트 변태 온도 범위는 넓어지고 변태 개시 온도는 낮아진다.

문제 141. 마템퍼링에서 조절되어야 하는 처리 변수에 대한 설명이 아닌 것은 다음 중 어느 것인가?
㉮ 오스테나이트화 온도   ㉯ 마텐자이트화 온도
㉰ 마템퍼링욕의 온도   ㉱ 욕에서의 유지 시간

해답 137. ㉰ 138. ㉰ 139. ㉰ 140. ㉯ 141. ㉯

[보충] 마템퍼링에서 조절되어야 하는 처리 변수 : Austenite화 온도, 마템퍼링 욕의 유지 온도, 욕의 오염 여부, 교반 정도 및 냉각 속도, 욕에서의 유지 시간

문제 142. 마템퍼링에서 조절되어야 하는 처리 변수 중 Austenite화 온도에 대한 설명이다. 틀린 것은?
㉮ Austenite 결정립의 크기를 조절한다. ㉯ Ms 온도에 영향을 끼치지 않는다.
㉰ 균질화 정도를 조절한다. ㉱ 탄화물의 용해량을 조절한다.

[보충] Ms 온도에 영향을 끼치므로 매우 중요하다.

문제 143. 마템퍼링 욕의 온도에 대한 설명이다. 틀린 것은?
㉮ 유냉시에는 95℃에서 시작하여 경도와 변형 사이에 최상의 조화를 얻을 때까지 온도를 증가한다.
㉯ 염에서 담금질할 때는 60℃에서 시작하여 경도와 변형 사이에 최상의 조화를 얻을 때까지 온도를 증가한다.
㉰ Austenite화 온도 및 원하는 결과 등에 의존한다.
㉱ 재료의 조성에 의존한다.

[보충] 염에서 담금질할 때 마템퍼링 욕의 온도 : 175℃에서 시작하여 경도와 변형 사이에 최상의 조화를 얻을 때까지 온도를 증가한다.

문제 144. 마템퍼링 욕에서의 유지 시간의 의존에 대한 설명이 잘못된 것은?
㉮ 단면의 두께 ㉯ 가열 방법 ㉰ 온도 및 교반 ㉱ 냉각제의 종류

[보충] 마템퍼링 욕에서의 유지 시간 : 단면 두께, 냉각제의 종류, 온도 및 교반 정도

문제 145. 기름욕에서 온도를 균일하게 하기 위해 필요한 마템퍼링 시간은 염욕에서 필요한 시간의 몇 배 정도가 좋은가?
㉮ 약 2~3배 ㉯ 약 4~6배 ㉰ 약 6~7배 ㉱ 약 8~9배

[보충] 약 4~5 배이다.

문제 146. Pearlite 형성 온도보다 낮고 Martensite 형성 온도보다는 높은 온도에서 행하는 철계 합금의 항온 변태는?
㉮ 마템퍼링 ㉯ 오스템퍼링 ㉰ 마퀜칭 ㉱ Ms 퀜칭

[보충] 강의 오스템퍼링 : Pearlite 형성 온도보다 낮고 Martensite 형성 온도보다는 높은 온도에서 행하는 철계 합금의 항온 변태

문제 147. Ar′ 변태와 Ar″ 변태점 사이의 염욕에 담금질하여 과냉 오스테나이트가 변태 완료할 때까지 항온 유지 후 공냉하는 담금질은?
㉮ 마템퍼링 ㉯ 오스템퍼링 ㉰ 마퀜칭 ㉱ Ms 퀜칭

[해답] 142. ㉯ 143. ㉯ 144. ㉯ 145. ㉯ 146. ㉯ 147. ㉯

[도움] Austempering : Ar′ 와 Ar″ 사이에서 행한 항온 열처리.

[문제] **148.** Bainite 조직이 얻어지는 항온 열처리는?
㉮ 마템퍼링　　㉯ 오스템퍼링　　㉰ 마퀜칭　　㉱ Ms 퀜칭

[도움] 오스템퍼링시 Bainite 조직이 나타난다.

[문제] **149.** 다음 그림은 어느 열처리를 나타내는가?
㉮ 오스템퍼링
㉯ 마템퍼링
㉰ 마퀜칭
㉱ Ms 퀜칭

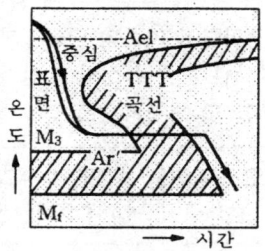

[도움] 오스템퍼링을 나타내는 그림이다.

[문제] **150.** 다음 중 오스템퍼링의 장점으로 맞지 않는 것은?
㉮ 주어진 경도에서 연성 및 노치 인성이 증가한다.
㉯ 변형이 증가하여 가공 시간을 증가시킨다.
㉰ HRC 35~55의 경도 범위 내로 경화시키기 위한 전처리 시간이 짧아져서 에너지 절감 효과가 있다.
㉱ 자본 절감 효과가 있다.

[도움] 변형 저항이 감소하여 가공 시간 및 가격을 감소시킨다.

[문제] **151.** 오스템퍼링용 냉각제에 가장 일반적으로 사용되는 염에 대한 특징이 잘못 설명된 것은?
㉮ 열을 급속히 전달한다.
㉯ 담금질 초기의 단계에서 증기상의 문제를 실질적으로 제거한다.
㉰ 광범위한 온도에서 점성이 균일하고 오스템퍼링 온도에서 점성이 작다.
㉱ 작업 온도에서 안정하고 물에 용해되지 않으므로 나중에 세척하기가 어렵다.

[도움] 작업 온도에서 안정하며 물에 완전히 용해되어 나중에 세척이 쉽다.

[문제] **152.** 오스템퍼링을 하기 위한 강의 선택시 고려 사항이 아닌 것은?
㉮ TTT 곡선의 코의 위치와 코를 통과하는 데 필요한 시간
㉯ 오스템퍼링 온도에서 Austenite가 완전히 Bainite로 변태하는 데 필요한 시간
㉰ 오스템퍼링 온도에서 Bainite가 완전히 Austenite로 변태하는 데 필요한 시간
㉱ Ms 점의 위치

[해답] 148. ㉯　149. ㉮　150. ㉯　151. ㉱　152. ㉰

문제 153. 오스템퍼링의 적용 범위에 대한 설명이 잘못된 것은?
㉮ 지름이 작은 봉으로 만든 부품
㉯ 단면적이 작은 강판으로 제조된 부품
㉰ H_{RC} 50 정도의 경도를 가지고 예외적인 인성을 요구하는 얇은 단면의 탄소강 부품에 적용된다.
㉱ 균열 및 변형의 가능성을 쉽게 하기 위한 부품

도움 오스템퍼링이 기존의 담금질과 뜨임에 대체되어 사용되는 이유
① 향상된 기계적 성질을 얻기 위해.
② 균열 및 변형의 가능성을 감소시키기 위해

문제 154. 오스템퍼링 처리 변수의 조절 의존 방법이 아닌 것은?
㉮ 욕의 온도 ㉯ 유지 시간 ㉰ 욕의 교반 ㉱ 욕의 종류

도움 오스템퍼링 처리 변수 조절 : 욕의 온도 조절, 유지 시간 및 욕의 교반에 의존한다.

문제 155. 오스템퍼링 욕의 온도가 몇 ℃를 초과하는 온도에서 질산염욕은 욕의 용기뿐만 아니라 강재 부품의 피팅(pitting) 부식을 일으키는가?
㉮ 300℃ ㉯ 455℃ ㉰ 595℃ ㉱ 780℃

도움 455℃를 초과한 온도에서 질산염욕에서 욕의 용기뿐만 아니라 강재 부품의 피팅 부식을 일으킨다.

문제 156. Ar″(Ms)점보다 다소 높은 온도의 열욕에 담금질한 후 항온 유지하고 과냉 오스테나이트가 항온 변태를 일으키기 전에 공냉하여 Ar″ 변태가 서서히 일어나도록 처리한 항온 열처리는?
㉮ 오스템퍼링 ㉯ 마템퍼링 ㉰ 마퀜칭 ㉱ Ms 퀜칭

도움 Marquenching : Ar″점보다 바로 위의 온도의 열욕에서 항온 처리한다.

문제 157. 기계 구조용 합금강의 담금질에 대한 설명이 잘못된 것은?
㉮ 담금질 방법은 일부를 제외하고는 유냉한 것이 원칙이다.
㉯ 충분히 교반할 필요가 있다.
㉰ 기름의 온도는 60~80℃ 정도로 유지하는 것이 좋다.
㉱ 물의 온도는 60℃ 정도로 유지하는 것이 좋다.

문제 158. 기계 구조용 합금강의 뜨임 처리에 대한 설명으로 틀린 것은?
㉮ 뜨임은 원칙적으로 550~650℃의 고온 뜨임 처리가 행해진다.
㉯ SCr 계와 같이 뜨임 연화 저항성이 작은 강종은 약간 낮은 온도에서 뜨임한다.
㉰ 침탄용강은 150~200℃의 저온 뜨임을 행한다.
㉱ 고온 뜨임과 저온 뜨임의 중간 온도에서의 온도 범위가 가장 뜨임에 알맞는 온도이다.

해답 153. ㉱ 154. ㉱ 155. ㉯ 156. ㉰ 157. ㉱ 158. ㉱

[도움] 저온 뜨임과 고온 뜨임의 중간 온도에서는 뜨임 메짐이 나타나서 충격 인성이 현저히 떨어지므로 이 온도 범위에서의 뜨임은 피한다.

[문제] **159.** Cr강의 열처리를 설명하였다. 틀린 것은 어느 것인가?
㉮ 열처리 온도는 830~880℃에서 유냉한다.
㉯ 뜨임은 550~650℃에서 한다.
㉰ 뜨임 후 메짐을 방지하기 위해서 유냉한다.
㉱ 뜨임 취성 방지를 위해 소량의 Mo을 첨가한다.

[도움] 뜨임 취성을 방지하기 위해 뜨임 후 수냉한다.

[문제] **160.** 다음은 Cr-Mo 강(SCM 420)의 열처리를 설명한 것이다. 틀린 것은?
㉮ 불림 : 870~925℃로 가열 후 적당시간 유지 후 공냉한다.
㉯ 풀림 : 830~860℃로 가열 후 적당시간 유지 후 노냉한다.
㉰ 뜨임 : 200~700℃에서 최소 30분 유지 후 공냉 또는 수냉한다.
㉱ 담금질 : 300~550℃로 가열하여 유지한 후 수냉한다.

[도움] SCM 420 강의 담금질
① 845~870℃로 가열하여 유지한 후 수냉한다.
② 860~885℃로 가열하여 유지한 후 유냉한다.

[문제] **161.** SCM 420 강의 열처리에 대한 설명 중 틀린 것은?
㉮ 불림 : 가열 온도=870~925℃, 냉각 방법=공냉
㉯ 풀림 : 가열 온도=830~860℃, 냉각 방법=노냉
㉰ 담금질 : 가열 온도=845~870℃, 냉각 방법=수냉
㉱ 구상화 : 가열 온도=150~200℃, 냉각 방법=수냉

[도움] SCM 420 강의 구상화
① 760~775℃로 가열, 4~12시간 유지 후 서냉한다.
② 침탄강은
㉠ 1차 담금질 : 850~900℃, 유냉
㉡ 2차 담금질 : 800~850℃, 유냉
㉢ 뜨임 : 150~900℃, 공냉

[문제] **162.** Ni-Cr 강의 뜨임 온도로 맞는 것은?
㉮ 200~300℃   ㉯ 550~650℃   ㉰ 750~870℃   ㉱ 900~970℃

[도움] Ni-Cr 강의 열처리 온도
① 담금질 온도 : 820~880℃, ② 뜨임 온도 : 550~650℃

[문제] **163.** 다음 중 Ni-Cr-Mo 강(SMCN 8)의 불림 온도는?
㉮ 200~300℃   ㉯ 550~650℃   ㉰ 750~870℃   ㉱ 845~900℃

[해답] 159. ㉰ 160. ㉱ 161. ㉱ 162. ㉯ 163. ㉱

[참고] SMCN 8강의 열처리 온도
　　① 불림 온도 : 845~900℃　　　② 풀림 온도 : 830~860℃
　　③ 뜨임 온도 : 200~650℃　　　④ 담금질 온도 : 800~845℃

[문제] **164.** 다음 중 Ni-Cr-Mo 강(SMCN 8)의 풀림 온도는?
　㉮ 200~300℃　　㉯ 550~650℃　　㉰ 750~820℃　　㉱ 830~860℃

[문제] **165.** 다음 중 Ni-Cr-Mo 강(SMCN 8)의 뜨임 방법은?
　㉮ 200~650℃에서 최소 30분 동안 유지 후 공냉한다.
　㉯ 200~650℃에서 최소 30분 동안 유지 후 수냉한다.
　㉰ 750~820℃에서 최소 30분 동안 유지 후 공냉한다.
　㉱ 750~820℃에서 최소 30분 동안 유지 후 수냉한다.

[문제] **166.** SMCN 8 강의 구상화 방법으로 맞는 것은?
　㉮ 200~650℃에서 최소 30분 동안 유지 후 공냉한다.
　㉯ 200~650℃에서 최소 30분 동안 유지 후 수냉한다.
　㉰ 730~750℃로 가열하고 수시간 유지한 뒤 상온까지 노냉한다.
　㉱ 성형 가공이나 기계 가공한 후 650~675℃로 열처리를 한다.

[참고] SMCN8강의 구상화 방법 : 730~750℃로 가열하고 수시간 유지한 뒤 상온까지 노냉한다.

[문제] **167.** SMCN 8 강의 기계 가공 후 응력 제거 처리는 몇 ℃에서 행하는가?
　㉮ 200~650℃　　㉯ 650~675℃　　㉰ 730~750℃　　㉱ 830~860℃

[참고] SMCN 8 강의 기계 가공 후 응력 제거 처리 온도 : 650~675℃

[문제] **168.** 마레이징 강의 열처리에 대하여 잘못 설명한 것은?
　㉮ 마레이징 강은 재가열하여도 뜨임 반응이 일어나지 않는다.
　㉯ 마레이징 강은 담금질은 잘되나 뜨임이 되지 않는다.
　㉰ 용체화 처리 및 시효 처리에 의해 강화시킨다.
　㉱ 기본적인 처리 방법은 850℃에서 1시간 유지하여 용체화 처리한 후 공냉 또는 수
　　냉한다.

[참고] 마레이징 강의 열처리
　　① 용체화 처리 및 시효 처리에 의해 강화한다.
　　② 850℃에서 1시간 유지 후 용체화 처리 후 공냉(수냉)
　　③ 480℃에서 3시간 시효 처리

[문제] **169.** 다음 중 공구강의 구비 조건이 아닌 것은?
　㉮ 상온 및 고온 경도가 클 것　　　㉯ 내마멸성이 클 것
　㉰ 가열에 의한 경도 변화가 적을 것　㉱ 여림성이 클 것

[해답] 164. ㉱　165. ㉮　166. ㉰　167. ㉯　168. ㉯　169. ㉱

토응 공구강의 구비 조건
① 상온, 고온 경도가 클 것
② 가열에 의한 경도 변화가 적을 것, 인성이 클 것.
③ 내마멸, 내식성이 클 것.
④ 압축 강도가 클 것
⑤ 열처리가 용이하고 열처리에 의한 변형이 적을 것
⑥ 기계 가공성이 양호할 것
⑦ 열균열을 발생하지 않을 것

문제 170. 다음 중 공구강의 구비 조건이 아닌 것은?
㉮ 압축 강도가 클 것
㉯ 열처리가 용이할 것
㉰ 열처리에 의한 변형이 클 것
㉱ 내산화성, 내식성이 클 것

문제 171. 공구강을 담금질 및 냉간 가공시 발생될 수 있는 균열의 위험을 줄이고 기계 가공성을 향상시키기 위한 조직을 만들기 위한 열처리는?
㉮ 완전 풀림
㉯ 구상화 풀림
㉰ 뜨임
㉱ 불림

토응 구상화 풀림을 하여 구상화 조직으로 한다.

문제 172. 탄소 공구강의 구상화 풀림에 대한 설명으로 틀린 것은?
㉮ 공구강은 담금질 전에 탄화물(Fe_3C)을 충분히 구상화시킨다.
㉯ 공구강의 담금질 전처리로서 꼭 필요하다.
㉰ 시멘타이트를 구상화시키면 내열성이 향상된다.
㉱ 시멘타이트를 구상화시키면 인성이 향상된다.

토응 Fe_3C를 구상화시키면 마멸성이 향상된다.

문제 173. Pearlite 중의 층상 Cementite 또는 초석의 망상 Cementite가 그대로 존재하면 공구강을 어떻게 되는가?
㉮ 기계 가공성이 좋아진다.
㉯ 담금질시 변형이 생기지 않는다.
㉰ 담금질시 균열이 생기지 않는다.
㉱ 인성이 부족하게 된다.

토응 인성이 부족하게 된다.

문제 174. 다음 중 구상화 풀림의 방법이 아닌 것은?
㉮ Ac_1점 아래의 온도에서 장시간 가열 유지 후 냉각한다.
㉯ A_4점 위, 아래의 온도에서 여러 번 반복 가열한다.
㉰ Ac_1점 이상 Acm 이하의 온도로 1~2 시간 가열한 후 Ar_1 점 이하까지 서냉한다.
㉱ Ac_1점 이상 Acm 이하로 가열한 후 Ar_1 점 이하의 온도로 유지하여 변태가 끝난 후 냉각한다.

토응 A_1 점 위, 아래의 온도(±20~30℃)에서 여러 번 반복 가열 냉각하는 방법.

해답 170. ㉰ 171. ㉯ 172. ㉰ 173. ㉱ 174. ㉯

문제 175. Ac₁점 아래의 온도에서 장시간 가열 유지 후 냉각하는 구상화 처리에 대한 설명이 잘못된 것은?
㉮ 냉간 가공재의 재료에 적용된다.
㉯ 담금질 상태의 재료에 적용된다.
㉰ 거칠고 큰 망상 Cementite는 이 방법으로는 구상화되지 않는다.
㉱ 크기가 작은 공구강의 Cementite를 급속히 구상화시키는데 이용된다.

토용 ㉱ 항은 A₁점 ±20~30℃로 반복 가열 냉각할 때 나타난다.

문제 176. A₁점 위, 아래의 온도(±20~30℃)에서 여러 번 반복 가열 냉각하여 구상화 처리하는 방법의 특징이 잘못된 것은?
㉮ A₁점 이상으로 가열하는 것은 망상 Cementite를 절단하기 위한 것이다.
㉯ A₁점 이하로의 가열은 구상화시키기 위한 것이다.
㉰ 크기가 작은 공구강의 Cementite를 급속히 구상화시키는데 이용된다.
㉱ Pearlite와 망상 Cementite를 갖는 강에 적용된다.

토용 Ac₁점 이상 Acm 이하의 온도로 1~2시간 가열한 후 Ar₁점 이하까지 서냉하는 방법이 펄라이트와 망상 시멘타이트를 갖는 강에 적용된다.

문제 177. 재료를 연하게 하여 가공하기 쉽도록 하기 위한 열처리는?
㉮ 구상화 풀림   ㉯ 연화 풀림   ㉰ 항온 풀림   ㉱ 불림

토용 650~750℃에서 1~3시간 가열하여 공냉 또는 수냉.

문제 178. 다음 중 공구강의 완전 풀림 온도로 맞는 것은?
㉮ 아공석강은 Ac₁ 점 이하 약 30~50℃로 가열 후 노냉한다.
㉯ 아공석강은 Ac₃ 점 이상 약 30~50℃로 가열 후 노냉한다.
㉰ 과공석강은 Ac₁ 점 이하 약 30~50℃로 가열 후 노냉한다.
㉱ 과공석강은 Ac₃ 점 이상 약 30~50℃로 가열 후 노냉한다.

토용 완전 풀림 온도 : Ac₃점(아공석강) 또는 Ac₁점(과공석강)이상 약 30~50℃로 가열 후 노냉

문제 179. 단시간에 완전 풀림의 목적이 달성된 풀림 처리는?
㉮ 연화 풀림   ㉯ 항온 풀림   ㉰ 중간 풀림   ㉱ 응력 제거 풀림

토용 항온 풀림 : S곡선의 코 부근의 온도(600~650℃)에서 항온 변태 후 공냉 또는 수냉한 것으로 신속히 연화 풀림의 목적을 달성하는 조작이다.

문제 180. 내부 응력 제거 풀림의 온도로 적당한 온도는?
㉮ 200~300℃   ㉯ 400~500℃   ㉰ 500~700℃   ㉱ 700~900℃

토용 내부 응력 제거 풀림 : 500~700℃의 온도가 적당

해답 175. ㉱   176. ㉱   177. ㉯   178. ㉯   179. ㉯   180. ㉰

❖ 예상문제 2-99

문제 **181.** 공구강의 노멀라이징에 대한 설명이 잘못된 것은?
㉮ Ac₃ 또는 Acm 이상의 Austenite 온도 범위로 가열한 후 공기 중에서 냉각하는 열 조작이다.
㉯ 단조재의 조대한 결정립 조직을 미세화한다.
㉰ 담금질 후처리로 행해지며 가열 온도는 너무 높게 하면 결정립이 미세해지므로 과열은 피한다.
㉱ 담금질에 의한 변형과 균열을 방지할 수 있다.

토용▶ 공구강의 불림 처리
① 담금질 전처리로 행한다.
② 가열 온도는 너무 높게 하면 결정립이 조대해지므로 과열은 피한다.

문제 **182.** 탄소 공구강의 담금질 방법에 대한 설명 중 틀린 것은?
㉮ 경화능이 나쁘므로 수냉으로 경화시킨다.
㉯ Austenite화 온도는 760~820℃의 범위로 한다.
㉰ 온도를 정확히 조절하여 미용해 탄화물이 과잉으로 용해되지 않도록 한다.
㉱ 온도가 너무 낮으면 잔류 Austenite양이 증가하여 담금질 경도를 증가한다.

토용▶ 온도가 너무 높으면 잔류 Austenite양이 증가되어 담금질 경도를 저하한다.

문제 **183.** 탄소 공구강의 담금질용 물의 온도는?
㉮ 20~30℃   ㉯ 40~50℃   ㉰ 50~60℃   ㉱ 120~140℃

토용▶ 담금질용 물의 온도 : 20~30℃

문제 **184.** 탄소 공구강의 담금질용 기름의 온도는?
㉮ 20~30℃   ㉯ 40~50℃   ㉰ 50~60℃   ㉱ 120~140℃

토용▶ 담금질용 기름의 온도 : 50~60℃

문제 **185.** 탄소 공구강의 뜨임 온도로 맞는 것은?
㉮ 150~200℃에서 25mm당 30분 유지 후 공냉한다.
㉯ 150~200℃에서 25mm당 30분 유지 후 수냉한다.
㉰ 150~200℃에서 25mm당 1시간 유지 후 공냉한다.
㉱ 150~200℃에서 25mm당 1시간 유지 후 유냉한다.

토용▶ 탄소강의 뜨임 온도 : 150~200℃에서 25mm당 1시간 유지 후 공냉한다.

문제 **186.** 수냉 경화형 합금 공구강의 뜨임 온도 구간은?
㉮ 150~340℃   ㉯ 300~440℃   ㉰ 600~700℃   ㉱ 700~850℃

토용▶ 수냉 경화형 합금 공구강의 뜨임 온도 구간 : 150~340℃

해답 181. ㉰ 182. ㉱ 183. ㉮ 184. ㉰ 185. ㉰ 186. ㉮

문제 187. 수냉 경화형 합금 공구강의 풀림 처리로 틀린 것은?
㉮ 분위기로에서 풀림 처리하는 방법이 좋다.
㉯ 보호 용기에 의해 상자 풀림을 한다.
㉰ 함유된 V에 의해 열처리 후 탄소 공구강보다 미세한 조직을 얻을 수 있다.
㉱ 보호 용기에 의해 상자 풀림을 하면 탈탄을 촉진시킨다.

토용 보호 용기에 의해 상자 풀림을 하면 탈탄 방지를 위해 바람직하다.

문제 188. 수냉 경화형 합금 공구강의 풀림 처리를 할 때 소재의 크기와 탄소 함량에 따른 풀림 공정의 3가지 유형으로 틀린 것은?
㉮ 불림 후 풀림 : 탄소량이 1.1% 이하이고, 크기 50mm 이상일 때
㉯ 유냉 후 풀림 : 탄소량이 1.1% 이상이고, 크기 50mm 이상일 때
㉰ 풀림 : 탄소량이 1.1% 이하이고, 크기 50mm 이하일 때
㉱ 풀림 후 유냉 : 탄소량이 1.1% 이상이고, 크기 50mm 이상일 때

토용 풀림 공정의 3 가지 유형
① ㉮, ㉯, ㉰ 항이다.

문제 189. 수냉 경화형 합금 공구강의 불림, 풀림 및 유냉 후 풀림 처리할 때 적정 온도에서의 유지 시간은?
㉮ 25mm당 30분간 유지
㉯ 25mm당 45분간 유지
㉰ 25mm당 1시간 유지
㉱ 25mm당 3시간 유지

토용 최대 두께 25mm 당 최소 45분간 유지하는 것이 바람직하다.

문제 190. 수냉 경화형 합금 공구강의 담금질 방법으로 맞는 것은?
㉮ 서열 후 Austwnite화 온도에서 최대 두께 25mm당 최소 30분 동안 유지시킨다.
㉯ 냉각은 보통 수냉한다.
㉰ 염수 냉각을 하면 열처리 효과가 확실하고 균일한 경도가 보장되므로 바람직하다.
㉱ 치수가 크고 낮은 경도가 주요 목적이 아닐 경우에는 공냉해도 무방하다.

토용 치수가 작고 높은 경도가 주요 목적이 아닐 경우에는 유냉하여도 무방하다.

문제 191. 수냉 경화형 합금 공구강의 담금질시 탄소량이 0.70~0.90%일 때 적정 오스테나이트 온도?
㉮ 723~750℃   ㉯ 750~770℃   ㉰ 760~790℃   ㉱ 780~800℃

토용 탄소량에 따른 Austenite화 온도
① 0.70~0.90% : 780~800℃
② 1.00~1.15% : 760~790℃
③ 1.20~1.30% : 750~770℃

해답 187. ㉱ 188. ㉱ 189. ㉯ 190. ㉱ 191. ㉱

[문제] **192.** 수냉 경화형 합금 공구강의 담금질시 탄소량이 1.00~1.15%일 때 적정 오스테나이트 온도?
㉮ 723~750℃ ㉯ 750~770℃ ㉰ 760~790℃ ㉱ 780~800℃

[문제] **193.** 수냉 경화형 합금 공구강의 뜨임은 적정 온도에서 최대 25mm당 최소 유지시간은 얼마인가?
㉮ 30분 ㉯ 45분 ㉰ 1시간 ㉱ 3시간

[토용] 최소 유지시간 : 25mm/h

[문제] **194.** 내충격용 합금 공구강(STS 41)의 풀림 가열 온도는?
㉮ 723~750℃ ㉯ 750~770℃ ㉰ 780~810℃ ㉱ 800~910℃

[토용] STS 41 강의 풀림 온도 : 780~810℃로 가열하여 최대 두께 25mm당 최소한 1시간 동안 유지 후 650℃ 이하로 시간당 30℃의 속도로 냉각시키고 공냉한다.

[문제] **195.** STS 41 강의 풀림은 780~810℃로 가열 후 최대 두께가 25mm당 유지 시간은 최소 얼마로 하는가?
㉮ 30분 ㉯ 45분 ㉰ 1시간 ㉱ 3시간

[문제] **196.** STS 41 강의 담금질 방법에 대한 설명이다. 틀린 것은?
㉮ 예열 온도는 790℃이다.
㉯ 930~980℃로 가열하여 Austenite화시킨다.
㉰ 보통 950℃의 온도가 사용된다.
㉱ Austenite화 온도에서 균일한 가열이 끝난 후 노냉한다.

[토용] STS41 강의 담금질 방법 : 보통 950℃의 온도에서 Austenite화시키며 이 온도에서 균일한 가열이 끝난 후 유냉한다.

[문제] **197.** 열간 가공용 공구의 뜨임 방법으로 맞는 것은?
㉮ 580~650℃에서 최대 두께 25mm당 최소 1시간 유지시킨다.
㉯ 580~650℃에서 최대 두께 25mm당 최소 30분 유지시킨다.
㉰ 150~260℃에서 최대 두께 25mm당 최소 1시간 유지시킨다.
㉱ 150~260℃에서 최대 두께 25mm당 최소 30분 유지시킨다.

[토용] 열간 가공용 공구의 뜨임 방법 : 580~650℃에서 최대 두께 25mm당 최소 1시간 유지시킨다.

[문제] **198.** 공냉 경화형 공구강(STD 12)의 풀림 온도는 얼마인가?
㉮ 950~980℃ ㉯ 830~880℃ ㉰ 580~650℃ ㉱ 170~200℃

[토용] STD 12 강의 풀림 온도 : 830~880℃

[해답] 192. ㉰ 193. ㉰ 194. ㉰ 195. ㉰ 196. ㉱ 197. ㉮ 198. ㉯

문제 199. 냉간 가공용 공구의 뜨임 방법으로 맞는 것은?
㉮ 150~260℃에서 최대 두께 25mm당 최소 1시간 유지시킨다.
㉯ 150~260℃에서 최대 두께 25mm당 최소 30분 유지시킨다.
㉰ 580~650℃에서 최대 두께 25mm당 최소 1시간 유지시킨다.
㉱ 580~650℃에서 최대 두께 25mm당 최소 30분 유지시킨다.

토용 냉간 가공용 공구의 뜨임 방법 : 150~260℃에서 최대 두께 25 mm당 최소 1시간 유지시킨다.

문제 200. STD 12의 풀림시 충분한 연화를 위해 거쳐야 할 과정 중 잘못된 것은?
㉮ 900℃로 서열 후 이 온도에서 최대 두께 25mm당 약 2시간 유지한다.
㉯ 620℃까지 시간당 30℃의 냉각 속도로 수냉한다.
㉰ 730℃에서 재가열하고 이 온도에서 최대 두께 25mm당 약 3시간 유지한다.
㉱ 590℃까지 시간당 10℃의 냉각 속도로 노냉한다.

토용 620℃까지 시간당 10℃의 냉각 속도로 노냉한다.

문제 201. 공냉 경화형 공구강(STD 12)의 담금질 온도는?
㉮ 950~980℃   ㉯ 830~880℃   ㉰ 580~650℃   ㉱ 170~200℃

토용 (STD 12) 담금질 온도 : 950~980℃

문제 202. STD 12의 담금질 온도에서 유지 시간은?
㉮ 15~20분   ㉯ 15~45분   ㉰ 45~60분   ㉱ 1~2시간

토용 STD 12의 담금질 온도에서 유지시간 : 15~45분

문제 203. 공냉 경화형 공구강(STD 12)의 담금질 방법에 대한 설명 중 틀린 것은 다음 중 어느 것인가?
㉮ 탈탄을 방지하기 위해 불활성 물질로 채운 용기 내에서 열처리한다.
㉯ 탈탄을 방지하기 위해 분위기로 및 연욕로 등을 사용한다.
㉰ 담금질 온도로 가열하기 전에 900℃로 예열한다.
㉱ 예열 과정을 거친 후에 담금질하면 불균일한 치수 변화를 최소한으로 억제할 수 있다.

토용 담금질에는 Austenite화 온도인 950~980℃로 가열하기 전에 650℃로 예열한다.

문제 204. STD 12 강의 가장 좋은 뜨임 온도는?
㉮ 950~980℃   ㉯ 830~880℃   ㉰ 580~650℃   ㉱ 170~200℃

토용 STD 12 강의 뜨임 온도 : 170~200℃

해답 199. ㉮ 200. ㉯ 201. ㉮ 202. ㉯ 203. ㉰ 204. ㉱

문제 **205.** 다음은 STD 12의 담금질 온도에서 유지 시간에 대한 설명이다. 틀린 것은?
㉮ 경화 온도와 예열 온도에서의 유지 시간은 최대 두께 25mm당 약 1시간이 보통이다.
㉯ 상자에 넣는 경우는 상자의 단면 25mm당 4시간의 비율로 유지시간을 정한다.
㉰ 담금질 온도에서의 유지시간은 유리 탄화물이 Austenite에 고용하기에 충분한 시간이어야 한다.
㉱ 일반적으로 15~45분으로도 좋다.

토옹 상자에 넣는 경우는 상자의 단면 25mm당 30분의 비율로 유지시간을 정한다.

문제 **206.** STD 12 강의 뜨임 온도에서 유지 시간은?
㉮ 최소한 두께 25mm당 15분을 유지한다.
㉯ 최소한 두께 25mm당 30분을 유지한다.
㉰ 최소한 두께 25mm당 45분을 유지한다.
㉱ 최소한 두께 25mm당 60분을 유지한다.

토옹 최소한 두께 25mm당 1시간을 유지한다.

문제 **207.** 다음 중 열간 가공용 공구강의 요구되는 성질 중 틀린 것은?
㉮ 고온 작업 온도에서 강도, 경도 및 내마멸성이 클 것
㉯ 상온 및 작업 온도에서의 인성이 클 것
㉰ 경화능이 좋고 열처리가 용이할 것
㉱ 방향성이 크고 열처리 변형이 클 것

토옹 방향성이 적고 균질해야 하며 열처리 변형이 될 수 있는 한 적을 것.

문제 **208.** STD 61의 담금질 온도 및 냉각 방법은?
㉮ 담금질 온도 : 1000~1050℃, 냉각 방법 : 공냉
㉯ 담금질 온도 : 820~870℃, 냉각 방법 : 공냉
㉰ 담금질 온도 : 800~850℃, 냉각 방법 : 공냉
㉱ 담금질 온도 : 550~650℃, 냉각 방법 : 공냉

토옹 STD 61의 열처리 온도
① 소입 온도 : 1000~1050℃, 공랭   ② 풀림 온도 : 820~870℃
③ 뜨임 온도 : 550~650℃, 공랭

문제 **209.** 열간 가공용 공구강의 뜨임 상태에서 온도와 시간을 포함하는 파라미터에 의한 표시로 맞는 것은? (단, P : 뜨임 파라미터, T : 뜨임 온도(절대 온도), t : 유지 시간)
㉮ $P = T(20 - \log t) \times 10^{-3}$
㉯ $P = T(20 + \log t) \times 10^{-3}$
㉰ $P = T(20 - \log t) \times 10^{3}$
㉱ $P = T(20 + \log t) \times 10^{3}$

토옹 $P = T(20 + \log t) \times 10^{-3}$

해답 205. ㉯   206. ㉱   207. ㉱   208. ㉮   209. ㉯

문제 210. 일반적으로 열간 가공용 공구강의 뜨임 온도는?
㉮ 200~300℃   ㉯ 500~600℃   ㉰ 800~850℃   ㉱ 1000~1050℃

  ▶ 열간 가공용 공구강의 뜨임 온도 : 500~600℃

문제 211. 고속도강의 풀림 처리에 대한 설명으로 틀린 것은?
㉮ 단조한 후 내부 응력을 제거하기 위해서는 반드시 풀림한다.
㉯ 조직을 균일하게 하기 위해서는 반드시 풀림한다.
㉰ 고속도강의 풀림 목적은 조직의 균질화 및 연화의 2 가지이다.
㉱ 고속도강은 자경성이 약하므로 풀림시 냉각 속도를 급랭해야 한다.

  ▶ 고속도강은 자경성이 강하므로 풀림시 냉각 속도를 서냉해야 한다.

문제 212. W계 고속도강의 완전 풀림 온도는?
㉮ 200~300℃   ㉯ 500~600℃   ㉰ 870~900℃   ㉱ 1000~1050℃

  ▶ W계에서는 온도는 870~900℃가 적정 온도이며 유지시간은 1시간으로 충분하다.

문제 213. 고속도강의 풀림에 대한 설명이다. 틀린 것은?
㉮ 자경성이 강하므로 풀림시의 냉각 속도는 극히 서냉해야만 한다.
㉯ 화색이 없어지는 온도까지는 8~22℃/h의 속도로 냉각한다.
㉰ 그 이후에는 공냉해도 무방하다.
㉱ 고속도강은 항온 풀림은 부적당하다.

  ▶ 항온 풀림을 하는 방법도 좋은 방법이다.

문제 214. 고속도강을 완전 풀림을 하면 장시간이 소요되기 때문에 이것을 해결하기 위하여 풀림 처리 시간을 단축시키기 위한 풀림 방법을 무엇이라 하는가?
㉮ 항온 풀림   ㉯ 응력 제거 풀림   ㉰ 중간 풀림   ㉱ 재결정 풀림

  ▶ 완전 풀림의 풀림 처리 시간을 단축하기 위하여 항온 풀림을 한다.

문제 215. 고속도강의 항온 풀림 방법으로 맞는 것은?
㉮ 900℃로 가열한 후 약 750℃에서 30분 정도 유지하여 항온 변태를 완료 후 노에서 꺼내어 공냉한다.
㉯ 900℃로 가열한 후 약 750℃에서 30분 정도 유지하여 항온 변태를 완료 후 노냉한다.
㉰ 900℃로 가열한 후 약 750℃에서 30분 정도 유지하여 항온 변태를 완료 후 노에서 꺼내어 수냉한다.
㉱ 900℃로 가열한 후 약 750℃에서 30분 정도 유지하여 항온 변태를 완료 후 노에서 꺼내어 유냉한다.

해답 210. ㉯ 211. ㉱ 212. ㉰ 213. ㉱ 214. ㉮ 215. ㉮

[도움] 고속도강의 항온 풀림 : 900℃로 가열한 후 약 750℃에서 30분 정도 유지하여 항온 변태를 완료 후 노에서 꺼내어 공냉한다.

문제 216. 고속도강의 응력 제거 풀림 처리 온도는?
㉮ A_1 변태점 이상의 온도로 가열해서 행한다.
㉯ A_1 변태점 이하의 온도로 가열해서 행한다.
㉰ A_3 변태점 이상의 온도로 가열해서 행한다.
㉱ A_3 변태점 이하의 온도로 가열해서 행한다.

[도움] 고속도강의 응력 제거 풀림 처리 온도 : A_1 변태점 이하의 온도로 가열해서 행한다.

문제 217. 고속도강의 응력 제거 풀림 처리 방법으로 처리 시간은?
㉮ 650~700℃에서 30분간 처리한다.
㉯ 650~700℃에서 45분간 처리한다.
㉰ 650~700℃에서 1시간 동안 처리한다.
㉱ 650~700℃에서 2시간 동안 처리한다.

[도움] 고속도강의 응력 제거 풀림 처리시간 : 650~700℃에서 1시간 처리하는 것이 좋다.

문제 218. 고속도강의 담금질에 주의해야 할 것이 아닌 것은?
㉮ 담금질 온도   ㉯ 유지 방법   ㉰ 가열 방법   ㉱ 냉각 방법

[도움] 고속도강의 담금질시 주의해야 할 조건 : 담금질 온도, 유지 시간, 가열 방법, 냉각 방법

문제 219. 고속도강의 담금질 온도는?
㉮ 550~650℃   ㉯ 650~700℃   ㉰ 820~860℃   ㉱ 1250~1350℃

[도움] 고속도강의 담금질 온도 : 1250~1350℃

문제 220. 고속도강의 담금질 냉각액은?
㉮ 수냉   ㉯ 유냉   ㉰ 공냉   ㉱ 염욕랭

[도움] 고속도강의 냉각액 : 기름에 냉각한다.

문제 221. 고속도강의 예열 중 1차 예열의 온도는?
㉮ 540~650℃   ㉯ 850~900℃   ㉰ 1100~1200℃   ㉱ 1250~1350℃

[도움] 고속도강의 1차 예열 : 2단 예열시에 행하는 1차 예열 온도는 강이 탄성체에서 소성체로 변하는 온도, 즉 540~650℃가 좋다.

문제 222. 고속도강의 2차 예열 온도는?
㉮ 540~650℃   ㉯ 850~900℃   ㉰ 1100~1200℃   ㉱ 1250~1350℃

[해답] 216. ㉯   217. ㉰   218. ㉯   219. ㉱   220. ㉯   221. ㉮   222. ㉯

문제 223. 고속도강의 담금질시 예열을 위한 가열 시간은?
㉮ 25mm당 약 25 정도　　　　㉯ 25mm당 약 40분 정도
㉰ 25mm당 약 1시간 정도　　　㉱ 25mm당 약 1.5시간 정도

토용 고속강의 예열 가열시간 : 25mm당 약 40분 정도

문제 224. 다음 중 고속도강의 담금질 온도에서의 유지 시간에 대한 설명으로 틀린 것은?
㉮ 담금질 온도가 동일해도 유지 시간이 달라지면 담금질 경도가 변화된다.
㉯ 유지 시간은 담금질 온도에 도달한 후부터의 시간을 의미한다.
㉰ 1100℃에서 담금질한 경우에는 유지 시간에 따라 경도가 증가하다가 5분 유지시에 최고가 된다.
㉱ 1200℃에서 담금질한 것은 유지시간이 10분일 때 최고 경도를 갖는다.

토용 고속도강의 담금질 유지 시간에 따른 경도
　① 1100℃에서 5분 유지시 경도가 최대가 된다.
　② 1200℃에서 2분 유지시 경도가 최대가 된다.

문제 225. 고속도강의 담금질 온도에서의 유지시간은 제품의 내외부가 함께 소정의 담금질 온도에 도달한 후 최적의 시간은 얼마인가?
㉮ 1.5~2분　　㉯ 2~3분　　㉰ 3~4분　　㉱ 5~10분

토용 고속도강의 유지시간 : 담금질 온도에서 1.5~2분이 최적이다.

문제 226. 고속도강의 담금질 냉각제로 가장 좋은 것은?
㉮ 물　　㉯ 60~80℃의 기름　　㉰ 공기　　㉱ 비눗물

토용 보통 60~80℃의 기름에서 행한다.

문제 227. 고속도강의 냉각 방법으로 틀린 것은?
㉮ Ar′ 변태를 억제하고 Ar″ 변태만을 100% 일으킨다.
㉯ 1300℃로부터 800℃까지는 급냉시킨다.
㉰ 염욕 담금질(450~550℃)은 변형이나 균열 발생을 방지한다.
㉱ 임계 냉각 속도 이하로 냉각한다.

토용 S곡선의 코를 통과시키지 않는 냉각 속도, 즉 임계 냉각 속도 이상으로 냉각하는 것이 제 1의 조건이다.

문제 228. 고속도강의 위험 구역은 몇 ℃인가?
㉮ 1300~800℃　　㉯ 800~600℃　　㉰ 500~300℃　　㉱ 300~150℃

토용 고속도강의 위험 구역 : 300~150℃

해답 223. ㉯　224. ㉰　225. ㉮　226. ㉯　227. ㉱　228. ㉱

문제 229. 다음은 고속도강의 위험 구역에 대한 설명이다. 틀린 것은?
㉮ 고속도강의 위험 구역은 300~150℃ 이하이다.
㉯ 위험 구역에서는 Austenite가 Martensite의 1차 Ar″변태를 일으켜 팽창을 가져 온다.
㉰ 위험 구역 이하에서는 급냉하는 것이 균열을 일으키지 않는다.
㉱ 위험 구역 이하에서는 서냉하는 것이 균열을 일으키지 않는다.

토용 위험 구역 이하에서는 서냉하는 것이 균열을 일으키지 않는다.

문제 230. 고속도강의 2차 경화(뜨임 경화) 온도는?
㉮ 1300~800℃   ㉯ 800~600℃   ㉰ 500~600℃   ㉱ 300~150℃

토용 고속도강 2차 경화 온도 : 500~600℃

문제 231. 고속도강의 뜨임에 대한 설명이 잘못된 것은?
㉮ 2차 뜨임은 1차 뜨임에서 변태된 Austenite를 뜨임한 것이다.
㉯ 고속도강의 뜨임은 2~3회 반복하는 것이 일반적이다.
㉰ 2차 경화는 잔류 Austenite의 Martensite화에 기인한다.
㉱ 1차 뜨임을 2차 담금질이라 하고 2차 뜨임이 실제적인 뜨임이다.

토용 고속도강의 뜨임
① 1차 뜨임 : 잔류 Austenite ⟶ Martensite로 변태
② 2차 뜨임 : 1차 뜨임에서 변태된 Martensite를 뜨임.
③ 고속도강의 뜨임은 2~3회 반복한다.

문제 232. Mo계 고속도강의 풀림 처리에 대한 설명 중 잘못된 것은?
㉮ 풀림 온도 : 870~900℃
㉯ 유지 시간 : 1시간
㉰ 냉각 속도 : 22℃/h
㉱ 냉각 방법 : 약 550℃까지는 수냉 그 이하는 유냉

토용 Mo계 고속도강의 냉각 방법 : 약 550℃까지는 서냉하고 그 이하로는 공냉해도 괜찮다.

문제 233. Mo계 고속도강의 응력 제거 풀림 온도는?
㉮ 870~900℃   ㉯ 600~700℃   ㉰ 400~600℃   ㉱ 200~300℃

토용 Mo계의 응력 제거 풀림 온도 : 600~700℃

문제 234. Mo계 고속도강의 담금질 온도는?
㉮ 730~845℃   ㉯ 850~900℃   ㉰ 900~1100℃   ㉱ 1200~1230℃

토용 Mo계 고속도강의 담금질 온도 : 1200~1230℃

해답 229. ㉱   230. ㉰   231. ㉮   232. ㉱   233. ㉯   234. ㉱

[문제] **235.** 다음은 Mo계 고속도강의 담금질에 대한 설명이다. 틀린 것은?
㉮ 예열 온도는 730~845℃를 적용한다.
㉯ 2단 예열을 할 경우에 1차 예열 온도는 550~600℃, 2차 예열 온도는 850~900℃를 채용한다.
㉰ 경도를 중요시하는 담금질 온도는 55~110℃ 높은 온도에서 행하는 것이 좋다.
㉱ 담금질 온도는 1200~1230℃가 적당하다.

[토응] Mo계의 담금질 온도
 ① 소입 온도 : 1200~1230℃
  ㉠ 경도를 중시할 경우 : 담금질 온도를 8~17℃ 높인다.
  ㉡ 인성을 중시할 경우 : 담금질 온도를 55~110℃ 낮게 한다.

[문제] **236.** Mo계 고속도강의 담금질 온도에 대한 설명이다. 틀린 것은?
㉮ 경도를 중시하는 경우는 담금질 온도를 8~17℃ 정도 높인다.
㉯ 인성을 중시하는 경우는 담금질 온도를 55~110℃ 정도 낮은 온도에서 행한다.
㉰ 담금질 온도가 1240℃ 이상이 되면 구상의 탄화물이 석출되어 인성을 증가시킨다.
㉱ 담금질 온도가 1175℃ 이하이면 경화가 불충분하다.

[토응] 담금질 온도가 1240℃ 이상이 되면 각형 탄화물이 석출되어 인성이 저하된다.

[문제] **237.** Mo계 고속도강의 뜨임 온도는?
㉮ 540~580℃   ㉯ 850~900℃   ㉰ 900~1100℃   ㉱ 1200~12300℃

[토응] Mo계 고속도강의 뜨임 온도 : 540~580℃

[문제] **238.** 다음 중 회주철의 풀림의 종류가 아닌 것은?
㉮ 페라이트화 풀림   ㉯ 중간 풀림
㉰ 흑연화 풀림   ㉱ 확산 풀림

[토응] 회주철의 풀림 종류 : 페라이트화 풀림, 중간(완전) 풀림, 흑연화 풀림.

[문제] **239.** 회주철의 Ferrite화 풀림 온도는?
㉮ 540~580℃   ㉯ 705~760℃   ㉰ 850~900℃   ㉱ 900~1100℃

[토응] 회주철의 Ferrite화 풀림 온도 : 705~760℃

[문제] **240.** 회주철의 중간(완전) 풀림 온도는?
㉮ 540~580℃   ㉯ 705~760℃   ㉰ 790~900℃   ㉱ 850~950℃

[토응] 회주철의 중간(완전) 풀림 온도 : 790~900℃

[해답] 235. ㉰ 236. ㉰ 237. ㉮ 238. ㉱ 239. ㉯ 240. ㉰

문제 **241.** 다음은 회주철의 흑연화 풀림에 대한 설명이다. 틀린 것은?
㉮ 흑연화 풀림의 목적은 덩어리 상태의 탄화물을 Pearlite와 흑연으로 바꾸는 작업이다.
㉯ 탄화물을 분해하기 위하여 최소한 870℃의 온도가 요구된다.
㉰ 냉각 속도는 회주철의 용도와는 무관하다.
㉱ 유지 온도가 55℃씩 증가할수록 분해 속도는 2배가 되어 900~955℃의 유지시간이 일반적이다.

토웅 냉각 속도는 최종 용도에 따라 달라진다.

문제 **242.** 회주철의 주목적이 탄화물을 분해하거나 최대 강도 및 마멸 저항의 유지를 원할 때의 풀림 온도는?
㉮ 540℃까지 노냉하여 Pearlite 조직의 형성을 촉진한다.
㉯ 540℃까지 공냉하여 Cementite 조직의 형성을 촉진한다.
㉰ 540℃까지 유냉하여 Austenite 조직의 형성을 촉진한다.
㉱ 540℃까지 수냉하여 Mearlite 조직의 형성을 촉진한다.

토웅 540℃까지 노냉해 펄라이트 조직의 형성을 촉진한다.

문제 **243.** 회주철의 최대 기계 가공성이 목적일 때의 풀림 온도는?
㉮ 540℃　　㉯ 670℃　　㉰ 790℃　　㉱ 900℃

토웅 최대 기계 가공성이 목적일 때의 풀림 온도 : 540℃

문제 **244.** 회주철에서 잔류 응력을 최소화하기 위한 풀림 방법은?
㉮ 540℃에서 290℃까지 110℃/h의 속도로 냉각한다.
㉯ 540℃에서 290℃까지 80℃/h의 속도로 냉각한다.
㉰ 540℃에서 290℃까지 60℃/h의 속도로 냉각한다.
㉱ 540℃에서 290℃까지 40℃/h의 속도로 냉각한다.

토웅 회주철에서 잔류 응력을 최소화하기 위한 풀림 방법 : 540℃에서 290℃까지 110℃/h의 속도로 냉각

문제 **245.** 회주철의 노멀라이징에 대한 설명 중 틀린 것은?
㉮ 변태 영역 이상의 온도로 가열하여 최대 단면 두께 25mm당 약 1시간 유지하고 상온으로 공냉한다.
㉯ 경도와 강도의 증가 등 기계적 성질을 개선한다.
㉰ 흑연화 등 다른 열처리에 의해 변화된 주조 상태의 성질을 회복한다.
㉱ 가열 온도는 기계적 성질에 영향을 미치나 미세 조직에는 무관하다.

토웅 가열 온도는 경도와 인장 강도 등의 기계적 성질 및 미세 조직에 크게 영향을 끼친다.

해답 241. ㉰　242. ㉮　243. ㉮　244. ㉮　245. ㉱

문제 246. 회주철의 불림 온도 범위는?
㉮ 540~580℃　㉯ 705~760℃　㉰ 790~850℃　㉱ 885~925℃

토움 회주철의 불림 온도 범위 : 885~925℃

문제 247. 무합금 회주철의 대략적인 A_1 변태 온도를 결정하는 공식은?
㉮ ℃=730+28.0(%P)−25.0(%S)　㉯ ℃=730+28.0(%Si)−25.0(%Mn)
㉰ ℃=910+28.0(%C)−25.0(%Mn)　㉱ ℃=910+28.0(%P)−25.0(%Si)

토움 무합금 회주철의 A_1변태 온도를 결정하는 공식 : ℃=730+28.0(%Si)−25.0(%Mn)

문제 248. 구상 흑연 주철의 풀림 처리에 대한 설명으로 틀린 것은?
㉮ 900~955℃에서 1시간 유지하며 단면 두께 25mm 증가할 때마다 유지 시간을 1시간씩 증가한다.
㉯ 얇은 주물은 955℃에서 1~3시간 유지로서 충분하다.
㉰ 모서리에 칠이 형성된 두꺼운 단면의 주물은 690℃에서 1~2시간 유지한다.
㉱ 잔류 응력을 피하려면 균일하게 690℃로 냉각하여 5시간 유지한다.

토움 모서리에 칠이 형성된 두꺼운 단면의 주물은 995℃에서 3~8시간 유지한다.

문제 249. 구상 흑연 주철의 풀림 온도로 맞는 것은?
㉮ 540~580℃　㉯ 705~760℃　㉰ 790~850℃　㉱ 900~955℃

토움 900~955℃에서 유지 후 650℃로 노냉한다.

문제 250. 구상 흑연 주철의 풀림은 900~955℃에서 유지 후 650℃로 노냉하는데 790~650℃의 온도 범위를 통과할 때의 냉각 속도는?
㉮ 20℃/h를 초과하지 않을 것　㉯ 30℃/h를 초과하지 않을 것
㉰ 40℃/h를 초과하지 않을 것　㉱ 60℃/h를 초과하지 않을 것

토움 20℃/h를 초과하지 않을 것.

문제 251. 구상 흑연 주철의 불림 온도는?
㉮ 540~580℃　㉯ 790~850℃　㉰ 870~940℃　㉱ 950~980℃

토움 구상 흑연 주철의 불림 온도 : 870~940℃

문제 252. 구상 흑연 주철의 담금질 방법은?
㉮ 540~580℃, 노냉　㉯ 790~850℃, 공냉
㉰ 845~925℃, 유냉　㉱ 950~980℃, 수냉

토움 구상 흑연 주철의 담금질 방법 : 845~925℃, 유냉

해답 246. ㉱　247. ㉯　248. ㉰　249. ㉱　250. ㉮　251. ㉰　252. ㉰

문제 253. 복잡한 형상의 구상 흑연 주철 주물의 응력 제거 처리 온도는?
㉮ 510~670℃   ㉯ 790~850℃   ㉰ 870~940℃   ㉱ 950~980℃

도움 열처리하지 않을 때 복잡한 형상의 구상흑연 주철 주물은 510~675℃에서 응력 제거 처리한다.

문제 254. 합금하지 않는 구상 흑연 주철의 응력 제거 처리 온도로 맞는 것은?
㉮ 510~565℃   ㉯ 565~595℃   ㉰ 595~650℃   ㉱ 620~675℃

도움 510~565℃

문제 255. 저합금 구상 흑연 주철의 응력 제거 처리 온도로 맞는 것은?
㉮ 510~565℃   ㉯ 565~595℃   ㉰ 595~650℃   ㉱ 620~675℃

도움 565~595℃

문제 256. 고합금 구상 흑연 주철의 응력 제거 처리 온도로 맞는 것은?
㉮ 510~565℃   ㉯ 565~595℃   ㉰ 595~650℃   ㉱ 620~675℃

도움 595~650℃

문제 257. Austenite 구상 흑연 주철의 응력 제거 처리 온도는?
㉮ 510~565℃   ㉯ 565~595℃   ㉰ 595~650℃   ㉱ 620~675℃

도움 620~675℃

문제 258. 가단 주철의 풀림 처리 중요 3단계가 아닌 것은?
㉮ 첫 단계 : 흑연화를 일으키는 단계
㉯ 두 번째 단계 : 제1단 흑연화
㉰ 세 번째 단계 : 제2단 흑연화
㉱ 네 번째 단계 : 철의 동소 변태 영역을 지나 서냉한 단계

도움 가단 주철의 풀림 처리가 이루어지는 주요 3 단계
① 첫 단계 : 흑연의 핵 생성을 일으키는 단계
② 두 번째 단계 : 제1단 흑연화 단계
③ 세 번째 단계 : 제2단 흑연화 단계

문제 259. 가단 주철의 풀림 처리 단계에서 흑연의 핵생성을 일으키는 것으로 고온의 유지 온도로 가열하는 동안 시작하는 단계는?
㉮ 첫 단계   ㉯ 두 번째 단계   ㉰ 세 번째 단계   ㉱ 네 번째 단계

문제 260. 가단 주철의 풀림 처리시 제 1 단 흑연화 온도는?
㉮ 510~565℃   ㉯ 665~695℃   ㉰ 725~740℃   ㉱ 900~970℃

해답 253. ㉮ 254. ㉮ 255. ㉯ 256. ㉰ 257. ㉱ 258. ㉱ 259. ㉮ 260. ㉱

[토용] 두 번째 단계 유지 온도 : 900~970℃

[문제] **261.** 가단 주철의 풀림 처리 단계 중 덩어리 탄화물을 제거하는 단계는?
㉮ 첫 단계　　㉯ 두 번째 단계　　㉰ 세 번째 단계　　㉱ 네 번째 단계

[토용] 가단주철의 두 번째 단계
① 덩어리 탄화물을 제거한다.　　② 900~970℃에서 유지한다.

[문제] **262.** 가단 주철의 풀림 처리 단계 중 철의 동소 변태 영역을 지나 서냉하는 단계는?
㉮ 첫 단계　　㉯ 두 번째 단계　　㉰ 세 번째 단계　　㉱ 네 번째 단계

[문제] **263.** 가단 주철의 풀림 처리 단계에서 세 번째 단계에 대한 설명 중 틀린 것은?
㉮ 흑연의 핵생성을 일으키는 단계이다.
㉯ 철의 동소 변태 영역을 지나 서냉하는 단계이다.
㉰ 제2단 흑연화라 한다.
㉱ 2~17℃/hr의 속도로 냉각할 때 Pearlite와 탄화물이 없는 완전한 Ferrite 기지가 생긴다.

[토용] 흑연의 핵발생은 첫 단계에서 일으킨다.

[문제] **264.** Austenite 주철의 응력을 제거하기 위한 처리 온도는?
㉮ 620~675℃에서 단면 두께 25mm당 30분간 동안 응력 제거
㉯ 620~675℃에서 단면 두께 25mm당 1시간 동안 응력 제거
㉰ 845~870℃에서 단면 두께 25mm당 30분간 동안 응력 제거
㉱ 845~870℃에서 단면 두께 25mm당 1시간 동안 응력 제거

[토용] Austenite 주철의 응력 제거 풀림 온도 : 620~675℃에서 단면 두께 25mm당 1시간 동안 응력 제거

[문제] **265.** Al 합금에서 석출을 일으키는 과정으로 필요한 일반적인 온도 범위와 시간?
㉮ 온도 범위 : 115~190℃, 시간 : 1~3시간
㉯ 온도 범위 : 115~190℃, 시간 : 5~48시간
㉰ 온도 범위 : 200~300℃, 시간 : 1~3시간
㉱ 온도 범위 : 200~300℃, 시간 : 5~48시간

[토용] 석출을 일으키는 열처리
① 온도 범위 : 115~190℃　　② 시간 범위 : 5~48시간

[문제] **266.** Al 합금의 강도를 증가시키기 위한 열처리 3단계가 아닌 것은?
㉮ 용체화 처리 : 고용상의 분해　　㉯ 급랭 : 과포화 고용체의 형성
㉰ 시효 : 상온 시효(자연 시효)　　㉱ 담금질 처리 : 석출 경화

[해답] 261. ㉯　262. ㉰　263. ㉮　264. ㉯　265. ㉯　266. ㉱

[도움] Al 합금의 강도를 증가시키기 위한 열처리의 3단계 : 용체화 처리, 급랭, 시효

문제 267. 열처리형 Al 합금의 질별 기호가 틀리게 짝지어진 것은?
㉮ O : 풀림 상태
㉯ W : 용체화 처리 상태
㉰ T : O보다 안정한 성질을 가지기 위한 열처리
㉱ P : W보다 안정한 성질을 가지기 위한 열처리

[도움] 열처리형 Al 합금의 질별 기호
① O : 풀림 상태
② W : 용체화 처리 상태
③ T : O보다 안정한 성질을 가지기 위한 열처리

문제 268. 열처리형 Al 합금의 질별 기호 중 용체화 처리 후 자연 시효되는 합금에 적용되는 불안정한 질별은?
㉮ O ㉯ W ㉰ T ㉱ T1

[도움] 용체화 처리 상태(W) : 용체화 처리 후 자연 시효되는 합금에 적용된다.

문제 269. 가장 낮은 강도를 얻기 위해서 풀림한 가공용 제품에 적용하는 열처리형 Al 합금의 재질 기호는?
㉮ O ㉯ W ㉰ T ㉱ T1

[도움] O(풀림 상태)
① 가장 낮은 강도를 얻기 위해서 풀림한 가공용 제품에 적용된다.
② 연성 및 치수 안정성을 개선시키기 위해 풀림한 주조 제품에 적용된다.

문제 270. 연성 및 치수 안정성을 개선시키기 위해 풀림한 주조 제품에 적용되는 열처리형 Al 합금의 재질 기호는?
㉮ O ㉯ W ㉰ T ㉱ T1

문제 271. 다음 열처리형 Al 합금의 질별 기호에 대한 설명 중 틀린 것은 어느 것인가?
㉮ T1 : 높은 온도에서 가공 후 냉각하고, 안정된 상태로 자연 시효한다.
㉯ T2 : 높은 온도에서 가공 후 냉각한 다음 냉간 가공하고 안정된 상태로 자연 시효한다.
㉰ T3 : 용체화 처리 후 냉간 가공하고 안정한 상태로 자연 시효한다.
㉱ T4 : 높은 온도에서 가공하고 냉각한 다음 인공 시효한다.

[도움] ① T4 : 용체화 처리하고 안정한 상태로 자연 시효함.
② T5 : 높은 온도에서 가공하고 냉각한 다음 인공 시효한다.
③ T6, T7 : 용체화 처리하고 인공 시효한다.

해답 267. ㉱ 268. ㉯ 269. ㉮ 270. ㉮ 271. ㉱

문제 272. 용체화 처리하고 인공 시효한 후 냉간 가공한 처리는?
 ㉮ T6 ㉯ T7 ㉰ T8 ㉱ T9

문제 273. 용체화 처리에 대한 설명과 거리가 먼 것은?
 ㉮ 석출 경화 반응을 이용하기 위해서 먼저 고용체를 만드는 과정을 용체화 처리라 한다.
 ㉯ 목적은 고용될 수 있는 용질 원소를 최대로 고용체 내에 잡아 두는 것이다.
 ㉰ 균일한 고용체를 얻기 위해서 충분히 높은 온도로 유지시킨다.
 ㉱ 균일한 고용체를 얻기 위해서는 유지 시간을 단축시킨다.

  토용 균일한 고용체를 얻기 위해서 충분히 높은 온도서 충분히 긴시간 동안 합금을 유지시킨다.

문제 274. 구리 합금의 열처리 중 균질화에 대한 설명으로 틀린 것은?
 ㉮ 균질화는 응고의 결과로 발생하는 화학적 편석이나 유핵 조직을 감소시키기 위해 장시간 고온에서 유지하는 과정이다.
 ㉯ 균질화는 인청동과 같이 넓은 응고 범위를 가지는 합금에 필요하다.
 ㉰ 온도는 풀림 영역의 상부 온도 이하이다.
 ㉱ 노 내 분위기는 표면과 내부의 산화를 조절할 수 있도록 선택한다.

  토용 균질화를 위한 유지시간은 3~10시간이고, 온도는 풀림 영역의 상부 온도(고상 온도의 50℃ 이내) 이상이다.

문제 275. 균질화를 위해 필요한 시간과 온도에 변화를 주는 요인이 아닌 것은 다음 중 어느 것인가?
 ㉮ 합금의 종류   ㉯ 주조 결정립의 크기
 ㉰ 원하는 균질화 정도 ㉱ 합금의 가공 방법

  토용 균질화를 위해 필요한 시간과 온도
   ① 합금의 종류 ② 주조 결정립의 크기 ③ 원하는 균질화 정도

문제 276. 균질화를 위한 전형적인 유지 시간은?
 ㉮ 1~2시간 ㉯ 3~10시간 ㉰ 11~15시간 ㉱ 20시간 이상

  토용 균질화 유지 시간 : 3~10시간

문제 277. Mn 청동이나 Al 청동 등의 주물에 적용되는 풀림 온도는?
 ㉮ 315~345℃ ㉯ 580~700℃ ㉰ 680~750℃ ㉱ 780~800℃

  토용 Mn청동, Al청동 주물에 적용되는 풀림 온도 : 580~700℃/h

문제 278. 용체화 처리한 Cu-Be 합금을 시효할 때 적당한 온도는?
 ㉮ 315~370℃ ㉯ 580~700℃ ㉰ 680~750℃ ㉱ 780~800℃

해답 272. ㉱ 273. ㉱ 274. ㉰ 275. ㉱ 276. ㉯ 277. ㉯ 278. ㉮

[도움] 용체화 처리한 Cu-Be 합금을 시효할 때 적당한 온도 : 315~370℃±6℃

[문제] **279.** Al 청동의 뜨임 온도와 시간으로 맞는 것은?
㉮ 315~370℃, 2시간　　　　㉯ 565~675℃, 2시간
㉰ 680~750℃, 2시간　　　　㉱ 780~800℃, 2시간

[도움] Al 청동의 뜨임 온도와 시간 : 565~675℃, 2시간

[문제] **280.** Al 청동의 열처리에 대한 설명이다. 틀린 것은?
㉮ 미세 조직과 열처리 능력은 Al 양에 따라 다르다.
㉯ 크고 복잡한 단면은 균열을 피하기 위해 서열을 해야 한다.
㉰ 두껍고 복잡한 단면은 기름에서 담금질해야 한다.
㉱ 뜨임 후 서냉해야 한다.

[도움] 뜨임 후 급랭하는 것이 중요하다.

[문제] **281.** Mg 합금의 열처리에서 기계적 성질에 크게 영향을 주지 않고 응력을 제거할 수 있는 방법으로 틀린 것은?
㉮ Mg-Al-Mn 합금 : 260℃에서 1시간 열처리한다.
㉯ Mg-Al-Zn 합금 : 260℃에서 1시간 열처리한다.
㉰ ZK61A 합금 : 330℃에서 1시간 열처리한다.
㉱ ZE41A 합금 : 330℃에서 2시간 열처리한다.

[도움] ZK61A 합금의 열처리
① 330℃에서 2시간 열처리
② 130℃에서 48시간 열처리

[해답] 279. ㉯　280. ㉱　281. ㉰

제4장 분위기 열처리

1. 분위기 열처리의 개요

【1】위기 열처리 개요

(1) 분위기 열처리의 특징

① 산화 및 탈탄을 방지하기 위하여 보호 분위기 또는 진공 중에서 열처리하는 것을 말한다.

② 광휘 표면의 얻을 수 있다.

③ 분위기 중에서 열처리하면
  ㉮ 산화 스케일이 생기지 않으므로 산세 등의 후처리가 불필요하다.
  ㉯ 열처리 전후의 치수 정밀도를 확보할 수 있다.

④ 사용하는 분위기(강종과 열처리 목적에 따라 다름)
  ㉮ 공업용 : 각종 변성 가스가 많이 사용(Ar, He 등의 불활성 가스, 중성 가스도 사용됨)
  ㉯ 강 중에 Cr이나 Ti 등이 함유되어 있으면 H_2나 CO 함유량이 높은 흡열형 변성 가스를 사용한다.

⑤ 분위기 가스의 종류

가스의 성질	종류
불활성 가스	아르곤(Ar), 헬륨(He) 등
중성 가스	질소(N_2), 건조 수소(H_2), 암모니아(NH_3)분해 가스 등
산화성 가스	산소(O_2), 공기 수증기(H_2O), 탄산 가스(CO_2), 연소 가스 등
환원성 가스	수소, 일산화 탄소(CO), 메탄 가스(CH_4), 프로판 가스(C_3H_8) 등
탈탄성 가스	산화성 가스
침탄성 가스	일산화 탄소, 도시 가스, 메탄 가스, 프로판 가스 등
질화성 가스	암모니아 가스

(2) 보호 가스 분위기
　① 분위기 가스 : 산화 및 탈탄을 방지하기 위한 목적으로 사용되는 보호 분위기 가스다.
　② 광휘 열처리에 사용되는 보호 분위기 가스 : 도시 가스, 천연 가스 및 프로판 가스 등을 변성시킨 변성 가스가 사용된다.
　③ 특수 목적용 가스 : 수소, 불활성 가스 또는 중성 가스가 사용된다.
　④ 발열형 가스
　　㉮ 메탄(CH_4), 프로판(C_3H_8), 부탄(C_4H_{10}) 등의 원료 가스에 과잉 공기를 가해 완전 또는 부분 연소시켜 얻은 연소열을 이용해 변성시킨 가스를 발열형 가스라 한다.
　　㉯ 변성 반응 : CH_4 가스와 C_3H_8 가스가 공기와 완전 연소를 일으켰을 때의 반응식
　　　㉠ $CH_4 + \underset{공기}{2(O_2+3.76N_2)} = CO_2 + 7.52N_2 + 2H_2O$
　　　㉡ $C_3H_8 + \underset{공기}{5(O_2+3.76N_2)} = 3CO_2 + 18.8N_2 + 4H_2O$
　　　㉢ 완전 연소를 위한 공기와 메탄 가스의 비율은 9.52 : 1이다.
　　　㉣ 공기와 프로판 가스의 비율은 23.8 : 1이다.
　　　㉤ 공기의 비율이 완전 연소에 요구되는 비율보다 작으면 환원성 가스인 CO와 H_2가 잔류하게 되고 많게 되면 O_2가 잔류한다.
　⑤ 흡열형 가스
　　㉮ 원료 가스에 공기를 혼합한 후 외부 가열되는 레토르트(retort) 내의 Ni 촉매에 의해서 분해해서 가스를 변성시킨 가스를 열을 흡수하므로 흡열형이라 한다.
　　㉯ 가스 침탄에 가장 널리 사용된다.
　　㉰ 실용되는 흡열형 가스의 제조 : 조성이 일정한 천연 가스, 프로판 가스 등이다.
　　㉱ 변성로 내에서의 천연 가스 또는 C_3H_8 가스를 공기와 혼합해 고온 가열하면 변성 반응식
　　　㉠ 천연 가스 : $2CH_4 + \underset{공기}{O_2+3.76N_2} - 2CO + 4H_2 + 3.76N_2$
　　　㉡ 프로판 가스 : $2C_3H_8 + \underset{공기}{3(O_2+3.76N_2)} - 6CO + 8H_2 + 11.28N_2$
　　　㉢ 생성되는 가스의 주요 성분 : 일산화탄소, 수소 및 질소.
　　　㉣ 표준 조성비 : 20% CO, 40% H_2, 40% N_2이다.(이 조성의 가스를 RX 가스라 한다.)
　　　㉤ 공기와 천연 가스의 비율은 2.38 : 1이다.
　　　㉥ 공기와 프로판 가스의 비율은 7.14 : 1이다.
　　　㉦ 공기의 비율이 달라지면 변성 가스의 조성과 노점에 영향을 미친다.
　　㉲ 노점(dew point) : 일정 기압하에서 수증기를 함유하는 가스를 냉각시키면 어느 온도에서 가스 중의 수증기는 물방울 또는 이슬로 응결된다. 이 분리 온도를 그 가스의 노점이라 한다.
　⑥ 암모니아 분해 가스
　　㉮ 암모니아 가스는 고온으로 가열하면 $2NH_3 \longleftrightarrow N_2 + 3H_2$의 반응에 의해서 분해되어 25%의 질소와 75%의 수소로 된다.

④ 변성 가스의 장·단점
  ㉠ 조성이 안정하고 순도가 높다.
  ㉡ 타 변성 가스처럼 연소, 정제 등의 공정을 거치지 않고, 간단히 열분해로 제조할 수 있다.
  ㉢ 탄소강에 대해서 중성이다.
  ㉣ 탄화 수소계의 변성 가스에 비하여 값이 비싸다.
  ㉤ 타 변성 가스보다 가연 범위가 넓다.
  ㉥ 미분해 암모니아가 미량이라도 남아 있으면 질화물을 형성하여 촉매 작용을 약화시킨다.
  ㉦ 수소 메짐이 문제로 되는 재료에는 부적합하다.
  ㉧ Mo, Ti, Cr 및 니오븀 등과 같은 합금 원소를 함유한 합금강에서는 질화물을 형성할 염려가 있다.
⑦ 불활성 가스
  ㉮ 다른 금속과 산화나 환원 등의 어떠한 반응도 일으키지 않는 가스를 총칭해 불활성 가스라 한다.
  ㉯ 광휘 열처리를 위한 보호 가스로 이상적이다.
  ㉰ 공업적으로 사용하기에는 값이 너무 비싸다.
⑧ 중성 가스
  ㉮ 질소 가스 : 취급이 간단하고 값이 싸기 때문에 산화 및 탈탄 방지를 위한 보호 분위기로서 사용함.
  ㉯ 질소 가스 중에는 불순물이 함유되어 있어 강의 열처리시 광휘성에 영향을 미친다.
    ※ 문제가 되는 불순물 : 산소(O_2), 수분(H_2O), 탄산 가스(CO_2)

(3) 진공 분위기
  ① 냉각 방법
    ㉮ 가스 냉각 : 냉각 직전에 질소 가스 등을 노 내로 불어 넣은 후 순환시키면서 냉각시킨다.
      ※ 표면의 광휘도 면에서는 가스 냉각이 좋다.
    ㉯ 유냉법 : 설비가 복잡하고 값이 비싸나 처리 강종에 큰 제한을 받지 않는다.
  ② **진공 열처리의 용도** : 풀림, 담금질, 뜨임 등의 경화 열처리, 브레이징, 소결 처리용.
  ③ 진공과 단위
    ㉮ 진공의 단위는 압력으로 표시되며 압력이 낮을수록 진공도는 커진다.
    ㉯ 진공의 단위 : 토르(Torr, 가장 많이 사용, mmHg와 동일 크기의 단위)
    ㉰ SI 단위로서는 파스칼(Pa)이 사용된다.
      ※ 1기압(atm) = 1.01×10^5 Pa = 760 Torr = 760 mmHg
    ㉱ 진공도가 크기
      ㉠ 저진공 : 대기압 ~ 1 Torr
      ㉡ 중진공 : 1 ~ 10^{-3} Torr

ⓒ 고진공 : $10^{-3} \sim 10^{-7}$ Torr
ⓔ 초고진공 : 10^{-7} Torr 이하
※ 통상적인 강재의 열처리는 중진공 정도로 충분하다.
④ 진공 펌프(vacuum pump)
㉮ 진공 용기내의 기체 분자를 밖으로 뽑아 내어 그 수를 감소시킴으로써 용기 내의 압력을 낮추는 역할을 한다.
㉯ 진공 펌프의 종류 : 로터리 펌프(rotary pump), 확산 펌프(diffusion pump)
 ㉠ rotary pump에 의해 얻을 수 있는 최대 진공도 : 2.5×10^{-2} Torr 정도
 ※ 금형용 공구강 풀림이나 담금질시에 요구되는 진공도 : 10^{-1} Torr 정도이다.
 ㉡ diffusion pump는 10^{-3} Torr 이상의 진공도를 얻고자할 때 로터리 펌프와 조합하여 사용.
 ※ 고진공은 확산 펌프를 사용하며 확산 펌프용 액체는 기름(많이 사용)과 수은이 있다.
⑤ 진공 게이지
㉮ 보돈(Bourdon) 게이지
 ㉠ 대기압에서부터 0.01 기압까지의 저진공를 측정하는데 사용한다. (정확한 압력 측정 가능)
 ㉡ 중간 펌프에 의한 압력 변화를 효과적으로 나타내는데 사용한다.
㉯ 열전도 게이지
 ㉠ $1 \sim 10^{-3}$ Torr 범위의 압력 측정에 사용된다.
 ㉡ 압력 변화에 따른 기체의 열전도율의 변화를 이용한 것이다.
 ㉢ 피라니 게이지(Pirani gauge)와 열전쌍 게이지가 사용되고 있다.
㉰ 이온 게이지 및 페닝 게이지(Penning gauge)
 ㉠ 10^{-3} Torr 이하의 압력을 측정하기 위해 사용한다.

2 분위기 열처리의 실제

【1】 보호 가스 분위기 열처리
(1) 스테인레스강
① 암모니아 분해 가스나 수소가 사용된다.
② 스테인레스강은 산화하기 쉬운 Cr을 함유하고 있으므로 흡열형 가스 중에서 열처리 하면 표면에 산화 스케일이 생긴다.
③ 고순도의 수소 가스 중에 소량의 염산(HCl)이나 염소(Cl_2) 가스가 함유하면 광휘 열처리면에서는 효과적이나 표면이나 결정립계가 침식당한다.
④ 크롬을 다량 함유하고 있는 강은 질소 가스 중에 탄화 수소계 가스와 같은 환원성 가스를 소량 첨가한 혼합 가스 분위기가 사용된다.
(2) 공구강
① 스테인레스강보다 비교적 광휘 열처리가 쉽다.
② 공구강의 광휘 담금질에 필요한 흡열형 가스의 노점

기 호	강의 종류	가열 온도(℃)	노점(℃)
STD 61	열간 가공용 합금 공구강	1010	4.4~12.2
STS 3	유냉 경화형 합금 공구강	788	7.7~12.8
STS 41	내충격용 합금 공구강	954	4.4~7.2
STD 11	고탄소·고크롬 합금 공구강	1010	-6.7~21.1
STS 43	수냉 경화형 합금 공구강	816	7.2~12.8
SKH 2	W계 고속도 공구강	1288	-17.8~-12.2

※ 대형 부품의 열처리시 가열 온도가 높고 가열시간이 길 때는 노점 관리에 주의한다.

(3) 구리(Cu)
　① 수소 분위기
　　㉮ 취화를 일으키는 과정
　　　㉠ 구리 중에 산소의 고용량은 0.01~0.007 %의 범위(Cu_2O, CuO로 존재)이다.
　　　㉡ 이러한 구리를 수소 분위기 중에서 약 400℃ 이상으로 가열하면 수소는 구리 내부로 급속히 확산하다가 Cu_2O를 만들면 $Cu_2O + H_2 = 2Cu + H_2O$의 반응을 일으킨다.
　　　㉢ 이 때 반응 생성물인 H_2O 분자는 Cu 속을 자유로이 확산하지 못하고 가스 상태로 결합하여 내부에 기공을 형성한다. 따라서 구리의 취화를 일으키고 강도를 저하한다.
　　　㉣ Cu의 광휘 열처리용 가스 중에 0.1~1.0% 이상의 수소는 허용되지 않는다.
　　　㉤ 습기를 품은 일산화탄소(CO) 가스도 Cu를 취화시킨다.
　　　　※ $CO + H_2O \leftrightarrow CO_2 + H_2$의 반응에 의해서 수소를 생성하기 때문이다.
　② 황의 영향
　　㉮ 연료의 연소 가스 중에는 미량의 H_2O, SO_2 및 유기 화합물의 형태로 황이 존재한다.
　　　㉠ 이 황화물은 Cu를 심하게 침식한다. 즉 $Cu + H_2S = CuS + H_2$이다.
　　　㉡ SO_2는 보통의 풀림 온도에서는 침식을 일으키지 않지만 수소가 공존하면 $SO_2 + 3H_2 \leftrightarrow H_2S + 2H_2O$로 반응하여 H_2S를 형성하므로 구리를 침식한다.
　　㉯ 수소를 함유한 가스 중에서 구리를 열처리할 경우 탈황 처리를 충분히 해야 한다.

(4) 황동
　① Zn 15% 이상 함유한 황동의 광휘 열처리가 매우 어려운 이유
　　㉮ 황동이 매우 산화되기 쉽다.
　　㉯ 풀림 온도에서 아연이 증발하기 쉽다. (탈아연 현상을 일으킨다.)

(5) 니켈 및 그 합금
　① 혼합 가스 중에서도 용이하게 광휘 열처리가 가능하다.
　② Ni-Cr계 합금은 Cr이 산화되기 쉬우므로 고순도의 암모니아 분해 가스가 이용된다.
　③ 광휘 풀림용 가스 : 암모니아 분해 가스, 발열형 가스, 목탄 가스

(6) 경합금
　① Al, Mg 및 그 합금은 산화하기 쉬우므로 광휘 열처리가 어렵다.

【2】진공 분위기 열처리

(1) 승온 특성

① 열처리하기 위하여 가열할 때 승온 속도 : 염욕＞분위기＞진공
② 승온 속도가 느리면
　㉮ Austenite 결정립의 이상 성장(fish scale)을 일으키기 쉽다.
　　※ 냉간 가공 후 가열하는 경우에 현저하며 냉간 가공 후 응력 제거 풀림을 하여 방지한다.
　㉯ 균일한 가열이 가능하다. (이것은 담금질 변형을 감소시킨다.)
③ 승온 속도가 빠르면
　㉮ 염욕 가열의 경우나 분말 소결하여 탄화물을 균일하게 분산시킨 분말 고속도강에서는 결정립의 이상 성장이 발생하지 않는다.
　㉯ Austenite 결정립의 이상 조대화를 방지한다.
　㉰ 결정립의 미세화를 통한 기계적 성질을 향상시킨다.
④ 진공 중에서는 노온에 비하여 부품의 승온 속도가 매우 느리기 때문에 가열 유지시간 결정에 주의해야 한다.
⑤ 600~800℃의 중간 온도 범위에서는 노온과 처리품의 온도차가 크기 때문에 장시간이 걸리나 고온에서는 비교적 단시간이 걸린다.
⑥ 노온과 처리품과의 온도차를 줄이기 위해서 처리 중에 예열을 한다.
⑦ 고속도강과 같이 1200℃ 이상으로 담금질 가열하는 강종은 유지시간을 짧게 한다.
⑧ 노온의 설정 온도에 도달한 후 부품의 중심부가 설정 온도에 도달되기까지의 승온시간

설정 온도(℃)	시험편 치수(mm)		
	⌀20×40	⌀40×80	⌀60×120
600	32 분	48 분	80 분
800	20 분	30 분	65 분
1000	13 분	21 분	30 분
1200	3 분	6 분	11 분

(2) 냉각 특성

① 가스 냉각
　㉮ 담금질 냉각시 냉각 속도를 빠르게 하기 위하여 Austenite화 온도에서 소정의 유지시간 경과 후 즉시 냉각 가스를 충전(backfill)하여 가스 냉각을 실시한다.
　㉯ 충전되는 가스 : 불활성 가스, 질소 가스가 사용(경우에 따라 수소 가스도 사용)
　㉰ 실제의 진공 열처리시의 냉각 : 질소 가스에 의한 냉각이 행해진다.
　㉱ 가스 냉각은 유냉보다 냉각 속도가 느리므로 담금질 냉각시 탄화물의 입계 석출을 일으켜 기계적 성질을 해친다.
　㉲ 가스의 냉각 속도(질소를 1로 하였을 때)
　　㉠ 수소 : 2.2, 헬륨 : 1.2, 아르곤 : 0.7이다.
　　㉡ 수소 가스는 냉각 속도를 크게 하는 데는 효과적이나 안전성이 문제다.

ⓒ 헬륨은 불활성이고 안정성도 문제가 없지만 값이 비싸다.
ⓓ 냉각 가스의 압력에 따라서 냉각 속도가 좌우된다.
※ 대기압에 가까워질수록 냉각 속도가 빨라진다.

② 유냉
㉮ 유냉시에도 압력의 영향을 받는다.
※ 냉각시의 압력이 높아지면 냉각 속도가 빨라지므로 충분히 노 내 압력을 상승시킨 후에 기름에 침지한다.
㉯ 가스 냉각으로는 충분한 경도가 얻어지지 않는 강종에 사용된다. (탄소강, 저합금강 등)
㉰ Austenite화 온도를 950℃까지 상승시키면 질량 효과가 커지므로 유냉이 이용된다.

(3) 광휘성과 표면 조도
① 광휘성(brightness)
㉮ 진공 열처리의 장점은 광휘성이 우수하다는 점이다.
㉯ 광휘성을 좌우하는 인자
㉠ 재질(합금 원소)
㉡ 가열시의 압력, 온도 및 유지시간
㉢ 가스 중의 불순물(O_2, H_2 등)
㉣ 냉각유의 종류와 냉각 속도
㉰ 구리 풀림은 저진공(1 torr)으로도 충분하다.
㉱ 강을 진공 풀림하는 경우 광휘 표면을 얻기 위해서는 고진공이 요구된다.
㉲ 진공 담금질하는 경우 가열 온도가 낮은 탄소강이나 저합금강은 고진공 중에서 가열하는 것이 좋다.
㉳ 950℃ 이상의 고온으로 가열하는 합금강(STD 11, STD 61 등), 스테인레스강 및 고속도강등은 저진공에서 가열할 때 광휘 표면이 얻어진다.
㉴ 합금 공구강이나 고속도강을 담금질하는 경우는 압력이 높을수록 양호한 광휘 표면을 얻을 수 있다.

(4) 표면 조도
① STS 304 스테인레스강의 표면 조도는 압력의 영향의 거의 받지 않는다.
② 담금질한 합금 공구강이나 고속도강은 가열시의 압력이 낮을수록 최대 높이가 커진다.
※ 진공도가 클수록 열처리 후의 표면이 거칠다는 의미다.

예상문제

문제 1. 산화 및 탈탄을 방지하기 위한 열처리는?
㉮ 분위기 열처리　　　　　　㉯ 표면 경화 열처리
㉰ 고주파 열처리　　　　　　㉱ 항온 열처리

▶ 산화 및 탈탄을 방지하기 위한 열처리 : 분위기 열처리

문제 2. 분위기 열처리에 대한 설명이 아닌 것은?
㉮ 산화 및 탈탄을 막기 위한 열처리다.
㉯ 분위기 중에서 열처리하면 산세 등의 처리가 필요하다.
㉰ 광휘 표면을 얻는다.
㉱ 열처리 전후의 치수 정밀도를 확보할 수 있다.

▶ 분위기 중에서 열처리하면 산화 스케일이 생기지 않으므로 산세 등의 후처리가 필요치 않다.

문제 3. 열처리하는 도중에 산화 및 탈탄을 일으키면 열처리품에 여러 요인이 발생한다. 이 중 틀린 것은?
㉮ 담금질 경화가 불충분하게 일어난다.　　㉯ 담금질 균열이 발생한다.
㉰ 광휘 표면이 얻어진다.　　　　　　　　㉱ 변형을 유발시킨다.

▶ 산화 및 탈탄을 일으키면 제품의 성질은
　　① 담금질 경화의 불충분
　　② 담금질 균열, 변형 발생
　　③ 내마멸성, 내식성, 내피로성 저하

문제 4. 분위기 가스에 대한 설명 중 틀린 것은?
㉮ 분위기 가스란 산화 및 탈탄을 방지하기 위한 목적으로 사용하는 보호 분위기 가스를 의미한다.
㉯ 불활성 가스, 중성 가스도 사용된다.
㉰ 사용하는 분위기로서는 강종과 열처리 목적에 따라 여러 가지가 사용된다.
㉱ 공업적으로는 각종 탈탄성 가스가 많이 사용된다.

▶ 공업적으로는 각종 변성 가스가 많이 사용된다.

해답 1. ㉮　2. ㉯　3. ㉰　4. ㉱

문제 5. 다음 분위기 가스 중 불활성 가스는?
㉮ Ar, He   ㉯ N_2, H_2 ㉰ CO, CH_2 ㉱ NH_3, CO_2

토용▶ 불활성 가스 : Ar, He

문제 6. 일정 기압하에서 수증기를 함유하는 가스를 냉각시키면 어느 온도에서 가스 중의 수증기가 물방울 또는 이슬로 응결되는데 이 분리 온도를 무엇이라 하는가?
㉮ 변성   ㉯ 노점(dew point)
㉰ 탄소 포텐샬(carbon potential)   ㉱ 수소 메짐

문제 7. 암모니아 분해 가스의 변성 가스의 장점으로 틀린 것은?
㉮ 조성이 안정하고 순도가 높다.
㉯ 간단한 열분해로 제조할 수 있다.
㉰ 다른 변성 가스보다 가연 범위가 넓다.
㉱ 탄소강에 대해서 중성이다.

토용▶ 장점
① 조성 안정하고, 순도 높음
② 간단한 열분해로 제조할 수 있다.
③ 탄소강에 대해 중성이다.

문제 8. 암모니아 분해 가스의 변성 가스의 단점으로 틀린 것은?
㉮ 탄화수소계의 변성 가스에 비해 고가이다.
㉯ 수소 메짐이 문제로 되는 재료에는 사용할 수 없다.
㉰ 미분해 암모니아가 미량이라도 남아 있으면 질화물을 형성하여 촉매 작용을 약화시킨다.
㉱ 다른 변성 가스보다 가연 범위가 좁다.

토용▶ 다른 변성 가스보다 가연 범위가 넓다.

문제 9. 다른 금속과 산화나 환원 등의 어떠한 반응도 일으키지 않는 가스를 총칭하여 무엇이라 하는가?
㉮ 불활성 가스   ㉯ 중성 가스   ㉰ 발열형 가스   ㉱ 흡입형 가스

토용▶ 다른 금속과 어떤 반응도 일으키지 않는 가스의 총칭 : 불활성 가스.

문제 10. 광휘 열처리를 위한 보호 가스로서 가장 이상적인 가스는?
㉮ 불활성 가스   ㉯ 중성 가스   ㉰ 발열형 가스   ㉱ 흡입형 가스

토용▶ 광휘 열처리를 위한 가장 좋은 보호 가스 : 불활성 가스

해답 5. ㉮   6. ㉯   7. ㉰   8. ㉱   9. ㉮   10. ㉮

문제 11. 분위기로에 사용되는 중성 가스에 대한 설명으로 틀린 것은?
㉮ 취급이 간단하다.　　　　　　㉯ 값이 비싸다.
㉰ 산화를 방지한다.　　　　　　㉱ 탈탄을 방지한다.

토응 값이 저렴하다.

문제 12. 진공 열처리에 대한 설명으로 맞지 않는 것은?
㉮ 후가공이 불가능한 금형이나 치수 정밀도를 요하는 공구에 진공 열처리를 하면 산화 및 탈탄이 방지된다.
㉯ 가열은 복사열에 의해 이루어지며 가열 속도가 빠르다.
㉰ 산세, 연마 등의 후처리가 생략된다.
㉱ 환경 오염을 일으키지 않는 무공해 열처리다.

토응 가열은 전적으로 복사열에 의해서 이루어지므로 가열 속도가 느리다.

문제 13. 진공 열처리에 대한 설명으로 맞지 않는 것은?
㉮ 진공 열처리는 우수한 광휘 표면을 얻을 수 있다.
㉯ 장입량과 장입 방법에 제한을 받는다.
㉰ 분위기 관리가 번거롭다.
㉱ 가스 냉각 방법은 처리품을 이동시킬 필요가 없다.

토응 진공 열처리의 장점
　① 산세, 연마 등의 후처리가 생략된다.
　② 번거로운 분위기 관리도 필요치 않다.

문제 14. 다음 진공 분위기 열처리의 냉각 방법 중 가스 냉각법의 설명이 잘못된 것은?
㉮ 가스 냉각법과 유냉법이 있다.
㉯ 가스 냉각법은 냉각 직전에 질소 가스 등을 노 내로 불어넣은 후 순환시키면서 냉각시키는 것이다.
㉰ 처리 강종에 제한을 받지 않는다.
㉱ 처리 부품을 이동시킬 필요가 없으므로 간단히 이루어진다.

토응 처리 강종의 경화능이 좋아야 한다는 제한 조건이 있다.

문제 15. 다음 진공 분위기 열처리의 냉각 방법 중 유냉법의 설명이 잘못된 것은?
㉮ 처리 강종의 제한을 받지 않는다.
㉯ 고가이다.
㉰ 표면 광휘는 가스법보다 나쁘다.
㉱ 설비가 간단하다.

토응 유냉법은 설비가 복잡하여 고가라는 단점이 있다.

해답 11. ㉯　12. ㉯　13. ㉰　14. ㉰　15. ㉱

문제 16. 진공도의 크기를 잘못 설명한 것은?
- ㉮ 진공 단위는 1기압(atm)=1.01×10^5Pa=760Torr=760mmHg이다.
- ㉯ 저진공은 대기압~1Torr 범위를 말한다.
- ㉰ 중진공은 $1 \sim 10^{-3}$Torr 범위를 말한다.
- ㉱ 초고진공은 $10^{-3} \sim 10^{-7}$Torr 범위를 말한다.

풀이 진공도의 크기
① 저진공 : 대기압~1Torr
② 중진공 : $1 \sim 10^{-3}$Torr
③ 고진공 : $10^{-3} \sim 10^{-7}$Torr
④ 초고진공 : 10^{-7} Torr 이하

문제 17. 로터리 펌프에 의해서 얻을 수 있는 최대 진공도는?
- ㉮ 2.5×10^{-2}Torr
- ㉯ 2.5×10^{-3}Torr
- ㉰ 2.5×10^{-4}Torr
- ㉱ 2.5×10^{-7}Torr

풀이 로터리 펌프에 의해서 얻을 수 있는 최대 진공도 : 2.5×10^{-2}Torr

문제 18. 확산 펌프는 얼마의 진공도를 얻고자 할 때 로터리 펌프와 조합하여 사용하는가?
- ㉮ 10^{-2}Torr 이상
- ㉯ 10^{-3}Torr 이상
- ㉰ 10^{-4}Torr 이상
- ㉱ 10^{-5}Torr 이상

풀이 확산 펌프의 사용 진공도 : 10^{-3}Torr 이상

문제 19. 일반적으로 대기압에서부터 0.01 기압까지의 저진공을 측정하는데 정확한 압력을 측정할 수 있는 진공 게이지는?
- ㉮ 열전도 게이지
- ㉯ 이온 게이지
- ㉰ 보돈 게이지
- ㉱ 페닝 게이지

풀이 보돈(Bourdon) 게이지 : 대기압에서부터 0.01기압까지의 저진공을 측정에 사용.

문제 20. 압력 변화에 따른 기체의 열전도율의 변화를 이용한 진공 게이지는?
- ㉮ 열전도 게이지
- ㉯ 이온 게이지
- ㉰ 보돈 게이지
- ㉱ 페닝 게이지

풀이 열전도 게이지
① 압력 변화에 따른 기체의 열전도율의 변화를 이용.
② $1 \sim 10^{-3}$ Torr 범위의 압력을 측정하는데 사용

문제 21. $1 \sim 10^{-3}$ Torr 범위의 압력을 측정하는데 사용하는 진공 게이지는?
- ㉮ 열전도 게이지
- ㉯ 이온 게이지
- ㉰ 보돈 게이지
- ㉱ 페닝 게이지

풀이 열전도 게이지의 종류
① 피라니(Pirani) 게이지
② 열전쌍(thermocouple) 게이지

해답 16. ㉱ 17. ㉮ 18. ㉯ 19. ㉰ 20. ㉮ 21. ㉮

문제 22. 10^{-3} Torr 이하의 압력을 측정하는데 사용하는 진공 게이지는?
㉮ 열전도 게이지   ㉯ 이온 게이지
㉰ 보돈 게이지   ㉱ 피라니 게이지

토움 10^{-3} Torr 이하의 압력을 측정하는데 사용한 게이지
  ① 이온(ionization) 게이지
  ② 페닝(penning) 게이지

문제 23. 열간 가공용 합금 공구강(STD 61)의 광휘 담금질에 필요한 흡열형 가스의 가열 온도와 노점의 온도는?
㉮ 가열 온도 : 1010℃, 노점 온도 : 4.4~12.2℃
㉯ 가열 온도 : 1010℃, 노점 온도 : -6.7~21.1℃
㉰ 가열 온도 : 788℃, 노점 온도 : 7.7~12.8℃
㉱ 가열 온도 : 954℃, 노점 온도 : 4.4~7.2℃

토움 광휘 담금질에 필요한 흡열형 가스의 노점
  ① ㉮항 : 열간 가공용 합금강
  ② ㉯항 : 고탄소, 고Cr 합금강
  ③ ㉰항 : 유냉 경화형 합금강
  ④ ㉱항 : 내충격용 합금강

문제 24. 아연을 15 % 이상 함유한 황동의 광휘 열처리는 매우 어렵다. 그 이유로 맞는 것은?
㉮ 탈아연 현상을 일으킨다.   ㉯ 수소 메짐 때문이다.
㉰ 취화가 심하게 일어난다.   ㉱ 블라스터의 형성 때문이다.

토움 황동(15%Zn 이상)에서 광휘 열처리가 어려운 이유
  ① 황동은 산화하기 쉽다.
  ② 풀림 온도에서 Zn 증발이 쉽다. (탈아연 현상을 일으킴)

문제 25. 진공 분위기 열처리에서 승온의 특성에 대한 설명 중 틀린 것은?
㉮ 진공 분위기 중에서 부품을 가열할 때 주로 복사에 의한 열전달만이 이루어진다.
㉯ 진공 분위기 열처리에서 승온 속도는 빨라진다.
㉰ 열처리하기 위하여 가열할 때 승온 속도는 염욕>분위기>진공의 순서로 된다.
㉱ Austenite 결정립의 이상 성장(fish scale)을 일으키기 쉽다.

토움 진공 분위기 중에서 부품을 가열할 때 분위기 중의 기체 분자량이 적으므로 대류에 의한 열전달보다는 주로 복사에 의한 열전달만이 이루어지므로 열처리 부품의 승온 속도는 느려질 수 밖에 없다.

해답 22. ㉯ 23. ㉮ 24. ㉮ 25. ㉯

문제 26. 진공 분위기 열처리에서 열처리하기 위해서 가열할 때 승온 속도의 순서로 맞는 것은?
  ㉮ 진공>분위기>염욕   ㉯ 분위기>진공>염욕
  ㉰ 염욕>분위기>진공   ㉱ 진공>염욕>분위기

  [풀이] 염욕>분위기>진공

문제 27. 다음은 진공 열처리에서 가열시 승온 속도에 대한 설명이다. 틀린 것은?
  ㉮ 승온 속도가 느리므로 Austenite 결정립의 이상 성장을 일으키기 쉽다.
  ㉯ 승온 속도를 빠르게 하면 Austenite 결정립의 이상 조대화를 방지한다.
  ㉰ 승온 속도가 느리므로 균일한 가열이 가능하다.
  ㉱ 승온 속도가 느리므로 담금질 변형을 증가시킨다.

  [풀이] 승온 속도가 느리므로 균일한 가열이 가능하고 이것이 담금질 변형을 감소시킨다.

문제 28. 진공 중에서 담금질 냉각 방법에 대한 설명 중 틀린 것은?
  ㉮ 냉각 속도를 느리게 한다.
  ㉯ 냉각은 가스 냉각 또는 유냉이 이용된다.
  ㉰ 오스테나이트화 온도에서 소정의 유지 시간이 경과 후 즉시 냉각한다.
  ㉱ 진공 열처리시의 냉각은 주로 질소 가스에 의한 가스 냉각이 이루어지고 있다.

  [풀이] 냉각 속도는 빠르게 한다.

문제 29. 진공 열처리시 가스 냉각에 대한 설명으로 잘못된 것은?
  ㉮ 실제 진공 열처리시의 냉각은 주로 질소 가스가 이용되고 있다.
  ㉯ 가스 냉각은 유냉보다 냉각 속도가 빠르다.
  ㉰ 담금질 냉각시에 탄화물의 입계 석출을 일으킨다.
  ㉱ 충전되는 냉각 가스로는 불활성 가스나 질소 가스가 많이 사용된다.

  [풀이] 가스 냉각은 유냉보다 냉각 속도가 느리므로 담금질 냉각시에 탄화물의 입계 석출을 일으켜서 기계적 성질을 해친다.

문제 30. 진공 열처리에 사용되는 가스 중 질소를 냉각 속도 1로 하였을 때 수소는 얼마인가?
  ㉮ 0.7   ㉯ 1.2   ㉰ 2.2   ㉱ 3.2

  [풀이] 냉각 속도(질소 : 1일 경우)
    ① 수소 : 2.2   ② 헬륨 : 1.2   ③ 아르곤 : 0.7

문제 31. 실제의 진공 열처리시의 냉각은 주로 어떤 가스 의한 가스 냉각이 행하여지고 있는가?
  ㉮ 산소   ㉯ 수소   ㉰ 아르곤   ㉱ 질소

[해답] 26. ㉰   27. ㉱   28. ㉮   29. ㉯   30. ㉰   31. ㉱

도움 주로 질소 가스에 의한 가스 냉각이 행하여지고 있다.

문제 32. 진공 열처리에서 가스 냉각 특성에 대한 설명이다. 틀린 것은?
㉮ 일반적으로 대기압에 가까워질수록 냉각 속도는 느리다.
㉯ 냉각 가스의 압력에 따라서 냉각 속도가 좌우된다.
㉰ 헬륨은 불활성이고 안정성이 좋다.
㉱ 수소 가스는 냉각 속도를 크기 하는데 효과적이다.

도움 일반적으로 대기압에 가까워질수록 냉각 속도는 빠르다.

문제 33. 진공 열처리에서 냉각 특성 중 유냉의 특성이 잘못 설명된 것은 다음 중 어느 것인가?
㉮ 탄소강이나 저합금강과 같이 가스 냉각으로는 충분히 경도가 얻어지지 않는 강종은 유냉이 이용된다.
㉯ 유냉시에서는 압력의 영향을 받지 않는다.
㉰ 냉각시의 압력이 높아지면 냉각 속도가 빨라진다.
㉱ 충분히 노내 압력을 상승시킨 후에 기름에 침지할 필요가 있다.

도움 유냉시에서는 압력의 영향을 크게 받는다.

문제 34. 각종 스테인레스강을 진공 열처리할 때 주의해야 할 현상은?
㉮ 탈니켈 현상   ㉯ 탈아연 현상   ㉰ 탈크롬 현상   ㉱ 탈황 현상

도움 각종 스테인레스강을 진공 열처리하는 경우에는 탈크롬 현상에 주의해야 한다.

문제 35. 진공 열처리의 큰 장점은 광휘성이 우수하다는 것이다. 이 광휘성의 좋고 나쁨을 좌우하는 인자가 아닌 것은?
㉮ 합금 원소   ㉯ 가열시의 압력
㉰ 온도와 유지 시간   ㉱ 가열 속도 및 가열유

도움 광휘성의 좌우 인자
① 재질(합금 원소)
② 가열시의 압력, 온도 및 유지 시간
③ 가스 중의 불순물
④ 냉각유의 종류 및 냉각 속도

문제 36. 진공 열처리에서 광휘성을 좌우하는 인자 중 거리가 가장 먼 것은 어느 것인가?
㉮ 가열 방법   ㉯ 가스 중의 불순물
㉰ 냉각유의 종류   ㉱ 냉각 속도

해답 32. ㉮   33. ㉯   34. ㉰   35. ㉱   36. ㉮

문제 37. 진공 열처리에서 강의 좋은 광휘성을 얻기 위한 방법으로 잘못 설명된 것은?
㉮ 진공 담금질하는 경우 비교적 가열 온도가 낮은 탄소강이나 저합금강 등은 고진공에서 가열하는 것이 좋다.
㉯ STS 304 스테인레스강을 1100℃에서 용체화 처리한 경우는 가열시 압력에 관계없이 광휘도가 나타나지 않는다.
㉰ 강을 진공 풀림하는 경우 광휘 표면을 얻기 위해서는 고진공이 요구된다.
㉱ 950℃ 이상의 고온 가열하는 합금 공구강은 저진공에서 가열할 때 광휘 표면이 얻어진다.

토용 STS 304 스테인레스강을 1100℃에서 용체화 처리한 경우는 가열시 압력에 관계없이 우수한 광휘도가 얻어진다.

문제 38. 진공도가 클수록 열처리 후의 표면 거칠기는 어떻게 되는가?
㉮ 거칠어 진다.   ㉯ 미세해 진다.
㉰ 변화가 없다.   ㉱ 영향을 미치지 않는다.

토용 진공도가 클수록 열처리 후의 표면은 거칠어진다.

해답 37. ㉯ 38. ㉮

제 5 장

표면 경화 열처리

1 표면 경화 열처리

【1】 표면 경화 열처리의 분류
(1) 물리적인 표면 경화법
  ① 표면층의 조성은 변화시키지 않고 조직만을 변화시켜서 경화층을 얻는 방법.
  ② 고주파 유도 경화법, 화염 경화법
(2) 화학적인 표면 경화법
  ① 강의 표면층에 여러 가지 원소를 확산·침입시켜서 표면 조성의 변화에 의한 경화층을 얻는 방법.
  ② 침탄법, 질화법, 침탄 질화법, 금속 침투법

2 화학적 표면 경화법

【1】 침탄법
(1) 침탄법의 정의
  ① 저탄소강의 표면에 탄소(C)를 침입시키는 처리를 침탄(carburzing)이라고 한다.
  ② 침탄 후에 담금질·뜨임 처리하면 고탄소의 표면층만 경화되므로 내마멸성이 큰 표면층과 인성이 큰 중심부를 가지는 침탄 부품이 얻어진다.
  ③ 침탄법의 종류(침탄제의 종류에 다른 분류) : 고체 침탄, 액체 침탄, 가스 침탄.
  ④ 침탄시 강재의 적당한 탄소 함유량 : 0.2% 이하.
  ⑤ 강의 침탄시 침탄을 방지할 곳의 처리 : Cu 도금을 한다.
  ⑥ 침탄 처리 중 경화 불량 요인 : 침탄 부족, 담금질시 탈탄, 담금질 온도가 낮다. 냉각 속도가 느리다. 가열시간 부족.
  ⑦ 침탄용 강의 구비 조건
    ㉮ 저탄소강(0.2%C 이하)일 것.

㈏ 고온, 장시간 가열시 결정 입자의 성장이 안될 것.
㈐ 강재 주조시 완전을 기하고 표면 결점을 없앨 것.
⑧ 침탄 속도
㈎ 침탄량은 침탄제와 강의 종류, 가열 온도에 따라 다르다.
㈏ 동일 강재에서는 내부에 확산되는 속도는 온도에 의한다.
㈐ 탄소 함유량과 내부 침탄제 확산 속도에 지배된다.
㈑ 내부 확산, 가열 온도, 시간에 의존하며 CO의 증가에 따라 빨라진다.
㈒ 내외부에 탄소 함유량의 농도차에 비례한다.
⑨ 침탄 담금질 중 박리가 생기는 원인
㈎ 과잉 침탄이 생겨 국부적으로 탄소 함유량이 너무 많을 때.
㈏ 원재료가 너무 연할 때와 반복 침탄할 때.
⑩ 침탄 경화 과정 : 침탄 처리 → 저온 처리 → 1차 담금질 → 2차 담금질 → 뜨임 처리
㈎ 침탄 처리 : 고체 침탄법, 액체 침탄법, 기체 침탄법.
㈏ 저온 풀림 : Fe_3C의 구상화
㈐ 1차 담금질 : Fe_3C의 구상화, 조대한 결정 입자 미세화.
㈑ 2차 담금질 : 표면 경화.
㈒ 뜨임 처리 : 기계적 성질 개선, 150~200℃
⑪ 침탄 처리로 만들어진 침탄층의 깊이는 강종이나 침탄제의 종류, 온도, 시간에 따라 다르다.

(2) 침탄 기구
① 침탄로 안에 있던 산소가 탄소 공급원인 침탄제와 반응하여 이산화탄소(CO_2)로 된다.
  ※ $CO + O_2 \longrightarrow CO_2$
② CO_2는 다시 탄소와 반응하여 일산화탄소(CO)를 발생한다.
  ※ $C + CO_2 \longrightarrow 2CO$
③ CO가 강재 표면에서 이산화탄소(CO_2)와 탄소(C)로 분해되어 탄소를 석출한다.
  ※ $2CO \longrightarrow [C] + CO_2$

(3) 고체 침탄법(pack carburzing)
① 침탄제 : 목탄, 입상 coke, 골탄.
  ㈎ 고체 침탄제의 구비 조건
    ㉠ 침탄력이 강하고 반복 사용하여도 침탄력 감퇴가 적고 내구력을 가질 것.
    ㉡ 흡습성이 없을 것.
    ㉢ P, S분이 적고 가열 중 강 표면에 밀착하지 않을 것.
    ㉣ 열전도율이 높고 소모가 작을 것.
    ㉤ 침탄 온도에서 가열 중 용적 감소가 적을 것.
② 침탄 촉진제 : $BaCO_3$, $NaCO_3$, N_2CO_3, $LiCO_3$, $SrCO_3$.
  ㈎ 침탄제와 침탄 촉진제의 비율=6 : 4
  ㈏ 탄산 바륨($BaCO_3$)이 너무 많으면 강 표면에 용착되어 침탄을 방지한다.
③ 가열 온도 및 시간 : 900~950℃로 4~6시간. (침탄 깊이 : 0.5~2.0mm 정도를 얻음)

㉠ 침탄 온도는 950℃가 넘으면 내부 조직에 많은 변화를 가져온다.
  ※ 950℃ 이상에서 실시하면 Austenite 결정립이 거칠고 크게 된다.
 ㉡ 침탄 온도 : 침탄 속도에 가장 큰 영향을 주는 요인이다.(보통 900~950℃에서 행함)
  ※ 침탄시간을 짧게 하기 위해서 침탄 온도가 높을수록 좋다.
④ 침탄층의 탄소량 : 0.85~0.9%가 적당하다. (1.0%를 넘으면 나쁘다.)
⑤ 재료 중에 Cr이 포함되면 탄소의 확산이 늦어지며 과잉 침탄의 원인이 된다.
⑥ 일산화탄소(CO)가 증가하면 침탄 속도가 빨라진다.
⑦ 침탄 처리에 영향을 주는 요인
 ㉠ 침탄 온도 : 900~950℃가 적당(950℃를 넘으면 내부 조직의 변화가 생긴다.)
 ㉡ 침탄 깊이 : 너무 깊으면 인성을 적게 하고 비용이 많이 든다.
  ㉮ 침탄 온도가 높을수록 단시간 내에 소정의 깊이로 침탄된다.
  ㉯ 침탄시간이 길어지면 침탄층의 깊이가 커진다.
 ㉢ 침탄제 입도 : 너무 작으면 열풍과 속도가 늦어져서 시간이 많이 걸린다.
⑧ 고체 침탄법의 단점
 ㉠ 대량 생산에 부적합하다.
 ㉡ 균일한 침탄이 곤란하다.
 ㉢ 침탄층의 조절이 어렵다.
⑨ 고체 침탄시의 침탄 반응 : $3Fe + 2CO \leftrightarrow Fe_3C + CO_2$, $CO_2 + C \leftrightarrow 2CO$
⑩ 경화층의 깊이를 증가, 감소하는 원소
 ㉠ 경화층 깊이 증가 원소 : Cu, Mn, Ni, Cr, Mo
 ㉡ 경화층 깊이 감소 원소 : Si, Al, Na, Ti
(4) 액체 침탄법(Liquied carburizing, 침탄 질화법, 시안화법, 청화법)
 ① 침탄제 : 시안화칼륨(KCN), 시안화나트륨(NaCN), 페로시안화칼륨($K_4Fe(N)_6 \cdot 3H_2O$), 페로 시안화나트륨($K_4Fe(CN)_6 \cdot 3H_2O$)
  ㉠ 많이 사용되는 침탄제 : NaCN(54 %), Na_2CO_3(44 %), 기타(2 %))
  ㉡ NaCN(실제 이용되는 액체 침탄제)의 농도에 따른 구분
   ㉮ 고농도욕(60~98 %) : 침탄 경화층 깊이를 적게 할려는 얇은 부품에 적당하다.
    ※ 사용 온도는 750~850℃이고 점성이 적고 용점이 낮아 용해가 쉽고, 수세 세정성이 양호하다.
   ㉯ 중농도욕(30~60 %) : 광범위하게 이용되며 안정한 욕이다.
    ※ 사용 온도는 800~900℃이며 침탄 깊이는 0.8~0.3mm 정도의 경화층을 얻는데 적합하다.
   ㉰ 저농도욕(8~30 %) : 강력한 침탄용욕으로 두꺼운 침탄층을 얻는데 이용된다.
    ※ 사용 온도는 850~950℃이며 침탄 경화층의 깊이는 1~3mm 정도이다.
 ② 촉진제 : 탄산칼륨(K_2CO_3), 탄산나트륨(Na_2CO_3), 염화칼륨(KCl), 염화나트륨(NaCl)
 ③ 침탄 온도 및 침탄 깊이 : 800~900℃로 20~30 분 → 0.1~0.5mm 정도의 침탄층을 얻음.
  ㉠ 침탄 깊이는 가열 온도 900℃에서 30분 처리하면 약 0.3mm 정도가 얻어진다.

※ 처리 온도가 높을수록 깊어진다.
※ 침탄 부분의 탄소 함유량 : 0.7~1.0% 정도가 된다.
㉯ **침탄층의 깊이에 영향을 주는 요인**
 ㉠ 침탄 처리 온도가 높을수록 경도 저하.
 ㉡ 강재에 함유된 합금 원소.
 ㉢ 침탄제의 혼합 성분 및 비율.
 ㉣ 침탄 능력 및 침탄 온도.
④ 액체 침탄법의 화학적인 반응
 ※ $2NaCN + O_2 \rightarrow 2Na(CN)O$
  $4Na(CN)O \rightarrow 2NaCN + Na_2CO_3 + CO + N_2\uparrow$ … (질화)
  $2CO + 3Fe \rightarrow CO_2 + Fe_3C$ … (침탄)
 ㉮ 처리 온도가 700℃ 이하인 경우는 주로 질화가 일어난다.
 ㉯ 처리 온도가 800℃ 이상의 고온인 경우는 주로 침탄이 일어난다.
⑤ 침탄성 염욕제의 구비 조건
 ㉮ 침탄성이 강하고 염욕의 점성이 가급적 적을 것.
 ㉯ 흡습성이 될 수 있는한 적을 것.
⑥ 액체 침탄법의 장·단점
 ㉮ 가열이 균일하고 제품의 변형을 방지할 수 있다.
 ㉯ 온도 조절이 용이하고, 산화가 방지되므로 가공시간이 절약된다.
 ㉰ 침탄제 값이 비싸며, 침탄층이 얇고, 발생 가스가 유독하다.

(5) **가스 침탄법**(Gas carburizing)
 ① 침탄제 : 천연 가스, 프로판 가스, 부탄 가스, 메탄 가스, 에틸렌 가스.
 ※ 가스 침탄은 가스 중의 일산화탄소(CO)나 메탄(CH_4)이 주침탄제 역할을 한다.
 ② 방법 : 침탄제를 변성로 안에 넣어 Ni를 촉매로 해서 침탄 가스로 변성시킨 후 가열로에 다시 불어넣어 침탄 처리한다. (주로 작은 강제품에 이용된다.)
 ③ 가스 침탄법의 화학 반응
  ※ $2CO = [C] + CO_2$
   $CO + H_2 = [C] + H_2O$
   $CH_4 = [C] + 2H_2$
   $C_2H_6 = [C] + CH_4 + H_2$
   $C_3H_8 = [C] + C_2H_6 + H_2$
 ④ 침탄 온도 : 1000~1200℃가 많이 사용된다.
 ⑤ 침탄 깊이 및 시간 : 900~950℃에서 3~4시간으로 1.0mm 정도이다.
  ※ F.E Harris의 방정식에 의한 침탄시간과 확산시간과의 관계식

$$Tc = Tt \left(\frac{C - C_i}{C_o - C_i} \right)^2$$

Tc : 침탄 소요시간, Tt : 침탄시간 + 확산
C : 목표 표준 탄소 농도(%), C_o : 침탄시 탄소 농도(%)
C_i : 소재 자체의 탄소 농도(%)

⑥ 침탄 조건
  ㉮ 시간과 탄소 함유량과의 관계
  ㉯ 확산시간과 탄소 함유량과의 관계
  ㉰ 시간과 침탄 깊이와의 관계
  ㉱ 표면으로부터의 침탄 깊이와 탄소 함유량과의 관계

(6) 침탄 후의 열처리
  ① 확산 풀림 : 탄소의 확산이 느려서 탄소가 표면에 집중되므로 침탄층의 탄소를 내부로 확산시킬 목적으로 하여 침탄 온도에서 30분~4시간 정도 풀림한다.
  ② 구상화 풀림 : 침탄층에 나타난 망상 cementite를 담금질 전에 구상화시킨다.
    ※ 1차 및 2차 담금질시는 1차 담금질 후에 구상화 풀림(650~700℃)을 한다.
  ③ 담금질 : 중심부의 조직을 미세화하기 위해 Ac_3 이상 30℃ 정도로 가열 후 유냉시킨다.
    ※ 표면의 침탄부 경화 : Ac_3점 이상 가열 후 수냉하여 2차 담금질한다.
  ④ 뜨임 : 담금질품의 연마 균열 방지를 위해 저온 뜨임(150~180℃)한다.

(7) 침탄에 미치는 각종 원소의 영향
  ① C : 침탄강에는 0.08~0.2%의 탄소 적당하다. (처리재의 탄소는 적어야 한다.)
    ㉮ 강 표면에 흡착된 탄소가 내부로 확산함에 따라 침탄이 증가한다.
    ㉯ 내외부 사이의 탄소 농도차가 클수록 침탄 속도는 빨라진다.
  ② Cr : 강 중에 탄소의 확산 속도를 느리게 한다.
    ※ 4 % Cr이 첨가된 경우에 침탄량은 최대로 되어 표면 탄소량이 3% 정도가 된다.
  ③ Ni : 침탄성을 저해하기 때문에 표면 탄소 농도 및 침탄 깊이를 감소시킨다.
  ④ Mo : 탄소의 확산 속도를 느리게 하고 탄화물을 형성하여 표면 탄소량을 증가시킨다.
  ⑤ W : 탄소의 확산 속도를 느리게 하고 탄화물을 형성하여 표면 탄소량을 증가시킨다.
    ※ 침탄 깊이를 감소시키며, 결정립 미세화 및 결정립 성장을 억제한다.
  ⑥ V : 침탄성 저해 경향이 강하고 결정립의 크고 거칠음을 방지하는 작용을 한다.
  ⑦ Mn : 10%까지는 침탄성을 증가시키나 그 이상에서는 감소된다.
    ※ 중심부의 결정립 성장을 조장하여 침탄층을 취약하게 하며 0.5% 이하로 첨가해야 한다.
  ⑧ Si : 침탄성을 저해하는 효과가 매우 크다.
    ※ 1% 이상 첨가되면 침탄성은 거의 없어지고 보통 0.35% 이하로 규정한다.
  ⑨ Al : 현저한 침탄성 저해 원소로 표면 탄소 농도를 감소, 침탄층의 깊이를 감소시킨다.
    ※ 흑연화을 조장한다.
  ⑩ P : 침탄성을 현저히 저해시키며, 중심부 및 침탄층을 취화시키는 작용을 한다.
    ※ 보통 0.03% 이하로 규정한다.
  ⑪ S : 침탄성을 현저히 저해시키며, 침탄층에 이상 조직을 일으키기 쉽다.
  ⑫ Ti : 탄소의 침입 깊이를 감소시키고 결정립의 크고 거칠음을 방지한다.

【2】 질화법(nitriding)

(1) 개요
　① 암모니아(NH_3)를 고온으로 가열하면 $NH_3 \leftrightarrow N+3H\uparrow$로 되어 발생기의 가스가 질소와 수소로 분해되어 질소를 강의 표면에 침투 확산기켜 경화하는 방법이다.
　② 질화 처리 온도 : 520~55℃에서 50~100시간 처리한다.
　③ 특징
　　㉮ 질화 방해 금속(질화하여도 경화되지 않은 강) : 주철, 탄소강 및 Ni, Co 등을 함유한 강.
　　㉯ 질화 생성 금속(질화시 심하게 경화하는 강) : Al, Cr, Ti, V, Mo 등을 함유한 강.
　　㉰ 내마모성, 내식성이 있고, 고온에서 안정되며, 질화시간이 많이 걸린다.
　　㉱ 질화 상자에 사용되는 재료 : 13% Cr강, 21% Cr강, 18-8 스테인레스강.
　④ 질화 처리의 목적
　　㉮ 높은 경도를 얻는다.(HV 800~1000)
　　㉯ 내마모성 증가와 피로 한도가 향상된다.
　　㉰ 내식성이 우수하며 저온 처리로 변형이 적다.
　　㉱ 고온 강도 및 내열성이 높다.

(2) 가스 질화(gas nitriding)
　① 암모니아(NH_3) 가스를 고온으로 가열하면 $NH_3 \leftrightarrow N+3H\uparrow$로 분해된다.
　　㉮ 이 때 나오는 발생기 질소(N)는 분자상의 질소(N_2)와 달라 가열된 Fe 또는 강에 접촉하면 함유 원소와 반응하여 질화물을 형성한다.
　　㉯ 이 질화물은 Fe_4N(FCC)과 Fe_2N(HCP)의 두 가지로 시간의 경과에 따라 질소가 내부로 확산하여 질화층을 만든다.
　② 시험재의 질화 전의 열처리 : 담금질·뜨임을 실시하고, 경화층 깊이는 모재 경도+HV 50까지의 깊이로 정한다.
　③ 처리시간 : 경화층 깊이에 큰 영향을 끼친다. (시간이 길어지면 경화층 깊이는 커진다.)
　④ 가스 질화법의 단점 : 처리시간이 길고, 규정된 질화용 강에만 처리가 가능하다.

(3) 연질화(soft nitriding)
　① 처리시간의 단축과 일반 구조용강에도 처리할 수 있는 방법이다.
　② 처리 방법 : NaCNO나 KCNO 등의 시안 화합물을 주성분으로 한 염욕 중에서 가열한다.
　③ 장점 : 질화가 신속히 이루어지며, Austenite 스테인레스강에도 처리가 가능하다.

(4) 가스 연질화
　① RX 가스와 암모니아 가스를 50 : 50으로 혼합하여 570℃에서 처리하는 무공해 방법이다.
　② 분위기 제어에 의해 연질화가 가능하다.
　③ 550~600℃의 처리 온도에서 30분 정도의 단시간에 질화가 가능하며 어떠한 강종에도 질화 처리를 할 수 있다.
　④ Cr를 함유한 강에서는 HV 1000 이상의 경화층을 얻을 수 있다.

(5) 침탄법과 질화법과의 성질 비교

침 탄 법	질 화 법
1. 침탄층의 경도는 질화층보다 낮다.	1. 질화층의 경도는 침탄층보다 높다.
2. 침탄 후에 열처리가 필요하다.	2. 질화 후에 열처리가 필요없다.
3. 침탄 후에도 수정이 가능하다.	3. 질화 후에 수정이 불가능하다.
4. 질화법보다 단시간 내에 같은 경화 깊이를 얻을 수 있다.	4. 질화층을 깊게 하려면 장시간이 걸린다.
5. 경화에 의한 변형이 생긴다.	5. 경화에 의한 변형이 적다.
6. 고온으로 가열되면 뜨임되어 침탄층의 경도가 낮아진다.	6. 고온으로 가열되어도 경도는 낮아지지 않는다.
7. 침탄층은 질화층처럼 취화하지 않는다.	7. 질화층은 취하되기 쉽다.
8. 질화강처럼 적용 강종에 대한 제한이 적다.	8. 처리강의 종류에 많은 제한을 받는다.

【3】 금속 침투법(metallic cementition)

(1) 개요

① 피복하고자 하는 재료를 가열하여 그 표면에 다른 종류의 피복 금속을 부착시키는 동시에 확산에 의해 합금 피복층을 얻는 방법.

② 금속 침투법의 특징

㉮ 내식성, 방청성, 내고온 산화성, 내열성 등의 화학적 성질을 향상시키기 위한 목적.
 ※ 화학적 성질을 향상시키기 위한 침투 원소 : Al, Zn, Si, Cr 등.

㉯ 경도와 내마멸성 등의 기계적 성질을 향상시키는 목적.
 ※ 기계적 성질을 위한 침투 원소 : Ti, V, Cr

③ 탄화물 피복법

㉮ 표면 경화를 위한 금속 침투법을 탄화물 피복법이라 한다.

㉯ 탄화물층은 매우 치밀하고, 모재와의 밀착성이 크기 때문에 내마멸성, 내소착성, 내식성 및 내열충격성 등이 우수하므로 금형 등의 공구에 사용된다.

㉰ 가장 실용성이 큰 방법 : TD 처리 : 용융 염욕 중에 침지시켜서 철강 재료, 비철 금속 및 초경 합금 등의 표면에 CV, NbC, Cr_7C_3 등의 탄화물을 형성시키는 처리법이다.

(2) 여러 가지 금속 침투법

종 류	처리 조건	침투 원소	개선되는 성질
세라다이징(sherdizing)	분말	Zn	내식성
갈바나이징(galvanizing)	용융염		
칼로라이징(calorizing)	분말	Al	내열성
알루미나이징(aluminizing)	용융염		
크로마이징(chromizing)	분말	Cr	내열성, 내식성, 내마모성
보로라이징(boronizing)	분말, 기체, 염욕	B	내마멸성
탄화물 피복법(TD 처리)	분말, 염욕	V, Nb, Cr	내마멸성, 내식성, 내열성

3 물리적 표면 경화법

【1】화염 경화법(flame hardening)

(1) 개요

① 산소-아세틸렌 불꽃(혼합비=1 : 1)을 사용하여 강의 표면을 빨리 적열하여 담금질 온도에 이르렀을 때 급냉시켜 표면만 경화시키는 열처리법이다.

② 재료는 0.4~0.6% C강이 좋으며 화염 담금질 후 150~200℃로 저온 뜨임한다.

③ 화염 경화 경도

㉮ 냉각제 : 물을 사용한다. (잔유 응력 제거 : 담금질 후 150~200℃로 저온 뜨임함)

㉯ 화염 담금질된 강의 경도는 탄소 함유량에 따라 결정된다.

　※ 화염 담금질한 강의 표면 경도 계산방법 : $H_{RC} = C\% \times 100 + 15$

　예 SM45C강의 담금질 경도 : $H_{RC} = 0.35 \times 100 + 15 = 50$

㉰ 담금질 깊이를 크게 하고자 할 때는 예열 버너를 사용한다.

　※ 가열 속도와 내부로의 열전달 속도는 경화층 깊이를 결정하는 중요한 요소다.

④ 화염 담금질의 방법 : 고정법, 전진법, 회전법, 조합법의 4종류가 있다.

(2) 화염 경화법의 장·단점

① 부품의 크기와 형상은 무관하며 국부 담금질이 가능하다.

② 설비비가 저렴하다.

③ 담금질 변형이 적고 가열 온도 조절이 어렵다.

(3) 화염 경화법의 가열과 냉각 방법의 형태

① (a)의 방법

㉮ 강부품의 표면에 토치를 가열한 후 냉각 탱크에서 담금질하는 방법.

㉯ 담금질 온도가 약간 높아지기 쉬우므로 담금질 균열이 생기기 쉽다.

② (b)의 방법

㉮ 가열 후 불꽃을 끄고 분사 장치에서 냉각수를 분사하는 방법

㉯ 가장 많이 사용한다.

③ (c)의 방법

㉮ 강재를 순환되는 물 속에 담그어 경화되는 부분을 수면과 같게 하거나 약간 위로 하여 가열하는 방법.

㉯ 평평한 소형 부품에 적당하며 담금질 균열 발생 가능성이 적다.

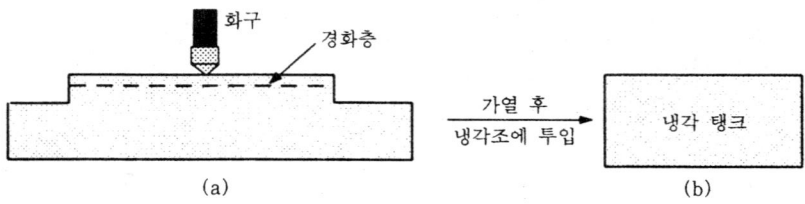

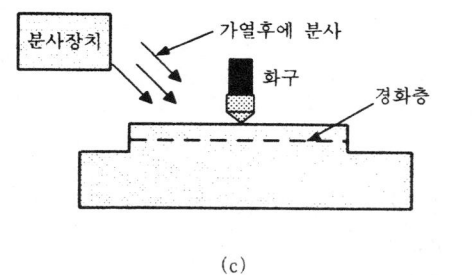
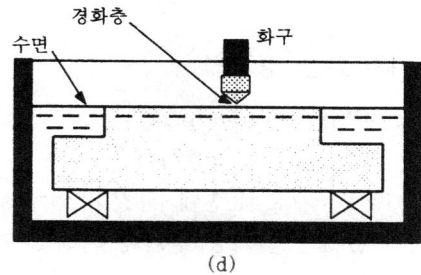

〔화염 경화법의 가열 및 냉각 형태〕

【2】 고주파 경화법(induction hardening)

(1) 개요

① 고주파에 의한 유도 가열을 이용하여 표면을 경화시키는 방법이다.

② 실제 사용되고 있는 주파수 : 10~500kHz 범위의 고주파를 이용한다.

㉮ 주파수가 클수록 유도 전류는 강재의 표면 부위에만 집중되어 흐른다. (표피 효과라 한다.)

㉯ 표피 효과(skin effect)에 의해 표면만 급가열시키기 때문에 표면 경화에 이용된다.

㉰ 실제로 유도 전류에 의한 발생열의 침투 깊이 (d)의 식

$$d = 5.03 \times 10^3 \sqrt{\frac{\rho}{\mu f}} \text{ (cm)}$$

※ ρ : 강재의 비저항($\mu\Omega\cdot$cm), μ : 강재의 투자율, f : 주파수(Hz)

㉱ 주파수가 클수록 경화 깊이는 작아 진다.

③ 고주파 경화에 적당한 재료

㉮ 탄화물이 미세하게 분포되어 있어서 Austenite화가 빠른 재료.

㉯ 비교적 낮은 온도에서 담금질할 수 있는 강종.

㉰ 균열을 방지하기 위하여야 하므로 비금속 개재물, P, S 등의 함유량이 적고 균일하게 분포되어 있는 재료.

㉱ 기계 가공이 용이한 재료.

④ 고주파 경화법의 장점

㉮ 급열, 급냉으로 작업 시간이 짧다.

㉯ 부분 가열이므로 타부분에 영향이 없으며 국부 또는 전체 처리가 가능하다.

㉰ 표면 산화와 탈탄이 최소로 일어나고, 변형이 적다.

㉱ 직접 가열로 열효율이 좋고, 최고의 경도가 되고 피로 강도, 내마모성에 향상된다.

㉲ 대량 생산이 가능하고 유지비가 저렴하다.

㉳ 처리 공정을 생산라인과 바로 연결하여 사용할 수 있다.

⑤ 고주파 경화법의 단점

㉮ 고주파 경화시킬 수 있는 강종이 제한되어 있다.

㉯ 고주파 경화에 적합한 형상을 갖는 부품에만 적용될 수 있는 제한된 방법이다.

㉰ 시설비가 고가이다.

4 기타 표면 경화법

[1] 숏 피닝(shot peening)
(1) 냉간 가공의 일종이다.
(2) 금속 재료 표면에 강철이나 주철의 작은 입자($\phi 0.5 \sim 1.0$)를 고속으로 분사시켜 금속 표면층을 가공 경화에 의해 표면을 경화하는 방법이다.
(3) 피로 한도를 증가시키며, 사용 범위는 스프링재, sheft pin 등의 표면 가공에 사용한다.

[2] 방전 가공(spark hardening)
(1) 방전 현상을 이용하여 강의 표면을 침탄, 질화시키는 방법이다.
(2) 보통 120V의 전압으로 $50 \sim 70 \mu m$ 두께의 경화층이 얻어진다.
(3) 경화층의 경도 : HV $1400 \sim 1600$에 달하므로 내마멸성이 향상된다.

[3] 하아드 페이싱(hard facing)
(1) 금속 표면에 stellite(Co$-$Cr$-$W$-$C계 합금), 경합금 등을 용착시켜 표면 경화층을 얻는 방법.

문제 1. 다음은 강의 표면을 경화 경화시키는 방법에 대한 설명이다. 틀린 것은 어느 것인가?
㉮ 방법에는 화학적 경화법과 물리적 경화법이 있다.
㉯ 강의 표면에 여러 가지 원소를 확산·침입시켜서 표면 조성의 변화에 의한 경화층을 얻는 방법을 화학적 경화법이라 한다.
㉰ 표면층의 조성은 변화시키지 않고 조직만을 변화시켜서 경화층을 얻은 방법을 물리적 방법이라 한다.
㉱ 물리적인 방법에는 침탄, 질화, 금속 침투법 등이 있다.

[도움] 화학적인 방법 : 침탄, 질화, 침탄 질화, 금속 침투법.

문제 2. 표면 경화법 중 물리적 방법은 다음 중 어느 것인가?
㉮ 화염 경화법   ㉯ 침탄법   ㉰ 침탄 질화법   ㉱ 금속 침투법

[도움] 물리적 방법 : 고주파 유도 경화법, 화염 경화법

문제 3. 침탄 경화법에 대한 설명 중 틀린 것은 어느 것인가?
㉮ 침탄시 강재의 적당한 탄소 함유량은 0.2% 이하이다.
㉯ 고탄소강의 표면을 저탄소강으로 만들어 표면을 경화한다.
㉰ 강의 침탄을 방지할 곳은 구리 도금 처리한다.
㉱ 침탄층의 탄소량은 고체 침탄시 0.85~0.9%이다.

[도움] 침탄 경화 : 저탄소강의 표면에 탄소를 침투 확산시켜 고탄소강으로 만든 다음 담금질하여 경화시키는 방법.

문제 4. 다음 중 침탄 처리 중 경화 불량의 원인이 잘못 설명된 것은 어느 것인가?
㉮ 침탄의 부족   ㉯ 담금질시 탈탄
㉰ 담금질 온도가 높다.   ㉱ 냉각 속도가 느리다.

[도움] 침탄 처리시 경화불량 원인
① 침탄의 부족하다.   ② 담금질시 탈탄.   ③ 담금질 온도가 낮다.
④ 냉각 속도가 느리다.   ⑤ 가열 시간이 부족하다.

[해답] 1. ㉱   2. ㉮   3. ㉯   4. ㉰

문제 5. 침탄용 강의 구비 조건으로 잘못 설명한 것은?
㉮ 표면에 결점이 없을 것
㉯ 고온·장시간 가열시 결정 입자의 성장이 안될 것
㉰ 강재 주조시 완전을 기할 것
㉱ 고탄소강(0.2%C 이상)일 것

▶ 저탄소강(0.2%C 이하)일 것.

문제 6. 다음은 침탄법에서 침탄 속도에 대한 설명이다. 틀린 것은?
㉮ 내외부에 탄소 함유량의 농도차에 반비례한다.
㉯ 침탄량은 침탄제와 강의 종류, 가열 온도에 따라 다르다.
㉰ 동일 강에서는 내부에 확산하는 속도는 온도에 의한다.
㉱ 탄소 함유량과 내부 침탄제 확산 속도에 지배한다.

▶ 내외부에 탄소 함유량의 농도차에 비례한다.

문제 7. 다음 중 침탄 속도에 영향을 주는 요인이 아닌 것은?
㉮ 내부 확산 ㉯ 냉각 방법 ㉰ 가열 시간 ㉱ 가열 온도

▶ 내부 확산, 가열 온도, 시간에 의존하며 CO의 증가에 따라 빨라진다.

문제 8. 침탄시 강재의 적당한 탄소 함유량은?
㉮ 0.2% 이하 ㉯ 0.2% 이상 ㉰ 0.8% 이하 ㉱ 0.8% 이상

▶ 침탄시 강재의 적당한 C% : 0.2% C 이하

문제 9. 침탄 담금질시 박리가 생기는 원인으로 틀린 것은?
㉮ 과잉 침탄이 생겨 국부적으로 탄소 함유량이 너무 많을 때
㉯ 원재료가 너무 연할 때
㉰ 원재료가 너무 단단할 때
㉱ 반복 침탄할 때

문제 10. 침탄 경화 과정으로 맞는 것은?
㉮ 침탄 처리 → 저온 처리 → 1차 담금질 → 2차 담금질 → 뜨임 처리
㉯ 침탄 처리 → 1차 담금질 → 2차 담금질 → 저온 처리 → 뜨임 처리
㉰ 침탄 처리 → 뜨임 처리 → 1차 담금질 → 2차 담금질 → 저온 처리
㉱ 침탄 처리 → 저온 처리 → 뜨임 처리 → 1차 담금질 → 2차 담금질

▶ 침탄 경화 과정 : 침탄 처리 → 저온 처리 → 1차 담금질 → 2차 담금질 → 뜨임 처리

해답 5. ㉱ 6. ㉮ 7. ㉯ 8. ㉮ 9. ㉰ 10. ㉮

문제 11. 다음 중 침탄 처리 과정의 설명이 잘못된 것은?
㉮ 침탄 처리 : 액체 침탄법, 고체 침탄법, 가스 침탄법
㉯ 저온 풀림 : Martensite의 구상화 처리
㉰ 1차 담금질 : 조대한 결정 입자 미세화 및 시멘타이트의 구상화
㉱ 2차 담금질 : 표면 경화

[도움] 침탄 처리 과정
① 침탄 처리 : 액체, 고체, 기체
② 저온 처리 : Fe_3C의 구상화
③ 1차 담금질 : 조대 입자 미세화, Fe_3C의 구상화
④ 2차 담금질 : 표면 경화
⑤ 뜨임 처리 : 150~200℃(기계적 성질 개선)

문제 12. 침탄 처리시 뜨임 처리하는 온도는?
㉮ 100~150℃   ㉯ 150~200℃   ㉰ 200~300℃   ㉱ 350~400℃

문제 13. 침탄 처리로 만들어진 침탄층의 깊이(두께)에 영향을 미치는 인자가 아닌 것은?
㉮ 강의 종류   ㉯ 침탄제의 종류
㉰ 침탄 후처리 방법   ㉱ 침탄 시간

[도움] 침탄층의 깊이는 강종이나 침탄제의 종류, 온도, 시간에 따라 다르다.

문제 14. 고체 침탄법에서 침탄 속도에 가장 큰 영향을 미치는 인자는?
㉮ 침탄제   ㉯ 침탄 촉진제   ㉰ 침탄 온도   ㉱ 강의 재질

[도움] 침탄 속도에 가장 큰 영향 미치는 요인 : 침탄 온도

문제 15. 고체 침탄법에 대한 설명 중 틀린 것은?
㉮ 침탄제 : 목탄, 입상 코크스, 골탄 등
㉯ 침탄 촉진제 : 탄산 바륨($BaCO_3$), 탄산 소오다($NaCO_3$) 등
㉰ 침탄층의 탄소량 : 0.85~0.9%
㉱ 가열 온도 및 시간 : 520~550℃에서 50~100시간

[도움] 900~950℃에서 4~6시간 유지하면 강재 표면에 0.5~2.0mm 정도의 침탄층을 얻는다.

문제 16. 고체 침탄법에서 침탄층의 탄소량은 얼마 정도가 적당한가?
㉮ 0.30% 이하   ㉯ 0.30~0.45%   ㉰ 0.65~0.86%   ㉱ 0.85~0.90%

[도움] 침탄층의 탄소량은 0.85~0.90%가 적당하다.

문제 17. 고체 침탄법에서 침탄 온도는 얼마가 적당한가?
㉮ 200~500℃   ㉯ 520~550℃   ㉰ 850~900℃   ㉱ 900~950℃

[해답] 11. ㉯   12. ㉯   13. ㉰   14. ㉰   15. ㉱   16. ㉱   17. ㉱

도움 침탄 온도 : 900~950℃

문제 18. 고체 침탄법에서 침탄 깊이에 따른 침탄 온도에 대한에 대한 설명이다. 틀린 것은?
㉮ 침탄 온도가 높을수록 단시간 내에 소정의 깊이로 침탄된다.
㉯ 침탄 시간을 짧게 하기 위해서는 침탄 온도를 높게 한다.
㉰ 950℃ 이상에서 실시하면 Austnite 결정립이 거칠어진다.
㉱ 침탄 온도가 950℃를 넘으면 내부 조직의 변화가 생기지 않는다.

도움 침탄 온도가 950℃를 넘으면 내부 조직의 변화가 생긴다.

문제 19. 다음 중 설명이 잘못된 것은 어느 것인가?
㉮ Na_2CO_3 너무 많으면 강 표면에 용착되어 침탄을 촉진한다.
㉯ 재료 중에 Cr이 포함되면 탄소 확산이 늦어진다.
㉰ 과잉 침탄의 원인이 되는 원소는 Cr이다.
㉱ 일산화탄소(CO)가 증가하면 침탄 속도가 빨라진다.

도움 Na_2CO_3 너무 많으면 강표면에 용착되어 침탄을 방지한다.

문제 20. 고침 침탄시 과잉 침탄의 원인이 되는 원소는?
㉮ CO   ㉯ Cr   ㉰ S   ㉱ P

도움 과잉 침탄의 원인이 되는 원소는 Cr이다.

문제 21. 침탄 처리에 영향을 주는 요인에 대한 설명이다. 틀린 것은?
㉮ 침탄 온도는 900~950℃가 적당하다.
㉯ 침탄 깊이가 너무 깊으면 인성을 적게 한다.
㉰ 침탄 속도에 가장 큰 영향을 주는 요인은 침탄 촉진제이다.
㉱ 침탄제 입도가 너무 작으면 열통과 속도가 늦어진다.

도움 침탄 속도에 가장 큰 영향을 주는 요인 : 침탄 온도

문제 22. 고체 침탄법의 단점이 아닌 것은?
㉮ 대량 생산에 부적합하다.
㉯ 균일 침탄이 곤란하다.
㉰ 침탄층의 조절이 어렵다.
㉱ 침탄층이 너무 깊으면 인성이 증가한다.

도움 고체 침탄법의 단점
① 대량 생산이 부적합
② 균일 침탄이 곤란하다.
③ 침탄층의 조절이 어렵다.

해답 18. ㉱   19. ㉮   20. ㉯   21. ㉰   22. ㉱

문제 **23.** 고체 침탄제의 구비 조건으로 맞지 않는 것은?
㉮ 침탄 온도에서 가열 중 용적 감소가 커야 한다.
㉯ 흡습성이 없을 것
㉰ P이나 S분이 적고 가열 중 강 표면에 밀착하지 않을 것
㉱ 열전도율이 높고 소모가 적을 것

도움 침탄 온도에서 가열 중 용적 감소가 작아야 하며, 침탄력 감퇴가 적고 내구력을 가질 것.

문제 **24.** 침탄 후의 열처리에 대한 설명으로 맞지 않는 것은?
㉮ 1차 담금질은 조대화된 결정 조직의 미세화한다.
㉯ 2차 담금질은 표면층의 경도를 낮추고 인성을 부여한다.
㉰ 침탄 후 강의 응력을 제거한다.
㉱ 풀림은 시멘타이트를 구상화한다.

도움 2차 담금질 : 표면 침탄층의 경도를 높이기 위해 750~880℃로 가열 후 수냉 또는 유냉한다.

문제 **25.** 침탄 후 2차 담금질 온도로 맞는 것은?
㉮ 150~200℃   ㉯ 300~450℃   ㉰ 520~550℃   ㉱ 750~880℃

도움 2차 담금질 온도 : 750~880℃로 가열 후 수냉 또는 유냉한다.

문제 **26.** 침탄 후 1차 담금질 방법으로 올바른 설명은?
㉮ 조대화된 결정 조직의 미세화 및 유리 Fe_3C의 고용을 목적으로 A_3 변태점 이상 30℃ 정도로 가열 후 수냉 또는 유냉한다.
㉯ 표면 침탄층의 경도를 높이기 위해 750~880℃로 가열 후 수냉 또는 유냉한다.
㉰ 침탄 후 담금질한 강의 응력 제거 및 Martensite의 안정화를 위해 150~200℃에서 처리한다.
㉱ 침탄층에 나타난 망상 Cementite를 구상화하기 위해 650~700℃에서 처리한다.

도움 ① ㉮ 항 : 1차 담금질   ② ㉯ 항 : 2차 담금질
③ ㉰ 항 : 뜨임 처리   ④ ㉱ 항 : 구상화 풀림

문제 **27.** 액체 침탄법에 대한 설명 중 틀린 것은?
㉮ 침탄제 : 시안화칼륨, 시안화나트륨 등이 있다.
㉯ 침탄 촉진제 : 탄산칼륨, 탄산나트륨, 염화칼륨 등이 있다.
㉰ 침탄 부분의 탄소 함유량은 1.0~1.5% 정도가 된다.
㉱ 침탄 깊이 : 800~900℃로 20~30분간 가열하면 0.1~0.5mm정도의 침탄층이 생긴다.

도움 침탄 부분의 탄소 함유량은 0.7~1.0% 정도가 된다.

해답 23. ㉮   24. ㉯   25. ㉱   26. ㉮   27. ㉰

문제 28. 강의 표면에 탄소와 질소가 동시에 침투 확산되는 침탄법이 아닌 것은?
㉮ 청화법   ㉯ 고체 침탄법   ㉰ 침탄 질화법   ㉱ 액체 침탄법

> 액체 침탄법을 시안화법, 침탄 질화법, 청화법이라고도 한다.

문제 29. 다음은 액체 침탄법에 대한 설명이다. 틀린 것은?
㉮ 침탄제로는 보통 NaCN 54%, Na_2CO_3 44%, 기타 약 2%를 혼합한 것이 많이 사용된다.
㉯ 처리 온도가 700℃ 이하인 경우에는 질화층이 얻어진다.
㉰ 처리 온도가 800℃ 이상의 고온에서는 주로 침탄이 일어난다.
㉱ 침탄 깊이는 가열 온도 700℃에서 30분 처리에 의해 1.0mm 정도가 얻어지며 처리 온도가 높을수록 얕아진다.

> 액체 침탄의 침탄 깊이 : 가열 온도 900℃에서 30분 처리에 의해 0.1~0.5mm 정도가 얻어지며 처리 온도가 높을수록 얕아진다.

문제 30. 다음 중 액체 침탄법의 장점이 아닌 것은?
㉮ 산화가 쉬우므로 가공 시간이 절약된다.
㉯ 제품의 변형을 방지할 수 있다.
㉰ 온도 조절이 용이하다.
㉱ 가열이 균일하다.

> 액체 침탄법의 장점
> ① 가열이 균일하다.   ② 제품 변형을 방지함.
> ③ 온도 조절이 용이하다.   ④ 산화가 방지되므로 가공시간 절약

문제 31. 다음 중 액체 침탄법의 단점이 아닌 것은?
㉮ 침탄층이 얇다.   ㉯ 온도 조절이 어렵다.
㉰ 발생하는 가스가 유독하다.   ㉱ 침탄제의 값이 비싸다.

> 액체 침탄법의 단점
> ① 침탄층이 얇다.   ② 발생 가스가 유독하다.
> ③ 침탄제의 값이 비싸다.

문제 32. 가스 침탄법의 설명 중 틀린 것은 어느 것인가?
㉮ 주로 작은 부품의 침탄에 이용된다.
㉯ 가스들을 변성로에 넣어 Ni을 촉매로 해서 침탄 가스로 변성시킨 후 가열로에 다시 불어넣어 침탄 처리한다.
㉰ 가스 침탄은 가스 중에 CO나 메탄(CH_4)이 주 침탄제 역할을 한다.
㉱ 침탄 온도가 높을수록 반응 속도가 감소되어 침탄 깊이도 낮아진다.

해답 28. ㉯   29. ㉱   30. ㉮   31. ㉯   32. ㉱

도움 침탄 온도
① 침탄 온도가 높을수록 반응 속도는 증가한다.
② Acm 선을 따라 탄소의 고용한계가 높아질 수 있고
③ 침탄 깊이도 깊어진다.

문제 33. 가스 침탄에서 가스를 변성로에 넣어 침탄 가스로 변성시키는데 사용하는 촉매는?
㉮ Cu　　　㉯ Mn　　　㉰ Ni　　　㉱ CO

도움 가스 침탄 가스로 변성시키는 촉매 : Ni

문제 34. 침탄층에 나타난 망상의 시멘타이트는 담금질 전에 구상화시키는 것이 바람직하다. 1차 및 2차 담금질을 행할 때에는 1차 담금질 한 후 구상화 풀림을 하는 온도는?
㉮ 650~700℃　　　㉯ 800~850℃　　　㉰ 850~900℃　　　㉱ 900~1000℃

도움 1차 및 2차 담금질을 행할 때에는 1차 담금질한 후 구상화 풀림(650~700℃)을 하는 것이 좋다.

문제 35. 침탄에 미치는 탄소의 영향 중 틀린 것은?
㉮ 침탄은 강 표면에 흡착된 탄소가 내부로 확산함에 따라 진행된다.
㉯ 일반적으로 침탄강에는 0.8~1.0%의 탄소가 함유되어 있다.
㉰ 내부와 외부 사이의 탄소 농도차가 클수록 침탄 속도는 빨라진다.
㉱ 처리재의 탄소 함유량은 적어야 한다.

도움 실용상 강재의 내부는 이성을 가지도록 하고 표면은 경도를 높여 내마멸성을 가지도록 하는 것이 침탄의 목적이므로 처리재의 탄소 함유량(0.08~0.2%)은 적어야 한다.

문제 36. 침탄에 미치는 각종 원소의 영향에 대한 설명이다. 틀린 것은?
㉮ Cr : 강 중에 탄소의 확산 속도를 느리게 하는 원소이다.
㉯ Ni : 침탄성을 저해하기 때문에 표면 탄소 농도 및 침탄 깊이를 감소시킨다.
㉰ W : 결정립 성장을 향상시킨다.
㉱ Mo : 탄화물을 형성하여 표면 탄소량을 증가시킨다.

도움 W은 결정립 성장을 억제한다.

문제 37. 침탄에 미치는 각종 원소의 영향에 대한 설명이다. 틀린 것은?
㉮ V : 침탄성을 저해하는 경향이 강하다.
㉯ Si : 침탄성을 저해하는 효과가 매우 크다.
㉰ Mn : 중심부의 결정립 성장을 조장한다.
㉱ Ti : 탄소의 침탄 깊이를 증가시킨다.

도움 Ti은 탄소의 침탄 깊이를 감소시키고 결정립의 크고 거칠음을 방지한다.

해답 33. ㉰　34. ㉮　35. ㉯　36. ㉰　37. ㉱

문제 **38.** 침탄에 미치는 각종 원소의 영향에 대한 설명이다. 틀린 것은?
㉮ Mn : 10% 첨가까지는 침탄성을 감소시킨다.
㉯ Al : 현저하게 침탄성을 저해한다.
㉰ P : 침탄성을 현저하게 저해한다.
㉱ S : 침탄성을 현저하게 저해한다.

도움▶ Mn은 10% 첨가까지는 침탄성을 증가시키지만 그 이상이 첨가되면 침탄성이 감소되고 중심부의 결정립 성장을 조장하여 침탄층을 취약하게 한다.

문제 **39.** S은 침탄성을 현저하게 저해하는 원소이다. 그러므로 침탄강에 함유되는 함유량은 얼마로 규정하는가?
㉮ 0.03% 이하 ㉯ 0.2% 이하 ㉰ 0.3% 이하 ㉱ 0.36% 이하

도움▶ 0.03% 이하로 규정한다.

문제 **40.** 침탄에 미치는 W의 영향에 대한 설명으로 틀린 것은?
㉮ 강 중에 탄소의 확산 속도를 느리게 한다.
㉯ 탄화물을 형성하여 표면 탄소량을 증가시킨다.
㉰ 침탄 깊이를 증가한다.
㉱ 결정립을 미세화시킨다.

도움▶ 침탄 깊이를 감소시키고 결정립을 미세화시킴과 동시에 결정립 성장을 억제한다.

문제 **41.** 암모니아를 고온으로 가열하면 $NH_3 \rightleftarrows N+3H\uparrow$ 로 되어 이 때의 발생기의 질소와 수소로 분해되는데 질소를 강의 표면에 침투 확산시켜 경화하는 방법은?
㉮ 침탄법 ㉯ 화염 경화법 ㉰ 청화법 ㉱ 질화법

도움▶ 질화법(Nitriding) : 암모니아를 고온으로 가열하면 $NH_3 \rightleftarrows N+3H\uparrow$ 로 되어 이 때의 발생기의 질소와 수소로 분해되는데 질소를 강의 표면에 침투 확산시켜 경화하는 방법.

문제 **42.** 강의 표면에 질소를 침투 확산시켜 표면을 단단하게 하는 표면 경화법은?
㉮ 침탄법 ㉯ 화염 경화법 ㉰ 청화법 ㉱ 질화법

문제 **43.** 질화 경도의 향상에 가장 효과적인 원소는?
㉮ Cr ㉯ Mo ㉰ Al ㉱ Co

도움▶ 질화 경도의 향상에 가장 효과적인 원소 : Al

문제 **44.** 질화 경도의 향상 뿐만 아니라 뜨임 메짐을 방지하는 목적을 갖는 원소는?
㉮ Cr ㉯ Mo ㉰ Al ㉱ Co

도움▶ 질화 경도의 향상 뿐만 아니라 뜨임 메짐을 방지하는 목적을 갖는 원소 : Mo

해답 38. ㉮ 39. ㉮ 40. ㉰ 41. ㉱ 42. ㉱ 43. ㉰ 44. ㉯

문제 45. 질화 경도의 향상에 효과적인 원소의 순서로 맞는 것은?
㉮ Al>Cr>Mo   ㉯ Al>Mo>Cr   ㉰ Cr>Al>Mo   ㉱ Mo>Al>Cr

토용 질화 경도의 향상에 효과적인 원소의 순서 : Al>Cr>Mo

문제 46. 질화 처리 온도는 보통 몇 ℃에서 하는가?
㉮ 500~550℃   ㉯ 650~650℃   ㉰ 700~750℃   ㉱ 800~950℃

토용 질화 처리 온도 : 500~550℃

문제 47. 질화법에 대한 설명 중 틀린 것은?
㉮ 질화 처리는 500~550℃에서 50~100시간 처리한다.
㉯ 주철, 탄소강 및 Ni, Co 등을 함유한 강은 질화 경화가 잘된다.
㉰ 내마모성, 내식성이 있고 고온에서 안정된다.
㉱ 침탄보다 시간이 많이 걸린다.

토용 주철, 탄소강 및 Ni, Co 등을 함유한 강은 질화하여도 경화되지 않으나 Al, Cr, Ti, V, Mo 등을 함유한 강은 심하게 경화한다.

문제 48. 다음 중 질화 처리의 장점이 아닌 것은 어느 것인가?
㉮ 높은 경도를 얻는다.
㉯ 내마모성의 증가와 피로 한도가 향상된다.
㉰ 내식성이 우수하고 고온 처리로 변형이 적다.
㉱ 고온 강도, 내열성이 높다.

토용 질화 처리의 장점
① 높은 경도 얻음.   ② 내마모성, 피로 한도 향상
③ 내열, 내식, 고온강도 우수   ④ 저온 처리로 변형이 적다.

문제 49. 질화 처리 조직으로 적당한 조직은?
㉮ Austenite   ㉯ Troostite   ㉰ Martensite   ㉱ Sorbite

토용 질화 처리 조직으로 적당한 조직 : Sorbite

문제 50. 다음은 침탄법과 질화법의 비교 설명이다. 틀린 것은?
㉮ 경도는 질화층이 침탄층보다 높다.
㉯ 침탄 후 열처리는 필요하나 질화 후에는 필요없다.
㉰ 침탄법은 경화로 인한 변형이 생기나 질화법은 변형이 적다.
㉱ 침탄층이 질화층보다 여리다.

토용 질화층이 침탄층보다 여리다.

해답 45. ㉮   46. ㉮   47. ㉯   48. ㉰   49. ㉱   50. ㉱

문제 51. 금속 침투법의 목적이 아닌 것은?
㉮ 내식성 향상 ㉯ 내열성 향상
㉰ 내마멸성 향상 ㉱ 메짐성 향상

토용 금속 침투법의 목적 : 내식성, 내열성, 경도, 내마멸성, 방청성, 내고온 산화성 등의 성질 향상.

문제 52. 다음 금속 침투법 중 화학적 성질을 향상시키기 위한 침투 원소가 아닌 것은?
㉮ Al ㉯ Zn ㉰ Ti ㉱ Si

토용 화학적 성질을 향상시키기 위한 침투 원소 : Al, Zn, Si, Cr

문제 53. 다음 금속 침투법 중 기계적 성질을 향상시키기 위한 침투 원소가 아닌 것은?
㉮ Cr ㉯ Zn ㉰ Ti ㉱ V

토용 기계적 성질을 향상시키기 위한 침투 원소 : Ti, Cr, V

문제 54. 강력한 탄화물 형성 원소로만 짝 지워진 것은?
㉮ Cr, Ti, V ㉯ Zn, Al, V
㉰ Ti, Zn, Si ㉱ V, Cr, Zn

토용 강력한 탄화물 형성 원소 : Ti, Cr, V

문제 55. 탄화물 피복층에 대한 설명으로 틀린 것은?
㉮ 탄화물층은 매우 치밀하다. ㉯ 내식성, 내열충격성이 부족하다.
㉰ 내마멸성, 내소착성이 우수하다. ㉱ 모재와의 밀착성이 크다.

토용 내식성, 내열충격성이 우수하다.

문제 56. 용융 염욕 중에 침지시켜서 철강 재료, 비철 금속 및 초경 합금등의 표면에 VC, NbC, Cr_7C_3 등의 탄화물을 형성시키는 처리를 무엇이라 하는가?
㉮ 세라다이징 ㉯ 칼로라이징 ㉰ TD 처리 ㉱ 크로마이징

토용 TD 처리 : VC, NbC, Cr_7C_3 등의 탄화물을 형성시키는 처리를 말한다.

문제 57. 내식성을 개선하기 위해서 Zn을 침투 확산시켜 금속 침투법은?
㉮ 칼로라이징 ㉯ 세라다이징 ㉰ TD 처리 ㉱ 크로마이징

토용 세라다이징(sheradizing) : Zn을 침투 확산시킨 방법

문제 58. 내열성을 개선하기 위해서 Al을 침투 확산시켜 금속 침투법은?
㉮ 칼로라이징 ㉯ 세라다이징 ㉰ TD 처리 ㉱ 크로마이징

토용 칼로라이징(calorizing) : Al을 침투 확산시킨 방법

해답 51. ㉱ 52. ㉰ 53. ㉯ 54. ㉮ 55. ㉯ 56. ㉰ 57. ㉯ 58. ㉮

❖ 예상문제 2-151

문제 59. 내마멸성을 개선하기 위해 B를 침투 확산시켜 금속 침투법은?
㉮ 칼로라이징   ㉯ 세라다이징   ㉰ 보로나이징   ㉱ 크로마이징

토⑨ 보로나이징(boronizing) : B를 침투 확산시킨 방법

문제 60. 내열성, 내식성, 내마멸성을 개선하기 위해서 Cr을 침투 확산시켜 금속 침투법은?
㉮ 칼로라이징   ㉯ 세라다이징   ㉰ 보로나이징   ㉱ 크로마이징

토⑨ 크로마이징(chromizing) : Cr을 침투 확산시킨 방법

문제 61. 고주파 경화법의 장점으로 잘못 설명한 것은?
㉮ 가열 시간이 길다.   ㉯ 국부적인 경화에 이용할 수 있다.
㉰ 표면 산화와 탈탄이 최소로 일어난다.   ㉱ 변형이 적다.

토⑨ 가열 시간이 짧다.

문제 62. 다음은 고주파 경화법의 장점이다. 틀린 것은?
㉮ 피로 강도가 향상된다.
㉯ 시설비가 저렴하다.
㉰ 대량 생산이 가능하다.
㉱ 처리 공정을 생산라인과 바로 연결시켜 사용할 수 있다.

토⑨ 시설비가 고가이다.

문제 63. 고주파 경화법의 단점이 아닌 것은 다음 중 어느 것인가?
㉮ 시설비가 고가이다.
㉯ 고주파 경화에 적합한 형상을 갖는 부품에서만 적용된다.
㉰ 비교적 높은 온도에서 담금질할 수 있는 강종에 제한한다.
㉱ 고주파 경화시킬 수 있는 강종이 제한되어 있다.

토⑨ 비교적 낮은 온도에서 담금질할 수 있는 강종이 좋다.

문제 64. 표면 냉간 가공의 일종으로 금속 재료의 표면에 고속으로 강철이나 주철의 작은 입자를 분사시켜서 금속의 표면층을 가공 경화에 의해 경화시키는 방법은?
㉮ 방전 경화법   ㉯ 용사법   ㉰ 화염 경화법   ㉱ 숏 피닝

토⑨ shot peening법이다.

문제 65. 용융 상태의 금속이나 세라믹을 연속적으로 모재 표면에 분사시켜서 피막을 적층시키는 표면 경화법은?
㉮ 방전 경화법   ㉯ 용사법   ㉰ 화염 경화법   ㉱ 숏 피닝

토⑨ 용사법이라 한다.

해답 59. ㉰   60. ㉱   61. ㉮   62. ㉯   63. ㉰   64. ㉱   65. ㉯

문제 66. 담금질·뜨임 등의 일반 열처리와 연삭 가공 등이 완료된 강재 부품에 증기 처리를 하여 표면층에 2.5~5.0μm 정도의 얇은 Fe_3O_4 산화 피막을 형성시키는 방법은?
㉮ 보로라이징 ㉯ 방전 경화법 ㉰ 용사법 ㉱ 수증기 처리

풀이 수증기 처리법이다.

문제 67. 방전 경화법에서 보통 120V의 전압으로서 50~70μm 두께의 경화층을 얻는다. 이 경화층의 경도(HV)는?
㉮ 800~900 ㉯ 1000~1200 ㉰ 1300~1400 ㉱ 1400~1600

풀이 경화층의 경도 : HV 1400~1600

해답 66. ㉱ 67. ㉱

제 6 장

열처리 제품의 시험 검사 및 결함 대책

1 열처리 제품의 시험 및 검사

【1】 조직 시험법

(1) 거시(macro) 조직 시험법
  ① 육안 또는 확대경 등의 저배율(보통 20배 이내)로 관찰하는 방법.
  ② 기포, 비금속 개재물, 모세 균열 등과 같이 비교적 크기가 큰 결함 검출과 편석 등의 화학적 불균일성을 검출하는데 이용된다.
  ③ 시험법의 종류 : 산세법, 파면 검사법, 강산 부식법(가장 많이 사용) 등이 있다.

(2) 현미경 조직 시험법
  ① 현미경 조직 시험의 일반적인 목적
    ㉮ 금속 조직학상의 상(phase)의 종류, 형상, 크기, 양 및 분포 등을 관찰하기 위함이다.
    ㉯ 거시 조직 시험으로는 확인할 수 없는 미세한 개재물, 핀홀 및 수축공 등 미세 결함 검출.
    ㉰ 결정립 크기의 확인 및 전위, 석출물을 관찰하기 위한 것이다.
  ② 현미경 조직 시험에서 가장 주의할 점
    ㉮ 목적에 알맞는 시료 제작.
    ㉯ 적절한 시료 채취 위치의 선정.
    ㉰ 세심한 연마(polishing)
    ㉱ 최적의 부식(etching)
  ③ 시료의 제작
    ㉮ 시료의 채취
      ㉠ 시료는 일반적으로 그 재료를 대표 부분인 것이어야 한다.
      ㉡ 표면 가까이의 급랭부, 얇은 부위, 두꺼운 부위 등은 가능한 피하여 시료는 채취

한다.
　　ⓒ 시료 절단시의 발생열로 인하여 시료가 가열되지 않도록 한다.
㉯ 연마
　　㉠ 채취된 시험편을 연마지를 사용하여 수연마(hand grinding)나 연마기(polishing machine)로서 한 면을 미끄럽게 연마한다.
　　ⓒ 연마천 위에 알루미나(Al_2O_3) 분말이나 MgO 분말을 뿌리면서 미세(경면) 연마를 한다.
　　ⓒ 단상 합금이나 연질 금속에는 전해 연마(electro polishing)를 적용한다.
㉰ 부식
　　㉠ 부식 방법 : 부식액 속에 침지한다.
　　　※ 피검물의 착색 상황에 의해서 부식의 진행 정도를 판정한다.
　　ⓒ 부식이 완료되면 즉시 부식액을 물로 세척한 후 열풍으로 건조시킨다.
　　ⓒ 철강용 부식액

종류	상태	부식액	배율	부식액의 배합
탄소강	소 재	피크랄(5 %)	100	피크린산 5 %, 알코올 95 %
	열처리재	나이탈(5 %)	400	질산 5 %, 알코올 95 %
합금강	소 재	나이탈(5 %)	100	질산 5 %, 알코올 95 %
	열처리재	나이탈(5 %)	400	질산 5 %, 알코올 95 %
공구강	소 재	나이탈(5 %)	200	질산 5 %, 알코올 95 %
	열처리재	나이탈(5 %)	400	질산 5 %, 알코올 95 %
스테인레스강	13 % Cr 스테인레스강	염화제이철 염산수	100	염화제이철 10g, 염산 20~30mL, 물 100mL
	18-8 스테인레스강	염화제이구리 염산 알코올	100	염화제이구리 10g, 염산 20~30g, 알코올 100mL

④ 현미경 시험법의 종류
㉮ 광학 현미경 시험법
　　㉠ 금속 재료의 단조, 압연 및 열처리 등이 적절히 이루어 졌는지를 확인할 수 있다.
　　ⓒ 결정립 크기, 비금속 개재물의 분포 등을 관찰할 수 있다.
　　ⓒ 현미경으로 검사하는 시야가 좁기 때문에 편석 등을 검출할 때는 거시 조직 시험법과 병행한다.
　　※ 광학 현미경의 분해능의 한계 : 1000배
㉯ 고온 현미경 시험법
　　㉠ 진공 중에서 W 발열체를 이용해 시료를 가열하고 투명한 석영창을 통하여 시료 표면의 변화를 관찰할 수 있도록 되어 있다.
　　ⓒ 400~1000배 정도의 배율까지 관찰이 가능하다.
　　ⓒ 고온에서의 결정립 성장, Bainite 및 Martesite의 변태와 같은 상 변태를 관찰할 수 있다.
㉰ 전자 현미경 시험법
　　㉠ 전자(electron)에 의한 해상이기 때문에 분해능(200만 배)이 극히 높다.

ⓒ 종류 : 투과 전자 현미경(TEM), 주사 전자 현미경(SEM)

【2】기계적 시험법

(1) 인장 시험법

① 열처리 재료의 항복점, 항복 강도, 인장 강도, 연신율 및 단면 수축율 등을 측정한다.
② 항복점 : 항복점은 상항복점과 하항복점이 있으며 저탄소강에서 볼 수 있는 현상이다.
③ 항복 강도 : 항복점이 명료하지 않는 재료에서 항복점의 대용으로 사용하는 값.
④ 인장 강도 : 최대 하중을 원 단면적으로 나눈 값.
⑤ 항복비(yield ratio) : 항복점을 인장 강도로 나눈 값.
⑥ 연신율 : 시험편이 파괴될 때까지의 총변형.

※ 연신율 $= \dfrac{L_1 - L_0}{L_0} \times 100(\%)$ $\quad \begin{bmatrix} L_1 : 처음\ 길이 \\ L_0 : 변형\ 후의\ 길이 \end{bmatrix}$

⑦ 단면 감소율 : 인장 시험 후와 인장 시험 전의 단면적 변화를 원 단면적으로 나눈 값.

※ 단면 수축율 $= \dfrac{A_0 - A_1}{A_0} \times 100(\%)$ $\quad \begin{bmatrix} A_0 : 원\ 단면적 \\ A_1 : 변형\ 후의\ 단면적 \end{bmatrix}$

(2) 경도 시험법

① 브리넬 경도 시험(H_B)

$$H_B = \dfrac{2P}{\pi D(D - \sqrt{D^2 - d^2})} \quad \begin{bmatrix} D : 강구의\ 지름(mm) \\ P : 하중(kg) \\ d : 압입된\ 재료의\ 지름(mm) \end{bmatrix}$$

② 비커어즈 경도 시험(H_V)

㉮ $H_V = \dfrac{A}{P} = \dfrac{P}{\dfrac{d^2}{2}\csc(\dfrac{\theta}{2})} = \dfrac{2P\sin(\dfrac{\theta}{2})}{d^2} = \dfrac{2P\sin 68°}{d^2} = 1.8544\dfrac{P}{d^2}$

㉯ 압입자 : 대면각 136°의 다이아몬드, 하중 1~120kg(5~50kg이 많이 사용됨)

③ 로크웰 경도 시험(H_R)

㉮ 흔히 사용되는 로크웰 스케일의 종류와 용도

스케일	압입자 종류	예비 하중 (kg)	주하중 (kg)	용 도
A	다이아몬드 콘		60	초경 합금 등 매우 경한 재료
B	강구(1/16 인치)	10	100	풀림 처리한 강, 연강
C	다이아몬드 콘		150	담금질 뜨임 처리한 강

㉯ 압입자 : 다이아몬드 꼭지각이 120°(H_{RC}), 강구 지름이 $\dfrac{1}{16}''$(H_{RB})이다.

㉰ 압입된 깊이를 직접 경도값으로 환산하여 읽을 수 있다.

④ 쇼어 경도 시험(H_S)

㉮ 해머를 일정한 높이에서 시험편 위에 낙하시켜 반발하여 오른 높이로 경도를 측정한다.

㉯ 간편한 동적 시험이며, 탄성 여부도 알 수 있다.

㉰ $H_s = \dfrac{10000}{65} \times \dfrac{h}{h_0}$ $\begin{cases} h : \text{반발 높이} \\ h_0 : \text{시험편의 높이} \end{cases}$

(3) 충격 시험법
 ① 충격 시험의 목적 : 인성과 취성을 알기 위한 시험이다.
 ② 종류 : 샤르피(단순보 원리 이용), 아이조드(외팔보 원리 이용)]
 ③ 충격 에너지(흡수 에너지) 값 : $E = WR(\cos\beta - \cos\alpha)(kg\cdot m)$
 ④ 충격값

$$U = \dfrac{U}{A}\,(kg\cdot m/cm^2)$$

$\begin{cases} W : \text{해머의 무게} \\ R : \text{해머의 아암의 길이} \\ A : \text{단면적} \\ \alpha : \text{해머의 처음 각도} \\ \beta : \text{파단후의 각도} \end{cases}$

 ⑤ 특징 : 동적 시험이며, 노치 효과가 크고, 하중 속도에 영향을 받는다.

(4) 피로 시험법
 ① 반복적인 하중이 가해지는 부품의 내구성을 판단하기 위한 시험.
 ② 피로 한도(fatigue limit) : 영구적으로 재료가 파괴되지 않는 응력 중에서 최대의 하중 값.
 ③ 피로 한도를 구하는 곡선 : S(응력)-N(반복 횟수) 곡선.
 ④ 강철의 경우 응력, 반복 횟수 : 10^{6-7}, 비철 금속의 경우 : 10^8
 ⑤ 가하는 응력이 크면 반복 횟수는 작아지고, 응력이 작아짐에 따라 반복 횟수는 늘어난다.
 ⑥ 피로 시험 결과에 영향을 주는 요인 : 시편 형상, 표면 다듬질 정도, 가공 방법 및 열처리 상태.

(5) 마멸 시험법
 ① 재료가 다른 물체와 마찰하여 그 표면이 소모되는 현상을 알아보는 시험.
 ② 마멸 특성은 상대 재료에 따라 달라지고, 여러 가지 인자에 영향을 받는다.

2 결함의 원인과 대책

[1] 열처리시 나타나는 결함의 발생 원인 구분
(1) 가열 온도의 부정확이나 잘못된 분위기 제어 등 열처리 작업 자체의 잘못으로 인한 결함.
(2) 열처리할 소재의 불량으로 인하여 결함이 발생한다.

[2] 가열시 결함
(1) 개요
 ① 열처리 온도로 가열하는 과정에서 나타나는 결함의 발생 주요 원인
  ㉮ 노 내 온도의 불균일.

㉡ 온도 측정의 부정확.
㉢ 부품 내의 온도 불균일.
② 노 내 온도의 불균일한 분포는 결함의 발생에 가장 큰 영향을 미친다.
※ 대형의 중유로 등에서 많이 나타난다. (소형로나 전기로에는 영향이 적다.)
③ 정확한 온도 측정을 위한 방법
㉠ 적절한 열전쌍의 선정 및 보정.
㉡ 열전쌍의 설치 위치 및 설치 개수 검토.
④ 처리 강재의 표면부와 중심부가 동일한 온도로 될 때까지 가열하는 것이 결함을 방지하기 위한 방법이다.

(2) 산화(oxidation)
① 산화성 분위기 중에서 가열할 때 발생한다.
※ 가열 장치, 가열 방식 및 사용 연료 등에 따라 크게 달라진다.
② 가열 온도가 높거나 가열시간이 길어지면 산화 반응이 촉진된다.
※ 산화 스케일의 두께가 커지게 된다.
③ 산화 스케일이 형성되면
㉠ 제품의 표면이 거칠다.
㉡ 탈탄이 발생한다.
㉢ 스케일이 부착된 상태로 담금질하면 얼루기, 연점(soft spot) 및 균열이 발생한다.
㉣ 산화 스케일을 제거 방법
㉠ 황산 또는 염산 수용액으로 산세한다.
㉡ 샌드 블라스트(sand blast) 등의 기계적 방법으로 제거한다.
④ 산화 방지를 위한 방법
㉠ 가장 좋은 방법은 노 내 분위기를 조절하여 사용한다.
㉡ 금형 및 공구 등과 같이 최종 제품을 열처리할 경우는 진공, 불활성 분위기 및 염욕 등에서 가열하여 산화를 방지한다.

(3) 탈탄(decarburization)
① 산화 스케일을 형성하는 조직에서 가열(900℃ 이상의 Austenit화)되는 강은 표면의 탈탄을 피할 수 없다.
② 강이 산화성 분위기의 고온에서 산화되면 표면의 탄소는 분위기 중의 공기, 수증기 등의 산화성 가스와 반응하여 CO 또는 CO_2로 되어 분위기 중으로 방출된다.
③ 탈탄 현상 : 강재 표면의 탄소량이 감소하여 표면층은 연한 Ferrite층으로 변하는 현상.
④ 탈탄에 가장 큰 영향을 미치는 것 : 수분
⑤ 산화나 탈탄의 방지 : 중성 또는 진공 분위기에서 열처리한다.
⑥ 탈탄된 강재를 담금질하면
㉠ 담금질 경도 부족.
㉡ 담금질 얼룩이 발생한다.
㉢ 피로 강도와 내마멸성이 현저하게 나쁘다.

(4) 과열(overheating) 및 연소(burning)

① 강재를 산화성 분위기 중에서 1100℃ 이상으로 가열하면 결정립은 조대화되고 비트만슈테텐(Widmanstatten) 조직으로 된다. 이것을 과열 조직이라 한다.
　※ 연마하여 피크랄 용액으로 부식시킨 후 관찰하면 Ferrite는 침상의 형태로 나타난다.
② 과열 조직으로 이루어진 강재는 성질이 취약하고 인성과 항복 강도가 낮아진다.
③ 산화성 분위기 중에서 1200℃ 이상으로 가열되면 국부적으로 연소를 일으키는 경우가 많다.
　※ 현미경 조직은 매우 크고 거칠어진다.
④ 과열 조직을 완전히 회복시키는데는 열처리만으로 충분하다.
⑤ 가열 및 연소가 일어나기 쉬운 강 : Ni, Co 및 Mo 등의 합금 원소가 첨가된 강.
⑥ 가열 및 연소가 일어나기 어려운 첨가 원소 : Cu, Al, Si 및 Cr 등의 합금 원소 첨가시
⑦ 림드강보다 킬드강에서 과열 조직이 나타나기 어렵다.

(5) 가열시의 결함 검출법

① 현미경 조직 검사
　㉮ 탈탄부의 현미경 조직은 저탄소강 조직 또는 밝은 색의 Ferrite 조직을 나타낸다.
　㉯ 과열 조직은 비트만슈테텐 조직이 전형적이다.
　㉰ 연소를 일으키는 부위는 크고 거친 결정립 사이에 산화물이 존재하고 용융된 흔적이 나타나기도 한다.
② 불꽃 시험법
　㉮ 탈탄부는 저탄소강의 불꽃으로 나타난다.
③ 파단면 검사
　㉮ 탈탄부는 백색의 크고 거친 결정립면으로 나타난다.
　㉯ 과열 조직은 매우 밝은 광택을 나타낸다.

[3] 담금질시의 결함

(1) 담금질 균열

① 담금질 냉각시 Martensite 변태와 함께 일어나는 균열이다. (담금질 냉각시 나타나는 균열)
② 냉각시에 Martensite 변태가 일어나지 않으면(경화되지 않으면) 균열은 발생되지 않는다.
③ Martensite 변태와 함께 균열이 발생하는 원인
　㉮ Ms점 이하에서 Martensite 변태로 인하여 부피가 팽창되어 변태 응력이 발생.
　　※ 균열 발생의 주원인 : 변태에 의한 부피 팽창.
　㉯ 급랭으로 인하여 부품 내외의 온도 차이에 따른 열응력 때문에 균열이 발생.
　㉰ Austenite화 온도로부터 급냉과 함께 수축하던 과냉 Austenite가 Ms점에서 Martensite 변태의 개시와 함께 팽창으로 변화한다.
　㉱ 수축 → 팽창의 역전이 순간적으로 일어나기 때문에 균열이 발생한다.
　　※ Ms점까지는 급냉하여도 Ms점 이하의 냉각만 느리게 하면 균열 발생의 염려가 없다.

④ 담금질 균열 발생의 전형적인 부위(위치) : 살두께의 급변부, 예리한 모서리, 구멍 부위

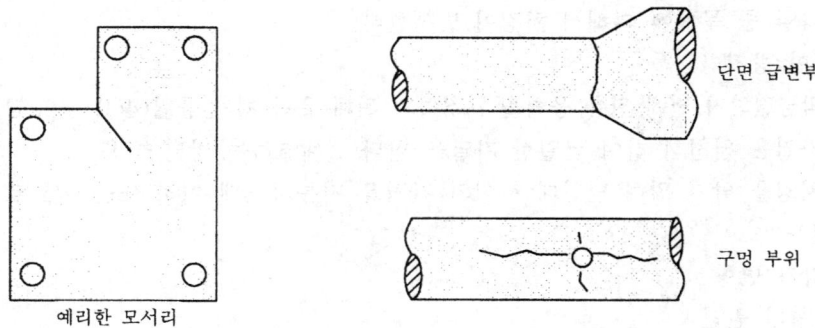

[담금질 균열 발생의 전형적인 부위]

(2) 담금질 변형
① 담금질 변형의 종류
㉮ 치수 변화(size change)

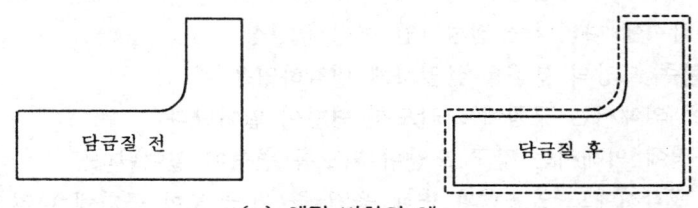

[a] 체적 변화의 예

㉠ 담금질 변태에 따른 팽창 및 수축을 말한다.
㉡ Martensite로 변태되면 : 부피는 팽창
㉢ 잔류 Austenite의 양이 많아지면 수축된다.
㉣ 변태시 결정 구조의 변화에 다른 고유의 성질이므로 방지할 수 없다.
㉯ 변형(shape change)

[b] 변형의 예

㉠ 가열 및 냉각시 여러 가지 요인에 의한 형상 변화.
㉡ 처리품의 휨, 비틀림 및 처짐 등의 형상의 변화.
㉢ 적절한 대책에 의해 방지할 수 있다.
② 가열과 변형
㉮ 변형의 원인

㉠ 기계 가공 도는 소성 가공 등으로 잔류 응력이 발생되었을 경우.
㉡ 가열이 불균일할 경우.
㉢ 가열 중 무게에 의해서 처짐이 발생한다.
㈏ 변형 방지법
㉠ 담금질하기 전에 잔류 응력을 제거하기 위해 응력 제거 풀림(450~600℃)을 한다.
㉡ 가열은 천천히 하여 균일한 가열을 한다. (예열하는 방법 이용)
㉢ 처짐을 막기 위해 받침대 사이의 간격을 지름의 3배 이하 또는 세로로 걸어 장입한다.
③ 냉각과 변형
㈎ 변형의 원인
㉠ 부품 내외부의 냉각 속도차에 의해 발생한 열응력에 의한 변형
㉡ 냉각제의 냉각능이 클수록 부품의 냉각 속도의 차이가 커지므로 변형 발생이 커진다.
  ※ 공랭<유냉<수냉 순으로 변형 발생이 커진다.
㈏ 변형 방지법
㉠ 가능한 서냉시켜며 균일한 냉각이 되도록 한다.
④ 담금질 냉각시에 나타나는 전형적인 변형의 양상
㈎ 봉이나 원주 모양의 부품을 균일하게 냉각하였을 때
㉠ 열응력에 의해서는 구형에 가깝도록 변형이 일어난다.
㉡ 변태 응력에 의해서는 장구 모양이 되도록 변형이 일어난다.
㉢ 균일한 냉각시에도 열응력과 변태 응력 중 어느 것이 큰가에 따라서 양상이 달라진다.
㉣ 균일 냉각시 변형의 형태

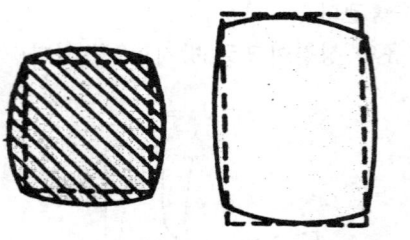
(a) 열응력에 의한 변형

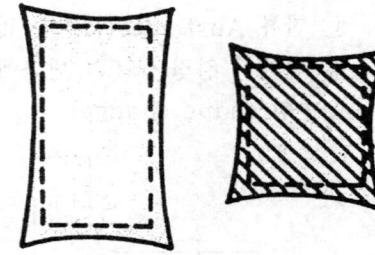
(b) 변태 응력에 의한 변형

㈏ 링(ring) 모양의 부품을 냉각하였을 때
㉠ 링 모양 부품의 구멍 부분만 담금질하면 구멍의 크기는 항상 작아진다.
㉡ 전체를 담금질하면 링의 외경은 항상 커지고 내경은 커지기도 하고 작아지기도 한다.
  ※ 일반적으로 내경이 외경의 $\frac{1}{2}$ 이상일 때는 커지고, 이하일 때는 작아진다.

㉰ 봉이나 원주 모양의 부품을 불균일하게 냉각하였을 때
  ㉠ 극단적으로 한쪽 면만 급냉될 경우가 이에 속한다.
  ㉡ 담금질 굽음이 나타나는 과정

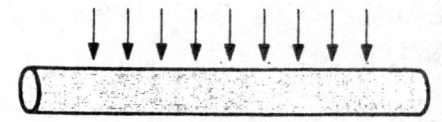
(a) 전체를 빨갛게 가열한 것을 윗부분만 수냉한 상태

(b) 처음에는 위쪽으로 휘어지고 아래쪽은 아직 빨간 상태

(c) 전체가 냉각되면 빨리 냉각된 쪽이 볼록(凹)하게 된다.

⑤ 기타 변형 방지 및 교정법
 ㉮ 냉각시의 변형 방지
  ㉠ 오스템퍼링이나 담금질 등의 항온 열처리를 이용한다.
  ㉡ 프레스 담금질을 한다.
  ㉢ 살두께를 균일화하기 위해 블라인드 홀(blind hole)을 뚫든지 얕은 부분에는 석면이나 점토로 바른다.
 ㉯ 변형이 발생된 부품의 교정
  ㉠ 교정법 : 직접 교정, 프레스 교정법 등이 있다.
  ㉡ 오목한 쪽에는 쇼트 피이닝을 행하거나 또는 프레스 뜨임한다.

(3) 연점(soft spot)
 ① 연점의 원인
  ㉮ 담금질 처리시 흔히 연점(국부적으로 경화되지 않는 부분)이 생긴다.
  ㉯ 노내 온도 분포, 가열 온도 및 가열시간 등이 부적절할 때 일어난다.
  ㉰ 균일한 가열이 이루어지지 않을 때 일어난다.
  ㉱ 수냉시의 기포 부착, 냉각제의 교반 불균일에 따른 불균일 냉각일 때 일어난다.
  ㉲ 표면의 산화 스케일, 탈탄층 등도 연점 발생 원인이 된다.
 ② 연점의 방지책
  ㉮ 탈탄을 방지하거나 탈탄 부분을 제거한 후에 담금질한다.
  ㉯ 노 내 온도 분포, 가열시간 및 가열 온도 등을 적절히 한다.
  ㉰ 균일한 냉각이 되도록 냉각제를 충분히 교반하거나 분수 담금질을 한다.
  ㉱ 강재의 경화능과 냉각제의 경화능을 고려해 적당한 강재를 선택한다.
 ③ 일반적으로 킬드강보다는 림드강이, 합금강보다는 탄소강이 연점 발생 가능성이 크다.

(4) 경도 부족
  ① 담금질시 부품 전체적으로 경도가 낮아지는 경우가 있는데 발생 원인과 대책은 연점의 경우와 같다.
  ② STD 11강과 같은 고합금 공구강 등에는 다량의 잔류 Austenite로 인하여 경도가 낮아지는 경우가 있다.

[4] 뜨임시 결함

(1) 급속 가열에 다른 뜨임 균열
  ① 담금질한 강을 급속 가열하면 표면층만 가열되어 뜨임된다.
    ※ 표면층만 수축되고 내부는 팽창된 상태로 있어 표면층에 인장 응력이 생겨 균열 발생.
  ② 급속 가열시 나타나는 뜨임 균열의 형상은 평행 직선 또는 곡선 모양을 한다.
  ③ 300℃ 이상의 뜨임 온도에서는 뜨임 균열이 일어나지 않는다.
  ④ 300℃까지는 천천히 가열하는 것이 뜨임 균열을 방지한다.

(2) 급속 냉각에 따른 뜨임 균열
  ① 뜨임 처리시 2차 경화를 나타내는 고속도강이나 STD 11강 등의 고합금강을 500~550℃에서 뜨임 후 급랭할 때 발생하는 균열이다.
  ② 뜨임 처리 후 냉각시에 부피가 팽창한다.
    ※ 담금질시에 형성된 잔류 Austenite가 뜨임 처리시 재차 Matensite로 변태하기 때문이다.
  ③ 2차 Matensite화(2차 Ar″ 변태) : 뜨임시 부피의 팽창은 담금질의 부피 팽창과 동일한 이유로 일어난다.
  ④ 뜨임 처리 후 급랭하면 담금질 균열 발생 때와 같은 이유로 뜨임 균열이 일어나다.
  ⑤ 뜨임 균열 방지법
    ㉠ 뜨임 처리 온도에서 서냉한다.
    ㉡ 뜨임 처리 전에 탈탄층을 제거한다.

[5] 연마시의 결함

(1) 원인
  ① 담금질 후 대기 중에서 그대로 방치하여 둔 부품에서 나타난다.
  ② 잔류 Austenite가 많은 부품을 그라인더로 연삭하였을 때 나타난다.
  ③ 연삭 후에 생긴다.

(2) 연마 균열의 특징
  ① 가벼운 연마 균열은 연마 방향에 수직한 평행선으로 나타난다.
  ② 심한 연마 균열은 구갑상(龜甲狀)으로 나타난다.
  ③ 균열 깊이 : 보통 0.1~0.2mm 정도의 잔금 균열로 나타난다.
  ④ 연마 균열의 종류
    ㉠ 뜨임 처리할 때 100℃ 정도에서 첫 번째 수축을 나타낸다.
      ※ 표면 인장력을 받아 잔금 균열을 일으킨다.
    ㉡ 연마열이 높아져서 표면층의 온도가 300℃ 정도로 되면 두 번째 수축이 일어난다.

※ 연마 균열을 일으킨다.
(3) 연마 균열 방지법
① 반드시 뜨임 처리를 하고 그라인더로 연마한다.
② 연마시에는 연마 깊이를 작게 한다.

【6】 심랭 처리시의 결함
(1) 심랭 처리의 결함 원인
① 담금질 직후에 심냉 처리를 하면 담금질시 생겼던 응력과 잔류 Austenite의 Martensite화에 따른 응력이 중복되어 담금질 균열과 같은 균열이 생긴다.
② 대형 부품이나 두께가 큰 부품의 처리시 발생한다.
(2) 방지법
① 처리전에 100℃ 정도로 가볍게 뜨임한다.
② 심랭 처리 온도에서 상온으로 올릴 때에는 급냉 해동 방법으로 심랭 처리에 의한 열응력을 해소한다.

【7】 표면 경화시의 결함
(1) 침탄시 결함과 대책
  ① 경화 불량
    ㉮ 경화 불량의 원인
      ㉠ 침탄 부족
        ※ 과잉 침탄은 피하여야 한다. 침탄층의 탄소가 0.8~0.9 % 정도가 이상적이며 이상이면 망상 Cementite가되어 취약하며 과잉 침탄되었더라도 망상 Cementite를 구상화 처리하면 큰 문제는 없으나 침탄 부족으로 경화 불량을 일으키는 원인이 된다.
      ㉡ 침탄 후 담금질 온도가 너무 낮았을 때
        ※ 경화 부족이 일어난다.
      ㉢ 침탄 후 담금질시 탈탄이 되었을 때
      ㉣ 침탄 후 담금질시 냉각 속도가 느릴 때
        ※ 경화 부족이 일어난다.
      ㉤ 표면층에 잔류 Austenite가 많이 존재할 때
        ※ 잔류 Austenite가 많이 존재할 때 경도 부족을 일으킨다.
      ㉥ 입계 산화.
        ※ 침탄용 RX 가스에 함유되어 있는 소량의 산소가 강 중의 Cr이나 Mn과 결합하여 오스테나이트 결정립계에 산화물로 형성한다. (경화능이 나빠진다.)
  ② 연점
    ㉮ 침탄 담금질한 표면에 국부적으로 경화되지 않는 부분이 생기는 담금질 얼룩을 말한다.
    ㉯ 편석된 강에서 많이 나타나며 림드강을 침탄할 때 나타나는 이상 조직을 담금질할 때 나타난다.

㉰ 침탄용강은 킬드강을 하나 림드강에 침탄할 때는 담금질 온도를 약간 높게 한 후, 염수에 담금질한다.
③ 박리
㉮ 침탄시 탄소 농도의 변화가 급격하여 경도 변화가 클 때 경화층이 떨어져 나가는 현상.
㉯ 이 때문에 침탄 처리 후에는 확산 풀림 처리를 하고 담금질을 하는 것이 좋다.
※ 침탄층과 중심부 사이에 중간층을 형성시켜 준다.
㉰ 침탄 처리를 반복적으로 해도 탄소 농도의 변화가 급격해져서 박리 현상을 일으킨다.
※ 침탄을 반복할 때는 1차 침탄층을 연마하여 제거 또는 풀림 처리 후 침탄한다.
④ 연마 균열
㉮ 침탄 후 담금질한 부품을 그라인더로 연마하면 대부분 연마 균열을 일으킨다.
㉯ 침탄 담금질 후에는 100~200℃에서 뜨임 처리하고 연마한다.
※ 잔류 Austenite가 많으면 뜨임 처리를 했어도 연마 균열을 일으키는 경우가 많다.
㉰ 연마 균열 방지법
㉠ 심랭 처리 후 100~200℃에서 뜨임 처리하고 연마 방법을 채택한다.
㉡ 연마 후에도 저온 뜨임을 한다.
(2) 고주파 경화시의 결함과 대책
① 담금질 균열
㉮ 고주파 가열시 부품의 모서리나 키홈 및 구멍의 주변부 등은 과열되어 담금질 균열 발생이 쉽다.
㉯ 사용 강종의 탄소 함유량이 0.5% 이상이면 균열 발생 가능성이 커진다.
㉰ 탄소량이 많은 강재 부품을 고주파 경화시킬 때 경화 처리 전에 탄화물을 구상화시킨다.
㉱ 냉각 방법
㉠ 수냉이 좋지만 연점이나 균열 발생의 원인이 되므로 합금강 등은 유냉이 좋다.
※ 유냉보다 냉각 속도가 느릴 때는 균열 염려는 없지만 경도가 낮아지는 수가 있다.
② 연점
㉮ 고주파 경화된 부품의 표면에 암자색의 무늬로 착색된 부분을 연점이라 한다.
㉯ 분수 구멍이 막혔을 때나 분수 구멍의 수와 크기가 부적절할 때 발생한다.
㉰ 방지법
㉠ 분수 구멍을 슬릿(slit)형으로 한다.
㉡ 물 대신 수용성 냉각제를 분사시켜 방지한다.
③ 박리
㉮ 경화층과 비경화부의 경도가 급변할 때 생긴다.
㉯ 경화층의 깊이가 너무 작을 때 일어난다.
㉰ 방지법 : 예열을 하여 경화층을 깊게 한다.
(3) 화염 경화시의 결함과 대책
① 박리
㉮ 경화층과 비경화부 사이의 경도 변화가 급변하면 중간층이 형성되지 않기 때문에

발생하는 현상이다.
    ㉯ 방지법 : 화염 가열시 Austenite화 온도에 도달하여도 바로 수냉하지 말고 잠시 지체한 후에 지연 담금질(delayed quenching) 방법을 이용한다.
  ② 표면 균열
    ㉮ 화염 경화된 부품의 표면에 발생한 균열은 중복 경화 균열과 연마 균열이 있다.
    ㉯ 중복 경화 균열
      ㉠ 회전 담금질시 처음과 마지막 부분이 중복되었을 때 나타난다.
      ㉡ 경화된 부분을 화염으로 재가열하였기 때문에 발생되는 일종의 뜨임 균열과 같은 현상.
      ㉢ 방지법 : 처음과 마지막을 20mm 정도 띄어 놓는다.
    ㉰ 연마 균열
      ㉠ 화염 경화 후 뜨임 처리하기 전에 방치했던 부품을 그라인더로 연마할 때 발생한다.
      ㉡ 방지법 : 화염 경화 후에 100~200℃에서 뜨임 처리한다.

[8] 재료의 결함
 (1) 편석
  ① 금속 주괴 내의 성분이 불균일성을 나타내는 것이다.
  ② 거시 편석(macro segregation)
    ㉮ 매크로 에칭이나 설퍼 프린트법에 의해 쉽게 식별할 수 있는 편석.
    ㉯ 정편석 : 평균 조성과의 편차가 (+)인 경우.
    ㉰ 부편석 : 평균 조성과의 편차가 (-)인 경우
    ㉱ 편석이 가장 심한 원소 : S와 P
    ㉲ 림드강에서는 강괴의 중량이 증가함에 따라 편석이 현저하게 나타난다.
  ③ 미시 편석(micro segregation)
    ㉮ 수지 상정 사이에 생긴 국부적인 편석.
    ㉯ 강괴 균열, 취성 파단, 적열 메짐, 용접 균열 및 강재의 밴드 조직의 형성에 관계가 있다.
    ㉰ 미시 편석에 관계되는 원소 : Cr, Mn, Ni, Mo
 (2) 내부 결함
  ① 비금속 개재물(nonmetallic inclusion)
    ㉮ 제강 및 조괴시에 용강 속에서 형성된 산화물, 황화물 및 질화물 등은 어떤 처리를 하여도 제거되지 않고 강 중에 그대로 남아 있다.
    ㉯ 비금속 개재물의 종류

분류	명칭	특징
크 기	비금속 개재물	○ 현미경에 의해서 관찰할 수 있는 크기의 개재물이다. ○ 일반적으로 0.1mm 이하의 크기로 구분한다.
	소 지 흠	○ 육안으로 확인할 수 있는 크기의 개재물 ○ 모래와 같은 이물질의 개재에 의한 선상의 흠, 핀홀, 블로홀, 0.1mm 이상의 크기로 구분한다.

형태	A계 개재물	○ 열간 가공시에 소성 변형되어 길게 연신된 것이다. ○ 황화물계 및 규산염계가 있다.
	B계 개재물	○ 가공시에 집단을 이루어 불연속적으로 입상의 개재물이 늘어선 것. ○ Al_2O_3 등의 산화물계가 여기에 속한다.
	C계 개재물	○ 가공시 소성 변형이 되지 않고 불규칙적으로 분산된 것. ○ 입상 산화무르 Nb, Ti 및 Zr 등의 탄질화물이 여기에 속한다.
조성	규산염계	○ $MnO-SiO_2$, $MnO-FeO-SiO_2$ 등
	알루미나계	○ Al_2O_3 등
	산화물계	○ MnO, FeO, Cr_2O_3, $Cr_2O_3 \cdot FeO$ 등
	황화물계	○ MnS, FeS 등
	질화물, 탄화물, 탄질물화계	○ AlN, TiN, ZrC, TiC, ZrC, Ti(CN), Zr(CN) 등

② 수축공
  ㉮ 기포나 수축공이 단조나 압연 과정에서 충분히 압착되지 않고 있을 때 담금질 처리시 균열 발생의 원인이 된다.
③ 백점
  ㉮ 용강 중의 수소로 인하여 강의 파단면에 원형 또는 타원형의 은백색으로 나타나 균열 원인이 된다.
  ㉯ 백점의 크기는 수 μm에서부터 수 cm까지 있다.
  ㉰ 단조 후 냉각하는 도중 약 250℃ 이하의 온도에서 나타난다.
  ㉱ 열처리 후 균열의 원인이 되어 사용 중 파손된다.
  ㉲ 백점의 원인
    ㉠ 수소량이 많고 수소 가스가 용강 내에서 밖으로 빠져나가기 어려운 강재에 많이 발생.
  ㉳ 방지법
    ㉠ 강 속의 수소 함유량을 낮춘다.
    ㉡ 용해시 불활성 가스의 취입, 진공 용해, 진공 주조 등을 한다.
    ㉢ 강괴와 강재 부품의 탈수소 뜨임에 의해서 방지한다.

(3) 표면 홈
  ① 강괴의 홈이 원인이 되어 발생하는 표면 홈
   ㉮ 선상 홈
    ㉠ 압연 방향에 평행하게 단속적으로 나타나는 비교적 깊은 선상의 홈.
    ㉡ 강괴의 표면 기포 등이 압연되어 생긴다.
    ㉢ 다음 가공이나 열처리시 균열의 원인이 된다.
   ㉯ 세로 균열 및 가로 균열
    ㉠ 강괴의 세로 균열 및 가로 균열에 기인하여 생기는 결함.
    ㉡ 압연 후에는 압연 방향에 세로 및 가로로 균열을 일으킨다.
    ㉢ 용강이 응고하여 강괴를 만들 때 생긴다.

② 강괴의 내부와 외부 혹은 강괴와 주형 사이에서 발생되는 응력에 의해 생긴다.
⑩ 용강의 탈산이 불충분할 때, 주형의 형상이나 주입 작업이 부적당한 경우에 생긴다.
⑪ 강괴를 주형으로부터 꺼낸 후의 냉각 방법이 부적당한 경우에 생긴다.

㉰ 귀갑상 균열
㉠ 강재의 표면에 비교적 미세하고, 비늘(fish scale) 모양으로 발생하는 흠.
㉡ 구리, 주석, 비소 및 황 등의 불순물 원소가 많거나 결정립계가 취약한 경우에 나타난다.

㉱ 모래 흠
㉠ 프럭스(flux)나 내화재가 조괴 작업 중에 용강에 혼입되었을 때 생긴다.
㉡ 강괴 표면 또는 표면 가까이에서 응고한 것이 압연 후에 강재 표면에서 발견된다.

② 열간 가공에 의해서 생기는 **표면 흠**
㉮ 겹침
㉠ 전 단계의 압연시에 형성되었던 귀부분이 다음 단계의 압연시에 겹쳐서 생긴 흠.
㉯ 주름살
㉠ 압연시에 롤에 접촉하지 않는 자유 압축면에 생기는 주름상의 결함.

예상문제

문제 1. 거시 조직 시험법 종류 중 가장 많이 사용되는 것은?
㉮ 강산 부식법　㉯ 산세법　㉰ 파면 검사법　㉱ 약산 검사법

도움▶ 거시 조직 시험법의 종류 : 강산 부식법(가장 많이 사용), 산세법, 파면 검사법 등.

문제 2. 거시적 조직 시험법에 대한 설명으로 맞지 않은 것은?
㉮ 편석 등의 화학적 균일성을 검출하는데 이용된다.
㉯ 육안 또는 확대경 등의 저배율로 관찰하는 방법이다.
㉰ 비교적 크기가 큰 결함을 검출하는데 이용한다.
㉱ 기포, 비금속 개재물, 모세 균열 등의 결함을 검출한다.

도움▶ 편석 등의 화학적 불균일성을 검출하는데 이용된다.

문제 3. 현미경 조직 시험의 목적으로 맞지 않는 것은?
㉮ 재료를 부식시키지 않고 결함을 관찰하는 방법이다.
㉯ 금속 조직학상의 상의 종류, 형상 크기, 양 및 분포 등을 관찰하기 위한 것이다.
㉰ 결정립의 크기를 확인하기 위한 것이다.
㉱ 미세 결함을 검출 및 전위, 석출물을 관찰하기 위한 것이다.

도움▶ 현미경 조직 시험에서 가장 주의할 점
① 목적에 알맞는 시료 제작.
② 적절한 시료 체취 위치 선정 및 세심한 연마
③ 최적의 부식

문제 4. 현미경 조직 시험용 시료의 채취 부위에 대한 설명 중 맞는 것은?
㉮ 시료 절단시의 발생열로 인하여 시료가 가열되지 않도록 한다.
㉯ 표면 가까이의 급랭부를 선택한다.
㉰ 가능하면 얇은 부위를 선택한다.
㉱ 가능하면 두꺼운 부위를 선택한다.

도움▶ 시료 채취시 피해야 할 부위
① 표면 가까이의 급랭부
② 얇은 부위
③ 두꺼운 부위

해답 1. ㉮　2. ㉮　3. ㉮　4. ㉮

문제 5. 다음 철강용 부식액 중 탄소강의 소재의 부식액은?
㉮ 피크랄(5%) ㉯ 나이탈(5%) ㉰ 염화제이구리 ㉱ 염산 알코올

▶ 탄소강 소재 상태의 부식액 : 피크랄(5%)=피크린산(5%), 알코올(95%)

문제 6. 탄소강의 열처리재 부식액은?
㉮ 피크랄(5%) ㉯ 나이탈(5%) ㉰ 염화제이구리 ㉱ 염산 알코올

▶ 탄소강의 열처리재 부식액 : 나이탈(5%)=질산(5%), 알코올(95%)

문제 7. 투명한 석영창을 통하여 시료 표면의 변화를 관찰할 수 있도록 되어 있는 현미경은?
㉮ 고온 현미경   ㉯ 광학 현미경
㉰ 전자 현미경   ㉱ 주사 전자 현미경

▶ 고온 현미경이다.
① 진공 중에서 W 발열체를 이용하여 시료를 가열하고
② 투명한 석영창을 통하여 시료 표면의 변화를 관찰할 수 있도록 되어 있는 현미경.
③ 배율 : 400~1000배 정도
④ 고온에서의 결정립 성장, 베이나이트 및 마텐자이트 변태를 관찰할 수 있다..

문제 8. 고온 현미경의 배율은?
㉮ 400~1000배 정도   ㉯ 3000~4000배 정도
㉰ 5000배 정도   ㉱ 200만배 정도

문제 9. 소정의 열처리 온도로 가열할 때 나타나는 결함의 발생 주요 원인이 아닌 것은?
㉮ 노 내 온도의 불균일   ㉯ 급열에 따른 결함
㉰ 온도 측정의 부정확   ㉱ 부품 내의 온도 불균일

▶ 가열시 결함의 주요 발생 원인
① 노 내 온도의 불균일
② 부품 내의 온도 불균일
③ 온도 측정의 부정확

문제 10. 소정의 열처리 온도로 가열할 때 생긴 결함인 산화에 대한 설명이 잘못된 것은?
㉮ 공기 등의 산화성 분위기 중에서 가열할 때 생긴다.
㉯ 가열 온도가 낮으면 산화 반응이 촉진된다.
㉰ 가열 시간이 길어지면 산화 반응이 촉진된다.
㉱ 산화 정도는 가열 장치, 가열 방식 및 사용 재료에 따라 다르다.

▶ 가열 온도가 높거나 가열 시간이 길어지면 산화 반응이 촉진되어 이산화 스케일의 두께가 커진다.

해답 5. ㉮ 6. ㉯ 7. ㉮ 8. ㉮ 9. ㉯ 10. ㉯

문제 11. 산화 스케일이 형성되었을 때 제품에 나타나는 현상으로 잘못된 것은 어느 것인가?
㉮ 제품의 표면이 미세해진다.
㉯ 탈탄이 발생된다.
㉰ 스케일이 부착된 상태로 담금질하면 담금질 얼룩이가 생긴다.
㉱ 스케일이 부착된 상태로 담금질하면 연점 및 균열 발생이 쉽다.

[풀이] 산화 스케일이 형성되면
① 제품의 표면이 거칠어지고
② 탈탄이 발생한다.
③ 스케일이 부착된 상태에서 담금질하면 담금질 얼룩, 연점 및 균열 발생이 쉽다.

문제 12. 산화 방지 및 산화 스케일의 제거하는 방법 중 틀린 것은?
㉮ 황산 또는 염산 수용액으로 산세를 한다.
㉯ 샌드 블라스트 등의 기계적 방법으로 제거한다.
㉰ 산화 방지를 위해 노 내 분위기를 조절한다.
㉱ 가열 시간을 길게 하고 및 가열 온도를 높인다.

[풀이] 스케일 제거 및 산화 방지
① 황산, 염산 수용액에 산세   ② 기계적 방법으로 제거한다.
③ 산화 방지를 위해 노 내 분위기를 조절한다.

문제 13. 강재 표면의 탄소량이 점차 감소하여 마침내 표면층이 연한 페라이트 층으로 변화되는 것을 무엇이라 하는가?
㉮ 산화   ㉯ 탈탄   ㉰ 과열   ㉱ 연소

[풀이] 탈탄이다.

문제 14. 탈탄에 가장 큰 영향을 미치는 것은?
㉮ 수분   ㉯ 공기   ㉰ CO   ㉱ CO_2

[풀이] 탈탄에는 수분이 가장 큰 영향을 끼친다.

문제 15. 산화나 탈탄을 방지하기 위해서 어떤 분위기에서 열처리하는 것이 바람직한가?
㉮ 중성 또는 진공 분위기   ㉯ 염기성 또는 진공 분위기
㉰ 산화성 또는 중성 분위기   ㉱ 중성 또는 염기성 분위기

[풀이] 산화 및 탈탄 방지를 위한 분위기 : 중성이나 진공 분위기

문제 16. 탈탄된 강재를 담금질하면 나타나는 성질 중 틀린 것은?
㉮ 담금질 경도가 부족하다.   ㉯ 담금질 얼룩이 생긴다.
㉰ 피로 강도가 증가한다.   ㉱ 내마멸성이 나빠진다.

[해답] 11. ㉮   12. ㉱   13. ㉯   14. ㉮   15. ㉮   16. ㉰

토옹 피로 강도가 나빠진다.

문제 17. 강재를 산화성 분위기 중에서 1100℃ 이상의 온도로 가열하면 결정립은 조대화된다. 때의 조직은?
㉮ 페라이트　　㉯ 퍼얼라이트　　㉰ 말텐자이트　　㉱ 비트만슈테텐

토옹 비트만슈테텐 조직이 된다.

문제 18. 과열 조직에 대한 설명 중 틀린 것은?
㉮ 침상의 비트만슈테텐 페라이트 조직이 나타난 조직이다.
㉯ 과열 조직으로 이루어진 강재는 성질이 취약하다.
㉰ 킬드강보다는 림드강에서 과열 조직이 나타나기 어렵다.
㉱ 과열 조직으로 이루어진 강재는 인성과 항복 강도가 낮다.

토옹 림드강에서보다는 킬드강에서 과열 조직이 나타나기 어렵다.

문제 19. 과열 및 연소를 일으키기 쉬운 합금강의 합금 원소는?
㉮ Ni　　㉯ Al　　㉰ Cu　　㉱ Si

토옹 과열 및 연소는 Ni, Co 및 Mo 등의 합금 원소가 함유된 강에서는 일어나기 쉽다.

문제 20. 과열 및 연소를 일어나기 어렵게 하는 합금 원소는?
㉮ Cu　　㉯ Ni　　㉰ Co　　㉱ Mo

토옹 과열 및 연소는 Cu, Al, Si 및 Cr 등의 합금 원소가 첨가되면 일어나기 어렵다.

문제 21. 다음 설명 중 틀린 것은?
㉮ 탈탄부의 현미경 조직은 저탄소강의 조직으로 나타난다.
㉯ 탈탄부의 현미경 조직은 밝은 색의 Ferrite 조직으로 나타난다.
㉰ 탈탄부는 저탄소강의 불꽃을 나타낸다.
㉱ 탈탄부는 미세한 결정면을 나타낸다.

토옹 탈탄부는 백색의 크고 거친 결정립면으로 나타난다.

문제 22. 다음 설명 중 틀린 것은?
㉮ 과열 조직은 비트만슈테텐 조직이 전형적이다.
㉯ 연소를 일으킨 부위는 크고 거친 결정립 사이에 산화물이 존재한다.
㉰ 과열 조직으로 이루어진 강재는 인성과 항복 강도가 증가된다.
㉱ 과열 조직은 매우 밝은 광택을 나타낸다.

토옹 과열 조직으로 이루어진 강재는 인성과 항복 강도가 낮아진다.

해답 17. ㉱　18. ㉰　19. ㉮　20. ㉮　21. ㉱　22. ㉰

문제 23. 다음은 담금질 균열에 대한 설명이다. 틀린 것은?
㉮ 담금질 균열은 담금질 냉각시에 나타난다.
㉯ 담금질 냉각시 Cementite 변태와 함께 일어난다.
㉰ 급랭으로 인한 부품 내외의 온도 차이에 다른 열응력 때문에 발생하기도 한다.
㉱ 일반적으로 변태에 의한 부피 팽창이 균열 발생의 주원인이다.

토용 담금질 냉각시 Martensite 변태와 함께 일어나는 균열이다.

문제 24. 담금질 균열의 주원인은?
㉮ 변태에 의한 부피의 수축이 균열 발생의 주원인이다.
㉯ 변태에 의한 부피의 팽창이 균열 발생의 주원인이다.
㉰ 담금질 냉각시 Cementite 변태와 함께 일어난다.
㉱ 담금질 가열시 Martensite 변태와 함께 일어난다.

토용 담금질 균열의 주원인 : 일반적으로 변태에 의한 부피 팽창이 균열 발생의 주원인이다.

문제 25. 열처리품의 담금질 균열이 발생 곳으로 적당하지 않는 곳은?
㉮ 살두께의 급변부   ㉯ 예리한 모서리
㉰ 구멍 부위   ㉱ 열처리품의 내부 중앙 부위

토용 담금질 균열이 발생하는 부위 : 살두께의 급변부, 예리한 모서리, 구멍 부위 등

문제 26. 담금질에 따른 결함의 3 가지 종류가 아닌 것은?
㉮ 담금질 균열   ㉯ 담금질 변형   ㉰ 변태점   ㉱ 연화점

토용 담금질에 따른 결함 3가지 : 담금질 균열, 담금질 변형, 연화점

문제 27. 다음 중 담금질 균열이 발생하기 쉬운 요인으로 맞지 않는 것은?
㉮ 담금질 온도가 너무 높을 때
㉯ 냉각시 상온까지 도달시켰을 때
㉰ 단조 후에 뜨임 처리를 하지 않고 담금질한 경우
㉱ 부품의 표면이 거칠었을 경우

토용 단조 후에 풀림 처리를 하지 않고 담금질한 경우에 담금질 균열이 발생하기 쉽다.

문제 28. 담금질 균열을 방지하는 방법으로 거리가 먼 것은?
㉮ Ar″ 변태점에서 서냉한다.
㉯ 담금질 후 즉시 뜨임 처리한다.
㉰ 구멍이 있는 부분은 점토, 석면 등으로 막을 것
㉱ 되도록 담금질 온도를 높일 것

토용 필요 이상으로 담금질 온도를 높이지 말 것

해답 23. ㉯ 24. ㉯ 25. ㉱ 26. ㉰ 27. ㉰ 28. ㉱

문제 29. 다음 중 담금질 균열 방지책으로 틀린 것은?
㉮ 급랭을 피하고 일정한 냉각 속도를 유지한다.
㉯ 가능한 수냉을 피하고 유냉을 할 것
㉰ 부분적 온도차를 적게 하고 부분 단면을 일정하게 할 것
㉱ 재료의 흑피를 그대로 두고 담금질할 것

도움 재료의 흑피를 완전히 제거하여 담금액 접촉이 잘되게 할 것.

문제 30. 다음 중 담금질 균열 방지책으로 틀린 것은?
㉮ 직각 부분을 적게 할 것
㉯ 결정 입자 성장 및 열응력 증대를 시키지말 것
㉰ 담금질 후 시효 변형을 막기 위해 심랭 처리하여 잔류 말텐자이트를 완전한 오스테나이트로 변태시킬 것
㉱ 길고, 얇은 재료는 가열과 냉각시 변형을 막기 위해 packing할 것

도움 담금질 후 시효 변형을 막기 위해 심랭 처리하여 잔류 Austenite를 완전한 말텐자이트로 변태시킬 것

문제 31. 다음 중 담금질할 때 생기는 균열 시기가 아닌 것은?
㉮ 200℃ 이하로 냉각할 때
㉯ 냉각액으로부터 끝이 올렸을 때
㉰ 담금질 후 시간이 경과하였을 때
㉱ 담금질 온도가 너무 낮았을 때

도움 담금질 온도가 높을 때

문제 32. 다음 중 담금질할 때 생기는 균열 시기가 아닌 것은?
㉮ 담금질 경우 상온까지 냉각시켰을 때
㉯ 소재 표면이 미려했을 때
㉰ 담금질 직후 뜨임하지 않았을 때
㉱ 담금질한 후 2~3분 후에

도움 소재 표면이 거칠었을 때

문제 33. 담금질 처리에 좋지 않은 영향을 미치는 형상에 대한 설명으로 맞지 않는 것은?
㉮ 두께의 급변화
㉯ 예리한 모서리
㉰ 라운딩 부분
㉱ 계단 부분

도움 담금질 처리에 나쁜 영향을 미치는 형상 : 두께의 급변화, 예리한 모서리, 계단 부분, 막힌 구멍.

문제 34. 담금질하기 전에 잔류 응력을 제거하기 위한 응력 제거 풀림 온도는 얼마가 적당한가?
㉮ 200~300℃   ㉯ 350~400℃   ㉰ 450~600℃   ㉱ 700~850℃

도움 응력 제거 풀림 온도 : 450~600℃

해답 29. ㉱   30. ㉰   31. ㉱   32. ㉯   33. ㉰   34. ㉰

문제 35. 다음은 담금질 변형에 대한 설명이다. 틀린 것은?
㉮ 담금질 변형에는 치수 변화와 변형이 있다.
㉯ 치수 변화는 방지할 수 있으나 변형은 방지할 수 없다.
㉰ 치수 변화는 담금질시 변태에 따른 팽창 및 수축을 말한다.
㉱ 변형은 가열 및 냉각시 처리품의 휨, 비틀림 및 처짐을 말한다.

[도움] 치수 변화는 변태시 결정구조의 변화에 따른 고유 성질이므로 방지할 수 없지만 변형은 적절한 대책에 의해 방지할 수 있다.

문제 36. 담금질 변형의 방지법이 잘못 설명된 것은?
㉮ 미리 변형을 예측하고 반대 방향으로 변형시킨다.
㉯ 프레스 담금질을 한다.
㉰ 유냉보다는 수냉을 한다.
㉱ 프레스 뜨임을 한다.

[도움] 냉각 방법 : 수냉>유냉>공랭 순으로 변형이 작아진다.

문제 37. 담금질 처리시에 흔히 국부적으로 경화되지 않은 연한 부분을 무엇이라 하는가?
㉮ 담금질 균열   ㉯ 담금질 변형   ㉰ 담금질 경화   ㉱ 연점

[도움] 연점(soft spot) : 담금질 처리시에 흔히 국부적으로 경화되지 않은 연한 부분

문제 38. 연점(soft spot)의 발생 원인에 대한 설명 중 틀린 것은?
㉮ 냉각제 교반의 균일화   ㉯ 노내 온도 분포 불균일
㉰ 표면의 산화 스케일   ㉱ 가열 시간 부적절

[도움] 연점의 발생 원인
① 노내 온도 분포의 부적절   ② 가열 온도의 부적절
③ 가열 시간의 부적절   ④ 수냉시의 기포 부착
⑤ 냉각제의 교반 불균일   ⑥ 표면의 산화 스케일.
⑦ 탈탄층

문제 39. 다음 연점의 발생 원인을 잘못 설명한 것은?
㉮ 가열 온도의 부적절   ㉯ 불균일한 냉각
㉰ 표면의 산화 스케일   ㉱ 침탄층

문제 40. 다음 중 연점의 방지책이 아닌 것은?
㉮ 탈탄을 방지하거나 제거한 후 담금질한다.
㉯ 노 내 온도 분포, 가열 온도 및 가열 시간을 적절히 한다.
㉰ 강재의 경화능과 냉각제의 경화능을 다르게 한다.
㉱ 균일한 냉각이 되도록 한다.

[해답] 35. ㉯   36. ㉰   37. ㉱   38. ㉮   39. ㉱   40. ㉰

[토용] 강재의 경화능과 냉각제의 경화능을 고려하여 적당한 강재를 선택한다.

[문제] **41.** 다음 강괴 중 연점의 발생 가능성이 가장 큰 강괴는?
㉮ 킬드강괴　　㉯ 림드강괴　　㉰ 세미 킬드강괴　　㉱ 캡트 강괴

[토용] 킬드강보다 림드강이, 합금강보다 탄소강의 연점 발생 가능성이 크다.

[문제] **42.** 경도 불균일의 원인에 대한 설명이 잘못된 것은?
㉮ 표면 탈탄층의 탈탄부는 경화되지 않는다.
㉯ 불완전한 Austenite가 있으면 경화하지 않는다.
㉰ 냉각이 균일할 때 기포, 스케일이 부착되어 경화되지 않는다.
㉱ 화학 성분의 편석으로 경화 경도가 불균일하다.

[토용] 냉각이 불균일할 때 기포, 스케일이 부착되어 불균일한 냉각이 된다.

[문제] **43.** 경도 불균일의 방지책이 아닌 것은 어느 것인가?
㉮ 탈탄 방지 및 탈탄을 제거한 후 담금질한다.
㉯ 적당한 담금질 온도를 유지한다.
㉰ 냉각을 균일하게 하고 서냉한다.
㉱ 경화능을 고려하여 적당한 화학 성분계의 재료를 선택한다.

[토용] 냉각을 균일하게 또는 급랭시킨다.

[문제] **44.** 다음 중 담금질 경도 부족 원인이 아닌 것은?
㉮ 담금질 가열 온도가 너무 낮을 때
㉯ 담금질 개시 온도가 너무 높을 때
㉰ 냉각 속도가 임계 냉각 속도보다 느릴 때
㉱ 잔류 오스테나이트로 인한 경도 부족

[토용] 담금질 개시 온도가 너무 낮을 때에 경도 부족 원인이 일어난다.

[문제] **45.** 다음 중 뜨임 균열의 원인이 아닌 것은?
㉮ 급속 가열에 의한 균열　　㉯ 뜨임 온도로부터의 급냉시 균열
㉰ 담금질 직후 뜨임하는 경우　　㉱ 탈탄층이 있는 경우

[토용] 담금질이 끝나지 않는 상태의 것을 뜨임한 경우

[문제] **46.** 다음 중 뜨임 균열의 방지책으로 틀리게 설명한 것은?
㉮ 가열을 천천히 한다.
㉯ 잔류 응력을 제거한다.
㉰ 결정립의 취성을 나타내는 화학 성분을 감소시킨다.
㉱ 뜨임 즉시 탈탄을 제거하고 뜨임 후 급랭한다.

[해답] 41. ㉯　42. ㉰　43. ㉰　44. ㉯　45. ㉰　46. ㉱

[요웹] 뜨임 전에 탈탄을 제거하고 뜨임 후 서냉 또는 유냉(고속도 강)한다.

[문제] **47.** 다음 중 뜨임 균열이 생기는 경우를 잘못 설명한 것은?
㉮ 담금질 후 강재의 온도가 완전히 내려가지 않는 동안에 뜨임 후 급랭하면 균열이 생긴다.
㉯ 뜨임으로 인해 2차 경화되는 뜨임 온도에서 서냉으로 열응력이 생겨 현상이 좋지 않으면 균열이 발생한다.
㉰ 잔류 Austenite가 많은 경우에 Martensite 조직에 얼룩이 생겨 파손되기 쉽다.
㉱ 내부 조직이 외부의 탈탄층과의 조직이 다를 때 균열이 발생한다.

[요웹] 뜨임으로 인해 2차 경화되는 뜨임 온도에서 급랭으로 열응력이 생겨 현상이 좋지 않으면 균열이 발생한다.

[문제] **48.** 뜨임 취성을 방지하는 원소가 아닌 것은?
㉮ S   ㉯ Cr   ㉰ Mo   ㉱ V

[요웹] 뜨임 취성 방지 원소 : Cr, V, Mo, W

[문제] **49.** 연마 균열에 대한 설명 중 틀린 것은?
㉮ 가벼운 연마 균열은 구갑상(龜甲狀)으로, 심한 연마 균열은 연마 방향에 수직한 평행선으로 나타난다.
㉯ 연마 균열은 연삭 도중이 아니라 연삭 후에 나타난다.
㉰ 담금질한 강을 그라인더로 연마하면 온도가 상승하여 일어난다.
㉱ 연마열이 더욱 높아져서 표면층의 온도가 300℃ 정도에서 일어난다.

[요웹] 가벼운 연마 균열은 연마 방향에 수직한 평행선으로, 심한 연마 균열은 龜甲狀으로 나타난다.

[문제] **50.** 연마 균열의 깊이는 보통 얼마 정도인가?
㉮ 0.1~0.2mm   ㉯ 0.2~0.3mm   ㉰ 0.3~0.4mm   ㉱ 0.4~0.5mm

[요웹] 연마 균열의 깊이 : 0.1~0.2mm

[문제] **51.** 침탄시 발생하는 결함이 아닌 것은?
㉮ 경화 불량   ㉯ 연점   ㉰ 박리   ㉱ 균열

[요웹] 침탄시 발생되는 결함 : 경화 불량, 연마 균열, 연점, 박리.

[문제] **52.** 침탄시 경화 불량의 원인이 아닌 것은?
㉮ 침탄 부족 및 임계 산화
㉯ 침탄 후 담금질 온도가 너무 높았을 때
㉰ 침탄 후 담금질시 탈탄이 되었을 때
㉱ 침탄 후 담금질시 냉각 속도가 느릴 때

[해답] 47. ㉯ 48. ㉮ 49. ㉮ 50. ㉮ 51. ㉱ 52. ㉯

[도움] 침탄 후 담금질 온도가 너무 낮았을 때 또는 표면층에 잔류 Austenite가 많이 존재할 때

[문제] **53.** 침탄시의 결함 중 담금질 얼룩에 대한 설명이 잘못된 것은?
㉮ 침탄 표면의 일부에 표면 경화가 되지 않는 부분을 말한다.
㉯ 편석이 많은 강에서 나타난다.
㉰ 킬드강 등의 재료 자체의 불량에 의한 침탄 얼룩
㉱ 가열 온도의 불균일과 냉각 속도에 따른 얼룩

[도움] 림드강 등의 재료 자체의 불량에 의한 침탄 얼룩과 담금질

[문제] **54.** 박리가 생기는 원인과 대책에 대한 설명이다. 틀린 것은?
㉮ 과잉 침탄이 생겨서 탄소 함유량이 너무 많을 때
㉯ 원 재료가 너무 연할 때
㉰ 침탄을 반복 침탄하였을 때
㉱ 과잉 침탄은 침탄 촉진제를 사용한다.

[도움] 과잉 침탄은 침탄 완화제를 사용하고 침탄 후 확산 풀림한다.

[문제] **55.** 침탄 부족의 원인에 대한 설명 중 틀린 것은?
㉮ 노 내 및 침탄 상자 내의 온도 불균일
㉯ 급속한 냉각에 의한 침탄 상자 내의 온도 부족
㉰ 급속 가열에 의한 침탄 상자 내의 온도 상승의 지연
㉱ 침탄 온도에서의 유지 시간

[도움] 급속 가열에 의한 침탄 상자 내의 온도 부족.

[문제] **56.** 과잉 침탄의 원인과 대책에 대한 설명이 잘못된 것은?
㉮ 침탄 분위기 상태에서 오는 탄소량의 과대
㉯ 탄화물의 생성 원소를 많이 함유한 침탄강의 탄소 확산 속도가 느리기 때문에 강 표면에 탄소량이 너무 높아진다.
㉰ 완화 침탄제를 이용한다.
㉱ 침탄 후 확산 처리를 피한다.

[도움] 과잉 침탄의 방지 대책
① 완화 침탄제를 이용한다. ② 침탄 후 확산 처리한다. ③ 1차, 2차 담금질을 한다.

[문제] **57.** 침탄 담금질로 생긴 변형을 방지하는 방법으로 틀린 것은?
㉮ 고온으로부터의 1차 담금질한다. ㉯ 프레스 담금질한다.
㉰ 마아템퍼링한다. ㉱ 심랭 처리한다.

[도움] 고온으로부터의 1차 담금질은 변형 발생이 크므로 될 수 있는 한 생략한다.

[해답] 53. ㉰ 54. ㉱ 55. ㉯ 56. ㉱ 57. ㉮

문제 58. 침탄 담금질한 표면에 국부적으로 경화되지 않는 부분이 생기는 담금질 얼룩을 무엇이라 하는가?
㉮ 박리   ㉯ 경화 불량   ㉰ 연점   ㉱ 연마 균열

토의 연점이라 한다.

문제 59. 연점에 대한 설명 중 틀린 것은?
㉮ 편석된 강에서 많이 나타난다.
㉯ 침탄 담금질한 표면에 국부적으로 경화되지 않는 부분
㉰ 과잉 침탄이 생겨서 탄소 함유량이 너무 많을 때 나타난다.
㉱ 림드강을 침탄할 때 나타나는 이상 조직을 가지는 부품을 담금질할 때 현저히 나타난다.

토의 과잉 침탄이 생겨서 탄소 함유량이 너무 많을 때 나타나는 현상은 박리가 생기는 원인이다.

문제 60. 침탄시 탄소 농도의 변화가 급격하여 경도 변화가 클 때 경화층이 떨어져 나가는 현상을 무엇이라 하는가?
㉮ 박리   ㉯ 경화 불량   ㉰ 연점   ㉱ 연마 균열

토의 박리 : 침탄시 탄소 농도의 변화가 급격하여 경도 변화가 클 때 경화층이 떨어져 나가는 현상

문제 61. 연마 균열을 방지하기 위해서는 심랭 처리 후 뜨임 처리는 몇 도(℃)에서 행하는 것이 좋은가?
㉮ 100~200℃   ㉯ 200~300℃   ㉰ 300~400℃   ㉱ 400~500℃

토의 연마 균열 방지를 위한 뜨임 처리 온도 : 100~200℃

문제 62. 고주파 경화시에 발생하는 결함이 아닌 것은?
㉮ 담금질 균열   ㉯ 연점   ㉰ 박리   ㉱ 취성

토의 고주파 경화시 발생한 결함 : 담금질 균열, 연점, 박리

문제 63. 고주파 경화시의 결함에 대한 설명이다. 틀린 것은?
㉮ 사용 강종의 탄소량이 0.5% 이상이면 균열 발생이 생긴다.
㉯ 분수 구멍이 막힐 때나 분수 구멍의 수와 크기가 부적절할 때 연점이 발생한다.
㉰ 경화층과 비경화부와의 경도 변화가 급격할 때 박리가 생긴다.
㉱ 박리는 고주파 경화된 부품의 표면에 암자색의 무늬가 생긴다.

토의 고주파 경화된 부품의 표면에 암자색의 무늬가 생기는 경우가 있다. 이렇게 착색된 부분이 연점이다.

해답 58. ㉰   59. ㉰   60. ㉮   61. ㉮   62. ㉱   63. ㉱

문제 64. 고주파 담금질의 결함 중 경도 부족 및 경도 얼룩의 원인으로 틀린 것은?
㉮ 재료가 부적당하다.
㉯ 탄소 함유량이 0.3% 이상이어야 한다.
㉰ 고주파 발진기의 power 부족에 의한 가열 온도가 부족하다.
㉱ 냉각이 부적당하다.

풀이 탄소 함유량이 0.3% 이하이어야 한다.

문제 65. 고주파 담금질의 결함 중 균열에 대한 설명으로 틀린 것은?
㉮ 탄소 함유량이 0.4% 이상 함유하면 균열이 생기기 쉽다.
㉯ 담금질 가열 온도가 과대하였을 때 균열이 생긴다.
㉰ 공랭은 냉각 얼룩을 일으키고 균열의 원인이 된다.
㉱ 담금질 경도 깊이가 깊어질수록 균열이 일어나기 쉽다.

풀이 수냉은 냉각 얼룩을 일으키고 균열의 원인이 된다.

문제 66. 고주파 경화시의 결함 중 박리에 원인의 설명으로 맞는 것은?
㉮ 경화층과 비경화부와의 경도 변화가 급변할 때 나타난다.
㉯ 분수 구멍이 막혔을 때, 분수 구멍의 수와 크기가 부적절할 때 발생하는 현상이다.
㉰ 경화층의 깊이가 너무 클 때 일어나기 쉽다.
㉱ 고주파 가열시 모서리, 구멍 주변부 등의 과열에 의해 일어난다.

풀이 박리의 원인
① 경화층과 비경화부와의 경도 변화가 급변할 때
② 경화층의 깊이가 너무 작을 때 일어나기 쉽다.

문제 67. 질화 처리에의 결함 중 경도 부족의 원인으로 틀린 것은?
㉮ 표면 상태가 탈탄, 탈황 등이 있는 경우
㉯ 전처리가 불충분한 경우
㉰ 온도가 너무 낮거나 너무 높은 경우
㉱ 시간이 너무 긴 경우

풀이 질화층의 경도 부족
① 조직 : Sorrlte가 아닌 경우   ② 표면상태 : 탈탄, 탈황인 경우
③ 전처리 : 불충분한 경우   ④ 온도 : 너무 높고, 낮은 경우
⑤ 시간 : 부족한 경우

문제 68. 매크로 에칭이나 설퍼 프린트법에 의해 쉽게 식별할 수 있는 편석은 다음 중 어느 것인가?
㉮ 일반 편석   ㉯ 거시 편석   ㉰ 미시 편석   ㉱ 정 편석

풀이 거시 편석이다.

해답 64. ㉯   65. ㉰   66. ㉮   67. ㉱   68. ㉯

문제 69. 재료의 편석 중 미시 편석과 거리가 먼 것은?
㉮ 강괴 균열, 취성 파단 등은 미시 편석과 밀접한 관계가 있다.
㉯ 열간 가공시의 적열 메짐, 용접 균열, 밴드 조직의 형성은 강괴의 미시 편석과 밀접한 관계가 있다.
㉰ 수지상정 사이에 생긴 국부적인 편석이다.
㉱ 설퍼 프린트법에 의해 쉽게 식별할 수 있는 편석이다.

도움 ㉱항은 거시 편석이다.

문제 70. 수지상정 사이에 생긴 국부적이 편석을 무엇이라 하는가?
㉮ 일반 편석   ㉯ 거시 편석   ㉰ 미시 편석   ㉱ 정 편석

도움 미시 편석이다.

문제 71. 현미경에 의해서 관찰할 수 있는 크기의 개재물을 무엇이라 하는가?
㉮ 비금속 개재물   ㉯ 소지흠 개재물
㉰ 편석 개재물   ㉱ 질화물 개재물

도움 비금속 개재물 : 현미경에 의해서 관찰할 수 있는 크기의 개재물

문제 72. 비금속 개재물의 크기는?
㉮ 0.1mm 이하   ㉯ 0.2mm 이하   ㉰ 0.3mm 이하   ㉱ 0.4mm 이하

도움 비금속 개재물의 크기 : 일반적으로 0.1mm 이하이다.

문제 73. 압연 방향에 평행하게 단속적으로 나타나는 비교적 깊은 선상의 홈을 무엇이라 하는가?
㉮ 선상 홈   ㉯ 세로 균열   ㉰ 모래 홈   ㉱ 귀갑상 균열

도움 선상 홈 : 압연 방향에 평행하게 단속적으로 나타나는 비교적 깊은 선상의 홈

문제 74. 강재의 표면에 비교적 미세하고 비늘(fish scale) 모양으로 발생하는 홈은?
㉮ 선상 홈   ㉯ 세로 균열   ㉰ 모래 홈   ㉱ 귀갑상 균열

도움 귀갑형 균열
① 강재의 표면에 비교적 미세하고 비늘 모양으로 발생 하는 홈
② Cu, Sn, S 등의 불순물이 많을 때 생긴다.
③ 결정립계가 취약한 경우에 생긴다.
④ 탈탄 불량으로 주상정 내에 존재하는 기포가 외기와 접촉하여 산화된 경우에 가공시부터 균열

해답 69. ㉱ 70. ㉰ 71. ㉮ 72. ㉮ 73. ㉮ 74. ㉱

문제 75. 귀갑상 균열에 대한 설명 중 틀린 것은?
㉮ 강재 표면에 조대하고 비늘 모양으로 발생한다.
㉯ Cu, Sn, S 등의 불순물이 많을 때 생긴다.
㉰ 결정립계가 취약한 경우에 생긴다.
㉱ 탈탄 불량으로 주상정 내에 존재하는 기포가 외기와 접촉하여 산화된 경우에 가공 시부터 균열이 나타난다.

문제 76. 플럭스(flux)나 내화재가 조괴 작업 중에 용강에 혼입되어 강괴 표면에 나타나는 강괴의 홈은?
㉮ 선상 홈　㉯ 세로 균열　㉰ 모래 홈　㉱ 귀갑상 균열

▶ 모래 홈이다.

문제 77. 다음 중 열간 가공에 의해서 생기는 표면 홈은?
㉮ 선상 홈　㉯ 겹침　㉰ 모래 홈　㉱ 귀갑상 균열

▶ 열간 가공에 의해 생기는 표면 홈 : 겹침, 주름살

문제 78. 전 단계의 압연시에 형성되었던 귀부분이 다음 단계의 압연시에 접혀서 생기는 홈을 무엇이라 하는가?
㉮ 선상 홈　㉯ 겹침　㉰ 모래 홈　㉱ 주름살

문제 79. 압연시에 롤에 접촉하지 않는 자유 압축면에 생기는 주름상의 결함을 무엇이라 하는가?
㉮ 선상 홈　㉯ 겹침　㉰ 모래 홈　㉱ 주름살

문제 80. 가스 반응을 이용하여 금속, 탄화물, 질화물, 산화물 및 황화물등을 기판(sub-strate)에 피복하는 방법은?
㉮ CVD법　㉯ PVD법　㉰ TVD법　㉱ AVD법

▶ CVD법(화학적 증착법) : 가스 반응을 이용하여 금속, 탄화물, 질화물, 산화물, 황화물 등을 기판에 피복하는 법

문제 81. 물리적 증착법에 대한 설명이 잘못된 것은?
㉮ CVD법이라고도 하며 고온에서 이루어진다.
㉯ 박막 형성에 이용되어 온 방법이다.
㉰ 다른 방법으로는 할 수 없는 저온 처리에 의해서 간단히 박막을 얻을 수 있다.
㉱ 표면 경화의 한 수단으로 이용되고 있다.

▶ CVD법 : 화학적 증착법
PVD법 : 물리적 증착법

해답 75. ㉮　76. ㉰　77. ㉯　78. ㉯　79. ㉱　80. ㉮　81. ㉮

문제 82. 물리적 증착법(PVD법)의 분류 중 맞지 않는 것은?
㉮ 진공 증착법　　㉯ 스퍼터링　　㉰ 이온 플레이팅　　㉱ 이중 코팅

> PVD법의 분류 : 진공 증착법, 스퍼터링, 이온 플레이팅, 이온 주입, 이온 빔 믹싱.

문제 83. PVD법의 분류 중 이온을 이용하지 않는 PVD법은?
㉮ 진공 증착법　　㉯ 스퍼터링　　㉰ 이온 플레이팅　　㉱ 이중 코팅

> 진공 증착법(evaporation) : 이온을 이용하지 않는 PVD

문제 84. 이온이 가지고 있는 에너지를 효과적으로 이용하여 저온 영역에서 우수한 피막을 형성할 수 있는 PVD법이 아닌 것은?
㉮ 진공 증착법　　㉯ 스퍼터링　　㉰ 이온 플레이팅　　㉱ 이온 주입

> 이온을 이용하여 저온 영역에서 우수한 피막을 형성할 수 있는 PVD법 : 이온 플레이팅, 이온 주입, 이온 빔 믹싱.

문제 85. PVD법 중에서 밀착성이 가장 우수한 물리적 증착법은?
㉮ 진공 증착법　　㉯ 스퍼터링　　㉰ 이온 플레이팅　　㉱ 이온 주입

> 이온 플레이팅(ion plating) : PVD법 중에서 밀착성이 가장 우수하다.

문제 86. 진공 증착법에 사용하는 진공도는?
㉮ 10^{-3}Torr　　㉯ 10^{-4}Torr　　㉰ 10^{-5}Torr　　㉱ 10^{-6}Torr

> 진공 증착법에 사용되는 진공도 : 10^{-5}Torr

문제 87. 이온 플레이팅(ion plating)의 특징이 아닌 것은?
㉮ 피막과 기판과의 밀착성이 우수하다.
㉯ 피막의 치밀성이 양호하다.
㉰ TiC, TiN, CrN, Al_2O_3, SiO_2 등과 같은 화합물 피막을 얻을 수 있다.
㉱ 코팅 온도가 높으므로 기판을 형성시킨다.

> 코팅 온도가 낮으므로 기판을 형성시키지 않는다.

문제 88. 탄화물 피복된 TD 처리재의 특성으로 틀린 것은?
㉮ 초경 합금보다 훨씬 높은 경도를 갖는다.
㉯ 초경 합금보다 같은 또는 그 이상의 내마멸성을 갖는다.
㉰ 스테인레스보다 우수한 취성을 갖는다.
㉱ 스테인레스강보다 우수한 내식성을 갖는다.

> TD 처리재의 특성

해답 82. ㉱　83. ㉮　84. ㉮　85. ㉰　86. ㉰　87. ㉱　88. ㉰

① 초경합금보다 훨씬 큰 경도를 갖는다.
② 초경합금보다 같은 또는 그 이상의 내마멸성이 있다.
③ 스테인레스보다 우수한 내식성이 있다.
④ 스테인레스강보다 우수한 내산화성이 있다.
⑤ 초경 합금보다 우수한 내소착성이 있다.
⑥ Cr도금, PVD법 등에 의한 표면층보다 좋은 내박리성이 있다.
⑦ 우수한 절삭 및 전단 특성이 있다.

문제 89. 탄화물 피복된 TD 처리재의 특성으로 틀린 것은?
㉮ 초경 합금보다 우수한 내소착성을 갖는다.
㉯ Cr 도금, PVD법 등에 의한 표면층보다 좋은 내박리성이 있다.
㉰ 붕화물층의 피복은 어려우나 탄화물층의 피복은 가능하다.
㉱ 우수한 절삭 및 전단 특성이 있다.

문제 90. 이온 질화법의 특징으로 맞지 않는 것은?
㉮ 다른 질화법에 비해서 작업 환경이 매우 좋다.
㉯ 질화 속도가 비교적 느리다.
㉰ 400℃ 이하의 저온에서도 질화가 가능하다.
㉱ 가스 비율을 변화시켜서 동일 처리 온도에서도 화합물층의 조성을 제어할 수 있다.

토움 질화 속도가 비교적 빠르다.

문제 91. 이온 질화법의 특징으로 맞지 않는 것은?
㉮ 처리 부품의 정확한 온도 측정이 어렵다.
㉯ 미세한 홀 내면, 긴 부품의 내면 등에는 균일한 질화가 어렵다.
㉰ 형상이 복잡한 부품의 균일한 질화가 곤란하다.
㉱ 표면적이나 질량차가 작은 부품을 동시에 처리할 때 균일한 질화가 어렵다.

토움 표면적이나 질량차가 큰 부품을 동시에 처리할 때 균일한 질화가 어렵고, 수냉이나 유냉 등의 급속 냉각이 어렵다.

해답 89. ㉰ 90. ㉯ 91. ㉱

제Ⅲ편
금속공업 제도

제1장 제도의 기본 / 3-3
제2장 기초 제도 / 3-34
제3장 제도의 설계 / 3-97

제 1 장

제도의 기본

1 제도의 개요

[1] 제도의 규격

(1) 도면을 작성하는데 적용되는 규약을 제도 규격이라 한다.
(2) 공업 규격의 장점
  ① 생산 능률을 향상시킨다.
  ② 호환성을 확보할 수 있다.
  ③ 품질 향상 및 원가 절감에 기여한다
(3) 제도 규격의 제정
  ① 공업 분야에 사용하는 도면을 작성할 때 총괄적으로 적용되는 통칙은 1966년에 KS A 0005로 제정되었다.
  ② 기계 제도는 KS B 0001로 1967년에 제정되었다.
  ③ KS의 규격명 별 색인

Ⓚ	R	5034-84	자동차용 경보기 ………	900	단	영	공	72.12.30	84.12.5	89.11.7
K S 표 시 지 정 품 목	부 문 기 호	규 격 번 호	제 정 또 는 최 종 개 정 연 도	규 격 명 칭	정 가	K S 단 순 화 명 령 품 목	K S 영 문 화 여 부	K S 표 시 허 가 공 장 유 무	제 정 연 월 일	개 정 연 월 일	확 인 연 월 일

④ 각국의 산업 규격 및 국제 기구

국가 및 기구	영국	독일	미국	스위스	프랑스	일본	한국	국제표준화기구
규격 기호	BS	DIN	ANSI	SNV	NF	JIS	KS	ISO
제정 년도	1901	1917	1918	1918	1918	1952	1961	1947

⑤ KS의 분류

부분별	기호	부분별	기호	부분별	기호	부분별	기호	부분별	기호
기본	KSA	금속	KSD	일용품	KSG	요업	KSL	수송기계	KSR
기계	KSB	광산	KSE	식료품	KSH	화학	KSM	조선	KSV
전기	KSC	토건	KSF	섬유	KSK	의료	KSP	항공	KSW

2 도면의 분류

[1] 용도에 따른 분류

(1) 계획도(scheme drawing)
  ① 설계자의 설계 의도와 계획을 나타내는 도면으로 기본 설계도와 실시 설계도가 있다.
  ② 기본 설계도 : 제작도 또는 실시 설계도를 작성하기 전에 필요한 기본적인 설계를 나타내는 계획도이다.
  ③ 실시 설계도 : 건조물을 실제로 건설하기 위한 설계를 나타내는 계획도이다.
(2) 제작도(manufacture drawing, production drawing)
  ① 공정도 : 제조 공정의 도중 상태 등을 나타내는 제작도로 공작 공정도, 검사도, 설치도가 포함된다.
  ② 시공도 : 현장 시공을 대상으로 해서 그린 제작도.
  ③ 상세도 : 형태, 구조 또는 조립, 결합의 상세함을 나타낸 제작도.
(3) 주문도(drawing for order) : 주문자의 요구 내용대로 제작한 제작도.
(4) 견적도(drawing for estimate, estimation drawing) : 의뢰 받은 물건의 견적 내용을 나타내는 도면으로 견적서에 첨부된다.
(5) 승인도(approved drawing) : 주문자 또는 기타 관계자의 승인을 얻은 도면이다.
(6) 설명도(explanation drawing) : 사용자에게 물품의 구조, 기능, 성능 등을 설명하기 위한 도면.

[2] 내용에 따른 분류

(1) 부품도(part drawing) : 부품에 대하여 최종 다듬질 상태에서 구비해야 할 사항을 나타내기 위해 필요한 정보를 기록한 도면이다.
(2) 조립도(assembly drawing)
  ① 2개 이상의 부품이나 부분 조립품을 조립한 상태에서 그 상호 관계와 조립에 필요한 치수 등을 나타낸 도면이다.

② 총 조립도 : 대상물 전체의 조립 상태를 나타낸 조립도.
③ 부분 조립도 : 대상물 일부분의 조립 상태를 나타내는 조립도.
(3) **기초도**(foundation drawing) : 기계나 구조물을 설치하기 위한 기초를 나타낸 도면이다.
(4) **배치도**(layout drawing, plot plan drawing) : 지역 내의 건물 위치나 공장 내부에 기계 등의 설치 위치의 정보를 나타낸 도면이다.
(5) **배근도**(bar arrngement drawing, bar scheduling) : 철근의 치수와 배치를 나타내는 도면이다.
(6) **장치도**(plant layout drawing) : 장치 공업에서 각 장치의 배치, 제조 공정의 관계 등을 나타낸다.
(7) **스케치**(sketch drawing) : 기계나 장치 등의 실체를 보고 프리핸드(freehand)로 그린 도면이다.

[3] 표현 형식에 따른 분류

(1) **외관도**(outside drawing) : 대형물의 외형 및 최소한의 필요한 치수를 나타낸 도면이다.
(2) **전개도**(development drawing) : 대상물을 구성하는 면을 평면으로 전개한 그림이다.
(3) **곡면선도**(curved surface) : 선체, 자동차 차체 등의 복잡한 곡면을 선군(善群)으로 나타낸 도면이다.
(4) **선도**(diagram, diagrammatic drawing)
① 기호와 선을 사용하여 장치·플랜트의 기능, 그 구성 부분 사이의 상호 관계, 물건·에너지·정보의 계통 등을 나타낸 도면이다.
② 계통도 : 급수·배수·전력 등의 계통을 나타낸 선도.
③ 구조선도 : 기계·교량 등의 골조를 나타내고, 구조 계산에 사용하는 선도.
(5) **입체도**(single view drawing) : 축측 투상법, 사투상법 또는 투시 투상법에 의해서 입체적으로 표현한 그림의 총칭.

3 도면의 크기와 양식

[1] 도면의 크기

(1) 원도 및 복사된 도면의 마무리 치수는 KS A 5201(종이의 재단 치수)에서 규정하는 A0~A4에 따른다.
① 종이의 재단 치수(KS A 5201)

(단위 : mm)

열\번호	0	1	2	3	4	5
A열(a×b)	841×1189	594×841	420×594	297×420	210×297	148×210
B열(a×b)	1030×1456	728×1030	515×728	364×515	257×364	182×257

② 나비와 길이의 비(가로와 세로의 비)는 $1 : \sqrt{2}$이다.

③ A열 0번(A0)의 넓이는 약 $1mm^2$이다.
④ 제도 용지의 크기는 KS B 0001에 따라 A열 사이즈를 사용한다.
⑤ 도면 크기의 종류 및 윤곽 치수(KS A 0106, KS B 0001)

A열 사이즈					연장 사이즈				
호칭 방법	치수 a×b	c (최소)	d(최소)		호칭 방법	치수 a×b	c (최소)	d(최소)	
			철하지 않을 때	철할 때				철하지 않을 때	철할 때
—	—	—	—	—	A0×2	1189×1682	20	20	
A 0	842×1189	20	20		A1×3	841×1783			
A 1	594×841				A2×3	594×1261			
					A2×4	594×1682			
A 2	420×594			25	A3×3	420×891			
					A3×4	420×1189			
A 3	297×420	10	10		A4×3	297×630	10	10	25
					A4×4	297×841			
					A4×5	297×1051			
A 4	210×297				—	—	—	—	—

(2) **도면의 방향과 접음 크기** : 도면은 좌우 방향으로 길게 놓는 위치를 정위치로 한다.
  ※ A4 이하의 도면은 이에 따르지 않아도 된다.
  ② 도면을 접을 때는 접음 크기를 A4로 함을 원칙으로 한다.
(3) **테두리** : 도면의 테두리를 만들 때 여백은 다음과 같이 한다.

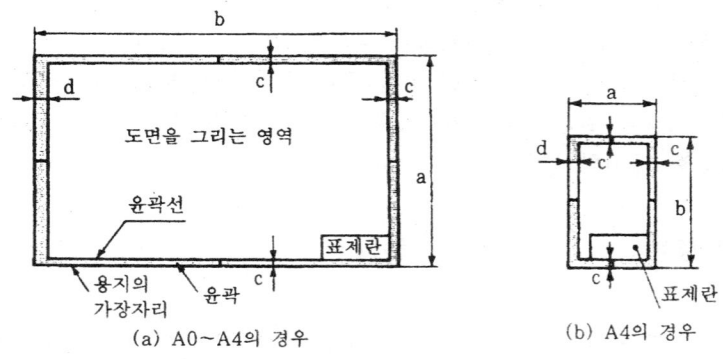

(a) A0~A4의 경우   (b) A4의 경우
〔도면의 크기〕

[2] 도면의 양식

(1) 도면에 설정하는 양식
  ① 설정하지 않으면 안되는 사항
    ㉮ 도면의 윤곽 – 윤곽선
    ㉯ 중심 마크
    ㉰ 표제란
  ② 설정하는 것이 바람직한 사항

㉮ 비교 눈금
㉯ 도면의 구역 — 구분 기호
㉰ 재단 마크
㉱ 부품란 — 대조 번호
㉲ 도면의 내력란

(2) **윤곽 및 윤곽선**(border & borderline)
① 도면에 담아 넣은 내용을 기재하는 영역을 명확히 하고 또 용지의 가장자리에서 생기는 손상으로 기재 사항을 해치지 않도록 하기 위해 도면에는 윤곽을 그린다.
② 윤곽의 크기는 용지의 크기에 따른다.
③ 원칙적으로 굵기는 0.5mm 이상의 실선으로 윤곽선을 그린다.

(3) **표제란**(title block, title panel)
① 도면 관리에 필요한 사항과 도면 내용에 관한 전형적인 사항 등을 정리하여 기입하기 위하여 윤곽선의 오른편 아래 구석의 안쪽에 설정하고 이것을 도면의 정위치라 한다.
② 표제란에 기입 사항 : 도면 번호, 도면 명칭, 기업(단체)명, 책임자의 서명, 도면 작성 연월일, 척도, 투상법 등을 기입한다.
③ 표제란의 문자 : 도면의 정위치에서 읽는 방향으로 기입한다.
④ 도면 번호란 : 표제란 중 가장 오른편 아래에 길이 170mm 이하로 마련한다.

(4) **부품란**(item block, block for item list)
① 도면에 나타낸 대상물 또는 그 구성하는 부품의 세부 내용을 기입하기 위하여
② 일반적으로 도면의 오른편 아래 표제란 위 또는 도면의 오른편 위에 설정한다.
③ 부품란에 기입 사항 : 부품 번호(품번), 부품 명칭(품명), 재질, 수량, 무게, 공정, 비고란 등을 한다.
④ 표제란의 보기 및 부품란

부장	차장	과장	계	형식 공시명	
검도	설계	제도	척도	각법	도명
소속		제작소명	제도일	도면	

품번	품명	재질	수량	무게	비고
소속					
척도		투상	제도자		검도
도명			제조일		
			도번		

← 부품란

(5) **중심 마크**(centering mark)
① 도면을 마이크로 필름에 촬영하거나 복사할 때의 편의를 위하여 마련한다.
② 윤곽선 중앙으로부터 용지의 가장자리에 이르는 굵기 0.5mm의 수직한 직선으로

그 허용차는 ±0.5mm로 한다.
③ 중심 마크 및 비교 눈금(KS A 0106)

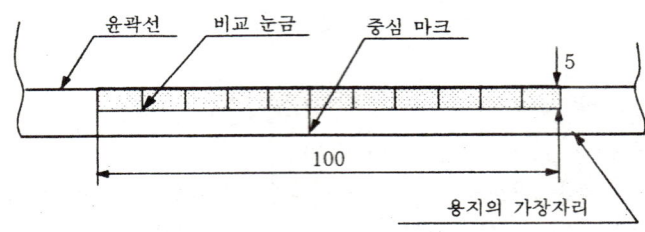

(6) 비교 눈금
① 도면을 축소 또는 확대했을 경우 그 정도를 알기 위해 도면의 아래쪽에 중심 마크를 중심으로 하여 마련한다.
② 눈금의 간격이 10mm이며, 100mm 이상의 길이로 하며 눈금선의 굵기는 0.5mm, 폭 5mm 이하로 한다.

(7) 도면의 구역(division, zone)
① 도면 중 특정 부분의 위치를 지시할 때 편의를 주고자 마련한다.
② 도면의 긴 변 및 짧은 변을 짝수 개로 구분한다.
③ 구분선은 굵기 0.5mm의 직선으로 윤곽선에 접하여 그 바깥쪽에 표시한다.

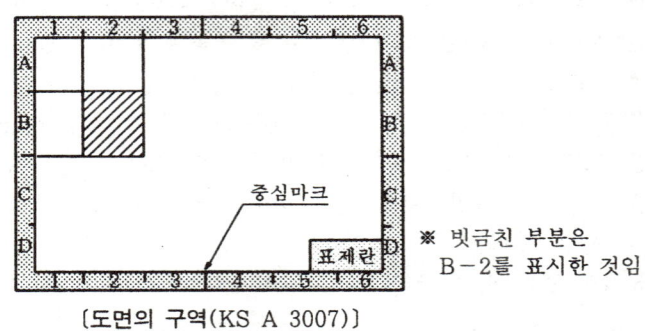

〔도면의 구역(KS A 3007)〕

(8) 재단 마크(trimming mark)
① 복사한 도면을 재단하는 경우의 편의를 위하여 원도에 재단 마크를 마련한 것이다.
② 재단 마크의 모양, 크기 및 위치는 용지의 4구석에 마련한다.
위치는 용지의 4구석에 마련한다.

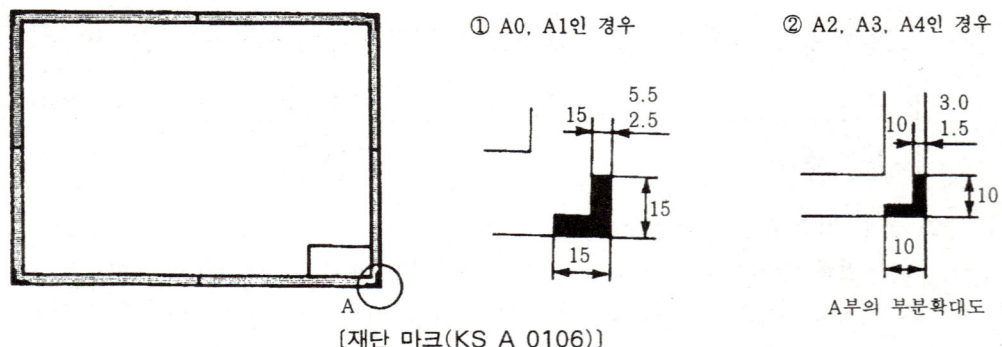

〔재단 마크(KS A 0106)〕

(9) 내력란(block for revision) : 도면 내용 변경 등의 내력을 기록하기 위해서 설정하는 난이다.

4 척도

[1] 척도의 종류
(1) 현도(full scale)
  ① 도형을 실물과 같은 크기로 그리는 경우에 사용한다.
  ② 도형을 그리기 쉬우므로 가장 보편적으로 사용된다.
(2) 축척(contraction scale)
  ① 도형을 실물보다 작게 그리는 경우에 사용된다.
  ② 치수 기입은 실물의 실제 치수를 기입한다.
(3) 배척(enlarged scale)
  ① 도형을 실물보다 크게 그리는 경우에 사용한다.
  ② 치수 기입은 실물의 실제 치수를 기입한다.
(4) 축척, 현척 및 배척의 값(KS B 0001)

척도의 종류	란	값	비고
축 척	1	1:2, 1:5, 1:10, 1:20, 1:50, 1:100, 1:200	1란의 척도를 우선적으로 사용한다.
	2	1:$\sqrt{2}$, 1:2.5, 1:2$\sqrt{2}$, 1:3, 1:4, 1:5$\sqrt{2}$, 1:25, 1:250	
현 척	-	1:1	
배 척	1	2:1, 5:1, 10:1, 20:1, 50:1	
	2	$\sqrt{2}$:1, 2.5$\sqrt{2}$:1, 100:1	

[2] 척도의 표시 방법
(1) 척도는 A(도면에서의 길이), B(대상물의 실제 길이)로 표시한다.

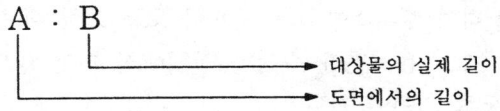

  ① 현척의 경우 : A와 B를 다같이 1로 한다.
  ② 축척의 경우 : A를 1로 나타낸다.
  ③ 배척의 경우 : B를 1로 나타낸다.

[3] 척도의 기입 방법
(1) 척도의 기입 방법
  ① 공통적으로 사용되는 척도 : 표제란에 기입한다.

② 같은 도면에서 서로 다른 척도를 사용할 경우 : 해당 그림 부근에 적용한 척도 표시
③ 표제란이 없는 경우 : 도면의 명칭 또는 번호 부근에 척도를 표시
④ 도면의 길이와 실제의 길이가 비례하지 않을 경우 : NS(또는 비례척이 아님)로 표시

5 제도 용구의 종류와 사용법

[1] 제도기
(1) 종류 : 영국식, 프랑스식, 독일식(많이 사용됨)
(2) 품수별 : 8품, 16품, 20품, 24품 등이 있다. (학생용 : 16품이 좋다)
(3) 많이 사용되는 제도기
  ① 대형 캠퍼스 : 반지름 70~130mm 정도의 원.
  ② 중형 캠퍼스 : 반지름 5~70mm 정도의 원.
  ③ 스프링 캠퍼스 : 반지름 5mm 이하의 원.
  ④ 디바이더 : 치수를 옮길 때, 길이를 분할할 때 사용한다.
  ⑤ 비례 디바이더 : 등분 또는 비례 분할에 사용한다. (선 또는 원)
  ⑥ 먹줄펜 : 먹물 또는 잉크로 선을 그을 때 사용한다. (가장 중요한 것임)

[2] 제도용 필기구
(1) 연필
  ① 종류 : 6B, 5B, 4B, 3B, 2B, B, HB, F, H, 2H, 3H, 4H, 5H, 6H, 7H, 8H, 9H 등.
  ② HB나 F는 중간 정도이고 6B로 갈수록 진하고 9H 쪽으로 갈수록 옅으다.
  ③ 선을 그리는 경우 : HB, F, H를 사용하는 것이 좋다.
   ㉮ H심 : 문자 쓰기, 프리핸드로 그릴 때 사용한다.
   ㉯ 2H심 : 외형선
   ㉰ 3H~4H심 : 치수선, 은선(정밀 작업)
  ④ 연필심의 모양
   ㉮ 원뿔형 : 둥글고 뾰쪽하게 만든 형으로 문자를 쓸 때 사용한다.
   ㉯ 쐐기형 : 심의 양면을 길게 깎아 선을 그을 때 사용한다.
   ㉰ 경사형 : 심의 한쪽을 경사지게 하여 캠퍼스에 끼워 원이나 호를 그릴 때 사용한다.
  ⑤ 연필로 선을 그릴 때의 각도 : 제도 용지면과 수직한 상태에서 진행 방형으로 15° 기울인 다음 균일한 압력과 속도로 그어야 한다.
   ㉮ 연필심의 깎기는 심의 길이 약 8mm 나무 22mm 되게 깎는다.
(2) 샤프 연필과 심 홀더 연필
  ① 샤프 연필 : 심의 굵기가 0.3, 0.5, 0.7mm인 것이 주로 사용되며 선의 굵기를 일정하게 할 수 있다.
  ② 심 홀더 연필 : 심만 용도에 맞게 깎아서 사용한다. (시간 절약의 효과를 얻음)
(3) 제도용 펜
  ① 일정한 굵기의 선을 그을 수 있도록 만들어져 있으며 선의 굵기에 따라 선택한다.

② 먹물펜의 먹물을 자주 넣은 것을 보완한 것이다.

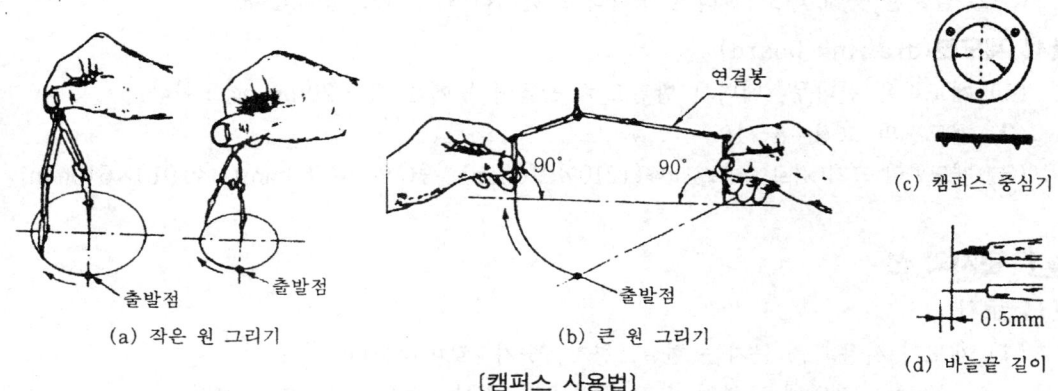

〔캠퍼스 사용법〕

【3】 제도용 자

(1) T자
  ① 벗나무, 합성 수지로 만들며 450mm~1800mm의 것 중 900mm의 것이 적당하다.
  ② 단독으로 수평선을 그을 때 사용하며, 삼각자와 함께 수직선, 사선을 그을 수 있다.
(2) 삼각자(triangle)
  ① 나무 또는 셀룰로이드로 만들며 45°와 30°의 직각 삼각형이 1조로 되어 있다.
  ② 300mm 크기의 것이 많이 사용한다.
  ③ 이들 2개로 15°, 30°, 45°, 60°, 75°, 105°를 표시할 수 있으나 70°는 표시할 수 없다.
  ④ T자와 함께 사용하여 수직선, 사선을 그을 수 있고, 2개를 포함하여 여러 가지 각도의 선을 그을 수 있다.
(3) 스케일(scale)
  ① 길이를 계측하기 위한 길이 눈금을 가진 자로서 평 스케일, 양면 스케일, 3각 스케일 등이 있다.
  ② 평 스케일 : 한쪽 면에 1 또는 2 종류의 척도 눈금을 가진 스케일.
  ③ 양면 스케일 : 양면에 4 종류의 척도 눈금을 가진 스케일.
  ④ 3각 스케일 : 단면이 삼각형이며 6 종의 척도 눈금을 가진 스케일(가장 많이 사용)
(4) 분도기(protractor)
  ① 각도를 재거나 그릴 때 사용된다.
  ② 타원 분도기 : 25°, 35°(가장 많이 사용), 45°, 55°가 있다.
(5) 운형자(french curve)
  ① 곡선으로 되어 있는 판 모양의 자.
  ② 캠퍼스로 그리기 어려운 원호나 곡선을 그릴 때 사용한다.
(6) 자유 곡선자(adjustable curve ruler)
  ① 임의의 곡선을 그리는데 사용하는 막대 모양의 자.
  ② 자유 자재로 구부려 원하는 곡선을 만들 수 있도록 납과 고무 등으로 만들어져 있다.
(7) 형판(template)

① 도형의 문자, 숫자, 기호 등을 모방할 때 사용하는 얇은 판이다.
② 필요한 곳에 대고 그리면 정확하고 편리하며 시간도 절약된다.

[4] 제도판(drawing board)
(1) 제도판은 전나무, 베니아 합판으로 만들며 두께는 15~20mm 정도이다.
(2) 제도판의 고정 : 8~10°
(3) 제도판의 크기(가로×세로) : 대(1210×910mm), 중(1060×760mm), 소(910×610mm)

6 문자와 선

[1] 문자
(1) 제도에 사용되는 문자는 한글, 한자, 숫자, 로마자이다.
① 글자체 : 고딕체로 하여 수직 또는 15° 경사로 씀을 원칙으로 한다.
② 문자 크기 : 문자의 높이로 나타낸다
③ 문자의 선 굵기

㉮ 한자의 경우 : 문자 크기의 $\frac{1}{12.5}$

㉯ 한글 및 로마자의 의 경우 : $\frac{1}{9}$

④ 문자 크기의 비율 : 한자를 한글, 숫자 및 로마자에 비해 1.4배 크게 한다.
⑤ 쓰이는 곳에 따른 문자의 크기

크 기	쓰이는 곳	크 기	쓰이는 곳
2.24~4.5	한계치수 숫자	9~12.5	도면번호와 숫자 및 문자
3.15~6.3	일반치수 숫자, 기술문자	9~18	도면 명칭 문자
6.3~12.5	부품번호 숫자		

(2) 한자
① 글자체는 기계 조작용 표준 서체로 하여 수직으로 쓴다.
② 크기 : 호칭 3.15, 4.5, 6.3, 9, 12.5, 18mm의 6종이다.
③ 획수가 16 이상인 한자는 되도록 한글로 쓴다.
(3) 한글
① 글자체는 활자체로 하여 수직으로 쓴다.
② 크기 : 7종의 호칭 중 2.24, 3.15, 4.5, 6.3, 9mm의 5종으로 한다.
③ 특히 필요한 경우에는 다른 치수를 사용할 수 있다. (KS B 0001)
(4) 숫자와 로마자
① 숫자의 크기 : 호칭 2.24, 3.15, 4.5, 6.3, 9mm의 5종으로 한다.
② 로마자는 주로 대문자를 사용한다
③ 로마자 크기 : 2.24, 3.15, 4.5, 6.3, 9, 12.5mm의 7종으로 한다.
④ 숫자와 로마자의 글자체는 원칙적으로 수직에 대하여 오른쪽으로 15° 경사로 쓴다.

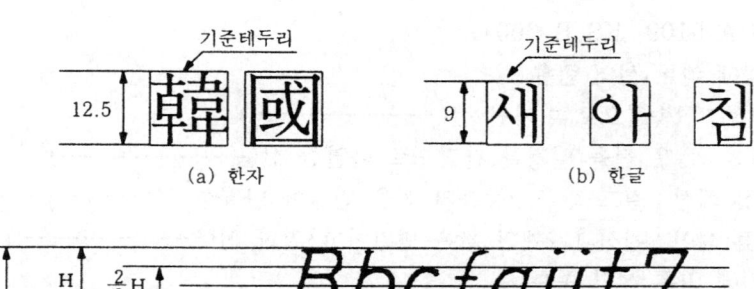

(a) 한자   (b) 한글

(c) 숫자와 로마자

〔문자의 크기 및 기준 높이(KS A 0107)〕

크기 9mm   가 나 다 라
크기 6.3mm 가 나 다 라
크기 4.5mm 가 나 다 라
크기 3.15mm 가 나 다 라
크기 2.24mm 가 나 다 라

〔한글의 크기 및 서체(KS B 0001)〕

① 크기 9mm

1234567890

① 크기 9mm

1234567890

② 크기 4.5mm

1234567890

② 크기 4.5mm

1234567890

③ 크기 6.3mm

ABCDEFGHIJ
KLMNOPQR
STUVWXYZ
abcdefghijklm
nopqrstuvwxyz

③ 크기 6.3mm

ABCDEFGHIJ
KLMNOPQR
STUVWXYZ
abcdefghijklm
nopqrstuvwxyz

(a) J형 사체   (b) B형 사체

〔숫자 및 영자의 사체〕

【2】 선(KS A 0109, KS B 0001)

(1) 모양에 따른 선의 종류
　① 실선 : 연속적으로 이어진 선(————————)
　② 파선 : 짧은 선을 일정한 간격으로 나열한 선(----------------)
　③ 1점 쇄선 : 길고 짧은 2종류의 선을 번갈아 나열한 선(—-—-—-—-—)
　④ 2점 쇄선 : 긴선과 2개의 짧은 번갈아 나열한 선(—--—--—--—)

(2) 굵기에 따른 선의 종류
　① 같은 용도의 선이라도 도형의 크기와 복잡한 정도에 따라 굵기를 선택한다.
　② 선 굵기의 기준은 0.18(가능한 사용치 않음), 0.25, 0.35, 0.5, 0.7, 1.0mm로 한다.
　③ 선 굵기 비율(KS A 0109)

선 굵기의 종류	가는선	굵은선	아주 굵은 선
비　율	1	2	4

　④ 전선 : 0.8~0.3mm의 굵기
　⑤ 반선 : 전선의 약 1/2의 굵기
　⑥ 가는 선 : 0.2mm 이하의 굵기 (적어도 반선 보다는 가늘어야 한다)

(3) 용도에 따른 선의 종류

용도에 의한 명칭	선의 종류		선의 용도
외형선	굵은 실선	————	대상물의 보이는 부분의 모양을 표시하는데 사용.
치수선	가는 실선		치수를 기입하는데 사용.
치 수 보조선			치수를 기입하기 위하여 도형으로부터 끌어내는데 사용.
지시선			기술. 기호 등을 표시하기 위해서 끌어내는데 사용.
회 전 단면선			도형 내에 그 부분의 끊는 곳을 90° 회전하여 표시하는데 사용.
중심선			도형의 중심선을 간략하게 표시하는데 사용.
수준면선			수면, 유면 등의 위치를 표시하는데 사용.
숨은선	가는 파선, 굵은 파선	----------	대상물의 보이지 않는 부분의 모양을 표시하는데 사용.
중심선	가는 1점 쇄선	—-—-—-	① 도형의 중심선을 표시하는데 사용. ② 중심이 이동한 중심궤적을 표시하는데 사용.
기준선			특히 위치 결정의 근거가 된다는 것을 명시할 때
피치선			되풀이하는 도형의 피치를 취하는 기준 표시 사용
특 수 지정선	굵은 1점 쇄선	—-—-—-	특수한 가공을 하는 부분 등 특별한 요구 사항을 적용할 수 있는 범위 표시

가상선	가는 2점 쇄선	-------	① 인접 부분을 참고로 표시하는데 사용. ② 공구, 지그 위치를 참고로 나타내는데 사용 ③ 가동 부분을 이동 중의 특정한 위치 또는 이동 한계의 위치로 표시하는데 사용. ④ 가공 전, 후의 모양을 표시하는데 사용. ⑤ 되풀이하는 것을 나타내는데 사용. ⑥ 도시된 단면의 앞쪽에 있는 부분을 표시하는데 사용.
무게 중심선			단면의 무게 중심을 연결한 선을 표시하는데 사용.
파단선	불규칙한파형의 가는 실선 또는 지그재그선	∿∿∿	대상물의 일부를 파단한 경계 또는 일부를 떼어낸 경계를 표시하는데 사용.
절단선	가는 1점 쇄선으로 끝부분 및 방향이 변하는 부분을 굵게 한것	⌐⌐--	단면을 그리는 경우, 그 절단 위치를 대응하는 그림에 표시하는데 사용.
해 칭	가는 실선으로 규칙적으로 줄을 늘어 놓은 것	/////	도형의 한정된 특정 부분을 다른 부분과 구별하는데 사용. (예 : 단면도의 절단된 부분을 나타낸다)
특수한 용도의 선	가는 실선	———	① 외형선 및 숨은 선의 연장을 표시하는데 사용. ② 평면이란 것을 나타내는데 사용. ③ 위치를 명시하는데 사용.
	아주 굵은 실선	▬▬▬	얇은 부분의 단면도시를 명시하는데 사용.

(4) 선의 우선 순위(2종류 이상의 선이 같은 장소에서 중복될 경우 그리는 순서)
  ① 외형선(visible outline)
  ② 숨은선(hidden outline)
  ③ 절단선(line of cutting plane)
  ④ 중심선(center line)
  ⑤ 무게 중심선(centroidal line)
  ⑥ 치수 보조선(projection line)

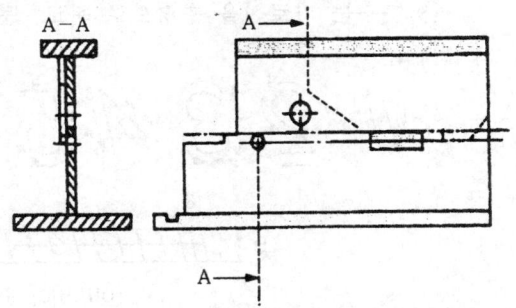

〔우선 순위에 의한 선의 사용 보기(KS A 0109)〕

(5) 선긋기 일반 사항
  ① 평행선은 선 간격을 선 굵기의 3배 이상으로 긋는다. (선과 선의 틈새는 0.7mm 이상)
  ② 밀접한 교차선의 경우에는 그 선 간격을 선 굵기의 4배 이상으로 긋는다.
  ③ 많은 선이 한 선에 집중하는 경우에는 선 간격이 선 굵기의 약 3배가 되는 위치에서 선을 멈춰 점의 주위를 비우는 것이 좋다.

④ 1점 쇄선 및 2점 쇄선은 긴쪽 선으로 시작하고 끝나도록 긋는다.
⑤ 실선과 파선, 파선과 파선이 서로 만나는 부분은 이어지도록 긋는다.
⑥ 1점 쇄선(중심선)끼리 서로 만나는 부분은 이어지도록 긋는다.
⑦ 파선이 서로 평행할 때에는 서로 엇갈리게 그린다.
⑧ 원호와 직선이 서로 만나는 부분은 층이 나지 않게 그린다.
⑨ 모서리에서는 서로 이어지도록 긋는다.

[3] 문자와 선 사용법

(1) 문자 쓰는 법
① 가로 쓰기를 원칙으로 한다.
② 문자의 크기는 도면에 따라 다르지만 같은 도면에서는 높이가 같게 맞추어 쓰고 나비는 기입할 곳에 따라 적절히 가감한다.
③ 문자를 쓸 때의 유의 사항
 ㉮ 문자와 문자, 어구와 어구 사이에는 적당한 간격을 둔다.
 ㉯ 표에 문자를 기입할 때에는 아래 위의 선에 닿지 않게 쓴다.
 ㉰ 문자의 크기는 도형의 크기와 조화되게, 배열은 전체와 균형되게 한다.
④ 한글 쓰는 방법
 ㉮ 한 자씩 정확하게 고딕체로 쓰며, 가로선은 수평, 세로선은 수직으로 긋는다.
 ㉯ 선과 선의 이음매는 끊기지 않도록 붙인다.
 ㉰ 나비는 높이의 80~100% 정도로 한다.
⑤ 아라비아 숫자 쓰는 법
 ㉮ 나비는 높이의 약 1/2로 하고 75° 경사진 안내선을 긋는다..
 ㉯ 숫자는 칸에 꽉 차도록 가볍게 쓴 다음 굵게 써서 완성한다.
 ㉰ 분수는 가로선을 수평으로 분모, 분자의 높이는 정수 높이의 2/3로 한다.

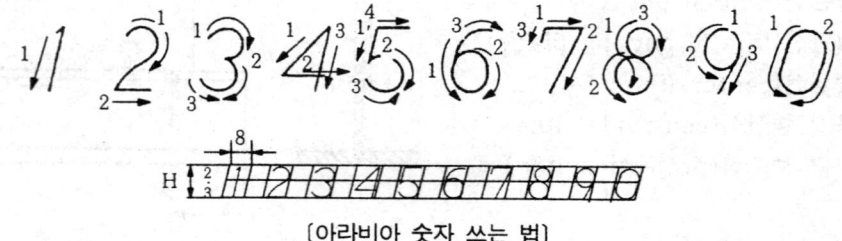

〔아라비아 숫자 쓰는 법〕

⑥ 로마자 쓰는 법
 ㉮ 문자와 나비는 대문자가 높이의 1/2, 소문자는 2/5가 되게 한다.
 ㉯ 75°의 경사 안내선을 긋는다.
 ㉰ 구획 안에 정확한 자체로 가늘게 쓴 다음 굵게 써서 완성한다.

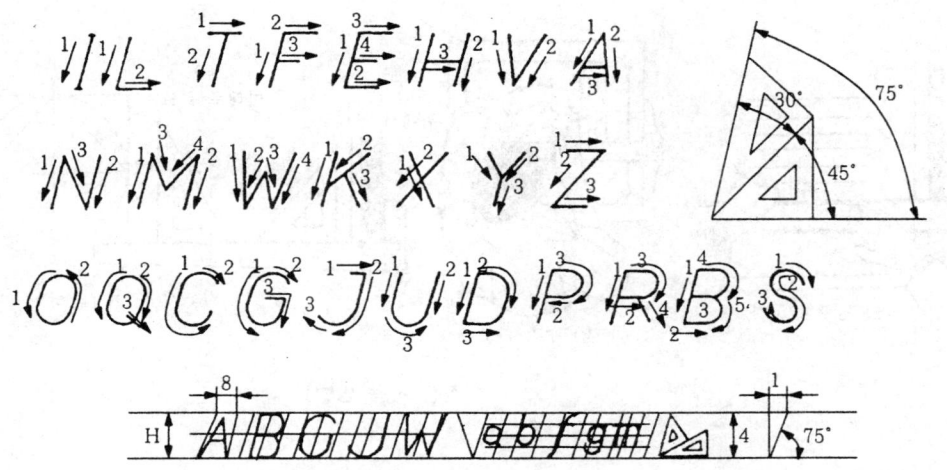

[로마자 쓰는 법]

(2) 선 긋는 법
 ① 직선을 긋는 방법
  ㉮ 필기구의 심을 자의 측면에 대고 일정한 힘으로 굵기가 일정하게 되도록 긋는다.
  ㉯ 수평선은 왼쪽에서 오른쪽으로, 수직선은 아래로부터 위쪽으로 긋는다.
  ㉰ 오른쪽으로 올라가는 경사선을 왼쪽 아래에서 오른쪽 위로 긋는다.
  ㉱ 오른쪽 아래로 처진 경사선은 왼쪽 위에서 오른쪽 아래로 긋는다.
  ㉲ 연필은 긋는 방향으로 약 60° 정도 기울게 한다.
 ② 조합된 여러 가지 선 긋는 방법.
  ㉮ 원·원호 : 작은 것부터 그리고 점차 큰 것을 긋는다.
  ㉯ 곡선 : 원, 원호 다음에 곡선을 긋는다.
  ㉰ 직선 : 직선은 수평선, 수직선, 사선의 순서로 긋고 여러 가지 선 가운데 가장 나중에 긋는다.
 ③ 원도 긋기(연필도)
  ㉮ 가는 선으로 가볍게 중심선, 기선 등을 긋는다.
  ㉯ 가는 선으로 대략의 외형 윤곽선을 긋는다.
  ㉰ 전선으로 외형선을 긋는다.
  ㉱ 반선으로 은선, 절단선, 가상선 등을 긋는다.
  ㉲ 가는 선으로 치수 보조선, 치수선, 지시선의 순으로 긋는다.
 ④ 원도 긋기
  ㉮ 전선으로 외형선, 파단선 등을 긋는다.
  ㉯ 반선으로 은선, 절단선, 가상선 등을 긋는다.
  ㉰ 가는 선으로 중심선, 기선 등을 긋는다.
  ㉱ 가는 선으로 치수 보조선, 치수선, 지시선 등을 차례로 긋는다.

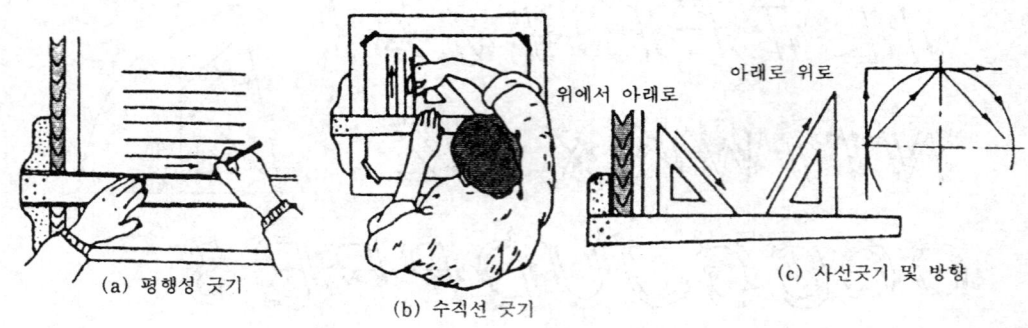

[직선 사용 방법]

예상문제

문제 1. 공업 분야에 사용하는 도면을 작성할 때 총괄적으로 적용되는 제도 통칙의 제정으로 맞는 것은?
㉮ 1966년에 KS A 0001로 제정되었다.
㉯ 1966년에 KS A 0002로 제정되었다.
㉰ 1966년에 KS A 0003로 제정되었다.
㉱ 1966년에 KS A 0005로 제정되었다.

> 1966년에 KS A 0005로 제정되었다.

문제 2. 기계 제도가 KS B 0001로 제정된 연도는?
㉮ 1966년   ㉯ 1967년   ㉰ 1978년   ㉱ 1979년

> 기계 제도는 KS B 0001로 1967년에 제정되었다.

문제 3. 국제 표준화 기구의 규격 기호로 맞는 것은?
㉮ KS   ㉯ BS   ㉰ DIN   ㉱ ISO

> 각국의 산업 규격
> ① BS : 영국   ② DIN : 독일   ③ ANSI : 미국
> ④ SNV : 스위스   ⑤ NF : 프랑스   ⑥ JIS : 일본
> ⑦ KS : 한국   ⑧ ISO : 국제 표준 기구

문제 4. 다음 중 일본의 공업 규격 기호로 맞는 것은?
㉮ KS   ㉯ BS   ㉰ JIS   ㉱ ISO

문제 5. 다음 중 미국의 공업 규격 기호로 맞는 것은?
㉮ KS   ㉯ ANSI   ㉰ JIS   ㉱ ISO

문제 6. 다음 중 한국의 공업 규격 기호로 맞는 것은?
㉮ KS   ㉯ ANSI   ㉰ JIS   ㉱ ISO

> KS의 분류
> ① KS A : 기본   ② KS B : 기계   ③ KS C : 전기
> ④ KS D : 금속   ⑤ KS E : 광산   ⑥ KS F : 토건

해답 1. ㉱   2. ㉯   3. ㉱   4. ㉰   5. ㉯   6. ㉮

⑦ KS M : 화학   ⑧ KS V : 조선   ⑨ KS W : 항공

문제 7. KS의 분류 중 금속의 분류 기호로 맞는 것은?
㉮ KS A   ㉯ KS C   ㉰ KS D   ㉱ KS K

문제 8. KS의 분류 중 기계의 분류 기호로 맞는 것은?
㉮ KS A   ㉯ KS B   ㉰ KS C   ㉱ KS D

문제 9. KS의 분류 중 기본의 분류 기호로 맞는 것은?
㉮ KS A   ㉯ KS B   ㉰ KS C   ㉱ KS D

문제 10. 다음 도면의 분류 중 계획도의 어느 것인가?
㉮ 기본 설계도   ㉯ 공정도   ㉰ 상세도   ㉱ 견적도

도움 계획도의 분류
① 기본 설계도   ② 실시 설계도

문제 11. 다음 약호 중에서 규격을 표시하는 기호가 아닌 것은?
㉮ KS   ㉯ BS   ㉰ NF   ㉱ NS

도움 NS는 비례척이 아닌 기호이다.

문제 12. 기계 제작도에 필요한 예산을 산출할 때에 이용되는 도면은?
㉮ 계획도   ㉯ 제작도   ㉰ 견적도   ㉱ 설명도

도움 견적도 : 의뢰 받은 물건의 견적 내용을 나타내는 도면.

문제 13. 도면에서 2종 이상의 선이 같은 장소에서 중복될 경우에는 다음 순위에 따라 우선되는 종류의 선을 그린다. 맞는 것은?
㉮ 외형선 → 숨은선 → 절단선 → 중심선
㉯ 숨은선 → 절단선 → 중심선 → 외형선
㉰ 절단선 → 중심선 → 외형선 → 숨은선
㉱ 중심선 → 외형선 → 숨은선 → 절단선

도움 우선되는 종류의 선
외형선 → 숨은선 → 절단선 → 중심선 → 무게 중심선 → 치수 보조선

문제 14. 다량의 기계 부품을 공작 부분별로 가공할 때 필요한 도면은 다음 중 어느 것인가?
㉮ 계획도   ㉯ 조립도   ㉰ 설명도   ㉱ 공정도

도움 공정도 : 제조 공정의 도중 상태를 나타내는 제작도.

해답 7. ㉰ 8. ㉯ 9. ㉮ 10. ㉮ 11. ㉱ 12. ㉰ 13. ㉮ 14. ㉱

문제 15. 형태, 구조 또는 조립, 결합의 상세함을 나타내는 제작도는?
㉮ 계획도 ㉯ 제작도 ㉰ 공정도 ㉱ 상세도

> 상세도 : 형태, 구조 또는 조립, 결합의 상세함을 나타내는 제작도.

문제 16. 다음 도면에 대한 설명 중 잘못 설명된 것은?
㉮ 현장 시공을 대상으로 해서 그린 도면을 시공도라 한다.
㉯ 주문자 또는 기타 관계자의 승인을 얻는 도면은 승인도이다.
㉰ 제조 공정의 도중 상태 등을 나타내는 제작도를 실시 설계도라 한다.
㉱ 물품의 구조, 기능, 성능 등을 설명하기 위한 도면은 설명도이다.

> 실시 설계도 : 건조물을 실제로 건설하기 위한 설계를 나타내는 계획도

문제 17. 다음 도면의 내용에 따른 분류가 아닌 것은?
㉮ 제작도 ㉯ 부품도 ㉰ 조립도 ㉱ 기초도

> 내용에 따른 분류 : 부품도, 조립도, 기초도, 배치도, 배근도, 장치도, 스케치.

문제 18. 다음 중 내용에 따른 도면의 분류 중 틀린 것은?
㉮ 기초도 ㉯ 배치도 ㉰ 장치도 ㉱ 외관도

문제 19. 다음 중 도면의 용도에 따른 분류가 아닌 것은?
㉮ 계획도 ㉯ 제작도 ㉰ 배근도 ㉱ 승인도

> 용도에 따른 분류 : 계획도, 제작도, 주문도, 견적도, 승인도, 설명도.

문제 20. 다음 도면 중 외관도에 대한 설명이 바르게 된 것은?
㉮ 대형물의 외형 및 최소한의 필요한 치수를 나타낸 도면이다.
㉯ 지역 내의 건물 위치나 공장 내부의 기계 등의 설치 위치를 나타내는 도면이다.
㉰ 대상물을 구성하는 면의 평면을 전개하는 도면이다.
㉱ 급수, 배수, 전력 등의 계통을 나타내는 선도이다.

> 외관도 : 대형물의 외형 및 최소한의 필요한 치수를 나타낸 도면이다.

문제 21. 다음 중 표현 형식에 따른 도면의 분류 중 맞는 것은?
㉮ 계획도 ㉯ 제작도 ㉰ 전개도 ㉱ 시공도

> 표현 형식에 따른 분류 : 외관도, 전개도, 곡면선도, 선도, 입체도.

문제 22. KS A 5201(종이의 재단 치수)에 규정되어 있는 A 열의 종이는 어느 곳에 많이 사용되는가?
㉮ 제도용 ㉯ 사무용 ㉰ 설명서용 ㉱ 광고용

해답 15.㉱ 16.㉰ 17.㉮ 18.㉱ 19.㉰ 20.㉮ 21.㉰ 22.㉮

[도움] ① A열 : 제도용 ② B열 : 사무용

[문제] 23. 기계 제도용에 사용되는 제도 용지의 크기는?
㉮ A0~A3   ㉯ A0~A4   ㉰ A1~A5   ㉱ A3~A6

[도움] 기계 제도 용지는 KS A 5201 A0~A4이다.

[문제] 24. 다음 제도 용지의 재단 치수 중 A 열의 A2의 크기는?
㉮ 841×1189   ㉯ 594×841   ㉰ 420×594   ㉱ 297×420

[도움] 종이의 재단 치수
① A0 : 841×1189   ② A1 : 594×841   ③ A2 : 420×594
④ A3 : 297×420   ⑤ A4 : 148×257

[문제] 25. 제도 용지의 재단 치수 중 A 열의 A3의 크기는?
㉮ 841×1189   ㉯ 594×841   ㉰ 420×594   ㉱ 297×420

[문제] 26. KS A 5201에 규정되어 있는 A0 용지의 넓이는 얼마인가?
㉮ 약 0.2mm   ㉯ 약 0.5mm   ㉰ 약 1mm   ㉱ 약 2mm

[도움] A0 용지의 넓이 : 약 1mm 정도이다.

[문제] 27. 제도 용지에서 나비 : 길이의 비는 얼마로 하는가?
㉮ 1:1   ㉯ $1:\sqrt{2}$ ㉰ 1:2   ㉱ $1:\sqrt{3}$

[도움] 나비 : 길이 = $1:\sqrt{2}$

[문제] 28. 도면을 접을 때 접음의 크기는 어느 정도로 하는 것을 원칙으로 하는가?
㉮ A0   ㉯ A1   ㉰ A3   ㉱ A4

[도움] 도면을 접을 때 접음 크기는 A4로 함을 원칙으로 한다.

[문제] 29. 도면은 어느 방향으로 길게 놓는 위치를 정위치로 하는가?
㉮ 상하 방향으로 길게 놓는다.   ㉯ 좌우 방향으로 길게 놓는다.
㉰ 경사지게 놓는다.   ㉱ 관리자의 임의대로 놓는다.

[도움] 도면은 좌우 방향으로 길게 놓은 위치를 정위치로 한다.

[문제] 30. 도면 용지를 철하는 쪽의 테두리의 여백은 최소 얼마 정도로 하는가?
㉮ 10mm   ㉯ 15mm   ㉰ 20mm   ㉱ 25mm

[도움] 철하는 쪽의 여백 : 25mm 정도 남긴다.

[해답] 23. ㉯   24. ㉰   25. ㉱   26. ㉰   27. ㉯   28. ㉱   29. ㉯   30. ㉱

문제 31. A0~A1 용지에서 철하지 않을 때의 테두리의 최소 여백으로 맞는 것은?
㉮ 10mm   ㉯ 15mm   ㉰ 20mm   ㉱ 25mm

도움 A0~A1 용지에서 철하지 않을 때의 테두리의 최소 여백 : 20mm

문제 32. A2~A4 용지에서 철하지 않을 때의 테두리의 최소 여백으로 맞는 것은?
㉮ 10mm   ㉯ 15mm   ㉰ 20mm   ㉱ 25mm

도움 A2~A4 용지에서 철하지 않을 때의 테두리의 최소 여백 : 10mm

문제 33. 도면에서 윤곽선을 바르게 설명한 것은?
㉮ 0.5mm 이하의 가는 실선으로 긋는다.   ㉯ 0.5mm 이상의 굵은 실선으로 긋는다.
㉰ 0.5mm 이상의 일점 쇄선으로 긋는다.   ㉱ 0.5mm 이하의 2점 쇄선으로 긋는다.

도움 윤곽선 : 0.5mm 이상의 굵은 실선으로 긋는다.

문제 34. 도면의 윤곽선 오른쪽 아래 구석의 안쪽에 마련한 것은?
㉮ 중심 마크   ㉯ 표제란   ㉰ 정면도   ㉱ 재단 마크

도움 표제란
① 도면의 윤곽선 오른쪽 아래 구석의 안쪽에 마련한다.
② 표제란에는 도면 번호, 도면 명칭, 기업체명, 책임자 서명, 도면 작성 연월일, 척도, 투상법을 기입한다.
③ 앞 표면은 표제란이 있는 부분이 나오게 한다.

문제 35. 다음은 표제란에 기입한 것 중 틀린 것은?
㉮ 도면 번호   ㉯ 책임자 서명
㉰ 도면 작성 연월일   ㉱ 도면의 윤곽 치수

문제 36. 도면을 접을 때 앞 표면에 나타나게 하는 부분으로 적당한 것은?
㉮ 조립도가 있는 부분   ㉯ 표제란이 있는 부분
㉰ 정면도가 있는 부분   ㉱ 측면도가 있는 부분

문제 37. 다음 중 도면의 비교 눈금에 대한 설명이 잘못된 것은?
㉮ 비교 눈금의 눈금 간격은 10mm이다.
㉯ 비교 눈금의 눈금 길이는 100mm 이상으로 한다.
㉰ 비교 눈금의 눈금선의 폭은 5mm 이하로 한다.
㉱ 비교 눈금의 선의 굵기는 1.0mm의 가는 실선으로 한다.

도움 비교 눈금의 눈금 간격은 10mm, 길이는 100mm 이상으로 하고, 눈금선의 폭은 5mm 이하로 하며 0.5mm의 굵은 실선으로 긋는다.

해답 31. ㉰   32. ㉮   33. ㉯   34. ㉯   35. ㉱   36. ㉯   37. ㉱

문제 **38.** 도면에서 표제란의 위치로 맞는 것은?
 ㉮ 도면의 오른쪽 위에 둔다.　　㉯ 도면의 오른쪽 아래에 둔다.
 ㉰ 도면의 왼쪽 위에 둔다.　　㉱ 도면의 왼쪽 아래에 둔다.

문제 **39.** 도면에서의 비교 눈금에 대한 설명이다. 틀린 것은?
 ㉮ 도형의 크기를 측정하기 위한 것이다.
 ㉯ 도면의 축소 또는 확대 복사를 할 때의 편의를 위해 마련한다.
 ㉰ 비교 눈금은 도면의 아래쪽에 중심 마크를 중심으로 하여 마련한다.
 ㉱ 비교 눈금의 눈금 간격은 10mm이다.

도움▶ 비교 눈금은 도형의 크기를 측정하기 위한 것이 아니라 도면의 축소 또는 확대 복사를 할 때의 편의를 위해 도면에 마련한다.

문제 **40.** 다음 척도 중 축척의 제도에서 되도록 사용하지 않는 것은?
 ㉮ $\frac{1}{2.5}$　　㉯ $\frac{1}{5}$　　㉰ $\frac{1}{25}$　　㉱ $\frac{1}{50}$

도움▶ $\frac{1}{25}$, $\frac{1}{250}$ 은 될 수 있는 한 쓰지 않게 되어 있다.

문제 **41.** 다음 척도 중 축척이 아닌 것은?
 ㉮ 1 : 20　　㉯ 1 : 10　　㉰ 1 : 2.5　　㉱ $\sqrt{2}$: 1

도움▶ $\sqrt{2}$: 1는 배척이다.

문제 **42.** 다음 척도 중 배척으로 사용하지 않는 것은?
 ㉮ 2 : 1　　㉯ 3 : 1　　㉰ 5 : 1　　㉱ 10 : 1

도움▶ 배척의 종류 : 2/1, 5/1, 10/1, 20/1, 50/1, $\sqrt{2}$/1, 2.5$\sqrt{2}$/1, 100/1

문제 **43.** 표제란에 1 : 1이 표시되어 있을 때의 척도는?
 ㉮ 현척　　㉯ 축척　　㉰ 배척　　㉱ 승척

도움▶ 현척 값은 1 : 1이다.

문제 **44.** 다음은 도면에서 척도에 대한 설명이다. 틀린 것은?
 ㉮ 한 도면에서 공통적으로 사용되는 척도는 표제란에 기입한다.
 ㉯ 도면에 그려진 길이와 대상물의 실제 길이가 같은 척도를 현척이라 한다.
 ㉰ 대상물이 비교적 클 때는 축척을 사용한다.
 ㉱ 대상물이 작거나 복잡한 대상물은 축척을 사용한다.

도움▶ 작거나 복잡한 대상물은 배척을 사용한다.

해답 38. ㉯　39. ㉮　40. ㉰　41. ㉱　42. ㉯　43. ㉮　44. ㉱

문제 45. 다음 척도 중 목형 제작이나 현도에 쓰이는 척도는?
㉮ 축척　　　㉯ 실척　　　㉰ 배척　　　㉱ 연척

▶ 연척(延尺) : 목형 제작이나 현도에 사용한다.

문제 46. 척도의 표시 방법에 대한 설명이 잘못된 것은?
㉮ 척도는 A(도면에서의 길이), B(대상물의 실제 길이)로 표시한다.
㉯ 현척의 경우는 A와 B를 다같이 1로 한다.
㉰ 축척의 경우는 A를 1로 나타낸다.
㉱ 배척의 경우는 B를 2로 나타낸다.

▶ 배척의 경우 : B를 1로 나타낸다.

문제 47. 다음은 척도의 기입 방법에 대한 설명이다. 틀린 것은?
㉮ 공통적으로 사용하는 척도는 표제란에 기입한다.
㉯ 같은 도면에서 서로 다른 척도를 사용할 경우에는 해당 그림 부근에 척도를 표시한다.
㉰ 표제란이 없는 경우에는 도면 명칭 또는 번호 부근에 척도를 표시한다.
㉱ 도면의 길이와 실제의 길이가 비례하지 않을 경우에는 KS로 표시한다.

▶ 도면의 길이와 실제의 길이가 비례하지 않을 경우 : NS(비례척이 아님)로 표시한다.

문제 48. 다음 제도기 중 가장 많이 사용되는 것은?
㉮ 영국식　　　㉯ 한국식　　　㉰ 프랑스식　　　㉱ 독일식

▶ 제도기의 종류 : 영국식, 프랑스식, 독일식(가장 많이 사용)

문제 49. 제도기의 품수별 종류가 아닌 것은?
㉮ 4품　　　㉯ 8품　　　㉰ 16품　　　㉱ 20품

▶ 제도기의 품수 : 8품, 16품, 20품, 24품

문제 50. 치수를 옮길 때나 길이를 분할할 때 사용하는 제도기는?
㉮ 대형 캠퍼스　　㉯ 디바이더　　㉰ 먹줄펜　　㉱ 삼각자

▶ 디바이더 : 치수를 옮길 때, 길이를 분할할 때 사용한다.

문제 51. 제도용 연필의 종류 중 선을 그을 때 많이 사용하는 것은?
㉮ HB　　　㉯ 2H　　　㉰ 3B　　　㉱ 2F

▶ 선을 그을 경우 : HB, F, H

문제 52. 문자 쓰기, 프리핸드로 그릴 때 사용하는 연필심은?
㉮ HB　　　㉯ H　　　㉰ 2B　　　㉱ 2H

해답 45. ㉱　46. ㉱　47. ㉱　48. ㉱　49. ㉮　50. ㉯　51. ㉮　52. ㉯

[도움] H심이 많이 사용된다.

[문제] 53. 선을 그을 때 가장 진하게 그어지는 연필은?
㉮ HB   ㉯ H   ㉰ 2B   ㉱ 2H

[도움] 진한 정도 : B > HB > H

[문제] 54. 다음 연필 중 경도가 가장 큰 연필심은?
㉮ HB   ㉯ H   ㉰ 2H   ㉱ 3H

[도움] H에서는 숫자가 클수록 단단하다.

[문제] 55. 다음 연필 중 가장 연한 연필심은?
㉮ 6B   ㉯ 4B   ㉰ 3B   ㉱ B

[도움] B에서는 숫자가 클수록 연하며 진하다.

[문제] 56. 제도용으로 많이 사용하는 연필은?
㉮ 2B   ㉯ B   ㉰ H   ㉱ 2H

[도움] ① B : 도화용   ② H : 제도용   ③ BH : 사무용

[문제] 57. 다음은 연필의 종류에 따른 용도에 대한 설명이다. 틀린 것은 어느 것인가?
㉮ 외형선은 2H심으로 그린다.
㉯ 문자 쓰기는 H심으로 그리는 것이 좋다.
㉰ 치수선이나 은선은 B~3B로 긋는다.
㉱ 제도할 때 중심선이나 가는 실선은 3H로 긋는다.

[도움] 치수선이나 은선은 3H~4H심으로 긋는다.

[문제] 58. 문자를 쓸 때 사용하는 연필심의 모양은?
㉮ 원뿔형   ㉯ 쐐기형   ㉰ 경사형   ㉱ 납짝형

[도움] ① 원뿔형 : 문자용   ② 쐐기형 : 선 긋기용   ③ 경사형 : 원이나 호의 긋기용

[문제] 59. 직각 삼각자 2개를 조합하여 나타낼 수 없는 각도는 다음 중 어느 것인가?
㉮ 15°   ㉯ 30°   ㉰ 45°   ㉱ 50°

[도움] 삼각자 2개를 조합하여 표시할 수 있는 각도 : 15°, 30°, 45°, 60°, 75°, 105°

[문제] 60. T자와 삼각자를 이용하여 그을 수 없는 각도는 어느 것인가?
㉮ 30°   ㉯ 45°   ㉰ 60°   ㉱ 85°

[해답] 53. ㉰   54. ㉱   55. ㉮   56. ㉰   57. ㉰   58. ㉮   59. ㉱   60. ㉱

[문제] **61.** 엷은 판에 작은 삼각, 사각, 원 및 원호 모양을 파놓거나 여러 가지 모양과 문자가 파여져 있는 것은?
㉮ 디바이더　　㉯ 운형자　　㉰ 컴퍼스　　㉱ 템플릿

[토용] 템플릿 : 여러 가지 모양과 문자가 파여져 있다.

[문제] **62.** 중형 캠퍼스는 어느 정도의 원을 그을 수 있는가?
㉮ 반지름 5mm 이하의 원　　㉯ 반지름 5~70mm 정도의 원
㉰ 반지름 70~130mm 정도의 원　　㉱ 반지름 150mm 이상의 원

[토용] ① 대형 캠퍼스 : 반지름 70~130mm 정도
② 중형 캠퍼스 : 반지름 5~70mm 정도
③ 스프링 캠퍼스 : 반지름 5mm 이하의 원

[문제] **63.** 스프링 캠퍼스는 어느 정도의 원을 그을 수 있는가?
㉮ 반지름 5mm 이하의 원　　㉯ 반지름 5~70mm 정도의 원
㉰ 반지름 70~130mm 정도의 원　　㉱ 반지름 150mm 이상의 원

[문제] **64.** 캠퍼스로 그리기 어려운 불규칙한 곡선이나 원호를 그릴 때 사용하는 것은?
㉮ 디바이더　　㉯ 운형자　　㉰ 컴퍼스　　㉱ 템플릿

[토용] 운형자(french curve)
① 곡선으로 되어 있는 판모양의 자.
② 캠퍼스로 그리기 어려운 원호나 곡선을 그을 때 사용한다.

[문제] **65.** 곡선으로 되어 있는 판 모양의 자를 무엇이라 하는가?
㉮ 디바이더　　㉯ 운형자　　㉰ 컴퍼스　　㉱ 템플릿

[문제] **66.** 타원 분도기의 각도 중 가장 많이 사용되는 각도는?
㉮ 25°　　㉯ 35°　　㉰ 45°　　㉱ 55°

[토용] 타원 분도기 : 25°, 35°(가장 많이 사용), 45°, 55°

[문제] **67.** 다음 중 제도에 사용되는 문자를 잘못 설명한 것은?
㉮ 제도에 사용되는 문자는 한글, 한자, 숫자, 로마자 등이다.
㉯ 글자체는 고딕체로 한다.
㉰ 한글 글자체는 필기체로 하여 수직으로 쓴다.
㉱ 문자의 크기 비율은 한자를 한글, 숫자 및 로마자에 비해 1.4배 크게 한다.

[토용] 한글 글자체는 활자체로 하여 수직으로 쓴다.

[해답] 61. ㉱　62. ㉯　63. ㉮　64. ㉯　65. ㉯　66. ㉯　67. ㉰

문제 68. 도면에 표시되는 선의 굵기 중 전선의 굵기는?
㉮ 0.2mm 이하　㉯ 0.2~0.4mm　㉰ 0.3~0.8mm　㉱ 0.8mm 이상

> 굵기에 의한 선의 분류
> ① 전선 : 0.3~0.8mm　② 반선 : 0.2~0.4mm　③ 가는선 : 0.2mm 이하

문제 69. 도면에 표시되는 선의 굵기 중 반선의 굵기는?
㉮ 0.2mm 이하　㉯ 0.2~0.4mm　㉰ 0.3~0.8mm　㉱ 0.8mm 이상

문제 70. 도면에 표시되는 선의 굵기 중 가는선의 굵기는?
㉮ 0.2mm 이하　㉯ 0.2~0.4mm　㉰ 0.3~0.8mm　㉱ 0.8mm 이상

문제 71. 도면에 0.3~0.8mm의 전선으로 나타내는 굵은 실선의 용도는?
㉮ 외형선　㉯ 절단선　㉰ 가상선　㉱ 중심선

> 전선의 용도 : 외형선

문제 72. 다음은 선의 굵기에 대한 설명이다. 틀린 것은?
㉮ 선의 굵기 비율은 가는 선을 1로 두었을 때 굵은 선은 2이다.
㉯ 반선은 전선의 약 1/2의 굵기이다.
㉰ 반선은 치수선에 사용한다.
㉱ 외형선은 대상물이 보이는 부분의 모양을 표시하는데 사용한다.

> 반선의 용도 : 절단선, 가상선 등.

문제 73. 가는선의 용도로 틀린 것은?
㉮ 가상선　㉯ 중심선　㉰ 지시선　㉱ 절단선

> 가는선의 용도 : 가상선, 중심선, 치수선, 피치선, 지시선, 해칭선, 치수 보조선, 회전 단면선, 수준면선 등.

문제 74. 선의 굵기에 대한 분류 중 가는선의 용도가 아닌 것은?
㉮ 가상선　㉯ 중심선　㉰ 지시선　㉱ 외형선

문제 75. 외형선, 절단선, 치수선 등에 사용되는 선은?
㉮ 실선　㉯ 파선　㉰ 쇄선　㉱ 은선

> 실선의 용도 : 외형선, 절단선, 치수선, 치수 보조선, 지시선, 해칭선 등

문제 76. 해칭선으로 사용되는 선은?
㉮ 전선　㉯ 반선　㉰ 파선　㉱ 가는선

해답 68. ㉰　69. ㉯　70. ㉮　71. ㉮　72. ㉰　73. ㉱　74. ㉱　75. ㉮　76. ㉱

도움▶ 해칭선은 0.2mm의 가는 실선으로 표시한다.

문제 **77.** 물체의 보이지 않는 도면에 나타내는 은선은 어느 선으로 표시하는가?
㉮ 실선　　　㉯ 파선　　　㉰ 1점 쇄선　　　㉱ 2점 쇄선

도움▶ 파선=은선이며 외형선의 약 1/2 정도의 선.

문제 **78.** 다음 선의 용도 중 가장 굵은 선으로 표시되는 것은?
㉮ 외형선　　　㉯ 치수선　　　㉰ 중심선　　　㉱ 절단선

도움▶ 선의 굵기 순서 : 외형선>절단선>치수선=중심선

문제 **79.** 다음 중 선의 굵기가 외형선의 약 1/2 정도인 선은?
㉮ 절단선, 가상선　　　㉯ 치수선, 지시선
㉰ 지시선, 절단선　　　㉱ 해칭선, 중심선

도움▶ 외형선의 1/2 굵기의 선 : 절단선, 가상선, 은선

문제 **80.** 선의 굵기가 0.2mm 이하인 선으로 틀린 것은?
㉮ 중심선　　　㉯ 피치선　　　㉰ 치수선　　　㉱ 절단선

도움▶ 가는선(0.2mm 이하의 선) : 가상선, 중심선, 피치선, 치수선, 지시선, 해칭선 등.

문제 **81.** 도면에 불규칙한 실선으로 표시되는 것은 물체의 어느 곳을 나타내는가?
㉮ 표면 모양　　　㉯ 부분 생략
㉰ 표면 처리 부분　　　㉱ 보이지 않는 부분

도움▶ 파단선
① 꼬불꼬불한 실선이다.
② 물품의 생략 또는 부분 단면의 경계를 나타내는 선.

문제 **82.** 물품의 부분 생략 또는 부분 단면의 경계를 나타내는 선은?
㉮ 지시선　　　㉯ 피치선　　　㉰ 파단선　　　㉱ 가상선

문제 **83.** 다음은 가상선에 대한 설명이다. 틀린 것은?
㉮ 도시된 부분의 절단 또는 제거 부분을 나타내는 선이다.
㉯ 물체의 일부 모양을 실제와 다른 곳에서 나타내는 선이다.
㉰ 인접 부분을 참고로 나타내는 선이다.
㉱ 치수를 기입하기 위한 선이다.

도움▶ 치수를 기입하기 위한 선은 치수선, 치수 보조선이다.

해답 77. ㉯　78. ㉮　79. ㉮　80. ㉱　81. ㉯　82. ㉰　83. ㉱

문제 **84.** 가상선에 대한 설명 중 틀린 것은?
㉮ 1점 쇄선으로 표시한다.
㉯ 2점 쇄선으로 표시한다.
㉰ 반선 또는 가는선의 실선으로 표시한다.
㉱ 외형선 굵기의 약 1/3 정도로 한다.

도움▶ 가상선으로 사용된 선
① 실선(반선, 가는선) ② 1점 쇄선(반선, 가는선) ③ 2점 쇄선(반선, 가는선)

문제 **85.** 도면에서 쇄선으로 표시할 수 없는 선은?
㉮ 중심선 ㉯ 기준선 ㉰ 가상선 ㉱ 해칭선

도움▶ 해칭선은 가는 실선으로 표시한다.

문제 **86.** 도면의 중심을 표시하는 중심선의 종류는?
㉮ 1점 쇄선 ㉯ 2점 쇄선 ㉰ 굵은 실선 ㉱ 파선

도움▶ 중심선 : 1점 쇄선 및 가는실선

문제 **87.** 치수선은 도면에 어떤 선으로 표시하는가?
㉮ 1점 쇄선 ㉯ 2점 쇄선 ㉰ 가는 실선 ㉱ 파선

도움▶ 치수선 : 가는실선

문제 **88.** 물체의 일부를 파열하거나 중간을 생략할 때 사용되는 선은?
㉮ 은선 ㉯ 가상선 ㉰ 피치선 ㉱ 파단선

도움▶ 파단선
① 부분 생략, 일부 파열 및 중간 생략
② 부분 단면의 경계

문제 **89.** 부분 단면의 경계를 표시할 때 사용하는 선은?
㉮ 은선 ㉯ 가상선 ㉰ 피치선 ㉱ 파단선

문제 **90.** 물체의 표면 처리 부분을 표시하는 선은?
㉮ 굵은 실선 ㉯ 굵은 은선 ㉰ 굵은 일점 쇄선 ㉱ 굵은 파선

도움▶ 표면 처리면 : 굵은 1점 쇄선으로 표시한다.

문제 **91.** 연필로 선을 그을 때 긋는 방향으로 얼마 정도의 기울게 하는가?
㉮ 15° ㉯ 30° ㉰ 45° ㉱ 60°

도움▶ 긋는 방향으로 60° 기운다.

해답 84. ㉱ 85. ㉱ 86. ㉮ 87. ㉰ 88. ㉱ 89. ㉱ 90. ㉰ 91. ㉱

[문제] **92.** 다음 선긋기에 대한 설명 중 틀린 것은?
㉮ 수평선은 왼쪽에서 오른쪽으로 긋는다.
㉯ 수직선은 아래쪽에서 위쪽으로 향하여 긋는다.
㉰ 오른쪽 위로 향하는 경사선은 아래에서 위로 긋는다.
㉱ 원, 원호는 큰 것부터 그리고 점차 작은 것을 그린다.

[도움] 원, 원호는 작은 것부터 그리고 점차 큰 것을 그린다.

[문제] **93.** T자와 삼각자를 조합하여 경사를 그을 때 그을 수 없는 각도는?
㉮ 15° ㉯ 30° ㉰ 45° ㉱ 50°

[도움] T자와 삼각자 조합으로 그릴 수 있는 경사각 : 15°, 30°, 45°, 60°, 75°

[문제] **94.** 연필로 원도를 작성할 때 가장 먼저 도면에 긋는 선은?
㉮ 외형선 ㉯ 중심선 ㉰ 은선 ㉱ 윤곽선

[도움] 원도의 작성 순서
① 중심선(가는선)
② 윤곽선(가는선)
③ 외형선(전선)
④ 은선, 절단선, 가상선(반선)
⑤ 치수 보조선, 치수선, 지시선(가는선)의 순서로 긋는다.

[문제] **95.** 다음은 원도 긋기에 대한 순서이다. 틀린 것은?
㉮ 중심선 → 윤곽선 → 외형선 → 절단선 → 치수선
㉯ 윤곽선 → 중심선 → 외형선 → 절단선 → 치수선
㉰ 외형선 → 절단선 → 치수선 → 윤곽선 → 중심선
㉱ 치수선 → 윤곽선 → 중심선 → 외형선 → 절단선

[문제] **96.** 사도를 작성할 대 도면에 가장 먼저 긋는 선은?
㉮ 전선으로 외형선, 파단선 등을 긋는다.
㉯ 반선으로 은선, 절단선, 가상선 등을 긋는다.
㉰ 가는선으로 중심선, 시선 등을 긋는다.
㉱ 가는선으로 치수 보조선, 치수선, 지시선 등을 긋는다.

[도움] 사도 긋는 순서 : ㉮ → ㉯ → ㉰ → ㉱

[문제] **97.** 원도를 작성할 때 윤곽선을 그을 때의 적당한 선은?
㉮ 굵은 실선 ㉯ 굵은 반선 ㉰ 가는 실선 ㉱ 가는 1점 쇄선

[도움] 실선으로 된 가는 선으로 긋는다.

[해답] 92. ㉱ 93. ㉱ 94. ㉯ 95. ㉮ 96. ㉮ 97. ㉰

문제 98. 문자 쓰기를 할 때 경사의 기울기는 얼마 정도인가?
　㉮ 15°　　　㉯ 35°　　　㉰ 45°　　　㉱ 55°

　[도움] 문자는 수직 또는 15° 경사지도록 쓴다.

문제 99. 문자 쓰기에 대한 설명 중 틀린 것은?
　㉮ 문자는 고딕체로 한다.
　㉯ 높이를 맞추는 아래, 위의 안내선을 긋는다.
　㉰ 연필심은 원뿔형으로 갈아 조금 굵게 한다.
　㉱ 연필은 3B 또는 2B 연필을 사용한다.

　[도움] 연필은 HB 또는 H 연필을 사용한다.

문제 100. 한글 쓰기에 대한 설명 중 틀린 것은?
　㉮ 가로선을 수평으로 긋는다.
　㉯ 세로선은 약간 경사지게 긋는다.
　㉰ 선과 선의 이음매는 끊기지 않게 붙인다.
　㉱ 나비는 높이의 80～100% 정도로 한다.

　[도움] 세로선은 수직으로 긋는다.

문제 101. 로마자 문자 대문자에서 나비는 높이에 대하여 어느 정도 하는 것이 좋은가?
　㉮ $\frac{1}{2}$　　　㉯ $\frac{2}{3}$　　　㉰ $\frac{3}{4}$　　　㉱ $\frac{2}{5}$

　[도움] 나비/높이의 관계
　　① 대문자 : 1/2 정도　　② 소문자 : 2/5 정도

문제 102. 아라비아 숫자의 나비는 높이의 얼마 정도의 크기가 좋은가?
　㉮ $\frac{1}{2}$　　　㉯ $\frac{2}{3}$　　　㉰ $\frac{3}{4}$　　　㉱ $\frac{2}{5}$

　[도움] 나비는 높이의 1/2 정도가 좋다.

문제 103. 아라비아 숫자 쓰기에서 분모 분자의 높이는 정수 높이는 얼마 정도가 좋은가?
　㉮ $\frac{1}{2}$　　　㉯ $\frac{2}{3}$　　　㉰ $\frac{3}{4}$　　　㉱ $\frac{2}{5}$

　[도움] 2/3 정도가 좋다.

문제 104. 다음 중 한자의 크기의 호칭으로 틀린 것은?
　㉮ 3.15mm　　㉯ 12.5mm　　㉰ 18mm　　㉱ 22mm

　[도움] 한자의 크기 호칭 : 3.15, 4.5, 6.3, 9, 12.5, 18mm

[해답] 98. ㉮　99. ㉱　100. ㉯　101. ㉮　102. ㉮　103. ㉯　104. ㉱

문제 105. 아라비아 숫자 쓰기에 대한 설명 중 틀린 것은?
㉮ 5mm 이상의 숫자는 높이를 2 : 3 비율로 나누어 2 줄의 안내선을 긋는다.
㉯ 너비는 높이의 약 1/2로 한다.
㉰ 75° 경사진 안내선을 긋는다.
㉱ 분수에서 분모 분자 높이는 정수 높이의 2/3로 한다.

도움 4mm 이하의 숫자는 2줄, 5mm 이상의 숫자는 3줄로 안내선을 긋는다.

문제 106. 한글의 크기는 몇 종으로 하는가?
㉮ 5종   ㉯ 6종   ㉰ 7종   ㉱ 9종

도움 한글의 크기 호칭 : 2.24, 3.15, 4.5, 6.3, 9mm의 5종으로 한다.

해답 105. ㉮   106. ㉮

제 2 장
기초 제도

1. 투상법

[1] 투상법의 분류 (KS A 3007)

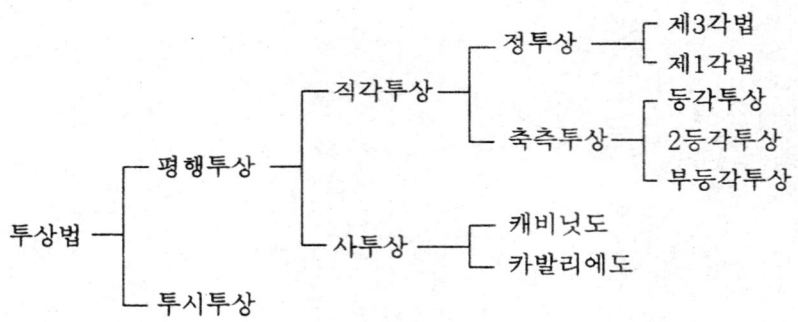

[2] 투상도

종류	투상방법	특징 및 용도
정투상법	입체를 투상면에 직각인 평행 광선으로 투상	물체의 모양과 크기를 정확히 표시 (기계 제도용)
사투상법	입체의 정면은 투상면에 직각인 평행 광선으로 투상하고 측면은 기울어진 평행 광선으로 투상.	물체의 외관을 입체적으로 표시. (배관도, 스케치도, 설명도, 가구 제도 등에 사용.)
등각 투상법	입체의 정면과 측면을 등각으로 기울어진 평행 광선으로 투상.	사투상법과 같다.
부등각 투상법	입체의 정면과 측면을 부등각으로 기울어진 평행 광선으로 투상.	
투시법	방사 광선이나 비평행 광선으로 투상.	물체의 원근감을 갖도록 표시, 사진(토건 제도용)

【3】 정투상법

(1) 정투상(orthographic projection)
① 대상물의 좌표면이 투상면에 평행인 직각투상
② 대상물의 중요면을 투상면에 평행한 상태로 놓고 투상하므로 투상선은 서로 나란하게, 또 투상면에 수직으로 닿는다.
③ 점의 투상
   ㉮ 수직한 좌표면을 입화면(VP), 수평한 좌표면을 평화면(HP)이라 한다.
   ㉯ 점의 투상은 투상면에 대하여 물체의 각 점이 여러 위치에 있을 때 그 물체의 투상에 기본이 된다.
④ 직선의 투상
   ㉮ 직선 양 끝에 있어서의 점 투상을 구한 다음, 이것을 직선으로 연결하면 된다.
   ㉯ 투상면에 나타나는 직선의 길이
      ㉠ 투상면에 평행한 직선은 실제 길이로 나타낸다.
      ㉡ 투상면에 수직한 직선은 점선으로 나타낸다.
      ㉢ 투상면에 경사진 직선은 실제 길이보다 짧게 나타낸다.
   ㉰ 투상면에 대한 직선의 위치
      ㉠ ①과 같이 평화면이 수직인 경우
      ㉡ ②와 같이 입화면에 수직인 경우
      ㉢ ③과 같이 평화면에 나란하고 입화면에 경사진 경우
      ㉣ ④와 같이 입화면에 나란하고 평화면에 경사진 경우
      ㉤ ⑤와 같이 두 투상면에 경사진 경우
      ㉥ ⑥과 같이 두 투상면에 경사진 경우
      ㉦ ⑦과 같이 기선에 수직하고 두 투상면에 경사진 경우

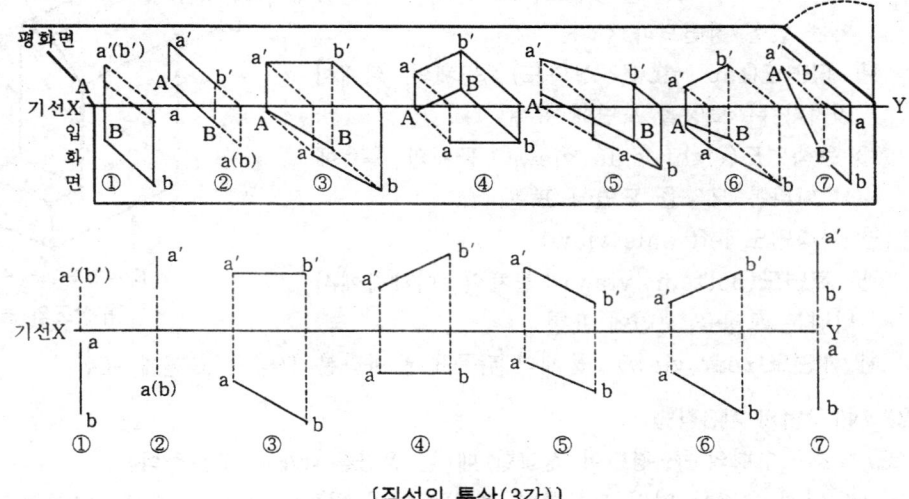

[직선의 투상(3각)]

⑤ 평면의 투상
   ㉮ 점의 투상과 직선의 투상이 기본이 되며 같은 원리를 투상면에 그릴 수 있다.

㈏ 평면이 투상면에 평행한 경우에는 실제 형태로 나타난다.
㈐ 평면이 투상면에 수직한 경우에는 직선으로 나타난다.
㈑ 평면이 투상면에 경사진 경우에는 단축되어 나타난다.

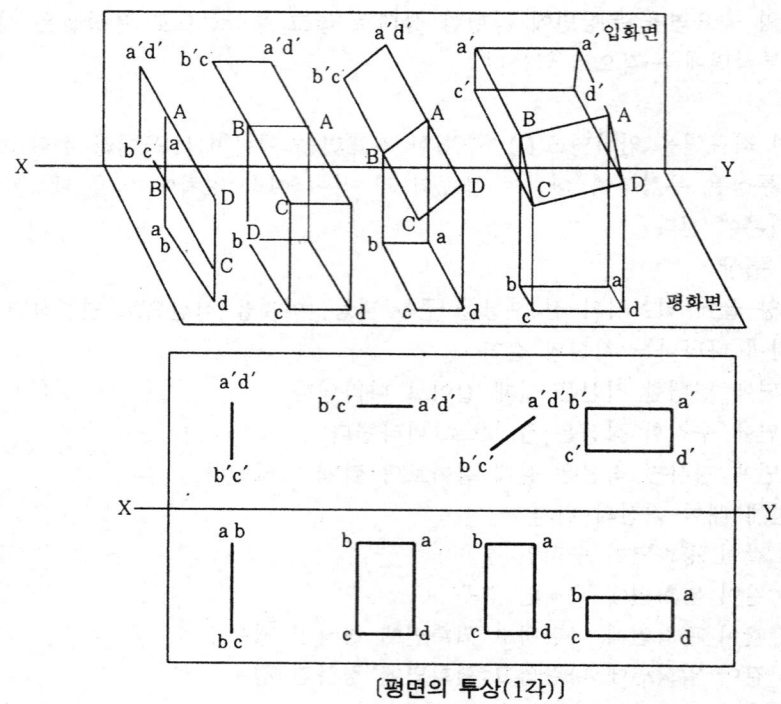

〔평면의 투상(1각)〕

⑥ 투상도의 명칭
  ㉮ 정면도(front view) : 물체 앞에서 바라본 모양을 도면에 나타낸 것으로 그 물체의 기본이 되는 면을 정면도라 한다.
  ㉯ 평면도(top view, 상면도) : 물체의 위에서 내려다 본 모양을 도면에 표현.
  ㉰ 우측면도(right side view) : 물체의 우측에서 바라본 모양을 도면에 표현.
  ㉱ 좌측면도(left side view)
  ㉲ 저면도(bottom view) : 물체의 아래쪽에서 바라본 모양을 도면에 표현.
  ㉳ 배면도(rear view) : 물체의 뒤쪽에서 바라본 모양을 도면에 표현.

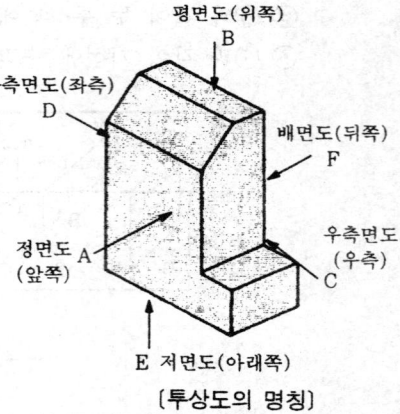

〔투상도의 명칭〕

(2) 제1각법과 제3각법
  ① 수직·수평의 두 평면이 직교할 때 한 공간을 4개로 구분한다.
    ※ 이때 수직한 면의 오른쪽과 수평한 면의 위쪽에 있는 공간을 제1상한, 제1상한에서 시계 반대 방향으로 돌면서 제2상한, 제3상한, 제4상한이라 한다.

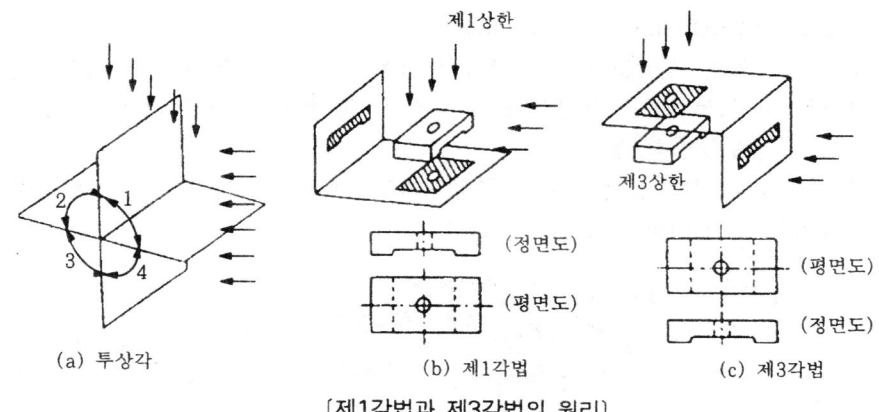

〔제1각법과 제3각법의 원리〕

② 제1각법 : 대상물을 제1상한에 두고 투상면에 정투상하여 그리는 방법이다.
  • 제1각법은 대상물을 투상면의 앞쪽에 놓고 투상한다. (눈 → 물체 → 투상면)
③ 제3각법 : 대상물을 제3상한에 두고 투상면에 정투상하여 그리는 방법이다.
  • 제3각법은 대상물을 투상면의 뒤쪽에 놓고 투상하게 된다. (눈 → 물체 → 투상면)
④ 제3각법과 제1각법의 투상도의 배치도(KS B 0001)

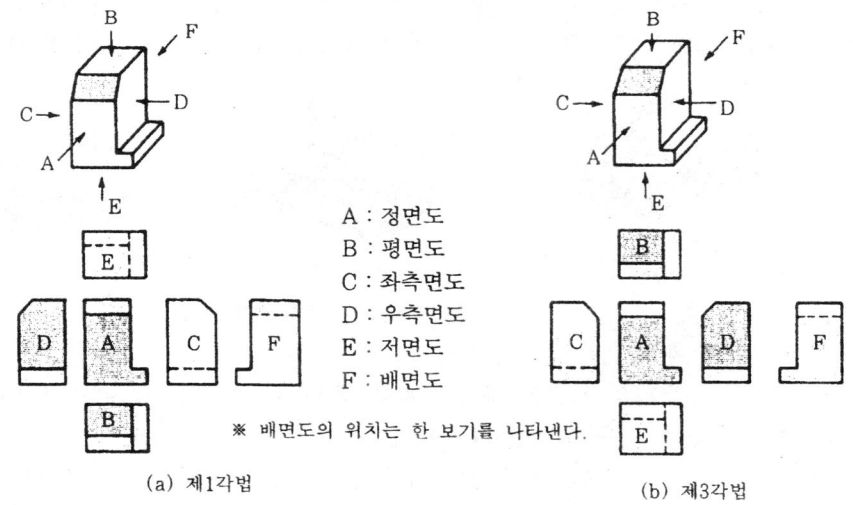

A : 정면도
B : 평면도
C : 좌측면도
D : 우측면도
E : 저면도
F : 배면도

※ 배면도의 위치는 한 보기를 나타낸다.

(a) 제1각법   (b) 제3각법

【4】 축측 투상법

(1) 축측 투상

① 대상물의 세 좌표면이 투상면에 대하여 경사를 이룬 직각 투상을 말한다.
② 일반적으로 한 개의 투상면에 나타내어 그린 그림을 축측 투상도라 한다.
③ 축측 투상에서는 축측축이 기울어지는 각도에 따라서 등각 투상도, 이등각 투상도, 부등각 투상도의 세 종류가 있다.
④ 각 축측축의 길이는 원래의 길이보다 짧게 투상한다.

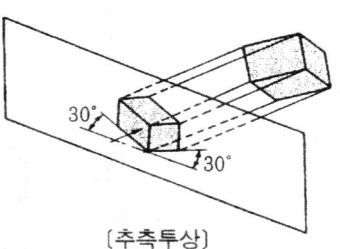

〔추측투상〕

(2) 등각 투상도(isometric drawing)

① 정면, 평면, 측면을 하나의 투상면 위에 동시에 볼 수 있도록 표현한 투상도이다.
② 밑면의 모서리선은 수평선과 좌우 각각 30°씩을 이루며 세 축이 120°의 등각이 되도록 입체 투상한 것이다.
③ 대상물의 실제 길이는 등각 투상도에서 82% 정도의 길이로 나타나지만 편의상 물체의 실제 길이와 같게 하여 그린다.

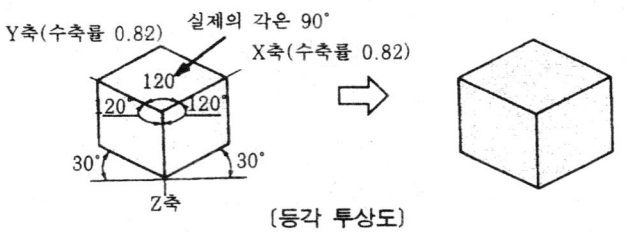

[등각 투상도]

④ 등각 투상도의 등각 축 종류
  ㉮ 등각 축의 종류는 3가지가 있으며 어느 것이나 축과 축 사이는 120°씩이다.
  ㉯ (Y)모양의 축으로 물체를 비스듬하게 내려다보면서 그린 도법(가장 많이 사용)
  ㉰ (⅄)모양의 축으로 물체의 밑에서 약간 올려다보면서 그린 도법이다.
  ㉱ (⊣)모양의 축으로 물체의 옆에서 그린 도법(긴 물체를 표현할 때 많이 사용)

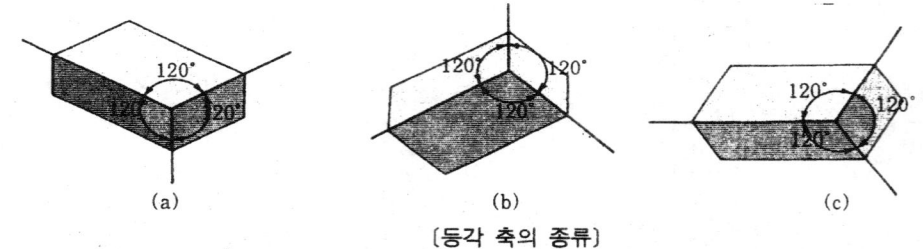

[등각 축의 종류]

⑤ 원의 등각 투상도
  ㉮ 원이나 원통형의 모양을 가진 물체를 등각 투상도로 나타내면 타원으로 표현한다.
  ㉯ 평면에 있는 원은 수평인 타원이 된다.
  ㉰ 양 측면에 있는 원은 수평선에 대하여 60° 경사진 타원으로 표현한다.
  ㉱ 원의 등각 투상도 작도법은 근사 타원 작도법으로 그린다.
  ㉲ 35°16′용 타원 형판을 사용하면 쉽게 그릴 수 있다.

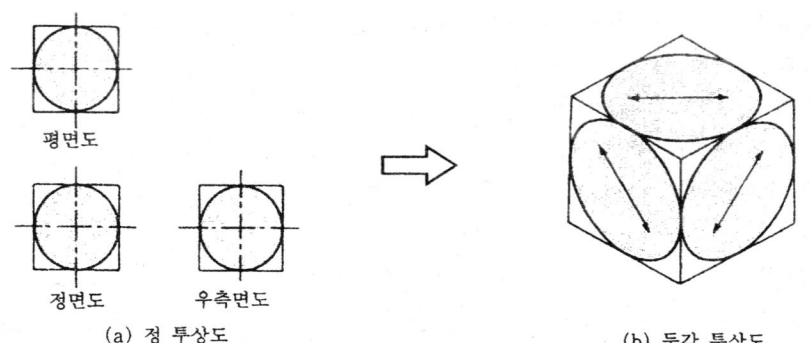

(3) 이등각 투상도와 부등각 투상도
　① 이등각 투상도 : 3좌표축이 이루는 각중 두 개의 각이 같고 한 각이 다른 경우를 이등각 투상도라 한다. 〔그림 (a)〕
　② 부등각 투상도 : 세 개의 각이 모두 다른 경우를 부등각 투상도라 한다. 〔그림 (b)〕

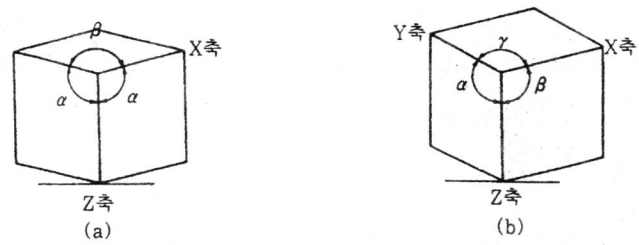

〔이등각 투상도와 부등각 투상도〕

【5】 사투상법

(1) 사투상
　① 사투상은 투상선이 투상면을 사선으로 지나는 평행 투상이다.
　② 일반적으로 하나의 투상면으로 나타내며 이에 의하여 그린 그림을 사투상도라 한다.
　③ 사투상도는 정 투상도에서 정면도의 크기와 모양은 그대로 사용한다.
　④ 평면도와 우측면도의 길이는 실제 길이와 동일한 크기 또는 축소시켜서 정면도, 평면도, 우측면도를 동시에 입체적으로 표현하여 물체의 모양을 알기 쉽게 표현하는 방법
　⑤ 물체를 입체적으로 표현하기 위해 수평축에 대해 우측면도를 일정한 각도만큼 기울게 한다.

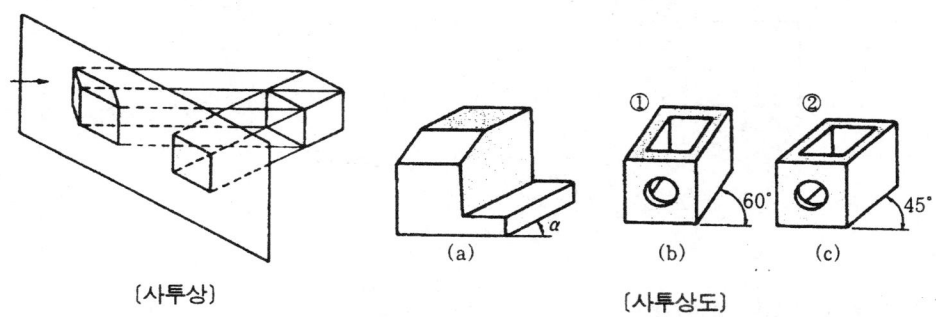

〔사투상〕　　　　　　　　　　　　〔사투상도〕

　⑥ 캐비닛도(cabinet projection drawing)
　　㉮ 투상선이 투상면에 대하여 63°26′인 경사를 갖는 사투상도로
　　㉯ 3축 중 Y축 및 Z축에서는 실제 길이를 나타내고
　　㉰ X축에서는 보통 실제 길이의 1/2로 나타낸다.(X축을 수평축으로 60° 기울여서 그리는 것이 보통이다.)
　⑦ 카발리에도(cavalier projection drawing)
　　㉮ 투상선이 투상면에 대하여 45°의 경사를 가진 사투상도이다
　　㉯ 3축 모두 실제 길이로 나타낸다

㉰ X축을 수평축으로 45° 기울려 그리는 것이 보통이다.

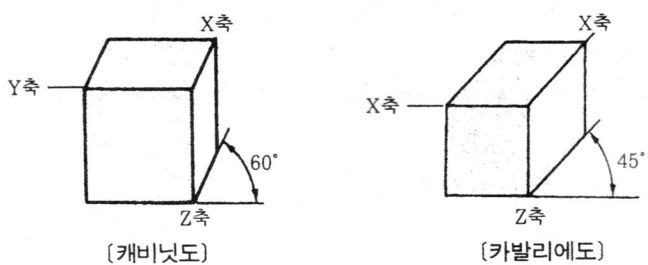

【6】 투시 투상법

(1) 투시 투상

① 투시 투상은 유리와 같은 투명한 투상면에 물체의 모양을 그리는 것을 말한다
② 1점 투시 투상도(그림 a) : 대상물의 2 좌표 축이 투상면에 평행하고 다른 1축이 직각인 투시 투상도로 1개의 소점을 가진다.
③ 2점 투시 투상도 : 대상물의 1 좌측축, 보통 은 Z축(수직축)이 투상면에 평행이고, 다른 2축이 경사이 경사되어 있는 투시 투상 도로 2개의 소점을 가진다. (그림 b)
④ 3점 투시 투상도 : 대상물의 3 좌표축이 모두 투상면에 대하여 경사되어 있는 투시 투상도로 3개의 소점을 가진다. (그림 c)

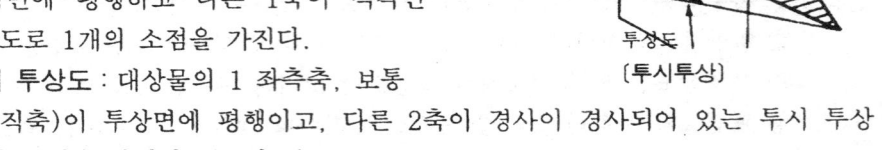

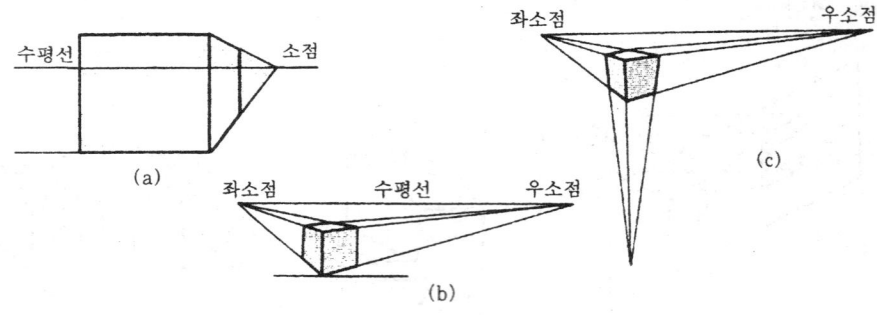

〔투시 투상도〕

【7】 제도에 사용하는 투상법

(1) 제도에 사용하는 투상법(KS A 0111)

투상법의 종류	사용하는 그림의 종류	특 징	주된 용도
정 투 상	정투상도	모양을 엄밀, 정확하게 표시할 수 있다.	일반도면
등각 투상	등각도	하나의 그림으로 정육면체의 세 면을 같은 정도로 표시할 수 있다.	설명용 도면
사 투 상	캐비닛도	하나의 그림으로 정 육면체의 세 면 중의 한 면만을 중점적으로 엄밀, 정확하게 표시할 수 있다.	

① 기계 제도에서의 투상법은 제3각법에 따르는 것을 원칙으로 한다.
② 필요한 경우에는 제1각법에 따를 수도 있다.

2 도형의 표시 방법(KS A 0112, KS B 0001)

【1】 투상도의 표시 방법

(1) 주 투상도(정면도)

① 대상물의 모양, 기능을 가장 뚜렷하게 나타내는 면을 그린다.
② 대상물을 도시하는 상태는 도면의 목적에 따라 다음 어느 한가지에 따른다.
  ㉮ 조립도 등 주로 기능을 나타내는 도면 : 대상물을 사용하는 상태.
  ㉯ 부품도 등 가공을 위한 도면 : 가공에 있어서 도면을 가장 많이 이용하는 공정에서 대상물을 놓는 상태.
  ㉰ 특별한 이유가 있는 경우 : 대상물을 가로 길이로 놓은 상태.
③ 주 투상도를 보충하는 다른 투상도는 되도록 적게 하고 주 투상도만으로 나타낼 수 있는 것에 대해서는 다른 투상도를 그리지 않는다.
  ㉮ 정면도만으로 모양이나 치수를 도시할 수 없을 때는 평면도나 측면도 등으로 보충하고 필요한 경우에는 보조적 투상도 중에서 선택한다.

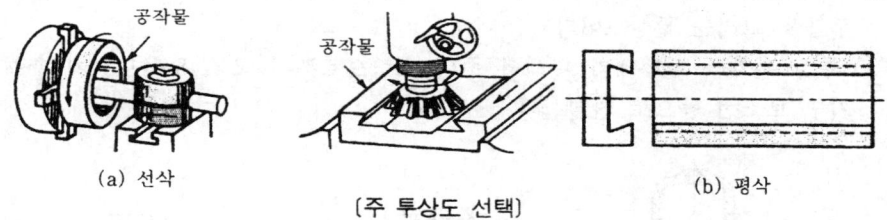

(a) 선삭   〔주 투상도 선택〕   (b) 평삭

(2) 보조 투상도

① 대상물 경사면의 실형을 도시할 필요가 있을 경우에는 그 경사면과 마주보는 위치에 보조 투상도를 그린다.
  ※ 이 경우 필요한 부분만을 부분 투상도 또는 국부 투상도를 그리는 것이 좋다.
② 지면의 관계 등으로 보조 투상도를 경사면과 마주보는 위치에 배치할 수 없는 경우에는 그 뜻을 화살표와 영문자로 나타낸다.
  ※ 다만 구부린 중심선으로 연결하여 투상 관계를 나타내도 좋다.

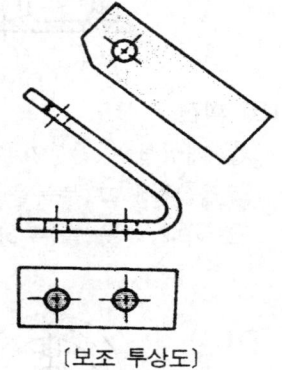

〔보조 투상도〕

③ 보조 투상도(필요 부분의 투상도도 포함)의 배치 관계가 분명하지 않을 경우에는 표시하는 문자의 각각에 대상 위치의 도면 구역의 구분 기호를 부기한다.

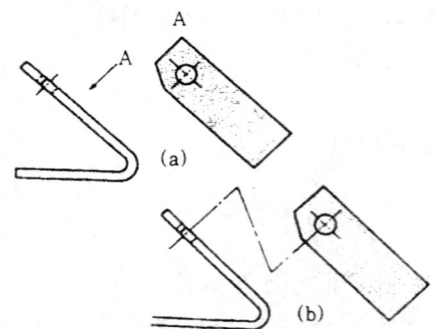
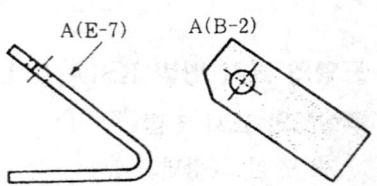

〔보조 투상도의 이동 배치(1)〕

구분 기호(E-7)는 보조 투상도가 그려져 있는 도면의 구역을 나타내고, 구분 기호 (B-2)는 화살표가 그려져 있는 도면의 구역을 나타낸다.

〔보조 투상도의 이동 배치(2)〕

(3) 부분 투상도

① 그림의 일부를 도시하는 것으로 충분한 경우에 그 필요 부분을 그리는 투상도이다.
② 이 경우에는 생략한 부분과의 경계를 파단선으로 한다.
③ 명확한 경우에는 파단선을 생략해도 좋다.

(4) 국부 투상도

① 대상물의 구멍, 홈 등 한 국부만의 모양을 도시하는 것으로 충분한 경우에 그 필요 부분을 그리는 투상도이다.
② 투상 관계를 나타내기 위해서 주된 그림으로부터 국부 투상도까지 중심선, 기준선, 치수 보조선 등으로 연결한다.

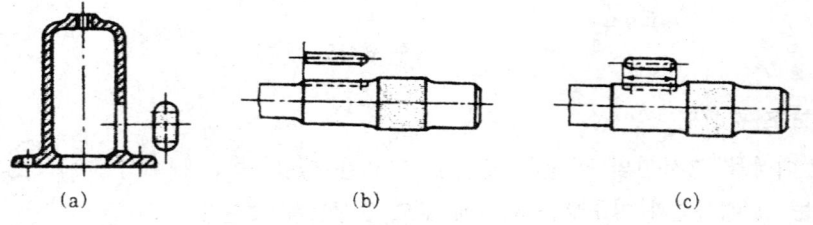

〔국부 투상도〕

(5) 회전 투상도

① 대상물의 일부가 어느 각도를 가지고 있기 때문에 투상면에 그 실형이 나타나지 않을 때에 그 부분을 회전하면서 그리는 투상도이다.
② 이때 잘못 볼 우려가 있을 경우에는 작도에 사용한 선을 남긴다.

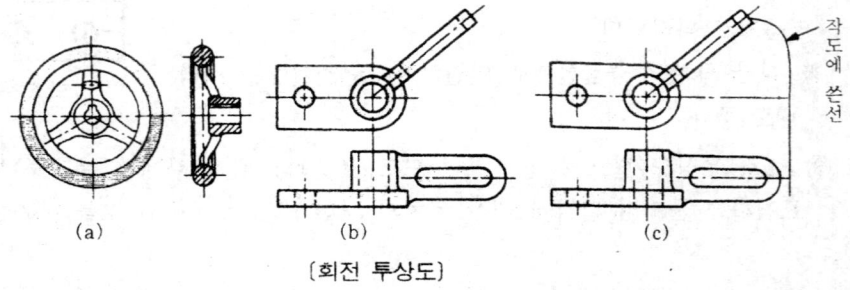

〔회전 투상도〕

【2】 단면도의 표시 방법

(1) 단면도(sectional view)
① 가상의 절단면을 정투상법에 의해서 나타낸 투상도를 단면도라고 한다.
② 복잡한 도면의 경우는 실선과 파선이 엇갈려 이해하기 힘들 때 대상물의 가운데를 잘랐다고 가정하여 절단면의 모양을 표시하면 가려져서 보이지 않는 보이지 않는 부분을 쉽게 도시할 수 있다.
③ 기계의 제작도는 외형보다도 오히려 단면도로써 표시하는 경우가 많다.

(2) 단면 부분의 표시
① 단면 부분 및 그 앞쪽에서 보이는 부분은 모두 외형선으로 그린다.
② 단면의 표시는 해칭(hatching) 또는 스머징(smuding)을 한다.
  ※ 간단한 도면에서는 해칭과 스머징을 생략할 수 있다.
③ 단면도의 절단 자리에 해칭 또는 스머징을 할 경우
  ㉮ 보통 사용하는 해칭 : 주된 중심선 또는 단면도의 주된 외형선에 대하여 45°로 가는 실선의 등간격으로 긋는다.
  ㉯ 해칭선의 간격 : 해칭을 하는 단면의 크기에 따라 선택한다.
  ㉰ 해칭 대신에 스머징을 할 경우 : 연필 또는 흑색 색연필로 칠하는 것이 좋다.
  ㉱ 같은 절단면 위에 나타나는 같은 부품의 단면에도 동일한 해칭(또는 스머징)을 한다.
  ㉲ 인접한 단면의 해칭 : 선의 방향 또는 각도를 바꾸거나 간격을 바꾸어 구별한다.
  ㉳ 절단한 단면적이 넓을 경우 : 외형선을 따라 적절한 범위에 해칭(또는 스머징)한다.
  ㉴ 해칭(또는 스머징)을 하는 부분 속에 문자, 기호 등의 기입 : 해칭을 중단한다.
  ㉵ 단면도에 재료 등의 표시 : 특수 해칭 또는 스머징을 하여도 좋다.

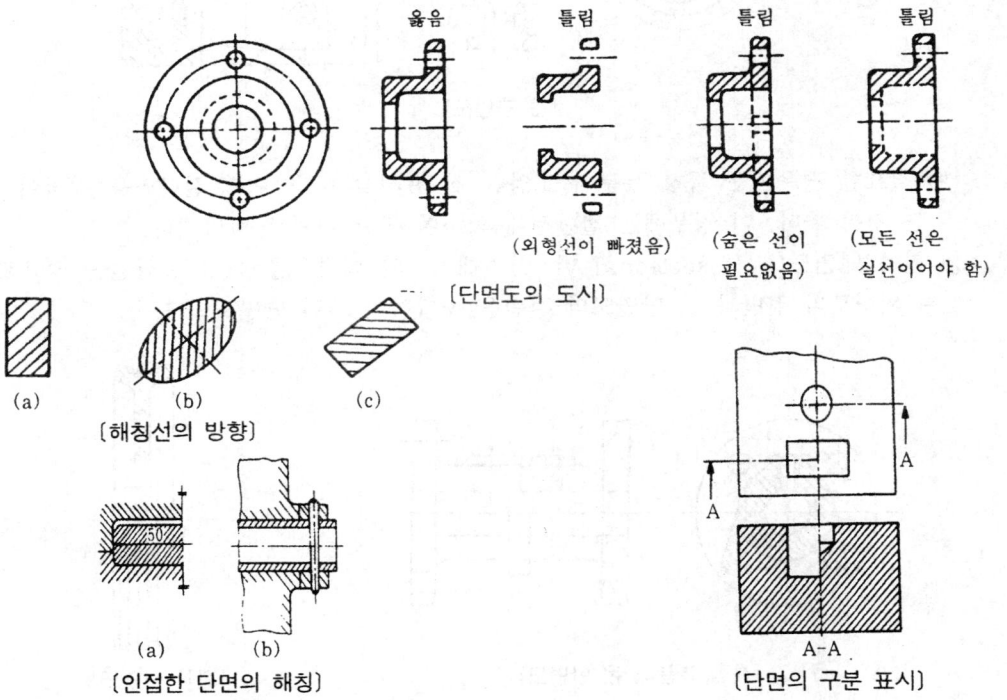

(3) 절단면 및 단면도의 표시

① 절단면을 사용하여 가상으로 대상물을 절단하여 단면도를 그릴 때는 절단면을 표시하는 절단선을 긋고, 단면을 보는 방향을 나타내는 화살표와 절단된 곳을 나타내는 글자 기호(영문자의 대문자)를 표시한다.

② 절단한 곳의 표시 문자 : 단면도의 위쪽 또는 아래쪽의 어느 한쪽으로 통일하여 기입하되 단면도의 방향에 관계없이 모두 위쪽으로 하고 뚜렷하고 크게 쓴다.

③ 큰 도면에서 절단된 곳과 단면도와의 배치 관계를 알아 보기 어려운 경우 : 표시 문자에 도면 구역의 구분 기호를 부기한다.

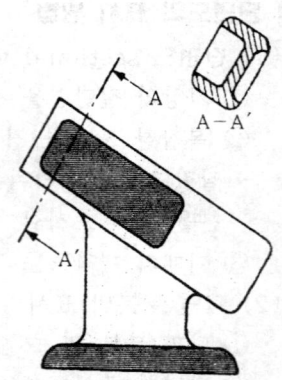

〔절단면 및 단면도의 표시〕

④ 절단면과 단면도와의 관련이 명확한 경우에는 이들 표시의 일부 또는 전부를 생략한다.

(4) 단면도의 종류와 표시 방법

① **온 단면도**(full sectional view, full section)

㉮ 대상물을 1평면의 절단면으로 절단하여 얻어지는 단면을 빼놓지 않고 그린 단면도다.

㉯ 대상물의 기본적인 모양을 가장 잘 표현하도록 절단면을 결정하여 그린다.

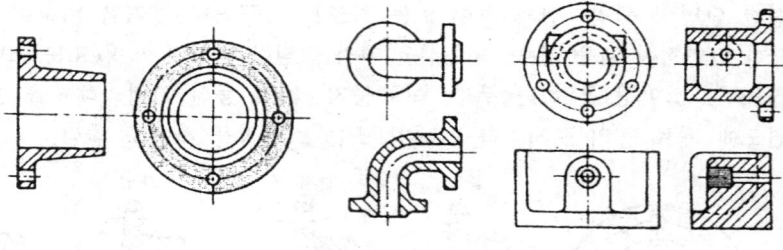

〔온 단면도〕

㉰ 필요한 경우에는 특정 부분의 모양을 잘 표시할 수 있도록 절단면을 정하여 그리는 것이 좋다. 이 경우에는 절단선에 의하여 절단 위치를 나타낸다.

② **한쪽 단면도**(half sectional view) : 대칭형의 대상물을 대칭 중심선을 경계로 하여 외형도의 절반과 전 단면도의 절반을 조합하여 그린 단면도이다.

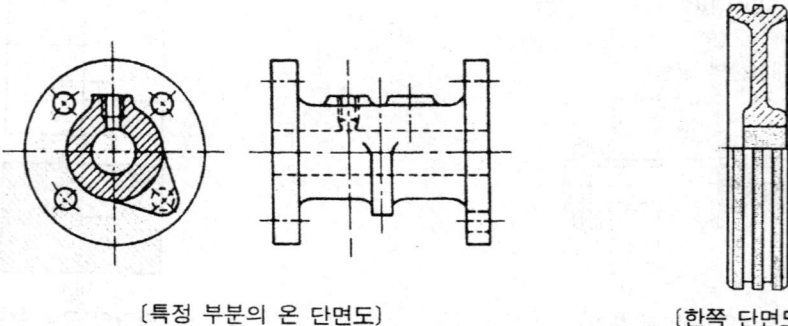

〔특정 부분의 온 단면도〕　　　　　　　〔한쪽 단면도〕

③ 부분 단면도(local sectional view) : 도형의 대부분을 외형도로 하고 필요로 하는 요소의 일부분만을 단면도로 나타낸다.
④ 회전 도시 단면도(revolved section)
㉮ 핸들이나 바퀴 등의 암 및 림, 리브, 훅, 축, 구조물의 부재 등의 절단면을 90° 회전하여 그린 단면도이다.
㉯ 절단할 곳의 전후를 끊어서 그 사이에 그린다.
㉰ 절단선의 연장선 위에 그린다.
㉱ 도형 내의 절단한 곳에 겹쳐서 가는 실선으로 그린다.

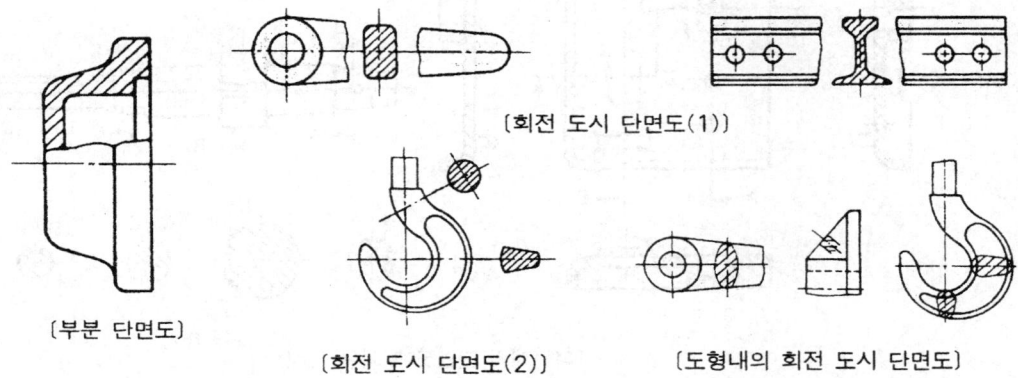

[부분 단면도]   [회전 도시 단면도(1)]
[회전 도시 단면도(2)]   [도형내의 회전 도시 단면도]

⑤ 조합에 의한 단면도
㉮ 서로 교차하는 두 평면으로 절단하는 경우 : 대칭형의 대상물인 경우에 대칭의 중심을 경계로 하여 한쪽은 투상면에 평행하게 절단하고 다른 쪽은 투상면에 경사지게 하여 절단한다.
㉯ 평행한 두 평면으로 절단하는 경우 : 절단선에 의해 절단의 위치를 표시하고, 조합에 의한 단면도라는 것을 표시하기 위해 2개의 절단선을 임의의 위치에서 연결한다.
㉰ 복잡한 절단면의 경우 : 필요에 따라 ㉮~㉯항의 방법을 조합하여 표시한다.

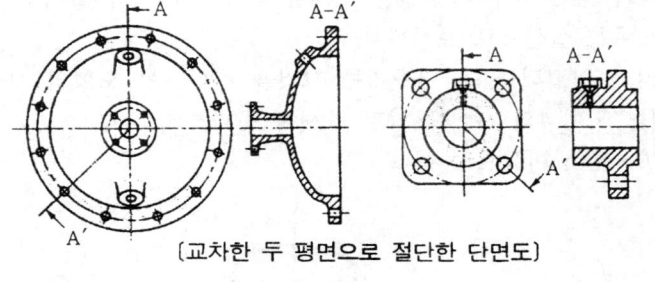

[교차한 두 평면으로 절단한 단면도]

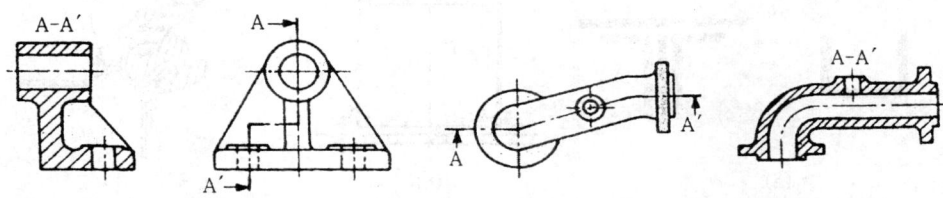

[평행한 두 평면으로 절단한 단면도]   [구부러진 중심선으로 절단한 단면도]

⑥ 여러 개의 단면도에 의한 도시
  ㉮ 여러 개의 단면을 필요로 하는 경우 : 복잡한 모양의 대상물을 도시하는 경우에는 필요에 따라 여러 개의 단면도를 그려서 표시한다.
  ㉯ 일련의 단면도의 비치 : 치수의 기입과 도면의 이해에 편리하도록 투상의 방향을 맞춰서 배치한다.

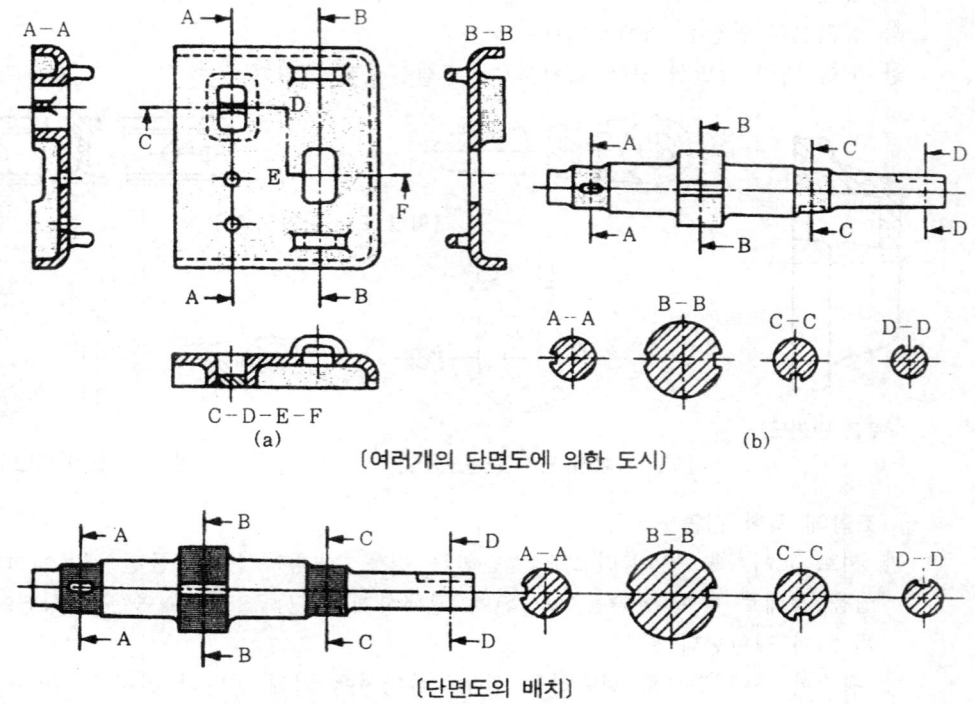

〔여러개의 단면도에 의한 도시〕

〔단면도의 배치〕

⑦ 얇은 부분의 단면도
  ㉮ 절단 자리가 얇은 경우에는 절단 자리를 검게 칠하거나 실제의 치수에 관계없이 1개의 아주 굵은 실선으로 표시한다.
  ㉯ 절단 자리가 인접해 있는 경우에는 그것을 나타내는 도형의 사이 또는 다른 부분을 나타내는 도형과의 사이에 약간 틈새를 둔다.
  ※ 틈새는 0.7mm 이상으로 한다.

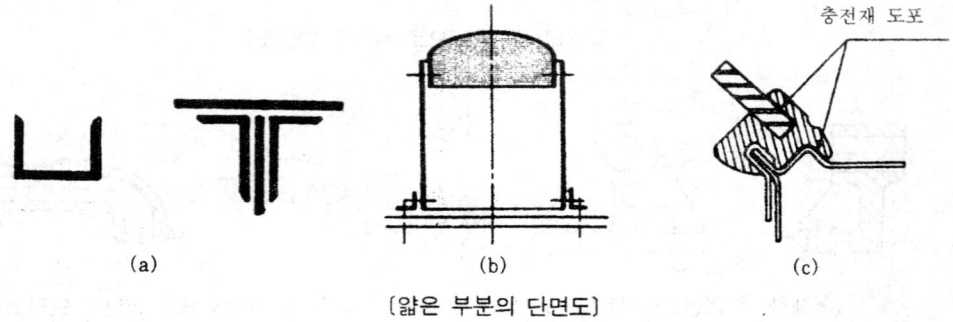

〔얇은 부분의 단면도〕

⑧ 길이 방향으로 절단하지 않는 것
　㉮ 절단했기 때문에 도면을 이해하는데 지장을 주는 것(보기 1)
　㉯ 절단하여도 의미가 없는 것(보기 2)
　㉰ 등은 원칙적으로 길이 방향으로 절단하지 않는다.

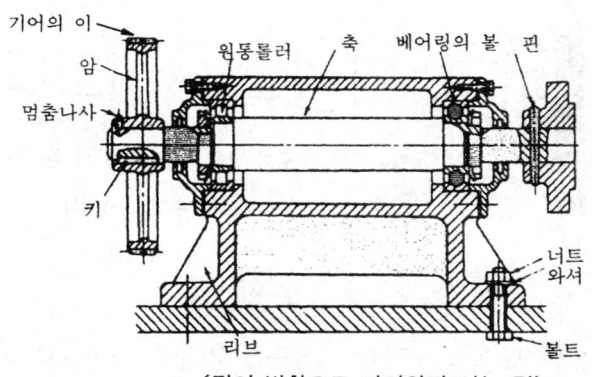

보기 1
　리브, 바퀴의 암, 기어의 이
보기 2
　축, 핀, 볼트, 너트, 와셔, 작은 나사,
　리벳, 키 베어링의 볼, 원통 롤러

〔길이 방향으로 단면하지 않는 것〕

【3】 도형의 생략

(1) 대칭 도형의 생략

① 대칭 중심선의 한쪽의 도형만을 그리고 대칭 중심선의 양 끝부에 짧은 2개의 평행한 가는 실선을 그린다.

② 대칭 도시 기호를 생략할 경우에는 대칭 중심선 한쪽의 도형을 대칭 중심선보다 약간 넘는 부분까지 그린다.

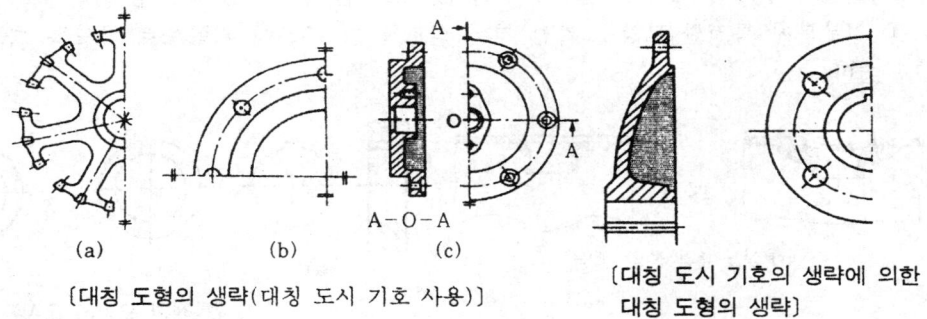

〔대칭 도형의 생략(대칭 도시 기호 사용)〕　〔대칭 도시 기호의 생략에 의한 대칭 도형의 생략〕

(2) 반복 도형의 생략

① 같은 종류, 모양의 것은 도형을 생략할 수 있다.
② 실형 대신 그림이나 기호를 피치선과 중심선과의 교점에 기입한다.
③ 잘못 볼 우려가 있을 경우는 양 끝부 또는 요점만을 실형 또는 도면 기호로 나타내고 다른 쪽은 피치선과 중심선과의 교점으로 나타낸다.

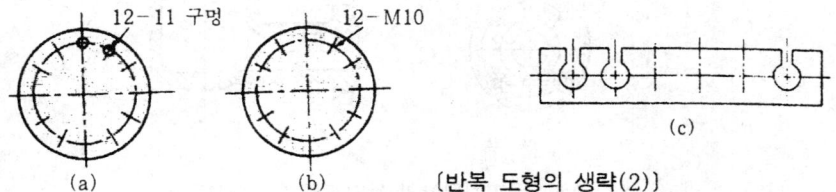

〔반복 도형의 생략(2)〕

(3) 도형의 중간 부분 생략
① 동일 단면의 부분.
② 같은 모양이 규칙적으로 줄지어 있는 부분.
③ 긴 테이퍼 등의 긴 부분.

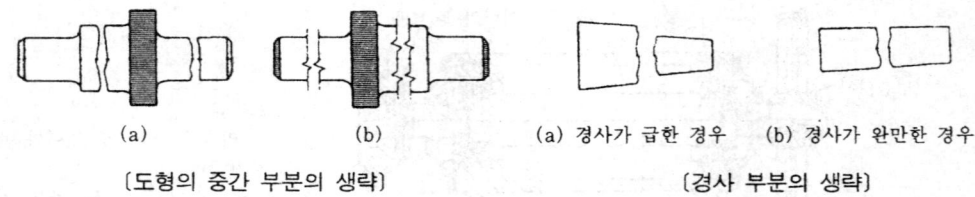

〔도형의 중간 부분의 생략〕　　　　〔경사 부분의 생략〕

[4] 특별한 도시 방법

(1) 전개도
① 판을 구부려서 만든 대상물이나 면으로 구성된 대상물을 전개한 모양으로 표시할 필요가 있을 때 그린다.
② 전개의 위쪽 또는 아래쪽의 어느 한 쪽으로 통일하여 "**전개도**"라고 기입한다.

(2) 간명한 도시
① 숨은선은 그것이 없어도 이해할 수 있는 경우에는 생략해도 좋다.
② 보충한 투상도에 보이는 부분을 전부 그리면 도면 이해가 오히려 어려울 경우 부분 투상도 또는 보조 투상도로 표시한다.
③ 절단의 앞쪽에 보이는 선은 그것이 없어도 이해할 수 있을 경우 생략해도 좋다.
④ 일부분에 특정한 모양을 가진 것은 되도록 그 부분이 위쪽으로 가도록 그리는 것이 좋다.

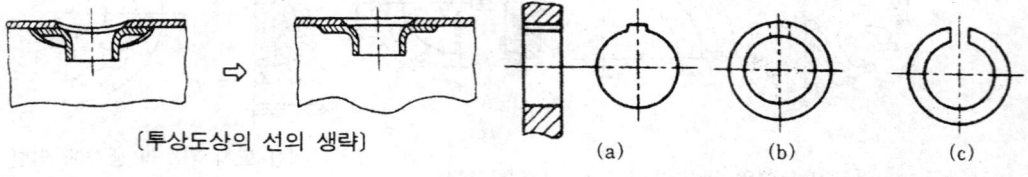

〔투상도상의 선의 생략〕　　　　〔특정한 모양의 도시〕

⑤ 측면의 투상도 또는 단면도에서 피치원 위에 배치하는 구멍 등의 도시는 피치원을 표시하는 가는 1점 쇄선을 긋고 어느 한쪽에만 1개의 구멍을 도시하며 다른 구멍은 생략해도 좋다.

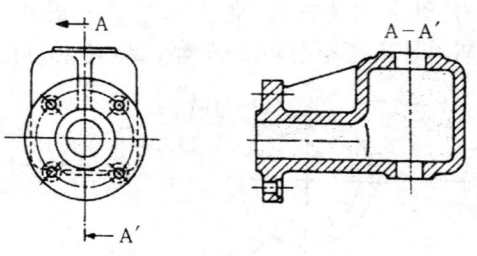

〔피치원상의 동일 구멍의 생략〕

(3) 2개면의 교차 부분의 표시

① 2개면의 교차 부분에 둥글기가 있는 경우에는 교차선이 만나는 위치에 굵은 실선으로 표시한다.

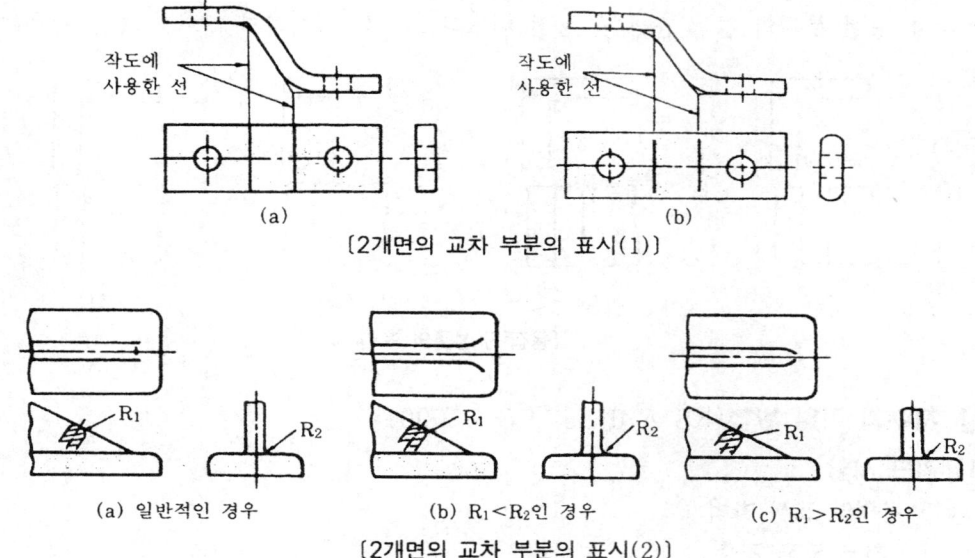

② 리브 등을 표시하는 선의 끝부분은 직선 그대로 멈추게 한다.
③ 원주가 다른 원주 또는 각주와 교차하는 부분의 선은 직선으로 표시한다.

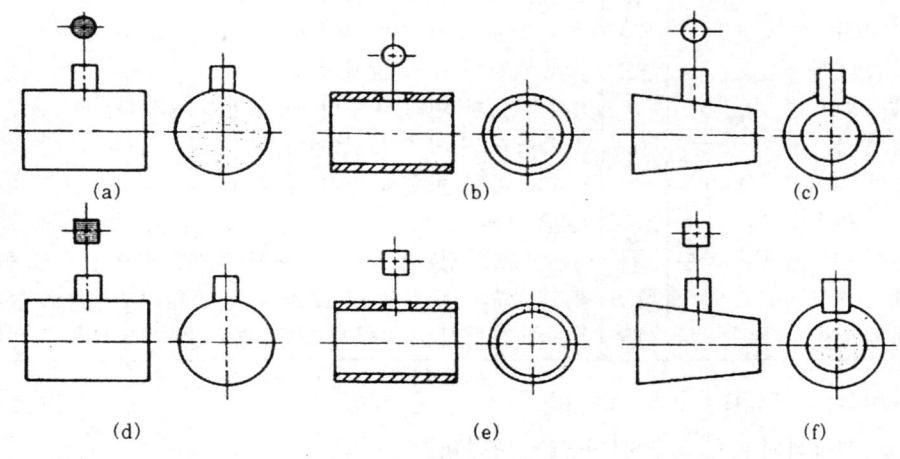

(4) 평면의 표시
① 필요시 가는 실선으로 대각선을 긋는다.
② 평면 부분이 내부에 있을 경우에도 숨은선을 사용하지 않고 가는 실선을 이용한다.
(5) 가상선을 이용한 도시 : 가는 2점 쇄선으로 표시한다.
(6) 특수한 가공 부분의 표시 : 외형선에 평행하게 약간 띄워서 그은 굵은 1점 쇄선으로 나타낸다.

(7) 조립도 중의 용접 구성품의 표시
① 용접 비드의 크기만을 표시하는 경우(그림 a)
② 용접 부재의 겹침 관계 및 용접의 종류와 크기를 표시하는 경우(그림 b)
③ 용접 부재의 겹침 관계를 표시하는 경우(그림 c)
④ 용접 부재의 겹침 관계 및 용접 비드의 크기를 표시하지 않아도 좋은 경우(그림 d)

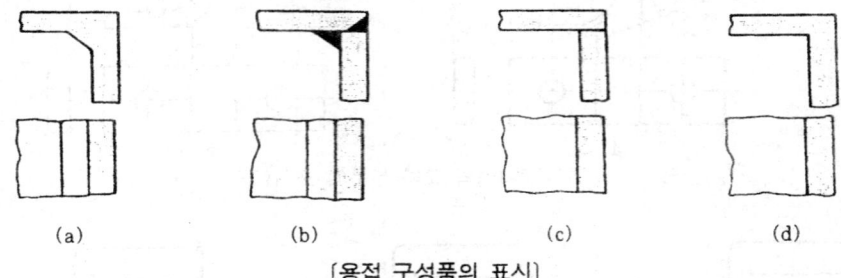

〔용접 구성품의 표시〕

3 치수의 기입 방법(KS A 0113, KS B 0001)
【1】 기본 사항
(1) 치수의 표시 방법
① 치수 보조 기호

구 분	기호	사 용 법
지름	ϕ	지름 치수의 수치 앞에 붙인다.
반지름	R	반지름 치수의 수치 앞에 붙인다.
구의 지름	Sϕ	구의 지름 수치 앞에 붙인다.
구의 반지름	SR	구의 반지름 수치 앞에 붙인다.
정사각형의 변	□	정사각형 한 변의 치수의 수치 앞에 붙인다.
판의 두께	t	판 두께의 수치 앞에 붙인다.
원호의 길이	⌒	원호의 길이 치수의 수치 앞에 붙인다.
45°의 모따기	C	45°의 모따기 치수의 수치 앞에 붙인다.
이론적으로 정확한 치수	9	이론적으로 정확한 치수의 수치 둘레를 사각형으로 둘러싼다.
참고 치수	(15)	참고 치수의 수치(치수 보조 기호 포함)를 괄호로 한다.
비례척이 아닌 치수	15	치수와 도형이 비례하지 않는 경우 치수 밑선을 긋는다.

② 치수는 치수선, 치수 보조선, 치수 보조 기호 등을 사용하여 치수 수치(치수를 나타내는 수치)에 의해 표시한다.
③ 도면에 기입하는 치수는 필요한 경우에 치수의 허용 한계를 지시한다.
④ 도면에 표시하는 치수는 특별히 명시하지 않는 한 그 도면에 도시한 대상물의 마무리 치수(완성 치수)를 표시한다.

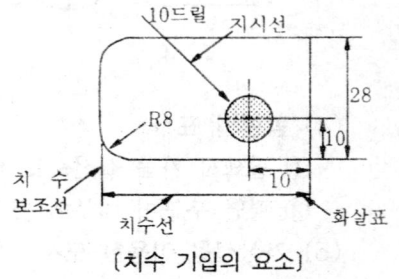

〔치수 기입의 요소〕

(2) 치수 수치의 표시 방법
  ① 길이의 치수 수치 : mm의 단위로 기입하고 단위 기호는 붙이지 않는다.
  ② 각도의 치수 수치 : 도의 단위로 기입하고 필요시 분 및 초를 병용할 수 있다.
    ㉮ 숫자의 오른쪽 위에 표시한다. (**예** 90°21′33″)
    ㉯ 라디안의 단위로 기입하는 경우는 그 단위 기호 rad를 기입한다. (**예** 0.52 rad)
  ③ 치수 수치의 소수점 : 아래쪽의 점으로 하고 치수 수치의 자리수가 많을 경우 3자리마다 숫자의 사이를 적당히 띄우고 콤마를 찍는다. (**예** 123, 25)
(3) 치수 기입의 원칙
  ① 대상물의 기능, 제작, 조립 등을 고려하여 필요시 치수를 명료하게 도면에 지시한다.
  ② 치수는 대상물의 크기, 자세 및 위치를 가장 명확하게 표시하는데 필요하고도 충분한 것을 기입한다.
  ③ 치수는 되도록 주투상도에 집중시키며 중복 기입을 피하고 되도록 계산하여 구할 필요가 없도록 기입한다.
  ④ 치수는 필요에 따라 기준으로 하는 점, 선 또는 면을 기준으로 하여 기입하며, 관련되는 치수는 되도록 한 곳에 모아서 기입한다.

[2] 치수 기입 방법의 일반 형식
(1) 치수선과 치수 보조선
  ① 치수선, 치수 보조선은 가는 실선을 사용한다.
  ② 치수선은 치수 보조선을 사용하여 긋는다.
  ③ 치수 보조선을 사용하여 그림이 혼돈되기 쉬워질 경우에는 이에 따르지 않는다.
  ④ 치수선은 지시하는 길이 또는 각도를 측정하는 방향으로 평행을 긋는다.

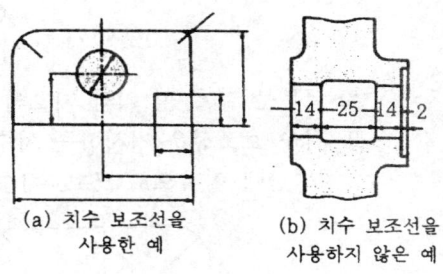

(a) 치수 보조선을 사용한 예   (b) 치수 보조선을 사용하지 않은 예

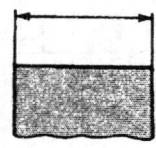 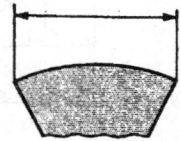 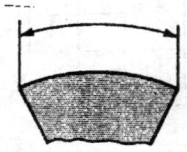 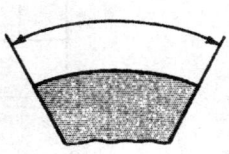

(a) 변의 길이 치수선 (b) 현의 길이 치수선 (c) 호의 길이 치수선 (d) 각도 치수선
〔치수선 긋기〕

  ⑤ 치수선 또는 그 연장선 끝에는 화살표, 사선 또는 검정 동그라미를 붙여 그린다.
    ㉮ 화살표는 살끝을 적당한 각도로 하고 끝이 열린 것, 닫친 것, 빈틈이 없이 칠한 것 모두 좋다.
    ㉯ 화살표는 치수선 쪽에서 바깥쪽으로 향하여 붙인다.
    ㉰ 화살표를 기입할 여지가 없을 때에는 치수선을 연장하여 치수선 쪽으로 향하여 화살표를 기입하여도 좋다.
    ㉱ 사선을 치수 보조선을 지나 왼쪽 아래에서 오른쪽 위로 향하여 약 45°로 교차하는 짧은 선으로 한다.

㉰ 검정 동그라미는 치수선의 끝을 중심으로 하여 빈틈없이 칠한 작은 원으로 한다.

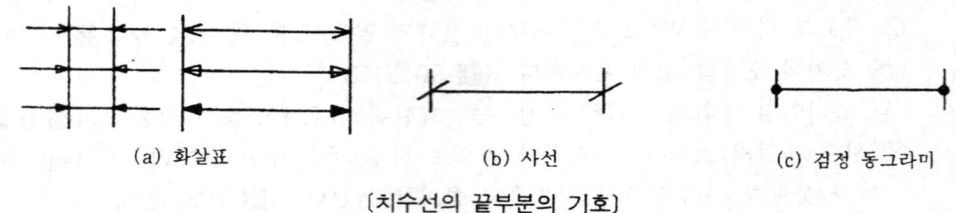

(a) 화살표　　　　　(b) 사선　　　　　(c) 검정 동그라미

〔치수선의 끝부분의 기호〕

⑥ 치수선에 붙이는 끝부분 기호는 일련의 도면에서 다음의 경우를 제외하고는 같은 모양의 것으로 통일하여 사용한다.
　㉮ 반지름을 지시하는 치수선에는 호쪽에만 화살표를 붙이고 중심쪽엔 붙이지 않는다.
　㉯ 누진 치수 기입시 기점에는 기점 기호를 사용하고 다른 끝에는 화살표를 사용한다.
　㉰ 치수 보조선의 간격이 좁아 화살표를 기입할 여지가 없을 때는 화살표 대신에 검정 동그라미 또는 사선을 사용할 수도 있다.
⑦ 기점 기호는 치수선의 기점을 중심으로 한 칠하지 않는 작은 원으로 하되 검정 동그라미보다 약간 크게 한다.

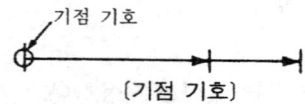

〔기점 기호〕

⑧ 끝부분 기호 및 기점 기호의 크기는 그림의 크기에 따라 보기 쉬운 크기로 한다.
⑨ 치수 보조선은 지시하는 치수의 끝에 해당하는 도형상의 점 또는 선의 중심을 지나 치수선에 직각으로 긋고, 치수선을 약간 넘도록 연장한다.

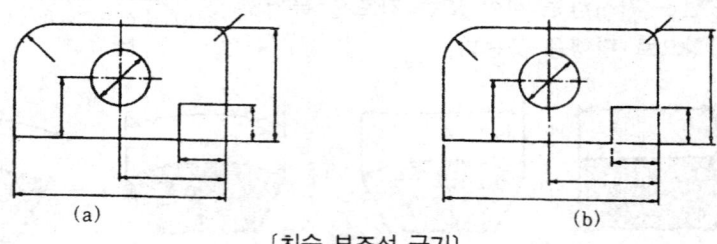

(a)　　　　　　　　　(b)

〔치수 보조선 긋기〕

⑩ 중심선, 외형선, 기준선 및 이들의 연장선을 치수선으로 사용해서는 안된다.

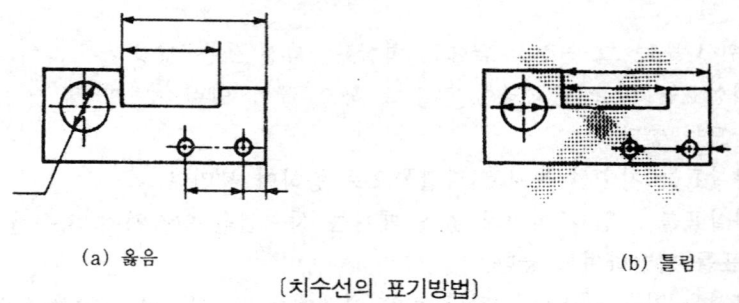

(a) 옳음　　　　　　　　　(b) 틀림

〔치수선의 표기방법〕

⑪ 각도를 기입하는 치수선은 각도를 구성하는 두 변 또는 그 연장선(치수 보조선)의

교점을 중심으로 하여 양 변 또는 그 연장선 사이에 그린 원호로 표시한다.

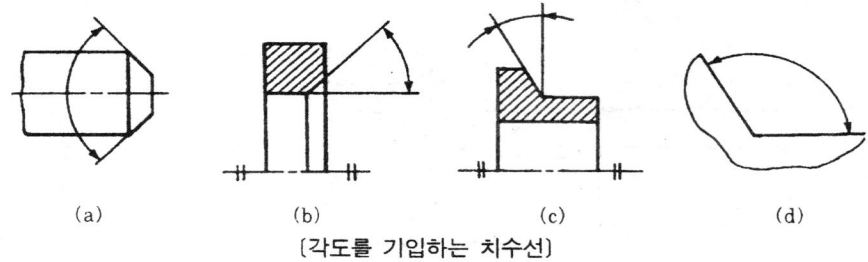

〔각도를 기입하는 치수선〕

(2) 치수 수치를 기입하는 위치 및 방향

① 특별히 정한 누진 치수 기입법의 경우를 제외하고는 2가지 방법 중 일반적으로 첫 번째 방법에 따른다.

② 첫 번째 방법

㉮ 치수 수치를 수평 방향의 치수선 : 도면의 아래쪽에서

㉯ 수직 방향의 치수선 : 도면의 오른쪽에서 읽도록 쓴다.

㉰ 경사 방향의 치수선 : ㉮, ㉯에 준하여 쓴다.

㉱ 치수 수치 : 치수선을 중단하지 않고 치수선 위쪽에 약간 띄워서 기입한다.

※ 이 경우 치수선의 거의 중앙에 쓰는 것이 좋다.

㉲ 수직선에 대하여 기계 반대 방향으로 향하여 약 30° 이하의 각도를 이루는 방향에는 치수의 기입을 피한다.

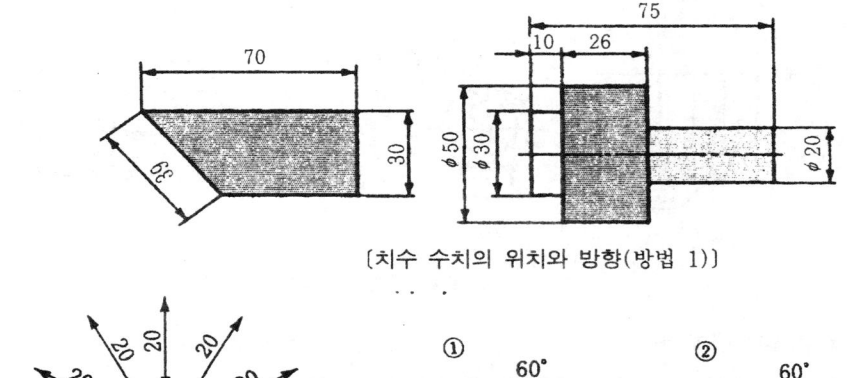

〔치수 수치의 위치와 방향(방법 1)〕

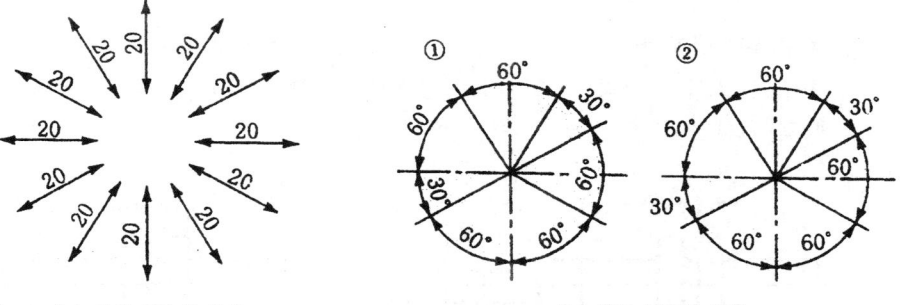

(a) 길이 치수의 경우   (b) 각도 치수의 경우

〔치수의 방향〕

③ 두번째 방법

㉮ 치수 수치를 도면의 아래쪽에서 읽을 수 있도록 쓴다.

㉰ 수평 방향 이외의 방향의 치수선은 치수 수치를 끼우기 위하여 중단하되 위치는 중앙으로 하는 것이 좋다.

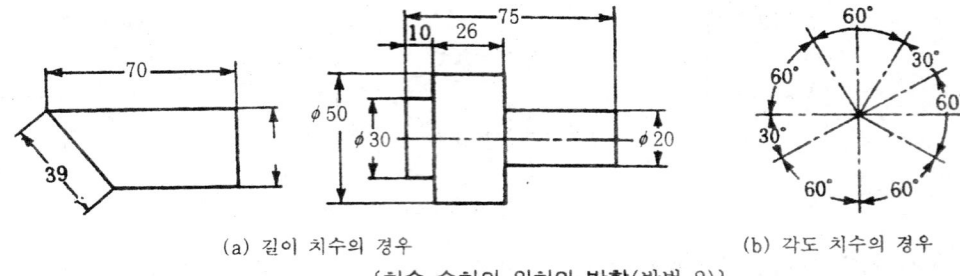

(a) 길이 치수의 경우   (b) 각도 치수의 경우

〔치수 수치의 위치와 방향(방법 2)〕

(3) 좁은 곳에서의 치수 기입

① 지시선을 치수선에서 경사 방향으로 끌어내고 그 끝을 수평으로 구부리고 그 위쪽에 치수 수치를 기입한다.

㉮ 지시선을 끌어내는 쪽 끝에는 아무 것도 붙이지 않는다.(그림 a)

㉯ 가공 방법, 주기, 부품의 번호 등을 기입하기 위하여 사용하는 지시선은 원칙적으로 경사 방향으로 끌어낸다.(그림 c)

㉠ 모양을 표시하는 선으로부터 지시선을 끌어내는 경우 : 끝부분에 화살표를 하고,

㉡ 모양을 표시하는 선의 안쪽에서 지시선을 끌어내는 경우 : 끝부분에 검은 둥근점을 붙인다.

㉢ 주기 등을 기입하는 경우 : 원칙적으로 끝을 수평으로 구부려서 그 위쪽에 쓴다.

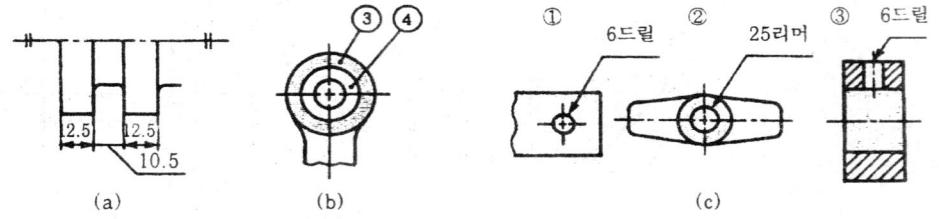

〔좁은 곳에서의 치수의 기입(1)〕

② 치수선을 연장하여 그 위쪽 또는 그 바깥쪽에 기입하여도 좋다.(그림 a)

③ 치수 보조선의 간격이 좁아서 화살표를 기입할 여지가 없을 경우에는 화살표 대신에 검은 둥근점 또는 경사선을 사용하여도 좋다.

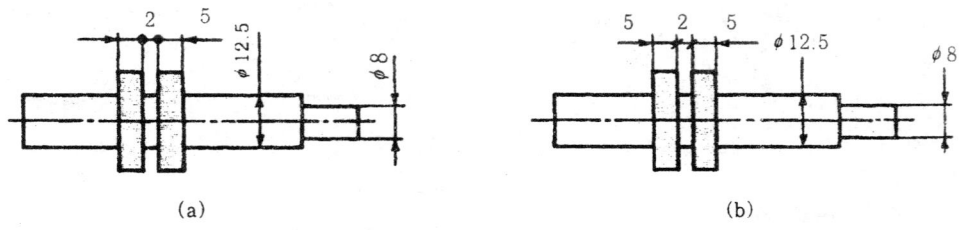

〔좁은 곳에서의 치수의 기입(2)〕

(4) 치수의 배치
　① **직렬 치수 기입법** : 직렬로 나란히 연결된 개개의 치수에 주어진 치수 공차가 차례로 누적되어도 상관없는 경우에 사용한다
　② **병렬 치수 기입법** : 병렬로 기입하는 개개의 치수 공차는 다른 치수의 공차에 영향을 미치지 않는다.
　※ 공통된 치수 보조선의 위치는 기능, 가공 등의 조건을 고려하여 선택한다.

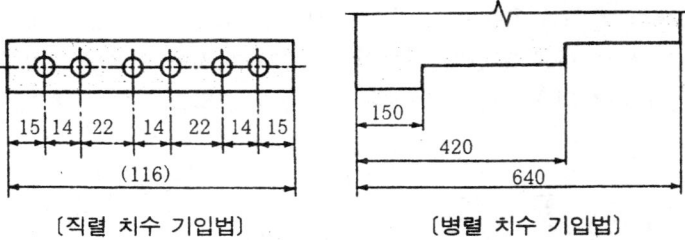

〔직렬 치수 기입법〕　　〔병렬 치수 기입법〕

　③ **누진 치수 기입법**
　　㉮ 병렬 치수 기입법과 동등한 의미를 가지면서 한 개의 연속된 치수선으로 간편하게 표시할 수 있다.
　　㉯ 치수의 기점의 위치는 기점 기호(O)로 나타내고 치수선의 다른 끝은 화살표로 표시한다.
　　㉰ 치수 수치는 치수 보조선에 나란히 기입하든지, 치수선 위쪽의 화살표 근처에 쓴다.

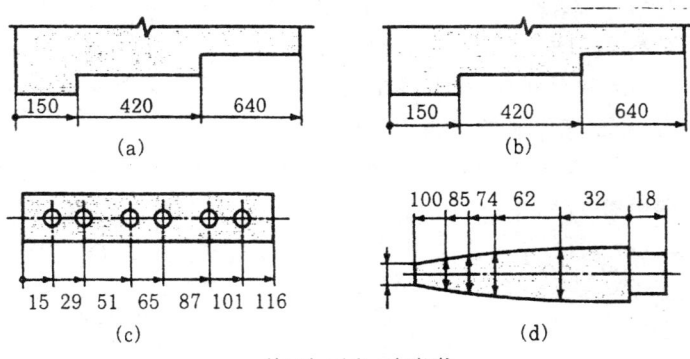

〔누진 치수 기입법〕

　④ **좌표 치수 기입법** : 구멍의 위치나 크기 등의 치수는 좌표를 사용하여 표로 나타내어도 좋다.

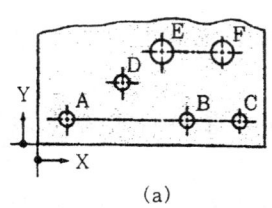

	X	Y	φ
A	20	20	13.5
B	140	20	13.5
C	200	20	13.5
D	60	60	13.5
E	100	90	26
F	180	90	26

(a)

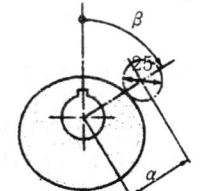

β	0	20	40	60	80	100	120~210
α	50	52.5	57	63.5	70	74.5	76

(b)

〔좌표 치수 기입법〕

[3] 여러 가지 요소의 치수 기입

(1) 지름의 표시 방법

① 지름의 기호 φ를 치수 수치의 앞에 치수 숫자와 같은 크기로 기입하여 표시한다.
　㉮ 원형의 그림에 지름의 치수를 기입할 때는 치수 수치의 앞에 φ는 기입하지 않는다.
　㉯ 원형의 일부를 그리지 않는 도형에서 치수선의 끝부분 기호가 한쪽만 있는 경우는 반지름의 치수와 혼돈을 피하기 위해 지름의 치수 수치 앞에 φ를 기입한다.
② 지름이 서로 다른 원통이 연속되어 있고 그 치수 수치를 기입할 여백이 없을 때에는 한쪽에만 치수선의 연장선과 화살표를 그리고, φ와 치수 수치를 기입한다.

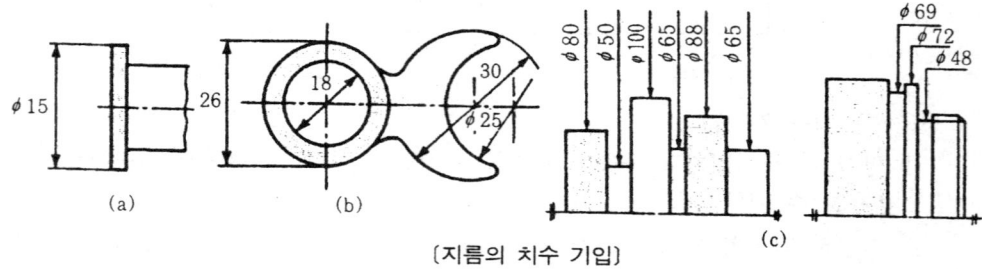

〔지름의 치수 기입〕

(2) 반지름의 표시 방법

① 반지름의 기호(R)를 치수 수치 앞에 치수 숫자와 같은 크기로 기입하여 표시한다.
　㉮ 반지름을 나타내기 위한 치수선의 원호의 중심까지 긋는 경우에는 기호를 생략해도 좋다.

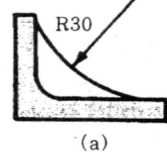 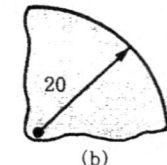

② 원호의 반지름을 나타내기 위한 치수선에는 원호 쪽에만 화살표를 붙이고 중심 쪽에는 붙이지 않는다.
　㉮ 화살표나 치수 수치를 기입할 여지가 없을 때는 그림과 같이 한다.

 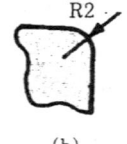 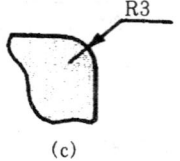 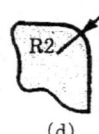

　(a)　　　　(b)　　　　(c)　　　　(d)

〔반지름의 치수 기입(2)〕

③ 반지름의 치수를 나타내기 위하여 원호의 중심 위치를 표시할 필요가 있을 경우에는 +자 또는 검은 둥근점으로 그 위치를 나타낸다.
　㉮ 반지름이 큰 원호의 중심 위치를 나타낼 필요가 있을 경우 지면 등의 제약이 있을 때에는 그 반지름의 치수선을 꺾어도 좋다.
　※ 이 경우 치수선의 화살표가 붙은 부분은 정확히 중심을 향하고 있어야 한다.
④ 동일 중심을 가진 반지름은 길이 치수와 같이 누진 치수 기입법을 사용하여 표시할 수 있다.

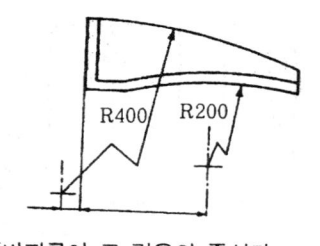 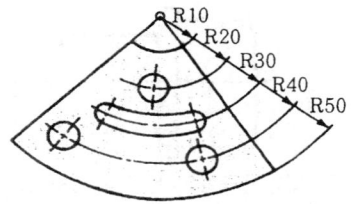

〔반지름이 큰 경우의 중심과   〔동일 중심을 가진 반지름의 치수 기입〕
 치수선의 표시〕

⑤ 실형을 나타내지 않는 투상도형의 실제의 반지름 또는 전개한 상태의 반지름을 지시하는 경우에는 치수 수치 앞에 "실R" 또는 "전개R"의 기호를 기입한다.

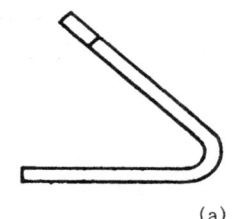 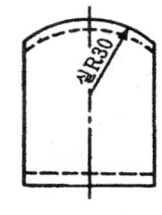 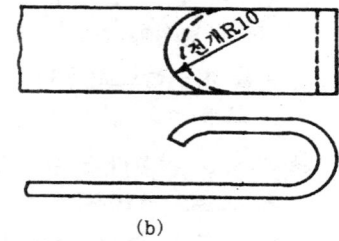
        (a)   (b)
〔실제 또는 전개한 상태의 반지름의 치수 기입〕

(3) 구의 지름 또는 반지름의 표시 방법
① 구의 지름 또는 반지름의 치수는 그 치수 수치 앞에 치수 숫자와 같은 크기로 구의 기호 S∅ 또는 구의 반지름 기호 SR를 기입하여 표시한다.

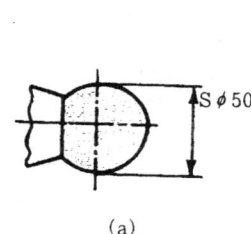 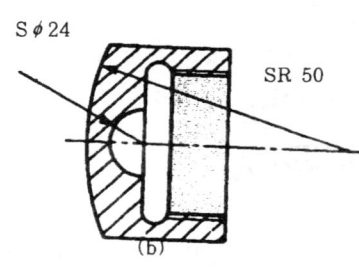 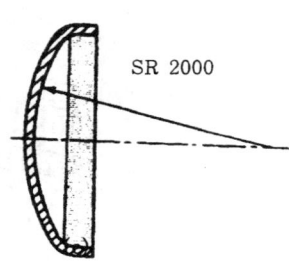
      (a)   (b)
〔구의 지름 또는 반지름의 치수 기입〕

(4) 정사각형의 변의 표시 방법
① 단면이 정사각형일 때, 그 모양을 그림에 표시하지 않고 정사각형인 것을 표시할 경우는 그 변의 길이를 표시하는 수치 앞에 치수 숫자와 같은 크기로 정사각형의 한 변이라는 것을 나타내는 기호 □을 기입한다.

(5) 두께의 표시 방법
① 판의 투상도에서 그 두께의 치수를 표시할 경우에는 그 도면의 부근 또는 그림 속의 보기 쉬운 위치에 두께를 표시하는 치수 수치의 앞에 치수 숫자와 같은 크기로 두께를 나타내는 기호 t를 기입한다.

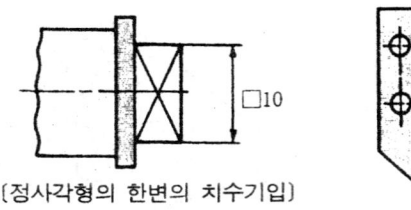
〔정사각형의 한변의 치수기입〕

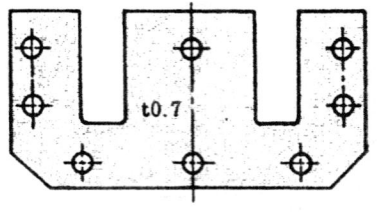
〔두께의 치수 기입〕

(6) 현·원호의 표시 방법
　① 현의 길이 표시 방법 : 현에 직각으로 치수 보조선을 긋고
　　 현에 평행한 치수를 그어 표시한다.
　② 원호의 길이 표시 방법
　　㉮ 현의 경우와 같은 치수 보조선을 긋고 원호와 동심인 원
　　　 호를 치수선으로 한다.

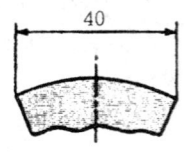
〔현의 치수 기입〕

　　　※ 치수 수치 위에 원호의 길이 기호(⌒)를 붙인다. (그림 a)
　　㉯ 원호를 구성하는 각도가 클 때나 연속하여 원호의 치수를 기입할 때에는 원호의
　　　 중심으로부터 방사상으로 그린 치수 보조선에 치수선을 맞춰도 좋다.(그림 b, c)
　　　※ 이 경우 두 개 이상의 동심 원호 중 한 원호의 길이를 명시할 필요가 있을 때
　　　㉠ 원호의 치수 수치에 대하여 지시선을 긋고 끌어낸 원호 쪽에 화살표를 붙인다.
　　　㉡ 원호 길이 치수 수치 뒤에 괄호를 하고 원의 반지름 치수를 넣어서 나타낸다.

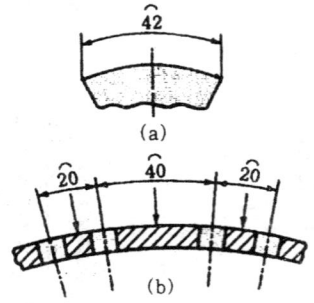

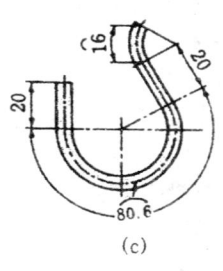

〔원호의 치수 기입(1)〕

(7) 곡선의 표시 방법
　① 원호로 구성되는 곡선의 치수는 원호의 반지름과 그 중심 또는 원호의 접선 위치로
　　 표시한다.

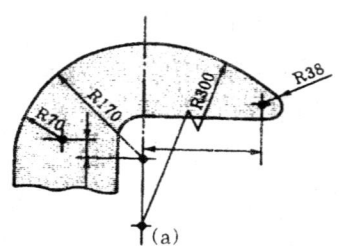

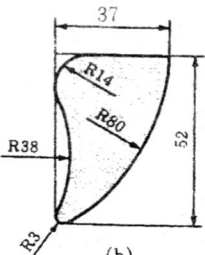

〔곡선의 치수 기입(1)〕

② 원호로 구성되어 있지 않는 곡선의 치수는 곡선상의 임의의 점의 좌표 치수로 표시한다.

(8) 모따기의 표시 방법
   ① 보통의 치수 기입법에 따라 표시한다.

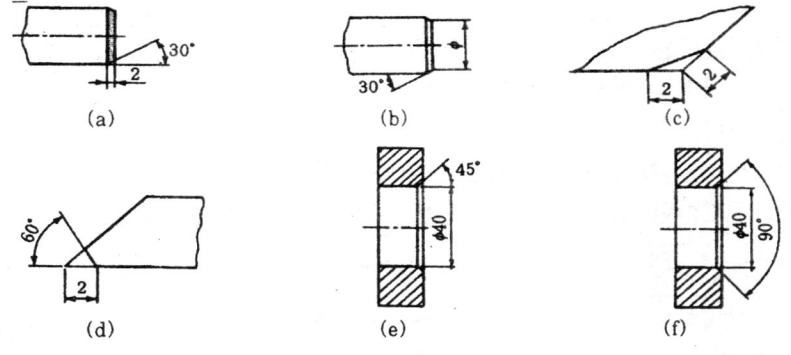

[모떼기의 치수 기입(1)]

② 45° 모따기의 경우
   ㉮ 모따기의 치수 수치×45°로 표시한다.
   ㉯ 모따기 기호(C)를 치수 수치 앞에 치수 숫자와 같은 크기로 기입하여 표시한다.

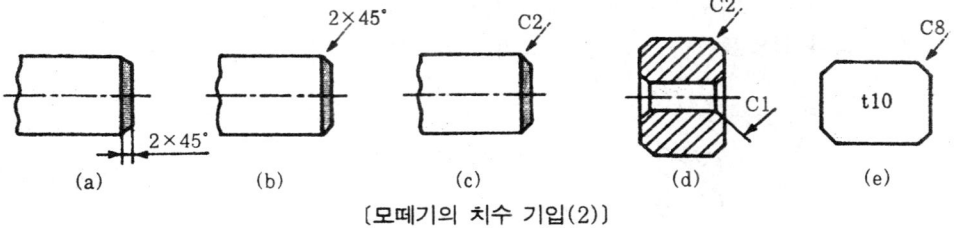

[모떼기의 치수 기입(2)]

(9) 구멍의 표시 방법
   ① 구멍의 가공 방법에 의한 구별을 나타낼 필요가 있을 경우 공구의 호칭 치수 또는 기준 치수를 나타내고 그 뒤에 가공 방법의 구별을 지시한다.

가공 방법	주조한 대로	프레스 펀칭	드릴로 구멍 뚫기	리머 다듬질
간략 지시	코 어	펀 칭	드 릴	리 머

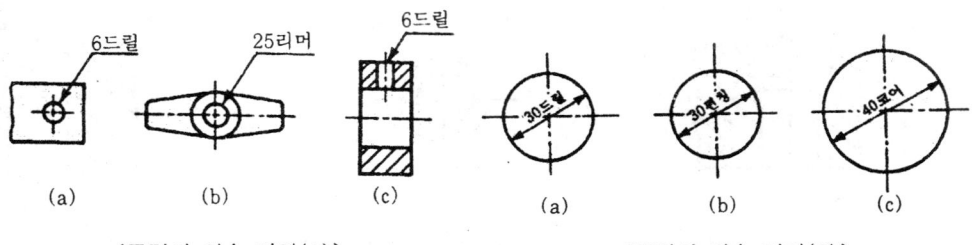

[구멍의 치수 기입(1)]   [구멍의 치수 기입(2)]

② 여러 개의 동일 치수의 볼트, 작은 나사구멍, 핀 구멍, 리벳 구멍 등의 치수 표시 구멍으로부터 지시선을 끌어내어 그 총수를 나타내는 숫자 다음에 짧은 선을 끼워서 구멍의 치수를 기입한다.

③ 구멍의 깊이를 지시할 때는 구멍의 지름을 나타내는 치수 다음에 "깊이"라 쓰고 그 치수를 기입한다.

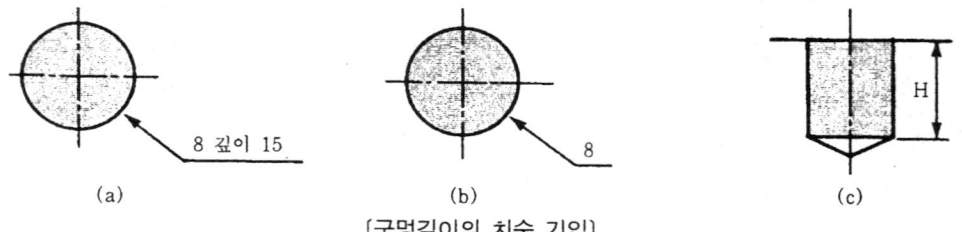

〔같은 간격의 구멍 치수 기입〕

㉮ 관통 구멍일 때는 구멍 깊이를 기입하지 않는다.
㉯ 구멍의 깊이란 드릴 앞끝의 원추부, 리머 앞끝의 모따기부 등은 포함하지 않는다.

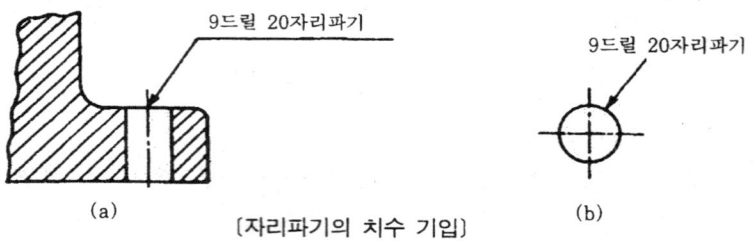

〔구멍깊이의 치수 기입〕

④ 볼트, 너트 등의 자리를 좋게 하기 위한 자리파기의 표시 방법은 자리파기의 지름을 나타내는 치수 다음에 "자리파기"라고만 쓴다.

※ 자리파기를 표시하는 도형은 그리지 않으며 깊이도 지시하지 않는다.

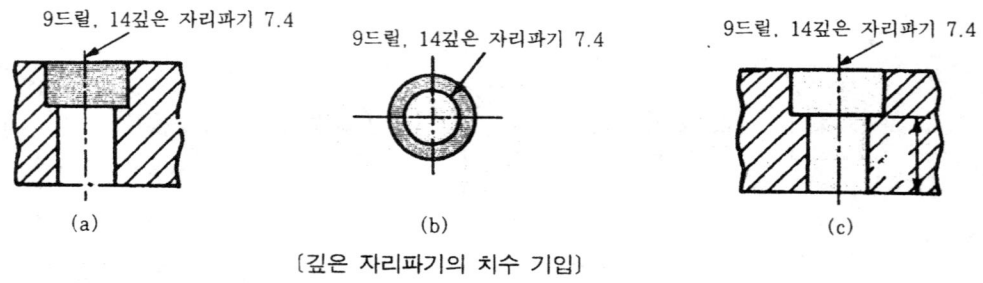

〔자리파기의 치수 기입〕

⑤ 볼트 머리를 잠기게 하는 경우 사용하는 깊은 자리파기의 표시 방법은 깊은 자리파기의 지름을 나타내는 치수 다음에 "깊은 자리파기"라 쓰고 다음에 깊이 수치 기입한다.

〔깊은 자리파기의 치수 기입〕

⑥ 긴 원의 구멍 기능 또는 가공 방법에 따라 치수의 기입.

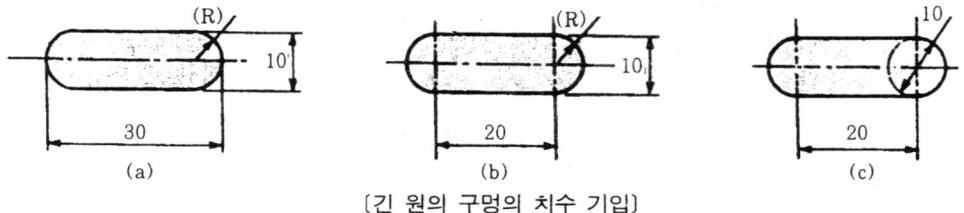

〔긴 원의 구멍의 치수 기입〕

⑦ 경사진 구멍의 깊이는 구멍 중심선상의 깊이로 표시한다. (그림 a)
※ 이 방법에 따를 수 없는 경우는 치수선을 사용하여 표시한다. (그림 b)

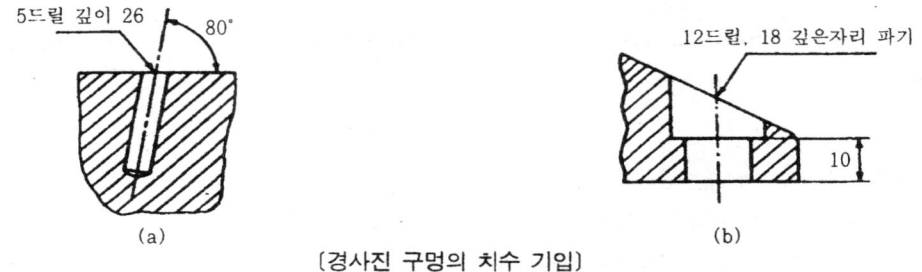

〔경사진 구멍의 치수 기입〕

(10) 키 홈의 표시 방법

① 축의 키 홈의 표시 방법
  ㉮ 축의 키 홈의 치수는 키 홈의 나비, 깊이, 길이, 위치 및 끝부를 표시하는 치수에 따른다. (그림 a, b)
  ㉯ 키 홈을 밀링 커터 등에 의해 절삭하는 경우에는 기준 위치에서 공구의 중심까지의 거리와 공구의 지름으로 표시한다.(그림 c, d)
  ㉰ 키 홈의 깊이는 키 홈과 반대쪽의 축 지름면으로부터 키 홈의 바닥까지의 치수로 표시한다.

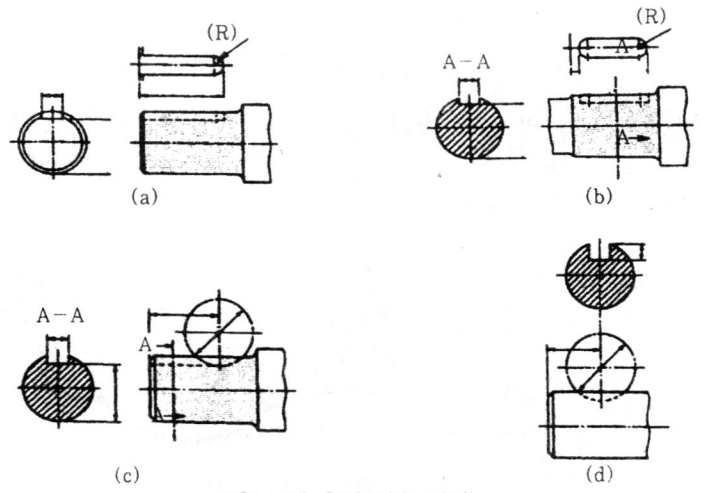

〔축의 키 홈의 치수 기입〕

② 구멍의 키 홈의 표시 방법
　㉮ 구멍의 키 홈의 치수를 키 홈의 나비 및 깊이를 표시하는 치수에 따른다.(그림 a)
　㉯ 키 홈의 깊이는 키 홈과 반대쪽의 구멍 지름면으로부터 키 홈의 바닥까지의 치수로 표시한다. (그림 a)
　　※ 특히 필요한 경우에는 키 홈의 중심면상에서의 구멍 지름면으로부터 키 홈의 바닥까지의 치수로 표시할 수 있다. (그림 b)
　㉰ 경사 키용의 보스의 키 홈의 깊이는 키 홈의 깊은 쪽에 표시한다. (그림 c)

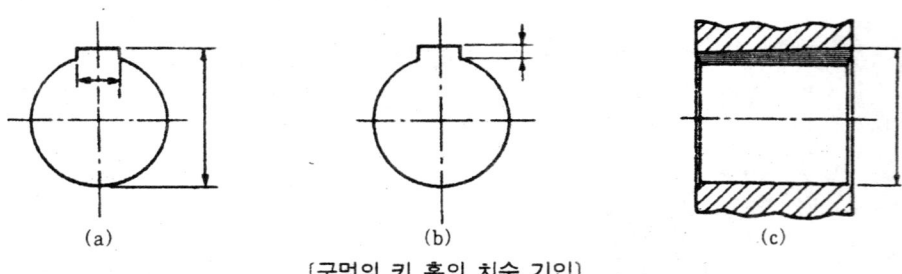

〔구멍의 키 홈의 치수 기입〕

(11) 테이퍼·기울기의 표시 방법
　① 테이퍼는 원칙적으로 중심선에 연하여 기입한다. (그림 a)
　② 기울기는 변에 연하여 기입한다. (그림 b)
　③ 테이퍼 또는 기울기의 정도와 방향을 특별히 명확하게 나타낼 필요가 있을 경우에는 별도로 도시한다. (그림 c)
　④ 특별한 경우에는 경사면에서 지시선을 끌어내어 기입할 수 있다. (그림 d)

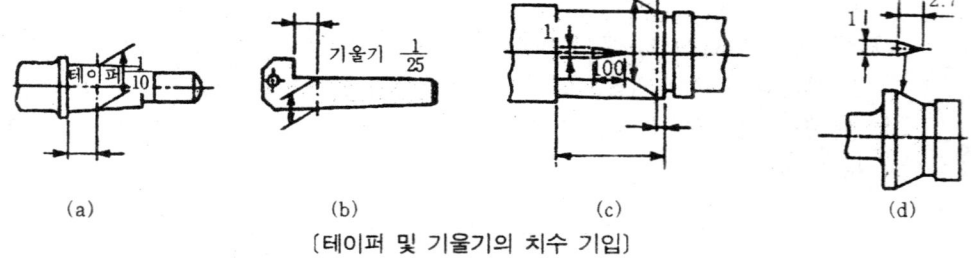

〔테이퍼 및 기울기의 치수 기입〕

(12) 얇은 두께 부분의 표시 방법 : 얇은 두께 부분의 단면을 아주 굵은 선으로 그린 도형에 치수를 기입하는 경우는 단면을 표시한 굵은 실선에 연하여 짧고 가는 실선으로 긋고 여기에 치수선의 끝부분 기호를 댄다.

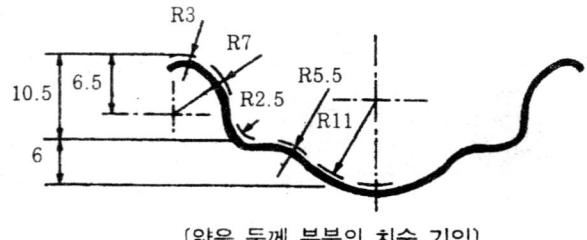

〔얇은 두께 부분의 치수 기입〕

(13) 형강, 강관, 각강 등의 표시 방법

종 류	단면 모양	표시 방법	종 류	단면 모양	표시 방법	비고
등변 ㄱ형강		L$A \times B \times t - L$	경 Z 형강		$\mathcal{L} H \times A \times B \times t - L$	
부등변 ㄱ형강		L$A \times B \times t - L$	립 ㄷ형강		[$H \times A \times C \times t - L$	
부등변부등 두께ㄱ형강		L$A \times B \times t_1 \times t_2 - L$	립 Z 형강		$\mathcal{L} H \times A \times C \times t - L$	
I 형 강		I$H \times B \times t - L$	모자형강		$\sqcap H \times A \times B \times t - L$	
ㄷ 형 강		[$H \times B \times t_1 \times t_2 - L$	환 강		보통 $\phi A - L$	L은 길이를 나타 낸다.
구평형강		J$A \times t - L$	강 관		$\phi A \times t - L$	
T 형 강		T$B \times H \times t_1 \times t_2 - L$	각강관		□$A \times B \times t - L$	
H 형 강		H$H \times A \times t_1 \times t_2 - L$	각 강		□$A - L$	
경 ㄷ형강		[$H \times A \times B \times t - L$	평 강		▭$B \times A - L$	

【4】 치수 기입시 주의 사항

(1) 치수 숫자는 도면에 그린 선에서 분할되지 않는 위치에 쓰는 것이 좋다.
(2) 치수 숫자는 선에 겹쳐서 기입해서는 안된다.
(3) 치수 수치는 치수선과 교차되는 장소에 기입하면 안된다.
(4) 치수선이 인접해서 연속되는 경우에는 동일 직선상에 가지런히 긋는다.
(5) 치수 보조선을 긋고 기입하는 지름의 치수가 대칭 중심선의 방향에 몇 개 늘어선 경우에 각 치수선을 같은 간격으로 긋고 작은 치수는 안쪽에 큰 치수는 바깥쪽에 기입한다.
 ※ 치수선의 간격이 좁은 경우는 치수 수치를 대칭 중심선의 양쪽에 교대로 써도 좋다.
(6) 치수선이 길어서 그 중앙에 치수 수치를 기입하면 알기 어려울 경우 한쪽 끝부분 기호쪽으로 치우쳐서 기입할 수 있다.
(7) 대칭 도형에서 대칭 중심선을 지나는 치수선은 그 중심선을 넘어서 적당히 연장한다.
(8) 치수 기입에 있어서 치수 대신에 글자 기호를 써도 좋다.
 ※ 이 경우는 그 수치를 별도로 표시한다.

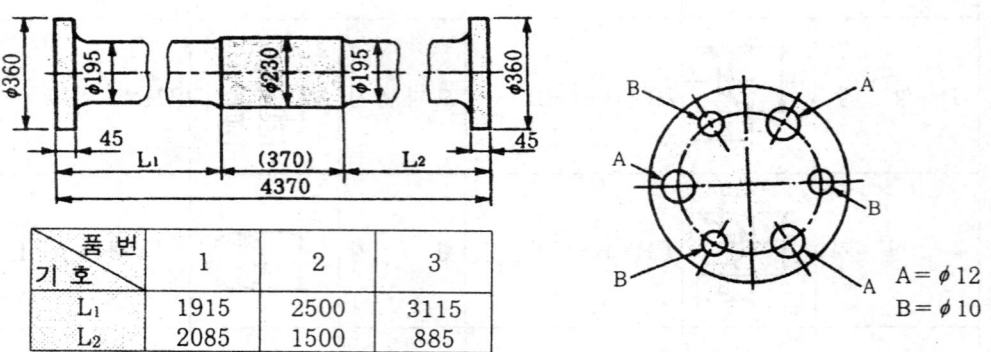

품번 기호	1	2	3
L₁	1915	2500	3115
L₂	2085	1500	885

〔글자 기호에 의한 치수 기입〕

(9) 경사진 두 개의 면 사이에 모따기 등이 있을 때, 두면의 교차되는 위치를 나타낼 때 모따기 등을 하기 이전의 모양을 가는 실선으로 표시하고 그 교차점에서 치수 보조선을 끌어낸다.
(10) 원호 부분의 치수는 원호가 180°까지는 반지름으로 표시하고 이상에서는 지름으로 표시한다.
(11) 반지름의 치수가 다른 곳에 지시한 치수에 따라 결정될 때에는 반지름의 치수선과 기호만으로 나타내고 치수 수치는 기입하지 않는다.
(12) 가공 또는 조립할 때 기준으로 할 곳이 있는 경우의 치수는 그 곳을 기준으로 하여 기입한다.
(13) 공정을 달리하는 부분의 치수는 그 배열을 나누어서 기입하는 것이 좋다.
(14) 서로 관련되는 치수는 한 곳에 모아서 기입한다.
(15) 일부의 도형이 그 치수 수치에 비례하지 않을 때는 치수 숫자의 아래쪽에 굵은 실선을 긋는다.

4 재료의 표시 방법

【1】 재료 기호의 구성

(1) 제1부분의 기호
  ① 재질을 표시하는 기호이다.
  ② 영어의 머리 문자나 원소 기호로 표시한다.
  ③ 재질을 표시하는 기호(제1부분의 기호)

기호	재 질	기호	재 질	기호	재 질
Al	알루미늄	HBs	고강도 황동	PB	인청동
AlBr	알루미늄 청동	HMn	고망간	S	강
Br	청동	F	철	SM	기계 구조용강
Bs	황동	MS	연강	WM	화이트 메탈
Cu	동 또는 동합금	NiCu	니켈 구리 합금		

(2) 제2부분의 기호
  ① 규격명 또는 제품명을 표시하는 기호이다.
  ② 주로 영어의 머리 문자로 표기한다.
  ③ 판, 봉, 관, 선재, 주조품, 단조품 등과 같은 제품의 모양에 따른 종류나 용도를 표시한다.
  ④ 규격명 또는 제품명을 표시하는 기호(제2부분의 기호)

기호	제품명 또는 규격명	기호	제품명 또는 규격명	기호	제품명 또는 규격명
B	봉(bar)	HR	열간 압연	T	관(tube)
BC	청동 주물	HS	열간 압연 강대	TB	고탄소 크롬 베어링강
BsC	황동 주물	K	공구강	TC	탄소 공구강
C	주조품	KH	고속도 공구강	TKM	기계구조용 탄소 강판
CD	구상 흑연 주철	MC	가단 주철품	THG	고압 가스 용기용 이음매 없는 강관
CP	냉간 압연 연강판	NC	니켈 크롬강		
Cr	크롬강	NCM	니켈 크롬 몰리브덴강	W	선(wire)
CS	냉간 압연 강대	P	판(plate)	WR	선재(wire rod)
DC	다이 개스팅	FS	일반 구용관	WS	용접 구조용 압연강
F	단조품	PW	피아노선		
G	고압 가스 용기	S	일반 구조용 압연재		
HP	열간 압연 연강판	SW	강선(steel wire)		

(3) 제3부분의 기호
  ① 주로 재료의 종류를 표시하는 기호이다.
  ② 종별 번호나 재료의 최저 인장 강도 또는 탄소 함유량을 나타내는 숫자이다.
  ③ 재료의 종류를 표시하는 기호(제3부분의 기호)

기호	기호의 의미	보 기	기호	기호의 의미	보 기
1	1종	SHP 1	5A	5종 A	SPS 5A
2	2종	SHP 2	35	최저 인장 강도 또는 항복점	WMC 34
A	A종	SWS 41 A			SG 26
B	B종	SWS 41 B	C	탄소함유량(0.10~0.15%)	SM 12C

(4) 제4, 5부분의 기호
① 제3부분의 기호 뒤에 덧붙여 표시하는 기호이다.
② 주로 열처리 상황, 모양, 제조 방법 등을 나타낸다.
③ 끝 부분에 덧붙이는 기호(제4, 5부분의 기호)

구 분	기호	기호의 의미	구 분	기호	기호의 의미
조질도 기호	A	풀림 상태(연질)	형상기호	P	강판
	H	경질		●	둥근강
	1/2H	1/2경질		◎	파이프
	S	표준경질		□	각재
표면 마무리 기 호	D	무광택 마무리(dull finishing)		⑥	6각강
	B	광택 마무리(bright finishing)		8	8각강
				I	I형강
				ㄷ	채널(channel)
열처리 기호	N	불림	기타	CF	원심력 주강판
	Q	담금질, 뜨임		K	킬드강
	SR	시험편에만 불림시험편에 용접		CR	제어 압연한 강판
	TN	후 열처리		R	압연한 그대로의 강판

〔보기〕
① SF34(탄소강 단강품)

```
S    F    34
          └→ 최저 인장 강도(34kgf/mm²)
     └→ 단조품(forging)
└→ 강(steel)
```

② PW1(피아노선 1종)

```
PW    1
      └→ 1종
└→ 피아노선(piano wire)
```

③ SM20C(기계 구조용 탄소 강재)

```
SM    20C
      └→ 탄소함유량(0.15~0.25%의 중간값)
└→ 기계구조용 탄소강
```

④ BSBMAD□(기계용 황동 각봉)

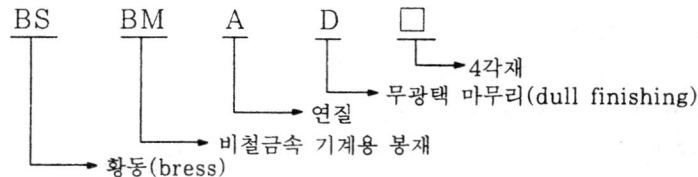

[2] 기계 재료의 기호

기호	명칭	기호	명칭
SCP	냉간 압연 강판 및 강대	STC	탄소공구강재
SWS	용접 구조용 압연 강재	SM 10C	기계 구조용 탄소강재
STKM	기계 구조용 탄소 강관	SC	탄소 주강품
SKH	고속도강	GC	회주철품
SG	고압가스 용기용 강판 및 강대	GCD	구상 흑연 주철품
PW	피아노선	BMC	흑심 가단 주철품
SPS	스프링 강재	WMC	백심 가단 주철
SCr	크롬 강재	PMC	퍼얼라이트 가단 주철
SNC	니켈 크롬강 강재	YBsC	황동 주물
SF	탄소강 단강품	BC	청동 주물

[3] 재료의 중량 계산

(1) 중량 계산의 방법
  ① 정미중량(正味重量)
    ㉮ 도면에 그려진 치수에 의해서 정확한 계산을 한다.
  ② 원가 계산
    ㉮ 기계 부품 또는 재료에 대하여 원가 계산을 하기 위한 것이다.
    ㉯ 부품란에 기재되는 소재 치수에 의해 중량 계산을 한다.
  ③ 제품의 중량(W) = 체적(단면적×두께 또는 길이)×비중량
(2) 표준 부품의 중량
  ① 볼트, 너트, 리벳 등의 표준 부품 중량은 제작 회사의 카탈로그에 의한다.
  ② 봉강, 형강, 강판 등의 중량은 KS에 따른다.
(3) 불규칙한 형상의 중량
  ① 불규칙한 형상의 경우에 면적은 그 면적과 근사한 값을 갖는 간단한 도형으로 변형하여 면적을 구한다.

5 도면 작성시 주의 사항

[1] 일반 부품도

(1) 척도는 될 수 있는 대로 현척을 사용한다.

※ 축척이나 배척으로 사용할 때는 KS의 규정에 따른다.
(2) 치수는 알기 쉽고 완전하게 기입한다.
(3) 한 장의 용지에 다수의 부품을 그리는 경우의 유의 사항
   ① 각 부품은 될 수 있는 대로 동일 척도를 사용한다.
   ② 각 부품은 조립된 경우와 같은 위치나 조립 순서로 배치하면 편리하다.
   ③ 각 부품은 서로 떼어서 명백하게 구별할 수 있도록 배치한다.
   ④ 관련이 있는 부품은 될 수 있는 대로 같은 용지에 그린다.
   ⑤ 작은 부품은 그룹별로 정리한다.
(4) 규격화된 표준 부품은 부품도를 생략하고 부품란에 호칭을 기입한다.

【2】 부품 번호

(1) 부품 번호는 아라비아 숫자를 사용하는 것을 원칙으로 한다.
(2) 부품 번호의 나열 순서
   ① 조립 순서에 따른다.
   ② 구성 부품의 중요도에 따른다.
      ※〔보기〕 부분 조립품, 주요 부품, 작은 부품, 기타 부품의 순서
   ③ 기타 근거가 있는 순서에 따른다.
(3) 부품 번호의 기입 방법
   ① 부품 번호는 명확히 구별되는 숫자로 쓰거나 원 속에 숫자를 쓴다.
   ② 대상으로 하는 도형에 지시선으로 연결하여 기입한다.
   ③ 부품 번호를 세로 또는 가로로 나란히 기입하여 도면을 보기 쉽게 한다.

문제 1. 기계 제도에 많이 사용되는 투상법은?
　㉮ 정투상법　　㉯ 사투상법　　㉰ 등각 투상법　　㉱ 투시법

　토막 ▶ 정투상법
　　① 물체의 모양과 크기를 정확히 표시
　　② 기계 제도용
　　③ 입체를 투상면에 직각인 평행 광선으로 투상

문제 2. 물체의 모양과 크기를 정확히 표시하며 기계 제도용으로 많이 사용하는 투상법은?
　㉮ 정투상법　　㉯ 사투상법　　㉰ 등각 투상법　　㉱ 투시법

문제 3. 물체를 투상면에 직각인 평행 광선으로 투시하는 투상법은?
　㉮ 정투상법　　㉯ 사투상법　　㉰ 등각 투상법　　㉱ 투시법

문제 4. 정투상법에 쓰이지 않는 투상면은?
　㉮ 수직 투상면　　㉯ 수평 투상면　　㉰ 경사 투상면　　㉱ 측면 투시면

　토막 ▶ 투상면 : 수평, 수직, 측면 투상면의 3면을 쓴다.

문제 5. 물체의 앞에서 바라본 모양을 도면에 나타낸 것으로 그 물체의 기본이 되는 면을 무엇이라 하는가?
　㉮ 정면도　　㉯ 평면도　　㉰ 저면도　　㉱ 배면도

　토막 ▶ 투상사도의 명칭
　　① 정면도 : 정면에서 보고 그린 그림
　　② 평면도 : 위에서 내려다 보고 그린 그림
　　③ 우측면도 : 정면도를 기준으로 오른쪽에서 보고 그린 그림.
　　④ 좌측면도 : 정면도를 기준으로 왼쪽에서 보고 그린 그림.
　　⑤ 배면도 : 뒤에서 보고 그린 그림.
　　⑥ 저면도 : 밑에서 보고 그린 그림.

문제 6. 물체를 위에서 내려다 본 모양을 도면에 표현한 그림은?
　㉮ 정면도　　㉯ 평면도　　㉰ 저면도　　㉱ 배면도

해답　1. ㉮　2. ㉮　3. ㉮　4. ㉰　5. ㉮　6. ㉯

문제 7. 물체의 아래쪽에서 바라본 모양을 도면에 나타낸 그림으로 하면도라고도 한 것은?
㉮ 정면도 ㉯ 평면도 ㉰ 저면도 ㉱ 배면도

문제 8. 물체의 뒤쪽에서 바라본 모양을 도면에 나타낸 그림은?
㉮ 정면도 ㉯ 평면도 ㉰ 저면도 ㉱ 배면도

문제 9. 다음 투상도의 명칭 중 가장 사용도가 적은 것은?
㉮ 정면도 ㉯ 평면도 ㉰ 저면도 ㉱ 배면도

도움 배면도는 사용하는 경우가 매우 적다.

문제 10. 다음 투상도 중 기본이 되는 면은?
㉮ 정면도 ㉯ 평면도 ㉰ 저면도 ㉱ 배면도

도움 물체의 가장 주된 면은 정면도이다.

문제 11. 투상도에서 입면도는 어느 평면에 투상되는 그림인가?
㉮ 수직면과 측면 투상면 ㉯ 수직면과 수평 투상면
㉰ 수평면과 측면 투상면 ㉱ 수직, 수평, 측면 투상면

도움 입면도(물체의 높이) : 수직면과 측면 투상면에 나타난다.

문제 12. 다음 중 물체의 높이를 알 수 없는 투상도는 어느 것인가?
㉮ 정면도 ㉯ 평면도 ㉰ 배면도 ㉱ 측면도

도움 평면도는 물체의 넓이가 나타난다.

문제 13. 기계 제도에서 3 투상도로 맞는 것은?
㉮ 정면도, 저면도, 측면도 ㉯ 평면도, 측면도, 배면도
㉰ 정면도, 평면도, 측면도 ㉱ 평면도, 정면도, 저면도

도움 기계 제도의 3면도 : 정면도, 평면도, 측면도

문제 14. 투상도에서 도면 배열의 기준이 되는 것은?
㉮ 정면도 ㉯ 평면도 ㉰ 측면도 ㉱ 배면도

도움 도면의 배열 : 정면도를 기준으로 하여 각 도면을 배열한다.

문제 15. 단면이나 두께의 기호를 써서 하나의 투상도를 도시할 때의 도면은?
㉮ 정면도 ㉯ 평면도 ㉰ 측면도 ㉱ 배면도

도움 정면도에 단면이나 두께의 기호를 써서 나타낸다.

해답 7. ㉰ 8. ㉱ 9. ㉱ 10. ㉮ 11. ㉮ 12. ㉯ 13. ㉰ 14. ㉮ 15. ㉮

※ 다음 그림을 보고 물음에 답하시오(16~18)

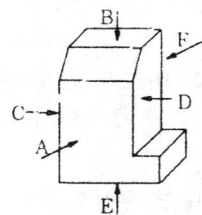

문제 16. 그림에서 A의 투상도 명칭은?
㉮ 정면도　　㉯ 평면도　　㉰ 저면도　　㉱ 배면도

도움 그림 설명

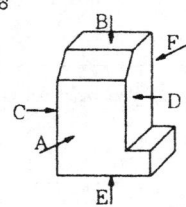

A : 정면도(앞쪽), B : 평면도(위쪽)
C : 우측면도(우측), D : 좌측면도(좌측)
E : 저면도(아래쪽), F : 배면도(뒤쪽)

문제 17. 그림에서 평면도는?
㉮ A　　㉯ B　　㉰ C　　㉱ D

문제 18. 그림에서 저면도를 나타내는 것은?
㉮ A　　㉯ C　　㉰ E　　㉱ F

문제 19. KS에서 기계 제도에 사용하는 정투상법의 투상도법은 어느 것을 따르게 되어 있는가?
㉮ 제1각법　　㉯ 제2각법　　㉰ 제3각법　　㉱ 제4각법

도움 우리 나라에서는 제3각법에 의한 투상법을 사용한다.

문제 20. 제도 도면으로 많이 사용되는 투상도법은?
㉮ 제1각법과 제2각법　　㉯ 제2각법과 제3각법
㉰ 제1각법과 제3각법　　㉱ 제2각법과 제4각법

도움 제1각법과 제3각법이 사용된다.

문제 21. 제도에서 제2각법과 제4각법이 사용되지 않는 이유로 맞는 것은?
㉮ 측면도를 도시할 수 없다.
㉯ 측면도와 정면도가 겹친다.
㉰ 평면도가 정면도와 겹친다.
㉱ 평면도와 배면도가 겹친다.

해답 16. ㉮　17. ㉯　18. ㉰　19. ㉰　20. ㉰　21. ㉰

> 도움 제2각법과 제4각법은 평면도와 정면도가 겹쳐져 나타나므로 혼란을 일으키므로 사용하지 않는다.

문제 22. 다음 중 도면의 배열에 대한 설명이 바르게 된 것은?
㉮ 기선을 중심으로 하여 수직 투상면을 수평 투상면까지 반시계 방향으로 회전하여 배치한다.
㉯ 기선을 중심으로 하여 수직 투상면을 수평 투상면까지 시계 방향으로 회전하여 배치한다.
㉰ 기선을 중심으로 하여 수평 투상면을 수직 투상면까지 반시계 방향으로 회전하여 배치한다.
㉱ 기선을 중심으로 하여 수평 투상면을 경사 투상면까지 시계방향으로 회전하여 배치한다.

> 도움 도면의 배열 : 기선을 중심으로 하여 수직 투상면을 수평 투상면까지 반시계 방향으로 회전하여 배치한다.

문제 23. 투상도에서 정면도, 측면도, 평면도를 나타낸 것은?
㉮ 정투상도   ㉯ 사투상도   ㉰ 배치도   ㉱ 투시도

> 도움 정투상도법 : 투상도에서 정면도, 측면도, 평면도로 나타낸 것.

문제 24. 정투상도법의 특징에 대한 설명이 잘못된 것은?
㉮ 물체의 형상을 가장 간단히 나타낸다.
㉯ 내부 구조 등 복잡한 부분까지도 충분히 표시한다.
㉰ 제도 방법이 비교적 어렵다.
㉱ 도면에 치수 기입이 완전하게 할 수 있다.

> 도움 제도 방법이 비교적 쉽고, 공업 제도에 쓰이는 투상법이다.

문제 25. 제3각법의 특징으로 잘못된 것은?
㉮ 각 투상도는 물체가 보이는 면과 같은 쪽에 배치되어진다.
㉯ 보조 투상도를 같은 투상법으로 표시하기가 어렵다.
㉰ 도면의 관계 위치가 합리적이다.
㉱ 치수 비교가 편리하다.

> 도움 보조 투상도를 같은 투상법으로 표시된다.

문제 26. 도면의 관계 위치와 치수의 비교 대조가 편리한 투상도법은?
㉮ 제1각법   ㉯ 제2각법   ㉰ 제3각법   ㉱ 제4각법

> 도움 제3각법은 물체를 전개한 위치에 도면이 있어 치수 대조가 편리하다.

해답 22. ㉮   23. ㉮   24. ㉰   25. ㉯   26. ㉰

문제 27. 다음 그림의 배치도는?

	평면도		
좌측면도	정면도	우측면도	배면도
	저면도		

㉮ 제1각법　　㉯ 제2각법　　㉰ 제3각법　　㉱ 제4각법

문제 28. 다음 그림의 배치도는?

	평면도		
우측면도	정면도	좌측면도	배면도
	저면도		

㉮ 제1각법　　㉯ 제2각법　　㉰ 제3각법　　㉱ 제4각법

문제 29. 다음 중 제1각법의 특징이 아닌 것은?
㉮ 투상면 앞쪽에 물체를 놓는다.
㉯ 도면의 관계 위치가 불합리하다.
㉰ 선박 등의 제도에는 편리하다.
㉱ 치수 비교가 편리하다.

[토용] 치수 비교가 불편하다.

문제 30. 제3각법에 대한 설명 중 틀린 것은?
㉮ 눈과 물체 사이에 투상면을 둔다.
㉯ 제3각의 공간에 물체를 놓고 투상할 때를 말한다.
㉰ KS에서 기계 제도에 사용하는 정투상법은 제3각법이다.
㉱ 투상면 앞에 물체를 둔다.

[토용] 물체를 제3각에 놓고 투상하는 것으로 투상면 뒤쪽에 물체를 놓는다.

문제 31. 다음 중 제3각법은?
㉮ 눈 → 투상면 → 물체의 관계가 이루어진다.
㉯ 눈 → 물체 → 투상면의 관계가 이루어진다.
㉰ 물체 → 눈 → 투상면의 관계가 이루어진다.
㉱ 투상면 → 물체 → 눈의 관계가 이루어진다.

[토용] 제3각법 : 눈 → 투상면 → 물체

문제 32. 다음 중 제1각법은?
㉮ 눈 → 물체 → 투상면　　㉯ 물체 → 눈 → 투상면
㉰ 투상면 → 눈 → 물체　　㉱ 눈 → 투상면 → 물체

[해답] 27. ㉰　28. ㉮　29. ㉱　30. ㉱　31. ㉮　32. ㉮

[도움] 제1각법 : 눈 → 물체 → 투상면

[문제] 33. 제1각법에 대한 설명이 잘못된 것은?
㉮ 평면도는 정면도 밑에 둔다.
㉯ 눈과 투상면 사이에 물체를 두어야 한다.
㉰ 물체를 오른쪽에서 본 것은 정면도 왼쪽에 그린다.
㉱ 저면도는 정면도 우측에 둔다.

[도움] 제1각법에서 저면도는 정면도 위쪽에 둔다.

[문제] 34. 다음 제3각법의 배치도에 대한 설명 중 틀린 것은?
㉮ 정면도 오른쪽에는 우측면도를 둔다.
㉯ 정면도 왼쪽에는 좌측면도를 둔다.
㉰ 정면도 위쪽에는 배면도를 둔다.
㉱ 정면도 아래쪽에는 저면도를 둔다.

[도움] 제3각법에서 정면도 위쪽에는 평면도를 둔다.

[문제] 35. 제1각법에서 평면도는 정면도의 위치로 맞는 것은?
㉮ 정면도 아래쪽   ㉯ 정면도 오른쪽
㉰ 저면도 아래쪽   ㉱ 배면도 오른쪽

[도움] 제1각법에서 평면도는 정면도 아래쪽에 둔다.

[문제] 36. 제1각법에서 우측면도는 정면도를 기준으로 하여 어느 쪽에 두는가?
㉮ 위쪽   ㉯ 아래쪽   ㉰ 오른쪽   ㉱ 왼쪽

[도움] 제1각법에서 우측면도는 정면도의 좌측에 두고, 좌측면도는 정면도의 우측에 둔다.

[문제] 37. 제1각법에 비해 제3각법의 장점에 대한 설명으로 틀린 것은?
㉮ 건축이나 경사면이 있는 물체의 관련도를 대조하는데 편리하다.
㉯ 치수 기입이 두 투상도 사이에 접해 있어 치수를 비교하는데 편리하다.
㉰ 모양을 이해하기 쉬우므로 오작의 염려가 적다.
㉱ 복잡한 모양에 대하여 보조 투상도를 이용할 필요가 없다.

[도움] 제3각법에서는 복잡한 모양에 대하여 보조 투상도를 이용하여 정확히 표현할 수 있다.

[문제] 38. 제3각법에서 평면도는 정면도의 어느 위치에 배치하는가?
㉮ 위쪽   ㉯ 아래쪽   ㉰ 오른쪽   ㉱ 왼쪽

[도움] 제3각법에서 평면도는 정면도 위쪽에, 저면도는 정면도 아래쪽에, 배면도는 정면도 오른쪽에 배치한다.

[해답] 33. ㉱ 34. ㉰ 35. ㉮ 36. ㉱ 37. ㉱ 38. ㉮

문제 39. 제3각법에서 저면도는 정면도를 기준으로 하였을 경우 어느 쪽에 배치하는가?
㉮ 위쪽   ㉯ 아래쪽   ㉰ 오른쪽   ㉱ 왼쪽

문제 40. 물체의 오른쪽 측면이 정면도의 왼쪽에 도시될 때의 투상도법으로 맞는 것은?
㉮ 제1각법   ㉯ 제2각법   ㉰ 제3각법   ㉱ 제4각법

도움 제1각법 : 좌우 측면이 서로 바꾸어 투상되는 것을 말한다.

문제 41. 다음 그림의 투상도법의 기호는 무엇을 나타내는가?
㉮ 제1각법
㉯ 제2각법
㉰ 제3각법
㉱ 제4각법

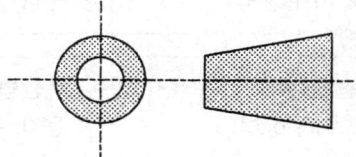

문제 42. 다음 그림의 투상도법의 기호는 무엇을 나타내는가?
㉮ 제1각법
㉯ 제2각법
㉰ 제3각법
㉱ 제4각법

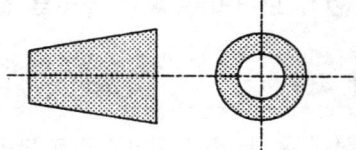

문제 43. 입체의 정면은 투상면에 직각인 평행 광선으로 투상하고 측면은 기울어진 평행 광선으로 투상하는 투상법은?
㉮ 정투상법   ㉯ 사투상법   ㉰ 등각 투상법   ㉱ 투시법

도움 사투상법
① 입체의 정면은 투상면에 직각인 평행 광선으로 투상하고 측면은 기울어진 평행 광선으로 투상
② 물체의 외관을 입체적으로 표시
③ 용도 : 배관도, 스케치도, 설명도, 가구 제도 등

문제 44. 사투상법에 대한 설명 중 틀린 것은?
㉮ 물체의 외관을 입체적으로 표시한다.
㉯ 입체의 정면은 투상면에 직각인 평행 광선으로 투상된다.
㉰ 입체의 측면은 기울어진 평행 광선으로 투상한다.
㉱ 기계 제도용으로 사용된다.

문제 45. 입체의 정면과 측면을 등각으로 기울어진 평행 광선으로 투상하는 투상법은?
㉮ 정투상법   ㉯ 사투상법   ㉰ 등각 투상법   ㉱ 투시법

도움 등각 투상법이다.

해답 39. ㉯   40. ㉮   41. ㉰   42. ㉮   43. ㉯   44. ㉱   45. ㉰

문제 46. 방사 광선이나 비평행 광선으로 투상하는 투상법은?
㉮ 정투상법　　㉯ 사투상법　　㉰ 등각 투상법　　㉱ 투시법

[도움] 투시법
① 방사 광선이나 비평행 광선으로 투상
② 물체의 원근감을 갖도록 표시
③ 용도: 사진, 토건 제도용

문제 47. 물체의 원근감을 갖도록 표시한 투상법은?
㉮ 정투상법　　㉯ 사투상법　　㉰ 등각 투상법　　㉱ 투시법

문제 48. 스케치도를 작성하는데 이용되지 않는 투상법은?
㉮ 투시법　　㉯ 사투상법　　㉰ 등각 투상법　　㉱ 부등각 투상법

[도움] 스케치도 : 사투상법, 등각 및 부등각 투상법을 이용한다.

문제 49. 사투상도에서 연직 모서리는 실제 길이로 잡고 다른 길이는 실제 길이의 얼마 정도로 그리는가?
㉮ 1/2　　㉯ 2/3　　㉰ 3/4　　㉱ 4/5

[도움] 사투상도의 연직 모서리 길이는 실제 길이로 잡고 다른 모서리는 실제 길이의 3/4으로 그린다.

문제 50. 가구 제도에 사용되는 사투상도의 연직 모서리가 아닌 다른 모서리의 길이는 실제 길이의 얼마로 잡는가?
㉮ 1/2　　㉯ 2/3　　㉰ 3/4　　㉱ 4/5

[도움] 가구 제도에는 실제 길이의 1/2로 잡는다.

문제 51. 등각 투상도에서 3축은 몇 도로 벌리는가?
㉮ 30°　　㉯ 60°　　㉰ 90°　　㉱ 120°

[도움] 3축(X, Y, Z)이 120°의 등각인 것을 등각 투상도라 한다.

문제 52. 보조 투상도는 어느 투상법에 준하여 그리는 것이 원칙인가?
㉮ 제1각법　　㉯ 제2각법　　㉰ 제3각법　　㉱ 제4각법

[도움] 제1각법에 따른 도면에도 보조 투상도는 제3각법에 따른다.

문제 53. 정면도는 직사각형이고 평면도는 정삼각형으로 도시될 때의 물체는?
㉮ 원판　　㉯ 원기둥　　㉰ 정사각기둥　　㉱ 정삼각기둥

[도움] 정삼각 기둥의 투상이다.

[해답] 46. ㉱　47. ㉱　48. ㉮　49. ㉰　50. ㉮　51. ㉱　52. ㉰　53. ㉱

문제 **54.** 입체의 각 면을 한 평면 위에 펼친 도형은?
㉮ 입면도   ㉯ 정면도   ㉰ 전개도   ㉱ 평면도

토용▶ 전개도는 각 면을 한 평면 위에 펼친 그림이다.

문제 **55.** 축측 투상법에 대한 설명이 바르지 못한 것은?
㉮ 대상물의 세 좌표면이 투상면에 대하여 경사를 이룬 직각 투상을 축측 투상이라 한다.
㉯ 축측축의 길이는 원래의 길이보다 길게 나타난다.
㉰ 종류에는 등각 투상도, 이등각 투상도, 부등각 투상도가 있다.
㉱ 일반적으로 한 개의 투상면에 나타내어 그린 그림을 축측 투상도라 한다.

토용▶ 축측축의 길이는 원래의 길이보다 짧게 나타난다

문제 **56.** 축측 투상도의 종류가 아닌 것은?
㉮ 등각 투상도   ㉯ 이등각 투상도
㉰ 삼등각 투상도   ㉱ 부등각 투상도

토용▶ 축측 투상도의 종류 : 등각 투상도, 이등각 투상도, 부등각 투상도

문제 **57.** 다음은 사투상법에 대한 설명이다. 틀린 것은?
㉮ 투상선이 투상면을 사선으로 지나는 평행 투상이다.
㉯ 일반적으로 2 개의 투상면으로 나타낸다.
㉰ 정투상도에서 정면도의 크기와 모양을 그대로 사용한다.
㉱ 등각 투상도에서 원을 표현할 때 타원으로 표현해야 한다.

토용▶ 사투상법은 일반적으로 하나의 투상면으로 나타낸다

문제 **58.** 캐비닛도에 대한 설명 중 틀린 것은?
㉮ 투상면에 대하여 63°26′ 인 경사를 갖는 투상도이다.
㉯ X축을 수평축으로 45° 기울여서 그리는 것이 보통이다.
㉰ 3축 중 Y축 및 Z축에서는 실제 길이를 나타낸다.
㉱ X축에서는 실제 길이의 1/2를 나타낸다.

토용▶ X축을 수평축으로 60° 기울여서 그리는 것이 보통이다.

문제 **59.** 카발리에도에 대한 설명으로 맞지 않는 것은?
㉮ 투상선이 투상면에 대하여 45°의 경사를 가진다.
㉯ 3축 모두 실제 길이로 나타낸다.
㉰ X축을 수평축으로 45° 기울여서 그리는 것이 보통이다.
㉱ X축을 수직축으로 60° 기울여서 그리는 것이 보통이다.

해답 54. ㉰ 55. ㉯ 56. ㉰ 57. ㉯ 58. ㉯ 59. ㉱

도움 X축을 수평축으로 45° 기울여서 그리는 것이 보통이다.

문제 60. 제도에 사용되는 투상법은 특별한 이유가 없는 한 다음 3종류를 사용한다. 틀린 것은?
㉮ 정투상   ㉯ 등각 투상   ㉰ 사투상   ㉱ 투시법

도움 제도에 많이 사용되는 투상법 : 정투상, 등각 투상, 사투상

문제 61. 모양을 엄밀, 정확하게 표시할 수 있는 투상법은?
㉮ 정투상   ㉯ 등각 투상   ㉰ 사투상   ㉱ 투시법

도움 정투상법이다.

문제 62. 하나의 그림으로 정육면체의 세 면을 같은 정도로 표시할 수 있는 투상법은?
㉮ 정투상   ㉯ 등각 투상   ㉰ 사투상   ㉱ 투시법

도움 등각 투상법이다.

문제 63. 하나의 그림으로 정육면체의 세면 중의 한 면만을 중점적으로 엄밀, 정확하게 표시할 수 있는 투시법은?
㉮ 정투상   ㉯ 등각 투상   ㉰ 사투상   ㉱ 투시법

도움 사투상법이다.

문제 64. 대상물의 모양, 기능을 가장 뚜렷하게 나타내는 면을 그릴 수 있는 투상도는?
㉮ 주 투상도   ㉯ 보조 투상도   ㉰ 부분 투상도   ㉱ 국부 투상도

도움 주 투상도
① 대상물의 모양, 기능을 가장 뚜렷하게 나타내는 면을 그릴 수 있는 투상도
② 평면도, 측면도 등 보충 도형의 수는 생략하고 정면도 한 개로만 나타낸 투상도

문제 65. 평면도, 측면도 등 보충 도형의 수는 생략하고 정면도 한 개로만 나타낸 투상도는?
㉮ 주 투상도   ㉯ 보조 투상도   ㉰ 부분 투상도   ㉱ 국부 투상도

문제 66. 경사면부가 있는 대상물에서 그 경사면의 실형을 나타낼 필요가 있는 경우의 투상도를 그리는 방법이 아닌 것은?
㉮ 경사면과 마주보는 위치에 보조 투상도를 그린다.
㉯ 지면의 관계 등으로 보조 투상도를 경사면과 마주보는 위치에 배치할 수 없을 경우는 그 뜻을 화살표와 영자의 대문자로 나타낸다.
㉰ 보조 투상도의 배치 관계가 분명치 않을 경우는 표시 문자의 각각에 상대 위치의 도면 구역의 구분 기호를 부기한다.
㉱ 보통 투상도에서 보이는 부분을 전부 도시하면 도면 이해가 쉬우므로 보조 투상도는 필히 그려한다.

해답 60. ㉱   61. ㉮   62. ㉯   63. ㉰   64. ㉮   65. ㉮   66. ㉱

[도움] **보조 투상도** : 보통 투상도에 보이는 부분을 전부 도시하면 도리어 알기 어려울 대 보조 투상도로 표시한다.

[문제] **67.** 물체의 수평면 또는 수직면의 일부 모양을 도시해도 충분할 때 그 부분만을 투상도로 도시하는 도형법은?
 ㉮ 보조 투상도 ㉯ 부분 투상도 ㉰ 회전 투상도 ㉱ 요점 투상도

[도움] **부분 투상도** : 그림의 일부를 도시하는 것으로 충분한 경우에 필요 부분만을 그린 투상도

[문제] **68.** 대상물의 구멍, 홈 등 한 국부만의 모양을 도시하는 것으로 충분한 경우에 필요 부분만 그리는 투상도는?
 ㉮ 국부 투상도 ㉯ 부분 투상도 ㉰ 회전 투상도 ㉱ 요점 투상도

[도움] **국부 투상도** : 대상물의 구멍, 홈 등 한 국부만을 도시하는 투상도

[문제] **69.** 원통 절삭을 하는 대상물의 중심은 도면의 어느 위치로 선정하는 것이 좋은가?
 ㉮ 수평 방향   ㉯ 수직 방향
 ㉰ 경사 방향   ㉱ 작업자의 임의 방향

[도움] 원통은 절삭하는 위치로 수평 방향으로 놓고 그린다.

[문제] **70.** 원통 절삭에서 가공량이 많은 공정을 도시하는 위치는?
 ㉮ 오른쪽 ㉯ 왼쪽 ㉰ 위쪽 ㉱ 아래쪽

[도움] 가공량이 많은 공정은 오른쪽에 오게 그린다.

[문제] **71.** 가상의 절단면을 정투상법에 의해서 나타낸 투상도는?
 ㉮ 단면도 ㉯ 정면도 ㉰ 배면도 ㉱ 외형도

[도움] 단면도이다.

[문제] **72.** 기계의 제작도에 많이 사용되고 있는 투상도는?
 ㉮ 외형도 ㉯ 단면도 ㉰ 정면도 ㉱ 평면도

[도움] 기계의 제작도는 단면도로써 표시하는 경우가 많다.

[문제] **73.** 정면도 한 개만으로 충분히 나타낼 수 있을 때의 도형은?
 ㉮ 주 투상도 ㉯ 보조 투상도 ㉰ 부분 투상도 ㉱ 국부 투상도

[도움] **주 투상도** : 정면도 하나로만 나타내는 투상도

[문제] **74.** 투상도에서 보이는 부분을 전부 도시하지 않고 일부분만 투상하는 투상도는?
 ㉮ 주 투상도 ㉯ 보조 투상도 ㉰ 국부 투상도 ㉱ 회전 투상도

[해답] 67. ㉯ 68. ㉮ 69. ㉮ 70. ㉮ 71. ㉮ 72. ㉯ 73. ㉮ 74. ㉯

토용 보조 투상도 : 일부분만 투상하는 것을 말한다.

문제 75. 도면이 상하 또는 좌우 대칭인 물체의 도시 방법은?
㉮ 도면의 1/2로 표시 ㉯ 도면의 1/3로 표시
㉰ 도면의 1/4로 표시 ㉱ 도면의 1/5로 표시

토용 대칭인 물체의 도시
① 상하 또는 좌우 대칭일 때 도면의 1/2로 표시
② 상하 좌우일 때 도면의 1/4로 표시

문제 76. 얇은 철판을 가공하여 만든 제품을 도시할 때 주 투상도 이외에 필요하여 그리게 된 도면은?
㉮ 전개도 ㉯ 확대도 ㉰ 보조도 ㉱ 회전도

토용 얇은 제품은 정면도 외에 전개도를 그린다.

문제 77. 같은 종류의 보올트 구멍이 연속되어 나열되어 있을 때의 도시 방법은?
㉮ 중심선에 따라 구멍 전부를 도시한다.
㉯ 중심선에 의해 양끝 및 요소만 도시한다.
㉰ 중심선은 생략하고 구멍 전부를 도시한다.
㉱ 중심선만 도시하고 구멍 전부를 생략한다.

토용 중심선을 표시하고 양끝 및 요소만 도시한다.

문제 78. 동일 단면형의 부분이 긴 경우의 도시 방법은?
㉮ 중간 부분은 생략하고 양끝만 도시한다.
㉯ 양끝은 생략하고 중간만 도시한다.
㉰ 중간 부분 및 양끝을 전부 도시한다.
㉱ 중간 부분은 도시 한쪽 끝은 생략, 한쪽 끝은 도시한다.

토용 중간 부분은 생략하고 양끝만 도시한다.

문제 79. 피스톤과 같이 잘린 부분의 도시 위치는?
㉮ 오른쪽 ㉯ 왼쪽 ㉰ 위쪽 ㉱ 아래쪽

토용 특수 형체를 가진 부분은 위쪽으로 오게 도시한다.

문제 80. 투상면이 평면일 때의 표시 방법은 어떻게 도시하는가?
㉮ 면에 "평"이라고 표시한다
㉯ 치수 앞이 □ 표시를 한다
㉰ 면에 가는 실선의 대각선으로 표시한다
㉱ 면에 일점 쇄선으로 표시한다

해답 75. ㉮ 76. ㉮ 77. ㉯ 78. ㉮ 79. ㉰ 80. ㉰

도움 면에 가는 선의 대각선을 표시한다.

문제 **81.** 너어링이나 철망 등의 도시 방법은?
㉮ 전면에 모양을 표시
㉯ 면의 1/2만 모양 표시
㉰ 요소 일부만 표시
㉱ 표시하지 않는다

도움 같은 모양이 전면에 있을 때는 요소의 일부분만 표시한다.

문제 **82.** 단면도의 표시 방법에 대한 설명 중 틀린 것은?
㉮ 기계의 제작도에 많이 표시되고 있다.
㉯ 단면 부분 및 그 앞쪽에서 보이는 부분은 모두 은선으로 그린다.
㉰ 단면 부분은 단면이란 표시로 해칭 및 스머징을 한다.
㉱ 대상물의 보이지 않는 부분을 도시하는데는 숨은 선을 사용하여 표시하여도 좋다.

도움 단면 부분 및 그 앞쪽에서 보이는 부분은 모두 외형선으로 그린다

문제 **83.** 단면도의 절단 자리에 해칭 또는 스머징을 할 경우의 설명 중 틀린 것은?
㉮ 해칭은 주된 중심선에 대하여 45°로 가는 실선의 등간격으로 긋는다
㉯ 해칭선은 단면도의 주된 외형선에 대하여 45°로 가는 실선의 등간격으로 긋는다
㉰ 해칭선의 간격은 해칭하는 단면적의 크기에 따라 선택한다
㉱ 인접한 단면의 해칭은 선의 방향은 바꾸나 간격은 바꾸지 않는다

도움 인접한 단면의 해칭은 선의 방향 또는 각도를 바꾸거나 간격은 바꾸어서 구별한다.

문제 **84.** 단면도의 절단 자리에 해칭 또는 스머징을 할 경우의 설명 중 틀린 것은?
㉮ 해칭 대신에 스머징을 할 경우 연필로 칠한다.
㉯ 같은 절단면 위에 나타나는 같은 부품의 단면에도 동일한 해칭을 한다.
㉰ 계단 모양의 절단면은 단면을 구별할 필요시 해칭은 어긋나게 한다.
㉱ 절단한 면적이 넓을 경우 외형에 관계없이 반대로 해칭한다.

도움 절단한 단면의 면적이 넓을 경우 그 외형을 따라 적절한 범위에 해칭 또는 스머징한다.

문제 **85.** 절단한 곳의 표시 문자에 대한 설명 중 틀린 것은?
㉮ 단면도의 위쪽 또는 아래쪽의 어느 한쪽으로 통일하여 기입한다.
㉯ 단면도의 방향에 관계없이 모두 위쪽에 기입한다.
㉰ 뚜렷하게 기입한다.
㉱ 기입하기 좋은 쪽에 기입한다.

도움 단면도의 위쪽, 아래쪽 어느 한쪽으로 통일하고 단면도 방향에 관계없이 모두 위쪽에 뚜렷하게 기입한다.

해답 81. ㉰ 82. ㉯ 83. ㉱ 84. ㉱ 85. ㉱

문제 86. 대상물의 기본적인 모양을 가장 잘 표시하도록 절단면을 결정하여 그린 단면도는?
㉮ 온 단면도　　　　　　　　㉯ 한쪽 단면도
㉰ 부분 단면도　　　　　　　㉱ 회전 도시 단면도

[풀이] 온 단면도(전 단면도)이다.

문제 87. 전 단면도에 대한 설명이 잘못된 것은?
㉮ 대상물을 1평면의 절단면으로 절단해서 얻어지는 단면을 전부 그린 단면도이다.
㉯ 대상물의 기본적인 모양을 가장 잘 표시하도록 절단면을 결정하여 그린다.
㉰ 필요시 특정 부분의 모양을 잘 표시할 수 있도록 절단면을 정하여 그린다.
㉱ 도형의 대부분을 외형도로 하고 필요 요소의 일부분만 단면도로 그린다.

[풀이] ㉱항은 부분 단면도다.

문제 88. 대칭형의 대상물을 대칭 중심을 경계로 하여 외형도의 절반과 전 단면도의 절반을 조합해서 그린 단면도는?
㉮ 온 단면도　　　　　　　　㉯ 한쪽 단면도
㉰ 부분 단면도　　　　　　　㉱ 회전 도시 단면도

[풀이] 한쪽 단면도이다.

문제 89. 도형의 대부분을 외형도로 하고 필요로 하는 요소의 일부분만 그린 단면도는?
㉮ 온 단면도　　　　　　　　㉯ 한쪽 단면도
㉰ 부분 단면도　　　　　　　㉱ 회전 도시 단면도

[풀이] 부분 단면도이다.

문제 90. 절단면을 90° 회전하여 그린 단면도는?
㉮ 온 단면도　　　　　　　　㉯ 한쪽 단면도
㉰ 부분 단면도　　　　　　　㉱ 회전 도시 단면도

[풀이] 회전 도시 단면도이다.

문제 91. 회전 도시 단면도에 대한 설명 중 틀린 것은?
㉮ 절단할 곳의 전후를 끊어서 그 사이에 그린다.
㉯ 절단면을 45° 회전하여 그린 단면도다.
㉰ 절단선의 연장선 위에 긋는다.
㉱ 도형 내의 절단한 곳에 겹쳐서 가는 실선으로 그린다.

[풀이] 절단면을 90° 회전하여 그린다.

[해답] 86. ㉮　87. ㉱　88. ㉯　89. ㉰　90. ㉱　91. ㉯

문제 92. 얇은 부분의 단면도를 그리는 방법으로 틀린 것은?
㉮ 절단 자리를 검게 빈틈없이 칠한다.
㉯ 실제의 치수와 관계없이 1개의 굵은 실선으로 표시한다.
㉰ 절단 자리가 인접해 있는 경우는 도형과의 사이를 약간 틈새를 둔다.
㉱ 이들 틈새는 0.3mm 이상으로 한다.

토용 틈새는 0.7mm 이상으로 한다.

문제 93. 단면도는 원칙적으로 어느 투상면을 절단하여 나타내는가?
㉮ 정면도　　㉯ 측면도　　㉰ 평면도　　㉱ 저면도

토용 정면도를 절단하여 단면도를 그린다.

문제 94. 도면에 가는 실선으로 나란히 빗금을 그은 부분을 나타내는 부분은 무엇을 나타내는가?
㉮ 물체의 표면　　㉯ 물체의 내면　　㉰ 가공면　　㉱ 절단면

토용 절단면은 가는 선으로 빗금을 긋는다.

문제 95. 단면도를 표시하는 이유로서 잘못 설명된 것은?
㉮ 외형선이 상세히 표현된다.　　㉯ 모양이 간단히 표현된다.
㉰ 작동 기능이 표현된다.　　㉱ 내부 구조가 표현된다.

토용 상세한 내면을 표할 수 있다.

문제 96. 단면도에서 절단면은 투상면에 대하여 어떻게 절단하는가?
㉮ 수직한 평면으로 절단한다.　　㉯ 경사진 평면으로 절단한다.
㉰ 나란한 평면으로 절단한다.　　㉱ 설계자의 임의로 절단한다.

토용 투상면에 나란한 평면으로 절단한다.

문제 97. 도면에서 해칭한 부분이 나타내는 것은 무엇을 의미하는가?
㉮ 평면　　㉯ 곡면　　㉰ 단면　　㉱ 정면

토용 단면은 해칭한다.

문제 98. 단면에 해칭할 때 기선에 대한 선의 각도로 많이 사용되는 각도는 얼마인가?
㉮ 30°　　㉯ 45°　　㉰ 60°　　㉱ 90°

토용 해칭선을 각도 : 30°, 45°(가장 많이 사용), 60° 등으로 긋는다.

해답 92. ㉱　93. ㉮　94. ㉱　95. ㉮　96. ㉰　97. ㉰　98. ㉯

문제 99. 단면에 해칭할 때 표시하는 선의 종류는?
㉮ 굵은 실선   ㉯ 가는 실선   ㉰ 2점 쇄선   ㉱ 파선

토움 해칭선을 가는 실선으로 긋는다.

문제 100. 철강류의 해칭을 표시하는 선은?
㉮ 굵은 실선   ㉯ 가는 실선   ㉰ 2점 쇄선   ㉱ 파선

토움 철강류의 해칭선 : 가는 실선

문제 101. 해칭선을 가는 실선과 파선을 교대로 긋는 재질은?
㉮ 철강류   ㉯ 목재류   ㉰ 비철금속류   ㉱ 비금속류

토움 비철금속류의 해칭 : 가는 실선과 파선을 교대로 긋는다.

문제 102. 상하가 대칭인 벨트 풀리의 단면 표시로 맞는 것은?
㉮ 상하 전체를 도시한다.   ㉯ 중심선의 위쪽에만 도시한다.
㉰ 중심선의 아래쪽에만 도시한다.   ㉱ 도면의 적당한 장소에 도시한다.

토움 상하 대칭일 때 중심선 위쪽에만 도시한다.

문제 103. 다음 중 단면 표시를 할 수 있는 것은?
㉮ 베어링 몸통   ㉯ 보올트   ㉰ 너트   ㉱ 축과 키

토움 ㉯, ㉰, ㉱항은 단면 표시되지 않는다.

문제 104. 상하 좌우가 대칭인 물체의 외형과 단면을 함께 나타낼 때의 단면도는?
㉮ 전단면도   ㉯ 반단면도   ㉰ 회전단면도   ㉱ 파단단면도

토움 반단면도 : 외형과 단면을 반쪽 그린 단면도

문제 105. KS 기호에서 도면에 기입하는 치수의 단위는?
㉮ μm ㉯ mm   ㉰ cm   ㉱ m

토움 KS에서는 mm 단위로 기입한다.

문제 106. 다음 치수 보조 기호 중 구의 지름을 표시하는 기호는?
㉮ ϕ ㉯ R   ㉰ □   ㉱ Sϕ

토움 치수 보조 기호
① ϕ : 지름   ② R : 반지름   ③ Sϕ : 구의 지름
④ SR : 구의 반지름   ⑤ □ : 정사각형의 변   ⑥ t : 판의 두께
⑦ ⌒ : 원호의 길이   ⑧ C : 45° 모따기   ⑨ (15) : 참고 치수
⑩ 15 : 비례척이 아닌 치수

해답 99. ㉯ 100. ㉯ 101. ㉰ 102. ㉯ 103. ㉮ 104. ㉯ 105. ㉯ 106. ㉱

문제 107. 다음 중 45° 모따기의 기호는?
㉮ ∅　　㉯ R　　㉰ □　　㉱ C

문제 108. 비례척이 아님을 나타내는 기호는?
㉮ 15　　㉯ (15)　　㉰ {15}　　㉱ 〈15〉

문제 109. 원호의 길이 치수의 수치 위에 붙인 기호는?
㉮ ∅　　㉯ R　　㉰ ⌒　　㉱ C

문제 110. 리벳의 피치를 표시하는 기호는?
㉮ P　　㉯ R　　㉰ ⌒　　㉱ C

토움▶ 피치의 기호 : P

문제 111. R20으로 나타내는 기호를 바르게 설명한 것은?
㉮ 지름이 20mm인 둥근 막대이다.
㉯ 반지름이 20mm인 원호이다.
㉰ 지름이 20mm인 구(球)를 말한다.
㉱ 반지름이 20mm인 구를 말한다.

토움▶ 반지름이 20mm인 원호이다.

문제 112. □30으로 표시되는 기호의 뜻은?
㉮ 지름이 30mm인 원호
㉯ 반지름이 30mm인 원호
㉰ 한 변이 30mm인 정사각형
㉱ 판의 두께가 30mm인 원호

토움▶ 한 변이 30mm인 정사각형

문제 113. 구면을 표시하는 기호로 맞는 것은?
㉮ 구면 12　　㉯ 구면 ∅ 18　　㉰ ∅ 구면 125　　㉱ ∅ 450 구면

토움▶ 구면의 표시 : 구면, 지름 기호, 숫자의 순으로 쓴다.

문제 114. 두께를 표시하는 기호의 표시 위치로 틀린 것은?
㉮ 정면도 안에 표시한다.
㉯ 부품 번호 옆에 표시한다.
㉰ 도면 위에 표시한다.
㉱ 표제란에 표시한다.

토움▶ 두께 기호는 표제란 속에 표시하지 않는다.

문제 115. 치수 기입의 원칙으로 맞는 것은?
㉮ 치수는 기준 부분에서부터 기입한다.
㉯ 치수는 평면도에 주로 기입한다.
㉰ 치수는 중복되어도 기입하여도 무방하다.
㉱ 치수는 불필요한 치수도 있는 숫자 그대로 모두를 기입한다.

해답▶ 107. ㉱　108. ㉮　109. ㉰　110. ㉮　111. ㉯　112. ㉰　113. ㉯　114. ㉱　115. ㉮

토용 치수는 기준 부분에서 부터 기입하는 것이 원칙이다.

문제 116. 치수의 기입 방법에 대한 설명으로 틀린 것은?
㉮ 치수선은 치수선, 치수 보조선, 치수 보조 기호 등을 사용하여 치수 수치에 의해 표시한다.
㉯ 도면에 기입하는 치수는 필요시 치수의 허용 한계를 지시한다.
㉰ 도면에 표시하는 치수는 대상물의 완성 치수를 표시한다.
㉱ 치수를 기입할 때는 대상물의 마무리 치수를 표시할 때도 치수의 허용 한계를 표시한다.

토용 필요한 경우에는 치수의 허용 한계를 지시하나 이론적으로 정확한 치수는 제외한다.

문제 117. 다음 치수 수치의 표시 방법의 설명 중 틀린 것은?
㉮ 길이의 치수 수치는 원칙적으로 mm의 단위로 기입한다.
㉯ 길이 단위 기호는 붙이지 않는다.
㉰ 각도의 치수 수치는 일반적으로 도의 단위를 기입한다.
㉱ 치수 수치의 자리수가 많을 경우는 3자리마다 숫자의 사이를 적당히 띄우고 콤마를 찍는다.

토용 치수 수치의 자리수가 많을 경우는 3자리마다 숫자의 사이를 적당히 띄우고 콤마를 찍지 않는다. **예** 12 320

문제 118. 치수 수치의 자리수가 많을 때의 기입법으로 맞는 것은?
㉮ 12,345   ㉯ 1.23.45   ㉰ 12.345   ㉱ 12 345

문제 119. 치수 수치의 기입 방법에 대한 설명 중 틀린 것은?
㉮ 길이의 단위는 원칙적으로 mm의 단위로 기입한다.
㉯ 각도의 치수 수치는 일반적으로 도의 단위로 기입한다.
㉰ 치수 수치의 소수점은 아래쪽의 점으로 표시한다.
㉱ 치수 수치의 자리수가 많을 경우 세 자리마다 콤마를 찍는다.

토용 3자리마다 숫자의 사이를 적당히 띄우고 컴마는 찍지 않는다.

문제 120. 치수선은 어떤 선으로 그리는가?
㉮ 가는 실선   ㉯ 굵은 실선   ㉰ 가는 쇄선   ㉱ 굵은 쇄선

토용 치수선을 가는 실선으로 표시한다.

문제 121. 치수선에 치수 숫자를 기입할 때의 위치는?
㉮ 치수선의 중간에 나란히 쓴다.   ㉯ 치수선의 아래에 나란히 쓴다.
㉰ 치수선의 위쪽에 나란히 쓴다.   ㉱ 치수선의 오른쪽에 쓴다.

해답 116. ㉱   117. ㉱   118. ㉱   119. ㉱   120. ㉮   121. ㉰

[도움] 치수선의 위쪽에 나란히 쓴다.

[문제] **122.** 치수 기입의 구성 요소로 맞는 것은?
㉮ 치수선, 치수 보조선, 척도, 치수 숫자
㉯ 치수선, 치수 보조선, 지시선, 치수 숫자, 화살표
㉰ 치수선, 치수 보조선, 선의 종류, 선의 굵기, 치수 숫자
㉱ 치수선, 치수 보조선, 도면의 크기 선의 굵기, 치수 숫자

[도움] 치수 기입의 구성 요소 : 치수선, 치수 보조선, 지시선, 치수 숫자, 화살표

[문제] **123.** 치수 기입의 원칙이 잘못 설명된 것은?
㉮ 대상물의 기능, 제작, 조립 등을 고려하여 명료하게 표시한다.
㉯ 대상물의 크기, 자세 및 위치를 가장 명확하게 표시한다.
㉰ 치수는 되도록 주투상도에 집중시킨다.
㉱ 관련되는 치수는 되도록 여러 곳으로 분산시켜 기입한다.

[도움] 치수는 필요에 따라 기준으로 하는 점, 선 또는 면을 기준으로 하여 관련되는 치수는 되도록 한 곳에 모아서 기입하며 중복을 피한다.

[문제] **124.** 치수선의 기입 방법으로 잘못된 것은?
㉮ 치수선, 치수 보조선은 굵은 실선을 사용한다.
㉯ 치수선은 원칙으로 치수 보조선을 사용하여 긋는다.
㉰ 치수선은 치수선 또는 그 연장선은 끝 부분 기호를 붙여 그린다.
㉱ 치수선은 지시하는 길이 또는 각도를 측정하는 방향으로 평행하게 긋는다.

[도움] 치수선, 치수 보조선은 가는 실선으로 긋는다.

[문제] **125.** 사선을 그을 때의 각도는?
㉮ 30°   ㉯ 45°   ㉰ 60°   ㉱ 90°

[도움] 45°로 그린다.

[문제] **126.** 다음 그림은 무엇의 치수선 긋기를 나타낸 선인가?
㉮ 변의 길이 치수선
㉯ 현의 길이 치수선
㉰ 호의 길이 치수선
㉱ 각도 치수선

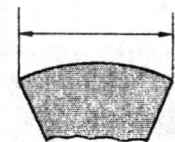

[도움] 현의 길이 치수선이다.

[문제] **127.** 테이퍼는 도면에서 무엇에 따라 기입하는 것을 원칙으로 하는가?
㉮ 테이퍼 면   ㉯ 중심선   ㉰ 작은 지름선   ㉱ 큰 지름선

[해답] 122. ㉯   123. ㉱   124. ㉮   125. ㉯   126. ㉯   127. ㉯

[도움] 테이퍼는 중심선에 따라 기입한다.

[문제] **128.** 다음 그림은 어느 치수선을 긋는 모양인가?
㉮ 변의 길이 치수선
㉯ 현의 길이 치수선
㉰ 호의 길이 치수선
㉱ 각도 치수선

[도움] 호의 길이를 나타내는 치수선이다.

[문제] **129.** 다음 그림은 어느 치수선을 긋는 모양인가?
㉮ 변의 길이 치수선
㉯ 현의 길이 치수선
㉰ 호의 길이 치수선
㉱ 각도 치수선

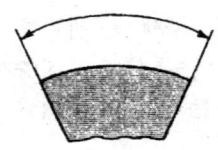

[도움] 각도의 치수를 나타내는 선이다.

[문제] **130.** 치수 보조선에 대한 설명 중 틀린 것은?
㉮ 도형에 선이 완전히 닿게 한다.
㉯ 치수선에 직각으로 한다.
㉰ 치수선보다 2~3mm 길게 긋는다.
㉱ 치수 보조선의 크기는 굵은 실선으로 한다.

[도움] 치수 보조선은 가는 실선으로 긋는다.

[문제] **131.** 치수를 지시하는 선 또는 점을 명확하게 하기 위하여 특별히 필요할 때 치수선에 대하여 치수선에 대하여 적당한 각도를 가지는 서로 평행한 치수 보조선을 그을 때의 각도는?
㉮ 15°   ㉯ 30°   ㉰ 45°   ㉱ 60°

[도움] 60°가 좋다.

[문제] **132.** 다음은 치수선의 기입에 대한 일반적인 원칙이다. 틀린 것은?
㉮ 치수는 되도록 평면도에 집중하여 기입한다.
㉯ 치수는 중복 기입을 피한다.
㉰ 치수는 선에 겹치게 기입해서는 안된다.
㉱ 치수는 되도록 계산하여 구할 필요가 없도록 기입한다.

[도움] 치수는 되도록 정면도에 집중하여 기입한다.

[해답] 128. ㉰　129. ㉱　130. ㉱　131. ㉱　132. ㉮

문제 **133.** 치수를 기입하는 위치 및 방향을 잘못 설명한 것은?
㉮ 치수는 수평 방향의 치수선에는 글자의 방향이 치수선의 위쪽에 기입한다.
㉯ 치수는 수직 방향의 치수선에는 치수선의 왼쪽으로 향하게 기입한다.
㉰ 치수는 치수선을 중단하여 위쪽에 약간 떼어서 기입한다.
㉱ 치수 기입은 치수선의 중앙부 위쪽에 기입한다.

도움 치수는 치수선을 중단하지 않고 이를 따라 그 위쪽에 약간 떼어서 기입한다.

문제 **134.** 치수를 기입하는 위치 및 방향을 잘못 설명한 것은?
㉮ 치수는 글자 방향의 아래쪽을 향하게 기입한다.
㉯ 수평 방향 이외의 치수선은 치수를 기입하기 위해 중단한다.
㉰ 중단하는 위치는 거의 중앙이 좋다.
㉱ 관련된 치수는 한 곳에 모아서 기입한다.

도움 치수는 글자 방향의 위쪽을 향하게 기입한다.

문제 **135.** 모따기의 치수 기입에 대한 설명이 잘못된 것은?
㉮ 모따기 크기가 45° 이하일 때에는 보통 치수의 기입 방법에 따른다.
㉯ 45° 모따기일 때에는 모따기의 치수×45°로 기입한다.
㉰ 45° 모따기일 때에는 기호 C를 치수 앞에 치수의 크기로 기입한다.
㉱ 모따기 크기가 45° 이하일 때에는 C를 치수 뒤에 치수보다 약간 작은 크기로 기입한다.

도움 모따기의 치수 기입법 : ㉮, ㉯, ㉰항의 방법으로 기입한다.

문제 **136.** 2개 이상의 관계도에서 관련 치수의 도면 기입 방법은?
㉮ 관계도의 제일 위쪽에 기입한다.   ㉯ 관계도의 제일 아래쪽에 기입한다.
㉰ 관계도의 중간 사이에 기입한다.   ㉱ 설계자 임의의 장소에 기입한다.

도움 두 관계도의 중간에 대조하기가 쉽다.

문제 **137.** 도면에 기입되는 치수는?
㉮ 가공전의 소재 치수   ㉯ 척도에 의한 도면의 실제 치수
㉰ 예상 치수   ㉱ 완성품의 치수

도움 도면에 기입되는 치수 : 완성품의 다듬질 치수를 기입하고 미완선 치수는 쓰지 않는다.

문제 **138.** 원호의 치수 기입법이 아닌 것은?
㉮ 원호의 치수선은 호쪽에만 화살표를 단다.
㉯ 원호의 크기는 원칙적으로 지름 치수로 나타낸다.
㉰ 180°까지의 원호는 반지름으로 표시한다.
㉱ 180° 이상의 원호는 지름으로 표시한다.

해답 133. ㉰ 134. ㉮ 135. ㉱ 136. ㉰ 137. ㉱ 138. ㉯

도움 원호의 크기에 따라 치수가 달라진다.

문제 139. 원호의 기호(R)를 붙이지 않은 경우는?
㉮ 원호가 아주 작을 경우 ㉯ 원호가 아주 클 경우
㉰ 원호의 중심이 표시된 경우 ㉱ 원호의 중심이 표시되지 않을 경우

도움 중심이 나타나는 원호는 R를 붙이지 않는다.

문제 140. 기울기는 어느 곳에 따라 기입함이 원칙인가?
㉮ 윗변면 ㉯ 중심면 ㉰ 빗변면 ㉱ 밑변면

도움 기울기는 빗면에 따라 기입한다.

문제 141. 다음 중 테이퍼를 나타내는 식은? (단, 큰 지름 : a, 작은 지름 : b, 길이 : l)
㉮ $\dfrac{a}{l}$ ㉯ $\dfrac{b}{l}$ ㉰ $\dfrac{a+b}{l}$ ㉱ $\dfrac{a-b}{l}$

도움 테이퍼 값 : $\dfrac{a-b}{l}$

문제 142. 다음 중 기울기의 값은 얼마인가? (단, 큰 지름 : a, 작은 지름 : b, 길이 : l)
㉮ $\dfrac{a+b}{l}$ ㉯ $\dfrac{a+b}{2l}$ ㉰ $\dfrac{a-b}{l}$ ㉱ $\dfrac{a-b}{2l}$

도움 기울기 값 : $\dfrac{a-b}{2l}$

문제 143. ∅10mm 드릴 구멍이 5개일 때 표시하는 방법은?
㉮ 5-10드릴 ㉯ 10-5드릴 ㉰ 드릴5-10 ㉱ 드릴10-5

도움 5-10드릴로 표시한다.

문제 144. 길이가 200mm이고 큰 지름이 50mm, 테이퍼 값이 1/50일 때 작은 쪽의 지름은 얼마인가?
㉮ 40mm ㉯ 42mm ㉰ 46mm ㉱ 50mm

도움 $\dfrac{1}{50} = \dfrac{50-b}{200}$

∴ $b = 50 - \dfrac{200}{50} = 46$mm

문제 145. 폭이 55mm, 두께 5mm, 길이 200mm의 평강 치수를 바르게 표시한 것은 다음 중 어느 것인가?
㉮ 45×3×180 ㉯ 45×3+180 ㉰ 45-3+180 ㉱ 45×3-180

도움 폭×두께-길이로 표시 : 45×3-180

해답 139. ㉰ 140. ㉰ 141. ㉱ 142. ㉱ 143. ㉮ 144. ㉰ 145. ㉱

문제 146. 도면상에서 지시선은 수평선에 대하여 기울기는 얼마가 좋은가?
㉮ 30°　　㉯ 45°　　㉰ 60°　　㉱ 90°

도움 지시선의 기울기
　① 수평선에 60°　　② 수직선에 30°

문제 147. 화살표 머리의 크기의 폭과 길이의 비는?
㉮ 1 : 2　　㉯ 1 : 3　　㉰ 2 : 3　　㉱ 3 : 2

도움 화살표 머리의 크기 : 폭 : 길이＝1 : 2의 비율로 한다.

문제 148. 지시선 위에 기입할 수 없는 것은?
㉮ 척도　　㉯ 가공법　　㉰ 치수　　㉱ 부품 번호

도움 척도는 표제란에 표시한다.

문제 149. 치수 기입시 주의 사항으로 틀린 것은?
㉮ 치수 숫자는 선에 겹쳐서 기입하면 안된다.
㉯ 치수 수치는 치수선과 교차하는 장소에 기입해서는 안된다.
㉰ 치수 수치 대신 글자 기호를 써도 좋다.
㉱ 원호 부분의 치수는 180° 이상일 때는 반지름으로 표시한다.

도움 원호 치수
　① 180° 이하 : 반지름으로 표시한다.
　② 180° 이상 : 지름으로 표시한다.

문제 150. KS에서 재료 기호 중 처음 부분의 문자는 무엇을 나타내는가?
㉮ 재질을 나타낸다.　　㉯ 규격명을 나타낸다.
㉰ 제품명을 나타낸다.　　㉱ 형상별의 종류를 나타낸다.

도움 처음 부분 : 재질을 나타내는 부분이다.

문제 151. 재료 기호는 영문자와 숫자로 이루어져 있으며, 보통 세 가지의 부분으로 나누어져 있다. 이 중 처음 부분에 대한 설명이 잘못된 것은?
㉮ 재질을 나타내는 부분이다.
㉯ 영어 표기의 머릿글자로 표기한다.
㉰ 원소 기호로 표기한다.
㉱ 재질의 종류 번호를 나타낸다.

도움 처음 부분
　① 재질을 나타내는 부분이다.
　② 영어 표기의 머릿글자나 원소 기호 등으로 표기한다.

해답 146. ㉰　147. ㉮　148. ㉮　149. ㉱　150. ㉮　151. ㉱

문제 152. 재료 기호의 표시에서 가운데 부분이 나타내는 것은?
㉮ 재질   ㉯ 규격명   ㉰ 재료의 종류   ㉱ 인장 강도

도움 중간 부분의 표기
① 규격명 및 제품명
② 형상별 종류나 용도
③ 영어 표기의 머릿글자로 표기한다

문제 153. 재료 기호의 표시에서 중간 부분에 대한 설명 중 틀린 것은?
㉮ 규격명을 나타낸다.
㉯ 제품명을 나타낸다.
㉰ 형상별 종류나 용도를 나타난다.
㉱ 최저 인장 강도의 숫자를 나타낸다.

문제 154. 재료 기호의 표시에서 마지막 부분에는 무엇을 나타내는가?
㉮ 재질   ㉯ 규격명
㉰ 제품명   ㉱ 재질의 종류 번호

도움 끝 부분의 표시
① 재료의 종류, 최저 인장 강도를 숫자나 영문으로 표기
② 경우에 따라서 제조 방법, 모양, 열처리 상황 등을 덧붙여 표시한다.

문제 155. 재료의 종류, 최저 인장 강도를 숫자나 영문으로 표기한 재료 기호의 표기 부분은?
㉮ 처음 부분   ㉯ 중간 부분   ㉰ 끝 부분   ㉱ 적당한 곳

문제 156. 재료 기호의 표시법에서 끝 부분에 이어 부기하는 것은?
㉮ 재질   ㉯ 규격명   ㉰ 재료의 종류   ㉱ 경연의 정도

도움 부기 사항 : 경연의 정도

문제 157. 재료 기호의 표시법에서 SS330의 처음 부분의 S는 무엇을 나타내는가?
㉮ 재질   ㉯ 규격명   ㉰ 인장 강도   ㉱ 제품명

도움 SS330 표시
① 처음 S : 강(재질)
② 중간 S : 제품명(일반 구조용 압연재)
③ 330 : 최저 인장 강도($330 kg/mm^2$)

문제 158. 재료 기호의 표시법에서 SS330의 숫자는?
㉮ 재질   ㉯ 규격명   ㉰ 최저 인장 강도   ㉱ 제품명

해답 152. ㉯   153. ㉱   154. ㉱   155. ㉰   156. ㉱   157. ㉮   158. ㉰

문제 159. 재료 기호의 표시법 중 SM25C에서 숫자가 뜻하는 것은?
㉮ 재질의 종류   ㉯ 규격명
㉰ 최저 인장 강도   ㉱ 탄소 함유량

토움 SM25C : 기계 구조용 탄소 강재로서 0.23~0.28%C이다.

문제 160. 재료 기호에서 강을 표시하는 기호는?
㉮ A   ㉯ B   ㉰ C   ㉱ S

토움 처음 부분의 기호
① S : 강   ② Al : 알루미늄   ③ B : 청동
④ C : 구리   ⑤ ST : 스테인레스강   ⑥ Bs : 황동
⑦ HMn : 고망간   ⑧ WM : 화이트 메탈   ⑨ PB : 인청동

문제 161. 재료 기호에서 알루미늄을 표시하는 기호는?
㉮ Al   ㉯ B   ㉰ C   ㉱ S

문제 162. 재료 기호에서 청동을 표시하는 기호는?
㉮ A   ㉯ B   ㉰ C   ㉱ S

문제 163. 재료 기호에서 구리를 표시하는 기호는?
㉮ A   ㉯ B   ㉰ C   ㉱ S

문제 164. 재료 기호 중에서 가운데 부분이 C로 표시된 제품은?
㉮ 압연재   ㉯ 단조품   ㉰ 주조품   ㉱ 인발재

토움 중간 부분 기호
① B : 봉(bar)   ② C : 주조품   ③ CD : 구상 흑연 주철
④ CP : 냉간 압연 강판   ⑤ DC : 다이 캐스팅   ⑥ HR : 열간 압연
⑦ K : 공구강   ⑧ MC : 가단 주철   ⑨ P : 판(plate)
⑩ PW : 피아노선   ⑪ S : 일반 구조용 압연재 ⑫ SW : 강선
⑬ T : 관(tube)   ⑭ TC : 탄소 공구강   ⑮ W : 선

문제 165. 재료 기호 중에서 가운데 부분이 F로 표시된 제품은?
㉮ 압연재   ㉯ 단조품   ㉰ 주조품   ㉱ 인발재

문제 166. 재료 기호 중에서 가운데 부분이 K로 표시된 제품은?
㉮ 봉   ㉯ 선   ㉰ 관   ㉱ 공구강

문제 167. 재료 기호 중에서 가운데 부분이 W로 표시된 제품은?
㉮ 봉   ㉯ 선   ㉰ 관   ㉱ 공구강

해답 159. ㉱ 160. ㉱ 161. ㉮ 162. ㉯ 163. ㉰ 164. ㉰ 165. ㉯ 166. ㉱ 167. ㉯

문제 168. 재료 기호 중에서 가운데 부분이 DC로 표시된 제품은?
㉮ 구상 흑연 주철   ㉯ 냉간 압연 강판
㉰ 다이 캐스팅   ㉱ 가단 주철

문제 169. 재료 기호 중에서 끝 부분이 C로 표시된 제품은?
㉮ 탄소 함유량   ㉯ 최저 인장 강도   ㉰ 5종   ㉱ 1종

> 끝 부분의 기호
> ① 1 : 1종, 2 : 2종　　② 340 : 최저 인장 강도　　③ A : A종
> ④ B : B종　　⑤ 5A : 5A종　　⑥ C : 탄소 함유량

문제 170. 재료 기호 중에서 끝 부분이 A로 표시된 제품은?
㉮ 탄소 함유량   ㉯ 최저 인장 강도   ㉰ 5종 A   ㉱ A종

문제 171. 재료 기호 중에서 끝 부분이 O로 표시된 제품은?
㉮ 연질   ㉯ 경질   ㉰ 반연질   ㉱ 반경질

> 기호 표시
> ① O : 연질　　② H : 경질
> ③ $\frac{1}{2}$H : 반연질　　④ EH : 특경질

문제 172. 재료 기호 중에서 끝 부분이 H로 표시된 제품은?
㉮ 연질   ㉯ 경질   ㉰ 반연질   ㉱ 반경질

문제 173. 다음 조질도 기호 중 표준 조질도의 기호는?
㉮ A   ㉯ H   ㉰ S   ㉱ 1/2 H

> 조질도 기호
> ① A : 풀림 상태(연질)　　② H : 경질
> ③ 1/2 H : 1/2 경질　　④ S : 표준 조질

문제 174. 다음 조질도 기호의 설명이 잘못된 것은?
㉮ A : 풀림 상태(연질)   ㉯ H : 경질
㉰ 1/2 H : 1/2 경질   ㉱ S : 초경질

문제 175. 끝 부분에 덧붙이는 기호 중 무광택 마무리 기호는?
㉮ A   ㉯ B   ㉰ C   ㉱ D

> 표면 마무리 기호
> ① D : 무광택 마무리
> ② B : 광택 마무리

해답 168. ㉰   169. ㉮   170. ㉱   171. ㉮   172. ㉯   173. ㉰   174. ㉱   175. ㉱

문제 176. 끝 부분에 덧붙이는 기호 중 열처리 기호의 설명이 잘못 짝지워진 것은?
㉮ N : 불림　　　　　　　　　㉯ Q : 담금질, 뜨임
㉰ SR : 시험편에만 불림　　　　㉱ TN : 풀림

도움 TN : 시험편에 용접 후 열처리

문제 177. 끝 부분에 덧붙이는 기호 중 기호 R의 의미는?
㉮ 원심력 주강품　　　　　　　㉯ 제어 압연한 강판
㉰ 킬드강　　　　　　　　　　 ㉱ 압연한 그대로의 강판

도움 끝 부분에 덧붙이는 기호의 의미
① CF : 원심력 주강품　　② K : 킬드강
③ CR : 제어 압연한 강판　④ R : 압연한 그대로의 강판

문제 178. 끝 부분에 덧붙이는 기호 중 기호 CR의 의미는?
㉮ 원심력 주강품　　　　　　　㉯ 제어 압연한 강판
㉰ 킬드강　　　　　　　　　　 ㉱ 압연한 그대로의 강판

문제 179. SCP1의 의미는?
㉮ 냉간 압연 강판 및 강대　　　㉯ 용접 구조용 압연 강재
㉰ 기계 구조용 탄소 강판　　　 ㉱ 고속도 공구 강재

도움 SCP : 냉간 압연 강판 및 강대

문제 180. 다음 중 고속도강의 기호는?
㉮ STC　　㉯ SPC　　㉰ SKH　　㉱ STD

도움 고속도강의 기호 : SKH

문제 181. 탄소 주강품의 기호는?
㉮ SC　　㉯ GC　　㉰ SKH　　㉱ STD

도움 탄소 주강품의 기호 : SC

문제 182. HBSC1로 표시된 재료 기호에서 C가 뜻하는 것은?
㉮ 청동　　㉯ 황동　　㉰ 1종　　㉱ 주조품

문제 183. 기호 C가 갖는 뜻으로 틀린 것은?
㉮ 제1부분 기호 : 구리　　　　㉯ 제2부분의 기호 : 주조품
㉰ 제3부분 기호 : 탄소 함유량　㉱ 제4, 5부분의 기호 : 항복점

해답 176. ㉱　177. ㉱　178. ㉯　179. ㉮　180. ㉰　181. ㉮　182. ㉱　183. ㉰

[토응] C기호의 뜻
  ① 제1부분 : 구리   ② 제2부분 : 주조품   ③ 제3부분 : 탄소 함유량

[문제] **184.** 기호 F가 갖는 의미의 설명 중 틀린 것은?
  ㉮ 처음 부분 : Fe   ㉯ 중간 부분 : 단조품
  ㉰ 마지막 부분 : F종   ㉱ 끝 부기 부분 : 주조한 그대로

[토응] 마지막 부분은 쓰지 안는다.

[문제] **185.** 재료의 기호 표시에서 끝 부분에 덧붙이는 기호의 의미가 아닌 것은?
  ㉮ 조질도 상황   ㉯ 열처리 상황
  ㉰ 형상의 의미   ㉱ 최저 인장 강도

[토응] 최저 인장 강도는 끝부분(제3부분)에 붙인 기호다.

[문제] **186.** BSBMAD□(기계용 황동 각봉)에서 A가 의미하는 것은?
  ㉮ 황동   ㉯ 비철금속 기계용 봉재
  ㉰ 연질   ㉱ 무광택 마무리

[토응] BSBMAD□의 의미
  ① BS : 황동   ② BM : 비철금속 기계용 봉재
  ③ A : 연질   ④ D : 무광택 마무리
  ⑤ □ : 4각재

[문제] **187.** BSBMAD□(기계용 황동 각봉)에서 D가 의미하는 것은?
  ㉮ 황동   ㉯ 비철금속 기계용 봉재
  ㉰ 연질   ㉱ 무광택 마무리

[문제] **188.** BSBMAD□(기계용 황동 각봉)에서 □가 의미하는 것은?
  ㉮ 황동   ㉯ 4각재   ㉰ 연질   ㉱ 무광택 마무리

[해답] 184. ㉰   185. ㉱   186. ㉰   187. ㉱   188. ㉯

제 3 장

제도의 설계

1 표면 거칠기(surface roughness)

[1] 표면 거칠기의 개요

(1) 정의 : 물체 표면의 요철(凹凸)의 정도를 말한다.
  ① 표면 거칠기의 측정 방법 : 광 절단식, 현미 간식, 촉침 전기식(많이 사용)
  ② 표시 방법 : 중심선 평균 거칠기(R_a), 최대 높이(R_{max}), 10점 평균 거칠기(R_z)
  ※ KS B 0161에 규정되어 있으며 측정값의 단위는 μm 단위로 표시한다.

(2) 중심선 평균 거칠기 : 측정 길이 L을 잡고, 이 중심선을 X축, 세로 방향을 Y축으로 하여 거칠기 곡선을 y=f(x)로 표시할 때 다음 식으로 구하는 값을 μm 단위로 나타낸 것이다.

$$R_a = \frac{1}{L}\int_0^L |f(x)|\,dx$$

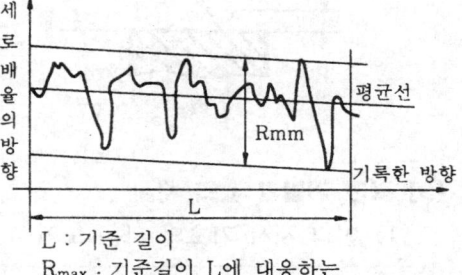

L : 기준 길이
R_{max} : 기준길이 L에 대응하는 채취부분의 최대높이

[최대 높이를 구하는 방법]

(3) 최대 높이 : 기준 길이(L)를 잡고 이 사이에서 가장 높은 곳과 가장 낮은 곳의 높이를 μm 단위로 나타낸 것이다.

(4) 10점 평균 거칠기 : 기준 길이(L)를 잡고 이 사이에 가장 높은 곳으로부터 5번째까지의 높은 곳의 평균값과 가장 깊은 곳으로부터의 5번째까지의 골의 평균값과의 차이를 μm 단위로 나타낸 것이다.

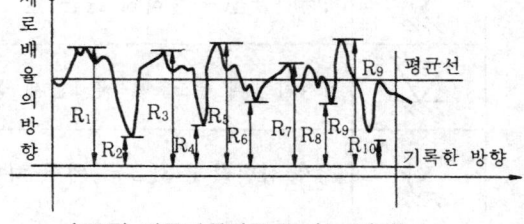

[10점 평균거칠기를 구하는 방법]

[2] 표면 거칠기의 표시

(1) 대상면을 지시하는 기호

① 표면의 결을 표시할 때는 대상면을 지시하는 기호는 60°로 벌린 길이가 다른 절선으로 하는 면의 지시 기호를 사용한다.(그림 a)

② 표면 거칠기의 도시 기호 크기의 종류 (단위 : mm)

도면 및 기호 크기 구 분	Ao 크기 이하		Ao 크기 이상				
	3.5	5	7	10	14	20	28
부기하는 숫자의 크기	2.50	3.5	5	7	10	14	20
기호와 숫자의 선 굵기	0.25	0.35	0.5	0.7	1.0	1.4	2.0
기호 크기(H1)	3.50	5	7	10	14	20	28
기호 크기(H2)	3.50	5	7	10	14	20	28
기호 크기(H)	7.00	10	14	20	28	40	56
부기하는 숫자의 모양	ISO 3098/1B 체 또는 ISO 3098/1A 체						

③ 지시는 대상면을 나타내는 선의 바깥쪽에 붙여서 쓴다.

④ 절삭 등 제거 가공의 필요 여부를 문제삼지 않은 경우는 면에 지시 기호를 붙여서 사용한다.

⑤ 제거 가공을 필요로 한다는 것을 지시할 때는 면의 지시 기호의 짧은 쪽의 다리 끝에 가로선을 부가한다. (그림 b)

⑥ 제거 가공해서는 안 된다는 것을 지시할 때에는 면의 지시 기호에 내접하는 원을 부가한다. (그림 c)

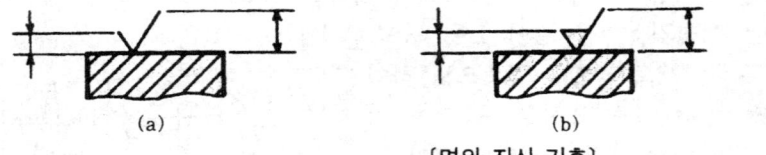

(a)   (b)   (c)

[면의 지시 기호]

[3] 표면 거칠기 값의 지시

(1) 면의 지시 기호의 사용 보기

기 호	뜻
▽	제거가공을 필요로 하는 면
▽(원)	제거가공을 허용하지 않는 면
25▽	제거가공의 필요 여부를 문제 삼지 않으며, R_a가 최대 25 [μm]인 면
6.3 1.6 ▽	R_a가 상한값 6.3 [μm]에서 하한값 1.6 [μm]까지인 제거 가공을 하는 면

기호	설명
25 M ▽ λc0.8	λc 0.8[mm]에서 R_a가 최대 25[μm]인 밀링가공을 하는 면
▽ R_{max} =25S	R_{max}가 최대 25[μm]인 제거가공을 하는 면
▽ Rz L=2.5	기준길이 L=2.5[mm]에서 R_a가 최대 100[μm]인 제거가공을 하는 면

(2) 가공 방법의 기호

가공방법	약호 I	약호 II	가공방법	약호 I	약호 II
선반가공	L	선삭	호닝가공	GH	호닝
드릴가공	D	드릴링	버프다듬질	SPBF	버핑
밀링가공	M	밀링	줄다듬질	FF	줄다듬질
리머가공	FR	리밍	스크레이퍼 다듬질	FS	스크레이핑
연삭가공	G	연삭	주조	C	주조

(3) 면의 지시 기호에 대한 각 지시 사항의 기입 위치

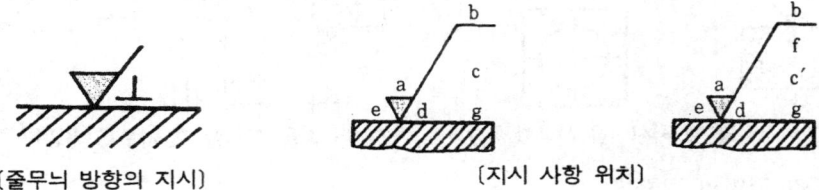

[줄무늬 방향의 지시]   [지시 사항 위치]

a : 중심선 평균 거칠기 값   b : 가공 방법
c : 컷오프값   c' : 기준 길이
d : 줄무늬 방향 기호   e : 다듬질 여유 기입
f : 중심선 평균 거칠기 이외의 표면거칠기 값
g : 표면 파상도(KS B 0610(표면 파상도)에 따른다.)
※ a 또는 f 이외는 필요에 따라 기입한다.
※ e의 곳에, ISO 1302에서는 다듬질 여유를 기입하게 되어 있다.

[4] 도면 기입 방법

(1) 기호는 그림의 아래쪽 또는 오른쪽으로부터 읽을 수 있도록 기입한다.

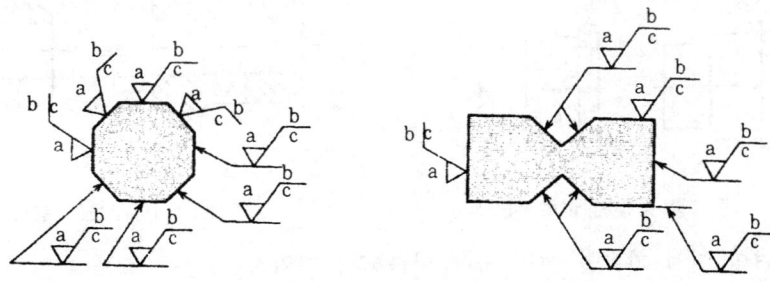

[거칠기 값의 기입 방법]

(2) 중심선 평균 거칠기의 값만을 지시하는 경우 그림과 같이 한다.
(3) 둥글기부 또는 모따기부에 면의 지시 기호를 기입하는 경우에는 반지름 또는 모따기를 나타내는 치수선을 연장한 지시선에 기입한다.

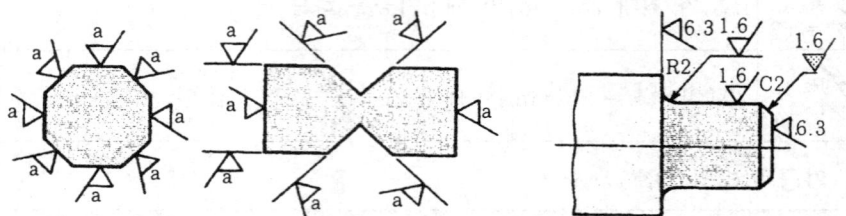

〔중심선 평균 거칠기의 값만을 지시하는 경우〕 〔둥글기, 모따기에서의 면의 지시〕

(4) 둥근 구멍의 지름 치수 또는 호칭을 치수선을 사용하여 표시하는 경우는 지름 치수를 기입한다.
(5) 표면의 결 기호는 되도록 치수를 지시한 투상도에 기입한다.

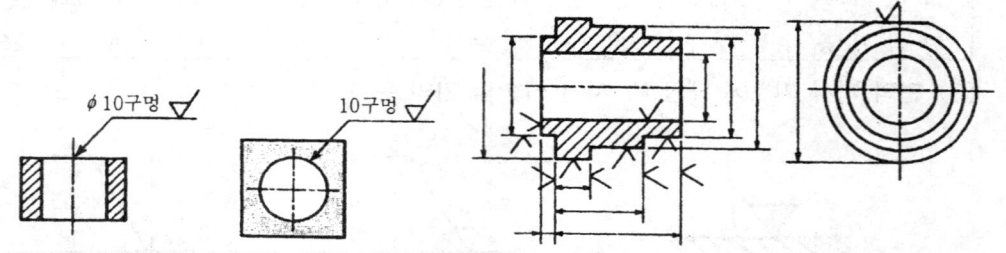

〔구멍에 기입할 때 지시선을 사용할 경우〕 〔표면의 결을 표시할 때 치수를 기입한 투상도에 기입〕

(6) 도면 기입의 간략법
① 부품의 전체 면을 동일한 결로 지정하는 경우에는 주 투상도, 부품 번호, 표제란 곁에 기입한다.
② 1개 부품에서 대부분이 동일한 표면의 결이고 일부분만 다를 경우 공통이 아닌 기호를 해당하는 면에 기입함과 동시에 공통인 결의 기호 다음에 묶음표를 붙여서 면의 지시 기호만을 기입(그림 a) 또는 공통이 아닌 기호를 나란히 기입한다. (그림 b)

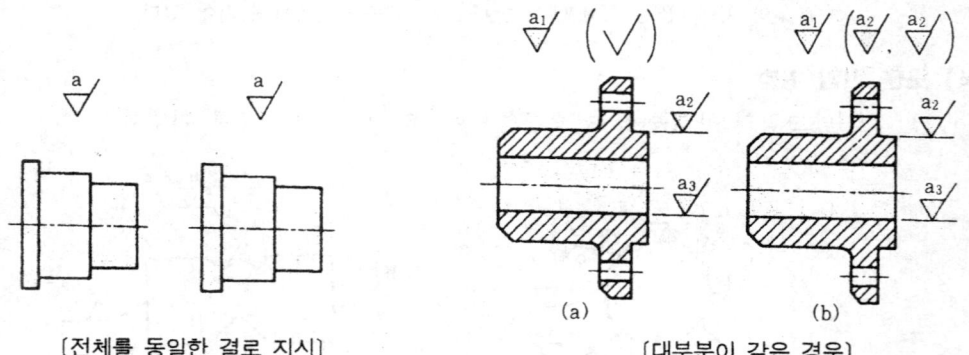

〔전체를 동일한 결로 지시〕 〔대부분이 같은 경우〕

③ 면의 지시 기호를 여러 곳에 반복해서 기입하는 경우 또는 기입하는 여지가 한정되어 있는 경우는 대상면에 면의 지시 기호와 알파벳의 소문자로 기입하고 그 뜻을 주

투상도, 부품 번호 또는 표제란 곁에 기입한다.
④ 둥글기부 또는 모따기부에 면의 지시 기호를 기입하는 경우 이들 부분에 접속하는 2개의 면 중에서 어느 것이든 한쪽의 면과 같으면 되는 경우에는 기호를 생략해도 좋다.

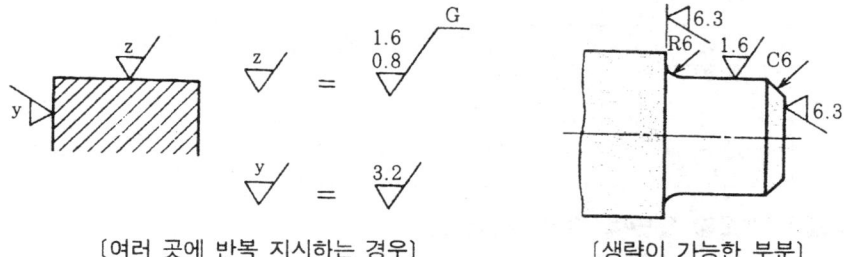

〔여러 곳에 반복 지시하는 경우〕　　〔생략이 가능한 부분〕

2 다듬질 기호

[1] 다듬질 기호

(1) 다듬질 기호와 표면 거칠기의 값

① 다듬질 기호를 사용하여 표면 거칠기를 지시할 때에는 삼각 기호(▽)의 수와 파형 기호(~)로 표시한다.

② 다듬질 기호와 표면 거칠기의 표준값

다듬질 기호	표면거칠기의 표준값		
	R_a	R_{max}	R_z
▽▽▽▽	0.2a	0.8S	0.8z
▽▽▽	1.6a	6.3S	6.3z
▽▽	6.3a	25S	25z
▽	25a	100S	100z
~	특별히 규정하지 않는다.		

[2] 다듬질 기호 사용

(1) 다듬질 기호를 사용하여 면의 결을 지시할 때

① 삼각 기호에 표면 거칠기의 표준값, 컷오프값, 기준 길이, 가공 방법, 줄무늬 방향의 기호 및 다듬질 여유값을 부기할 수 있다.

② 중심선 평균 거칠기는 a, 최고 높이는 S, 10점 평균 거칠기는 z의 기호를 표면 거칠기의 표준값 다음에 기입한다.

(2) 다듬질 기호의 사용 보기

번호	기호	뜻
1	~	제거 가공을 하지 않는다.
2	100S	L8mm에서 R_{max}가 $100\mu m$보다 작은 주조 등의 면

3	∇ 50z	L8mm에서 R_z가 50μm인 제거 가공을 하는 면
4	∇∇∇	위의 표에 표시하는 표면거칠기의 범위에 들어가는 제거 가공을 하는 면(대략 1.6a)
5	∇∇∇ 0.8a	λc 0.8mm에서 R_a가 최대 0.8μm인 제거 가공을 하는 면
6	∇∇∇ G	위의 표에 표시하는 표면거칠기의 범위에 들어가는 연삭 가공을 하는 면
7	∇∇∇ 1.6a G 2.5	λc 2.5mm에서 R_a가 최대 1.6μm인 연삭 가공을 하는 면

【3】 다듬질 기호를 도면에 기입하는 방법

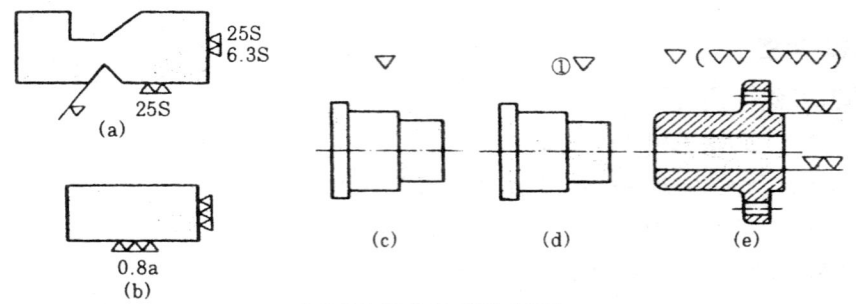

〔다듬질 기호의 기입 방법〕

3 치수 공차

【1】 치수 공차

(1) 용어의 뜻

① 실치수 : 두 점 사이의 거리를 실제로 측정한 치수이다. (단위 : mm)

② 허용 한계 치수 : 실치수가 그 사이에 들어가도록 정한 허용할 수 있는 대, 소의 치수
  ※ 최대 허용 치수와 최소 허용 치수로 나눈다.

③ 기준 치수 : 치수 허용 한계의 기준이 되는 치수이다.
  ※ 도면상에는 구멍, 축 등의 호칭 치수와 같다.

④ 기준선 : 허용 한계 치수 또는 끼워맞춤을 도시할 때 치수 허용차의 기준이 되는 선.
  ※ 치수 허용차가 0인 직선으로 기준 치수를 나타낼 대에 사용한다.

⑤ 치수 허용차 : 허용 한계 치수에서 기준 치수를 뺀 값.
  ※ 위치수 허용차와 아래 치수 허용차가 있다.

⑥ 기초가 되는 허용차 : 허용 한계 치수와 기준 치수의 한계를 결정하는 기초가 된 치수
  ※ 구멍과 축의 종류에 따라 위치수 허용차 또는 아래 치수 허용차가 결정된다.

⑦ 치수 공차 : 최대 허용 한계 치수와 최소 허용 한계 치수의 차.
  ※ 위치수 허용차와 아래 치수 허용차를 의미하고 공차라고도 한다.

㉮ 공차값을 나타내는 예

$$\phi 40 ^{+0.025}_{0} \qquad \phi 40 ^{-0.025}_{-0.050}$$

최대 허용 치수	A=40.025mm	a=39.975mm
최소 허용 치수	B=40.000mm	b=39.950mm
치수 공차	T=A−B=0.025mm	t=a−b=0.025mm
기준 치수	C=40000mm	c=40.000mm
위 치수 허용차	E=A−C=0.025mm	e=a−c=−0.025mm
아래 치수 허용차	D=B−C=0mm	d=b−c=−0.050

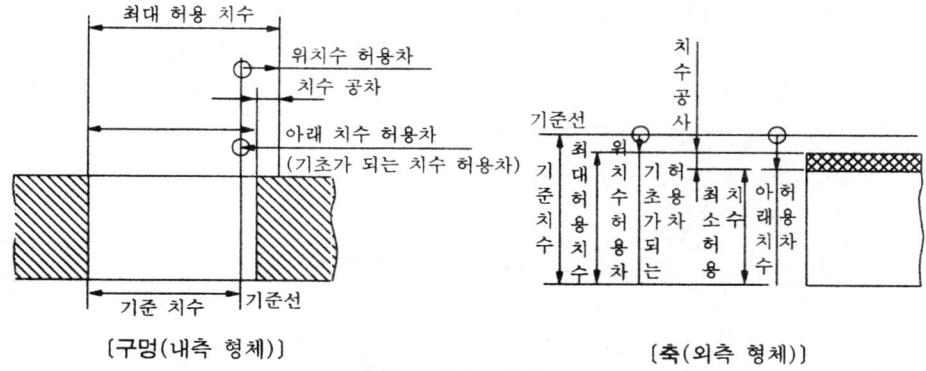

〔구멍(내측 형체)〕　　〔축(외측 형체)〕
〔치수 공차의 용어〕

(2) 치수 공차의 기입 방법

① 도면에 치수 공차를 기입하려면 기준 치수에 상하의 치수 허용차를 기입한다.
  ㉮ 기준 치수보다 허용 한계 치수가 클 때는 치수 허용차의 수치에 (+)의 부호를,
  ㉯ 작을 경우는 (−)의 부호를 붙인다.

② 도면에 치수 공차의 기입
  ㉮ 위 치수 허용차와 아래 치수 허용차를 기준 치수 다음에 기입한다.
  ㉯ 치수 공차는 필요에 따라 허용 한계 치수로 기입하여도 좋다.
  ㉰ 위 치수 허용차와 아래 치수 허용차의 절대값이 같을 경우 하나로 몰아서 기입한다.
  ㉱ 길이의 치수에 치수 공차를 기입할 경우는 각 부분에 허용되는 치수에 모순이 없
     도록 중요도가 작은 치수에는 치수 공차를 기입하지 않는다.
  ※ 이 경우에는 하나의 기준면을 결정하고 이것을 기준으로 하여 기입하여도 좋다.

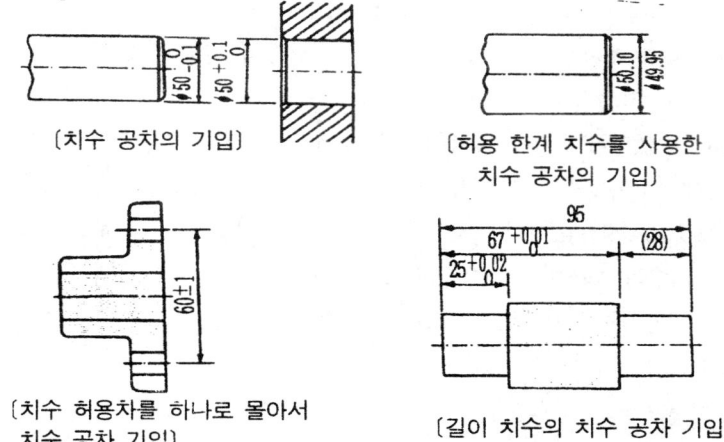

〔치수 공차의 기입〕　　〔허용 한계 치수를 사용한 치수 공차의 기입〕

〔치수 허용차를 하나로 몰아서 치수 공차 기입〕　　〔길이 치수의 치수 공차 기입〕

(3) 기본 공차
  ① 기본 공차의 구분 및 적용
    ㉮ 기본 공차는 치수를 구분하여 같은 구분에 속하는 치수들에 대해서는 같은 공차를 적용한다.
    ㉯ 공차 계열 : 각 구분에 대한 공차의 무리를 말한다.
    ㉰ IT 기본 공차 : 치수 공차와 끼워맞춤에 있어서 정해진 모든 치수 공차를 의미한다.
      ㉠ ISO 공차 방식에 따른 분류한다.
      ㉡ IT 01부터 IT 18까지 20 등급으로 구분하여 KS B 0401에 규정하고 있다.
      ㉢ IT 01과 IT 0에 대한 값은 사용 빈도가 적으므로 별도로 정하고 있다.
    ㉱ IT 공차를 구멍과 축의 제작 공차로 적용할 때 제작의 난이도를 고려하여 구멍에는 IT_n, 축에는 IT_{n-1}을 부여한다.
    ㉲ 기본 공차의 적용

용 도	게이지 제작 공차	끼워맞춤 공차	끼워맞춤 이외 공차
구멍	IT 01~IT 5	IT 6~IT 10	IT 11~IT 18
축	IT 01~IT 4	IT 5~IT 9	IT 10~IT 18

  ② 치수 허용치에 따른 구멍과 축의 종류 및 표시 기호
    ㉮ 구멍과 축의 종류는 기초가 되는 치수 허용차의 수치와 방향에 따라 결정된다.
      ※ 이것은 공차역의 위치를 나타낸다.
    ㉯ 구멍 : A부터 Z까지 영문자의 대문자로 나타낸다.
    ㉰ 축 : a부터 z까지 영문자의 소문자로 나타낸다.
    ㉱ 구멍과 축의 위치는 기준선을 중심으로 대칭이다.
      ※ 예 ㉠ 50 G 7 구멍의 공차역 : $50 ^{+0.034}_{+0.09}$이다.
           ㉡ 50 g 7 축의 공차역 : $50 ^{-0.009}_{-0.034}$이다.
      ※ 기준선에 대하여 위의 구멍과 축은 완전 대칭이다.
  ③ 치수 허용차와 허용 한계 치수의 계산
    ㉮ 기초가 되는 치수 허용차값이 위치수 허용차가 되는 경우
      ㉠ 위치수 허용차=기초가 되는 치수 허용차
      ㉡ 아래 치수 허용차=기초가 되는 치수 허용차-IT 공차값
      ※ 〔보기〕 40 g 6
        ⓐ 40에 대한 IT 6의 공차값(T)=16μm
        ⓑ 40에 대한 g축의 기초가 되는 치수허용차값(i)=9μm이다.
        ⓒ 위 치수의 허용차는 -0.009이고, 아래 치수 허용차는 -0.009-0.016=-0.025이다.
      ∴ $40 ^{-0.009}_{-0.025}$ 또는 $\frac{39.991}{39.975}$

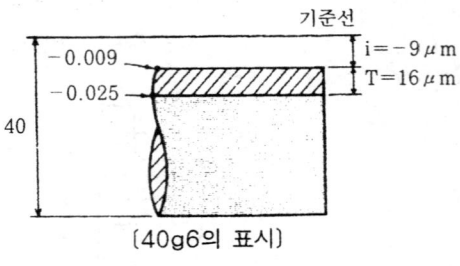

〔40g6의 표시〕

㉯ 기초가 되는 치수 허용차값이 아래 치수 허용차인 경우
  ㉠ 아래 치수 허용차=기초가 되는 치수 허용차
  ㉡ 위치수 허용차=기초가 되는 허용차+IT 공차값
    ※ 〔보기〕 20 F 6
    ⓐ 20에 대한 IT 6의 공차값(T)=13μm
    ⓑ 20에 대한 F 구멍의 기초가 되는 치수 허용차
      값(i)=+20μm
    ⓒ 아래 치수 허용차는 +0.020, 위치수 허용차
      는 0.020+0.013=0.033이다.
    ∴ 20 $^{+0.033}_{+0.020}$ 또는 $\frac{20.033}{20.020}$

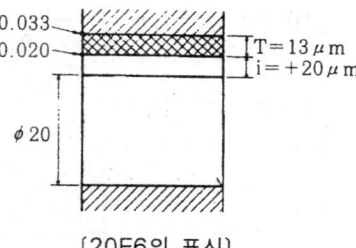
〔20F6의 표시〕

㉰ 기초가 되는 치수 허용차가 0인 경우(H 구멍 및 h 축)
  ㉠ 구멍
    ⓐ 아래 치수 허용차=기초가 되는 치수 허용차=0
    ⓑ 위치수 허용차=0+IT 공차값
  ㉡ 축
    ⓐ 위치수 허용차=기초가 되는 치수 허용차=0
    ⓑ 아래 치수 허용차=0−IT 공차값
    ※ 〔보기〕30 H 8 구멍
    ■ 30에 대한 IT 8의 공차값(T)=33μm
    ■ 30에 대한 H 구멍의 기초가 되는 치수 허용
      차값(i)=0
    ■ 위치수 허용차는 0+0.033, 아래치수 허용
      차는 0이다.
    ∴ 30 $^{+0.033}_{0}$ 또는 $\frac{30.033}{30.000}$

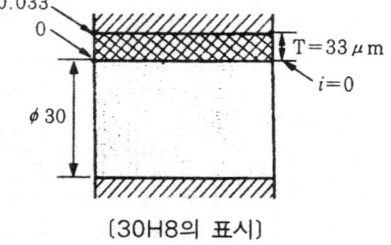
〔30H8의 표시〕

4 끼워맞춤

【1】끼워맞춤

(1) 끼워맞춤의 개요
  ① 구멍과 축을 끼워 맞출 때 2개의 부품이 맞추어지는 관계를 끼워맞춤(fit)이라 한다.
  ② 틈새 : 구멍의 지름이 축의 지름보다 큰 경우에 두 지름의 차를 말한다.
  ③ 죔새 : 축의 지름이 구멍의 지름보다 큰 경우에 두지름의 차를 말한다.
(2) 끼워맞춤의 종류
  ① 끼워맞춤 방식에 따른 종류
    ㉮ 구멍 기준식 끼워맞춤
      ㉠ 아래 치수 허용차가 0인 H 기호 구멍을 기준 구멍으로 하고 이에 적당한 축을
        선정하여 필요로 하는 죔새나 틈새를 얻는 끼워맞춤이다.
      ㉡ H 6~H 10의 5가지 구멍을 기준 구멍으로 사용한다.

〔상용하는 구멍 기준 끼워맞춤〕

기준구멍	축의 공차역 클래스														
	헐거운 끼워맞춤						중간 끼워맞춤			억지 끼워맞춤					
H6						g5	h5	js5	k5	m5					
					f6	g6	h6	js6	k6	m6	n6¹⁾	p6¹⁾			
H7					f6	g6	h6	js6	k6	m6	n6¹⁾	p6¹⁾	r6¹⁾	s6	t6	u6	x6
				e7	f7		h7	js7							
H8					f7		h7								
				e8	f8		h8								
			d9	e9											
H9				d8	e8		h8								
		c9	d9	e9			h9								
H10	b9	c9	d9												

주 1) 이들의 끼워맞춤은 치수의 구분에 따라 예외가 생긴다.

④ 축 기준식 끼워맞춤
  ㉠ 위치수 허용차가 0인 h 기호 축을 기준으로 하고 이에 적당한 구멍을 선정하여 필요한 죔새나 틈새를 얻는 끼워맞춤이다.
  ㉡ h5∼h9의 5가지 축을 기준으로 한다.

〔상용하는 축 기준 끼워맞춤〕

기준축	축의 공차역 클래스														
	헐거운 끼워맞춤						중간끼워맞춤			억지 끼워맞춤					
h5							H6	JS6	K6	M6	N6¹⁾	P6			
h6					F6	G6	H6	JS6	K6	M6	N6	P6¹⁾			
					F7	G7	H6	JS7	K7	M7	N7	N7¹⁾	R7	S7	T7	U7	K7
h7				E7	F7		H7								
					F8		H8								
h8			D8	E8	F8		H8								
			D9	E9			H9								
			D8	E8			H8								
h9		C9	D9	E9			H9								
	B10	C10	D10												

주 1) 이들의 끼워맞춤은 치수의 구분에 따라 예외가 생긴다.

② 끼워맞춤 상태에 따른 분류
  ㉮ 헐거움 끼워맞춤
    ㉠ 구멍의 최소 치수가 축의 최대 치수보다 큰 경우의 끼워맞춤.
    ㉡ 항상 틈새가 생기는 끼워맞춤이다.
    ㉢ 미끄럼 운동이나 회전 운동이 필요한 기계 부품에 적용한다.
  ㉯ 억지 끼워맞춤

㉠ 구멍의 최대 치수가 축의 최소 치수보다 작은 경우의 끼워맞춤.
㉡ 항상 죔새가 생기는 끼워맞춤이다.
㉢ 동력 전달을 하기 위한 기계 조립이나 분해 조립이 불필요한 영구 조립품에 적용한다.
㉯ 중간 끼워맞춤
㉠ 구멍의 치수에 따라 틈새 또는 죔새가 생기는 끼워맞춤.
㉡ 헐거움 끼워맞춤이나 억지 끼워맞춤으로 얻을 수 없는 작은 틈새나 죔새를 얻는 데 적용한다.
㉢ 베어링 조립은 중간 끼워맞춤의 대표적인 예이다.
③ 끼워맞춤에서 틈새와 죔새의 계산
㉮ 틈새의 계산
 ※ 50 H 8-f 7과 같은 표준 끼워맞춤에서 틈새의 최대값과 최소값의 계산
 ㉠ 50 H 8의 최대, 최소 허용 치수의 계산
  ■ 50 IT 8의 공차 수치는 0.039이고, 50H 구멍의 기초가 되는 허용차는 0이므로
  ∴ 50 H 8 = 50 $^{+0.039}_{0}$ = $\frac{50.039}{50.000}$
 ㉡ 50 f 7의 최대, 최소 허용 치수 계산
  ■ 50 IT 7의 공차 치수는 0.025이고, 50f 축의 기초가 되는 허용차는 −0.025이므로
  ∴ 50 f 7 = 50 $^{-0.025}_{-0.050}$ = $\frac{49.975}{49.950}$
 ㉢ 틈새의 계산
  ■ 최소 틈새 = 구멍의 최소 허용 치수 − 축의 최대 허용 치수
  ∴ 50.000 − 49.975 = 0.025
  ■ 최대 틈새 = 구멍의 최대 허용 치수 − 축의 최소 허용 치수
  ∴ 50.039 − 49.950 = 0.089

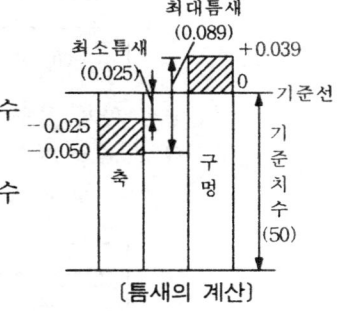
〔틈새의 계산〕

㉯ 죔새의 계산
 ※ 20 H 7-p 6과 같은 표준 억지 끼워맞춤에서 얻어지는 죔새의 최대값과 최소값의 계산
 ㉠ 20 H 7 구멍과 20 p 6 축의 최대, 최소 허용 치수
  ■ 20 H 7 = 20 $^{+0.021}_{0}$ = $\frac{20.021}{20.000}$
  ■ 20 p 6 = 20 $^{+0.035}_{-0.022}$ $\frac{20.035}{20.022}$
 ㉡ 최대 죔새 = 축의 최대 허용 치수 − 구멍의 최소 허용 치수
  ∴ 20.035 − 20.000 = 0.035
 ㉢ 최소 죔새 = 축의 최소 허용 치수 − 구멍의 최대 허용 치수
  ∴ 20.022 − 20.021 = 0.001

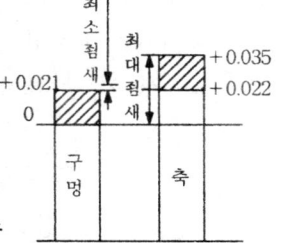
〔죔새의 계산(억지끼워맞춤)〕

㉰ 틈새와 죔새의 계산

※ 15 H 7-m 6과 같은 표준 중간 끼워 맞춤은 죔새와 틈새가 치수 변화에 따라 나타나게 된다. 여기서 나타날 수 있는 최대 죔새와 최대 틈새의 계산

㉠ 15 H 7 구멍과 50 m 6 축의 최대, 최소 허용 치수

- 15 H 7 = 15 $^{+0.018}_{0}$ = $\dfrac{15.018}{15.000}$
- 50 m 6 = 15 $^{+0.018}_{-0.007}$ = $\dfrac{15.018}{15.007}$

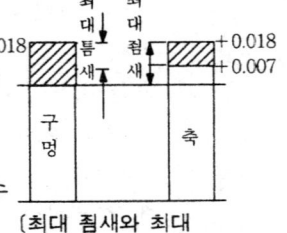

〔최대 죔새와 최대 틈새의 계산(중간 끼워맞춤)〕

㉡ 최대 죔새=축의 최대 허용 치수-구멍의 최소 허용 치수
∴ 15.018-15.000=0.018

㉢ 최대 틈새=구멍의 최대 허용 치수-축의 최소 허용 치수
∴ 15.018-15.007=0.011

[2] 치수 공차와 끼워맞춤 기호의 기입 방법

(1) 치수 공차의 기입 방법

① 기입 방법 : KS A 0108에 규정되어 있다.

② 길이 치수의 허용 한계 기입 방법

㉮ 치수의 허용 한계를 수치에 의하여 지시하는 경우의 기입 방법

㉠ 기준 치수 다음에 치수 허용차(위치수 허용차 및 아래 치수 허용차)의 수치를 기입한다.

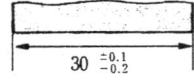 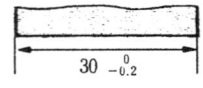 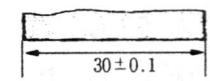

㉡ 허용 한계 치수(최대 허용 치수와 최소 허용 치수)에 의해서 기입한다.

㉢ 최대 허용 치수 또는 최소 허용 치수의 어느 한쪽만 지정할 필요가 있을 때 치수의 수치 앞에 "최대(또는 Max)" 또는 "최소(또는 Min)"라고 기입한다.

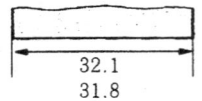 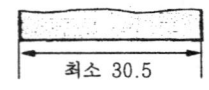 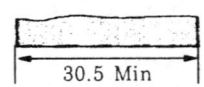

㉯ 치수의 허용 한계를 치수 허용차의 기호에 의해서 지시하는 경우

㉠ 기준 치수 뒤에 치수 허용차의 기호를 기입한다.

㉡ 그 위·아래 치수 허용차를 괄호 안에, 허용 한계 치수를 괄호 안에 부기한다.

※ 이 때 문자 기호 크기의 호칭은 기준 치수의 숫자와 같게 한다.

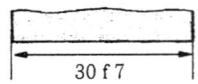 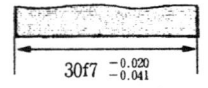 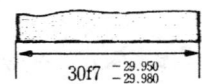

㉰ 치수의 허용 한계를 일괄하여 지시하는 경우

㉠ 각 치수의 구분에 대한 보통 허용차의 수치의 표를 표시한다.

㉡ 인용하는 규격의 번호, 등급 등을 표시한다.

※ 〔보기〕

- 절삭 가공 치수의 보통 허용차 : KS B 0412 보통급

- 주조 가공 치수의 보통 허용차 : KS B 0411
ⓒ 특정한 허용차의 값을 표시한다.
※ 치수 허용차를 지시하지 않는 치수의 허용차는 ±0.25로 한다.
③ 조립한 상태에서의 치수의 허용 한계 기입 방법
㉮ 치수의 허용 한계를 수치에 의하여 지시하는 경우
㉠ 조립한 부품의 구성 형체의 각각의 기준 치수 및 치수 허용차를 각각의 치수선의 위쪽에 기입하고 기준 치수 앞에 그들의 부품 명칭 또는 대조 번호를 부기한다.
㉡ 어떤 경우에도 구멍의 치수는 축의 치수의 위쪽에 기입한다.

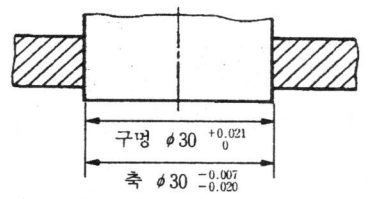
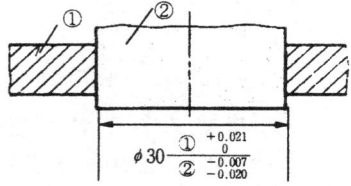

㉯ 치수의 허용 한계를 치수 허용차 기호에 의하여 지시하는 경우
㉠ 조립한 상태에서의 기준 치수와 각각의 치수 허용차 기호를 그림과 같이 써도 좋다.

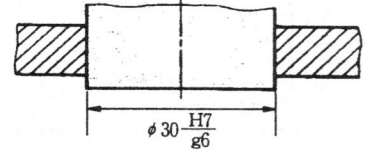
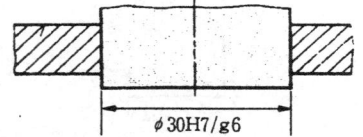

④ 각도 치수의 허용 한계 기입 방법
㉮ 길이 치수의 허용 한계를 수치에 의하여 지시하는 경우의 기입 방법을 적용한다.
㉯ 치수의 허용차에도 반드시 단위 기호를 붙인다.

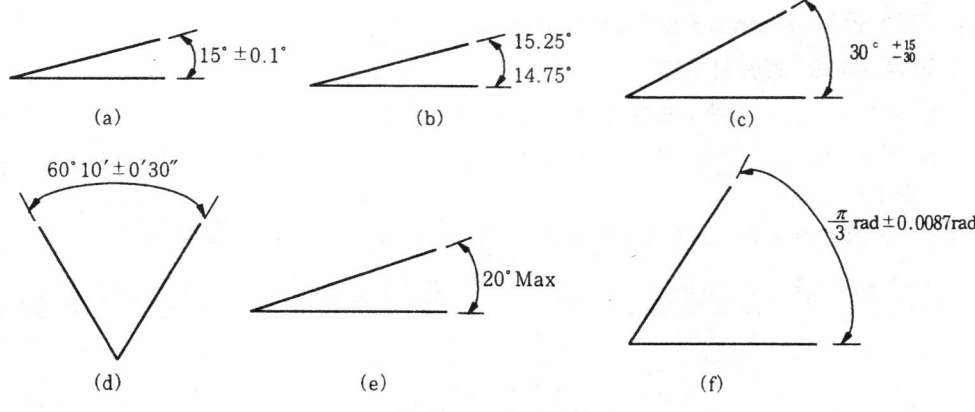

〔각도 치수의 허용 한계 기입〕

⑤ 치수의 허용 한계를 기입할 때 일반 사항
㉮ 기능에 관련되는 치수와 그 허용 한계는 그 기능을 요구하는 형체에 직접 기입하는 것이 좋다.
㉯ 여러 개의 관련되는 치수에 허용 한계를 지시하는 경우는 다음에 표시하는 점을

배려한다.
㉠ 직렬 치수 기입 방법으로 치수를 기입할 때는 치수 공차가 누적되므로 공차의 누적이 기능에 관계없을 경우에 사용한다.
㉡ 중요도가 작은 치수는 기입하지 않거나 괄호를 붙여 참고 치수로 표시한다.

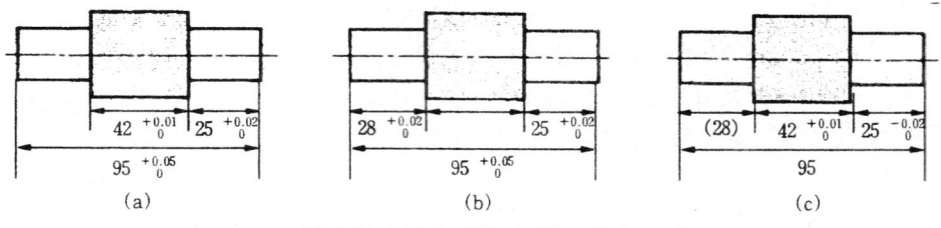

〔중요도가 적은 치수의 허용 한계 기입〕

㉢ 병렬 치수 기입 방법은 또는 누진 치수 기입 방법에서 기입하는 치수 공차는 다른 치수 공차에 영향을 주지 않는다.
※ 이 때 공통된 쪽의 치수 보조선 위치 또는 치수 기점의 위치는 기능·가공 등의 조건을 고려하여 선택한다.

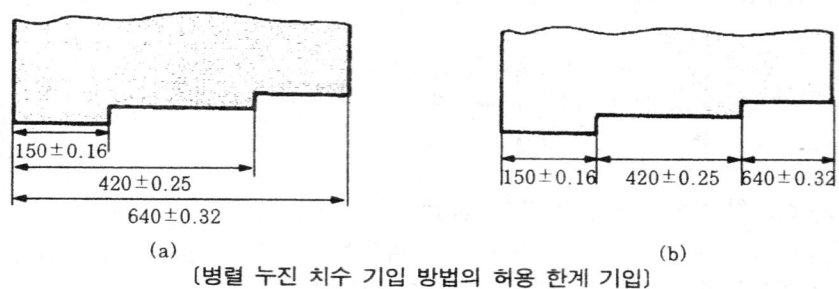

〔병렬 누진 치수 기입 방법의 허용 한계 기입〕

5 기하 공차(geometrical tolerancing)

[1] 기하 공차의 종류와 기호

(1) 기하 공차의 종류 : 모양 공차, 자세 공차, 위치 공차, 흔들림 공차.
(2) 형체(점, 선, 축선, 면, 중심면)에 적용하는 기하 공차는 그 형체가 포함되어야 할 공차역을 정한다.
(3) 공차의 종류와 그 공차값의 지시 방법에 의해서 공차역이 정해진다.

구 분	기 호	공차의 종류	적용하는 형체
모양 공차	—	진직도 공차	단독 형체
	▱	평면도 공차	
	○	진원도 공차	
	⌭	원통도 공차	
	⌒	선의 윤곽도 공차	단독 형체 또는 관련 형체
	⌓	면의 윤곽도 공차	

자세 공차	//	평행도 공차	관련 형체
	⊥	직각도 공사	
	∠	경사도 공사	
위치 공차	⊕	위치도 공차	
	◎	동축도 공차 또는 동심도 공차	
	=	대칭도 공차	
흔들림 공차	↗	원주 흔들림 공차	
	↗↗	온 흔들림 공차	

【2】 기하 공차의 기입 방법

(1) 기하 공차에 대한 표시 사항은 공차 기입틀을 두 구획 또는 그 이상으로 한다.
 ① 첫째 번 구획 : 기하 공차의 기호를 나타낸다.
 ② 둘째 번 구획 : 공차값을 나타낸다.
 ③ 규제 조건이 최대 실제 치수일 경우 Ⓜ 기호를 쓰고 그 다음에 형체 기준을 나타낸다.

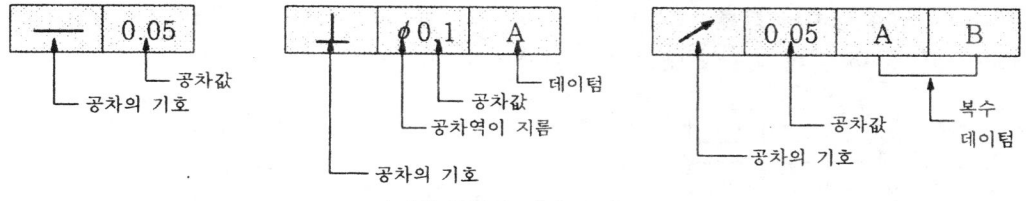

〔기하 공차의 기입 표시〕

【3】 기하 공차의 표시 방법

(1) 기하 공차값을 그 직선의 전체 길이 또는 평면의 전면에 대하여 나타낼 때의 표시

모양(위치)의 정밀도 기호	기하 공차	기준 직선(기준 평면)의 부호

※ 〔보기〕

① ─ 0.1 기준 직선 또는 기준 평면에 부호를 붙이지 않는 보기이다.
 ㉮ 직선 부의 진직도가 이상 직선에서 0.1mm의 기하 공차값이 주어진 것을 나타낸다.

② // 0.1 A 기준 직선 또는 기준 평면을 지정한 보기이다.
 ㉮ 평면 또는 직선의 평행도가 기준 A에 대하여 0.1mm의 기하 공차값인 것을 나타낸다.

③ ─ ⌀0.1 A 직진도의 허용 범위가 원통인 보기이다.
 ㉮ 기하 공차값의 앞에 기호 ⌀를 붙이고 그 직선 부분이 0.1mm의 원통 내부의 공

간에 들어 있으면 되는 것을 나타낸다.
(2) 기하 공차값을 지정 길이 또는 지정 넓이에 대하여 나타낼 때의 표시

| 모양(위치의) 정밀도 기호 | 기하 공차값/지정 길이(넓이) | 기준 직선(평면)의 부호 |

※ 〔보기〕

① 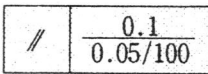 평행도가 기준 B에서 지정 길이 100mm에 대하여 0.55mm 의 기하 공차값을 가지는 것을 나타낸다.

② □ 0.05/100 B 지정 넓이의 보기이며 수치의 어깨에 '□'을 기입하여 임의의 100×100mm에 대하여 평면도가 0.01mm인 것을 나타낸다.

(3) 기하 공차값이 그 직선의 길이 또는 평면의 전면에 대한 것과 지정 길이 또는 지정 넓이에 대한 것과의 두 가지가 있을 때의 표시

※ 〔보기〕

// | 0.1 / 0.05/100 |

[4] 모양 공차

(1) **모양 공차의 종류** : 진직도 공차, 평면도 공차, 진원도 공차, 원통도 공차, 선의 윤곽도 공차, 면의 윤곽도 공차의 6 가지로 규정하고 있다.

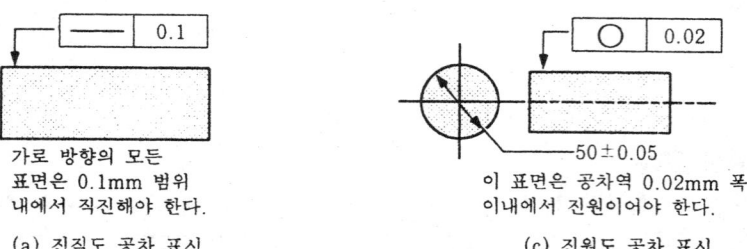

(a) 진직도 공차 표시

(c) 진원도 공차 표시

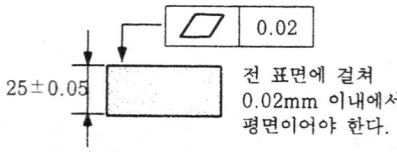

(b) 평면도 공차 표시

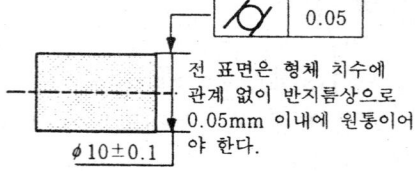

(d) 원통도 공차 표시

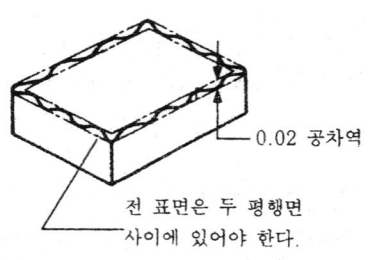

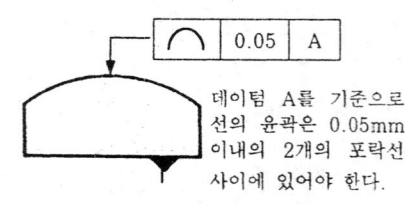

(e) 선의 윤곽도 공차 표시

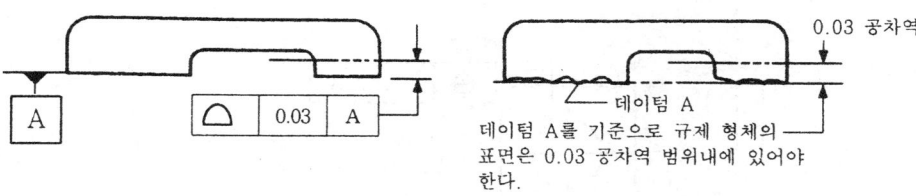

(f) 면의 윤곽도 공차 표시

〔모양 공차 표시〕

【5】 흔들림 공차

(1) 흔들림 공차의 종류 : 원주 흔들림 공차, 온 흔들림 공차의 두 가지로 규정되어 있다.

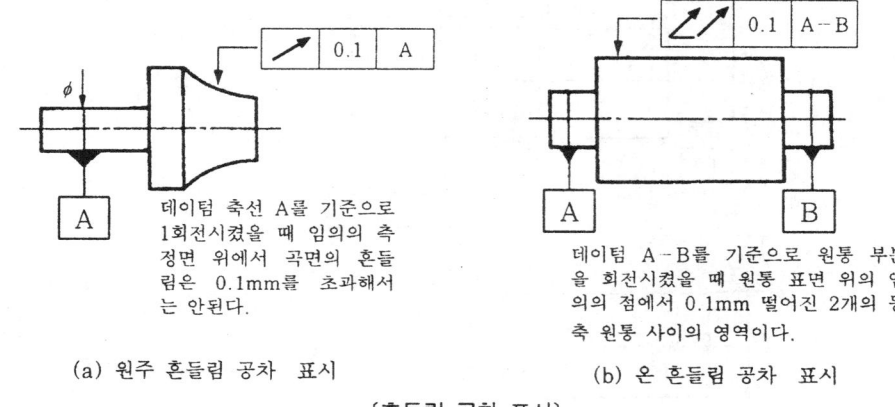

(a) 원주 흔들림 공차 표시   (b) 온 흔들림 공차 표시

〔흔들림 공차 표시〕

【6】 자세 공차

자세 공차의 종류 : 평행도 공차, 직각도 공차, 경사도 공차의 세 가지로 규정하고 있다.

【7】 위치 공차

위치 공차의 종류 : 위치도 공차, 동축 공차 또는 동심도 공차, 대칭도 공차의 세 가지로 규정하고 있다.

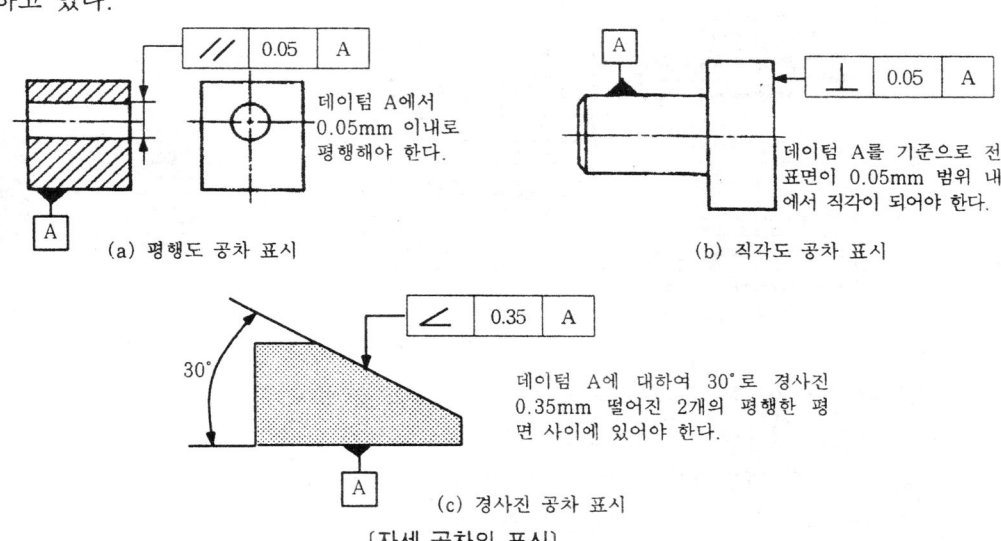

(a) 평행도 공차 표시   (b) 직각도 공차 표시

(c) 경사진 공차 표시

〔자세 공차의 표시〕

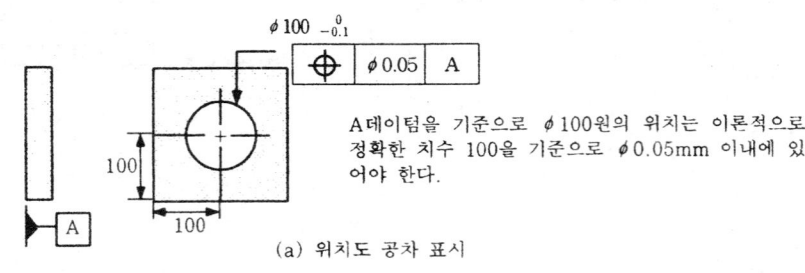

(a) 위치도 공차 표시

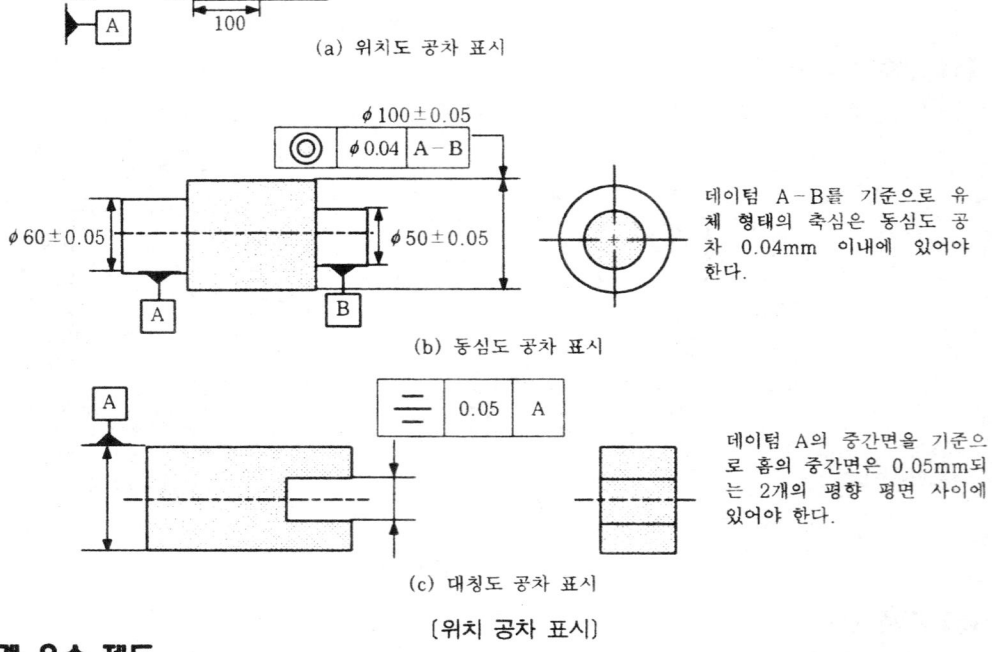

(b) 동심도 공차 표시

(c) 대칭도 공차 표시

〔위치 공차 표시〕

6 기계 요소 제도

[1] 나사(screw)

(1) 나사의 도시 방법

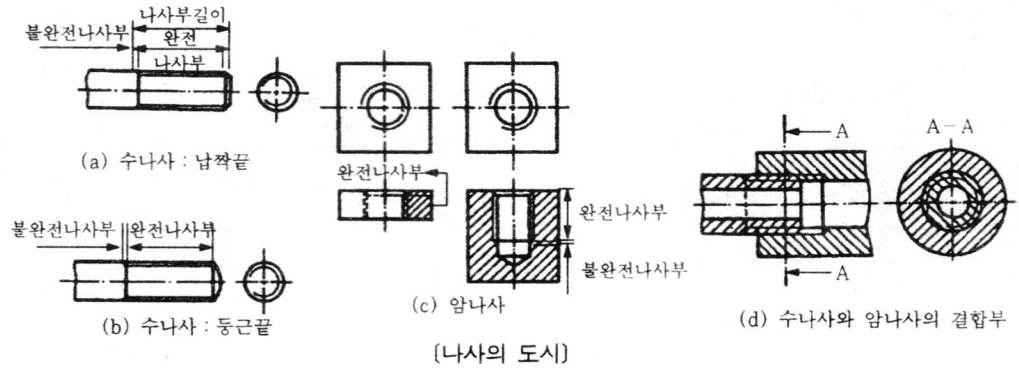

(a) 수나사 : 납작끝
(b) 수나사 : 둥근끝
(c) 암나사
(d) 수나사와 암나사의 결합부

〔나사의 도시〕

① 나사의 치수는 KS와 ISO에 의해 규격화되어 있다.
② 나사를 정투상법으로 그리려면 복잡하므로 약도로 표시하는 것을 원칙으로 한다.
③ 수나사의 바깥 지름과 암나사의 안지름은 굵은 실선으로 그린다.
④ 수나사와 암나사의 골지름은 가는 실선으로 그린다.

⑤ 완전 나사부와 불완전 나사부의 경계는 굵은 실선으로 그린다.
※ 불안전 나사부는 축선에 대하여 30°로 가는 실선으로 그린다.
⑥ 암나사의 드릴 구멍의 끝부분은 굵은 실선으로 120°되게 긋는다.
⑦ 보지지 않는 나사부는 중간 굵기의 파선으로 그린다.
⑧ 수나사와 암나사의 조립부를 그릴 때는 수나사를 위주로 그린다.
⑨ 나사 부분의 단면에 해칭할 경우에는 산봉우리 끝까지 한다.

(2) 나사의 표시 방법

① 나사의 호칭, 나사의 등급, 나사산의 감김 방향, 나사산의 줄 수에 대하여 다음과 같이 나타낸다.

| 나사산의 감김 방향 | — | 나사산의 줄 수 | — | 나사산의 호칭 | — | 나사의 등급 |

② 나사산의 감김 방향 : 왼나사의 경우 "좌"또는 "L"로 표시하고, 오른 나사인 경우는 표시하지 않는다.

③ 나사산의 줄 수 : 여러 줄 나사의 경우는 "2줄" "3줄"등과 같이 표시하고 "줄"대신에 "N"을 사용할 수도 있다.

④ 나사의 호칭 : 나사의 종류를 표시하는 기호, 나사의 지름을 표시하는 숫자 및 피치 또는 25.4mm(1″)에 대한 나사산의 수를 사용하여 나타낸다.

㉮ 피치를 mm로 표시하는 나사(미터 나사)의 호칭

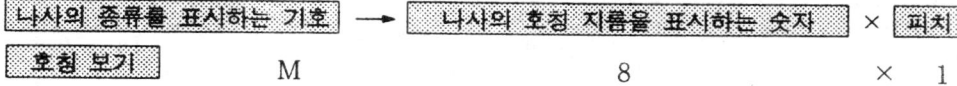

| 호칭 보기 | M | 8 | × | 1 |

㉯ 피치를 나사의 산 수로 표시하는 나사(인치 나사, 유니파이 나사 제외)의 호칭

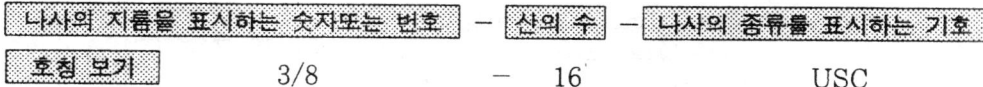

| 호칭 보기 | SM | 1/4 | × | 1 |

㉰ 유니파이 나사의 호칭

| 나사의 지름을 표시하는 숫자또는 번호 | — | 산의 수 | — | 나사의 종류를 표시하는 기호 |

| 호칭 보기 | 3/8 | — | 16 | USC |

㉱ 나사의 표시 방법

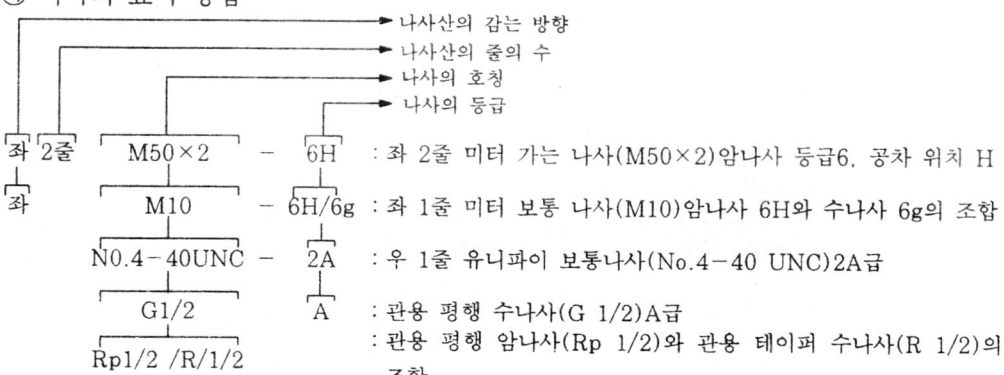

좌 2줄 M50×2 − 6H : 좌 2줄 미터 가는 나사(M50×2)암나사 등급6, 공차 위치 H
좌 M10 − 6H/6g : 좌 1줄 미터 보통 나사(M10)암나사 6H와 수나사 6g의 조합
N0.4−40UNC − 2A : 우 1줄 유니파이 보통나사(No.4−40 UNC)2A급
G1/2 A : 관용 평행 수나사(G 1/2)A급
Rp1/2 /R/1/2 : 관용 평행 암나사(Rp 1/2)와 관용 테이퍼 수나사(R 1/2)의 조합

| 나사산의 감김 방향 | - | 나사산의 줄수 | - | 나사의 호칭 | - | 나사의 등급 |

㈑ 나사의 등급
  ㉠ 나사의 등급을 표시하는 숫자와 문자와의 조합 또는 문자로서 표시한다.
  ㉡ 수나사와 암나사의 등급을 동시에 표시할 경우는 "암나사의 등급/수나사의 등급"으로 한다.
  ㉢ 나사의 등급

나사의 종류		등 급		
		정밀급	보통급	거친급
미터 나사	암나사	5H(M1.6 이상)	6H(M1.6 이상)	7H
	수나사	4h	6g(M1.6 이상)	8g
유니파이 나사	암나사	3B	2B	1B
	수나사	2A	2A	1A

(3) 나사의 도시 방법

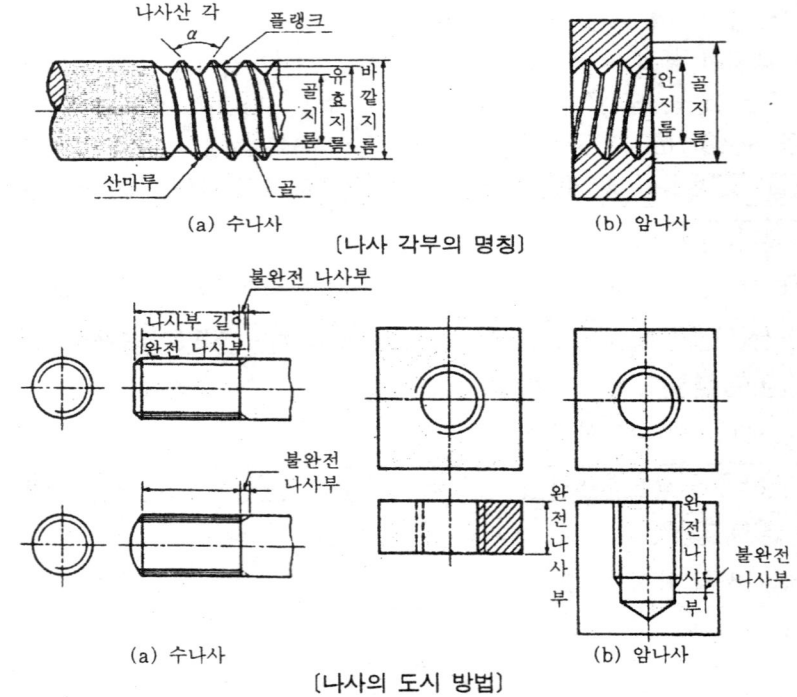

(a) 수나사   (b) 암나사
〔나사 각부의 명칭〕

(a) 수나사   (b) 암나사
〔나사의 도시 방법〕

① 나사 및 부품의 도시 방법

나사의 각부	선의 종류	나사부의 그림	비고
수나사 바깥지름, 암나사 안지름	굵은 실선	굵은 실선	
수나사와 암나사의 골	가는 실선	가는 실선	

완전 나사부와 불완전 나사부의 경계선	굵은 실선		축선에 대하여 30° 경사
불완전 나사부의 끝밑선	가는 실선		
가려서 보이지 않는 나사부	파선		
수나사와 암나사의 측면 도시에서 골지름	가는 실선 (3/4 원)		

② 나사 제도의 표시 방법
  ㉮ 나사를 명확하게 나타내야 할 경우는 '나사'의 글자를 나사 등급 뒤에 기입한다.
  ㉯ 암나사 유효 나사부의 길이 및 나사내기 구멍의 지름과 깊이를 표시할 때의 경우.
  ㉰ 나사면의 표면거칠기를 나타낼 때는 KS B 0161(표면거칠기)에 규정된 표면거칠기 기호 및 다듬질 기호를 사용하여 나사 표시 끝에 기입한다.
  ㉱ 여러 줄 나사의 리드를 표시할 때에는 나사의 호칭 뒤에 괄호로 묶어 기입한다.

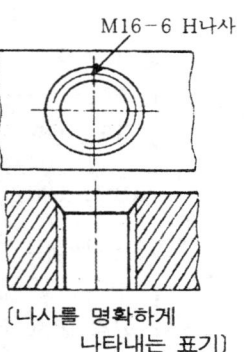

〔나사를 명확하게 나타내는 표기〕

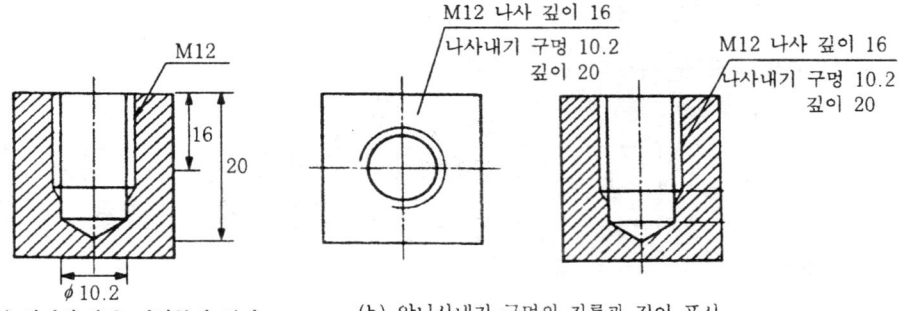

(a) 암나사 유효 나사부의 길이 (b) 암나사내기 구멍의 지름과 깊이 표시
〔암나사내기 표시〕

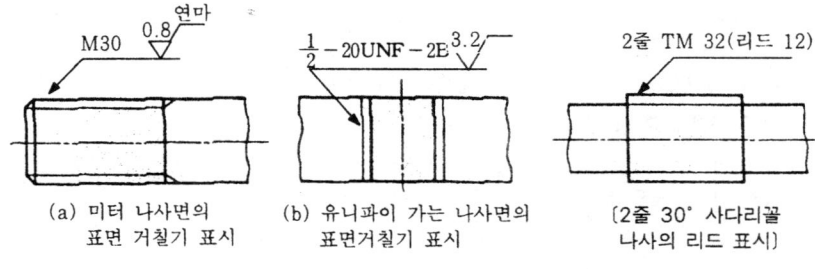

(a) 미터 나사면의 표면 거칠기 표시 (b) 유니파이 가는 나사면의 표면거칠기 표시 〔2줄 30° 사다리꼴 나사의 리드 표시〕

〔나사면의 표면거칠기 표시〕

㉮ 나사 결합부로서 암나사와 수나사의 등급을 동시에 나타내야 할 필요가 있을 경우

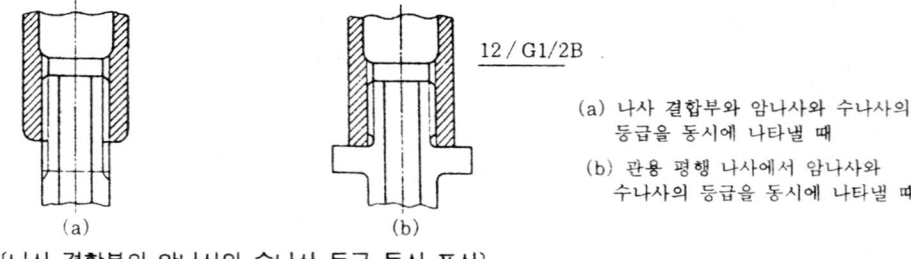

(a) 나사 결합부와 암나사와 수나사의 등급을 동시에 나타낼 때
(b) 관용 평행 나사에서 암나사와 수나사의 등급을 동시에 나타낼 때

〔나사 결합부의 암나사와 수나사 등급 동시 표시〕

[2] 볼트와 너트

(1) 볼트와 너트의 호칭 방법

① 6각 볼트와 너트의 호칭 방법

㉮ 6각 볼트

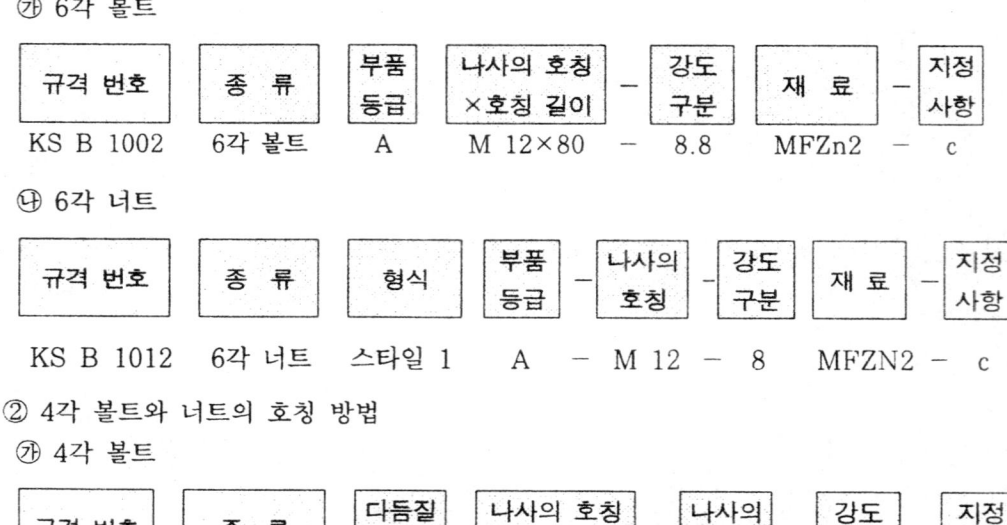

규격 번호	종 류	부품 등급	나사의 호칭 ×호칭 길이	-	강도 구분	재 료	-	지정 사항
KS B 1002	6각 볼트	A	M 12×80	-	8.8	MFZn2	-	c

㉯ 6각 너트

규격 번호	종 류	형식	부품 등급	-	나사의 호칭	강도 구분	재 료	-	지정 사항
KS B 1012	6각 너트	스타일 1	A	-	M 12	8	MFZN2	-	c

② 4각 볼트와 너트의 호칭 방법

㉮ 4각 볼트

규격 번호	종 류	다듬질 정 도	나사의 호칭 ×호칭 길이	-	나사의 등급	-	강도 구분	지정 사항
KS B	사각 볼트	중	M8×30	-	8g	-	4.8	

㉯ 4각 너트

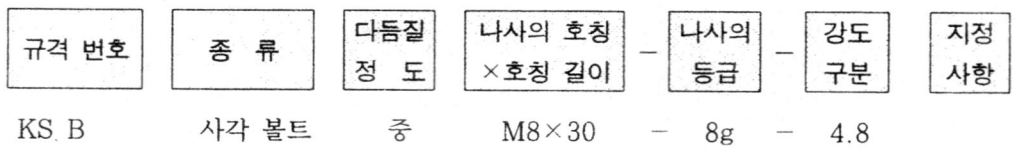

규격 번호 또는 규격 명칭	다듬질 정 도	나사의 호 칭	-	나사의 등 급	-	강 도 구 분	지정 사항
KS B 1013	중	M 20	-	3	-	4T	(m=20)

(2) 작은 나사의 호칭 방법

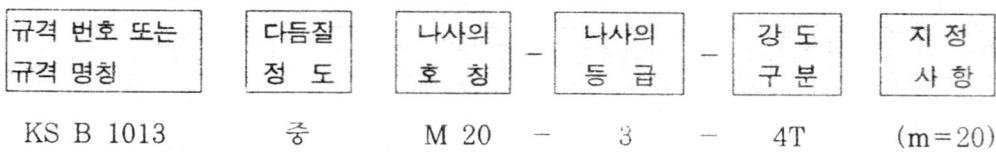

규격 번호	종 류	부품 등급	나사의 호칭×α	-	기계적 성질의 강도 구분	재료	지정 사항
KS B 1021	냄비 머리	A	M3×12		4.8		MFZnⅡ - c

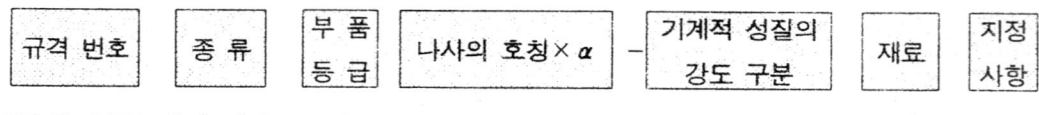

(3) 볼트와 너트의 도시 방법

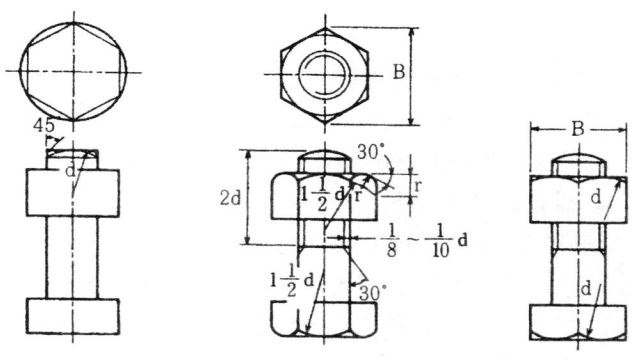

[볼트와 너트의 약도법]

[3] 키이와 핀

(1) 키의 모양

① 키의 모양의 종류 : 한끝 둥금, 양쪽 둥금, 한끝 모짐, 양끝 모짐이 있다.

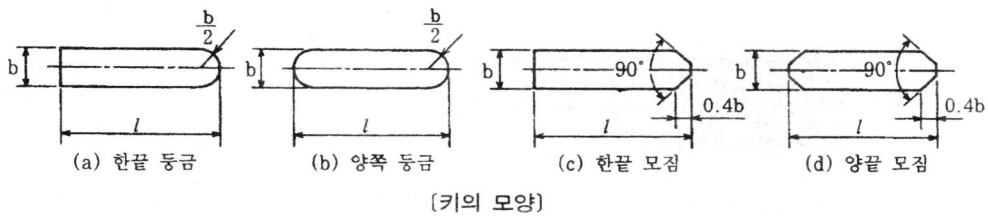

[키의 모양]

(2) 키의 호칭 방법

규격 번호 또는 명칭	종류 및 호칭 치수	×	길 이	끝 모양의 특별 지정	재 료
	평행 키		25×14×19	양끝 둥금	SM 20 C-D
KS B 1311	반달 키 B종		5×22		SM 45 C-D
	미끄럼 키		36×20×140	양끝 둥금	SM 45 C-D

(3) 핀

① 핀의 도시 방법 및 호칭 방법

㉠ 핀의 종류 : 평행 핀, 테이퍼 핀, 슬롯 테이퍼 핀, 분할 핀.

㉡ 핀은 규격품이므로 부품도는 그리지 않는다.

㉢ 핀의 호칭 방법(KS B 1320, 1321, 1322, 1323)

명 칭	호칭 방법	보 기
평행 핀 (KS B 1320)	규격 번호 또는 명칭, 종류, 형식, 호칭 지름×길이, 재료	KS B 1320m6A-6×45SM41 평행 핀 h7B-5×32 SM45C
테이퍼 핀 (KS B 1322)	명칭, 등급 d×l, 재료	테이퍼 핀 1급 2×10 SM50C
슬롯 테이퍼 핀 (KS B 1323)	명칭, d×l, 재료, 지정 사항	슬롯 테이퍼 핀 6×70 SM35C 핀 갈라짐의 깊이 10
분할 핀 (KS B 1321)	규격 번호 또는 명칭, 호칭 지름×길이, 재료	분할 핀 3×40 SWRM 12

[4] 스프링

(1) 스프링 제도

① 스프링 도시는 KS B 0001에 규정되어 있다.
② 코일 스프링, 벌류트 스프링, 스파이럴 스프링 및 접시 스프링은 무하중이 상태에서 그리고, 겹판 스프링은 스프링 판이 수평한 상태로 그린다.
③ 코일 스프링 및 벌류트 스프링은 모두 오른쪽으로 감은 것을 표시하되 왼쪽으로 감은 경우에는 "감김 방향 왼쪽"이라고 표시한다.
④ 그림 안에 기입하기 힘든 사항은 일괄하여 요목표에 표시한다.
⑤ 양끝을 제외한 동일 모양 부분을 일부 생략하는 경우에는 생략된 부분을 가는 1점 쇄선 또는 가는 2점 쇄선으로 표시한다.
⑥ 스프링의 종류 및 모양만을 간략하게 도시하는 경우에는 중심선을 굵은 실선으로 그린다.
⑦ 조립도 설명도 등에서는 코일 스프링을 그 단면으로 표시하여도 좋다.

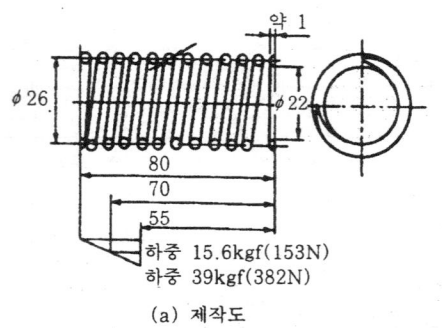

(a) 제작도

재료	PW3
재료의 지름	4
코일의 안지름	22±0.4
총감김수	10.5
앞끝두께	1
감김방향	오른쪽
자유높이	80
부착시(하중, 높이)	15.6kgf±10%, 70
최대하중시(하중, 높이)	39kgf, 55
코일상수	1.56kgf/mm

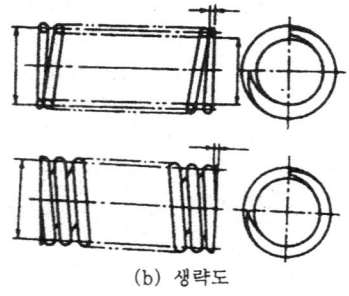

(b) 생략도

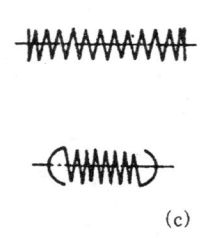

(c) 간결도

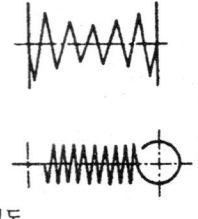

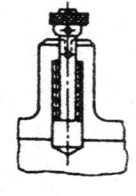

(d) 단면도

[각종 스프링의 도시]

[5] 기어(gear)

(1) 기어의 제도

① 기어의 제도는 KS B 0002(기어 제도)에 의하여 도시한다.
② 도면에 포함되는 일반 사항은 KS B 0001(기계 제도)에 따른다.

(2) 기어 부품도의 항목표 및 그림의 기입 사항

① 항목표에는 절삭, 조립, 검사 등에 필요한 사항을 기입한다.

② 그림에는 주로 기어 소재를 제작하는데 필요한 치수를 기입한다.
③ 조립에 중요한 위치 결정면은 필요에 따라 기입해도 좋다.
④ 재료, 열처리, 경도 등에 관한 사항은 필요에 따라 표의 비고란 또는 그림 속에 적당히 기입한다.

(3) 기어의 도시 방법

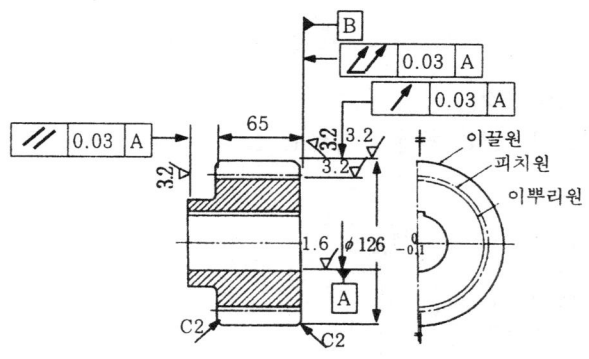

〔기어의 도시 방법〕

① 이끝(잇봉우리)원은 굵은 실선으로 그린다.
② 피치원은 가는 1점 쇄선으로 그린다.
③ 이골(이뿌리)원은 가는 실선으로 그린다.
  ㉮ 다만 축의 직각인 방향에서 본 그림(정면도)을 단면으로 도시할 때는 이 골의 선을 굵은
  실선으로 표시한다.
  ㉯ 이골원은 생략할 수 있다.
④ 기어의 잇줄 방향은 통상 3개의 가는 실선으로 표시한다.
  ㉮ 정면도를 단면으로 도시하는 외접 헬리컬 기어의 잇줄 방향은 지면에서 앞의 이의 잇줄 방향을 3개의 가는 2점 쇄선으로 표시한다.
  ㉯ 내접 헬리컬 기어의 잇줄 방향은 3개의 가는 실선으로 표시한다.
⑤ 맞물린 기어의 잇봉우리원은 모두 굵은 실선으로 표시하나 정면도를 단면으로 도시할때는 맞물림부의 한쪽 잇봉우리원은 가는 파선 또는 굵은 파선으로 표시한다.
⑥ 치형의 상세 및 치수 측정 방법을 명시할 필요가 있을 대는 도면 안에 도시한다.

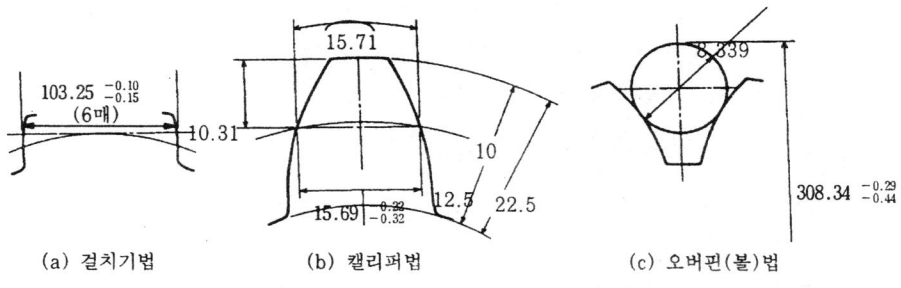

(a) 걸치기법　　　　(b) 캘리퍼법　　　　(c) 오버핀(볼)법

〔치형의 상세 및 치수 측정 방법 기입 보기〕

⑦ 기어의 모따기

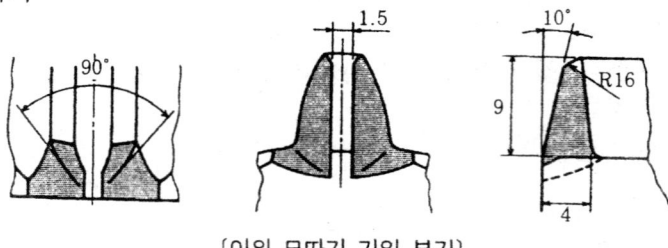

〔이의 모따기 기입 보기〕

(4) 기어의 각부 명칭 및 이의 크기

① 기어의 각부 명칭 : KS B 0102에서 규정하고 있다.

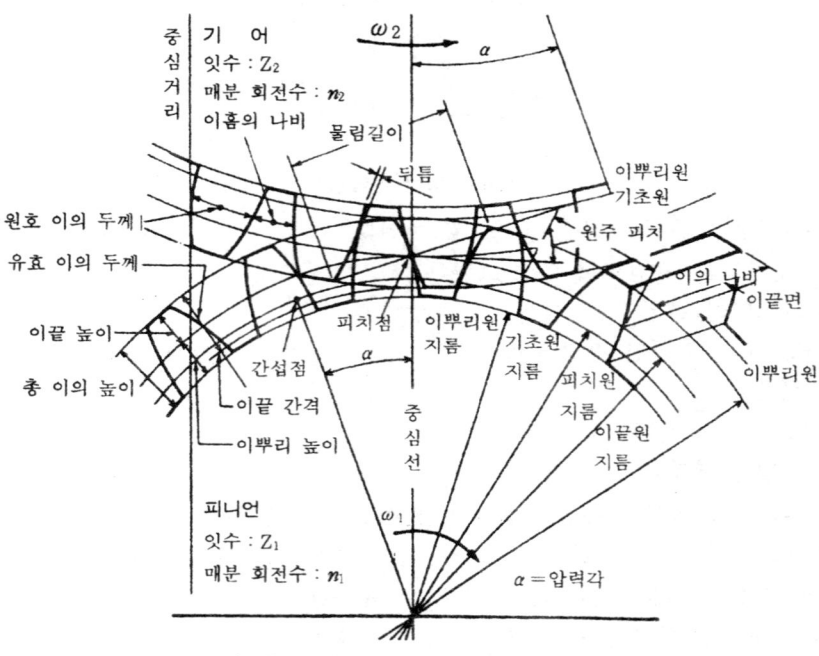

〔표준 스퍼 기어의 각부 명칭(KS B 0102)〕

② 이의 크기를 나타내는 방식

㉠ 원주 피치(circular pitch)
　㉠ 기어의 톱니는 피치원 둘레에 같은 간격으로 있는데 이 간격을 원주 피치라 한다.
　㉡ 한 쌍의 기어가 서로 맞물려 돌기 위해서는 원주의 피치가 같아야 한다.
　㉢ 피치원의 둘레 위에서 이와 이 사이에 원호의 길이이다.
　㉣ $t = \dfrac{\text{피치원 둘레}}{\text{잇수}} = \dfrac{\pi D}{Z}$ (mm)

　※ P : 원주 피치, D : 피치원의 지름, Z : 잇수

㉯ 모듈(module)
　㉠ 미터식 기어의 크기를 나타낸 것으로 피치원의 지름을 잇수로 나눈 값이다.

ⓒ $m = \dfrac{\text{피치원의 지름}}{\text{잇수}} = \dfrac{D}{Z}$

㉰ 지름 피치(diametral pitch)
  ⓐ 인치식의 기어의 크기를 나타낸 것으로 피치원의 지름 1인치에 해당하는 잇수이다.
  ⓑ $P = \dfrac{Z}{D(\text{인치})} = \dfrac{25.4\,Z}{D(\text{mm})}$

㉱ 원주 피치, 모듈 및 지름 피치 사이의 관계식
  ⓐ 모듈(m) $= \dfrac{D}{Z} = \dfrac{t}{\pi}$
  ⓑ 지름 피치(P) $= \dfrac{25.4\,Z}{D} = \dfrac{25.4\,\pi}{t} = \dfrac{25.4}{m}$

③ 스퍼 기어의 치수

(모듈 기준 단위 : mm)

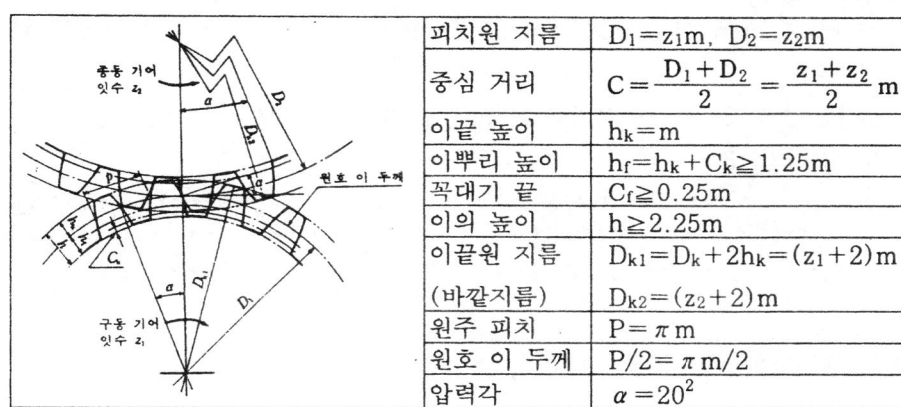

피치원 지름	$D_1 = z_1 m$, $D_2 = z_2 m$
중심 거리	$C = \dfrac{D_1 + D_2}{2} = \dfrac{z_1 + z_2}{2} m$
이끝 높이	$h_k = m$
이뿌리 높이	$h_f = h_k + C_k \geqq 1.25 m$
꼭대기 끝	$C_f \geqq 0.25 m$
이의 높이	$h \geqq 2.25 m$
이끝원 지름	$D_{k1} = D_k + 2 h_k = (z_1 + 2) m$
(바깥지름)	$D_{k2} = (z_2 + 2) m$
원주 피치	$P = \pi m$
원호 이 두께	$P/2 = \pi m / 2$
압력각	$\alpha = 20^2$

【6】 축용 기계 요소

(1) 축의 도시 방법
  ① 축은 길이 방향으로 단면 도시를 하지 않는다.(그림 a)
  ② 긴축은 중간을 파단하여 짧게 그린다.(치수는 실제 길이를 기입한다.)(그림 b)
  ③ 축 끝에는 모따기를 한다.(그림 c)
  ④ 축에 단을 주는 부분의 치수는 그림 (d)와 같이 표시한다.
  ⑤ 축에 있는 널링(knurling)의 도시는 그림 (e)와 같이 나타낸다.
    ※ 빗줄인 경우에는 축선에 대하여 30°로 엇갈리게 그린다.

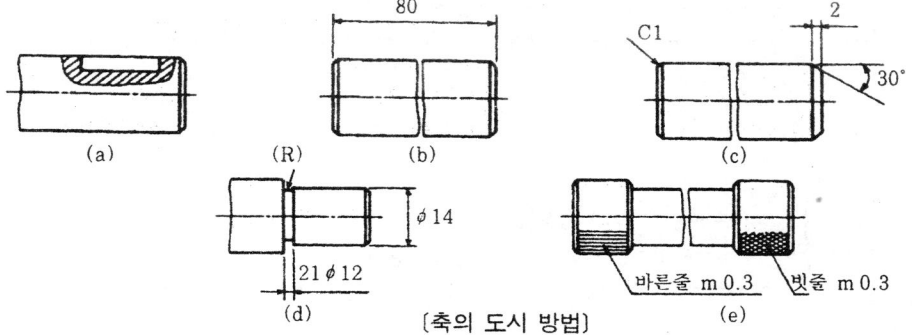

[축의 도시 방법]

(2) 구름 베어링의 기호와 치수 기입
  ① 로울링 베어링의 호칭는 KS B 2012에 정해진 바에 따른다.

  | 형식 번호 | → | 치수 기호(나비와 지름의 기호) | → | 안지름 번호 | → | 등급 기호 |

  ㉮ 제1위 숫자 또는 문자(형식 번호)
   • 1 : 복렬 자동 조심형   • 2, 3 : 복렬 자동 조심형(큰 나비)   • 6 : 단열 홈통
   • 7 : 단열 앵귤러 보올형   • N : 원통형 로울러형
  ㉯ 제2위 숫자(치수 기호)
   • 0, 1 : 특별 경하중용   • 2 : 경하중용   • 3 : 중간 하중용   • 4 : 중하중용
  ㉰ 제3, 4위 숫자(안지름 번호)
   • 0 0 : 안지름 10mm   • 0 1 : 안지름 12mm   • 0 2 : 안지름 15mm
   • 0 3 : 안지름 17mm
  ※ 안지름 20mm 이상~500mm 미만은 안지름을 5로 나눈 수가 안지름 번호(2자리)이다.
  [예] 안지름 번호 0 5 …… 안지름 25mm, 안지름 번호 16 …… 80mm

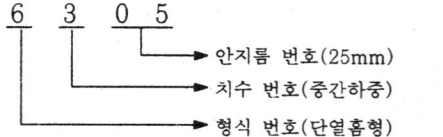 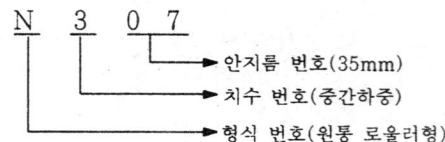

  ② 구름 베어링의 호칭 번호의 보기
  ㉮ 6204

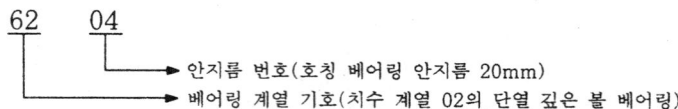

  ㉯ 608 C2P6

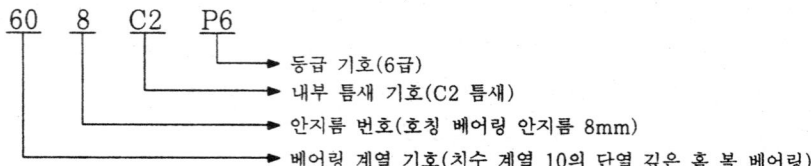

  ㉰ 6203 ZZ

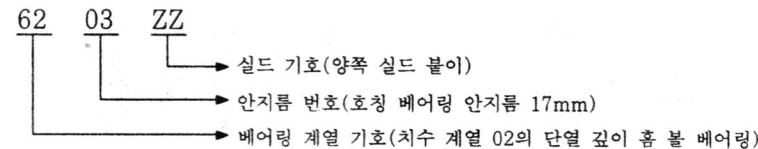

(3) 구름 베어링의 제도
① KS B 0004에 따르며 규정에 없는 상세한 도형이나 치수는 KS B 0001에 따른다.
② 베어링은 간략하게 도시하고 기본 기호와 보조 기호를 기입한다.
③ 베어링의 인접 부분에 접하는 모따기를 생략해서는 안된다.
④ 윤곽은 안지름, 바깥 지름, 나비 및 모따기 치수에 따라 그린다.

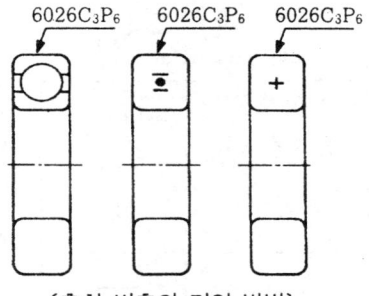
〔호칭 번호의 기입 방법〕

⑤ 보올, 로울러, 레이스 홈의 구조 모양은 비례 치수에 의한 작도법을 따른다.
⑥ 호칭 번호의 기입 방법은 인출선을 사용하여 KS B 2012에 따른다.

【7】 용접 제도

(1) 용접 이음의 종류

(a) 맞대기 이음 (b) 양면 덮개판 이음 (c) 겹치기 이음 (d) T이음 (e) 모서리 이음 (f) 끝단 이음

(2) 용접부의 기본 기호 및 보조 기호

〔용접부의 기본 기호〕

용접부의 모양	기본 기호	실제 모양	기호표시(용접하는 곳이 화살표 앞쪽)	
양쪽 플랜지형	八			
한쪽 플랜지형	八			
I형	‖			
V형, 양면 V형 (X형)	V			
ɣ형, 양면 ɣ형 (K형)	V			
J형, 양면 J형	ʆ			
U형, 양면 U형 (H형)	Y			

플레어 V형 플레형 X형	...	...	...	...
플레어 V형 플레형 K형				
필릿				
플러그		단면 A-A		
비드, 덧붙임	비드 덧붙임			
점, 프로젝션, 심	*	단면 A-A		

〔보조 기호〕 (KS B 0052)

구 분		보조기호	비 고
용접부의 표면 모양	평 탄	----	
	볼 록	⌢	기선의 밖으로 향하여 볼록하게 한다.
	오 목	⌣	기선의 밖으로 향하여 오목하게 한다.
용접부의 다듬질 방법	치 핑	C	
	연 삭	G	그라인더 다듬질일 경우
	절 삭	M	기계 다듬질일 경우
	지정 없음	F	다듬질 방법을 지정하지 않을 경우
	현 장 용 접	▶	
	온 둘 레 용 접	○	온 둘레 용접이 분명할 때에는 생략해 도 좋다.
	온 둘 레 현장 용접	○▶	
비파괴시험방법	방사선 투과 시 험	일 반	RT	일반적으로는 용접부에 방사선 투과 시험 등 각 시험 방법을 표시할 뿐 내용을 표시하지 않을 경우 각 기호 이외의 시험에 대하여는 필요에 따라 적당한 표시를 할 수 있다. 〔보기〕 누설 시험 LT 변형 측정 시험 ST 육안 시험 VT 어코스틱 에미션 시험 AET 와류 탐상 시험 ET
		2중벽 촬영	RT-W	
	초음파 탐상 시 험	일 반	UT	
		수직탐상	UT-N	
		경사각 탐상	UT-A	
	자기 분말 탐상 시험	일 반	MT	
		형광탐상	MT-F	
	침투탐상 시 험	일 반	PT	
		형광탐상	PT-F	
		비형광 탐상	PT-D	
	전체선 시험		○	각 시험의 기호 뒤에 붙는다.
	부분 시험(샘플링 시험)		△	

(3) 용접부의 기호

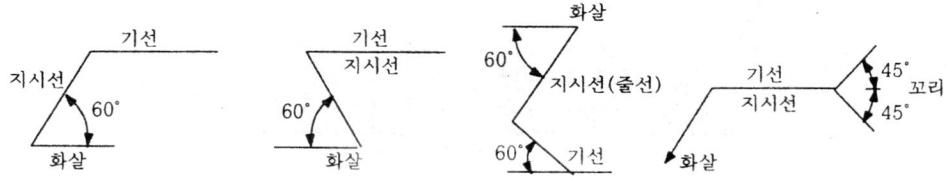

〔용접 기호의 설명선〕

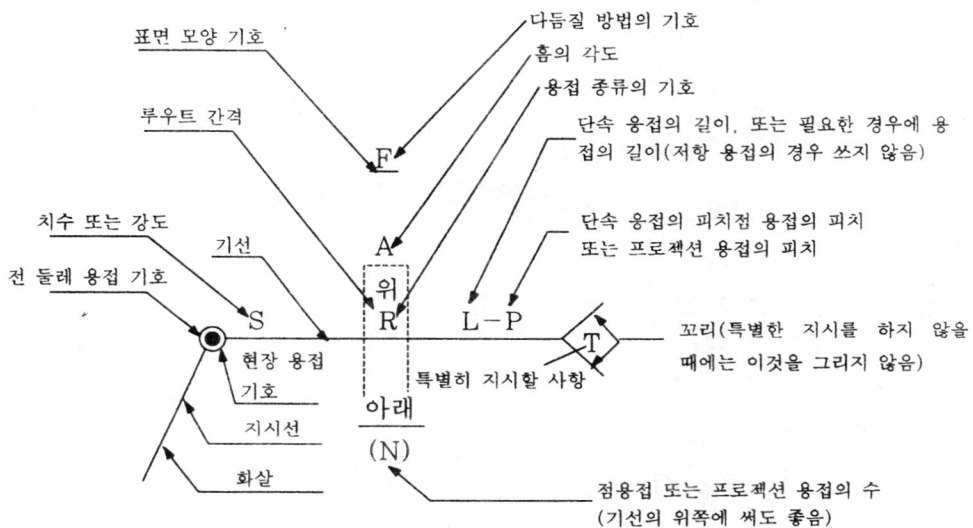

〔용접 기호 및 치수기입법〕

(4) 용접 기호의 기재법
① 기호 및 치수는 용접할 쪽이 화살표쪽, 앞쪽일 때는 기선의 아래쪽에 기입한다.
② 화살의 반대쪽 또는 건너 쪽을 용접할 때는 기선의 위쪽에 기입한다.
③ 기호는 기선의 위 또는 아래에 밀착해서 기입한다.
④ 현장용접, 전둘레 용접, 전둘레 현장용접의 보조 기호는 기선과 지시선의 교점에 기입한다.
⑤ 특별 지시를 할 때는 꼬리 부분에 기입한다.

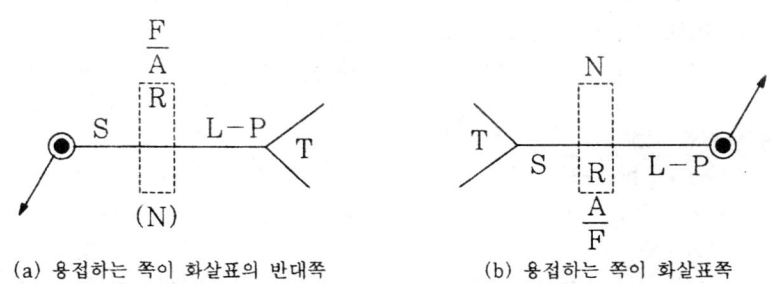

(a) 용접하는 쪽이 화살표의 반대쪽 또는 건너쪽일 때
(b) 용접하는 쪽이 화살표쪽 또는 앞쪽일 때

〔용접기호 및 치수기입의 표준위치〕

※ 다음 그림을 보고 물음에 답하시오. (1~3)

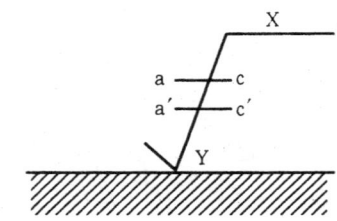

문제 1. 다음 표면 기호의 기입법 중 X자리에 기입하는 사항은?
㉮ 가공 방법의 약호 ㉯ 가공 모양의 약호
㉰ 표면 거칠기의 구분 값 ㉱ 기준의 길이

도움 표면 기호의 표시법
① a : 표면 거칠기의 구분값(상한) ② a′ : 표면 거칠기의 구분값(하한)
③ c : a에 대한 기준 길이 ④ c′ : a′에 대한 기준 길이
⑤ X : 가공 방법의 약호 ⑥ Y : 가공 모양의 약호

문제 2. 표면 기호 기입에서 가공 모양의 약호의 기입 자리는?
㉮ a ㉯ c ㉰ X ㉱ Y

문제 3. 다음 표면 기호의 기입법 중 a자리에 기입하는 사항은?
㉮ 가공 방법의 약호 ㉯ 가공 모양의 약호
㉰ 표면 거칠기의 구분 값 ㉱ 기준의 길이

문제 4. 가공 방법의 기호 중 선반 가공의 약호는?
㉮ L(선삭) ㉯ D(드릴링) ㉰ M(밀링) ㉱ G(연삭)

도움 가공 방법의 기호
① L(선삭) : 선반 가공 ② D(드릴링) : 드릴 가공
③ M(밀링) : 밀링 가공 ④ G(연삭) : 연삭 가공
⑤ C(주조) : 주조 ⑥ FR(리밍) : 리밍 가공
⑦ GH(호닝) : 호닝 가공 ⑧ FF(줄다듬질) : 줄다듬질
⑨ FS(스크레핑) : 스크레퍼 다듬질 ⑩ SPBF(버핑) : 버프 다듬질

해답 1. ㉮ 2. ㉱ 3. ㉰ 4. ㉮

문제 5. 가공 방법의 기호 중 주조의 약호는?
㉮ L   ㉯ C   ㉰ D   ㉱ G

문제 6. 가공 방법의 기호 중 리이머 가공 약호는?
㉮ FR   ㉯ GH   ㉰ FF   ㉱ FS

문제 7. 가공 방법의 기호 중 줄 다듬질 가공 약호는?
㉮ FR   ㉯ GH   ㉰ FF   ㉱ FS

문제 8. 가공 방법의 기호 중 연삭 가공의 약호는?
㉮ L   ㉯ C   ㉰ D   ㉱ G

문제 9. 가공 방법의 기호 중 버프 다듬질의 약호는?
㉮ FR   ㉯ GH   ㉰ FS   ㉱ SPBF

※ 다음 그림을 보고 물음에 답하시오. (10~13)

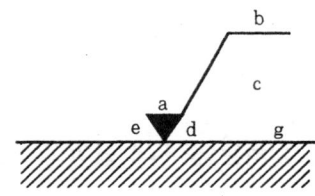

문제 10. 다음 그림에서 b는 무엇을 표시하는가?
㉮ 중심선 평균 거칠기   ㉯ 가공 방법
㉰ 기준 길이   ㉱ 다듬질 여유

도움 면의 지시 기호
① a : 중심선 평균 거칠기 값   ② b : 가공 방법
③ c : 커트 오프값   ④ d : 줄무늬 방향 기호
⑤ e : 다듬질 여유   ⑥ g : 표면 파상도

문제 11. 다음 그림에서 a는 무엇을 표시하는가?
㉮ 중심선 평균 거칠기   ㉯ 가공 방법
㉰ 기준 길이   ㉱ 다듬질 여유

문제 12. 다음 그림에서 e는 무엇을 표시하는가?
㉮ 중심선 평균 거칠기   ㉯ 가공 방법
㉰ 기준 길이   ㉱ 다듬질 여유

해답 5. ㉯ 6. ㉮ 7. ㉰ 8. ㉱ 9. ㉱ 10. ㉯ 11. ㉮ 12. ㉱

문제 13. 다음 그림에서 d는 무엇을 표시하는가?
 ㉮ 중심선 평균 거칠기   ㉯ 가공 방법
 ㉰ 줄무늬 방향의 기호   ㉱ 다듬질 여유

문제 14. 가공으로 생긴 앞줄의 방향이 기호를 기입한 그림의 투상면에 평행인 줄무늬 방향의 기호는?
 ㉮ =   ㉯ ⊥   ㉰ ×   ㉱ C

도움▶ 줄무늬 방향의 기호
 ① = : 가공으로 생긴 앞줄의 방향이 기호를 기입한 그림의 투상면에 평행
 ② ⊥ : 가공으로 생긴 앞줄의 방향이 기호를 기입한 그림의 투상면에 직각
 ③ × : 가공으로 생긴 선이 2방향으로 교차
 ④ M : 가공으로 생긴 선이 다방면으로 교차 또는 방향이 없음
 ⑤ C : 가공으로 생긴 선이 거의 동심원
 ⑥ R : 가공으로 생긴 선이 거의 방사상

문제 15. 가공으로 생긴 앞 줄의 방향이 기호를 기입한 그림의 투상면에 직각인 줄무늬 방향 기호는?
 ㉮ =   ㉯ ⊥   ㉰ ×   ㉱ C

문제 16. 가공으로 생긴 선이 2방향으로 교차하는 줄무늬 방향의 기호는?
 ㉮ =   ㉯ ⊥   ㉰ ×   ㉱ C

문제 17. 가공으로 생긴 선이 다방면으로 교차 또는 방향이 없는 줄무늬 방향의 기호는?
 ㉮ =   ㉯ M   ㉰ R   ㉱ C

문제 18. 가공으로 생긴 선이 거의 동심원으로 나타나는 줄무늬 방향의 기호 표시로 맞는 것은?

문제 19. 가공으로 생긴 선이 거의 방사상인 줄무늬 방향의 기호는?
 ㉮ =   ㉯ M   ㉰ R   ㉱ C

문제 20. 제거 가공을 필요로 하는 면의 지시 기호는?

해답 13. ㉰ 14. ㉮ 15. ㉯ 16. ㉰ 17. ㉯ 18. ㉮ 19. ㉰ 20. ㉮

문제 21. 제거 가공을 허용하지 않는 면의 지시 기호는?
㉮ ㉯ ㉰ 25 ㉱ 6.3 1.6

문제 22. 제거 가공의 필요 여부를 문제 삼지 않으며 Ra가 최대 25μm인 면의 지시 기호는?
㉮ ㉯ ㉰ 25 ㉱ 6.3 1.6

문제 23. Ra가 상한값 6.3μm에서 하한값 1.6μm까지인 제거 가공하는 면의 지시 기호는?
㉮ ㉯ ㉰ 25 ㉱ 6.3 1.6

문제 24. 제품 표면을 제거 가공하는 다듬질면에 표시하는 기호는?
㉮ 파형(~) ㉯ 삼각형(▽) ㉰ 사각형(□) ㉱ 원형(○)

도움 제거 가공 면 : ▽ 기호

문제 25. 표면 거칠기를 다듬질 기호로 표시할 때 제거 가공하지 않는 면의 표시는?
㉮ 파형(~) ㉯ 삼각형(▽) ㉰ 사각형(□) ㉱ 원형(○)

도움 제거 가공하지 않는 면 : 파형(~) 기호로 표시.

문제 26. 다듬질 기호 중에서 가장 거친 면의 다듬질 기호는?
㉮ ▽ ㉯ ▽▽ ㉰ ▽▽▽ ㉱ ▽▽▽▽

도움 다듬질 기호 중 ▽의 수가 많은 것일수록 정밀한 다듬질 가공이다.

문제 27. 다듬질 기호 중에서 가공면이 가장 정밀하게 가공하는 다듬질 기호는?
㉮ ▽ ㉯ ▽▽ ㉰ ▽▽▽ ㉱ ▽▽▽▽

문제 28. 표면 거칠기를 특별히 규정하지 않는 다듬질 기호는?
㉮ ~ ㉯ ▽ ㉰ ▽▽ ㉱ ▽▽▽

문제 29. 다듬질 기호 ▽▽▽ 의 중심선 표준 거칠기의 표준값(Ra)은?
㉮ 0.2a ㉯ 1.6a ㉰ 6.3a ㉱ 25a

도움 표준 거칠기 값
① ▽▽▽▽ : 0.2a   ② ▽▽▽ : 1.6a
③ ▽▽ : 6.3a   ④ ▽ : 25a

해답 20. ㉮ 21. ㉯ 22. ㉰ 23. ㉱ 24. ㉯ 25. ㉮ 26. ㉮ 27. ㉱ 28. ㉮ 29. ㉯

문제 30. 다듬질 기호 ▽▽▽▽의 중심선 표준 거칠기의 표준값(R_a)은?
㉮ 0.2a   ㉯ 1.6a   ㉰ 6.3a   ㉱ 25a

문제 31. 다듬질 기호 ▽▽ 의 중심선 표준 거칠기의 표준값(R_a)은?
㉮ 0.2a   ㉯ 1.6a   ㉰ 6.3a   ㉱ 25a

문제 32. 다듬질 기호 ▽ 의 중심선 표준 거칠기의 표준값(R_a)은?
㉮ 0.2a   ㉯ 1.6a   ㉰ 6.3a   ㉱ 25a

문제 33. 표면 거칠기 정도를 나타내는 기호는?
㉮ C   ㉯ R   ㉰ S   ㉱ T

도움 숫자 뒤에 S를 붙인다.

문제 34. ▽▽▽▽ 의 표면 거칠기의 표준값에 대한 설명 중 틀린 것은?
㉮ 중심선 평균 거칠기(R_a)는 0.2a이다.   ㉯ 최대 높이(R_{max})는 0.8S이다.
㉰ 10점 평균 거칠기(R_z)는 0.8z이다.   ㉱ 측정값의 단위는 mm로 표시한다.

도움 측정값의 단위 : μm

문제 35. 치수 공차란?
㉮ 최대 허용 치수-기준 치수   ㉯ 기준 치수-최소 허용 치수
㉰ 최대 허용 치수-최소 허용 치수   ㉱ 최소 허용 치수-최대 허용 치수

도움 치수 공차 : 최대 허용 치수-최소 허용 치수

문제 36. 치수 공차를 구하는데 바르게 설명된 것은?
㉮ 위 치수 허용차-아래 치수 허용차   ㉯ 위 치수 허용차-기준 치수
㉰ 아래 치수 허용차-기준치수   ㉱ 기준치수- 위 치수 허용차

도움 치수 공차 : 위 치수 허용차-아래 치수 허용차

문제 37. 최대 허용 치수에서 기준 치수를 빼면?
㉮ 치수 공차   ㉯ 위 치수 허용차
㉰ 아래 치수 허용차   ㉱ 최대 틈새

도움 위 치수 허용차 : 최대 허용 치수-기준 치수

문제 38. 공차 등급에서 구분 기호가 잘못된 것은?
㉮ 정밀 : f   ㉯ 보통 : m   ㉰ 거친 : c   ㉱ 초정밀 : v

도움 v : 아주 거친급이다.

해답 30. ㉮   31. ㉰   32. ㉱   33. ㉰   34. ㉱   35. ㉰   36. ㉮   37. ㉯   38. ㉱

문제 39. 크고 작은 두 한계로 표시되는 치수를 무엇이라 하는가?
㉮ 실제 치수　　㉯ 기준 치수　　㉰ 허용 한계 치수　　㉱ 치수 공차

도움 허용 한계 치수이다.

문제 40. 다음 치수 공차의 용어의 설명 중 틀린 것은?
㉮ 허용 한계 치수는 크고 작은 두 한계로 표시되는 치수다.
㉯ 최대 허용 치수는 큰 쪽의 한계를 표시하는 치수다.
㉰ 최소 허용 치수는 작은 쪽의 한계를 표시하는 치수다.
㉱ 위 치수 허용차는 최대 허용 치수-최소 허용 치수이다.

도움 위 치수 허용차 : 최대 허용 치수-기준 치수

문제 41. 아래 치수 허용차를 바르게 설명한 것은?
㉮ 최대 허용 치수-기준 치수　　㉯ 최소 허용 치수-기준 치수
㉰ 최대 허용 치수-최소 허용 치수　　㉱ 위 치수 허용차-아래 치수 허용차

도움 ① ㉮항 : 위 치수 허용차　② ㉯항 : 아래 치수 허용차　③ ㉰, ㉱항 : 치수 공차

문제 42. "40 g 6"에서 위 치수 허용차는 얼마인가? (단, 40에 대한 IT 6의 공차값은 $16\mu m$, 40에 대한 g축의 기초가 되는 치수 허용값은 $9\mu m$이다.)
㉮ 0.009　　㉯ -0.009　　㉰ 0.016　　㉱ -0.025

도움 40 g 6
① 위 치수 허용차 : -0.009
② 아래 치수 허용차 : -0.009-0.016=-0.025

문제 43. "20 F 6"에서 위 치수 허용차는 얼마인가? (단, 20에 대한 IT 6의 공차값은 $13\mu m$이고, 20에 대한 F 구멍의 기초가 되는 치수 허용값은 $+20\mu m$이다.)
㉮ +0.020　　㉯ +0.013　　㉰ +0.033　　㉱ -0.033

도움 20 F 6
① 아래 치수 허용차 : +0.020
② 위 치수 허용차 : 0.020+0.013=0.033

문제 44. 구멍의 최대 치수가 50.034, 최소 허용 치수가 50.009이고 위치수 허용차가 +0.034, 아래 치수 허용차가 +0.0009일 때 기준 치수는 얼마인가?
㉮ 49.000　　㉯ 50.000　　㉰ 51.000　　㉱ 52.000

도움 기준 치수
① 50.034-0.034=50.000　② 50.009-0.009=50.000　③ 기준 치수 : 50.000

해답 39. ㉰　40. ㉱　41. ㉯　42. ㉯　43. ㉰　44. ㉯

문제 45. $40^{-0.08}_{-0.02}$로 표시된 치수에서 최대 허용치수는 얼마인가?

㉮ 39.96 ㉯ 39.99 ㉰ 40.01 ㉱ 40.08

[토용] 최대 허용 치수 : 40+0.08=40.08

문제 46. $\phi 50^{-0.08}_{-0.02}$로 표시된 구멍의 최소 허용 치수는 얼마인가?

㉮ 49.97 ㉯ 49.98 ㉰ 50.02 ㉱ 50.03

[토용] 최소 허용 치수 : 50-0.02=49.98

문제 47. $\phi 60 \pm 0.035$로 표시된 축에서 위 치수 허용차는 얼마인가?

㉮ +0.035 ㉯ -0.035 ㉰ ±0.035 ㉱ 0

[토용] 위 치수 허용차 : +0.035

문제 48. $\phi 80^{-0.045}_{-0.015}$로 표시된 구멍에서 아래 치수 허용차는?

㉮ +0.045 ㉯ -0.045 ㉰ +0.015 ㉱ -0.015

[토용] 아래 치수 허용차 : -0.015

문제 49. 구멍의 지름이 $\phi 60^{+0.025}_{-0.015}$일 때 치수 공차는 얼마인가?

㉮ 0.010 ㉯ 0.015 ㉰ 0.025 ㉱ 0.040

[토용] 치수 공차 : 0.025-(-0.015)=0.040

문제 50. 구멍의 최소 허용 치수가 축의 최대 허용치수보다 클 때의 맞춤을 무엇이라 하는가?

㉮ 헐거운 끼워 맞춤 ㉯ 중간 끼워 맞춤
㉰ 억지 끼워 맞춤   ㉱ 골라 끼워 맞춤

[토용] 헐거운 끼워 맞춤 : 구멍의 최소 허용 치수>축의 최대 허용 치수

문제 51. 헐거운 끼워 맞춤에 대한 설명으로 틀린 것은?

㉮ 구멍의 최소 허용 치수>축의 최대 허용 치수
㉯ 구멍과 축 사이에 반드시 죔새가 있다
㉰ 최소 틈새 : 구멍의 최소 허용 치수-축의 최대 허용 치수
㉱ 최대 틈새 : 구멍의 최대 허용 치수-축의 최소 허용 치수

[토용] 헐거운 끼워 맞춤에는 구멍과 축 사이에 반드시 틈새가 있다.

[해답] 45. ㉱ 46. ㉯ 47. ㉮ 48. ㉱ 49. ㉰ 50. ㉮ 51. ㉮

문제 52. 축의 최소 허용 치수가 구멍의 최대 허용 치수보다 큰 경우의 끼워 맞춤은?
㉮ 헐거운 끼워 맞춤 ㉯ 중간 끼워 맞춤
㉰ 억지 끼워 맞춤 ㉱ 골라 끼워 맞춤

[도움] 억지 끼워 맞춤 : 구멍의 최대 허용 치수≤축의 최소 허용 치수

문제 53. 억지 끼워 맞춤에 대한 설명으로 잘못된 것은?
㉮ 구멍의 최대 허용 치수≤축의 최소 허용 치수
㉯ 구멍과 축 사이에는 반드시 틈새가 있다.
㉰ 최대 죔새 : 축의 최 허용 치수=구멍의 최소 허용 치수
㉱ 최소 죔새 : 축의 최소 허용 치수−구멍의 최대 허용치수

[도움] 억지 끼워 맞춤 : 구멍과 축 사이에는 반드시 죔새가 있다.

문제 54. 구멍의 허용 치수가 축의 허용 치수보다 큰 동시에 축의 허용 치수가 구멍의 허용 치수보다 큰 경우의 끼워 맞춤은?
㉮ 헐거운 끼워 맞춤 ㉯ 중간 끼워 맞춤
㉰ 억지 끼워 맞춤 ㉱ 골라 끼워 맞춤

[도움] 중간 끼워 맞춤 : 구멍의 최소 허용 치수≤축의 최대 허용 치수

문제 55. 헐거운 끼워 맞춤에서 구멍의 최대 허용 치수와 축의 최소 허용 치수와의 차이는?
㉮ 최대 죔새 ㉯ 최소 죔새 ㉰ 최대 틈새 ㉱ 최소 틈새

[도움] 최대 틈새 : 구멍의 최대 허용 치수−축의 최소 허용 치수

문제 56. 억지 끼워 맞춤에서 축의 최소 허용 치수와 구멍의 최대 허용 치수와의 차는?
㉮ 최대 죔새 ㉯ 최소 죔새 ㉰ 최대 틈새 ㉱ 최소 틈새

[도움] 최소 죔새 : 축의 최소 허용 치수−구멍의 최대 허용 치수

문제 57. 구멍 치수 $\phi 50 ^{+0.004}_{0}$, 축 치수 $\phi 50 ^{0}_{-0.003}$일 때 최대 틈새는 얼마가 되는가?
㉮ 0.002 ㉯ 0.003 ㉰ 0.004 ㉱ 0.007

[도움] 최대 틈새 : $0.004-(-0.003)=0.007$

문제 58. 구멍의 치수 $\phi 60 ^{-0.015}_{-0.035}$, 축의 치수 $\phi 60 ^{-0.040}_{-0.065}$일 때 최소 틈새는 얼마인가?
㉮ 0.005 ㉯ 0.015 ㉰ 0.035 ㉱ 0.040

[도움] 최소 틈새 : $(-0.035)-(-0.040)=0.005$

[해답] 52. ㉰ 53. ㉯ 54. ㉮ 55. ㉱ 56. ㉯ 57. ㉱ 58. ㉮

문제 59. 구멍의 치수 $\phi 30 \, {}^{-0.040}_{-0.035}$, 축의 치수 $\phi 30 \, {}^{-0.015}_{-0.045}$일 때 최대 죔새는 얼마인가?
㉮ 0.050   ㉯ 0.065   ㉰ 0.075   ㉱ 0.085

도움 최대 죔새 : $0.015-(-0.035)=0.050$

문제 60. 구멍의 치수 $\phi 80 \, {}^{-0.010}_{-0.010}$, 축의 치수 $\phi 80 \, {}^{-0.030}_{-0.025}$일 때 최소 죔새는 얼마인가?
㉮ 0.040   ㉯ 0.020   ㉰ 0.015   ㉱ 0.010

도움 최소 죔새 : $0.025-0.010=0.015$

문제 61. 구멍의 위 치수 허용차−아래 치수 허용차는?
㉮ 최대 틈새   ㉯ 최소 틈새   ㉰ 최대 죔새   ㉱ 최소 죔새

도움 허용 한계 치수
① 최대 틈새 : 구멍의 위 치수 허용차−축의 아래 치수 허용차
② 최소 틈새 : 구멍의 아래 허용치수−축의 위 치수 허용차
③ 최대 죔새(−최소 틈새) : 축의 위치수 허용차−구멍의 아래 치수 허용차
④ 최소 죔새(−최대 틈새) : 축의 아래 치수 허용차−구멍의 위 치수 허용차

문제 62. 구멍의 아래 허용치수−축의 위 치수 허용차는?
㉮ 최대 틈새   ㉯ 최소 틈새   ㉰ 최대 죔새   ㉱ 최소 죔새

문제 63. 축의 위 치수 허용차−구멍의 아래 치수 허용차는?
㉮ 최대 틈새   ㉯ 최소 틈새   ㉰ 최대 죔새   ㉱ 최소 죔새

문제 64. 축의 아래 치수 허용차−구멍의 위 치수 허용차는?
㉮ 최대 틈새   ㉯ 최소 틈새   ㉰ 최대 죔새   ㉱ 최소 죔새

문제 65. 축과 구멍의 끼워 맞춤 기호를 바르게 설명한 것은?
㉮ 로마자의 대문자는 큰 구멍, 소문자는 작은 구멍을 나타낸다.
㉯ 로마자의 대문자는 큰 축, 소문자는 작은 축을 나타낸다.
㉰ 로마자의 대문자는 구멍, 소문자는 축을 나타낸다.
㉱ 로마자의 대문자는 축, 소문자는 구멍을 나타낸다.

도움 구멍 및 축의 기호
① 구멍 : 알파벳 대문자   ② 축 : 알파벳 소문자

문제 66. 구멍과 축의 종류를 구분하는 것은?
㉮ 허용 한계 치수   ㉯ 공차 등급   ㉰ 기초 치수 허용차   ㉱ 치수 공차

도움 기초 치수 허용차에 의해 구분한다.

해답 59. ㉮   60. ㉰   61. ㉮   62. ㉯   63. ㉰   64. ㉱   65. ㉰   66. ㉰

문제 67. 구멍과 축의 표시 중 틀린 것은?
㉮ 구멍의 종류를 나타내는 기호는 로마자 대문자이다.
㉯ 축의 종류를 나타낸 기호는 로마자 소문자이다.
㉰ 구멍의 경우는 H일 때 최소 허용 치수가 기준 치수와 일치한다.
㉱ 축의 경우는 h일 때 최소 허용 치수가 기준 치수와 일치한다.

풀이 축의 경우는 h일 때 최대 허용 치수가 기준 치수와 일치한다.

문제 68. 구멍을 표시할 때 구멍 지름을 나타내는 방법은?
㉮ 기준 치수의 오른쪽에 구멍의 종류를 나타낸다.
㉯ 기준 치수의 왼쪽에 구멍의 종류를 나타낸다.
㉰ 기준 치수의 위쪽에 구멍의 종류를 나타낸다.
㉱ 기준 치수의 아래쪽에 구멍의 종류를 나타낸다.

풀이 구멍의 표시 : 구멍 지름을 나타내는 기준 치수의 오른쪽에 구멍의 종류를 나타내는 기호 및 등급을 표시하는 숫자를 기입한다.

문제 69. 축의 표시 중 축의 지름을 나타내는 방법으로 맞는 것은?
㉮ 기준 치수 오른쪽에 축의 종류를 기입한다.
㉯ 기준 치수의 왼쪽에 구멍의 종류를 기입한다.
㉰ 기준 치수의 왼쪽에 구멍의 종류를 기입한다.
㉱ 기준 치수의 왼쪽에 구멍의 종류를 기입한다.

풀이 축의 표시 : 축의 지름을 나타내는 기준 치수의 오른쪽에 축의 종류를 나타내는 기호 및 등급을 나타내는 숫자를 기입한다.

문제 70. 구멍 기준식 끼워 맞춤에 대한 설명으로 틀린 것은?
㉮ 아래 치수 허용차가 0인 H 기호 구멍을 기준 구멍으로 한다.
㉯ 적당한 축을 선정하여 필요로 하는 죔새나 틈새를 얻는 끼워 맞춤이다.
㉰ H6~H10의 5 가지 구멍을 기준 구멍으로 사용한다.
㉱ h5~h9의 5 가지 축을 기준으로 사용한다.

풀이 ㉱항은 축 기준식 끼워 맞춤 방식이다.

문제 71. 다음 기호 중 구멍의 최소 치수가 기준 치수보다 작은 것은?
㉮ A   ㉯ C   ㉰ D   ㉱ M

풀이 기준 치수 H를 기준하여 앞으로 갈수록 커진다.
※ A ← H → Z
  (커짐)   (작아짐)

문제 72. 다음 기호 중 구멍의 최소 치수가 기준 치수보다 큰 것은?
㉮ F   ㉯ P   ㉰ S   ㉱ X

해답 67. ㉱ 68. ㉮ 69. ㉮ 70. ㉱ 71. ㉱ 72. ㉮

문제 73. 축의 최대 허용 치수가 가장 작은 기호는?
㉮ f   ㉯ h   ㉰ s   ㉱ t

[도움] a ←―― h ――→ z
      (작아짐)   (커짐)

문제 74. 구멍의 종류를 나타내는 기호 중 최소 허용 치수가 기준 치수와 일치할 때 사용하는 기호는?
㉮ F   ㉯ H   ㉰ K   ㉱ M

[도움] H : 구멍의 최소 허용 치수=기준 치수

문제 75. 상용되는 끼워 맞춤에서 기준 구멍을 표시하는 기호는?
㉮ F   ㉯ H   ㉰ K   ㉱ M

[도움] 기준 구멍 : H

문제 76. 아래 치수 허용차가 0이 되는 구멍의 기호는?
㉮ E7   ㉯ H7   ㉰ M7   ㉱ P7

[도움] H7 : 아래 치수 허용차가 0

문제 77. 도면에서 구멍의 지름을 ∅35H7로 표시되었다. H7은 무엇을 의미하는가?
㉮ 구멍 수가 7개   ㉯ 구멍 등급이 7급
㉰ 구멍 깊이가 7mm   ㉱ 허용 치수가 ±7mm

[도움] H7의 뜻 : 구멍 등급이 7급이다.

문제 78. 아래 치수 허용차가 0이 되는 축을 표시하는 기호는?
㉮ f   ㉯ h   ㉰ m   ㉱ j

[도움] h : 아래 치수 허용차가 0이다.

문제 79. 축의 종류 중 h 기호로 표시되었을 때 치수 관계는?
㉮ 최대 허용 치수>기준 치수   ㉯ 최소 허용 치수<기준치수
㉰ 최대 허용 치수=기준 치수   ㉱ 최소 허용 치수=기준 치수

[도움] h는 최소 허용 치수와 기준 치수가 같다.

문제 80. 다음 중 틈새가 가장 큰 끼워 맞춤은?
㉮ A 구멍과 a 축   ㉯ Z 구멍과 z 축
㉰ A 구멍과 z 축   ㉱ Z 구멍과 a 축

[도움] A 구멍은 가장 크고 a 축은 가장 작다.

해답 73. ㉮   74. ㉯   75. ㉯   76. ㉯   77. ㉯   78. ㉯   79. ㉱   80. ㉮

문제 81. 다음 중 틈새가 가장 크게 맞춰지는 것은?
　㉮ H7f6　　㉯ H7g6　　㉰ H7j6　　㉱ H7m6

　도움▶ 구멍은 H로 일정하고 축은 f<g<i<m이다.

문제 82. 다음 중 죔새가 가장 큰 것은?
　㉮ A 구멍과 a 축　　㉯ Z 구멍과 a 축
　㉰ A 구멍과 z 축　　㉱ Z 구멍과 z 축

　도움▶ Z 구멍은 가장 작고 z축은 가장 크다.

문제 83. 다음 중 죔새가 가장 큰 것은?
　㉮ F7g6　　㉯ G7f6　　㉰ H7f6　　㉱ M7z6

　도움▶ ① 구멍 : F>G>H>M
　　　　② 축 : f<g<h<z

문제 84. 구멍이 H7일 때 가장 헐겁게 끼워 맞춘 것은?
　㉮ f6　　㉯ g6　　㉰ m6　　㉱ v6

　도움▶ f<g<m<v 순이므로 f축이 가장 헐겁다.

문제 85. H7 구멍에 가장 억지로 끼워진 것은?
　㉮ a7　　㉯ b7　　㉰ c7　　㉱ d7

　도움▶ a<v<c<d이므로 d축이 가장 억지로 끼워진다.

문제 86. 구멍의 최소 치수가 기준 치수 $\phi 40.0$과 같을 때의 표시로 맞는 것은?
　㉮ $\phi 40G7$　　㉯ $\phi 40H7$　　㉰ $\phi 40M7$　　㉱ $\phi 40T7$

　도움▶ $\phi 40H7 = \phi 40$

문제 87. 치수 허용차와 아래 치수 허용차의 절대값이 0.025로 같을 때의 표시 방법으로 맞는 것은?
　㉮ $30 ^{+0.025}_{0}$　　㉯ $30 ^{0}_{-0.025}$　　㉰ $30 ^{0}_{-0.025}$　　㉱ 30 ± 0.025

　도움▶ 절대값이 같을 때는 ±0.025로 표시한다.

문제 88. 끼워 맞춤에서 구멍 $\phi 45G6 ^{-0.007}_{-0.020}$의 공차는?
　㉮ 0.007　　㉯ 0.020　　㉰ 0.027　　㉱ 0.085

　도움▶ $0.007-(-0.020)=0.027$

해답▶ 81. ㉮　82. ㉱　83. ㉱　84. ㉮　85. ㉱　86. ㉯　87. ㉱　88. ㉰

문제 89. 끼워 맞춤 부분에 사용되는 IT공차는?
㉮ IT 01~IT 4 ㉯ IT 6~IT 10
㉰ IT 11~IT 15 ㉱ IT 15~IT 18

문제 90. 주로 게이지류에 사용되는 IT공차는?
㉮ IT 01~IT 4 ㉯ IT 5~IT 10
㉰ IT 11~IT 15 ㉱ IT 15~IT 18

도움 IT 공차
① IT 01~IT 18까지 20등급으로 되어 있다.
② 게이지류 : IT 01~4
③ 끼워 맞춤 : IT 5~10
④ 일반 공차 : IT11~18

문제 91. 다음 모양 공차 중 평면도 공차를 나타내는 기호는?
㉮ ▱ ㉯ ○ ㉰ ⌒ ㉱ ⌓

도움 기하 공차중 모양 공차
① ▱ : 평면도 공차 ② — : 진직도 공차
③ ○ : 진원도 공차 ④ ⌒ : 선의 윤곽도 공차
⑤ ⌓ : 면의 윤곽도 공차 ⑥ ⌯ : 원통도 공차

문제 92. 다음 모양 공차 중 진원도 공차를 나타내는 기호는?
㉮ ▱ ㉯ ○ ㉰ ⌒ ㉱ ⌓

문제 93. 다음 모양 공차 중 선의 윤곽도 공차를 나타내는 기호는?
㉮ ▱ ㉯ ○ ㉰ ⌒ ㉱ ⌓

문제 94. 다음 모양 공차 중 면의 윤곽도 공차를 나타내는 기호는?
㉮ ▱ ㉯ ○ ㉰ ⌒ ㉱ ⌓

문제 95. 다음 자세 공차 중 직각도 공차를 나타내는 기호는?
㉮ ∥ ㉯ ⊥ ㉰ ⌒ ㉱ ∠

도움 자세 공차
① ∥ : 평행도 공차 ② ⊥ : 직각도 공차 ③ ∠ : 경사도 공차

문제 96. 다음 자세 공차 중 평행도 공차를 나타내는 기호는?
㉮ ∥ ㉯ ⊥ ㉰ ⌒ ㉱ ∠

해답 89. ㉯ 90. ㉮ 91. ㉮ 92. ㉯ 93. ㉰ 94. ㉱ 95. ㉯ 96. ㉮

문제 97. 기하 공차값을 그 직선의 전체 길이 또는 평면의 전면에 대하여 나타낼 때 다음과 같이 표시한다. ㉠의 의미는?

| ㉠ | ㉡ | ㉢ |

㉮ 모양(위치)의 정밀도 기호   ㉯ 기하 공차
㉰ 기준 직선(기준 평면)의 부호   ㉱ 공차역 이름

도움 기하 공차 표시
㉠ : 모양의 정밀도 기호   ㉡ : 기하 공차   ㉢ : 기준 직선의 부호

문제 98. | — | ⌀0.1 | A | 를 잘못 설명한 것은?
㉮ 진직도의 허용 범위가 원통이다
㉯ 기준 직선을 지정한 것이다
㉰ 기하 공차값의 앞에 ⌀를 붙인다
㉱ 직선 부분이 0.1mm의 원통 내부의 공간에 들어 있으면 되는 것을 나타낸다

도움 진직도의 허용 범위가 원통이며 기하 공차값 앞에 기호 ⌀를 붙이고, 그 직선 부분이 0.1mm의 원통 내부의 공간에 들어 있으면 되는 것을 나타낸다.

문제 99. 다음 그림의 공차 표시는?
㉮ 진직도 공차 표시
㉯ 진원도 공차 표시
㉰ 평면도 공차 표시
㉱ 원통도 공차 표시

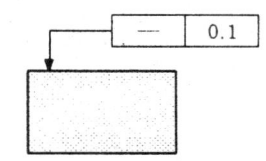

도움 진직도 공차 표시로 가로 방향의 모든 표면은 0.1mm 범위 내에서 직진해야 한다.

문제 100. 다음 그림의 공차 표시는?
㉮ 진직도 공차 표시
㉯ 진원도 공차 표시
㉰ 평면도 공차 표시
㉱ 원통도 공차 표시

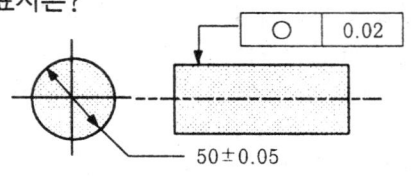

도움 표면은 공차역 0.02mm 폭 이내에서 진원이어야 한다.

문제 101. 다음 그림의 공차 표시는?
㉮ 진직도 공차 표시
㉯ 진원도 공차 표시
㉰ 평면도 공차 표시
㉱ 원통도 공차 표시

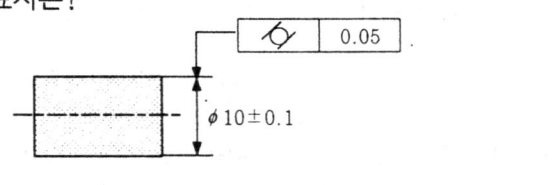

도움 전 표면은 형체 치수에 관계없이 반지름 상으로 0.05mm 이내에 원통이어야 한다.

해답 97. ㉯   98. ㉮   99. ㉮   100. ㉯   101. ㉱

문제 102. 다음 그림의 공차 표시는?
㉮ 진직도 공차 표시
㉯ 진원도 공차 표시
㉰ 평행도 공차 표시
㉱ 원통도 공차 표시

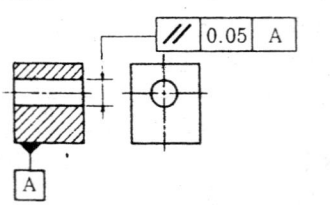

도움 데이텀 A에서 0.05mm 이내로 평행해야 한다.

문제 103. 다음 그림의 공차 표시는?
㉮ 경사도 공차 표시
㉯ 동심도 공차 표시
㉰ 위치도 공차 표시
㉱ 대칭도 공차 표시

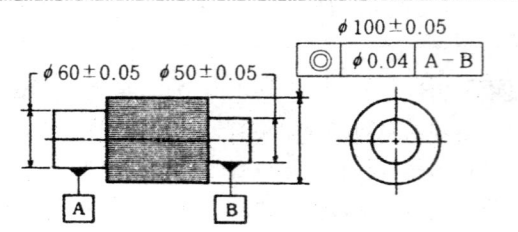

도움 데이텀 A-B를 기준으로 유체 형태의 축심은 동심도 공차 0.04mm 이내에 있어야 한다.

문제 104. 다음은 나사의 도시 방법에 대한 설명이다. 잘못된 것은?
㉮ 수나사의 바깥 지름은 굵은 실선으로 그린다.
㉯ 암나사의 안지름은 가는 실선으로 그린다.
㉰ 수나사와 암나사의 골지름은 가는 실선으로 그린다.
㉱ 완전 나사와 불완전 나사의 경계는 굵은 실선으로 그린다.

도움 암나사의 안지름은 굵은 실선으로 그린다.

문제 105. 나사의 도시 방법으로 틀린 것은?
㉮ 불완전 나사는 축선에 대해 30°로 가는 실선으로 그린다
㉯ 암나사의 드릴 끝부분은 굵은 실선으로 120° 되게 긋는다
㉰ 보이지 않는 나사부는 중간 굵기의 실선으로 그린다
㉱ 수나사와 암나사의 조립부를 그릴 때 수나사를 위주로 한다

도움 보이지 않는 나사부는 중간 굵기의 파선으로 그린다.

문제 106. 다음 중 굵은 실선으로 그리는 나사부가 아닌 것은?
㉮ 수나사의 바깥 지름   ㉯ 암나사의 안지름
㉰ 완전 나사와 불완전 나사부의 경계   ㉱ 보이지 않는 나사부

도움 보이지 않는 나사부는 굵은 파선으로 그린다.

문제 107. 나사의 호칭 지름은 어느 지름으로 표시하는가?
㉮ 바깥지름   ㉯ 골지름   ㉰ 안지름   ㉱ 유효지름

해답 102. ㉰   103. ㉯   104. ㉯   105. ㉰   106. ㉱   107. ㉮

[도움] 호칭 지름의 표시 : 바깥지름으로 표시한다.

[문제] **108.** 유효지름이란?
㉮ 수나사의 산마루에 접하는 가상적인 원통 지름
㉯ 암나사의 산마루에 접하는 가상적인 원통 지름
㉰ 나사의 골에 접하는 가상적인 원통의 지름
㉱ 나사산 사이의 홈의 폭과 산의 폭이 같게 되는 가상적인 원통의 지름

[도움] 유효 지름 : 나사산 사이의 홈과 산의 폭이 같게 되는 가상적인 원통의 지름이다.

[문제] **109.** 나사의 표시 방법으로 ㉠가 의미하는 것은?
㉮ 나사산의 감는 방향
㉯ 나사산의 줄의 수
㉰ 나사의 호칭
㉱ 나사의 등급

좌　2줄　M50×2　－　6H
　㉠　　㉡　　㉢　　　㉣

[도움] 나사의 표시 방법
① ㉠ : 나사산 감는 방향　② ㉡ : 나사산의 줄의 수
③ ㉢ : 나사의 호칭　　　④ ㉣ : 나사의 등급

[문제] **110.** 피치를 mm로 표시하는 나사의 호칭 중 M8×1에서 M이 나타내는 것은?
㉮ 나사의 종류를 표시하는 기호　㉯ 피치
㉰ 나사의 호칭 지름을 표시하는 숫자　㉱ 산의 수

[도움] 미터 나사의 호칭
① M : 나사의 종류
② 8 : 나사의 호칭 지름 숫자
③ 1 : 피치

[문제] **111.** 피치를 나사의 산수로 표시하는 나사의 호칭 중 SM 1/4 산 40에서 1/4이 나타내는 의미는?
㉮ 나사의 종류를 표시하는 기호　㉯ 피치
㉰ 나사의 지름을 표시하는 숫자　㉱ 산의 수

[도움] 피치를 나사산 수로 표시하는 나사의 호칭
① SM : 나사의 종류
② 1/4 : 나사의 지름을 표시하는 숫자
③ 40 : 산의 수

[문제] **112.** 나사산의 감김 방향 표시를 잘못한 것은?
㉮ 왼 나사의 경우 "좌"로 표시한다.　㉯ 왼 나사의 경우 "L"로 표시한다.
㉰ 오른 나사의 경우 "R"로 표시한다.　㉱ 오른 나사의 경우 표시하지 않는다.

[해답] 108. ㉱　109. ㉮　110. ㉮　111. ㉰　112. ㉰

도움► 오른 나사의 경우에는 표시하지 않는다.

문제 **113.** 나사산의 줄 수의 표시 방법 중 틀린 것은?
㉮ 여러줄 나사의 경우는 "2줄", "3줄" 등으로 표시한다.
㉯ 한줄 나사의 경우는 표시하지 않는다.
㉰ "줄" 대신에 "N"으로 표시할 수 있다.
㉱ "줄" 대신에 "M"을 사용할 수 있다.

도움► "줄" 대신에 "N"을 사용할 수 있다.

문제 **114.** 관용 나사의 나사산의 각도는?
㉮ 30°   ㉯ 45°   ㉰ 55°   ㉱ 60°

도움► 관용 나사산의 각도 : 55°

문제 **115.** 사다리꼴 나사의 나사산 각도는?
㉮ 30°   ㉯ 45°   ㉰ 55°   ㉱ 60°

도움► 사다리꼴 나사산 각도 : 29°, 30°

문제 **116.** M 6은 어떤 나사인가?
㉮ 나사의 길이가 6mm인 미터 나사   ㉯ 나사의 피치가 6mm인 미터 나사
㉰ 나사의 안지름이 6mm인 미터 나사   ㉱ 나사의 바깥지름이 6mm인 미터 나사

도움► M 6에서
① M : 미터 나사.
② 6 : 호칭(바깥)지름이 6mm이다.

문제 **117.** 미터 나사의 피치는 어떻게 나타내는가?
㉮ 1인치당의 나사산 수로 표시한다.   ㉯ 1피치의 거리를 인치로 표시한다.
㉰ 1mm당의 나사산 수로 나타낸다.   ㉱ 1피치의 거리를 mm로 표시한다.

도움► 미터계 나사의 피치 : 1피치의 거리를 mm로 표시한다.

문제 **118.** 인치계 나사의 피치는 어떻게 나타내는가?
㉮ 1인치당의 나사산 수로 표시한다.   ㉯ 1피치의 거리를 인치로 표시한다.
㉰ 1mm당의 나사산 수로 나타낸다.   ㉱ 1피치의 거리를 mm로 표시한다.

도움► 인치계 나사의 피치 : 1인치당의 나사산 수로 표시한다.

문제 **119.** 호칭 지름 3/8″, 나사산 수 16산인 유니파이 보통 나사의 표시는?
㉮ 3/8-16UNC   ㉯ 3/8-UNF
㉰ UNC16-3/8   ㉱ UNF16-3/8

해답 113. ㉱   114. ㉰   115. ㉮   116. ㉱   117. ㉱   118. ㉮   119. ㉮

도움 3/8-16UNC
① 3/8-16 : 호칭지름 3/8″, 산수 16　　② UNC : 유니파이 보통 나사

문제 120. "M14-2"로 표시된 나사는?
㉮ 호칭 지름 14mm인 미터 나사 2개
㉯ 호칭 지름 14mm 피치 2mm 미터 나사
㉰ 호칭 지름 14mm 2급 미터 나사
㉱ 호칭 지름 14mm 2줄 미터 나사

도움 M14-2에서
① M14 : 미터 나사 14mm　　② 2 : 2급

문제 121. "Tr40×14-7H"로 표시된 미터 사다리꼴 나사의 표시 방법의 설명으로 맞는 것은?
㉮ 호칭 지름은 40mm이다.　　㉯ 암나사의 등급이 7H이다.
㉰ 수나사의 등급이 7이다.　　㉱ 피치가 7mm이다.

도움 Tr40×7-7H
① Tr : 나사산의 종류　　② 40 : 나사산의 호칭
③ 7 : 피치　　④ 7H : 나사의 등급

문제 122. "6각 너트 1종 중 3급 M16(구멍따기) SB41"에서 너트의 호칭지름은?
㉮ 1　　㉯ 3　　㉰ 16　　㉱ 41

도움 M16은 미터 나사 호칭지름 16mm이다.

문제 123. 핀의 크기 표시로 맞는 것은?
㉮ 핀의 지름　　㉯ 핀의 길이
㉰ 핀의 지름과 길이　　㉱ 핀의 무게

도움 핀의 크기 : 지름×길이

문제 124. 핀의 표시로 맞는 것은?
㉮ 부품도에 실형도로 나타낸다.
㉯ 조립도에 생략도로 나타낸다.
㉰ 호칭법으로 표시하며 부품란에 기입한다.
㉱ 도면에 표시하지 않는다.

도움 호칭법으로 표시한다.

문제 125. 테이퍼 핀의 테이퍼는 얼마 정도인가?
㉮ 1/15　　㉯ 1/30　　㉰ 1/45　　㉱ 1/50

해답 120. ㉰　121. ㉯　122. ㉰　123. ㉰　124. ㉰　125. ㉱

3-146 제Ⅲ편 금속공업 제도

[도움] 테이퍼 : 1/50

[문제] **126.** 키이의 기울기로 맞는 것은?
㉮ 1/25 ㉯ 1/50 ㉰ 1/75 ㉱ 1/100

[도움] 키이의 기울기 : 1/100

[문제] **127.** 리벳의 호칭법으로 맞는 것은?
㉮ 명칭 → 등급 → 호칭지름×길이 → 재료명
㉯ 규격번호 → 종류 → 호칭지름×길이 → 재료명
㉰ 규격번호 → 종류 → 재료명
㉱ 종류 → 호칭지름×길이 → 끝부분 특별지정

[도움] 리벳의 호칭법 : 규격번호 → 종류 → 호칭지름×길이 → 재료명

[문제] **128.** 리벳의 길이 표시 방법은?
㉮ 머리 부분의 길이   ㉯ 머리 부분을 포함한 전 길이
㉰ 머리 부분을 제외한 길이   ㉱ 리벳 이음되는 부분의 길이

[도움] 리벳의 길이 : 머리 부분을 제외한 길이

[문제] **129.** 용접 기호의 꼬리 부분에는 무엇을 기입하는가?
㉮ 치수 또는 강도   ㉯ 표면 모양의 기호
㉰ 용접의 종류   ㉱ 특별 지시 사항

[도움] 특별 지시 모양은 꼬리 쪽에 기입한다.

[해답] 120. ㉯ 121. ㉰ 122. ㉰ 123. ㉰ 124. ㉰ 125. ㉱

제 Ⅳ편
금속재료조직 및 비파괴시험

제1장 비파괴 시험법 / *4-3*
제2장 금속조직 시험법 / *4-27*
제3장 특수 시험법 / *4-44*

제 1 장

비파괴 시험법

비파괴 시험법에는 방사선 투과시험(RT), 초음파 탐상시험(UT), 자기 탐상시험(MT), 침투 탐상시험(PT) 등이 있다.

1 비파괴 시험의 개요
[1] 비파괴 시험의 체계
(1) 적절한 크기, 강도 및 분포를 가진 에너지를 시험체의 시험 부위에 적용한다.
(2) 시험체에 존재하는 불연속이나 시험체 물성의 변화상태가 적용된 에너지와의 상호작용으로 시험에너지의 질(크기, 강도, 분포)의 변화를 발생한다.
(3) 시험체와 상호작용을 한 후 시험 에너지의 질이 변화에 감응할 수 있는 적절한 감도를 가진 변환자를 시험 에너지의 측정에 사용한다.
(4) 변환자에서 얻은 신호를 해석하고 평가하는데 유용한 형태로 기록, 지시, 표시한다.
(5) 측정자는 측정치를 근거로 결과를 해석하고 표시된 내용을 판정한다.
  ① **기하학적 성질과 상태** : 치수, 즉 길이, 두께 곡률 등을 측정할 수 있으며 기공, 공극 균열, 라미네이션(lamination), 수축공과 같은 내부 불연속이나 결함을 찾아낸다.
  ② **기계적 성질** : 시험체의 응력, 변형량, 탄성계수, 댐핑 특성, 경도, 소성변형 등의 간접적인 측정이 가능하다.
  ③ **열적 성질** : 열전도도, 열팽창 응력, 열수축 응력, 열구배 및 열전기적 성질을 결정한다.
  ④ **전기적, 자기적 성질** : 전기 전도도, 자기 투자율, 와전류의 분포와 손실, 자기 수축, 열전기적 또는 전자기적 성질의 측정이 가능하다. 이들에 대한 측정 결과는 재료의 열전기적 또는 전자기적 성질의 측정이 가능하다. 이들에 대한 측정 결과는 재료의 조직, 경도, 응력, 열처리 및 다른 기계적 성질이나 물리적 성질과 상관성을 가진다.
  ⑤ **물리적 성질** : 시험체의 내부 조직, 입도, 배향, 조성, 밀도 또는 굴절지수나 마찰계수 등과 같은 다른 물리적 성질을 결정할 수 있다.

2 방사선 투과 시험(RT)

X선이나 γ선과 같은 높은 에너지를 가진 전자파 방사선을 피검체에 조사하였을 때 피검체의 내부 상태에 따라 투과하는 방사선의 양은 차이가 생기며, 이것을 필름으로 검출하여 얻은 방사선 투과사진이나 형광 스크린상의 결함 또는 내부 결함 등을 나타내어 관찰하는 시험방법이다.

주조품, 용접부의 결함 시험에 주로 적용되며, 다른 비파괴 검사 방법에 비해 특히 안전관리에 유의해야 한다.

[1] 방사선의 발생과 그 성질

방사선의 성질을 3가지로 나열할 수 있다.
① 방사선은 광속으로 직진하며 에너지 수준에 따라 진동수가 달라진다.
② 방사선은 물질을 투과하며 그것과 상호작용을 일으킨다.
③ 방사선은 생체세포를 파괴하거나 인관의 오관으로 감지할 수 없다.

[2] 방사선 투과 시험용 장비

먼저 X선을 발생시키기 위해서는 다음과 같은 조건을 갖추어야 한다.
① 열전자의 발생 선원이 있어야 한다.
② 열전자를 가속화시켜 주어야 한다.
③ 열전자의 충격을 받는 금속 표적이 있어야 한다.

X선관의 구조는 진공상태의 유리관 안에 양극과 음극의 두 전극으로 구성되어 있다. 양극은 표적과 구리로 된 전극 봉으로 되어 있으며, 음극은 텅스텐으로 되어 있는 필라멘트와 집속컵(fousing cup)으로 구성되어 있다. X선의 고유 여과성을 줄이기 위해 베릴륨(Be)창이 개발되어 사용되고 있다.

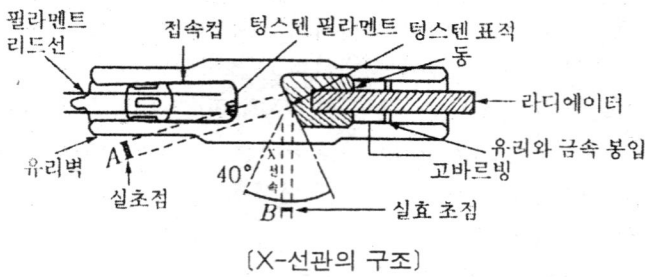

[X-선관의 구조]

유리관 속이 진공이어야 하는 이유는 다음과 같다.
① 가속화된 열전자는 공기 중에서 이온화하여 에너지가 손실됨으로 이를 방지하기 위해서이다.
② 필라멘트의 산화 및 연소를 방지하기 위해서이다.
③ 전극간의 전기적 절연을 방지하기 위해서이다.

양극에는 가속화된 열전자가 충돌할 수 있는 재질을 가진 텅스텐 표적이 있으며, 이 표적이 갖추어야 할 조건은 다음과 같다.

① 원자번호가 커야 한다.
② 용융점과 열전도성이 높아야 한다.
③ 낮은 증기압을 갖는 물질이어야 한다.

X선관은 고가품이므로 방사선 작업시 듀티 사이클(duty cycle)에 유의해야 한다.

$$\text{duty cycle} = \frac{\text{사용시간}}{\text{사용시간} + \text{휴지기간}} \times 100(\%)$$

현재 사용되고 있는 방사선 동위 원소는 Co^{60}, Cs^{137}, Ir^{192}, Tm^{170}의 4종이 있다.

【3】방사선 투과 사진용 재료

(1) X선 필름

두께 약 0.2mm의 투명한 불연성 초산 셀룰로오스, 폴리에스테르의 한 면 또는 양면에 유제를 도포한 것이 있다.

(2) 증감지

방사선 투과 사진 촬영에 사용되는 증감지는 다음과 같이 분류된다.
① 납 증감지 : 연박 증감지, 산화연 증감지가 있다.
② 형광 증감지 : 증감지를 사용하는 목적은 필름만을 사용하면 능률이 나쁘고 장시간의 노출 또는 고전압의 X선이 요구되기 때문에 증감지를 필름 양측에 밀착시켜 방사선 에너지를 유효하게 하여 짧은 시간의 노출, 낮은 전압의 X선을 사용하여 작업능률을 좋게 하기 위해서이다.

(3) 카세트와 필름 홀더

X선 필름은 빛에도 감광되기 때문에 촬영시 감광되지 않도록 빛을 차단시켜 주고, 연박 증감지와 형광 증감지를 사용할 때 필름과 증감지의 접촉상태를 양호하게 하고 일정하게 하는 역할을 한다.

(4) 투과도계

투과도계는 방사선 투과 사진의 상질을 나타내는 척도로 촬영한 투과 사진의 대조와 선명도를 표시하는 기준이며 투과도계, 특 페니트로미터를 사용한다.

3 초음파 탐상 시험(UT)

초음파 탐상 시험(ultrasonic test)은 방사선 투과시험과 같이 피검사체의 내부 결함을 찾아내는 대표적인 검사방법이다.

【1】초음파 탐상 시험의 분류

초음파를 이용한 검사법은 투과법, 공진법, 펄스법이 있다.

(1) 펄스 반사법

피검사체 내에 초음파의 펄스를 보내 그것이 결함에 부딪쳐 되돌아오는 반항음을 받아 결함의 상태를 파악하는 비파괴시험의 일종이다. 시험재에 초음파를 전달시키기 위하여 탐촉자를 시험재에 직접 접촉시키는 방법에는 직접 접촉법과 수침법이 있다.

(2) 수침법

탐촉자가 시험재 사이에 물을 채워서 초음파를 이 물의 층 또는 막을 통해서 전달하는 방법이다.

(3) 직접 접촉법

탐촉자를 시험재에 직접 접촉시키는데 이때 탐촉자와 시험재 사이에 틈이 생겨서 공기가 들어가기 때문에 초음파가 잘 전달되지 않는다. 따라서 탐촉자와 시험재 사이의 공간을 없애기 위해서 탐상면에 액체를 바르는데, 이 액체를 접촉 매질이라 한다.

[2] 접촉 매질의 종류

기계유와 같은 광물유, 글리세린, 물유리가 있다.

[3] 탐촉자(probe)

수직 탐촉자, 경사각 탐촉자, 분할형 수직 탐촉자, 수직 탐촉자가 있다.

[4] 표준 시험편 및 대비 시험편

(1) 표준 시험편(STB : standard test block)

탐상기의 특성 시험 또는 감도 조정, 시간축의 측정 범위 조정에 사용된다.

(2) 대비 시험편(RB : reference block)

탐상기 감도 조정의 표준 측정 범위의 조정에 사용된다.

4 자분 탐상 시험(MT)

자분 탐상 시험(magnetic particle test)은 상자성체의 시험 대상물에 자장을 걸어 주어 자성을 띠게 한 다음, 자분을 시험편의 표면에 뿌려 주고 불연속에서 외부로 누출되는 누설 자장에 의한 자분 무늬를 판독하여 결함의 크기 및 모양을 검출하는 비파괴 검사 방법의 하나이다.

[1] 자화방법

축통전법, 직각 통전법 및 플로트법은 전류를 직접 시험품에 흐르게 하고, 전류 관통법은 링

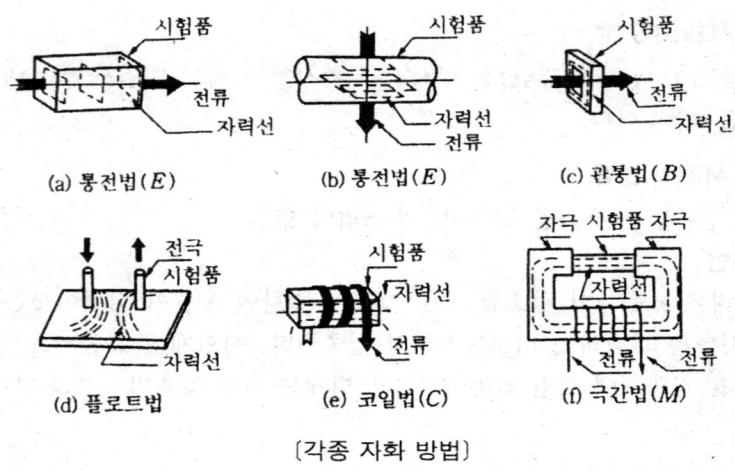

〔각종 자화 방법〕

상의 시험품 또는 구멍을 관통한 도체에 전류를 흐르게 하여 자화를 하며 직류 전류가 만드는 자장을 이용한다.

코일법, 극간법 및 자속 관통법은 코일에 흐르고 있는 전류에 의한 자장을 이용하나 특히 자속 관통법은 교류 자속에 의한 시험품에 유기되는 환상 전류의 자장을 이용하고 있다.

축 통전법, 직각 통전법, 전류 관통법 및 자속 관통법은 비교적 작은 시험품에 적용되고, 극간법 및 플로트법은 비교적 큰 모양의 시험품 부분 즉, 용접부 등의 탐상시험에 사용된다. 축 통전법과 코일법에 의해서 환봉의 축방향 및 원주방향의 결함을 검출할 수 있다.

5 침투 탐상 시험(PT)

침투 탐상 시험(penetrant test)은 고체이며 비기공성인 재료의 표면 균열, 랩(lap) 기공 등의 불연속을 검출하고 주로 철강, 비철금속제품, 분말야금제품, 도자기류, 플라스틱 등에 적용하며, 표면으로 연결되지 않은 내부의 불연속은 검출할 수 없고 표면이 거칠면 만족할 만한 시험결과를 얻을 수 없다.

[1] 침투 탐상법의 기본 조작

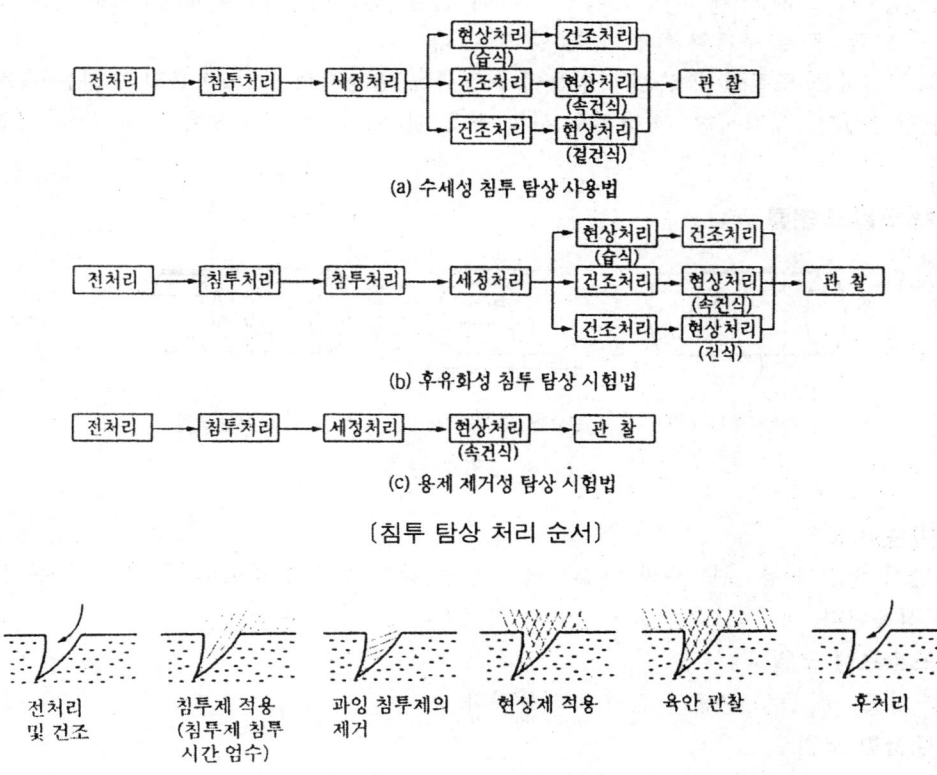

〔침투 탐상 처리 순서〕

〔탐상 절차의 6단계〕

[2] 현상법의 종류

습식 현상법, 속건식 현상법, 건식 현상법, 무현상법이 있다.

[3] 침투 탐상 시험의 특징

① 시험품 표면에 벌어져 있는 홈이라도 검출이 안될 경우가 있다.
② 철강재료, 비철금속재료, 도자기, 플라스틱 등의 표면 홈의 탐상이 가능하다.
③ 형상이 복잡한 시험품이라도 1회의 탐상조작으로 거의 전면을 탐상할 수 있다.
④ 원형상의 홈이라도 보기 쉬운 결함지시 모양을 나타내며, 여러 방향으로 생긴 홈이 공존해 있을 경우도 1회의 탐상조작으로 탐상할 수 있다.
⑤ 비교적 간단한 설비 및 장치로 탐상이 가능하다.
⑥ 탐상시험의 결과는 탐상을 실시하는 검사원의 기술에 좌우되기 쉽다.
⑦ 시험품의 표면 거칠기에 의해 시험 결과가 크게 영향을 받는다.
⑧ 다공질 재료의 탐상은 일반적으로 곤란하다.

6 와전류 탐상 시험(ET)

와전류 탐상 시험(eddy current test)은 금속재료를 고주파 자계 중에 놓았을 때 재료 중에 유기하는 와전류가 재료의 조성, 조직, 잔류 비틀림, 형상 치수 등에 민감하게 반응하는 점을 이용한 것으로 소재 속에 섞어 들어간 이재의 선별, 열처리 상태의 체크, 치수 변화, 홈 존재의 유무, 도막, 도금 두께의 측정 등을 할 수 있다.

전자 유도 시험은 도전성이 있는 시험품에 와전류를 발생시켜 그 와전류의 변화를 측정하여 시험품의 탐상시험, 재질시험, 형상치수 시험 등을 할 수 있으며, 와전류 전자 유도 시험이라고도 한다.

[1] 검사 코일의 분류

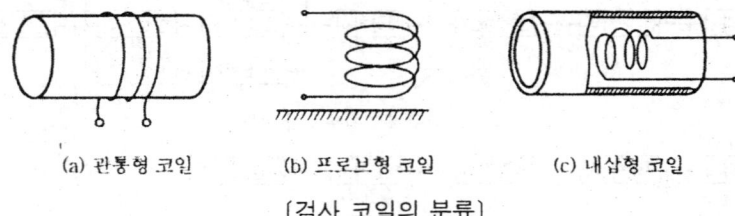

(a) 관통형 코일　　(b) 프로브형 코일　　(c) 내삽형 코일

〔검사 코일의 분류〕

(1) 관통형 코일
　단면이 원형의 봉, 관, 등의 바깥쪽에 동심을 감은 상태의 것이며 선, 봉, 관 등의 검사에 적용된다.
(2) 프로브형 코일
　판, 잉곳, 봉 등의 부분적 검사에 적용된다.
(3) 내삽형 코일
　관, 구멍 등의 내면 검사에 사용된다.

[2] 와전류 탐상 시험의 적용과 특징

와전류 탐상 시험은 철강, 비철금속 및 흑연 등의 전도성 재료로 만들어진 제품에 모두 적용되나 유리, 돌, 합성수지 등의 비전도성 재료에는 적용되지 않으며, 다음과 같은 시험에 적용된다.

① 탐상시험 : 시험편 표면 또는 표면에서 가까운 결함 검출
② 재질시험 : 금속탐지, 금속의 종류, 성분 열처리 상태 등의 변화 검출
③ 치수시험 : 시험품의 치수, 피막의 두께, 부식상태 및 변위의 측정
④ 형상시험 : 시험품의 형상 변화의 판별

(1) 장점
① 시험 결과가 직접적으로 구해지므로 시험의 자동화를 할 수 있다.
② 비접촉 방법이므로 시험 속도가 빠르다.
③ 표면 결함의 검출에 적합하다.
④ 결함, 재질변화, 치수변화 등의 시험 적용 범위가 매우 넓다.

(2) 단점
① 형상이 단순한 것이 아니면 적용할 수 없다.
② 표면에서 깊은 위치의 내부 결함 검출이 불가능하다.
③ 시험 대상 이외의 재료적 요인이 잡음의 원인이 되기 쉽다.
④ 시험에 의해 얻은 지시로부터 직접 결함 종류를 판별하기 어렵다.

7 누설 검사(LT)

누설 검사(leak test)는 일명 누출시험이라고도 하며, 압력 용기 및 각종 부품 등의 관통균열 여부를 검사하는 시험으로 가스와 기포형성 시험법, 할로겐다이오드 검출기에 의한 검사법(스니퍼법) 또는 후드에 의한 헬륨 질량 분광 시험법 등이 있다.

(1) 가스와 기포 형성 시험법(버블법)

가스와 기포 형성 시험은 검사해야 할 부분을 용액 중에 담그고 이것을 통해 가스가 지나감에 따라 거품을 일으키게 하며, 이 압력을 받아 도망가는 가스를 탐지하여 결함 부위를 검출하는 시험이다.

검사 가스는 일반적으로 공기를 사용하나 질소 또는 헬륨가스를 사용할 수도 있다. 이 시험법을 버블법이라고도 한다.

(2) 할로겐다이오드 검출기에 의한 검사(스니퍼법)

이 방법은 가열 백금 양극과 이온 수집관(음극)의 일반 원리를 이용한 검사법으로, 할로겐 기체는 양극에서 이온화되어 음극에 수집된다. 이온 형성 속도에 비례하는 전류는 전류계에 나타나며 이것만 측정기구로 허용되고 있다.

(3) 헬륨 질량 분광 시험(스니퍼법)

이 장치는 근본적으로 간단한 휴대용 질량 분광기인데 소량의 헬륨에 민감하다. 누출 검사기의 감도가 높기 때문에 압력 차이가 있는 매우 작은 구멍을 통하여 헬륨의 흐름을 탐지할 수 있고 또 다른 기체 혼합물 중의 헬륨을 식별할 수 있으며, 누출의 위치나 존재 여부를 탐지할 수 있는 반정량적 방법이나 정량적 방법은 아니다.

(4) 헬륨 질량 분광 시험(후드법)

이 설비는 스니퍼법과 같이 미세 헬륨에 민감하고 휴대가 간편한 질량 분광기이다. 누출 검도계의 감도가 높기 때문에 압력차가 있는 매우 작은 구멍을 통하는 헬륨의 흐름을 탐지할 수 있고, 다른 기체 혼합물 중 헬륨의 존재 여부를 알 수 있다.

문제 1. 비파괴 시험으로 측정할 수 없는 것은?
㉮ 재료의 물리적 성질   ㉯ 재료의 내부 결함
㉰ 전기적, 자기적 성질   ㉱ 재료의 용접성

도움 비파괴 시험은 기하학적 성질, 기계적 성질, 열적 성질, 전기적·자기적 성질, 물리적 성질을 측정할 수 있다.

문제 2. 다음 중 비파괴 시험에 해당되는 것은?
㉮ 화학적 시험   ㉯ 기계적 시험
㉰ 자기적 시험   ㉱ 현미경 시험

도움 비파괴 시험 : 자기적 시험

문제 3. 표층부의 정보를 얻기 위한 비파괴 시험이 아닌 것은?
㉮ 육안검사   ㉯ 자분탐상시험
㉰ 침투탐상시험   ㉱ 초음파탐상시험

도움 초음파탐상시험 : 내부결함 검사

문제 4. 다음 중 열처리 제품의 결함을 검사하는 방법 중 비파괴 시험에 속하지 않는 것은?
㉮ 방사선 투과검사   ㉯ 자분탐상법
㉰ 염색침투법   ㉱ 인장시험법

도움 인장시험법은 기계적 시험에 해당된다.

문제 5. 비파괴 검사를 실시하기 전에 고려해야 할 사항이 아닌 것은?
㉮ 결함의 종류와 크기   ㉯ 검사 적용 목적
㉰ 시험체의 재질 및 가공상태   ㉱ 재료의 비중

도움 재료의 비중은 고려사항이 아니다.

문제 6. 다음 중 제품의 사용 중 결함은?
㉮ 슬랙   ㉯ 기공   ㉰ 피로균열   ㉱ 연마균열

도움 사용 중 결함 : 피로균열

해답 1. ㉱   2. ㉰   3. ㉱   4. ㉱   5. ㉱   6. ㉰

문제 7. 콜드 셧(cold shut)은 어떤 제조 과정에서 발생한 결함인가?
㉮ 도금 ㉯ 단조 ㉰ 주조 ㉱ 절삭

[도움] 콜드 셧은 주조의 결함이다.

문제 8. 다음 중 비파괴 시험법에 속하지 않는 것은?
㉮ 자력결함검사법 ㉯ 초음파탐상법
㉰ 커핑시험법 ㉱ 형광시험법

[도움] 커핑시험은 파괴시험에 해당된다.

문제 9. 비파괴시험 중 가장 주의해야 할 점은 무엇인가?
㉮ 비파괴 시험결과를 작성한다. ㉯ 표준 시험편에 시험하여 비교시험 한다.
㉰ 시험기의 결함을 알아둔다. ㉱ 시험의 결과만 중요시한다.

[도움] 표준 시험편에 시험하여 비교시험 하는 것이 중요하다.

문제 10. 비파괴검사 중 내부의 결함을 측정하기에 적합한 것은?
㉮ 자분탐상 ㉯ 와류탐상
㉰ 액체침투탐상 ㉱ 방사선 투과시험

[도움] 내부결함검사 : 방사선 투과시험법, 초음파탐상시험법

문제 11. 표면의 결함을 검출할 수 있는 시험법은?
㉮ 방사선 투과시험 ㉯ 응력시험
㉰ 초음파 탐상시험 ㉱ 침투탐상시험

[도움] 표면결함검사 : 침투탐상시험, 자분탐상시험

문제 12. 방사선 투과시험에서 X선 관에 부착된 창의 재질은?
㉮ plastic ㉯ 베릴륨(Be) ㉰ glass ㉱ 섬유

[도움] X선의 고유 여과성을 줄이기 위하여 베릴륨 창을 개발하여 사용한다.

문제 13. 재료의 외부에 균열이 발생되었다. 가장 간단한 비파괴 검사법은 무엇인가?
㉮ 방사선 투과시험 ㉯ 초음파 탐상시험
㉰ 육안검사 ㉱ 액체침투탐상시험

[도움] 육안 검사법은 가장 빠르고, 경제적인 외부결함검사법이다.

문제 14. X선 회절현상으로 알 수 없는 것은?
㉮ 격자간 거리 ㉯ 결정구조
㉰ 원자의 구조 ㉱ 결정의 슬립 변형량

[도움] X선 회절현상으로 격자간 거리, 결정구조, 원자의 구조 등을 알 수 있다.

[해답] 7. ㉰ 8. ㉰ 9. ㉯ 10. ㉱ 11. ㉱ 12. ㉯ 13. ㉰ 14. ㉱

문제 15. 방사선 피폭을 줄이기 위한 방법으로 틀린 것은?
- ㉮ 필요 이상으로 선원이나 조사 장치 근처에 오래 머무르지 않는다.
- ㉯ 적절한 약품을 투여하여 일체의 내방사선 능력을 신장한다.
- ㉰ 선원으로부터 먼 거리에 있다.
- ㉱ 차폐물을 사용한다.

도움 방사선은 체내에 축척된다.

문제 16. 다음 중 방사선의 성질이 아닌 것은?
- ㉮ 광속으로 직진하며 에너지 수준에 따라 진동수가 같다.
- ㉯ 물질을 투과하며 그것과 상호 작용을 일으킨다.
- ㉰ 생체 세포를 파괴한다.
- ㉱ 인간의 오관으로 감지할 수 없다.

도움 광속으로 직진하며 에너지 수준에 따라 진동수가 다르다.

문제 17. 방사선 투과 시험은 내부결함을 2차원의 투영상으로 검출하는 방법으로 객관성이 우수하여 널리 이용되는데 그 적용 대상으로 가장 적합한 것은?
- ㉮ 용접부 검사
- ㉯ 단조품 결함검사
- ㉰ 압연품 결함 검사
- ㉱ 부식 균열 검사

도움 방사선 투과시험은 용접부, 주조품의 결함검사에 적합하다.

문제 18. 방사선 투과사진의 현상작업 순서로 맞는 것은?
- ㉮ 현상-정착-정지-수세-건조
- ㉯ 현상-정지-수세-정착-건조
- ㉰ 현상-수세-정지-정착-건조
- ㉱ 현상-정지-정착-수세-건조

도움 암실에서의 작업 순서 : 현상-정지-정착-수세-건조의 5단계.

문제 19. 봉강에서 발견할 수 있는 결함은?
- ㉮ 용입 부족
- ㉯ 랩
- ㉰ 기공
- ㉱ 그라인딩 크랙

도움 봉강에서의 세로터짐은 핀홀, 블로홀 등의 원인이 되어 발생한다.

문제 20. 다음 중 용접 결함이 아닌 것은?
- ㉮ 용입불량
- ㉯ 기공
- ㉰ 슬래그 개재물
- ㉱ 이음매

도움 용접에서의 결함 : 용입불량, 기공, 슬래그 개재물 등

문제 21. 용융 금속내에 잔존하는 가스나 습분, 부적절한 세정 또는 전열처리의 불량 등에 의해서 나타나는 용접부 불연속은?
- ㉮ 드로스(dross)
- ㉯ 용입 부족
- ㉰ 기공
- ㉱ 개재물 혼입

도움 기공은 가스나 습분 등에 의해 발생하는 결함이다.

해답 15. ㉯ 16. ㉮ 17. ㉮ 18. ㉱ 19. ㉰ 20. ㉱ 21. ㉰

문제 22. 감마선원의 강도가 시간의 경과에 따라 감소되는 율을 측정하기 위하여 사용되어지는 용어는?
㉮ 큐리　　　㉯ 렌트겐　　　㉰ 반감기　　　㉱ MeV

도움 반감기 : 감마선원의 강도가 시간의 경과에 따라 감소되는 율을 측정하는 데 사용.

문제 23. 방사선 투과검사시 촬영한 필름을 현상할 때 필요한 액은?
㉮ 빙초산, 현상액, 물, 염산
㉯ 현상액, 정지액, 정착액, 물
㉰ 현상액, 붕산, 정착액, 염화나트륨
㉱ 현상액, 정착액, 물, 유화제

도움 필름의 현상 : 현상액, 정지액, 정착액, 물.

문제 24. 다음 중 방사선 투과 필름의 현상조건으로 가장 적합한 온도와 시간은?
㉮ 40℃에서 3분
㉯ 35℃에서 3분
㉰ 15℃에서 5분
㉱ 20℃에서 5분

도움 현상온도와 시간 : 20℃에서 5분 유지.

문제 25. 주물조직 내부에 존재하는 기공을 측정하는 비파괴 시험방법은?
㉮ 인장시험
㉯ 자분탐상시험
㉰ 방사선투과시험
㉱ 경도시험

도움 내부결함검사 : 방사선투과시험

문제 26. 우리 나라에서 사용되는 방사선투과 검사시의 KS 규격에는 몇 급까지 분류되어 있는가?
㉮ 1~4급　　　㉯ 1~8급　　　㉰ 2~4급　　　㉱ 2~6급

도움 KS 규격 : 1~4급.

문제 27. 다음 방사선 동위원소 γ-선 에너지가 가장 큰 것은?
㉮ Cs^{137}　　　㉯ Co^{60}　　　㉰ Ir^{92}　　　㉱ Tm^{170}

도움 $Co^{60} > Cs^{137} > Ir^{92} > Tm^{170}$

문제 28. 강의 T 용접 시편의 내부 결함 탐상은 어떤 방법을 택하는 것이 좋은가?
㉮ 후유화성 침투
㉯ 매크로
㉰ 방사선투과
㉱ 염색 침투

도움 방사선 투과시험은 강의 용접 시편의 내부결함 탐상에 적합하다.

문제 29. 다음 중 공업용 방사성 동위원소가 아닌 것은?
㉮ Co　　　㉯ Cs　　　㉰ Mn　　　㉱ Ir

도움 공업용 방사성 동위원소 : Co, Cs, Ir

해답 22. ㉰　23. ㉯　24. ㉱　25. ㉰　26. ㉮　27. ㉯　28. ㉰　29. ㉰

문제 30. 다음 중 X-선에서 사용되는 것은?
㉮ KVP ㉯ CRT ㉰ prod ㉱ echo

[도움] 전압의 표시 : KVP(killo voltage peak)

문제 31. 방사선 투과사진에 선정된 두 지점의 농도차를 무엇이라 하는가?
㉮ 불선명도
㉯ 투과사진의 콘트라스트
㉰ 비방사능
㉱ 방사선량

[도움] 콘트라스트 : 방사선 투과사진에 선정된 두 지점의 농도차

문제 32. 방사선투과시험에서 일반적으로 사용되는 증감지는?
㉮ 형광증감지
㉯ 연박증감지
㉰ 알루미늄증감지
㉱ 플라스틱증감지

[도움] 방사선 투과시험에는 연박증감지가 사용된다.

문제 33. 방사선 투과의 비파괴시험에 사용되는 것 중 관련이 없는 것은?
㉮ 서베이베타 ㉯ 접촉매질 ㉰ 정지액 ㉱ 증감지

[도움] 접촉매질은 초음파탐상시험에 사용된다.

문제 34. 방사선투과시험시 투과도계는 어떤 것을 측정하기 위해 사용되는가?
㉮ 시험체의 결함 크기
㉯ 필름의 농도
㉰ 필름 콘트라스트의 양
㉱ 방사선 투과사진의 질

[도움] 투과도계는 방사선 투과사진의 질을 측정하는데 사용된다.

문제 35. 다음 중 방사선투과시험과 관련이 없는 것은?
㉮ STB ㉯ 증감지 ㉰ 농도계 ㉱ hanger

[도움] 초음파탐상시험에 사용되는 표준시험편 : STB(standard test block)

문제 36. 다음 중 초음파탐상검사의 장점으로 볼 수 없는 것은?
㉮ 투과력이 크다.
㉯ 자동화가 용이하다.
㉰ 두께 측정을 정확히 할 수 있다.
㉱ 복잡한 형상의 피사체에 적용이 용이하다.

[도움] 복잡한 형상의 피사체에 적용이 곤란하다.

문제 37. 다음 초음파 중 액체내를 진행할 수 있는 것은?
㉮ 종파 ㉯ 횡파 ㉰ 표면파 ㉱ 판파

[도움] 종파 : 입자가 파의 진행방향과 평행하게 진동하는 파

[해답] 30. ㉮ 31. ㉯ 32. ㉯ 33. ㉯ 34. ㉱ 35. ㉮ 36. ㉱ 37. ㉮

문제 38. 초음파를 발생시키기 위해 탐촉자 내부에서 압전효과를 가지는 물질은?
  ㉮ 흡수물질   ㉯ 진동자
  ㉰ 합성수지   ㉱ 접촉비닐

  도움) 진동에 의해서 진동자가 음파 발생시와는 반대로 전기적 에너지를 발생시키는 현상을 압전효과라 한다.

문제 39. 단조품의 내부 결함을 찾아내고자 한다. 다음 비파괴 시험법 중 어떠한 방법을 택하는 것이 가장 좋겠는가?
  ㉮ 초음파탐상시험   ㉯ 자분탐상시험
  ㉰ 액체침투탐상시험   ㉱ 와전류탐상시험

  도움) 단조품의 내부결함 검사 : 초음파탐상시험

문제 40. 초음파탐상시험에서 용접부 검사에 가장 많이 사용되는 것은?
  ㉮ 전류법   ㉯ 사각법
  ㉰ 표면파법   ㉱ 판파법

  도움) 용접부 결함검사에는 사각 탐상법이 이용된다.

문제 41. 철로 만든 제품의 표면 가까이에 있는 내부 불연속부(Subsur-face-discontinuity) 검사에 가장 적합한 방법은? (단 표면에서 5mm 깊이의 결함)
  ㉮ 자분탐상시험   ㉯ 유화제 침투탐상시험
  ㉰ 파동 초음파탐상시험   ㉱ 수세성 형광탐상시험

  도움) 자분탐상시험 : 표면에서 5mm 깊이의 결함을 측정

문제 42. 동일한 물질에서 표면파의 속도는 횡파 속도의 약 몇 배 정도가 되는가?
  ㉮ 2배   ㉯ 1배
  ㉰ 0.9배   ㉱ 0.5배

  도움) 표면파의 속도는 횡파 속도의 0.9배이다.

문제 43. 같은 크기의 결함이 있는 경우 초음파탐상시험에서 가장 발견하기 쉬운 결함은?
  ㉮ 구형의 기공
  ㉯ 초음파 진행 방향과 직각의 넓이를 갖는 균열
  ㉰ 초음파 진행 방향과 평행인 균열
  ㉱ 이종 원소의 혼입 결함

  도움) 초음파탐상시험은 초음파 진행 방향과 직각의 넓이를 갖는 면상 결함검출에 적합하다.

문제 44. 다음 중 초음파탐상에서 가장 많이 사용되는 주파수는?
  ㉮ 1~5MHz   ㉯ 10~50MHz
  ㉰ 100~400MHz   ㉱ 50~100MHz

  도움) 초음파탐상의 주파수 : 1~5MHz

해답 38. ㉯ 39. ㉮ 40. ㉯ 41. ㉮ 42. ㉰ 43. ㉯ 44. ㉮

4-16 제 IV 편 금속재료조직 및 비파괴시험

문제 45. 음향 임피던스(acoustic impedance)가 서로 다른 두 재질의 경계면에 초음파를 입사시켰을 경우의 현상은?
㉮ 모두 굴절된다.
㉯ 입사한 초음파 에너지가 모두 흡수된다.
㉰ 일부는 투과되고 일부는 반사된다.
㉱ 입사한 초음파 에너지가 모두 반사된다.

도움 다른 두 재질의 경계면에 초음파를 입사시키면 일부는 투과되고 일부는 반사된다.

문제 46. 금속 내부에 결함이 존재할 때 표면으로부터의 깊이를 손쉽게 측정할 수 있는 방법은?
㉮ 초음파탐상법 ㉯ 침투탐상법
㉰ 자분탐상법 ㉱ 방사선투과시험법

도움 금속표면으로부터 내부에 있는 결함의 깊이를 측정할 수 있는 시험법은 초음파탐상시험법이다.

문제 47. 초음파 탐상기의 주요 성능에 해당되지 않는 것은?
㉮ 증폭의 직선성 ㉯ 시간축의 직선성
㉰ 분해능 ㉱ 프로드

도움 초음파 탐상기의 주요 성능으로는 증폭의 직선성, 분해능, 시간축의 직선성, 감도 여유치가 있다.

문제 48. 자기 검사를 할 수 없는 비자성 금속재료 특히 오스테나이트계 스테인리스 강판의 결함검사에 쓰이는 비파괴 시험법은?
㉮ 초음파검사 ㉯ 침투검사 ㉰ 자기검사 ㉱ 와류검사

도움 비자성체의 결함을 측정하는데 초음파검사법을 이용한다.

문제 49. 입자운동 방향이 파의 진행방향과 같을 때, 이 매체로 진행하는 초음파의 형태는?
㉮ 종파 ㉯ 횡파 ㉰ 램프파 ㉱ 표면파

도움 종파란 입자가 파의 진행방향과 평행하게 진동하는 것을 말한다.

문제 50. 물질에서의 초음파 속도는 어느 것에 영향을 받는가?
㉮ 주파수 ㉯ 파장
㉰ 물질의 밀도 ㉱ 탐촉자의 크기

도움 초음파의 속도는 재질의 밀도와 탄성에 따라서 달라진다.

문제 51. 다음 중 초음파탐상법에 속하지 않는 것은?
㉮ 투과법 ㉯ Impulse법 ㉰ 공진법 ㉱ 여과법

도움 초음파탐상법 : 투과법, 펄스법, 공진법

해답 45. ㉰ 46. ㉮ 47. ㉱ 48. ㉮ 49. ㉮ 50. ㉰ 51. ㉱

문제 52. 재료의 음향 임피던스는 무엇을 결정하는데 사용되는가?
㉮ 경계면에서의 굴절각　　　　　　㉯ 재료 내에서의 감쇠
㉰ 경계면 통과 및 반사된 에너지의 양　㉱ 재료 내에서의 빔분산

　[도움] 재료의 음향 임피던스는 경계면 통과 및 반사된 에너지의 양을 결정하는데 사용된다.

문제 53. 물이 들어 있는 병 속에 막대기를 집어넣으면 물의 표면에서는 막대기가 휘어진 것을 볼 수 있는데 이러한 현상을 무엇이라 하는가?
㉮ 반사　　　㉯ 확대　　　㉰ 굴절　　　㉱ 회절

　[도움] 굴절 : 물의 표면에서 막대기가 휘어지는 현상

문제 54. 강판에 있는 라미네이션을 쉽게 찾아낼 수 있는 비파괴시험법은?
㉮ 초음파탐상시험　　　　　　㉯ 누설시험
㉰ 방사선투과시험　　　　　　㉱ 와류탐상시험

　[도움] 초음파탐상시험으로 라미네이션과 같은 결함을 찾는다.

문제 55. 그림과 같이 판재의 선단 모서리부가 터져 나타난 결함은?

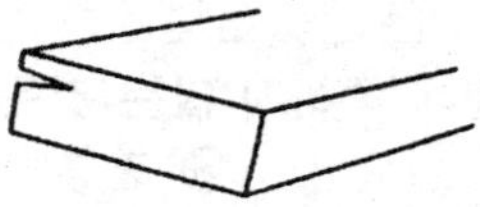

㉮ 균열　　　㉯ 라미네이션　　　㉰ 핫 테어　　　㉱ 콜드 셧

문제 56. 탐촉자를 이용하여 금속재료의 결함 소재나 위치 및 크기를 비파괴적으로 검사하는 시험을 무엇이라 하는가?
㉮ UT　　　㉯ RT　　　㉰ MT　　　㉱ PT

　[도움] 초음파탐상시험 : UT

문제 57. 피검사체 내에 초음파의 펄스를 보내 그것이 결함에 부딪쳐 되돌아오는 반향음을 받아 결함의 상태를 파악하는 비파괴시험은?
㉮ 투과법　　　㉯ 공진법　　　㉰ 펄스반사법　　　㉱ 스니퍼법

　[도움] 펄스반사법은 초음파의 펄스가 결함에 부딪쳐 되돌아오는 반향음으로 결함의 상태를 파악하는 시험법이다.

문제 58. 수직 탐촉자를 사용하는 초음파탐상은 판재와 같이 평활한 부분 두께를 통과하여 전파된다. 탐상으로 측정할 수 있는 것은?
㉮ 압연된 표면과 평행을 이루는 적층 형태의 결함
㉯ 초음파 빔과 수평을 이루는 결함 측정
㉰ 단조된 강의 표면 균열
㉱ 금속의 내부조직

　[도움] 초음파탐상은 재료의 표면과 평행한 결함을 검출하는데 용이하다.

해답 52. ㉰　53. ㉰　54. ㉮　55. ㉰　56. ㉮　57. ㉰　58. ㉮

문제 59. 초음파탐상시험으로 검출이 곤란한 결함은 어떤 것인가?
㉮ 재료의 내부에 라미네이션 ㉯ 외부의 결함
㉰ 용접부의 결함 ㉱ 내부의 기공 같은 작은 구상 결함

도움 초음파탐상시험은 내부의 결함을 검사하는 방법이다.

문제 60. 오실로스코프로 반사파의 크기, 형상 등으로 결함의 크기와 상태를 판정하는 검사법은 무엇인가?
㉮ X-선검사법 ㉯ 초음파탐상법
㉰ 침투탐상법 ㉱ 자력결함검사법

도움 초음파탐상법 : 오실로스코프에 나타나는 주파수의 형태를 보고 결함을 검사

문제 61. 관재(pipe) 자분탐상에서 중앙 전도체를 사용하여 원형자장을 형성하고 그 자력선 방향과 수직관계에 있는 자화방법은?
㉮ 통전법 ㉯ 플로트법
㉰ 코일법 ㉱ 전류관통법

도움 전류관통법에 대한 설명이다.

문제 62. 자분탐상시험에서 자화방법에 속하지 않는 것은?
㉮ 통전법 ㉯ 관통법
㉰ 코일법 ㉱ 형광법

도움 자화방법 : 통전법, 관통법, 플로트법, 코일법, 극간법

문제 63. 탐상면에 기름 등을 바르는 주목적은 무엇인가?
㉮ 진동자의 소모를 방지하기 위하여
㉯ 진동자의 금속면 사이의 음 전달을 좋게 하기 위하여
㉰ 진동자의 미동시 감각을 좋게 하기 위하여
㉱ 진동자의 미끄럼을 좋게 하기 위하여

도움 탐촉자와 시험채 사이에 공기가 들어가지 않게 하여 초음파의 전달을 돕는다.

문제 64. 다음 중 자분탐상법이 아닌 것은?
㉮ 극간법 ㉯ 탈자법
㉰ 직각통전법 ㉱ 축통전법

도움 자분탐상법 : 극간법, 직각통전법, 축통전법

문제 65. 자분탐상시험으로 검사할 수 없는 것은?
㉮ 용접후의 결함 ㉯ 비금속 재료
㉰ 강자성 재료 ㉱ 얕은 균열결함

도움 자성을 갖지 않는 비금속 재료에는 검사할 수 없다.

해답 59. ㉯ 60. ㉯ 61. ㉱ 62. ㉱ 63. ㉯ 64. ㉯ 65. ㉯

문제 66. 자분탐상시 원형자장으로 검출할 수 없는 불연속(결함)은?
㉮ 종방향 결함　　　　　　　　㉯ 원주방향 결함
㉰ 45°결함　　　　　　　　　　㉱ 종방향 및 45°결함

도움) 결함이 원주방향이기 때문에 원형자장으로 검출할 수가 없다.

문제 67. 자분탐상시험에서 코일에 흐르고 있는 전류에 의한 자장을 이용하는 법이 아닌 것은?
㉮ 코일법　　　　　　　　　　㉯ 극간법
㉰ 자속관통법　　　　　　　　㉱ 플로트법

도움) 코일에 흐르고 있는 전류에 의한 자장을 이용하는 방법 : 코일법, 극간법, 자속관통법

문제 68. 다음 중 자분의 특성에 해당하지 않는 사항은?
㉮ 자분의 색깔이 고와야 한다.　　㉯ 자화력이 커야 한다.
㉰ 유동성이 커야 한다.　　　　　　㉱ 식별성이 좋아야 한다.

도움) 자화력이 작은 것이 좋다.

문제 69. 자분탐상시험에서 먼저 고려해야 할 사항은?
㉮ 검사품의 탄소함유량　　　　㉯ 통전시간과 전압의 세기
㉰ 자속밀도와 잔류자기　　　　㉱ 자화전류의 세기와 자장의 방향

도움) 자화전류의 세기와 자장의 방향을 먼저 고려한다.

문제 70. 철강재료를 영구자석의 양극간에 놓고 자화시켜 철분에 의해 결함을 검출하는 방법은?
㉮ 침투탐상시험　　　　　　　　㉯ 자기탐상시험
㉰ 초음파탐상시험　　　　　　　㉱ 방사선탐상시험

도움) 자기탐상법 : 철강제품의 자화에 의해 결함을 검출하는 방법

문제 71. 자력결함검사에서 교류를 사용하면 효과적이다. 그 이유는 무엇인가?
㉮ 질량 효과　　　　　　　　　㉯ 표피 효과
㉰ 전류 효과　　　　　　　　　㉱ 자속 효과

도움) 교류는 표피 효과에 의해서 표면 결함을 검출할 수 있다.

문제 72. 열처리 제품의 표면에 발생된 미세 균열을 검사하는 방법으로 가장 적합한 것은?
㉮ 자분탐상시험　　　　　　　　㉯ 방사선투과시험
㉰ 초음파탐상시험　　　　　　　㉱ 발광분광분석법

도움) 자분탐상시험법은 제품 표면의 결함을 검출하는데 적합한 시험법이다.

해답　66. ㉯　67. ㉱　68. ㉯　69. ㉱　70. ㉯　71. ㉯　72. ㉮

문제 73. 자성재료에 이용되는 비파괴시험법은?
  ㉮ 형광검사법   ㉯ 자력결함검사법
  ㉰ 초단파검사법   ㉱ X선 검사법

  도움) 자성재료에 이용되는 비파괴시험법은 자력결함검사법이다.

문제 74. 철강 단조품의 표면 터짐을 검사하려고 한다. 가장 경제적이고 검출효과가 큰 시험 방법은?
  ㉮ 와전류탐상시험   ㉯ 방사선투과시험
  ㉰ 자분탐상시험   ㉱ 초음파탐상시험

  도움) 표면결함검사에는 자분탐상시험법이 적합하다.

문제 75. 내부 불연속이 표면에 가까울수록 자분탐상검사에 자분의 모양은?
  ㉮ 자분모양은 더 희미하게 된다.   ㉯ 특별한 현상이 없다.
  ㉰ 자분모양은 더 명백하게 된다.   ㉱ 누설자장이 별로 뚜렷하지 않게 된다.

  도움) 표면결함은 날카롭고 뚜렷하게 보이며, 내부결함의 지시는 희미하게 나타낸다.

문제 76. 자분탐상검사를 수행하는 겨웅 자력선과 불연속선이 이루는 각도에 의해 불연속 지시가 나타나는 정도가 다르게 나타난다. 아래에 열거된 각도 중 결함부의 불연속 지시가 가장 잘 나타나는 각도는?
  ㉮ 15°   ㉯ 45°   ㉰ 60°   ㉱ 90°

  도움) 결함부의 지시가 잘 나타나는 각도는 90°이다.

문제 77. 자분탐상 전에 기름이나 구리스의 얇은 막을 제거하기 위하여 사용되는 방법과 거리가 먼 것은?
  ㉮ 용제로 세척한다.
  ㉯ 증기 세척법으로 세척한다.
  ㉰ 쇠솔로 표면을 솔질한다.
  ㉱ 분필이나 활석가루를 뿌린 다음 건조된 천으로 닦아낸다.

  도움) 쇠솔은 가급적 사용하지 않는다.

문제 78. 재료가 자화될 수 있는 최대 크기의 정도를 나타내는 것은?
  ㉮ 항자력   ㉯ 보자력   ㉰ 포화자속밀도   ㉱ 자력선

  도움) 포화자속밀도 : 재료가 자화할 수 있는 최대 크기의 정도

문제 79. 다음 재료 중 자분탐상시험을 적용하는데 가장 적당한 것은?
  ㉮ SM45C   ㉯ 놋쇠   ㉰ 플라스틱   ㉱ ABS

  도움) 자분탐상시험에 적용되는 재료는 주로 강자성체에 해당되는 재료에 적합하다.

해답 73. ㉯ 74. ㉰ 75. ㉰ 76. ㉱ 77. ㉰ 78. ㉰ 79. ㉮

문제 80. 자분탐상시험법으로 결함 검출이 불가능한 것은?
㉮ Fe ㉯ Cu ㉰ Co ㉱ Ni

도움) Cu : 비자성으로 자분 탐상 시험이 불가능

문제 81. 자성의 세기에 해당되는 것은?
㉮ 항자력 ㉯ 자성체 ㉰ 자속밀도 ㉱ 자극

도움) 항자력 : 재료 내에 남아있는 잔류자기를 제거하는데 소요되는 역의 자장의 세기

문제 82. 철강재료의 선상자분모양 등급 분류에서 2종 1급에 해당되는 크기는?
㉮ 2mm 이하 ㉯ 5mm 이하 ㉰ 25mm 이하 ㉱ 50mm 이하

도움) • 1종 1급 : 2mm 이하   • 2종 1급 : 5mm 이하
• 3종 1급 : 25mm 이하 • 4종 1급 : 50mm 이하

문제 83. 자화력이 어느 정도 이상으로 증가하여도 자력이 증가하지 않는 점을 무엇이라 하는가?
㉮ 돌출부 ㉯ 포화점 ㉰ 잔류점 ㉱ 잔여점

도움) 포화점 : 자화력이 어느 정도 이상으로 증가하여도 자력이 증가하지 않는 점

문제 84. 요크(yoke)법에 의해 유도되는 자장은?
㉮ 교류자장 ㉯ 선형자장 ㉰ 원형자장 ㉱ 회전자장

도움) 요크법에 의한 자장은 선형자장이다.

문제 85. 침투탐상시험에서 사용되는 일반적인 침투시간은?
㉮ 5~10분 ㉯ 10~15분 ㉰ 15~20분 ㉱ 20~25분

도움) 침투시간은 금속 및 비금속에 따라 5~10분이 소요된다.

문제 86. 잔류법으로 검사할 수 있는 시험품으로 가장 적합한 것은?
㉮ 시험품이 저탄소강일 경우
㉯ 시험품의 모양이 원형일 경우
㉰ 시험품의 모양이 불규칙일 경우
㉱ 시험품이 높은 보자력을 가질 경우

도움) 시험품이 높은 보자력을 가질 경우 잔류법으로 검사할 수 있다.

문제 87. 침투제의 성질로 적당하지 않은 것은?
㉮ 천천히 마를 것
㉯ 휘발성이 있을 것
㉰ 가격이 쌀 것
㉱ 화학적으로 안정하며 균일하게 배합될 것

도움) 침투제는 비휘발성이어야 한다.

해답 80. ㉯ 81. ㉮ 82. ㉯ 83. ㉯ 84. ㉯ 85. ㉮ 86. ㉱ 87. ㉯

문제 88. 자분탐상 시험시 C형 표준시험편의 자분 적용은?
㉮ 연속법으로 한다. ㉯ 전류법으로 한다.
㉰ 코일법으로 한다. ㉱ 요크법으로 한다.

[도움] 코일법은 검사물을 코일 내에 넣고 코일에 전류를 흘린다.

문제 89. 침투탐상에서 가장 먼저 행하는 작업은?
㉮ 세척   ㉯ 침투   ㉰ 전처리   ㉱ 현상

[도움] 침투탐상 절차 : 전처리-침투-세정-현상-관찰

문제 90. 모세관 현상을 이용한 침투탐상법은 결함부의 침투액을 침투시킨 다음 과잉 침투액을 제거하고 현상제를 적용하여 결함지시를 형성시키는 시험법이다. 다음 중 그 특성에 해당되지 않는 것은?
㉮ 형광법, 염색법이 있다.
㉯ 미세결함의 검출능력이 우수하다.
㉰ 표면으로 열린 결함만 검출 가능하다.
㉱ 다공질 재료의 결함 검출에 적용한다.

[도움] 다공질 재료의 결함검출은 곤란하다.

문제 91. 금속재료를 침투액에 침지시켰다가 끄집어내어 결함을 육안으로 시험하는 시험법은?
㉮ UT   ㉯ RT   ㉰ MT   ㉱ PT

[도움] 침투탐상시험 : PT(Penetrant Test)

문제 92. 다음 중 침투탐상시험에 대한 설명으로 올바른 것은?
㉮ 모든 종류의 불연속 검출에 적용된다.
㉯ 피로균열의 검출에는 부적당하다.
㉰ 강자성체의 표면 결함 검출능보다 우수하다.
㉱ 미세한 표면 균열의 경우 방사선 투과검사보다 우수하다.

[도움] 침투탐상시험은 미세한 표면 균열의 경우 방사선 투과검사보다 우수하다.

문제 93. 다음 중 염색 침투법에 비해 형광침투법의 장점은?
㉮ 충분히 조명이 된 장소에서 검사할 수 있다.
㉯ 작은 불연속도 쉽게 검출한다.
㉰ 물과의 접촉이 곤란할 때 사용한다.
㉱ 불연속 부위가 오염되어 강도가 떨어진다.

[도움] 형광침투법은 밝은 장소라면 실내·외에서 검사할 수 있다.

[해답] 88. ㉰ 89. ㉰ 90. ㉱ 91. ㉱ 92. ㉱ 93. ㉮

문제 94. 침투탐상시험법에 있어 건식, 수세성 습식, 비수세성 습식 등으로 구분되어지는 경우는?
㉮ 유화제　　㉯ 세척제　　㉰ 현상제　　㉱ 침투제

도움) 현상제의 분류 : 건식, 수세성 습식, 비수세성 습식

문제 95. 다음 불연속 중 침투탐상법으로 검출할 수 없는 결함은?
㉮ 표면기공　　㉯ 표면균열　　㉰ 라미네이션　　㉱ 언더컷

도움) 라미네이션과 같은 결함은 초음파 탐상시험에서 검출된다.

문제 96. 침투탐상 시험의 현상 방법 분류 중 비현상법의 기호는?
㉮ D　　㉯ W　　㉰ S　　㉱ N

도움) D : 건식현상제, W : 습식현상제, S : 속건식현상제, N : 현상제를 사용하지 않음.

문제 97. 침투탐상시험시 필요하지 않은 것은?
㉮ 유화제　　㉯ 탐촉자　　㉰ 현상분말　　㉱ 자외선 발생기

도움) 탐촉자는 초음파탐상시험에 사용되는 기구이다.

문제 98. 형광침투탐상시험과 염색침투탐상시험의 가장 큰 차이점은 무엇인가?
㉮ 유화제의 사용 여부　　㉯ 자외선 등의 사용 여부
㉰ 용제의 사용 여부　　㉱ 후처리의 여부

도움) 형광침투탐상시험에는 반드시 자외선 조사등(black light)이 필요하다.

문제 99. 수세성 침투탐상검사에서 현상제를 습식으로 사용할 때 올바르게 된 것은?
㉮ 검사-전처리-건조-침투제 적용-현상제 적용-침투제 제거
㉯ 전처리-검사-침투제 적용-건조-현상제 적용-침투제 제거
㉰ 전처리-침투제 적용-침투제 제거-현상제 적용
㉱ 전처리-침투제 적용-침투제 제거-검사-현상

도움) 전처리-침투제 적용-침투제 제거-현상제 적용

문제 100. 액체침투탐상시험에서 현상제를 적용하는 목적은?
㉮ 침투제의 침투력을 촉진하기 위해　　㉯ 남아있는 유화제를 흡수하기 위해
㉰ 남아 있는 침투제를 흡수하기 위해　　㉱ 시험편의 건조를 촉진하기 위해

도움) 표면 개구부에 남아 있는 침투제를 흡수하는 흡출작용을 한다.

문제 101. 후유화성 침투탐상으로 검사할 때 가장 중요시 해야 할 시간은?
㉮ 세척시간　　㉯ 정착시간　　㉰ 현상시간　　㉱ 유화시간

도움) 유화시간의 조정이 어렵다.

해답　94. ㉰　95. ㉰　96. ㉱　97. ㉯　98. ㉯　99. ㉰　100. ㉰　101. ㉱

문제 102. 침투탐상시험시 일반적으로 감도시험에 사용되는 시험편의 재질은?
㉮ 니켈   ㉯ 알루미늄   ㉰ 고속도강   ㉱ 다이스강

도움 침투탐상시험의 감도시험 재질 : 알루미늄

문제 103. 면 결함을 측정하는데 적합한 시험법은?
㉮ 응력시험   ㉯ 방사선투과   ㉰ 초음파탐상   ㉱ 침투탐상

도움 초음파탐상시험은 면상결함을 검출하는데 적합하다.

문제 104. 응력을 받고 있는 결정체의 격자면 사이의 거리 변화를 측정하여 응력을 구하는 비파괴 시험방법은?
㉮ X-선 응력측정   ㉯ 전기저항 응력   ㉰ 응력도표법   ㉱ 광탄성 실험법

도움 X-선 응력측정법은 응력을 받고 있는 결정체의 격자면 사이의 거리 변화를 측정하여 응력을 구한다.

문제 105. 아래에 열거된 결함과 비파괴 검사 방법의 관계가 결함 검출이 가능하게 가장 적절히 연결된 것은?
㉮ 기공 : 액체침투탐상검사
㉯ 슬래그 혼입(용접부 내부) : 와전류탐상
㉰ 라미네이션 : 초음파탐상검사
㉱ 심(seam), 랩(lap) : 방사선투과검사

도움 라미네이션 : 초음파탐상검사

문제 106. 알루미늄의 표면에 존재하는 미세균열의 결함검출에 적합한 시험방법은?
㉮ 설퍼프린트법   ㉯ 수침펄스반사법
㉰ 감마레이시험   ㉱ 침투탐상

도움 표면결함검출에 침투탐상시험을 이용한다.

문제 107. 다음 중 응력측정시험이 아닌 것은?
㉮ 변형량 측정법   ㉯ 에릭센 시험   ㉰ 광탄성 시험   ㉱ 스트레스코팅

도움 에릭센 시험 : 연성을 알기 위한 시험법

문제 108. 형광시험법으로 재료의 무엇을 검사할 수 있는가?
㉮ 편석   ㉯ 표면균열   ㉰ 결정립도   ㉱ 내부기공

도움 형광시험법 : 표면균열 측정

문제 109. 와전류탐상시험에서 검사코일을 형상에 따라 분류한 것이 아닌 것은?
㉮ 외삽형코일   ㉯ 내삽형코일   ㉰ 관통형코일   ㉱ 프로브형코일

도움 와전류탐상시험 검사코일의 분류 : 관통형, 프로브형, 내삽형

해답 102. ㉯   103. ㉰   104. ㉮   105. ㉰   106. ㉱   107. ㉯   108. ㉯   109. ㉮

문제 110. 와류탐상시험의 특징이 아닌 것은?
- ㉮ 부도체에만 적용된다.
- ㉯ 높은 온도에서의 시험이 가능하다.
- ㉰ 표면결함 검출이 용이하다.
- ㉱ 관, 선, 환봉 등에 대해 고속자동화시험이 가능하다.

도움 철강, 비철금속 및 흑연 등의 전도성 재료에 대한 시험에 적합하고 유리, 돌, 합성수지 등은 곤란하다.

문제 111. 와전류탐상시험을 일명 무엇이라 하는가?
- ㉮ 응력시험
- ㉯ 전자유도시험
- ㉰ 에릭센 시험
- ㉱ 커플링 시험

도움 도전성이 있는 시험품에 와전류를 발생시켜 그 와전류의 변화를 측정하여 시험품의 결함을 측정하는 전자유도시험이라고도 한다.

문제 112. 강괴의 결함(균열)탐상에 가장 적합한 것은?
- ㉮ 와류탐상
- ㉯ 초음파탐상
- ㉰ X-선 투과
- ㉱ 설퍼프린트

도움 강괴의 결함탐상에는 설퍼프린트법이 적합하다.

문제 113. 와류탐상시험에서 시험코일을 형상에 따라 분류할 때 틀린 것은?
- ㉮ 관통형 코일
- ㉯ 프로브형 코일
- ㉰ 내삽형 코일
- ㉱ 브릿지형 코일

도움 와류탐상시험의 형상에 따른 분류 : 관통형 코일, 프로브형 코일, 내삽형 코일

문제 114. 와류탐상검사시 와류가 어떤 상태일 때 결함이 가장 잘 검출되는가?
- ㉮ 결함이 제일 큰 쪽에서 수직일 때
- ㉯ 결함이 제일 작은 쪽에서 수직일 때
- ㉰ 결함이 제일 큰 쪽에서 수평일 때
- ㉱ 결함이 제일 작은 쪽에서 수평일 때

도움 결함이 가장 큰 쪽에서 수직일 때 결함이 잘 검출된다.

문제 115. 다음 중 와류탐상시험의 장점을 설명한 것은?
- ㉮ 형상이 복잡한 것을 적용할 수 있다.
- ㉯ 내부 결함 검출이 가능하다.
- ㉰ 시험에 의해 얻은 지시로부터 직접 결함 종류를 판별하기 쉽다.
- ㉱ 비접촉식으로 시험할 수 있다.

도움 비접촉적 방법이므로 시험 속도가 빠르다.

해답 110. ㉮ 111. ㉯ 112. ㉱ 113. ㉱ 114. ㉮ 115. ㉱

문제 116. 다음 물질 중 와류탐상시험을 할 수 없는 것은?
　㋐ 알루미늄　　㋑ 구리　　㋒ 철　　㋓ 도자기

　도움　와전류탐상시험은 전류가 통하는 전도체의 재료에 적용된다.

문제 117. 와전류시험에 있어 전도도와 저항의 관계를 바르게 나타낸 식은?
　㋐ 전도도×저항도=1　　㋑ 전도도÷저항도=1
　㋒ 전도도=저항도×1.2　　㋓ 저항도=전도도×1.2

　도움　전도도×저항도=1

문제 118. 다음 중 와전류탐상시험에 속하지 않는 것은?
　㋐ 탐상시험　　㋑ 재질시험　　㋒ 침투시험　　㋓ 형상시험

　도움　와전류탐상시험의 적용 : 탐상시험, 재질시험, 치수시험, 형상시험

문제 119. 누설탐상시험(leak test)이 아닌 것은?
　㋐ 수침법　　㋑ 후드법　　㋒ 스니퍼법　　㋓ 버블법

　도움　누설탐상시험법의 종류에는 후드법, 스니퍼법, 버블법이 있다.

문제 120. 재료를 기름 속에 오랫동안 담근 후 상태를 보고 재료의 결함을 측정하는 시험법은?
　㋐ 투과법　　㋑ 공진법　　㋒ 유중탐지법　　㋓ 타진법

　도움　유중탐지법 : 재료를 기름 속에 담가 결함을 측정하는 방법

문제 121. 검사해야 할 부분을 용액 중에 담그고 이것을 통해 가스가 지나감에 따라 거품을 일으키게 하며, 이 압력을 받아 도망가는 가스를 탐지하여 결함부위를 검출하는 시험은?
　㋐ 버블법　　㋑ 스니퍼법　　㋒ 후드법　　㋓ 토마스법

　도움　버블법 : 가스와 기포 형성에 의해 검사하는 방법

문제 122. 누설검사방법에 가장 적합한 것은?
　㋐ bubble test　　㋑ annealing
　㋒ holography　　㋓ accoustic emission

　도움　누설검사법 중 버블법은 가스와 기포를 형성시험을 통하여 검사한다.

문제 123. 다음 중 누설탐상시험법은?
　㋐ 헤인법　　㋑ 스니퍼법　　㋒ 제프리즈법　　㋓ 토마스법

　도움　누설검사법의 종류 : 버블법, 스니퍼법, 후드법

해답　116. ㋓　117. ㋐　118. ㋒　119. ㋐　120. ㋒　121. ㋐　122. ㋐　123. ㋑

제 2 장 금속조직 시험법

1 육안 조직 검사법

【1】 파면 검사

매크로 검사법은 육안으로 관찰하든가 또는 배율 10배 이하의 확대경으로 검사하는 것을 말한다.

파면 검사는 강재를 파단시켜 그 파면의 양상에 의해 재질 및 품위를 판정하는 방법으로 검사 기준은 파면의 조밀 여부, 색깔 등에 기준을 둔다. 육안 조직 검사는 결정 입경이 0.1mm 이상인 것에서 조직의 분포 상태, 모양, 크기 또는 편석의 유무로 내부 결함을 판정한다.

【2】 설퍼프린트법

설퍼프린트법(sulfur print)은 철강 재료에 존재하는 황(S)의 분포 상태와 편석을 검사하는 방법이다.

① 1~5% 수용액에 브로마이드 인화지를 5분간 담근 후 수분제거 후 피검체의 시험편에 1~3분간 밀착시킨다.
② 밀착 상태에서 철강중의 황화물(MnS, FeS)과 황산이 반응하여 황화수소(H_2S)가 발생한다.
③ 이것이 브로마이드 인화지에 붙어 있는 취화은($AgBr_2$)과 반응하여 황화은(AgS)을 생성시켜 황이 있는 부분을 흑색 또는 흑갈색으로 착색시킨다.
④ 밀착된 인화지를 떼어 내어 물로 씻은 후 사진용 티오황산나트륨 결정의 15~40% 수용액에 상온에서 5~10분간 담그고 정착시킨다.
⑤ 30분간 흐르는 물에서 수세하여 건조시킨 다음 황(S)의 분포 상태를 관찰한다.

[설퍼프린트에 의한 황편석 분류]

분 류	기 호	비 고
정편석	S_N	일반 강에서 보통 볼 수 있는 편석으로 황이 강의 외주부로부터 중심부로 향하여 증가하여 분포되고, 외주부보다 방향에 짙은 농도로 착색되어 나타나는 것을 말한다. 림드강의 림드 부분은 특히 착색도가 낮다.
역편석	S_I	황이 강의 외주부로부터 중심부로 향하여 감소하여 분포되고, 외주부보다 중심부의 방향으로 착색도가 낮게 된 것을 말한다.
중심부편석	S_C	황이 강의 중심부에 집중되어 분포되며, 특히 농도가 짙은 착색부가 나타난 것을 말한다.
점상편석	S_D	황의 편석부가 짙은 농도로 착색된 점상으로 나타난 것을 말한다.
선상편석	S_L	황의 편석부가 짙은 농도로 선상으로 나타난 것을 말한다.
주상편석	SC_O	형강 등에서 볼 수 있는 편석으로 중심부 편석이 주상으로 나타난 것을 말한다.

2 비금속 개재물 검사

[1] 황화물계 개재물(A형)

S이 Fe과 공존하면 FeS를 만드나, 일반적으로 철강 중에는 Mn이 공존하므로 MnS을 만든다. FeS과 MnS은 광범위한 고용체를 만들며 Fe-FeS 2원계에서 FeS 1,000℃ 부근에서 공정을 이루고 결정 경계에 정출한다. 이것이 단조 가공시 적열취성을 일으키는 원인이 된다.

[2] 알루미늄 산화물계 개재물(B형)

용강 중에서 Al 산화물계 개재물의 생성기구는 단순하지 않다. 용강 중에 SiO_2나 Fe-Mn 규산염이 존재할 때 Al이 첨가되면 이들의 산화물이나 규산염이 환원되고 Al 산화물계 개재물이 생성되는 것으로 알려져 있다.

Al 산화물계 개재물은 보통 흰색으로 나타나고, 압연 등에 의해 개개의 개재물은 변형을 받지 않으며 20% 불화 수소 용액에 의하여도 부식되지 않는다. 이 개재물은 마치 쥐똥처럼 가공 방향으로 배열되어 나타난다.

[3] 각종 비금속 개재물(C형)

규산염 개재물의 조성은 일정하지 않으며 실용강에서는 Mn, Si의 양에 의하여 탈산생성물 성분이 변화하고, 이것에 C, 기타의 합금 원소 영향도 부가되나 일반적으로 Mn 규산염 또는 Fe-Mn 규산염계의 비금속 개재물이 생성된다.

3 현미경 조직 검사

금속 내부의 조직을 연구하는데는 금속현미경이 가장 많이 이용되며, 금속이나 합금의 화학조성, 금속조직의 구분, 결정립도의 크기, 모양, 배열상태, 열처리 등의 가공상태, 비금속 개재물의 종류와 형상, 크기, 분포상태, 편석 등을 관찰할 수 있다.
① 광학 금속현미경 조직시험
② 섬프(sump) 시험편에 의한 현미경 조직 시험

③ 전자 현미경 조직시험

【1】금속현미경의 구조
일반적으로 반사식 현미경으로 만들어져 있으며, 배율은 접안렌즈의 배율×대물렌즈의 배율로 나타낸다.

【2】시험편의 제작
(1) 횡단면 채취

결정립도 측정, 탈탄층, 침탄 질화층, 도금층, 담금질 경화층, 편석, 백점, 기포, 압연 흠 등의 관찰을 한다.

(2) 종단면 채취

비금속 개재물, 섬유상의 가공 조직, 열처리 경화층의 분포 상태 등의 관찰을 한다.

(3) 양면 방향 채취

압연, 단조 상태의 관찰을 한다.
시험편의 크기는 시험 면적 $1~2cm^2$, 두께 $0.5~1cm$가 적당하며 HRC42 이하의 것은 기계톱으로 절단하고 경한 재질은 저석톱으로, 초경합금 등의 경한 공구재는 방전 절단 가공을 해야 한다.

【3】시험편의 마운팅
합성수지를 이용한 마운팅(mounting) 방법은 주입 성형에 의한 수지 마운팅과 가열 프레스에 의한 방법이 있다.

【4】시험편의 연마
연마지(emery paper) 위에 시험편을 놓고 220~#1,200 순서로 단계적으로 연마하는 방법이다.

이렇게 연마한 후 산화 크롬 분말 수용액, 알루미나 분말 수용액, 산화 마그네슘, 다이아몬드의 유용 페스트 등의 연마제를 사용하여 기계적으로 연마한다. 또한 연한 재질이나 연마 속도가 느린 재료는 전해 연마를 한다.

【5】시험편의 부식
적당한 부식액으로 관찰할 연마면을 부식시키면 부식의 정도가 서로 다르므로 결정 경계, 상 경계, 상의 종류, 결정 방향 등 금속 내부의 조직이 나타나 관찰할 수 있다.

【6】검경에 의한 조직 관찰
금속현미경에 의한 검경 요령은 처음에는 저배율로 시작하여 점차 고배율로 확대하여 관찰하는 것이 좋다. 조직의 형태, 분포 상태, 조직량 및 색을 관찰하여 기지 조직을 스케치하고, 탄소강에서는 페라이트 밴드, 비금속 개재물 등에 대해 관찰한다.

현미경 조직 검사는 시험편의 채취→시험편의 제작→시험편의 연마→시험편의 부식→검경의 순서로 이루어진다.

〔금속재료의 부식액〕

재 료	부 식 제
철강	질산 알콜 용액 : 진한질산 5cc, 알콜 100cc
	피크린산 알콜 용액 : 피크린산 5gr, 알콜 100cc
구리, 황동, 청동	염화제이철 용액 : 염화제이철 5gr, 진한 염산 50cc, 물 100cc
Ni 및 그 합금	질산 초산 용액 : 질산(70%) 50cc, 초산(50%) 50cc
Sn 합금	질산 용액 및 나이탈 용액 : 질산 5cc, 물 100cc
Pb 합금	질산 용액 : 질산 5cc, 물 100cc
Zn 합금	염산 용액 : 염산 5cc, 물 100cc
Al 및 그 합금	수산화 나트륨액 : 수산화나트륨 20gr, 물 100cc
Au, Pt 등 귀금속	불화 수소산 : 10% 수용액
	왕수 : 진한 질산 1cc, 진한 염산 5cc, 물 6cc

4 정량조직 검사

[1] 결정립도 측정법

결정립도란 결정립의 평균 지름을 뜻하며, 때로는 평균 면적의 제곱근으로 나타내기도 한다. 이것은 결정립이 균일하지 않고 일정한 모양으로 되어 있지 않기 때문이다.

(1) ASTM 결정립 측정법

결정립 특정은 규칙적인 6각형 크기를 8가지로 구분한 접안렌즈를 사용하여 비교 측정하는 방법으로 100배의 현미경 배율로 시험면 내의 결정립과 비슷할 때까지 표준 접안렌즈를 바꾸어 가며 관찰한다.

$$n_a = 2^{N-1}$$

여기서 n_a는 100배의 배율로 1제곱인치 내의 결정립 수, N은 ASTM 입도 번호이다.

〔ASTM 결정립도표〕

ASTM 결정립도 번호	100배 하에서 1제곱인치의 면적 내에 있는 결정립의 수	
	평균값	범위
1	1	0.75~1.5
2	2	1.5~3.0
3	4	3.0~6
4	8	6~12
5	16	12~24
6	32	24~48
7	64	48~96
8	128	96~192

(2) 제프리스(Jefferies)법

단위 면적당 결정립도의 수를 측정하는 방법이다.

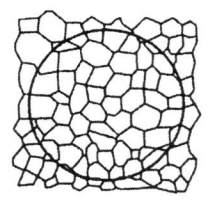
〔제프리스법〕

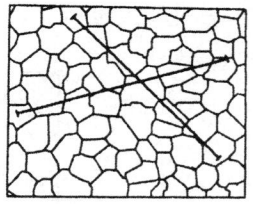
〔헤인법〕

(3) 헤인(Heyn)법

 단위 면적당 결정립 수로 표시하는 대신 시험면의 적당한 배율로 확대된 사진 위에 일정한 길이의 직선을 임의의 방향으로 긋고, 그은 직선과 결정립이 만나는 점의 수(결정립계와 직선의 교차점수)를 측정하여 직선 단위당 교차점의 수 P_L로 표시하는 방법이다.

 P_L 값의 계산은 조직 사진의 배율을 m이라고 할 때 다음 관계식으로 계산할 수 있다.

$$P_L = \frac{측정된 교차점의 수}{사진 위에서의 직선 길이 \div m}$$

 이때 사진 배율을 정확하게 알아야 한다.

(4) 열처리 입도 시험 방법

〔열처리 입도 시험 방법〕

종류		적용 강종
침탄 입도 시험 방법		주로 침탄하여 사용하는 강종
열처리 입도 시험 방법	서랭법	주로 탄소함유량이 중간 이상의 아공석강. 다만, 과공석강의 경우는 A cm 점 이상의 온도에서 입도를 측정하는 경우에 한한다.
	2회 담금질법	주로 탄소함유량이 중간 이상의 아공석강 및 공석강
	담금질 템퍼링법	주로 기계 구조용 탄소강 및 구조용 합금강
	한쪽 끝 담금질법	주로 경화능이 작은 강종으로, 탄소함유량이 중간 이상의 아공석강 및 공석강
	산화법	주로 기계 구조용 탄소강 및 구조용 합금강
	고용화 열처리법	주로 오스테나이트계 스테인리스강 및 오스테나이트계 내열강
	담금질법	주로 고속도 공구강 및 합금 공구강

【2】 조직량 측정법

(1) 면적의 측정법

 연마된 면에 나타난 특정상의 면적을 일일이 측정하는 방법이다. 플래니미터(planimeter)와 천칭을 이용한다. 즉, 플래니미터로 조직 사진 위에서 면적을 측정하거나 유산지에 원하는 상의 모양을 연필로 복사한 후 이것을 가위로 오려내어 천칭으로 그 질량을 정량하는 방법이다.

(2) 직선의 측정법

 이 측정 방법은 면적 분율로 표시하는 대신 직선 분율로 나타내는 측정법이다. 즉, 조직 사진 위에 무작위하게 그은 직선이 측정하고자 하는 상과 교차하는 길이를 측정한

값을 직선의 전체 길이로 나눈 값으로 표시한다.

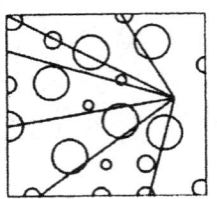

〔직선의 측정법〕

(3) 점의 측정법

매우 미세한 망이 인쇄된 투명한 종이를 조직 사진 위에 겹쳐놓고 측정하고자 하는 상의 점유하는 면적 내에 있는 교차점을 측정한 총수를 망의 전체 교차점의 수로 나눈 값으로 표시한다.

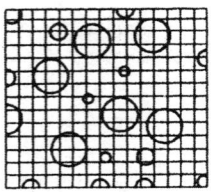

〔점의 측정법〕

문제 1. 다음은 강재의 파면검사에 대한 설명이다. 잘못된 것은?
㉮ 파면을 목축 관찰한다.   ㉯ 6배 이내의 확대경도 이용된다.
㉰ 내부결함은 판별할 수 없다.   ㉱ 파단은 냉간에서 행하는 일이 많다.

[도움] 파면검사는 강재를 파단시켜 그 파면의 양상에 의해 재질 및 품위를 판정하는 방법이다.

문제 2. 금속조직을 알아내는데 가장 보편적으로 사용하는 방법은?
㉮ γ선시험   ㉯ 형광시험   ㉰ 현미경시험   ㉱ 해수시험

[도움] 현미경 조직검사가 이용된다.

문제 3. 육안검사와 관계가 없는 것은 어느 것인가?
㉮ 조직의 분포상태, 모양, 크기 등을 판정한다.
㉯ 배율 10배 이하의 확대경으로 검사한다.
㉰ 결정립의 크기가 0.1mm 이하의 것을 검사한다.
㉱ 매크로(macro) 검사라고도 한다.

[도움] 육안검사는 0.1mm 이상의 것을 검사한다.

문제 4. 다음 중 금속조직 검사법이 아닌 것은?
㉮ 육안조직검사   ㉯ 파면검사
㉰ 비파괴검사   ㉱ 현미경조직검사

[도움] 비파괴검사는 결함검사법이다.

문제 5. 조직시험 중 파면을 검사하는 방법은 무엇인가?
㉮ 육안조직 검사법   ㉯ 현미경조직 검사법
㉰ 형광침투 탐상법   ㉱ 설퍼프린트법

[도움] 파면검사는 육안조직 검사이다.

문제 6. 매크로시험에서 기기를 사용하지 않고 직접 육안 관찰을 하여 알아낼 수 없는 것은?
㉮ 균열(crack) 가공 또는 편석 등의 금속결함
㉯ 압연 및 단조 등의 기계가공에 의한 재료의 상태
㉰ 결정입자의 크기와 형태, 수지상 결정의 발달 방향과 크기
㉱ 금속조직의 원자배열 상태

[해답] 1. ㉰   2. ㉰   3. ㉰   4. ㉰   5. ㉮   6. ㉱

[도움] 금속조직의 원자배열 상태는 매크로시험으로 알 수 없다.

[문제] **7.** 매크로 조직검사로 알 수 없는 것은?
㉮ 균열, 편석 등에 의한 금속결함
㉯ 압연, 단조 등의 기계가공에 의한 재료의 상태
㉰ 결정입자의 크기와 상태
㉱ 결정입자 성장의 내부결함

[도움] 결정입자의 크기와 상태는 매크로검사로 관찰할 수 없다.

[문제] **8.** 매크로 시험법에 속하지 않는 것은?
㉮ 파면검사법   ㉯ 설퍼프린트법
㉰ 매크로 애칭법   ㉱ 나이탈법

[도움] 매크로 시험법 : 파면검사법, 설퍼프린트법, 매크로 애칭법

[문제] **9.** 매크로 조직검사는 몇 배 이내의 배율로 확대하여 시험하는가?
㉮ 30배 이상   ㉯ 10배 이내
㉰ 100배 이상   ㉱ 100배 이내

[도움] 매크로 조직검사는 10배 이내의 확대경을 사용한다.

[문제] **10.** 매크로조직 시험법으로 알 수 없는 것은?
㉮ 편석   ㉯ 열처리의 좋고 나쁜 상태
㉰ 금속의 내부조직 상태   ㉱ 성분

[도움] 매크로 시험은 금속의 화학조성, 금속 조직의 구분, 결정립도의 크기, 모양 배열 상태, 열처리 등의 가공 상태, 비금속 개재물의 종류와 형상, 크기, 분포 상태, 편석 등을 관찰할 수 있다.

[문제] **11.** 매크로시험법에서 나뭇가지 모양을 한 결함기호는 어느 것으로 나타내는가?
㉮ D   ㉯ B   ㉰ L   ㉱ Sc

[도움] 중심부 편석 : Sc

[문제] **12.** 강재의 결정조직 상태나 가공방향 등을 검사하려면 어떤 시험법이 좋은가?
㉮ 초음파탐상법   ㉯ 화학분석법
㉰ 설퍼프린트법   ㉱ 매크로검사법

[도움] 매크로검사법이 주로 이용된다.

[문제] **13.** 매크로 조직검사시 사용하는 염산의 가열 온도 범위는?
㉮ 35~40℃   ㉯ 60~70℃
㉰ 75~80℃   ㉱ 90~100℃

[도움] 액온 60~70℃에서 30~40분 침지 온수한다.

해답   7. ㉰   8. ㉱   9. ㉯   10. ㉱   11. ㉱   12. ㉱   13. ㉯

문제 14. 매크로 조직검사법 중 파면검사의 목적으로 타당하지 않은 것은?
  ㉮ 파괴 원인 탐구   ㉯ 열처리의 양부
  ㉰ 과열의 유무   ㉱ 원자배열의 형태

  [도움] 파면검사의 목적 : 강질판정, 파면입도, 열처리의 적부, 담금질 경화 심도, 침탄심도, 탈탄심도, 내부결함

문제 15. 다음은 강재의 파면검사의 적용 예이다. 관련이 가장 적은 것은?
  ㉮ 열처리의 적부   ㉯ 기계적 성질 파악
  ㉰ 탈탄, 침탄층   ㉱ 내부 결함

  [도움] 파단면검사 : 열처리 적부, 피로 파괴 여부, 과열 여부, 탈탄, 침탄층, 내부 결함

문제 16. 설퍼프린트 검사방법을 설명한 것으로 관계없는 것은?
  ㉮ 2~5% 황산수용액에 2~5분 동안 담근 후 검사한다.
  ㉯ 강재에 유황(S)성분이 많으면 노란색을 나타낸다.
  ㉰ 인화지는 사진용 인화지를 사용하는데 종이가 얇은 것일수록 좋다.
  ㉱ 이 방법은 유황의 함유량을 정량적으로는 알 수 없으나 숙련이 되면 유황의 함유량을 대략 판정할 수 있다.

  [도움] 황이 있는 부분은 흑색 및 흑갈색을 나타낸다.

문제 17. 설퍼프린트는 무엇을 알기 위한 실험인가?
  ㉮ 인의 편석 현상   ㉯ 유황 편석
  ㉰ 강의 결정 입도   ㉱ 강의 담금질성

  [도움] 설퍼프린트법은 유황 편석을 관찰하기 위한 실험이다.

문제 18. 설퍼프린트(sulfur print)법이란 무엇인가?
  ㉮ 철강재료에 존재하는 황(S)의 분포상태를 검사하는 법
  ㉯ 철강재료에 존재하는 인(P)의 분포상태를 검사하는 법
  ㉰ 비철합금 재료에 존재하는 황의 분포상태를 검사하는 법
  ㉱ 철강재료에 존재하는 유화은(AgS)의 분포상태를 검사하는 법

  [도움] 설퍼프린트법은 철강재료에 존재하는 황(S)의 분포상태를 검사하는 시험방법이다.

문제 19. 강재의 설퍼프린트 시험결과에서 황(S)이 강재의 중심부에 집중되어 분포되며, 특히 농도가 짙은 착색부가 나타난 것은 어떤 편석을 말하는가?
  ㉮ 정편석   ㉯ 역편석
  ㉰ 중심부 편석   ㉱ 점상편석

  [도움] 중심부 편석 : 황이 강의 중심부에 집중되어 분포

[해답] 14. ㉱ 15. ㉯ 16. ㉯ 17. ㉯ 18. ㉮ 19. ㉰

문제 20. 다음 중 강재의 설퍼프린트 시험방법에 대한 설명으로 잘못된 것은?
㉮ 흠의 검출이나 ghost line 검출 등에는 사용할 수 없다.
㉯ 철강중의 유화물과 황산이 반응하여 유화수소가 발생한다.
㉰ 유화수소가 브로마이드의 취화은과 작용하여 유화은을 생성한다.
㉱ 철강의 S가 많은 곳에 접한 인화지는 흑색으로 변한다.

[도움] 흠의 검출이나 ghost line 검출 등에도 사용한다.

문제 21. 강재의 설퍼프린트법에 대한 설명으로 틀린 것은?
㉮ 철강재 중에 FeS 또는 MnS로 존재하는 유황을 검출하기 위해서이다.
㉯ 이 시험은 현미경 사진에 의한 방법이다.
㉰ 원리는 유황에 산을 작용시켜서 검출하는 것이다.
㉱ 이 방법에서는 2% H_2SO_4 수용액을 사용한다.

[도움] 설퍼프린트법은 육안검사법이다.

문제 22. $MnS + H_2 \rightarrow MnSO_4 + H_2S$, $2AgBr + H_2S \rightarrow Ag_2S + 2HBr$ 식은 설퍼프린트 검사법의 반응식이다. 검은색을 나타내는 화합물은?
㉮ AgBr ㉯ Ag_2S
㉰ HBr ㉱ H_2S

[도움] 황화수소가 취화은과 반응하여 황화은을 생성시켜 황이 있는 부분을 흑색 또는 흑갈색으로 착색시킨다.

문제 23. 설퍼프린트시험에 사용되는 황산수용액 농도는?
㉮ 2% H_2SO_4 ㉯ 20% H_2SO_4
㉰ 35% H_2SO_4 ㉱ 40% H_2SO_4

[도움] 황산수용액 : 2% H_2SO_4

문제 24. 강재의 설퍼프린트 시험시 황이 강의 외주부로부터 중심부를 향해 감소하면서 분포되는 편석을 무엇이라 하는가?
㉮ 주상편석 ㉯ 중심부편석
㉰ 역편석 ㉱ 정편석

[도움] 역편석 : 황이 강의 외주부로부터 중심부로 향해 감소하면서 분포

문제 25. 다음 중 설퍼프린트법에 의한 주상편석 기호는?
㉮ S_C ㉯ S_{CO} ㉰ S_N ㉱ S_I

[도움] S_C : 중심부편석, S_{CO} : 주상편석, S_N : 정편석, S_I : 역편석

문제 26. 다음 중 중심부 편석 기호는?
㉮ S_N ㉯ S_I ㉰ S_C ㉱ S_D

[도움] S_D : 점상편석, S_L : 선상편석

해답 20. ㉮ 21. ㉯ 22. ㉯ 23. ㉮ 24. ㉰ 25. ㉯ 26. ㉰

문제 27. 다음은 강재의 설퍼프린트 시험방법에서 일시적인 분포 성장의 분류에 대한 설명이다. 틀린 것은?
㉮ 정편석은 황화물이 강재의 중심부로부터 외주부를 향해 증가하여 분포한 것
㉯ 역편석은 황화물이 강재의 외주부로부터 중심부를 향해 감소하여 분포한 것
㉰ 중심부 편석은 황화물이 강재의 중심부에 집중하여 분포한 것
㉱ 주상편석은 중심부 편석이 주상을 이루며 나타난 것

도움〉 정편석은 황화물이 강재의 외주부로부터 중심부를 향해 증가하여 분포한 것이다.

문제 28. 철강 중에 FeS가 존재하면 어떠한 결함이 나타나는가?
㉮ 청열취성 ㉯ 적열취성 ㉰ 저온취성 ㉱ 뜨임취성

도움〉 철강 중에 FeS는 황화물로 적열취성의 원인이 된다.

문제 29. 매크로 편석(macro segregation)의 검사법이 아닌 것은?
㉮ 설퍼프린트 ㉯ 비트만시험 ㉰ 마이크로시험 ㉱ 매크로시험

도움〉 매크로 편석의 검사법 : 설퍼프린트법, 비트만시험법, 매크로시험법

문제 30. 다음 중 KS에서 정한 A계 개재물은?
㉮ 황화물, 알루미늄 등의 구상 개재물
㉯ 불규칙한 입상으로서 모든 개재물
㉰ 규산염, 알루미늄 등의 입상, 불연속적인 개재물
㉱ 황화물, 규산염 등의 가공 방향으로 정상 변형된 개재물

도움〉 A계 개재물(황화물계 개재물) : 황화물, 규산염 등의 가공 방향으로 정상 변형된 개재물

문제 31. 다음 중 비금속 개재물이 아닌 것은?
㉮ FeO ㉯ CaO ㉰ MgO ㉱ CO

도움〉 비금속 개재물 : FeO, CaO, MgO

문제 32. 비금속 개재물 시험법 중 티니알 아날리시스법의 설명으로 옳은 것은?
㉮ 적선분비를 측정해서 비중을 구하는 방법
㉯ 적선분비를 측정해서 용적비를 구하는 방법
㉰ 개재물의 모양과 양을 표준도와 비교하는 비교법
㉱ 접안렌즈에 삽입된 핀트그레스에 의해 면적율을 측정하는 방법

도움〉 티니알 아날리시스법 : 적선분비를 측정해서 용적비를 구하는 방법

문제 33. 비금속 개재물 시험법 중 제3법의 격자간격은?
㉮ 0.1±0.005mm ㉯ 0.2±0.005mm
㉰ 0.3±0.005mm ㉱ 0.4±0.005mm

도움〉 제3법의 격자간격 : 0.4±0.005mm

해답 27. ㉮ 28. ㉯ 29. ㉰ 30. ㉱ 31. ㉱ 32. ㉯ 33. ㉱

문제 34. 가공방향으로 집단을 이루며 입상의 개재물이 불연속적으로 뭉쳐있는 것은 비금속 개재물의 분류상 어디에 속하는가?
㉮ A계 개재물 ㉯ B계 개재물 ㉰ C계 개재물 ㉱ D계 개재물 질

[도움] B계 개재물 : 가공방향으로 집단을 이루며 입상의 개재물이 불연속적으로 뭉쳐있다.

문제 35. 비금속 개재물 검사에서 알루미늄 산화물계 개재물에 해당되는 것은?
㉮ A형 ㉯ B형 ㉰ C형 ㉱ D형

[도움] 알루미늄 산화물계 개재물 : B형

문제 36. 철강재의 현미경 조직시험을 위한 부식제는 어느 것이 가장 좋은가?
㉮ 피크린산 알코올 용액 ㉯ 염화제이철 용액
㉰ 질산, 초산 용액 ㉱ 수산화나트륨용액

[도움] 철강재의 부식재 : 질산 알코올 용액, 피크린산 알코올 용액이 사용

문제 37. 철강의 매크로 부식에서의 부식시간으로 적당한 것은?(단, 부식액은 피크린산(피크린산 포화에탄올 78ml, 질산 2ml, 물 20ml임.))
㉮ 5초 ㉯ 45초 ㉰ 2분 ㉱ 7분

[도움] 철강의 매크로 부식시간은 5초 이내가 적당하다.

문제 38. 과공석강의 표준 조직은 어떻게 나타나는가?
㉮ 망상 페라이트에 펄라이트 ㉯ 시멘타이트
㉰ 펄라이트 ㉱ 펄라이트에 망상시멘타이트

[도움] C 0.86~2.1%의 과공석강의 표준조직은 Acm선에서 펄라이트의 망상시멘타이트 조직이 나타난다.

문제 39. 금속현미경 조직시험에서 Zn 합금의 부식제로 맞는 것은?
㉮ 염화제이철 용액 ㉯ 염산용액
㉰ 질산용액 ㉱ 수산화나트륨 용액

[도움] Zn 합금의 부식제 : 염산용액(염산 5cc, 물 100cc)

문제 40. 재료의 결함결과를 위한 구리합금의 액체에서 잔액의 주성분은?
㉮ 5% H_2SO_4수 ㉯ 25% NaOH액
㉰ 50% HNO_3 ㉱ 40% HCL액

[도움] 구리합금 액체의 잔액 성분 : 40% HCL액

문제 41. 다음 현미경 검사법 중에서 금속 조직을 최고 배율로 관찰할 수 있는 것은?
㉮ 보통현미경 ㉯ 편광현미경 ㉰ 전자현미경 ㉱ 암시야현미경

[도움] 전자현미경 : 높은 배율로 금속조직을 관찰

해답 34. ㉯ 35. ㉯ 36. ㉮ 37. ㉮ 38. ㉱ 39. ㉯ 40. ㉱ 41. ㉰

문제 42. 금속현미경에서 접안렌즈×15, 대물렌즈×40일 때 나타나는 배율은?
  ㉮ ×400   ㉯ ×600   ㉰ ×700   ㉱ ×800

  도움▶ 현미경 배율 : 접안렌즈의 배율×대물렌즈의 배율=600배

문제 43. 금속현미경으로 조직검사시 검경시는 검정면을 입사광선에 어떻게 놓아야 하는가?
  ㉮ 수평   ㉯ 평행   ㉰ 수직   ㉱ 사각

  도움▶ 검정면과 입사광선을 수직으로 한다.

문제 44. 합금의 상변화에 사용되는 현미경은?
  ㉮ 전자현미경   ㉯ 편광 현미경
  ㉰ 고온 금속현미경   ㉱ 보통 금속현미경

  도움▶ 합금의 상변화 관찰은 고온 금속현미경을 사용한다.

문제 45. 현미경 조직시험의 순서로 적합한 것은?
  ㉮ 거친연마→시편의 표준조직화→광내기연마→부식→건조
  ㉯ 시편의 표준조직화→거친연마→광내기연마→부식→건조
  ㉰ 건조→시편의 표준조직화→거친연마→부식→광내기연마
  ㉱ 거친연마→광내기연마→시편의 표준조직화→부식→건조

  도움▶ 현미경 조직시험의 순서 : 거친연마→광내기연마→시편의 표준조직화→부식→건조

문제 46. 철사나 얇은판 또는 작은 파편 등을 합성수지 또는 금속에 시험편을 매립하기 위해 사용되는 기계는?
  ㉮ 시편 절단기   ㉯ 마운팅 프레스
  ㉰ 폴리싱   ㉱ 샌드 페이퍼

  도움▶ 마운팅 프레스 : 철사나 얇은판 또는 작은 파편 등을 합성수지 또는 금속에 시험편을 매립하기 위해 사용

문제 47. 현미경 조직시험의 순서가 가장 바르게 된 것은?
  ㉮ 시편채취→부식→연마→검경   ㉯ 연마→시편채취→부식→검경
  ㉰ 시편채취→연마→부식→검경   ㉱ 부식→시편채취→연마→검경

  도움▶ 현미경 조직시험의 순서 : 시편채취→연마→부식→검경

문제 48. 광학현미경과 투과전자현미경의 기능상 가장 큰 차이점은?
  ㉮ 시료와 배율   ㉯ 분해능과 심도
  ㉰ 파장과 렌즈   ㉱ 성형성과 시편재질

  도움▶ 광학현미경과 전자현미경의 차이 : 분해능과 심도

해답 42. ㉯ 43. ㉰ 44. ㉰ 45. ㉱ 46. ㉯ 47. ㉰ 48. ㉯

문제 49. 현미경 조직시험을 할 때 가장 적당한 시편 채취법은?
㉮ 시험편의 크기는 지름이 5cm 이상으로 한다.
㉯ 결함이 발생하지 않은 부분에서 채취한다.
㉰ 냉간압연 시편은 가공방향에 수직하게 채취한다.
㉱ 채취부분은 중앙부와 끝 부분으로 한다.

도움 채취부분은 중앙부와 끝 부분으로 한다.

문제 50. 쾌삭강에서 피절삭성을 양호하게 하기 위해서 첨가하는 금속조직을 관찰하기 위한 시편의 연마시 연마지 사용법으로 알맞은 것은?
㉮ 100메시-600메시-1,200메시 순으로 연마한다.
㉯ 1,200메시-600메시 순으로 연마한다.
㉰ 100메시-1,200메시-600메시 순으로 연마한다.
㉱ 메시에 관계없이 편리한 대로 사용해도 무방하다.

도움 세립은 큰 것부터 작은 것 순으로 연마 : 100메시-600메시-1,200메시 순으로 연마

문제 51. 광학적 이방성으로 조직이 잘 나타나기 때문에 사용되는 현미경은?
㉮ 광학현미경 ㉯ 편광현미경
㉰ 주사전자현미경 ㉱ 투과전자현미경

도움 광학적으로 이방성(異方性)을 갖는 시료의 조직을 관찰하는데 적합하다.

문제 52. 현미경 조직 검사용 시편 제작 공정이 아닌 것은?
㉮ 시편채취 ㉯ 전해연마
㉰ 부식 ㉱ 시편도금

도움 시편도금은 시편 제작공정과 관련이 없다.

문제 53. 현미경 조직 시편 제작시 한쪽만 연마할 때 개재물에 의해 주변 금속을 마모시켜 국부적으로 혜성과 같은 홈을 무엇이라 하는가?
㉮ 국부편석 ㉯ 코멧데일
㉰ 스테다이트 ㉱ 고스트라인

도움 코멧데일 : 시편 제작시 한쪽만 연마할 때 개재물에 의해 주변 금속을 마모시켜 국부적으로 혜성과 같은 홈이 나타난다.

문제 54. 탄소강의 조직시험에 사용되는 것이다. 관련이 가장 적은 것은?
㉮ 데시게이터 ㉯ 탈지면
㉰ 열풍건조기 ㉱ 공기압축기

도움 공기압축기는 탄소강의 조직시험과 관련이 적다.

해답 49. ㉱ 50. ㉮ 51. ㉯ 52. ㉱ 53. ㉯ 54. ㉱

문제 55. 금속재료의 현미경시험용 시편의 연마방법에 대한 설명으로 맞는 것은?
㉮ 연마지를 사용하여 손연마를 할 경우, 세립의 것부터 차례로 연마한다.
㉯ 연마지에 의해 손연마를 할 경우 조립의 것부터 차례로 연마하여, 한 방향으로만 계속 연마한다.
㉰ 연마지에 의해 손연마를 할 경우 조립의 것부터 차례로 연마하며, 매회 그전의 연마지로 생긴 홈과 직각 방향으로 연마해야 한다.
㉱ 연마재료를 연마시에는 파라핀이 묻으면 세립이 매립하므로 묻지 않도록 해야 한다.

도움 연마지에 의해 손연마를 할 경우 조립의 것부터 차례로 연마하며, 매회 그전의 연마지로 생긴 홈과 직각 방향으로 연마해야 한다.

문제 56. 입자를 사용한 표면가공법 1종인 버핑 연마기에 사용되는 버핑 연삭재에 속하지 않는 것은?
㉮ 에머리(emery)   ㉯ 알루미나(Al_2O_3)
㉰ 탄화규소(SiC)   ㉱ 니켈크롬(NiCr)

도움 1종 버핑 연삭재 : 에머리, 알루미늄, 탄화규소

문제 57. 강의 현미경 조직 시험과정에서 미세연마(polishing)할 때 가장 많이 사용되는 연마재는?
㉮ 산화크롬분말   ㉯ 이산화망간분말
㉰ 규소토분말   ㉱ 석회석분말

도움 미세연마에는 산화크롬분말이 주로 사용된다.

문제 58. 다음은 전해연마를 위한 각종 금속의 대표적인 전해액을 표시하였다. 틀리게 표시된 것은?
㉮ 철강 및 알루미늄 : 과염소산 20%+무수초산 75%+물 5%
㉯ 주석 : 과염소산 20%+무수초산 80%
㉰ 동 및 동합금 : 정인산 50%+물 50%
㉱ 니켈 : 과염소산 30%+무수초산 70%

도움 니켈 : 물 30%+황 70%

문제 59. 다음 연마제 중 경합금에만 사용할 수 있는 것은?
㉮ MgO   ㉯ Fe_2O_3 ㉰ Cr_2O_3 ㉱ $FeCO_3$

도움 경합금 연마에는 MgO을 사용한다.

문제 60. 황동의 현미경 조직 시험편을 연마하는데 가장 좋은 연마는?
㉮ 산화알루미늄   ㉯ 산화철
㉰ 산화크롬   ㉱ 산화구리

도움 황동의 연마에는 산화알루미늄을 사용한다.

해답 55. ㉰ 56. ㉱ 57. ㉮ 58. ㉱ 59. ㉮ 60. ㉮

문제 61. 다음 중 철강의 부식재로 많이 사용되는 것은?
- ㉮ 염산
- ㉯ 나이탈
- ㉰ 수산화나트륨
- ㉱ 카바이드

[도움] 철강의 부식재로 나이탈(염산 5cc, 알코올 100cc)이 사용된다.

문제 62. 금속재료의 현미경 조직시험에 있어서 결정경계와 같이 부식이 심한 곳은 어떻게 보이는가?
- ㉮ 밝게 보인다.
- ㉯ 같다.
- ㉰ 검게 보인다.
- ㉱ 희미하게 보인다.

[도움] 결정경계는 검게 나타난다.

문제 63. 다음 중 탄소강, 저합금강 펄라이트 식별 부식제는?
- ㉮ 피크린산 알코올 용액
- ㉯ 염화제이철 용액
- ㉰ 불화 수소산
- ㉱ 수산화나트륨액

[도움] 철강의 부식재로 나이탈, 피크린산 알코올용액이 사용된다.

문제 64. 현미경 조직시험을 위하여 조직을 나타나게 하기 위한 방법 중 관련이 가장 적은 것은?
- ㉮ 화학적으로 표면을 부식한다.
- ㉯ 전기 화학적으로 표면을 부식한다.
- ㉰ 가열 산화하여 표면에 착색한다.
- ㉱ 연마에 의하여 경면을 만든다.

[도움] 표면을 착색하는 것은 관련이 적다.

문제 65. Ni과 그 합금의 부식액으로 적합한 것은?
- ㉮ 질산, 초산용액
- ㉯ 피크린산 알코올 용액
- ㉰ 왕수
- ㉱ 수산화나트륨 용액

[도움] Ni 및 그 합금 : 질산, 초산용액 사용

문제 66. 금(Au), 백금(Pt) 등 귀금속의 현미경 조직시험의 부식재로 적당한 것은?
- ㉮ 피크린산 알코올 용액
- ㉯ 염화제이철 용액
- ㉰ 초산
- ㉱ 왕수

[도움] 귀금속의 부식재 : 왕수(진한 질산 1cc, 진한 염산 5cc, 물 6cc)

문제 67. 용탕이 급속히 냉각될 때 열의 발산이 잘되는 방향에 따라서 우선적으로 조직이 성장하면서 나타나는 조직으로 주형의 벽면에 주로 나타나는 조직은?
- ㉮ 공정조직
- ㉯ 초정조직
- ㉰ 수지상조직
- ㉱ coring조직

[해답] 61. ㉯ 62. ㉰ 63. ㉮ 64. ㉰ 65. ㉮ 66. ㉱ 67. ㉰

문제 68. 시멘타이트를 페라이트와 구분하기 위하여 피크린산나트륨 수용액에서 약 7분간 70~80℃의 온도로 부식시켰을 때 시멘타이트는 어떻게 나타나는가?
㉮ 희게 나타난다. ㉯ 청색 혹은 적색으로 나타난다.
㉰ 분홍색으로 나타난다. ㉱ 갈색 또는 검은색으로 나타난다.

도움▶ 시멘타이트 : 갈색 또는 검은색

문제 69. 열처리 입도 시험방법의 담금질 템퍼링법의 KS 표시 기호는 어느 것인가?
㉮ AGC ㉯ AGS ㉰ AGT ㉱ AGE

도움▶ • AGC : 침탄입도시험법 • AGS : 서랭법 • AGT : 담금질 템퍼링법
• AGE : 선단급랭법 • AGO : 산화법

문제 70. 페라이트 결정립도 시험법에서 비교법의 기호는?
㉮ FGC ㉯ FGI ㉰ FGP ㉱ FGM

도움▶ FGC : 비교법

문제 71. 다음 중 페라이트 결정립도 시험법이 아닌 것은?
㉮ 연마법 ㉯ 절단법 ㉰ 비교법 ㉱ 평삭법

도움▶ 페라이트 결정립도 시험법 : 절단법, 비교법, 평삭법

문제 72. 결정립도시험 측정시 길이의 직선을 임의로 절단하여 측정하는 법은?
㉮ 헤인법 ㉯ ASTM 결정립 측정법
㉰ 제프리스법 ㉱ 비교법

도움▶ 헤인법 : 길이의 직선을 임의로 절단하여 측정

문제 73. 금속조직시험에서 정량조직 검사법인 결정립 측정법이 아닌 것은?
㉮ 스프링법 ㉯ 헤인법
㉰ ASTM 결정립 측정법 ㉱ 제퍼리스법

도움▶ 결정립 측정법 : 헤인법, ASTM 결정립 측정법, 제퍼리스법

해답 68. ㉱ 69. ㉰ 70. ㉮ 71. ㉮ 72. ㉮ 73. ㉮

제3장

특수 시험법

1 특수 재료 시험

【1】 크리프 시험

재료에 일정한 하중을 가하고 일정한 온도에서 긴 시간 동안 유지하면 시간이 경과함에 따라 변형량이 증가한다.

이 현상을 크리프(creep)라고 하며, 시험편에 일정한 하중을 가하였을 때 시간의 경과와 더불어 증대하는 변형량을 측정하여 각종 재료의 역학적 양을 결정하는 시험을 크리프시험(creep test)이라고 한다.

기계 구조물, 교량, 건축물 등 긴 시간에 걸쳐 하중을 받는 것 등에 크리프 현상이 나타나며, 특히 저융점 금속, Pb, Cu, 연한 경금속 등은 상온에서도 크리프 현상이 나타난다. 철강 및 단단한 합금 등은 250℃ 이하에서는 거의 변화가 없다.

크리프 곡선의 현상은 3단계로 구분할 수 있다.
① 제1단계 : 초기 크리프에서 변율이 점차 감소되는 단계(초기 크리프)
② 제2단계 : 크리프 속도가 대략 일정하게 진행되는 단계(정상 크리프)
③ 제3단계 : 크리프 속도가 점차 증가되어 파단에 이르는 단계(가속 크리프)

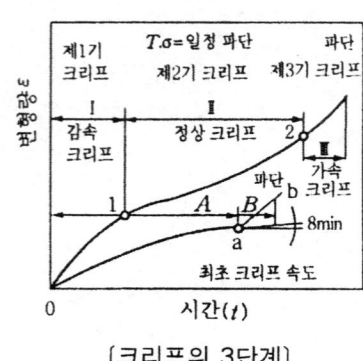

〔크리프의 3단계〕

【2】 마모 시험

2개 이상의 물체가 접촉하면서 상대운동을 할 때 그 면이 감소되는 마모 또는 마멸량을 시험하는 것을 말한다.
① 슬라이딩 마모 : 시험편의 마찰하는 상대가 금속이 아닌 광물질일 때를 말한다(토목용 기계, 농업용 기계 등).
② 슬라이딩 마모 : 시험편의 마찰하는 상대가 금속일 때를 말한다(베어링, 브레이크 등).
③ 회전마모 : 회전마찰이 생기는 경우를 말한다(롤러 베어링, 기어, 바퀴, 레일).
④ 왕복 슬라이딩 마모 : 왕복 운동에 의한 마찰의 모든 경우를 말한다(실린더, 피스톤, 펌프).

【3】 에릭센 시험

에릭센 시험(Erchsen test)은 재료의 연성을 알기 위한 시험으로 구리판, 알루미늄판 및 기타 연성판재를 가압 성형하여 변형 능력을 시험하는 것이며, 커핑시험(cupping test)이라고도 한다.

【4】 스프링 시험

판스프링, 코일 스프링, 시트 스프링, 벌류트 스프링 등이 있다. 스프링 시험 중에서의 하중 시험에는 2가지가 있다.
① 스프링에 지정된 하중을 가하고 하중 제거 후 스프링의 원상 복귀 여부에 대한 시험이다(재질의 양부, 열처리의 적정 여부, 스프링 강도 조사 등).
② 스프링에 지정된 하중을 가하여 이에 따른 지정 변형이 생기는 것인지의 여부를 검사하는 시험이다(치수에 따라 결정되는 스프링의 강성을 나타낸다).

2 재료의 특성 시험

【1】 응력 측정 시험

응력 측정시험에는 기계적인 변형량 측정법, 전기적인 변형량 측정법, 광탄성 시험, 스프레스 코팅, X-선에 의한 응력 측정법 등이 있다.

【2】 X-선 회절 시험

X-선 회절 시험의 하나로 X-선 회절에 의한 결정격자 측정법이 있다. 이 시험의 목적은 임의의 원소에 대한 격자간 거리와 구조를 결정하기 위한 것이며, 또한 여러 원소들의 알려진 결정 구조와 비교함으로써 그것을 확인하기 위한 것이다.

【3】 불꽃 시험

철강 재료를 간단한 방법으로 판별할 수 있는 것이 불꽃 시험(spark test)이다.

(1) 불꽃의 구조

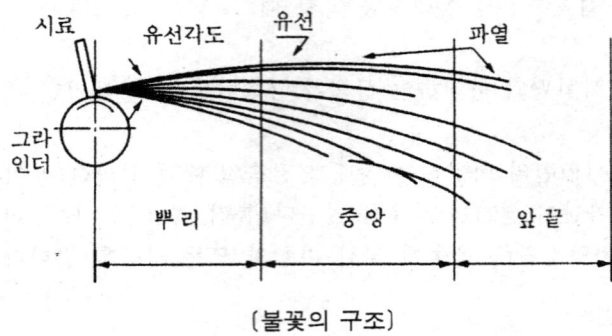

[불꽃의 구조]

(2) 불꽃 시험의 이용 범위

강질의 판정, 이종강재의 선별, 스크랩의 선별, 탈탄·침탄·질화 정도의 판정, 고온도에 있어서 강재의 내산화성 검사, 가단화의 정도 판정, 림드강의 판정, 담금질 여부의 판정에 이용한다.

[4] 담금질성 시험

같은 크기, 같은 형태의 강을 똑같은 조건하에서 담금질해도 경화되는 깊이는 강의 종류에 따라 다르다. 강이 담금질되기 쉬운 정도를 담금질성(hardenability)이라고 한다.

(1) 임계지름
(2) Di 계산방법에 의한 담금질성
(3) 조미니(jominy) 시험

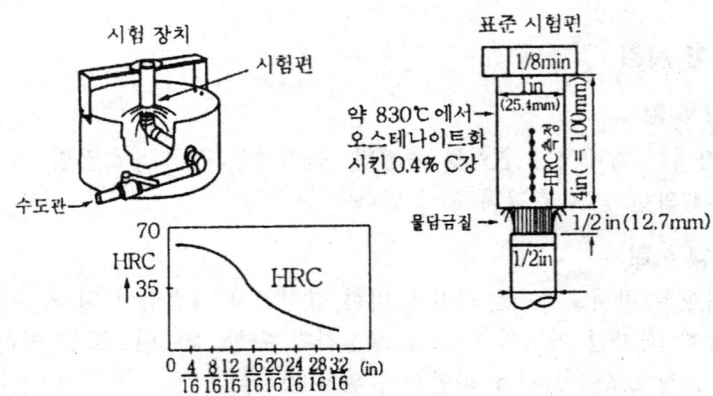

[조미니 시험장치 및 시험편]

(4) P-F 시험(penetration-fracture test)
  경화된 깊이가 얕은 강의 경화능 측정법이다.
(5) S-A-C 시험
  이 시험은 경도 관통 시험이라고 부르며, 지름 2.54cm의 봉을 표준화된 조건하에서 담금질하고 그 결과 생긴 경도분포를 대칭적인 U곡선으로 나타낸다.
(6) 세퍼드(shepherd) P-V 시험
엷게 경화된 강에 대해 시험한다.
(7) 공냉 시험
합금원소로 인하여 임계 냉각속도가 매우 느린 강들이 있다. 공냉하여도 전체적으로 경화되곤 한다. 이런 강들의 경화능 시험방법으로 공냉시험이 있다.

문제 1. 재료에 일정한 하중을 가하고 일정한 온도에서 긴 시간 동안 유지하면 시간이 경과함에 따라 변형량이 증가하는 현상은?
㉮ 자기탐상법   ㉯ 충격시험
㉰ 크리프시험   ㉱ 비커스 경도시험

도움 크리프시험 : 시험편에 일정한 하중을 가하였을 때 시간의 경과와 더불어 증대하는 변형량을 측정하는 시험법

문제 2. 재료에 일정한 응력을 가할 때 생기는 변형량의 시간적 변화를 크리프(creep)라고 하는데 변형 속도가 일정한 과정은?
㉮ 1차 크리프   ㉯ 2차 크리프   ㉰ 3차 크리프   ㉱ 4차 크리프

도움 1차 크리프 : 초기 크리프에서 변율이 점차 감소하는 단계
2차 크리프 : 크리프 속도가 대략 일정하게 진행되는 단계
3차 크리프 : 크리프 속도가 점차 증가되어 파단에 이르는 단계

문제 3. 어떤 재료가 어떤 온도에서 어떤 시간 후에 크리프 속도가 0(zero)이 되는 응력은 무엇인가?
㉮ 크리프 한도   ㉯ 크리프 현상   ㉰ 크리프 조건   ㉱ 크리프 율

도움 어떤 재료에서 특정온도에 대한 크리프 한도는 그 온도에서 어떤 시간 후에 크리프 속도가 0이 되는 응력을 말한다.

문제 4. 다음 크리프의 설명 중 가장 옳은 것은?
㉮ 온도가 낮을수록 크리프는 잘 일어난다.
㉯ 용융점이 낮은 금속은 상온에서 발생하지 않는다.
㉰ 변형이 일정한 값에서 계속 변형되는 것을 크리프 한도라 한다.
㉱ 강철은 300℃ 이내에서는 크리프가 잘 일어나지 않는다.

도움 철강 및 단단한 합금 등은 250℃ 이하에서는 거의 변화가 없다.

문제 5. 작은 응력을 반복해서 작용시켰을 때 시간과 더불어 점차적으로 파괴되는 것을 무엇이라 하는가?
㉮ 충격 파괴   ㉯ 피로 파괴
㉰ 응력 파괴   ㉱ 인장 파괴

도움 피로 파괴 : 작은 응력을 반복해서 작용시켰을 때 시간과 더불어 점차적으로 파괴되는 현상

해답 1. ㉰   2. ㉯   3. ㉮   4. ㉱   5. ㉯

문제 6. 다음 중 크리프 곡선의 설명으로 틀린 것은?
㉮ 파단 크리프는 크리프 속도가 점차 증가되는 최후 단계이다.
㉯ 1단계 크리프에서는 변율이 점차 감소되는 단계이다.
㉰ 2단계 크리프는 속도가 대략 일정하게 진행된다.
㉱ 3단계 크리프는 변형 경화가 항상 연화작용보다 크다.

도움 3단계 크리프는 속도가 점차 증가되어 파단에 이르는 단계이다.

문제 7. creep 현상 중 변형속도가 시간에 따라 감소하는 단계는?
㉮ 1차 creep ㉯ 2차 creep ㉰ 3차 creep ㉱ 4차 creep

도움 1차 크리프 : 변형속도가 점차 감소하는 단계

문제 8. 다음 중 제1단계 크리프의 설명으로 틀린 것은?
㉮ 변곡점이 일어나며 연화작용이 크다.
㉯ 변형경화가 연화작용보다 크다.
㉰ 변형속도가 감소된다.
㉱ 초기 크리프에서 변율이 점차 감소되는 단계이다.

도움 1단계 creep(초기 크리프) : 변형속도가 시간에 따라 감소하는 과정

문제 9. 다음 중 2개 이상의 물체가 접촉하면서 상대운동으로 물체의 중량 감소의 양을 측정하는 시험법은?
㉮ 굴곡시험 ㉯ 전단시험 ㉰ 마모시험 ㉱ 압축시험

도움 마모시험은 2개 이상의 물체가 접촉하면서 상대운동을 할 때 그 면이 감소되는 마모량을 측정하는 시험이다.

문제 10. 다음 중 마모시험 방법이 아닌 것은?
㉮ 왕복 전도마모 ㉯ 회전 마모
㉰ 슬라이딩 마모 ㉱ 왕복슬라이딩 마모

도움 마모시험의 종류 : 슬라이딩 마모, 회전마모, 왕복 슬라이딩 마모

문제 11. 다음 어느 조건에서 마모가 가장 많이 일어나겠는가?
㉮ 표면경도가 높을 때 ㉯ 접촉압력이 적을 때
㉰ 윤활 상태일 때 ㉱ 접촉면이 미끄러울 때

도움 재료의 표면경도가 높을수록 마모량이 커진다.

문제 12. 다음 중 마모시험에 미치는 인자가 아닌 것은?
㉮ 윤활제 사용 유무 ㉯ 표면 담금질
㉰ 온도 변화 ㉱ 상대 금속의 굵기

도움 마모시험에 미치는 인자 : 윤활제 사용 유무, 표면 담금질, 온도 변화

해답 6. ㉱ 7. ㉮ 8. ㉮ 9. ㉰ 10. ㉮ 11. ㉮ 12. ㉱

문제 13. 금속재료의 마모에 대한 설명으로 틀린 것은?
㉮ 마모량 검사는 마모시험 후에 시험편의 무게를 측정할 수 있다.
㉯ 마모시험은 크게 회전마모와 미끄럼 마모로 나뉜다.
㉰ 공기층에서 마모시험을 할 경우 접촉압력이 증대되면 마모량도 반드시 증가한다.
㉱ 마모량은 마모시험 초기에 증가한다.

문제 14. 다음 중 마모에 관한 설명으로 옳은 것은?
㉮ 마찰속도가 커지면 마모량이 감소한다.
㉯ 일반적으로 마찰압력이 증가하면 마모량도 증가한다.
㉰ 마찰속도에는 무관하고 마찰압력이 커지면 마모량이 증가한다.
㉱ 마찰속도 및 마찰압력에는 무관하다.

도움 일반적으로 마찰압력이 증가하면 마모량도 증가한다.

문제 15. 다음 중 마모시험기의 형식이 아닌 것은 어느 것인가?
㉮ 압축 마모   ㉯ 슬라이딩 마모
㉰ 회전 마모   ㉱ 왕복슬라이딩 마모

도움 마모시험기의 종류 : 왕복슬라이딩 마모, 회전 마모, 슬라이딩 마모

문제 16. 슬라이딩 마모시험에서 마모량을 검정할 때 물질에 따라 검정되는 다음 $W_{ns} = an^2 \dfrac{Wn}{Ws}$ 에서 상수 (a) 중 표준조직에 해당되는 것은?
㉮ 14.4×10^{-3} mg   ㉯ 12.5×10^{-3} mg
㉰ 10.4×10^{-3} mg   ㉱ 1.9×10^{-3} mg

도움 12.5×10^{-3} mg

문제 17. 다음 중 회전 마모 시험기를 바르게 설명한 것은?
㉮ 시편의 마찰상대가 금속이 아닐 때 사용한다.
㉯ 시편의 마찰하는 상태가 금속일 때 사용한다.
㉰ 원판의 rpm을 빠르게 회전시켜 slip이 생기게 한다.
㉱ 원판의 왕복 운동에 의한 마찰이다.

도움 회전 마모 시험기는 원판의 rpm을 빠르게 회전시켜 slip이 생기게 한다.

문제 18. 에릭센 시험은 재료의 어떤 성질을 시험하기 위한 것인가?
㉮ 봉재 시편의 연신율 측정   ㉯ 주철재의 가단성 시험
㉰ 판재의 연성을 측정   ㉱ 각종 재료의 전단성을 측정

도움 에릭센 시험 : 판재의 연성을 측정하는 시험법이다.

해답 13. ㉱   14. ㉯   15. ㉮   16. ㉯   17. ㉰   18. ㉰

문제 19. 다음 에릭센 시험기의 설명 중 잘못된 것은?
㉮ 펀치의 선단 반지름은 10±0.05mm이다.
㉯ 다이스 내부의 시편에 접촉하는 면의 다듬질은 4S이다.
㉰ 제3호 시편은 지름 90mm±2mm의 원판형 시판이다.
㉱ 가압판의 안지름은 55mm 정도이다.

도움 가압판의 안지름은 33mm, 바깥지름은 55mm로 한다.

문제 20. 다음 중 재료의 연성을 알기 위한 시험은?
㉮ 에릭센시험   ㉯ 쇼어시험
㉰ 초음파시험   ㉱ 피로시험

도움 에릭센시험(erichsen test)은 커핑시험(cupping test)이라고도 하며, 재료의 연성을 알기 위한 시험이다.

문제 21. 에릭센 시험기에서는 핸들을 조작하여 펀치로 시험판을 0.1mm/초의 속도로 조용히 눌러서 모자 모양을 만들어 나갈 때 시험판은 완곡하게 변형하면서 균열이 생긴다. 이때의 에릭센 값은 어느 것으로 정하는가?
㉮ 가하여진 에너지로 정한다.
㉯ 펀치의 선단이 이동한 거리로 정한다(변형된 길이).
㉰ 기계가 한 일의 양으로 정한다.
㉱ 균열의 크기로 정한다.

도움 시험기의 압축 장치로 가압하여 파단면이 보이기 시작할 때 컵 형상의 깊이와 시험편의 연성을 측정한다.

문제 22. 동판, 알루미늄판 및 연성판재를 가압 성형하여 변형 능력을 시험하는 시험은?
㉮ 크리프시험   ㉯ 마모시험
㉰ 압축시험   ㉱ 에릭센시험

도움 에릭센시험 : 연성판재를 가압 성형하여 변형 능력 측정

문제 23. 커핑시험을 일명 어떤 시험이라 하는가?
㉮ 에릭센시험   ㉯ 비틀림시험
㉰ 제어시험   ㉱ 벤딩시험

도움 에릭센시험 : 커핑시험

문제 24. 평판 스프링시험에서 단위 체적당의 에너지를 산출하는 공식은?
㉮ $1/18\ \sigma^2/E$ ㉯ $1/8\ \sigma^2/E$
㉰ $1/4\ \gamma^2/G$ ㉱ $0.154\ \gamma^2/G$

도움 평판 스프링 : $1/18\ \sigma^2/E$

해답 19. ㉱ 20. ㉮ 21. ㉯ 22. ㉱ 23. ㉮ 24. ㉮

문제 25. 금속박판 재료를 상·하 다이 사이에 삽입시키고 시험편에 펀치를 넣어 뒷면에 균열이 생길 때까지 가압하여 펀치 앞 끝이 하형 다이의 시험편에 접하는 면에서 이동한 거리를 측정하여 소성가공성을 평가하는 시험은?
- ㉮ 에릭센시험
- ㉯ 굽힘시험
- ㉰ 응력파단시험
- ㉱ 슬라이딩 마모시험

도움 에릭센시험 : 재료의 연성시험

문제 26. 불꽃시험에서 특수강의 불꽃은 그 함유한 특수원소의 종류에 의해서 변화한다. 다음 특수원소 중 탄소파열을 저지하는 것은?
- ㉮ Cr
- ㉯ V
- ㉰ Mn
- ㉱ Si

도움 탄소 파열을 저지하는 원소 : Si

문제 27. 탄소강의 탄소함유량을 측정하기 위한 가장 간단한 방법은?
- ㉮ 피로시험
- ㉯ 크리프시험
- ㉰ 불꽃시험
- ㉱ 방사선투과시험

도움 탄소강의 탄소량을 측정하기 위해 불꽃시험을 한다.

문제 28. 응력측정법과 그 특성을 짝지어 놓았다. 옳은 것은?
- ㉮ 디퍼렌셜 트랜스포머(differential transformer)방법 : 등경사선이 나타남
- ㉯ 광탄성 시험 : 평면 응력뿐만 아니라 3차원 응력까지 예측 가능함
- ㉰ 스트레스 코우팅(stress coating) : 비파괴적 측정법임
- ㉱ x-ray에 의한 측정법 : 금속 내부의 응력을 측정할 수 있음

도움 광탄성 시험 : 평면 응력뿐만 아니라 3차원 응력까지 예측 가능

문제 29. 강의 담금질성 측정에 이용되는 일반적인 시험법은?
- ㉮ 에릭센시험
- ㉯ 만능시험기
- ㉰ 조미니시험
- ㉱ 샤르피 충격시험법

도움 조미니시험 : 강의 담금질성 시험

문제 30. 에릭센시험에 필요한 시험편은 어떤 재료에 많이 이용되는가?
- ㉮ 두꺼운 금속판
- ㉯ 둥근 금속판
- ㉰ 얇은 금속판
- ㉱ 굵은 금속판

도움 에릭센시험은 재료의 연성을 알기 위한 시험으로 구리판, 알루미늄판 및 얇은 철판의 변형 능력을 시험하는 방법이다.

문제 31. 스프링에 지정 하중을 가하여 지정 변형이 생기는 것인지의 여부를 시험하는 것은?
- ㉮ 스프링시험
- ㉯ 탄성시험
- ㉰ 인성시험
- ㉱ 압축시험

도움 스프링시험 : 치수에 따라 결정되는 스프링의 강성을 결정하는 시험

해답 25. ㉮ 26. ㉱ 27. ㉰ 28. ㉯ 29. ㉰ 30. ㉰ 31. ㉮

부 록

▶ 금속재료시험기능사
  실기필답형 예상문제 / 3

실기필답형 예상문제

1. 다음은 보통주철(GC20)을 부식하지 않는 상태에 150배율로 관찰한 것이다. 가장 검게 나타난 부분의 조직명은?

   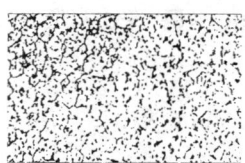

   해답 흑연(graphite)

2. 1.3%C의 강을 1000℃에서 노중 냉각시킨 것으로 백색부분의 조직명은 무엇인가?

   해답 시멘타이트(Fe_3C)

3. 압축강도의 측정은 어떠한 재료에 많이 이용하는가?

   해답 주철(주철과 같은 여린재료)

4. 항복점(항복강도)을 측정하려고 하는 데 하중 - 연신곡선상에 항복점이 나타나지 않았다. 어떠한 방법을 택해야 하는가?

   해답 내력(0.2% 연신량시의 하중을 항복점이라 한다)

5. 열처리된 제품의 탈탄정도를 측정하려고 할 때 어떠한 경도 시험기를 사용해야 하는가?

   해답 마이크로 비커어즈(미소 경도계)

6. SM 50C를 풀림처리했을 때 상온에서의 조직은 무엇인가?

   해답 페라이트＋펄라이트

7. 굽힘시험을 하여 굽힘정도를 측정하고자 화살표 방향로 하중을 가한 결과 최대하중이 800kgf이었다. 굽힘강도(kgf/mm²)를 구하시오. (단, 이 때 지점간 거리 L＝100mm 로함)

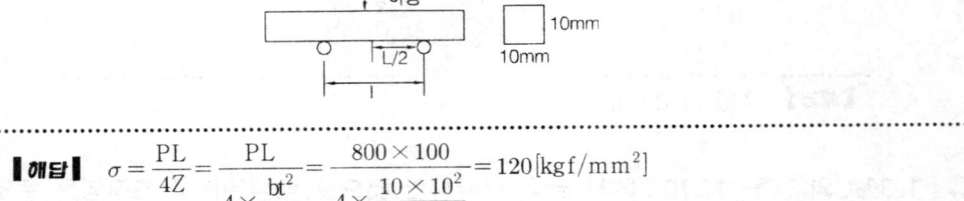

   해답 $\sigma = \dfrac{PL}{4Z} = \dfrac{PL}{4 \times \dfrac{bt^2}{6}} = \dfrac{800 \times 100}{4 \times \dfrac{10 \times 10^2}{6}} = 120[\text{kgf/mm}^2]$

8. 회주철을 항절시험하고자 한다. 2가지의 시험 결과를 측정하는 데 각각 무엇인가?

   해답 ① 하중(load)
   ② 변위량＝휨량＝변형량＝디플렉숀

9. 피로한도(Fatigue Limit)에 대해서 설명하시오.

   해답 반복하중이 작용할 때 영구히 재료가 파괴되지 않는 응력 중에서 최대응력

10. 금속재료 시험에서 긁힘 경도시험(Scratch hardness test)에 사용 하는 긁는 기구는?

    해답 90°의 꼭지각을 가진 원뿔형의 다이아몬드 콘

11. 950℃에서 노중 냉각시킨 것으로 0.06%C의 순철(α철)에 가까운 강을 20% 질산 알 콜용액으로 부식시킨 조직이다. 전체적인(백색)조직명은 무엇인가?

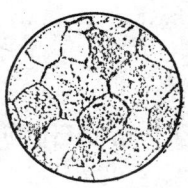

|해답| 페라이트

12. 900℃에서 60분 유지후 서냉(550℃까지 15℃/hr)시킨 강인강(SCH3)의 풀림 조직으로 백색 부분의 조직명은 무엇인가? (배율 : 200, 부식액 : 3% Nital)

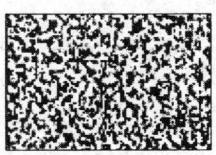

|해답| 페라이트

13. 굽힘시험 중 굽힘저항시험은(Bending Resistance Test) 어떠한 성질을 알기 위한 시험인가?

|해답| 저항력=강도=탄성계수=탄성에너지

14. 조미니 시험은 강의 무엇을 알아보기 위함인가?

|해답| 경화능

15. 전자현미경 사용시 금속은 전자를 흡수하는 힘이 크므로 실제로 금속 시험편을 전자현미경에 쓸수 없고 원금속 시험면의 굴곡을 복제한 엷을 막을 쓰는데, 이것을 무엇이라 하는가?

|해답| 레프리카(Replica)

16. ∅3mm, 길이 3mm인 강선을 현미경 조직 시험을 하고자 한다. 수작업을 통하여 시료에 가하는 4가지 중요한 공정을 작업 단계별로 쓰시오. (단, 세척은 중요한 공정에 속하지 않는다.)

> **해답** ① 마운팅 ② 그라인딩(조연마) ③ 폴리싱(정연마) ④ 에칭(부식)

17. 로크웰 경도시험에서 열처리된 강과 같이 단단한 재료에 사용하는 압입자는(HRC) 무엇인가?

> **해답** 꼭지각이 120°인 다이아몬드 콘

18. 재료의 연성을 측정하며 시험범위는 0.1~2.0mm를 표준으로 하여 나비 70mm 이상의 띠 또는 판에 한하는 시험법은?

> **해답** 커핑시험=에릭션시험

19. 금속재료의 조직검사에 있어서 육안관찰을 하든지 또는 10배 이내의 확대경을 사용하여 조직을 검사하는 방법은?

> **해답** 매크로(Macro)시험

20. 900℃ 한시간 유지 후 공냉시킨 주조 조직을 개선한 주강 조직으로 검은부분의 조직명은 무엇인가? (배율 : 200, 부식조건 : 3% nital 7~8초)

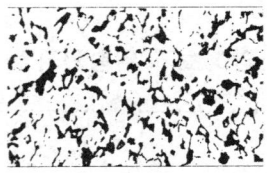

> **해답** 퍼얼라이트

21. 다음은 770℃에서 수분을 포함하는 H_2 가스를 다량으로 통과시키면서 6시간 가량 가열한 탈탄조직이다. 흰 부분의 조직명은? (배율 : 125, 부식조건 : 5% Picral 30초 ~ 2분)

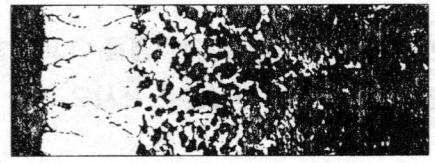

해답 페라이트(α철)

22. 압연한 것 중 단면에 평행한 라미네이숀과 같은 결함을 검출하는데 가장 적절한 비파괴 검사법은?

해답 초음파 탐상법(UT) = 수직탐상

23. Al과 그합금의 현미경 조직시험에 필요한 부식제 중에서 가장 많은 주성분 2가지는?

해답 ① 수산화나트륨 ② 플루오르화 수소산

24. 종래의 비커즈 경도계로서는 측정이 불가능한 아주 작은 부품이나 얇은판, 가는선, 보석, 금속조직 등의 경도를 측정하는 경도기는 무엇인가?

해답 마이크로 비커스경도계(미소경도계)

25. 고력황동 합금재료를 φ10mm, 높이 20mm로 가공하여 압축시험한 결과 3140kgf에서 파괴되었다. 압축강도(kgf/mm²)를 구하시오.

해답 $\sigma_c = \dfrac{P}{A} = \dfrac{3140}{5 \times 5 \times 3.14} = 40 [kgf/mm^2]$

26. 알루미늄 및 알루미늄 합금의 표면에 있는 미세한 결함을 발견하고 결함을 판정하는 가장 적절한 비파괴 시험법은?

해답 침투탐상(PT) = 형광침투 탐상 = 염색침투 탐상 = 건식 침투 탐상

27. 공석강(0.8%C)의 표준 조직은?

해답 퍼얼라이트

28. 설퍼 프린트법은 강재 중의 어느 성분의 분포상태를 알기 위한 시험법인가?

해답 황(S)

29. 인장시험에서 탄성한계(Elastic limit)란 무엇인가?

   해답 영구변형이 생기지 않은 응력의 최대값

30. 다음 조직은 0.31%C 탄소강을 950℃에서 1시간 가열 후 노중 냉각시킨 조직이다. 검은 부분의 명칭은? (5% Nital, 1~3분 배율×100)

   해답 퍼얼라이트 (Pearlite)

31. 다음 조직은 어떠한 주철의 현미경 조직 사진이다. 이러한 주철의 이름은?

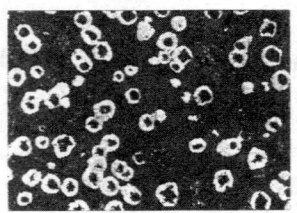

   해답 구상흑연주철

32. 에릭션(커핑)시험은 무엇을 측정하기 위한 시험인가?

   해답 ① 소성변형 ② 연성

33. 굽힘가공의 경우 탄성한도 이상으로 힘을 가했다가 하중을 제거하면 판은 가공때 보다 약간 뒤로 돌아가서 굽힘각도가 커진다. 이 현상을 무엇이라 하는가?

   해답 스프링 백(Spring back)

34. X-선(방사선)투과에 의한 비파괴 시험에서 방사선의 차폐를 위한 재료로 가장 적합한 것은?

|해답| 납(Pb)

35. 금속재료에서 히스테리시스(Hysterisis)란 무엇인가?

|해답| 강자성체의 자화곡선

36. 회주철의 경도측정에 가장 적합한 경도시험기는 무엇인가? (단. 시료의 형상은 제한 없음)

|해답| 브리넬경도시험

37. 백선을 탄화철 속에서 900℃로 3일 이상 가열 탈탄시킨 것으로 검은 부분의 조직명은 무엇인가? (배율 : X120, 부식제 : 3% Nital)

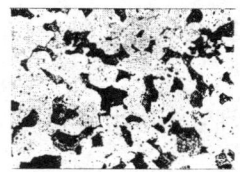

|해답| 퍼얼라이트

38. 1.04%C의 강(steel)을 930℃에서 물에 담금질한 것으로 산에 부식된 검은 부분의 조직명은 무엇인가? (X500, 2% Nital)

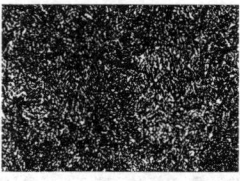

|해답| 마아텐 자이트

39. 로크웰 경도시험에서 B Scale의 압입자로는 무엇을 사용하는가?

|해답| 1/16 인치 강구

40. 피검재에 홈이 나지않고 하중의 반발에 의하여 측정하는 경도는 무엇인가?

   해답 쇼어경도계

41. 브리넬 경도시험을 하려고 한다. 시험편에 하중을 가하여 압입홈을 만든후 경도값을 구하는데 필수적으로 필요한 기구 2가지는?

   해답 ① 확대경 ② 계산기 ③ 환산자

42. 크리프(Creep)의 현상이 일어나기 쉬운 조건(온도에 관련)과 잘 일어나는 금속명칭을 쓰시오.

   해답 ① 조건 : 높은 온도
   　　　② 금속명 : 납, 구리등(용융점이 낮은금속)

43. 두께 20mm의 연강내부(표면에서 10mm 깊이)의 결함을 검사하는데 가장 적절한 비파괴 시험법을 쓰시오.

   해답 ① 방사선 탐상법(RT)＝X선＝γ선
   　　　② 초음파탐상법(UT)

44. 금속 현미경과 같이 10배 이상의 배율 현미경으로 금속조직을 시험하는 것을 무슨 시험이라 하는가?

   해답 마이크로(Micro)시험

45. 금(Au), 백금(Pt)등 귀금속의 현미경 조직시험에 필요한 부식제의 주성분을 쓰시오.

   해답 왕수(질산, 염산, 물)

46. 950℃에서 노중 냉각시킨 조직으로 흰 부분의 조직명은?

|해답| 페라이트

47. 합금공구강(STD6)의 담금질 및 뜨임 조직으로 바탕의 조직명은? (1030℃ -30분 유지 후 유냉, 570℃-60분뜨임, 부식액 5% 염화제이철용액)

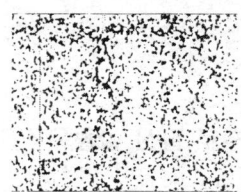

|해답| 트루스타이트

48. 응력-변형곡선에서 P점을 비례한계라 할때 응력과 연신율의 관계를 구하려면 무슨 법칙을 적용하여야 하는가?

|해답| 후크법칙(Hook's law)

49. 0.2%C 탄소강의 결정입도를 시험하고자 현미경으로 측정한 입도를 표준입도와 비교하였더니 다음과 같은 결과를 얻었다. 이 강의 평균 결정 입도를 산출하시오.

시야의 입도번호(a)	시야수(b)	a × b
8	4	32
5	2	10
7	6	42

|해답| 평균입도 $= \dfrac{\sum a \times b}{\sum b} = \dfrac{84}{12} = 7$

50. 현미경 시료 채취에 있어서 연마의 일반적인 3단계를 순서대로 쓰시오.

|해답| ① 거친연마 ② 중간연마 ③ 미세연마(전해)

51. 소성변형이 진행되면 슬립에 대한 저항이 점차 증가하고 그 저항이 증가하면 금속의 경도와 강도가 증가한다. 이러한 현상은?

|해답| 가공경화=변형경화

52. 강의 침탄경화층 깊이 측정시 유효경화층 깊이는 비커즈경도 얼마(지점)까지의 거리를 말하는가?

|해답| HV=550 (HMV : 513)

53. 철강의 현미경 조직시험 부식제로 질산 알콜용액(나이탈)의 주성분 2가지를 쓰고 가장 좋은 조성 성분량(CC)을 쓰시오.

|해답|

성 분	조성량(CC)
알 콜	100 cc
질 산	5 cc

54. 강재의 내부 결함에 대한 X-선 투과시험에서 기포, 수축구멍, 편석등이 혼입된 부분은 X-선 사진에 진한 검은색으로 나타난다. 그 이유는?

|해답| X-선의 흡수가 적으므로=감광도가 커서

55. 매크로(Macro) 조직검사로 강재를 부식하여 판단할 수 있는 조직 3가지는? (부식은 연마후 하는 것임)

|해답| ① 입상 ② 주상(수지상) ③ 섬유상 ④ 유동

56. 900℃에서 350℃의 염욕에 담금질 16초 동안 항온 유지 후 염수 담금질한 조직으로 층상 부분의 조직명은? (0.82%C, 3% Nital)

| 해답 | 베이나이트(상부 베이나이트)

57. 950℃에서 불림처리한 것으로 백색바탕의 조직명은? (0.03%C 강)

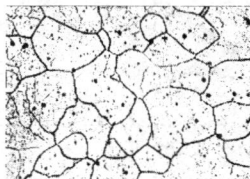

| 해답 | 페라이트

58. 다음 그림은 무엇을 측정하기 위한 시험인가? (① 기름펌프 ② 시험편 기름 비산 방지용 커버 ③ 응력 조정용 핸들 ④ 기름통)

| 해답 | 마멸 시험기

59. 강재 중에 편석된 불순물의 분포 상태 및 흠을 간단히 검출하는 방법은?

| 해답 | 설퍼 프린트

60. 매크로 조직검사에 나타나는 것으로 부식에 의해 강재 단면 전체에 걸쳐서 또는 중심부에 육안으로 볼 수 있는 크기로 점상의 구멍이 생기는 것을 무엇이라 하는가?

| 해답 | 피트(pit)=T

61. 그림은 스테다이트(Steadite)조직으로 주철에 많이 나타난다. 무엇의 3원 공정인가?

|해답| ① 철 ② 인화철 ③ 시멘타이트

62. 특수강의 불꽃 시험에서 탄소 파열을 조장시키는 원소 3가지를 고르시오.
【보기】 Cr, V, Mn, W, Si, Mo

|해답| Mn, Cr, V

63. 시편 검사법 중 단삭 검사법(step-down test)은 주로 어느 시편의 흠을 검사하는 것인가?

|해답| 봉재

64. 크리이프(creep limit)란 무엇인가?

|해답| 어떠한 온도에서 변형이 일정한 값에서 정지하는 최대의 응력

65. 750℃에서 단련 후 677℃에서 4시간 풀림시킨 백색바탕의 조직명은? (1.34%C 강이며 부식은 2%질산 알콜 용액임)

|해답| 페라이트

66. 고속도강(SKH2)의 과열조직으로 바탕의 조직명은? (1380℃에서 60초 유냉한 것으로 부식이 3% 나이탈)

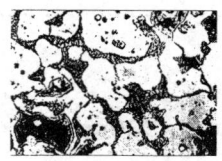

해답 마텐자이트＝오스테나이트

67. 매크로(Macro) 조직검사에서 나타난 그림과 같은 결함의 명칭은 무엇인가?

해답 파이프(P)＝수축공

68. 설퍼 프린트법에서 다음의 기호는 무슨 편석을 뜻하는가?

【보기】가. S_N 나. S_I 다. S_D 라. S_L

해답 가. SN : 정 편석 나. SI : 역 편석, 다. SD : 점상 편석, 라. SL : 선상 편석

69. 그림은 비파괴 시험에 의하여 시편의 내부결함을 찾는 시험기이다. 비파괴시험 방법의 명칭을 쓰시오.

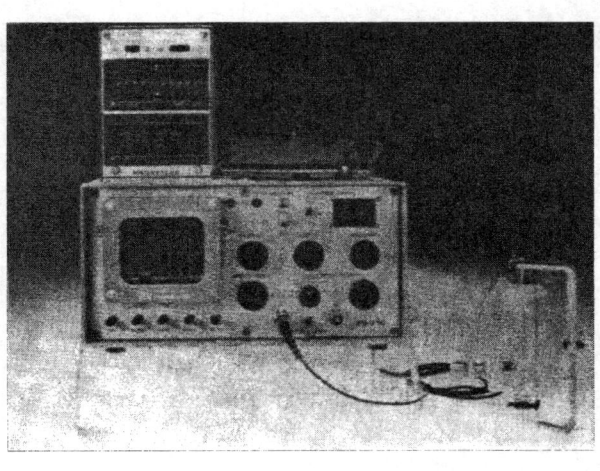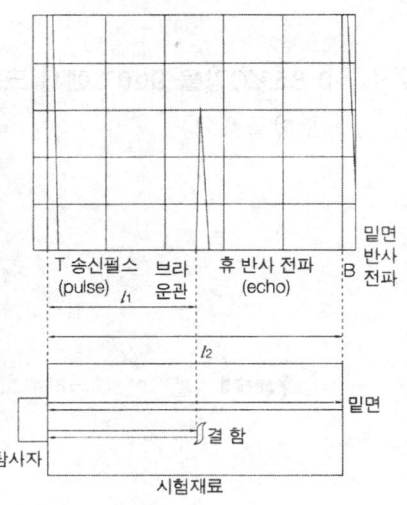

[해답] 초음파 탐상법(UT)

70. 경화층 표시방법 중 경도시험(하중 300gr)에서 CD-H-T-4.3 이란 무엇을 말하는가?

[해답] 전경화층 깊이(4.3mm)

71. 심한 가공이나 주조하여 만든 Cu합금, Mg합금 제품을 사용 또는 저장 중에 자연균열이 생긴다. 이 균열의 발생 유무를 검사(잔류 응력 측정)하는 가장 좋은 판정법은 무엇인가?

[해답] 아말감(Amalgam)법

72. 정상 크리프의 단계에서 하중을 제거한 때의 크리프 곡선의 변화를 그리시오.

[해답]
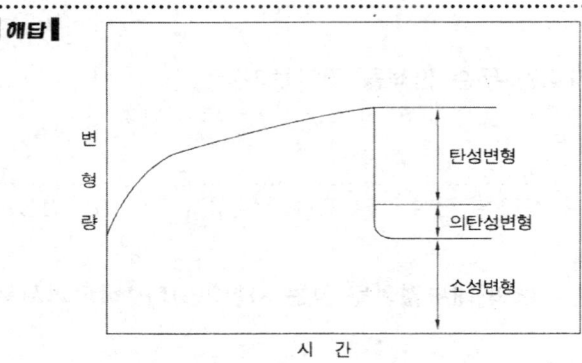

73. 0.85%C강을 900℃에서 노중 냉각시킨 것으로 층상 조직명은? (부식액 : 5% 피크르산 알콜용액)

[해답] 펄라이트(페라이트+시멘타이트)

74. 740℃×3분 → 서냉(15℃/hr) → 550℃ → 노냉시킨 합금공구강(STS3)의 풀림조직으로 바탕의 조직명은? (부식액 : 5% 피크랄)

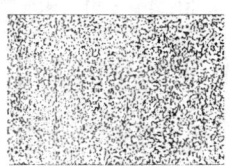

▎해답▎ 페라이트

75. 강의 페라이트 선상 입도시험에서 비교법의 기호를 나타내시오.

▎해답▎ F G C

76. 과공석강의 표준조직은 층상 펄라이트가 망상으로 석출한 시멘타이트로 둘러쌓인 조직을 나타낸다. 이것을 구상화하는 이유는 무엇인가?

▎해답▎ 인성의 향상=가공성의 향상=연신율 향상=충격값 향상

77. 매크로(Macro) 검사에서 사진에 나타난 결함의 명칭은 무엇인가?

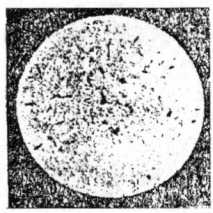

▎해답▎ 기포(Blow hole)

78. 설퍼 프린트에서 사진의 결함(편석)명칭을 쓰시오.

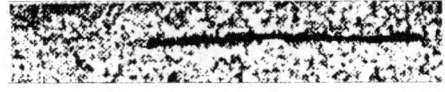

▎해답▎ 선상 편석

79. 다음 그림의 형식은 무엇을 나타낸 것인가? (시험방법을 기입)

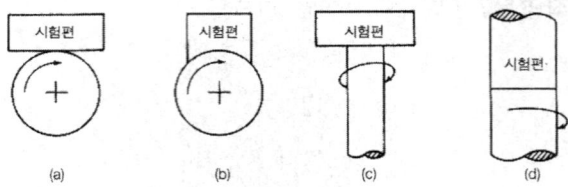

해답 미끄럼 마멸(마모)시험

80. 누우프(Knoop) 경도는 주로 무엇을 측정하기 위한 것인가?

해답 경화층=피복층=침탄층

81. 주석청동, Al청동, Ni청동 등 구리및 구리합금용 현미경 부식제로 가장 많이 함유된 성분은 무엇인가? (단, 진한 질산과 물은 제외할 것)

해답 염화 제2철용액

82. 900℃에서 노중 냉각시킨 α철로 전체적인 조직명은? (부식액 : 20% 질산알콜용액)

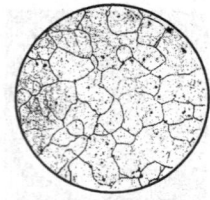

해답 페라이트

83. 900℃에서 1시간 유지 후 공냉한 주강으로 검은 부분의 조직명은? (부식액 : 3% 나이탈)

|해답| 펄라이트

84. 설퍼프린트법에서 Sc는 무슨 편석을 뜻하는가?

|해답| 중심부 편석

85. 0.45%C 탄소강의 현미경 조직변화를 도시한 것이다. ⑦ 표의 조직명은 무엇인가?

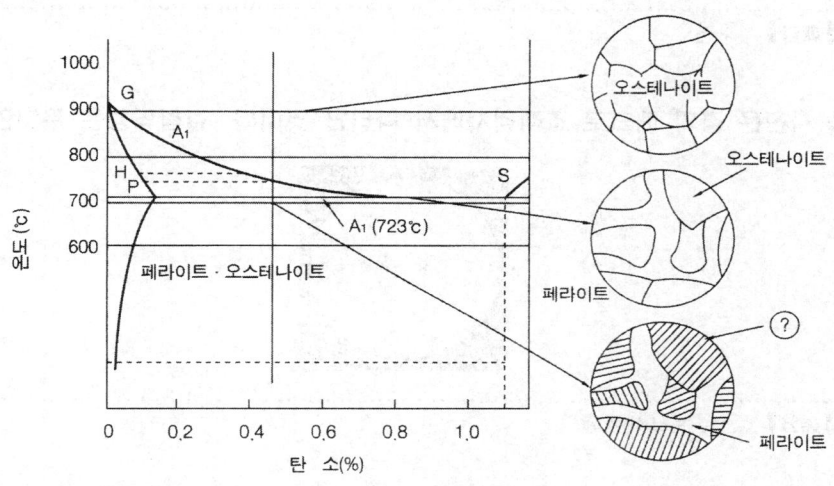

|해답| 펄라이트

86. X-선 투과로 재료의 결함을 검사할 때 계조계는 무엇을 결정하기 위해 사용하는가?

|해답| 사진의 농도=농도차 결정

87. 탄소강의 페라이트 결정입도 시험에서 FGI는 무엇을 뜻하는가?

|해답| 절단법

88. 강재를 오스테나이트 구역(A_1 점 이상)으로부터 급냉처리하여 얻어지는 침상의 조직명은 무엇인가?

|해답| 마텐자이트

89. 다음 사진은 주조 직전에 Mg 0.2%를 첨가한 구상 흑연 주철로 하얀부분(페라이트)안에 들어 있는 검은 구상은 무엇(조직 또는 원소명)인가?

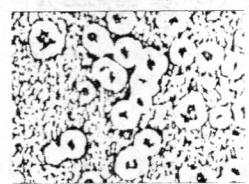

해답 흑연

90. 다음 사진은 강의 매크로 조직검사에서 나타난 것이다. 결함명칭은 무엇인가?

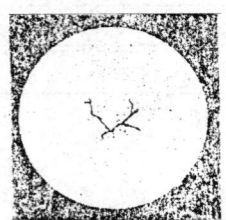

해답 균열 = 모세균열

91. 다음은 강 또는 주철의 기계적 시험을 하기 위한 장비이다. 시험기의 명칭은 무엇인가?

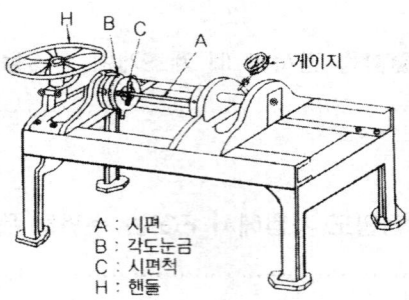

A : 시편
B : 각도눈금
C : 시편척
H : 핸들

해답 비틀림 시험기

92. STD11를 1030℃에서 30분간 처리한 다음 유냉하고 570℃에서 60분간 뜨임하면 바탕은 무슨 조직인가?

| **해답** | 마텐자이트(Martensite)

93. 재료가 다른 물체와 접촉하여 마찰을 일으킴으로서 재료의 표면이 소모되는 현상을 알아보기 위한 시험은 무엇인가?

| **해답** | 마멸시험 = 마모시험

94. 다음은 강의 용접부에 대한 결함을 찾기 위한 방법을 도시한 것이다. 비파괴 시험방법의 명칭을 쓰시오.

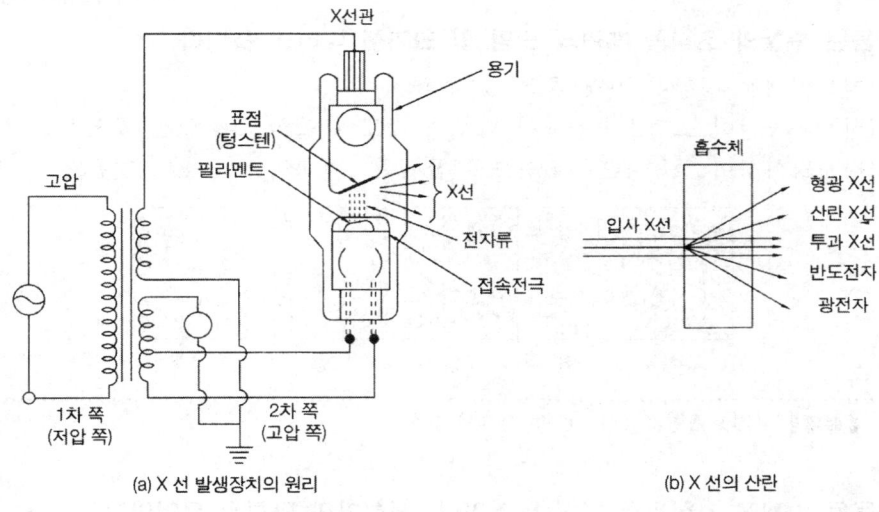

(a) X 선 발생장치의 원리   (b) X 선의 산란

| **해답** | 방사선 투과시험 = X선 탐상법 = RT

95. 경도와 자성이 비례하는 점을 이용하여 강자성체의 경도를 측정하여, 특히 담금질한 강의 경도측정에 사용되는 경도 시험법은 무엇인가?

| **해답** | 자성 경도시험

96. 에릭센 시험(커핑 시험)은 재료의 무엇을 알기 위한 시험인가?

| **해답** | 소성변형, 연성

97. 다음은 강의 조직 사진이다. 다음과 같은 조건에서 흰색 부분의 조직명은 무엇인가?

(열처리 : 930℃ 에서 풀림, 경도(HB) : 150-200, 부식 : 3% 나이탈 9초) 배율 : ×250×(2/3) 부식액 : 3%나이탈(8초) 열처리 : 930℃ 풀림 경도 : HB 150~200(SM45C표준조직) 인장강도 : 55kgf/mm²

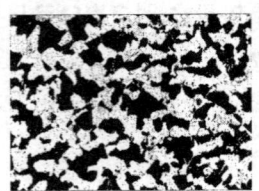

|해답| 페라이트(Ferrite)

98. 다음은 주철의 조직중 흑연의 모양 및 크기를 나타낸 것이다.
   (가) 기계적 성질이 가장 좋은 것은?
   (나) 과공정이 고탄소주철에서 나오며 강도와 절삭성이 낮은 것은?
   (다) 방향성이 없는 공정 흑연으로 급냉된 비교적 고규소인 것은?

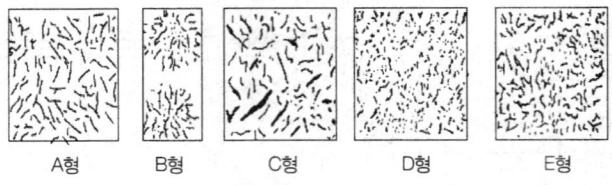

|해답| (가) A형, (나) C형, (다) D형

99. 다음은 기계적 시험기를 나타낸 것이다. 시험기의 명칭은 무엇인가?

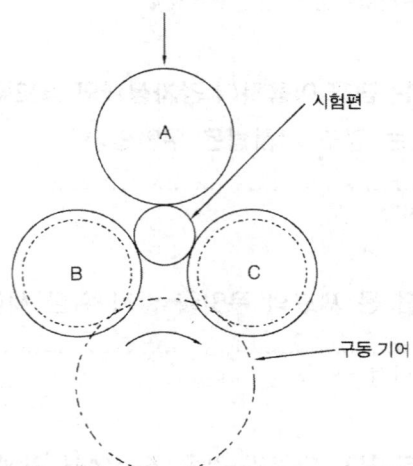

|해답| 마멸시험기(노리스 시험기)

100. 마텐자이트를 350~450℃ 뜨임하였을 때 나타나는 조직명은 무엇인가?

|해답| 트루스타이트

101. 매크로 조직검사 결과 DT-Sc-N으로 표기하였다. 이 중에서 Sc는 무엇을 나타내는가?

|해답| 중심부 편석

102. 초음파 탐상법에서 시험편의 내부에 진행되는 파형의 종류 4가지를 쓰시오.

|해답| ① 종파 ② 횡파 ③ 표면파 ④ 판파

103. 다음은 구리판의 가공도와 기계적 성질을 나타낸 것이다. 각 번호에 해당되는 것을 고르시오.

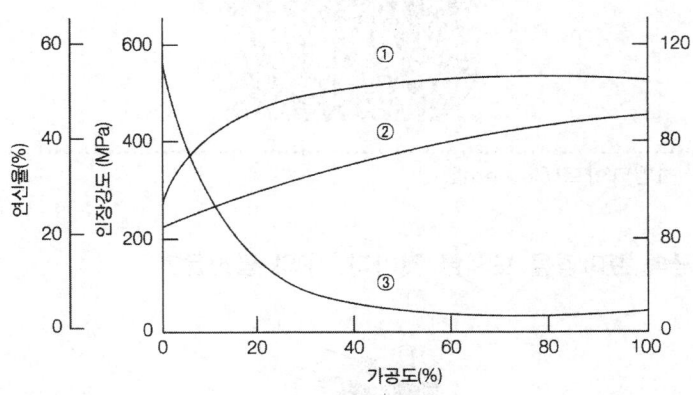

【보기】 연신율, 인장강도, 브리넬 경도

|해답| ① 인장강도(kgf/mm^2), ② 브리넬 경도(HB), ③ 연신율(%)

104. 현미경 조직검사에서 배율을 높일 경우에 사용되는 오일을 무엇이라 하는가?

|해답| 에멀젼 오일

105. 크랭크축, 회전축, 스프링등 반복하중을 받는 재료는 그 강도 보다 작은 외력에 의해 파괴된다. 이러한 특성을 알아 보기 위한 시험 방법은 무엇인가?

해답 피로 시험

106. 탄소 0.84%의 강을 900℃에서 400℃의 염욕로 속에 담금질, 40초 등온변태 후 조직으로 검은 우모상의 조직명은?

해답 베이나이트(Bainite)

107. 주조한 상태의 백주철로 흰부분의 조직명은?

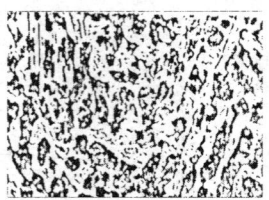

해답 시멘타이트(Cementite)

108. 다음은 금속 현미경을 도시한 것이다. ①의 명칭은?

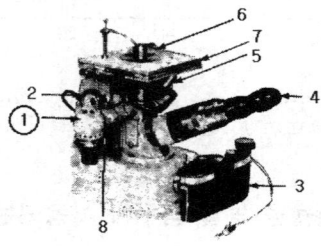

해답 조명장치

109. 다음은 합금강의 인장시험에 나타난 도표이다. ①은 무엇을 나타내는 것인가?

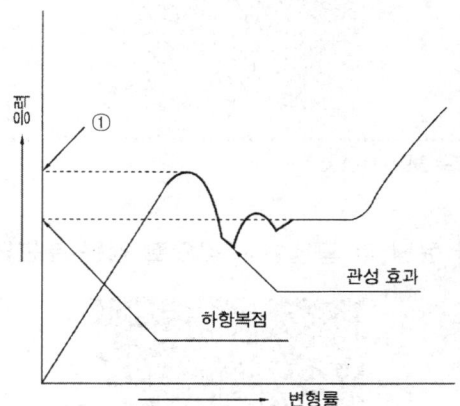

[해답] 상부 항복점

110. 매크로 조직검사의 기호 중 B는 무엇을 나타내는가?

[해답] 기포

111. 하중 1kgf의 경도 시험에서 CD-H-E-2.5 기호의 침탄경화층 표시는 무엇을 뜻하는가?

[해답] 유효 경화층깊이(2.5mm)

112. 쇼어경도 시험에서 낙하체를 100mm에서 시험편에 낙하시켰더니 반발하여 올라간 높이가 60mm이었다. 쇼어경도는 얼마인가?

[해답] $HS = \dfrac{10000}{65} \times \dfrac{60}{100} = 92$

113. 방사선 투과의 비파괴 시험에서 증감지를 사용하는 이유는 무엇인가?

[해답] 투과 결과가 필름에 잘 나타나게 하기 위해
(방사선의 흡수를 촉진시키기 위해)

114. 탄소 1.13%의 강을 1030℃에서 유냉시킨 것으로 침상부분의 조직명은?

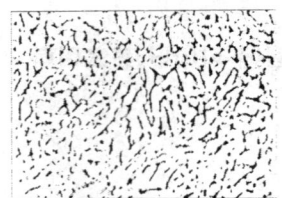

|해답| 마텐자이트(Martensite)

115. 900℃에서 1시간 유냉 후 공냉한 주강으로 검은 부분의 조직명은?

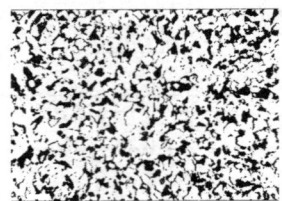

|해답| 퍼얼라이트(Pearlite)

116. 다음은 금속 현미경을 도시한 것이다. ⑤의 명칭을 무엇이라 하는가? (④번과 비교하여 기입할 것)

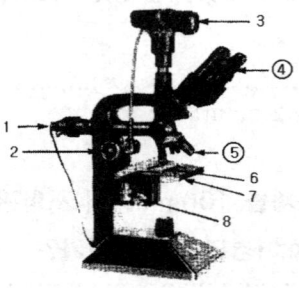

|해답| 대물랜즈

117. 강의 매크로 조직검사에서 기호로 N의 형상을 보였다. 이 뜻은 무엇을 말하는가?

|해답| 개재물

118. 강의 페라이트 결정입도 시험의 종합 판정법에서 입도번호가 6인 시야수는 3, 6.5인 시야수 6, 입도번호가 7인 시야수는 1이였다. 평균입도 번호는?

  해답 평균입도 $= \dfrac{\Sigma a \cdot b}{\Sigma b} = \dfrac{64}{10} = 6.4$

119. 다음 무슨 열처리를 나타낸 것인가?

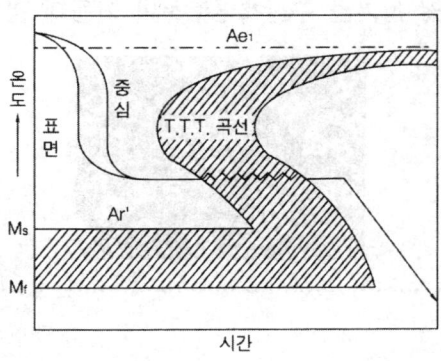

  해답 오스템퍼링

120. 방사선 투과의 비파괴 시험에 사용되는 기기로써 계조계의 역할은 무엇인가?

  해답 X-선 사진의 농도차를 결정

121. 하중 300gr으로 경도시험을 할 때 CD-H-T-4.3 기호의 침탄 경화층 표시는 무엇을 뜻하는가?

  해답 전 경화층 깊이(4.3mm)

122. 심한 가공이나 주조하여 만든 Cu합금, Mg합금을 사용 또는 저장 중에 자연 균열이 생긴다. 이 근원의 발생 유무를 검사하는 가장 좋은 방법은?

  해답 아말감법

123. 고속도강(SKH2)의 과열조직으로 바탕 조직은?

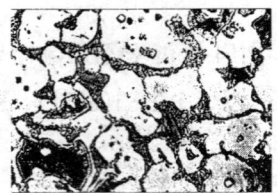

해답 마텐자이트(martensite)

124. 주조직전 Mg 0.2% 첨가한 구상흑연주철의 가운데 검은 구상은?

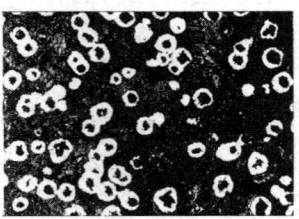

해답 흑연

125. ø3mm, 길이3mm인 연강선의 현미경 조직을 관찰하려 한다. 수작업을 통하여 시료에 가하는 4가지의 중요한 공정을 작업 단계별로 쓰시오.

해답 ① 마운팅 → ② 그라인딩 → ③ 폴리싱 → ④ 에칭

126. 다음 그림은 무슨 시험법인가?

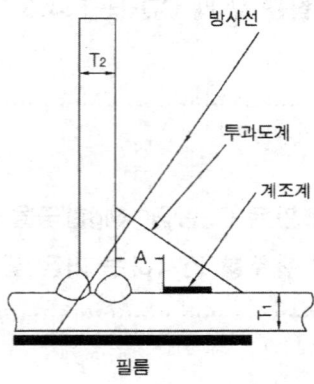

해답 방사선 투과시험법(X선 투과법)

127. Sulfur print의 용어 중 Sc는 무슨 편석인가?

   해답 중심부 편석

128. 재료에 인장력이 작용하면 이와 직각된 방향에는 수축이 생기고, 압축력이 작용하면 직각 방향은 팽창한다. 순수한 인장 또는 압축으로 생긴 길이방향의 단위 스트레인으로 직각된 방향의 스트레인을 나눈값을 무엇이라 하는가?

   해답 포아송 비

129. 압축 시험에서 원래의 길이가 5mm 압축률이 10%일 때 시험 후의 길이는 몇 mm인가?

   해답 $\varepsilon_c = \dfrac{h_1 - h}{h_1} \times 100 = \dfrac{5 - h}{5} \times 100 = 10\%$

   ∴ h = 4.5mm

130. 다음 조직은 0.32%C 탄소강을 950℃에서 1시간 가열 후 노중 냉각시킨 조직이다. 검은 부분의 명칭은 무엇인가? (단, 5% 피크랄 ×100)

   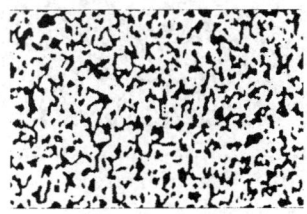

   해답 펄라이트(Pearlite)

131. 주강품의 설퍼프린트 시험에서 나타난 것이다. 편석의 명칭을 쓰시오.

[해답] 주상 편석

132. 주강품의 설퍼프린트 시험에서 S_N의 기호는?

[해답] 정 편석

133. 다음 시편이 사용된 시험기의 명칭은?

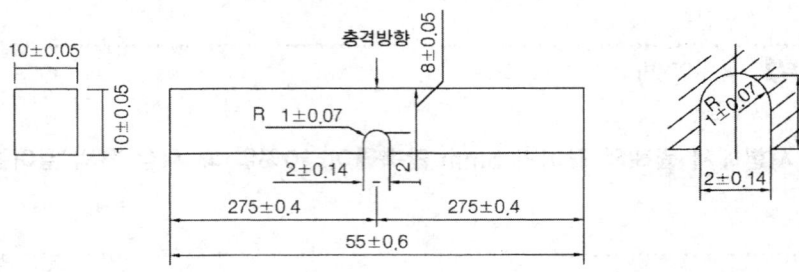

[해답] 샤르피충격 시험기

134. 생사형에서 주조한 그대로의 회주철로서 검은 편상의 조직명은?

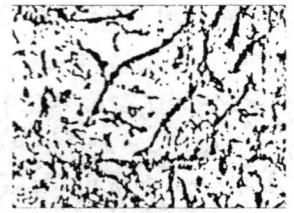

[해답] 흑연(흑색 : Pearlite, 백색 : Ferrite)

135. 로웰 경도시험에서 B스케일의 압입자로는 무엇을 사용하는가?

[해답] 지름 1/16″ 인 강구

136. 다음 그림의 금속의 결정격자 명칭을 쓰시오.

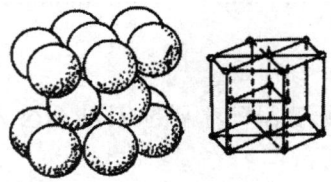

|해답| 조밀 육방격자(HCP)

137. 0.8%C강을 900℃에서 노중 냉각시킨 것이다. 조직명은 무엇인가? (단, 부식액은 5% 피크르산 알콜용액)

|해답| 펄라이트(Pearlite)

138. 설퍼프린트법은 강재중의 <u>황화물(Fes, Mns)과 황산이 반응해서 황화수소를 발생 시키고</u>, 이 <u>황화수소가 인화지 브롬화은과 작용해서 황화은을 만든다</u>. 밑줄친 부분을 화학식으로 작성하시오.

|해답| $FeS + H_2SO_4 \rightarrow FeSO_4 + H_2S$
$MnS + H_2SO_4 \rightarrow MnSO_4 + H_2S$
$2AgBr + H_2S \rightarrow Ag_2S + 2HBr$

139. 금속 현미경과 같이 10배 이상의 배율 현미경으로 금속조직을 시험하는 것을 무엇이라 하는가?

|해답| 10배 이상 : 마이크로(micro) 시험
(10배 이내 : 메크로(macro) 시험)

140. 굽힘시험 중 굽힘저항시험(Bending Resistance Test)은 얻던 성질을 알아보기 위한 시험인가?

|해답| 굽힘 저항력

141. 철강시료에 있는 결함을 검사하기 위한 자기 탐상 시험에서 자분의 사용목적은 무엇인가?

|해답| 결함부위 검출(결함이 있는 곳에 자분 응집현상 보임)

142. 강의 페라이트 결정입도 시험법 3가지를 쓰시오.

|해답| ① 비교법(FGC), ② 절단법(FGI), ③ 평적법(FGP)

143. 회주철의 성질을 조직의 상태로부터 설명하기는 어렵다. 왜냐하면, 흑연의 분포상태는 화학성분 뿐만 아니라 용해조건, 냉각속도 및 그밖의 많은 조건에 따라 달라지기 때문이다. 다음 회주철의 조직에서 흑색과 층상으로 나타난 명칭을 쓰시오.

|해답| ① 흑색 – 흑연, ② 층상 – 퍼얼라이트

144. 강괴는 탈산법에 따라 그 종류가 다르다. 다음 그림과 같이 공기 중으로 CO가스를 방출하는 강의 명칭은?

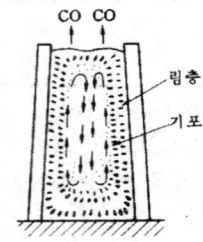

|해답| 림드강

145. 방사선 투과의 비파괴 시험에서 납(Pb)을 사용하는 이유(용도)는 무엇인가?

|해답| 방사선 차폐제(방사선 차단)

146. 강의 비금속 개재물 시험에서 가공으로 인하여 점성 변형된 것(유기물, 규산염등)을 무슨 계 개재물이라 하는가?

[해답] A계통 —— A₁ 계통(황화물)
　　　　　　　　　A₂ 계통(규산염)

147. 다음은 매크로 조직 시험에서 강재 단면에 걸쳐서 또는 중심부에 부식이 단시간에 진행하여 해면상으로 나타난 것이다. 결함명칭은 무엇인가?

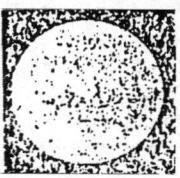

[해답] 다공질(L)

148. 에릭센 시험(커핑시험)은 재료의 무엇을 알기 위한 시험인가?

[해답] 연성, 소성변형

149. 다음 그림의 구조는 무엇을 나타낸 것인지 시험기의 명칭은?

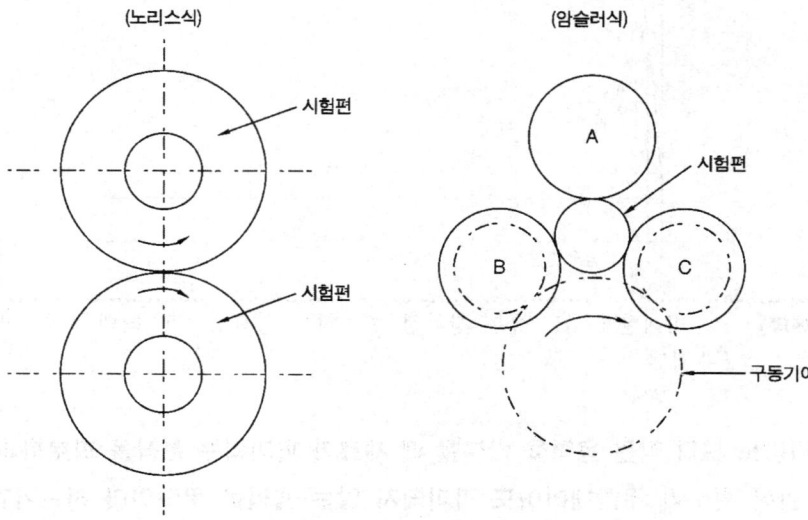

|해답| 마멸 시험기

150. 다음 불꽃들에서 탄소량이 많은 것부터 적은 대로 쓰시오.

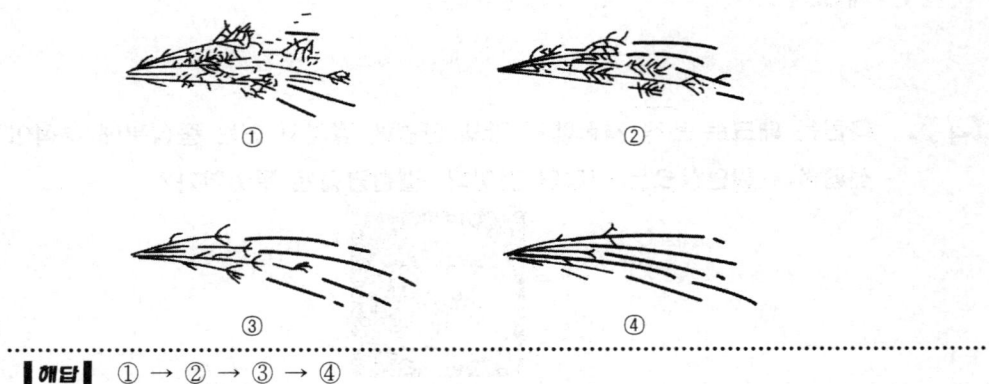

|해답| ① → ② → ③ → ④

151. 다음 응력-변형곡선에서 각 부의 명칭을 쓰시오.

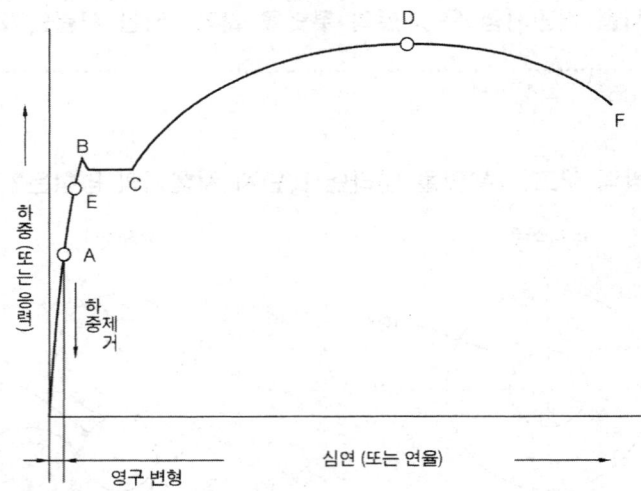

|해답| A : 비례한계, B : 상부 항복점, C : 하부 항복점, D : 최대 하중, E : 탄성한계
F : 파단

152. 파괴강도 보다 작은 응력을 반복할 때 재료가 파괴되는 현상을 피로파괴라 한다. 이 때 반복 횟수가 무한대이어도 파괴되지 않는 응력을 무엇이라 하는가?

|해답| 피로한계(피로한도)

153. 인장시험에서 내력은 강에서 보통 몇 %의 영구변형에 대해 적용하는가?

|해답| 0.2%

154. 다음은 용접부의 X-선 투과시험의 위치를 도시한 것이다. ① 표시는 무엇인가?

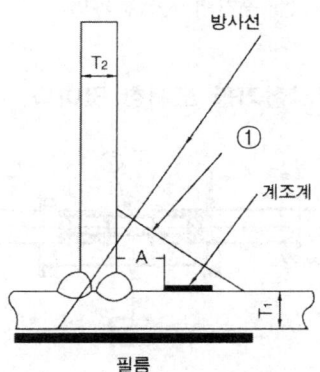

|해답| 투과도계

155. 크리프(Creep) 현상이란 무엇인가?

|해답| 어떤 온도에서 응력에 대한 변형량의 시간적 변화

156. 경강 및 비철 금속에 있어서는 재료의 항복점이 명확하지 않다. 이러한 경우 안전 응력은 어떻게 결정하는가?

|해답| 변형율 0.2% off set 하여 실제응력-변형 곡선부와 직선부의 평행선을 그어 만나는 점으로 결정한다.

157. 굽힘시험에서 시험 결과에 따른 분류로 굽힘저항 시험과 굽힘균열시험이 있다. 이 중 굽힘균열 시험은 어떠한 결과를 얻기 위한 시험인가?

|해답| 전성, 연성균열

158. 자분 탐상시험 시 자화방법 중 원형자화를 일으키는 방법을 보기에서 모두 고르시오.

【보기】 코일법, 축통전법, 관통법, 직각통전법, 극간법

|해답| ① 축통전법, ② 관통법, ③ 직각통전법

159. 비파괴검사 중 초음파탐상법의 3가지 방법을 쓰시오.

|해답| ① 펄스 반사법, ② 공진법, ③ 투과법

160. 다음은 회전 굽힘 피로시험기를 도시한 것이다. Ⓐ 표시한 것은 무엇인가?

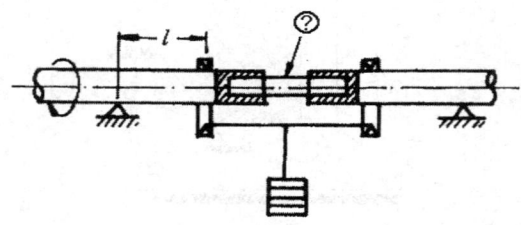

|해답| 시험편

161. 다음은 에릭션 시험곡선을 나타낸 것이다. 가, 나, 다 의 금속을 보기에서 고르시오.

【보기】 Cu, Zn, Al, Fe

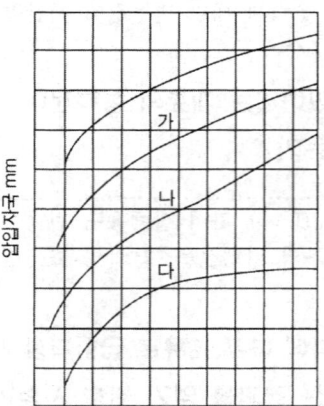

|해답| 가 : Cu, 나 : Zn, 다 : Al

162. 항복점(항복강도)을 측정하려고 하는 데 하중 – 연신곡선상에 항복점이 나타나지 않는다. 어떠한 방법을 택해야 하는가?

|해답| 내력

163. 크리이프(Creep)의 현상이 일어나기 쉬운 조건(온도와 관련)과 잘 일어나는 금속명을 쓰시오.

|해답| ① 고온 ② Pb 및 Cu 등 저융점 합금

164. 압연한 것 중 판면에 평행한 라미네이숀과 같은 결함을 검출하는 데 가장 적절한 비파괴검사법은 무엇인가?

|해답| 초음파 검사법

165. 방사선 투과의 비파괴시험에서 증감지를 사용하는 이유는 무엇인가?

|해답| 방사선투과를 원할이 하여 필름에 상이 뚜렷이 나타날 수 있도록 하기 위함.

166. 매크로 조직검사에 나타나는 것으로 부식에 의해 강재 단면 전체에 걸쳐서 또는 중심부에 육안으로 볼 수 있는 크기로 점상의 구멍이 생기는 것을 무엇이라 하는가?

|해답| 피트 (T)

167. 다음 그림은 하중시험, 표면 및 형상검사, 재질시험을 하는 장비이다. 시험기의 명칭은 무엇인가?

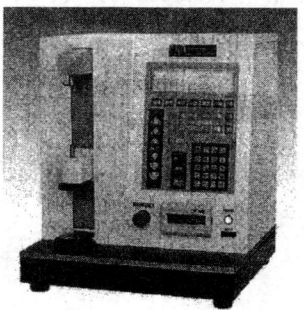

|해답| 스프링 시험기

168. 매크로 조직검사로 강재를 부식하여 판단할 수 있는 조직 3가지는? (부식은 연마 후 하는 것임)

|해답| ① 입상 ② 주상(수지상) ③ 섬유상 ④ 유동

169. 자분탐상 시험에서 KS A형(원형) 표준 시험편의 ① ②는?

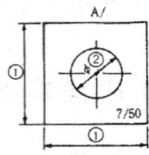

|해답| ① 20 ② 10 (단위 : mm)

170. 불꽃시험에서 그힘편을 그라인더에 누르는 압력에서 0.2% 탄소강을 기준으로 불꽃의 길이가 어느정도 되게 압력을 가하는가?

|해답| 50cm

171. 탈탄, 침탄, 질화층의 불꽃모양을 쓰시오.

|해답| ① 탈탄층 : 오렌지색 계통으로 유선은 적으며 파열도 적다.
② 침탄층 : 황적색 계통으로 유선은 많고 가지도 많으며 파열도 많다
③ 질화층 : 밝은색 불꽃을 내며 선단 파열이 많다.

172. 그림과 같이 시험편에 대하여 수직으로 하중을 가했을 때 전단되는 전단응력은? (단, P=800kgf, d=20mm, t=2mm)

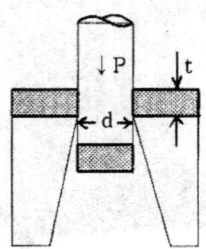

[해답] $\tau = \dfrac{P}{A} = \dfrac{P}{\pi dt} = \dfrac{8000}{3.14 \times 2 \times 0.2}$

$= 6369(\text{kgf}/\text{cm}^2)$

173. α와 β-Martensite의 성질을 비교(大, 小 구분)하시오.

종류 \ 성질	경도	내용적	자성	전기저항	부식도
α-Martensite	大	大	㉮	大	않 됨
β-Martensite	小	小	㉯	小	잘 됨

[해답] ㉮ α : 大,   ㉯ β : 小

174. 다음 그림의 열처리법은 무엇인가?

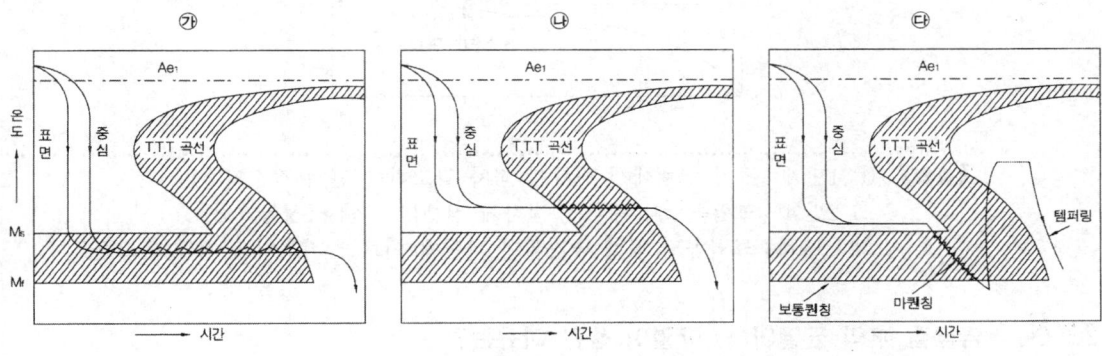

[해답] ㉮ 마르템퍼링   ㉯ 오스템퍼링   ㉰ 마르퀜칭

175. 초음파 탐상법의 원리도에서 ㉮, ㉯, ㉰의 명칭은?

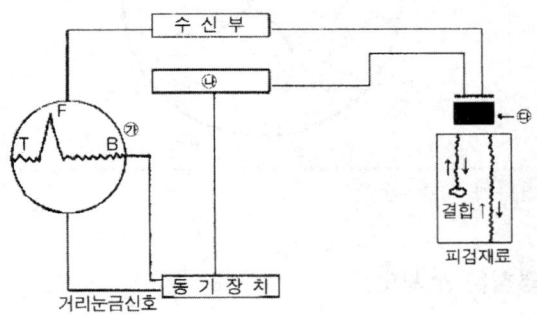

| 해답 | ㉮ 오실로 그래프 ㉯ 송신기 ㉰ 탐촉자

176. 금속의 결정입도 측정시 일정한 길이의 직선을 임의로 긋고 직선과 결정립이 만나는 점의 수를 측정, 직선 단위당의 교차점의 수로 표시하는 측정법은?

| 해답 | Heyn법(절단법=FGI)

177. 다음은 크리프현상 곡선이다. 각 단계별 특징을 쓰시오.

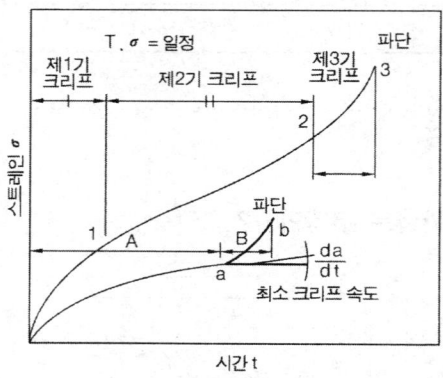

| 해답 | ① 1단계 : 초기 크립에서 변률이 점차 감소하는 단계(감소크립)
② 2단계 : 크립속도가 대략 일정하게 진행되는 단계(정상크립)
③ 3단계 : 크립속도 점차 증가되어 파단에 이르는 최후의 단계(가속크립)

178. 담금질 후의 균열이다. 균열이 생긴 이유는?

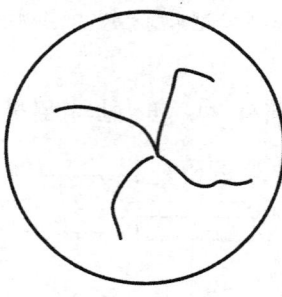

| 해답 | 조직변화에 따른 균열

179. 다음 불꽃의 명칭을 쓰시오.

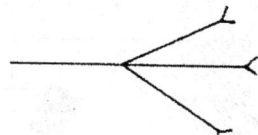

> **[해답]** 3줄파열 2단핌

180. 현미경 고배율 사용시 에멀젼 오일의 사용목적은?

> **[해답]** 빛의 산란을 방지하여 초점맞추기 위해

181. 취성재료의 압축 파괴강도가 인장강도 보다 큰 이유는?

> **[해답]** 재료 표면과 내부에 존재하는 미세균열이 있기 때문이다.

182. 표점거리 100mm, 지름 14mm, 최대하중 6500kgf에서 절단 실연거리가 20mm일 때 응력과 스트레인을 구하시오.

> **[해답]** ① 응력 $= \dfrac{6500}{7^2 \times 3.14} = 42.2 [\text{kgf/mm}^2]$
>
> ② 스트레인 $= \dfrac{20}{100} \times 100(\%) = 20\%$

183. C : 1.32%, Mn : 0.17%, Si : 0.27% 강을 단련 후 900℃로 수시간 동안 풀림한 조직이다. 백색 중앙부의 검은색 부분은 무엇인가?

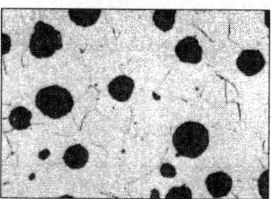

> **[해답]** 흑연

184. 다음 그림은 초음파 검사법 중 경사각 탐촉자의 내부구조이다. ■ 안의 부품명은?

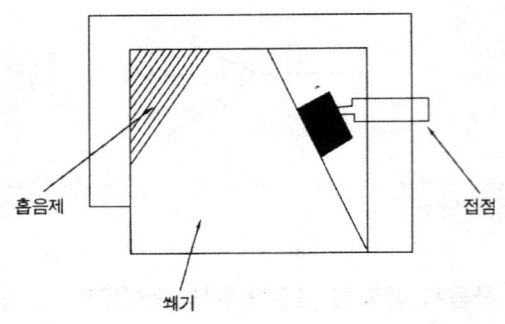

해답 진동자

185. 그라인더로 불꽃시험을 할 때 C, Ni 양을 측정할 수 있는 부분은?

해답 끝

186. 매크로 조직시험에서 DT-Sc-N의 뜻은?

해답 단면 전체에 걸쳐서 수지상 결정 및 피트가 나타나 있고, 그 중심부에 편석이 있으며 그 밖에 개재물도 보인다.(매크로 조직의 표시 기호)

기호	용 어	기호	용 어
D	수지 상정	P	파 이 프
I	잉곳 패턴	H	모세 균열
L	다 공 질	F	중심부 파열
T	피 트	W	주변 홈
B	기 포	Lc	중심부 다공질
N	비금속 개재물	Tc	중심부 피트
Sc	중심부 편석		

187. FGC-V45(10)의 뜻은?

해답 비교법으로 직각 단면에서 10시야의 종합판정에 의한 결과 입도번호가 45임을 나타낸다.

188. 다음은 침투탐상 시험과정이다. ☐안에 알맞은 말을 쓰시오.

전처리 → ① → 세정처리 → ② → 현상 → 검사(관 찰)

|해답| ① 침투처리　② 건 조

189. 금속표면에 스텔라이트 같은 경화 금속을 융착시켜 강의 표면을 경화시키는 경화법은?

|해답| 하드페이싱

190. 자기탐상 시험순서는?

|해답| ① 전처리 ② 자화 ③ 자분 살포 ④ 검사 ⑤ 탈자

191. 철, 흑연, 오스테나이트에서 초정으로 사라지고 철과 흑연으로 이루어진 조직은?

|해답| 시멘타이트(Fe_3C)

192. 일정한 하중을 주고 온도 변화에서 시간이 변함에 따라 변형량이 변화하는 현상은?

|해답| 크리프 현상

193. 지름 20mm, 높이 h_0 = 40mm이고 최대하중 18,000kgf, 파단후 지름 24.8mm일 때 압축률을 구하시오.

|해답| 먼저 지험전 물체의 체적 A_0를 구한다.
$A_0 = 10 \times 10 \times 3.14 \times 40 = 12,560 mm^3$
압축 후 체적의 변화가 없다고 하면
$A_1 = 12.4 \times 12.4 \times 3.14 \times h_1 = 12,560 mm^3$
따라서 압축후 높이 h_1은 $= 26mm$

194. 다음 그림은 황동의 기계적 성질에 관한 그래프이다. ① 인장강도 ② 연신율 ③ 브리넬경도를 표시하시오.

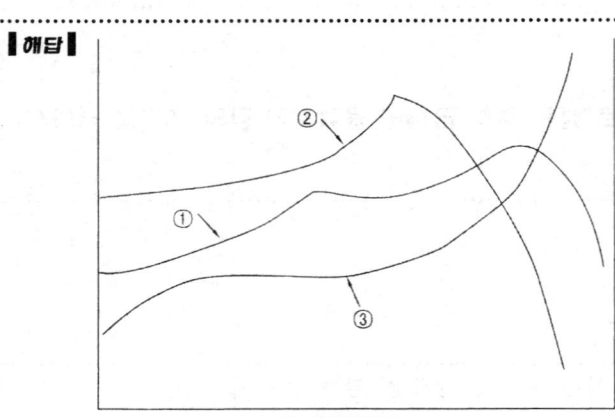

| 해답 |

Zn의 함량(%) ─→

195. 철강 시료에 있는 결함을 검사하기 위한 자기탐상 시험에서 자분의 사용 목적은?

| 해답 | 결함부위에 자분이 응집한다.(자분의 응집 모양을 보고 결함판별)

196. 다음 그림에서 ①의 명칭은?

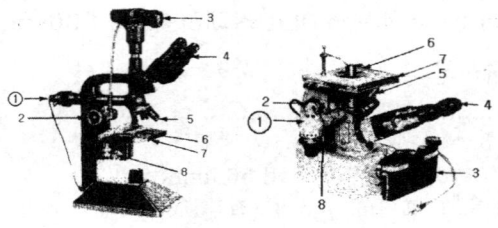

| 해답 | 조명장치

197. 압연 롤러같은 대형 제품에 자국(흠)이 나지 않고 경도를 측정할 때는 어떠한 시험기를 이용하는 것이 좋은가? (반발의 높이에 의해 측정 함)

| 해답 | 쇼어 경도기

198. 다음은 로크웰 경도시험 순서이다. (다)에 알맞는 말을 쓰시오.
  (가) 로크웰경도계를 점검한다.
  (나) 재질에 따라 누르개(압입자)를 선정하여 시험하중을 정한다.

(다) _____
(라) 시험하중(100kgf, 150kgf)으로 시험편을 누른다.
(마) 시험하중을 제거한다.

해답 (다) 기준하중(10kgf)으로 시험편을 누른다.
작은바늘이 빨간색 중앙에 오도록 맞춘다.

199. 일정한 속도로 가열 또는 냉각시 온도와 시간과의 관계곡선을 만들고 그 굴곡을 조사하여 변태를 측정하는 방법은?

해답 열 분석법

200. 지름d 높이 h로 표시되는 시편에 하중 P를 가해 압축 시 높이가 h_1으로 감소, 지름이 d_1으로 증가 했다면 압축응력과 압축률을 표시하시오.

해답 ① 압축응력 $\sigma = \dfrac{P}{A} = \dfrac{P}{\dfrac{\pi}{4}d^2}$

② 압축률 $\varepsilon_c = \dfrac{h-h_1}{h} \times 100$

201. KSD 0204 비금속 개재물 현미경시험에서 결과가 dB60×400=0.02%이다. dB60, 400, 0.02% 각각 무엇을 나타내는가?

해답 (1) dB60 : 측정시야수가 60(B계 개재물)
(2) 400 : 배율
(3) 0.02% : 청정도

202. 검사할 물체를 기름속에 유지 후 꺼내어 기름을 닦고 백묵을 칠해 검사하는 비파괴 시험법은?

해답 형광 침투탐상법

203. 탄소강을 담금질 했을 때 나타나는 조직 4가지는?

해답 ① 오스테나이트 ② 마르텐사이트 ③ 트루스타이트 ④ 솔바이트

204. 황이 강재의 외곽으로부터 중심으로 갈수록 황의 편석이 점차 감소하고, 외부보다 중심부쪽의 착색부가 낮은 결함의 명칭은?

해답 역편석

〈참고〉
① 정편석 : 일반 강재에서 보통 볼 수 있는 편석으로서, 황이 강재의 외부로부터 중심부를 향해 증가하여 분포되고, 외부보다 내부가 짙은 농도로 착색되어 나타나는 것을 말한다. 림드강의 림드 부분은 특히 착색도가 낮다.
② 중심부 편석 : 황이 강재의 중심부에 집중 분포되며, 특히 농도가 짙은 착색부가 나타난 것을 말한다.
③ 점상편석 : 황의 편석부가 짙은 농도로 착색된 점상으로 나타난 것을 말한다.
④ 선상편석 : 황의 편석부가 짙은 농도로 착색된 선상으로 나타난 것을 말한다.
⑤ 주상편상 : 형강 등에서 볼 수 있는 편석으로, 중심부 편석이 주상으로 나타난 것을 말한다.

205. 임펄스법(반사법), 공진법, 투과법 등의 방법이 있는 비파괴 시험 방법은?

해답 초음파 탐상법

206. 다음 시험기의 명칭은?

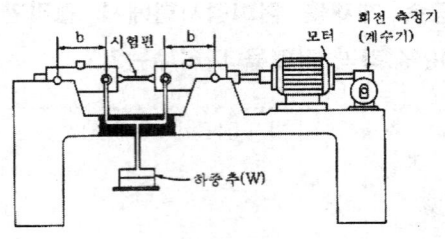

해답 피로시험기

207. 그라인더에 비산하는 연삭분을 유리판상에 삽입해서 크기, 색, 형상등을 관찰함으로 강종을 판정하는 불꽃시험법은 무슨 불꽃시험법인가?

해답 그라인더 불꽃시험

208. 강의 페라이트 결정입도시험의 비교법에서 입도번호 "1"은 단면적 1mm²당 결정입자 수가 몇 개인가?

    해답 16개

209. 금속조직내의 상의 량을 측정하는 금속조직 측정법 3가지를 쓰시오.

    해답 ① 면적 분율법(중량법), ② 직선법, ③ 점산법

210. 피로시험에서 노치가 없고 평행한 봉재의 피로 한도를 노치가 있는 봉재의 피로한도로 나눈값은?

    해답 노치계수

211. 조직사진의 측정결과 경계선에 있는 결정입자수 22개(W) 완전히 경계선 안에 있는 결정입자수 21개(Z)일 때 평적법으로 입도번호를 계산하시오.

    해답 $W = 22, Z = 21$
    $$X = \frac{W}{2} + Z = \frac{22}{2} + 21 = 32$$
    $$n = X \times \frac{M^2}{5000} = 32 \times \frac{100^2}{5000} = 64$$
    $$N = \frac{\log n}{0.301} - 3 = \frac{\log 64}{0.301} - 3 = \frac{1.806}{0.301} - 3 = 3$$
    $$\therefore N = 3$$

212. 피로시험 시 재료의 지름 10mm 시험편의 지름이 커질수록 피로하중이 감소한다. 이러한 현상을 무엇이라 하는가?

    해답 치수 효과

213. 철강 내부에 결함을 검출하기 위해 초음파탐상을 한 결과 높은 반사파가 나오면서 밑면 반사파가 없어졌다. 어떠한 결함의 파형인가?

    해답 담금질 균열, 라미네이션

214. 크리프현상 곡선에서 변률이 점차 감소하는 단계를 쓰시오.

해답 1단계(감소크립)

215. 그림은 피로시험곡선이다. 피로한도를 구하시오.

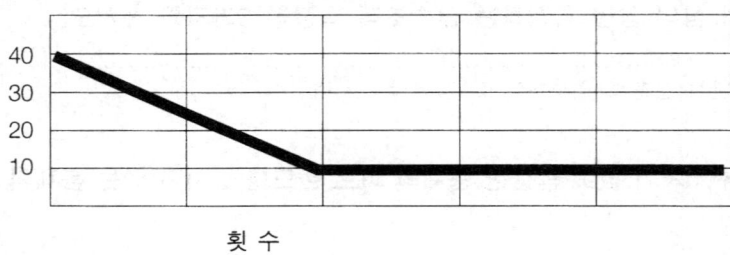

해답 20kgf/mm²

216. 압연한 철강 봉재 내부 흠을 검사하기 위해 단계적으로 가공하면서 가공면의 흠을 측정하는 시험법은?

해답 단깎기 검사법

217. 피스톤 링과 실린더 사이의 마모와 같은 것에 필요한 시험기는?

해답 왕복 슬라이딩 마모시험기

218. 주철의 탄소량과 규소량과의 관계를 그림으로 그려 놓은 것은?

해답 마우러 조직도

219. 현미경 시험 중 얇은판 작은 파편과 길이가 짧고, 취급이 곤란한 재료를 매립할 때 쓰이는 기계는?

해답 마운팅프레스

220. 10온스의 다이아몬드 콘을 10inch의 높이에서 낙하시켜 반발하는 높이로 경도를 시험하는 시험기는?

[해답] 쇼어경도시험기

221. 종합 판정법에서 20 시야를 측정하였을 때 3시야는 입도번호가 5.5, 7시야는 6.0, 7시야는 6.5, 3시야는 7이었다. 입도번호는?

입도번호 (a)	시야수 (b)	a×b
5.5	3	16.5
6	7	42
6.5	7	45.5
7	3	21
Σa=25	Σb=20	Σa×b=125

[해답] $n = (\Sigma a \times b)/(\Sigma b) = 125/20 = 6.25$

222. 다음의 조직은 어떠한 재료의 조직을 나타내는 것이며, 각각의 조직명은 무엇인가?

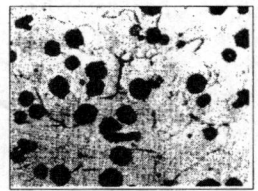

① 재료명 :
② 흰부분 :
③ 검은부분 :

[해답] ① 재료명 : 구상흑연주철
② 흰부분 : 페라이트
③ 검은부분 : 흑연

223. 다음은 설퍼 프린트 시험의 순서이다. ( )안에 알맞은 말을 보기에서 찾아 써 넣으시오.

철강 재료 중의 황의 분포상태를 검사하기 위하여 1.5%의 (㉮) 수용액에 (㉯)를 5분간 담근 후 수분을 제거한다. 이것을 피검재의 시험편에 1~3분간 밀착하고, 이 상태에서 철강재료 중의 황화물과 반응하여 (㉰)가 발생하고, 이것이 (㉱)에 붙어 있는 취화은과 반응하여 (㉲)을 생성한다.

【보기】 황화은, 황화수소, 황산, 브로마이드 인화지, 브로마이드

┃해답┃ ㉮ 황산 ㉯ 브로마이드 인화지 ㉰ 황화수소 ㉱ 브로마이드 ㉲ 황화은

224. 전자현미경을 사용할 때 래프리카(replica)란 무엇인가?

┃해답┃ 원금속 시편의 굴곡을 얇게 복제한 막

225. 매크로 시험에서 강괴의 응고에 있어서 수지상으로 발달한 1차 결정이 단조 또는 압연 후에도 형태를 그대로 가지는 것을 무엇이라 하는가?

┃해답┃ 수지상결정

226. 조직관찰 시험에서 시편을 연마하고자 할 때 흔히 쓰이는 연마재 2가지는?

┃해답┃ ① 산화크롬(Cr_2O_3), ② 산화알루미늄(Al_2O_3)

227. 고온의 물체를 온도 측정시 물체의 휘도와 표준 휘도와의 일치로 온도를 측정하는 온도계는?

┃해답┃ 광고온계

228. 충격시험에서 초기각을 145°로 하고 시험한 결과 시험후 각이 135°이었다. 이 때의 충격에너지를 구하시오. (해머의 무게는 20kgf, 암의 길이는 800mm이다.)

┃해답┃ E = 1.792kgf·m

229. 주철의 조직 중에서 그림과 같이 시멘타이트 속에 반점상의 펄라이트가 나타난 공정조직을 무엇이라 하는가?

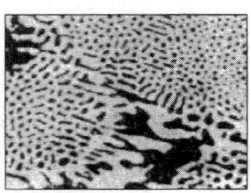

┃해답┃ 레데뷰라이트

230. 온도 분포가 균일하여 발생하는 금속 내부 응력을 무슨 응력이라 하는가?

|해답| 열응력

231. 고주파 유도로에서 전동기에 의하여 발전기를 작동시켜 고주파를 얻는 장치를 무엇이라 하는가?

|해답| M-G식(전동발전식)

232. 검사면의 상황을 셀룰로이드 피막에 옮겨서 현미경으로 검사하는 방법은?

|해답| 피막검사법

233. 구조용 강의 시멘타이트를 구상화시키는 목적은 무엇인가?

|해답| 절삭성 향상(가공성 향상)

234. 현미경 렌즈에서 대물렌즈 40X와 외부렌즈 10X의 비율은 얼마인가?

|해답| 400배

235. 아래 그림의 4호 인장시험편에서 표점거리 L, 평행부 길이 P, 지름 D, 어깨 반지름 R은 각각 얼마인가?

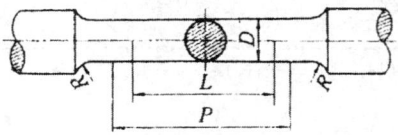

|해답| 표점거리 L = 50mm, 평행부 길이 P = 60mm, 지름 D = 14mm, 어깨 반지름 R = 15mm 이상

236. 인장시험에서 인장시험편이 네킹을 일으킨 후 파단에 이르기까지의 단계를 그린 것이다. ①, ②, ③, ④, ⑤ 단계를 설명하시오.

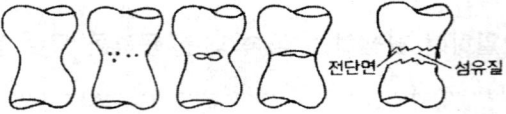

|해답| ① 네킹 초기, ② 미소공극생성, ③ 내부균열 발전, ④ 전면파단 시작,
⑤ 최종 파단면

237. 4호 시험편으로 인장시험을 한 결과 파단 후 표점거리는 62mm이며, 최대 하중은 35000N이였다. 인장강도와 연신율을 구하시오.

|해답| ① 인장강도 = $\dfrac{\text{최대하중(kgf)}}{\text{시험편평행부의시험전단면적mm}^2}$ (kgf/mm²)

② 연신율 = (파단 후 표점거리(mm) - 파단 전 표점거리(mm)) / 파단 전 표점거리(mm) × 100(%)

238. 그림에서 OP의 부분으로 P를 비례한계라 하고 점 P를 지나 직선 방향이 다소 굽으면서 탄성한계점 E에 도달한다. 이 탄성한계 내에서는 어떠한 법칙이 성립하는가?

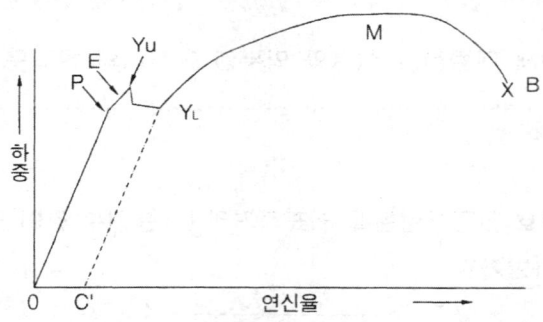

|해답| 후크의 법칙(Hooke's law)

239. C 스케일의 로크웰 경도시험 시 압흔의 깊이가 0.1mm였다면 경도값은 얼마인가?

|해답| C 스케일의 경도 값 HRC = 100 - 500h = 100 - 500 × 0.1 = 50
HRC : 50

240. 로크웰 경도시험에서 B스케일은 연한 금속의 경도 시험용으로 압입자는 지름 1.588mm의 강구를 사용하며 하중은 몇 N을 사용하는가?

|해답| 980N(100kgf)

241. 압축시험시 압축강도를 측정 할 경우에는 (①)시험편을 준비하고 탄성을 측정할 경우에는 (②)시험편을 준비한다.

|해답| ① 단주형 ② 단주형

242. 충격값의 단위는 아이조드 충격시험에서는 (①)로 하고 샤르피 충격시험에서는 이것을 노치부의 단면적으로 나눈 (②)를 단위로 표시한다.

|해답| ① $kgf \cdot m(N \cdot m)$ ② $kgf \cdot m/cm^2 (N \cdot m/cm^2)$

243. 그림에서 일어난 현상으로 압축시험 시 수평이 맞지 않아 일어난 알루미늄 시험편의 현상은?

|해답| 좌굴

244. 그림은 0.6%C 탄소강의 S-N 곡선이다. 그림에서 세로축과 가로축이 나타내는 것은?

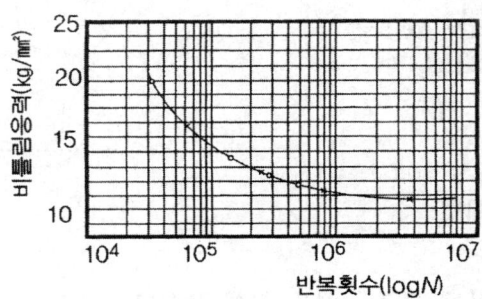

해답 세로축 : 비틀림 응력(kgf/mm²)
가로축 : 반복회수(log N)

245. 아래 그림은 구리판, 알루미늄판 및 기타 연성의 판재를 가압 성형하여 변형 능력을 시험하는 시험기의 중요부로서 어떠한 시험기인가?

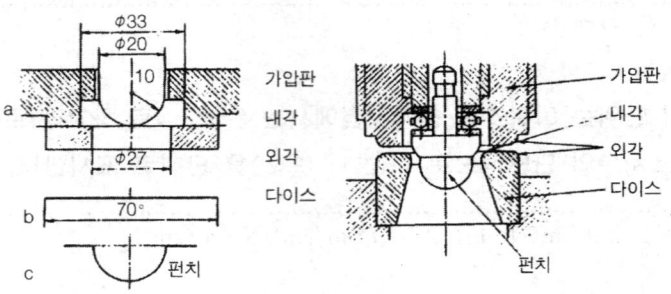

해답 에릭센시험기(커핑시험기)

246. 철강재의 부식액 중 질산알콜 보다 부식력이 약하나, 일반적으로 탄소강 및 저합금강에 적합하며 특히, 뜨임을 한 것이나 탄화물을 보기위해 주로 사용하는 부식액은?

해답 피크린산알콜용액(피크랄)

247. 그림은 광학 금속 현미경의 광로를 나타낸 것이다. (1), (2)의 형태를 쓰시오.

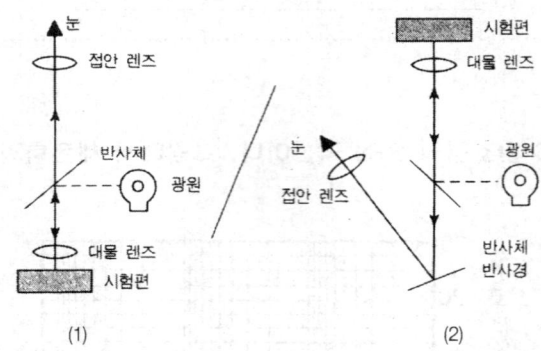

해답 (1) 정립형(직립형)
(2) 도립형

248. 쇼어경도시험에서 경도를 구하는 식을 쓰시오.

| 해답 | HS=K(h/h₀)
〔K:상수(10,000/65), h:튀어 오른 높이, h₀:낙하높이〕

249. ASTM 측정법과 같이 단위 면적당 결정 입도의 수를 측정하는 방법으로 크기를 알고 있는 원을 적당한 배율로 확대한 조직사진 위에 그림과 같이 그린 후 그 원 안에 들어 있는 결정입수와 원주와 교차하는 결정입수를 구하여 결정입도를 시험하는 방법은?

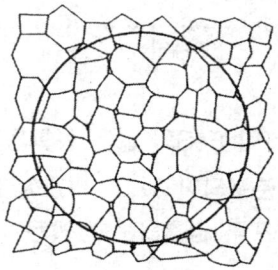

| 해답 | 제퍼리스(Jefferies)법

250. 매크로조직은 조직은 조직이 나타나는 위치에 단면 전체에 나타나는 조직, 중심부 조직, 그 밖의 조직 등 3가지로 나누어진다. 단면 전체에 나타나는 조직 3가지 이상을 쓰시오.

| 해답 | ① 수지상 결정, ② 잉곳 패턴, ③ 다공질, ④ 피트 등

251. 불꽃시험에서 시험편을 공구연삭기에 누르는 압력은 탄소함유량이 0.2%일 때 불꽃의 길이가 몇 cm되게 하는가?

| 해답 | 약 50cm

252. 그림과 같은 불꽃시험에서 뿌리 부분에서는 유선의 (①)를 중앙 부분에서는 유선의 (②)을 앞 끝 부분에서는 불꽃의 (③)을 관찰한다. 알맞은 말을 쓰시오.

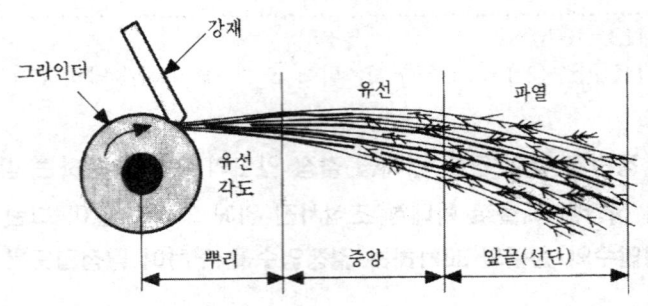

|해답| ① 각도 ② 흐름 ③ 파열

253. 그림과 같이 황(S)은 MnS나 FeS와 같은 화합물의 형태로 존재한다. 이 중에서 MnS는 대개 결정 입자 내에 분포되어 있고, 반면에 FeS는 대개 결정 입계에 주로 존재한다. 이러한 황(S)의 분포를 검출하는 방법은?

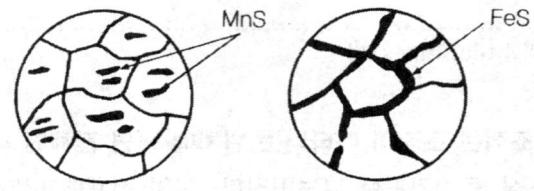

|해답| 설퍼프린트(sulphur print)법 = 황전사

254. 정적하중의 파괴양상은 그림과 같이 나타낼 수 있다. 그림 ①, ②, ③, ④, ⑤의 파괴양상을 쓰시오.

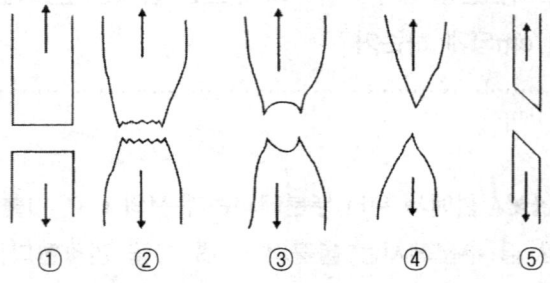

|해답| ① 취성파괴, ② 컵-콘파괴, ③ 2중컵파괴, ④ 끝형상파괴, ⑤ 전단파괴

부 록

▶ 열처리기능사
실기필답형 예상문제 / 3

실기필답형 예상문제

1. 다음은 재료 900℃로 가열한 후 300℃의 염욕에 15분 동안 항온유지 후 염수 담금질한 것으로 검은 침상의 조직명은 무엇인가? (배율 : 400배, 0.74%C의 탄소강, 부식액 : 3% Nital)

   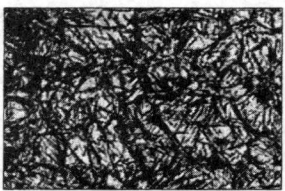

   해답 Bainite

2. 950℃에서 불림처리한 조직(0.03%C)으로 백색 바탕의 조직명은 무엇인가?

   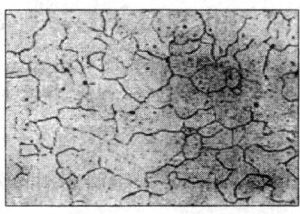

   해답 Ferrite

3. 열처리 냉각법의 형태 중 계단냉각의 형태를 그림으로 표시하고 설명하시오.

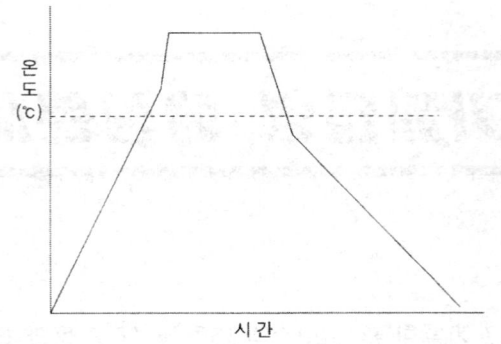

해답 냉각도중 냉각속도를 변화시키는 방법

4. 백심가단 주철을 제조할 때 침탄상자 내부에서 일어나는 다음 반응을 설명하시오.

   해답 $Fe_3C + CO_2 \rightarrow 3Fe + 2(CO)$

5. STS5강을 납염욕(lead salt bath)에 가열하여 기름에 담금질시 염욕 표면에 숯가루나 흑연가루를 덮는 가장 큰 이유는?

   해답 납의 산화를 방지

6. 담금질에서 Ar″변태란 어느 조직이 어떤 조직으로 변태하는 것을 말하는가?

   해답 Austenite조직이 Martensite조직으로 변태

7. 분위기 열처리에서 분위기의 탄소포텐셜(potential)이 0.9일 경우 0.3%C의 탄소강을 열처리하면 어떤 현상이 일어나는가?

   해답 침탄된다.

8. 담금질에 의해 경화된 강중의 잔류 Austenite를 Martensite로 변태시킬 목적으로 하는 열처리 방법은?

   해답 심냉처리〔Sub-zero treatment(서브제로 처리)〕

9. 질화강 중 몰리브덴(Mo)을 첨가하는 가장 큰 목적은 무엇인가?

|해답| 뜨임 취성 방지=취성 방지

10. 고체침탄에서 2차 담금질을 하는 경우가 있다. 1차 담금질의 목적은 중심부의 미세화이다. 2차 담금질의 목적은?

    |해답| 표면경화=침탄층경화

11. 950℃에서 노중 냉각시킨 0.06%의 순철(상온에서 α철)에 가까운 탄소강의 조직이다. 조직명은? (×100)

    |해답| Ferrite

12. 침탄재료를 경화시키는 올바른 과정을 순서대로 작성하시오.

    > 공정 : 뜨임처리, 침탄처리, 2차담금질, 1차담금질, 저온풀림

    |해답| 침탄처리 → 저온풀림 → 1차담금질 → 2차담금질 → 뜨임처리

13. 화학성분이 동일한 재료의 경우, 가열시 결정입의 크기가 커지면 담금질성은 어떻게 변화하는가?

    |해답| 좋아진다=커진다

14. 850℃에서 수냉, 350℃에서 뜨임시킨 0.8%C 탄소강의 조직명은 무엇인가? (배율 : 400배, 부식액 : 3% Nital)

    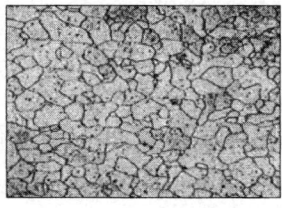

    |해답| Troostite

15. 자동온도 제어장치의 종류 중에서 ON과 OFF의 시간비를 편차에 비례해서 목표전압에

접근시키는 온도제어 방법은 무엇인가?

> **[해답]** 비례제어식

16. STS 304 스테인레스강의 기본적인 열처리로 냉간가공 및 용접 등에 의해 발생한 내부 응력의 제거를 위한 열처리 방법은?

> **[해답]** 응력제거풀림

17. 0.85%C의 탄소강을 900℃에서 노중 냉각시킨 것으로 전체적인 조직명은? (부식액 : 5% 피크린산 알콜용액)

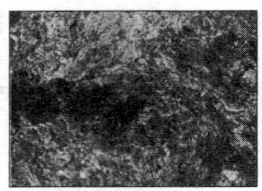

> **[해답]** 펄라이트

18. 정밀기계의 베드(bed)면을 기계담금질한 후 어떤 표면경화법으로 경화시키는 것이 가장 좋은가?

> **[해답]** 화염 경화법 = 고주파 경화법

19. 열처리방법 중 풀림을 하여 얻어지는 효과(목적)를 쓰시오.

> **[해답]** ① 내부 응력 제거 ② 경도 저하
> ③ 절삭성 향상 ④ 연화
> ⑤ 냉간 가공 개선 ⑥ 결정조직의 조정

20. 스테인레스강의 3가지 조직형태는? (조직명을 기입할 것)

> **[해답]** ① 페라이트
> ② 마텐자이트
> ③ 오스테나이트
> ④ 석출 경화형(Precipitation hardening)

21. 알루미늄 합금의 열처리 상태를 나타내는 기호 T6을 설명하시오.

   해답 담금질 후 인공시효

22. 침탄경화의 공정도이다. ( )에 알맞는 말을 보기에서 고르시오.

   【보기】 노멀라이징, 뜨임, 응력제거 풀림, 침탄, 결정미세화 풀림, 전처리, 냉각, 용체화처리

   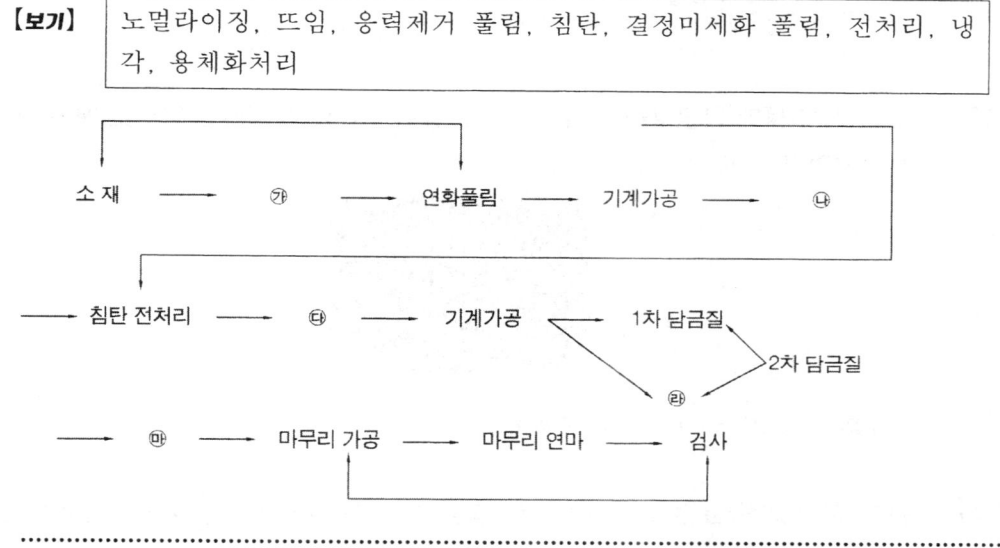

   해답 ㉮ 노멀라이징 ㉯ 응력제거 풀림 ㉰ 침탄 ㉱ 결정미세화 풀림 ㉲ 뜨임

23. 열처리에 사용되는 광온도계의 원리를 설명하시오.

   해답 고온체의 적색 방사선을 계기내에 있는 표준 필라멘트와 그 밝기를 비교 측정함.

24. 코발트 기지계(Fe - Ni - Co)내열합금은 주조재의 경우에는 주조한 상태로 사용되나 그 밖의 강종에서는 어떠한 열처리를 실시하여 사용하는가?

   해답 용체화 처리, 석출 경화

25. 광휘 열처리에서 표면을 환원 또는 원래 상태로 유지시켜 표면광택을 향상시키는 환원성 가스와 불활성 가스는 무엇인가?

해답 ① 환원성 가스 : CO, H_2, CH_4, ② 불활성가스 : He, Ar

26. 고속도강(SKH)의 3단계 담금질 방법에서 각 단계별 온도(℃)를 쓰시오.

해답 ① 제1단계 : 500~600(± 50)
② 제2단계 : 900~950(± 50)
③ 제3단계 : 1250~1320(± 50) 뜨임 : 540~570℃

27. 930℃에서 물에 담금질한 후 400℃로 뜨임한 1.04%C 강의 조직으로 전체적인 조직명은 무엇인가? (배율 : 500배, 부식액 : 2% 질산알콜용액)

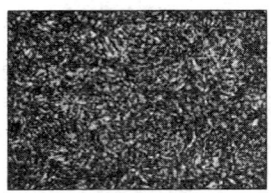

해답 트루스타이트=화인펄라이트

28. 유도가열에 의해 표면을 약 870℃에 급열하고 분사수로 담금질한 0.44%C의 탄소강으로 바탕조직은 무엇인가? (배율 : 400배, 부식액 : 3% 나이탈액, 부식시간 : 9~11초)

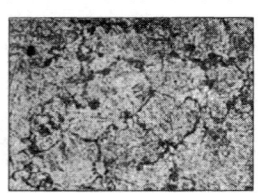

해답 마텐자이트

29. 강재를 담금질하여 경화시키는 데 필요한 최소의 냉각속도를 무엇이라 하는가?

해답 임계 냉각속도

30. 고주파경화 열처리 작업을 하는 이유(목적)를 설명하시오.

［해답］ ① 재료표면의 산화와 탈탄을 방지
② 결정입자의 조대화를 방지

31. 기계구조용 합금강을 불림처리했을 때 얻어지는 조직명은 무엇인가?

［해답］ 페라이트와 펄라이트

32. 표면경화법에서 강표면에 철-아연 합금층을 형성시켜 방청을 향상시키기 위하여 증기압이 높은 아연가루 속에서 처리하는 방법은 무엇인가?

［해답］ 세라다이징

33. 항온열처리 중 오스템퍼링에서 얻어지는 조직은?

［해답］ 베이나이트

34. 청열취성(메짐)에 대해서 설명하시오.

［해답］ 탄소강을 200~300℃ 정도로 가열하면 상온에서 보다 인장강도나 경도가 커지고 연신율, 단면수축율이 감소되는 현상

35. 실용재료의 열처리 중에서 가장 중요한 것의 하나로서 시효(Aging)가 있다. 시효처리의 원리를 설명하시오.

［해답］ 과포화 고용체로부터 다른 상이 석출하는 현상을 이용하여 금속 재료의 강도 및 그밖의 성질을 변화.

36. 공석강을 770℃ 산화성 분위기에서 6시간 가열한 조직이다. 흰색 부분의 조직명은 무엇인가?

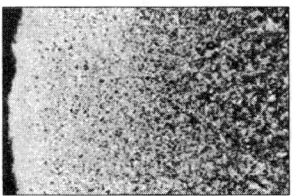

┃해답┃ 페라이트

37. 재료중 과포화된 고용탄화물이 시간의 경과에 따라 탄화물이 석출되어 재료가 경하게 되는 현상을 무엇이라 하는가?

   ┃해답┃ 석출경화

38. 분위기 가스중에서 가장 많이 사용되는 불활성 가스 2가지를 쓰시오.

   ┃해답┃ ① Ar, ② He

39. 열처리할 때 냉각재의 교반작용이 커지면 냉각속도는 어떻게 되는가?

   ┃해답┃ 커진다(빨라진다, 교반시 정지보다 약 4배 빠르다)

40. 경화된 강중의 잔류 오스테나이트 조직을 마텐자이트로 변태시키고자 한다. 어떠한 열처리 방법이 좋은가?

   ┃해답┃ 심냉처리

41. 열처리 제품을 냉각하는 요령(방법) 3가지를 쓰시오.

   ┃해답┃ ① 연속, ② 계단, ③ 항온

42. 탄소강(SM40C)의 담금질 온도는 Ac_1 또는 Ac_3 이상 30~50℃의 온도범위를 택하는 것이 좋다. 이 탄소강을 담금질할 때 두께 25mm에 대한 가장 적합한 유지시간은 얼마인가? (승온시간 1시간)

   ┃해답┃ 30분(0.5시간)

43. 흑심가단주철의 열처리에서 930℃에서 오래 유지하면 분해되면서 뜨임 탄소가 된다. (흑연화 현상) 이 때의 화학반응식을 쓰시오.

   ┃해답┃ $Fe_3C \rightarrow 3Fe + C$

44. 다음은 노의 자동 온도제어의 한 흐름도이다. 공정 순서대로 완성 하시오.

【보기】 비교부, 조절계, 변환부, 조작부

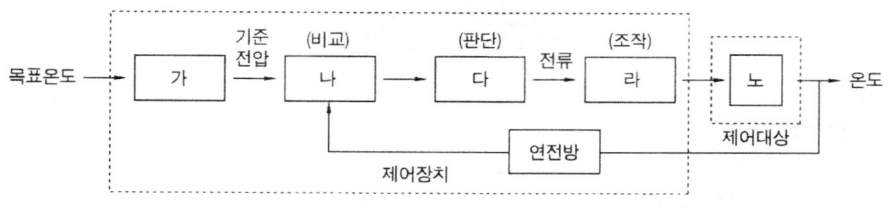

|해답| 가 : 변환부 나 : 비교부 다 : 조절계 라 : 조작부

45. 표면경화 열처리에서 침탄 담금질 중 박리가 생기는 원인 3가지를 쓰시오.

|해답| ① 과잉 침탄(탄소량 과다)
② 원재료가 너무 연할 때
③ 반복 침탄할 때

46. 강재를 1100℃ 이상으로 가열(풀림)하면 파면은 조립이 되어 Widmanstatten 조직이 된다. 이 때에 재료는 어떻게 되는가?

|해답| 취성이 크다 = 인성이 작다

47. 0.84%C의 강을 930℃에서 가열유지한 후 400℃의 염욕속에 담금질하여 40초동안 변태 후 수냉(오스템퍼링)한 것으로 흰바탕의 조직명은? (부식액 : 3% 나이탈 용액, 부식시간 : 7~8초)

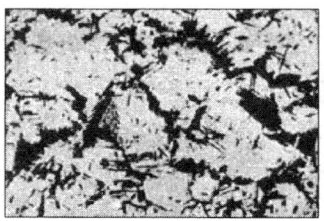

|해답| 마텐자이트

48. 0.81%C의 강을 950℃에서 1시간 가열 후 1℃/분의 비율로 서냉시킨 것으로 전체적인

조직명은? (부식액 : 5% 피크랄용액)

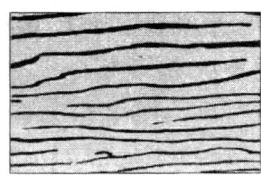

|해답| 펄라이트

49. 담금질한 재료에 점성과 내마멸성을 주기 위하여 100~200℃에서 저온뜨임을 하는 열처리방법은 무엇인가? (내부응력이 감소되고 경도는 거의 변화 없음)

|해답| 스냅뜨임(Snap tempering)

50. 다음은 탄소강의 응력제거 풀림이다. (1)은 무슨 변태곡선인가?

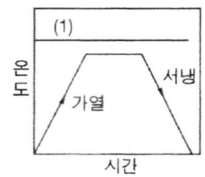

|해답| A_1변태선

51. 18 - 8 스테인레스강을 용체화처리했을 때 얻어지는 효과를 2가지만 쓰시오.

|해답| ① 내부응력제거 ② 재결정 ③ 크롬 탄화물 제거 ④ 연성회복

52. 고주파 담금질 열처리에서 고주파 담금질을 그대로 방치하면 자연균열이 생기는 경우가 있다. 이의 방지대책은 무엇인가?

|해답| 저온 뜨임

53. 다음은 어떠한 온도계를 도시한 것이다. 온도계의 명칭을 쓰시오.

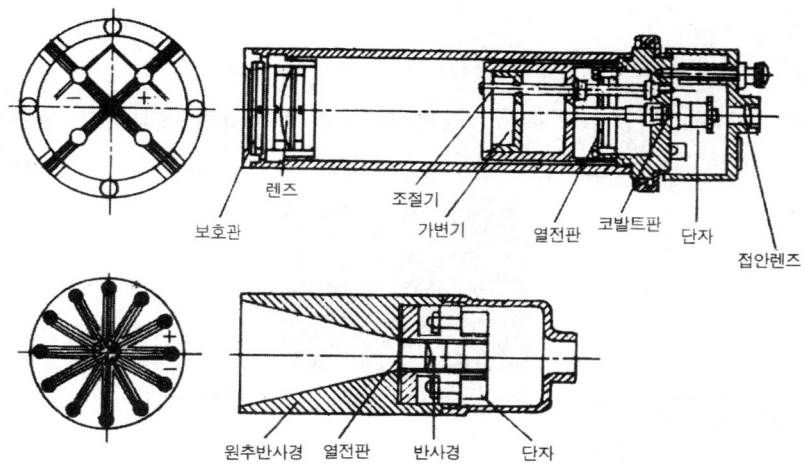

│해답│ 방사 온도계

54. 심냉처리를 하는 주목적은 무엇인가?

│해답│ 잔류 오스테나이트를 마텐자이트로 변화(경도 증가)

55. 열처리용 치구에 필요한 조건 4가지를 쓰시오.

│해답│ ① 내식성이 좋을 것
② 변형이 없을 것
③ 제작이 쉬울 것
④ 작업성이 좋을 것
⑤ 치구에 겸용성이 있을 것

56. 강의 질화처리 중 표면에 백층이 많은 경우에 이의 생성 방지대책은 무엇인가?

│해답│ ① 질화시간을 짧게, ② 질화온도를 높게, ③ 해리도 20% 이상

57. 공석강을 750℃에서 1시간 유지한 후 물에서 급냉한 것으로 바탕의 조직명은? (부식액 : 5% Picral)

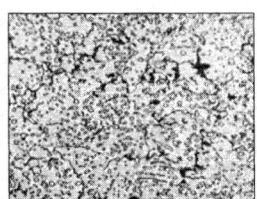

| 해답 | 마텐자이트

58. 0.7%C, 2.0%Ni 강을 고온에서 가열유지한 후 공냉시킨 조직이다. 조직명은? (부식액 : 왕수, 염화 제1동 포화액)

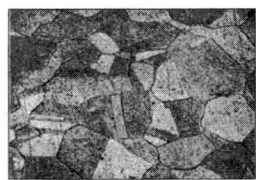

| 해답 | 오스테나이트

59. 냉간가공한 재료를 가열하면 연화된다. 이 때 연화되는 과정 3단계를 쓰시오.

| 해답 | ① 변화순서 : 회복→재결정→결정립 성장
② 연화과정 : 내부응력제거→연화→재결정

60. 담금질에 의한 표면경화의 "예"이다. 보통 담금질, 고주파 담금질로 구분하시오.

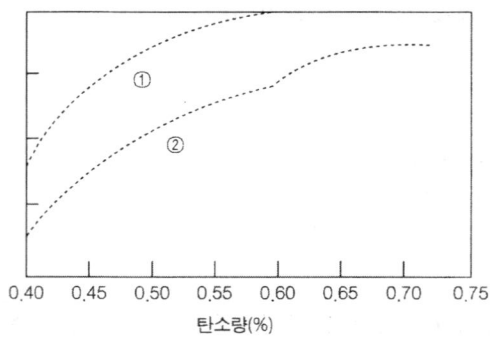

| 해답 | ① 고주파 담금질 ② 보통 담금질

61. 탄화수소계 가스(프로판등)에 다량의 공기를 가하여 원료가스를 연소시켜 만든 가스로서 흡열형 가스보다 CO_2, H_2O 등의 함량이 많은 분위기 가스를 무엇이라고 하는가?

| 해답 | 산화성가스＝발열성가스

62. 구조용강을 구상화 풀림하는 이유는 무엇인가?

[해답] 소성 가공성 향상＝펄라이트 층상조직 용이＝ 절삭 가공성 향상 ＝ 인성 향상

63. 침탄경화의 공정도이다. (　)를 보기에서 고르시오.

【보기】 불림, 풀림, 뜨임
※1차 담금질, 소재 → (①) → 연화풀림 → 기계가공 → (②) → 침탄처리 → 침탄 → 기계가공성 → (③) → 2차 담금질풀림 → 뜨임 → 검사 → 마무리

[해답] ① 불림　② 풀림　③ 1차 담금질

64. 다음 그림은 무슨 열처리로인가. 열처리 로의 명칭을 쓰시오.

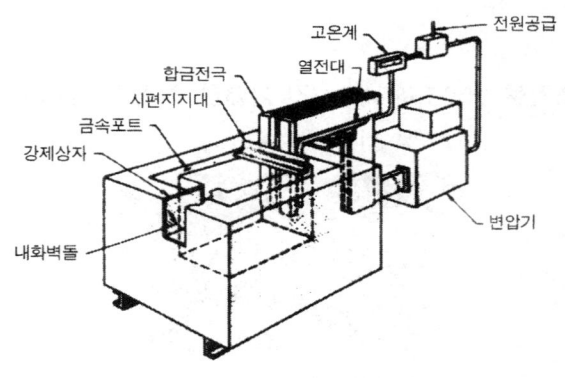

[해답] 전기침탄로

65. 강을 Ac_1 이상의 오스테나이트 상태에서 물에 급냉시키면 몇 ℃ 부근에서 마텐자이트 조직으로 되는가?

[해답] 150~250℃

66. 백점(white spot)은 대부분 응력이 작용함에 따라 발생하는 데 이 응력의 주 원인을 쓰시오.

해답 ① 잔류 응력 ② 온도차 ③ 수소
④ 변태 응력 ⑤ 기포 ⑥ 편석
⑦ 비금속 개재물

67. 광휘열처리로에서 CO, H_2 또는 N_2, Ar 등을 사용하여 가열, 냉각 함으로써 얻어지는 효과는 무엇인가?

해답 표면 환원＝표면 광택 향상＝재료의 원상태 유지

68. 침탄 열처리중 과잉침탄이 생길 때의 대책 2가지를 쓰시오.

해답 ① 완화 침탄제 사용
② 침탄 후 산화처리
③ 1차(2차)담금질

69. 0.44%C의 탄소강을 950℃에서 1시간 가열한 후 노중 냉각시킨 것으로 층상(검은)부분의 조직명은? (부식액 : 5% 피크랄용액)

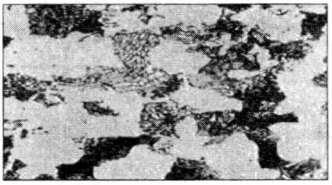

해답 펄라이트

70. 다음은 프로판 가스에 의한 침탄법의 공정도이다. ( )안에 들어갈 물질과 열처리 노의 이름을 쓰시오.

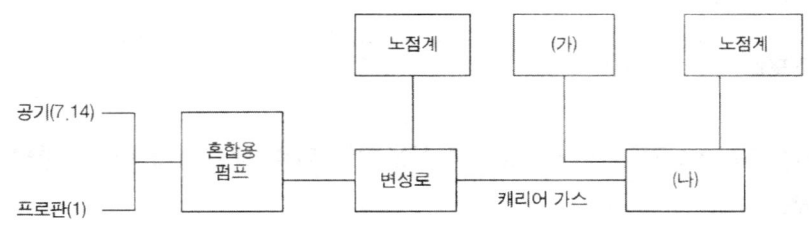

해답 (가) 프로판 (나)침탄로

71. 다음은 58℃ 정수에 있어서의 냉각곡선이다. 물음에 답하시오.
   (가) 가장 급격한 온도 변화가 일어나는 구간은?
   (나) 증기막이 강의 표면에 점차 기포가 생기면서 떨어져 나가며 액이 숨은 열을 빼앗아 가는 구간은?

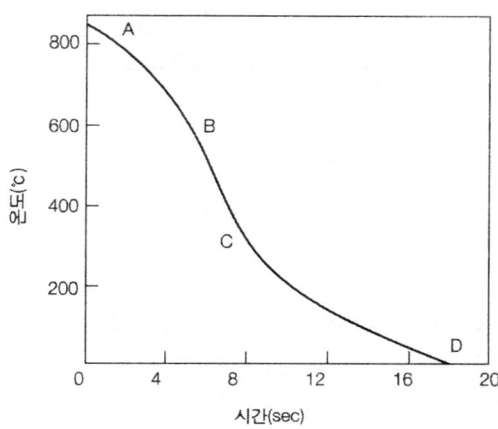

   해답 (가) BC (나) BC

72. 재료 내외부의 열처리 효과에 대한 차이가 있는 현상을 무엇이라 하는가?

   해답 질량효과

73. 고탄소강을 구상화풀림하는 목적을 쓰시오.

   해답 ① 기계가공성 개선 ② 강인성 증가
   ③ 담금질균열 방지 ④ 내마멸성 증가
   ⑤ 내부응력제거 ⑥ 조직의 미세화

74. 일반 열처리에서 Ar´변태는 어느 조직이 어느 조직으로 변태하는 것을 말하는가?

   해답 Austenite → Troostite

75. M_s점과 M_f점 사이의 항온 염욕에 급냉하고 변태완료 후 공냉시켰다. 이 열처리는 무엇인가?

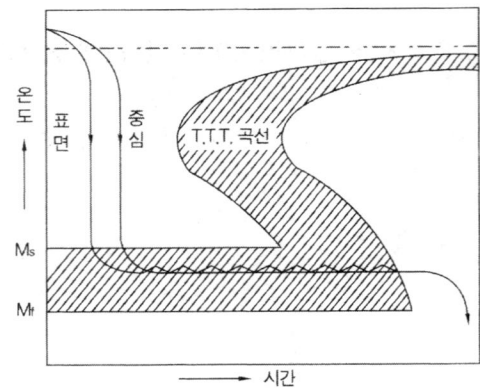

|해답| 마템퍼링

76. 염욕 열처리할 때 발생되는 탈탄현상의 방지대책 4가지를 쓰시오.

   |해답| ① 수분 제거　　② 탈탄방지제 도포
   ③ 가열분위기 조성　④ 가열시간 제한
   ⑤ 탈탄층 제거

77. 700℃에서 냉각속도(℃/sec)의 크기를 순서대로 나열하시오. (액온은 40℃)

   【보기】 증류수, 11% 식염수, 수돗물, 광물기름

   |해답| 11% 식염수 > 증류수 > 수도물 > 광물기름

78. 긴 물건을 담금질시키고자 한다. 담금질액에 어떤 방향으로 담가야 하는가?

   |해답| 수직으로

79. 공석탄소강의 항온변태조직(극히 미세한 층상 조직임)을 1600×배율로 관찰한 전체적인 조직명은?

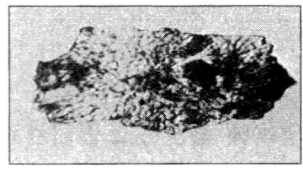

   |해답| Troostite

80. 구조용강과 같은 종류의 강은 500℃ 부근에서 뜨임하면 뜨임시간이 길어져 충격값이 적어지므로 이 온도를 피하는 데, 이렇게 충격값이 떨어지는 성질을 무엇이라고 하는가?

   해답 1차 소려취성(Mo첨가방지)

81. 다음은 고체침탄 처리에서 침탄시료 방법에 관한 것을 도시한 것이다. 『보기』에서 각 번호에 해당되는 내용을 고르시오.
   【보기】 침탄제, 침탄용강, 침탄상자, 몰탈, 슬랙, 중유

   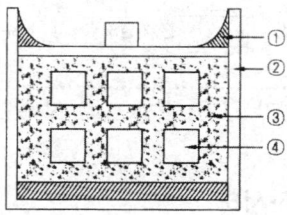

   해답 ① 몰탈 ② 침탄상자 ③ 침탄제 ④ 침탄용강

82. 내식성 향상을 위해 저탄소강에 크롬을 침투시켜 경도가 높은 강을 만드는 처리를 무엇이라 하는가?

   해답 크로마이징

83. 탄소강을 담금질할 때 A_3 이상 30~50℃가 적당하다. 이 온도보다 높은 온도로 담금질할 때는 어떤 현상이 일어나는가?

   해답 결정립의 조대화 = 균열 = 강인성 저하

84. 다음은 가스 침탄처리의 주된 변성가스 제조 공정도이다. ( )를 보기에서 고르시오.
   【보기】 냉각, 연소, 가열, 분해, 응고, 증기, 중유

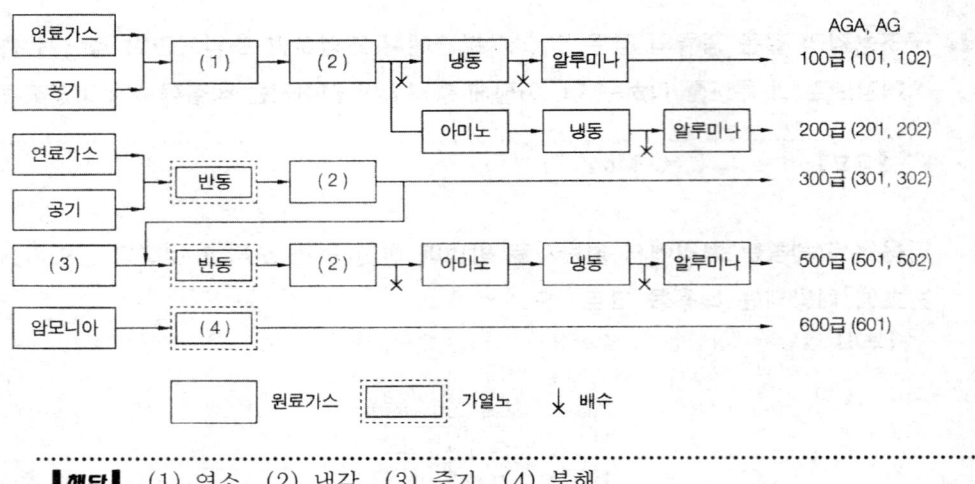

|해답| (1) 연소 (2) 냉각 (3) 증기 (4) 분해

85. 다음의 침탄반응식을 완성하시오.

$$2CO + 3Fe \rightarrow (㉮) + (㉯)$$

|해답| ㉮ Fe_3C ㉯ CO_2

86. 탄소공구강을 오스테나이트 조직의 온도로 가열하여 일정시간 유지 후 급냉시켰을 경우 얻어지는 조직은 무엇인가?

|해답| Martensite

87. 단조용 탄소강의 완전풀림 열처리에서 필요 이상의 고온에서 가열하면 어떠한 현상이 발생하는가?

|해답| 조직의 조대화 = Austenite조대화

88. 1.2%C, 10%Mn강을 1000℃에서 가열유지한 후 담금질한 것으로 전체적인 조직명은? (부식액 : 5% 나이탈 용액, 부식시간 : 20초)

|해답| Austenite

89. 탄소강의 담금질 냉각의 요령을 도시한 것이다. ①,②는 무엇인가?

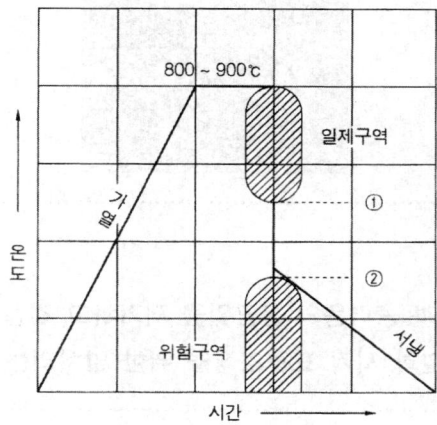

| 해답 | ① Ar′ ② Ar″

90. 냉간가공 재료(탄소성)의 가열에 의한 성질의 변화를 도시한 것이다. ①,②는 무엇을 나타낸 것인가?

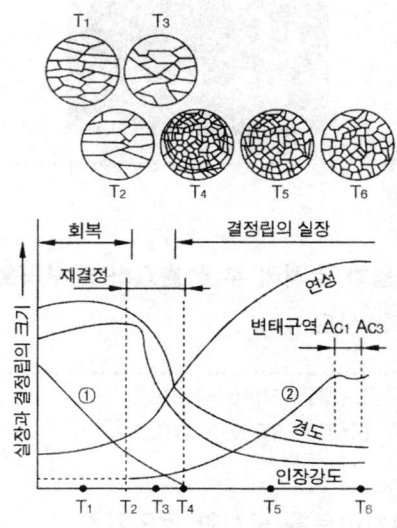

| 해답 | ① 응력의 제거 ② 결정립의 크기

91. 생사형에서 주조한 그대로 관찰한 것으로 바탕의 조직명은? (부식액 : 3% 나이탈용액, 부식시간 : 7~8초)

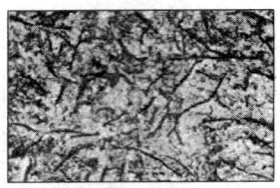

┃해답┃ Pearlite

92. 주조나 단조 후 편석과 응력등의 불균일을 제거하고 결정립을 미세화시켜 기계가공을 쉽게하며 조직을 균일화 시켜 표준조직을 위한 열처리는 무엇인가?

┃해답┃ 불림

93. 0.32%C 강을 900℃에서 가열, 800℃에서 수중 담금질한 것으로 바탕의 조직은 무엇인가? (부식액 : 5% 피크랄 용액, 부식시간 : 1~2분)

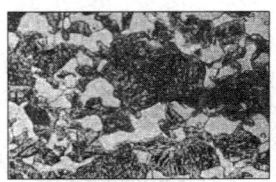

┃해답┃ Martensite

94. Fe-Ni-Cr(Co)계는 고용화 열처리 후 석출경화 열처리를 실시한다. 이 때 가열유지 온도와 석출경화 온도를 쓰시오.

┃해답┃ ① 가열유지온도(℃) : 1000~1300℃
② 석출경화온도(℃) : 700~800℃

95. 다음 그림은 어떠한 열처리로를 도시한 것인가?

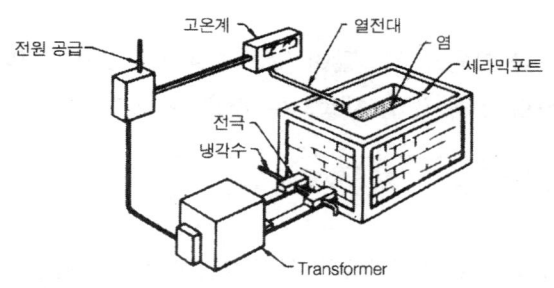

|해답| 전기침탄로

96. 표준 고속도강(18-4-1형)은 열전도성이 좋지 않아 담금질을 위한 가열은 극히 서서히 해야 하며 보통 3단계의 가열방법을 사용한다. 이 3단계 가열방법의 내용들을 쓰시오.

구분	온도(℃)	가열방법
제1단계	(가)	서서히 가열
제2단계	900~950	균일 가열
제3단계	(나)	(다)

|해답| (가) 500~600 (나) 1250~1320 (다) 급속 가열

97. 다음은 어떠한 열처리로를 도시한 것인가?

|해답| 침탄로=가스침탄로

98. 스테인레스 강이나 고속도강과 같이 고온(1000~1350℃)열처리에 사용되는 고온용 염욕로의 염욕제로 가장 많이 사용되는 것을 쓰시오.

   해답 염화바륨

99. 백선을 탄화철 속에서 900℃로 3일간 가열 탈탄한 것으로 검은 부분의 조직명은 무엇인가?

   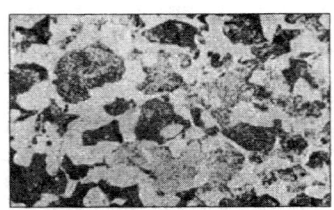

   해답 Pearlite

100. 산화성 Gas인 수증기가 Fe와 작용시 반응식은?

   해답 $Fe + H_2O \rightarrow (FeO) + H_2$
   $3Fe + 4H_2O \rightarrow (Fe_3O_4) + 4H_2$

101. 탄소강의 뜨임에 의한 조직과 부피변화에 관한 내용이다. 빈 칸을 채우시오.

변화시작 온도(℃)	변화급진 온도(℃)	부피 변화	조직변화내용
60	125~170	(가)	α-martensite→β-martensite
150	230~350	(나)	잔류austenite→martensite

   해답 (가) 수축   (나) 팽창

102. 다음은 탄소강의 담금질 온도범위를 나타낸 것이다. (가)의 조직명은 무엇인가?

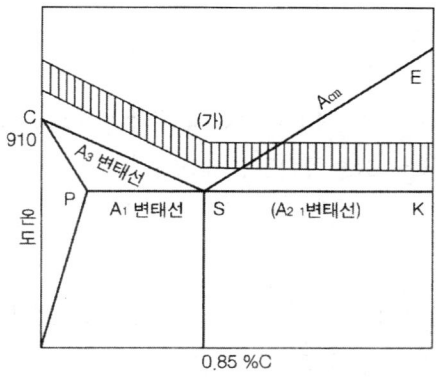

|해답| Austenite

103. 강재의 가열방법 중 노내의 온도상승과 함께 강재의 외부와 내부의 표면온도가 거의 비례적으로 상승되는 경우를 표면과 내부로 구분하여 그리시오.

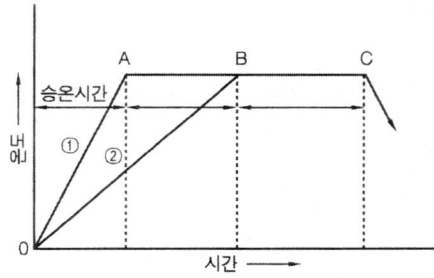

|해답| ① 표면 ② 중심부

104. 강의 적열메짐이 생기는 원인이 되는 원소는 무엇인가?

|해답| S(황)

105. 과공석강을 1100℃에서 1시간 가열 후 기름 담금질한 것으로 전체적인 조직명은?
(부식액 : 5% 피크랄용액, 부식시간 : 1~3분)

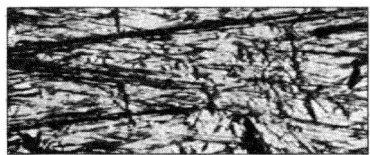

|해답| Martensite

106. SM30C 이상의 중탄소강을 담금질할 때 두께가 75mm이고 승온시간이 1~1.5 시간일 때 유지시간(분)은 어느 정도가 적당한가?

|해답| 1시간(25mm : 30분, 50mm : 30분, 75mm : 1시간)

107. 구조용 합금강(SNC836)을 경도(HB) 192~229가 되도록 불림 및 풀림을 하고자 한다. 적당한 온도(℃)는 얼마인가?

|해답| ① 노멀라이징(공냉) : 820~880℃   ② 풀림(노냉) : 820℃

108. 강의 ingot 결정내에 존재하는 편석을 없애 주기 위한 확산풀림의 가열온도(℃)는?

|해답| 1050 ~ 1300℃

109. 피처리 담금질재 가까이에서 복사열이 큰 아크 방전을 일으켜 가열한 후 냉각하는 담금질 열처리 방법은 무엇인가?

|해답| 방전경화법

110. 풀림 열처리 작업시 탈탄의 주원인이 되는 원소(또는 원소공존) 2가지를 쓰시오.

|해답| ① gas중의 산소의 존재
② 수분이 포함된 수소 gas
③ 발열형 lean gas(AGA NO.101 gas)

111. 10 x 60 x 120mm의 STD61종을 Ms담금질 하고자 한다. Ms퀜칭 곡선을 상세히 그리시오.

| 해답 |

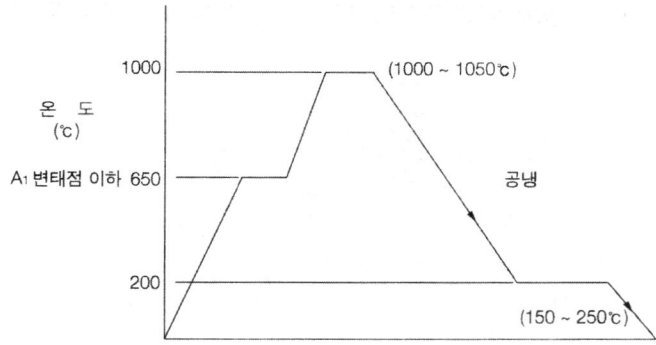

112. 담금질한 강을 180~200℃에서 뜨임하면 충격값은 어느 정도 증가하지만, 250~300℃ 부근에서는 최대로 감소한다. 이것을 무엇이라 하는가?

| 해답 | 청열취성(Blue shortness)

113. 다음은 시멘타이트(Fe₃C)의 어떠한 열처리 방법을 도시한 것인가?

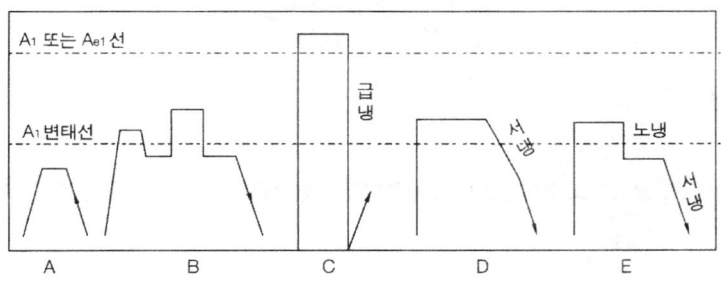

| 해답 | 구상화 풀림

114. 기계구조용 탄소강(SM20C)은 어떠한 강괴로부터 제조되는가?

| 해답 | 림드강(Rimmed steel)
　　　┌ 0.3%C 이상의 강재, 고급강 : 킬드강(killed steel)
　　　└ 0.15 - 0.3%C 저탄소강 : 세미 킬드강(semi-killed steel)

115. 다음은 가스침탄의 처리공정도이다. 사용되는 노의 명칭을 쓰시오.

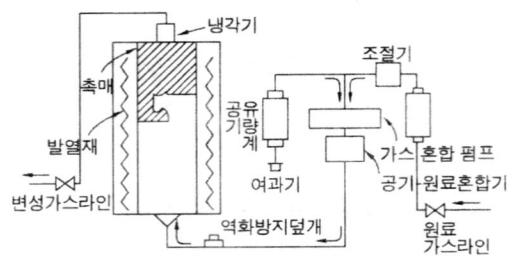

해답 흡열형 가스 변성로

116. 0.9%C 탄소강을 담금질하여 재료를 가열했다가 기름 중에서 냉각하면 그 때의 조직은 무엇인가? (페라이트와 극히 미세한 시멘타이트의 기계적 혼합조직임)

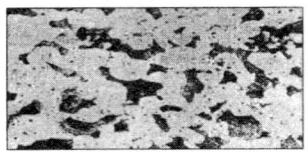

해답 트루스타이트(Troostite)

117. 고열의 강부품이 냉각액(수냉)으로부터 냉각되는 과정의 3단계 중 알맞는 말을 쓰시오.

해답 증기막 단계 → 비등 단계 → 대류 단계

118. 탄소강의 용접부분의 응력제거풀림 온도는?

해답 500~600℃
(주조, 냉간가공 등의 잔류응력을 제거하기 위해.)

119. 내마멸성을 주기 위해 철에 붕소를 침투, 확산시키는 처리를 무엇이라 하는가?

| **해답** | 브로나이징
　　　　(참고) Si→Siliconizing(실리코나이징)
　　　　　　　Al→Calorizing(칼로라이징)
　　　　　　　Cr→Chromizing(크로마이징)
　　　　　　　Zn→Sheradizing(세라다이징)

120. 고주파 다듬질시 균열이 발생하는 원인 4가지를 쓰시오.

| **해답** | ① 두께가 고르지 못할시　② 냉각제 불량
　　　　③ 가열온도 불균일　　　④ 뜨임 시기 부적절
　　　　⑤ 유도 코일 부적정　　　⑥ 주파수 부적절
　　　　⑦ 작업 방법 부적절

121. 1.04%C, 0.41%Mn, 0.19%Si인 탄소강을 930℃에서 수냉후 400℃로 뜨임한 조직으로 전체적인 조직이름은?

| **해답** | 트루스타이트

122. 다음 그림은 ON – OFF식 제어장치이다. (가)에 설치되는 기기는?

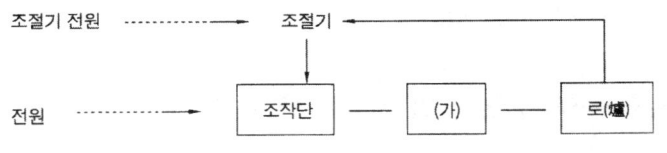

| **해답** | 변압기

123. 0.84%C의 강을 930℃에서 가열유지한 후 400℃의 염욕로 속에 담금질,40초 동안 항온변태 후 수냉(Austemperig)한 것으로 흰 바탕의 조직명은? (부식액 : 0.3% 나이탈 용액, 부식시간 : 7~8초)

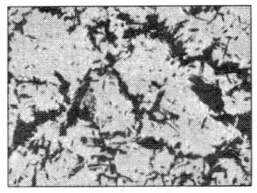

해답 ① 흰색 : 마텐자이트, ② 검은색 : 베이나이트

124. 파텐팅(patenting)처리는 무슨 조직을 얻기 위한 처리인가?

해답 ① air patenting : Sorbite
② lead   〃   : Bainite

125. 0.44%C의 강을 930℃에서 불림한 것으로 흑색 및 층상은 무슨 조직인가?

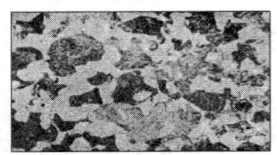

해답 ① 백색 : 페라이트, ② 검정 : 펄라이트

126. 담금질 작업시 Ar′변태가 일어나는 구역에서의 냉각은 어떠한 방법으로 해야 하는가?

해답 Ar′ : 급냉   Ar″ : 서냉 및 급냉
(Crack을 방지하기 위해서 서냉)
(잔류 오스테나이트를 적게 하기 위해 급냉)

127. 정체된 물속에서의 담금질 3단계 냉각을 도시한 것이다. Ⅰ, Ⅱ는 각각 무엇인가?

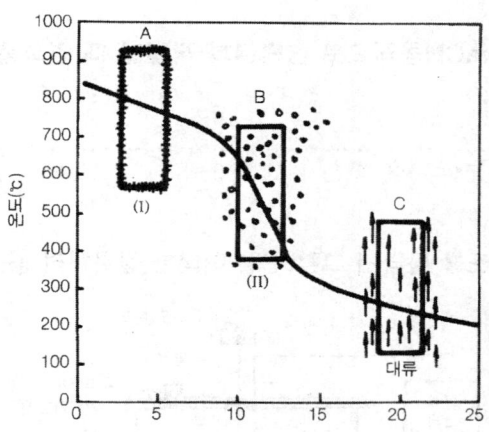

| 해답 | ① Ⅰ : 증기막   ② Ⅱ : 비등

128. 다음은 침탄질화법의 화학식이다. ( )안에 알맞는 말을 쓰시오.

【보기】 $2NaCN + O_2 = 2NaCNO$
$4NaCNO = 2NaCN + Na_2CO_3 + ($ $) + N_2$

| 해답 | CO

129. 그림은 노점분석기의 노점 컵 구조를 나타낸 것이다. ⓐ의 명칭을 쓰시오.

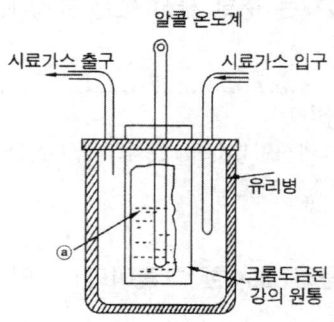

| 해답 | 드라이 아이스 + 알콜

130. 알루미늄 합금의 열처리시 T_4 처리란 무엇을 뜻 하는가?

| 해답 | 담금질 후 상온 시효를 끝낸 것

131. KCN용액이나 NaCN용액으로 침탄질화 작업할 때 경화층을 얇게 하려면 어떻게 처리하여야 하는가?

해답 높은 농도의 욕에 낮은 온도(750~850℃ 정도)에서 실시

132. 질화처리의 공정도를 나타낸 그림이다. 어떠한 질화처리 공정도인지 그 명칭을 쓰시오.

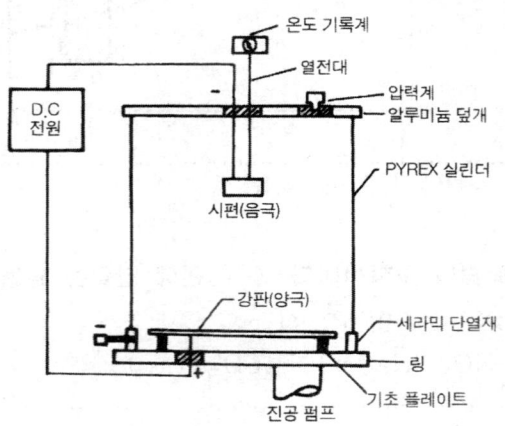

해답 이온질화처리

133. 열처리에 사용되는 내화재는 주로 산성 또는 중성 내화재이다. 그 내화재의 주성분의 분자식을 쓰시오.

해답
① 산성 : 규소(SiO_2)
② 염기성 : 마그네시아(MgO) 산화크롬(Cr_2O_3)
③ 중성 : 알루미나(Al_2O_3)

134. 그림은 강재의 침탄반응을 표시한 그림이다. ⓐ에 그 반응식을 쓰시오.

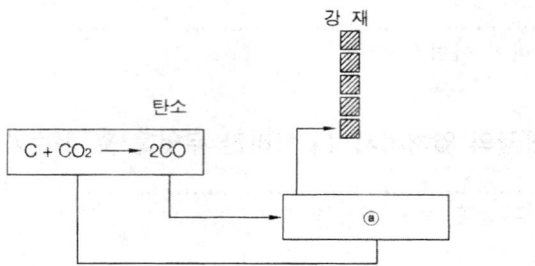

|해답| $2CO \rightarrow C + CO_2$

135. 피처리물을 가열하면 아래와 같은 형식으로 가열된다. 다음 ( )안에 알맞는 말을 쓰시오.

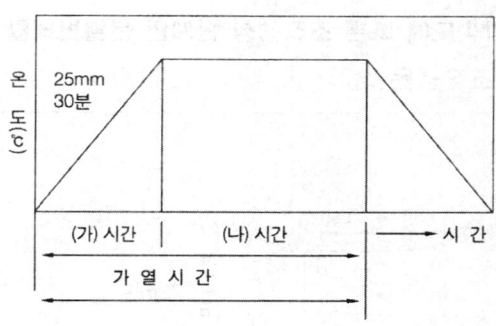

|해답| (가) 승온 (나) 유지

136. 강의 조직 중 마텐자이트의 결정격자는 무엇인가?

|해답| ① α-M(BCT) : 체심정방격자
② β-M(BCC) : 체심입방격자

137. 다음 그림은 열처리 제품의 성분검사에 쓰이는 기기의 구조를 나타낸 것이다. 어떠한 방법을 도시한 것인가?

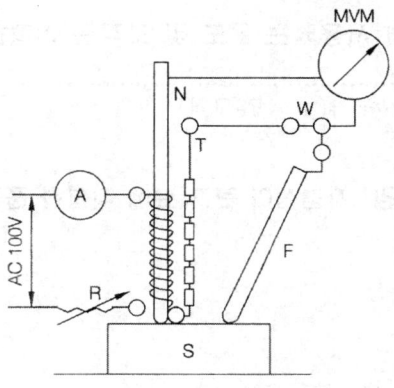

|해답| 접촉열 기전력법

138. 일반적으로 강의 담금질 온도는 Ac₃, Ac₁ 선보다 몇도 높게 하는가?

   해답 30℃~50℃

139. 다음 그림은 냉각속도에 따른 조직생성 관계인 분열변태를 나타낸 그림이다. 각 구간별 A,B,C,D의 조직명은?

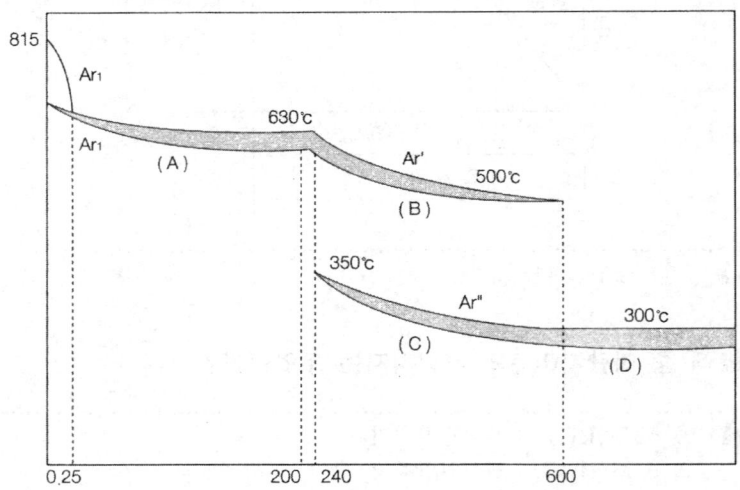

   해답 (A) Sorbite (B) Troostite
   (C) Troostite (D) Martensite+Martensite

140. 질화강의 열처리에서 사용되는 온도 및 조직은 어떠한 영역에서 사용하는가?

   해답 저온 Ferrite구역(α - Fe구역)

141. 그림은 공구강, 특수강, 자경성이 큰 재료에 적합한 풀림을 도시한 것이다. 무슨 풀림인가?

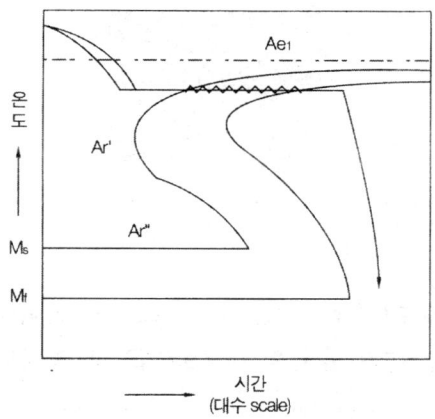

|해답| 항온 풀림

142. 아래 그림은 침탄 후의 열처리 방법이다. cd(굵은 수직선) 처리의 목적은?

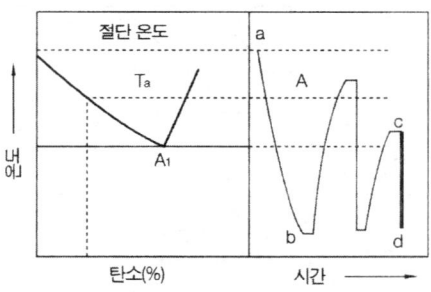

|해답| 표면경화

143. 탄소강 담금질시 목표 경도치가 되지 않았다. 원인 3가지만 쓰시오.

|해답| ① 담금질온도가 낮다.
② 담금질 시간이 짧다.
③ 냉각속도가 너무 느리다.

144. 900℃ 1시간 유지후 공냉시킨 주강의 조직으로 검은 부분의 조직명은 무엇인가?
(단, 배율 : 200, 부식액 : 3% 나이탈 용액, 부식시간 : 7~8초)

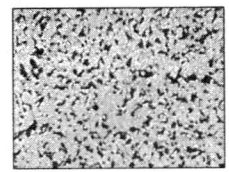

|해답| ① 흑색 : Pearlite, ② 백색 : Ferrite

145. 0.7%C 강을 880℃에서 a : 수냉, b : 290℃의 염욕속에 15분 유지 후 수냉, c : 400℃의 염욕속에 15분 유지후 수냉하였을 때 각각의 조직은?

|해답| a : 마텐자이트, b : 하부베이나이트, c : 상부베이나이트

146. 열처리 단계에 따른 조직변화를 나타내었다. 빈 칸에 알맞은 것은?

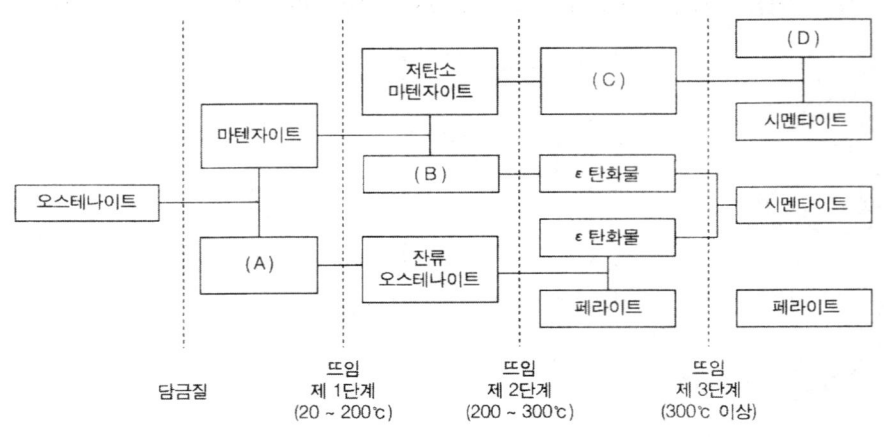

|해답| (A) 잔류Austenite (B) ε철탄화물
         (C) 저탄소 Martensite (D) Ferrite

147. 탄소강의 현미경 조직을 중량법에 의해 측정한 결과 페라이트가 10%, 펄라이트가 90%였다. 이 재료의 탄소함량은 몇 wt.%인가? (단, 페라이트 및 펄라이트 중의 탄소함유량은 각각 0.01%, 0.8wt.%임)

|해답| 0.72%

148. 10X60X120mm의 STD61종을 Ms 담금질하고자 한다. Ms퀜칭곡선을 그리시오.

| 해답 |

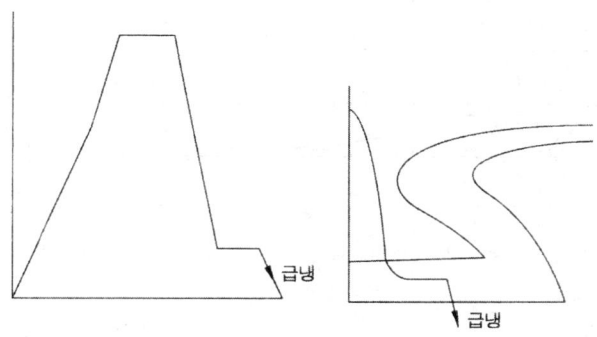

149. 냉간공구강(STD11)을 1000℃까지 가열유지 후 유냉한 것으로 조직명은? (부식액 : 5% 나이탈용액, 부식시간 : 5초, 배율 : 720배)

| 해답 | Martensite

150. 이슬점이란?

| 해답 | 분위기 중에서 수분의 응축이 생기기 시작하는 온도

151. 질화전 예비처리의 방법 및 처리후 조직은?

| 해답 | ① 900℃로 가열하여 기름 담금질한 후 680℃부근에서 뜨임
② 조직은 소르바이트

152. 다음은 0.45%C 탄소강의 현미경 조직변화도이다. ㉮, ㉯의 조직은 무엇인가?

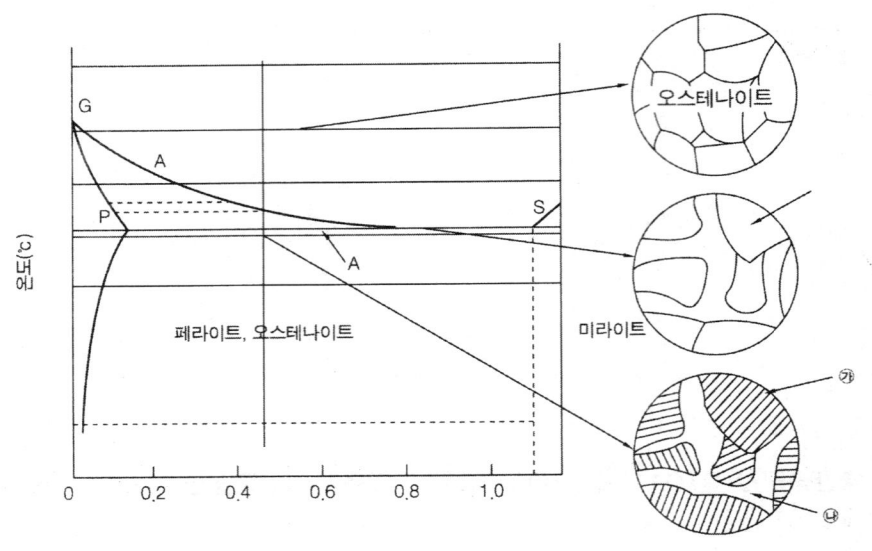

|해답| ㉮ 펄라이트, ㉯ 페라이트

153. 구상흑연 열처리의 1단계 흑연화 풀림과 2단계 흑연화 풀림의 목적은?

|해답| ① 1단계 : 기계적 성질 및 절삭성 향상(유리 시멘타이트의 흑연화)
② 2단계 : 연화 향상 (퍼얼라이트 중의 시멘타이트 흑연화)

154. 다음과 같은 구상흑연주철의 조직명은 무엇인가?

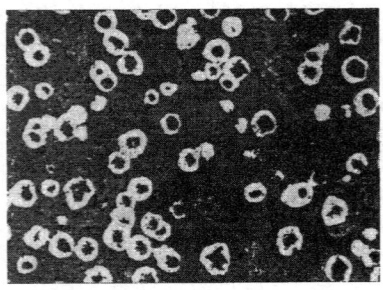

|해답| Bull's eye structure

155. 고속도강(SKH2)의 과열조직으로 바탕의 조직명은 무엇인가? (단, 1380℃×60초 유냉)

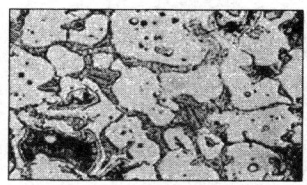

|해답| Austenite(M포함)

156. 철강 표면에 탈탄이 발생하므로 인하여 발생되는 결함의 종류 4가지를 쓰시오

|해답| ① 소입경화 불충분 ② 크랙의 원인
③ 얼룩 발생 ④ 내피로성 저하

157. 열전대 이용시 기전력이 같은 선으로 사용하는 선은?

|해답| 보조용선

158. 침탄강의 담금질변형 방지대책 3가지를 쓰시오.

|해답| ① 1차 담금질 생략 ② 프레스 담금질
③ 마르퀜칭 실시 ④ 심냉 처리

159. 광휘 열처리의 목적은?

|해답| ① 표면환원, ② 광택, ③ 재료의 원상태 유지, ④ 산화 및 탈탄 방지

160. 펄라이트 조도 문제, 결정입자 형성시 입자간의 사이에 영향을 주는 2가지 요인은?

|해답| ① 냉각 속도, ② 탄소 함유량, ③ 가열 온도, ④ 합금 원소

161. 노내 가열시간은 (   )과 (   )이루어져 있다.(   )안에 맞는 말을 쓰시오.

|해답| ① 예열시간 ② 유지시간

162. ①과 ②의 조직명칭을 쓰시오.

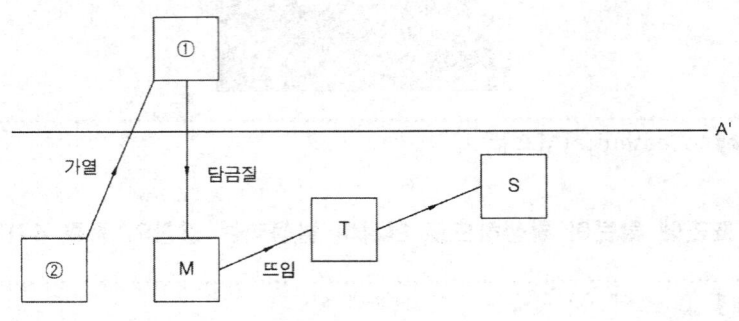

해답 ① 오스테나이트, ② 퍼얼라이트

163. 금속 표면경화법에서 확산, 침투층의 성장속도 방정식을 쓰시오. (X : 확산층의 두께, k : 확산계수, t : 시간)

해답 $X = \beta\sqrt{kt}$ (β : 탄소 농도에 따른 상수)

164. 가공용 마그네슘 합금에서 다음 문자들의 합금 명칭을 쓰시오.

해답 A : 알루미늄   Z : 아연
K : 지르코늄   H : 토륨
E : 희토류   M : 망간
Q : 은

165. SNCM 8종을 850℃ 가열후 유냉한 후 590℃에서 뜨임 처리한 조직은?

해답 소르바이트

166. 다음 그림에서 탄소함유량이 적은것부터 많은대로 순서를 쓰시오.

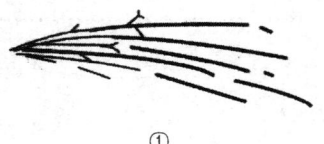

①

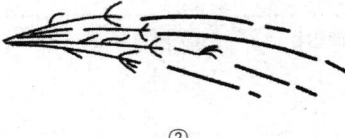

②

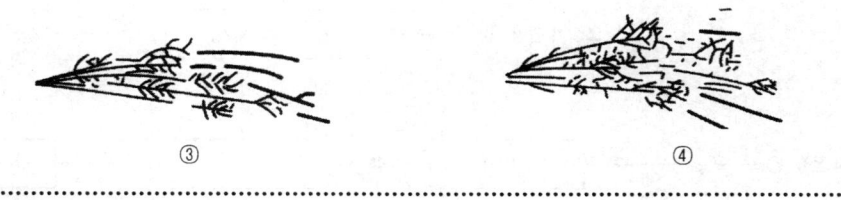

┃해답┃ ① → ② → ③ → ④

167. 다음은 시멘타이트의 풀림전과 풀림후의 그림이다. 무슨 열처리 방법인가?

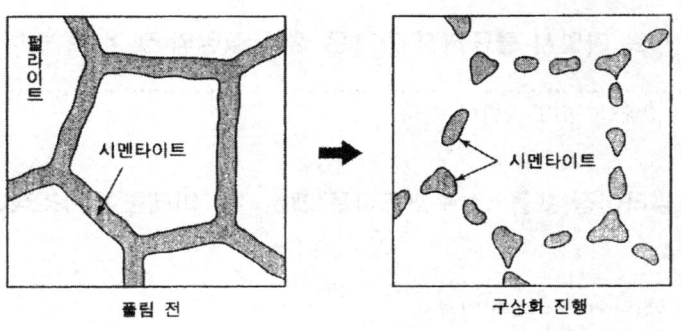

┃해답┃ 구상화풀림

168. 담금질 방향의 올바른 방법은?

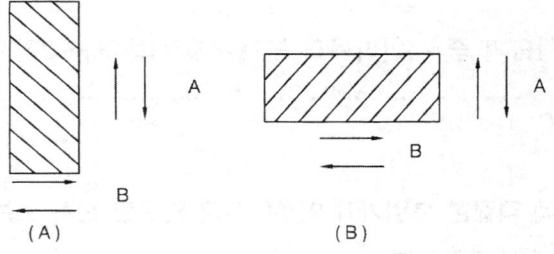

┃해답┃ A

169. 자동온도장치 중 정치 제어식 장치이다. (   )를 채우시오.

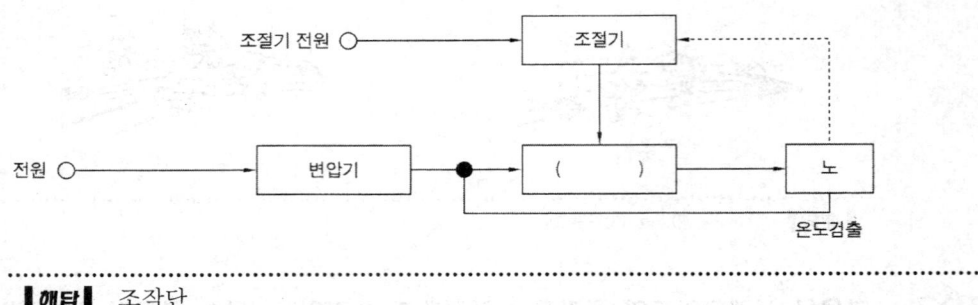

|해답| 조작단

170. 담금질 재료 가열시 물품지지 간격은 물품 직경의 몇 배로 하여야 하는가?

|해답| 3배를 넘지 않아야 한다.

171. 강을 노멀라이징 했을 때 주조조직은 개선되고 미세한 ( )조직이 형성된다.( )를 채우시오.

|해답| 펄라이트(소르바이트)

172. 탄소강을 변태점 이상 가열 후 유냉시킬 때에 나타나는 조직은?

|해답| 트루스타이트

173. 로크웰 경도시험기 중 다이아몬드 누르개를 사용하는 2가지 스케일은?

|해답| A. C. D scale

174. 강을 가열할 때 적절한 분위기가 이루어지지 않으면 산화 또는 탈탄된다. 탈탄된 강에서 나타나는 현상 2가지는?

|해답| ① 담금질시 경화 불충분 ② 담금질시 균열 및 변형
③ 재료 표면에 얼룩 ④ 내피로성 저하

175. 특수재료의 열처리 중 소결품의 열처리에서 진한 암모니아수에 황화수소를 섞어 400~700℃로 가열하여 황화철 피막을 형성시키는 방법은?

| **해답** | 침유법

176. 강과 같은 변태점을 가지지 않는 비철합금에서는 강도를 높이는 수단으로 어떻게 열처리하는지 설명하시오.

| **해답** | 용체화처리 및 시효경화(석출경화)

177. 단조가공한 소형기어 소재(SNC21)를 절삭하기 쉽고 또 침탄 담금질했을때 심부가 강인하도록 하는 열처리는 몇 ℃에서 어떤 열처리를 하는가?

| **해답** | 900℃, 불림

178. 스테인리스강에서 수소때문에 생기는 취성은?

| **해답** | 백점, 수소 취성

179. 담금질시 급냉조작 잘못시 생기는 변화는?

| **해답** | ① 냉각의 불균일
② 열응력 또는 변태응력 중복
③ 잔류응력 발생

180. 침탄층 깊이, 질화층 깊이 표면 경화층의 깊이를 측정하는 시험기는?

| **해답** | 마이크로 비커스

181. 다음 그림과 같은 열처리 방법은?

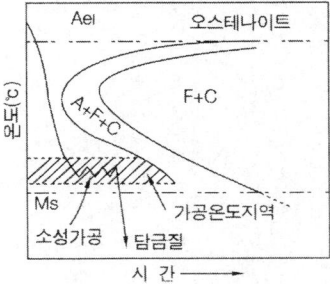

해답 오스포밍 (Ms점 직상에서 소성가공한 후 소입)

182. 탄소량 4.3%에서 생기는 주철의 공정조직은?

해답 레데뷰라이트

183. 액체침탄에 대하여 다음 물음에 답하시오.
(1) 온도가 높을시 잔류 오스테나이트 양은?

해답 증가

(2) 사용하는 재료(침탄제)

해답 NaCN, KCN

(3) 침탄후에는 무슨 열처리를 하는가?

해답 마르퀜칭, 마르템퍼링

184. 가스침탄의 온도는?

해답 900~950℃

185. 고주파 담금질 후 crack을 방지하기 위하여 하는 열처리는?

해답 저온 뜨임

186. 철의 산화층을 나타낸 것이다. 외부에서부터 순서대로 쓰시오.

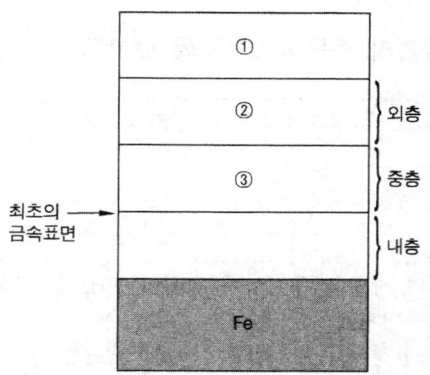

|해답| ① Fe_2O_3 ② Fe_3O_4 ③ FeO

187. 전경화층의 깊이를 구하시오? (단, K=0.635, 900℃에서 4시간))

|해답| 76.2mm ($D=Kt^{1/2}$)

188. 그림에서 표기된 침탄 유효 경화층의 경도값은?

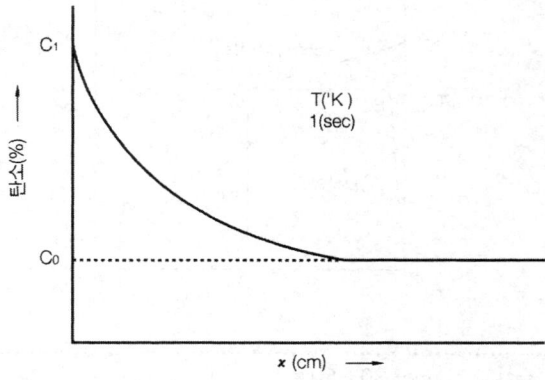

|해답| HRC50(HV513)
(유효경화층 : 침탄후 침탄층을 담금질한 상태의 경화층 또는 200℃부근에서 뜨임하였을 때의 경화층)

189. Gas 침탄에 사용되는 침탄가스 2가지를 쓰시오.

|해답| ① CH_4, ② C_3H_8, ③ C_4H_{10}

190. Spring steel의 열처리 주목적 2가지를 쓰시오.

[해답] ① 높은 탄성 및 내피로성   ② 강인성부여

191. 광휘 열처리란?

[해답] ① 강의 표면 광택을 유지하기 위하여 환원성, 중성 분위기 또는 진공로에서 실시하는 열처리
② 종류 : 불활성 Gas법, 진공열처리, 환원성 Gas법, 용융염욕법

192. 고온체내의 적색 방사선을 계기내의 표준 필라멘트와 밝기를 비교 측정하는 온도계는?

[해답] 광온도계

193. 강의 불림 열처리 곡선이다. 미완성 부분을 완성하시오.

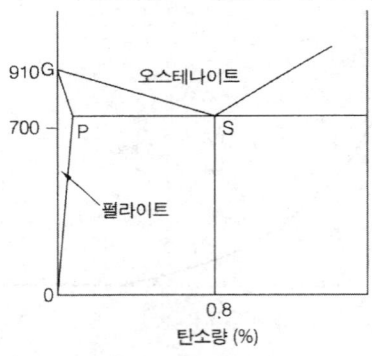

[해답] ① 아공석강 : $Ac_3 + 30 \sim 50℃$
② 공석강 : $Ac_1 + 30 \sim 50℃$
③ 과공석강 : $Acm + 30 \sim 50℃$

194. Pearlite 중의 초석 Cementite나 망상 Cementite를 구상화시켜 가공성을 향상시키는 열처리는?

[해답] 구상화풀림

195. Al, Cr, Ti 합금강이 질화처리가 잘되는 이유는?

   |해답| Al, Cr, Ti는 질화물을 잘 형성하여 담금질성을 향상

196. 0.8%C를 함유한 탄소강을 Austenite구역에서 서냉하여 A₁변태점에서 공석변태를 일으킨 Pearlite의 생성과정을 나타낸 그림으로서 먼저 생성된 빗금친 부분의 조직 명은?

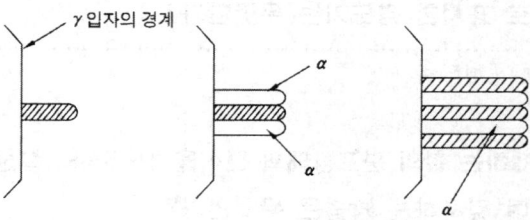

   |해답| 시멘타이트(Cementite)

197. 어떠한 강의 열처리 방법인가?

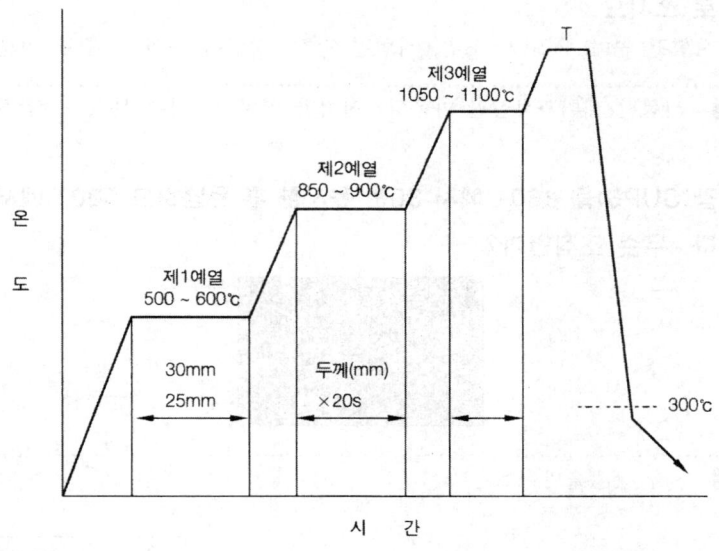

   |해답| High speed steel(고속도강)

198. 담금질 후 Martensite를 뜨임할 때 온도나 조직을 (　)에 쓰시오

　　　　Martensite → Troostite → (　　) → Pearlite
　　　　　　　　　　(300℃)　　　(550℃)　　　(650℃)

해답 솔바이트

199. 긋기 경도시험의 일종으로 꼭지각이 90°인 긋기 홈집을 만들며 이때 하중의 무게를 그램(gram)으로 표시한 경도기는 무엇인가?

해답 마르텐스 경도계

200. 철강재료에 존재하는 황의 분포상태와 편석을 1~5%의 황산수용액에 브로마이드 인화지를 사용하여 검사하는 방법은 무엇인가?

해답 Sulfur print(설퍼 프린트)

201. 현미경 조직검사를 하기 위한 시험편 제작공정에 대한 설명이다. 다음 보기에서 찾아 순서대로 쓰시오.
　　【보기】 시험편 연마, 시험편 채취, 시험편 검경, 시험편 부식, 시험편 마운팅

해답 시험편 채취→시험편 마운팅→시험편 연마→시험편 부식→시험편 검경

202. 스프링강(SUP6)을 860℃에서 30분 유지한 후 유냉하고 500℃에서 90분간 뜨임한 조직이다. 무슨 조직인가?

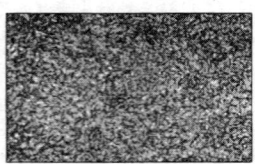

해답 Sorbite(솔바이트)

203. 그림은 시멘타이트의 구상화 풀림을 나타낸 것이다. (　)는 무슨 선인가?

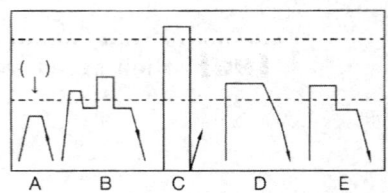

|해답| A₁변태선

204. 침탄 후의 열처리 중 2차 담금질을 하는 이유는 무엇인가를 3가지만 쓰시오.

|해답| 표면경화 침탄층 경도증가 표면경도 증가

205. 피복하려는 철강제품의 표면을 깨끗이 한 후 철재 용기중의 아연 분말속에 넣어 가열하여 합금 피복층을 얻는 금속침투법을 무엇이라 하는가?

|해답| 세라다이징(Sheradizing)

206. 불림을 하기 위하여 재료를 가열한 다음 냉각하고자 할 때 어떠한 냉각방법으로 하는 것이 적합한가?

|해답| 공냉

207. 0.8%C 조성의 탄소강을 오스테나이트(Austenite)구역에서 탄소를 완전히 고용시킨 후 노냉한 결과 다음과 같은 조직을 얻었다. (가)의 조직명을 쓰시오.

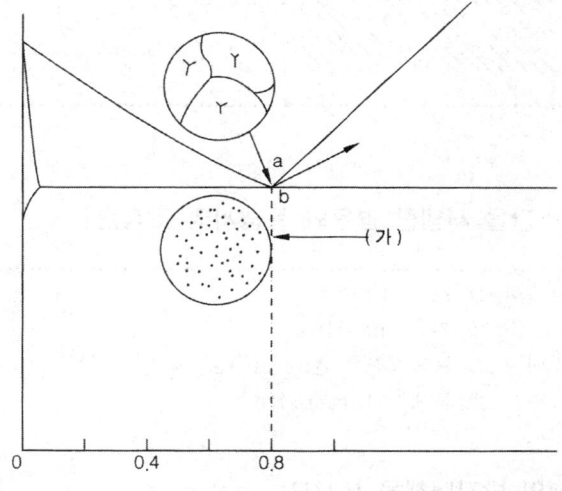

|해답| Pearlite(펄라이트)

208. 다음 그림은 주조, 단조, 기계가공, 냉간가공, 용접, 노멀 라이징 등을 한 뒤 행하는 풀림인데 이러한 풀림을 하는 목적을 쓰시오.

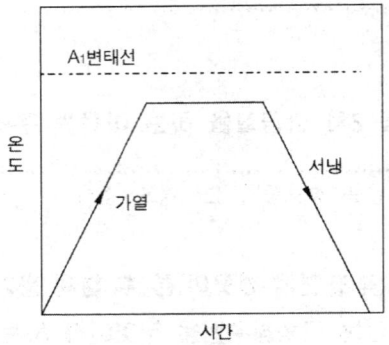

해답 (잔류)응력제거

209. 주조 등의 고온가공을 한 철강의 스케일을 나타낸 것이다. ①에서 발생되는 산화물층은 무엇인가?

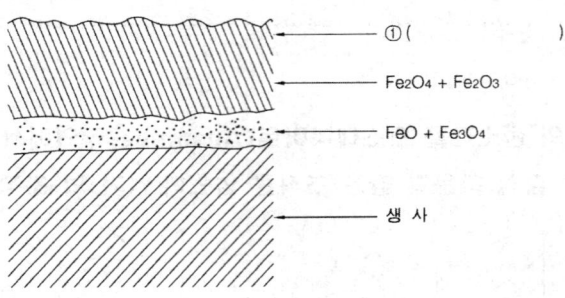

해답 Fe_2O_3

210. 1.4%C의 탄소강을 서냉할 경우와 유냉시의 조직은?

해답 (1) 서냉시 ① 흰색 : Fe_3C
② 흑색 : pearlite
(2) 유냉시 ① 흰색 : 잔류 Austenite
② 흑색 : Martensite

211. 담금질시 균열의 방지대책을 쓰시오.

｜해답｜ ① 담금질 가열온도를 적당한 온도로 선정
② 담금질 다음 즉시 뜨임
③ 급작스런 두께 편차를 없게 한다
④ Ms점 이하 온도에서 서냉
⑤ 임계구역 급냉 위험구역 서냉
⑥ 모서리를 둥글게 한다

212. 고주파열처리 후 경화층의 깊이를 측정하는 방법은?

｜해답｜ ① 마이크로 비커스
② 긁힘 경도계

213. 인성을 향상시키는 열처리는?

｜해답｜ 뜨임(Tempering)

214. Al 금속분말을 침투시켜 표면을 경화하는 것은?

｜해답｜ Calorzing(칼로라이징)

215. 18%Cr - 8%Ni 스테인레스강의 기본적인 열처리로 냉간가공 및 용접등에 의해 발생한 내부응력 제거를 위한 열처리 방법은?

｜해답｜ 용체화처리(Solidsolution)

216. 노의 자동온도 제어장치에서 공정의 흐름을 순서대로 쓰시오.

｜해답｜ ① 검출 → ② 비교 → ③ 판단 → ④ 조작

217. 0.4%C 강을 서냉하였을 때 D의 조직은?

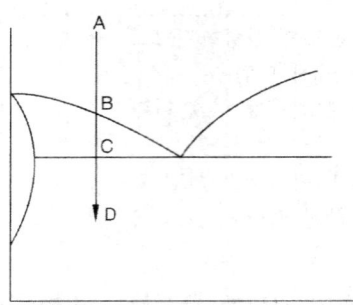

|해답| Ferrite + pearlite(페라이트+펄라이트)

218. 다음 그림을 보고 균열의 원인을 쓰시오.

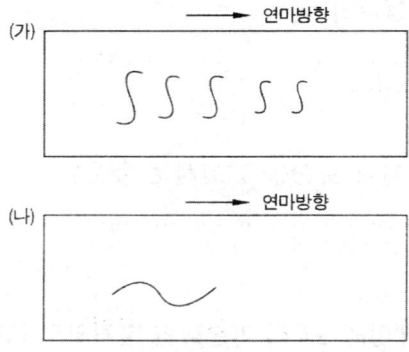

|해답| (가) 연마불량균열, (나) 다듬질불량균열

219. 그림은 노점분석기의 구조를 나타낸 것이다. ①, ②의 명칭을 쓰시오.

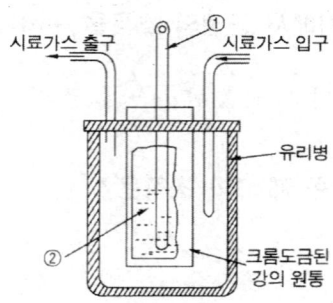

|해답| ① 알콜온도계, ② 드라이아이스 + 알콜

220. 용접품 등의 응력제거를 위하여 가장 많이 사용되는 열처리 방법은?

|해답| 풀림(Annealing)

221. 주철의 응력제거를 위해 550℃ 부근에서 소둔하는 열처리를 무엇이라 하는가?

|해답| 응력제거풀림

222. 금속 재료의 조직검사에 있어서 육안 관찰을 하든지 또는 10배 이내의 확대경을 사용하여 조직을 검사하는 방법은?

|해답| 매크로 시험법

223. 다음은 비파괴 검사에 사용되는 장비이다. 이 장비에 의해서 활용되는 비파괴 검사의 명칭을 쓰시오.

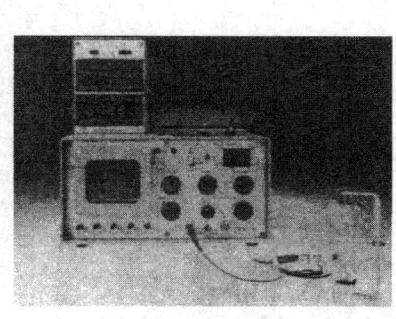 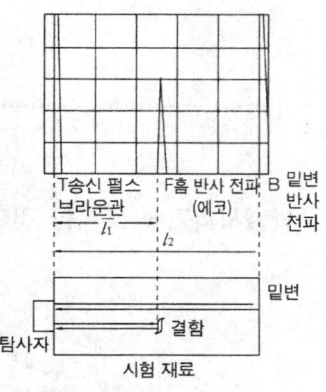

|해답| 초음파 탐상법

224. 가스 침탄로를 도시한 것이다. 침탄로에서 (가)의 명칭은?

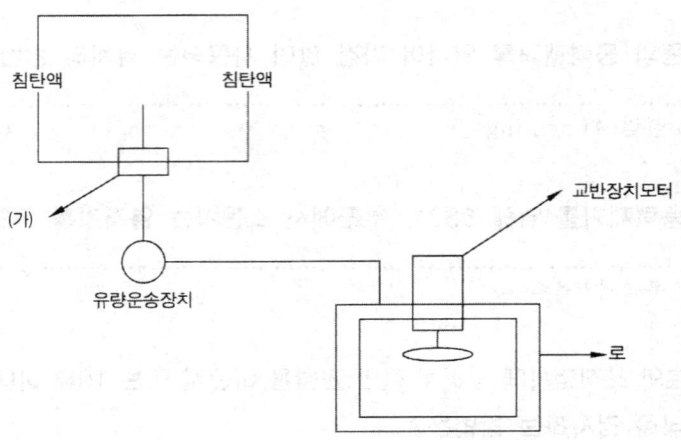

|해답| 유량계

225. 0.03%C탄소강을 60%냉간압연후 550℃에서 1시간 소둔시킨 조직으로 흰부분의 조직명은?

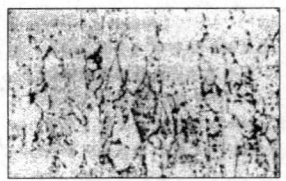

|해답| 페라이트

226. 다음은 마멸시험기를 도시한 것이다. 각 부분의 명칭을 쓰시오.

[해답] ① 기름펌프   ② 시험편기름 비상방지용 커버
③ 응력조절용 핸들   ④ 기름통

231. 과공석강의 표준조직은 층상 pearlite가 망상으로 석출한 시멘타이트로 둘러싸인 조직을 나타낸 것이다. 이 중 시멘타이트를 구상화하는 이유는?

[해답] 연신율, 충격값 향상

232. 다음은 전기 침탄로를 도시한 것이다. 각각의 명칭을 쓰시오.

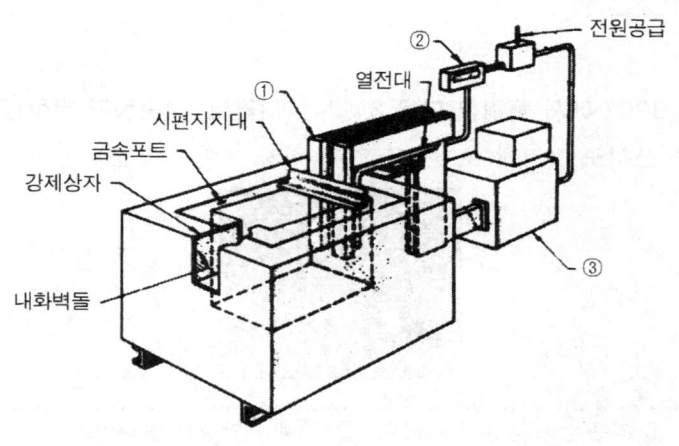

[해답] ① (합금)전극   ② 고온계(온도계)   ③ 변압기

229. 다음은 온도측정용 계기이다. ①, ②, ⑤의 명칭을 쓰시오.

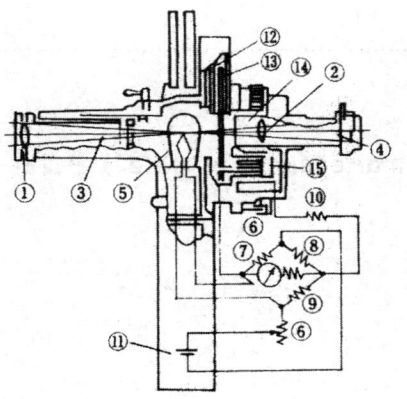 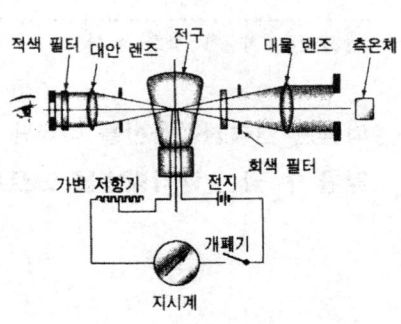

| 해답 | ① 대물렌즈   ② 접안렌즈   ⑤ 표준전구

230. STC5를 950℃에서 풀림한 다음 3% 나이탈로 8초동안 부식한 현미경 조직사진이다. 층상 펄라이트와 다른 하나의 조직(흰부분)은?

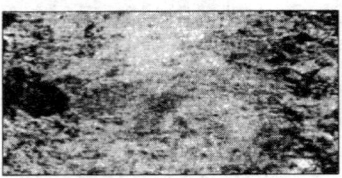

| 해답 | 시멘타이트

231. STC2를 900℃에서 풀림한 다음 3%의 나이탈로 10초동안 부식한 현미경 사진이다. 조직명을 쓰시오. (검게 보이는 조직과 희게 보이는 부분)

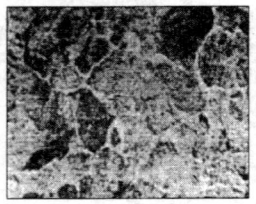

| 해답 | ① 검은색 : (층상)펄라이트, ② 흰색 : (망상)시멘타이트

232. 고속도공구강을 담금질 한 후 여러 가지 온도에서 뜨임하여 보면 약 550℃ 근방에서 뜨임한 것이 담금질 직후의 경우보다 높아지는 경우가 있다. 이것을 무슨 현상이라 하는가?

| 해답 | 제2차 경화 현상

233. 다음은 연속냉각곡선을 나타낸 그림이다. martensite와 pearlite가 혼합된 조직을 얻을 수 있는 냉각방법을 고르시오.

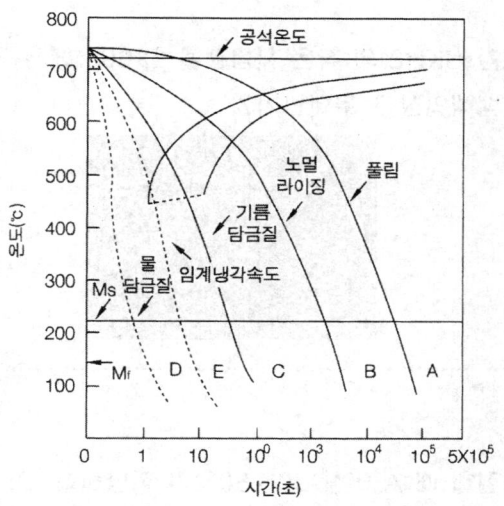

해답 C
(A : 조대한 펄라이트, B : 미세한 펄라이트, D : 마텐자이트)

234. 구조용강을 구상화 풀림을 하는 이유는?

해답 인성 부여

235. 강재 가열방법에서 강재의 표면과 내부온도를 일정한 지점까지 상승시켜 강재의 표면과 내부의 온도차이를 줄인 후 다시 필요 온도까지 가열하는 방법을 도시하시오.

해답

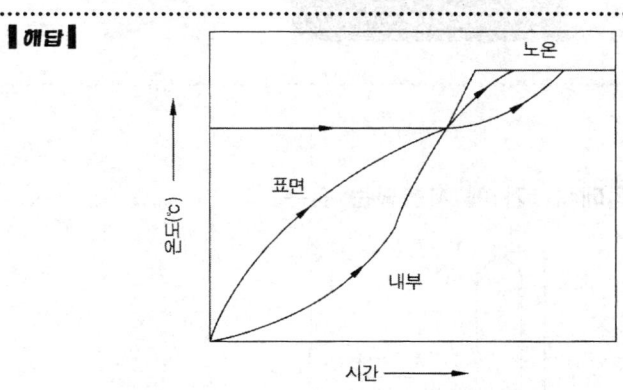

236. 그림은 고속도강(SKH2)의 작은 시험편을 1260℃에서 유냉후 400℃에서 1시간 뜨임한 것이다. 백색입상은 무엇인가?

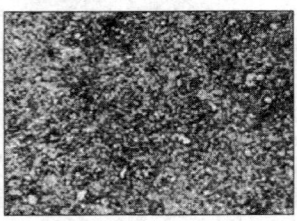

해답 (복)탄화물

237. 탄소강을 담금질할 때 A_3이상 30~50℃가 적당하다. 이 온도보다 높은 온도로 담금질할때는 어떤 현상이 생기는가?

해답 과열조직(결정립성장)(결정립 조대화)

238. 공정흑연 주철조직을 3% 나이탈에서 6~8초 정도 부식시켜 120배의 배율로 본 것이다. 하얀 부분의 조직명은 무엇인가?

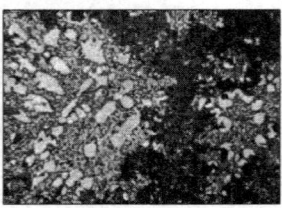

해답 페라이트

239. 열전쌍 온도계의 원리에서 (가)에 사용되는 것은?

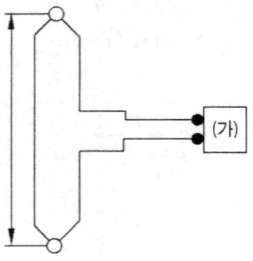

| 해답 | mV(전압계)

240. 강의 열처리에서 유화물의 편석을 없애기 위한 열처리 방법은 무엇인가?

| 해답 | 확산풀림

241. 열전대를 노내에 장입하는 방법을 설명하시오.

| 해답 | 수직(수평)으로 하고 노내의 중심온도를 측정할 수 있어야 한다.

242. 항온변태곡선을 보고 각 구역에서 생성되는 조직명을 쓰시오.

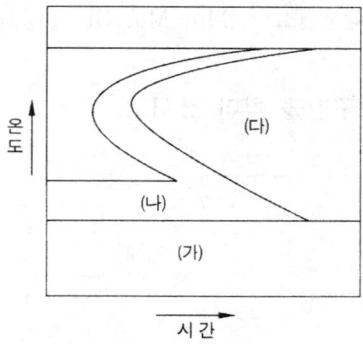

| 해답 | (가) Martensite
(나) Martensite + (Bainite)
(다) Bainite

243. 금형강을 공기중에서 가열 냉각시킨 결과 표면층에 탄소 농도가 감소되었다. 어떠한 현상인가?

| 해답 | 탈탄 현상

244. 침탄용강을 500℃ 이상에서 1차 예열을 실시하는 데 그 목적을 설명하시오.

| 해답 | 침탄조직을 안정화시키기 위하여

245. 담금질시 생기는 결함의 일종인 얼룩이 생기는 원인 3가지를 쓰시오.

|해답| ① 탈탄 부분의 담금질 불량
② 원소의 편석
③ 표면에 기포나 스케일 존재 시, 냉각속도가 늦을 때

246. 담금질 중 보통담금질 보다 고주파담금질이 담금질성이 좋은 이유는?

|해답| 중심부까지 높은 온도로 신속히 가열, 직접 가열로 열효율이 좋기 때문

247. 질량효과에 대해 쓰고 담금질성을 향상시키는 원소는?

|해답| ① 질량효과 : 강의 질량이 담금질에 미치는 효과로 강재가 크거나 두꺼울수록 강의 내부로 갈수록 냉각속도는 늦어지고 경도는 감소하는 현상.
② 담금질성 향상원소 : Mn, Mo, Cr, Si, Ni, B

248. 다음 중 가열 및 냉각구간을 찾아 쓰시오.

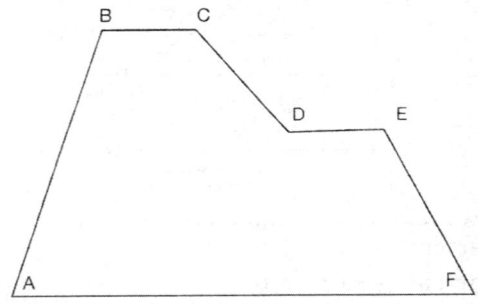

|해답| ① 가열 : A~B, ② 냉각 : C~D, E~F

249. 마찰이 심한 기계부품의 내마모를 위하여 열처리 하고자 작업방안을 세워보니 열처리 온도가 α구역(550℃부근)이었다. 변형이 적은 반면 처리시간은 장시간이었다. 어떠한 열처리 방법인가?

|해답| 질화처리

250. NaCN이 주성분으로 750~900℃에서 할 수 있는 열처리 방법은?

|해답| 침탄질화처리

251. Gas 침탄 열처리의 cycle이다. (   )안을 채우시오.

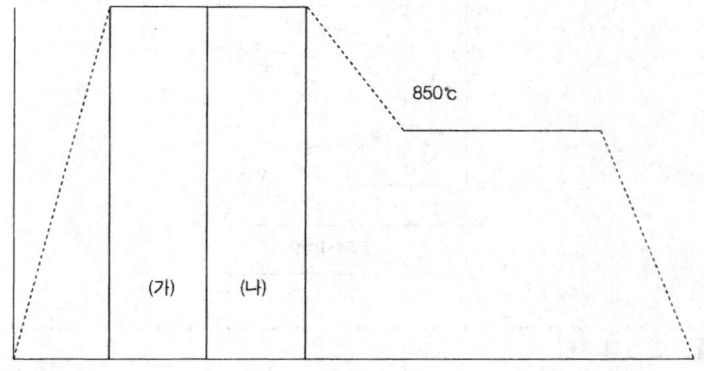

> **해답** (가) 침탄 : 930℃(캐리어가스에 enrich gas 첨가)
> (나) 확산 : 930℃(캐리어가스만)

252. 담금질한 Al나 강의 표면에 생기는 결함을 측정하는 비파괴 시험은?

> **해답** ① 육안시험, ② 침투탐상시험

253. 열처리 수주시 주요한 관찰 대상은?

> **해답** ① 강의 재질상태 ② 사용목적

254. 다음 중 항온 열처리 구간은?

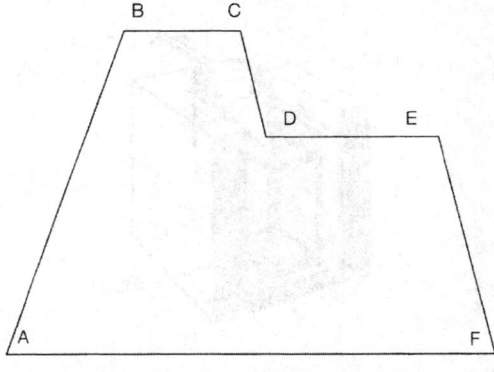

> **해답** DE

255. 강의 항온열처리를 도시한 것이다. 열처리 방법의 명칭을 쓰시오.

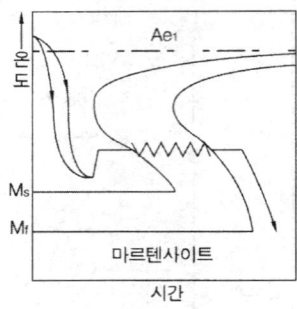

|해답| 오스템퍼링

256. 그림과 같이 강에서 S곡선이 1단 변태형을 갖는 항온 변태곡선을 나타내는 경우는 어떠한 원소들을 함유한 때인가?

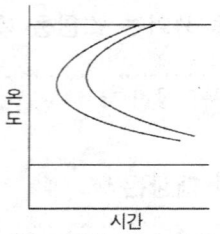

|해답| Ni, Cu, Al(탄화물을 안만드는 원소)

257. 다음은 액체침탄용로에 사용되는 부품이다. (   )은 무엇인가?

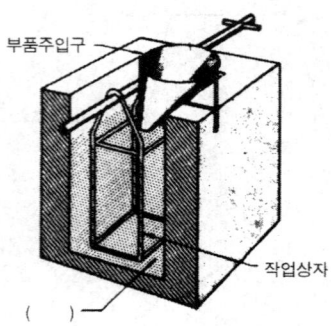

|해답| 침탄염

258. 담금질 후 뜨임시 마텐자이트 분해로 트루스타이트가 될 때 부피변화는 어떻게 되는가?

해답 수축(감소)

259. 강을 Ar´와 Ar˝(Ms점) 사이의 구역에서 열욕(Hot bath)중에 일정하게 유지시킨 후 공냉 또는 수냉시키면 어떠한 조직이 나타나는가?

해답 베이나이트(Bainite)

260. 고온조직인 γ를 급냉하여 상온에서도 γ조직을 얻는 처리를 무엇이라 하는가?

해답 용체화처리

261. 탄소강의 열처리에서 스냅뜨임(Snap tempering)의 방법과 목적을 쓰시오.

해답 ① 방법 : 100~150℃ ② 목적 : 내부응력제거

262. 프로판가스 변성로의 흐름도이다. 각 번호의 명칭을 쓰시오.

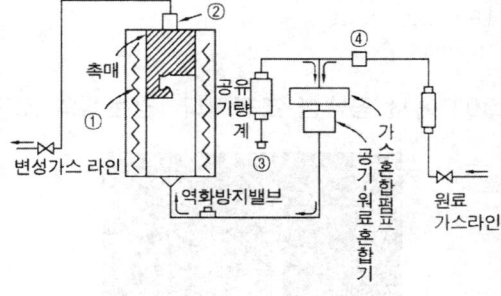

해답 ① 발열체 ② 쿠울러(냉각기) ③ 여과기 ④ 레귤레이터(조절기)

263. 다음과 같은 항온풀림에 가장 적합한 재료는 무엇인가?

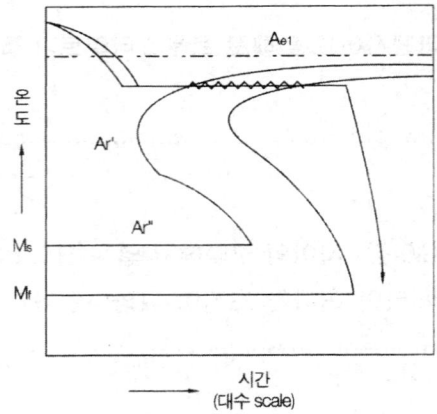

┃해답┃ 공구강

264. 작은 시편을 1260℃에서 기름담금질 후 400℃에서 1시간 뜨임시킨 조직이다. 바탕의 조직명은? (SKH2의 열처리 조직임)

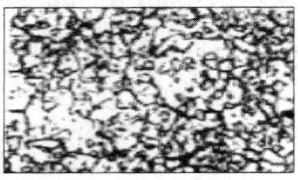

┃해답┃ 마텐자이트(Martensite)

265. 0.4%C강을 1100℃에서 공냉한 조직이다. 검은색의 조직명은 무엇인가?

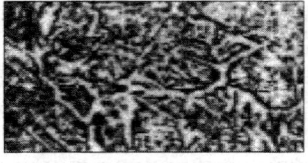

┃해답┃ 펄라이트(Pearlite)

266. 강을 단조 압연하여 가공 중의 불균일한 조직을 균일화시키고 결정립을 미세화시켜 기계가공성을 쉽게 하기 위한 열처리 방법은?

┃해답┃ 불림(Normalizing)

267. 기계구조용 탄소강을 변형제거 풀림할 때 뜨임취성의 발생 방지를 위하여 어떻게 처리하는 것이 좋은가?

[해답] 뜨임온도 보다 낮은 온도에서 실시(550~600℃에서 실시)

268. 고온용 염욕에서 염이 고온에서 증발되는 것과 변질되는 것을 방지하기 위하여 무엇을 첨가하는가?

[해답] 붕사(Na_2BKO_3)

269. 고탄소강을 900℃정도로 가열하여 급냉할 때 균열이 일어나는 원인을 쓰시오.

[해답] Ar″변태가 일어날 때(Austenite→Martensite로 급격한 팽창이 일어남

270. 다음 그림은 어떠한 열처리 방법인가?

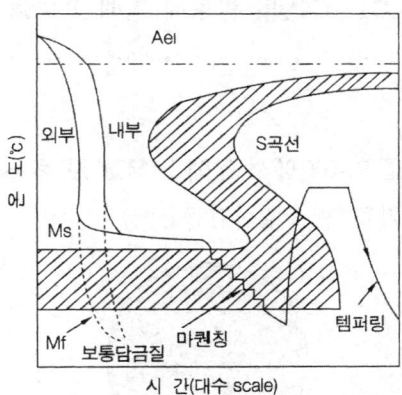

[해답] 마르퀜칭(Marquenching)

271. 철강재료를 담금질할 때 잔류 오스테나이트가 많이 생기는 이유 3가지를 쓰시오.

[해답] ① 기름에 담금질할 때 ② 고탄소강일 때
③ 합금원소의 양이 많을 때 ④ 온도가 높을 때
⑤ 조대한 조직일 때

272. 임계구역 범위를 설명하시오.

   해답 담금질온도부터 항온변태곡선의 nose부까지

273. 항온변태곡선에서 Ms담금질과 Marquenching에 대한 작업곡선을 나타내시오.

   해답

   (그림: 온도-시간 곡선, Ms, Mf 표시, Ms담금질 마퀜칭)

274. $2CO + 3Fe \rightarrow [Fe_3C] + CO_2$의 반응에 의해 표면을 처리하는 방법은 무엇인가?

   해답 침탄법

275. 그림은 1.04%의 강을 930℃에서 물에 담금질 한 후 600℃로 뜨임한 것이다. 전체적인 조직명은 무엇인가? (2% 질산알콜용액)

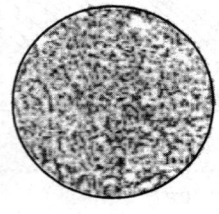

   해답 솔바이트

276. Au, Pt 등의 귀금속 현미경 조직시험에서 사용되는 부식제는 무엇인가?

   해답 왕수

277. Martensite조직을 약 400℃로 가열하였을 때 생기는 조직이름과 뜨임 색깔은?

　　　|해답| ① 트루스타이트, ② 회색

278. 항온풀림에 가장 적합한 강 종류 3가지만 쓰시오.

　　　|해답| ① 베어링강, ② 텅스텐공구강, ③ 고속도강

279. 담금질 경화되는 깊이를 좌우하는 인자는 무엇인가?

　　　|해답| ① 탄소%, ② 결정입도, ③ 특수원소

280. 주조직전에 Mg 0.2%를 첨가한 구상흑연주철로 하얀 부분의 조직명은? (부식액 : 3%Nital, 부식시간 : 7~8초)

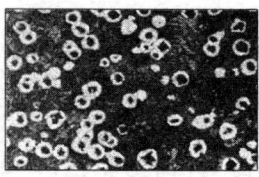

　　　|해답| 페라이트

281. 고주파 열처리의 목적을 설명하시오.

　　　|해답| ① 표면경화, ② 중심부 인성 부여

282. 강의 담금질 목적, 가열온도, 유지시간을 설명하시오.

　　　|해답| ① 목적 : 강의 경화
　　　　　　② 가열온도 : 공석강 및 아공석강 : $Ac_3+30\sim50℃$
　　　　　　　　　　　　과공석강 : $Ac_1+30\sim50℃$
　　　　　　③ 유지시간 : 두께 25mm(1inch당) 20~30분

283. 900℃로 가열시킨 Fe 0.8%C강의 냉각속도에 따른 항복강도의 변화를 아래 그림에 나타내시오.

|해답|

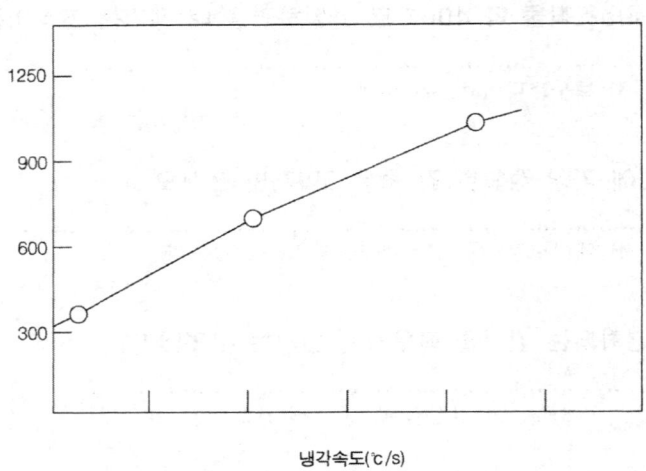

냉각속도(℃/s)

284. 공업적으로 프로판 부탄가스 등에 적당한 비율로 공기를 첨가하여 열분해 또는 산화 분해시킨 가스를 무엇이라 하는가?

|해답| 변성가스, 캐리어가스

285. 일정온도에서 일정시간 가열 후 비교적 느린 속도로 냉각시키는 풀림의 목적은?

|해답| ① 합금의 성질변화 → 재질의 연화
② 안정조직 형성 → 조직의 균질화
③ 가스 및 불순물의 방출 및 확산 → 내부응력 저하

286. 마레이징강은 저탄소강으로 담금질로 경화시킬 수 없다. 이 경우 (가)구간 같이 장시간 유지시켜 경화시키는 조작은?

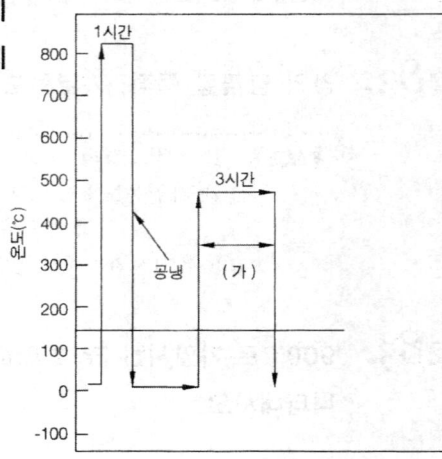

[해답] 석출(시효)경화

287. 금속재료에 스케일이 부착된 상태 그대로 담금질하면 어떤 현상이 일어나며 스케일을 제거하는 방법은?

[해답] ① 일어나는 현상 : 담금질 얼룩, 균열발생
② 제거방법 : 산세, 샌드블라스터

288. 강의 표면층에 고용한 탄소를 확산시키는 현상을 무엇이라 하는가?

[해답] 침탄

289. 침탄 열처리 공정의 열싸이클로서 전체 가열 유지시간은 ①의 시간과 ②의 시간의 합으로 나타낸다. 이 때 ①과 ②의 명칭은?

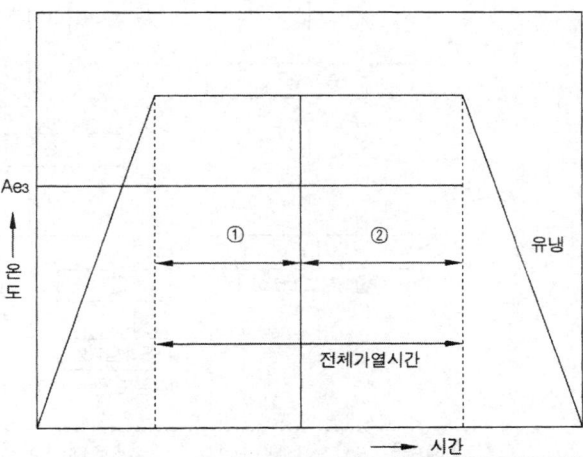

[해답] ① 침탄시간 ② 확산시간

290. 마찰이 심한 기계부품에서 내마모를 위하여 열처리하고자 작업 방안을 세워보니 열처리 온도가 α구역(550℃) 부근이며 변형이 적은 반면 처리시간이 장시간이었다. 무슨 열처리인가?

[해답] 질화처리

291. 진공열처리에서 진공분위기의 진공로 크기는 대기압~1Torr범위를 저진공이라 한다. 다음을 답하시오.

|해답| ① 중진공 : (1 Torr ~ 10^{-3} Torr)
② 고진공 : (10^{-3} Torr ~ 10^{-8} Torr)
③ 초고진공 : (10^{-8} Torr ~ 10^{-10} Torr)

292. 탄소강의 조직과 열처리의 관계이다. ( )의 조직은?

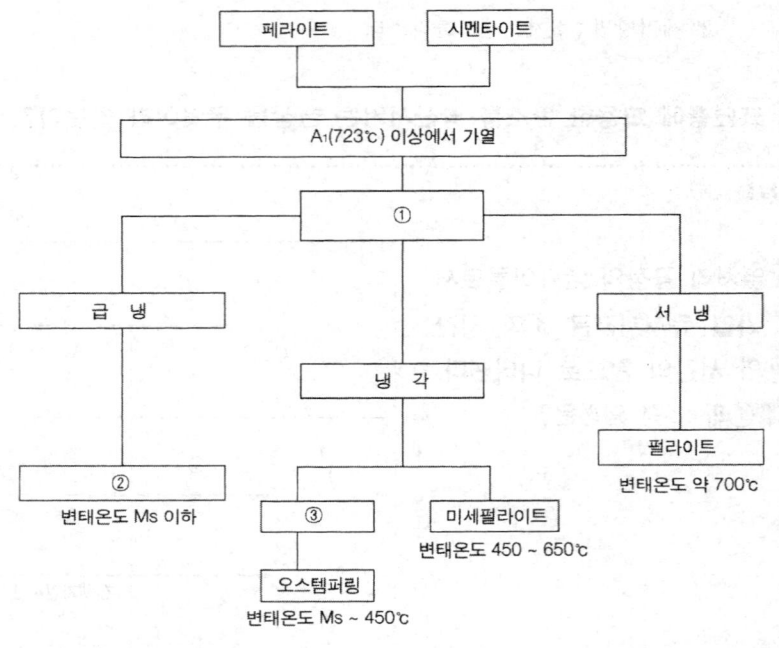

|해답| ① 오스테나이트 ② 마르텐사이트 ③ 베이나이트

293. 탄소강 제품을 열처리 후 조직검사를 하고자 한다. 조직관찰을 하기 위한 준비작업 즉 시료채취에서 판독까지 시험과정을 6단계로 쓰시오.

|해답| ① 시료채취(시험하고자 하는 부분을 중점적으로)
② 마운팅(시험편의 연마를 쉽게 하기 위해서)
③ 조연마(사포연마, #1200까지)
④ 폴리싱(산화크롬이나 알루미나를 이용하여)
⑤ 세척 및 부식(물이나 알콜을 이용하여 세척하고 나이탈이나 피크랄를 이용하여 부식)
⑥ 검경(저배율에서 고배율로)

294. 그림과 같은 곡선으로 열처리하는 목적 2가지를 쓰시오.

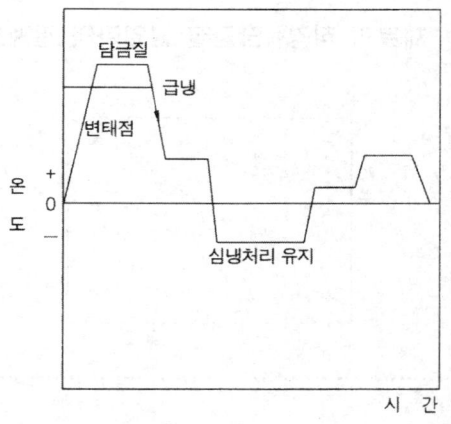

| 해답 | ① 잔류 오스테나이트의 마르텐자이트화(경도값 상승)
② 치수변화(균열, 변형)방지

295. 오스테나이트 상태의 강을 S 곡선의 코와 Ms점 사이의 항온 염욕에 급냉하고 이 온도에서 변태를 완료시킨 후 공냉시키면 변형이나 균열이 방지되고 강인성이 큰 재료가 되는데 이때 얻어지는 항온변태조직은 무엇인가?

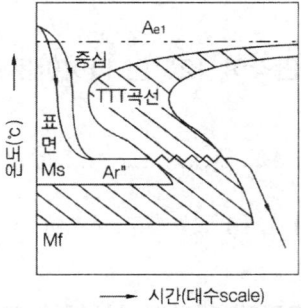

| 해답 | 베이나이트

296. Fe-0.3%C강을 1280℃로 1시간 가열 유지한 후 공냉(과열조직)한 조직으로 흰색 및 흑색부분의 조직명은?

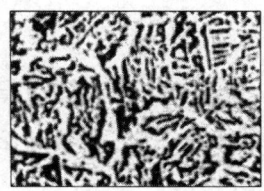

해답 ① 흰색 : 페라이트, ② 흑색 : 펄라이트

297. 다음은 물의 온도, 재료의 직경, 담금질 균열과의 관계도이다. 담금질 균열 발생이 많은 곳은?

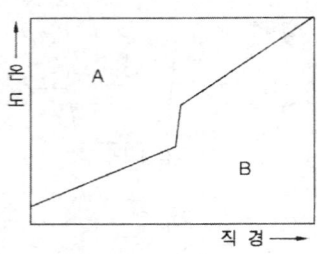

해답 A

298. 로크웰 경도기의 측정 방법은?

해답
① 시험편을 준비한다.
② 0점을 맞춘다.
③ 시험편에 하중을 가한다.(B스케일 100kgf, C스케일 150kgf)
④ 30초정도 시간이 흐른 후 하중을 제거한다
⑤ 하중을 측정한다

299. 로크웰 경도시험에서 대면각이 120°인 다이아몬드 콘을 사용하여 경도시험을 하는 것은?

해답 C스케일(HRC)
〔B스케일(지름이 1/16″인 강구 사용)〕

300. 철강조직 중 페라이트 조직에 대하여 설명하시오.

해답 α고용체라고도 하며 최대 탄소함유량은 0.05%까지이며, 나이탈로 부식시켜 현미경 관찰시 백색으로 보이며 강도(경도)는 낮으나 연성이 풍부하다.

301. 전기유도가열로 급속가열, 표면담금질, 압연, 단조, 냉간압연 Roll등의 용도에 알맞는 열처리 2가지를 쓰시오.

[해답] ① 고주파유도가열, ② 저주파유도가열

302. 다음의 탄소강 사진을 보고 탄소량이 적은 순서대로 나열하시오.

(a)　　　　(b)　　　　(c)　　　　(d)

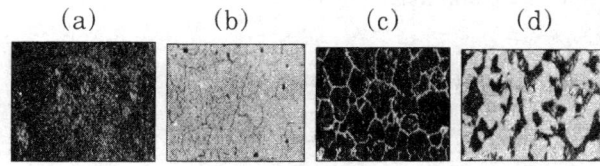

[해답] (b) → (d) → (a) → (c)
(참조) (a) : 공석강(0.8%C)　　(b) : 순철(0.021%C)
　　　 (c) : 과공석강(1.2%C)　 (d) : 아공석강(0.4%C)

303. 항온변태곡선과 같은 뜻을 가진 용어를 쓰시오.

[해답] TTT곡선, S곡선, C곡선

304. 0.8%C를 함유한 탄소강을 800℃로 가열하여 충분한 시간 유지한 후 서서히 냉각할 때 공석반응이 일어나는 데 이 때 800℃로 가열된 오스테나이트 조직은 어떤 조직으로 변하는가?

[해답] 펄라이트(α-Ferrite + Cementite)

305. 재료의 가공개선, 결정조직의 미세화, 균질화, 잔류 응력을 제거할 목적으로 A_3 및 Acm + 50℃ 이내의 온도에서 행하는 열처리는?

[해답] 불림[노멀라이징(Normalizing)]

306. CO+CO_2 혼합가스 분위기에서 570℃ 이하일 때 Fe에 대한 화학반응식은?

[해답] $3Fe + 4CO_2 \rightarrow Fe_3O_4 + 4CO$

307. 수냉경화형의 공구강이 두께 5mm일 때 담금질 시 최소유지시간은?

[해답] 6분(25mm당 30분이므로)

308. 6.67%C를 함유한 철탄화물로 대단히 부스러지기 쉬우며 경도가 HB 800 정도인 조직은?

   해답 시멘타이트(Cementite)

309. 아래의 반응식은 어떠한 종류의 침탄인가?
   $$2NaCN + 2O_2 \rightarrow Na_2CO_3 + CO + 2N$$

   해답 액체침탄

310. 분위기 열처리로 장치에서 분위기 가스를 조정하는 장치명을 쓰시오.

   해답 가스변성장치

311. 저온템퍼링(뜨임)의 온도범위(℃)와 목적을 쓰시오.

   해답 ① 온도범위 : 약 100℃ ~ 200℃
   ② 목적 : 담금질에 의해서 발생한 내부응력제거
   강재의 표면에 발생한 응력제거

312. 고속도공구강(SKH2)의 새로운 열처리 방법으로 다음 곡선과 같이 처리되는 열처리 방법은?

   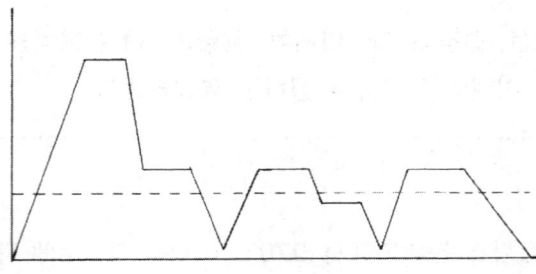

   해답 베이나이트담금질 + 뜨임

313. 기계구조용 탄소강(SM15C)을 4호 인장 시험편으로 가공한 후 노멀라이징하여 인장 시험한 결과 최대하중이 8113kgf였다면 이 때의 인장강도는 얼마인가?

[해답] 인장강도 = $\dfrac{\text{최대하중(kgf)}}{\text{시험편 평행부의 시험전 단면적(mm}^2\text{)}}$ (kgf/mm²)

314. 그림은 연속냉각 방식을 나타낸 것으로 ①, ②, ③의 열처리 방법은?

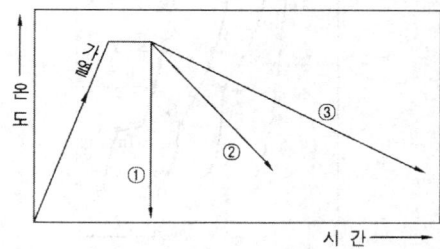

[해답] ①급냉(담금질) ②공냉(노멀라이징) ③서냉(풀림)

315. 그림에서와 같이 2단 냉각에서는 ①, ②의 선이 기준이 된다. ①, ②의 선은 어떠한 변태의 선인가?

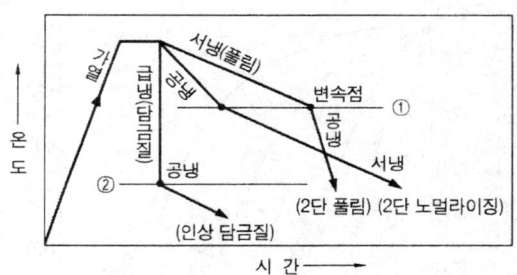

[해답] ① Ar′ ② Ar″(Ms)

316. 회주철(GC200)을 풀림하여 브리넬 경도시험을 한 결과 압입 자국의 지름이 4.48mm이었다. 이 때의 브리넬 경도는 얼마인가? (단, 압입자 지름 10mm, 하중 3000kgf)

[해답] $\dfrac{P}{A} = \dfrac{P}{\pi Dh} = \dfrac{2P}{\pi D(D-\sqrt{D^2-d^2})}$ (kgf/mm²)

- P : 시험하중(kgf)
- A : 압입자국의 표면적(mm²)
- π : 3.14(원주율)
- D : 압입강구의 지름(mm)
- h : 시험편 표면에 형성된 압입자국의 깊이(mm)
- D : 시험편 표면에 형성된 압입자국의 지름(mm)

317. 그림의 열분석 곡선으로 얻어질 수 있는 상태도는 무엇인가?

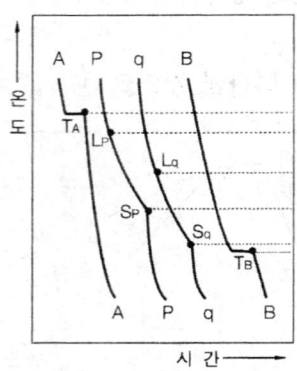

해답 고용체(전율 고용체)

318. 그림의 연속 냉각 변태의 선도에서 점선 (a)는 무엇을 나타내는가?

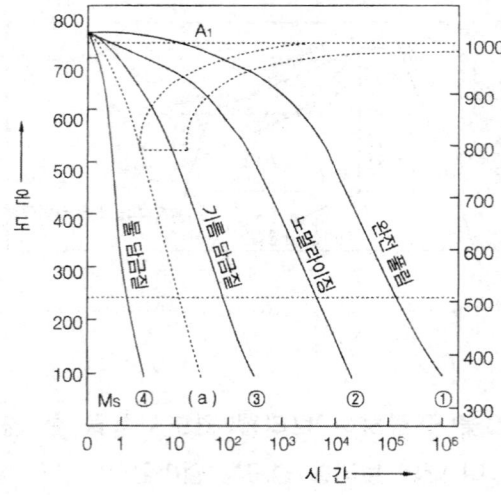

해답 임계 냉각 속도

319. 확산은 금속의 결정 내에서 원자가 이동하는 현상으로, 이 결과에 따라 금속의 성질에 변화가 일어난다. 이와 같은 현상을 잘 이용하면 금속 재료의 성질을 개량할 수 있다. 금속 재료의 열처리에 이용되고 있는 확산의 대표적인 것 3가지를 쓰시오.

[해답] ① 침탄, ② 질화, ③ 시멘테이션

320. 공석강을 오스테나이트 상태에서 여러 냉각 속도로 냉각했을 때의 열팽창 곡선에서 ①, ②에 해당하는 냉각 방법을 쓰시오.

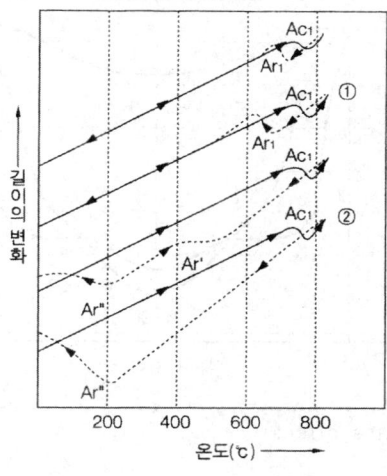

[해답] ① 공기 중 냉각(공냉)
② 수중 냉각(수냉)

321. 그림과 같이 오스테나이트 상태로부터 Ms 바로 위 온도의 염욕 중에 담금질 하여 강의 내외가 동일한 온도가 되도록 항온 유지하고, 과냉 오스테나이트가 항온 변태를 일으키기 전에 공기 중에서 Ar″ 변태가 천천히 진행되도록 하는 조작은 무엇인가?

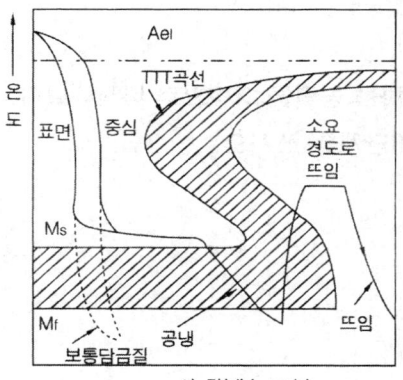

|해답| 마퀜칭(marquenching)

322. 그림과 같이 여러 조성의 강을 담금질을 한 결과, 표면의 경도는 같으나 경화 깊이의 현저한 차이를 나타내는 현상은?

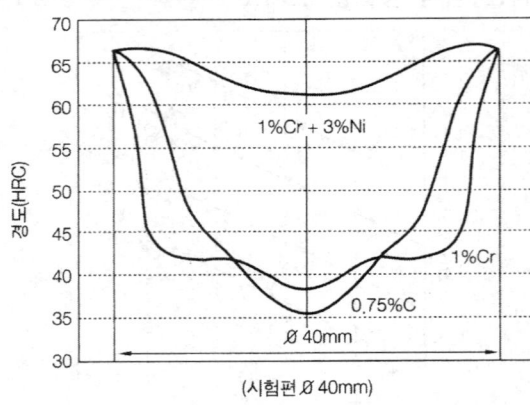

|해답| 질량효과(mass effect)

323. 같은 조성의 강을 같은 방법으로 담금질해도 그 재료의 굵기나 두께가 다르면 냉각 속도가 다르게 되므로 담금질 깊이도 달라진다. 이와 같이 강재의 크기, 즉 질량의 크기에 따라 담금질의 효과에 미치는 영향을 (①)라 하며, 같은 질량의 재료를 같은 조건에서 담금질하여도 조성이 다르면 담금질 깊이가 다르다. 이 때, 담금질의 난이성을 강의 (②)이라 한다.

|해답| ① 질량효과(mass effect)
② 담금질(hardenability)

324. 고온에서 강을 냉각하는 능력을 그림으로 나타내었다. 그림에서 제1, 2, 3단계를 쓰시오.

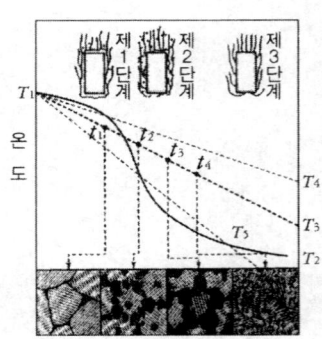

|해답| ① 제1단계 : 증기막 단계
② 제2단계 : 비등 단계
③ 제3단계 : 대류 단계

325. 그림은 침탄한 제품의 단면을 나타내었다. HV513까지에 해당하는 깊이를 무엇이라 하는가?

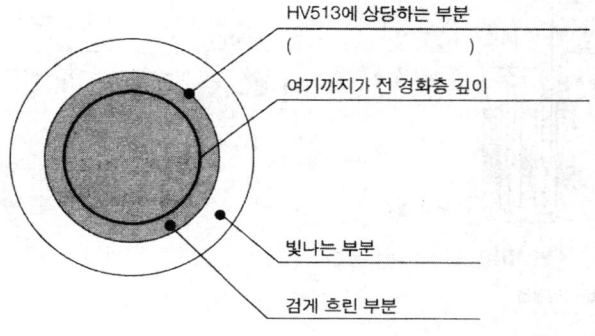

|해답| 유효 경화층 깊이(유효 경화층)

326. 그림과 같이 두랄루민을 담금질한 다음 상온에서 방치하면 인장강도 등의 변화가 초기에는 빠르게 증가하며, 그 후 변화는 점점 느려져 약 4일 정도 지나면 완료된다. 이러한 상온 방치에 따른 기계적 변화를 무엇이라 하는가?

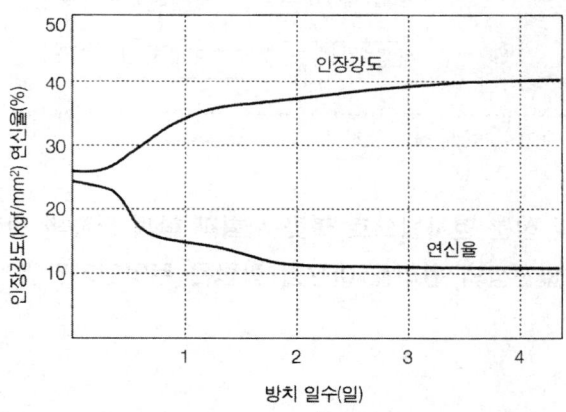

|해답| 상온시효경화(시효경화)

327. KS에서 내화재의 내화도는 몇 번 이상으로 규정하는가?

해답 SK 26번(1580℃)

328. 그림과 같이 두 종류의 금속선 양단을 접합하고 양 접합점에 온도차를 부여하면 기전력이 발생한다. 이 때 전위차를 측정하여 온도를 측정하는 온도계는?

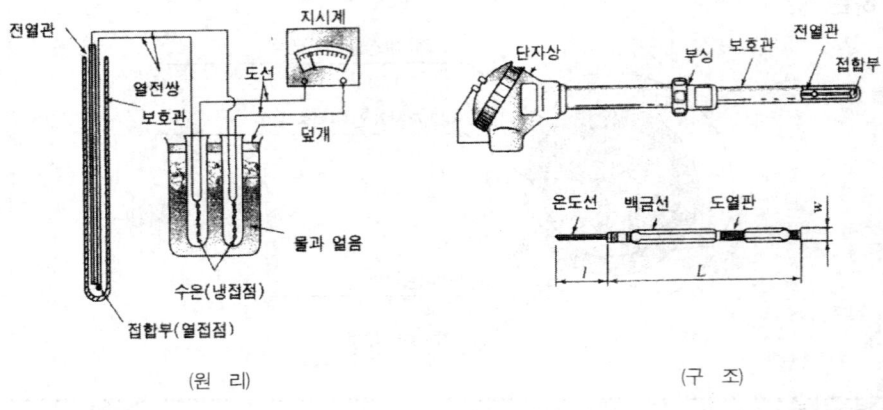

(원 리)   (구 조)

해답 열전쌍(thermocouple)온도계

329. 그림과 같은 온도 제어 장치로 전기로의 전기 회로를 2회 분할하여 그 한쪽을 단속시켜서 전력을 제어하는 장치는 무엇인가?

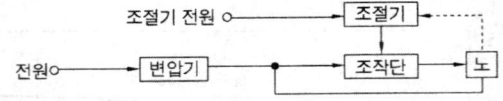

해답 정치제어식 온도제어장치

330. 열처리 제품의 성분 검사법으로 불꽃 시험과 함께 강재의 간이 감별법에 사용되며, 그림과 같이 열전쌍의 원리를 이용한 방법은 무엇인가?

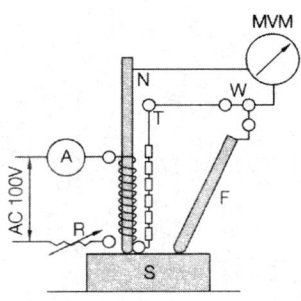

| 해답 | 접촉 열기전력법

331. 담금질에 의하여 일어나는 담금질 균열은 대부분이 담금질하는 순간에 일어나는 데 담금질 후 얼마 후에 일어나는 경우도 있다. 이러한 담금질 균열이 가장 발생이 잘 되는 곳 3가지를 쓰시오.

| 해답 | ① 예리한 모서리
② 단면이 급변하는 부분
③ 구멍 부위

332. 그림과 같이 기계구조용 탄소강을 노멀라이징 할 때 600℃에서 약 20분간 유지하는 이유는 무엇인가?

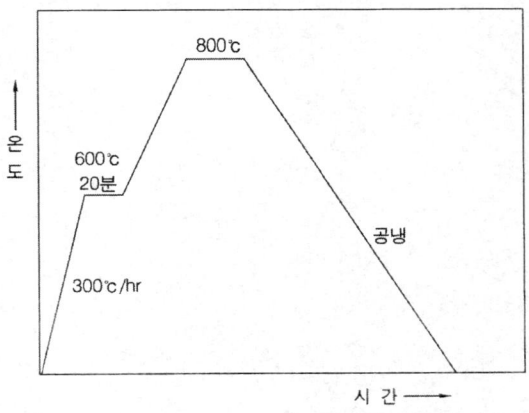

| 해답 | 시험편(재료)의 수축과 팽창이 가장 활발하기 때문

부 록

▶ 철강의 열처리조직
실기필답형 예상문제 / 3

부록

실기필답형 예상문제

철강의 열처리조직

1. 0.03%C, 950℃에서 가열 유지한 후 소준처리한 조직으로 하얀부분의 조직명은?

해답 ferrite

2. 0.86%C, 950℃에서 가열 유지한 소둔한 pearlite조직으로 백색부분의 조직명은?

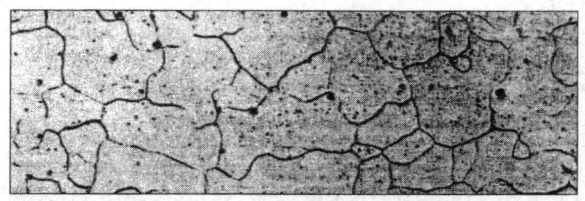

해답 초석 cementite

3. 0.44%C, 930℃에서 가열 유지한 후 소둔한 조직으로 백색부분 및 흑색부분의 조직명은?

해답 백색: ferrite 흑색: pearlite

4 철강의 열처리조직

4. 1.13%C : 소둔처리한 다음 780℃에서 1시간 가열 유지한 후 노냉한 구상 cementite의 조직으로 바탕의 흰색부분의 조직명은?

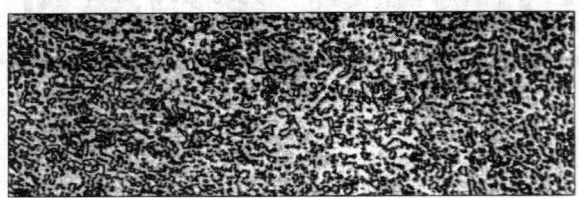

┃해답┃ ferrite

5. 0.81%C, 850℃에서 가열 유지한 후 수냉시킨 조직은?

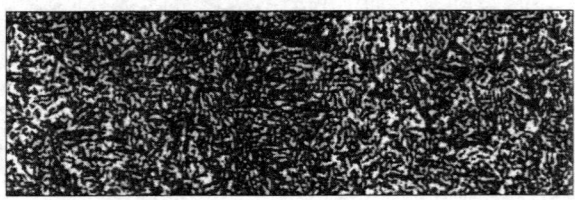

┃해답┃ martensite

6. 0.81%C, 820℃에서 가열 유지한 후 수냉처리한 다음 580℃에서 뜨임한 조직은?

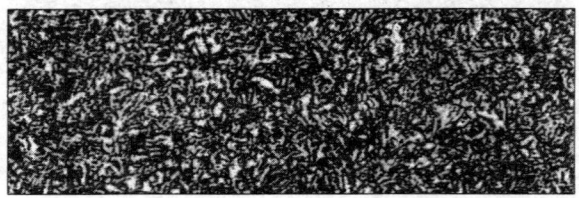

┃해답┃ sorbite

7. 0.84%C, 930℃에서 가열 유지한 후 400℃의 염욕에 소입하여 40초 동안 등온(항온)변태시킨 다음 수냉처리(Austempering)한 조직으로 검은부분의 조직명은?

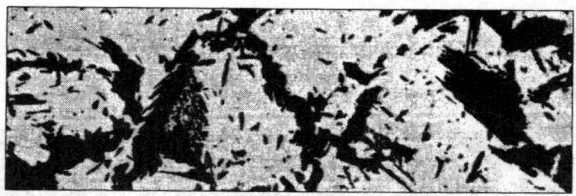

│해답│ 상부 베이나이트

8. 0.74%C, 공석강을 900℃에서 가열 유지한 후 300℃ 부근의 염욕에서 등온 변태하여 발생한 조직으로 검은부분의 조직명은?

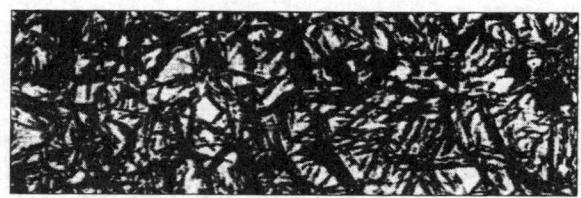

│해답│ 하부 베이나이트

9. 1.13%C, 1030℃에서 가열 유지한 후 유냉시킨 조직으로 침상 부분 및 흰 바탕의 조직명은?

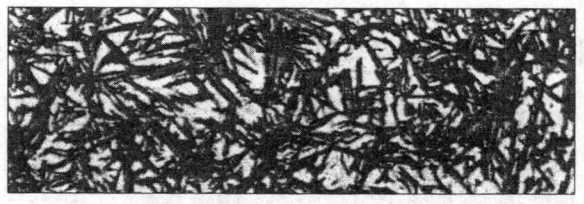

│해답│ 침상부분 : martensite   흰부분 : 잔류 austenite

10. 0.41%C, 850℃에서 가열 유지한 후 유냉시킨 조직으로 바탕의 조직명은?

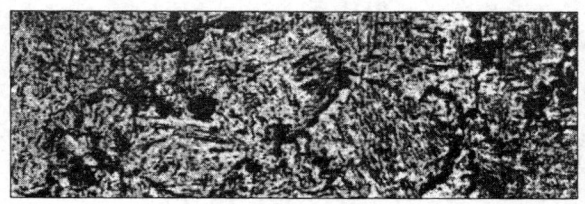

│해답│ 바탕 : martensite   둥근부분 : troostite(fine pearlite)

11. 0.33%C, 950℃에서 가열 유지한 후 750℃까지 노냉한 다음 수냉시킨 조직으로 흑색 바탕 및 흰색 부분의 조직명은?

|해답| 흑색 : martensite   흰 부분 : ferrite

12. 0.33%C, 1280℃로 1시간 가열 유지한 후 공냉(고열조직)한 조직으로 흑색 및 흰부분의 조직명은?.

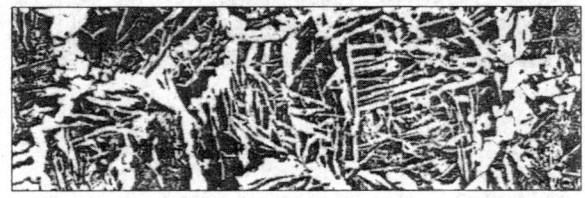

|해답| 흑색 : pearlite   흰색 : ferrite(Widmannstätten)

13. 2.95%C, 금형에 주조한 상태로의 조직으로 흰부분, 검은부분 벌집모양의 조직명은?

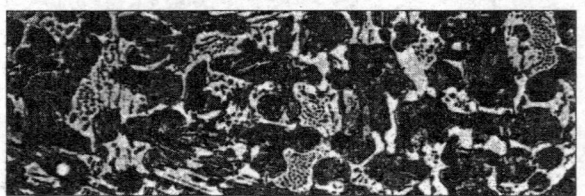

|해답| ① 흰부분 : cementite
② 검은부분 : pearlite
③ 벌집모양 : ledebulite

14. 3.43%C, 회주철을 생사형에 주조한 조직으로 검은 편상 및 소지(기지)의 조직명은?

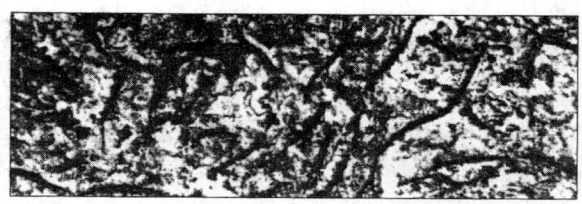

[해답] 검은편상 : 흑연   소지 : pearlite

15. 3.45%C, 주조 직전 Mg를 0.2% 첨가한 구상흑연 주철로 ① 가지조직 ② 흰부분 ③ 가운데 검은 부분의 조직명은?

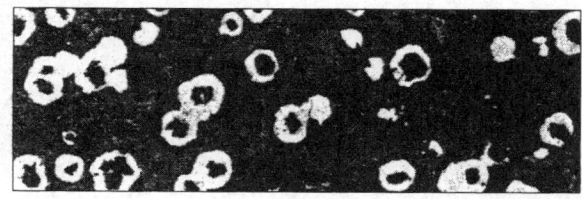

[해답] ① pearlite ② ferrite ③ 흑연

16. 2.67%C, 백선을 철상자에 넣고 900℃로 1~2일간 가열 유지한 후 750℃로 5시간 가열하여 서냉한 조직으로 ①하얀부분 ②검은부분의 조직은?

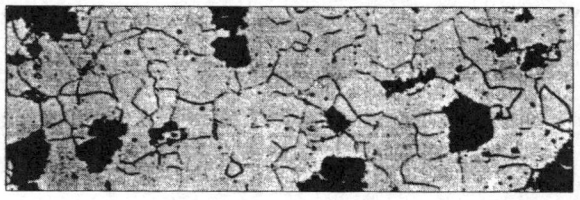

[해답] ① 흰부분 : ferrite   ② 검은부분 : 뜨임탄소

17. 2.67%C, 백주철을 탄화철에 묻고 900℃로 가열하여 3일간 유지하여 가열 탈탄시킨 것으로 ① 하얀부분 ② 검은부분 ③ 흑점의 조직명은?

|해답| ① Ferrite ② Pearlite ③ 뜨임탄소(템퍼카본)

18. 0.22%C, 900℃에서 가열하여 40분 유지한 후 공냉한 주강(cast steel)으로 흰부분, 검은 부분의 조직명은?

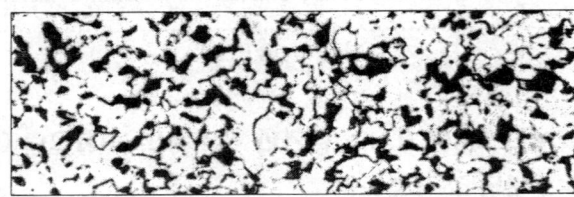

|해답| ② pearlite

19. 1.34%C, STS1종을 840℃에서 가열하여 40분 유지한 후 서냉, 600℃에서 노냉한 재료로서 바탕의 조직명은?

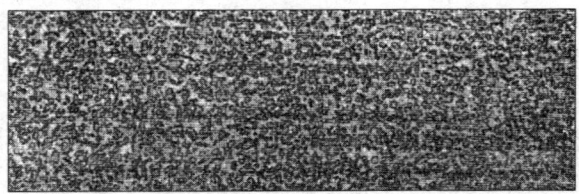

|해답| ferrite

20. 1.10%C, STS2종을 850℃에서 가열 유지하여 5초 동안 수냉한 후 유냉시킨 다음(이단 소입) 180℃에서 60분간 뜨임 처리한 조직으로 바탕의 조직명은? (HRC62)

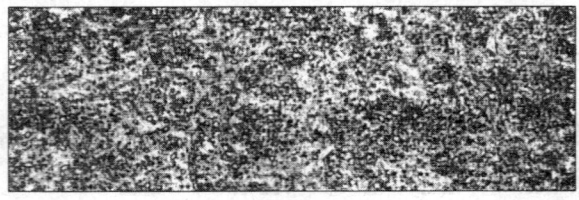

|해답| martensite

21. 2.12%C, STD1종을 1050℃에서 가열하여 30분간 유지한 후 유냉처리한 다음 -100℃에서 60분동안 Sub-zero 처리한 조직으로 ①바탕 ②구상의 조직명은?

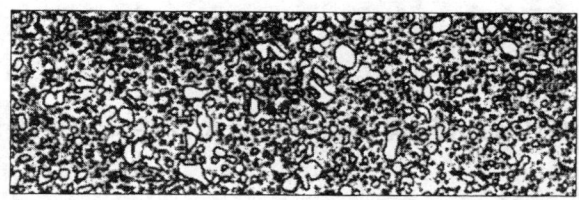

|해답| ① martensite ② 복탄화물

22. 0.74%, SKH2종을 1280℃에서 가열하여 90초 동안 유지한 후 유냉처리한 조직으로 ①소지조직 ②망상의 흑선은?

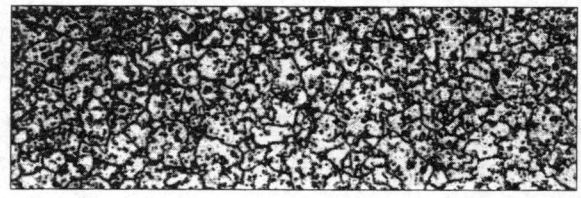

|해답| ① martensite(austenite포함) ② austenite 결정입계

23. 0.74%C, SKH2종을 1380℃에서 가열하여 60초 동안 유지한 후 유냉(과열조직)시킨 조직으로 소지조직은?

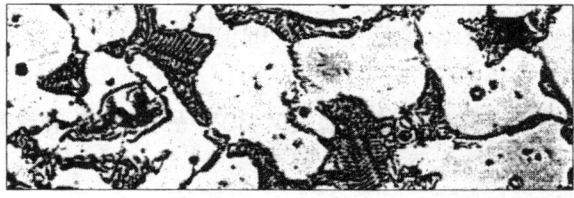

|해답| austenite(Martensite를 함유)

24. 0.73%C, SKH2종을 1280℃에서 가열하여 90초 유지한 후 유냉시킨 다음 570℃에서 30분간 연화 뜨임(HRC66)시킨 조직으로 바탕의 조직명은?

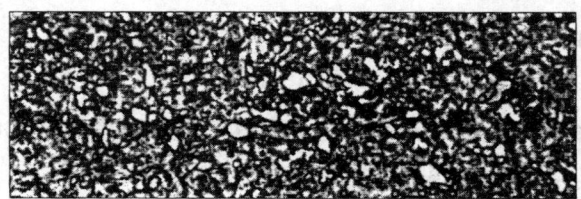

|해답| martensite

25. 0.12%C, 고장력강(80kgf급)의 조질(910℃ 소입 후 640℃에서 뜨임)조직으로 바탕의 조직명은?

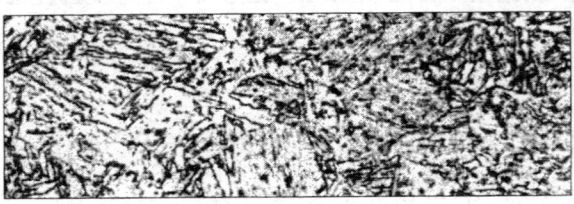

|해답| 뜨임 martensite

26. 0.34%C, SNC3종을 900℃에서 가열하여 60분 유지한 후 서냉(550℃까지 15℃/hr)시킨 조직으로 ①백색 ②흑색의 조직명은?

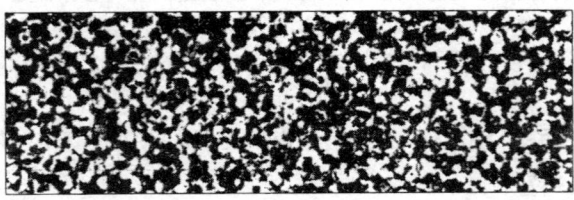

|해답| ① 백색 : ferrite ② 흑색 : pearlite

27. 0.35%C, SCM3종을 850℃에서 가열하여 30분 유지한 후 유냉한 다음 630℃에 90분간 뜨임한 후 급냉한 조직은?

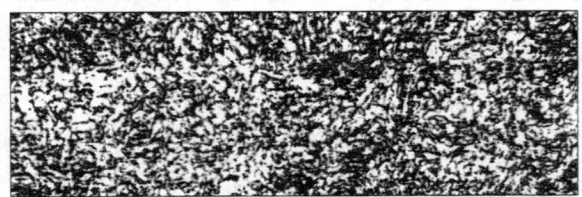

|해답| Sorbite

28. 0.06%C, 9.5%Ni, 18.5%Cr의 조성을 지닌 SUS304종을 1100℃에서 가열하여 30분간 유지한 후 수냉(연화)시킨 조직명은?

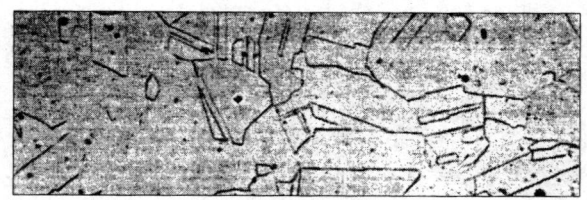

|해답| austenite

29. 0.22%C, SUH3 10종을 1100℃에서 가열하여 30분 유지한 후 수냉한 조직명은?

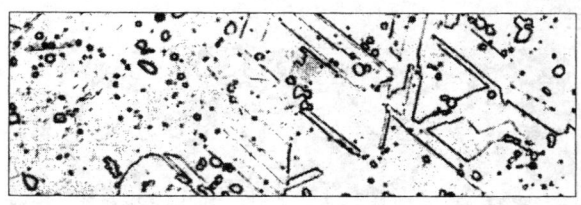

|해답| austenite

30. 0.05%C, 7.3%Ni, 16.4%Cr 17-7 pH 강을 1030℃에서 가열 유지하여 수냉(용체화)한 후, 950℃에서 가열하여 20분간 유지하여 공냉한 다음 -73℃에서 8시간 (Sub-zero 처리)후, 510℃에서 60분 가열(석출경화)시킨 조직으로 바탕의 조직명은?

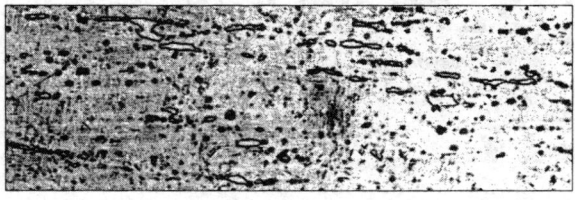

|해답| martensite

31. 1.07%C, 12.3%Mn SCMN H1종을 1000℃에서 가열하여 20분간 유지한 후 유냉시킨 고망간강의 조직은?

|해답| austenite

32. 1.53%C, STC1종의 풀림조직으로 피크린산소다 용약에서 수분간 끓인 경우로써 백색 부분의 조직명은?

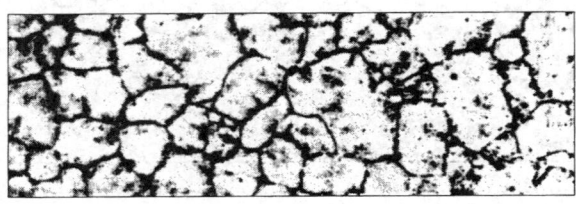

|해답| pearlite
cementite : 적갈색으로 착색. pearlite : 희게 남음.

33. 0.82%C, STC5종을 800℃에서 가열하여 1시간 유지한 후 수냉시킨 조직으로 중앙부에 있는 검은 부분의 조직명은?

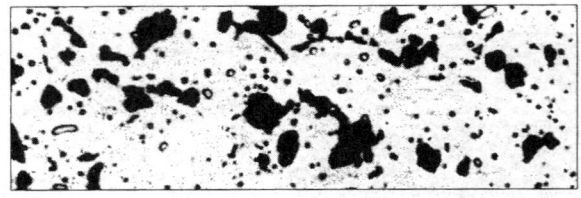

|해답| troostite는 부식되기 쉬워 흑색으로 되고 martensite는 부식되지 않고 희게 된다.

34. 0.32%C, SM35C강을 900℃로 가열 유지한 후 800℃까지 서냉한 다음 수냉시킨 조직으로 백색으로 나타난 망상의 조직명은?

│해답│ ferrite   기지 : martensite

35. 0.3%C, 20%Ni강을 900℃로 가열 유지한 후 공냉시킨 조직으로 백색의 바탕조직은?

│해답│ austenite   대나무상 : martensite

개정 · 증보판

금속재료시험 열처리 기능사

―――― 정가 25,000원

| 판권 | 2023년 2월 10일 인 쇄
2023년 2월 15일 발 행
공 저 : 조수연 · 문광호 · 박일부
발행인 : 이 명 훈 |

발행처 도서출판 남 양 문 화

151-011 서울 관악구 신원동 1627-15
전 화 : 864-9152~3
FAX : 864-9156
등 록 : 제3-489

☞ 파본이나 낙장이 있는 책은 교환해 드립니다.